NCS 기반 최근 출제기준 완벽 반영

공조냉동기계 기사 실기

허원회 지음

“이 책을 선택한 당신, 당신은 이미 위너입니다!”

독자 여러분께 알려드립니다

공조냉동기계기사 [실기]시험을 본 후 그 문제 가운데 10여 문제를 재구성해서 성안당 출판사로 보내주시면, 채택된 문제에 대해서 성안당 도서 중 기계분야 도서 1부를 증정해 드립니다. 독자 여러분이 보내주시는 기출문제는 더 나은 책을 만드는 데 큰 도움이 됩니다. 감사합니다.

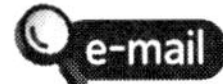

coh@cyber.co.kr (최옥현)

★ 메일을 보내주실 때 성명, 연락처, 주소를 기재해 주시기 바랍니다.
★ 보내주신 기출문제는 집필자가 검토한 후에 도서를 증정해 드립니다.

도서 A/S 안내

성안당에서 발행하는 모든 도서는 저자와 출판사, 그리고 독자가 함께 만들어 나갑니다.

좋은 책을 펴내기 위해 많은 노력을 기울이고 있습니다. 혹시라도 내용상의 오류나 오탈자 등이 발견되면 "좋은 책은 나라의 보배"로서 우리 모두가 함께 만들어 간다는 마음으로 연락주시기 바랍니다. 수정 보완하여 더 나은 책이 되도록 최선을 다하겠습니다.

성안당은 늘 독자 여러분들의 소중한 의견을 기다리고 있습니다. 좋은 의견을 보내주시는 분께는 성안당 쇼핑몰의 포인트(3,000포인트)를 적립해 드립니다.

잘못 만들어진 책이나 부록 등이 파손된 경우에는 교환해 드립니다.

저자 문의 e-mail : drhwh@hanmail.net(허원회)
본서 기획자 e-mail : coh@cyber.co.kr(최옥현)
홈페이지 : http://www.cyber.co.kr 전화 : 031) 950-6300

머리말

냉동공학은 해가 거듭될수록 얼음을 이용한 자연적 냉동에서부터 기계적 냉동공법(흡수식 냉동기 & 압축식 냉동기)으로 발전 이용되고 있다. 또한 21세기 대형화 · 고층화된 인텔리전트 빌딩의 등장으로 우리 인간에게 공기조화의 필요성이 더욱 절실하게 되었다. 이에 국가에서는 공조냉동기계기사를 국가기술자격증으로 채택하여 이론과 실무를 겸비한 유능한 기술인을 배출하고 있으나 현장에서 절대적으로 부족한 실정이다.

따라서 이 책은 많은 수험생들에게 공조냉동기계기사 실기를 보다 더 쉽게 취득할 수 있도록 핵심이론과 적중 예상문제를 체계 있게 정리하였다.

또한 이 학문을 어려워하는 학생들에게 좀 더 쉽게 이해할 수 있도록 독자편에 서서 심혈을 기울여 집필하였으므로 공조냉동지식을 습득하는 데 더할 나위 없는 지침서가 되리라 확신하는 바이다.

앞으로 이 책이 수험생 여러분께 필독서가 되어 꼭 좋은 결과를 얻길 다시 한 번 바라며 아낌없는 격려와 질책을 부탁드린다.

마지막으로 이 책이 나오기까지 물심양면으로 도와준 가족들과, 원고 정리에 힘써 준 김형석 군과 유정상 군에게 고마움을 표하며, 이 책이 출판되기까지 도와주신 성안당 이종춘 회장님과 편집부 직원 여러분의 노고에 감사드린다.

저자 씀

■ 출제기준

직무 분야	기계	중직무 분야	기계장비 설비 · 설치	자격 종목	공조냉동기계기사	적용 기간	2025.1.1.~2029.12.31.

■ 직무내용 : 산업현장, 건축물의 실내환경을 최적으로 조성하고, 냉동냉장설비 및 기타 공작물을 주어진 조건으로 유지하기 위해 공학적 이론을 바탕으로 공조냉동, 유틸리티 등 필요한 설비를 계획, 설계, 시공관리하는 직무이다.

■ 수행준거

1. 공학적 계산식을 활용하여 열원장비, 공조장비, 반송기기 등에 대한 용량을 산정하고 요구사양에 적합한 장비 및 부품을 선정하는 능력이다.
2. 공학적 계산식을 활용하여 반송기기 등에 대한 용량을 산정하고 요구사양에 적합한 반송기기와 부속기기를 선정하는 능력이다.
3. 설계도서에 따라 설치가 완료된 냉동공조설비의 성능을 인계자와 인수자가 설치상태 및 기능과 성능을 점검하고, 정상적으로 운용할 수 있도록 설비를 인계인수하는 능력이다.
4. 공사계약에 따른 공사기간 내에 설계도서 및 관계규정에 따라 적합하게 공사가 수행되는지 파악하여 계약기간 내에 준공되도록 공정 및 공사를 관리하는 능력이다.
5. 냉동공조설비의 내구수명 유지 및 성능저하 방지를 위한 연간계획, 중장기계획을 수립하고 각 대상설비 정기적인 검사를 위한 사전준비를 수행하는 능력이다.
6. 보일러설비 등 내구수명 유지 및 성능저하 방지를 위해 보수하고 안전성을 확보하기 위해 점검 및 시운전을 수행하는 능력이다.
7. 냉동설비 등 내구수명 유지 및 성능저하 방지를 위해 보수하고 안전성을 확보하기 위해 점검 및 시운전을 수행하는 능력이다.
8. 공조설비 등 내구수명 유지 및 성능저하 방지를 위해 보수하고 안전성을 확보하기 위해 점검 및 시운전을 수행하는 능력이다.
9. 배관의 노후상태를 확인하고 유체흐름의 적정성과 내구성을 유지하기 위해 보수공사 또는 교체공사를 수행하는 능력이다.
10. 덕트의 노후상태를 확인하고 유체흐름의 적정성과 내구성을 유지하기 위해 보수공사 또는 교체공사를 수행하는 능력이다.
11. 냉동공조설비의 유지관리운영에 대한 안전관리를 수행하는 능력이다.
12. 산출된 재료비, 노무비 등을 기초로 관련 기준에 따라 원가계산서를 작성하고 에스컬레이션 등 원가를 관리할 수 있으며 가치공학에 준하여 경제적이고 효율적으로 공사비를 관리하는 능력이다.
13. 냉동공조설비의 에너지 절약 및 열효율을 극대화하기 위하여 가스, 유류, 전기 등의 에너지사용량을 측정, 분석하고 시행하는 능력이다.

실기검정방법	필답형	시험시간	3시간

실기과목명	주요 항목	세부항목
공조냉동기계 실무	1. 공조프로세스 분석	(1) 습공기선도 작도하기 (2) 부하 적정성 분석하기
	2. 설비 적산	(1) 냉동설비 적산하기 (2) 공조냉난방설비 적산하기 (3) 급수 · 급탕 · 오배수설비 적산하기 (4) 기타 설비 적산하기
	3. 공조설비 운영관리	(1) 공조설비관리 계획하기 (2) 가습기 점검하기 (3) 공조기 자동제어장치 관리하기 (4) 전열교환기 점검하기 (5) 송풍기 점검하기 (6) 공조기 관리하기 (7) 펌프 관리하기
	4. 공조설비 점검관리	(1) 방음/방진 점검하기 (2) 배관 점검하기 (3) 공조기 점검하기 (4) 공조기 필터 점검하기 (5) 덕트 점검하기
	5. 냉동설비 운영	(1) 냉동기 관리하기 (2) 냉동기 · 부속장치 점검하기 (3) 냉각탑 점검하기
	6. 보일러설비 운영	(1) 보일러 관리하기 (2) 급탕탱크 관리하기 (3) 증기설비 관리하기 (4) 부속장치 점검하기 (5) 보일러 가동 전 점검하기 (6) 보일러 가동 중 점검하기 (7) 보일러 가동 후 점검하기 (8) 보일러 고장 시 조치하기
	7. 냉난방부하 계산	(1) 냉방부하 계산하기 (2) 난방부하 계산하기
	8. 냉동사이클 분석	(1) 기본 냉동사이클 분석하기 (2) 흡수식 등 특수 냉동사이클 분석하기

※ 세세항목의 내용은 Q-net 홈페이지(http://www.q-net.or.kr) 자료실의 출제기준에서 확인할 수 있습니다.

Contents

CHAPTER 1 열역학

CHAPTER 2 냉매몰리에르선도와 냉동사이클

CHAPTER 3 공기조화(냉 · 난방부하)

부 록 과년도 기출문제

CHAPTER 01

열역학

Engineer Air-Conditioning Refrigerating Machinery

CHAPTER 1

열역학

1 기초사항

CHAP. 1

1 계(system)

(1) 밀폐계(closed system) = 비유동계(nonflow system)

계의 경계를 통하여 물질의 유동은 없으나 에너지의 수수(授受)는 있는 계를 말한다(계 내 물질은 일정 불변).

(2) 개방계(open system) = 유동계(flow system)

계의 경계를 통하여 물질의 유동과 에너지 수수(授受)가 모두 있는 계를 말한다.

(3) 절연계(isolated system)

계의 경계를 통하여 물질이나 에너지의 전달이 전혀 없는 계를 말한다(고립계).

(4) 단열계(adiabatic system)

계의 경계를 통한 외부와 열의 출입이 전혀 없다고 가정한 계를 말한다($Q=0$).

2 성질과 상태량(property & quantity of state)

(1) 강도성 상태량(intensive quantity of state)

물질의 양과는 관계없는 상태량(온도(t), 압력(P), 비체적(v) 등)

(2) 종량성 상태량(extensive quantity of state)

물질의 양에 정비례하는 상태량(체적, 에너지, 질량, 내부에너지(U), 엔탈피(H), 엔트로피(S) 등)

(3) 비중량(specific weight, γ)

$$\gamma = \frac{G}{V} = \frac{mg}{V} = \rho g \, [\mathrm{N/m^3}]$$

(4) 밀도(density, 비질량, ρ)

$$\rho = \frac{m}{V} = \frac{\gamma}{g} = \frac{1}{v_s} \text{〔kg/m}^3\text{, N·s}^2\text{/m}^4\text{〕}$$

(5) 비체적(specific volume, v_s)

$$v_s = \frac{V}{m} = \frac{1}{\rho} \text{〔m}^3\text{/kg〕}$$

(6) 온도(temperature)

① 섭씨온도와 화씨온도

섭씨온도를 t_C, 화씨온도를 t_F라 할 때

$$t_C = \frac{5}{9}(t_F - 32)\text{〔℃〕}$$

$$t_F = \frac{9}{5}t_C + 32 = 1.8t_C + 32\text{〔°F〕}$$

섭씨온도와 화씨온도와의 관계

구 분	어는점	끓는점	등 분
섭씨온도	0℃	100℃	100
화씨온도	32°F	212°F	180

② 절대온도

$$T = t_C + 273.16 \fallingdotseq t_C + 273\text{〔K〕}$$

$$T_F = t_F + 459.67 \fallingdotseq t_F + 460\text{〔°R〕}$$

※ R은 Rankine의 머리글자, K는 Kelvin의 머리글자

3 비열, 열량, 열효율 등

(1) 비열(specific heat, C)

단위는 kcal/kg·℃, kJ/kg·K(kJ/kg·℃)이다.

$$\delta Q = mC\,dt\text{〔kJ〕}$$

$$_1Q_2 = mC(t_2 - t_1)\text{〔kJ〕}$$

물의 비열(C)=4.186kJ/kg·K=1kcal/kg·℃

얼음의 비열(C')=2.093kJ/kg·K=0.5kcal/kg·℃

(2) 열량(quantity of heat)

① 15℃ kcal

표준 대기압하에서 순수한 물 1kg을 14.5℃에서 15.5℃까지 높이는 데 필요한 열량이다.

② 평균 kcal

표준 대기압하에서 순수한 물 1kg을 0℃에서 100℃까지 높이는 데 필요한 열량을 100등분 한 것이다.

③ 1BTU(British Thermal Unit)

영국열량단위이며 물 1lb(파운드)를 32°F로부터 212°F까지 높이는 데 필요한 열량의 1/180을 말한다.

④ 1CHU(Centigrade Heat Unit)

물 1lb를 0℃로부터 100℃까지 높이는 데 필요한 열량의 1/100을 말하며, 단위 상호 간의 관계는 다음과 같다(1CHU=1PCU).

열량의 단위 비교

kcal	BTU	CHU(PCU)	kJ
1	3.968	2.205	4.186
0.252	1	0.556	1.0548
0.454	1.800	1	1.9
0.239	0.948	0.526	1

(3) 동력(power)=공률(일률)

동력이란 일의 시간에 대한 비율, 즉 단위시간당의 일량으로 공률(일률)이라고도 한다. 실용단위로는 W, kW, PS(마력) 등이 사용된다.

1PS=75kgf·m/s, 1HP=76.04kgf·m/s=550ft·lb/s

1kW=1,000J/s=102kgf·m/s=1kJ/s=860kcal/h=1.36PS=1.34HP
=60kJ/min=3,600kJ/h

(4) 열효율(η)

$$\text{열효율}(\eta)=\frac{\text{정미일량}(W_{net})}{\text{공급열량}(Q_1)}$$

$$=\frac{3,600\times\text{동력}(kW)}{\text{연료의 저위발열량}(H_L)\times\text{시간당 연료소비량}(m_f)}\times 100\%$$

(5) 사이클(cycle)

① 가역사이클(reversible cycle)

가역과정(등온·등적·등압·가역단열변화)로만 구성된 사이클을 말한다(이론적 사이클).

② 비가역사이클(irreversible cycle)

비가역적 인자가 내포된 사이클을 말한다(실제 사이클).

(6) 열역학 제0법칙

열평형상태(법칙)=온도계 원리를 적용한 법칙(흡열량=방열량)

4 압력(pressure, P)

단위면적당 수직방향으로 작용하는 힘을 말한다.

$$P=\frac{F}{A}\,[\mathrm{Pa}(=\mathrm{N/m^2})]$$

(1) 대기압력(atmospheric pressure, P_o)

지구를 둘러싸고 있는 공기가 누르는 압력을 말한다.

표준 대기압(1atm)=760mmHg=10.33mAq

=1.0332kgf/cm^2=14.7lb/in^2(psi)=1.013256bar

=1013.25mmbar(mbar)=101.325kPa

(2) 게이지압력(gauge pressure, P_g)

국소대기압력을 기준면으로 하여 측정한 압력을 말한다.

$$P_g=\gamma h=\rho gh=1{,}000sgh=9{,}800sh\,[\mathrm{Pa}]$$

(3) 절대압력(absolute pressure, P_a)

완전 진공을 0Pa을 기준면으로 측정한 압력(진공도 100%)을 말한다.

(4) 진공도(vacuum degree)

대기압력보다 낮은 압력을 진공압력이라 하고, 진공압력의 크기를 백분율[%]로 나타낸 값을 진공도라고 한다.

$$\text{진공도}=\frac{\text{진공압력}}{\text{대기압력}}\times 100\%$$

(5) 압력에 관계되는 식

① $P=\rho gh=\gamma h=9{,}800Sh\,[\mathrm{Pa}]$

여기서, ρ : 유체의 밀도[kg/m^3], γ : 유체의 비중량[N/m^3]

h : 수두(head)로 압력의 세기를 높이(길이)로 환산한 값(유체깊이)[m]

② $P=\frac{76-h}{76}=\left(1-\frac{h}{76}\right)\times 101.325\,[\mathrm{kPa}]$

여기서, h : 진공압의 크기$\left(=\frac{P_v}{\gamma}\right)$〔cmHg〕

③ 절대압력(P_a)=대기압력(P_o)±게이지압력(P_g)〔ata〕

참고 **게이지압**

- **정압(+)** : 대기압보다 높은 압력
- **부압(−)=진공압** : 대기압보다 낮은 압력

5 열량(quantity of heat)

(1) 현열(감열, sensible of heat, Q_s)

물질의 상태는 일정하고(변화 없이) 온도만 변화시키는 열량을 말한다.

(2) 잠열(숨은열, latent of heat, Q_L)

온도는 일정하고 물질의 상태만 변화시키는 열량을 말한다.

① 물의 증발열(γ)=539kcal/kg=2,256kJ/kg

$$100℃\ 물(포화수) \underset{액화열}{\overset{증발(기화)열}{\rightleftarrows}} 100℃\ 포화증기(건포화증기)$$

② 얼음의 융해열(γ')=79.68kcal/kg=334kJ/kg

$$0℃\ 얼음 \underset{응고열}{\overset{융해열}{\rightleftarrows}} 0℃\ 물$$

(3) 비열(specific of heat, C)

단위질량(중량)의 물질의 온도를 1℃ 상승시키는 데 필요한 열을 비열이라 한다.

예 물의 비열(C)=1kcal/kg·℃=4.186kJ/kg·K
얼음의 비열(C')=0.5kcal/kg·℃=2.093kJ/kg·K

(4) 열량식

① 현열

$$q_s = C\Delta t\,[\text{kJ/kg}]$$

$$Q_s = mC\Delta t\,[\text{kJ}]$$

여기서, m : 질량〔kg〕, C : 비열〔kJ/kg·K〕, Δt : 온도차〔℃〕

② 잠열

$$q_L = \frac{Q_L}{m}\,[\text{kJ/kg}]$$

$$Q_L = mq_L\,[\text{kJ}]$$

6 공기의 성분

수증기를 함유하지 않은 건조공기와 수증기를 함유한 습공기가 있고, 용적비로 N_2 78.09%, O_2 20.95%, Ar 0.93%, CO_2 0.03%, 그 외 다수의 가스와 수증기이다.

7 습도(humidity)

(1) 절대습도(absolute humidity, x)

건조공기 중에 포함된 수증기의 질량을 절대습도라 한다.

$$x = 0.622\frac{P_w}{P_a} = 0.622\frac{P_w}{P-P_w} = 0.622\frac{\phi P_s}{P-\phi P_s}\,[\mathrm{kg'/kg}]$$

(2) 상대습도(relative humidity, ϕ)

어떤 온도의 습공기 1m^3 중에 함유된 수증기 비중량(γ_w)과 같은 온도의 포화습공기 1m^{3}의 수증기 비중량(γ_s)의 비를 말한다.

$$\phi = \frac{\gamma_w}{\gamma_s}\times 100\% = \frac{P_w}{P_s}\times 100\%$$

(3) 비교습도(포화도, ψ)

불포화 시 절대습도(x)와 상대습도 100%(포화습도) x_s의 비를 말한다.

$$\psi = \frac{x}{x_s} = \frac{\phi(P-P_s)}{P-\phi P_s}\,[\%]$$

(4) 현열비(SHF)

$$SHF = \frac{q_s}{q_t} = \frac{q_s}{q_s+q_L}$$

여기서, q_t : 전열량[kJ/h], q_s : 현열량[kJ/h], q_L : 잠열량[kJ/h]

(5) 열수분비(u)

$$u = \frac{dh}{dx} = \frac{h_2-h_1}{x_2-x_1} = \frac{q+Lh_L}{L} = \frac{q}{L}+h_L$$

여기서, h_1, h_2 : 각각 상태변화 전·후의 습공기의 비엔탈피[kJ/kg]
x_1, x_2 : 각각 상태변화 전·후의 습공기의 절대습도[kg′/kg]
q : 증감된 전열량[kJ/h], L : 수분변화량[kJ/h]
h_L : 수분비엔탈피[kJ/kg]

참고 동력

- 1kW = 1kJ/s = 3,600kJ/h
- 1W = 3.6kJ/h
- 1kJ/h = $\frac{1}{3,600}$ kW = $\frac{1}{3.6}$ W

8 전열식

$$Q = KA\Delta t \text{ [W]}$$

(1) 열통과율(K)

$$K = \frac{1}{\frac{1}{\alpha_i} + \sum_{i=1}^{n} \frac{l_i}{\lambda_i} + \frac{1}{\alpha_o}} \text{ [W/m}^2\cdot\text{K]}$$

여기서, α_i : 실내의 열관류율[W/m²·K], α_o : 실외의 열관류율[W/m²·K]
λ_i : 매체의 열전도율[W/m·K], l_i : 매체의 두께[m]
Δt : 실내 · 외온도차[℃]

(2) 대수평균온도차($LMTD$)

$$Q = KA(LMTD) \text{ [W]}$$

$$\therefore \; LMTD = \frac{\Delta t_1 - \Delta t_2}{\ln\left(\frac{\Delta t_1}{\Delta t_2}\right)} \text{ [℃]}$$

2 연소

1 연소의 개념

어떤 물질이 급격한 산화작용을 일으킬 때 다량의 열과 빛을 발생하는 현상을 연소(combustion)라 하며, 연소열을 경제적으로 이용할 수 있는 물질을 연료(fuel)라 한다. 연료는 그 상태에 따라 고체연료, 액체연료, 기체연료로 구분한다. 연료비(fuel ratio)는 고정탄소와 휘발분의 비로 정의된다.

참고 액화천연가스(LNG)와 액화석유가스(LPG)

- 액화천연가스(LNG) : 주성분은 메탄(CH_4)이다.
- 액화석유가스(LPG) : 주성분은 프로판(C_3H_8), 부탄(C_4H_{10}) 등이고, 발열량은 46,046kJ/kg 정도로 도시가스보다 크며, 독성이 없고 폭발한계가 좁기 때문에 위험성이 적다.

2 연료의 가연성분 및 탄화수소계 연료의 완전 연소반응식

(1) 탄소(C)의 완전 연소반응식

$C+O_2 \rightarrow CO_2+406,879\text{kJ/kmol}$

반응물의 질량 12+16×2=44kg(생성물의 질량)

탄소 1kg당 1+2.67=3.67kg

즉, 탄소 1kg이 산소(O_2) 2.67kg과 결합하여 3.67kg의 탄산가스를 생성하며, 이때 발열량은 $\frac{406,879}{12}=33,907\text{kJ/kg}$이다.

(2) 수소(H_2)의 완전 연소반응식

$H_2+\frac{1}{2}O_2 \rightarrow H_2O(\text{수증기})+241,114\text{kJ/kmol}$

H_2O(물) 286,322kJ/kmol

반응물의 질량 2+16=18kg(생성물의 질량)

수소 1kg당 1+8=9kg

즉, 수소 1kg이 산소(O_2) 8kg과 결합하여 증기(물) 9kg을 생성하며, 이때 발열량은 $\frac{241,114}{2}=120,557\text{kJ/kg}$이다.

(3) 황(S)의 완전 연소반응식

$S+O_2 \rightarrow SO_2+334,880\text{kJ/kmol}$

반응물의 질량 32+16×2=64kg

황 1kg당 1+1=2kg

즉, 황 1kg이 산소(O_2) 1kg과 결합하여 2kg의 이산화황(아황산가스)을 생성하며, 이때 발열량은 $\frac{334,880}{32}=10,465\text{kJ/kg}$이다.

(4) 탄화수소계(C_mH_n) 연료의 완전 연소반응식

$$C_mH_n+\left(m+\frac{n}{4}\right)O_2 \rightarrow mCO_2+\frac{n}{2}H_2O$$

① 저위발열량(H_L)

$$H_L=33,907C+142,324\left(H-\frac{O}{8}\right)+10,465S-2,512\left(\frac{9}{8}O+W\right)[\text{kJ/kg}]$$

② 고위발열량(H_h)

$$H_h=H_L+2,512(9H+W)[\text{kJ/kg}]$$

3 전열(열전달)

1 전도(conduction)

$$q_{con} = -\lambda A \frac{dT}{dl} \text{〔W〕 (푸리에의 열전도법칙)}$$

여기서, q_{con} : 시간당 전도열량〔W〕
λ : 열전도계수〔W/m·K〕
A : 전열면적〔m^2〕
dl : 두께〔m〕
$\frac{dT}{dl}$: 온도기울기(temperature gradient)

① 다층벽을 통한 열전도계수

$$\frac{1}{\lambda} = \frac{l_1}{\lambda_1} + \frac{l_2}{\lambda_2} + \frac{l_3}{\lambda_3} + \cdots + \frac{l_n}{\lambda_n} = \sum_{i=1}^{n} \frac{l_i}{\lambda_i}$$

② 원통에서의 열전도(반경방향)

$$q_{con} = \frac{2\pi L\lambda}{\ln\left(\frac{r_2}{r_1}\right)}(t_1 - t_2) = \frac{2\pi L}{\frac{1}{\lambda}\ln\left(\frac{r_2}{r_1}\right)}(t_1 - t_2)\text{〔W〕}$$

2 대류(convection)

보일러나 열교환기 등과 같이 고체표면과 이에 접한 유체(liquid 또는 gas) 사이의 열의 흐름을 말한다.

$$q_{conv} = \alpha A(t_w - t_\infty)\text{〔W〕 (뉴턴의 냉각법칙)}$$

여기서, α : 대류열전달계수〔W/m2·K〕
A : 대류전열면적〔m2〕
t_w : 벽면온도〔℃〕
t_∞ : 유체온도[℃]

3 열관류

(1) 열관류에서의 열량

$$q = KA(t_1 - t_2)\text{〔W〕}$$

$$K = \frac{1}{R} = \frac{1}{\frac{1}{\alpha_1} + \sum_{i=1}^{n}\frac{l_i}{\lambda_i} + \frac{1}{\alpha_2}}\text{〔W/m}^2\text{·K〕}$$

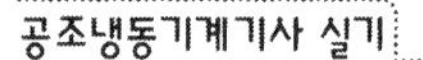

여기서, K : 열관류율(열통과율)〔$W/m^2 \cdot K$〕
A : 전열면적〔m^2〕
t_1 : 고온유체온도〔℃〕
t_2 : 저온유체온도〔℃〕

(2) 대수평균온도차($LMTD$)

① **대향류**(향류식) : 열교환방식 중 전열효과가 가장 좋다.

$$\Delta t_1 = t_1 - t_{w_2}$$

$$\Delta t_2 = t_2 - t_{w_1}$$

$$\therefore \ LMTD = \frac{\Delta t_1 - \Delta t_2}{\ln\left(\frac{\Delta t_1}{\Delta t_2}\right)}〔℃〕$$

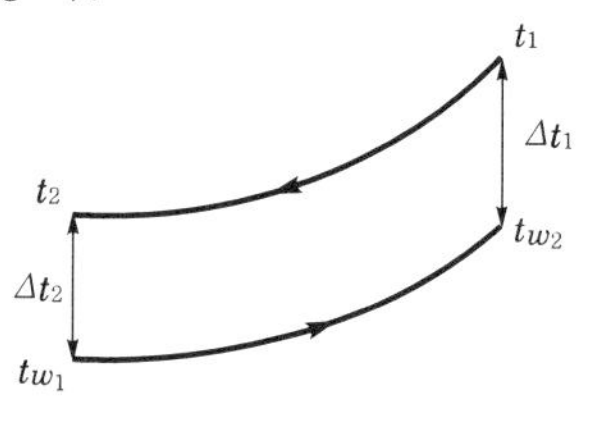

② **평행류**(병류식)

$$\Delta t_1 = t_1 - t_{w_1}$$

$$\Delta t_2 = t_2 - t_{w_2}$$

$$\therefore \ LMTD = \frac{\Delta t_1 - \Delta t_2}{\ln\left(\frac{\Delta t_1}{\Delta t_2}\right)}〔℃〕$$

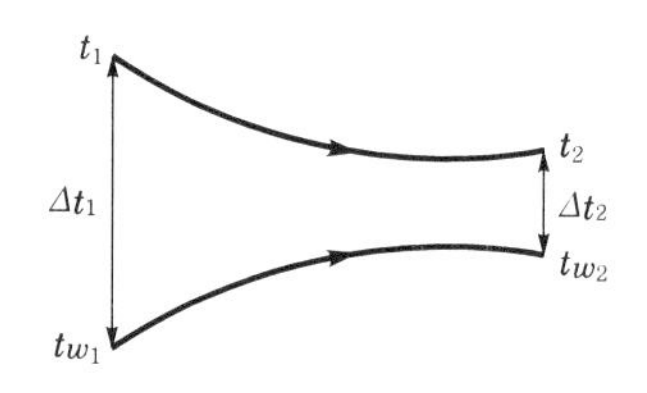

4 복사(radiation)

$q_R = \varepsilon \sigma A T^4$〔W〕 (스테판-볼츠만의 법칙)

여기서, ε : 복사율($0 < \varepsilon < 1$)
σ : 스테판-볼츠만상수($= 5.67 \times 10^{-8} W/m^2 \cdot K^4$)
A : 전열면적〔m^2〕
T : 물체(흑체)표면의 절대온도〔K〕

4 열역학 제2법칙

1 열역학 제2법칙(엔트로피 증가법칙 = 비가역법칙)

에너지변환의 실현 가능성을 밝혀주는 경험법칙이다.

(1) Kelvin-Plank의 표현

계속적으로 열을 일로 바꾸기 위해서는 그 일부를 저온체에 버리는 것이 필요하다는 것으로, 효율이 100%인 열기관은 존재할 수 없음을 의미한다.

(2) Clausius의 표현

열은 그 자신만의 힘으로는 다른 물체에 아무 변화도 주지 않고, 저온체에서 고온체로 흐를 수 없다. 즉, Clausius의 표현으로는 성능계수가 무한대인 냉동기의 제작은 불가능하다.

2 열효율과 성능계수

(1) 열기관의 열효율(η)

$$\eta = \frac{Q_1 - Q_2}{Q_1} = \frac{W_{\text{net}}}{Q_1} = 1 - \frac{Q_2}{Q_1}$$

여기서, Q_1 : 공급열량〔kJ〕
Q_2 : 방출열량〔kJ〕
W_{net} : 정미일량$(= Q_1 - Q_2)$[kJ]

(2) 냉동기의 성능(성적)계수(ε_R)

$$\varepsilon_R = \frac{Q_2}{Q_1 - Q_2} = \frac{Q_2}{W_C}$$

여기서, Q_1 : 고온체(응축기) 발열량〔kJ〕
Q_2 : 저온체(증발기) 흡열량〔kJ〕
W_C : 압축기 소비일량$(= Q_1 - Q_2)$〔kJ〕

(3) 열펌프의 성능계수(ε_H)

$$\varepsilon_H = \frac{Q_1}{Q_1 - Q_2} = \frac{Q_1}{W_C} = 1 + \varepsilon_R$$

열펌프의 성적계수(ε_H)는 냉동기의 성적계수(ε_R)보다 항상 1만큼 크다.

3 카르노사이클(Carnot cycle)

가역사이클이며 열기관사이클 중에서 가장 열효율이 좋은 이상적인 사이클이다.

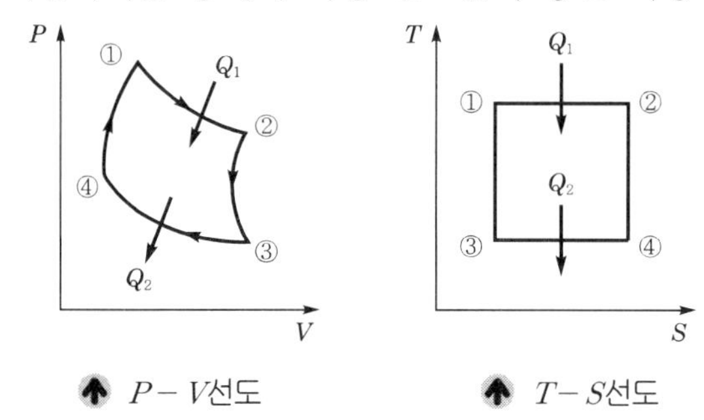

▲ $P-V$선도 ▲ $T-S$선도

(1) 카르노사이클의 열효율

$$\eta_c = \frac{W_{net}}{Q_1} = \frac{Q_1 - Q_2}{Q_1} = 1 - \frac{Q_2}{Q_1} = 1 - \frac{T_2}{T_1}$$

(2) 카르노사이클의 특성

① 열효율은 동작유체의 종류에 관계없이 양 열원의 절대온도에만 관계가 있다.

② 열기관의 이상사이클로서 최고의 열효율을 갖는다.

③ 열기관의 이론상의 이상적 사이클이며 실제로 운전이 불가능한 사이클이다.

④ 공급열량(Q_1)과 고열원온도(T_1), 방출열량(Q_2)과 저열원온도(T_2)는 각각 비례한다.

$$\frac{Q_2}{Q_1} = \frac{T_2}{T_1} \left(\rightarrow \frac{Q_1}{T_1} = \frac{Q_2}{T_2} \right)$$

4 클라우지우스(Clausius)의 적분

(1) 가역사이클(reversible cycle)

카르노사이클에서 열효율은

$$\eta = 1 - \frac{T_2}{T_1} = 1 - \frac{Q_2}{Q_1}$$

$$\therefore \frac{Q_1}{T_1} - \frac{Q_2}{T_2} = 0$$

여기서, $\frac{T_2}{T_1} = \frac{Q_2}{Q_1}$, $\frac{Q_1}{T_1} = \frac{Q_2}{T_2}$

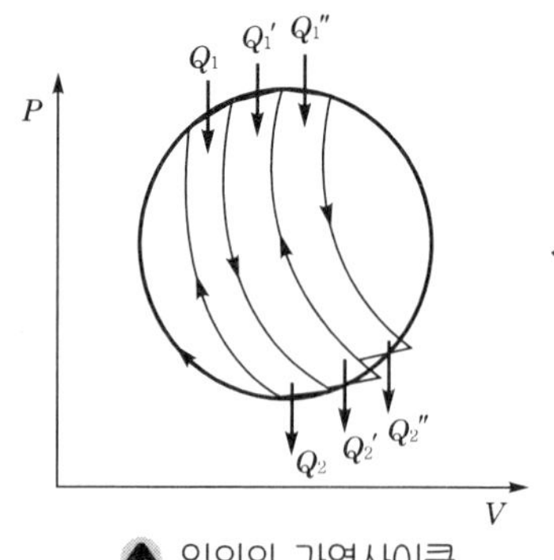

▲ 임의의 가역사이클

동작물질이 받은 열량은 정(+)이고, 방출은 열량이 부(−)이므로

$$\frac{Q_1}{T_1} - \left(\frac{-Q_2}{T_2}\right) = 0, \quad \frac{Q_1}{T_1} + \frac{Q_2}{T_2} = 0$$

가역사이클을 무수한 미소 카르노사이클의 집합이라고 생각하면

$$\left(\frac{\delta Q_1}{T_1} + \frac{\delta Q_2}{T_2}\right) + \left(\frac{\delta Q_1{}'}{T_1{}'} + \frac{\delta Q_2{}'}{T_2{}'}\right) + \left(\frac{\delta Q_1{}''}{T_1{}''} + \frac{\delta Q_2{}''}{T_2{}''}\right) + \cdots = 0$$

$$\therefore \ \Sigma \frac{\delta Q}{T} = 0 \ \text{ 또는 } \oint \frac{\delta Q}{T} = 0$$

(2) 비가역사이클(irreversible cycle)

$$\oint \frac{\delta Q}{T} < 0$$

5 엔트로피(entropy)

열에너지를 이용하여 기계적 일을 하는 과정의 비가역성을 표현하는 것으로, 엔트로피를 사용하면 열에너지의 기체상태변화에서 출입하는 열량을 계산할 수 있다.

(1) 가역사이클(reversible cycle)

가역사이클의 클라우지우스 적분은 다음과 같다.

$$\oint \frac{\delta Q}{T} = \int_{1(A)}^{2} \frac{\delta Q}{T} + \int_{2(B)}^{1} \frac{\delta Q}{T} = \int_{1(A)}^{2} \frac{\delta Q}{T} - \int_{1(B)}^{2} \frac{\delta Q}{T} = 0$$

$$\therefore \int_{1(A)}^{2} \frac{\delta Q}{T} = \int_{1(B)}^{2} \frac{\delta Q}{T} = \int_{1}^{2} \frac{\delta Q}{T}$$

즉, 아래 그림의 과정 ①~②에서 가역과정이면 어떤 경로를 거치든지 무관하며 단지 처음과 끝의 상태만 관계된다.

(2) 비가역사이클(irreversible cycle)

비가역사이클의 클라우지우스 적분은 다음과 같다.

$$\oint \frac{\delta Q}{T} = \int_{1(A)}^{2} \frac{\delta Q}{T} + \int_{2(C)}^{1} \frac{\delta Q}{T} < 0$$

$$\left[\int_{2(B)}^{1} \frac{\delta Q}{T} - \int_{2(C)}^{1} \frac{\delta Q}{T} \leq 0, \ \frac{\delta Q}{T} = dS\right]$$

$$\int_{2(B)}^{1} dS - \int_{2(C)}^{1} dS \leq 0$$

$$\therefore S_{2(C)} - S_{2(B)} \geq 0$$

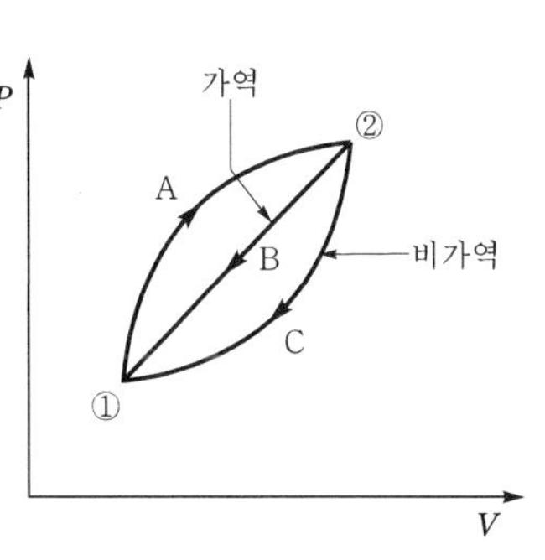

여기서 S는 하나의 상태량이며, 이것을 엔트로피(entropy)라 한다.

$$dS \geq \frac{\delta q}{T}[\text{kJ/kg}\cdot\text{K}] \text{ 또는 } \Delta S(=S_2-S_1) \geq \int_1^2 \frac{\delta Q}{T}[\text{kJ/K}]$$

위 식에서 등호는 가역과정이고, 부등호는 비가역과정이다. 즉, 비가역은 항상 $\Delta S>0$이다.

6 완전 가스의 비엔트로피(ds)

$$ds=\frac{\delta q}{T}[\text{kJ/kg}\cdot\text{K}]$$

$$\delta q=du+pdv[\text{kJ/kg}]$$

$$\delta q=dh-vdp[\text{kJ/kg}]$$

(1) 정적변화($v=c$)

$$s_2-s_1=C_v\ln\frac{T_2}{T_1}=C_v\ln\frac{P_2}{P_1}[\text{kJ/kg}\cdot\text{K}]$$

(2) 정압변화($P=c$)

$$s_2-s_1=C_p\ln\frac{T_2}{T_1}=C_p\ln\frac{v_2}{v_1}[\text{kJ/kg}\cdot\text{K}]$$

(3) 등온변화($t=c$)

$$s_2-s_1=R\ln\frac{P_1}{P_2}=C_v\ln\frac{P_2}{P_1}+C_p\ln\frac{v_2}{v_1}[\text{kJ/kg}\cdot\text{K}]$$

(4) 가역단열변화(${}_1Q_2=0$, $\Delta s=0$, 등엔트로피변화)

$ds=\frac{\delta q}{T}$에서 $\delta q=0$이므로 $ds=0$이다.

즉, $s_2-s_1=0\,(s=c)$이다.

(5) 폴리트로픽변화

$$s_2-s_1=C_n\ln\frac{T_2}{T_1}=C_v\left(\frac{n-k}{n-1}\right)\ln\frac{T_2}{T_1}=C_v(n-k)\ln\frac{v_1}{v_2}$$

$$=C_v\left(\frac{n-k}{n}\right)\ln\frac{P_2}{P_1}[\text{kJ/kg}\cdot\text{K}]$$

7 유효에너지와 무효에너지

열량 Q_1을 받고 열량 Q_2를 방열하는 열기관에서 기계적 에너지로 전환된 에너지를 유효에너지 Q_a라 하면

$$Q_a = Q_1 - Q_2$$

(1) 유효에너지(Q_a)

$$Q_a = Q_1 \eta_c = Q_1\left(1 - \frac{T_2}{T_1}\right) = Q_1 - T_2 \Delta S \text{[kJ]}$$

여기서, $\Delta S = \frac{Q_1}{T_1}$ [kJ/K]

(2) 무효에너지(Q_2)

$$Q_2 = Q_1(1-\eta_c) = Q_1\left(\frac{T_2}{T_1}\right) = T_2 \Delta S \text{[kJ]}$$

5 공기압축기사이클

1 공기압축기(air compressor)

작동유체가 공기로써 외부에서 일을 공급받아 저압의 유체를 압축하여 고압으로 송출하는 기계이다.

2 단열효율(η_{ad})

$$\eta_{ad} = \frac{\text{단열압축 시 이론일}}{\text{단열압축 시 실제 소요일}} = \frac{h_2 - h_1}{h_2' - h_1} = \frac{\text{가역단열압축}}{\text{비가역단열압축}}$$

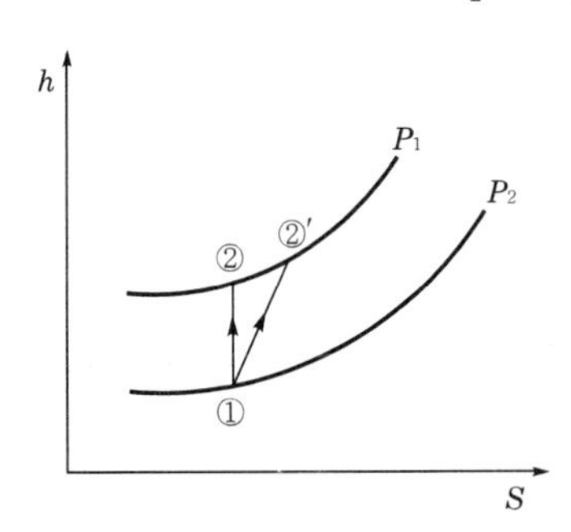

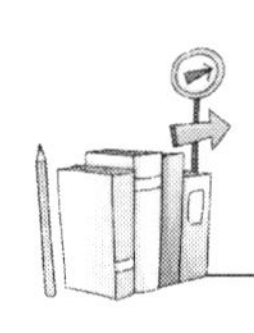

3 용어정의

(1) 통경(bore, D)

실린더의 지름을 말한다.

(2) 행정(S)

실린더 내에서 피스톤이 이동하는 거리를 말한다.

(3) 상사점(top dead center : TDC)

실린더 체적이 최소일 때 피스톤의 위치를 말한다.

(4) 하사점(bottom dead center : BDC)

실린더 체적이 최대일 때 피스톤의 위치를 말한다.

(5) 간극체적(틈새용적, clearance volume, V_c)

피스톤이 상사점에 있을 때 가스가 차지하는 체적(실린더의 최소 체적)으로, 보통 행정체적의 백분율로 표시한다.

$$\lambda = \frac{\text{간극체적}}{\text{행정체적}} = \frac{V_c}{V_s}$$

(6) 행정체적(V_s)

피스톤이 배제하는 체적을 말한다.

$$V_s = AS = \frac{\pi D^2}{4} S[\text{cm}^3]$$

(7) 압축비(ε)

압축비는 왕복내연기관의 성능을 좌우하는 중요한 변수로서, 기통체적과 통극체적의 비로서 정의된다.

$$\varepsilon = \frac{V_s + V_c}{V_c} = \frac{1+\lambda}{\lambda}$$

4 정상류 압축일

$$W_t = \Delta H + Q = mC_p(T_1 - T_2) + Q[\text{kJ}]$$

CHAP. 1

(1) 정온(등온)압축일

$$W_t(=W_c)=P_1V_1\ln\frac{P_2}{P_1}=P_1V_1\ln\frac{V_1}{V_2}$$

$$=mRT_1\ln\left(\frac{P_2}{P_1}\right)=mRT_1\ln\left(\frac{V_1}{V_2}\right)\text{〔kJ〕}$$

(2) 가역단열압축일(등엔트로피)

$$W_c=\frac{k}{k-1}mRT_1\left\{\left(\frac{P_2}{P_1}\right)^{\frac{k-1}{k}}-1\right\}=\frac{k}{k-1}P_1V_1\left\{\left(\frac{P_2}{P_1}\right)^{\frac{k-1}{k}}-1\right\}$$

$$=\frac{k}{k-1}P_1V_1\left\{\left(\frac{V_1}{V_2}\right)^{k-1}-1\right\}=-k_1W_2\text{〔kJ〕}$$

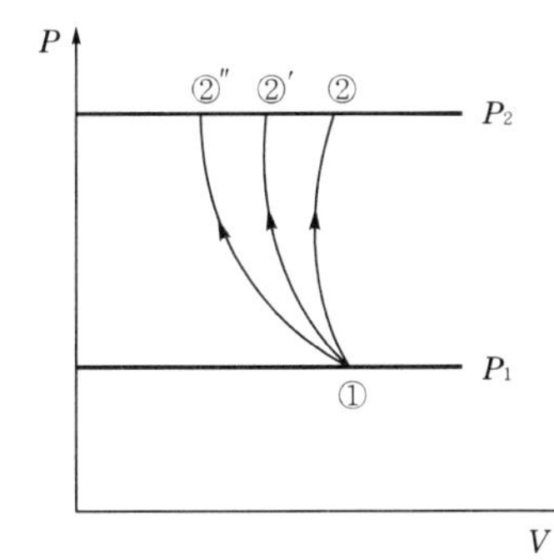

여기서, 1 → 2 : 가역단열압축
1 → 2′ : 폴리트로픽압축
1 → 2″ : 가역등온압축

▲ $P-V$선도의 압축일

(3) 폴리트로픽(polytrope)압축일

$$W_c=\frac{n}{n-1}mRT_1\left(\frac{T_2}{T_1}-1\right)=\frac{n}{n-1}P_1V_1\left(\frac{T_2}{T_1}-1\right)$$

$$=\frac{n}{n-1}P_1V_1\left\{\left(\frac{V_1}{V_2}\right)^{n-1}-1\right\}=\frac{n}{n-1}P_1V_1\left\{\left(\frac{P_2}{P_1}\right)^{\frac{n-1}{n}}-1\right\}\text{〔kJ〕}$$

(4) 단열압축기의 효율

$$\eta_c=\frac{\text{상태 ①에서 ②까지 가역단열압축하는 데 필요한 이상적인 일}}{\text{상태 ①에서 ②′까지 가역단열압축하는 데 필요한 실제 일}}\times 100\%$$

$$=\frac{h_2-h_1}{h_2{}'-h_1}\times 100\%$$

적중 예상문제

01 대기압력이 760mmHg일 때의 온도 25℃의 공기에 함유되어 있는 수증기분압이 35mmHg이었다. 이때 건공기분압은 얼마인가?

해답 $P = P_a + P_w$ 에서

$P_a = P - P_w = 760 - 35 = 725\,\mathrm{mmHg}$

【참고】 $P_a = P - P_w = 101.325 - \dfrac{35 \times 101.325}{760} = 96.66\,\mathrm{kPa}$

02 진공도 90%란 몇 〔kPa(abs)〕인가?

해답 $P_{abs} = P_o - P_v = 101.325 - (101.325 \times 0.9) = 10.1325\,\mathrm{kPa(abs)}$

03 디젤엔진을 운전하는 데 연료소비량이 25kg/h이고, 동력은 70kW이며, 연료의 저위발열량은 42,907kJ/kg이다. 이 엔진의 효율은?

해답 $\eta = \dfrac{3{,}600kW}{H_L \times m_f} \times 100\% = \dfrac{3{,}600 \times 70}{42{,}907 \times 25} \times 100\% \fallingdotseq 23.5\%$

04 공기 20℃에서 상대습도가 60%일 때의 비교습도를 구하시오. (단, 20℃ 수증기의 포화압력 P_s =17.53mmHg이고, 대기압은 760mmHg)

해답 비교습도$(\psi) = \dfrac{x}{x_s} = \phi \dfrac{P - P_s}{P - \phi P_s} = 0.6 \times \dfrac{760 - 17.53}{760 - 0.6 \times 17.53} = 0.594 = 59.4\%$

05 온도 20℃, 상대습도 60%인 습공기의 절대습도와 비엔탈피를 구하시오. (단, 공기의 정압비열은 1.005kJ/kg·K이고, 수증기의 비열은 1.846kJ/kg·K이며, 수증기의 포화압력은 17.53mmHg)

해답 ① 절대습도$(x) = 0.622 \dfrac{P_w}{P - P_w} = 0.622 \dfrac{\phi P_s}{P - \phi P_s}$ $\left(\because \phi = \dfrac{P_w}{P_s}\right)$

$$= 0.622 \times \frac{0.6 \times 17.53}{760 - 0.6 \times 17.53} \fallingdotseq 8.73 \times 10^{-3}\,\text{kg}'/\text{kg}$$

② 비엔탈피$(h) = h_a + xh_w = C_p t + x(\gamma_o + C_w t)$

$$= 1.005 \times 20 + 8.73 \times 10^{-3} \times (2500.3 + 1.846 \times 20) = 42.25\,\text{kJ/kg}$$

【참고】 0℃ 수증기의 잠열$(\gamma_o) = 597.3\text{kcal/kg} \fallingdotseq 2500.3\text{kJ/kg}$

06 전압력이 101.325kPa, 온도 30℃, 수증기 포화압력이 31.83mmHg, 상대습도 40%인 습공기의 절대습도, 비체적, 비엔탈피를 구하시오.

해답 ① 절대습도(x)

$$P_w = \phi P_s = 0.4 \times \frac{31.83}{760} \times 101.325 = 1.697\,\text{kPa}$$

$$\therefore\ x = 0.622\frac{P_w}{P - P_w} = 0.622 \times \frac{1.697}{101.325 - 1.697} = 0.0106\,\text{kg}'/\text{kg}$$

② 비체적(v)

$PV = mRT$에서

$$v = \frac{V}{m} = \frac{RT}{P} = \frac{(R_a + xR_w)T}{P}$$

$$= \frac{\{287 + (0.0106 \times 461.2)\} \times (273 + 30)}{101.325 \times 10^3} = 0.0175\,\text{m}^3/\text{kg}$$

③ 비엔탈피(h)

$$h = h_a + xh_w = C_p t + x(\gamma_o + C_w t)$$

$$= 1.005 \times 30 + 0.0106 \times (2500.3 + 1.846 \times 30) = 57.24\,\text{kJ/kg}$$

07 8m×10m×3m 크기의 방에 20명이 있을 때 환기를 위한 환기횟수를 구하시오. (단, 탄산가스함유량 0.0004m³/m³, 실내공기의 탄산가스서한도 0.15%, 한 사람당 탄산가스발생량은 0.02m³/h)

해답 ① 외기도입량$(Q) = \dfrac{M}{C_i - C_o} = \dfrac{0.02 \times 20}{1.5 \times 10^{-3} - 0.0004} = 363.64\,\text{m}^3/\text{h}$

② $Q = nV[\text{m}^3/\text{h}]$에서

환기횟수$(n) = \dfrac{Q}{V} = \dfrac{363.64}{8 \times 10 \times 3} = 1.52$회/h

08 실내취득현열량이 105,000kJ/h일 때 실내온도를 25℃로 유지하기 위하여 16℃의 공기를 송풍하면 송풍량은 몇 [m³/h]인가?

해답 $q_s = \rho Q C_p(t_2 - t_1)$에서

$$Q = \frac{q_s}{\rho C_p(t_2 - t_1)} = \frac{105{,}000}{1.2 \times 1.005 \times (25 - 16)} = 9673.85\,\text{m}^3/\text{h}$$

09

콘크리트두께 20cm, 내면의 플라스터두께 5cm인 외벽을 통해 들어오는 열량을 구하시오. (단, 콘크리트, 플라스터의 열전도율은 각각 1.51, 0.58W/m·K이고, 벽의 외면과 내면의 열전달률은 각각 32.56, 8.15W/m²·K이다. 또한 외벽의 면적은 45m², 상당외기온도는 32℃, 실내온도는 20℃)

해답

$$K=\frac{1}{R}=\frac{1}{\dfrac{1}{\alpha_o}+\sum_{i=1}^{n}\dfrac{l_i}{\lambda_i}+\dfrac{1}{\alpha_i}}=\frac{1}{\dfrac{1}{32.56}+\dfrac{0.2}{1.51}+\dfrac{0.05}{0.58}+\dfrac{1}{8.15}}\fallingdotseq 2.69\,\mathrm{W/m^2\cdot K}$$

$$\therefore\ q_s=KA(t_o-t_i)=2.69\times45\times(32-20)=1452.6\,\mathrm{W}$$

10

30℃의 외기와 24℃의 환기를 1 : 3의 비율로 혼합하고, 바이패스팩터 0.2의 코일로 냉각제습할 때의 코일 출구온도를 구하시오. (단, 코일의 표면온도=15℃)

해답

$$\text{혼합평균온도}(t_m)=\frac{m_1t_1+m_2t_2}{m}=\frac{1\times30+3\times24}{4}=25.5℃$$

$$\therefore\ \text{냉각코일 출구온도}(t_o)=t_s+BF(t_m-t_s)$$
$$=15+0.2\times(25.5-15)=17.1℃$$

11

어떤 실의 취득열량을 구했더니 현열이 146,500kJ/h, 잠열이 37,600kJ/h이었다. 실내를 25℃, 50%로 유지하기 위해 취출온도차를 10℃로 송풍하고자 한다. 실내현열비(SHF)를 구하시오.

해답

$$SHF=\frac{q_s}{q_t}=\frac{q_s}{q_s+q_L}=\frac{146{,}500}{146{,}500+37{,}600}\fallingdotseq 0.8$$

12

실내의 냉방 현열부하가 25,000kJ/h, 잠열부하가 4,186kJ/h인 방을 실온 26℃로 냉방하는 경우 송풍량은 몇 〔m³/h〕인가? (단, 냉풍온도는 13℃이며, 건공기의 정압비열은 1.005kJ/kg·K, 공기의 밀도는 1.2kg/m³)

해답 $q_s=\rho QC_p(t_2-t_1)$에서

$$Q=\frac{q_s}{\rho C_p(t_2-t_1)}$$
$$=\frac{25{,}000}{1.2\times1.005\times(26-13)}=1594.59\,\mathrm{m^3/h}$$

13

냉수를 쓰는 병류형(평행류) 및 향류형(대향류)의 공기냉각기에서 35℃의 공기를 18℃까지 냉각하는 데에 7℃의 냉수를 통하고, 냉수온도는 열교환에 의해 5℃ 온도가 올라간 것으로 한다. 다음 그림은 이 관계를 도시한 것인데, 이에 대해 각 물음에 답하시오.

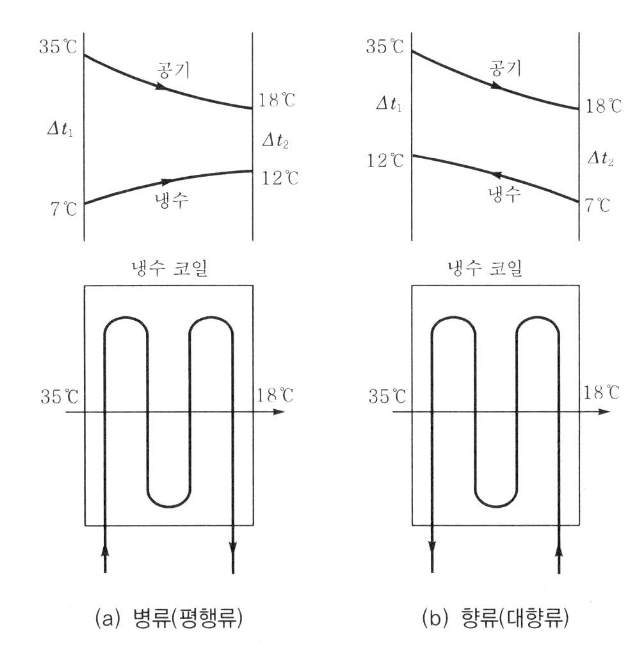

(a) 병류(평행류) (b) 향류(대향류)

1. 병류형(평행류)의 경우에 대수평균온도차($LMTD$)는 얼마인가?
2. 냉각기의 1열당 열통과율을 698W/m^2·K, 전열면적을 1m^{2}로 하면 병류형의 경우 냉각열량은 얼마인가?
3. 향류형의 경우 냉각열량은 얼마인가? (단, 조건은 2.와 같은 것으로 함)

해답 1. $\Delta t_1 = t_1 - t_{w_1} = 35 - 7 = 28℃$, $\Delta t_2 = t_2 - t_{w_2} = 18 - 12 = 6℃$

$$\therefore\ LMTD = \frac{\Delta t_1 - \Delta t_2}{\ln\left(\dfrac{\Delta t_1}{\Delta t_2}\right)} = \frac{28-6}{\ln\left(\dfrac{28}{6}\right)} = 14.28℃$$

2. $Q = KA(LMTD) = (698 \times 4) \times 1 \times 14.28 = 36869.76\,\text{W}(= 14531.14\,\text{kJ/h})$

3. $\Delta t_1 = t_1 - t_{w_2} = 35 - 12 = 23℃$, $\Delta t_2 = t_2 - t_{w_1} = 18 - 7 = 11℃$

$$LMTD = \frac{\Delta t_1 - \Delta t_2}{\ln\left(\dfrac{\Delta t_1}{\Delta t_2}\right)} = \frac{23-11}{\ln\left(\dfrac{23}{11}\right)} = 16.27℃$$

$$\therefore\ Q = KA(LMTD) = (698 \times 4) \times 1 \times 16.27 = 45425.84\,\text{W}(= 163533.92\,\text{kJ/h})$$

14 다음 용어를 설명하시오.

1. 송풍기의 전압
2. 송풍기의 정압
3. 리밋로드팬(limit load fan)

P_{t_1} : 입구 전압 P_{t_2} : 출구 전압

동압 : P_{v_1} 정압 : P_{s_1} M 동압 : P_{v_2} 정압 : P_{s_2}

해답 1. 송풍기 전압(total pressure)

$$P_t = P_{t_2} - P_{t_1} = \left(P_{s_2} + \frac{\rho V_2^2}{2}\right) - \left(P_{s_1} + \frac{\rho V_1^2}{2}\right)[\mathrm{Pa}]$$

2. 송풍기 정압(static pressure)

$P_s = P_t - P_{v_2}$ (=전압−출구측 동압)

$$= (P_{t_2} - P_{t_1}) - P_{v_2} = \left(P_{s_2} + \frac{\rho V_2^2}{2}\right) - P_{t_1} - \frac{\rho V_2^2}{2} = P_{s_2} - P_{t_1}[\mathrm{Pa}]$$

3. 리밋로드팬(limit load fan)은 축동력(shaft power)에 일정 최고한도가 있어 풍량이 증가해도 축동력은 감소하는 특성이 있다.

15

500rpm으로 운전되는 송풍기가 풍량 300m³/min, 전압 40mmAq, 동력 3.5kW의 성능을 나타내고 있다. 이 송풍기의 회전수를 10% 증가시키면 어떻게 되는가를 계산하시오.

해답 송풍기 상사법칙에서 직경($D_1 = D_2$)이 일정할 때 풍량은 회전수에 비례하고, 전압은 회전수 제곱에 비례하며, 축동력은 회전수 세제곱에 비례한다.

① 풍량(Q_2) $= Q_1 \dfrac{N_2}{N_1} = 300 \times \dfrac{500 \times 1.1}{500} = 330\,\mathrm{m^3/min}$

② 전압(P_2) $= P_1\left(\dfrac{N_2}{N_1}\right)^2 = 40 \times \left(\dfrac{500 \times 1.1}{500}\right)^2 = 48.4\,\mathrm{mmAq}$

③ 동력(L_2) $= L_1\left(\dfrac{N_2}{N_1}\right)^3 = 3.5 \times \left(\dfrac{500 \times 1.1}{500}\right)^3 = 4.658 \fallingdotseq 4.66\,\mathrm{kW}$

16

흡입측에 30mmAq(전압)의 저항을 갖는 덕트가 접속되고, 토출측은 평균풍속 10m/s로 직접 대기에 방출하고 있는 송풍기가 있다. 이 송풍기의 축동력을 구하시오.
(단, 풍량은 900m³/h, 정압효율은 0.5로 함)

해답 토출측 정압(P_{s_2})은 대기에 방출되므로 0이다.

$P_{t_2} = P_{s_2} + P_{v_2} = 0 + \dfrac{\rho V^2}{2} = \dfrac{1.2 \times 10^2}{2} = 60\mathrm{Pa} = 6.12\,\mathrm{mmAq}$

전압(P_t) $= P_{t_2} - P_{t_1} = 6.12 - (-30) = 36.12\,\mathrm{mmAq} \fallingdotseq 354\mathrm{Pa}$

정압(P_s) $= P_t - P_{t_2} = 36.12 - 6.12 = 30\,\mathrm{mmAq} = 294\mathrm{Pa} = 0.294\mathrm{kPa}$

$\therefore$ 축동력(L_s) $= \dfrac{P_s Q}{\eta_s} = \dfrac{0.294 \times \dfrac{900}{3{,}600}}{0.5} \fallingdotseq 0.15\mathrm{kW}$

17

두께 20cm의 콘크리트벽 내면에 두께 15cm의 발포 스티로폼을 방열 시공하고, 그 내면에 두께 1cm의 널을 대서 마무리한 냉장고 벽면에 대하여 그 열관류율을 구하시오. (단, 소수점 2자리까지 구하고 3자리 이하는 버린다. 또 이들 구조 재료의 열전도율 및 내 · 외면전열률은 다음 표와 같은 것으로 하고, 방습층이나 발포 스티로폼 받침틀 등의 열량은 무시하는 것으로 함)

재료명	열전도율〔W/m·K〕	표 면	표면 열전달률〔$W/m^2 \cdot K$〕
콘크리트	1.05	외표면	24
발포 스티로폼	0.05	내표면	7
내장 널(T몰딩)	0.17	–	–

해답

$$K=\frac{1}{R}=\frac{1}{\frac{1}{\alpha_o}+\sum_{i=1}^{n}\frac{l_i}{\lambda_i}+\frac{1}{\alpha_i}}=\frac{1}{\frac{1}{24}+\frac{0.2}{1.05}+\frac{0.15}{0.05}+\frac{0.01}{0.17}+\frac{1}{7}}=0.29\text{W/m}^2\cdot\text{K}$$

18

어느 벽체의 구조가 다음과 같은 조건을 갖출 때 각 물음에 답하시오.

[조 건]

1) 실내온도 : 25℃, 외기온도 : −5℃
2) 공기층의 열컨덕턴스 : $6.05\text{W/m}^2 \cdot \text{K}$
3) 외벽의 면적 : 40m^2
4) 벽체의 구조

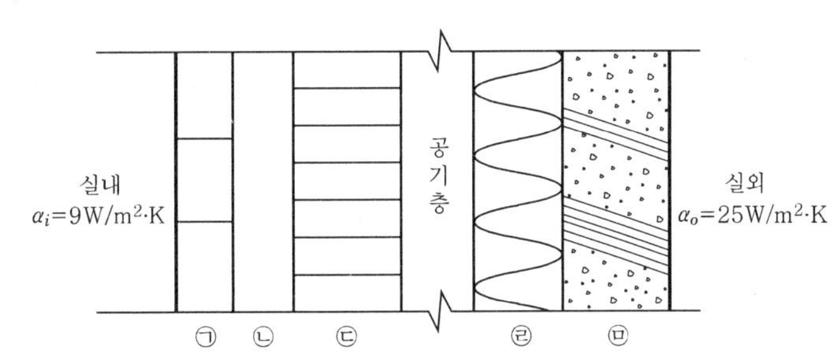

재 료	두께〔m〕	열전도율〔W/m·K〕
㉠ 타일	0.01	1.3
㉡ 시멘트 모르타르	0.03	1.3
㉢ 시멘트벽돌	0.19	1.4
㉣ 스티로폼	0.05	0.04
㉤ 콘크리트	0.10	1.7

1. 벽체의 열통과율[W/m²·K]을 구하시오.
2. 벽체의 손실열량[kJ/h]을 구하시오.
3. 벽체의 내표면온도[℃]를 구하시오.

해답 1. $K=\dfrac{1}{R}=\dfrac{1}{\dfrac{1}{\alpha_i}+\sum_{i=1}^{n}\dfrac{l_i}{\lambda_i}+\dfrac{1}{\alpha_o}}$

$=\dfrac{1}{\dfrac{1}{9}+\dfrac{0.01}{1.3}+\dfrac{0.03}{1.3}+\dfrac{0.19}{1.4}+\dfrac{0.05}{0.04}+\dfrac{1}{6.05}+\dfrac{0.1}{1.7}+\dfrac{1}{2.5}}$

$=0.558\,\mathrm{W/m^2\cdot K}$

2. $q_L=KA\Delta t=KA(t_i-t_o)$

$=0.558\times40\times\{25-(-5)\}$

$=669.6\,\mathrm{W}=2410.56\,\mathrm{kJ/h}$

3. $q_L=\alpha_i\,A(t_i-t_s)$에서

$t_s=t_i-\dfrac{q_L}{\alpha_i\,A}=25-\dfrac{669.6}{9\times40}=23.14℃$

19

두께 15cm의 콘크리트벽에 두께 8cm의 발포 스티로폼 단열재와 두께 1cm의 널을 각각 댄 냉장고 벽이 있다. 외기온도 30℃, 고내온도 −30℃의 경우 외벽온도를 구하시오. (단, 계산식을 표시하여 구하시오. 또한 이 조건에서 외기의 상대습도가 95%이고, 건구온도 30℃, 상대습도 95%의 공기의 노점온도는 29.2℃이다. 열밀도 및 벽표면 결로 여부를 판별한다. 계산에 필요한 값은 다음과 같다.)

재료명	열전도율[W/m·K]	표 면	표면 열전달률[W/m²·K]
콘크리트	1.05	벽의 외표면	24
발포 스티로폼	0.05	벽의 내표면	6
목재	0.76	−	−

해답 ① $K=\dfrac{1}{R}=\dfrac{1}{\dfrac{1}{\alpha_o}+\sum_{i=1}^{n}\dfrac{l_i}{\lambda_i}+\dfrac{1}{\alpha_i}}=\dfrac{1}{\dfrac{1}{24}+\dfrac{0.15}{1.05}+\dfrac{0.08}{0.05}+\dfrac{0.01}{0.76}+\dfrac{1}{6}}=0.51\,\mathrm{W/m^2\cdot K}$

② 밀도$(\rho)=\dfrac{KA(t_o-t_i)}{A}=K(t_o-t_i)=0.51\times\{30-(-30)\}=30.6\,\mathrm{W/m^2}$

③ 벽(wall)의 외표면온도(t_s)

$KA(t_o-t_i)=\alpha_o\,A(t_o-t_s)$에서

$t_s=t_o-\dfrac{K}{\alpha_o}(t_o-t_i)=30-\dfrac{0.51}{24}\times\{30-(-30)\}=28.73℃$

∴ 벽의 외표면온도가 공기의 노점온도보다 낮으므로(28.73℃ < 29.2℃) 결로가 발생한다.

20 **다음 그림과 같은 방의 실내손실열량을 구하고 빈칸을 채우시오.**

[조 건]

1) 상·하층 및 같은 층의 각 실은 모두 난방하고 있다.
2) 벽체의 열통과율 K〔$W/m^2 \cdot K$〕: 외벽 3.49, 내벽 2.91, 문 2.33, 천장·바닥 2.33, 유리 6.40
3) 환기횟수 : 1회/h
4) 잠열부하 및 방위별 부가계수는 무시한다.
5) 외기온도 : −10℃, 실내온도 : 20℃, 복도온도 : 10℃

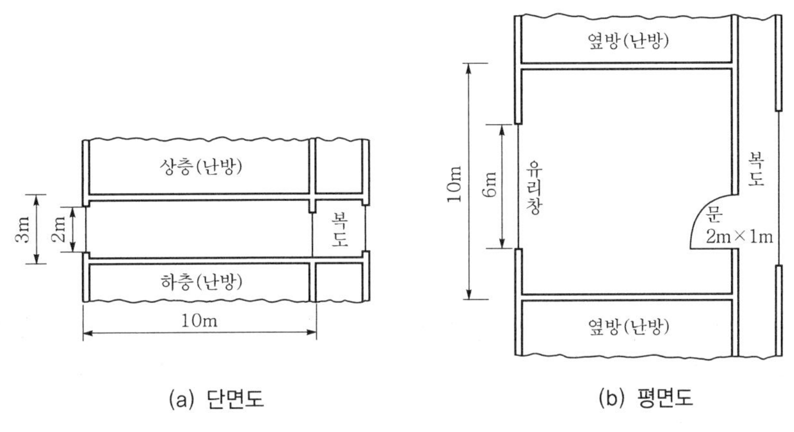

(a) 단면도　　(b) 평면도

1. 전열부하

구 분		면 적	K 〔$W/m^2 \cdot K$〕	온도차 t〔℃〕	손실열량 〔kJ/h〕
동	내벽		2.91		
	문		2.33		
서	외벽		3.49		
	유리		6.40		
남	내벽		2.91		
북	내벽		2.91		
천장			2.33		
바닥			2.33		
				계	

2. 환기부하 = $1.21nV$(실용적〔m^3〕)Δt〔℃〕
= 1.21×(　)×(　)×(　) = (　)kJ/h

난방부하=(　)kJ/h

해답 1.

구 분		면 적	K [W/m²·K]	온도차 t[℃]	손실열량 [kJ/h]
동	내벽	28	2.91	10	2933.28
	문	2	2.33	10	167.76
서	외벽	18	3.49	30	6784.56
	유리	12	6.40	30	8294.4
남	내벽	30	2.91	0	0
북	내벽	30	2.91	0	0
천장		100	2.33	0	0
바닥		100	2.33	0	0
				계	18,180

2. 환기부하 $= m\,C_p\,\Delta t = \rho Q C_p\,\Delta t = \rho C_p\,n\,V\Delta t$

$= 1.2 \times 1.0046 \times (1 \times 10 \times 10 \times 3) \times \{20-(-10)\}$

$\fallingdotseq 10{,}850\text{kJ/h}$

손실열량합계 $= 18{,}180\text{kJ/h}$

$\therefore$ 난방부하 = 환기부하 + 손실열량 $= 10{,}850 + 18{,}180 = 29{,}030\text{kJ/h}$ ($\fallingdotseq 8.06\text{kW}$)

21

다음 그림 (a)는 어떤 건물의 일부이다. 북쪽의 외벽을 통한 열통과량을 계산하시오.
(단, 천장높이는 2.5m로 하고, 벽면의 구조는 그림 (b)와 같음)

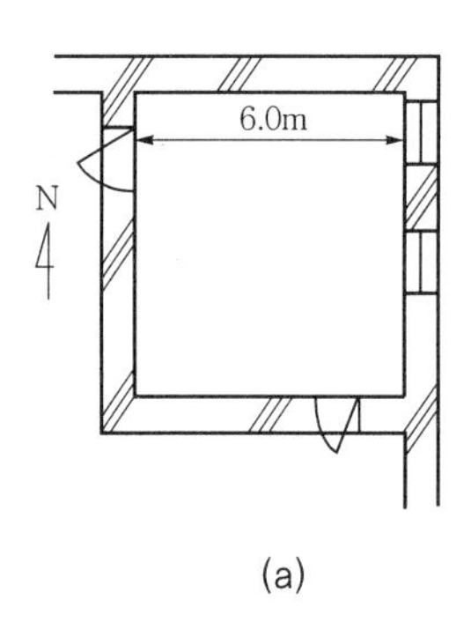

(a)

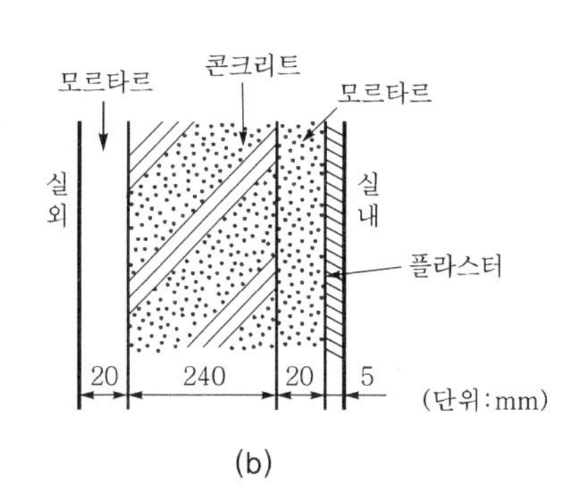

(b)

[조 건]

1) 외기온도 : −10℃, 실내온도 : 20℃
2) 열전도율(λ) 및 표면열전달률(α)

재 료	열전도율(λ) [W/m·K]	구 분	열전달률(α) [W/m²·K]
콘크리트	1.63	실외	34.89
모르타르	1.51	실내	9.30
플라스터	0.58	−	−

해답

$$K=\frac{1}{R}=\frac{1}{\frac{1}{\alpha_i}+\frac{l_1}{\lambda_1}+\frac{l_2}{\lambda_2}+\frac{l_3}{\lambda_3}+\frac{l_4}{\lambda_4}+\frac{1}{\alpha_o}}$$

$$=\frac{1}{\frac{1}{9.3}+\frac{0.02}{1.51}+\frac{0.24}{1.63}+\frac{0.02}{1.51}+\frac{0.005}{0.58}+\frac{1}{34.89}}=3.14\,\mathrm{W/m^2\cdot K}$$

$$\therefore\ Q=KA(t_r-t_o)=3.14\times(6\times2.5)\times\{20-(-10)\}=1412.7\mathrm{W}$$

22

30RT의 브라인냉각장치에서 브라인 입구온도 −5℃, 출구온도 −10℃, 냉매증발온도 −15℃, 냉각면적이 35m²라 하면 이 냉각장치의 열통과율은 얼마인가?

해설 ① $\Delta t_1=t_{b_1}-t_e=(-5)-(-15)=10℃$

$\Delta t_2=t_{b_2}-t_e=(-10)-(-15)=5℃$

$$\therefore\ LMTD=\frac{\Delta t_1-\Delta t_2}{\ln\left(\frac{\Delta t_1}{\Delta t_2}\right)}=\frac{10-5}{\ln\left(\frac{10}{5}\right)}\fallingdotseq 7.21℃$$

② $Q_e=KA(LMTD)$에서

$$\therefore\ K=\frac{Q_e}{A(LMTD)}=\frac{30\times13897.52}{35\times7.21}$$

$$=1652.17\,\mathrm{kJ/m^2\cdot h\cdot ℃}\fallingdotseq 458.94\,\mathrm{W/m^2\cdot K}$$

23

R−22 수냉 횡형 응축기에서 냉매측 열전달률 α_r을 2.33kW/m²·K로 하고, 냉각수측 열전달률 α_w는 다음 그림에서 얻어지는 것으로 한다. 관 내의 수속은 2.5m/s, 물때의 저항은 0.086m²·K/kW로 할 때 응축기에서 제거해야 할 열량을 210,000kJ/h, 냉각수와 냉매와의 평균온도차를 6.5℃로 하고, 냉각관의 내외면적비를 3.5로 하는 경우 냉각관의 외측 냉각면적은 몇 〔m²〕인가? (단, 답은 소수점 이하는 버린다. 또 응축기에서 열손실은 없고, 관재료의 열저항은 무시한다.)

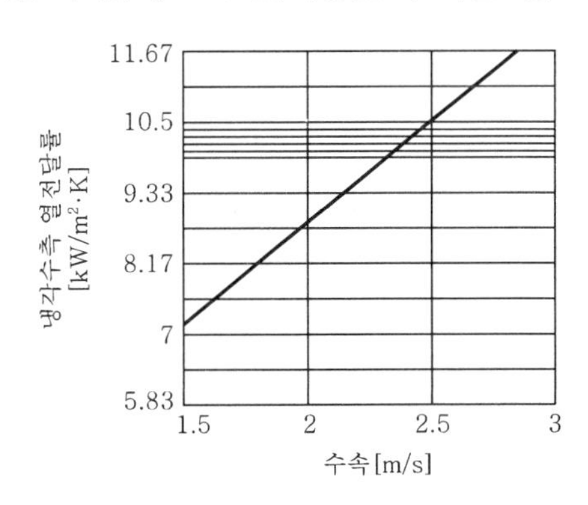

해설 ① $\frac{1}{KA_r} = \frac{1}{A_r \alpha_r} + \frac{1}{A_w \alpha_w} + \frac{1}{A_w} f$

$$\therefore K = \frac{1}{\frac{1}{\alpha_r} + \frac{A_r}{A_w}\left(\frac{1}{\alpha_w} + f\right)} = \frac{1}{\frac{1}{2.33} + 3.5 \times \left(\frac{1}{10.5} + 0.086\right)}$$

$= 0.940\text{kW/m}^2 \cdot \text{K} = 3{,}384\text{kJ/m}^2 \cdot \text{h} \cdot \text{K}$

여기서, $\frac{A_r}{A_w}$: 내외면적비$(=m)$

② $Q = AK\Delta t_m$에서 $A = \frac{Q}{K\Delta t_m} = \frac{210{,}000}{3{,}384 \times 6.5} \fallingdotseq 9.55\,\text{m}^2$

24

염화칼슘브라인을 냉각하는 브라인쿨러가 있다. 그 전열면적은 25m^{2}이다. 이 브라인쿨러의 운전조건은 다음과 같다.

[조 건]

1) 브라인비중 : 1.24	2) 브라인비열 : 2.814kJ/kg·℃
3) 브라인유량 : 200L/min	4) 쿨러에 들어가는 브라인온도 : −18℃
5) 쿨러에서 나오는 브라인온도 : −23℃	6) 쿨러에서의 냉매증발온도 : −26℃

1. 이 운전상태에서 브라인쿨러의 냉동부하 Q_e〔kJ/h〕을 구하시오.
2. 이 운전상태에서 브라인쿨러의 열통과율 K〔kJ/m^2·h·℃〕를 산정하시오. (단, 평균온도차는 산술평균온도차를 취하는 것으로 한다.)

해설 1. $Q_e = mC\Delta t = 200 \times 60 \times 1.24 \times 2.814 \times \{-18 - (-23)\} = 209361.6\text{kJ/h}$

2. $\Delta t_m = \frac{t_1 + t_2}{2} - t_e = \frac{(-18) + (-23)}{2} - (-26) = 5.5℃$

$Q_e = KA\Delta t_m$에서

$K = \frac{Q_e}{A\Delta t_m} = \frac{209361.6}{25 \times 5.5} = 1552.63\text{kJ/m}^2 \cdot \text{h} \cdot ℃$

25

다음 그림은 냉수시스템의 배관지름을 결정하기 위한 계통이다. 그림을 참조하여 각 물음에 답하시오.

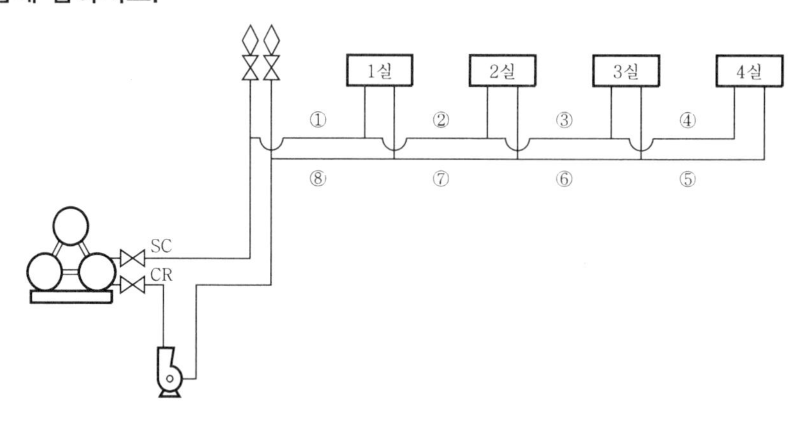

부하집계표

실 명	현열부하〔kJ/h〕	잠열부하〔kJ/h〕
1실	50,400	12,600
2실	105,000	21,000
3실	63,000	12,600
4실	126,000	25,200

냉수배관 ①~⑧에 흐르는 유량을 구하고, 주어진 마찰저항도표를 이용하여 관지름을 결정하시오. (단, 냉수의 공급 · 환수온도차는 5℃로 하고, 마찰저항 R은 30mmAq/m이다.)

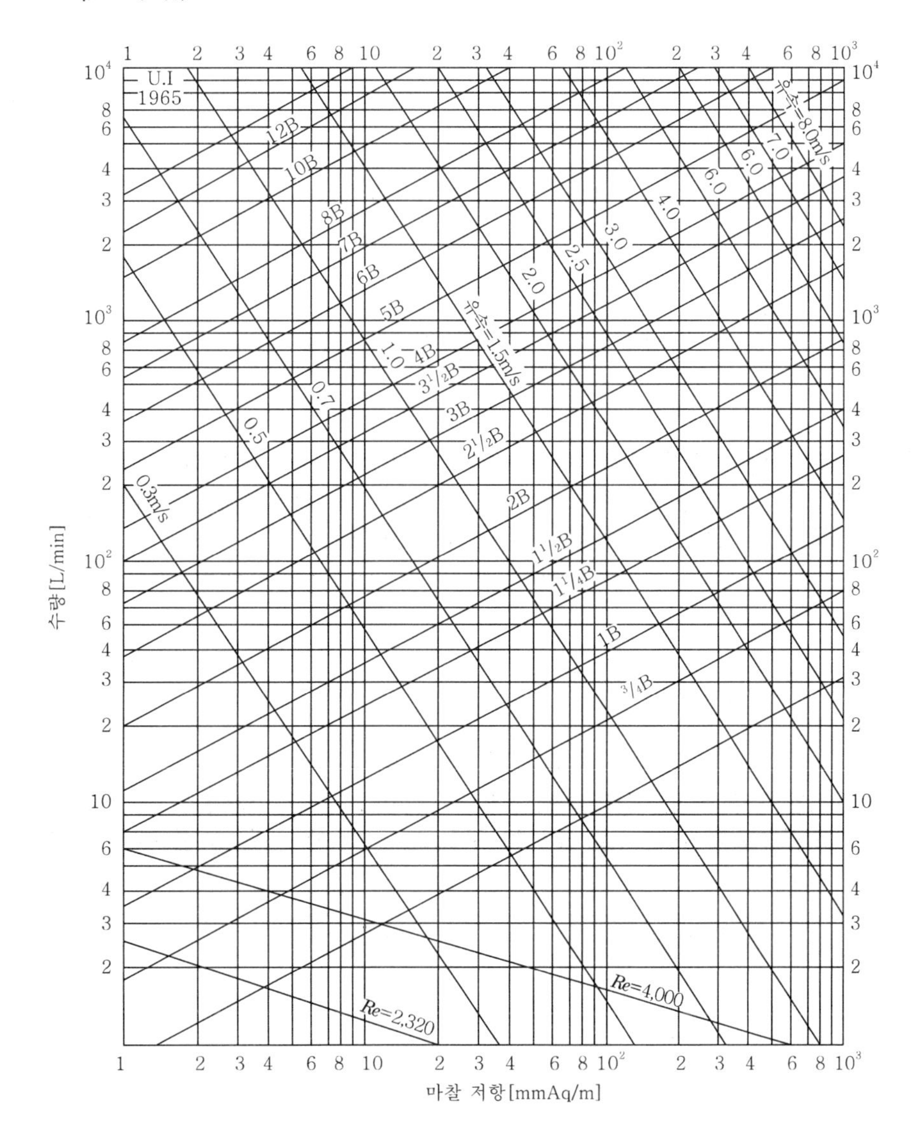

배관번호	유량〔L/min〕	관지름(B)
①, ⑧		
②, ⑦		
③, ⑥		
④, ⑤		

해설

배관번호	유량〔L/min〕	관지름(B)
①, ⑧	330	3
②, ⑦	280	3
③, ⑥	180	$2\frac{1}{2}$
④, ⑤	120	2

【참고】

① 1실 : $G_w = \dfrac{50{,}400 + 12{,}600}{5 \times 60 \times 4.2} = 50\,\text{L/min}$

② 2실 : $G_w = \dfrac{105{,}000 + 21{,}000}{5 \times 60 \times 4.2} = 100\,\text{L/min}$

③ 3실 : $G_w = \dfrac{63{,}000 + 12{,}600}{5 \times 60 \times 4.2} = 60\,\text{L/min}$

④ 4실 : $G_w = \dfrac{126{,}000 + 25{,}200}{5 \times 60 \times 4.2} = 120\,\text{L/min}$

26

다음 그림과 같은 두께 100mm의 콘크리트벽 내측을 두께 50mm의 방열층으로 시공하고, 그 내면에 두께 15mm의 목재로 마무리한 냉장실 외벽이 있다. 각 층의 열전도율 및 열전달률의 값은 다음 표와 같다.

재 질	열전도율〔W/m·K〕	벽 면	열전달률〔W/m²·K〕
콘크리트	1.05	외표면	25
방열재	0.06	내표면	7
목재	0.17	–	–

외기온도가 30℃, 상대습도가 85%, 냉장실온도 −30℃의 경우에 대해 그 방열벽 외표면온도를 계산식을 표시해 구하고, 이때 벽 외면에 결로하는가의 여부를 판정하시오.

공기온도〔℃〕	상대습도〔%〕	노점온도〔℃〕
30	80	26.2
30	90	28.2

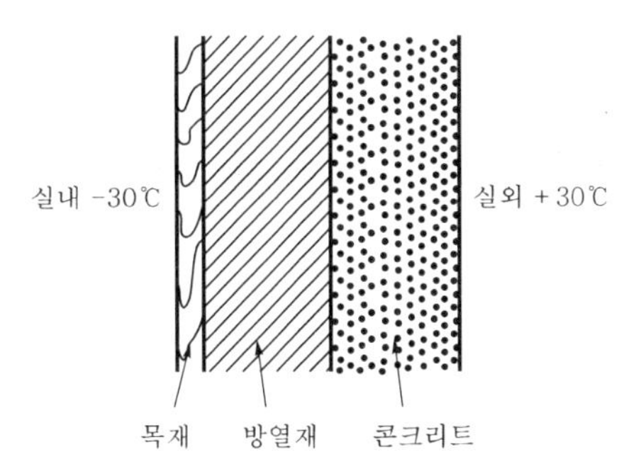

해답 $K=\frac{1}{R}=\frac{1}{\frac{1}{\alpha_o}+\sum_{i=1}^{n}\frac{l_i}{\lambda_i}+\frac{1}{\alpha_i}}=\frac{1}{\frac{1}{25}+\frac{0.1}{1.05}+\frac{0.05}{0.06}+\frac{0.015}{0.17}+\frac{1}{7}}=0.834\,\mathrm{W/m^2\cdot K}$

전체 통과열량=외기에서 냉장실 외표면벽의 열전달량

$K(t_o-t_r)=\alpha_o(t_o-t_s)$에서

$t_s=t_o-\frac{K}{\alpha_o}(t_o-t_r)=30-\frac{0.834}{25}\times\{30-(-30)\}\fallingdotseq 28℃$

온도 30℃, 상대습도 85%의 외기노점온도는 제시된 표에서 보간법을 적용해서 구하면

$t_o=26.2+(28.2-26.2)\times\frac{85-80}{90-80}=27.2℃$

∴ 외표면벽의 온도가 28℃로 외기노점온도(27.2℃)보다 높으므로 결로가 생기지 않는다.

27 두께 100mm의 콘크리트벽 내면에 200mm 발포 스티로폼의 방열 시공을 하고, 내면에 10mm 판재로 마감된 냉장고가 있다. 냉장고 내부온도 −20℃, 외부온도 30℃이며, 내부 전체 면적이 100m²일 때 다음 물음에 답하시오.

재료명	열전도율 〔W/m·K〕	벽 면	표면열전달률 〔W/m²·K〕
콘크리트	1.05	외벽면	23.26
발포 스티로폼	0.05	내벽면	5.82
내부 판재	0.17	−	−

1. 냉장고 벽체의 열통과율 K〔W/m²·K〕를 구하시오.
2. 벽체의 열전달열량〔kJ/h〕을 구하시오.

해답 1. $K=\frac{1}{R}=\frac{1}{\frac{1}{\alpha_o}+\sum_{i=1}^{n}\frac{l_i}{\lambda_i}+\frac{1}{\alpha_i}}=\frac{1}{\frac{1}{23.26}+\frac{0.1}{1.05}+\frac{0.2}{0.05}+\frac{0.01}{0.17}+\frac{1}{5.82}}$

$=0.23\,\mathrm{W/m^2\cdot K}$

2. $Q=KA\Delta t=0.23\times100\times\{30-(-20)\}=1{,}150\,\mathrm{W}$

MEMO

CHAPTER 02

냉매몰리에르 선도와 냉동사이클

Engineer Air-Conditioning Refrigerating Machinery

CHAPTER 2 냉매몰리에르선도와 냉동사이클

1 냉매몰리에르($P-h$)선도와 계산

1 냉매몰리에르선도

(1) 몰리에르선도와 냉동사이클

① 몰리에르선도(Mollier chart)

세로축에 절대압력(P)을, 가로축에 비엔탈피(h)를 나타낸 선도로서, 냉매 1kg이 냉동장치 내를 순환하며 일어나는 물리적인 변화(액체, 기체, 온도, 압력, 건조도, 비체적, 열량 등의 변화)를 쉽게 알아볼 수 있도록 선으로 나타낸 그림이다. $P-h$선도(압력과 비엔탈피선도)라 부르며 냉동장치의 운전상태 및 계산 등에 활용된다.

② 몰리에르선도에 나타나는 냉매상태와 구성

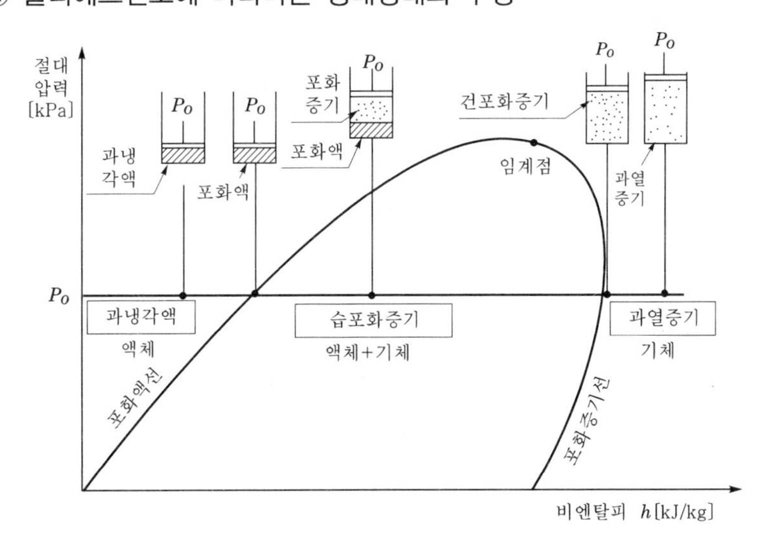

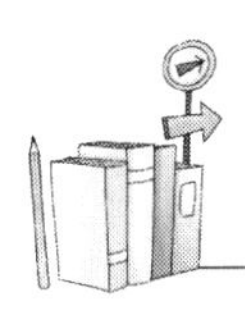

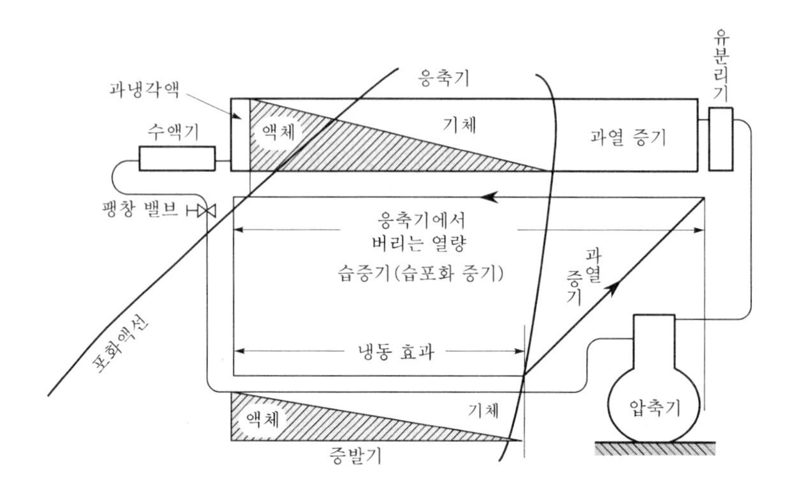

(2) 몰리에르선도에 나타나는 구성요소

분 류	기 호	공학(중력)단위	FPS단위	국제(SI)단위
절대압력	P	kgf/cm^2 (a)	lb/in^2 (a)	Pa〔kPa〕
비엔탈피	h	kcal/kg	BTU/lb	kJ/kg
비엔트로피	s	kcal/kg·℃	BTU/lb·°R	kJ/kg·K
온도	t	℃	℉	℃〔K〕
비체적	v	m^3/kg	ft^3/lb	m^3/kg
건조도	x	kg′/kg	kg′/kg	kg′/kg

① 등압선($P=c$)

㉠ 선도에 나타난 절대압력선을 말하며, 좌우를 연결하는 수평선으로 표시한다.

㉡ 등압선상의 압력은 일정하다($P=c$).

㉢ 증발압력과 응축압력을 알 수 있으며 압축비$\left(=\dfrac{\text{응축기 절대압력(고압)}}{\text{증발기 절대압력(저압)}}\right)$를 구할 수 있다.

㉣ 선도의 양측에 대수의 눈금으로 표시되어 있다.

㉤ 등엔탈피선과는 직교한다(x축 수직).

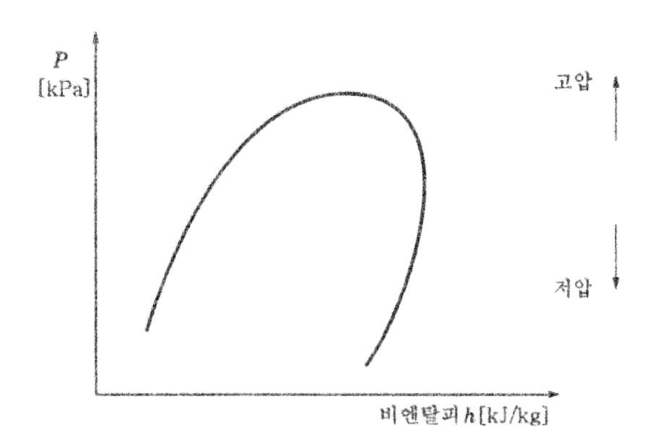

② **등엔탈피선**($h=c$)

㉠ 상하를 연결하는 수직선으로 표시한다(등압선과 직교).

㉡ 냉동효과, 압축일(w_c), 부하량을 구할 수 있다.

㉢ 선도의 상하에 그 수치가 기입되어 있다.

㉣ 성적계수(ε_R), 플래시가스량을 구할 수 있다.

㉤ 0℃의 포화액의 비엔탈피는 418.6kJ/kg으로 기준한다.
단, 건조공기 0℃의 비엔탈피는 0kJ/kg으로 기준한다.

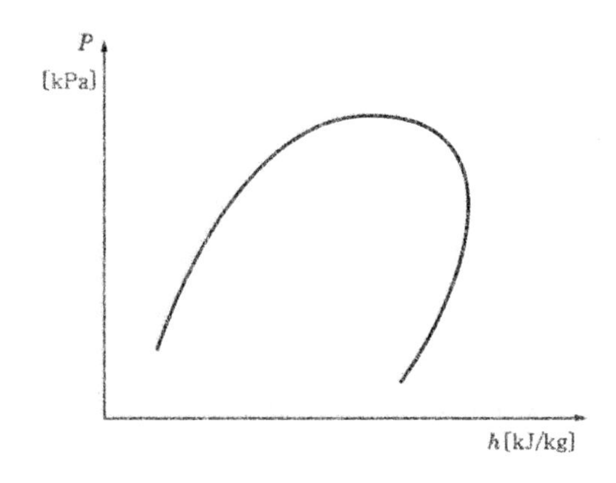

참고 **비엔탈피(specific enthalpy, h)**

단위질량당 엔탈피(전체의 열량)로 냉매 1kg이 함유한 내부에너지와 외부에너지(유동에너지)의 합이다.

$$h=u+pv=u+RT=u+\frac{p}{\rho}\text{[kJ/kg]}$$

③ **등엔트로피선**($S=c$)

㉠ 습포화증기(습공기)구역과 과열증기구역에서 존재한다. 급경사를 이루며 상향하는 직선에 가까운 곡선으로 실선으로 표시한다.

ⓛ 압축기는 이론적으로 단열압축으로 간주하므로 압축과정은 등엔트로피선을 따라서 행해진다.

ⓒ 압축 중 엔트로피값은 불변(일정)이며, 온도와 압력은 상승한다.

ⓔ 0℃ 포화액의 엔트로피값은 1이다.

④ 등온선($t=c$)

㉠ 선도에 나타난 온도선으로 증발온도, 흡입가스의 온도, 토출가스온도 등을 알 수 있다.

ⓛ 온도선은 과냉각액체구역에서는 등엔탈피선과 평행하는 수직선(점선)으로 나타나며 등압선과는 직교한다.

ⓒ 습포화증기구역에서는 등압선과 평행하는 수평선이며 등엔탈피선과는 직교한다.

ⓔ 과열증기구역에서는 압력과는 무관하게 우측 아래로 향하는 곡선(점선)으로 표시된다.

ⓜ 온도의 표시는 포화액선과 포화증기선상에 기입되어 있다.

⑤ 등비체적선($v=c$)

㉠ 습포화증기구역과 과열증기구역에 존재하며 우측 상부로 향한 곡선(점선)으로 표시된다.

ⓛ 흡입증기냉매의 비체적을 구하는 데 이용된다.

ⓒ 조명부하의 발생열량이다.

비체적(v)

- 단위질량당 체적이다.

$$v=\frac{V}{m}=\frac{1}{\rho}\text{[m}^3\text{/kg]}$$

- 흡입가스의 온도가 낮을수록 비체적은 증가한다.

⑥ 등건조도선(x)

㉠ 습포화증기구역에서만 존재하며 10등분 또는 20등분 한 곡선으로 냉매 1kg 중에 포함된 기체의 양(量)을 알 수 있다.

ⓛ 증발기에 유입되는 냉매 중의 플래시가스(flash gas)의 발생량을 알 수 있다.

건조도(x)

냉매 1kg 중에 포함된 액체에 대한 기체의 양을 표시하며, 포화증기의 건조도(x)는 1이고, 포화액의 건조도(x)는 0이다.

(3) 냉매몰리에르선도($P-h$선도)의 작도

- a : 압축기 흡입지점(증발기 출구)
- b : 압축기 토출지점(응축기 입구)
- c : 응축기에서 응축이 시작되는 지점
- d : 과냉각이 시작되는 지점
- e : 팽창밸브 입구지점
- f : 팽창밸브 출구지점(증발기 입구)

$P-h$선도상 냉동사이클	열역학적 상태변화(과정)
a → b 압축과정($S=c$)	압력 : 상승, 온도 : 상승, 비체적 : 감소, 엔트로피 : 일정, 비엔탈피 : 증가
b → c 과열 제거과정	압력 : 일정, 온도 : 강하, 비엔탈피 : 감소
c → d 응축과정	압력 : 일정, 온도 : 일정, 비엔탈피 : 감소, 건조도 : 감소
d → e 과냉각과정	압력 : 일정, 온도 : 강하, 비엔탈피 : 감소
e → f 팽창과정	압력 : 감소, 온도 : 강하, 비엔탈피 : 일정
f → a 증발과정	압력 : 일정, 온도 : 일정, 비엔탈피 : 증가, 건조도 : 증가

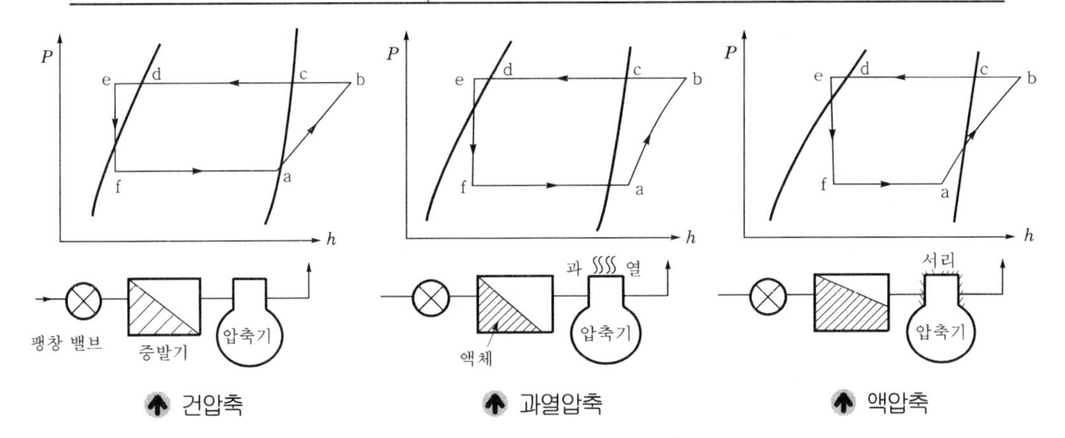

건압축 과열압축 액압축

2 흡입가스의 상태에 따른 압축과정

(1) 건(건식)포화압축

압축기로 흡입되는 가스가 건조포화증기인 상태를 말하며, 모든 냉동기의 표준 압축방식이다. 실제로는 불가능한 압축방식이나 이론적으로는 이상적인 압축이다.

(2) 과열압축

① 냉동부하가 증대하거나 증발기로 유입되는 냉매유량이 감소하게 되면 흡입가스는 과열하여 압축기는 과열압축을 하게 되며, 토출가스의 온도가 상승하고 실린더의 온도가 과열, 윤활유의 열화 및 탄화, 체적효율 감소, 냉동능력당 소요동력 증대, 냉동능력 감소 등의 현상을 초래하게 된다. 냉매의 비열비가 큰 암모니아장치에서는 채용하지 않으며 프레온(R－12, R－500)장치에서 과열도 3~8℃ 정도 유지함으로써 리퀴드백(liquid back)을 방지할 수 있고, 냉동효과를 증가시키며 냉동능력당 소요동력을 절감시킬 수 있다.

② 과열압축의 원인

㉠ 냉동부하의 급격한 변동(증대현상)
㉡ 냉매량의 누설 및 부족
㉢ 팽창밸브의 과소 개도
㉣ 흡입관의 방열보온상태 불량
㉤ 플래시가스량의 과대
㉥ 액관의 막힘 등

(3) 습압축(액압축)

① 냉동기의 운전 중 압축기로 흡입되는 냉매 중에 일부의 액냉매가 혼입되어 압축하는 현상(리퀴드백, liquid back)을 말하며, 심한 경우에는 리퀴드해머(liquid hammer)를 초래하여 압축기 소손의 위험이 있게 된다.

② 리퀴드백의 원인

㉠ 냉매의 과잉 충전
㉡ 팽창밸브의 과대 개도
㉢ 증발기의 냉각관에 유막 및 적상(frost) 과대
㉣ 냉동부하의 급격한 변동(감소현상)
㉤ 압축기용량의 과대
㉥ 액분리기의 기능 불량 및 용량 부족
㉦ 흡입관에 트랩(trap) 등 액이 체류할 곳부가 설치된 경우
㉧ 운전 중 흡입스톱밸브의 급격한 전개조작 등

3 몰리에르선도와 응용

(1) 냉동효과(냉동력, 냉동량)

냉매 1kg이 증발기에서 흡수하는 열량을 말한다.

$q_e = h_a - h_e$〔kJ/kg〕

여기서, q_e : 냉동효과〔kJ/kg〕
h_a : 증발기 출구 증기냉매의 비엔탈피〔kJ/kg〕
h_e : 팽창밸브 직전 고압액냉매의 비엔탈피〔kJ/kg〕

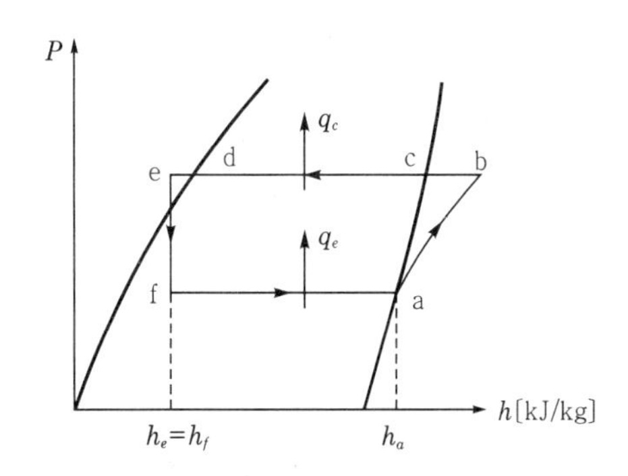

(2) 압축일(w_c)

압축기에 흡입된 저압증기냉매 1kg을 응축압력까지 압축하는 데 소요되는 일의 열당량이다.

$w_c = h_b - h_a$〔kJ/kg〕

여기서, w_c : 압축일(소비일)〔kJ/kg〕
h_b : 압축기 토출 고압증기냉매의 비엔탈피〔kJ/kg〕
h_a : 압축기 흡입증기(증발기 출구)냉매의 비엔탈피〔kJ/kg〕

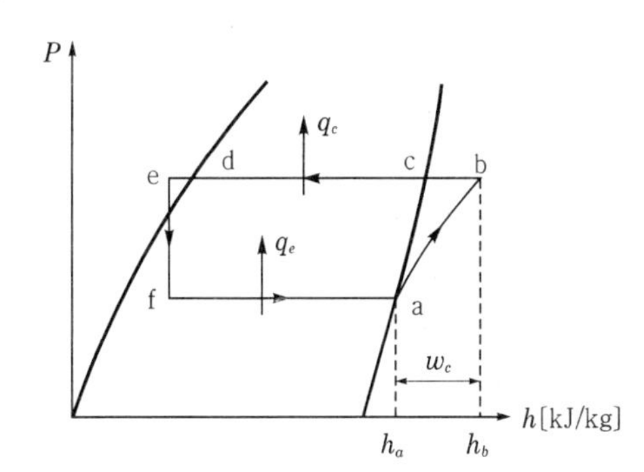

(3) 응축기 부하(응축기의 방출열량)

압축기에서 토출된 고압증기냉매 1kg을 응축하기 위해 공기 및 냉각수에 방출 제거해야 할 열량이다.

$q_c = q_e + w_c$〔kJ/kg〕

여기서, q_c : 응축기의 방출열량〔kJ/kg〕
q_e : 냉동효과($=h_a - h_e$)〔kJ/kg〕
w_c : 압축일($=h_b - h_a$)〔kJ/kg〕

CHAP. 2

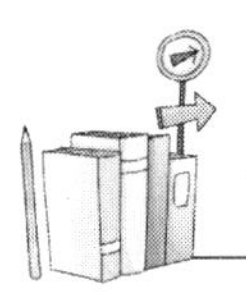

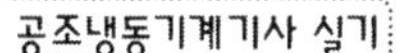

$q_c = h_b - h_e$〔kJ/kg〕

여기서, h_e : 팽창밸브 직전 고압액냉매의 비엔탈피〔kJ/kg〕

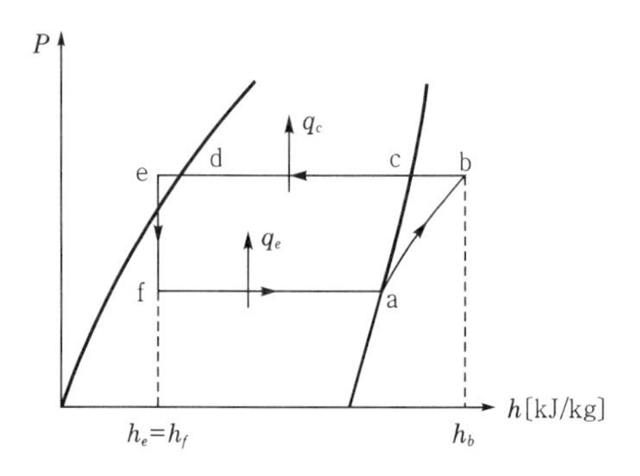

(4) 냉동기 성적계수(refrigerator coefficient of performance)

냉동기의 능률(성능의 우열)을 나타내는 값으로 압축일에 대한 냉동능력과의 비를 말한다.

① 이론성적계수($(COP)_R$)$= \dfrac{\text{냉동효과}}{\text{압축기 소요일}} = \dfrac{h_a - h_e}{h_b - h_a}$

$$= \frac{\text{냉동능력}}{\text{압축기 소요동력}} = \frac{Q_e}{kW \times 3{,}600}$$

$$= \frac{Q_e}{W_c} = \frac{Q_e}{Q_c - Q_e} = \frac{T_2}{T_1 - T_2}$$

여기서, Q_e : 냉동능력〔kJ/h〕
Q_c : 응축기의 시간당 방열량〔kJ/h〕
T_1 : 응축기의 절대온도〔K〕
T_2 : 증발기의 절대온도〔K〕
W_c : 시간당 압축일〔kJ/h〕

② 실제 성적계수($(COP)_R$)$= \dfrac{q_e}{w_c} \times$압축효율($\eta_c$)$\times$기계효율($\eta_m$)

※ 성적계수의 값이 크다는 것은 작은 동력을 소비하여 큰 냉동능력을 얻는 결과이므로, 성적계수는 클수록 좋으며 항상 1보다 큰 값이 된다.

(5) 압축비(compression ratio)

냉동기에서 압축비란 증발기 절대압력(P_1)에 대한 응축기 절대압력(P_2)과의 비를 말한다.

$$압축비(\varepsilon) = \frac{P_2(응축기\ 절대압력)}{P_1(증발기\ 절대압력)} = \frac{고압}{저압}$$

① 압축비가 크면 토출가스온도가 상승하여 실린더가 과열하고, 윤활유의 열화 및 탄화로 인하여 냉동능력당 소요동력이 증대하며, 체적효율의 감소로 결국 냉동능력이 감소하게 된다.

$$토출가스온도(단열압축\ 후\ 온도)(T_2) = T_1\left(\frac{P_2}{P_1}\right)^{\frac{k-1}{k}}\ [K]$$

$$가역단열변화\ 시\ 절대온도와\ 절대압력의\ 관계식 = \frac{T_2}{T_1} = \left(\frac{P_2}{P_1}\right)^{\frac{k-1}{k}}$$

여기서, T_2 : 토출가스의 절대온도[K]
T_1 : 흡입가스의 절대온도[K]
P_1 : 흡입가스의 절대압력[kPa]
P_2 : 토출가스의 절대압력[kPa]
k : 단열지수(비열비)

② 냉매가스의 k(비열비)값이 클수록 토출가스온도의 상승은 커진다.

CHAP. 2

(6) 냉매순환량($\dot{m}$)

$$\dot{m} = \frac{Q_e}{q_e} = \frac{V_a}{v_a}\eta_v\ [kg/h]$$

여기서, $\dot{m}$: 냉매순환량[kg/h]
Q_e : 냉동능력[kJ/h]
q_e : 냉동효과[kJ/kg]
V_a : 피스톤의 실제 압출량[m^3/h]
v_a : 흡입가스냉매의 비체적[m^3/kg]
η_v : 체적효율

표준 냉동사이클에서의 냉동능력 1RT당 냉매순환량[kg/h]과 순환증기냉매의 체적[m^3/h]

냉 매	Q_e[kJ/h]	q_e[kJ/kg]	$\dot{m} = \frac{Q_e}{q_e}$[kg/h]	v_a[m^3/kg]	V_a[m^3/h]
NH_3	13,898	1,126	$\frac{13,898}{1,126} = 12.34$	0.509	6.28
R-12	13,898	123.4	$\frac{13,898}{123.4} ≒ 112.63$	0.093	10.47
R-22	13,898	168.2	$\frac{13,898}{168.2} ≒ 82.63$	0.078	6.45

(7) 순환증기냉매의 체적

$$V_g = \dot{m}v = \frac{Q_e}{q_e}v\,[\mathrm{m^3/h}]$$

여기서, V_g : 순환증기냉매의 체적[m³/h]
$\dot{m}$: 냉매의 순환량$\left(=\frac{Q_e}{q_e}\right)$[kg/h]
v : 흡입가스의 비체적[m³/kg]
Q_e : 냉동능력[kJ/h]
q_e : 냉동효과[kJ/kg]

(8) 이론적인 피스톤압출량(piston displacement)

① 왕복동압축기의 경우

$$V_a = \frac{\pi}{4}D^2LNZ \times 60\,[\mathrm{m^3/h}]$$

여기서, V_a : 이론적인 피스톤압출량[m³/h]
D : 피스톤의 직경 및 실린더의 내경[m]
L : 피스톤의 행정[m]
N : 분당 회전수[rpm]
Z : 기통수(실린더 수)

② 회전식 압축기의 경우

$$V_a = \frac{\pi}{4}(D^2 - d^2)tNZ \times 60\,[\mathrm{m^3/h}]$$

여기서, t : 회전피스톤의 가스압축 부분의 두께(=실린더높이)[m]
N : 회전피스톤의 1분간의 표준 회전수[rpm]
D : 실린더의 내경[m]
d : 로터(rotor)의 지름[m]

4 계산의 활용

(1) 냉동능력

① $$Q_e = \frac{\frac{V}{60}(h_a - h_e)}{v_a}\eta_v\,[\mathrm{kW=kJ/s}]$$

여기서, Q_e : 냉동능력[kW]
v_a : 흡입증기냉매의 비체적[m³/kg]
V : 분당 피스톤압출량[m³/min]
q_e : 냉동효과($=h_a - h_e$)[kJ/kg]
η_v : 체적효율

② $Q_e = \frac{V}{C}$〔RT〕

여기서, Q_e : 냉동능력〔RT〕

V : 시간당 피스톤압출량〔m^3/h〕

C : 압축가스의 상수(고압가스안전관리법에 의한 아래의 값)

냉 매	압축기 기통 1개의 체적 5,000cm³ 초과	압축기 기통 1개의 체적 5,000cm³ 이하	냉 매	압축기 기통 1개의 체적 5,000cm³ 초과	압축기 기통 1개의 체적 5,000cm³ 이하
NH_3	7.9	8.4	R-13	4.2	4.4
R-12	13.1	13.9	R-500	11.3	12.0
R-22	7.9	8.5	프로판	9.0	9.9

③ 회전식 압축기의 냉동능력

$$Q_e = \frac{60 \times 0.785tR(D^2 - d^2)}{C} \text{〔RT〕}$$

④ 원심식 압축기의 냉동능력

$$Q_e = \frac{\text{압축기 전동기의 정격출력〔kW〕}}{1.2}$$

※ 1RT=압축기 전동기의 정격출력 1.2kW

⑤ 흡수식 냉동기의 냉동능력

$$Q_e = \frac{\text{발생기를 가열하는 1시간의 입열량〔kW〕}}{7.72}$$

※ 흡수식 냉동기에서 1RT=6,640kcal/h ≒ 7.72kW

⑥ 다단 압축 및 다원 냉동방식의 경우

$$Q_e = \frac{V_H + 0.08\,V_L}{C}$$

여기서, V_H : 압축기의 표준 회전속도에서 최종단(최종원) 기동의 1시간의 피스톤압출량〔m^3/h〕

V_L : 압축기의 표준 회전속도에서 최종단(최종원) 앞의 기통의 1시간의 피스톤압출량〔m^3/h〕

(2) 체적효율(volume effciency)

$$\eta_v = \frac{V_a(\text{실제적인 피스톤압출량})}{V_{th}(\text{이론적인 피스톤압출량})} \times 100\%$$

참고 폴리트로픽압축 시 체적효율(η_v)

$$\eta_v = 1 - \varepsilon_c \left\{ \left(\frac{P_2}{P_1} \right)^{\frac{1}{n}} - 1 \right\}$$

여기서, $\varepsilon_c = \frac{V_c}{V_s}$ (간극비=통극비)

실린더 1개의 크기에 따른 체적효율(η_v)

기통 1개의 체적이 5,000cm^3 초과	기통 1개의 체적이 5,000cm^3 이하
0.8	0.75

① **이론적인 피스톤압출량과 실제적인 피스톤압출량의 비교**

실제적인 피스톤압출량은 이론적인 피스톤압출량보다 항상 작아지고 있는 이유는 다음과 같다($V_g < V_a$).

㉠ 통극(top clearance)에서의 냉매의 잔류
㉡ 통극에 잔류한 냉매의 재팽창체적
㉢ 흡입밸브, 토출밸브, 피스톤링에서의 냉매의 누설
㉣ 냉매 통과 시의 유동저항
㉤ 실제적인 흡입행정체적의 감소
㉥ 실린더 과열에 의한 가스의 체적팽창

② **체적효율이 감소되는 원인**

㉠ 통극(top clearance)이 클수록
㉡ 압축비가 클수록
㉢ 기통(실린더)의 체적이 작을수록
㉣ 압축기의 회전수가 빠를수록(wire drawing현상 발생)

(3) 압축효율(compression efficiencey)

$$\eta_c = \frac{\text{이론적으로 가스를 압축하는 데 소요되는 동력}}{\text{실제로 가스를 압축하는 데 소요되는 동력}}$$

압축효율은 냉매의 종류, 온도 및 압력에 따라 다르게 되며 보통 65~85%로 취급한다.

(4) 기계효율(mechanical efficency)

$$\eta_m = \frac{\text{실제로 가스를 압축하는 데 소요되는 동력}}{\text{압축기를 운전하는데 소요되는 동력}} = \frac{\text{도시마력}}{\text{축마력}}$$

기계효율은 기계의 크기, 마찰면적, 회전수 등에 따라 다르게 되며 보통 70~90%로 취급한다.

(5) 압축일량

① 이론적 소요동력

$$N = \frac{m(h_b - h_a)}{3{,}600\varepsilon_R} = \frac{Q_e}{3{,}600\,\varepsilon_R}\,[\mathrm{kW}]$$

② 실제 소요동력(실제 압축운전에 필요한 동력)

$$N_c = \frac{N}{\eta_c \eta_m}\,[\mathrm{kW}]$$

여기서, N : 이론적 소요동력[kW]
$h_b - h_a$: 압축일($=w_c$)[kJ/kg]
m : 냉매순환량[kg/h]
ε_R : 냉동기 성적계수
N_c : 운전에 소요되는 실제 동력[kW]
η_c : 압축효율
η_m : 기계효율

5 공조설비의 구성

(1) 공기조화기(AHU)

에어필터 공기냉각기, 공기가열기, 가습기(air washer), 송풍기(fan) 등으로 구성된다.

(2) 열운반장치

팬, 덕트(duct), 펌프, 배관 등으로 구성된다.

(3) 열원장치

보일러, 냉동기 등을 운전하는 데 필요한 보조기기이다.

(4) 자동제어장치

실내온·습도를 조정하고 경제적인 운전을 한다.

참고

실내환경의 쾌적함을 위한 외기도입량은 급기량(송풍량)의 25~30% 정도를 도입한다.

$$Q \geq \frac{M}{C_i - C_o}\,[\mathrm{m^3/h}]$$

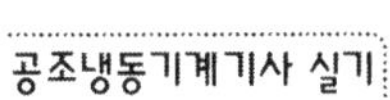

여기서, Q : 시간당 외기도입량[m³/h]
M : 전체 인원의 시간당 CO_2 발생량[m³/h]
C_i : 실내 유지를 위한 CO_2함유량[%]
C_o : 외기도입공기 중의 CO_2함유량[%]

예제 1

1,000명을 수용하는 강당에서 1인당 CO_2 발생량이 17L/h일 때 CO_2가 0.05%인 외기를 도입하여 실내 CO_2를 0.1%로 유지하는 데 필요한 환기량(Q)은 얼마인가?

$$Q = \frac{M}{C_i - C_o} = \frac{1,000 \times 0.017}{0.001 - 0.0005} = 34,000\,\text{m}^3/\text{h}$$

2 냉동의 개요

1 냉동의 정의

냉동(refrigeration)이란 물체(특정 장소)를 상온보다 낮게 하여 소정의 저온을 유지하는 것이며, 이를 위해 사용하는 기계를 냉동기(refrigerator)라고 한다.

2 냉동의 분류

(1) 냉각(cooling)

주위 온도보다 높은 온도의 물체에서 열을 흡수하여 영상 이상의 온도로부터 그 물체가 필요로 하는 온도까지 낮게 유지하는 것이다.

(2) 냉장(storage)

저온의 물체를 동결하지 않을 정도로 그 물체가 필요로 하는 온도까지 낮추어 저장하는 상태이다.

(3) 동결(freezing)

그 물체의 동결온도 이하로 낮추어 유지하는 상태로 좁은 의미의 냉동을 일컫는다.

(4) 1제빙톤

1일 얼음생산능력을 톤〔ton〕으로 나타낸 것으로, 25℃의 원수 1ton을 24시간 동안에 −9℃의 얼음으로 만드는 데 제거해야 할 열량을 냉동능력으로 나타낸 것이다(외부손실열량 20% 고려).

$$1제빙톤 = \frac{1,000 \times (4.186 \times 25 + 334 + 2.093 \times 9) \times 1.2}{24 \times 13897.52} = 1.65RT(냉동톤)$$

※ 1RT = 3,320kcal/h = 13897.52kJ/h = 3.86kW

(5) 저빙

상품된 얼음을 저장하는 것이다.

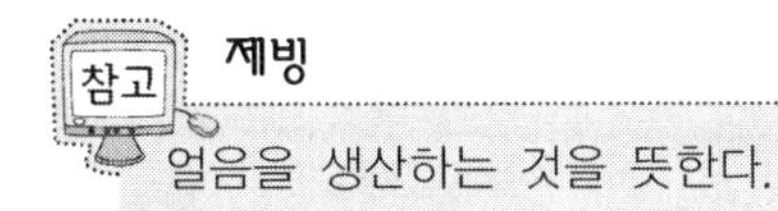

참고 **제빙**

얼음을 생산하는 것을 뜻한다.

3 열의 이동형식

(1) 열이동

① 열에너지는 온도가 높은 부분에서 낮은 쪽으로 이동한다. 이 현상을 열이동(heat transfer)이라고 한다.

② 열의 이동은 일반적으로 전도 · 대류 · 복사의 복합적 열이동이 이루어진다.

(2) 열전도(heat conduction)

① **고체 열전달**

$$Q = -\lambda A \frac{\partial t}{\partial x} \text{〔W〕} \text{(Fourier의 열전도법칙)}$$

② **열유속**(heat flux)

단위시간, 단위면적당 통과열량을 말한다.

$$q = \frac{Q}{A} = -\lambda \frac{\partial t}{\partial x} \text{〔W/m}^2\text{〕}$$

여기서, λ : 물질에 따른 특성치(=열전도계수)(비례상수)〔W/m·K〕

온도기울기는 $\frac{\partial t}{\partial x} < 0$가 된다.

4 대류(convection) 열전달

고체표면이 유체와 접하고 있으면서 유체가 유동할 때 이 양자 간에 유동하는 열의 수수(授受)과정에서의 열이동이다.

$$q_{conv} = hA(t_s - t_f)\text{[W]} \quad \text{(Newton의 냉각법칙)}$$

여기서, h : 열전달계수(=표면전열계수)(비례상수)[$W/m^2 \cdot K$]
A : 고체표면적[m2]
t_s : 고체의 표면온도[℃]
t_f : 유체의 온도[℃]

예제 2

두께 6cm의 엷은 콘크리트벽이 있다. 두 면의 표면온도가 각각 20°C, 0°C일 때 1시간 $1m^2$당 열유량을 구하라. (단, 콘크리트 열전도율(λ)=0.758W/m·K)

$$q = -\lambda \frac{\partial t}{\partial x} = \lambda\left(\frac{t_1 - t_2}{x}\right) = 0.758 \times \frac{20-0}{0.06} = 252.67\,\text{W/m}^2$$

예제 3

3층으로 된 벽의 각 벽에 대해서 두께와 열전도율은 각각 10mm, 100mm, 5mm, 1.6W/m·K, 1.4W/m·K, 0.6W/m·K이다. 내 · 외벽에 대한 열전달계수가 모두 9.3W/m^2·K일 때 이 삼중벽의 열관류계수(K)를 구하라.

$$K = \frac{1}{R} = \frac{1}{\dfrac{1}{\alpha_i} + \sum_{i=1}^{n}\dfrac{l_i}{\lambda_i} + \dfrac{1}{\alpha_o}} = \frac{1}{\dfrac{1}{9.3} + \dfrac{0.01}{1.6} + \dfrac{0.1}{1.4} + \dfrac{0.005}{0.6} + \dfrac{1}{9.3}} \fallingdotseq 3.32\,\text{W/m}^2\cdot\text{K}$$

5 복사 열전달

절대온도(T)인 완전 흑체표면에서 그 상반부인 반구상공간에 단위시간, 단위면적당 방사되는 전에너지(복사표면에너지)는 다음 식으로 구한다.

$$q_R = \varepsilon\sigma T^4\,[\text{W/m}^2] \quad \text{(Stefan−Boltzmann의 법칙)}$$

여기서, ε : 복사율($0 < \varepsilon < 1$)
σ : 스테판−볼츠만상수(흑체복사계수)($=5.67 \times 10^{-8}\,\text{W/m}^2 \cdot \text{K}^4$)

6 현열(sensible heat)과 잠열(latent heat)

(1) 현열 = 감열(q_s)

물질의 상태는 변화 없이 온도만 변화되는 열량을 말한다.

$$q_s = C(t_2 - t_1)\text{[kJ/kg]}\ (\text{단위질량당 가열량})$$

$$Q_s = mq_s = mC(t_2 - t_1)\text{[kJ]}$$

여기서, Q_s : 전체 현열량[kJ]
m : 질량[kg]
C : 물질의 비열[kJ/kg·℃]
t_2 : 가열 후 온도[℃]
t_1 : 가열 전 온도[℃]

(2) 잠열(latent heat) = 숨은열(q_L)

물질의 상태만 변화시키고 온도는 일정한 상태의 열량을 말한다.

예 0℃ 얼음의 융해열(0℃ 물의 응고열) : 334kJ/kg
100℃ 물(포화수)의 증발열(100℃ 건포화증기의 응축열) : 2,256kJ/kg

※ 1kcal=3.968BTU=2.205CHU(PCU)=4.186kJ

※ 1therm(섬)=10^5BTU

CHAP. 2

7 비열(specific of heat)

(1) 비열의 개요

① 단위질량(1kg)을 단위온도(1℃)만큼 높이는 데 필요로 하는 열량[kJ]이다.

예 물의 비열(C)=4.186kJ/kg·K

② 비열의 단위는 [kJ/kg·K], [kcal/kg·℃], [BTU/lb·°F], [CHU/lb·℃]이다.

(2) 비열의 종류

① 정압비열(C_p)

압력이 일정한 상태($P=c$)하에서 기체(공기) 1kg을 1℃ 높이는 데 필요로 하는 열량[kJ]이다.

공기의 정압비열(C_p)=1.005kJ/kg·K

② 정적비열(C_v)

체적이 일정한 상태($v=c$)하에서 기체(공기) 1kg을 1℃ 높이는 데 필요로 하는 열량[kJ]이다.

공기의 정적비열(C_v)=0.72kJ/kg·K

8 비열비(ratio of specific heat)

비열비(k)란 기체의 정압비열(C_p)과 정적비열(C_v)의 비를 말한다.

$$k = \frac{C_p}{C_v}$$

$$\text{공기의 비열비}(k) = \frac{C_p}{C_v} = \frac{1.0046}{0.72} = 1.4$$

기체(gas)인 경우 $C_p > C_v$ 이므로 비열비는 항상 1보다 크다($k > 1$).

기체(냉매)명	비열비(k)	기체(냉매)명	비열비(k)
암모니아(NH_3)	1.31	공기	1.4
R-12	1.13	아황산가스(SO_2)	1.25
R-22	1.18	탄산가스(CO_2)	1.41

9 냉매와 워터재킷

(1) 냉동장치에 사용되는 냉매(refrigerant)

① 비열비(k)가 클수록 동일한 운전조건에서 압축 후 토출되는 냉매가스의 온도(토출가스온도)가 상승하여 압축기 실린더가 과열되고 윤활유가 열화(온도 상승) 및 탄화(증기 발생)하며 체적효율(η_v)이 감소된다.

② 냉동능력당 소요동력이 증대되고 냉매순환량이 감소하여 결과적으로 냉동능력이 감소하게 되는 나쁜 영향을 초래하게 된다. 이런 이유에서 암모니아(NH_3)를 냉매로 사용하는 냉동장치의 압축기 실린더는 워터재킷(water jacket)을 설치하여 토출가스온도를 낮추기(냉각) 위해 수냉각시키고 있다.

(2) 워터재킷(water jacket, 물주머니)

① 수냉식 기관에서 압축기 실린더 헤드의 외측에 설치한 부분으로 냉각수를 순환시켜 실린더를 냉각시킴으로써 기계효율(η_m)을 증대시키고 기계적 수명도 연장시킨다.

② 워터재킷을 설치하는 압축기는 냉매(NH_3)의 비열비(k)값이 1.31 이상인 경우에 효과가 있다.

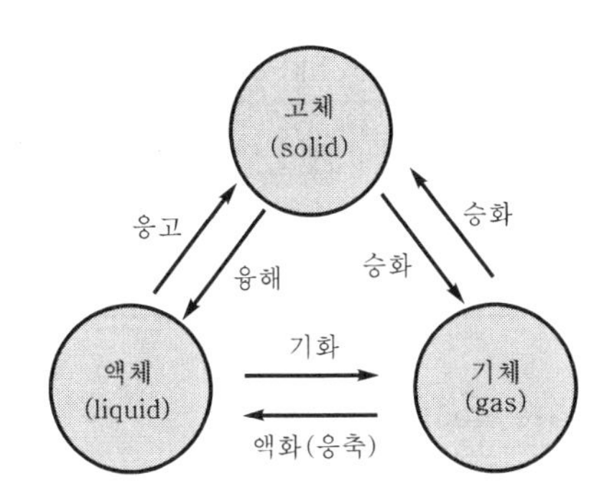

◐ 물질의 상태변화

상태변화	열의 이동	잠 열	예
액체 → 기체	흡열	증발열	2,256kJ/kg
기체 → 액체	방열	응축열	2,256kJ/kg
고체 → 액체	흡열	융해열	334kJ/kg
액체 → 고체	방열	응고열	334kJ/kg
고체 → 기체	흡열	승화열	CO_2(드라이아이스) 승화열 −78.5℃에서 574kJ/kg

CHAP. 2

3 냉동방법

1 냉동방법의 분류

(1) 자연적인 냉동방법(natural refrigeration)

물질의 물리 · 화학적인 특성을 이용하여 행하는 냉동방법이다.

① **융해잠열**(melting heat) **이용법**

고체의 상태에서 액체로 변화할 때 흡수하는 열을 이용하여 행하는 냉동방법이다.

예 0℃의 얼음 ⇆ 0℃의 물(334kJ/kg)

② **증발잠열**(boiling heat) **이용법**

액체의 상태에서 기체로 변화할 때 흡수하는 열을 이용하여 행하는 냉동방법으로, 물, 액화암모니아, 액화질소, R−12, R−22 등이 있다.

예 액화질소 : −196℃의 저온에서 증발열로써 약 200.93kJ/kg의 열을 흡수하고 급속동결장치나 식품 수송용 냉동차에 이용되고 있다.

증발잠열의 비교(압력 101.325kPa)

물 질	온도[℃]	증발잠열량[kJ/kg]	물 질	온도[℃]	증발잠열량[kJ/kg]
물	100	2,256	R-12	-29.8	167
NH_3	-33.3	1,369	R-22	-40.8	234

③ 승화잠열(sublimate heat) 이용법

고체의 상태에서 직접 기체로 변화할 때 흡수하는 열을 이용하여 행하는 냉동방법이다.

예 고체 이산화탄소(dry ice)는 탄산가스(CO_2)가 고체화된 것으로 고체에서 직접 기체로 변화하며, (승화) -78.5℃에서 승화잠열은 573.48kJ/kg이다.

참고 **기한제(起寒劑 : freezer mixture) 이용법**

서로 다른 두 가지의 물질을 혼합하여 온도강하에 의한 저온을 이용하여 행하는 냉동방법으로, 얼음과 염류(소금) 및 산류를 혼합하면 저온을 얻을 수 있다.

예 소금+얼음, 염화칼슘+얼음

(2) 기계적인 냉동방법(mechanical refrigeration)

인위적인 냉동방법이라 하며 열을 직접 적용시키거나 전력, 증기(steam), 연료 등의 에너지를 이용하여 연속적으로 행하는 냉동방법이다.

(3) 증기압축식 냉동방법(vapor compression refrigeration)

냉(冷)을 운반하는 매개물질인 액화가스(냉매)가 기계적인 일에 의하여 냉동체계 내를 순환하면서 액체 및 기체상태로 연속적인 변화를 하여 행하는 냉동방법이다.

① 구성기기 및 역할

㉠ 압축기(compressor) : 증발기에서 증발한 저온 · 저압의 기체냉매를 흡입하여 다음의 응축기에서 응축, 액화하기 쉽도록 응축온도에 상당하는 포화압력까지 압력을 증대시켜주는 기기이다(등엔트로피(isentropic)과정).

㉡ 응축기(condenser) : 압축기에서 압축되어 토출된 고온 · 고압의 기체냉매를 주위의 공기나 냉각수와 열교환시켜 기체냉매의 고온의 열을 방출시킴으로써 응축, 액화시키는 기기이다(등압과정).

㉢ 팽창밸브(expansion valve) : 응축기에서 응축, 액화한 고온 · 고압의 액체냉매를 교축작용(throttling)에 의하여 저온 · 저압의 액체냉매로 강하시켜

다음의 증발기에서 액체의 증발에 의한 열흡수작용이 용이하도록 하며, 아울러 증발기에서 충분히 열을 흡수할 수 있도록 적정량의 냉매유량을 조절하여 공급하는 밸브이다(등엔탈피과정).

㉣ 증발기(evaporator) : 팽창밸브를 통과하여 저온 · 저압으로 감압된 액체냉매를 유의하여 주위의 피냉각물체와 열교환시켜 액체의 증발에 의한 열흡수로 냉동의 목적을 달성시키는 기기이다(등온 · 등압과정).

공조용 냉동기기의 종류 및 특성

종 류		특성(용도)
압축식 냉동기	원심식	대량의 가스압축에 적당하며 공조용으로 사용한다.
	왕복동식	압축비가 높을 경우 적합하며 소용량 공조용 또는 산업용으로 사용한다.
	스크루식	회전식의 일종으로, 압축비가 높을 경우 적합하며 소 · 중형의 공조 및 산업용으로 사용한다. 최근에는 스크루식의 경우 산업용으로 중 · 대용량(300~1,000RT)으로 확대되는 추세이다.
흡수식 냉동기		고온수(증기)를 열원으로 하여 압축용의 전력은 불필요하며 공조용에 적용한다.

② 소형 냉동장치의 기본 구성기기

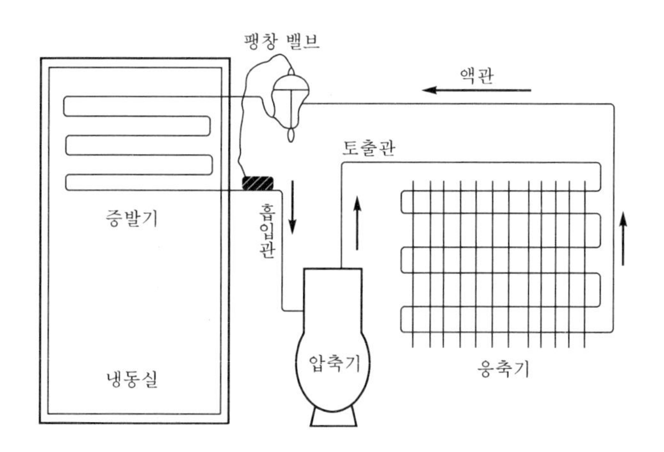

㉠ 증발기 : 열흡수장치($q_e = q_2$)

㉡ 압축기 : 압력 증대장치(w_c)

㉢ 응축기 : 열방출장치($q_c = q_1$)

㉣ 팽창밸브 : 압력 감소장치($P_1 > P_2$)

③ 중 · 대형 냉동장치의 기본 구성기기(칠링유닛의 경우)

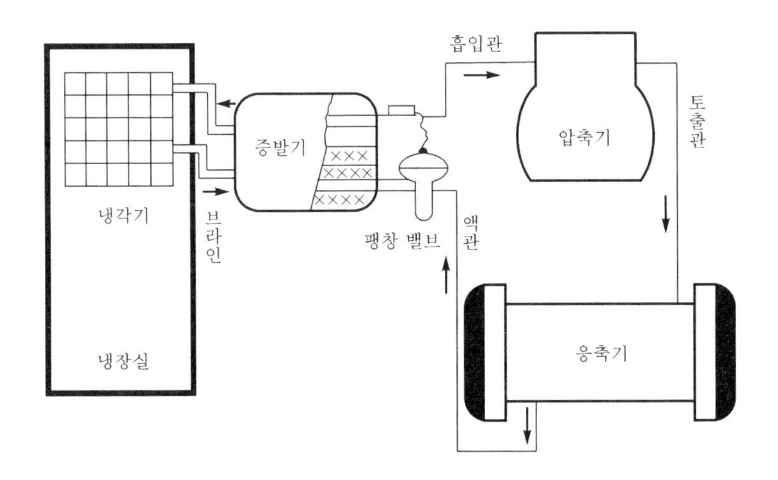

④ 냉동사이클

㉠ 냉동장치의 고압측 명칭 : 압축기 토출측 → 토출관 → 응축기 → (수액기) → 액관 → 팽창밸브 직전

㉡ 냉동장치의 저압측 명칭 : 팽창밸브 직후 → 증발기 → 흡입관 → 압축기 흡입측

※ 압축기의 크랭크케이스 내부의 압력은 왕복동식 압축기의 경우 저압이고, 회전식 압축기의 경우 고압이다.

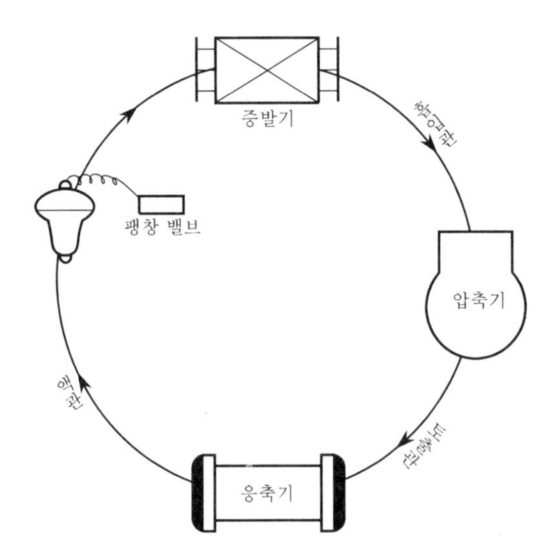

참고 **교축과정(throttling) = 등엔탈피과정**

유체가 밸브(valve), 오리피스(orifice) 등 단면이 좁은 곳을 통과할 때 마찰이나 흐름의 흐트러짐(난류)에 의하여 압력이 강하하게 되는 작용이고, 이와 같이 좁혀진 부분에 있어서의 압력강하를 교축이라 하며 냉동장치에서의 교축 부분은 팽창밸브이다. 실제 기체(냉매, 증기)가 교축팽창 시 압력과 온도가 떨어지는 현상(Joule-Thomson effect)이라고 한다.

줄-톰슨계수(μ_T) $= \left(\dfrac{\partial T}{\partial P}\right)_h$

완전 기체는 교축팽창 시 온도가 변하지 않으므로($\partial T = 0$) 항상 $\mu_T = 0$이다.

(4) 흡수식 냉동방법(absorption refrigeration)

직접 고온의 열에너지(heat energy)를 이용(공급)하여 행하는 냉동방법으로, 흡수식 냉동기에서 압축기(compressor) 역할을 하는 것(발생기(재생기), 흡수기, 흡수용액펌프)이다.

① 주요 구성기기 및 역할

㉠ 흡수기 : 증발기로부터 증발된 기체냉매는 흡수제에 흡수되어 희용액(냉매+흡수제)이 되고 용액펌프(흡수액펌프)에 의해 열교환기를 거쳐 발생기로 보내진다. 즉, 열교환기는 발생기에서 냉매와 분리되어 흡수기로 되돌아오는 고온의 농용액과 열교환한다.

㉡ 발생기(재생기) : 흡수기에서 흡수된 기체냉매와 흡수제가 혼합된 희용액은 증기(steam) 및 열원(heat)으로 가열되어 냉매를 증발, 분리시켜 냉매는 응축기로 보내지며, 농흡수액은 열교환기를 통해 다시 흡수기로 회수시킨다.

㉢ 응축기 : 발생기에서 흡수제와 분리된 기체냉매는 응축기를 순환하는 냉각수에 의해 응축, 액화되어 직접 진공상태의 증발기로 공급되거나 감압밸브를 거쳐 증발기로 유입된다. 즉, 냉각수와 열교환하여 응축, 액화된다.

㉣ 감압밸브 : 증발기에서 액체의 증발이 원활히 행해지도록 압력을 강하시키는 역할을 하는 밸브이다. 냉동부하에 따른 적정량의 냉매유량 조절은 별도의 용량조절밸브를 설치하고 있다.

㉤ 증발기 : 냉매펌프에 의해서 공급(또는 분사)되어 냉매의 증발열에 의한 냉동부하로부터 열을 흡수하여 냉동작용을 행한다.

냉 매	흡수제	냉 매	흡수제	냉 매	흡수제
암모니아(NH_3)	물(H_2O)	물(H_2O)	LiBr & LiCl	물(H_2O)	황산(H_2SO_4)
물(H_2O)	수산화칼륨(KOH) & 수산화나트륨(NaOH)	염화에틸(C_2H_5Cl)	4클로르에탄($C_2H_2Cl_4$)	메탄올(CH_3OH)	LiBr + CH_3OH

② 흡수식 냉동사이클(냉매 : H_2O, 흡수제 : LiBr(브롬화리튬) 사용)

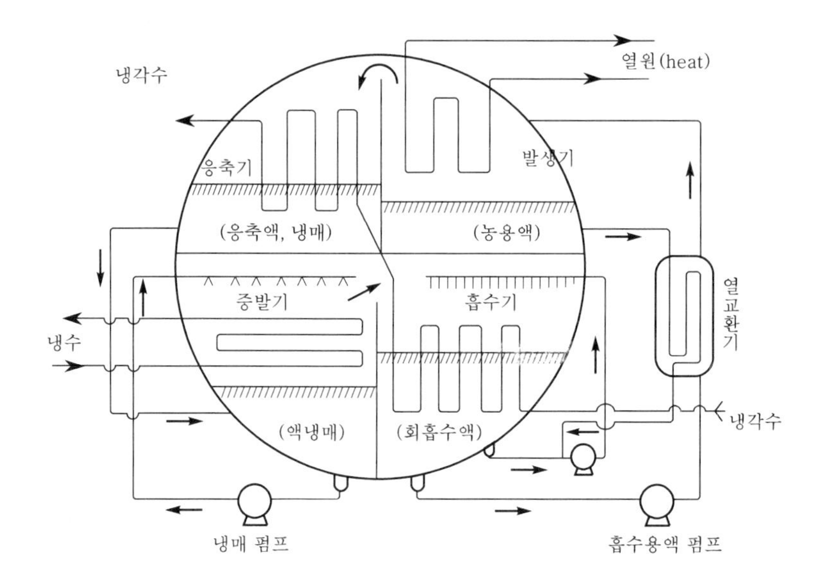

예 증발기 내의 압력을 7mmHg(abs) 유지하면 물의 증발온도 5℃, 냉수 입구온도 12℃, 출구온도 7℃이다.

③ 흡수식 냉동기의 특징

㉠ 장점

- 전력수요가 적다.
- 소음 · 진동이 작다.
- 운전경비가 절감된다.
- 사고 발생 우려가 적다.

㉡ 단점

- 예냉시간이 길다.
- 설비비가 많이 든다.
- 급냉으로 결정사고가 발생되기 쉽다.
- 부속설비가 압축식의 2배 정도로 커진다.

(5) 증기분사식 냉동방법(steam jet refrigeration)

증기이젝터(steam ejector)를 사용하여 부압작용(負壓作用)으로 증발기 내를 진공(750mmHg(vac) 정도)으로 형성한다. 이어 냉매(물)를 증발시켜(5.6℃ 정도) 증발잠열에 의하여 저온의 냉수(브라인)를 만든 후 냉수펌프에 의해 냉동부하측으로 순환하면서 냉동의 목적을 달성하는 방법이다.

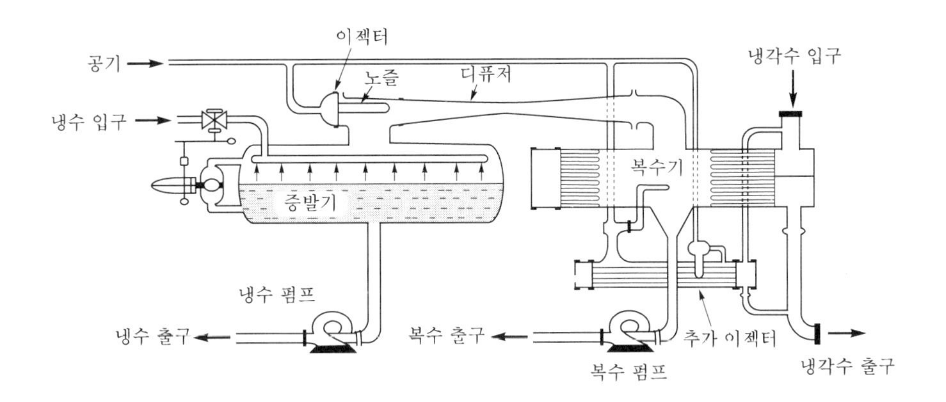

(6) 전자냉동방법

펠티에효과(Peltier effect)를 이용한 냉동방법으로, 펠티에효과란 아래 도면의 구조처럼 서로 다른(2종) 금속선 각각의 끝을 접합한 다음 양 접점을 서로 다른 온도로 하여 전류를 흐르게 하면 한쪽의 접합부에서는 고온의 열이 발생하고, 다른 한쪽에서는 저온이 얻어지는데, 이 저온을 이용하여 냉동의 목적을 달성하는 방법이다.

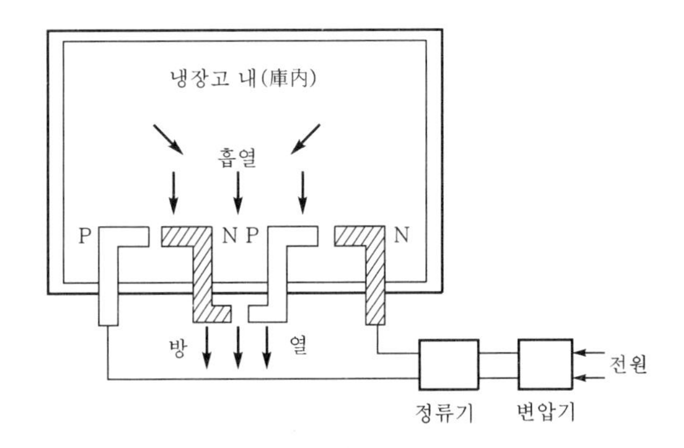

전자냉동방법과 증기압축식 냉동방법의 비교

전자냉동	증기압축식 냉동
P－N소자재	압축기
고온측 방열부	응축기
저온측 접합부	팽창밸브
저온측 흡열부	증발기
전원	압축기, 전동기
도선	배관
전자	냉매

(7) 진공냉각법(vacuum cooling)

증기분사식 냉동방법의 증기이젝터의 역할 대신에 진공펌프를 사용하여 냉각하는 원리이다.

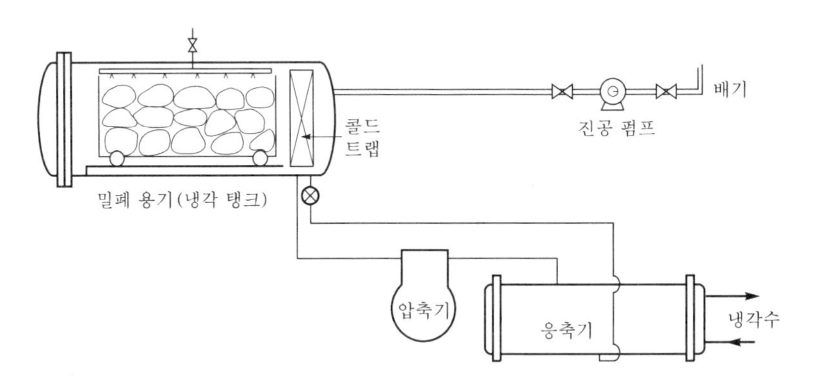

※ 수분은 증발 시에 비체적이 크므로(수분 1g은 표준 상태에서 1cc이나 4.6mmHg에서는 20만cc) 냉각탱크 내에 냉각코일을 설치하여 증발된 수분은 응결, 제거시킴으로써 진공펌프의 용량을 최소화할 수 있다.

2 냉동능력과 제빙

(1) 냉동능력($Q_e = Q_2$)

냉동능력이란 냉동기가 단위시간(1시간) 동안에 증발기에서 흡수하는 열량으로 정의되며, 기호는 Q_e, 단위는 〔kW〕 또는 〔RT〕(냉동톤)로 표시한다.

(2) 냉동톤(ton of refrigeration)

냉동능력의 단위로 사용되는 〔kJ/h〕는 그 수치가 커짐에 따라 실용상 복잡성을 고려해 간편한 단위로 설정하여 냉동장치의 능력을 〔RT〕로 표시한 것이다.

① 1한국냉동톤(1RT)

0℃의 물 1ton을 하루(24시간)에 0℃의 얼음으로 만들 수 있는 열량(응고열 또는 융해열)과 동등한 능력을 1RT라 한다.

1RT에 상당하는 열량을 산출하면

$$Q_e = G\gamma_0 = 1{,}000 \times 79.68 = \frac{79{,}680\text{kcal}}{24\text{h}} = 3{,}320\text{kcal/h}$$

$$= 13897.52\text{kJ/h} = 3.86\text{kW}$$

$$1\text{RT} = 3{,}320\text{kcal/h} = 13897.52\text{kJ/h} = 3.86\text{kW}$$

② 1미국냉동톤(1USRT)

32°F의 물 1ton(1USRT=2,000lb)을 하루(24시간)에 32°F의 얼음으로 만들 수 있는 열량과 동등한 능력을 1USRT라 한다.

즉, 1USRT에 상당하는 열량을 산출하면

$$Q_e = G\gamma_0 = 2,000 \times 144 = \frac{288,000\text{BTU}}{24\text{h}} = 12,000\text{BTU/h} = 3,024\text{kcal/h}$$

$$= 12,658\text{kJ/h} \fallingdotseq 3.52\text{kW}$$

$$1\text{USRT} = 12,000\text{BTU/h} = 3,024\text{kcal/h} = 12,658\text{kJ/h}$$

$$= 200\text{BTU/min} \fallingdotseq 3.52\text{kW}$$

③ 냉동능력의 비교

단위 국명	〔RT〕 (냉동톤)	〔kcal/h〕	〔kW〕	〔BTU/min〕	〔RT〕	한 국	미 국	영 국
한국	1	3,320	3.86	219.56	한국	1	1.097	0.994
미국	1	3,024	3.52	200.0	미국	0.911	1	0.905
영국	1	3,340	3.88	220.9	영국	1.006	1.104	1

CHAP. 2

(3) 제빙톤

하루 동안에 생산되는 얼음의 중량(ton)으로 제빙공장의 능력을 표시하는 단위이다. 즉, 제빙 10톤의 제빙공장의 능력이라 함은 하루에 10ton의 얼음을 생산하는 규모를 뜻한다.

① 1제빙톤

원료수(물)를 이용해 1일 1ton의 얼음을 −9℃로 생산하기 위하여 제거해야 하는 열량에 상당하는 능력을 1제빙톤이라 하며, 원료수의 처음 온도에 따라서 상당 열량의 값은 다르게 된다.

일반적으로 1제빙톤의 상당 열량을 산출하는 조건인 25℃의 원료수(물) 1ton을 하루 동안에 −9℃의 얼음으로 만들 때 제거해야 하는 열량의 값을 구해보기로 한다.

㉠ $Q = WC(t_0 - t_1) = 1,000 \times 1 \times (25 - 0) = 25,000\text{kcal} = 104,650\text{kJ}$

㉡ $Q = W\gamma_0 = 1,000 \times 79.68 = 79,680\text{kcal} = 334\text{kJ}$

㉢ $Q = WC(t_2 - t_1) = 1,000 \times 0.5 \times [0 - (-9)] = 4,500\text{kcal} = 18,837\text{kJ}$

㉣ 제빙의 과정에서는 열손실량을 20% 정도 가산하여 계산하므로 총열량은 (㉠+㉡+㉢)×1.2=(25,000+79,680+4,500)×1.2=131,016kcal=548,433kJ이며, 이것은 하루 동안에 상당하는 열량으로 131,016kcal/24h이다.

㉤ 위의 1제빙톤(=131,016kcal/24h)과 1냉동톤(=79,680kcal/24h)을 비교하면 131,016÷79,680≒1.65이다. 즉, 원료수 25℃의 1제빙톤은 1.65RT에 상당한다(1제빙톤=1.65RT).

② 얼음의 결빙시간

얼음의 결빙시간은 얼음두께의 제곱에 비례하며 다음의 계산식에 의한다.

$$H = \frac{0.56t^2}{-t_b} \text{[hr]}$$

여기서, H : 얼음의 결빙시간[hr]

t_b : 브라인의 온도[℃]

t : 얼음의 두께[cm]

예제 4

10cm의 얼음을 생산하는 데 10시간이 소요되었을 때 두께 20cm의 얼음을 생산하는 데는 몇 시간이 소요되는가? (단, 결빙시간은 얼음두께의 제곱에 비례한다.)

$10^2 : 20^2 = 10 : x$

$$x = \frac{400 \times 10}{100} = 40$$

∴ 40시간

위의 식에 대입하여 브라인의 온도를 구한 후 계산해도 동일한 답을 얻을 수 있다.

4 냉동사이클

1 역카르노사이클(냉동기 이상사이클)

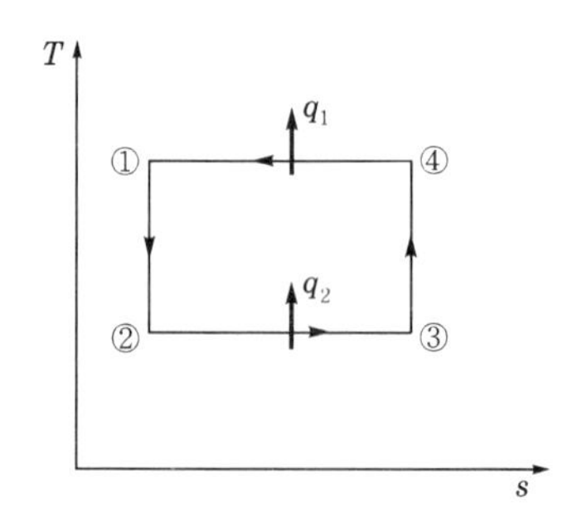

(1) 냉동기의 성능계수(ε_R)

$$\varepsilon_R = \frac{q_2}{w_c} = \frac{\text{저온체에서의 흡수열량(냉동효과)}}{\text{공급일}} = \frac{T_2}{T_1 - T_2}$$

(2) 열펌프의 성능계수(ε_H)

$$\varepsilon_H = \frac{q_1}{w_c} = \frac{\text{고온체에 공급한 열량}}{\text{공급일}} = \frac{T_1}{T_1 - T_2}$$

2 공기 표준(역브레이턴) 사이클

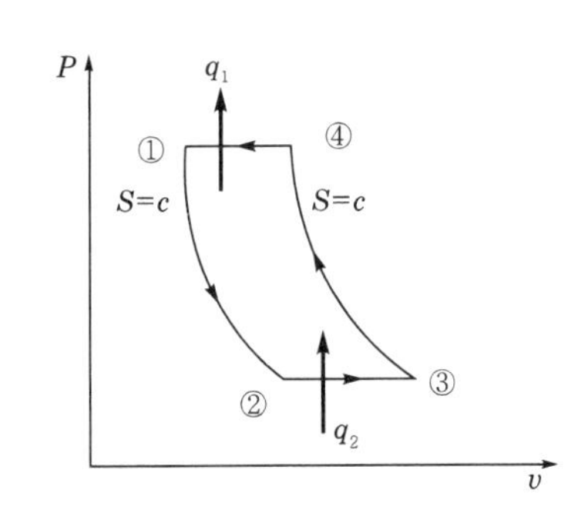

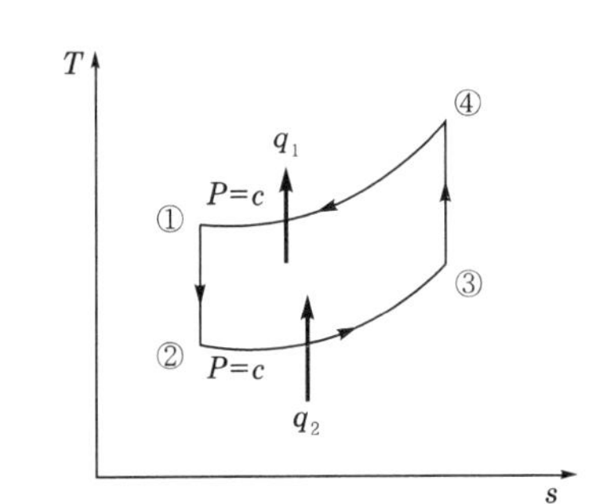

(1) 방열량(등압)

$$q_1 = C_p(T_4 - T_1)$$

(2) 흡열량(등압) 또는 냉동효과

$$q_2 = C_p(T_3 - T_2)$$

(3) 성적계수

$$\varepsilon_R = \frac{q_2}{q_1 - q_2} = \frac{T_2}{T_1 - T_2}$$

3 증기압축냉동사이클

(1) 흡입열량(냉동효과)

$$q_2 = h_2 - h_1 = h_2 - h_4$$

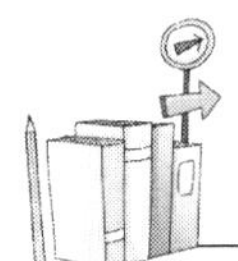
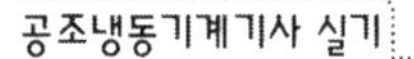

(2) 방열량

$$q_1 = h_3 - h_4$$

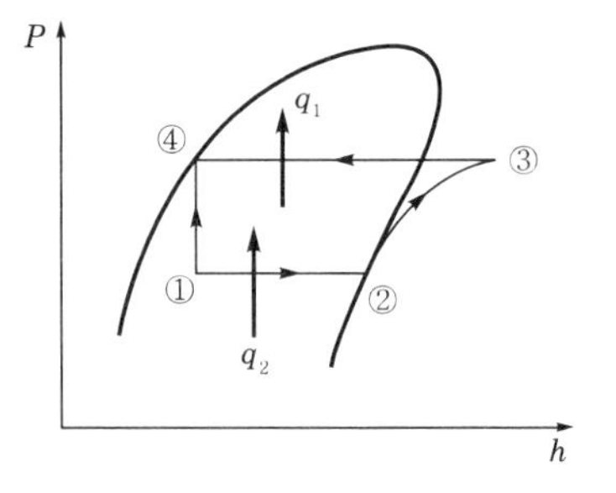

(3) 압축일

$$w_c = h_3 - h_2$$

(4) 성적계수

$$\varepsilon_R = \frac{q_2}{w_c} = \frac{h_2 - h_1}{h_3 - h_2} = \frac{h_2 - h_4}{h_3 - h_2}$$

4 냉동능력의 표시방법

(1) 냉동능력($Q_2 = Q_e$)

1시간에 냉동기가 흡수하는 열량〔kW, kJ/s〕

(2) 냉동효과($q_2 = q_e$)

냉매 1kg이 흡수하는 열량〔kJ/kg〕

(3) 체적냉동효과

압축기 입구에서 증기(건포화)의 체적당 흡열량〔kJ/m^3〕

(4) 냉동톤(ton of refrigeration)〔RT〕

1냉동톤은 0℃의 물 1ton(1,000kg)을 1일간(24시간)에 0℃의 얼음으로 냉동시키는 능력으로 정의된다.

$$1냉동톤 = \frac{79.68 \times 1,000}{24} = 3,320\text{kcal/h} = 3.86\text{kW}$$

$$1\text{RT} = 3,320\text{kcal/h} = 3.86\text{kW}$$

※ 1USRT=200BTU/min=3,024kcal/h=3.52kW

5 냉매(refrigerant)

(1) 냉매의 종류

암모니아(NH_3), 탄산가스(CO_2), 아황산가스(SO_2), 할로겐화탄화수소, R−12(CF_2Cl_2), R−11($CFCl_3$), R−22(CHF_2Cl) 등이 있다.

(2) 냉매의 일반적 구비조건

① 물리적 성질

㉠ 응고점이 낮아야 한다.

㉡ 증발열이 커야 한다.

㉢ 증기의 비체적은 작아야 한다.
㉣ 임계온도는 상온보다 높아야 한다.
㉤ 증발압력이 너무 낮지 않아야 한다.
㉥ 응축압력이 너무 높지 않아야 한다.
㉦ 단위냉동량당 소요동력이 작아야 한다.
㉧ 증기의 비열은 크고, 액체의 비열은 작아야 한다.

② 화학적 성질
㉠ 안정성이 있어야 한다.
㉡ 부식성이 없어야 한다.
㉢ 무해 · 무독성이어야 한다.
㉣ 인화 폭발의 위험성이 없어야 한다.
㉤ 전기저항이 커야 한다.
㉥ 증기 및 액체의 점성이 작아야 한다.
㉦ 전열계수가 커야 한다.
㉧ 윤활유에 되도록 녹지 않아야 한다.

③ 기타
㉠ 누설이 적어야 한다.
㉡ 가격이 저렴해야 한다.
㉢ 구입이 용이해야 한다.

CHAP. 2

6 압축기 소요동력을 구하는 식

$$kW = \frac{Q_e(=13897.52RT)}{3,600\,\varepsilon_R} = \frac{Q_e}{\varepsilon_R} = \frac{3.86RT}{\varepsilon_R}\text{〔kW〕}$$

7 2단 압축 냉동사이클

(1) 2단 압축의 채택

① 압축비가 6 이상인 경우
② 온도
㉠ 암모니아(NH_3) : −35℃ 이하의 증발온도를 얻고자 하는 경우
㉡ 프레온(freon) : −50℃ 이하의 증발온도를 얻고자 하는 경우

(2) 중간 압력의 선정

$$P_m = \sqrt{P_c P_e} \text{ [kPa]}$$

여기서, P_m : 중간냉각기의 절대압력[kPa]
P_c : 응축기의 절대압력[kPa]
P_e : 증발기의 절대압력[kPa]

(3) 냉동사이클과 선도

① 2단 압축 1단 팽창 냉동사이클의 구성도와 $P-h$선도

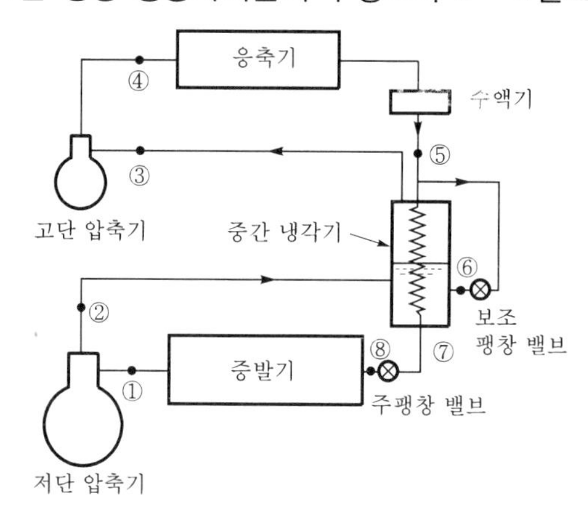

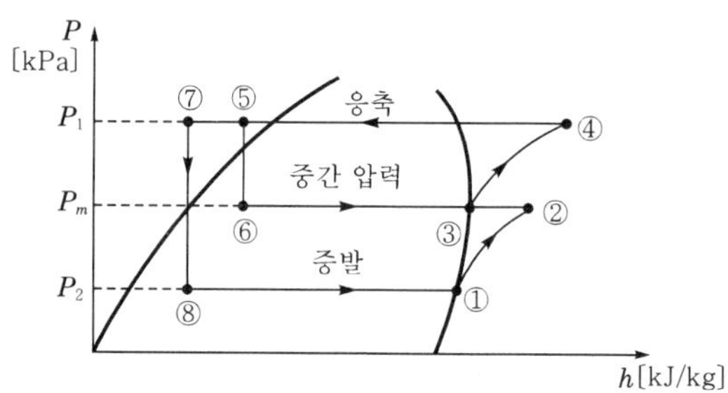

② 2단 압축 2단 팽창 냉동사이클의 구성도와 $P-h$선도

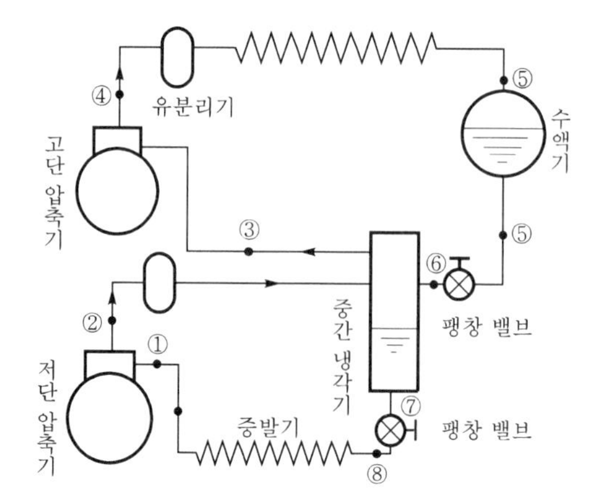

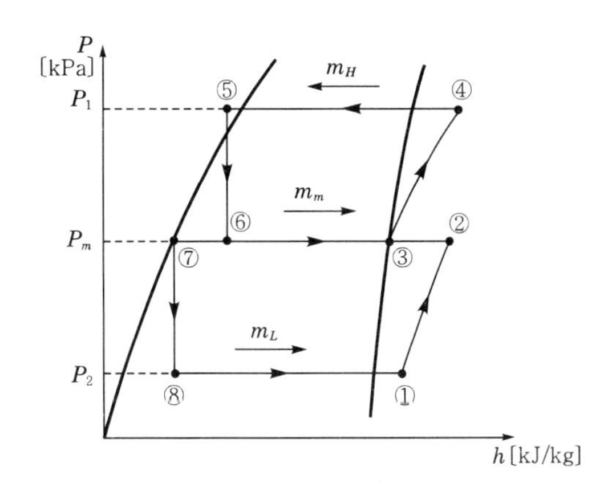

(4) 중간냉각기(intercooler)의 역할

① 저단측 압축기(booster) 토출가스의 과열을 제거하여 고단측 압축기에서의 과열 방지(부스터의 용량은 고단압축기보다 커야 함)

② 증발기로 공급되는 냉매액을 과냉시켜서 냉동효과 및 성적계수 증대

③ 고단측 압축기 흡입가스 중의 액을 분리시켜 액압축 방지

CHAP. 2

> **참고** **콤파운드압축방식(단기 2단 압축방식)**
>
> 2단 압축 냉동장치에서 압축기 2대를 이용한 저단측 압축기와 고단측 압축기를 1대의 압축기로 기통을 2단(저단측 기통과 고단측 기통)으로 나누어 사용한 것으로 설치면적, 중량, 설비비 등의 절감을 위하여 채택하는 방식이다.

(5) 2단 압축의 계산

① 저단측 냉매순환량(m_L)

$$m_L = \frac{Q_e}{h_1 - h_7(=h_8)} [\text{kg/h}]$$

② 중간냉각기 냉매순환량(m_m)

$$m_m = \frac{m_L\{(h_2 - h_3) + (h_6 - h_7)\}}{h_3 - h_6} [\text{kg/h}]$$

③ 고단측 냉매순환량(m_H)

$$m_H = m_L + m_m = m_L\left(\frac{h_2 - h_7}{h_3 - h_6}\right) [\text{kg/h}]$$

④ 압축기 소요동력

㉠ 저단측 압축일량 : $W_L = m_L(h_2 - h_1)$

㉡ 고단측 압축일량 : $W_H = m_H(h_3 - h_4)$

㉢ 압축기 소요동력 : $kW = \dfrac{W_L + W_H}{3{,}600}$

⑤ 성적계수

$$(COP)_R = \frac{h_1 - h_8}{(h_2 - h_1) + (h_4 - h_3)\left(\dfrac{h_2 - h_7}{h_3 - h_6}\right)}$$

8 2원 냉동법(이원 냉동장치)

단일 냉매로서는 2단 또는 다단 압축을 하여도 냉매의 특성(극도의 진공운전, 압축비 과대) 때문에 초저온을 얻을 수 없다. 따라서 비등점이 각각 다른 2개의 냉동사이클을 병렬로 형성시켜 고온측 증발기로 저온측 응축기를 냉각시켜 −70℃ 이하의 초저온을 얻고자 할 경우 채택한다.

(1) 사용냉매

① 고온측 냉매

R−12, R−22 등 비등점이 높은 냉매를 말한다.

② 저온측 냉매

R−13, R−14, 에틸렌, 메탄, 에탄 등 비등점이 낮은 냉매를 말한다.

(2) 냉동사이클과 선도

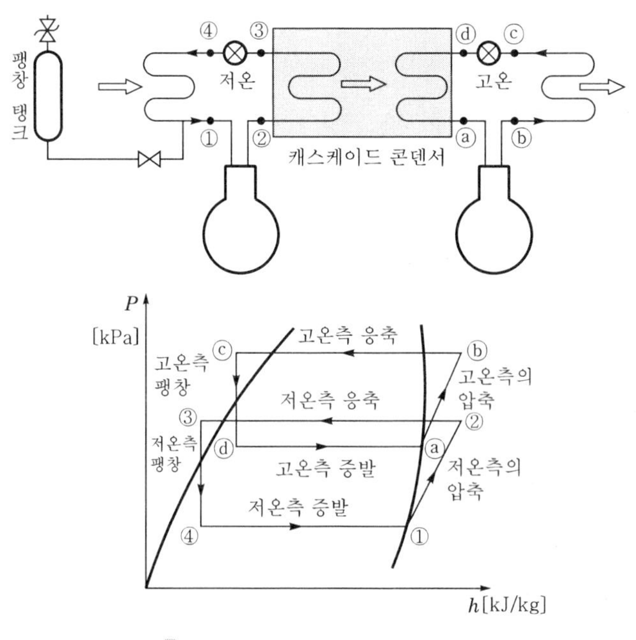

▲ 2원 냉동사이클 및 $P-h$선도

(3) 캐스케이드응축기(cascade condenser)

저온측 응축기와 고온측의 증발기를 조합하여 저온측 응축기의 열을 효과적으로 제거함으로써 응축, 액화를 촉진시켜 주는 일종의 열교환기이다.

> **참고** **팽창탱크(expansion tank)**
>
> 2원 냉동장치 중 저온(저압)측 증발기 출구에 설치한다. 장치운전 중 저온측 냉동기를 정지하였을 경우 초저온냉매의 증발로 체적이 팽창되어 압력이 일정 이상 상승하게 되면 저온측 냉동장치가 파손되기 때문에 설치한다.

9 다효압축(multieffect compression)

증발온도가 다른 2대의 증발기에서 나온 압력이 서로 다른 가스를 2개의 흡입구가 있는 압축기로 동시에 흡입시켜 압축하는 방식으로, 하나는 피스톤의 상부에 흡입밸브가 있어 저압증기만을 흡입하고, 다른 하나는 피스톤의 행정 최하단 가까이에서 실린더벽에 뚫린 제2의 흡입구가 자연히 열려 고압증기를 흡입하고 고·저압의 증기를 혼합하여 동시에 압축한다.

10 제상장치(defrost system)

공기냉각용 증발기에서 대기 중의 수증기가 응축, 동결되어 서리상태로 냉각관표면에 부착하는 현상을 적상(frost)이라 하며, 이를 제거하는 작업을 제상(defrost)이라 한다.

(1) 적상의 영향

① 전열 불량으로 냉장실 내 온도 상승 및 액압축 초래
② 증발압력 저하로 압축비 상승
③ 증발온도 저하
④ 실린더 과열로 토출가스온도 상승
⑤ 윤활유의 열화 및 탄화 우려
⑥ 체적효율 저하 및 압축기 소비동력 증대
⑦ 성적계수 및 냉동능력 감소

(2) 제상방법

① **압축기 정지 제상**(off cycle defrost)
1일 6~8시간 정도 냉동기를 정지시키는 제상이다.

② **온풍 제상**(warm air defrost)
압축기 정지 후 팬을 가동시켜 실내공기로 6~8시간 정도 제상한다.

③ **전열 제상**(electric defrost)
증발기에 히터를 설치하여 제상한다.

④ **살수식 제상**(water spray defrost)
10~25℃의 온수를 살수시켜 제상한다.

⑤ **브라인분무 제상**(brine spray defrost)
냉각관표면에 부동액 또는 브라인을 살포시켜 제상한다.

⑥ **온수브라인 제상**(hot brine defrost)
순환 중인 차가운 브라인을 주기적으로 따뜻한 브라인으로 바꾸어 순환시켜 제상한다.

⑦ **고압가스 제상**(hot gas defrost)

㉠ 압축기에서 토출된 고온 · 고압의 냉매가스를 증발기로 유입시켜 고압가스의 응축잠열에 의해 제상하는 방법으로, 제상시간이 짧고 쉽게 설비할 수 있어 대형의 경우 가장 많이 사용한다.

㉡ 제상방법의 종류

- 소형 냉동장치에서의 제상 : 제상타이머 이용
- 증발기가 1대인 경우 제상
- 증발기가 1대인 경우 재증발코일을 이용한 제상
- 증발기가 2대인 경우 제상
- 증발기가 1대인 경우 제상용 수액기를 이용한 제상
- 히트펌프(heat pump)를 이용한 제상

11 1단 압축 1단 팽창 냉동사이클

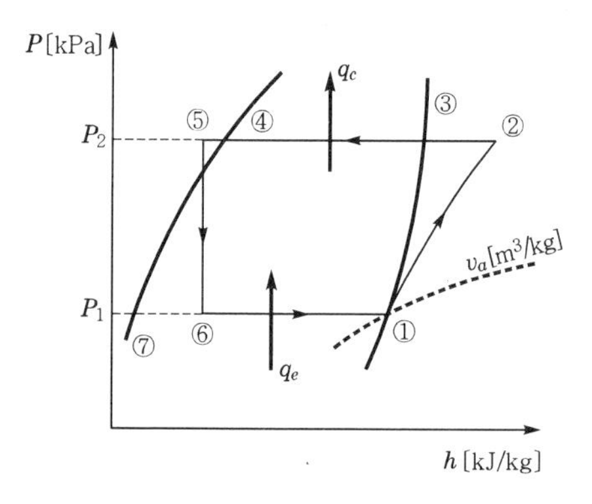

1단 압축 1단 팽창 냉동사이클

(1) 냉동효과

$$q_e = h_1 - h_6 \text{〔kJ/kg〕}$$

(2) 압축일

$$w_c = h_2 - h_1 \text{〔kJ/kg〕}$$

(3) 응축부하

$$q_c = q_e + w_c = h_2 - h_5 \text{〔kJ/kg〕}$$

(4) 플래시가스 발생량

$$q_f = h_6 - h_7 \text{〔kJ/kg〕}$$

(5) 증발잠열

$$\gamma = h_1 - h_7 \text{〔kJ/kg〕}$$

(6) 건조도

$$x = \frac{q_f}{q} = \frac{h_6 - h_7}{h_1 - h_7}$$

(7) 습도

$$y = 1 - x \quad (\therefore \ x + y = 1)$$

$$\text{습도}(y) = \frac{\text{냉동효과}(q_e)}{\text{증발열}(q_L)} = \frac{h_1 - h_6}{h_1 - h_7}$$

(8) 냉매순환량

$$\dot{m} = \frac{V}{v_a}\eta_v = \frac{Q_e}{q_e} = \frac{Q_c}{q_c} \text{〔kg/h〕}$$

(9) 냉동능력

$$Q_e = \dot{m}\, q_e = \dot{m}(h_1 - h_7) \text{〔kJ/h〕}$$

(10) 냉동톤(ton of refrigeration)

$$RT = \frac{\text{냉동능력}(Q_e)}{13897.52} = \frac{Vq_e}{13897.52\,v_a}\eta_v = \frac{V[= h_1 - h_5(= h_6)]}{13897.52\,v_a}\eta_v \text{〔RT〕}$$

※ 1RT=13897.52kJ/h=3,320kcal/h=3.86kW

(11) 압축기에서 단열압축 후 온도(토출가스온도)

$$T_2 = T_1\left(\frac{P_2}{P_1}\right)^{\frac{k-1}{k}} = T_1(\varepsilon)^{\frac{k-1}{k}} \text{〔K〕}$$

(12) 압축비

$$\varepsilon = \frac{\text{고압}(P_2)}{\text{저압}(P_1)} = \frac{\text{응축기 절대압력[kPa]}}{\text{증발기 절대압력[kPa]}}$$

(13) 냉동기 성적계수

$$(COP)_R = \varepsilon_R = \frac{q_e}{w_c} = \frac{h_1 - h_5(=h_6)}{h_2 - h_1}$$

12 2단 압축 1단 팽창, 2단 압축 2단 팽창 냉동사이클

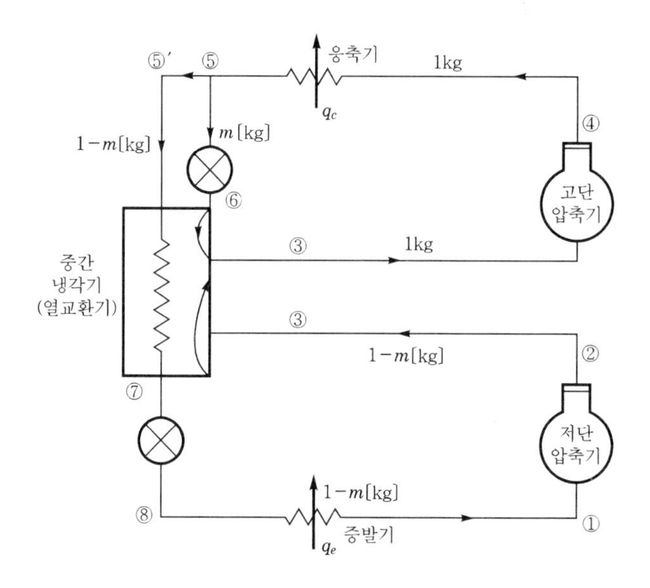

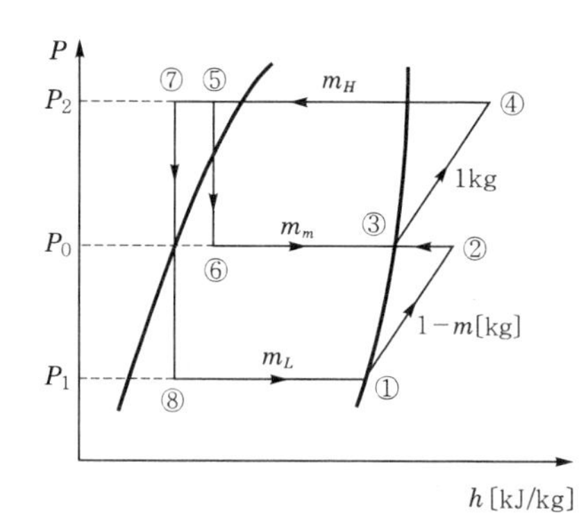

▲ 2단 압축 1단 팽창 냉동사이클과 $P-h$선도

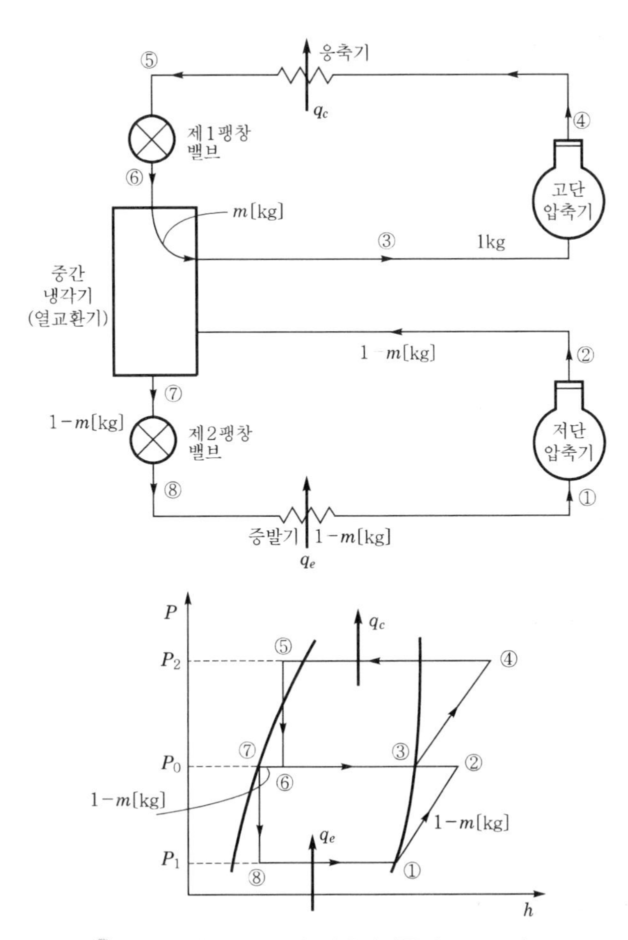

2단 압축 2단 팽창 냉동사이클과 $P-h$선도

(1) 냉동효과

$$q_e = h_1 - h_8 (= h_7) \text{〔kJ/kg〕}$$

(2) 저단압축기 냉매순환량

$$m_L = \frac{Q_e}{q_e} = \frac{Q_e}{h_1 - h_8 (= h_7)} \text{〔kg/h〕}$$

(3) 중간냉각기 냉매순환량

$$m_m = \frac{m_L \{(h_2 - h_3) + (h_6 - h_7)\}}{h_3 - h_6} \text{〔kg/h〕}$$

참고 **실제 압축기 압축 후 비엔탈피(h_2')**

$$h_2' = h_1 + \frac{h_2 - h_1}{\eta_c} \text{〔kJ/kg〕}$$

(4) 고단압축기 냉매순환량

$$m_H = m_L + m_m = m_L\left(\frac{h_2 - h_7}{h_3 - h_5}\right)\text{〔kg/h〕}$$

(5) 저단압축기 일량

$$W_L = m_L\left(\frac{h_2 - h_1}{\eta_{c_L}\eta_{m_L}}\right)\text{〔kJ/h〕}$$

(6) 고단압축기 일량

$$W_H = \frac{h_2 - h_7}{h_3 - h_6}(h_4 - h_3) = m_H\left(\frac{h_4 - h_3}{\eta_{c_H}\eta_{m_H}}\right)\text{〔kJ/h〕}$$

(7) 저단압축기 흡입가스의 체적

$$V_L = m_L v_1\text{〔m}^3\text{/h〕}$$

(8) 고단압축기 흡입가스의 체적

$$V_H = m_H v_3\text{〔m}^3\text{/h〕}$$

(9) 압축비

$$\varepsilon = \sqrt{\frac{P_2}{P_1}} = \left(\frac{P_2}{P_1}\right)^{\frac{1}{2}}$$

(10) 중간 압력(mean pressure)

$$P_m = \sqrt{P_1 P_2}\text{〔kPa〕}$$

(11) 냉동기 성적계수

$$(COP)_R = \frac{q_e}{W_L + W_H} = \frac{h_1 - h_8}{(h_2 - h_1) + \dfrac{h_2 - h_7}{h_3 - h_6}(h_4 - h_3)}$$

적중 예상문제

01 **어떤 건물의 서쪽으로 향한 외벽에서 16시에 실내로 들어오는 열량을 구하시오.**
(단, 외벽은 두께 15cm의 콘크리트벽이고, 열통과율은 $5W/m^2 \cdot K$, 면적은 $50m^2$, 외기온도는 33℃, 실내온도는 27℃로 하고 설계외기온도 31.7℃, 설계실내온도 26℃일 때 16시의 서쪽 외벽의 상당외기온도는 9.1℃)

해답 $\Delta t_e{}' = \Delta t_e + (t_o{}' - t_o) - (t_i{}' - t_i)$
$= 9.1 + (33 - 31.7) - (27 - 26) = 9.4℃$

여기서, $\Delta t_e{}'$: 상당외기보정온도[℃]
$t_o{}'$: 실제 외기온도[℃]
$t_i{}'$: 실제 실내온도[℃]
Δt_e : 상당외기온도[℃]
t_o : 설계외기온도[℃]
t_i : 설계실내온도[℃]

$\therefore \ Q = KA\Delta t_e{}' = 5 \times 50 \times 9.4 = 2{,}350\text{W}(= 8{,}460\text{ kJ/h})$

02 **제빙능력과 제빙톤에 대해 설명하고 1톤의 원료수를 25℃로부터 하루 동안에 −9℃의 얼음으로 만드는 과정에서 열손실을 전체의 20%로 간주할 경우 몇 냉동톤에 해당하는지 산출근거와 답을 쓰시오.**

해답 ① 제빙톤이란 24시간 동안에 실제 생산되는 얼음의 질량(제빙능력)을 톤[ton]으로 나타낸 제빙능력이다.

② ㉠ 1톤의 원료수(물)를 25℃에서 0℃까지 냉각하기 위한 열량(Q_1)
$Q_1 = mC(t_2 - t_1) = 1{,}000 \times 4.2 \times (25 - 0) = 105{,}000\text{kJ}$

㉡ 1톤의 0℃ 물에서 0℃의 얼음으로 만드는 데 필요한 열량(Q_2)
$Q_2 = m\gamma_o = 1{,}000 \times 335 = 335{,}000\text{kJ}$

㉢ 1톤의 얼음을 0℃에서 −9℃까지 낮추는 데 필요한 열량(Q_3)
$Q_3 = mC(t_2 - t_1) = 1{,}000 \times 2.1 \times (0 - (-9)) = 18{,}900\text{kJ}$

㉣ 전체의 열량에 대한 열손실 20% 가산(Q)
$Q = (105{,}000 + 335{,}000 + 18{,}900) \times 1.2 = 550{,}680\text{kJ}/24\text{h} = 22{,}945\text{kJ/h}$

㉤ 1냉동톤(RT)은 13,944kJ/h(=3,320kcal/h)이므로
1제빙톤 = $550{,}680 \div 13{,}944 = 1.65\text{RT}$

03 냉동장치에서 흡입가스냉매에 직접 열을 가하지 않은 상태에서도 단열압축 후의 토출가스온도가 상승되고 있는 이유를 설명하시오.

해답 압축작용 시에는 직접 열이 가해지지는 않으나, 압축일의 에너지가 열에너지로 변하는 간접적인 열에너지 공급에 의해서 온도는 상승하게 된다.

04 다음은 가스압축에 대한 세 종류의 형태를 나타낸 것이다. 빈칸에 옳은 답을 기입하시오. (단, 단열압축, 등온압축, 폴리트로픽압축)

압축 중의 압력 (P)과 비체적 (v)과의 관계	압축명칭	압축일량 (대 · 중 · 소)	압축가스온도 (고 · 중 · 저)	비 고
$Pv=c$	①	④	⑦	$n=1$
$Pv^n=c$	②	⑤	⑧	$1<n<k$
$Pv^k=c$	③	⑥	⑨	k : 단열지수

해답 ① 등온압축　　② 폴리트로픽압축
③ 가역단열압축　　④ 소
⑤ 중　　⑥ 대
⑦ 저　　⑧ 중
⑨ 고

05 다음의 (　) 안에 적당한 단어를 넣어 완성하시오.

표준 냉동사이클에서 (①)선상의 점으로부터 (②)되어 토출가스온도는 상승하고, 응축기에서는 (③)과 응축열이 냉각수에 방출하여 액화하고, (④)선상보다 약 5℃ 과냉각되어 팽창하며, (⑤)선을 따라 증발기에 들어가 냉매액은 증발한 후 압축기로 흡입된다.

해답 ① 건조포화증기
② 단열압축
③ 과열의 열
④ 포화액
⑤ 등엔탈피

06 냉동장치의 운전상태 및 계산의 활용에 이용되는 몰리에르선도($P-h$선도)의 구성요소의 명칭과 해당되는 단위를 번호에 맞게 기입하시오.

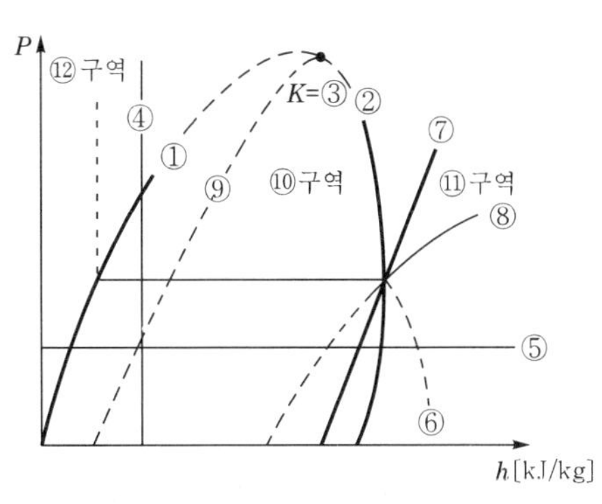

해답

번 호	명 칭	SI단위
①	포화액체선(포화액선)	−
②	건조포화증기선(건포화증기선)	−
③	임계점(critical point)	−
④	등엔탈피선	kJ/kg
⑤	등압력선	kPa
⑥	등온도선	K〔℃〕
⑦	등엔트로피선	kJ/kg · K
⑧	등비체적선	m^3/kg
⑨	등건조도선	kg′/kg
⑩	습포화증기구역(습증기구역)	−
⑪	과열증기구역	−
⑫	과냉각구역	−

07 **냉장실 내의 내측 치수가 길이 20m, 폭 8m, 높이 3m인 구조에서 30℃의 공기를 0℃까지 냉각할 때 필요한 열량을 계산하시오.** (단, 공기의 비열은 1.005kJ/kg·℃, 0℃일 때의 비체적은 0.7785m^3/kg)

해답 ① 냉장실 내의 용적(체적) $= 20 \times 8 \times 3 = 480\,\mathrm{m}^3$

② 공기의 질량(m) $= \dfrac{480}{0.7785} ≒ 616.57\,\mathrm{kg}$

③ 필요열량(Q) $= m\,C_p(t_2 - t_1) = 616.57 \times 1.005 \times (30 - 0) = 18589.59\,\mathrm{kJ}$

08 **다음을 계산하시오.**

1. 쿨링타워에서 입구수온 37℃, 출구수온 32℃, 냉각능력 48,977kJ/h라고 할 때 수량〔L/min〕을 구하시오.
2. 0℃의 물을 기점으로 하여 이것을 서서히 가열해서 얻어지는 110℃의 과열증기의 전열량을 구하시오. (단, 증기의 정압비열=1.846kJ/kg·℃)

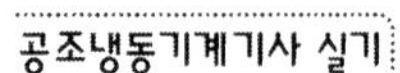

해답 1. $Q_e = mC(t_2 - t_1) \times 60$에서

$$m = \frac{Q_e}{C(t_2 - t_1) \times 60} = \frac{48{,}977}{4.186 \times (37 - 32) \times 60} = 39\,\mathrm{L/min}$$

2. $Q_t = Q_1 + Q_2 + Q_3 = mC(t_2 - t_1) + m\gamma + mC_p(t_2 - t_1)$

$$= 39 \times 4.186 \times (100 - 0) + 39 \times 2256.254 + 39 \times 1.846 \times (110 - 100)$$

$$= 105039.25\,\mathrm{kJ}$$

09 냉각탑(cooling tower)에 대한 다음의 물음에 간단히 답하시오.

1. 냉각탑의 능력을 좌우하는 쿨링 레인지(cooling range)와 쿨링 어프로치(cooling approach)에 대한 용어 설명
2. 입구공기의 습구온도가 동일한 조건인 두 대의 냉각탑에서 쿨링 어프로치가 큰 쪽의 성능에 대한 우열의 비교와 그 이유
3. 냉각탑의 능력을 산출하는 식(단위 기입)
4. 냉각탑의 설치 시에 유의해야 할 사항

해답 1. ① 쿨링 레인지(cooling range) : 냉각탑의 입구수온과 출구수온의 온도차이
② 쿨링 어프로치(cooling approach) : 냉각탑의 출구수온과 입구공기의 습구온도와의 차이

2. ① 쿨링 어프로치가 큰 쪽의 성능이 저하된다.
② 이유 : 냉각탑의 능력은 입구공기의 습구온도에 밀접한 영향을 받으며, 위의 조건이 동일한 경우일 때 쿨링 어프로치가 크다는 것은 냉각탑에서 냉각되어 나오는 출구수온이 그만큼 높은 상태로 응축기에 송수되므로 냉각탑의 냉각 능력이 떨어진다.

3. 냉각탑의 능력〔kJ/h〕
=냉각탑의 순환수량〔L/min〕×60×(입구수온－출구수온〔℃〕)
=순환수량〔L/h〕×(입구수온－출구수온〔℃〕)
=순환수량〔L/min〕×60×쿨링 레인지

4. 냉각탑(cooling tower)의 설치 시 유의사항
① 보급수가 용이한 위치를 택하고, 펌프의 흡입관은 수조보다 낮게 할 것
② 취출공기는 흡입하지 않도록 할 것
③ 옥내에 설치할 경우에는 건물 벽에 공기도입구 및 취출공기의 덕트를 설치할 것
④ 굴뚝의 연기를 흡입하지 않도록 굴뚝 상부와의 거리는 멀리할 것
⑤ 2대 이상의 냉각탑을 설치할 경우에는 상호 2m 이상의 간격을 유지할 것
⑥ 냉각탑에서 비산되는 물방울에 의한 주위 환경을 고려할 것
⑦ 소음 방지를 위한 대책을 강구할 것
⑧ 보수 점검을 위한 충분한 주위 공간을 확보할 것

【참고】 냉각탑의 배관계통도

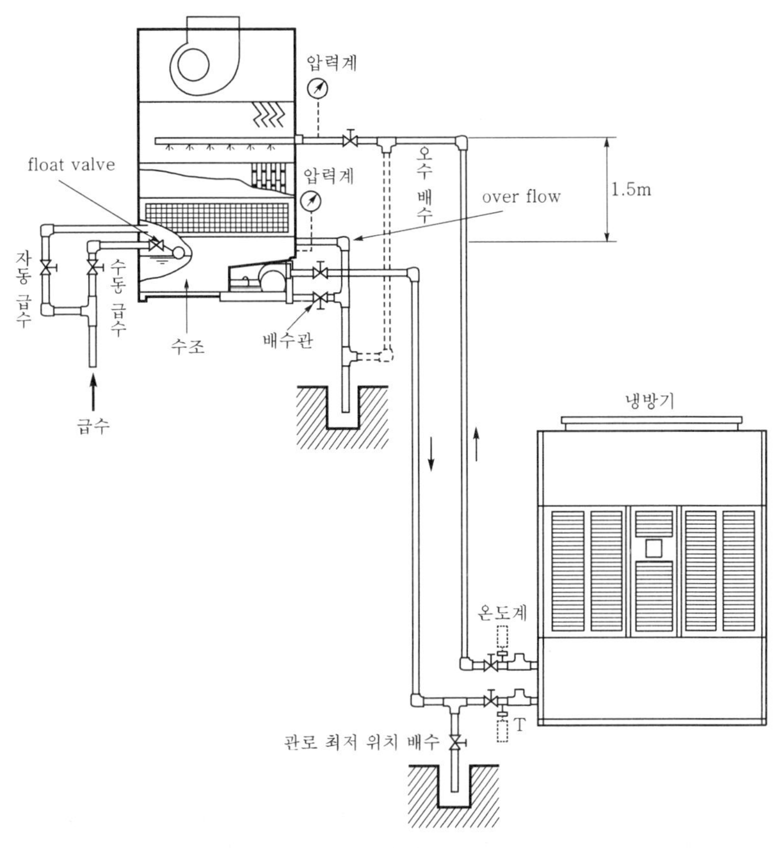

- 점선의 배관은 필요에 따라 설치할 수 있다.
- 응축기가 냉각탑의 수조(물통)보다 상부에 설치된 경우에는 펌프의 출구에 체크밸브 (check valve)를 설치한다.

10 프레온용 냉동장치에서는 자체의 압축기로 공기를 압축하여 기밀시험 및 누설시험을 행하는 것이 옳지 못하다. 그 주된 이유를 설명하시오.

해답 공기를 압축할 경우 압축공기의 온도 상승이 커서 실린더의 냉각이 불량한 프레온 장치에서는 실린더의 과열에 의한 활동부의 발열이 가중되고, 내부 윤활유의 성능을 저해시킨다. 뿐만 아니라 잔류냉매가스와 공기 중의 수분과 반응, 또는 시험 후 불충분한 진공작업에 의한 잔류수분과 냉매와의 반응으로 생성된 산성가스에 의해서 장치를 부식시키거나 잔류수분에 의한 팽창밸브의 빙결, 폐쇄현상을 초래할 가능성이 크다.

11 냉매와 윤활유의 용해성은 그 정도에 따라 장치에 미치는 영향이 크게 된다. 용해성이 큰 냉매와 작은 냉매의 장점을 각각 설명하시오.

 ① 용해성이 큰 냉매의 장점
㉠ 냉매와 함께 순환하면서 활동부의 어느 곳이든 윤활이 가능하다.
㉡ 압축기로의 윤활유 회수가 용이하다(만액식의 경우 제외).
㉢ 장치의 각 기기 · 배관 등에서 체류하지 않으므로 유막에 의한 전열 불량의 원인을 감소시킬 수 있다.
㉣ 윤활유의 유동점이 저하된다.
② 용해성이 작은 냉매의 장점
㉠ 윤활유에 기포가 발생하지 않는다.
㉡ 윤활유가 증발기까지 체류하기 어렵다.
㉢ 냉매의 증발온도가 상승하는 경우가 없다.

12 냉각수의 소비를 절감시키기 위한 수냉식 응축기의 설계 및 설치상의 고찰방법을 설명하시오.

 ① 증발식 응축기의 설계 및 설치
② 압력 자동급수밸브(절수밸브) 설치
③ 토출가스의 과열을 제거하기 위한 과열제거기 설치
④ 응축기 냉각관의 청결 유지
⑤ 냉각수의 균등한 분포
⑥ 불응축가스의 방출

13 공냉식 응축기를 사용하는 정상적인 냉동장치가 겨울철의 운전에서는 냉각이 불충분한 현상을 나타낸다. 이때의 원인과 그 대책을 설명하시오.

 ① 원인 : 겨울철에는 외기의 온도가 저하하여 공냉식 응축기의 응축압력도 저하하므로 고 · 저압의 차이가 적어짐으로써 팽창밸브의 능력이 감소하여 냉매순환량의 감소로 냉동능력이 불량하기 때문이다.
② 대책
㉠ 응축압력을 상승시키기 위해 냉각풍량을 감소시킨다.
㉡ 응축기 내의 유효면적을 감소시켜 응축압력을 상승시키게 한다.
㉢ 압축기의 토출가스를 수액기로 응축기에 바이패스순환시킨다.

14 냉동장치의 유체순환에서 일어나는 교축(throttling)에 대하여 설명하시오.

해답 냉매(실제 기체)가 밸브 또는 오리피스(orifice) 등의 작은 단면을 통과 시 압력이 급격히($P_1 > P_2$) 떨어지는 현상을 교축(throttling)이라 하며, 냉동장치에서는 팽창밸브에서 교축팽창된다. 이때 온도는 강하($T_1 > T_2$)되고, 엔탈피는 일정하며($h_1 = h_2$), 엔트로피는 증가($\Delta s > 0$)된다.

15 **온도식 자동팽창밸브의 감온통의 부착위치는 흡입관의 관지름과 감온통의 감도를 정확히 측정하기 위해 흡입관상에서의 부착위치를 다르게 하고 있다. 그 경우에 대하여 크게 3가지로 구분하여 설명하시오.**

해답 ① 흡입관 지름이 7/8in(20mm) 이하의 경우 : 흡입관 상부에 밀착하여 부착한다.

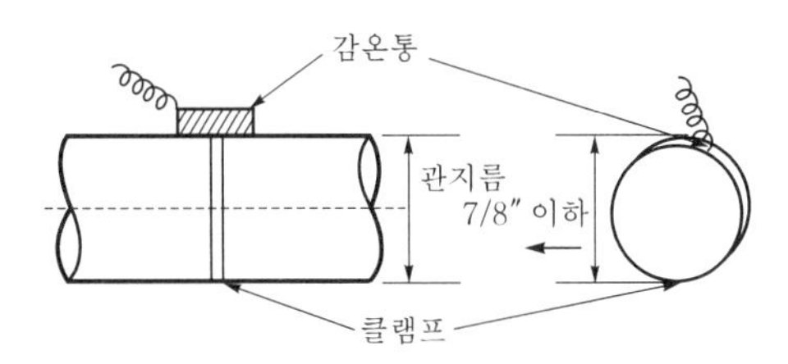

② 흡입관 지름이 7/8in 초과의 경우 : 흡입관의 수평에서 아래쪽으로 45° 위치에 밀착하여 부착한다.

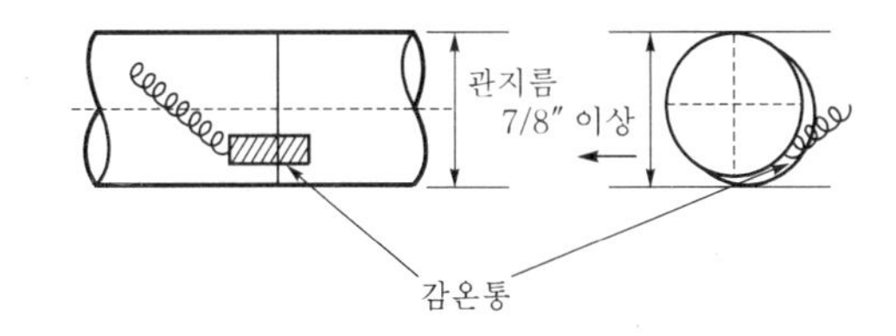

③ 흡입관 지름이 굵거나(2in 이상) 외기온도의 영향을 받을 경우 : 흡입관 내에 삽입포켓(pocket)을 설치한다.

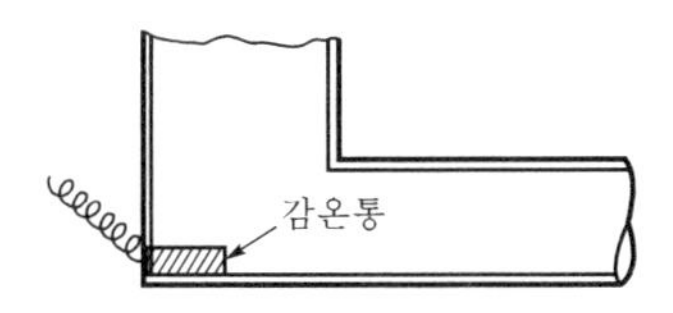

16 **가정용 냉장고를 운전하기 위해 압축기를 기동하였으나 기동 후 곧 정지되면서 압축기에 발열이 심했다. 이에 대한 원인과 결과 및 대책사항을 설명하시오.**

해답 ① 원인 : 기동부하가 과대하여 과전류 보호릴레이(over load current relay, OL)가 차단되거나 전동기 자체의 누전으로 발생한다.
② 결과 : 압축기 내의 전동기의 코일이 소손될 우려가 있다.
③ 대책 : 과부하상태 및 누전 부위를 점검하여 수리한다.

CHAP. 2

17 직접팽창식과 간접팽창식(브라인식) 냉동장치의 특징을 비교하여 설명하시오.

해답 ① 직접팽창식 냉동장치의 특징

㉠ 장점

- 피냉각물체와 직접 열교환이 이루어짐으로써 냉장실 내의 온도와 증발온도와의 차이가 작아 동일 실온을 유지할 경우 증발온도가 높아도 된다.
- 취급이 간단하고 설비비가 적으며, 용량 및 용적이 소형화이다.

㉡ 단점

- 냉동실과 기관실(압축기 설치위치)이 원거리일 경우 흡입배관이 길어져 압력강하 및 흡입가스의 과열도가 증가하게 된다.
- 냉매의 열용량의 부족으로 압축기 운전이 정지되면 냉장실온도의 상승률은 빠르다.
- 배관의 누설 시에는 냉매가 직접 냉장품에 손상을 미친다.
- 냉매의 충전량은 20% 정도 많다.
- 냉동부하의 변동에 따라 액압축 또는 과열압축상태가 될 수 있다.

② 간접팽창식 냉동장치의 특징

㉠ 장점

- 냉매계통이 짧고 냉동톤당 소요냉매량(냉매충전량)이 적다.
- 냉매계통의 누설 시에도 냉장품에는 직접적인 손상이 없다.
- 브라인은 열용량이 크므로 정지 중의 냉장실온도의 유지가 오래 지속된다(부하변동은 현열로 보충됨).
- 브라인의 냉각운전으로 냉동기의 효율이 좋고 계속 운전이 가능하다.
- 냉동능력 및 온도 조절이 용이하고, 팽창밸브의 수가 적게 되며 조정도 간단하다.

㉡ 단점 : 냉장실온도와 증발온도의 차이가 크므로 동일 부하인 경우에는 용량이 큰 압축기가 필요하다.

18 냉동장치의 동부착(copper plating)현상과 영향 및 발생되기 쉬운 경우를 설명하시오.

① 정의 : 금속배관을 구리로 사용하는 탄화, 할로겐화, 수소계 냉매(freon)의 냉동장치에 수분이 혼입되면 수분과 냉매와의 작용(가수분해현상)으로 산성이 생성(염산 또는 불화수소산)되며, 이 산성은 공기 중의 산소와 반응한 후 구리를 분말화시켜 냉동장치 내를 순환하면서 장치 중 뜨거운 부분(실린더, 피스톤, 밸브판 축수메탈 등)에 부착되는 현상이다.

② 영향

㉠ 밸브의 리프트(lift)가 짧아져 체적효율 감소
㉡ 밸브의 작동기능이 불량하여 압축기 소손 초래
㉢ 실린더의 과열로 윤활유 성능이 열화 및 탄화
㉣ 냉동능력 감소

③ 발생되는 경우
㉠ 장치 중에 수분이 혼입된 경우
㉡ 냉매 중 수소(H)원자가 많을 경우
㉢ 윤활유 중 왁스(wax)성분이 많을 경우

19 오일포밍(oil foaming)의 현상과 영향, 그 대책에 대해 각각 설명하시오.

해답 ① 정의 : 프레온(freon)냉매를 사용하는 냉동장치에서 압축기의 정지 중에 냉매가스와 윤활유가 크랭크케이스(crank case) 내에서 용해되어 있다가 기동 시에는 크랭크케이스 내의 압력이 급격히 낮아지게 되므로 윤활유 중에 용해되었던 냉매가 분리되면서 유면이 약동하고, 기포가 발생하게 되는 현상을 말한다.
② 영향
㉠ 윤활유가 냉매와 함께 압축기 실린더의 상부로 올라가 오일해머링(oil hammering)에 의한 압축기 소손의 위험을 초래한다.
㉡ 장치 내로 유출된 윤활유에 의해서 열교환기(응축기, 수액기, 증발기 등) 및 배관에 유막이 형성되어 전열을 악화시켜 냉동능력이 감소한다.
㉢ 윤활유의 부족에 의한 유압의 저하로 윤활 불능을 초래한다.
㉣ 윤활유의 점도 저하, 슬러지(sludge) 및 산도 증가로 윤활유성능이 열화한다.
㉤ 윤활유와의 희석으로 증발압력은 저하한다.
③ 대책 : 크랭크케이스 내에 오일히터(oil heater)를 설치하여 압축기 기동 전에 오일히터를 통전시켜 윤활유 중에 용해된 냉매를 분리시켜야 한다.

CHAP. 2

20 냉매를 취급하다가 부주의로 인하여 냉매가 피부나 눈에 접촉되었을 때 응급조치의 요령을 NH_3와 프레온냉매로 구분하여 간단히 설명하시오.

해답 ① NH_3냉매의 경우
㉠ 물로 세척한다.
㉡ 피크린산용액을 바른다.
㉢ 눈에 들어간 경우에는 물로 세척한 후 2%의 붕산액을 적하해서 5분 정도 씻어낸 후 유동파라핀액을 2~3방울 점안한다.
② 프레온냉매의 경우
㉠ 물로 세척한다.
㉡ 2%의 살균식염수(NaCl) 또는 5%의 붕산액으로 세척한다.

21 다음과 같은 제상방법은 소형 프레온냉동장치에 채택되고 있는데, 그 이유와 제상(defrost)방법을 간단히 설명하시오.

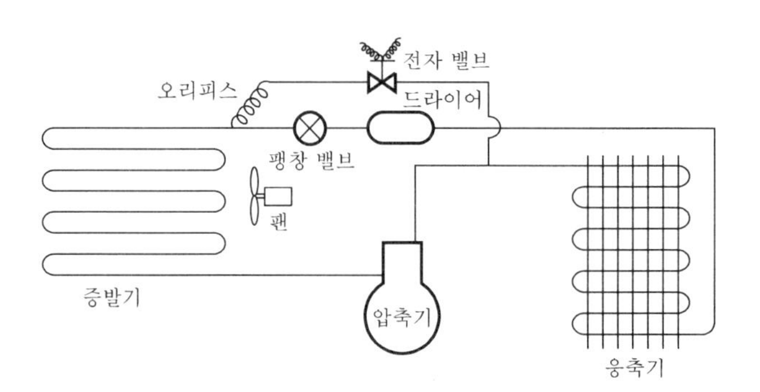

해답 ① 이유 : 소형 장치에서는 냉매충전량이 소량이기 때문에 제상 시 고압가스가 증발기에 액화되면 증발기에 전부 체류하게 되어 정상운전이 어렵게 되고, liquid back의 영향을 초래하므로 제상 중에 응축되지 않도록 오리피스(orifice)를 설치하여 고압가스를 저압으로 감압시켜 현열(온도차이 이용)로 제상하기 위함이다.

② 방법 : 증발기의 적상으로 제상의 필요시에는 증발기 팬(fan)을 정지하고 제상용 전자밸브(solenoid valve)를 열어서 행한다.

22 압축기에 설치된 다음의 안전장치에 대한 설치목적과 작동압력을 설명하시오.

1. 안전두
2. 안전밸브
3. 고압차단스위치

해답 1. 안전두(safety head) : 실린더 상부의 밸브판에 부착된 토출밸브시트와 헤드커버 사이에 상당한 압력으로 지지되고 있는 스프링으로 운전 중 실린더 내에 이물질(scale)이나 냉매액의 유입으로 압축될 때 이상고압에 의한 압축기 소손을 방지하며, 정상 토출압력보다 0.2~0.3MPa 정도 높을 때 작동하여 일시에 이상고압을 토출측으로 배출하게 된다.

2. 안전밸브(safety valve) : 장치 내의 압력이 이상고압으로 상승했을 때 작동하여 고압가스를 대기 중(외장형 안전밸브)이나 저압측(내장형 안전밸브)으로 방출하여 이상고압에 의한 위해를 방지하며 정상 고압+0.5MPa 정도에서 작동한다.

3. 고압차단스위치(HPS) : 토출압력의 이상 상승 시에 작동하여 압축기를 정지시키므로 이상고압에 의한 위해를 방지하며 정상 고압+0.4MPa 정도에서 작동하도록 조정하고 있다.

23 냉동장치에 사용되는 증발압력조정밸브(EPR)에 대해서 다음의 물음에 답하시오.

1. 역할
2. 작동원리
3. 설치위치
4. 설치의 경우

1. 증발압력이 일정 압력 이하가 되는 것을 방지한다.
2. EPR의 입구측 압력에 의해서 작동되며, 증발압력이 일정 이상이 되면 열리고, 일정 이하가 되면 닫히게 된다.
3. 증발기 출구측 흡입관
4. ① 여러 대의 증발기를 사용하는 경우 증발온도가 높은 쪽의 증발기 출구에 부착
   ② 냉수(brine)냉각기의 동파 방지용
   ③ 야채냉장고 등의 동결온도 이하 방지
   ④ 과도한 제습이 되는 것을 방지할 때
   ⑤ 증발온도를 일정하게 유지하고자 할 경우

24 진공시험 및 진공건조에 대하여 다음 물음에 답하시오.

1. 진공시험의 목적
2. 진공시험 시 유의사항
3. 진공펌프를 장시간 운전하여도 고도의 진공이 얻어지지 않는 원인
4. 회전식 진공펌프에서 펌프유의 역할
5. 진공펌프 사용상의 주의사항

1. 진공시험은 누설시험에 합격한 냉동장치계통 내의 공기 및 불응축가스를 배출하고 수분을 건조시켜 완전히 배제하는 것으로, 냉매 충전 전에 또는 장치 수리 후에는 필수 불가결한 것이다.
2. ① 필요한 진공도달도를 갖고 충분한 배기량이 있는 진공펌프를 사용하며, 자체 압축기를 사용하지 않는다.
   ② 진공펌프는 압축기의 흡입측 스톱밸브 및 액관에 있는 충전밸브의 양쪽에 연결한다.
   ③ 진공계는 팽창밸브의 양측(고압측, 저압측)에 설치한다(진공계는 수은주에 의하거나 크기 300mm 정도의 대형 진공계를 사용할 것).
   ④ 진공펌프는 마찰면에 윤활유가 충분히 퍼지게 한 다음 운전하고, 펌프와 냉매계통의 연락관은 누설에 주의한다.
   ⑤ 압축기 크랭크케이스 내의 윤활유는 충전된 상태에서 진공건조시켜 유중의 수분도 제거하도록 한다.
   ⑥ 계통 내의 모든 스톱밸브, 전자밸브가 열려 있는 것을 확인한다.
   ⑦ 진공펌프는 장치 내부의 수분이 충분하게 증발하도록 고도의 진공도가 지시될 때까지 운전한다(대략 18~72시간 정도로서 초기는 진공도 600~700mmHg(vac) 정도 진공시킴).
   ⑧ 주위 온도 5℃ 이하인 경우 진공으로 하면 계통 내의 수분이 동결하여 충분하게 건조되지 않으므로 주의한다.
   ⑨ 계통이 필요한 진공에 도달하면 진공펌프를 1~3시간 정도 운전하고, 연락관 중의 스톱밸브를 닫아서 진공방치시험에 들어간다.
   ⑩ 진공상태로 10시간(보통 24시간) 방치 후의 진공도 저하를 측정하여 5mmHg 이내인 것을 확인한다.

3. ① 계통 내의 다량의 수분이 있을 때
② 진공펌프의 효율이 나쁘거나 펌프 자체의 누설, 펌프유의 오손 등
③ 계통과 연락관의 누설
④ 진공계 불량

4. ① 배기밸브 부분을 기름으로 봉해서 누설을 적게 한다.
② 회전부 마찰부의 윤활을 한다.
③ 펌프 실린더와 회전날개 간에 유막을 형성하여 흡·배기 시의 누설을 적게 하고 있다.
④ 배기측의 공간을 기름으로 봉해서 진공도달도를 높인다.
⑤ 기름의 순환순서 : 펌프 케이싱 → 베어링 → 펌프 몸체 내부 → 배기밸브 → 펌프 케이싱

5. ① 펌프용 전동기의 동력이 부족하면 충분한 능력을 발휘할 수 없으며, 전동기의 소손 우려가 있다.
② 회전펌프는 마찰면에 충분히 기름을 퍼지게 하여 펌프를 이동시킨다.
③ 개방형일 때 벨트의 장력을 적당한 강도로 유지시킨다.

25 **밀폐압축기를 쓰는 프레온냉동장치(냉장고 냉각용)의 냉매배관을 현장에서 완성한 후 진공방치시험을 실시하였다. 그 경과 및 결과는 다음과 같다.**

[경과 및 결과]

1) 진공건조작업 완료 시의 진공계 지시도 560mmHg(압력 200mmHg)
2) 진공방치시험 개시시각 18시(그때의 주위 온도 3℃)
3) 진공방치시험 완료시각 다음 날 17시(그때의 주위 온도 4℃)
4) 진공방치시험 완료 시의 진공계 지시도 470mmHg(압력 290mmHg)

위의 결과를 보고 장치의 기밀성, 장치 내의 불응축가스 또는 수분의 잔류 정도는 적정한가의 그 가부를 판단하시오. 만일 적정하지 않다고 판단된다면 그 이유를 들고, 다음에 취해야 할 조치 및 그에 따른 주의사항을 설명하시오.

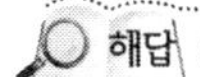
해답 ① 판정 : 불가
② 이유 : 560mmHg의 진공계 지시도, 즉 200mmHg의 압력에 상당하는 물의 포화온도는 약 66.5℃이고, 주위 온도가 3℃라고 할 때 계통 내의 수분이 증발될 수는 없는 것이므로, 적어도 750mmHg 이상의 진공이 되도록 해주어야 하며, 또한 주위 온도가 올라가게끔 난방을 하거나 외기온도가 따뜻할 때 진공작업을 실시해야 한다. 또 진공도의 저하도 24시간에 5mmHg 이내라야 하는데, 여기서는 90mmHg나 압력이 상승해 있으므로 장치에 누설이 있는 것으로 생각된다.
③ 조치 : 기밀시험부터 다시 실시하여 완전하게 기밀성을 확인한 다음, 750mmHg 이상의 진공도로 방치시험을 하고, 외기온도가 15℃ 이상인 날에 시험하거나 기계실 내를 난방하여 실내온도를 올려서 시험한다. 진공도의 저하는 24시간에 5mmHg 이내로 한다.

26 **냉장고에 사용하는 프레온냉동장치의 냉매배관을 완성한 후 실시해야 할 진공건조 작업의 실시요점을 설명하고, 또한 진공건조에 필요한 진공도와 배관 주위 온도의 관계 및 주위 온도가 15℃보다 낮은 경우 다음 표에 취해야 할 조치에 대해 설명하시오.** (단, 진공건조시간은 24시간에 완료하는 것으로 한다.)

저온에서의 물의 포화온도

물의 포화온도〔℃〕	진공도〔mmHg〕
20	744.5
17.5	746.9
15	749.2
12.5	751.1
10	752.8
7.5	754.3
5	755.5
2.5	756.5

해답 ① 필요한 진공속도의 충분한 배기량을 갖는 진공펌프를 사용할 것
② 정도가 좋은 진공계를 장치할 것
③ 냉매계통 내의 밸브를 모두 개방할 것
④ 주위 온도가 15℃보다 낮은 경우에는 가열할 것
⑤ 필요한 진공도 750mmHg에 도달한 후 몇 시간 계속 운전할 것
⑥ 10시간 동안 진공 방치한 다음 진공도를 측정하여 방치 전후의 진공도 차가 5mmHg 이내이면 합격

27 **프레온냉동장치는 암모니아냉동장치와 달라서 냉매배관의 완성 후 냉매가스를 충전하기 전에 냉매계통 내를 진공으로 하는 작업을 중요시하는 것은 무엇 때문인가?**

해답 암모니아(NH_3)는 수분과 잘 용해하여 암모니아수로 되지만, 프레온가스(freon gas)는 수분의 용해도가 적다. 따라서 냉매계통 내에 수분이 존재하면 냉매가스 중에 용해되는 양이 매우 적어 유리수로서 존재한다. 이 수분은 팽창밸브의 저온부와 같이, 특히 통로가 매우 좁은 부분에서 동결하게 된다. 그래서 냉매의 흐름을 폐쇄시켜 냉동작용을 현저하게 저해한다.
또 냉매계통 내에서 냉매와 작용하여 가스분해를 일으켜 부식 절연열화(밀폐형 압축기의 경우) 등을 초래하게 되며, 코퍼플레이팅현상의 원인이 되어 베어링이나 실린더 부분의 원활한 활동을 저해한다. 따라서 냉매가스의 충전 전에 공기를 완전하게 배제하여 공기 중의 수분을 배출함과 동시에, 진공으로 하여 수분을 증발시키기 위해 진공건조를 하는 것이 중요하다.

CHAP. 2

28 다음 그림은 식품냉동에 사용하는 브라인용액의 농도와 온도의 관계를 표시한 공융혼합물의 상태도이다. 이 그림을 보고 설명하시오.

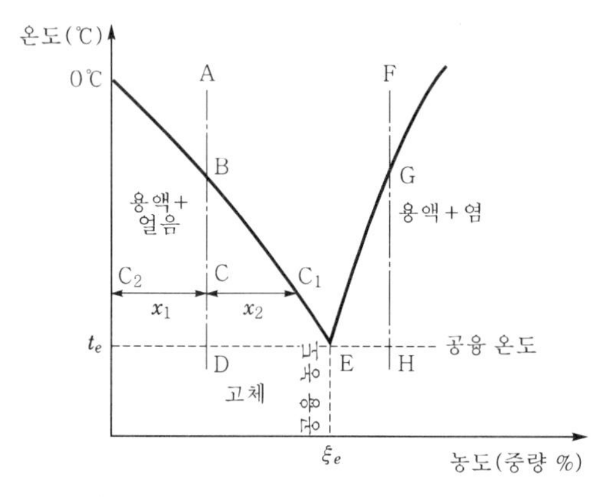

해답 제시된 그림은 용액의 농도와 온도의 관계를 표시하는 것으로 E가 공융점이며, 이에 해당하는 농도인 ξ_e를 공융농도, 그리고 t_e를 공융온도라 한다. 그림에서 공융농도보다 낮은 농도의 용액을 점 A로부터 온도를 점차 내리면 점 B에서 순수한 얼음이 얼기 시작하며, 계속 온도를 내리면 얼음의 양이 증가하고 용액과 얼음이 분리된 혼합체가 되며, 나머지 용액은 농도가 증가하므로 BC_1선을 따라 공융점으로 접근한다. 만일 온도를 점 C까지 내렸다면 용액의 농도는 점 C_1에 해당하며, 얼음의 양은 $x_2/(x_1+x_2)$, 용액의 양은 $x_1/(x_1+x_2)$으로 된다.

이와 반대로 공융농도보다 진한 용액을 점 F로부터 온도를 내리면 반대로 염이 석출되면서 농도가 감소하여 공융점에 도달한다. 온도를 공융온도보다 더 낮게 내리면 모두 동결하여 고체가 된다. 따라서 브라인을 최적의 조건으로 하려면 수용액의 농도를 공융농도와 같게 하여야 한다.

29 흡입압력조정밸브(SPR)의 설치목적, 설치이유, 작동원리, 설치위치에 대하여 설명하시오.

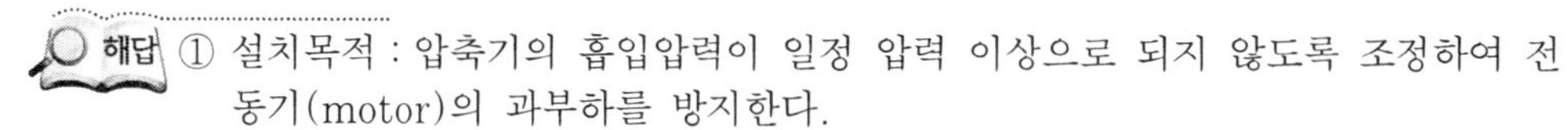

해답 ① 설치목적 : 압축기의 흡입압력이 일정 압력 이상으로 되지 않도록 조정하여 전동기(motor)의 과부하를 방지한다.

② 설치이유

㉠ 압축기가 높은 흡입압력으로 기동할 때 기동 시 과부하를 방지하기 위해

㉡ 흡입압력의 변화가 심한 장치에서 압축기의 운전을 안정시키기 위해

㉢ 고압가스 제상(hot gas defrost)이 장시간 지속될 때 전동기의 과부하를 방지하기 위해

㉣ 압축기로의 리퀴드백(liquid back)을 방지하기 위해

㉤ 저압으로 기동하지 않으면 안 될 때 전동기 과부하 방지를 위해

③ 작동원리 : 압축기의 흡입압력이 일정보다 높으면 밸브가 닫히고, 낮으면 밸브가 열린다.

④ 설치위치 : 압축기의 입구측 흡입관

30 압력식 자동급수밸브의 사용목적과 설치해서는 안 되는 경우를 설명하시오.

해답 ① 사용목적

㉠ 응축압력에 대응한 냉각수량의 조절로 소비수량을 절감한다.

㉡ 냉각수량의 조절로 응축압력을 조정범위 내에서 유지할 수 있다.

② 설치해서는 안 되는 경우

㉠ 수압이 낮을 경우

㉡ 냉각수펌프로 왕복동식 펌프를 사용할 경우

㉢ 사용냉매가 NH_3인 장치(재질관계 고려)

㉣ 대형 에어컨디셔너장치 및 heat pump식 에어컨디셔너

【참고】 1. 자동급수밸브는 어느 한계 내에서 냉각수의 조절로 응축압력을 일정히 유지할 수 있으나, 극단적인 고압 상승의 원인은 모두 해결할 수 없다.

2. heat pump식 에어컨디셔너에는 압력 역작동형을 사용한다.

CHAP. 2

31 냉동장치의 냉각관에 사용되고 있는 핀 튜브(finned tube)의 사용목적과 로 핀 튜브(low finned tube)와 이너 핀 튜브(inner finned tube)의 구조상 차이점 및 그 사용용도에 대하여 설명하시오.

해답 ① 사용목적 : 서로 다른 두 유체 간의 열교환을 목적으로 하는 튜브에서 전열이 현저히 불량한 한쪽의 유체측에 핀(fin)을 설치(부착)하여 전열면적을 증대시켜 전열효과를 양호하게 하기 위함이다.

② low finned tube : 튜브 외표면측에 핀이 부착된 형식이며, 프레온용 수냉식 응축기 냉각관 및 공냉식 응축기를 들 수 있다.

③ inner finned tube : 튜브 내표면측에 핀이 부착된 형식이며, 프레온용 건식수, 냉각용 증발기의 냉각관 등이다.

32 냉동공장에서 배관공사를 완성한 후 행해야 할 시험의 종류와 그 방법을 설명하시오.

해답 ① 누설시험 : 공기 또는 질소가스를 사용하여 고·저압측을 구분하여 법에서 정한 누설시험압력 이상의 압력으로 승압한 후 비눗물 또는 오일 등의 기포성 물질을 이용하거나 냉매 누설 여부 확인방법을 이용하여 용접부 및 이음부 등의 누설 여부를 조사한 후 하루 정도 방치하여 압력 저하가 0.034MPa 이하이면 합격이다.

② 진공시험 : 누설시험이 끝난 후 장치 내의 이물 및 공기·가스압을 배출하고, 진공펌프를 이용하여 진공 740~750mmHg 정도로 운전을 계속한 후 진공펌프를 정지시킨 상태에서 10~18시간 정도 방치하여 현저한 상승이 없으면 합격이다.

③ 냉매시험 : 사용할 냉매를 최초에는 0.2~0.3MPa 정도 충전한 후 누설 여부를 확인하고, 이상이 없으면 재차 0.34MPa 정도까지 승압시켜 누설 여부를 확인한다.

④ 냉매 충전 : 냉매시험이 끝나고 배관 방열공사를 시행한 후 실제 운전에 필요한 소요냉매량을 충전한다.

⑤ 냉각운전 : 냉동장치를 시운전하여 소정의 온도조건에 도달하는지의 여부를 확인한다.

【참고】 냉동장치의 시험순서

① 내압시험(제조회사) ② 기밀시험(제조회사) ③ 누설시험 ④ 진공시험 ⑤ 냉매 충전 ⑥ 냉매 누설시험 ⑦ 배관 방열공사 ⑧ 냉각운전(③에서 ⑧까지는 배관 설치 시공 후)

33 R-22를 냉매로 하는 냉동장치에서 콘덴싱유닛이 설치된 지하 기관실에서 고층의 증발기까지 냉매배관이 연결된 경우 팽창밸브 및 열교환기의 선정에 관하여 고려할 사항을 간단히 설명하시오.

① 팽창밸브 : 팽창밸브의 용량 선정은 오리피스의 구멍지름과 입·출구압력차에 의해서 결정이 되는 것으로, 고층까지 액배관이 입상될 경우에는 냉매액의 정압 손실과 배관저항의 압력손실에 해당하는 만큼 실제의 팽창밸브 직전의 압력이 응축압력보다 낮게 되어 냉매유량 공급이 감소되므로 팽창밸브의 용량은 보다 크게 선정할 필요가 있다.

② 열교환기 : 입상관에서의 필연적인 압력손실에 따라 플래시가스의 발생이 증가하므로 열교환기로 액냉매를 과냉각시켜야 하며 유닛에 가까운 곳에 설치하여야 한다.

【참고】 팽창밸브의 용량 산정식

$$C_2 = \frac{C_1}{\left(\frac{P_2}{P_1}\right)^{0.5}}$$

여기서, C_2 : 호칭능력〔RT〕

C_1 : 기준상태에서의 능력〔RT〕

P_2 : 상태변화 후의 고·저압압력차〔Pa=N/m^2〕

P_1 : 기준상태에서의 고·저압압력차〔Pa=N/m^2〕

※ 기준상태

- R-12의 경우 : 흡입가스온도 5℃, 고·저압압력차 392kPa
- R-22의 경우 : 흡입가스온도 5℃, 고·저압압력차 686kPa

34 다음의 계통도와 같은 2단 압축 냉동사이클을 몰리에르선도에 나타낸 것으로 조건을 참조하여 각 물음에 답하시오. (단, 이 장치의 저단측 압축기의 피스톤압축량이 515m^3/h이고, 고단측 압축기의 피스톤압축량은 257.5m^3/h이며, 저단측 압축기의 체적효율 및 압축효율은 각각 0.75와 0.8)

1. 냉동능력〔RT〕
2. 중간냉각기에 증발하는 냉매량〔kg/h〕

3. 고단측 압축기의 흡입냉매량〔kg/h〕
4. 장치도의 명칭

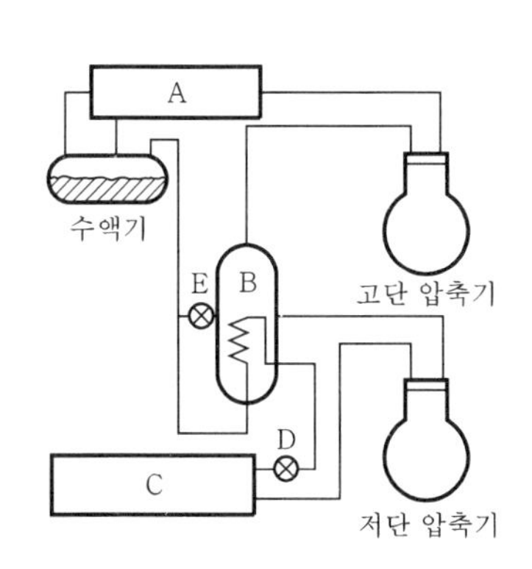

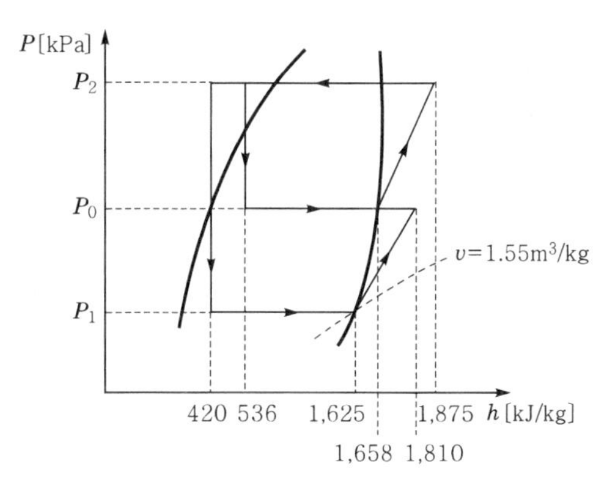

해답

1. 저단압축기 냉매순환량$(\dot{m}_L) = \dfrac{V}{v}\eta_v = \dfrac{515}{1.55} \times 0.75 = 249.19\,\text{kg/h}$

   $\therefore$ 냉동능력$(\text{RT}) = \dfrac{\dot{m}_L q_2}{13897.52} = \dfrac{249.19 \times (1{,}625 - 420)}{13897.52} = 21.61\,\text{RT}$

2. 중간냉각기 증발냉매량$(\dot{m}_m)$

   h_b'(저단측 압축기 실제 토출가스 비엔탈피)$= 1{,}625 + \dfrac{1{,}810 - 1{,}625}{0.8}$

   $= 1856.25\,\text{kJ/kg}$

   $\therefore\ \dot{m}_m = \dot{m}_L \dfrac{(1856.25 - 1{,}658) + (536 - 420)}{q_m}$

   $= 249.19 \times \dfrac{198.25 + 116}{1{,}658 - 536} = 69.79\,\text{kg/h}$

3. 고단압축기 흡입냉매량$(\dot{m}_H)$

   $\dot{m}_H = \dot{m}_L + \dot{m}_m = 249.19 + 69.79 = 318.98\,\text{kg/h}$

4. A : 응축기(condenser)
   B : 중간냉각기
   C : 증발기(evaporator)
   D : 제1 팽창밸브(주팽창밸브)
   E : 제2 팽창밸브(보조팽창밸브)

35 **암모니아를 냉매로 쓰는 2단 압축 1단 팽창식 냉동장치가 다음 조건에서 운전될 때 그 냉동능력은 10냉동톤이라 산정된다. 이때 중간냉각기용 팽창밸브를 흐르는 냉매량은 몇 〔kg/h〕라 추정되는가?** (단, 냉동사이클을 $P-h$선도상에 표시하고, 그에 의해 계산식을 표시하여 설명하시오.)

[조 건]

1) 응축온도 : 32℃
2) 증발온도 : −32℃
3) 중간냉각기용 팽창밸브 직전의 액온도 : 30℃
4) 주팽창밸브 직전의 액온도 : 2℃
5) 중간 압력 : 363kPa
6) 증발기 출구의 냉매상태 : 건조포화증기
7) 저단압축기 흡입관에서의 압력강하도 : 9.8kPa
8) 저단압축기 흡입증기의 과열도 : 10℃
9) 저단압축기의 압축효율 : 0.78

해답

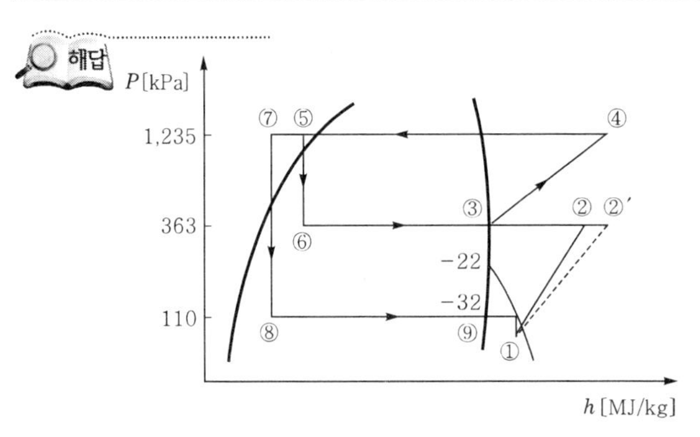

- $h_1 = 39\,\text{MJ/kg}$
- $h_2 = 43\,\text{MJ/kg}$
- $h_3 = 39.2\,\text{MJ/kg}$
- $h_5 = h_6 = 13\,\text{MJ/kg}$
- $h_7 = h_8 = 10\,\text{MJ/kg}$
- $h_9 = 38\,\text{MJ/kg}$

$$h_2' = h_1 + \frac{h_2 - h_1}{\eta_c} = 39 + \frac{43-39}{0.78} = 44.13\,\text{MJ/kg}$$

$$\therefore\ \dot{m}_m = \frac{(h_2' - h_3) + (h_5 - h_7)}{h_3 - h_6}\left(\frac{Q_e}{h_9 - h_8}\right)$$

$$= \frac{(44.13-39.2)+(13-10)}{39.2-13} \times \frac{10\times 14.9}{38-10} = 1.61\,\text{kg/h}$$

※ 1RT = 13897.52kJ/h ≒ 14.9MJ/h = 3.86kW

36 다음 R-22 냉동장치도를 보고 각 물음에 답하시오.

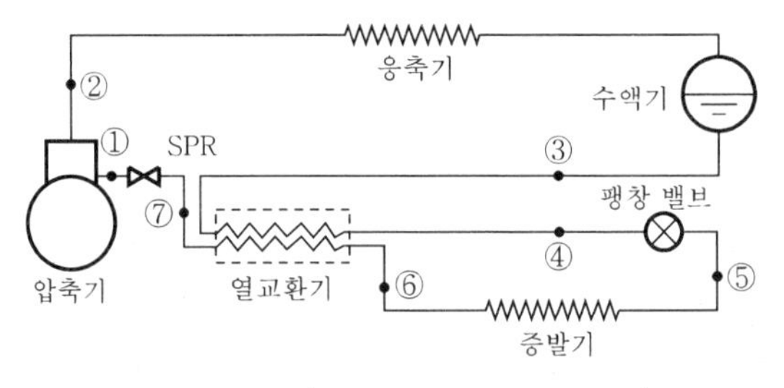

- $h_2 = 690\,\text{kJ/kg}$
- $h_3 = 452\,\text{kJ/kg}$
- $h_4 = 440\,\text{kJ/kg}$
- $h_6 = 607\,\text{kJ/kg}$

1. 장치도의 냉매상태점 ①~⑦까지를 $P-h$선도상에 표시하시오.

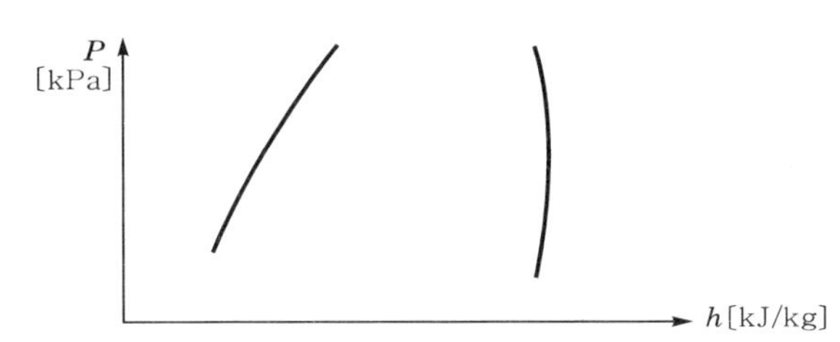

2. 장치도의 운전상태가 다음과 같을 때 압축기의 축동력[kW]을 구하시오.

[조 건]

1) 냉매순환량 : 50kg/h　2) 압축효율(η_c) : 0.55　3) 기계효율(η_m) : 0.9

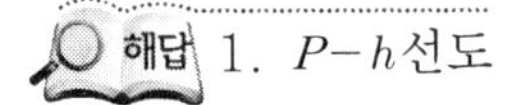
1. $P-h$선도

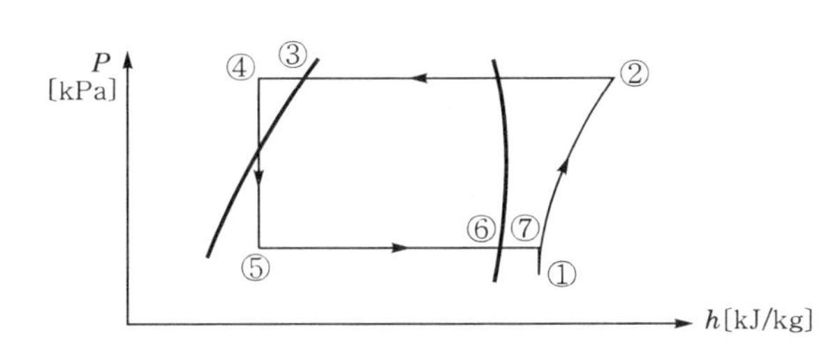

2. ① 압축기 흡입측 냉매의 비엔탈피(h_1)

$$h_1 = h_6 + (h_3 - h_4) = 607 + (452 - 440) = 619\,\text{kJ/kg}$$

② 압축기 축동력[kW]

$$L = \frac{m(h_2 - h_1)}{3{,}600\eta_c\eta_m} = \frac{50 \times (690 - 619)}{3{,}600 \times 0.55 \times 0.9} \fallingdotseq 2\,\text{kW}$$

37

프레온압축기 흡상관(suction riser)에 있어서 이중입상관(double suction riser)을 사용하는 때가 있다. 이중입상관의 배관도를 그리고, 그 역할을 설명하시오.

① 배관도

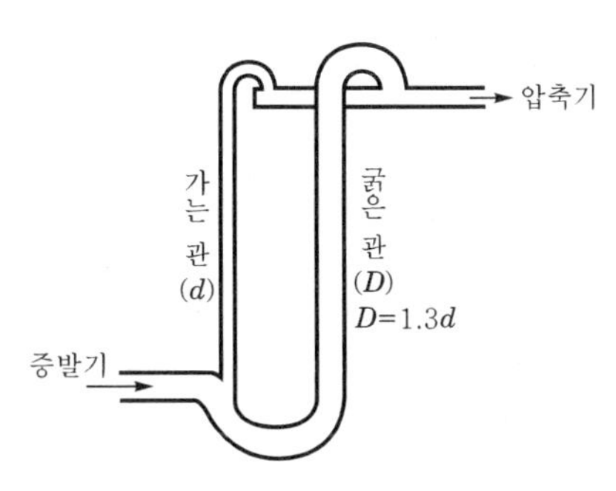

② 역할 : 프레온냉동장치에서 오일의 회수를 용이하게 하기 위하여 이중입상배관을 사용한다.

38 냉장고의 설계 시 계산되는 열부하의 종류(조건)를 기입하시오.

해답 ① 냉장고의 벽면을 통해 침입하는 열량(q_1) : 외기온도 산정은 냉장고 설치장소의 월평균 최고값을 취한다.

$q_1 = KA(t_2 - t_1)$

여기서, q_1 : 침입열량〔kJ/h〕
K : 열통과율〔$W/m^2 \cdot K$〕
A : 방열벽면적〔m^2〕
t_2 : 외기온도〔℃〕
t_1 : 냉장고 내 온도〔℃〕

② 침입공기의 냉각에 필요한 열량(q_2) : 냉장고의 문을 개폐하거나 과일(채소류) 등의 저장을 위해 강제적으로 외기를 도입시킬 경우 이 공기를 냉장고 내 온도까지 냉각시켜야 한다.

$q_2 = Vn\Delta q$

여기서, q_2 : 침입공기부하〔kJ/h〕
V : 냉장고 내 용적〔m^3〕
n : 환기횟수〔회/h〕
Δq : 외기 또는 인접 공기 $1m^3$를 냉장고 내 온도까지 냉각하는 열량〔kJ/m^3〕

③ 조명에 의한 발생열량(q_3) : 냉장고 내에서 소비되는 전등의 열부하를 말한다.
㉠ 백열등의 경우 : q_3=냉장고 내 전등의 〔kW〕×점등시간(h/24)×3,600
㉡ 형광등의 경우 : q_3=냉장고 내 전등의 〔kW〕×점등시간(h/24)×4,186

④ 전동기(motor)에 의한 발생열량(q_4)
q_4=전동기의 〔kW〕×전동기의 발생열량〔kJ/kWh〕×가동시간(h/24)

⑤ 사람에 의한 발생열량(q_5)
q_5=인원수×1인당 발생열량〔kJ/h·인〕×체류시간(h/24)

⑥ 냉장품의 냉각에 필요한 열량(q_6)
$q_6 = mC(t_2 - t_1)$과 같은 비열식의 합

⑦ 냉장품의 호흡열에 의한 발생열량(q_7)
q_7=냉장품의 질량〔kg〕×호흡열〔kJ/h·kg〕
※ 일반 냉장고의 경우에서는 호흡열은 무시되며, 청과물냉장고의 경우에 가산을 요한다.

⑧ 강제환기의 냉각에 필요한 열량 및 잠열부하량 : 일반 냉장고의 경우에서는 강제환기에 의한 부하 및 잠열은 없으며, 특별히 신선 공기를 도입(환기)하는 경우(고내 습도규정 유지 등)에 가산을 요한다.

⑨ 이외에도 고려되어야 할 설계상의 발생 및 냉각열량

⑩ 냉장고의 냉각부하량의 잠열손실(열손실)열량 : 전체의 열량 계산(냉각부하량)에 대한 10~20% 정도의 열손실을 가산한다.

39 암모니아용 냉동장치의 기본 배관계통도를 보고 지급된 몰리에르선도와 함께 운전 조건을 참조하여 다음의 물음에 답하시오.

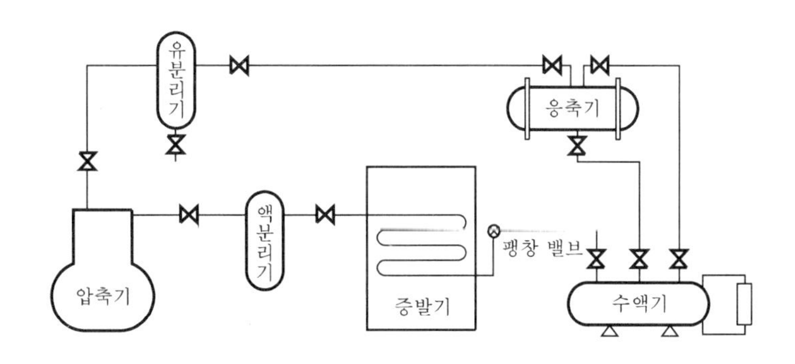

[조 건]

1) 증발온도 : −15℃	2) 응축온도 : 33℃
3) 과냉각도 : 3℃	4) 흡입상태 : 건조포화증기

1. 각 지점의 압력 및 비엔탈피, 토출가스온도, 비체적을 기입하시오.
2. 성적계수를 구하는 식과 답을 쓰시오.
3. 고압가스 제상을 위한 배관을 완성하시오.

해답 1. 몰리에르선도(NH_3용)

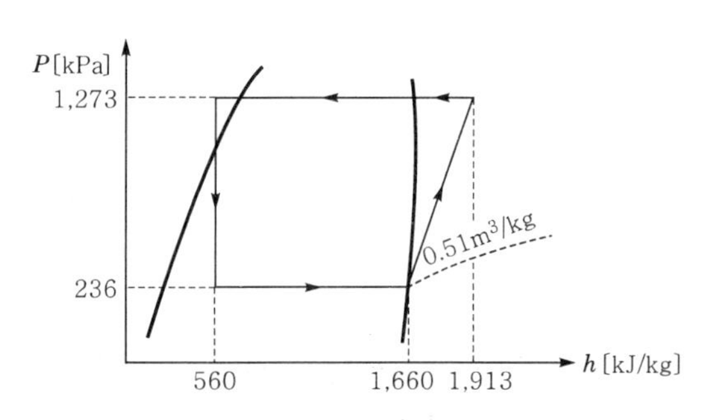

① 응축압력 : 1,273kPa(abs)
② 증발압력 : 236kPa(abs)
③ 팽창밸브 직전의 비엔탈피 : 560kJ/kg
④ 흡입가스의 비엔탈피 : 1,660kJ/kg
⑤ 토출가스의 비엔탈피 : 1,913kJ/kg
⑥ 토출가스의 온도 : 106℃
⑦ 흡입가스의 비체적 : 0.51m^3/kg

2. $(COP)_R = \dfrac{q_e}{w_c} = \dfrac{1,660-560}{1,913-1,660} = 4.35$

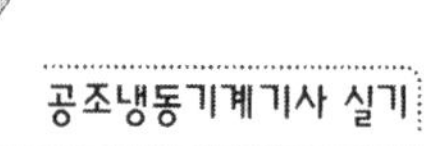

3. 배관도

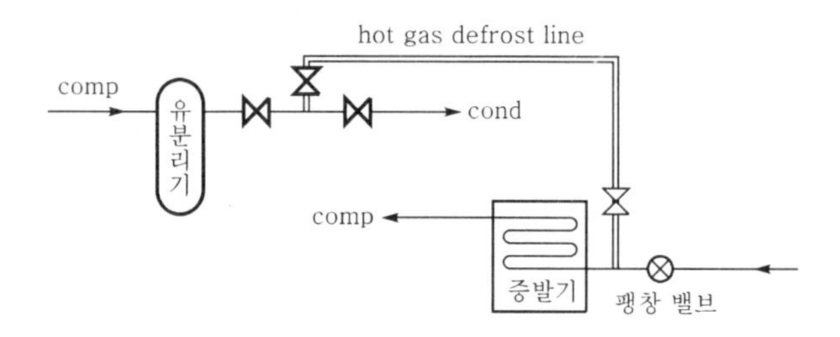

40

R-22용 냉동장치의 운전상태가 다음의 몰리에르선도와 같을 때 주어진 조건을 이용하여 이 장치의 냉동능력 및 소요동력〔kW〕을 산출하시오. (단, 소수점 2자리까지 구함)

[조 건]

1) 피스톤압출량(V_a) : 1,000m^3/h
2) 체적효율(η_v) : 0.75
3) 압축효율(η_c) : 0.8
4) 기계효율(η_m) : 0.85

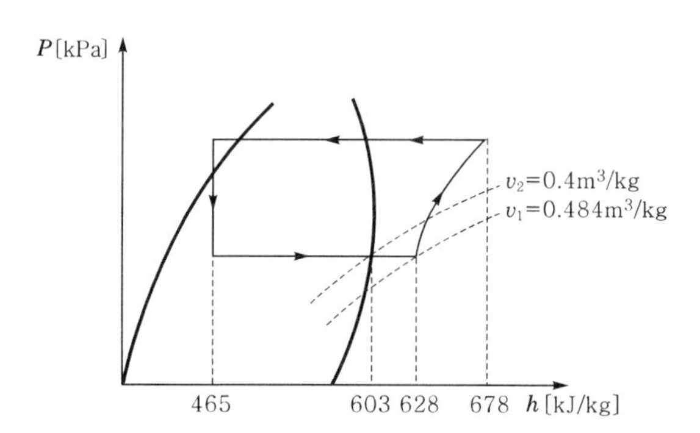

해답

① 냉동능력〔RT〕$= \dfrac{\dot{m}q_e}{13897.52} = \dfrac{V_a q_e \eta_v}{13897.52 v_1}$

$= \dfrac{1{,}000 \times (603-465) \times 0.75}{13897.52 \times 0.484} \fallingdotseq 15.39\,\text{RT}$

② 냉매순환량($\dot{m}$)$= \dfrac{V_a}{v_1}\eta_v$

$= \dfrac{1{,}000}{0.484} \times 0.75 \fallingdotseq 1{,}550\,\text{kg/h}$

③ 소요동력〔kW〕$= \dfrac{w_c \dot{m}}{3{,}600\,\eta_c \eta_m}$

$= \dfrac{(678-628) \times 1{,}550}{3{,}600 \times 0.8 \times 0.85} \fallingdotseq 31.66\,\text{kW}$

41 냉동장치 내를 순환하는 냉매의 상태 중 증발기 입구의 습증기냉매의 비엔탈피는 454kJ/kg이고, 동일 압력의 포화액의 비엔탈피는 403kJ/kg, 포화증기의 비엔탈피는 568kJ/kg이며, 증발기 입구의 습증기 중 포화액의 유량이 13kg/min일 때 전체의 유량〔kg/h〕은 얼마인가?

해답 ① 건조도$(x)=\dfrac{454-403}{568-403}=0.31$

② $x+y=1$이므로 습기도$(y)=1-x=1-0.31=0.69$

③ $y=\dfrac{\text{액냉매의 유량}}{\text{전체 유량}(m)}$

$\therefore$ 전체 유량$(m)=\dfrac{\text{액냉매의 유량}}{y}=\dfrac{13}{0.69}=18.84\text{kg/min}\times60=1130.04\text{kg/h}$

42 액-가스 열교환기(liquid-gas heat exchanger)를 설치한 R-12 냉동장치의 운전 조건이 다음의 몰리에르(Molier)선도와 같을 때 냉동능력〔RT〕을 구하는 식과 답을 쓰시오.

[조 건]

1) 체적효율(η_v) : 75%
2) 피스톤압출량(V_a) : $330\text{m}^3/\text{h}$
3) v_2 : $0.13\text{m}^3/\text{kg}$
4) v_1 : $0.14\text{m}^3/\text{kg}$
5) ⓔ→ⓕ 및 ⓑ→ⓒ의 과정은 열교환기의 출입구지점
6) 답은 소수점 2자리에서 반올림
7) 1RT=13897.52kJ/h=3.86kW

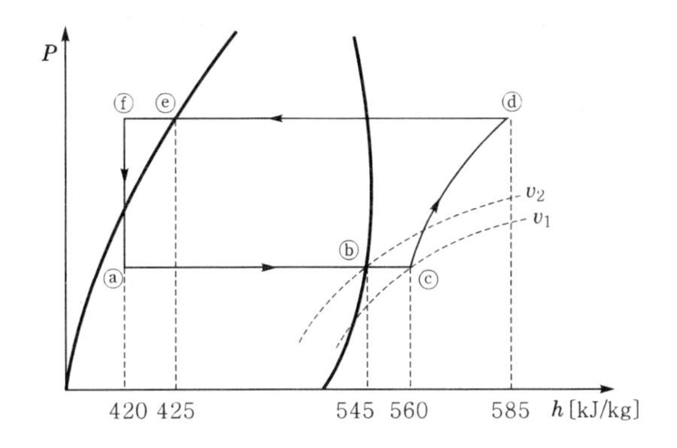

해답 냉동능력$=\dfrac{V_a(h_b-h_a)}{13897.52v_1}\eta_v=\dfrac{330\times(545-420)}{13897.52\times0.14}\times0.75=15.9\text{RT}$

CHAP. 2

43 **냉수를 사용하는 공기냉각기에서 29℃의 공기를 16℃까지 냉각하는데 7℃의 냉수를 통과시키면 냉수는 열교환에 의해 5℃ 상승하게 된다. 이때 다음 물음에 답하시오.**

1. 병류와 향류로 했을 때 대수평균온도차는 각각 얼마가 되는가?
2. 냉각기 1열당의 열통과율을 930W/m²·K, 전열면적을 1m²으로 하면 병류와 향류인 경우 냉각열량은 각각 몇 〔kJ/s〕가 되는가?

해답 1. ① 병류 시 대수평균온도차

$\Delta t_1 = t_1 - t_{w_1} = 29 - 7 = 22℃$

$\Delta t_2 = t_2 - t_{w_2} = 16 - 12 = 4℃$

$\therefore\ LMTD = \dfrac{\Delta t_1 - \Delta t_2}{\ln\left(\dfrac{\Delta t_1}{\Delta t_2}\right)} = \dfrac{22-4}{\ln\left(\dfrac{22}{4}\right)} = 10.56℃$

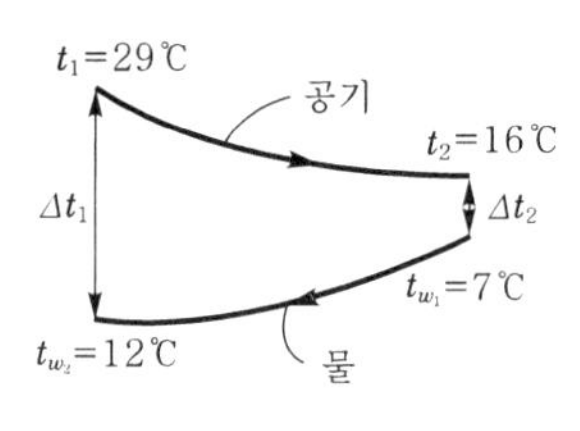

② 향류 시 대수평균온도차

$\Delta t_1 = t_1 - t_{w_2} = 29 - 12 = 17℃$

$\Delta t_2 = t_2 - t_{w_1} = 16 - 7 = 9℃$

$\therefore\ LMTD = \dfrac{\Delta t_1 - \Delta t_2}{\ln\left(\dfrac{\Delta t_1}{\Delta t_2}\right)} = \dfrac{17-9}{\ln\left(\dfrac{17}{9}\right)} = 12.58℃$

t_1=29℃ 공기 t_2=16℃ Δt_1 Δt_2 t_{w_1}=7℃ t_{w_2}=12℃ 물

2. ① 병류 시 냉각열량

$Q = KA(LMTD) = 930 \times 1 \times 10.56 = 9820.8\,\mathrm{W} = 9.82\,\mathrm{kW}\,(=\mathrm{kJ/s})$

② 향류 시 냉각열량

$Q = KA(LMTD) = 930 \times 1 \times 12.58 = 11699.4\,\mathrm{W} ≒ 11.7\,\mathrm{kW}\,(=\mathrm{kJ/s})$

44 **다음의 몰리에르선도는 R-12용 냉동장치의 운전상태로서 열교환기 없이 건식압축을 하는 냉동사이클과 동일 장치에 열교환기를 설치하고 운전하는 정상적인 냉동사이클을 나타낸 것이다. 양 사이클의 모든 조건은 동일한 경우에서 냉동능력의 우열 〔%〕을 비교하시오.**

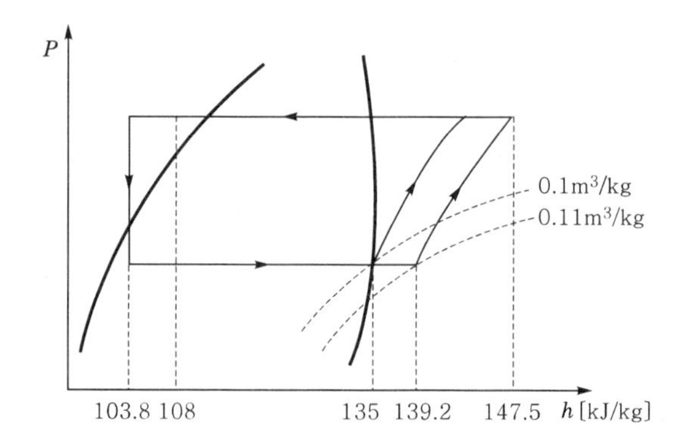

해답 $Q=\dfrac{V_a q \eta_v}{v}$

여기서, Q : 냉동능력〔kJ/h〕

V_a : 피스톤압출량〔m^3/h〕

q : 냉동효과〔kJ/kg〕

η_v : 체적효율

v : 흡입가스의 비체적〔m^3/kg〕

① 열교환기가 없는 경우의 냉동능력

$$Q=\frac{V_a q \eta_v}{v}=\frac{V_a\times(135-108)\times\eta_v}{0.1}=270\,V_a\,\eta_v$$

② 열교환기가 설치된 경우의 냉동능력

$$Q=\frac{V_a q \eta_v}{v}=\frac{V_a\times(135-103.8)\times\eta_v}{0.11}=283.64\,V_a\,\eta_v$$

③ 성능의 우열 비교

$$Q=\frac{283.64\,V_a\,\eta_v-270\,V_a\,\eta_v}{270\,V_a\,\eta_v}\times100=5.05\%$$

∴ 열교환기를 설치할 경우의 능력이 약 5.05% 증가한다.

CHAP. 2

45

실내의 냉방 현열부하가 20,930kJ/h, 잠열부하가 4,186kJ/h, 실온이 26℃인 실내를 냉방할 때 냉풍온도를 15℃로 하면 송풍량〔m^3/h〕은 얼마나 필요한지 구하시오.
(단, 공기의 정압비열은 1.005kJ/kg·℃, 공기의 밀도는 1.2kg/m^3)

해답 $q_s=\rho Q C_p(t_r-t_c)$에서

$$Q=\frac{q_s}{\rho C_p(t_r-t_c)}=\frac{20{,}930}{1.2\times1.005\times(26-15)}=1577.72\,m^3/h$$

46

염화칼슘브라인($CaCl_2$ brine)을 사용하는 브라인쿨러(brine cooler)의 운전 및 설계조건이 다음과 같을 때 각 물음에 식과 답을 기입하시오.

[조 건]

1) 냉각관의 전열면적 : 25m^2
2) 브라인의 비중 : 1.24
3) 브라인의 비열 : 2.81kJ/kg·℃
4) 브라인의 유량 : 200L/min
5) 브라인의 입구온도 : −18℃
6) 브라인의 출구온도 : −23℃
7) 냉매의 증발온도는 브라인의 출구온도와 3℃ 차이

1. 브라인쿨러의 냉동능력〔RT〕
2. 냉각관의 열통과율(산술평균온도차에 의함)

해답 1. 냉동능력[RT]

$Q = mC(t_2 - t_1) = 200 \times 60 \times 1.24 \times 2.81 \times \{-18-(-23)\} = 209{,}064\ \text{kJ/h}$

$\therefore$ 냉동능력[RT] $= \dfrac{209{,}064}{13897.52} = 15.04\text{RT}$

2. 열통과율(K)

$\Delta t_m = \dfrac{-18+(-23)}{2} - (-26) = 5.5℃$

$\therefore K = \dfrac{Q}{A\Delta t_m} = \dfrac{209{,}064}{25 \times 5.5} = 1520.47\,\text{kJ/m}^2\cdot\text{h}\cdot℃ = 422.35\,\text{W/m}^2\cdot\text{K}$

【참고】 동일한 브라인쿨러에서 유지온도가 낮은 상태의 순서부터 설명하면 다음과 같다.
① 증발온도 ② 브라인의 출구온도 ③ 브라인의 입구온도 ④ 냉장실 내의 온도

47

2단 압축 냉동장치의 $P-h$선도를 보고 선도상의 각 상태점을 장치도에 기입하고, 장치의 구성요소명을 (　)에 쓰시오.

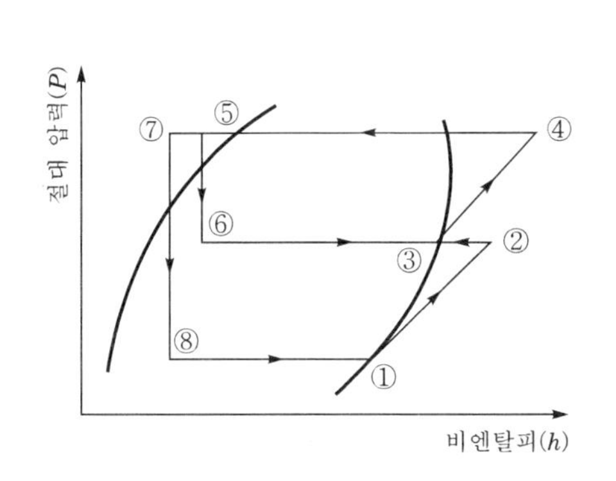

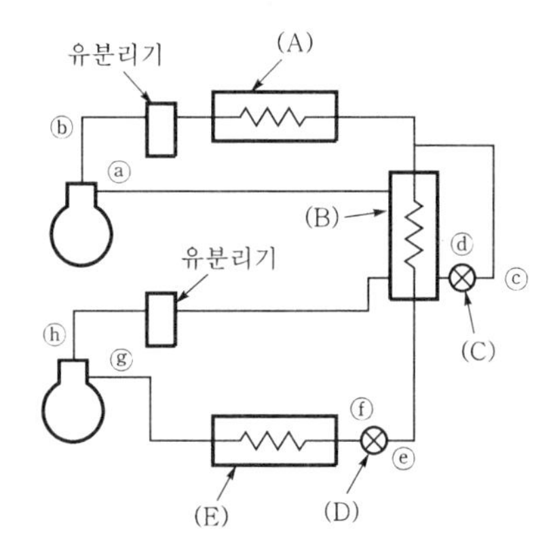

해답 ① ⓐ－③, ⓑ－④, ⓒ－⑤, ⓓ－⑥, ⓔ－⑦, ⓕ－⑧, ⓖ－①, ⓗ－②

② A : 응축기　　　　B : 중간냉각기
C : 제1 팽창밸브(보조팽창밸브)　　　　D : 제2 팽창밸브(주팽창밸브)
E : 증발기

48

R－12용 직접팽창식 냉동장치에서 증발기 냉각관의 바깥지름이 9.52mm(3/8″ 동관), 길이 87m의 나관 헤어핀코일로 설계하여 증발온도 －22℃로 －15℃의 냉장실온을 유지하고 있다. 냉각관의 열통과율이 524W/m²·K일 때 이 장치의 냉동능력을 산출하시오.

해답 $Q_e = KA\Delta t = 524 \times (0.00952 \times 3.14 \times 87) \times \{-15-(-22)\}$

$= 9539.27\,\text{W} = 9.541\,\text{kW} = 34{,}344\,\text{kJ/h}$

$\therefore RT = \dfrac{Q_e}{13897.52} = \dfrac{34{,}344}{13897.52} = 2.47\,\text{RT}$

※ $1\text{RT} = 3{,}320\,\text{kcal/h} = 13897.52\,\text{kJ/h}$

49 **공기를 냉각하는 판형 증발기에서 적상두께 5mm는 적상두께 30mm와 비교할 때 냉각면의 열통과율의 몇 배가 되는가?** (단, 유막의 두께는 0.1mm, 열전도율은 0.14 W/m·K, 증발기의 냉각관두께는 3mm이고, 열전도율은 52W/m·K이다. 또 서리의 열전도율은 0.56W/m·K, 공기와의 표면열전달률은 12W/m²·K, 냉매측의 열전달률은 582W/m²·K이다. 소수점 2자리까지 구하는 계산식과 답을 쓰시오.)

해답 ① 적상 5mm인 증발기의 열통과율(K_1)

$$K_1 = \frac{1}{\dfrac{1}{\alpha_r} + \sum_{i=1}^{n} \dfrac{l_i}{\lambda_i} + \dfrac{1}{\alpha_w}} = \frac{1}{\dfrac{1}{582} + \dfrac{0.00001}{0.14} + \dfrac{0.003}{52} + \dfrac{0.005}{0.56} + \dfrac{1}{12}}$$

$= 10.63\,\mathrm{W/m^2 \cdot K}$

② 적상 30mm인 증발기의 열통과율(K_2)

$$K_2 = \frac{1}{\dfrac{1}{\alpha_r} + \sum_{i=1}^{n} \dfrac{l_i}{\lambda_i} + \dfrac{1}{\alpha_w}} = \frac{1}{\dfrac{1}{582} + \dfrac{0.00001}{0.14} + \dfrac{0.003}{52} + \dfrac{0.03}{0.56} + \dfrac{1}{12}}$$

$= 7.21\,\mathrm{W/m^2 \cdot K}$

③ $\dfrac{\text{적상 5mm의 열통과율}}{\text{적상 30mm의 열통과율}} = \dfrac{10.63}{7.21} \fallingdotseq 1.47$

∴ 적상 5mm인 경우의 열통과율이 1.47배가 크다.

50 **열교환기 및 흡입압력조정밸브를 사용한 다음 그림의 냉동장치가 평형운전상태로 운전되고 있다. 압력계 P_1 및 온도계 T_1에 의해 1지점의 냉매 비엔탈피값은 h_1 = 618kJ/kg이다. ③ 및 ④지점의 냉매 비엔탈피값을 각각 h_3 및 h_4라 할 때 다음 각 물음에 답하시오.** (단, 각 점에 있어 비엔탈피값은 $h_{p_2}{}'$ = 385kJ/kg(압력계의 압력에서 포화액의 비엔탈피), $h_{p_2}{}''$ = 610kJ/kg(압력계 P_2의 압력에서 건조포화증기의 비엔탈피), h_3 = 456kJ/kg, h_4 = 435kJ/kg, h_7 = 665kJ/kg)

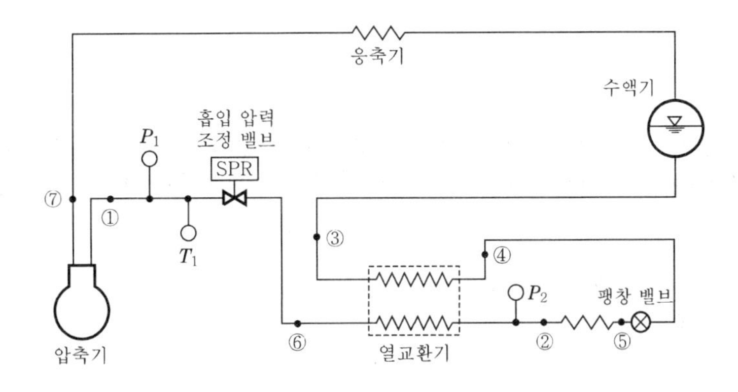

1. 장치도의 각 점을 $P-h$선도에 나타내시오.
2. 증발기 출구 2지점에서의 냉매건조도는 얼마인가?
3. $P-h$선도상에서 성적계수를 구하시오.

해답 1. $P-h$선도

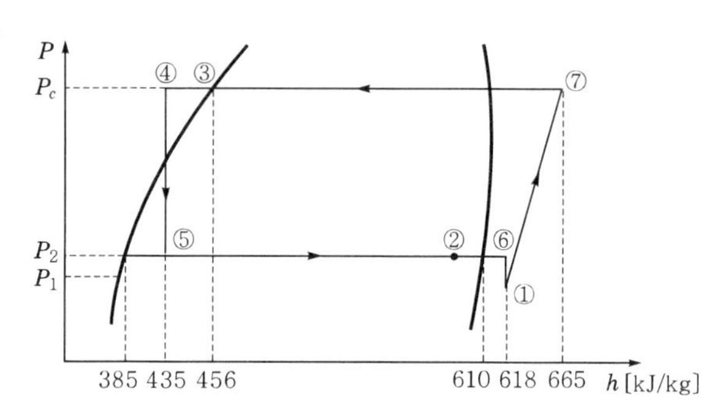

2. $h_2 = h_6 - (h_3 - h_4) = 618 - (456 - 435) = 597\text{ kJ/kg}$

$\therefore$ 건조도$(x) = \dfrac{597-385}{610-385} = 0.942$

3. 냉동기 성적계수$((COP)_R) = \dfrac{q_e}{w_c} = \dfrac{h_2 - h_4}{h_7 - h_1} = \dfrac{597-435}{665-618} = 3.45$

51

20냉동톤〔RT〕의 냉동장치의 능력을 지닌 압축기의 소요동력이 27.5kW이며, 수냉식 응축기의 냉각수 입구온도는 30℃이고, 냉각수순환수량이 300L/min일 때 냉각수 출구수온은 몇 〔℃〕가 되는지 산출근거와 답을 쓰시오.

해답 ① 응축부하

$Q_c = Q_e + W_c = 20 \times 13897.52 + 27.5 \times 3{,}600 = 376950.4\text{ kJ/h}$

② 응축부하와 냉각수온도와의 관계식

$Q_c = mC(t_{w_2} - t_{w_1})$

$\therefore\ t_{w_2} = \dfrac{Q_c}{mC} + t_{w1} = \dfrac{376950.4}{300 \times 60 \times 4.186} + 30 = 35\,℃$

52

증발온도 −15℃인 R−12 냉동기에 사용하는 수냉식 횡형 응축기의 설계 계산을 다음 조건하에서 하고자 한다. 이때 1냉동톤당의 소요전열면적을 구하시오.

[조 건]

1) 관벽의 두께 : 1.5mm
2) 관재의 열전도율 : 349W/m·K
3) 냉매측의 열전달률 : 1,744W/m^2·K

4) 냉각수측의 열전달률 : 2,324W/m^2·K
5) 물때의 두께 : 0.2mm
6) 물때의 열전도율 : 1.162W/m·K
7) 윤활유막 : 없음
8) 냉각수 입구온도 : 22℃
9) 1냉동톤당 냉각수량 : 12L/min
10) 냉매의 응축온도 : 32℃
11) 응축열량 : 5,019W
12) 평균온도차 : 대수평균온도차($LMTD$)
13) 냉매온도 : 응축기의 입구에서 출구까지 균일

해답 ① $Q_c = mC(t_{w_2} - t_{w_1})$에서

$$\therefore \text{ 냉각수 출구온도}(t_{w_2}) = t_{w_1} + \frac{Q_c}{mC} = 22 + \frac{5{,}019}{\frac{12}{60} \times 4{,}186} = 28℃$$

② $\Delta t_1 = 32 - 22 = 10℃$, $\Delta t_2 = 32 - 28 = 4℃$

$$\therefore LMTD = \frac{\Delta t_1 - \Delta t_2}{\ln\left(\frac{\Delta t_1}{\Delta t_2}\right)} = \frac{10 - 4}{\ln\left(\frac{10}{4}\right)} ≒ 6.56℃$$

③ $$K = \frac{1}{R} = \frac{1}{\frac{1}{\alpha_r} + \frac{l}{\lambda_p} + f + \frac{1}{\alpha_w}}$$

$$= \frac{1}{\frac{1}{1{,}744} + \frac{0.0015}{349} + \frac{0.0002}{1.162} + \frac{1}{2{,}324}} ≒ 847.38\text{W/m}^2 \cdot \text{K}$$

④ $$\text{전열면적}(A) = \frac{Q_c}{K(LMTD)} = \frac{5{,}019}{847.38 \times 6.56} ≒ 0.903\text{m}^2$$

53

R-12 냉동장치의 응축기와 증발기 사이에서 응축온도 100°F, 관과 밸브류 등의 압력손실이 12.07psi이고, 이때 입상관의 높이가 16.2m일 때 액관에서의 과냉각도를 구하시오. (단, 입상관 1.8m당 1psi의 압력손실이 있다. 다음의 표를 이용한다.)

R-12의 포화온도[°F]와 포화압력[psi]

온도[°F]	압력[psi]	온도[°F]	압력[psi]	온도[°F]	압력[psi]
82	87.16	90	99.79	98	113.54
84	90.22	92	103.12	100	117.16
86	93.34	94	106.52	102	120.86
88	96.53	96	110.00	–	–

① 액관에서의 압력강하$(\Delta p) = 12.07 + 16.2 \times \frac{1}{1.8} = 21.07\,\text{psi}$

② 액관압력$(p) = 117.16 - 21.07 = 96.09\,\text{psi}$

③ 액관온도$(t_F) = 86 + \frac{96.09 - 93.34}{96.53 - 93.34} \times (88 - 86) = 87.72°\text{F}$

④ 과냉각도(subcooling degree) $= 100 - 87.72 = 12.28°\text{F}$

54 다음 각 물음에 답하시오.

[조 건]

그림 (a)는 R−22 냉동장치의 계통도이며, 그림 (b)는 이 장치의 평형운전상태에서의 압력(P)−비엔탈피(h)선도이다. 그림 (a)에 있어서 액분리기에서 분리된 액은 열교환기에서 증발하여 ⑨의 상태가 되며, ⑦의 증기와 혼합하여 ①의 증기로 되어 압축기에 흡입된다.

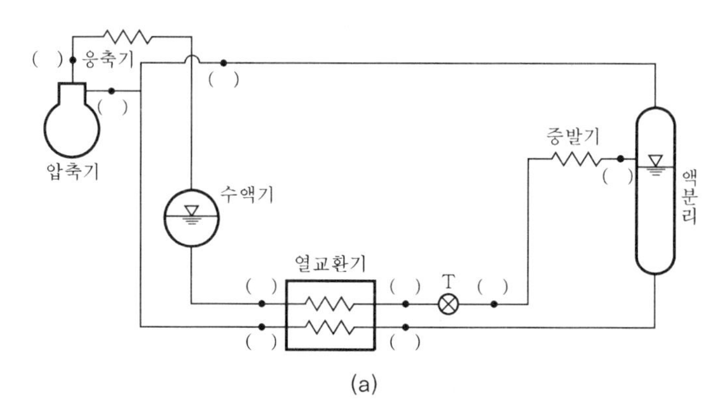

(a)

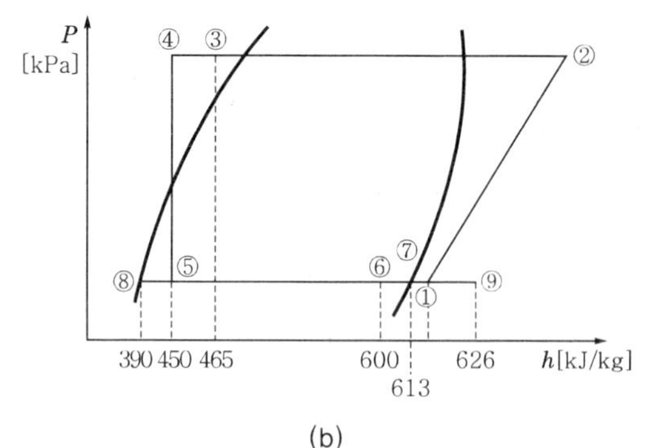

(b)

1. 그림 (b)의 상태점 ①~⑨를 그림 (a)의 각각에 기입하시오. (단, 흐름방향도 표시할 것)
2. 그림 (b)에 표시할 각 점의 비엔탈피를 이용하여 점 ⑨의 비엔탈피 h_9를 구하시오.
3. 압축기 흡입가스의 비엔탈피 h_1을 구하시오.

해답 1.

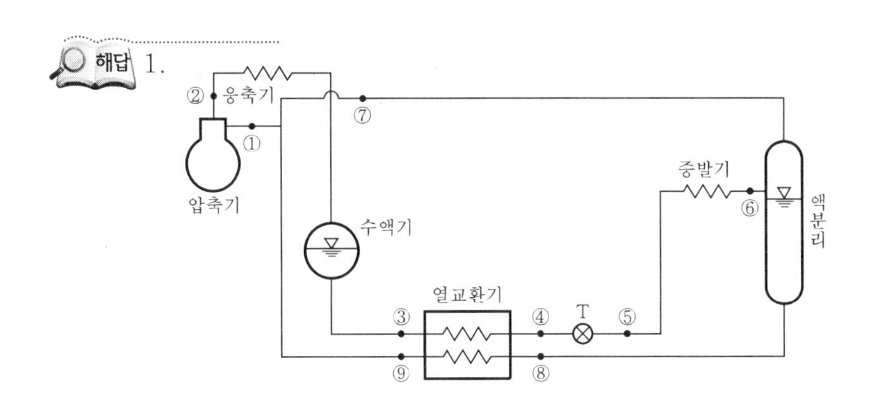

2. ① 액분리기에서 분리되는 냉매액

$$m_y = \frac{h_7 - h_6}{h_7 - h_8} = \frac{613 - 600}{613 - 390} = 0.0583\,\mathrm{kg/h}$$

② $h_9 = h_8 + \dfrac{h_3 - h_4}{m_y}$

$$= 390 + \frac{465 - 450}{0.0583} \fallingdotseq 475.76\mathrm{kJ/kg}$$

3. $h_1 = (1 - m_y)h_7 + m_y h_9$

$$= (1 - 0.0583) \times 613 + 0.0583 \times 626 \fallingdotseq 613.76\,\mathrm{kJ/kg}$$

55 엘리베이터 기계실의 환기량을 다음의 조건에 의해 구하시오.

[조 건]

1) 외기 : 32℃ DB
2) 실내허용온도 : 40℃ DB
3) 엘리베이터 적재중량 : 16,660N
4) 엘리베이터 승강속도 : 240m/min
5) 엘리베이터는 교류 기어드형으로 환산계수 $F = \dfrac{1}{15}$
6) 공기의 밀도 $\rho = 1.2\mathrm{kg/m^3}$, 공기의 정압비열 $C_p = 1.0046\mathrm{kJ/kg \cdot K}$

해답 ① 기계실 동력(q_s) = $WVF = 16{,}660 \times \dfrac{240}{60} \times 10^{-3} \times \dfrac{1}{15} \fallingdotseq 15{,}994\mathrm{kJ/h} = 4.44\mathrm{kW}$

※ $1\mathrm{kW} = 3{,}600\mathrm{kJ/h}$, $1\mathrm{kJ/h} = \dfrac{1}{3{,}600}\mathrm{kW}$

② $q_s = \rho C_p Q(t_i - t_o)$에서

$$\text{환기량}(Q) = \frac{q_s}{\rho C_p (t_i - t_o)} = \frac{15{,}994}{1.2 \times 1.0046 \times (40 - 32)} = 1658.41\,\mathrm{m^3/h}$$

56

외기온도 25℃에서 실내온도를 −15℃로 유지하는 냉장고의 내측 치수를 길이 8m, 폭 5m, 높이 3m로 설계하고자 할 때 방열벽으로 침입하는 열량을 산출하시오. (단, 방열벽 방열재료의 열전도율 및 두께는 다음 표와 같으며, 냉장고 벽의 내·외면측 공기의 열전달률은 8.14W/m²·K 및 23.3W/m²·K)

방열재료	열전도율〔W/m·K〕	두께〔m〕
철근콘크리트	1.05	0.2
코르크판	0.05	0.2
방수 모르타르	0.35	0.01
라스 모르타르	0.7	0.02

해답

① $K=\dfrac{1}{\dfrac{1}{\alpha_i}+\sum_{i=1}^{n}\dfrac{l_i}{\lambda_i}+\dfrac{1}{\alpha_o}}$

$=\dfrac{1}{\dfrac{1}{8.14}+\dfrac{0.2}{1.05}+\dfrac{0.2}{0.05}+\dfrac{0.01}{0.35}+\dfrac{0.02}{0.7}+\dfrac{1}{23.3}}=0.23\,\mathrm{W/m^2\cdot K}$

② A(면적)

㉠ 2벽면 : $8\times3\times2=48\mathrm{m}^2$　㉡ 2벽면 : $5\times3\times2=30\mathrm{m}^2$

㉢ 바닥 : $8\times5=40\mathrm{m}^2$　㉣ 천장 : $8\times5=40\mathrm{m}^2$

∴ 면적합계 $=48+30+40+40=158\mathrm{m}^2$

③ $Q=KA\Delta t$

$=0.23\times158\times\{25-(-15)\}=1453.6\,\mathrm{W}$

57

증발온도 −20℃인 R−12 냉동계 50RT에 사용하는 수냉식 셸 앤드 튜브형(shell & tube type) 응축기를 다음 순서에 따라 계산하시오.

[조 건]

1) 동관의 관벽두께 : 2.0mm
2) 물때의 두께 : 0.2mm
3) 냉매측 표면열전달률 : 1,745W/m²·K
4) 물측 표면열전달률 : 2,356W/m²·K
5) 1RT당 응축열량 : 16,325kJ/h
6) 동관의 열전도율 : 349W/m·K
7) 물때의 열전도율 : 1.163W/m·K
8) 냉각수 입구수온 : 25℃
9) 냉매응축온도 : 39.2℃
10) 1RT당 냉각수유량 : 12.2L/min

1. 열관류율 K〔W/m²·K〕를 구하시오.
2. 냉각수 출구온도 t_{w_2}〔℃〕를 구하시오.
3. 대수평균온도차($LMTD$)를 구하시오.
4. 전열면적 A〔m²〕를 구하시오.

해답

1. $K=\frac{1}{R}=\frac{1}{\frac{1}{\alpha_r}+\sum_{i=1}^{n}\frac{l_i}{\lambda_i}+\frac{1}{\alpha_s}}=\frac{1}{\frac{1}{1,745}+\frac{0.002}{349}+\frac{0.0002}{1.163}+\frac{1}{2,356}}\fallingdotseq 846.96\,\text{W/m}^2\cdot\text{K}$

2. $t_{w_2}=t_{w_1}+\frac{Q_e}{WC\times 60}=25+\frac{16,325}{12.2\times 4.186\times 60}=30.33℃$

3. $\Delta t_1=t_c-t_{w_1}=39.2-25=14.2℃$, $\Delta t_2=t_c-t_{w_2}=39.2-30.33=8.87℃$

$\therefore\ LMTD=\frac{\Delta t_1-\Delta t_2}{\ln\left(\frac{\Delta t_1}{\Delta t_2}\right)}=\frac{14.2-8.87}{\ln\left(\frac{14.2}{8.87}\right)}=11.33℃$

4. $Q_c=KA(LMTD)$ 에서 $A=\frac{Q_c}{K(LMTD)}=\frac{50\times\frac{16,325}{3.6}}{846.96\times 11.33}=23.63\text{m}^2$

58

R-22 콤파운드압축기를 사용하는 냉동장치가 이론상 다음 $P-h$선도의 냉동사이클로 운전되고 있을 때 이 압축기의 냉동능력〔RT〕 및 실제 소요축동력(저단+고단 압축기)을 구하시오. (단, 저단압축기의 피스톤토출량 $V_1=240\text{m}^3/\text{h}$, 저단압축기의 체적효율 $\eta_{vL}=0.78$, 저단압축기의 압축효율 $\eta_{cL}=0.79$, 저단압축기의 기계효율 $\eta_{mL}=0.85$, 고단압축기의 체적효율 $\eta_{vH}=0.8$, 고단압축기의 압축효율 $\eta_{cH}=0.8$, 고단압축기의 기계효율 $\eta_{mH}=0.85$)

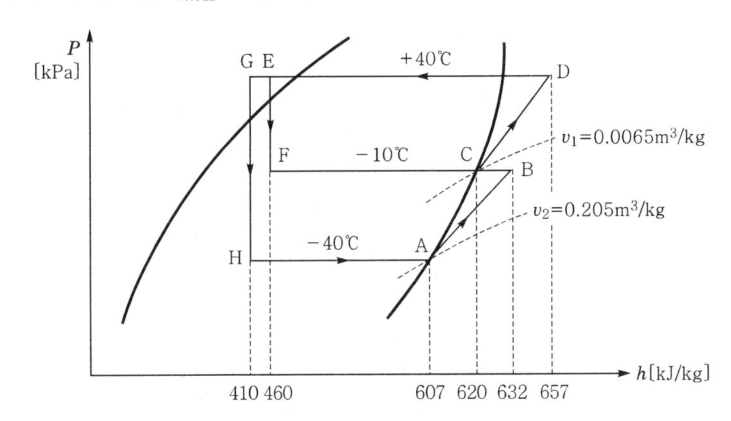

해답

① $\text{RT}=\frac{V_1}{13897.52\,v_2}\eta_{vL}(h_A-h_G)$

$=\frac{240}{13897.52\times 0.205}\times 0.78\times(607-410)=12.94\text{RT}$

② $N_L = \frac{V_1}{v_2}\eta_{vL}\left(\frac{h_B - h_A}{3,500\,\eta_{cL}\eta_{mL}}\right) = \frac{240}{0.205} \times 0.78 \times \frac{632-607}{3,500 \times 0.79 \times 0.85} = 9.44\,\text{kW}$

$h_B{}' = h_A + \frac{h_B - h_A}{\eta_{cL}} = 607 + \frac{632-607}{0.79} \fallingdotseq 638.65\,\text{kJ/kg}$

$N_H = \frac{V_1}{v_2}\eta_{vL}\left(\frac{h_B{}' - h_G}{h_C - h_E}\right)\left(\frac{h_D - h_C}{3,600\,\eta_{mH}\,\eta_{vH}}\right)$

$= \frac{240}{0.205} \times 0.78 \times \frac{638.65-410}{620-460} \times \frac{657-620}{3,600 \times 0.85 \times 0.8} = 19.72\,\text{kW}$

$\therefore\ N = N_L + N_H = 9.44 + 19.72 = 29.16\,\text{kW}$

※ 1kcal=4.186kJ, 1kW=860kcal/h=3,600kJ/h

59

부스터(booster)가 −30℃의 증발기에서 암모니아의 건조포화증기를 흡입하여 단열압축 후 압축기로 흡입되며, 부스터가 흡입압축하는 보조증발기의 냉동능력은 15냉동톤이고, 주증발기의 냉동능력은 30냉동톤으로 응축압력은 1,350kPa(abs)이다. 증발기 출구의 냉매는 −10℃의 건조포화증기상태로 부스터의 토출가스와 함께 혼합되어 압축기에 흡입된다. 팽창밸브 직전의 냉매온도는 25℃일 때 이 냉동기의 소요동력〔kW〕을 산출하시오. (단, 도면과 같이 팽창밸브는 병렬로 되어 있으며, 지급된 암모니아용 몰리에르선도를 이용함)

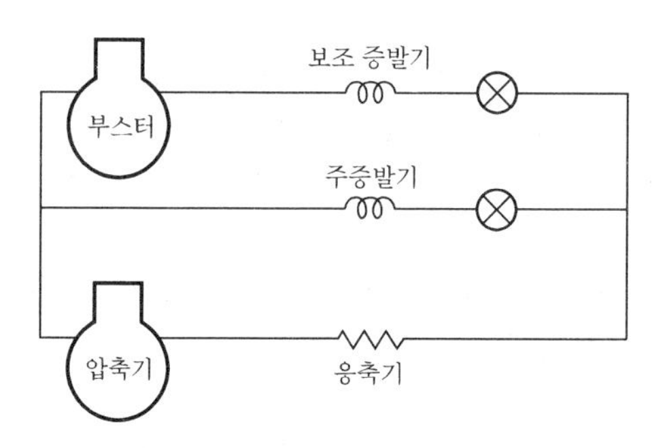

해답 ① 지급된 암모니아용 몰리에르선도를 이용하여 구할 수 있는 각 지점의 비엔탈피를 구한다(작도된 $P-h$선도 참조).

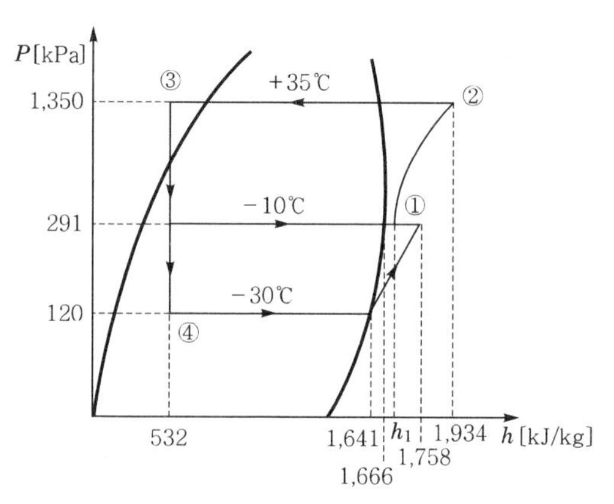

② 주증발기의 냉매순환량(m_1)

$$m_1 = \frac{30 \times 13897.52}{1,641 - 532} = 375.95\,\mathrm{kg/h}$$

③ 보조증발기의 냉매순환량(m_2)

$$m_2 = \frac{15 \times 13897.52}{1,666 - 532} = 183.83\,\mathrm{kg/h}$$

④ 주압축기에 흡입되는 혼합기체의 비엔탈피(h_1)

$$h_1 = \frac{(1,758 \times 375.95) + (1,666 \times 183.83)}{375.95 + 183.83} = 1727.79\,\mathrm{kJ/kg}$$

⑤ 구해신 h_1의 시점에서 엔트로피선을 따라 주압축기의 압축과정을 점선처럼 작도하면 토출가스의 지점(h_2)을 1,934kJ/kg으로 찾을 수 있다.

⑥ 냉동기의 소요동력=부스터동력+주압축기동력이므로

$$kW = \frac{183.83 \times (1,758 - 1,641) + 559.78 \times (1,934 - 1727.79)}{3,600} = 38.04\,\mathrm{kW}$$

60

피스톤압출량 189.8m³/h의 R-22 압축기가 다음 $P-h$선도상의 ABCDA와 같은 냉동사이클에서 운전되고 있다. 다음 각 물음에 답하여라.

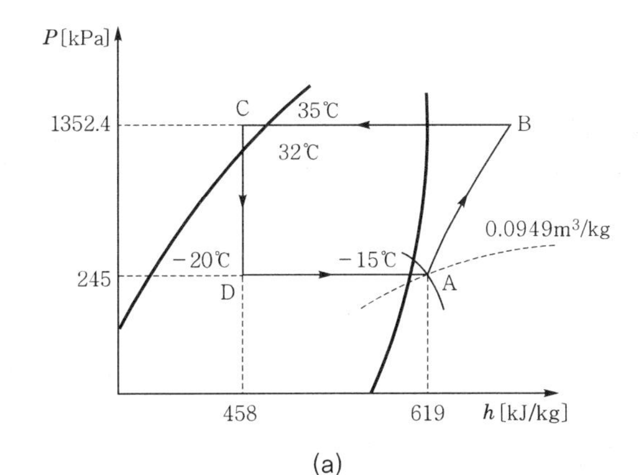

(a)

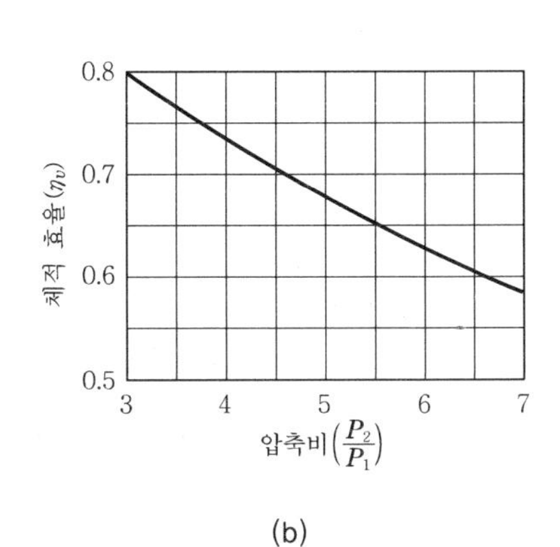

(b)

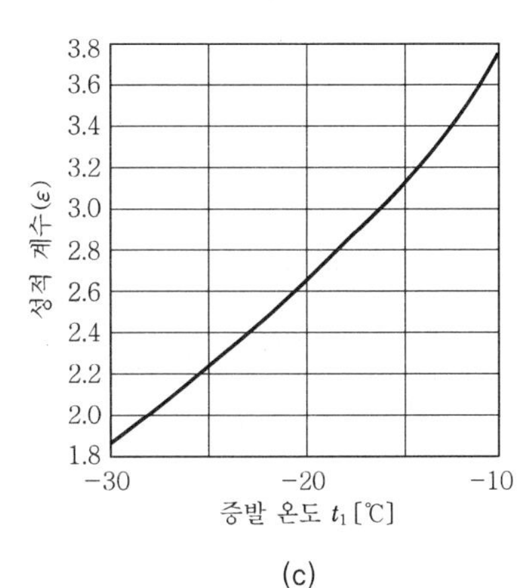

(c)

1. 그림 (a)의 운전상태에 있어서 압축기의 체적효율은 그림 (b)에서 구하고, 냉매순환량 m〔kg/h〕을 산정하시오.
2. 1.에서 구한 냉매순환량에 의해 압축기의 냉동능력을 산정하시오.
3. 응축온도 35℃, 팽창밸브 직전에서의 냉매액의 과냉각도 3℃, 압축기 흡입가스과열도 5℃라는 조건에서 냉동기의 성적계수 ε_R과 증발온도 t_1의 관계는 그림 (c)와 같다. 표시된 운전상태에서의 냉동기의 성적계수 ε_R의 값을 그림 (c)에서 추정하여 2.에서 구한 냉동능력 R에 대하여 필요한 압축동력 N〔kJ/h〕을 산정하시오.

해답

1. $a = \frac{1352.4}{245} = 5.52$일 때

$\eta_v = 0.65$, $m = \frac{V}{\eta_A}\eta_v = \frac{189.8}{0.0949} \times 0.65 = 1{,}300\,\text{kg/h}$

2. $Q_e = mq_e = m(h_A - h_C) = 1{,}300 \times (619 - 458) = 209{,}300\,\text{kJ/h}$

3. $\varepsilon_R = \frac{R}{N} = 2.68$ (그림 (c)에서 증발온도 −20℃일 때)

∴ 압축동력$(N) = \frac{Q_e}{\varepsilon_R} = \frac{209{,}300}{2.68} = 78{,}097\,\text{kJ/h}\,(=21.7\,\text{kW})$

61

R-12 냉동장치를 설계하는 것으로 한다. 액-가스 열교환기를 사용하고, 냉동사이클은 그림 (a)에서 점 F, A, C, D의 냉매상태값은 다음 표와 같은 것으로 한다.

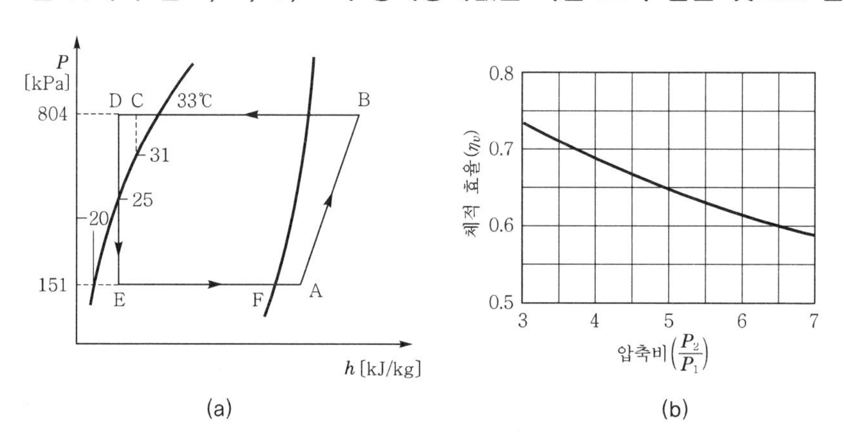

(a) (b)

점	압력 (P〔kPa〕)	비엔탈피 (h〔kJ/kg〕)	비체적 (v〔m³/kg〕)	비 고
F	151	564	0.1107	증발기를 나오는 저압증기
A	151	570	0.1150	압축기의 흡입증기
C	804	449	0.0008	열교환기에 들어가는 고압액
D	804	443	0.0008	열교환기에서 나오는 고압액

위와 같은 조건에서 냉동능력 159,068kJ/h를 얻는데 필요한 압축기의 피스톤압출량 V[m³/h]를 산정하시오. (단, 압축기의 체적효율과 압축비와의 관계는 그림 (b)와 같음)

해답 $q_e = h_F - h_E = 564 - 443 = 121\,\text{kJ/kg}$

압축비$(\varepsilon) = \dfrac{804}{151} = 5.32$에서 체적효율$(\eta_v) = 0.64$

$\therefore$ 피스톤압출량$(V) = \dfrac{Q_e v_A}{q_e \eta_v} = \dfrac{159{,}068 \times 0.115}{121 \times 0.64} = 236.22\,\text{m}^3/\text{h}$

62

다음의 몰리에르선도에 나타난 냉동장치의 운전조건을 참조하여 성적계수를 구하시오.

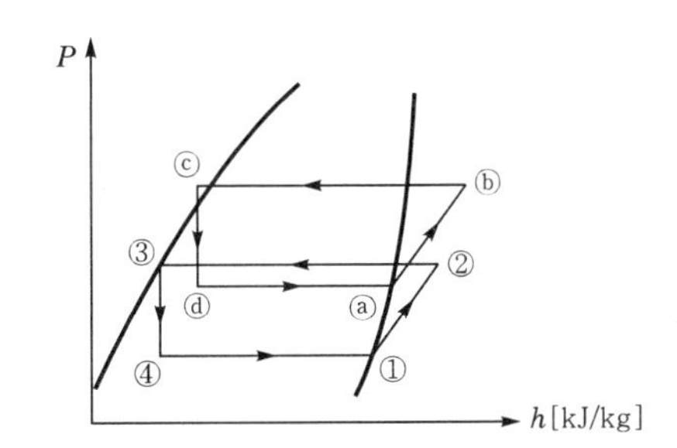

[조 건]

1) 냉동능력 15RT(1RT=3,320kcal/h=13897.52kJ/kg)
2) h_1 =573kJ/kg
3) h_2 =670kJ/kg
4) $h_3 = h_4$ =370.5kJ/kg
5) h_a =603kJ/kg
6) h_b =687kJ/kg
7) $h_c = h_d$ =448kJ/kg

해답 ① 저온측 압축일량

$$W_L = \frac{Q_e}{h_1 - h_4}(h_2 - h_1)$$

$$= \frac{15 \times 13897.52}{573 - 370.5} \times (670 - 573) = 99856.25\,\text{kJ/h}$$

② 고온측 압축일량

$$W_H = \frac{Q_e}{h_1 - h_4}\left(\frac{h_2 - h_3}{h_a - h_d}\right)(h_b - h_a)$$

$$= \frac{15 \times 13897.52}{573 - 370.5} \times \frac{670 - 370.5}{603 - 448} \times (687 - 603) = 167089.04\,\text{kJ/h}$$

③ 전체 압축일량

$W_{total} = W_L + W_H = 99856.25 + 167089.04 = 266945.56\,\text{kJ/h}$

④ 성적계수

$$(COP)_R = \frac{Q_e}{W_{total}} = \frac{15 \times 13897.52}{266945.56} = 0.78$$

63 **다음 그림은 2단 압축 냉동사이클을 $P-h$선도상에 나타낸 것이다. 각 번호로 표시한 상태에서 냉매의 비엔탈피가 각각 다음과 같을 경우 이 냉동사이클의 성적계수를 계산식을 표시하여 그 값을 구하시오.** (단, 저단압축기의 토출가스는 중간 압력에서 액냉매의 증발에 의해서만 냉각되는 것으로 하고, 소수점 2자리 이하는 버림)

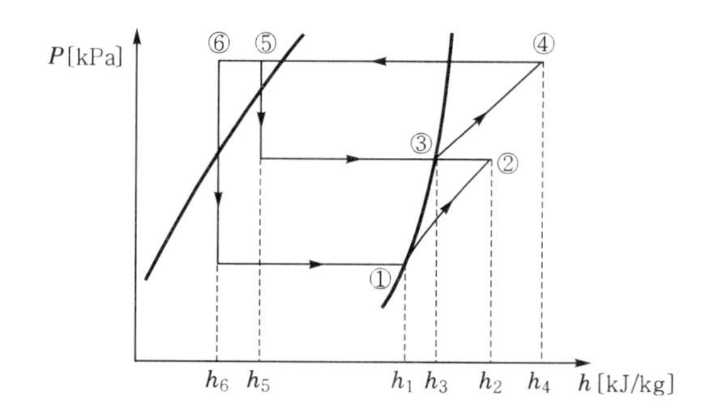

[조 건]

비엔탈피 h〔kJ/kg〕

1) $h_1 = 390$	2) $h_2 = 432$	3) $h_3 = 400$
4) $h_4 = 447$	5) $h_5 = 134$	6) $h_6 = 100$

 해답 저단압축기의 냉매순환량을 1kg/h로 가정한다.

① $Q_e = m_L q_e = m_L(h_1 - h_6) = h_1 - h_6$〔kJ/h〕

② $m_H = m_L\left(\frac{h_2 - h_6}{h_3 - h_5}\right) = \frac{h_2 - h_6}{h_3 - h_5}$〔kg/h〕

③ 저단측 압축일량$(W_L) = m_L(h_2 - h_1) = h_2 - h_1$〔kJ/h〕

④ 고단측 압축일량$(W_H) = m_H(h_4 - h_3) = \frac{h_2 - h_6}{h_3 - h_5}(h_4 - h_3)$〔kJ/h〕

⑤ 성적계수$((COP)_R) = \frac{Q_e}{W_L + W_H} = \frac{h_1 - h_6}{(h_2 - h_1) + \left(\frac{h_2 - h_6}{h_3 - h_5}\right)(h_4 - h_3)}$

$$= \frac{390 - 100}{(432 - 390) + \frac{432 - 100}{400 - 134} \times (447 - 400)}$$

$\fallingdotseq 2.88$

64 **냉장고 내 온도를 냉각하기 위해 다른 냉장고 2실을 1대의 압축기를 사용하여 그림 (a)와 같이 고온측의 냉장실 A의 냉각기 흡입관에 증발압력조정밸브를 설치하여 저온측 냉장실 B의 냉각기 증발온도와 다른 온도로 조정할 경우 다음 각 물음에 답하시오.** (단, 냉동사이클 중의 배관저항 및 열손실은 무시하는 것으로 하고, 압축기는 단열압축을 하는 것으로 함)

1. 다음 그림의 번호 ①, ②, ③, ……, ⑧을 사용하여 그림 (b)의 $P-h$선도에 냉동사이클을 기입하시오.
2. 다음 그림 중의 번호 ①, ②, ③, ……, ⑧의 상태에 있어서의 비엔탈피를 각각 h_1, h_2, h_3, ……, h_8이라 하고 A실과 B실의 냉동부하를 Q_A, Q_B라 하였을 때 각 냉각기에서의 냉매순환량을 구하시오.

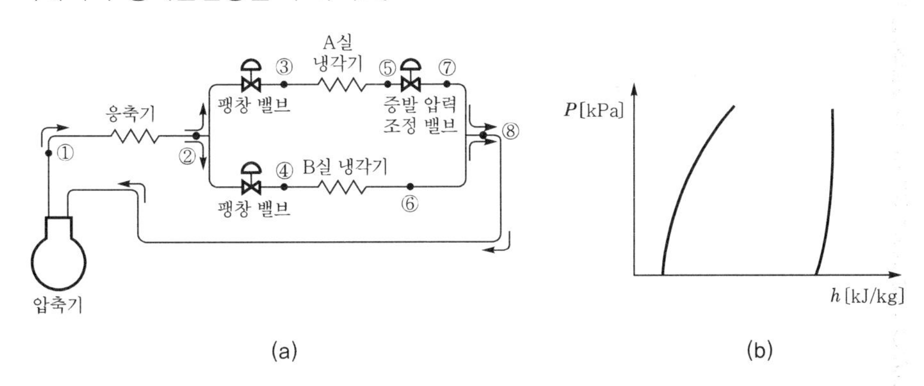

(a) (b)

해답 1. $P-h$선도

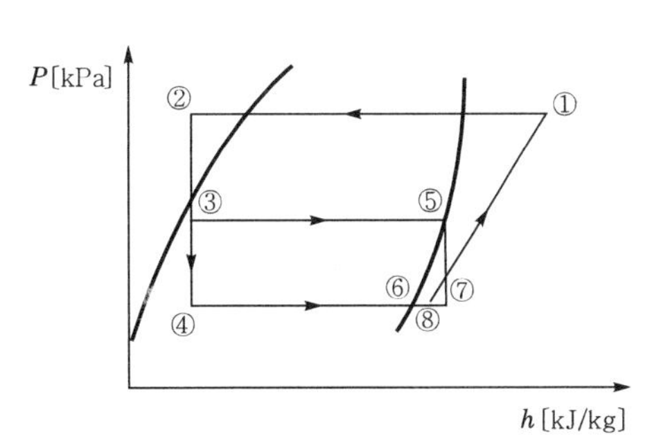

2. A실, B실의 냉매순환량을 m_A, m_B라 하면

$q_A = m_A(h_5 - h_3)$에서 $m_A = \dfrac{q_A}{h_5 - h_3}$ [kg/h]

$q_B = m_B(h_6 - h_4)$에서 $m_B = \dfrac{q_B}{h_6 - h_4}$ [kg/h]

MEMO

CHAPTER 03

공기조화 (냉·난방부하)

Engineer Air-Conditioning Refrigerating Machinery

CHAPTER 3

공기조화(냉 · 난방부하)

1 습공기선도

1 개요

습공기선도는 다음 그림과 같이 가로축에서 건구온도(t), 습구온도(t'), 노점온도(t'')를 읽을 수 있고, 세로축에서 수증기분압(h), 절대습도(x)를 읽을 수 있다. 이러한 압력 및 온도와 습도에 의해 공기의 상태점이 결정되고, 이에 따른 비엔탈피(h), 상대습도(ϕ), 현열비(SHF), 열수분비(u)를 찾을 수 있다.

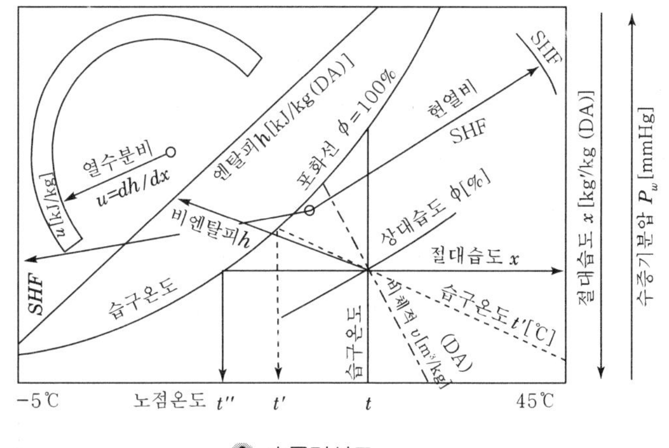

습공기선도

참고 **공기의 성분**

- **질량비** : 질소(N_2) 76.8%, 산소(O_2) 23.2%
- **체적비** : 질소(N_2) 79%, 산소(O_2) 21%
- **돌턴(Dalton)의 분압법칙** : 습공기(대기)압력(P)=건공기분압(P_a)+수증기분압(P_w)

2 건구온도(DB : Dry－Bulb Temperature, t〔℃〕)

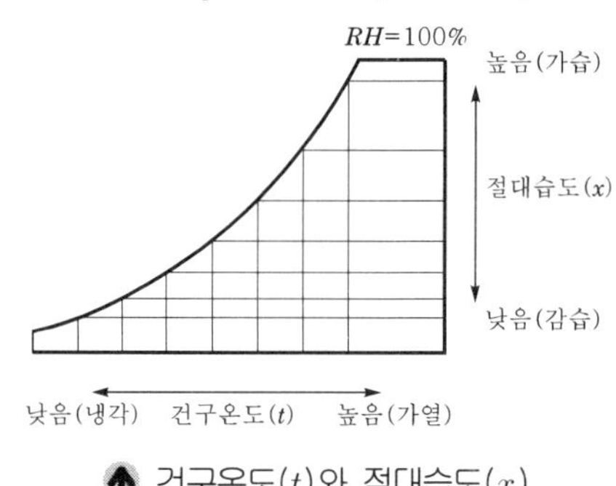

▲ 건구온도(t)와 절대습도(x)

3 습구온도(WB : Wet－Bulb Temperature, t'〔℃〕)

온도계의 감온부를 젖은 헝겊으로 감싸고 바람이 부는 상태에서 측정한 온도를 습구온도(t')라 한다. 습구온도는 대기 중에 수증기량이 많으면 증발작용이 느리므로 건구온도보다 낮으며, 상대습도가 100% 상태에서는 증발이 거의 일어나지 않으므로 건구온도와 동일하다.

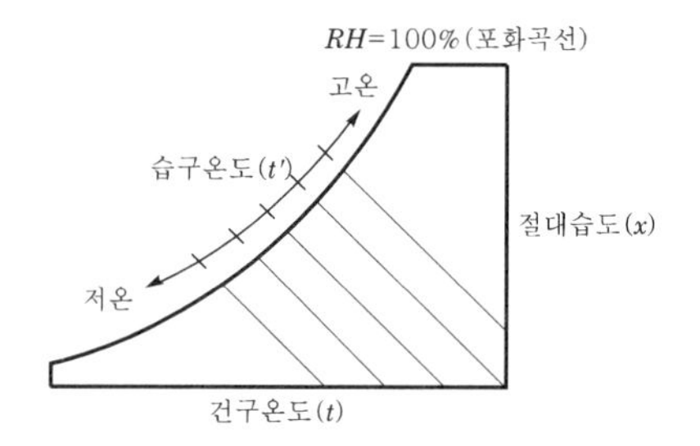

▲ 습구온도(t')와 절대습도(x)

4 노점온도(DP : Dew－Point Temperature, t''〔℃〕)

이슬이 맺히는 온도로 공기 A(건구온도 t_3, 절대습도 x_2)가 t_1으로 냉각되면 t_2에서부터 응축이 시작되는데, 이때의 온도를 노점온도(t'')라 한다. 이때 응축되어 생긴 물방울의 양은 $(x_2 - x_1)$이 된다. 이렇게 생긴 물방울은 건축구조체에 맺혀 결로현상이 발생된다.

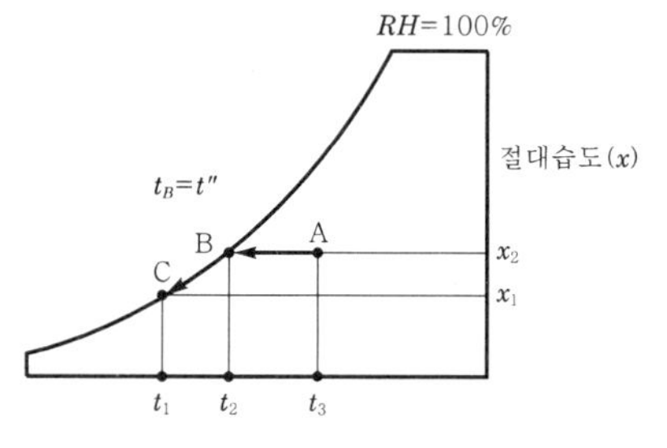

▲ 노점온도(t'')

5 포화곡선

상대습도가 100%인 선을 말하며, 임의의 공기가 최대로 수증기를 함유할 수 있는 상태점이다. 불포화 공기 A가 t로 냉각되면 포화상태점 B를 거쳐 C에 이르는데, 최대로 포화할 수 있는 x 이외의 $(x_2 - x_1)$의 수증기는 물방울로 내놓게 된다.

※ 노점온도(t_B＝DP)＝건구온도(t_2)＝습구온도(WB)

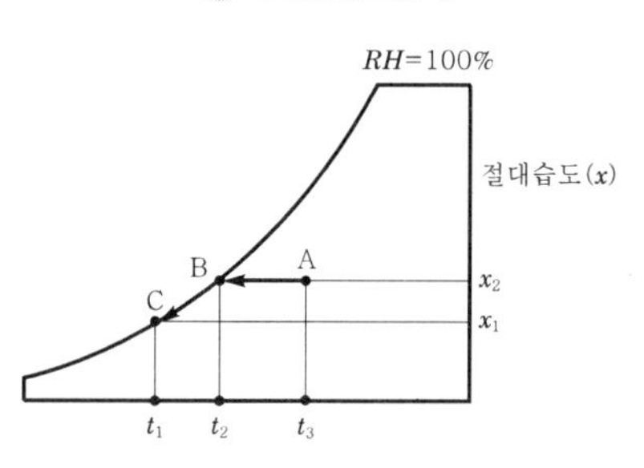

▲ 포화곡선과 노점온도

6 절대습도(x[kg′/kg])와 비교습도(ψ[%])

① 절대습도 : 습공기 전체 질량에서 건공기가 차지하는 질량[kg]을 말한다. 습공기선도의 세로축에서 읽을 수 있으며 건구온도가 높을수록 절대습도의 양이 많아진다.

$$\text{절대습도}(x) = \frac{\text{습공기 중 건공기의 질량[kg′]}}{\text{습공기 전체 질량[kg]}}$$

② 비교습도(포화도, ψ)$= \dfrac{x}{x_s} \times 100\%$

여기서, x : 불포화공기의 절대습도[kg′/kg]
x_s : 동일 온도 포화공기(상대습도 100%)의 절대습도[kg′/kg]

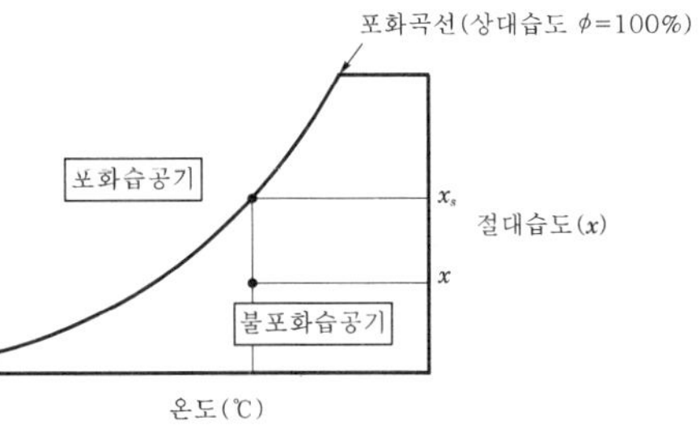

▲ 절대습도(x)

7 수증기분압(P_w[mmHg])과 상대습도(ϕ[%])

상대습도(Relative Humidity)는 임의의 공기상태의 수증기분압(습공기분압)과 그와 동일 온도 포화상태의 수증기분압비를 말한다.

$$\text{상대습도}(\phi) = \frac{P_w}{P_s} \times 100\%$$

여기서, P_w : 불포화공기(대기)의 수증기분압[mmHg]
P_s : 동일 온도 포화공기의 수증기분압[mmHg]

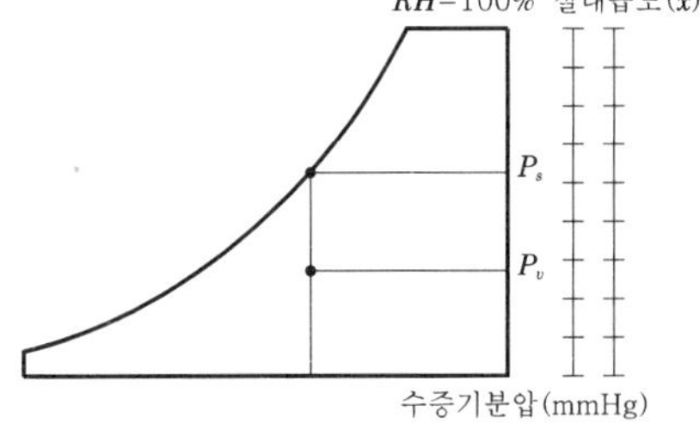

▲ 상대습도(RH, ϕ)

8 현열비(SHF)와 열수분비(u)

① 현열비(SHF)$= \dfrac{q_s}{q_s + q_L} = \dfrac{\text{현열량}}{\text{현열량} + \text{잠열량}}$

② 열수분비(u)$= \dfrac{h_2 - h_1}{x_2 - x_1}$

$$= \frac{\text{비엔탈피변화량}(dh)}{\text{수증기(절대습도)변화량}(dx)}$$

※ $dh = 0$이면 $u = 0$, $dx = 0$이면 $u = \infty$

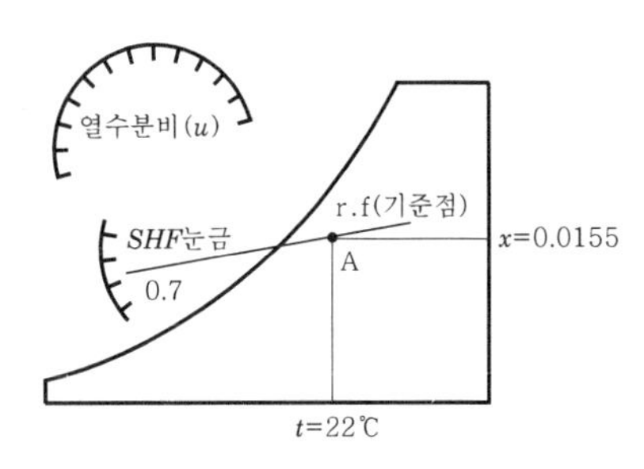

▲ 현열비(SHF)와 열수분비(u)

9 비엔탈피(h[kJ/kg])

① 비엔탈피(specific enthalpy) : 어떤 물질 1kg이 갖고 있는 전체 에너지(현열량+잠열량)

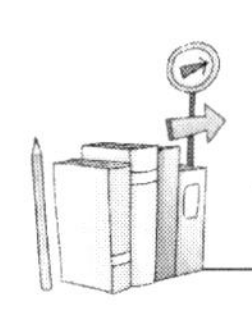

② 습공기의 비엔탈피(h_w)
　$=$습공기 1kg이 갖는 전체 열량
　$=$현열량$+$잠열량
　$=$건공기의 비엔탈피(h_a)$+$수증기의 비엔탈피(h_v)
　$= C_{pa}t + x(\gamma_o + C_{pw}t)$
　$= 1.005t + x(2,500 + 1.85t)$〔kJ/kg〕

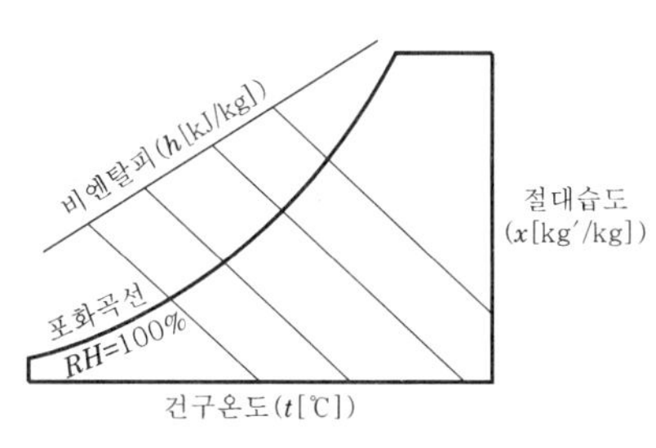

▲ 비엔탈피(h)

✪ 대기(습공기)의 산정식

구 분	기 호	단 위	정 의	산정식
수증기 분압	P_w	mmHg, kPa	습공기(대기) 중의 수증기분압	
건공기 분압	P_a	mmHg, kPa	습공기(대기) 중의 건공기분압	
절대습도	x	kg'/kg (DA)	습공기 전체 질량에 대한 습공기 중 건포화증기량	$x = \frac{R_a}{R_w}\left(\frac{P_w}{P-P_w}\right)$ $= 0.622\frac{P_a}{P_w}$〔kg'/kg〕 여기서, R_w : 수증기의 기체상수 (≒461J/kg·K) R_a : 건공기의 기체상수 (=287J/kg·K)
상대습도	ϕ (RH)	%	습공기분압(P_w)과 동일한 건구온도의 포화공기의 수증기분압(P_s)과의 비를 백분율로 나타낸 것	$\phi = \frac{P_w}{P_s} \times 100\%$
비교습도	ψ	%	절대습도(x)와 동일한 건구온도의 포화공기의 절대습도(x_s)와의 비를 백분율로 나타낸 것	$\psi = \frac{x}{x_s} \times 100\%$
건구온도	t	℃	건구온도계에 나타내는 온도	DB
습구온도	t'	℃	습구온도계에 나타내는 온도	WB
노점온도	t''	℃	습공기의 냉각 시 포화상태가 되는 온도(상대습도 100%)	DP
비체적	v	m^3/kg	건공기 1kg에 대한 습공기의 체적	$v = \frac{1}{밀도(\rho)}$
비엔탈피	h	kJ/kg	습공기 1kg에 대한 보유열량=습공기가 갖는 현열량+잠열량	$h = 0.24t + (597.3 + 0.441t)x$〔kcal/kg〕 $= 1.005t + (2,500 + 1.85t)x$〔kJ/kg〕

10 장치노점온도(ADP : Apparatus Dew Point)

냉각코일의 평균표면온도로 일반적으로 8~17℃ 정도이다.

11 현열(sensible heat)와 잠열(latent heat)

① 현열(감열) : 물질의 상태는 일정하고 온도만 변화시키는 열량

② 잠열(숨은열) : 온도는 일정하고 물질의 상태만 변화시키는 열량

참고 습공기선도의 구성요소

- 건구온도(t)
- 습구온도(t')
- 노점온도(t'')
- 절대습도(x)
- 상대습도(ϕ)
- 비체적(v)
- 비엔탈피(h)
- 현열비(SHF)
- 열수분비(u)
- 수증기분압(P_w)

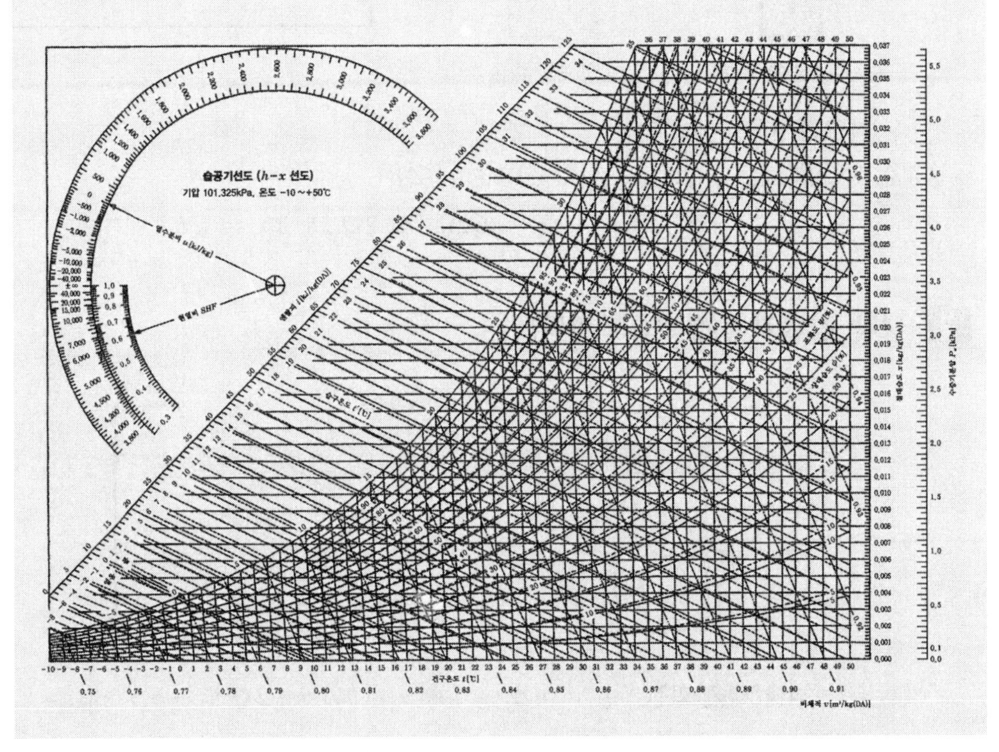

2 습공기선도 사용법

1 가열·냉각과정($\Delta x = 0$)

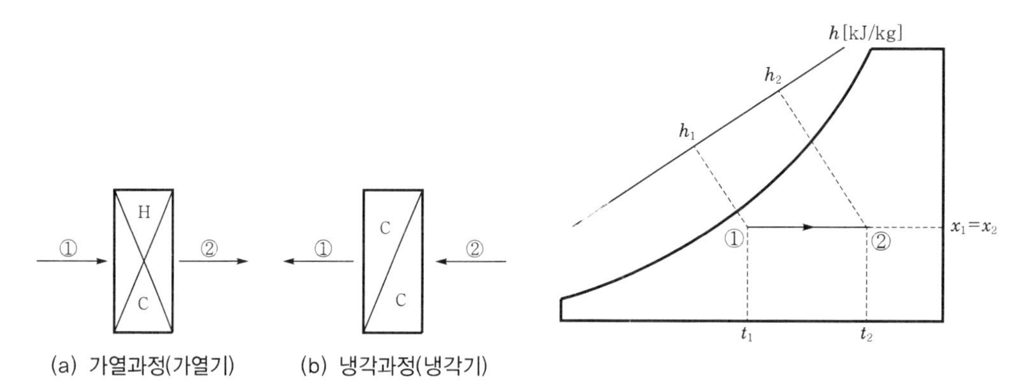

(a) 가열과정(가열기) (b) 냉각과정(냉각기)

① 가열과정(① → ②)

② 가열량(q_H)$= \rho Q C_p \Delta t = 1.2 \times 1.0046 Q \Delta t$

$= m C_p \Delta t = m \Delta h = \rho Q \Delta h = 1.2 Q \Delta h$〔kJ/s=kW〕

2 냉각·감습과정(절대습도변화)

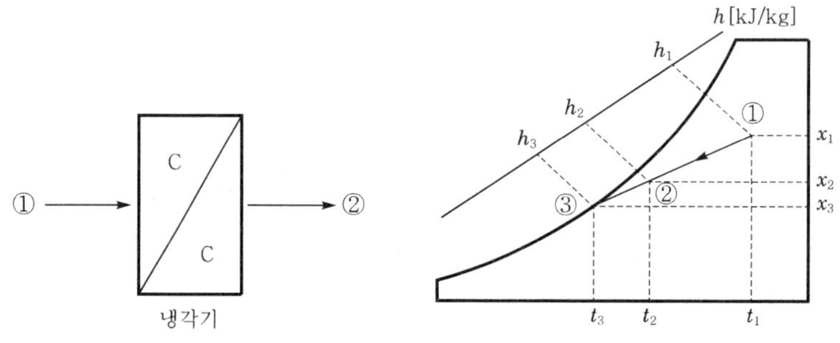

① 냉각·감습(제습)과정 : $q_{cc} = m \Delta h = \rho Q (h_1 - h_2) = 1.2 Q (h_1 - h_2)$〔kJ/s=kW〕

② 냉각수량(L)$= m \Delta x = \rho Q (x_1 - x_2) = 1.2 Q (x_1 - x_2)$〔kg/s〕

참고

- BF(Bypass Factor) : 송풍공기가 냉각기를 통과할 때 냉각효과를 얻지 못하고 그냥 통과하는 비율을 말한다. BF가 0.2라면 송풍량(Q)에서 20% 공기는 냉각효과를 얻지 않고 그냥 통과한 공기이다.

$$BF = \frac{\overline{②③}}{\overline{①③}}$$

- CF(Contact Factor) : 송풍공기가 냉각기를 통과할 때 냉각효과를 얻고 통과하는 공기의 비율을 말한다. CF가 0.8이라면 송풍량(Q)에서 80% 공기는 냉각효과를 얻은 공기이며, 나머지 20%는 그냥 지나친 공기가 된다. 즉 BF는 0.2가 된다.

$$CF = \frac{\overline{①②}}{\overline{①③}}$$

BF+CF=1

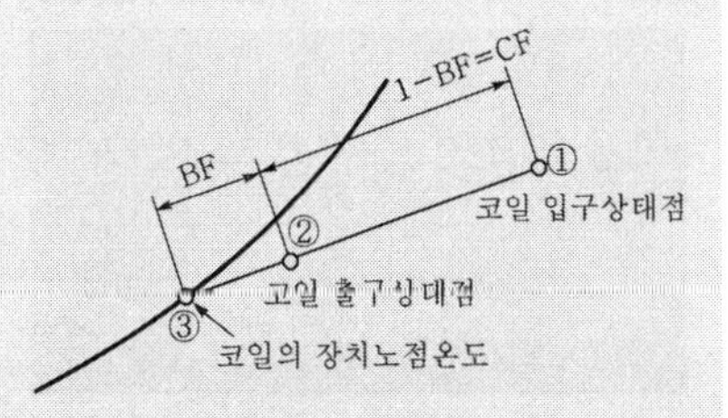

바이패스 팩터(BF)와 콘택트 팩터(CF)

3 가습과정

① 순환수가습($\Delta h = 0$) : ①→②과정, 등엔탈피 가습과정($h_1 \fallingdotseq h_2$)으로 절대습도가 증대된다. $u = \dfrac{\Delta h}{\Delta x}$가 0인 가습과정이다.

② 온수가습($h_3 > h_1$) : ①→③과정, 엔탈피가 증가되는 가습과정으로 절대습도가 증대된다.

③ 증기가습($u_4 = u_1$) : ①→④과정, 열수분비(u)= $\dfrac{\Delta h}{\Delta x}$가 같은 상태(평형상태)에서 절대습도가 증대된다.

④ 화학적 제습(chemical dehumidification) : ①→⑤과정

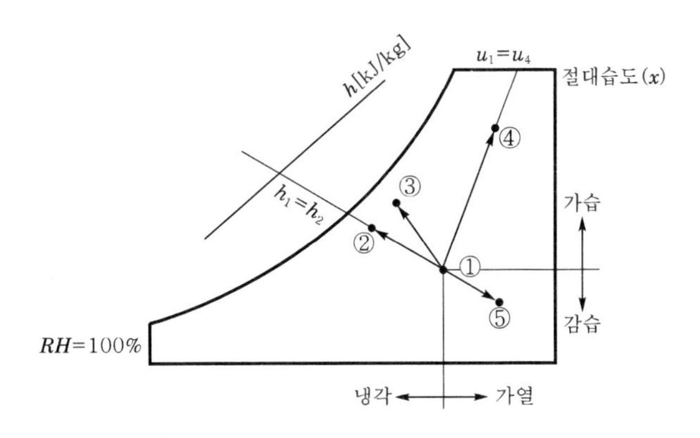

3 공기선도의 상태변화

1 가열, 냉각 ; 현열(감열)

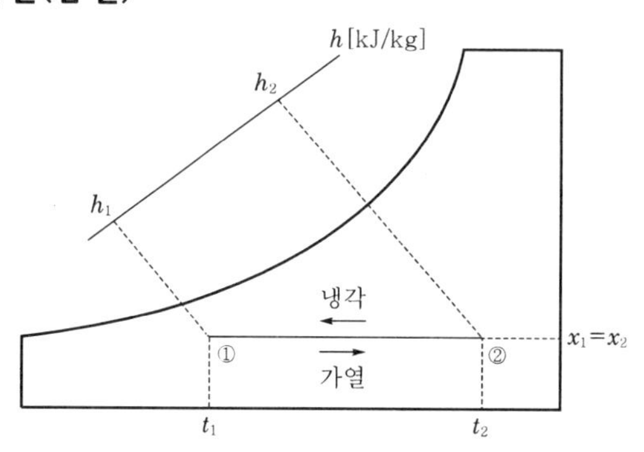

$$q_s = m(h_2 - h_1) = mC_p(t_2 - t_1) = \rho QC_p(t_2 - t_1) = 1.21Q(t_2 - t_1)\text{〔kW〕}$$

여기서, q_s : 현열량〔kW〕

Q : 단위시간당 공기통과 체적량〔m^3/s〕

ρ : 공기의 밀도(=1.2kg/m^3)

m : 단위시간당 공기통과 질량〔kg/s〕

C_p : 공기의 정압비열(=1.005kJ/kg·K)

참고 냉각코일의 온도에 따른 변화

냉각 시 냉각코일의 표면온도가 통과공기의 노점온도 이상일 때는 절대습도가 일정한 상태에서 냉각되고, 냉각코일의 표면온도가 노점온도 이하일 때는 냉각과 동시에 제습이 된다.

예제 1

건구온도 10°C, 절대습도 0.0038kg′/kg의 공기 1,000kg/h를 건구온도 30°C로 가열 시 소요열량은?

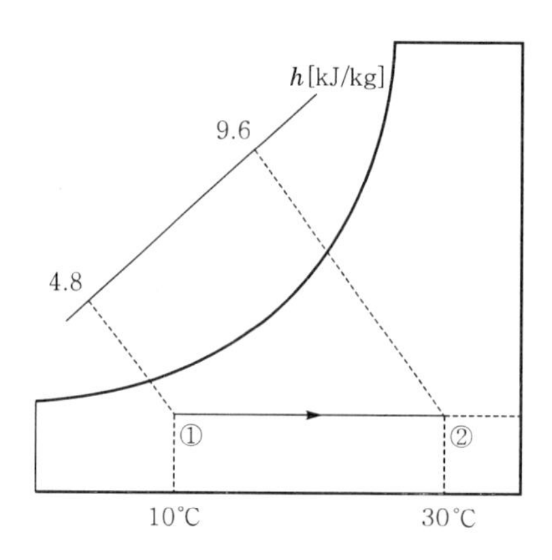

$q_s = m(h_2 - h_1) = 1{,}000 \times (9.6 - 4.8) = 4{,}800\text{kcal/h} = 20{,}160\text{kJ/h}$
[별해] $q_s = mC_p(t_2 - t_1) = 1{,}000 \times 0.24 \times (30 - 10) = 4{,}800\text{kcal/h} = 20{,}160\text{kJ/h}$

2 가습, 감습 ; 잠열(숨은열)

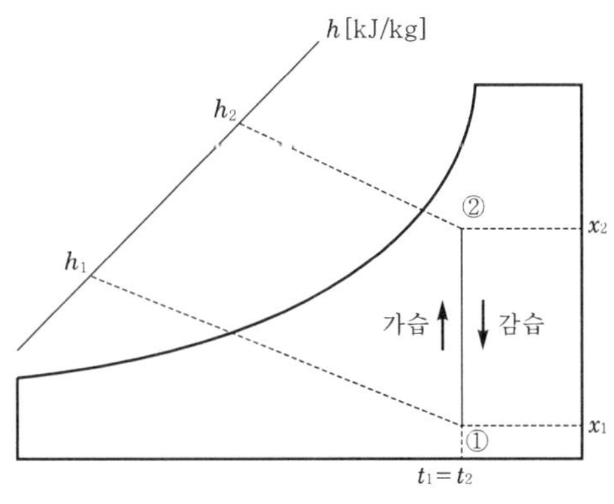

$$L = m(x_2 - x_1)\,[\text{kg/h}]$$
$$\therefore\ q_L = m(h_2 - h_1) = \gamma_o L = 2{,}501m(x_2 - x_1) = 2{,}501\rho Q(x_2 - x_1)$$
$$= 2{,}501 \times 1.2Q(x_2 - x_1) = 3001.2Q(x_2 - x_1)\,[\text{kW}]$$

여기서, L : 가습량[kg/s], m : 공기량[kg/s]
q_L : 잠열량[kW], γ_o : 수증기의 증발잠열(=2,501kJ/kg)
x : 절대습도[kg′/kg]

예제 2

건구온도 26°C, 공기량 1,000kg/h, 절대습도 0.0105kg′/kg에서 0.017kg′/kg으로 가습 시 필요한 열량 및 가습량은?

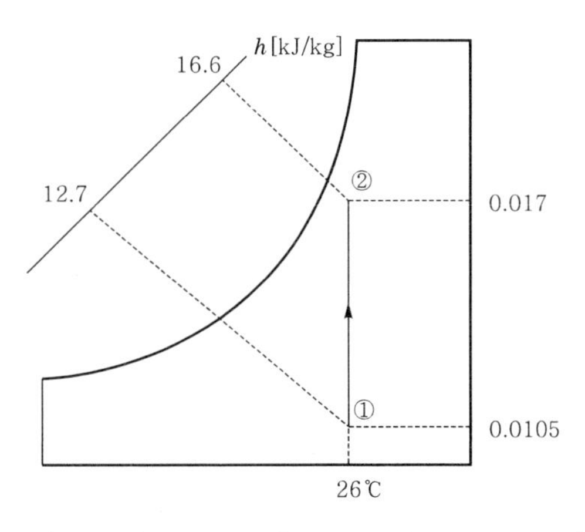

① 잠열량(q_L) $= m(h_2 - h_1) = 1{,}000 \times (16.6 - 12.7) = 3{,}900\text{kcal/h} = 16325.4\text{kJ/h}$
② 가습량(L) $= m(x_2 - x_1) = 1{,}000 \times (0.0170 - 0.0105) = 6.5\text{kg/h}$

CHAP. 3

3 가열, 가습 ; 현열 & 잠열

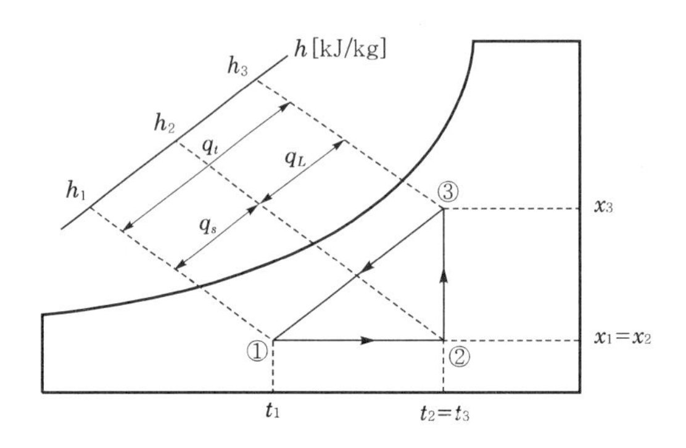

$$q_t = m\,(h_3 - h_1) = q_s + q_L \text{〔kW〕}$$

$$SHF = \frac{q_s}{q_s + q_L}$$

여기서, m : 공기량〔kg/s〕
SHF : 현열비
q_t : 전열량〔kW〕
q_s : 현열량〔kW〕
q_L : 잠열량

예제 3

건구온도 10°C, 절대습도 0.0038kg′/kg, 공기량 1,000kg/h에서 건구온도 26°C, 절대습도 0.017kg′/kg로 가열, 가습할 때 필요한 열량 및 가습량, SHF를 구하시오.

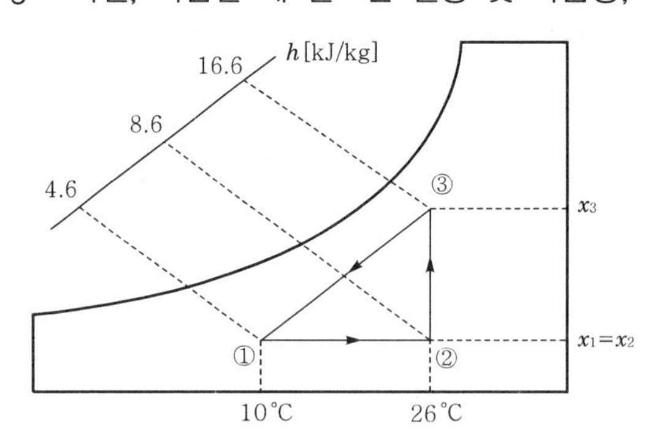

① 전열량$(q_t) = m\,(h_3 - h_1) = 1{,}000 \times (16.6 - 4.6) = 12{,}000\,\text{kcal/h} = 50{,}400\,\text{kJ/h}$
② 수분량$(L) = m\,(x_3 - x_1) = 1{,}000 \times (0.017 - 0.0038) = 13.2\,\text{kg/h}$
③ 현열비$(SHF) = \dfrac{q_s}{q_t} = \dfrac{m\,(h_2 - h_1)}{q_t} = \dfrac{1{,}000 \times (8.6 - 4.6)}{12{,}000} = 0.33$

4 단열혼합

외기(OA)를 ②, 외기량을 Q_2, 실내환기(RA)를 ①, 실내풍량을 Q_1이라면 혼합공기 ③의 온도는 다음과 같다.

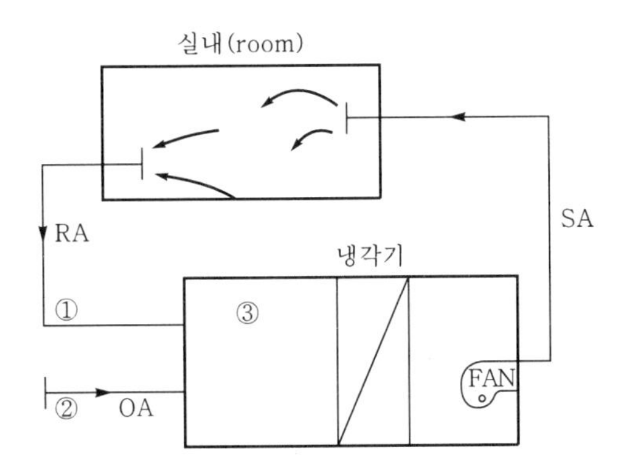

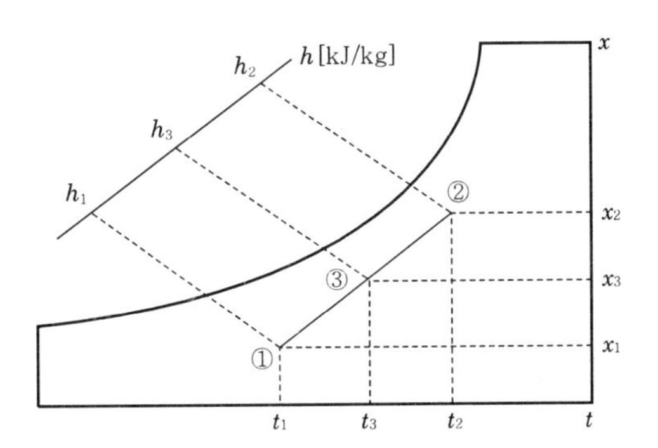

참고 단열혼합 시 혼합점의 온도(t_3), 절대습도(x_3), 비엔탈피(h_3)

$$t_3 = \frac{Q_1 t_1 + Q_2 t_2}{Q} \text{[℃]}$$

$$x_3 = \frac{Q_1 x_1 + Q_2 x_2}{Q} \text{[kg'/kg]}$$

$$h_3 = \frac{Q_1 h_1 + Q_2 h_2}{Q} \text{[kJ/kg]}$$

급기량(송풍량, Q) = 환기량(Q_1) + 외기량(Q_2) [m³/h]

예제 4

건구온도 27°C, 절대습도 0.011kg'/kg, 공기량 700kg/h와 건구온도 35°C, 절대습도 0.024kg'/kg, 공기량 300kg/h를 혼합할 경우 t_3, x_3, h_3를 구하시오.

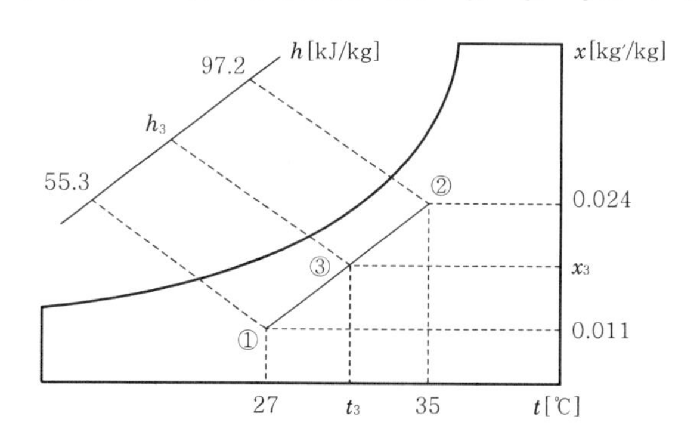

① $t_3 = \dfrac{m_1 t_1 + m_2 t_2}{m(=m_1+m_2)} = \dfrac{700 \times 27 + 300 \times 35}{700+300} = 29.4℃$

② $x_3 = \dfrac{m_1 x_1 + m_2 x_2}{m} = \dfrac{700 \times 0.011 + 300 \times 0.024}{1,000} = 0.0149\text{kg}'/\text{kg}$

③ $h_3 = \dfrac{m_1 h_1 + m_2 h_2}{m} = \dfrac{700 \times 55.3 + 300 \times 97.2}{1,000} = 67.87\text{kJ/kg}$

5 가습방법의 분류

(1) 순환수분무가습(단열가습, 세정)

순환수를 단열하여 공기세정기(air washer)에서 분무할 경우 입구공기 ①은 선도에서 점 ①을 통과하는 습구온도선상을 포화곡선을 향하여 이동한다. 이때 엔탈피는 일정하며($h_1 = h_2$), 이것을 단열변화(단열가습)라 한다.

공기세정기의 효율은 100%가 되며, 통과공기는 최종적으로 포화공기가 되어 점 ②의 상태로 되나 실제로는 효율 100% 이하이기 때문에 선도에서 ③과 같은 상태에서 그친다.

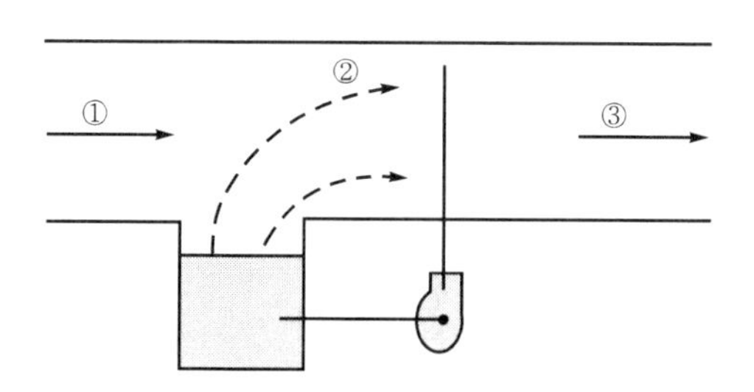

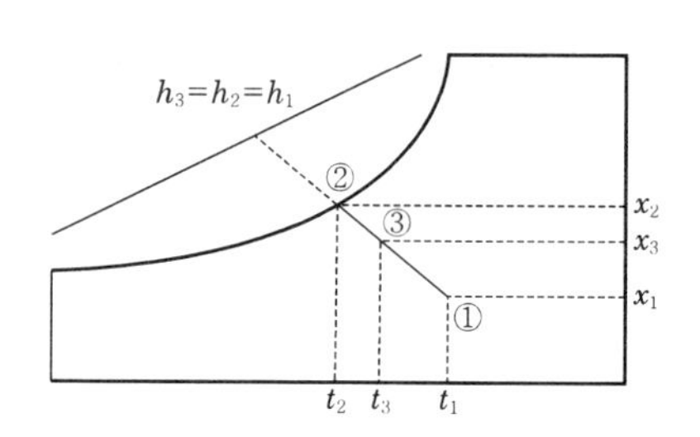

$$가습기(AW)의\ 효율 = \frac{t_1 - t_3}{t_1 - t_2} \times 100\%$$
$$= \frac{x_3 - x_1}{x_2 - x_1} \times 100\%$$

(2) 온수분무가습

순환수를 가열하여 공기에 분무하면 통과공기는 가습됨과 동시에 분무하는 물의 온도와 양에 따라 건구온도가 변화한다.

선도에 표시할 때에는 입구공기 ①은 포화공기선상에서 온수온도 ②를 취하고, 이를 직선으로 연결하여 AW(Air Washer)의 효율점 ③을 출구상태로 한다.

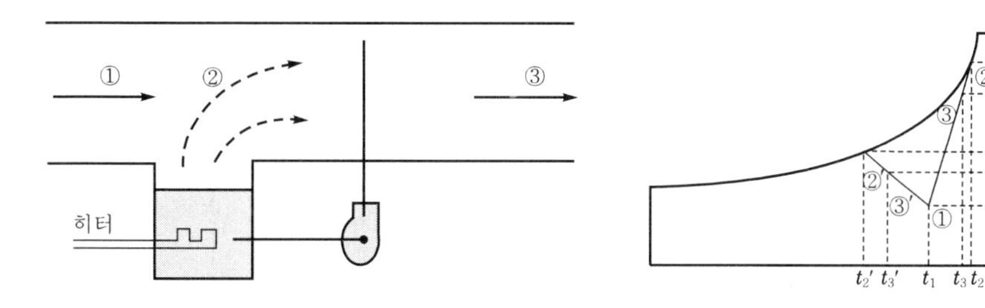

예제 5

DB 20°C, WB 10°C의 공기 1,000m^3/min을 효율 80%의 AW의 순환수분무를 통과시킬 경우 출구공기상태와 가습량은?

① 출구공기상태
㉠ DB 20℃일 때 SH 0.0068kg'/kg
㉡ WB 10℃일 때 RH 80%, SV 0.835m^3/kg

② $가습량(L) = m(x_3 - x_1) = \frac{Q}{v}(x_3 - x_1) \times 60$

$$= \frac{1,000}{0.835} \times (0.0068 - 0.0036) \times 60 \fallingdotseq 230\text{kg/h}$$

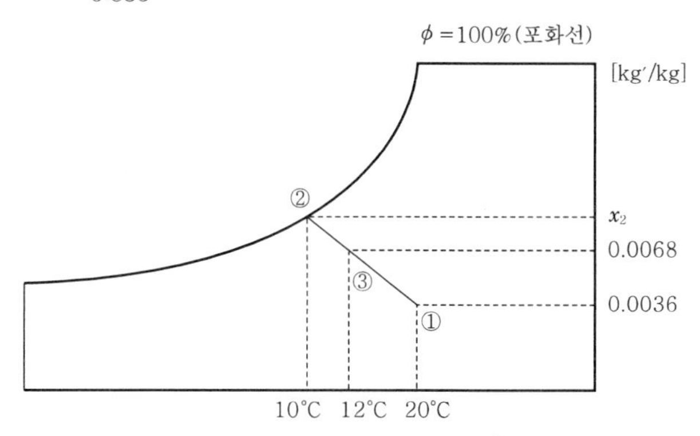

예제 6

DB 20°C, WB 10°C의 공기 1,000m^3/min을 25°C의 분무수를 뿜는 가습기 내를 통과시킬 경우 출구공기상태 및 가습기에서 가해지는 수분량은? (단, 가습기의 효율은 90%, 분무수온은 일정)

① 출구공기온도$(t_3) = \dfrac{20 \times 10 + 25 \times 90}{100} = 24.5$℃

② 가습기 통과 공기량$(m) = \dfrac{1,000}{0.835} ≒ 1,200$ kg/min

③ 출구공기상태 : $t_3 = 24.5$°C, WB $= 23.9$℃, RH $= 96$%, $x = 0.0186$kg/h

④ 가습량$(L) = 1,200 \times (0.0186 - 0.0036) \times 60 = 1123.2$ kg/h

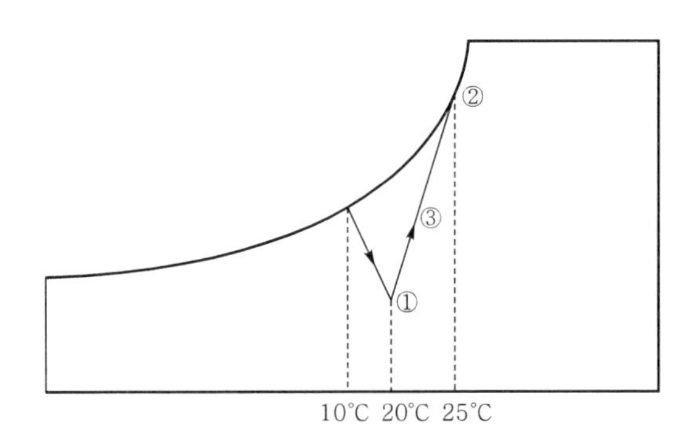

(3) 증기가습

가습기에서 가장 많이 사용되는 방법으로 포화증기를 직접 통과시켜 공기 중에 분무하여 건구온도와 습도가 모두 상승하는 가열, 가습의 상태가 된다.

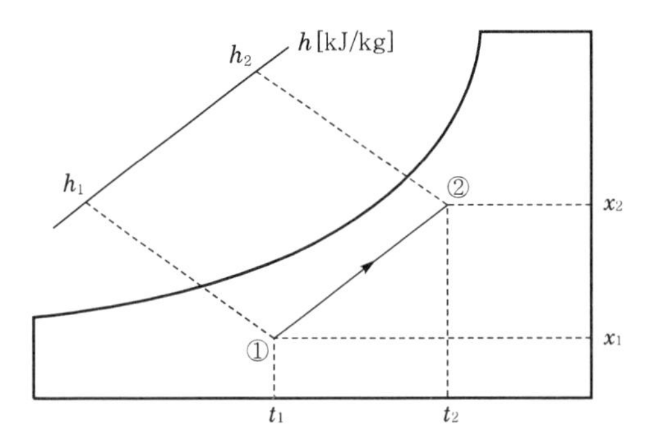

6 현열비(SHF)

실내를 DB t_2〔℃〕, x_2〔kg′/kg〕가 되도록 냉방을 하는 경우 송풍기 온도는 실내보다 낮은 DB t_1〔℃〕, x_1〔kg′/kg〕의 상태이어야 한다.

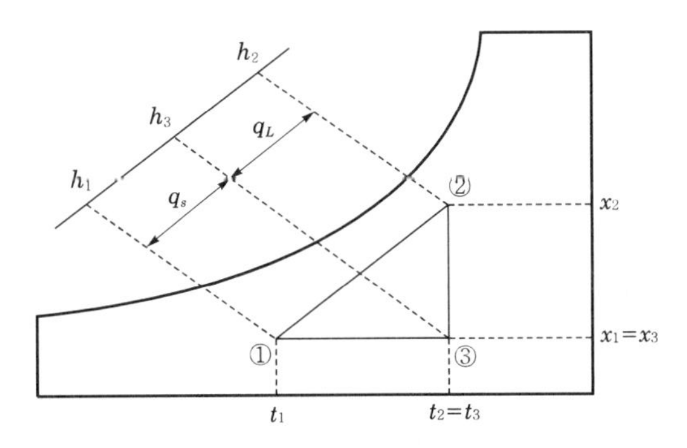

$$\text{현열}(q_s) = mC_p(t_2 - t_1) = 1.21Q(t_2 - t_1)\,[\text{kJ/h}]$$

$$\text{잠열}(q_L) = m\gamma_o(x_2 - x_1) = 3001.2Q(x_2 - x_1)\,[\text{kJ/h}]$$

$$\text{현열비}(SHF) = \frac{q_s}{q_s + q_L} = \frac{mC_p(t_2 - t_1)}{mC_p(t_2 - t_1) + m\gamma_o(x_2 - x_1)}$$

$$= \frac{C_p(t_2 - t_1)}{C_p(t_2 - t_1) + \gamma_o(x_2 - x_1)}$$

위 식에서 알 수 있는 바와 같이 SHF는 송풍량(m)에는 관계없으며, C_p와 γ_o는 상수이므로 SHF가 일정하면 $(t_2 - t_1)$에 비례한다.

따라서 SHF가 일정하면 최소 상태 ①과 최후의 상태 ②는 선도상에서 일정한 직선상에 존재하게 된다.

참고 **현열비선**

현열비(SHF)선은 항상 취출공기(장치 출구)에서 시작하여 실내공기로 끝난다.

7 장치노점온도(Apparatus Dew Point ; ADP)

SHF가 일정한 경우 B의 상태인 실내공기를 A상태로 냉방을 하는 경우에는 B−A의 연장선상인 B−A=A−B′인 점 B′상태로 송풍하면 된다(SHF선상에서 벗어나면 'E'와 같은 상태가 됨). 이 경우 B′공기보다 C, C보다는 D의 공기를 송풍하는 것이 공기량이 적게 든다. 또 그 극한점이 E의 상태이며, 이 온도를 장치노점온도라 하고 DB, WB, DP가 일치한다($t'' = t' = t$).

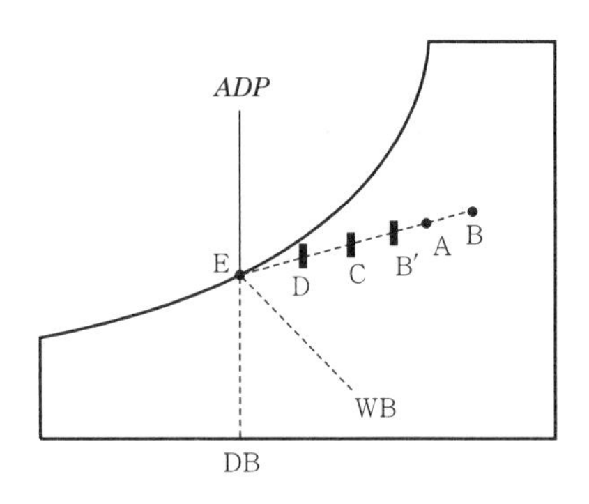

8 바이패스 팩터(Bypass Factor ; BF)

냉각 또는 가열코일(coil)과 접촉하지 않고 그대로 통과하는 공기의 비율을 말하며 완전히 접촉하는 공기의 비율을 contact factor라고 한다.

$BF = 1 - CF \quad (\therefore\ BF + CF = 1)$

냉각 또는 가열코일을 통과할 공기는 포화상태로는 되지 않는다. 이상적으로 포화되었을 경우 ②의 상태로 되나 실제로는 ③의 상태로 된다.

$$BF = \frac{t_3 - t_2}{t_1 - t_2} \times 100\%$$

$$CF = \frac{t_1 - t_3}{t_1 - t_2} \times 100\%$$

$$\therefore\ t_3 = t_2 + BF(t_1 - t_2) = t_1 - CF(t_1 - t_2)\,[℃]$$

※ 코일의 열수가 증가하면 BF는 감소한다.
2열 : $(BF)^2$, 4열 : $(BF)^4$, 6열 : $(BF)^6$

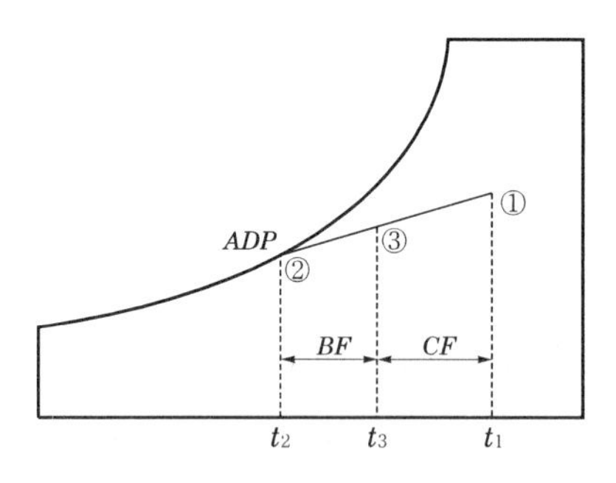

4 실제 장치의 상태변화

1 혼합가열(순환수분무가습)

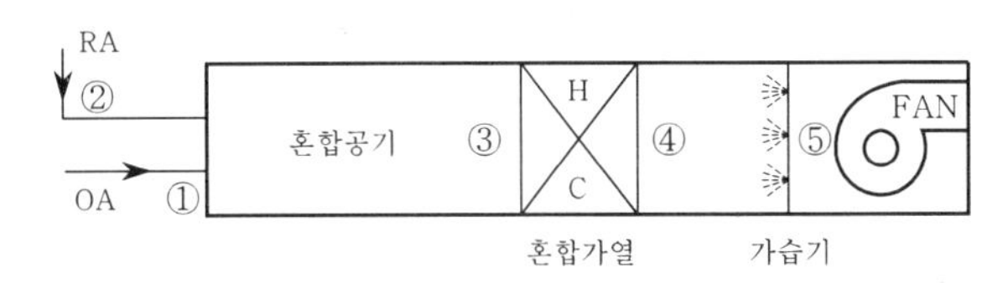

- OA : 외기도입공기(Out Air)
- RA : 실내리턴공기(Return Air)
- HC : 가열코일(Heating Coil)

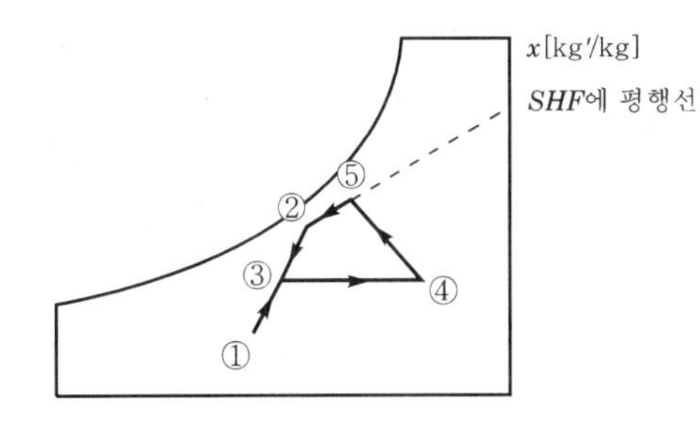

- ①→③, ②→③과정 : 외부의 도입공기와 실내의 리턴공기가 혼합되는 과정
- ③→④과정 : 혼합공기가 가열코일을 지나면서 에너지(열)를 받아 상대습도는 내려가고, 건구온도와 비엔탈피는 올라간다.

상 태	건구온도(t)	상대습도(ϕ)	절대습도(x)	비엔탈피(h)
①→③	상승	감소	상승	증가
②→③	강하	증가	감소	감소
③→④	상승	감소	일정	증가
④→⑤	강하	증가	증가	일정

2 혼합냉각(냉각, 감습)

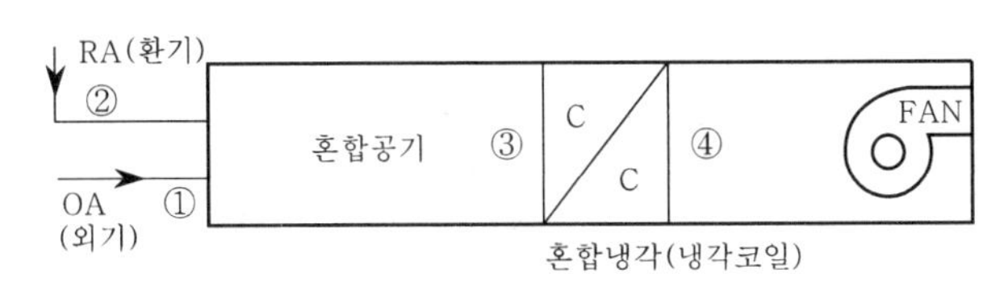

- RA : 실내리턴공기(Return Air)
- CC : 냉각코일(Cooling Coil)

CHAP. 3

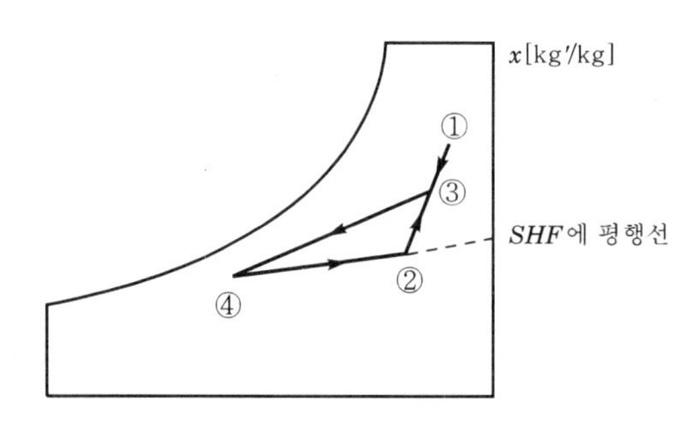

- ①→③←②과정 : 외부의 도입공기와 실내의 리턴공기가 혼합되는 과정
- ③→④과정 : 혼합공기가 냉각코일을 지나면서 에너지(열)를 빼앗겨 상대습도는 올라가고, 건구온도와 비엔탈피는 내려간다. 이때 냉각코일을 지나면서 노점온도까지 내려가고, 이후에 절대습도도 내려간다.

※ 이슬맺힘(노점온도)은 보통 상대습도 90~95%에서 일어난다.

상 태	건구온도(t)	상대습도(ϕ)	절대습도(x)	비엔탈피(h)
①→③	감소	증가	감소	감소
②→③	상승	증가	상승	증가
③→④	감소	상승	감소	감소

3 혼합 → 가열 → 온수분무가습

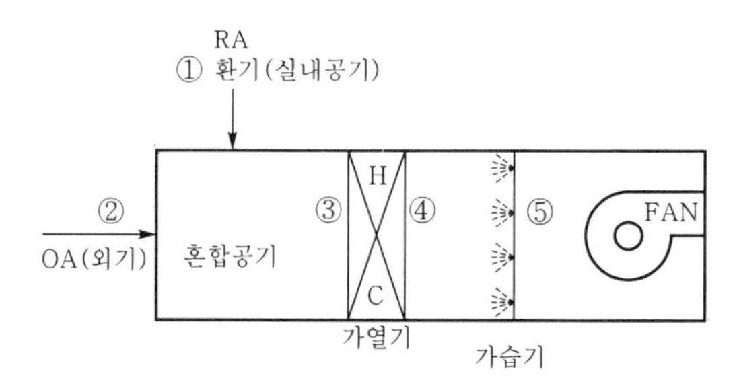

- OA : 외기도입공기
- RA : 실내리턴공기(환기)
- HC : 가열코일

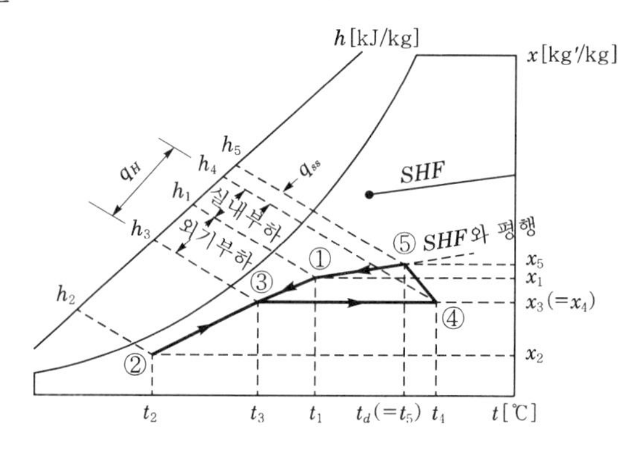

- ①→③←②과정 : 외부의 도입공기와 실내의 리턴공기가 혼합되는 과정
- ③→④과정 : 혼합공기를 등압가열하는 과정($x_3 = x_4$, 상대습도 감소)
- ④→⑤과정 : 가열코일을 지난 공기가 순환수분무(A/W)가습하는 과정
- ⑤→①과정 : 가습기 출구(가습된 공기)에서 실내로 환기되는 과정

상 태	건구온도(t)	상대습도(ϕ)	절대습도(x)	비엔탈피(h)
①→③	감소	증가	감소	감소
②→③	상승	감소	증가	증가
③→④	증가	감소	일정	증가
④→⑤	감소	증가	증가	일정
⑤→①	감소	증가	감소	감소

4 혼합 → 예열 → 세정(순환수분무) → 가열

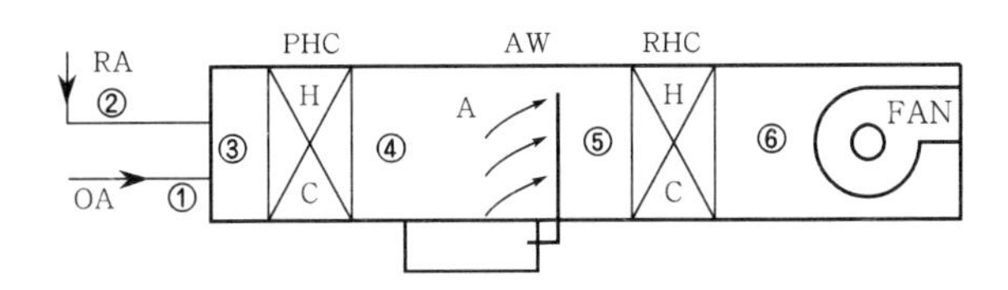

- OA : 외기도입공기
- RA : 실내리턴공기
- PHC : 예열코일
- AW : 에어워셔(세정가습)
- RHC : 재열코일

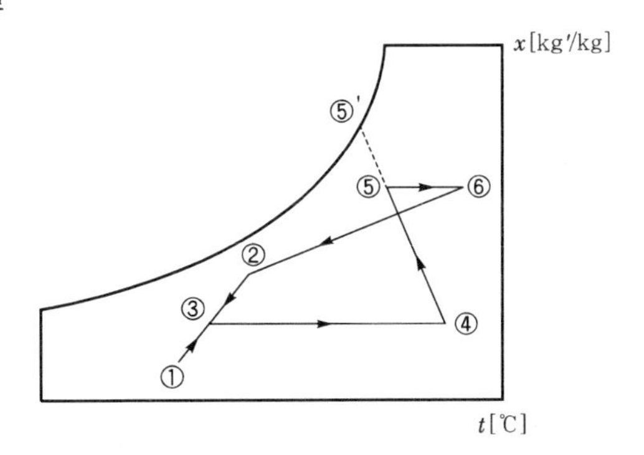

- ①→③←②과정 : 외부의 도입공기와 실내의 리턴공기가 혼합되는 과정
- ③→④과정 : 예열코일로 가열하는 과정
- ④→⑤과정 : 세정을 지나면서 습도가 높아지는 과정
- ⑤→⑥과정 : 가열코일로 가열하는 과정

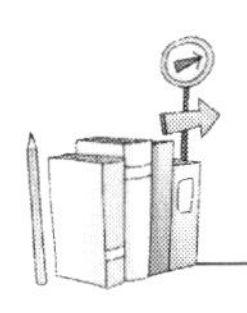

상 태	건구온도(t)	상대습도(ϕ)	절대습도(x)	비엔탈피(h)
①→③	상승	증가	증가	증가
②→③	감소	감소	감소	감소
③→④	상승	감소	일정	증가
④→⑤	감소	증가	증가	일정
⑤→⑥	상승	감소	일정	증가
⑥→②	감소	증가	감소	감소

5 외기 예열 → 혼합 → 세정(순환수분무가습) → 재열

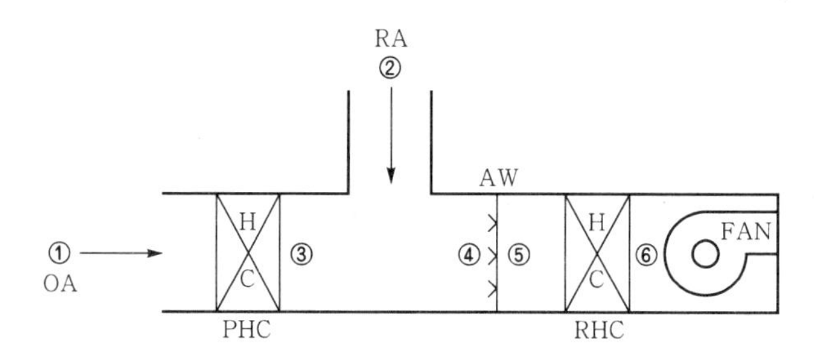

- OA : 외기도입공기
- PHC : 예열코일
- RA : 실내리턴공기
- RHC : 재열코일

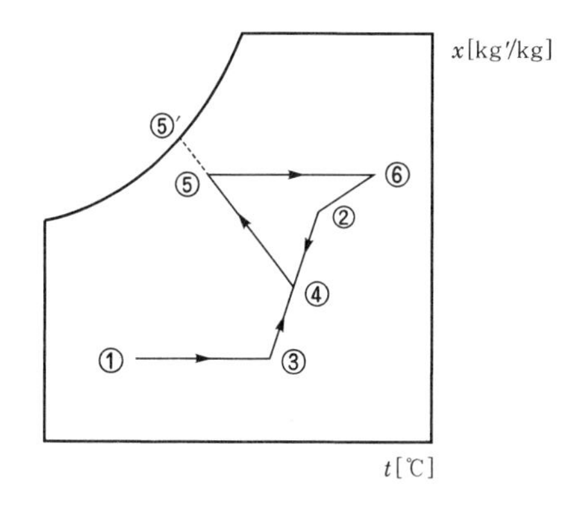

- ①→③과정 : 외기(OA) 예열
- ②→④←③과정 : 외부의 도입공기와 실내의 리턴공기가 혼합되는 과정
- ④→⑤과정 : 세정(A/W)분무(단열가습)
- ⑤→⑥과정 : 재가열과정
- ⑥→②과정 : 장치 출구에서 실내로 유입되는 과정

6 외기 예냉 → 혼합 → 냉각

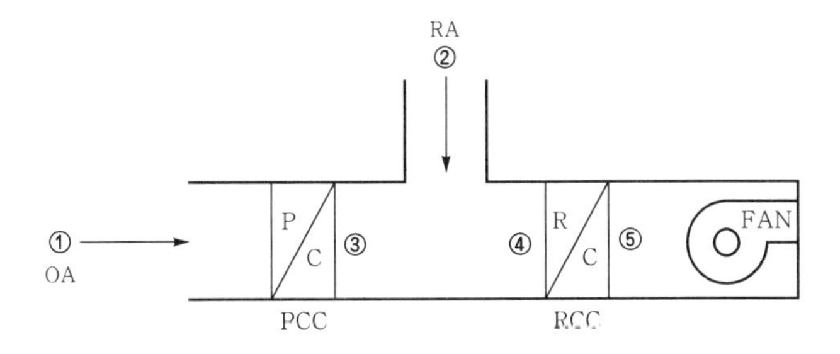

• PCC : 예냉코일 • RCC : 재냉각코일

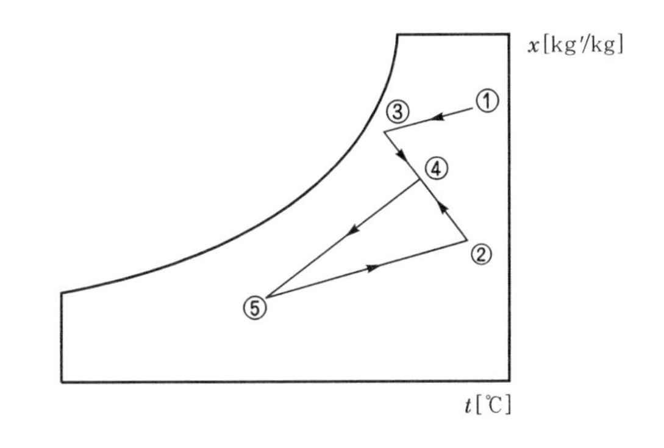

• ①→③과정 : 예냉코일로 외부의 도입공기를 냉각하는 과정
• ③→④←②과정 : 냉각된 외부의 도입공기와 실내리턴공기가 혼합되는 과정
• ④→⑤과정 : 냉각코일이 지나는 과정

상 태	건구온도(t)	상대습도(ϕ)	절대습도(x)	비엔탈피(h)
①→③	감소	증가	감소	감소
②→④	감소	증가	증가	증가
③→④	증가	감소	감소	감소
④→⑤	감소	증가	감소	감소

7 혼합 → 냉각 → 바이패스

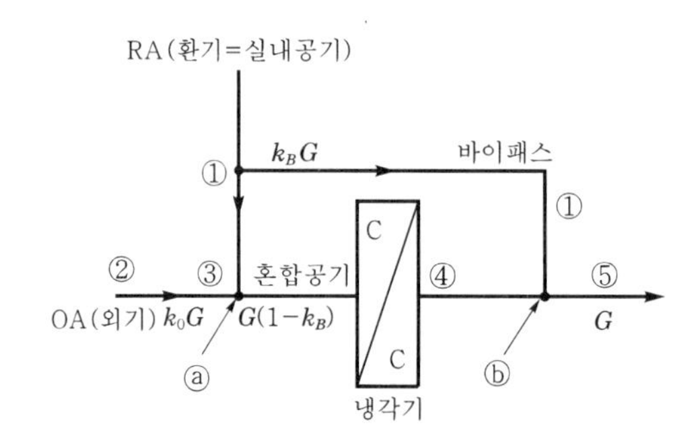

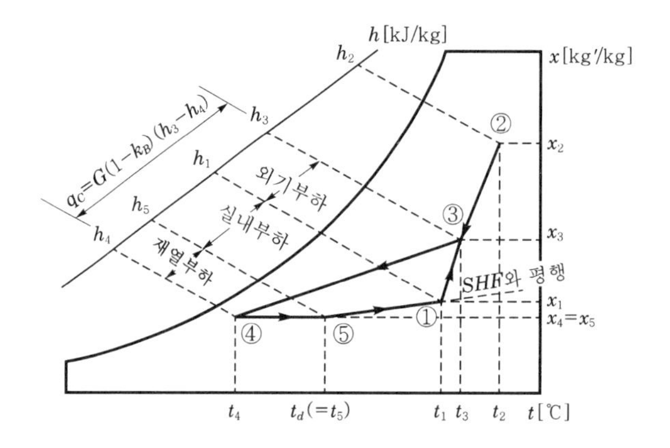

냉각코일부하(q_{cc})=외기부하+실내부하+재열부하

$$= h_3 - h_4 \text{[kJ/kg]}$$

※ $q_s = \rho Q C_p (t_1 - t_5)$[kW]

$\therefore$ t_5(취출온도)$= t_1 - \dfrac{q_s}{\rho Q C_p}$[℃]

5 덕트 설계

1 덕트(duct)의 분류

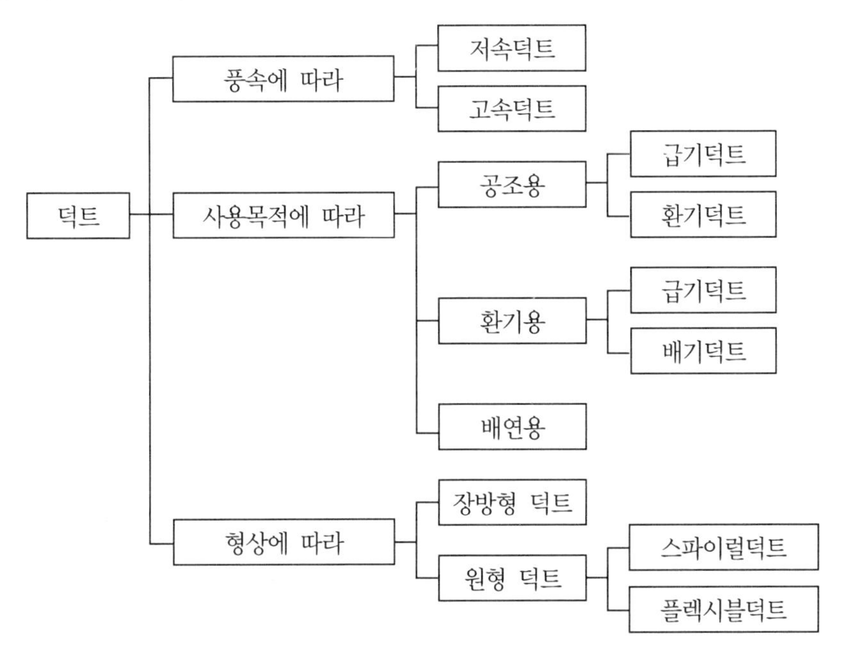

① **저속덕트** : 주덕트 내 풍속이 15m/s 이하(정압 50mmAq 미만)

② **고속덕트** : 주덕트 내 풍속이 15m/s 이상(정압 50mmAq 이상)

2 덕트의 배치에 따른 분류

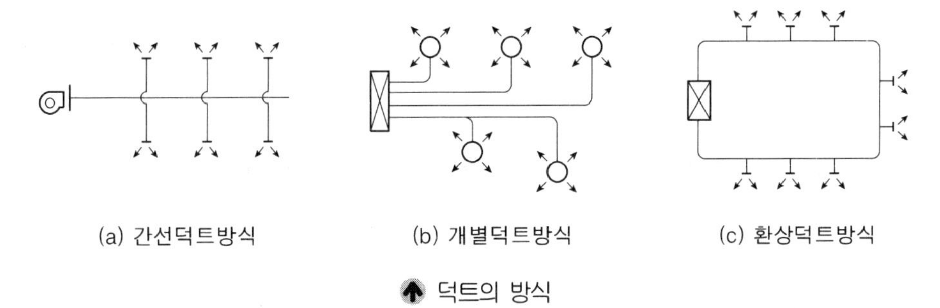

덕트의 방식

3 덕트의 형상에 따른 분류

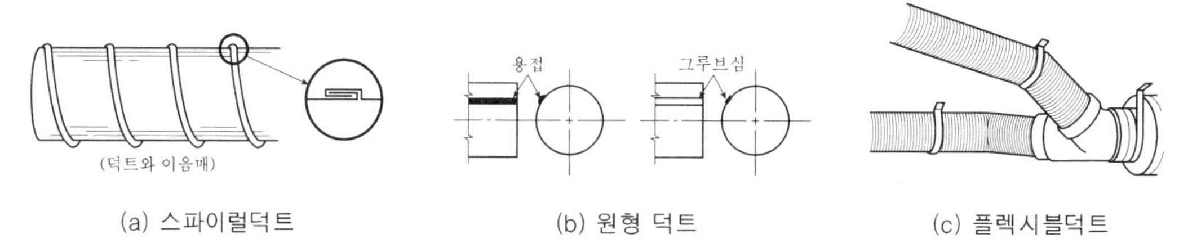

(a) 스파이럴덕트 (b) 원형 덕트 (c) 플렉시블덕트

원형 덕트의 예

4 덕트 설계순서

① 송풍량(m〔kg/h〕, Q〔m^3/h〕)을 결정한다.

$$\text{현열부하}(q_s) = \rho Q C_p \Delta t = m C_p \Delta t \text{〔kJ/h〕} = \frac{m C_p \Delta t}{3,600} \text{〔kW〕}$$

$$\therefore\ m = \frac{q_s}{C_p \Delta t} \text{〔kg/h〕},\ Q = \frac{q_s}{\rho C_p \Delta t} \text{〔m}^3\text{/h〕}$$

② 취출구와 흡입구의 위치를 결정한다.

③ 덕트의 경로를 결정한다(간선, 개별, 환상 등의 방식으로 설정한다).

④ 덕트의 치수(크기)를 결정한다(등속법, 등압법, 정압재취득법, 전압법 등을 이용해 덕트의 마찰손실선도에서 덕트치수를 구한다).

⑤ 송풍기를 선정한다.

$$\text{송풍기용량} = \frac{P_t Q}{1,000\eta_t} = \frac{P_s Q}{1,000\eta_s} \text{〔kW〕}$$

여기서, P_t : 전압〔Pa〕, P_s : 정압〔Pa〕, Q : 송풍량〔m^3/s〕
η_s : 정압효율, η_t : 전압효율

※ 송풍량은 현열부하만으로 계산하고, 송풍기동력(용량)은 전압(P_t) 및 정압(P_s)으로 계산할 수 있다.

5 덕트 내 마찰저항(직관부손실+국부손실+기기손실)

① 직관부마찰저항(ΔP_r)$= \lambda \frac{L}{d} \frac{\gamma V^2}{2g} = \lambda \frac{L}{d} \frac{\rho V^2}{2}$〔kPa〕

② **국부저항** : 곡관부, 분기부, 합류부, 단면변화부의 저항을 말한다.

$$\Delta P_c = \zeta \frac{\gamma V^2}{2g} = \zeta \frac{\rho V^2}{2} \text{〔kPa〕}$$

③ **기기저항** : 공조기, 흡입구, 취출구 등의 마찰손실을 말한다.

※ 덕트 내 압력의 동압(P)$=\dfrac{\gamma V^2}{2g}=\dfrac{\rho V^2}{2}$〔kPa〕

여기서, λ : 직관(덕트 내) 마찰저항계수, L : 덕트의 길이〔m〕, d : 덕트의 직경〔m〕

ζ : 국부저항손실계수, V : 평균풍속〔m/s〕, ρ : 공기의 밀도(1.2kg/m³)

γ : 공기의 비중량(=γg=밀도×중력가속도(9.8m/s²))

❸ 덕트의 국부저항계수(ζ)

명 칭	그 림	계산식	저항계수			
(1) 장방형 엘보 (90°)		$\Delta P_t=\lambda \dfrac{l_e}{d}\dfrac{\rho v^2}{2}$	H/W	r/W=0.5	0.75	1.0
			0.25	l_e/W=25	12	7
			0.5	33	16	9
			1.0	45	19	11
			4.0	90	35	17
(2) 장방형 엘보 (90° 각형)		위와 같음	H/W=0.25		l_e/W=25	
			0.5		49	
			1.0		75	
			4.0		110	
(3) 베인이 있는 장방형 엘보 (2매 베인)		$\Delta P_t=\zeta_T \dfrac{\rho v^2}{2}$	R/W	R_1/W	R_2/W	ζ_T
			0.5	0.2	0.4	0.45
			0.75	0.4	0.7	0.12
			1.0	0.7	1.0	0.10
			1.5	1.3	1.6	0.15
(4) 베인이 있는 장방형 엘보 (소형 베인)		위와 같음	1매판의 베인 ζ_T=0.35 성형된 베인 ζ_T=0.10			
(5) 원형 덕트의 엘보(성형)		$\Delta P_t=\lambda \dfrac{l_e}{d}\dfrac{\rho v^2}{2}$	r/d=0.75		l_e/d=23	
			1.0		17	
			1.5		12	
			2.0		10	
(6) 원형 덕트의 엘보 (새우이음)		위와 같음	r/d	0.5	1.0	1.5
			2피스	l_e/d=65	65	65
			3피스	49	21	17
			4피스	49	19	14
			5피스	49	17	12

명 칭	그 림	계산식	저항계수
(7) 확대부	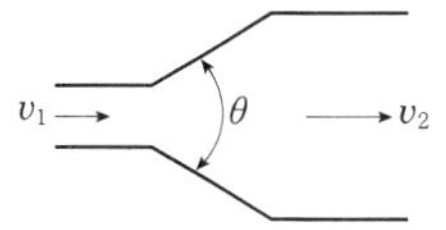	$\Delta P_t = \zeta_T \dfrac{\rho}{2}(v_1 - v_2)^2$	θ: 30°, 10, 20, 30 ζ_T: 0.17, 0.28, 0.45, 0.59
(8) 축소부	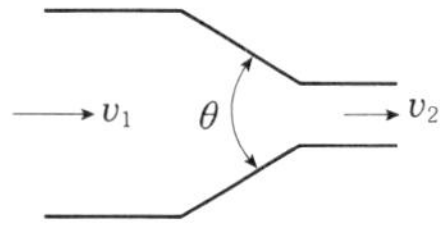	$\Delta P_t = \zeta_T \dfrac{\rho v^2}{2}$	θ: 30°, 45°, 60° ζ_T: 0.17, 0.04, 0.07
(9) 원형 덕트의 분류	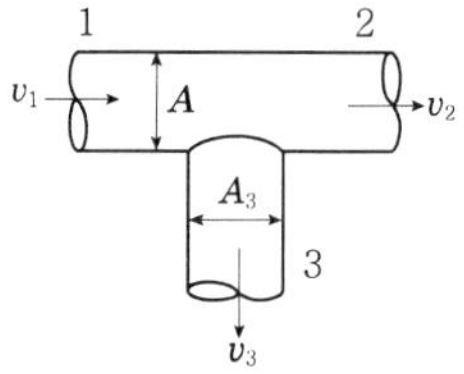	직통관(1 → 2) $\Delta P_t = \zeta_T \dfrac{\rho v_1^2}{2}$	v_2/v_1: 0.3, 0.5, 0.8, 0.9 ζ_T: 0.09, 0.075, 0.03, 0
		분기관(1 → 3) $\Delta P_t = \zeta_B \dfrac{\rho v_3^2}{2}$	v_3/v_1: 0.2, 0.4, 0.6, 0.8, 1.0, 1.2 ζ_B: 28.0, 7.50, 3.7, 2.4, 1.8, 1.5
(10) 분류 (원추형 토출)	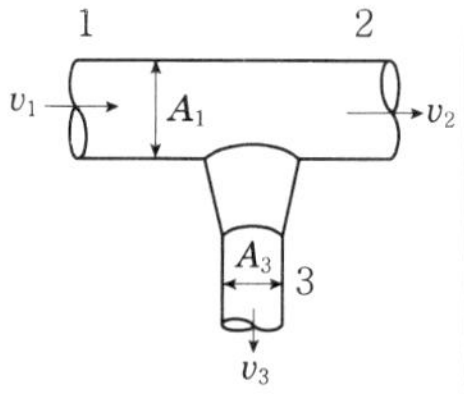	직통관(1 → 2)	(9)의 직통관과 동일
		분기관(1 → 3) $\Delta P_t = \zeta_B \dfrac{\rho v_3^2}{2}$	v_3/v_1: 0.6, 0.7, 0.8, 1.0, 1.2 ζ_B: 1.96, 0.27, 0.97, 0.50, 0.37 위의 값은 $A_1/A_3=8.2$일 때이며, $A_1/A_3=2$이면 위 값에서 약 30% 증가시킨다.
(11) 분류 (경사토출) $\theta=45°$	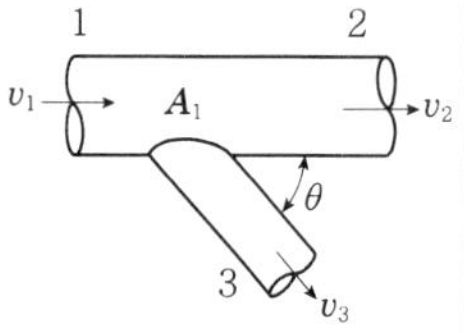	직통관(1 → 2) $\Delta P_t = \zeta_T \dfrac{\rho v_1^2}{2}$	$\zeta_T=0.05 \sim 0.06$ (대개 무시한다)
		분기관(1 → 3) $\Delta P_t = \zeta_B \dfrac{\rho v_3^2}{2}$	v_3/v_1: 0.4, 0.6, 0.8, 1.0, 1.2 $A_1/A_3=1$: 3.2, 1.02, 0.52, 0.47, – 3.0: 3.7, 1.4, 0.75, 0.51, 0.42 8.2: –, –, 0.79, 0.57, 0.47
(12) 장방형 덕트의 분기	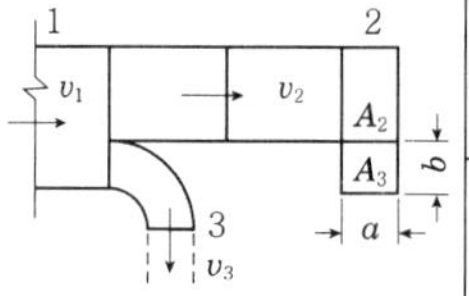	직통관(1 → 2) $\Delta P_t = \zeta_T \dfrac{\rho v_1^2}{2}$	$v_2/v_1<1.0$일 때는 대개 무시한다. $v_2/v_1 \geq 1.0$일 때 $\zeta_T = 0.46 - 1.24x + 0.93x^2$ $x = \left(\dfrac{v_3}{v_1}\right)\left(\dfrac{a}{b}\right)^{1/4}$
		분기관(1 → 3) $\Delta P_t = \zeta_B \dfrac{\rho v_1^2}{2}$	x: 0.25, 0.5, 0.75, 1.0, 1.25 ζ_B: 0.3, 0.2, 0.2, 0.4, 0.65 다만, $x = \left(\dfrac{v_3}{v_1}\right)\left(\dfrac{a}{b}\right)^{1/4}$

명 칭	그 림	계산식	저항계수						
(13) 장방형 덕트의 합류		직통관(1 → 3) $\Delta P_t = \zeta_T \frac{\rho v_1^2}{2}$	v_1/v_3	0.4	0.6	0.8	1.0	1.2	1.5
			$A_1/A_3=0.75$	-1.2	-0.3	-0.35	0.8	0.1	-
			0.67	-1.7	-0.9	-0.3	0.1	0.45	0.7
			0.60	-2.1	-1.3	-0.8	0.4	0.1	0.2
		합류관(2 → 3) $\Delta P_t = \zeta_B \frac{\rho v_2^2}{2}$	v_2/v_3	0.4	0.6	0.8	1.0	1.2	1.5
			ζ_B	-1.3	-0.9	-0.5	0.1	0.55	1.4

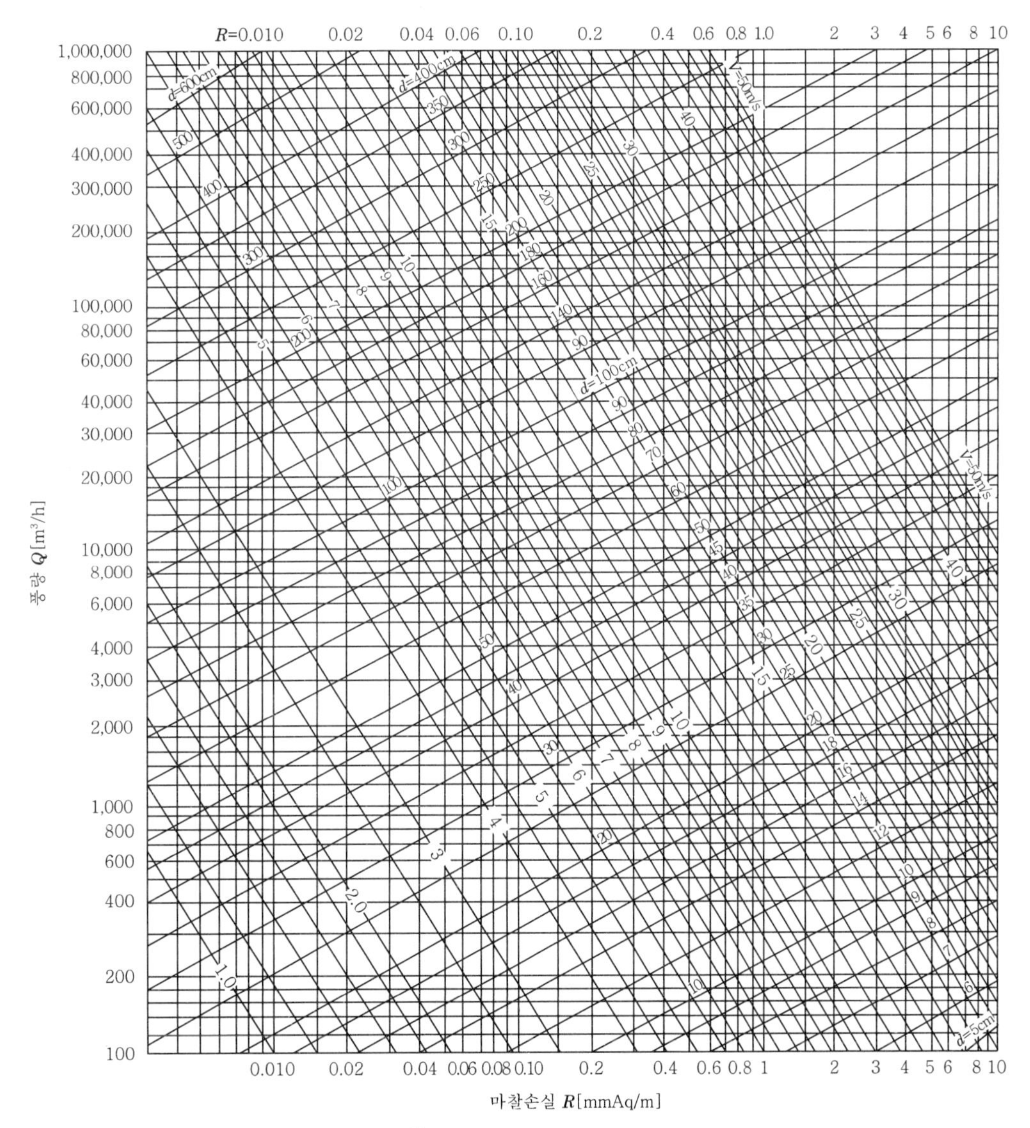

덕트의 마찰손실수두

직사각형 덕트와 원형 덕트의 환산표

장변 \ 단변	5	10	15	20	25	30	35	40	45	50	55	60	65	70	75
5	5.5														
10	7.6	10.9													
15	9.1	13.3	16.4												
20	10.3	15.2	18.9	21.9											
25	11.4	16.9	21.0	24.4	27.3										
30	12.2	18.3	22.9	26.6	29.9	32.8									
35	13.0	19.5	24.5	28.6	32.2	35.4	38.3								
40	13.8	20.7	26.0	30.5	34.3	37.8	40.9	43.7							
45	14.4	21.7	27.4	32.1	36.3	40.0	43.3	46.4	49.2						
50	15.0	22.7	28.7	33.7	38.1	42.0	45.6	48.8	51.8	54.7					
55	15.6	23.6	29.9	35.1	39.8	43.9	47.7	51.1	54.3	57.3	60.1				
60	16.2	24.5	31.0	36.5	41.4	45.7	49.6	53.3	56.7	59.8	62.8	65.6			
65	16.7	25.3	32.1	37.8	42.9	47.4	51.5	55.3	58.9	62.2	65.3	68.3	71.1		
70	17.2	26.1	33.1	39.1	44.3	49.0	53.3	57.3	61.0	64.4	67.7	70.8	73.7	76.5	
75	17.7	26.8	34.1	40.2	45.7	50.6	55.0	59.2	63.0	66.6	69.7	73.2	76.3	79.2	82.0
80	18.1	27.5	35.0	41.4	47.0	52.0	56.7	60.9	64.9	68.7	72.2	75.5	78.7	81.8	84.7
85	18.5	28.2	35.9	42.4	48.2	53.4	58.2	62.6	66.8	70.6	74.3	77.8	81.1	84.2	87.2
90	19.0	28.9	36.7	43.5	49.4	54.8	59.7	64.2	68.6	72.6	76.3	79.9	83.3	86.6	89.7
95	19.4	29.5	37.5	44.5	50.6	56.1	61.1	65.9	70.3	74.4	78.3	82.0	85.5	88.9	92.1
100	19.7	30.1	38.4	45.4	51.7	57.4	62.6	67.4	71.9	76.2	80.2	84.0	87.6	91.1	94.4
105	20.1	30.7	39.1	46.4	52.8	58.6	64.0	68.9	73.5	77.8	82.0	85.9	89.7	93.2	96.7
110	20.5	31.3	39.9	47.3	53.8	59.8	65.2	70.3	75.1	79.6	83.8	87.8	91.6	95.3	98.8
115	20.8	31.8	40.6	48.1	54.8	60.9	66.5	71.7	76.6	81.2	85.5	89.6	93.6	97.3	100.9
120	21.2	32.4	41.3	49.0	55.8	62.0	67.7	73.1	78.0	82.7	87.2	91.4	95.4	99.3	103.0
125	21.5	32.9	42.0	49.9	56.8	63.1	68.9	74.4	79.5	84.3	88.8	93.1	97.3	101.2	105.0
130	21.9	33.4	42.6	50.6	57.7	64.2	70.1	75.7	80.8	85.7	90.4	94.8	99.0	103.1	106.9
135	22.2	33.9	43.3	54.4	58.6	65.2	71.3	76.9	82.2	87.2	91.9	96.4	100.7	104.9	108.8
140	22.5	34.4	43.9	52.2	59.5	66.2	72.4	78.1	83.5	88.6	93.4	98.0	102.4	106.6	110.7
145	22.8	34.9	44.5	52.9	60.4	67.2	73.5	79.3	84.8	90.0	94.9	99.6	104.1	108.4	112.5
150	23.1	35.3	45.2	53.6	61.2	68.1	74.5	80.5	86.1	91.3	96.3	101.1	105.7	110.0	114.3
155	23.4	35.8	45.7	54.4	62.1	69.1	75.6	81.6	87.3	92.6	97.4	102.6	107.2	111.7	116.0
160	23.7	36.2	46.3	55.1	62.9	70.6	76.6	82.7	88.5	93.9	99.1	104.1	108.8	113.3	117.7
165	23.9	36.7	46.9	55.7	63.7	70.9	77.6	83.5	89.7	95.2	100.5	105.5	110.3	114.9	119.3
170	24.2	37.1	47.5	56.4	64.4	71.8	78.5	84.9	90.8	96.4	101.8	106.9	111.8	116.4	120.9
175	24.5	37.5	48.0	57.1	65.2	72.6	79.5	85.9	91.9	97.6	103.1	108.2	113.2	118.0	122.5
180	24.7	37.9	48.5	57.7	66.0	73.5	80.4	86.9	93.0	98.8	104.3	109.6	114.6	119.5	124.1
185	25.0	38.3	49.1	58.4	66.7	74.3	81.4	87.9	94.1	100.0	105.6	110.9	116.0	120.9	125.6
190	25.3	38.7	49.6	59.0	67.4	75.1	82.2	88.9	95.2	101.2	106.8	112.2	117.4	122.4	127.2
195	25.5	39.1	50.1	59.6	68.1	75.9	83.1	89.9	96.3	102.3	108.0	113.5	118.7	123.8	128.5
200	25.8	39.5	50.6	60.2	68.8	76.7	84.0	90.8	97.3	103.4	109.2	114.7	120.0	125.2	130.1
210	26.3	40.3	51.6	61.4	70.2	78.3	85.7	92.7	99.3	105.6	111.5	117.2	122.6	127.9	132.9
220	26.7	41.0	52.5	62.5	71.5	79.7	87.4	94.5	101.3	107.6	113.7	119.5	125.1	130.5	135.7
230	27.2	41.7	53.4	63.6	72.8	81.2	89.0	96.3	103.1	109.7	115.9	121.8	127.5	133.0	138.3
240	27.6	42.4	54.3	64.7	74.0	82.6	90.5	98.0	105.0	111.6	118.0	124.1	129.9	135.5	140.9
250	28.1	43.0	55.2	65.8	75.3	84.0	92.0	99.6	106.8	113.6	120.0	126.2	132.2	137.9	143.4
260	28.5	43.7	56.0	66.8	76.4	85.3	93.5	101.2	108.5	115.4	122.0	128.3	134.4	140.2	145.9
270	28.9	44.3	56.9	67.8	77.6	86.6	95.0	102.8	110.2	117.3	124.0	130.4	136.6	142.5	148.3
280	29.3	45.0	57.7	68.8	78.7	87.9	96.4	104.3	111.9	119.0	125.9	132.4	138.7	144.7	150.6
290	29.7	45.6	58.5	69.7	79.8	89.1	97.7	105.8	113.5	120.8	127.8	134.4	140.8	146.9	152.9
300	30.1	46.2	59.2	70.6	80.9	90.3	99.0	107.8	115.1	122.5	129.5	136.3	142.8	149.0	155.5

장변 \ 단변	80	85	90	95	100	105	110	115	120	125	130	135	140	145	150
5															
10															
15															
20															
25															
30															
35															
40															
45															
50															
55															
60															
65															
70															
75															
80	87.5														
85	90.1	92.9													
90	92.7	95.6	98.4												
95	95.2	98.2	101.1	103.9											
100	97.6	100.7	106.7	106.5	109.3										
105	100.0	103.1	106.2	109.1	112.0	114.8									
110	102.2	105.5	108.6	111.7	114.6	117.5	120.3								
115	104.4	107.8	111.0	114.1	117.2	120.1	122.9	125.7							
120	106.6	110.0	113.3	116.5	119.6	122.6	125.6	128.4	131.2						
125	108.6	112.2	115.6	118.8	122.0	125.1	128.1	131.0	133.9	136.7					
130	110.7	114.3	117.7	121.1	124.4	127.5	130.6	133.6	136.5	139.3	142.1				
135	112.6	116.3	119.9	123.3	126.7	129.9	133.0	136.1	139.1	142.0	144.8	147.6			
140	114.6	118.3	122.0	125.5	128.9	132.2	135.4	138.5	141.6	144.6	147.5	150.3	153.0		
145	116.5	120.3	124.0	127.6	131.1	134.5	137.7	140.9	144.0	147.1	150.3	152.9	155.7	158.5	
150	118.3	122.2	126.0	129.7	133.2	136.7	140.0	143.3	146.4	149.5	152.6	155.5	158.4	162.2	164.0
155	120.1	124.1	127.9	131.7	135.3	138.8	142.2	145.5	148.8	151.9	155.0	158.0	161.0	163.9	166.7
160	121.9	125.9	129.8	133.6	137.3	140.9	144.4	147.8	151.1	154.3	157.5	160.5	163.5	166.5	169.3
165	123.6	127.7	131.7	135.6	139.3	143.0	146.5	150.0	153.3	156.6	159.8	163.0	166.0	169.0	171.9
170	125.3	129.5	133.5	137.5	141.3	145.0	148.6	152.1	155.6	158.9	162.2	165.3	168.5	171.5	174.5
175	127.0	131.2	135.3	139.3	143.2	147.0	150.7	154.2	157.7	161.1	164.4	167.7	170.8	173.9	177.0
180	128.6	132.9	137.1	141.2	145.1	148.9	152.7	156.3	159.8	163.3	166.7	170.0	173.2	176.4	179.4
185	130.2	134.6	138.8	143.0	147.0	150.9	154.7	158.3	161.9	165.4	168.9	172.2	175.5	178.7	181.9
190	131.8	136.2	140.5	144.7	148.8	152.7	156.6	160.3	164.0	167.6	171.0	174.4	177.8	181.0	184.2
195	133.3	137.9	142.5	146.5	150.6	154.6	158.5	162.3	166.0	169.6	173.2	176.6	180.0	183.3	186.6
200	134.8	139.4	143.8	148.1	152.3	156.4	160.4	164.2	168.0	171.7	175.3	178.8	182.2	185.6	188.9
210	137.8	142.5	147.0	151.5	155.8	160.0	164.0	168.0	171.9	175.7	179.3	183.0	186.5	189.9	193.3
220	140.6	145.5	150.2	154.7	159.1	163.4	167.6	171.6	175.6	179.5	183.3	187.0	190.6	194.2	197.7
230	143.4	148.4	153.2	157.8	162.3	166.7	171.0	175.2	179.3	183.2	187.1	190.9	194.7	198.3	201.9
240	146.1	151.2	156.1	160.8	165.5	170.0	174.4	178.6	182.8	186.9	190.9	194.8	198.6	202.3	206.0
250	148.8	153.9	158.9	163.8	168.5	173.1	177.6	182.0	186.3	190.4	194.5	198.5	202.4	206.2	210.0
260	151.3	156.6	161.7	166.7	171.5	176.2	180.8	185.2	189.6	193.9	190.9	202.1	206.1	210.0	213.9
270	153.8	159.2	164.4	169.5	174.4	179.2	183.9	188.4	192.9	197.2	201.5	205.7	209.7	213.7	217.7
280	156.2	161.7	167.0	172.2	177.2	182.1	186.9	191.5	196.1	200.5	204.9	209.1	213.3	217.4	221.4
290	158.6	164.2	169.6	174.8	180.0	185.0	189.8	194.5	199.2	203.7	208.1	212.5	216.7	220.9	225.0
300	160.9	166.6	172.1	177.5	182.7	187.7	192.7	197.5	102.2	206.8	211.3	215.8	220.1	224.3	228.5

CHAP. 3

6 보일러설비 유지보수공사

1 보일러용량

(1) 보일러마력(boiler horse power)

급수온도가 100°F(=37.78℃)이고 보일러증기의 계기압력이 70psi(=482.5kPa)일 때 1시간당 15.65kg/h(=34.51lb/h)가 증발하는 능력을 1보일러마력이라 한다.

$$1BHP = 15.65 \times 539 \fallingdotseq 8,436kcal/h = 35313.1kJ/h$$

(2) 상당증발량(equivalent evaporation)

보일러에서 물 및 증기에 주는 열량이 100℃의 포화수를 100℃의 건포화증기로 변화하는데 소비된다고 하고 증발량을 환산하는 수가 있다. 이것을 상당증발량(m_e)이라고 한다.

$$m_e = \frac{m_a(h_2 - h_1)}{2,256} \text{〔kg/h〕}$$

여기서, m_a : 매 시간당 실제 증발량〔kg/h〕
h_2 : 발생증기의 비엔탈피〔kJ/kg〕
h_1 : 급수의 비엔탈피〔kJ/kg〕

※ 물의 증발잠열(γ_o)=539kcal/kg=2,256kJ/kg

(3) 보일러부하

① 난방부하(q_1) : 증기난방일 경우 $1m^2$ EDR(상당발열면적)당 2,790kJ/h(증기응축량 1.24kg/m^2·h)로 계산하고, 온수난방일 경우는 물의 온도(수온)에 의한 환산값을 이용하여 계산한다.

② 급탕·급기부하(q_2) : 급탕부하는 급탕량 1L당 약 250kJ/h로 계산하고, 급기부하는 부엌, 세탁설비 등이 급기를 필요로 할 경우 그 증기량의 환산열량으로 계산한다.

③ 배관부하(q_3) : 난방용 배관에서 발생하는 손실열량으로 $(q_1 + q_2)$의 20% 정도로 계산한다.

④ 예열부하(q_4) : 상용출력$(q_1 + q_2 + q_3)$에 대한 예열계수를 적용한다.

2 보일러출력 표시법

① 정격출력＝난방부하(q_1)＋급탕·급기부하(q_2)＋배관부하(q_3)＋예열부하(q_4)
＝정미출력＋배관부하(q_3)＋예열부하(q_4)
＝상용출력＋예열부하(q_4)

② 상용출력＝난방부하(q_1)＋급탕·급기부하(q_2)＋배관부하(q_3)
＝정미출력＋배관부하(q_3)

③ 정미출력(방열기용량)＝난방부하(q_1)＋급탕·급기부하(q_2)

보일러효율(η_B)

$$\eta_B = \frac{m_a(h_2 - h_1)}{H_L \times m_f} \times 100\% = \frac{2{,}256 m_e}{H_L \times m_f} \times 100\%$$

7 적산

적산(integration)이란 공사비를 산출하는 공사원가 계산과정을 말한다. 공사설계도면과 시방서, 현장설명서 및 시공계획에 의거하여 시공해야 할 재료 및 품의 수량, 즉 공사량과 단위단가를 구하여 재료비, 노무비, 경비를 산출하고, 여기에 일반관리비 등 기타 소요되는 경비를 가산하여 총공사비를 산출하는 과정으로 견적보다는 넓은 의미이다.

※ 견적(estimate) : 공사를 시작하기 전에 공사비를 예측하는 것(시공자가 주문서를 작성할 때 청구금액을 제시하는 것)

※ 총원가＝순공사원가＋일반관리비＋이윤

※ 순공사원가＝재료비＋노무비＋경비

1 원가 계산 총칙

① **재료비** : 재료량×단위당 가격

② **노무비** : 노무량×단위당 가격

③ **경비** : 소요량×단위당 가격

④ **일반관리비** : 공사원가에 따른 비율(%)로 계상

⑤ **이윤** : 노무비, 경비, 일반관리비의 15%로 계상

2 총원가와 순공사원가

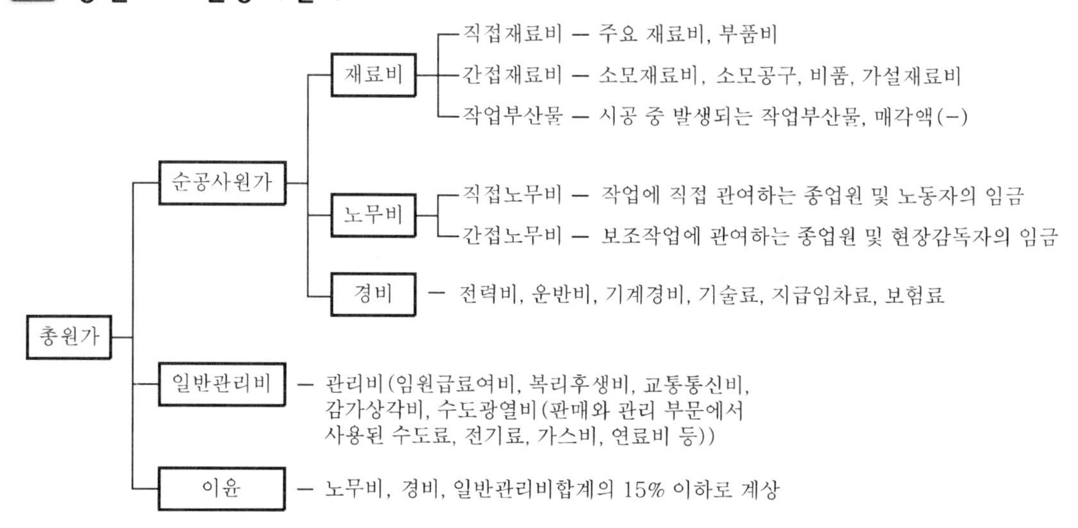

3 적산방법

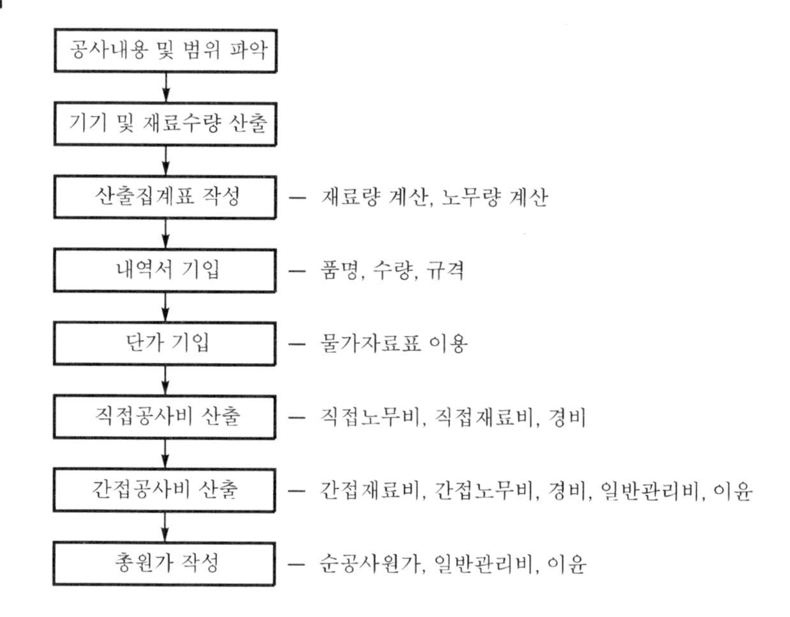

4 물량(수량) 산출

(1) 재료수량

① 설계수량 : 설계도서시방서(공사진행을 위해 공사순서를 적은 순서)에 의한 정미수량

② 소요수량 : 설계수량×할증률

(2) 노무수량

① 재료를 가공, 조립, 설치하기 위한 노무량이다.

② 필요한 노동력을 품셈에 의해 산정한다.

③ 노무수량은 작업환경에 따라 가감될 수 있으므로 품셈해설란을 참고해야 한다.

8 공조부하

1 냉방부하

(1) 외벽, 지붕에서의 태양복사 및 전도에 의한 부하

$$W = \text{열관류율}(K) \times \text{면적}(A) \times \text{상당온도차}(\Delta t_e) \,[\text{W=J/s}]$$

① 벽체의 구조

벽의 구조와 K의 값

번 호	구 조	K [W/m²·K]
①	콘크리트두께 5cm	5.44
②	콘크리트두께 10cm	4.62
③	콘크리트두께 15cm	4.00
④	콘크리트두께 20cm	3.54
⑤	콘크리트두께 25cm	3.16
⑥	알루미늄 커튼월	2.31
⑦	알루미늄 커튼월(보온재 5cm)	0.64
⑧	목조벽(보온재 3cm)	0.98
⑨	ALC판(7.5cm)	1.40
⑩	ALC판(12.5cm)	1.00

벽번호	구 조	벽번호	구 조
①~⑤	t / 콘크리트 (두께 t[cm]) / 또는 / t / 외 / 콘크리트+모르타르 (두께 t[cm])	⑧	외 / woodlath mortar 2.5cm / 공기공간 3.5cm / 글라스울 3cm / 합판 0.6cm
⑥	외 / Al판 0.25cm / rockwool spray 1cm / 공기공간 5cm / Al판 0.25cm	⑨	모르타르 2.5cm / ALC판 7.5cm / 공기공간 2.5cm / 합판 0.6cm

벽번호	구 조	벽번호	구 조
⑦	외 / 내 공기공간 5cm 글라스울 5cm 다른 것은 ⑥와 동일	⑩	ALC판 12.5cm 다른 것은 ⑨와 동일

② 상당온도차(Δt_e) : 일사를 받는 외벽을 통과하는 열량을 산출하기 위하여 실내외온도차에 축열계수를 곱한 것으로써 지역과 시간 및 방위(방향)에 따라서 그 값이 다르다.

$$보정상당외기온도차(\Delta t_e{}') = \Delta t_e + (t_o{}' - t_i{}') - (t_o - t_i)\,[℃]$$

여기서, $t_i{}'$: 실제 실내온도[℃], t_i : 설계실내온도[℃]

$t_o{}'$: 실제 외기온도[℃], t_o : 설계외기온도[℃]

상당온도차의 예(콘크리트벽, 설계외기온도 31.7℃, 실내온도 26℃, 7월 하순일 때)

벽체 종별		시 각	Δt_e[℃]								
			수평	북	북동	동	남동	남	남서	서	북서
콘크리트두께	5cm	8	14.2	6.6	21.4	24.4	15.5	2.6	2.8	3.0	2.5
		10	32.8	5.9	18.7	27.7	24.6	10.1	6.2	6.3	5.8
		12	43.5	8.2	8.6	17.1	20.4	16.6	9.4	8.5	8.0
		14	44.4	8.7	8.8	9.0	10.5	17.4	20.2	16.4	8.5
		16	36.2	8.1	8.2	8.4	8.4	12.8	26.5	29.1	19.8
	10cm	8	5.4	1.3	6.5	7.5	4.9	1.8	2.5	2.8	2.0
		10	20.1	4.8	19.8	24.6	18.8	4.5	4.6	4.8	4.2
		12	33.5	6.6	14.6	21.2	20.8	11.4	7.4	7.6	7.1
		14	40.7	7.8	8.2	11.3	15.8	15.6	11.2	8.6	8.2
		16	38.7	8.1	5.8	8.9	9.1	14.6	19.8	13.3	10.4
	15cm	8	6.5	1.7	3.1	4.7	3.8	2.5	3.7	4.2	2.9
		10	10.5	5.3	11.6	12.4	8.7	3.4	4.5	5.0	3.8
		12	23.7	4.7	15.5	19.9	17.6	6.6	6.3	6.4	5.6
		14	32.3	6.7	10.5	15.3	16.5	11.7	8.3	8.0	7.5
		16	35.6	7.3	8.0	8.9	11.6	13.6	13.2	9.1	8.1
	20cm	8	8.6	2.3	4.1	5.7	4.9	3.4	4.7	5.4	4.9
		10	8.6	2.3	4.0	5.7	4.8	3.3	4.7	5.3	4.8
		12	15.5	5.7	13.5	15.1	11.4	4.4	5.7	6.3	5.9
		14	25.3	5.3	12.3	16.4	15.4	8.0	7.2	7.7	7.5
		16	30.9	6.5	7.7	12.1	13.6	11.5	8.8	8.6	8.6
경량 콘크리트두께	10cm	8	5.0	1.3	2.6	3.9	8.7	2.0	2.9	3.4	2.3
		10	14.9	5.9	16.9	18.8	13.3	3.6	4.3	4.9	3.8
		12	28.8	5.6	15.0	20.7	19.2	8.9	6.8	7.2	6.3
		14	37.0	7.2	7.9	14.0	16.5	13.4	9.0	8.6	7.8
		16	37.7	7.8	8.3	9.0	9.9	14.2	16.5	14.1	8.4
	15cm	8	8.5	2.3	4.0	5.7	4.8	3.4	4.6	5.2	3.8
		10	8.4	2.2	3.9	5.7	4.8	3.3	4.6	5.1	3.8
		12	16.0	5.7	14.6	15.5	12.0	1.5	5.7	6.2	7.8
		14	25.8	5.4	12.4	16.2	15.4	8.4	7.3	7.7	6.6
		16	31.4	6.6	7.6	11.8	13.5	11.5	8.8	8.6	7.6

(2) 유리로 침입하는 열량

① 복사열량(일사량)=면적[m^2]×최대 일사량[W/m^2]×차폐계수×축열계수

② 전도대류열량=창면적당 전도대류열량[W/m^2]×면적[m^2]

③ 전도열량=면적[m^2]×유리열관류율[$W/m^2 \cdot K$]×실내외온도차[℃]

차폐계수(K_s)

종 류		K_s	참고값		
			흡수율	반사율	투과율
보통판유리		1.00	0.06	0.08	0.86
마판유리		0.94	0.15	0.08	0.77
내측 venetian blind	엷은 색	0.56	0.37	0.51	0.12
	중간색	0.65	0.58	0.39	0.03
	진한 색	0.75	0.72	0.29	0.01
외측 venetian blind	엷은 색	0.12			
	중간색	0.15			
	진한 색	0.22			

흡열유리를 통과하는 일사량(I_{gR}[$kcal/m^2 \cdot h$](그레이페인 5mm, 7월 하순일 때))

시 각	수 평	NW	N	NE	E	SE	S	SW	W
6	30.1	8.9	33.9	133.2	144.8	63.1	8.9	8.9	8.9
7	110.0	11.9	24.6	222.0	278.9	146.8	11.9	11.9	11.9
8	216.0	13.2	13.2	183.2	308.8	216.0	15.0	13.2	13.2
9	301.9	18.5	18.5	113.0	247.1	201.3	30.7	18.5	18.5
10	362.3	24.2	24.2	52.5	163.3	164.7	55.6	24.2	24.2
11	413.7	24.6	24.6	24.6	72.8	113.6	78.6	24.6	24.6
12	426.3	24.6	24.6	24.6	24.6	55.0	85.0	55.0	24.6
13	413.7	24.6	24.6	24.6	24.6	24.6	78.6	113.6	72.8
14	362.3	52.5	24.2	24.2	24.2	24.2	55.6	164.7	163.3
15	301.9	113.0	18.5	18.5	18.5	18.5	30.7	201.3	247.1
16	216.0	183.2	13.2	13.2	13.2	13.2	15.0	216.0	308.8
17	110.0	222.0	24.6	11.9	11.9	11.9	11.9	146.8	278.9
18	30.1	133.2	33.9	8.9	8.9	8.9	8.9	63.1	144.8

※ 위 표의 단위는 공학단위[$kcal/m^2 \cdot h$]이므로 SI단위[W/m^2]로 환산하려면 1.163을 곱하면 된다.

(3) 틈새바람에 의한 열량

현열(q_s)=밀도(1.2kg/m^3)×풍량[m^3/h]×정압비열(1.0046kJ/kg·K)×실내외온도차[℃]

잠열(q_L)=밀도(1.2kg/m^3)×풍량[m^3/h]×잠열(2,500kJ/kg)×실내외절대습도차[kg′/kg]

흡열유리의 전도대류열량(I_{gC}〔kcal/m²·h〕(그레이페인 5mm, 7월 하순일 때))

시 각	수 평	NW	N	NE	E	SE	S	SW	W
6	9.6	1.9	11.1	27.0	28.3	16.7	1.9	1.9	1.9
7	37.7	9.4	17.5	55.0	62.0	43.5	9.4	9.4	9.4
8	67.7	18.8	18.8	61.9	79.8	67.1	20.9	18.8	18.8
9	89.5	27.9	27.9	58.3	80.2	73.4	36.6	27.9	27.9
10	103.8	35.4	35.4	49.3	73.4	73.8	50.3	35.4	35.4
11	115.0	39.0	39.0	39.0	58.3	67.6	59.2	39.2	39.0
12	118.2	41.3	41.3	41.3	41.3	56.2	63.9	56.2	41.3
13	118.5	42.4	42.4	42.4	42.4	42.6	62.6	71.0	61.8
14	118.7	56.1	42.3	42.3	42.3	42.3	57.2	80.7	80.3
15	102.6	71.5	41.1	41.1	41.1	41.1	49.3	86.5	93.3
16	84.2	78.5	35.4	35.4	35.4	35.4	37.4	83.7	96.3
17	58.8	76.2	38.6	30.6	30.6	30.6	30.6	64.7	83.1
18	31.4	48.6	32.9	23.6	23.6	23.6	23.6	38.4	50.0

※ 위 표의 단위는 공학단위〔kcal/m²·h〕이므로 SI단위〔W/m²〕로 환산하려면 1.163을 곱하면 된다.

① **환기횟수에 의한 방법** : 이 방법은 주택이나 점포, 상가 등의 소규모 건물에 자주 사용된다. 환기횟수는 건축구조에 따라 달라지며 일반적으로 0.5~1.0회를 사용하는데, 정확한 계산법은 아니지만 간단하므로 자주 이용된다.

$$Q = nV\text{〔m}^3\text{/h〕}$$

여기서, n : 환기횟수〔회/h〕, V : 실체적〔m³〕

② **crack법(극간길이에 의한 방법)** : 창둘레의 극간길이 L〔m〕에 극간길이 1m당의 극간풍량을 곱하여 구한다. 이 방법은 외기의 풍속과 풍압을 고려하고, 창문의 형식에 따라 누기량이 정해진다.

③ **창면적에 의한 방법** : 창의 면적 또는 문의 면적을 구하여 극간용량을 계산하는 방법으로서 창의 크기 및 기밀성, 바람막이의 유무에 따라 극간풍이 달라진다.

$$Q = A g_f\text{〔m}^3\text{/h〕}$$

여기서, A : 창문면적〔m²〕, g_f : 면적당 극간풍량〔m³/m²·h〕

④ **출입문의 극간풍** : 현관의 출입문은 사람에 의하여 개폐될 때마다 많은 풍량이 실내로 유입된다. 특히 건물 자체의 연돌효과로 인해 현관은 부압이 되며, 극간풍량은 증가한다.

⑤ **건물 내 개방문** : 건물 내의 실(室)과 복도, 실과 실 사이의 문으로서 양측의 온도차가 발생하여 극간풍이 발생한다.

극간풍에 의한 환기횟수(n〔회/h〕)

건축구조	환기횟수	
	난방 시	냉방 시
콘크리트조(대규모 건축)	0~0.2	0
콘크리트조(소규모 건축)	0.2~0.6	0~0.2
양식 목조	0.3~0.6	0.1~0.3
일식 목조	0.5~1.0	0.2~0.6

참고 **극간풍을 방지하는 방법**

- 에어커튼(air curtain) 사용
- 회전문 설치
- 충분히 간격을 두고 이중문 설치
- 이중문의 중간에 강제대류 convector나 FCU 설치
- 실내를 가압하여 외부압력보다 높게 유지
- 건축의 건물 기밀성 유지와 현관의 방풍실 설치, 층간의 구획 등

(4) 내부에서 발생하는 열량

① 인체에서 발생하는 열량

㉠ 현열=재실인원수×1인당 발생현열량〔kJ/h〕

㉡ 잠열=재실인원수×1인당 발생잠열량〔kJ/h〕

② 전동기(실내운전 시)=전동기 입력〔kVA〕×3,600〔kJ/h〕

$$\text{전동기 입력} = \text{전동기 정격출력〔kW〕} \times \text{부하율} \times \frac{1}{\text{전동기 효율}} \text{〔kVA〕}$$

③ 조명부하

㉠ 백열등=kW×전등수×3,600〔kJ/h〕

㉡ 형광등=kW×전등수×1.25×3,600〔kJ/h〕

※ 형광등 1kW의 열량은 점등관 안정기 등의 열량을 합산하여 3,600×1.25=4,500kJ/h 이다.

④ 실내기구 발생열(현열)=기구수×실내기구 발생현열량〔kJ/h〕

(5) 장치 내의 취득열량

① **급기덕트의 열취득** : 실내취득현열량×(1~3%)

② **급기덕트의 누설손실** : 시공오차로 인한 누설(송풍량×5% 정도)

③ **송풍기 동력에 의한 취득열량** : 송풍기에 의해 공기가 가압될 때 주어지는 에너지의 일부가 열로 변환된다.

④ 장치 내 취득열량의 합계가 일반적인 경우 취득현열의 10%이고, 급기덕트가 없거나 짧은 경우에는 취득현열의 5% 정도이다.

CHAP. 3

참고 실내전열취득량

q_r =실내현열부하(q_s)+실내잠열부하(q_L)

여기서, q_s =실내현열소계+여유율+장치 내 취득열량

q_L =실내잠열소계+여유율+기타 부하

(6) 외기부하

실내환기 또는 기계환기의 필요에 따라 외기를 도입하여 실내공기의 온습도에 따라 조정해야 한다.

$$현열(q_s)=\rho QC_p(t_o-t_i)[\text{kJ/h}]$$

$$잠열(q_L)=m\gamma_o(x_o-x_i)[\text{kJ/h}]$$

여기서, Q_o : 외기도입량[m³/h], m : 외기도입공기량[kg/h], ρ : 공기의 밀도[kg/m³]

C_p : 공기의 정압비열[kJ/kg·K], γ_o : 0℃ 물의 증발잠열(2,500kJ/kg)

t_o : 실외공기의 건구온도[℃], t_i : 실내공기의 건구온도[℃]

x_o : 실외공기의 절대습도[kg′/kg], x_i : 실내공기의 절대습도[kg′/kg]

(7) 냉각부하

$$q_{cc}=실내취득열량+외기부하+재열부하[\text{kJ/h}]$$

2 난방부하

(1) 전도대류에 의한 열손실

구조체에 의한 열손실, 즉 벽, 지붕 및 천장, 바닥, 유리창, 문 등

(2) 극간풍(틈새바람)에 의한 열손실

침입공기에 의한 열손실

(3) 장치에 의한 열손실

실내손실열량의 3~7%

(4) 외기부하

재실인원 또는 기계실에 필요한 환기에 의한 열손실 등

참고 전도대류손실열량

q=열관류율[W/m²·K]×면적[m²]×실내외온도차[℃]×방위계수(k_D)

이때 방위계수는 북, 북서, 서는 1.2, 북동, 동, 남서는 1.1, 남동, 남은 1.0이 일반적이다.

적중 예상문제

01 어떤 사무실의 취득현열이 62,790kJ/h이고, 실내온도를 28℃로 유지하기 위하여 17℃의 공기를 도입하려고 하면 실내로 유입하는 송풍량은 몇 [m³/h]인가? (단, 공기의 정압비열=1.005kJ/kg·K, 공기의 밀도=1.2kg/m³)

해답 $q_s = mC_p(t_r - t_o) = \rho QC_p(t_r - t_o)$에서

$$Q = \frac{q_s}{\rho C_p(t_r - t_o)} = \frac{62{,}790}{1.2 \times 1.005 \times (28-17)} = 4733.15\ \mathrm{m^3/h}$$

02 실내온도는 18℃, 상대습도는 50%, 실외온도는 0℃, 구조체의 두께는 15cm, 열통과율은 4.65W/m²·K, 열전도율은 9.3W/m·K, 내면의 열전도율은 11.63W/m·K일 때 내벽의 온도는?

해답 $q = KA(t_r - t_o) = \alpha_i A(t_r - t_s)$에서

$$t_s = t_r - \frac{K}{\alpha_i}(t_r - t_o) = 18 - \frac{4.65}{11.63} \times (18-0) = 10.8℃$$

03 벽체의 두께 20cm, 실내열관류율 6W/m²·K, 실외열관류율 8W/m²·K, 열전도율 4W/m·K, 실내온도 18℃, 외기온도 −5℃, 벽의 면적 15m², 방위계수 1.2일 때 벽면의 열손실열량은?

해답 $$K = \frac{1}{R} = \frac{1}{\dfrac{1}{\alpha_i} + \dfrac{l}{\lambda} + \dfrac{1}{\alpha_o}} = \frac{1}{\dfrac{1}{6} + \dfrac{0.2}{4} + \dfrac{1}{8}} = 2.93\ \mathrm{W/m^2 \cdot K}$$

$$\therefore\ Q_f = k_D KA(t_r - t_o) = 1.2 \times 2.93 \times 15 \times \{18 - (-5)\} = 1213.02\ \mathrm{W}$$

04 어떤 사무실의 체적이 2.5×3×3.5m³이고, 실내온도를 20℃로 유지하기 위하여 실외온도 0℃의 공기를 2회/h로 도입하였을 때 소요열량은 얼마인가?

해답 $$Q = \rho QC_p(t_r - t_o) = \rho nVC_p(t_r - t_o)$$
$$= 1.2 \times 2 \times (2.5 \times 3 \times 3.5) \times 1.005 \times (20-0)$$
$$\fallingdotseq 1266.3\ \mathrm{kJ/h}$$

05 전기난방에 있어서 전류가 100A이고, 저항이 0.5Ω이다. 또 전열기의 효율이 0.85이면 전열기 발생동력〔W(=J/s)〕과 소요동력〔kW〕은?

해답 ① 전열기 발생동력$(W)=0.24I^2R=0.24\times100^2\times0.5=1{,}200\,\text{cal/s}=5{,}023\,\text{W}$

② 소요동력〔kW〕$=\dfrac{\text{전열기 발생동력}}{1{,}000\eta}=\dfrac{5{,}023}{1{,}000\times0.85}=5.91\,\text{kW}$〔=kJ/s〕

06 어떤 사무실의 난방부하가 8,141W일 때 증기방열기와 온수방열기의 소요방열면적은 각각 몇 〔m^2〕인가?

해답 ① 증기방열기의 방열면적$(A)=\dfrac{\text{난방부하}}{\text{표준 방열량}}=\dfrac{8{,}141}{756}\fallingdotseq10.77\,\text{m}^2$

② 온수방열기의 방열면적$(A)=\dfrac{\text{난방부하}}{\text{표준 방열량}}=\dfrac{8{,}141}{523}\fallingdotseq15.57\,\text{m}^2$

【참고】 표준 방열량
- 증기=756W/m^2
- 온수=523W/m^2

07 열매온도 및 실내온도가 표준 상태와 다른 경우에 강판제 패널형 증기난방방열기의 상당방열면적(EDR)을 구하시오. (단, 방열기의 전방열량은 2,558W이고, 실온이 20℃, 증기온도는 104℃, 증기의 표준 방열량은 756W/m^2)

해답 $C_s=\left(\dfrac{102-18.5}{t_s-t_r}\right)^n=\left(\dfrac{83.5}{104-20}\right)^{1.3}=0.992$

$Q'=\dfrac{Q}{C_s}=\dfrac{756}{0.992}\fallingdotseq762.1$

$\therefore\ EDR=\dfrac{2{,}558}{762.1}\fallingdotseq3.36\,\text{m}^2$

08 난방부하 8,139W, 실온 18℃인 방에 3세주 800mm의 주철제방열기를 4개소 설치하여 온도 115℃의 증기로 난방하려고 한다면 각각 몇 절로 하면 되는가? (단, 표면은 알루미늄 도료로 마무리하고, [표 1], [표 2]를 이용함)

[표 1] 주철제방열기의 치수와 방열면적

형 식	치수〔mm〕			방열면적	비체적	중량
	높이(H)	폭(b)	길이(l)	(A〔m^2〕)	(v〔m^3/kg〕)	〔kg〕
3세주	800	117	50	0.19	0.80	6.0
	700	117	50	0.16	0.73	5.5
	650	117	50	0.15	0.70	5.0
	600	117	50	0.13	0.60	4.5
	500	117	50	0.11	0.54	3.7

형 식	치수〔mm〕			방열면적 (A〔m²〕)	비체적 (v〔m³/kg〕)	중량 〔kg〕
	높이(H)	폭(b)	길이(l)			
5세주	950	203	50	0.40	1.30	11.9
	800	203	50	0.33	1.20	10.0
	700	203	50	0.28	1.10	9.1
	650	203	50	0.26	1.00	8.3
	600	203	50	0.23	0.90	7.2
	500	203	50	0.19	0.85	6.9

[표 2] 주철제방열기의 방열량변화율

절 수	f_s	높이〔mm〕	f_h	페인트	f_p
20	0.95	950	0.97	금색 황동	0.926
15	0.97	800	0.98	알루미늄	0.937
10	1.00	700	1.00	주물표면 그대로	1.000
1	1.05	650	1.00	백색 에나멜	1.022
–	–	600	1.01	엷은 크림색	1.040
–	–	500	1.02	엷은 갈색	1.043

해답 [표 1], [표 2]에 의해 표준 상태에서 1절당 방열량은

$q_o = Aq(\text{표준 방열량})f_h f_p = 0.19 \times 756 \times 0.98 \times 0.937 = 131.9\text{W}$

증기 사용의 경우 표준 방열량은 증기온도가 102℃, 실내온도가 18.5℃일 때 756 W/m²인데, 여기서는 표준 상태가 아니므로 보정을 해야 한다.

$$C_s = \left(\frac{83.5}{t_s - t_r}\right)^{1.3} = \left(\frac{83.5}{115-18}\right)^{1.3} = 0.823$$

$$\therefore\ q = \frac{q_o}{C_s} = \frac{131.9}{0.823} = 160.27\text{W}$$

$$1\text{개소당 필요섹션수}(N_0) = \frac{8,139}{4 \times 160.27} = 12.7\text{절}$$

절수에 따른 보정을 하면 $N = \dfrac{12.7}{0.97} = 13.09$절

∴ [표 2]에서 각각 15절씩하면 된다.

09 급수온도 48℃에서 증기압력 1.5MPa, 온도 400℃의 증기를 30kg/h를 발생시키는 보일러 동력은 몇 〔kW〕인가? (단, 1.5MPa, 400℃에서 과열증기의 비엔탈피는 3,283kJ/kg)

해답

$$m_e = \frac{m_a(h_2 - h_1)}{2,256} = \frac{30 \times (3,283 - 200.93)}{2,256} = 40.98\text{kg/h}$$

$$\therefore\ kW = \frac{0.736 m_e}{15.65} = \frac{0.736 \times 40.98}{15.65} = 1.93\text{kW}$$

10

매시간 40ton의 석탄을 연소시켜서 압력 8MPa, 온도 500℃의 증기를 매시간 280ton 발생시키는 보일러의 효율은? (단, 급수의 비엔탈피는 503.37kJ/kg, 발생증기의 비엔탈피=3401.54kJ/kg, 석탄의 저위발열량=23,023kJ/kg)

해답

$$\eta_B = \frac{m_a(h_2 - h_1)}{H_L \times m_f} \times 100\% = \frac{280{,}000 \times (3401.54 - 503.37)}{23{,}023 \times 40 \times 10^3} \times 100\% = 88.1\%$$

11

증기난방에서 전방열면적 350m², 급탕량 600L/h, 급탕온도 60℃일 때 사용할 수 있는 주철제보일러의 부하는 몇 〔kW〕인가? (단, 배관손실=20%, 석탄발열량=23,023kJ/kg, 예열부하=25%)

해답

① 난방부하$(q_1) = 350 \times 2{,}251 = 787{,}850\,\text{kJ/h}$

② 급탕 · 급기부하$(q_2) = 600 \times 4.186 \times 60 = 150{,}696\,\text{kJ/h}$

③ 배관부하$(q_3) = (787{,}850 + 150{,}696) \times 0.2 = 187709.2\,\text{kJ/h}$

④ 예열부하$(q_4) = (q_1 + q_2 + q_3) \times 0.25 = (787{,}850 + 150{,}696 + 187709.2) \times 0.25$
$= 281563.8\,\text{kJ/h}$

⑤ 보일러부하$(q) = q_1 + q_2 + q_3 + q_4$
$= 787{,}850 + 150{,}696 + 187709.2 + 281563.8$
$= 1{,}407{,}819\text{kJ/h}$
$= 391.06\text{kW}$

12

관지름 40mm, 길이 1m의 관 내에 관마찰계수 0.03, 비중 0.96의 기름을 5L/s의 비율로 송출할 때 관의 마찰저항손실은 몇 〔mmAq〕인가?

해답

$$V = \frac{Q}{A} = \frac{4Q}{\pi d^2} = \frac{4 \times 0.005}{\pi \times 0.04^2} ≒ 4\,\text{m/s}$$

$$\therefore\ \Delta P_e = \lambda \frac{l}{d} \frac{\gamma V^2}{2g} = 0.03 \times \frac{1}{0.04} \times \frac{960 \times 4^2}{2 \times 9.8} = 588\,\text{mmAq}$$

13

중력 단관식 보일러와 방열기에서 증발압력이 각각 1.054MPa, 1.0525MPa이고, 보일러에서 제일 먼 거리에 있는 방열기의 거리가 60m인 대규모 증기배관에서의 압력강하〔N/mm² · 100m〕는?

해답

$$\Delta P_e = \frac{100(P_b - P_r)}{l(1+k)} = \frac{100 \times (1.054 - 1.0525)}{60 \times (1 + 0.5)} ≒ 0.0167\,\text{N/mm}^2 \cdot 100\,\text{m}$$

14

게이트밸브의 관지름이 38mm이고, 공기량이 1m³/s가 흐를 때의 국부저항은 몇 〔mmAq〕인가? (단, 다음 표를 이용한다.)

국부저항계수(ζ)

기구의 종류	공칭 관지름〔mm〕			
	15	20~25	32~40	50 이상
엘보	2.5	1.5	1.0	1.0
벤드	1.5	1.0	0.5	0.5
게이트밸브	1.0	0.5	0.3	0.3
스톱밸브	16.0	12.0	9.0	7.3
방열기밸브(스트레이형)	4.0	2.0	–	–
방열기밸브(앵글형)	7.0	4.0	–	–

해답 게이트밸브의 관지름이 38mm이므로 제시된 표에서 국부저항계수 $\zeta=0.3$이다.

$Q=AV$〔m^3/s〕에서

$$V=\frac{Q}{A}=\frac{1}{\frac{\pi}{4}\times 0.038^2}=881.74\,\mathrm{m/s}$$

$$\therefore\ \Delta P_R=\zeta\frac{\gamma V^2}{2g}=0.3\times\frac{1.2\times 881.74^2}{2\times 9.8}\fallingdotseq 14{,}280\,\mathrm{mmAq}$$

15

밀폐식 팽창탱크의 수면에서 최고부의 방열기까지의 수직높이가 10m이고, 물의 온도 110℃(포화증기의 압력은 49kPa)의 고온수난방장치에 있어서 순환펌프의 양정을 1.5m라 할 때 밀폐탱크의 최저필요압력은 얼마나 되는가?

해답 $h=10\,\mathrm{m}$, $h_s=0.5\,\mathrm{kgf/cm^2}=5\,\mathrm{mAq}$, $h_p=1.5\,\mathrm{m}$

$$\therefore\ P=h+h_s+\frac{h_p}{2}+2=10+5+\frac{1.5}{2}+2=17.75\,\mathrm{mAq}$$

16

배관길이 120m의 도중에 엘보 12개, 게이트밸브 1개, 스톱밸브 3개, 앵글밸브 2개가 배관되었을 경우 전체 관길이는 얼마인가? (단, 관지름은 65mm이고, 다음 표를 이용한다.)

국부저항의 해당 길이〔m〕

관지름	15	20	25	32	40	50	65	80	100	125	150
엘보	0.5	0.6	0.9	1.1	1.4	1.6	1.9	−2.5	3.6	4.2	4.8
T	0.3	0.4	0.5	0.7	0.8	1.0	1.2	1.5	2.0	2.5	3.0
T	1.2	1.4	1.7	2.3	2.9	3.6	4.2	5.2	7.3	8.8	10.0
T(틀린 지름 1/2″)	0.5	0.6	0.9	1.1	1.4	1.6	1.9	2.5	3.6	4.2	4.8
T(틀린 지름 1/4″)	0.4	0.6	0.7	0.9	1.1	1.2	1.7	2.1	2.8	3.6	4.2
게이트밸브(전개)	0.1	0.2	0.2	0.2	0.3	0.4	4.0	0.5	0.7	0.9	1.1
스톱밸브(전개)	5.5	7.6	9.1	12.1	13.6	18.2	21.2	26.0	36.0	42.0	51.0
앵글밸브(전개)	2.7	4.0	4.5	6.0	7.0	8.2	10.3	13.0	16.0	18.2	32.3
리턴벤드	0.4	0.7	0.8	1.0	1.2	1.7	2.2	8.8	–	–	–
방열기(보일러)	0.9	1.4	1.9	2.4	2.8	3.8	4.7	5.7	–	–	–
온수용 방열기밸브	1.6	2.2	2.8	3.6	4.2	5.3	–	–	–	–	–

해답 ① 관길이 $=120\text{m}$
② 엘보 $=1.9\times12=22.8\text{m}$
③ 게이트밸브 $=4\times1=4\text{m}$
④ 스톱밸브 $=21.2\times3=63.6\text{m}$
⑤ 앵글밸브 $=10.3\times2=20.6\text{m}$
∴ 전체 관길이 $=120+22.8+4+63.6+20.6=231\text{m}$

17

체적 1,800L의 온수보일러에 6℃(밀도 0.99997kg/L)의 물을 넣고 100℃(밀도 0.95838kg/L)까지 가열하였다. 이 난방장치 밀폐식 팽창탱크의 체적은 몇 〔L〕인가? (단, 탱크에서 장치의 최고점까지 높이는 10m, 최고허용압력을 4kPa로 한다.)

해답 대기압 $P_o=1\text{kPa}$
최대 허용압력 $P_a=4+1=5\text{kPa}$
높이 $h=10\text{m}$

$$\Delta v=\left(\frac{1}{\rho_f}-\frac{1}{\rho_r}\right)v=\left(\frac{1}{0.95838}-\frac{1}{0.99997}\right)\times1{,}800=78.12\text{L}$$

$$\therefore\ V=\frac{\Delta v}{\dfrac{P_o}{P_o+0.1h}-\dfrac{P_o}{P_a}}=\frac{78.12}{\dfrac{1}{1+0.1\times10}-\dfrac{1}{5}}=260.4\text{L}$$

18

관지름 50mm인 온수배관의 전길이가 115m이다. 여기에 규조토로 보온 피복을 했을 경우 이 배관 전장에서의 손실열량은? (단, 관내 온수의 평균온도는 90℃이고, 관에 접하는 공기의 온도는 20℃이며, 강관 1m당 표면적은 0.35m², 보온전도율은 0.29W/m·K, 두께를 25mm로 하고 그 보온효율은 70%로 한다.)

해답 $k=\dfrac{\lambda}{l}=\dfrac{0.29}{0.025}=11.6\,\text{W/m}^2\cdot\text{K}$

$$\begin{aligned}\therefore\ q_f&=(1-\eta)kAl(t_m-t_a)\\&=(1-0.7)\times11.6\times0.35\times115\times(90-20)\\&≒9{,}805\,\text{W}(=\text{J/s})=35297.64\text{kJ/h}\end{aligned}$$

19

냉각코일을 사용해서 입구공기의 비엔탈피 및 습도가 각각 63kJ/kg, 0.013kg′/kg의 공기 1,200kg/h를 30kJ/kg, 0.001kg′/kg가 될 때까지 냉각할 때 냉각열량과 응축수량을 구하시오. (단, 응축수의 온도=10℃)

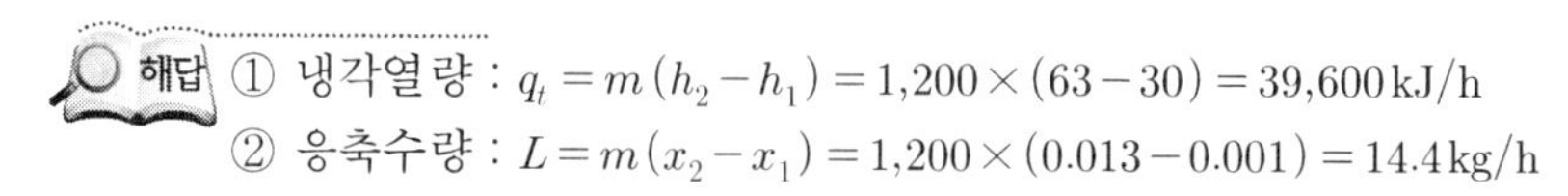

해답 ① 냉각열량 : $q_t=m(h_2-h_1)=1{,}200\times(63-30)=39{,}600\text{kJ/h}$
② 응축수량 : $L=m(x_2-x_1)=1{,}200\times(0.013-0.001)=14.4\text{kg/h}$

20 **거실의 체적이 370m³이고, 거실의 공기가 1시간에 6회의 비율로 틈새바람에 의해 자연환기가 될 때 거실의 자연환기에 의한 열부하를 계산하시오.** (단, 실내의 건구온도는 25℃, 상대습도는 35%, 실외의 건구온도는 37℃, 상대습도는 60%이다.)

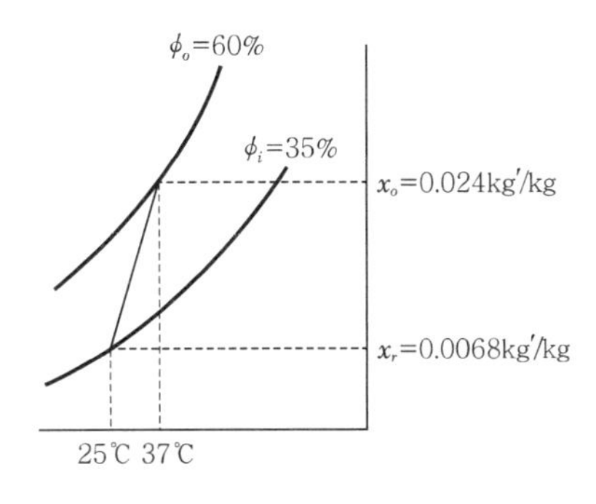

① 극간풍량(Q_I) $= nV = 6 \times 370 = 2{,}220\,\text{m}^3/\text{h}$

② 현열량(q_{Is}) $= m_I C_p(t_o - t_r) = \rho Q_I C_p(t_o - t_r)$

$= 1.2Q_I \times 1.005(t_o - t_r) \fallingdotseq 1.21Q_I(t_o - t_r)$

$= 1.21 \times 2{,}220 \times (37 - 25)$

$= 32234.4\text{kJ/h}$

③ 잠열량(q_{IL}) $= m_I \gamma_o(x_o - x_r) = \rho\gamma_o Q_I(x_o - x_r)$

$= 1.21 \times 2{,}501 Q_I(x_o - x_r) = 3001.2Q_I(x_o - x_r)$

$= 3001.2 \times 2{,}200 \times (0.024 - 0.0068)$

$= 113565.4\text{kJ/h}$

∴ 열부하(q_I) $= q_{Is} + q_{IL} = 32234.4 + 113565.4 = 145799.8\text{kJ/h}$

21 **다음 그림과 같은 공조장치에서 A 및 B의 두 실을 냉방할 때 A 및 B 양쪽 실의 실온을 구하시오.**

[조 건]

1) 취출구에서의 냉풍온 · 습도 : 16℃, 90%
2) 외기온 · 습도 : 32℃, 60%
3) 송풍량
   ① A실 : 급기 3,500m³/h, 환기 3,000m³/h
   ② B실 : 급기 2,500m³/h, 환기 2,000m³/h, 침입외기량 1,000m³/h
4) 냉방부하
   ① A실 : 현열부하 46,046kJ/h, 잠열부하 4,186kJ/h
   ② B실 : 현열부하 25,116kJ/h, 잠열부하 4,186kJ/h
5) 공기의 정압비열 : 1.005kJ/kg·K, 공기의 밀도 : 1.2kg/m³

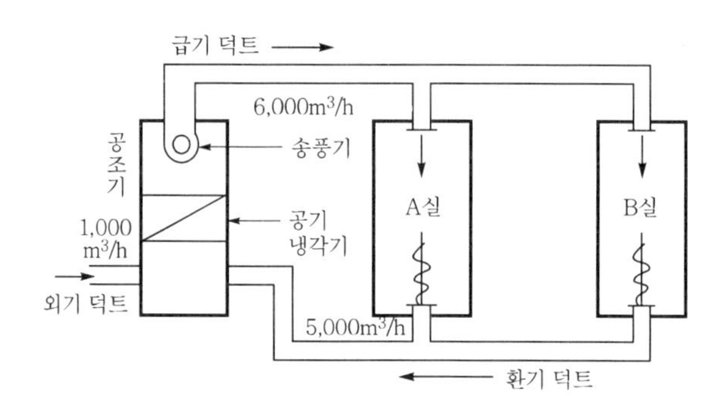

해답 ① A실 : $q_{sA} = m_A C_p \Delta t_A = \rho Q_A C_p \Delta t_A$〔kJ/h〕에서

$$\Delta t_A = \frac{q_{sA}}{\rho C_p Q_A} = \frac{46,046}{1.2 \times 1.005 \times 3,500} = 10.91℃$$

$$\therefore\ t_A = t_C + \Delta t_A = 16 + 10.91 = 26.91℃$$

② B실 : $q_{sB} = \rho Q_B C_p \Delta t_B$〔kJ/h〕에서

$$\Delta t_B = \frac{q_{sB}}{\rho C_p Q_B} = \frac{25,116}{1.2 \times 1.005 \times 2,500} = 8.33℃$$

$$\therefore\ t_B = t_C + \Delta t_B = 16 + 8.33 = 24.33℃$$

22 다음 그림에 나타낸 장치로 냉방운전을 할 때 A실에 필요한 송풍량을 구하시오.

(단, A실의 냉방부하는 현열부하 31,815kJ/h, 잠열부하 10,050kJ/h, 각 점에서의 온·습도는 다음과 같다.)

[조 건]

1) A : 26℃(DB), 50%(RH)
2) B : 17℃(DB)
3) C : 16℃(DB), 85%(RH)
4) 덕트에서의 열손실은 무시한다.
5) 공기의 정압비열은 1.005kJ/kg·K이며, 공기의 밀도는 1.2kg/m³이다.

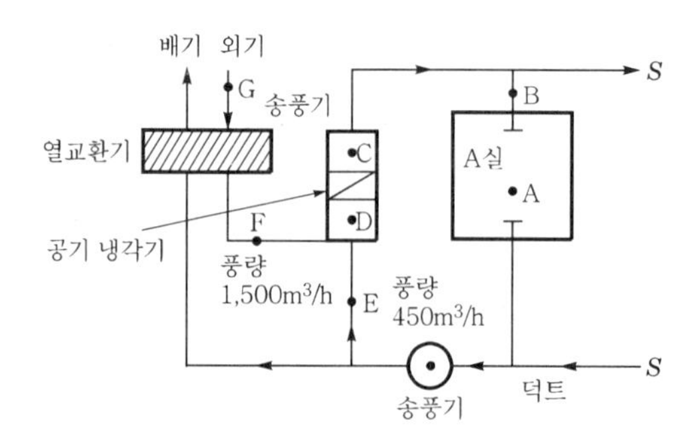

해답 $q_s = mC_p(t_o - t_r) = \rho Q C_p(t_A - t_B)$에서

$$Q = \frac{q_s}{\rho C_p(t_A - t_B)} = \frac{31{,}815}{1.2 \times 1.005 \times (26-17)} = 2931.18\,\mathrm{m^3/h}$$

23 다음 그림과 같은 공조장치에서 Ⓕ의 절대습도〔kg′/kg〕와 비엔탈피〔kJ/kg〕는 얼마인가?

[조 건]

1) 실내조건 : 26℃, 50%, 0.0105kg′/kg, 52.83kJ/kg
   외기조건 : 32℃, 70%, 0.0212kg′/kg, 86.23kJ/kg
2) 취입외기량 : 600m^3/h
3) 취출온도차 : 10℃
4) 공기의 정압비열(C_p)=1.005kJ/kg·K, 공기의 밀도(ρ) : 1.2kg/m^3
5) 실내냉방부하 : 현열 36,418kJ/h, 잠열 5,442kJ/h

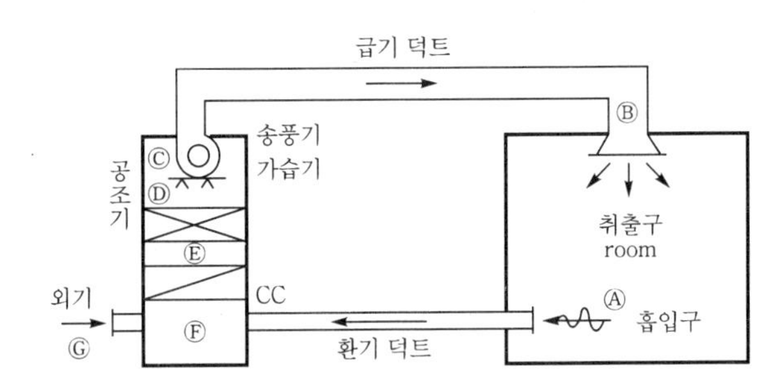

해답 ① $q_s = \rho C_p Q_A(t_A - t_B)$에서

$$Q_A = \frac{q_s}{\rho C_p(t_A - t_B)} = \frac{36{,}418}{1.2 \times 1.005 \times 10} = 3019.73\,\mathrm{m^3/h}$$

② 절대습도(x_F)

$$x_F = \frac{(Q_A - Q_G)x_A + Q_G x_G}{Q_A}$$

$$= \frac{(3019.73 - 600) \times 0.0105 + 600 \times 0.0212}{3019.73} = 0.0126\,\mathrm{kg'/kg}$$

③ 비엔탈피(h_F)

$$h_F = \frac{(Q_A - Q_G)h_A + Q_G h_G}{Q_A}$$

$$= \frac{(3019.73 - 600) \times 52.83 + 600 \times 86.23}{3019.73} = 59.47\,\mathrm{kJ/kg}$$

24

실내공기온도 18℃, 표면온도 40℃, 비가열면의 평균온도 14℃인 경우의 천장 패널에서의 방열량은 몇 [W/m²]인가? (단, 전열계수는 0.18W/m²·K이고, 패널의 위치에 의한 지수는 1.25이다.)

해답

$$q_R = 5\left\{\left(\frac{t_s + 273}{100}\right)^4 - \left(\frac{UMRT + 273}{100}\right)^4\right\}$$

$$= 5 \times \left\{\left(\frac{40 + 273}{100}\right)^4 - \left(\frac{14 + 273}{100}\right)^4\right\}$$

$$= 140.72\,\text{W/m}^2$$

$$q_C = K(t_s - t_r)^n = 0.18 \times (40 - 18)^{1.25} = 8.58\,\text{W/m}^2$$

$$\therefore\ q = q_R + q_C = 140.72 + 8.58 = 149.3\,\text{W/m}^2$$

25

다음 그림에서 c =1.5cm, d =14cm, 콘크리트의 열전도율 λ_1 =1.51W/m·K, 보온재의 열전도율 λ_2 =0.05W/m·K, 잡석의 열전도율 λ_3 =0.15W/m·K, 흙의 열전도율 λ_4 =1.4W/m·K, L_1 =4cm, L_2 =15cm로 하고 온수관의 표면온도 50℃, 바닥 패널 밑의 흙의 온도를 18℃로 하면 하방(下方)으로 도피하는 열량은 몇 [W/m²]인가?

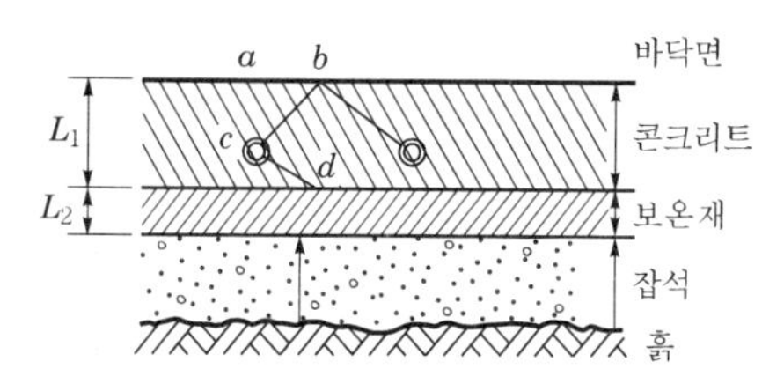

해답

$$R = \frac{1}{K}$$

$$= \frac{c + d}{2\lambda_1} + \frac{L_1}{\lambda_2} + \frac{L_2}{\lambda_3} + \frac{1}{\lambda_4}$$

$$= \frac{0.015 + 0.14}{2 \times 1.51} + \frac{0.04}{0.05} + \frac{0.15}{0.15} + \frac{1}{1.4}$$

$$= 2.57\,\text{m}^2\cdot\text{K/W}$$

$$K = \frac{1}{R} = \frac{1}{2.57} = 0.389\,\text{W/m}^2\cdot\text{K}$$

$$\therefore\ q_L = K(t_s - t_o) = 0.389 \times (50 - 18) = 12.45\,\text{W/m}^2$$

26

다음 그림과 같은 방에 패널히팅(저온 바닥면 복사난방)을 하고 있다. 가열면(바닥면)의 온도 40℃, 내벽의 내면온도 25℃, 외벽의 내면온도 12℃, 천장의 내면온도 12℃, 유리창의 내면온도 6℃일 때 이 방의 평균복사온도를 구하면 몇 [℃]인가? (단, 유리창이 있는 벽만이 옥외에 접한 것으로 한다.)

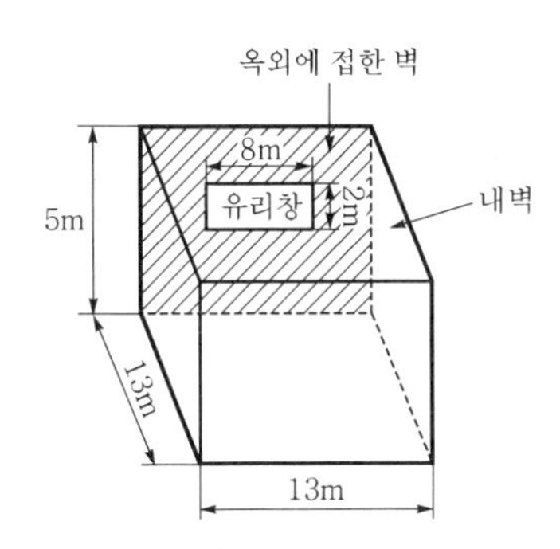

해답

구 분	면적(A[m²])	표면온도(t_s[℃])	At_s[m²·℃]
바닥면(가열면)	13×13=169	40	6,760
내벽면	(13×3)×5=195	25	4,875
외벽면	13×5−8×2=49	12	588
천장면	13×13=169	12	2,028
유리	8×2=16	6	96
합 계	ΣA=598	−	ΣAt_s=14,347

$$\text{평균복사온도}(MRT)=\frac{\Sigma At_s}{\Sigma A}=\frac{14,347}{598}=24℃$$

27 [문제 25]의 그림에서 a=5cm, b=15cm, 콘크리트의 열전도율 1.51W/m·K, 콘크리트 바닥패널의 가열면온도가 40℃, 가열기의 방열량 175W/m²·K, 온도강하는 7℃일 때 온수의 입·출구온도는 각 몇 [℃]인가?

해답

① $K=\dfrac{2\lambda}{a+b}=\dfrac{2\times1.51}{0.05+0.15}=15.1\,\mathrm{W/m^2\cdot K}$

② 파이프코일의 필요표면온도$(t_p)=t_s+\dfrac{q_s}{K}=40+\dfrac{175}{15.1}=51.59℃$

③ 온수의 평균온도$(t_w)=t_p+2=51.59+2=53.59℃$

④ 온수의 입구온도$(t_{w_1})=t_w+\dfrac{\Delta t}{2}=53.59+\dfrac{7}{2}=57.09℃$

⑤ 온수의 출구온도$(t_{w_2})=t_w-\dfrac{\Delta t}{2}=53.59-\dfrac{7}{2}=50.09℃$

28 다음과 같은 사무실의 난방부하를 주어진 조건을 이용하여 구하시오.

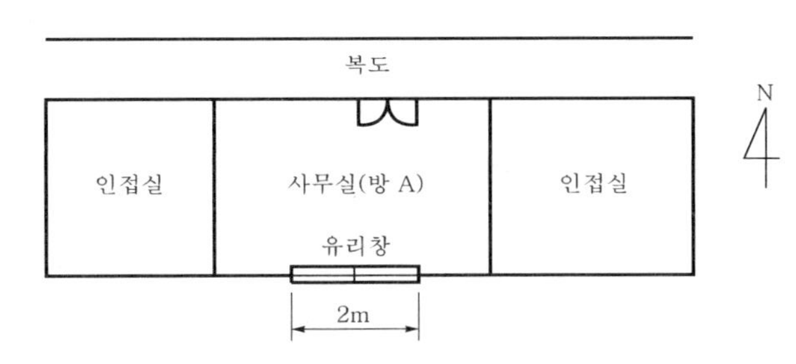

[조 건]

1)

구 분	실내	옥외	하층	인접실	복도	상층
온도[℃]	18	−14	10	18	15	18

2)

방 A의 구조		면적[m^2]	열통과율[$W/m^2 \cdot K$]
외벽(남향)	콘크리트벽	30	2.56
	유리창	3.2	5.82
내벽(복도측)	콘크리트벽	30	2.44
	문	4	3.72
바닥	콘크리트	35	2.79
천장	콘크리트	35	2.79

3) 외기도입량 : $25m^3/h \cdot$인
4) 방위계수(k_D) : 동북, 북서, 북측−1.15, 동・동남, 서・서남, 남측−1.0
5) 재실인원수 : 6명
6) 유리창 : 높이 1.6m(난간 없음), 폭 2m의 두 짝 미세기 풍향 측창 1개(단, 기밀 구조 보통)
7) 창에서의 극간풍 : $7.5m^3/h$
8) 부하안전율은 고려하지 않음
9) 공기의 밀도(ρ) : $1.2kg/m^3$, 공기의 정압비열(C_p) : $1.005kJ/kg \cdot ℃$

1. 벽체를 통한 부하
2. 유리창 및 문을 통한 부하
3. 바닥 및 천장을 통한 부하
4. 외기도입에 의한 부하
5. 극간풍에 의한 부하(간극길이에 의함)

1. ① 외벽(q_o) $= k_D KA(t_r - t_o) = 1 \times 2.56 \times 30 \times \{18-(-14)\} = 2{,}458\,W$
   ② 내벽(q_i) $= KA(t_r - t_p) = 2.44 \times 30 \times (18-15) = 220\,W$
2. ① 유리창(q_w) $= k_D KA(t_r - t_o) = 1 \times 5.82 \times 3.2 \times \{18-(-14)\} = 596\,W$
   ② 문(q_d) $= KA(t_r - t_p) = 3.72 \times 4 \times (18-15) = 44.64\,W$
3. ① 바닥(q_f) $= KA(t_r - t_u) = 2.79 \times 35 \times (18-10) = 781.2\,W$
   ② 천장(q_r) $= KA(t_r - t_i) = 2.79 \times 35 \times (18-18) = 0$
4. 외기도입에 의한 부하(q_o) $= \rho Q C_p (t_r - t_o)$

$$= \frac{1.2 \times (6 \times 25) \times 1.005 \times 10^3 \times \{18-(-14)\}}{3{,}600}$$

$$= 1{,}608\,W$$

5. 극간풍에 의한 부하(q_i) $= \rho Q C_p (t_r - t_o)$

$$= \frac{1.2 \times 7.5 \times (1.6 \times 3 + 2 \times 2) \times 1.005 \times 10^3 \times \{18-(-14)\}}{3{,}600}$$

$$= 707.52W$$

29 **겨울철의 실내취득열량은 전등 · 인체열량을 합쳐서 현열(q_s)=544,180kJ/h이고, 잠열(q_L)=234,416kJ/h로 하며, 내벽에서의 열손실은 무시한다. 취출풍량은 133,600kg/h이고, 실내 · 외조건은 다음과 같을 때 heating load와 가습량은?** (단, 외기와 환기는 1 : 3이고, 가습은 증기가습으로 u=2,721kJ/kg이며, 실내공기유입온도는 30℃이다. 가습은 heating 후에 하는 것으로 한다.)

구 분	t[℃]	ψ[%]	x[kg′/kg]	h[kJ/h]
옥외	0	38	0.00145	3.35
실내	20	50	0.00726	38.51

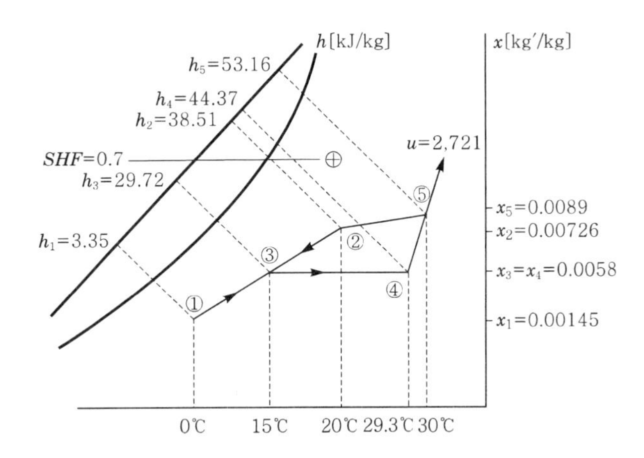

해답

1. 외기 ①과 환기 ②의 혼합공기$(t_3) = \dfrac{m_1 t_1 + m_2 t_2}{m(=m_1+m_2)} = \dfrac{1\times 0 + 3\times 20}{4} = 15℃$

2. SHF(현열비)$= \dfrac{q_s}{q_s + q_L} = \dfrac{544{,}180}{544{,}180 + 234{,}416} \fallingdotseq 0.7$

   ②와 건구온도 30℃까지는 SHF와 평행하게 한다.

3. ③에서 히터(heater)가열량은 등압가열이므로(절대습도 일정, 상대습도 감소) 수평으로 ⑤에서 ④점은 열수분비$(u) = \dfrac{dh}{dx}$선과 기울기를 같게 연결시킨다.

   그러므로 히터부하와 가습량을 구하면

   ① 히터부하$(q_H) = m(h_4 - h_3)$
   $= 133{,}600 \times (44.37 - 29.72)$
   $= 1{,}957{,}240\,\text{kJ/h}$

   ② 가습량$(L) = m(x_5 - x_4)$
   $= 133{,}600 \times (0.0089 - 0.0058)$
   $= 414.16\,\text{kg/h}$

30 증기난방에서 방열기의 표면적이 800m^2·EDR이고, 급탕량이 3,000L/h, 급탕온도 60℃, 급수온도 10℃일 때 보일러의 정격출력은 몇 〔kJ/h〕인가? (단, 배관의 열손실과 예열부하를 합친 값은 정미열부하의 35%로 가정하고, 급탕 · 급수의 평균수온의 밀도(비질량)는 994kg/m^{3}이며, 비열은 4.186kJ/kg·℃이다.)

해답 정격출력$=\{800\times(650\times4.186)+3\times994\times4.186\times(60-10)\}\times1.35$
$=3,781,151\,\text{kJ/h}$

31 다음 용어를 설명하시오.

1. 스머징(smudging)
2. 안티스머징 링(anti-smudging ring)
3. 도달거리(throw)
4. 최대 강하거리(drop)
5. 최대 상승거리(rise)
6. 취출기류의 4역

해답 1. 스머징(smudging) : 천장 취출구에서 취출기류나 유인된 실내공기 중에 먼지 등으로 취출구 주변의 천장면이 검게 더러워지는 현상이다.

2. 안티스머징 링 : 스머징을 방지하기 위하여 천장 디퓨저(diffuser) 주위에 링(ring)을 붙여서 스머징을 방지하는 장치이다.
3. 도달거리 : 취출구에서 0.25m/s의 풍속이 되는 위치까지의 거리이다.
4. 최대 강하거리 : 취출구에서 도달거리에 도달할 때까지 풍속이 낮아지는 것이다.
5. 최대 상승거리 : 취출구에서 도달거리에 도달할 때까지 풍속이 상승하는 것이다.
6. 취출기류의 4역
   ① 제1역 : 중심풍속이 취출풍속과 같게 되는 영역이며 취출구로부터 취출구경의 2~6배의 범위이다.
   ② 제2역 : 중심풍속이 취출구로부터 거리의 평방근에 역비례하는 영역이다.
   ③ 제3역 : 중심풍속이 취출구로부터의 거리에 역비례하는 영역이며 일반적으로 취출구경의 10~100배의 범위이다.
   ④ 제4역 : 중심풍속이 벽이나 실내의 일반 기류에 영향이 되는 부분이며 기류의 최대 풍속이 급격히 저하하여 정체된다.

32 다음은 공급(supply)공기를 모두 외기로 공급하는 공조기를 사용한 시스템이다. 다음과 같은 조건일 때 선도를 사용하여 답하시오.

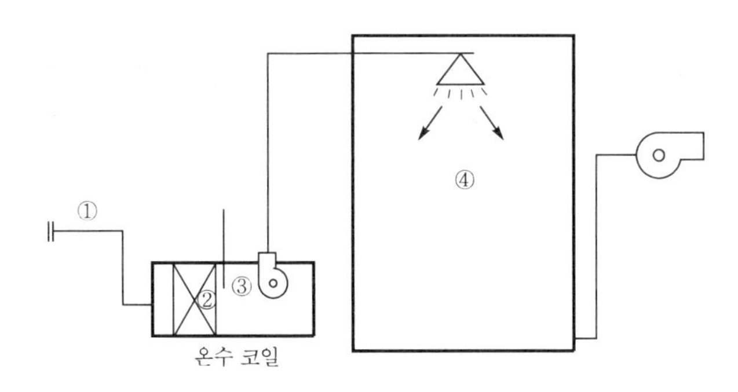

[조 건]

1)

구 분	건구온도[℃]	상대습도[%]
실내	22	50
외기	0	50

2) 실내난방부하 : $q_s = 180{,}836\text{kJ/h}$, $q_L = 0\text{kJ/h}$

3) 급기량 : 10,000CMH

4) 가습은 증기이며, 사용된 증기의 비엔탈피는 2,680kJ/kg이다.

1. 취출공기의 건구온도는 얼마인가?
2. 이 시스템을 공기선도상에 표시하시오.
3. 공조기 내의 온수코일의 가열량은 몇 〔kJ/h〕인가?
4. 가습량은 몇 〔kg/h〕인가? (단, 공기는 표준 공기상태이다.)

해답 1. $q_s = \rho Q C_p (t_o - t_r)$ 에서

$$t_o = t_r + \frac{q_s}{\rho Q C_p} = 22 + \frac{180{,}836}{1.2 \times 10{,}000 \times 1.005} = 37℃$$

2. 공기선도

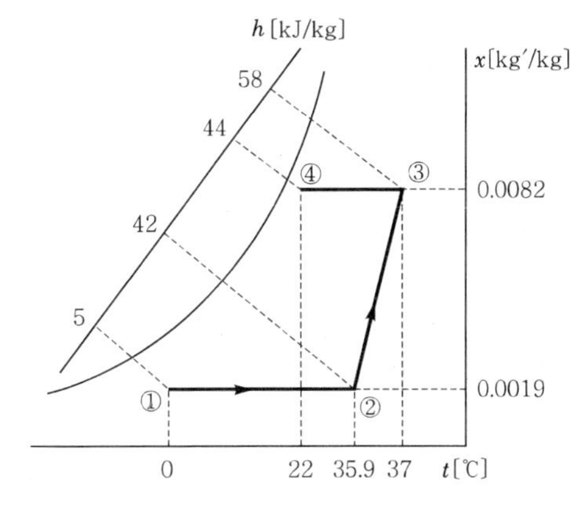

3. 온수코일의 가열량$(Q_H) = m\Delta h = \rho Q \Delta h$

$= 1.2 \times 10{,}000 \times (42 - 5) = 444{,}000\,\text{kJ/h} (= 444\,\text{MJ/h})$

4. 가습량$(L) = \rho Q \Delta x = 1.2 \times 10{,}000 \times (0.0082 - 0.0019) = 75.6\,\text{kg/h}$

33

R-22를 냉매로 하는 2단 압축 1단 팽창 이론냉동사이클을 나타내었다. 이 냉동장치의 냉동능력을 159,068kJ/h라 할 때 각 물음에 답하시오.

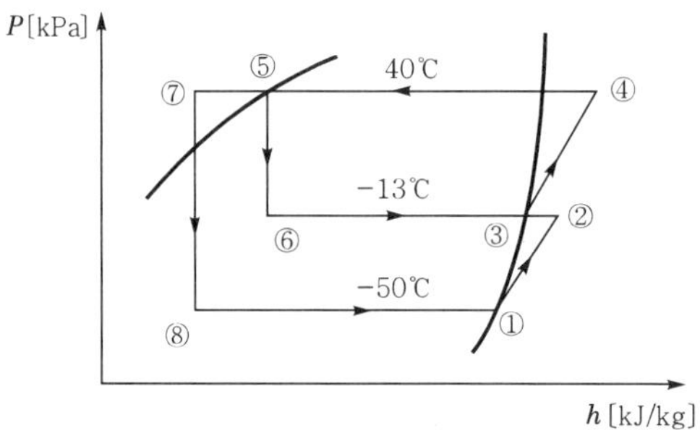

- $h_1 = 625\,\text{kJ/kg}$
- $h_2 = 638\,\text{kJ/kg}$
- $h_3 = 620\,\text{kJ/kg}$
- $h_4 = 660\,\text{kJ/kg}$
- $h_5 = h_6 = 462\,\text{kJ/kg}$
- $h_7 = h_8 = 420\,\text{kJ/kg}$

[조 건]

1) 저단압축기 : 압축효율(η_{cL})=0.72, 기계효율(η_{mL}) = 0.80
2) 고단압축기 : 압축효율(η_{cH})=0.75, 기계효율(η_{mH}) = 0.80

1. 저단측 냉매순환량 $\dot{m}_L$[kg/h]을 구하시오.
2. 고단측 냉매순환량 $\dot{m}_H$[kg/h]를 구하시오.
3. 성적계수 ε_R을 구하시오.

해답

1. $\dot{m}_L = \dfrac{Q_e}{q_e} = \dfrac{Q_e}{h_1 - h_7} = \dfrac{159{,}068}{625-420} = 775.94\,\text{kg/h}$

2. $h_2' = h_1 + \dfrac{h_2 - h_1}{\eta_{cL}} = 625 + \dfrac{638-625}{0.72} = 643.06\,\text{kJ/kg}$

$$\therefore\ \dot{m}_H = \dot{m}_L\left(\frac{h_2' - h_7}{h_3 - h_6}\right) = 775.94 \times \frac{643.06-420}{620-462} = 1095.45\,\text{kJ/h}$$

3. $\varepsilon_R = \dfrac{Q_e}{W_L + W_H} = \dfrac{Q_e}{\dot{m}_L\left(\dfrac{h_2-h_1}{\eta_{cL}\eta_{mL}}\right) + \dot{m}_H\left(\dfrac{h_4-h_3}{\eta_{cH}\eta_{mH}}\right)}$

$$= \frac{159{,}068}{775.94 \times \dfrac{638-625}{0.72\times0.8} + 1095.45 \times \dfrac{660-620}{0.75\times0.8}} \fallingdotseq 1.76$$

34

프레온냉동장치의 수냉식 응축기에 냉각탑을 설치하여 운전상태가 다음과 같을 때 응축기 냉각수의 순환수량을 구하시오.

[조 건]

1) 응축온도 : 38℃
2) 응축기 냉각수의 입구온도 : 30℃
3) 응축기 냉각수의 출구온도 : 35℃
4) 증발온도 : −15℃
5) 냉동능력 : 179,760kJ/h
6) 외기습구온도 : 27℃
7) 압축동력 : 20kW

해답 ① 응축부하(Q_1) $= Q_e + W_c = 179{,}760 + 20 \times 3{,}600 = 251{,}760\,\text{kJ/h}$

② $Q_1 = mC(t_2 - t_1)$에서

$$m = \frac{Q_1}{C(t_2 - t_1)} = \frac{251{,}760}{4.2 \times (35 - 30)} = 11988.57\,\text{kg/h} = 199.81\,\text{L/min}$$

35 **다음과 같은 운전조건을 갖는 브라인쿨러가 있다. 전열면적이 25m^{2}일 때 각 물음에 답하시오.** (단, 평균온도차는 산술평균온도차를 이용한다.)

[조 건]

1) 브라인의 비중 : 1.24	2) 브라인의 유량 : 200L/min
3) 브라인의 비열 : 2.814kJ/kg·℃	4) 쿨러로 나오는 브라인온도 : −23℃
5) 쿨러로 들어가는 브라인온도 : −18℃	6) 쿨러의 냉매증발온도 : −26℃

1. 브라인쿨러의 냉동부하[kJ/h]를 구하시오.
2. 브라인쿨러의 열통과율[W/m^2·K]을 구하시오.

해답 1. $Q_e = mC(t_1 - t_2) = (200 \times 1.24 \times 60) \times 2.814 \times \{-18 - (-23)\} = 239361.6\,\text{kJ/h}$

2. $Q_e = KA\Delta t_m$에서 $\Delta t_m = \dfrac{t_{b_1} + t_{b_2}}{2} - t_e$일 때

$$K = \frac{Q_e}{A\Delta t_m} = \frac{239361.6}{25 \times \left\{\frac{-18 + (-23)}{2} - (-26)\right\}}$$

$$= 1552.63\,\text{kJ/m}^2\cdot\text{h}\cdot℃ = 431.29\,\text{W/m}^2\cdot\text{K}$$

36 **다음 그림과 같은 자동차정비공장이 있다. 이 공장 내에는 자동차 3대가 엔진가동상태에서 정비되고 있으며, 자동차배기가스 중의 일산화탄소량이 1대당 0.12CMH일 때 주어진 조건을 이용하여 각 물음에 답하시오.**

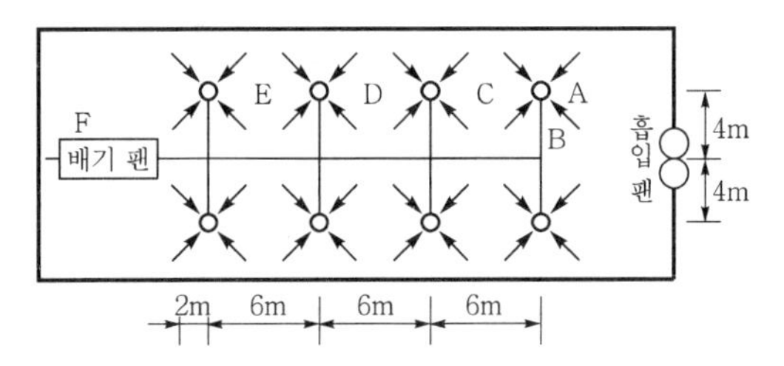

[조 건]

1) 외기 중의 일산화탄소량 0.0001%(용적비)
   실내일산화탄소의 허용농도 0.001%(용적비)
2) 바닥면적 300m^2, 천장높이 4m
3) 배기구의 풍량은 모두 같고, 자연환기는 무시한다.
4) 덕트의 마찰손실은 0.1mmAq/m로 하고 배기구의 총압력손실은 3mmAq로 한다.
   또 덕트, 엘보 등의 국부저항은 직관덕트저항의 50%로 한다.

1. 필요환기량〔CMH〕을 구하시오.
2. 환기횟수는 몇 〔회/h〕가 되는가?
3. 다음 각 구간별 원형 덕트의 크기〔cm〕를 주어진 선도를 이용하여 구하시오.
4. A~F 사이의 압력손실〔mmAq〕을 구하시오.

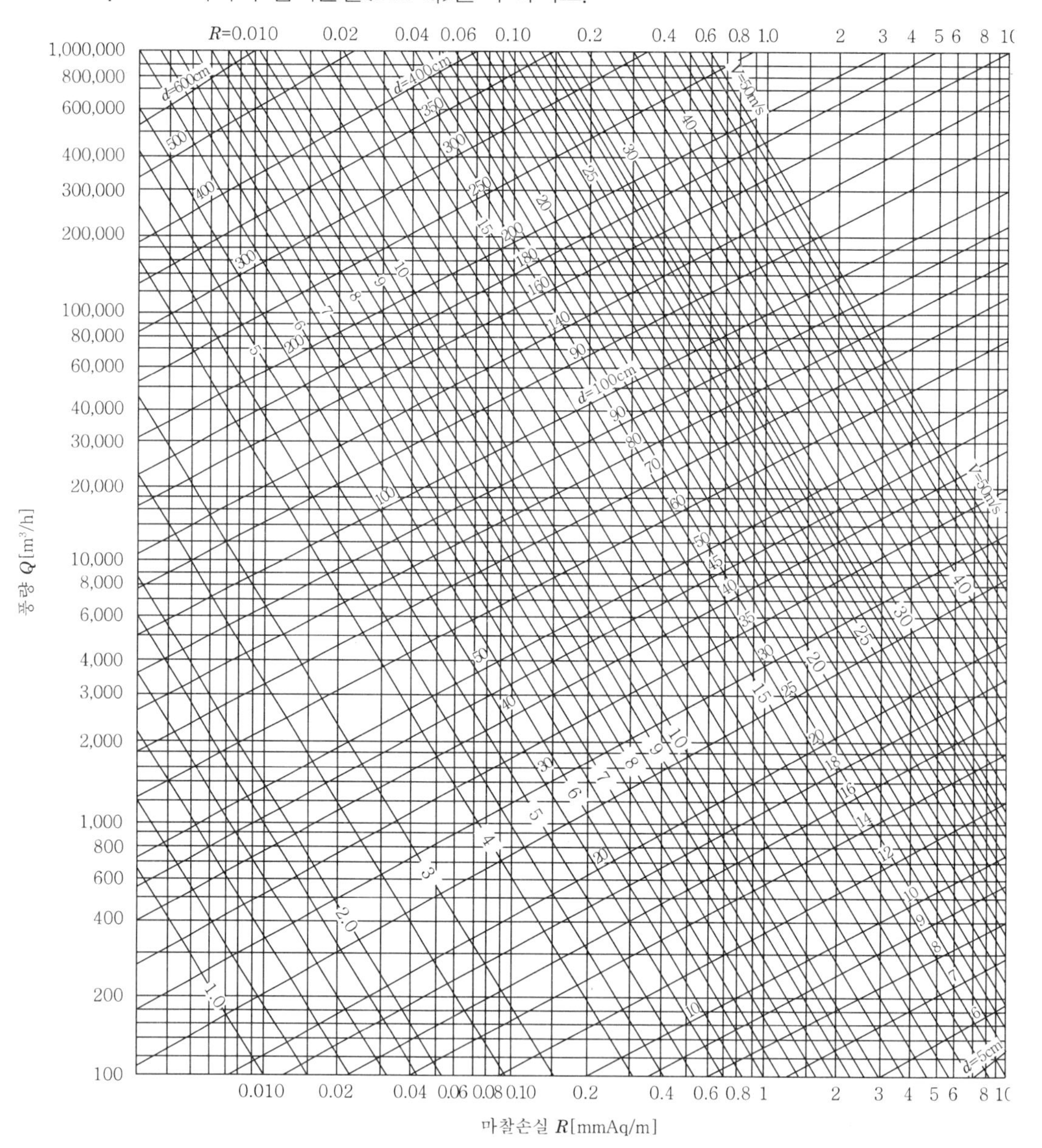

해답 1. 필요환기량$(Q)=\dfrac{M}{C_i-C_o}=\dfrac{3\times0.12}{(0.001-0.0001)\times10^{-2}}=40{,}000\,\text{CMH}$

2. 환기횟수$(n)=\dfrac{\text{환기량}(Q)}{\text{실내체적}(V)}=\dfrac{40{,}000}{300\times4}=33.33\text{회/h}$

3.

구 간	풍량〔CMH〕	원형 덕트의 크기〔cm〕
F－E	40,000	112
E－D	30,000	101
D－C	20,000	88
C－B	10,000	68
B－A	5,000	54

4. ① 직관덕트저항$(kl)=0.1\times(2+6+6+6+4)=2.4$mAq
② 덕트, 엘보 등의 국부저항$=2.4\times0.5=1.2$mmAq
③ 배기구 압력손실$=3$mmAq
∴ A~F 사이의 압력손실$=2.4+1.2+3=6.6$mmAq

37

환산증발량이 10,000kg/h인 노통연관식 증기보일러의 사용압력(게이지압력)이 0.5MPa 일 때 보일러의 실제 증발량을 구하시오. (단, 급수의 비엔탈피 h는 335kJ/kg, h_1은 포화수의 비엔탈피, h_2는 포화증기의 비엔탈피, γ는 증발잠열이고, 소수점 둘째자리에서 반올림하시오.)

절대압력〔MPa〕	포화온도〔℃〕	비엔탈피 h〔kJ/kg〕		
		h_1	h_2	$\gamma=h_2-h_1$
0.4	142.92	601.53	2736.22	2134.7
0.5	151.11	636.82	2746.14	2109.33
0.6	158.08	667	2754.09	2087.09
0.7	164.67	693.5	2756.67	2067.13

해답 ① 절대압력＝대기압＋계기압＝0.10＋0.5＝0.6MPa
② $m_a(h_2-h)=2256.54m_e$에서

$$\text{실제 증발량}(m_a)=\frac{2256.54m_e}{h_2-h}=\frac{2256.54\times10{,}000}{2754.09-335}=9328.05\text{kg/h}$$

38

공기조화기의 풍량이 2,000m³/h, 가열능력은 24111.36kJ/h, 입구공기온도는 10℃ 일 때 출구공기온도를 구하시오. (단, 공기의 정압비열＝1.005kJ/kg·℃, 공기의 밀도＝1.2kg/m³)

해답 $Q_s=mC_p(t_o-t_i)=\rho QC_p(t_o-t_i)$〔kJ/h〕에서

$$\text{출구공기온도}(t_o)=t_i+\frac{Q_s}{\rho QC_p}=10+\frac{24111.36}{1.2\times2{,}000\times1.005}\fallingdotseq20℃$$

39 주어진 다음 조건을 이용하여 여름철 오후 2시의 사무실 부하를 구하시오.

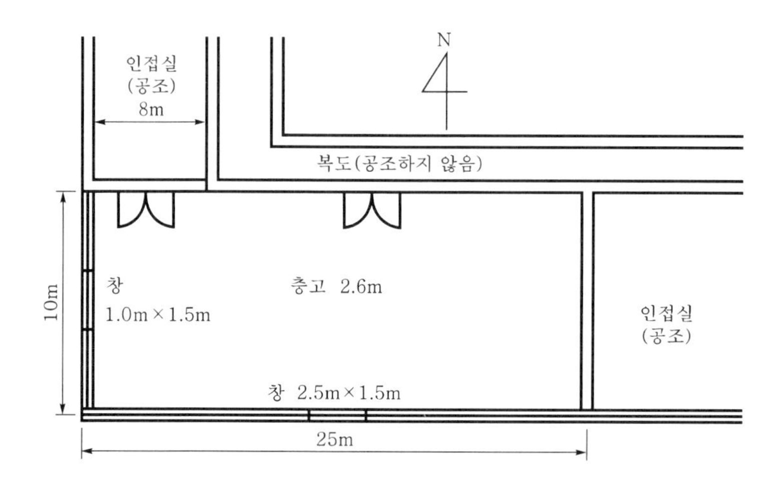

[조 건]

1) 장소 : 빌딩 최상층 사무소
2) 실내온도 : 26℃ DB, 50% RH
3) 조명(형광등) : $25W/m^2$
   - 천장 : $5.15kJ/m^2 \cdot h \cdot ℃$(Ⅵ타입)
   - 외벽 : $12.35kJ/m^2 \cdot h \cdot ℃$(Ⅴ타입)
   - 내벽 : $11.29kJ/m^2 \cdot h \cdot ℃$(Ⅱ타입)
4) 열관류율 및 구조체 형식
5) 유리창 : 보통 단층(1중), 블라인드는 밝은색
6) 외기설계온도 : 31℃ DB
7) 재실인원당 점유면적 : $5m^2$/인
8) 아래층은 동일한 공조상태

상당온도차[℃]

구조체의 종류	방 위	시각(태양시)												
		오 전							오 후					
		6	7	8	9	10	11	12	1	2	3	4	5	6
Ⅱ	수평	1.1	4.6	10.7	17.6	24.1	29.3	32.8	34.4	34.2	32.1	28.4	23.0	16.6
	N·그늘	1.3	3.4	4.3	4.8	5.9	7.1	7.9	8.4	8.7	8.8	8.7	8.8	9.1
	NE	3.2	9.9	14.0	16.0	15.0	12.3	9.8	9.1	9.0	8.9	8.7	8.0	6.9
	E	3.4	11.2	17.6	20.8	21.1	18.8	14.6	10.9	9.6	9.1	8.8	8.0	6.9
	SE	1.9	6.6	11.8	15.8	18.1	18.4	16.7	13.6	10.7	9.5	8.9	8.1	7.0
	S	0.3	1.0	2.3	4.7	8.1	11.4	13.7	14.8	14.8	13.6	11.4	9.0	7.3
	SW	0.3	1.0	2.3	4.0	5.7	7.0	9.2	13.0	16.8	19.7	21.0	20.2	17.1
	W	0.3	1.0	2.3	4.0	5.7	7.0	7.9	10.0	14.7	19.6	23.5	25.1	23.1
	NW	0.3	1.0	2.3	4.0	5.7	7.0	7.9	8.4	9.9	13.4	17.3	20.0	19.7

구조체의 종류	방 위	시각(태양시)												
		오 전							오 후					
		6	7	8	9	10	11	12	1	2	3	4	5	6
V	수평	3.7	3.6	4.3	6.1	8.7	11.9	15.2	18.4	21.2	23.3	24.6	24.8	23.9
	N·그늘	2.0	2.1	2.4	2.8	3.2	3.8	4.5	5.1	5.7	6.3	6.7	7.1	7.4
	NE	2.2	3.1	4.7	6.5	8.1	9.0	9.4	9.4	9.4	9.3	9.2	9.1	8.8
	E	2.3	3.3	5.3	7.7	10.1	11.7	12.6	12.6	12.2	11.8	11.3	10.8	10.2
	SE	2.2	2.6	3.8	5.5	7.5	9.4	10.8	11.6	11.6	11.4	11.1	10.6	10.1
	S	2.0	1.8	1.8	2.1	2.9	4.1	5.6	7.1	8.4	9.5	10.0	10.0	9.7
	SW	2.8	2.4	2.3	2.5	2.9	3.5	4.3	5.5	7.2	9.1	11.1	12.8	13.8
	W	3.2	2.7	2.5	2.7	3.0	3.6	4.3	5.1	6.4	8.3	10.7	13.1	15.0
	NW	2.8	2.4	2.3	2.4	2.9	3.5	4.1	4.8	5.6	6.7	8.2	10.1	11.8
VI	수평	6.7	6.1	6.1	6.7	8.0	9.9	12.0	14.3	16.6	18.5	20.0	20.9	21.1
	N·그늘	3.0	2.9	2.9	3.0	3.2	3.6	4.0	4.4	4.9	5.3	5.7	6.1	6.4
	NE	3.3	3.6	4.3	5.4	6.4	7.3	7.8	8.1	8.3	8.4	8.5	8.5	8.5
	E	3.7	3.9	4.9	6.2	7.7	9.1	10.0	10.5	10.7	10.7	10.6	10.4	10.1
	SE	3.5	3.5	4.0	4.9	6.1	7.3	8.5	9.3	9.8	10.0	10.0	9.9	9.7
	S	3.3	4.0	2.8	2.8	3.1	3.7	4.6	5.6	6.6	7.4	8.1	8.4	8.6
	SW	4.5	4.0	3.7	3.5	3.6	3.8	4.2	4.9	5.9	7.2	8.6	9.9	11.0
	W	5.1	4.5	4.1	3.9	3.9	4.1	4.4	4.8	5.6	6.7	8.3	10.0	11.5
	NW	4.3	3.9	3.6	3.4	3.5	3.7	4.1	4.5	5.0	5.6	6.7	7.9	9.2
VII	수평	10.0	9.4	9.0	9.0	9.4	10.1	11.1	12.2	13.5	14.8	15.9	16.8	17.3
	N·그늘	4.0	3.8	3.7	3.7	3.7	3.8	4.0	4.2	4.4	4.7	4.9	5.2	5.5
	NE	4.7	4.7	4.0	5.3	5.8	6.3	6.6	4.0	7.2	7.3	7.5	7.6	7.7
	E	5.4	5.3	5.6	6.1	6.8	7.6	8.2	8.9	8.9	9.1	9.3	9.3	9.3
	SE	5.2	5.0	5.0	5.3	5.8	6.4	7.1	7.6	8.0	8.3	8.5	8.7	8.7
	S	4.6	4.3	4.1	3.9	3.9	4.1	4.5	4.9	5.6	6.0	6.5	6.8	7.1
	SW	6.1	5.7	5.4	5.1	5.0	4.9	5.0	5.2	5.7	6.3	7.0	7.8	8.5
	W	6.8	6.3	6.0	5.7	5.5	5.4	5.4	5.5	5.8	6.3	7.1	8.0	8.9
	NW	5.7	5.3	5.0	4.8	4.7	4.7	4.7	4.9	5.1	5.4	5.9	6.5	7.3

유리의 열관류율[$kJ/m^2 \cdot h \cdot ℃$]

종 류	열관류율	종 류	열관류율
1중 유리(여름)	21.35[1]	흡열유리	
1중 유리(겨울)	23.02[2]	블루페인 3~6mm	23.86[2]
2중 유리		그레이페인 3~6mm	23.86[2]
공기층 6mm	12.56	그레이페인 8mm	22.60[2]
공기층 13mm	11.30	서보페인 12mm	12.56[2]
공기층 20mm 이상	10.88		
유리블록(평균)	11.30		

※ 1) 평균블록 : 3.5m/s
2) 평균블록 : 7m/s

유리창에서의 표준 일사열취득[kcal/m^2·h]

계 절	방 위	시각(태양시)															합계
		오 전								오 후							
		5	6	7	8	9	10	11	12	1	2	3	4	5	6	7	
여름철 (7월 23일)	수평	1	58	209	379	518	629	702	726	702	629	518	379	209	58	1	571
	N·그늘	44	73	46	28	34	39	42	43	42	39	34	28	46	73	0	56
	NE	0	293	384	349	288	101	42	43	42	39	34	28	21	12	0	162
	E	0	322	476	493	435	312	137	43	42	39	34	28	21	12	0	239
	SE	0	150	278	343	354	312	219	103	42	39	34	28	21	12	0	193
	S	0	12	21	28	53	101	141	156	141	101	53	28	21	12	0	86
	SW	0	12	21	28	34	39	42	103	219	312	354	343	278	150	0	193
	W	0	12	21	28	34	39	42	43	137	312	435	493	476	322	0	239
	NW	0	12	21	28	34	39	42	43	42	101	238	349	384	293	0	162

※ 1) 위 표의 주어진 값에 1.163을 곱한 값이 [W/m^2]이다.
2) □의 값은 그 방위에서 1일의 최고값이며, 축열계수법의 계산 시 사용한다.

차폐계수

유 리	블라인드	차폐계수
보통 단층	없음 밝은색 중간색	1.0 0.65 0.75
흡열 단층	없음 밝은색 중간색	0.8 0.55 0.65
보통 하층(중간 블라인드)	밝은색	0.4
보통 복층	없음 밝은색 중간색	0.9 0.6 0.7
외측 흡열 내측 보통	없음 밝은색 중간색	0.75 0.55 0.65
외측 보통 내측 거울	없음	0.65

인체에서의 발생열량〔kcal/h·인〕

작업상태	실온〔℃〕		28		27		26		24		21	
	적용 장소	전발열량	현열	잠열	현열	잠열	현열	잠열	현열	잠열	현열	잠열
정좌	극장	80	40	40	44	36	48	32	52	28	59	21
가벼운 작업	학교	91	41	50	44	47	48	43	55	36	62	29
사무실 안에서의 가벼운 보행	사무소, 호텔, 백화점	102	41	61	45	57	49	53	56	46	65	37
섰다, 앉았다, 걸었다 하는 일	은행	114	41	73	45	69	50	64	58	56	66	48
앉은 동작	레스토랑	125	43	82	51	74	56	69	64	61	73	52
착석작업	가벼운 작업(공장)	170	43	127	51	119	56	114	67	103	83	87
보통의 댄스	댄스 홀	194	51	143	56	138	62	132	74	120	91	103
보행(4.8km/h)	공장의 중작업	227	61	166	69	158	57	152	87	140	104	123
볼링	볼링장	330	102	228	106	224	109	221	119	211	138	192

※ 위 표의 주어진 값에 4.186을 곱한 값이 〔kJ/h·인〕이다.

해답 ① 남쪽 외벽$(q) = KA\Delta t_e = 12.35 \times (25 \times 2.6 - 25 \times 1.5) \times 8.4 = 2852.85\,\text{kJ/h}$

② 서쪽 외벽$(q) = KA\,\Delta t_e = 12.35 \times (10 \times 2.6 - 10 \times 1.5) \times 6.4 = 869.44\,\text{kJ/h}$

③ 천장$(q) = KA\,\Delta t_e = 5.15 \times (10 \times 25) \times 16.6 = 21372.5\,\text{kJ/h}$

④ 유리창

㉠ 남쪽

• 전도열$(q_C) = KA(t_o - t_r)$
$= 21.35 \times (25 \times 1.5) \times (31 - 26) = 4003.13\,\text{kJ/h}$

• 일사열$(q_R) = k_c SA$
$= 0.65 \times (101 \times 1.163) \times (25 \times 1.5)$
$= 2862.42\,\text{W} = 10304.72\,\text{kJ/h}$

㉡ 서쪽

• 전도열$(q_C) = KA(t_o - t_r)$
$= 21.35 \times (10 \times 1.5) \times (31 - 26) = 1601.25\,\text{kJ/h}$

• 일사열$(q_R) = k_c SA$
$= 0.65 \times (312 \times 1.163) \times (10 \times 1.5)$
$= 3536.93\,\text{W} = 15732.95\,\text{kJ/h}$

⑤ 조명부하$(Q) = K_r\,A = 25 \times (25 \times 10) = 6{,}250\text{W}\,(= 22{,}500\,\text{kJ/h})$

⑥ 인체부하(현열 & 잠열)

㉠ 현열$(Q_s) = \dfrac{A}{5} \times 49 = \dfrac{25 \times 10}{5} \times 49 \times 4.186 = 10{,}256\,\text{kJ/h}$

㉡ 잠열$(Q_L) = \dfrac{A}{5} \times 53 = \dfrac{25 \times 10}{5} \times 53 \times 4.186 = 11{,}093\,\text{kJ/h}$

40 다음과 같은 공기선도에서 ⓐ상태의 공기에 대하여 빈칸을 채우시오.

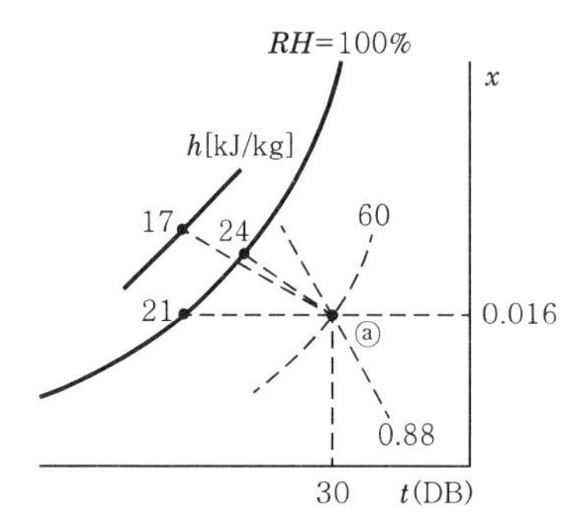

건구온도	①
습구온도	②
노점온도	③
절대습도	④
상대습도	⑤
비체적	⑥
비엔탈피	⑦

해답

건구온도	① 30℃
습구온도	② 24℃
노점온도	③ 21℃
절대습도	④ 0.016kg′/kg
상대습도	⑤ 60%
비체적	⑥ 0.88m^3/kg
비엔탈피	⑦ 17kJ/kg

41 다음 공조덕트방식에서 냉방용 프로세스의 ①~⑤와 습공기선도상의 A~E를 검토하여 관련 기호를 쓰시오.

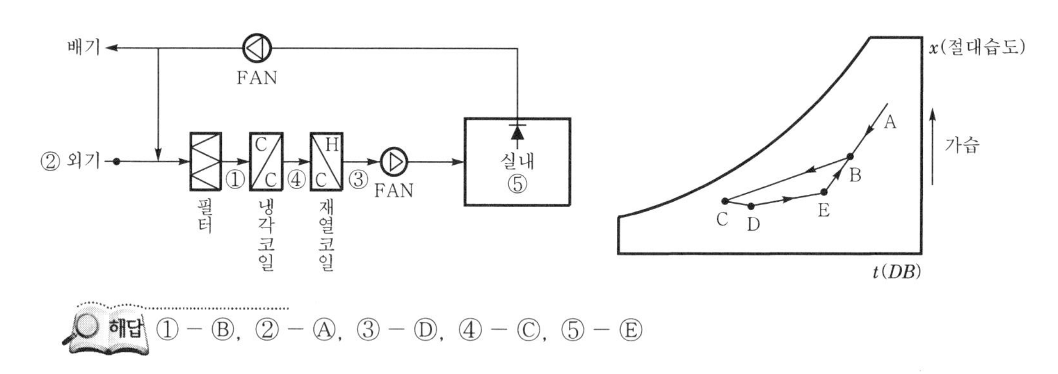

해답 ① - Ⓑ, ② - Ⓐ, ③ - Ⓓ, ④ - Ⓒ, ⑤ - Ⓔ

42 덕트 설치 시 Guide Vane의 설치목적을 쓰시오

해답 가이드베인은 덕트의 굴곡부 내측에 조밀하게 부착하여 기류를 안정시키는 장치이다.

43 다음 혼합공기의 평균온도, 절대습도, 비엔탈피를 구하고, 냉각코일을 이용하여 냉각제습할 경우 코일 출구온도를 구하시오.

구 분	건구온도(t)	비엔탈피(h)	절대습도(x)
외기	32℃	75kJ/kg	0.017%
환기	26℃	55kJ/kg	0.0114%
코일표면온도	13℃		
혼합비율	외기 : 환기=1 : 2		
BF	0.2		

해답 ① 혼합공기의 평균온도(t_m)

$$= \frac{m_1}{m} t_1 + \frac{m_2}{m} t_2 = \frac{1}{3} \times 32 + \frac{2}{3} \times 26 = 28℃$$

② 혼합공기의 절대습도(x_m)

$$= \frac{m_1}{m} x_1 + \frac{m_2}{m} x_2 = \frac{1}{3} \times 0.017 + \frac{2}{3} \times 0.0114 = 0.013 \text{kg}'/\text{kg}$$

③ 혼합공기의 비엔탈피(h_m)

$$= \frac{m_1}{m} h_1 + \frac{m_2}{m} h_2 = \frac{1}{3} \times 75 + \frac{2}{3} \times 55 = 61.67 \text{kJ/kg}$$

④ 냉각코일의 출구온도(t_c)

$$BF = \frac{t_c - t_b}{t_m - t_b}$$

$$\therefore \ t_c = t_b + BF(t_m - t_b) = 13 + 0.2 \times (28 - 13) = 16℃$$

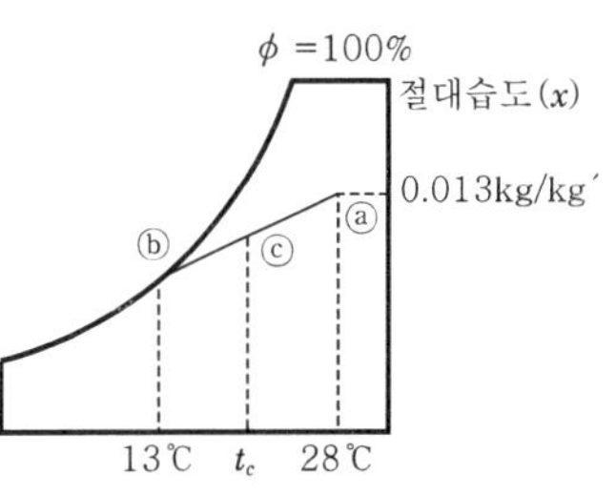

44 다음 그림과 같이 공기조화장치도가 있을 때 각 물음에 답하시오.

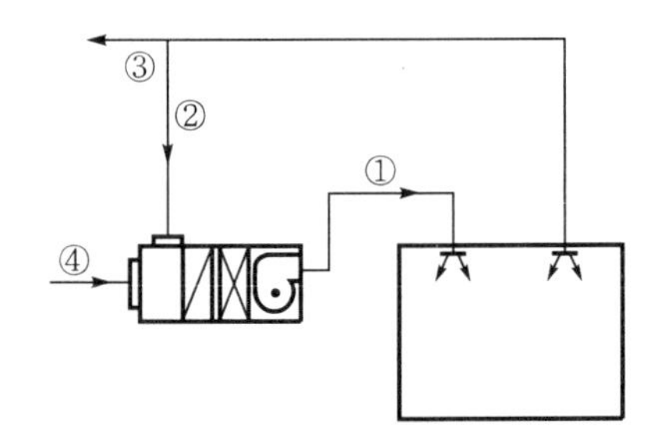

[조 건]

1) 외기온도 : 32℃
2) 실내온도 : 26℃
3) 배기량 : 2,000m³/h
4) 환기량 : 8,000m³/h
5) 외기의 비엔탈피 : 80kJ/kg
6) 환기의 비엔탈피 : 50kJ/kg

1. 각 덕트명 기입
2. 환기 및 배기 겸용 송풍기량, 외기량, 급기량
3. 혼합공기의 평균온도(t_m〔℃〕)
4. 혼합공기의 비엔탈피(h_m〔kJ/kg〕)
5. 배기공기온도〔℃〕

해답 1. ① 급기덕트, ② 환기덕트, ③ 배기덕트, ④ 외기덕트
2. ① 송풍기량=환기량+배기량=8,000+2,000=10,000m^3/h
② 외기량(배기량)=2,000m^3/h
③ 급기량=환기량+외기량=8,000+2,000=10,000m^3/h
3. $t_m = \frac{m_1}{m}t_1 + \frac{m_2}{m}t_2 = \frac{1}{5}\times 32 + \frac{4}{5}\times 26 = 27.2℃$
이때 $m_1 : m_2$=2,000 : 8,000=1 : 4
4. $h_m = \frac{m_1}{m}h_1 + \frac{m_2}{m}h_2 = \frac{1}{5}\times 80 + \frac{4}{5}\times 50 = 56\text{kJ/kg}$
5. 배기공기온도=실내온도=26℃

45 다음 그림은 냉각과정을 보여주고 있다. 각 물음에 답하시오. (단, 공기의 정압비열(C_p)=1.0046kJ/kg·℃, 수증기의 증발잠열(γ_o)=2,501kJ/kg)

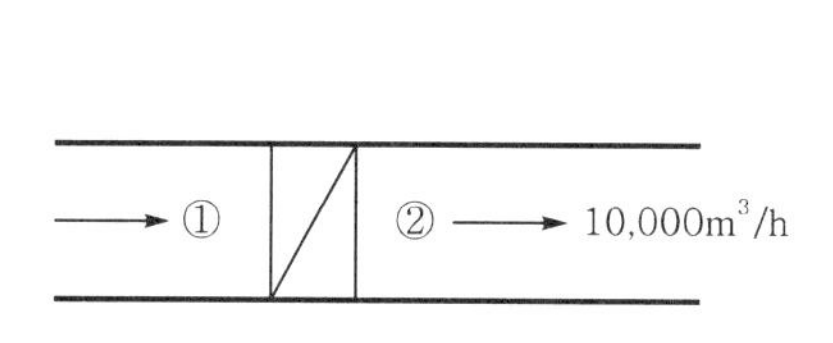

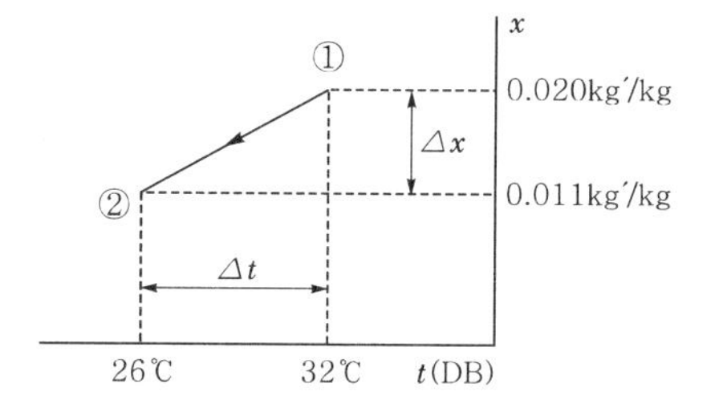

1. 감습량(L[kg/h])
2. 현열량(q_s[kJ/h])
3. 잠열량(q_L[kJ/h])
4. 전열량(q_t[kJ/h])
5. 현열비(SHF)

해답 1. $L = m\Delta x = \rho Q \Delta x = 1.2\times 10{,}000\times(0.02-0.011) = 108\text{kg/h}$
2. $q_s = \rho Q C_p \Delta t = 1.2\times 10{,}000\times 1.0046\times(32-26) = 72331.2\text{kJ/h}$
3. $q_L = \rho Q \gamma_o \Delta x = 1.2\times 10{,}000\times 2{,}501\times(0.02-0.011) = 270{,}108\text{kJ/h}$
4. $q_t = q_s + q_L = 72331.2 + 270{,}108 = 342439.2\text{kJ/h}$
5. $SHF = \frac{q_s}{q_t} = \frac{72331.2}{342439.2} = 0.21$

46 덕트의 소음 방지대책 3가지를 쓰시오

해답 ① 덕트 도중에 흡음재 설치
② 댐퍼나 취출구에 흡음재 부착
③ 송풍기(fan) 출구에 플리넘챔버 장착

47 다음 ( ) 안에 들어갈 용어를 쓰시오.

송풍기의 진동이 덕트에 곧바로 전달되지 않도록 연결부에 설치하는 이음은 (①)이고, 펌프와 배관 사이의 좁은 장소에 진동을 흡수하고 신축성을 주기 위한 이음은 (②)이다.

해답 ① 캔버스(canvas)이음
② 플렉시블(flexible)이음

48 Air filter의 효율(분진포집효율) 측정방법 3가지를 쓰시오

해답 ① 중량법 : 비교적 큰 입자를 대상으로 측정

$$\text{포집효율}(\eta)=\frac{C_1-C_2}{C_1}\times 100\%=\left(1-\frac{C_2}{C_1}\right)\times 100\%$$

② 비색법(변색도법, NBS법) : 오염도를 광전관으로 측정
③ DOP법(계수법) : HEPA(고성능)필터 사용

【참고】 1클래스(class) : 1ft^{3}의 공기체적 중 0.5μm 이상의 미립자수

49 덕트 설계 시 아스펙트비(aspect ratio)에 대해 설명하시오.

해답 $\text{아스펙트비(aspect ratio)}=\dfrac{\text{덕트의 장변치수}(a)}{\text{덕트의 단변치수}(b)}$

덕트의 아스펙트비는 일반적으로 4 : 1로 한다. 8 : 1을 넘지 않도록 하고, 표준은 2 : 1이다.

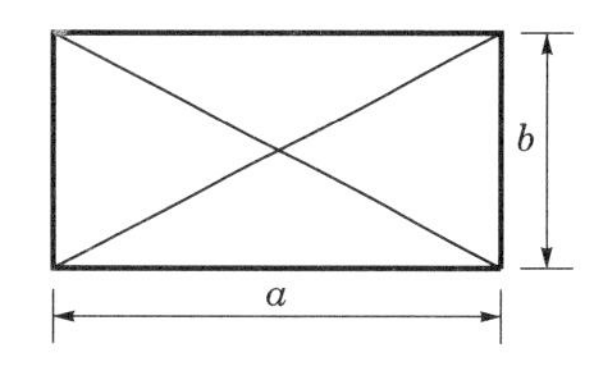

50 송풍기 풍량제어방법 5가지를 기술하시오.

해답 ① 회전수에 의한 제어
② 가변피치제어
③ 흡입베인제어
④ 토출댐퍼제어
⑤ 흡입댐퍼제어

51 송풍기의 상사법칙을 설명하시오.

해답 ① 송풍량 : $\dfrac{Q_2}{Q_1}=\left(\dfrac{N_2}{N_1}\right)\left(\dfrac{D_2}{D_1}\right)^3$

② 정압 : $\dfrac{P_2}{P_1}=\left(\dfrac{N_2}{N_1}\right)^2\left(\dfrac{D_2}{D_1}\right)^2$

③ 축동력 : $\dfrac{L_{s2}}{L_{s1}}=\left(\dfrac{N_2}{N_1}\right)^3\left(\dfrac{D_2}{D_1}\right)^5$

52 덕트 취출구의 종류를 3가지 이상 쓰시오.

해답 ① 축류형 취출구 : 노즐형, 펑커 루버형, 베인격자형(고정베인형, 가동베인형, 그릴(grille, 토출구 흡입구에 셔터(shutter)가 없는 것), 레지스터(register, 토출구 흡입구에 셔터가 있는 것), 라인(line)형(브리즈형, 캄라인형, T라인형, 슬롯형, 다공판형)

② 복류형 취출구 : 팬(Pan)형, 아네모스탯(anemostat)형

【참고】 1. 덕트의 각 취출구 형상

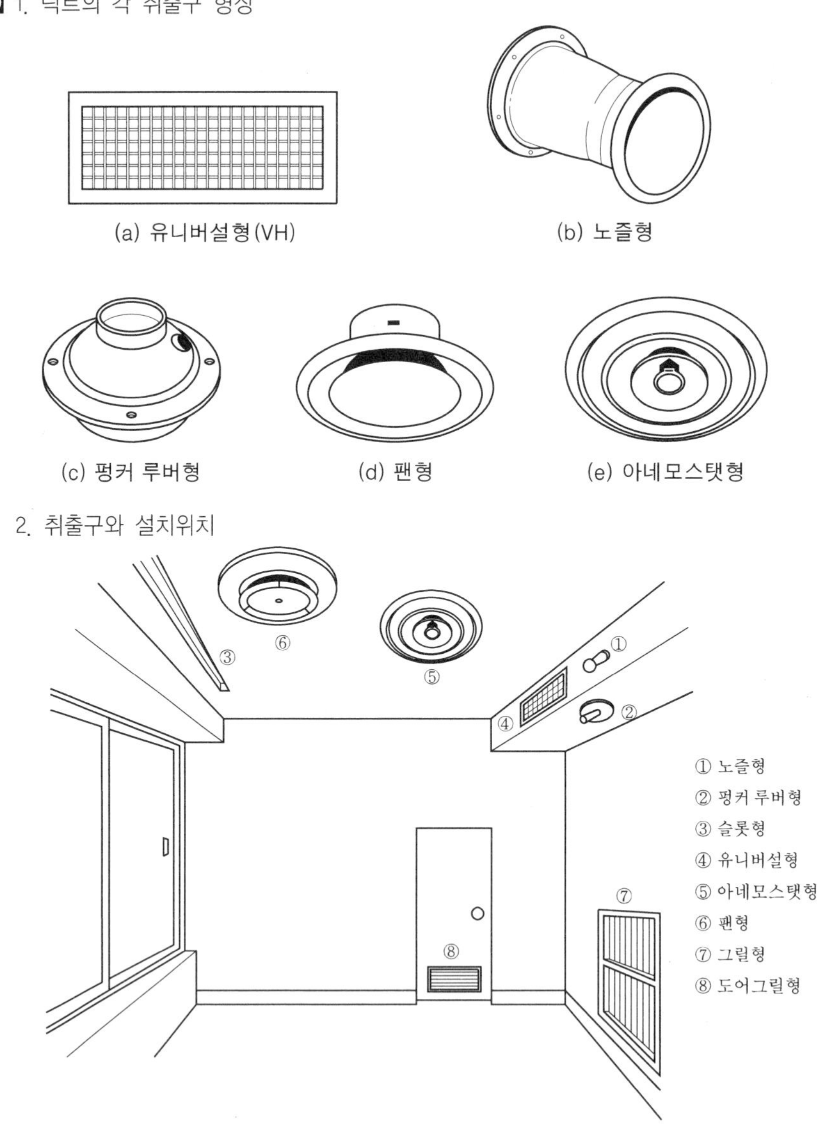

(a) 유니버설형(VH)　(b) 노즐형

(c) 펑커 루버형　(d) 팬형　(e) 아네모스탯형

2. 취출구와 설치위치

53 어느 사무실의 기계실공사의 공사원가항목이 다음과 같을 때 총공사비를 산출하시오.

[조 건]

1) 재료비 : 60,585,000원	2) 직접노무비 : 40,000,000원
3) 간접노무비 : 직접노무비의 20%	4) 경비 : 4,500,000원
5) 일반관리비 : 순공사원가의 6%	6) 이윤 : 노무비, 경비, 일반관리비의 15%

해답 ① 일반관리비=순공사원가×6%=〔재료비+(직접노무비+간접노무비)+경비〕×0.06
=〔60,585,000+(40,000,000+40,000,000×0.2)+4,500,000〕×0.06
=6,785,100원

② 이윤=〔(직접노무비+간접노무비)+경비+일반관리비〕×15%
=〔(40,000,000+40,000,000×0.2)+4,500,000+6,785,100〕×0.15
=8,892,765원

③ 총공사비=순공사원가+일반관리비+이윤
=재료비+(직접노무비+간접노무비)+경비+일반관리비+이윤
=60,585,000+(40,000,000+40,000,000×0.2)+4,500,000+6,785,100+8,892,765=128,762,865원

54 다음과 같은 덕트 보온공사 일위대가표를 참조하여 재료비 및 노무비를 산출하시오.

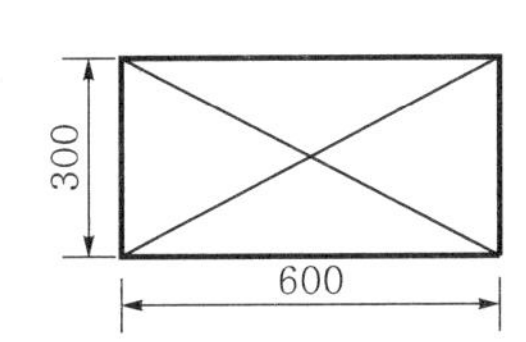

[조 건]
1) 덕트 단면 : 600mm×300mm
2) 덕트길이 : 10m
3) 덕트의 보온두께 : 25mm
4) 보온재료 : 유리솜보온관

CHAP. 3

일위대가표(덕트 보온(유리솜) 25t)(〔m^2〕당)

품 명	규 격	단 위	수 량	재료비		노무비	
				단 가	금 액	단 가	금 액
유리솜보온관	25T×60kg/m^3	m^2	1.2	2,900	3,480		
클립		본	12	0	600		
접착제		kg	0.1	50	530		
보드지	C300	m^2	1.3	5,300	274.3		
아스팔트펠트지	1m×42m×30kg	m^2	1.3	0	806.0		
은박지	양면	m^2	1.3	211	383.5		
잡재료비	보온재값의 5%	식	1	620	174.0		
보온공		인	0.53	295		63,143	33465.8
계					6,247		33,465

해답 ① 덕트량 : 2×(0.6+0.3)×10=18m^2
② 재료비 : 6,247×18=112,446원
③ 노무비 : 33,465×18=602,370원

55 다음의 덕트설비도에서 아연철판의 양[m²]과 덕트공[인]을 구하고, 자재비와 노무비를 산출하시오. (단, 덕트 부속류에 대한 사항은 고려하지 않는다.)

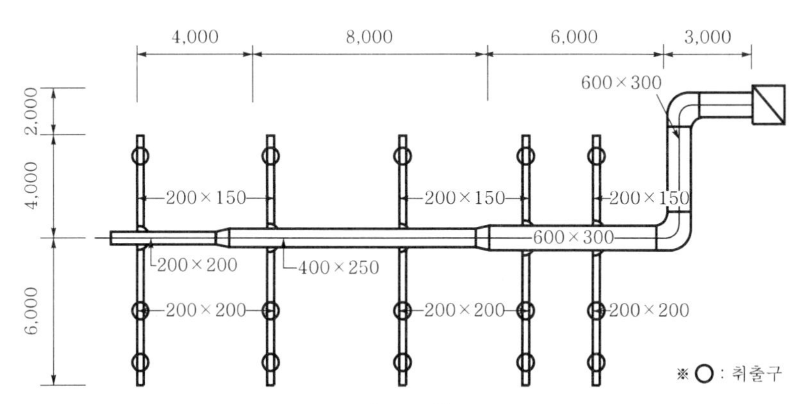

[조 건]

1) 덕트 내 기류속도 : 13m/s
2) 장방형 덕트
3) 취출구는 플렉시블(flexible)호스로 연결한다(ϕ125).
4) 덕트공은 덕트의 제작 및 설치에 관한 사항이다.
5) 각형 덕트 제작 및 설치노무량 품셈([m²]당 덕트공)

규 격		제 작	설 치	제작 및 설치
아연철판 (피츠버그 접수)	호칭두께 0.5m/m	0.24	0.20	0.44
	0.6m/m	0.26	0.21	0.47
	0.8m/m	0.28	0.22	0.50
	1.0m/m	0.33	0.27	0.60
	1.2m/m	0.37	0.31	0.68
	1.6m/m	0.48	0.39	0.87

6) 단가표

명 칭	규격[mm]	단가[원]
아연도철판	0.5	2,800
	0.6	2,600
	0.8	2,400
	1.0	2,200
	1.2	1,900
덕트공(人)		13,500

해답 ① 두께별 재료량

덕트크기	철판두께[mm]	재료량[m²]
600×300	0.6	2×(0.6+0.3)×(3+6+6)=27
400×250	0.5	2×(0.4+0.25)×8+2×(0.2+0.2)×(4+6+6+6+6+6)+2×(0.2+0.15)×(4+4+4+4+4)=51.6
200×200		
200×150		

※ 제시된 조건에서 13m/s의 기류속도는 저속덕트에 해당된다.

② 덕트공

철판두께	두께별 덕트공(인)	총덕트공(인)
0.6	27×0.47=12.69	12.69+22.70≒36
0.5	51.6×0.44=22.70	

③ 자재비 및 노무비

구 분	비용
자재비	(51.6×2,800)+(27×2,600)=214,680원
노무비	36×13,500=486,000원

56 다음 도면을 보고 덕트물량과 공량을 산출하시오. (단, 할증은 무시한다.)

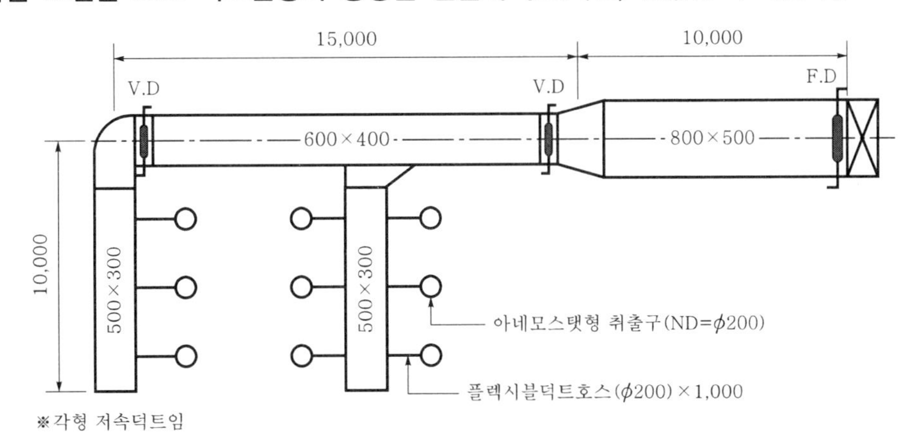

[조 건]

1) 덕트의 철판두께

두께(mm)	각형 덕트의 장변(mm)	
	저 속	고 속
0.5	450 이하	–
0.6	451~750	–
0.8	751~1,500	450 이하
1.0	1,501~2,250	451~1,200
1.2	2,251 이상	1,201 이상

2) 덕트 제작 및 설치([m^2]당 덕트공사)

규 격		제 작	설 치	제작 및 설치
아연철판 (피츠버그 접수)	호칭두께 0.5m/m	0.24	0.20	0.44
	0.6m/m	0.26	0.21	0.47
	0.8m/m	0.28	0.22	0.50
	1.0m/m	0.33	0.27	0.60
	1.2m/m	0.37	0.31	0.68
	1.6m/m	0.48	0.39	0.87

3) 취출구 신설([개]당)

규 격		덕트공	규 격		덕트공
아네모스탯형 목지름	100mm 125mm 150mm 200mm 300mm 350mm 400mm 450mm 500mm 550mm 600mm	0.60 0.70 0.70 0.70 0.75 0.75 0.80 0.80 0.80 0.85 0.90	유니버설형 변길이	1m 이내 1m 이상	0.46 1.30
			펀칭메탈 길이	1m 이내 (셔터) 1m 이상 (셔터)	0.30 0.42 0.85 1.19
			SL형 변길이	1m 이내 1m 이상	0.46 1.30

※ 높이가 3.5m 이상일 경우 가설물손료는 별도로 가산한다.

4) 흡입구 댐퍼류 신설([개]당)

규 격		덕트공
그릴(도어그릴) 흡입구 변길이	1m 이내 1m 이상	0.74 1.20
방화댐퍼 면적	$0.1m^2$ 이하 $0.1m^2$ 증가마다	0.55 0.15 가산
풍량조절댐퍼(수동식) 면적	$0.1m^2$ 이하 $0.1m^2$ 증가마다	0.50 0.12 가산
점검구(손이 들어갈 정도)		0.50
Hood 투영면적	$[m^2]$당 (2중) $[m^2]$당 (그리스필터) $[m^2]$당 (2중그리스필터) $[m^2]$당	0.80 0.96 0.86 1.00

※ 높이가 3.5m 이상일 경우 가설물손료는 별도로 가산한다.

5) 플렉시블덕트호스 신설 : 호스 1m당 0.1인(人)으로 산정한다.

해답 1) 물량

① 덕트 : $2\times(0.5+0.3)\times2\times10+2\times(0.6+0.4)\times15=62m^2$

0.8t일 때 $2\times(0.8+0.5)\times10=26m^2$

② 댐퍼

㉠ $FD=0.8\times0.5=0.4m^2$

㉡ $VD=0.6\times0.4=0.24m^2\times2EA$

③ 취출구 : 아네모스탯형 취출구(ND200) 9EA

④ 플렉시블덕트호스($\phi200$) : $1m\times9EA$

2) 공량

품 명		공량(인)
덕트공	0.6t	62×0.47=29.14인
	0.8t	26×0.5=13인
댐퍼 설치공	FD	0.55+0.3/0.1×0.15=1인
	VD	(0.5+0.14/0.1×0.12)×2EA=1.336인
취출구 설치공		0.7인/EA×9EA=6.3인
플렉시블덕트호스 설치공		0.1인×1m×9EA=0.9인
계		51.68인≒52인

57 **다음 그림은 배기용 저속덕트의 평면도이다. 각 물음에 답하시오.**

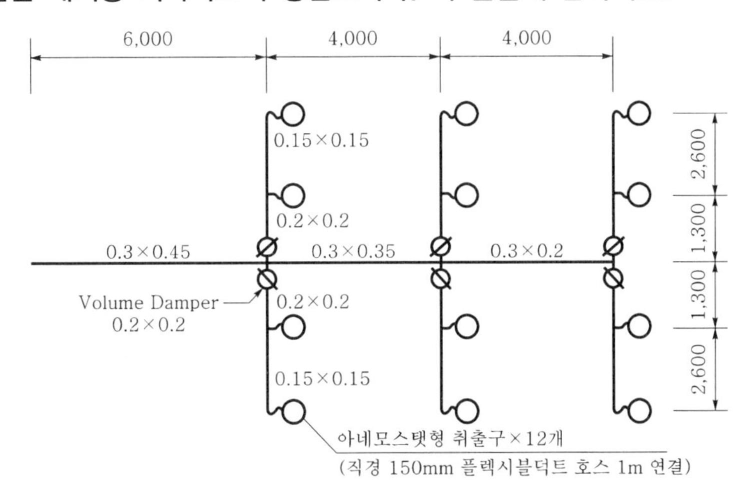

[조 건]

1) 저속덕트의 철판두께는 0.5mm
2) 저속덕트의 두께가 0.5mm인 경우 제작 및 설치공은 $[m^2]$당 0.44인
3) 플렉시블덕트호스 설치공은 1m당 0.1인
4) 댐퍼류는 개소당 $0.1m^2$ 이하마다 0.5인, $0.1m^2$ 증가마다 0.12인씩 가산
5) 취출구가 150mm인 경우 0.7인/개(아네모스탯형 취출구기준)

1. 덕트공[인]
2. 댐퍼류 설치공[인]
3. 취출구 설치공[인]
4. 플렉시블덕트호스 설치공[인]

해답 1. 덕트공

① 덕트면적 : $[2\times(0.15+0.15)\times2.6\times6]+[2\times(0.2+0.2)\times1.3\times6]+[2\times(0.3+0.45)\times6]+[2\times(0.3+0.35)\times4]+[2\times(0.3+0.2)\times4]=33.8m^2$

② 설치공 : $33.3m^2\times0.44$인$/m^2=14.872$인

2. 댐퍼류 설치공(6개소)
   ① 댐퍼 개소당 면적 : $0.2 \times 0.2 = 0.04\text{m}^2$
   ② 설치공 : $6 \times 0.5 = 3$인
      ※ 0.1m^2 이하이므로 0.5인 적용
3. 취출구 설치공(12개소)
   ① 아네모스탯형 목지름(ϕ150) : 0.7인/개(EA)
   ② 설치공 : $0.7 \times 12 = 8.4$인
4. 플렉시블덕트호스 설치공(취출구당 1m, 12개소) : 0.1인/m$\times 12 = 1.2$인

58 **알루미늄(Al)새시 두 짝 미닫이에서 창문높이가 2m이고 폭이 2m일 때 crack에 의한 극간길이와 침입풍량이 $10\text{m}^3/\text{m}\cdot\text{h}$일 때 극간풍량을 계산하여라.**

① 극간길이$(L) = 3h + 2b = 3 \times 2 + 2 \times 2 = 10\text{m}$
② 극간풍량(Q)=침입풍량$(Q_c)\times$극간길이$(L) = 10 \times 10 = 100\text{m}^3/\text{h}$

【참고】 두 짝 미닫이(미서기문)

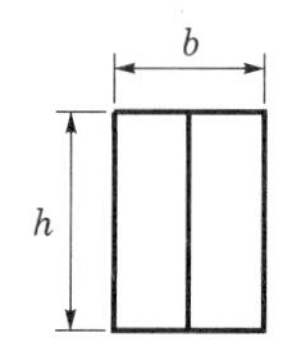

부록

과년도 기출문제

Engineer Air-Conditioning Refrigerating Machinery

2005년도 기출문제

2005. 5. 1. 시행

01 다음 그림과 같은 조건의 온수난방 설비에 대하여 각 물음에 답하시오. (18점)

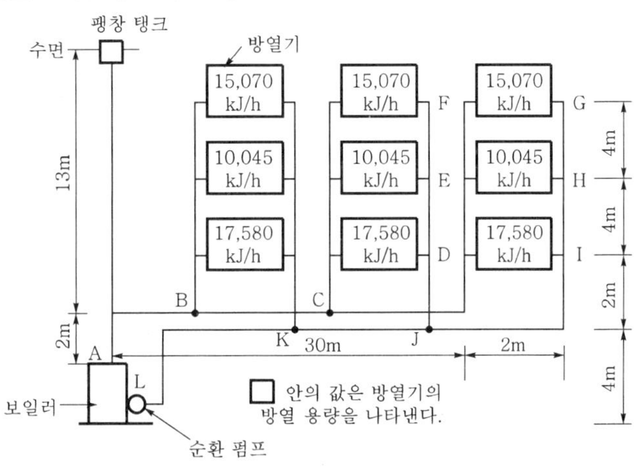

[조 건]

1) 방열기 출·입구 온도차 : 10℃
2) 배관 손실 : 방열기 방열 용량의 20%
3) 순환 펌프 양정 : 2m
4) 보일러, 방열기 및 방열기 주변의 지관을 포함한 배관 국부 저항의 상당 길이는 직관 길이의 100%로 한다.
5) 배관의 관지름 선정은 다음 표에 의한다. (단, 표 내 값의 단위 : 〔L/min〕)

압력 강하 〔mmAq/m〕	관지름(A)					
	10	15	25	32	40	50
5	2.3	4.5	8.3	17.0	26.0	50.0
10	3.3	6.8	12.5	25.0	39.0	75.0
20	4.5	9.5	18.0	37.0	55.0	110.0
30	5.8	12.6	23.0	46.0	70.0	140.0
50	8.0	17.0	30.0	62.0	92.0	180.0

6) 예열 부하 할증률은 25%로 한다.
7) 온도차에 의한 자연 순환 수두는 무시한다.
8) 배관 길이가 표시되어 있지 않은 곳은 무시한다.

1. 전 순환 수량〔L/min〕을 구하시오.

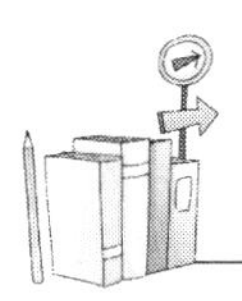

2. B－C 간의 관지름(mm)을 구하시오.
3. 보일러 용량(kW)을 구하시오.

해설 1. $Q = WC(t_o - t_i) \times 60$에서

전 순환 수량$(W) = \dfrac{Q}{C(t_o - t_i) \times 60} = \dfrac{(15{,}070 + 10{,}045 + 17{,}580) \times 3}{4.186 \times 10 \times 60}$

$= 51\,\text{kg/min} (= 51\text{L/min})$

2. B－C 간의 관지름

① 보일러에서 최원 방열기까지 거리$(L) = 2 + 30 + 2 + (4 \times 4) + 2 + 2 + 30 + 4 = 88\,\text{m}$

② 국부 저항 상당길이는 직관 길이의 100%이므로 88m이고, 순환 펌프 양정이 2m이므로,

$H = \Delta p(L + L')$에서

압력 강하 $\Delta p = \dfrac{H}{L + L'} = \dfrac{2{,}000}{88 + 88} \fallingdotseq 11.364\,\text{mmAq/m}$

③ 제시된 표에서 10mmAq/m(압력 강하는 적은 것을 선택함)의 난을 이용해서 순환 수량 34L/min(B－C 간)이므로 관지름은 40mm이다.

3. 보일러 용량

방열기 합계 열량에 배관 손실 20%, 예열 부하 할증률 25%를 포함한다.

정격 출력$(\text{kW}) = (15{,}070 + 10{,}045 + 17{,}580) \times 3 \times 1.2 \times 1.25$

$= 192127.5\,\text{kJ/h} = 53.34\,\text{kW}$

02

다음 그림은 −100℃ 정도의 증발 온도를 필요로 할 때 사용되는 2원 냉동 사이클의 $P-h$ 선도이다. $P-h$ 선도를 참고로 하여 각 지점의 비엔탈피로서 2원 냉동 사이클의 성적 계수(ε)를 나타내시오. (단, 저온 증발기의 냉동 능력 : Q_{2L}, 고온 증발기의 냉동 능력 : Q_{2H}, 저온부의 냉매 순환량 : m_1, 고온부의 냉매 순환량 : m_2) (10점)

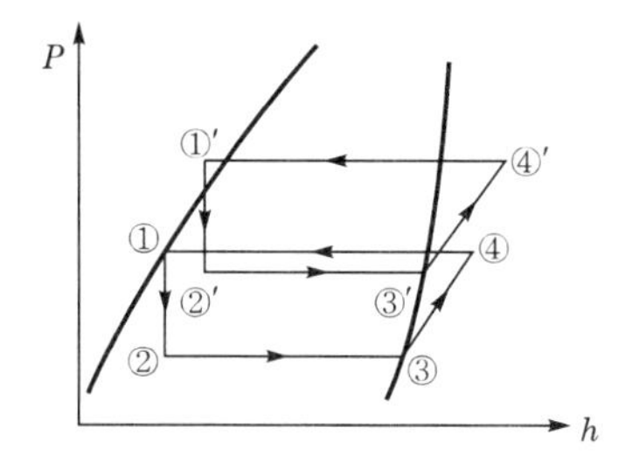

해설 성적 계수$(\varepsilon_H) = \dfrac{Q_{2L}}{m_1(h_4 - h_3) + m_2(h_4' - h_3')}$

03

반원형 단면 덕트의 지름이 50cm일 때 같은 저항과 풍량을 갖는 원형 덕트의 지름을 구하시오. (6점)

해설 원형 덕트 지름$(D_H) = \left(\dfrac{\pi}{\pi + 2}\right) D_R = \dfrac{\pi}{\pi + 2} \times 50 \fallingdotseq 30.55\,\text{cm}$

04 **외기 온도가 0℃, 습도 60%인 공기를 26℃, 50%의 상대 습도로 만들려 할 때 건조 공기 1kg에 대해서 얼마의 수증기를 가해야 하는가?** (단, 대기압은 757mmHg, 수증기 분압은 0℃일 때 2.748mmHg, 26℃일 때 12.6mmHg이다. 소수점 처리는 다섯째 자리까지 구한다.) (6점)

해설 ① 0℃일 때 절대 습도$(x_1) = 0.622\left(\dfrac{P_w}{P-P_w}\right) = 0.622 \times \dfrac{2.748}{757-2.748} ≒ 0.00227\,\text{kg}'/\text{kg}$

② 26℃일 때 절대 습도$(x_2) = 0.622\left(\dfrac{P_w'}{P-P_w'}\right) = 0.622 \times \dfrac{12.6}{757-12.6} ≒ 0.01053\,\text{kg}'/\text{kg}$

③ 가습 수증기량$(L) = x_2 - x_1 = 0.01053 - 0.00227 ≒ 0.00826\,\text{kg}'/\text{kg}$

05 **재실자 20명이 있는 실내에서 1인당 CO_2 발생량이 0.015m³/h일 때 실내 CO_2 농도를 1,000ppm으로 유지하기 위하여 필요한 환기량을 구하시오.** (단, 외기의 CO_2 농도=300ppm) (6점)

해설 환기량$(Q) = \dfrac{M}{C_i - C_o} = \dfrac{20 \times 0.015}{0.001-0.0003} = 428.57\,\text{m}^3/\text{h}$

06 **다음과 같은 조건의 건물 중간층 난방 부하를 구하시오.** (30점)

[조 건]

1) 열관류율[W/m²·K] : 천장 0.98, 바닥 1.91, 문 3.95, 유리창 6.63
2) 난방실의 실내 온도 : 25℃, 비난방실의 온도 : 5℃, 외기 온도 : −10℃, 상·하층 난방실의 실내 온도 : 25℃
3) 벽체 표면의 열전달률

구 분	표면 위치	대류의 방향	열전달률[W/m²·K]
실내측	수직	수평(벽면)	9.30
실외측	수직	수직·수평	23.26

4) 방위 계수(k_D)

방 위	방위 계수(k_D)
북쪽, 외벽, 창, 문	1.1
남쪽, 외벽, 창, 문, 내벽	1.0
동쪽, 서쪽, 창, 문	1.05

5) 환기 횟수 : 난방실 1회/h, 비난방실 3회/h
6) 공기의 정압 비열 : 1.005kJ/kg·℃, 공기 밀도 : 1.2kg/m³

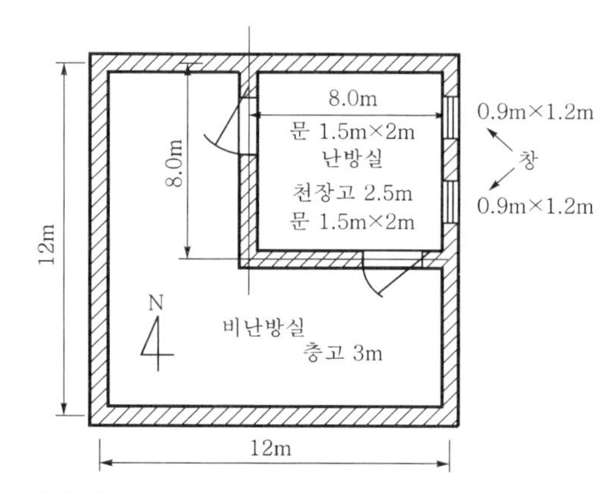

벽체의 종류	구 조	재 료	두께[mm]	열전도율[W/m·K]
외벽		타일 모르타르 콘크리트 모르타르 플라스터	10 15 120 15 3	1.28 1.54 1.64 1.54 0.60
내벽		콘크리트	100	1.54

1. 외벽과 내벽의 열관류율을 구하시오.
2. 다음 부하 계산을 하시오.
   ① 벽체를 통한 부하　　② 유리창을 통한 부하
   ③ 문을 통한 부하　　④ 간극풍 부하(환기 횟수에 의함)

 해설 1. ① 외벽을 통한 열관류율

$$K_o = \frac{1}{R} = \frac{1}{\frac{1}{\alpha_i} + \sum_{i=1}^{n} \frac{l_i}{\lambda_i} + \frac{1}{\alpha_o}}$$

$$= \frac{1}{\frac{1}{9.30} + \frac{0.01}{1.28} + \frac{0.015}{1.54} + \frac{0.12}{1.64} + \frac{0.015}{1.54} + \frac{0.003}{0.60} + \frac{1}{23.26}} = 3.91\,\mathrm{W/m^2 \cdot K}$$

② 내벽을 통한 열관류율

$$K_i = \frac{1}{R} = \frac{1}{\frac{1}{\alpha_i} + \frac{l}{\lambda} + \frac{1}{\alpha_i}}$$

$$= \frac{1}{\frac{1}{9.30} + \frac{0.1}{1.54} + \frac{1}{9.30}} = 3.57\,\mathrm{W/m^2 \cdot K}$$

2. ① 벽체를 통한 부하(Q_{wall})

※ $1\,\mathrm{W} = 10^{-3}\mathrm{kW} = 3.6\,\mathrm{kJ/h}\,(1\,\mathrm{kW} = 1\,\mathrm{kJ/s} = 3{,}600\,\mathrm{kJ/h})$

㉠ 외벽

· 동쪽$(Q_E) = k_D K_o A_1 (t_r - t_o)$

$= 1.05 \times 3.91 \times \{(8 \times 3) - (0.9 \times 1.2) \times 2\} \times \{25 - (-10)\}$

$= 3138.24\,\text{W} (= 11297.68\,\text{kJ/h})$

· 북쪽$(Q_N) = k_D K_o A_2 (t_r - t_o) = 1.1 \times 3.91 \times (8 \times 3) \times \{25 - (-10)\}$

$= 3612.84\,\text{W} (= 13006.22\,\text{kJ/h})$

㉡ 내벽

· 남쪽$(Q_S) = K_i A_3 \Delta t = 3.57 \times \{(8 \times 2.5) - (1.5 \times 2)\} \times (25 - 5)$

$= 1213.8\,\text{W} (= 4369.68\,\text{kJ/h})$

· 서쪽$(Q_W) = K_i A_4 \Delta t = 3.57 \times \{(8 \times 2.5) - (1.5 \times 2)\} \times (25 - 5)$

$= 1213.8\,\text{W} (= 4369.68\,\text{kJ/h})$

$\therefore\ Q_{\text{wall}} = Q_E + Q_N + Q_S + Q_W = 11297.68 + 13006.22 + 4369.68 + 4369.68$

$= 33043.26\,\text{kJ/h} (\fallingdotseq 9.18\,\text{kW})$

② 유리창을 통한 부하(Q_g)

$Q_g = k_D K A \Delta t$

$= 1.05 \times 6.63 \times (0.9 \times 2) \times 2 \times \{25 - (-10)\} = 1062.32\,\text{W} (= 3824.37\,\text{kJ/h})$

③ 문을 통한 부하(Q_d)

$Q_d = KA\Delta t = 3.95 \times (1.5 \times 2) \times 2 \times (25 - 5) = 1812.75\,\text{W} (= 6525.90\,\text{kJ/h})$

④ 간극풍 부하(Q_c)

$Q_c = \rho Q C_p (t_r - t_o) = \rho n V C_p (t_r - t_o)$

$= 1.2 \times 1 \times 8 \times 8 \times 2.5 \times 1.005 \times \{25 - (-10)\}$

$= 6753.6\,\text{W} (= 24312.96\,\text{kJ/h})$

【참고】 난방 부하(Q_H)

$Q_H =$ 벽체 부하$(Q_{\text{wall}}) + Q_g + Q_d + Q_c$

$= 33043.26 + 3824.37 + 6525.90 + 24312.96 = 67706.49\,\text{kJ/h} (\fallingdotseq 18.81\,\text{kW})$

07 **다음 그림 (a), (b)는 응축 온도 35℃, 증발 온도 −35℃로 운전되는 냉동 사이클을 나타낸 것이다. 이 두 냉동 사이클 중 어느 것이 에너지 절약 차원에서 유리한가를 계산하여 비교하시오.** (12점)

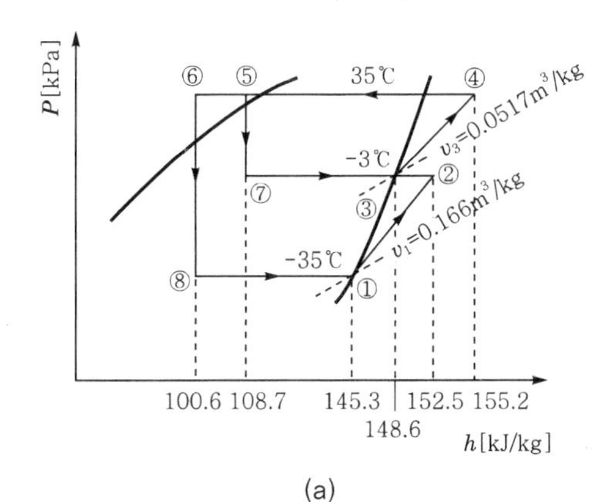

(a)

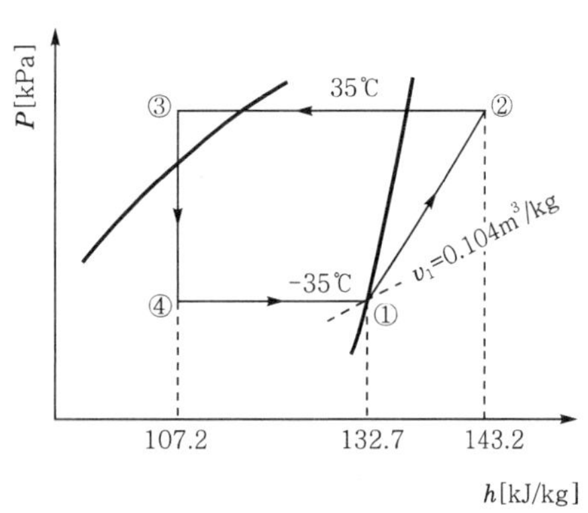

(b)

해설 ① 저단측 냉매 순환량을 1kg/h라고 가정하고 (a) 사이클 성적 계수를 ε_1이라 하면

㉠ 저단 압축기 일의 열당량$= h_2 - h_1$〔kJ/h〕

㉡ 고단 압축기 일의 열당량$=\left(\dfrac{h_2-h_6}{h_3-h_5}\right)(h_4-h_3)$〔kJ/h〕

㉢ 성적 계수$(\varepsilon_1)=\dfrac{h_1-h_8}{(h_2-h_1)+\left(\dfrac{h_2-h_6}{h_3-h_5}\right)(h_4-h_3)}$

$$=\frac{145.3-100.6}{(152.5-145.3)+\dfrac{152.5-100.6}{148.6-108.7}\times(155.2-148.6)}$$

$$\fallingdotseq 2.8318 \fallingdotseq 2.832$$

② (b) 사이클의 성적 계수를 ε_2라 하면

$$\varepsilon_2=\frac{h_1-h_4}{h_2-h_1}$$

$$=\frac{132.7-107.2}{143.2-132.7}\fallingdotseq 2.43$$

③ 비율$=\dfrac{\varepsilon_1-\varepsilon_2}{\varepsilon_1}\times 100\%$

$$=\frac{2.832-2.429}{2.832}\times 100\% \fallingdotseq 14.23\%$$

∴ (a) 사이클이 양호하다. 즉, (a) 사이클이 에너지 절약 차원에서 유리하다.

08

응축 온도가 43℃인 횡형 수냉 응축기에서 냉각수 입구 온도 32℃, 출구 온도 37℃, 냉각수 순환 수량 300L/min이고 응축기 전열 면적이 20m²일 때 다음 각 물음에 답하시오. (단, 응축 온도와 냉각수의 평균 온도차는 산술 평균 온도차로 한다.) (12점)

1. 응축기 냉각 열량은 몇 〔kJ/h〕인가?
2. 응축기 열통과율은 몇 〔W/m²·K〕인가?
3. 냉각수 순환량 400L/min일 때 응축 온도는 몇 〔℃〕인가? (단, 응축 열량, 냉각수 입구 수온, 전열 면적, 열통과율은 같은 것으로 한다.)

해설 1. 냉각 열량$(Q_c) = WC(t_2-t_1)\times 60 = 300\times 4.186\times(37-32)\times 60 = 376{,}740\,\text{kJ/h}$

2. 열통과율$(k)=\dfrac{Q_c}{A\left(t_c-\dfrac{t_i+t_o}{2}\right)}=\dfrac{\dfrac{376{,}740}{3.6}}{20\times\left(43-\dfrac{32+37}{2}\right)}\fallingdotseq 615.59\,\text{W/m}^2\cdot\text{K}$

3. 응축 온도

① 냉각수 출구 온도$(t_{w_2}) = 32+\dfrac{376{,}740}{400\times 60\times 4.186}=35.75℃$

② 응축 온도$(t_c)=\dfrac{\dfrac{376{,}740}{3.6}}{615.59\times 20}+\dfrac{32+35.75}{2}\fallingdotseq 42.37℃$

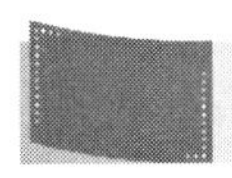

2005. 7. 10. 시행

01 **어느 사무실의 취득 열량 및 외기 부하를 산출하였더니 다음과 같았다. 각 물음에 답하시오.** (단, 급기 온도와 실온의 차이는 11℃로 하고, 공기의 밀도는 1.2kg/m³, 공기의 정압 비열은 1.005kJ/kg·℃이다. 계산상 안전율은 고려하지 않는다.) (6점)

구 분	현열〔kJ/h〕	잠열〔kJ/h〕
벽체로부터의 열취득	25,116	0
유리로부터의 열취득	33,488	0
바이패스 외기 열량	586	2,512
재실자 발열량	4,019	5,024
형광등 발열량	10,046	0
외기 부하	5,860	20,093

1. 실내 취득 현열량〔kJ/h〕을 구하시오.
2. 냉각 코일 부하〔kJ/h〕를 구하시오.

해설 1. 실내 취득 현열량(Q_s) $= 25,116 + 33,488 + 586 + 4,019 + 10,046$
$= 73,255\,\text{kJ/h}$

2. 냉각 코일 부하
① 실내 취득 잠열량(Q_L)
$Q_L = 2,512 + 5,024 = 7,536\,\text{kJ/h}$
② 소요 냉방 풍량(Q)
$Q_s = \rho Q C_p \Delta t$에서
$$Q = \frac{Q_s}{\rho C_p \Delta t} = \frac{73,255}{1.2 \times 1.005 \times 11} = 5522.01\,\text{m}^3/\text{h}$$
③ 냉각 코일 부하(Q_C) $= Q_s + Q_L +$ 외기 부하(= 현열 + 잠열)
$= 73,255 + 7,536 + (5,860 + 20,093)$
$= 106,744\,\text{kJ/h}$

02 **다음 그림의 증기 배관에서 벨로즈형 감압 밸브 주위 부품을 [보기]에서 찾아 ○ 안에 기입하시오.** (12점)

[보 기]

슬루스 밸브	벨로즈형 감압 밸브
스트레이너	안전밸브
압력계	구형 밸브

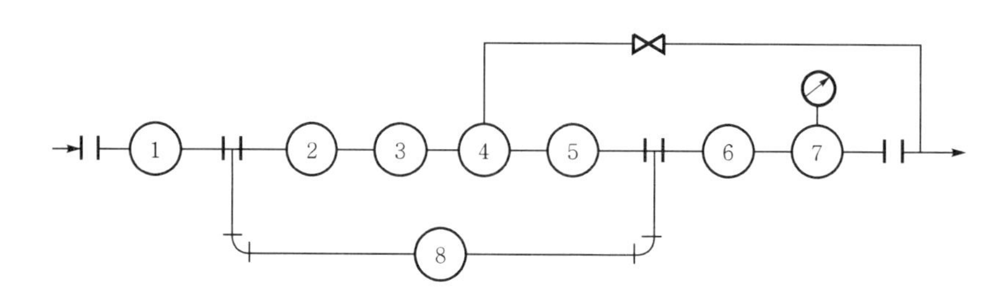

해설 ① 압력계 ② 슬루스 밸브 ③ 스트레이너
④ 벨로즈형 감압 밸브 ⑤ 슬루스 밸브 ⑥ 안전밸브
⑦ 압력계 ⑧ 구형 밸브

03

다음과 같은 공장 내부에 각 취출구에서 3,000m³/h로 취출하는 환기 장치가 있다. 다음 각 물음에 답하시오. (단, 주덕트 내의 풍속은 10m/s로 하고, 곡관부 및 기기의 저항은 다음과 같다.) (15점)

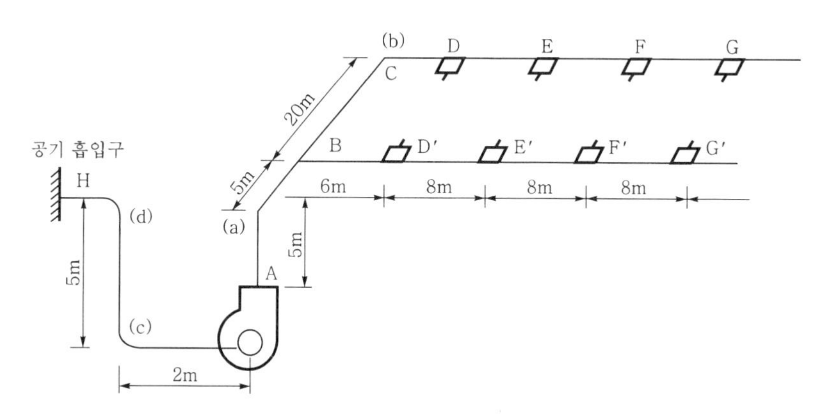

[조 건]

1) 곡관부 저항

① (a)부 : $R_1 = \zeta \dfrac{{V_1}^2}{2g}\left(\text{단, } \zeta_1 = \dfrac{V_3}{V_1},\ V_1 = 10\text{m/s},\ \text{B}-\text{D 간의 풍속}\right)$

② (b)부 : $R_2 = \zeta_2 \dfrac{{V_2}^2}{2g}(\text{단, } \zeta_2 = 0.33,\ V_2 = \text{B}-\text{C}-\text{D 간의 풍속})$

③ (c), (d)부 : $R_3 = \zeta_3 \dfrac{{V_1}^2}{2g}(\text{단, } \zeta_3 = 0.33,\ V_1 = 10\text{m/s})$

2) 기기의 저항

① 공기 흡입구 : 5mmAq

② 공기 취출구 : 5mmAq

③ 댐퍼 등 기타 : 3mmAq

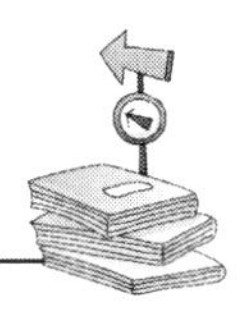

1. 정압법(0.1mmAq/m)에 의한 풍량, 풍속, 원형 덕트의 크기를 구하시오.

구 간	풍량[m^3/h]	저항[mmAq/m]	원형 덕트[cm]	풍속[m/s]
H－A－B		0.1		
B－C－D(B－D′)		0.1		
D－E(D′－E′)		0.1		
E－F(E′－F′)		0.1		
F－G(F′－G′)		0.1		

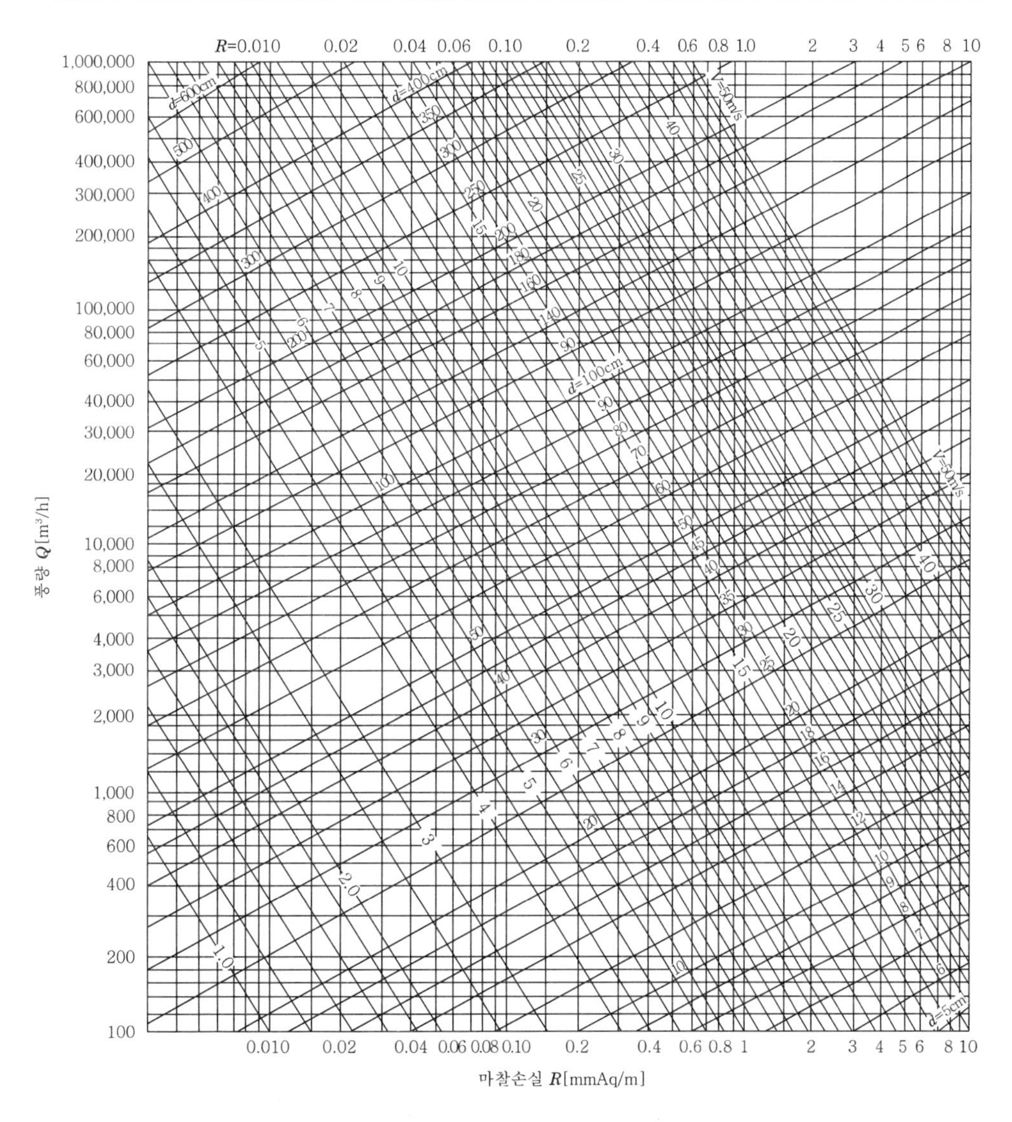

2. 송풍기 필요 정압[mmAq]을 구하시오.

해설 1.

구 간	풍량 [m³/h]	저항 [mmAq/m]	원형 덕트 [cm]	풍속 [m/s]
H－A－B	24,000	0.1	95	10
B－C－D(B－D′)	12,000	0.1	73	8.2
D－E(D′－E′)	9,000	0.1	65	7.6
E－F(E′－F′)	6,000	0.1	55	7
F－G(F′－G′)	3,000	0.1	45	6

2. ① 토출 덕트 손실$=(5+5+20+6+8+8+8)\times 0.1=6\,\text{mmAq}$

(a)곡부$=\dfrac{V_3}{V_1}=\dfrac{8.2}{10}=0.82,\ R_a=0.82\times\dfrac{10^2}{2\times 9.8}\fallingdotseq 4.18\,\text{mmAq}$

(b)곡부$(R_b)=0.33\times\dfrac{8.2^2}{2\times 9.8}\fallingdotseq 1.13\,\text{mmAq}$

② 토출 덕트 손실$=6+4.18+1.13+3+5=19.31\,\text{mmAq}$

③ 흡입측 덕트 손실$=(5+2)\times 0.1=0.7\,\text{mmAq}$

(d), (c)곡부$=0.33\times\dfrac{10^2}{2\times 9.8}\times 2\fallingdotseq 3.37\,\text{mmAq}$

흡입 손실$=0.7+3.37+5=9.07\,\text{mmAq}$

송풍기 전압$=19.31-(-9.07)=28.38\,\text{mmAq}$

정압 손실$=28.38-6.12=22.26\,\text{mmAq}$

【참고】 동압$=\dfrac{\gamma V^2}{2g}=1.2\times\dfrac{10^2}{2\times 9.8}\fallingdotseq 6.12\,\text{mmAq}$

※ $1\,\text{mmAq}=1\,\text{kgf/m}^2=9.8\,\text{N/m}^2(=\text{Pa})$

04

바닥 면적 100m², 천장 높이 3m인 실내에서 재실자 60명과 가스 스토브 1대가 설치되어 있다. 다음 각 물음에 답하시오. (단, 외기 CO_2 농도=400ppm, 재실자 1인당 CO_2 발생량=20L/h, 가스 스토브 CO_2 발생량=600L/h) (6점)

1. 실내 CO_2 농도를 1,000ppm으로 유지하기 위해서 필요한 환기량[m³/h]을 구하시오.
2. 환기 횟수[회/h]를 구하시오.

해설 1. 필요 환기량$(Q)=\dfrac{M}{C_i-C_o}=\dfrac{(60\times 0.02)+0.6}{0.001-0.0004}=3{,}000\,\text{m}^3/\text{h}$

2. 환기 횟수$(n)=\dfrac{Q}{V}=\dfrac{3{,}000}{100\times 3}=10$회/h

05

500rpm으로 운전되는 송풍기가 300m³/min, 전압 40mmAq, 동력 3.5kW가 성능을 나타내고 있는 것으로 한다. 이 송풍기의 회전수를 1할 증가시키면 어떻게 되는가를 계산하시오. (9점)

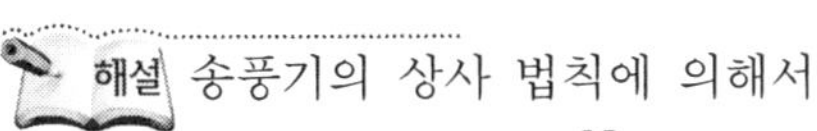

해설 송풍기의 상사 법칙에 의해서

① 풍량$(Q_2) = Q_1 \dfrac{N_2}{N_1} = 300 \times \dfrac{500 \times 1.1}{500} = 330\,\text{m}^3/\text{min}$

② 전압$(P_2) = P_1 \left(\dfrac{N_2}{N_1}\right)^2 = 40 \times \left(\dfrac{500 \times 1.1}{500}\right)^2 = 48.4\,\text{mmAq}$

③ 동력$(L_2) = L_1 \left(\dfrac{N_2}{N_1}\right)^3 = 3.5 \times \left(\dfrac{500 \times 1.1}{500}\right)^3 \fallingdotseq 4.66\,\text{kW}$

2005

06 냉동 장치의 운전 상태 및 계산의 활용에 이용되는 몰리에르 선도($P-h$ 선도)의 구성 요소의 명칭과 해당되는 단위를 번호에 맞게 기입하시오. (12점)

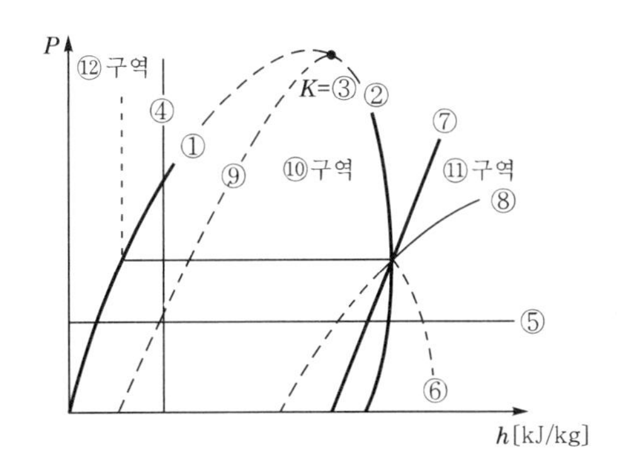

해설

번 호	명 칭	단위(MKS)
①	포화 액체선	없음
②	건조 포화 증기선	없음
③	임계점	없음
④	등엔탈피선	kJ/kg
⑤	등압력선	kPa(abs)
⑥	등온도선	℃(K)
⑦	등엔트로피선	kJ/kg·K
⑧	등비체적선	m^3/kg
⑨	등건조도선	%
⑩	습포화 증기 구역	없음
⑪	과열 증기 구역	없음
⑫	과냉각 액체 구역	없음

07 다음 R-22 냉동 장치도를 보고 각 물음에 답하시오. (9점)

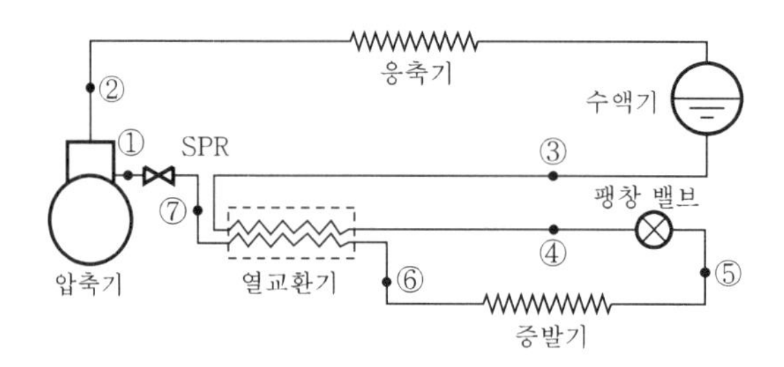

- h_2 =689kJ/kg
- h_3 =452kJ/kg
- h_4 =440kJ/kg
- h_6 =607kJ/kg

1. 장치도의 냉매 상태점 ①~⑦까지를 $P-h$ 선도상에 표시하시오.

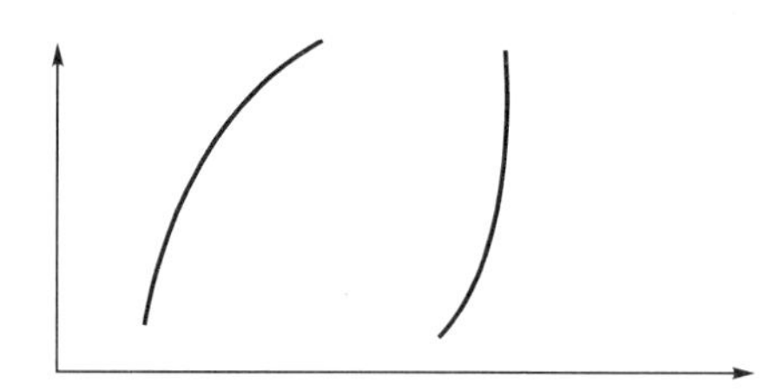

2. 장치도의 운전 상태가 다음과 같을 때 압축기의 축마력(kW)을 구하시오.

[조 건]

1) 냉매 순환량 : 50kg/h　　2) 압축 효율(η_c) : 0.55
3) 기계 효율(η_m) : 0.9

해설 1.

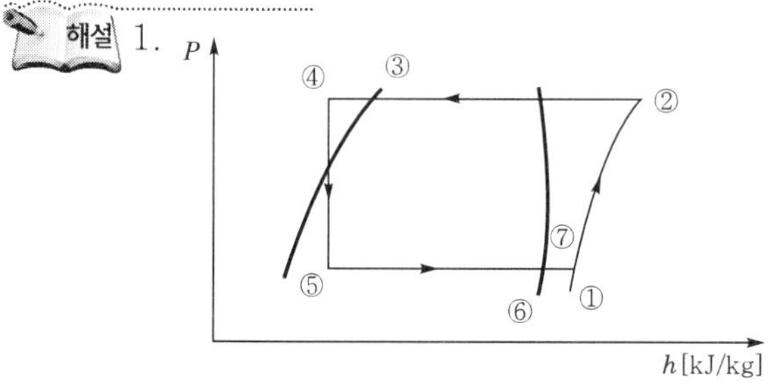

2. ① 압축기 흡입측 냉매의 비엔탈피

$h_1 = h_6 + (h_3 - h_4) = 607 + (452 - 440) = 619\text{kJ/kg}$

② 압축기 축동력

$$L = \frac{m(h_2 - h_1)}{3{,}600\,\eta_c \eta_m} = \frac{50 \times (689 - 619)}{3{,}600 \times 0.55 \times 0.9} \fallingdotseq 1.96\,\text{kW}$$

08 1단 압축 1단 팽창의 이론 사이클로 운전되고 있는 R-22 냉동 장치가 있다. 이 냉동 장치는 증발 온도 −10℃, 응축 온도 40℃, 압축기 흡입 증기는 과열 증기 상태이고, 비엔탈피 및 비체적은 아래 선도와 같으며 냉동 능력 16,325kJ/h일 때 피스톤 토출량(m^3/h)을 구하시오. (단, 체적 효율=60%) (5점)

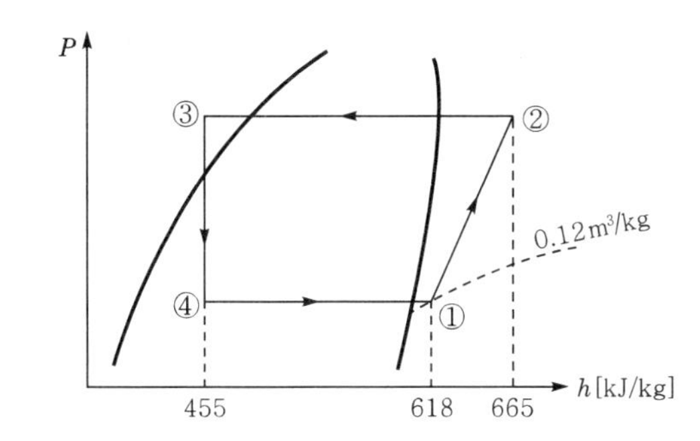

해설 피스톤 토출량$(V)=\dfrac{Q_e v_1}{q_e \eta_v}=\dfrac{16,325\times 0.12}{(618-455)\times 0.6}=20.03\,\text{m}^3$

09 수냉 응축기의 응축 능력이 6냉각톤일 때 냉각수 입·출구 온도차가 4℃라면 냉각수 순환 수량은 몇 〔L/min〕인가? (5점)

해설 $Q_c = WC\Delta t\times 60\,[\text{kJ/h}]$에서

$$W=\frac{Q_c}{C\Delta t\times 60}=\frac{6\times 16325.4}{4.186\times 4\times 60}=97.5\,\text{L/min}$$

※ 1냉각톤$=3,900\,\text{kcal/h}=16325.4\,\text{kJ/h}$

10 24시간 동안에 30℃의 원료수 5,000kg을 −10℃의 얼음으로 만들 때 냉동기 용량(냉동톤)을 구하시오. (단, 냉동기 안전율=10%, 물의 응고 잠열=79.6) (5점)

해설

$$\text{냉동톤[RT]}=\frac{W(C_1\Delta t+\gamma_o+C_2\Delta t)(1+\alpha)}{24\times 13897.52}$$

$$=\frac{5,000\times(4.186\times 30+333.54+2.093\times 10)\times(1+0.1)}{24\times 13897.52}=7.92\,\text{RT}$$

※ $1\,\text{RT}=3,320\,\text{kcal/h}=13897.52\,\text{kJ/h}=3.86\text{kW}$

11 냉동 장치에 사용되고 있는 NH_3와 R−22 냉매의 특성을 비교하여 빈칸에 기입하시오. (16점)

비교 사항	암모니아	R−22
대기압 상태에서 응고점 고저	①	②
수분과의 용해성 대소	③	④
폭발성 및 가연성 유무	⑤	⑥

비교 사항	암모니아	R-22
누설 발견의 난이	⑦	⑧
독성의 여부	⑨	⑩
동에 대한 부식성 대소	⑪	⑫
윤활유와 분리성	⑬	⑭
1냉동톤당 냉매 순환량의 대소	⑮	⑯

해설
① 고　② 저　③ 대　④ 소
⑤ 유　⑥ 무　⑦ 쉽다　⑧ 어렵다
⑨ 있다　⑩ 없다　⑪ 대　⑫ 소
⑬ 분리　⑭ 용해　⑮ 소　⑯ 대

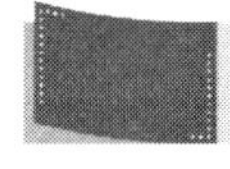

2005. 9. 25. 시행

01 **프레온 냉동 장치에 사용되고 있는 횡형 원통 다관식 증발기가 있다. 이 증발기가 다음 조건에서 운전된다고 할 때 증발 온도〔℃〕를 구하시오.** (단, 냉매 온도와 브라인 온도의 온도차는 산술 평균 온도차를 사용한다.) (7점)

[조 건]

1) 브라인 유량 : 150L/min
2) 브라인 입구 온도 : −18℃
3) 브라인 출구 온도 : −23℃
4) 브라인의 밀도 : 1.25kg/L
5) 브라인의 비열 : 2.76kJ/kg·K
6) 냉각 면적 : $18m^2$
7) 열통과율 : $436W/m^2 \cdot K$

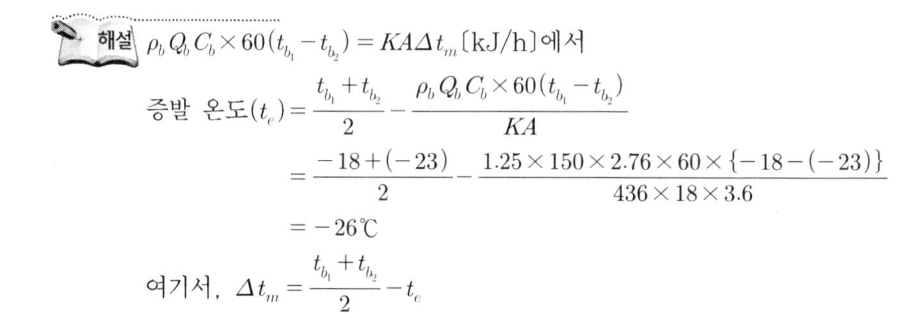

해설 $\rho_b Q_b C_b \times 60(t_{b_1} - t_{b_2}) = KA\Delta t_m$〔kJ/h〕에서

$$증발\ 온도(t_e) = \frac{t_{b_1} + t_{b_2}}{2} - \frac{\rho_b Q_b C_b \times 60(t_{b_1} - t_{b_2})}{KA}$$

$$= \frac{-18 + (-23)}{2} - \frac{1.25 \times 150 \times 2.76 \times 60 \times \{-18 - (-23)\}}{436 \times 18 \times 3.6}$$

$$= -26℃$$

여기서, $\Delta t_m = \dfrac{t_{b_1} + t_{b_2}}{2} - t_e$

02 암모니아용 압축기에 대하여 피스톤 압출량 1m³/h당의 냉동 능력 R_1, 증발 온도 t_1 및 응축 온도 t_2와의 관계는 다음 그림과 같다. 피스톤 압출량 100m³/h인 압축기가 운전되고 있을 때 저압측 압력계에 260kPa, 고압측 압력계에 1,090kPa으로 각각 나타내고 있다. 이 압축기에 대한 냉동 부하[RT]는 얼마인가? (단, 1RT=13897.52kJ/h) (7점)

온도[℃]	포화 압력[kPa]	온도[℃]	포화 압력[kPa]
40	1,590	−5	360
35	1,390	−10	300
30	1,190	−15	240
25	1,020	−20	190

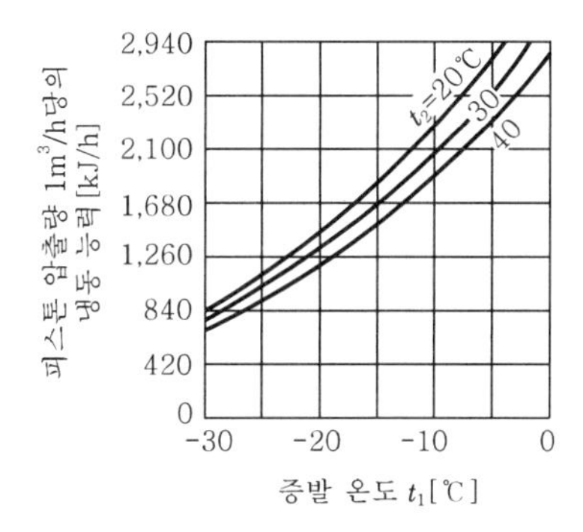

해설 ① 저온측 절대 압력(P_a) $= P_o + P_g = 103 + 260 = 363$kPa에서 증발 온도는 −5℃

② 고온측 절대 압력(P_a) $= P_o + P_g = 103 + 1{,}090 = 1{,}193$kPa에서 응축 온도 30℃
그러므로 제시된 표에서 2,520kJ/m³이다.

③ 냉동 능력(RT) $= \dfrac{Q_e}{13897.52} = \dfrac{Vq_e}{13897.52} = \dfrac{100 \times 2{,}520}{13897.52} \fallingdotseq 18.13$RT

03 취출에 관한 다음 용어를 설명하시오. (8점)

1. 셔터(shutter)
2. 전면적(face area)

해설 1. 셔터(shutter)는 그릴(grille)의 안쪽에 풍량 조절을 할 수 있게 설치한 것으로, 그릴에 셔터가 있는 것을 레지스터(register)라 한다.
2. 전면적(face area)은 가로 날개, 세로 날개 또는 두 날개를 갖는 환기구 또는 취출구의 개구부를 덮는 면판을 말한다.

04 다음과 같은 사무실의 난방 부하를 주어진 조건을 이용하여 구하시오. (21점)

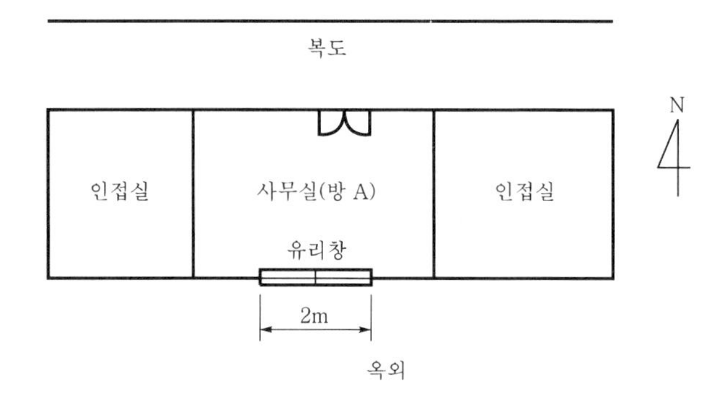

[조 건]

1)

지 역	실내	옥외	하층	인접실	복도	상층
온도(℃)	18	−14	10	18	15	18

2)

방 A의 구조		면적(m^2)	열통과율($W/m^2 \cdot K$)
외벽(남향)	콘크리트벽	30	2.9
	유리창	3.2	5.8
내벽(복도측)	콘크리트벽	30	2.4
	문	4	3.7
바닥	콘크리트	35	2.8
천장	콘크리트	35	2.8

3) 외기 도입량 : $25m^3/h \cdot$인
4) 방위 계수 : 동북・북서・북측 1.15, 동・동남・서・서남・남측 1.0
5) 재실 인원수 : 6명
6) 유리창 : 높이 1.6m(난간 없음), 폭 2m의 두 짝 미세기 풍향 측장 1개(단, 기밀 구조 보통)
7) 창에서의 간극풍 : $7.5m^3/m \cdot h$
8) 부하 안전율은 고려하지 않는다.

1. 벽체를 통한 부하
2. 유리창 및 문을 통한 부하
3. 바닥 및 천장을 통한 부하
4. 외기 도입에 의한 부하
5. 간극풍에 의한 부하(간극 길이에 의함)

해설

1. 벽체 부하
   ① 남쪽 외벽$= k_D KA(t_r - t_o) = 1 \times 2.9 \times 30 \times [18-(-14)] = 2{,}784\text{W}$
   ② 복도측 내벽$= KA(t_r - t) = 2.4 \times 30 \times (18-15) = 216\text{W}$
2. 유리창 및 문을 통한 부하
   ① 유리창$= k_D KA(t_r - t_o) = 1 \times 5.8 \times 3.2 \times [18-(-14)] \fallingdotseq 5.94\text{W}$
   ② 문$= KA(t_r - t) = 3.7 \times 4 \times (18-15) = 44.4\text{W}$
3. 바닥 및 천장을 통한 부하
   ① 바닥$= KA\Delta t = 2.8 \times 3.5 \times (18-10) = 784\text{W}$
   ② 천장$= KA\Delta t' = 2.8 \times 3.5 \times (18-18) = 0$
4. 외기 도입에 의한 부하
   $q = \rho QC_p \Delta t = 1.2 \times (6 \times 25) \times 1.005 \times [18-(-14)] \fallingdotseq 5{,}789\text{W}$
5. 간극풍에 의한 부하
   $q = \rho QC_p \Delta t = 1.2 \times 7.5 \times (1.6 \times 3 + 2 \times 2) \times 1.005 \times [18-(-14)] \fallingdotseq 2547.07\text{W}$

05

다음과 같은 2단 압축 1단 팽창 냉동 장치를 보고 $P-h$ 선도상에 냉동 사이클을 그리고 ①~⑧점을 표시하시오.

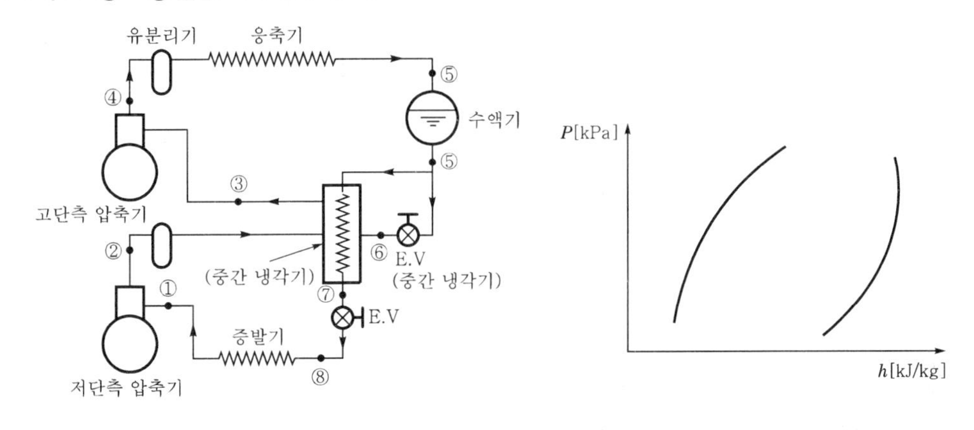

해설

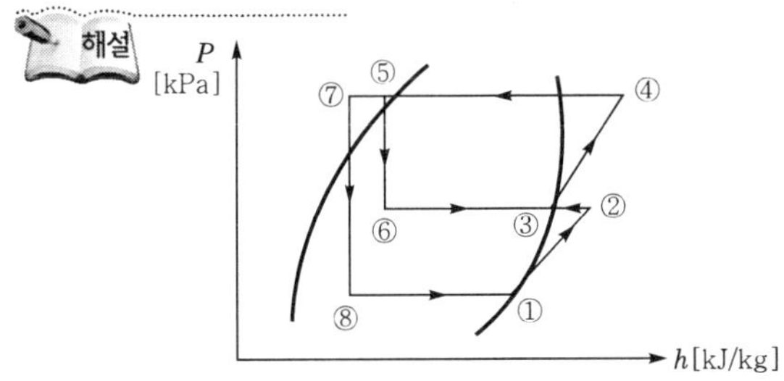

06

다음 주어진 공기-공기, 냉매 회로 절환 방식 히트 펌프의 구성 요소를 연결하여 냉방 시와 난방 시 각각의 배관 흐름도(flow diagram)를 완성하시오. (단, 냉방 및 난방에 따라 배관의 흐름 방향을 정확히 표기하여야 한다.) (10점)

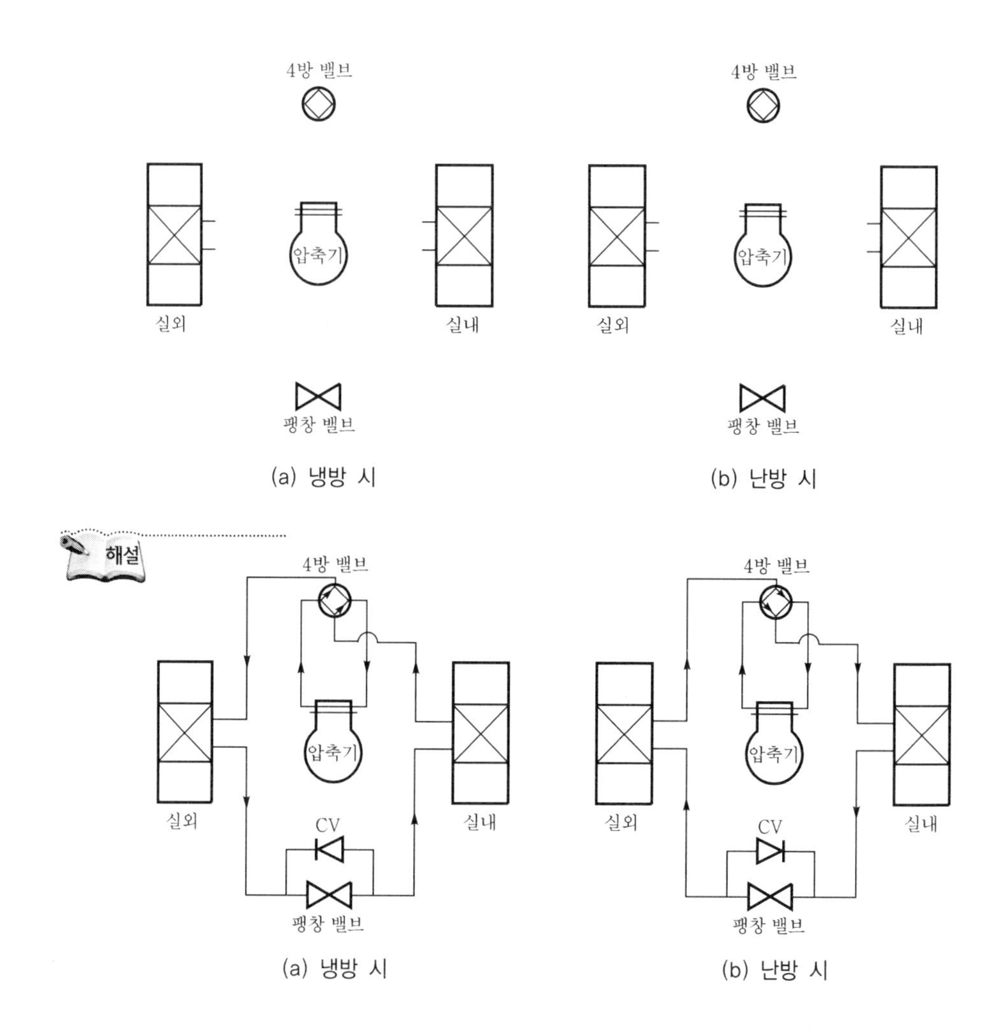

07 장치 노점이 10℃인 냉수 코일이 20℃ 공기를 12℃로 냉각시킬 때 냉수 코일의 바이패스 팩터(Bypass Factor ; BF)를 구하시오. (4점)

해설 바이패스 팩터$(BF) = \dfrac{h_a - h_d}{h_c - h_d} = \dfrac{12-10}{20-10} = 0.2$

08 다익형 송풍기(일명 시로코팬)는 그 크기에 따라서 No.2, $2\frac{1}{2}$, 3, … 등으로 표시한다. 이때 이 번호의 크기는 어느 부분에 대한 얼마의 크기를 말하는가? (5점)

해설 송풍기의 크기를 임펠러(impeller)의 지름으로 표시하는 것으로서, 150의 배수를 No.로 표시한 것이다. 즉, No.1은 150mm이고, No.2는 300mm이다.

09 **다음과 같은 공기조화기를 통과할 때 공기 상태 변화를 공기 선도상에 나타내고 번호를 쓰시오.** (7점)

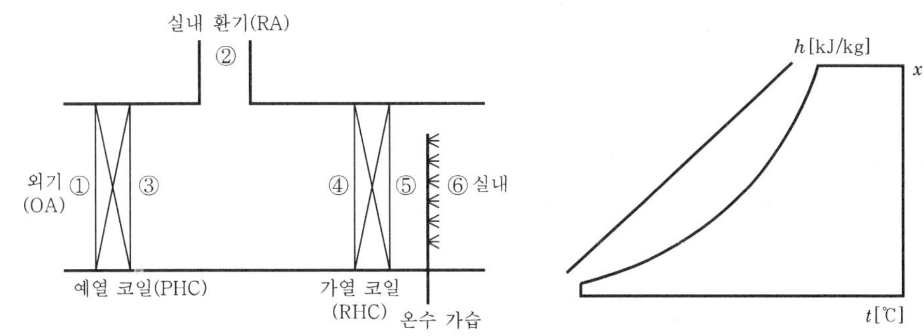

해설

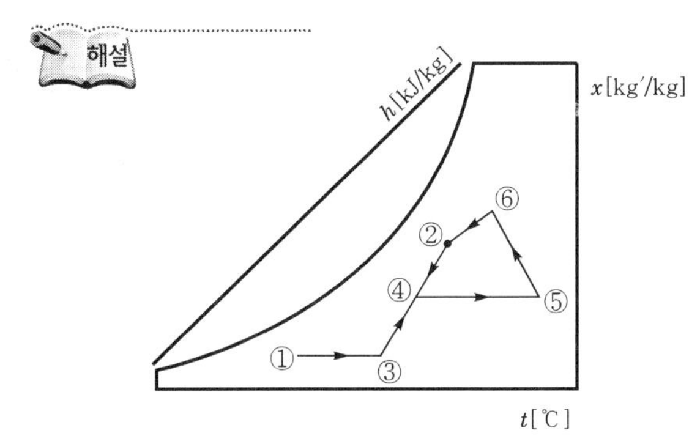

10 **시간당 최대 급수량(양수량)이 12,000L/h일 때 고가 탱크에 급수하는 펌프의 전양정〔m〕 및 소요 동력〔kW〕을 구하시오.** (단, 흡입관, 토출관의 마찰 손실은 실양정의 25%, 펌프 효율은 60%, 펌프 구동은 직결형으로 전동기 여유율은 10%로 한다.) (10점)

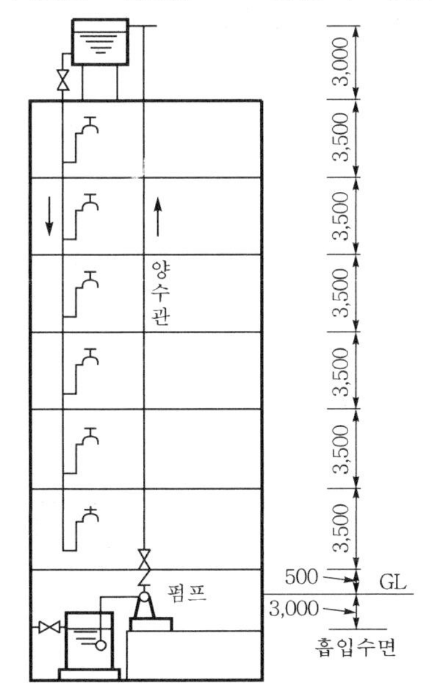

해설 ① 전양정$(H) = \{(3\times2)+0.5+(3.5\times6)\}\times1.25 = 34.375\,\text{m}$

② 소요 동력$= \dfrac{9.8QH}{\eta_p}(1+\alpha) = \dfrac{9.8\times\dfrac{12}{3,600}\times34.375}{0.6}\times(1+0.1) = 2.06\text{kW}$

11

다음과 같은 벽체의 열관류율을 구하시오. (단, 외표면 열전달률 α_o=24W/m^2·K, 내표면 열전달률 α_i=9W/m^2·K) (7점)

재료명	두께 〔mm〕	열전도율 〔W/m·K〕
① 모르타르	30	1.4
② 콘크리트	130	1.6
③ 모르타르	20	1.4
④ 스티로폼	50	0.04
⑤ 석고 보드	10	0.21

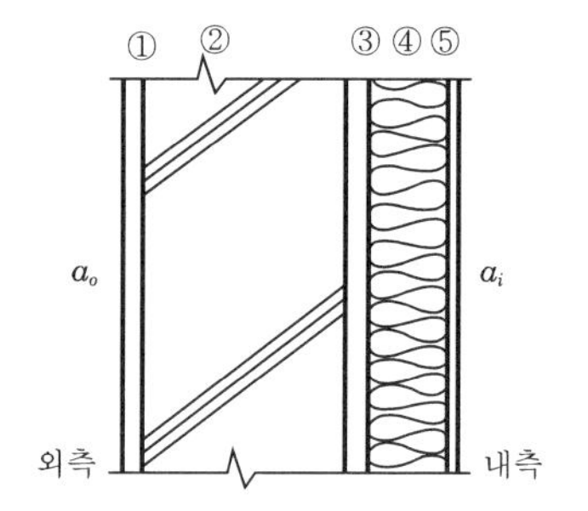

해설 벽체 열관류율$(K) = \dfrac{1}{R} = \dfrac{1}{\dfrac{1}{\alpha_o}+\sum\limits_{i=1}^{n}\dfrac{l_i}{\lambda_i}+\dfrac{1}{\alpha_i}}$

$$= \frac{1}{\frac{1}{24}+\frac{0.03}{1.4}+\frac{0.13}{1.6}+\frac{0.02}{1.4}+\frac{0.05}{0.04}+\frac{0.01}{0.21}+\frac{1}{9}} = 0.64\,\text{W/m}^2\cdot\text{K}$$

12

다음 그림의 배관 평면도를 입체도로 그리고, 필요한 엘보 수를 구하시오. (단, 굽힘 부분에서는 반드시 엘보를 사용한다.) (6점)

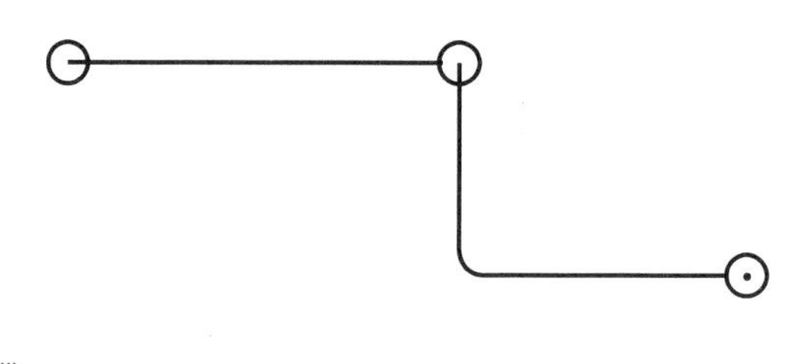

해설 ① 입체도

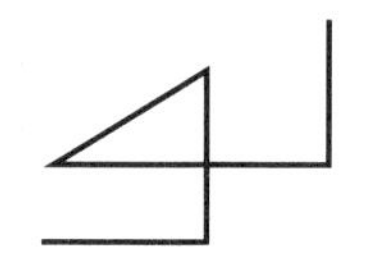

② 엘보 수 : 4개

2006년도 기출문제

2006. 4. 23. 시행

01 **공기 냉각기의 입구 온도 29℃, 출구 온도 16℃, 냉수 코일 입구 수온 7℃이며, 공기와 열교환하여 5℃ 올라간다. 이 냉각기는 병류형과 향류형을 같이 사용한다. 다음 각 물음에 답하시오.** (15점)

1. 병류형일 때 대수 평균 온도차를 구하시오.
2. 코일 1열의 열통과율이 930W/m²·K이고, 면적이 1m²일 때 냉각기 열량을 구하시오. (단, 코일은 4열이며 열손실은 없는 것으로 한다.)
3. 향류형일 때 냉각기 열량을 구하시오. 조건은 2.와 동일하다.

1. 병류형일 때 대수 평균 온도차$(LMTD) = \dfrac{\Delta t_1 - \Delta t_2}{\ln\left(\dfrac{\Delta t_1}{\Delta t_2}\right)}$

$$= \frac{22-4}{\ln\left(\dfrac{22}{4}\right)} = 10.56℃$$

2. 냉각기 열량$(Q_c) = KA(LMTD)$

$$= 930 \times (4 \times 1) \times 10.56 = 39283.2\,\text{W} = 39.28\,\text{kW}$$

3. ① 향류형일 때 대수 평균 온도차$(LMTD) = \dfrac{\Delta t_1 - \Delta t_2}{\ln\left(\dfrac{\Delta t_1}{\Delta t_2}\right)}$

$$= \frac{17-9}{\ln\left(\dfrac{17}{9}\right)} = 12.58℃$$

② 냉각기 열량$(Q_c) = KA(LMTD)$

$$= 930 \times (4 \times 1) \times 12.58 = 46797.6\,\text{W} = 46.80\,\text{kW}$$

02 **다음 그림의 중력 단관식 증기난방의 관지름을 구하시오.** (단, 보일러에서 최상 방열기까지의 거리는 50m이고, 배관 중의 곡관부(연결부), 밸브류의 국부 저항은 직관 저항에 대해 100%로 한다. 환수 주관은 보일러의 수면보다 높은 위치에 있고 압력 강하는 2kPa · 100m이다.) (14점)

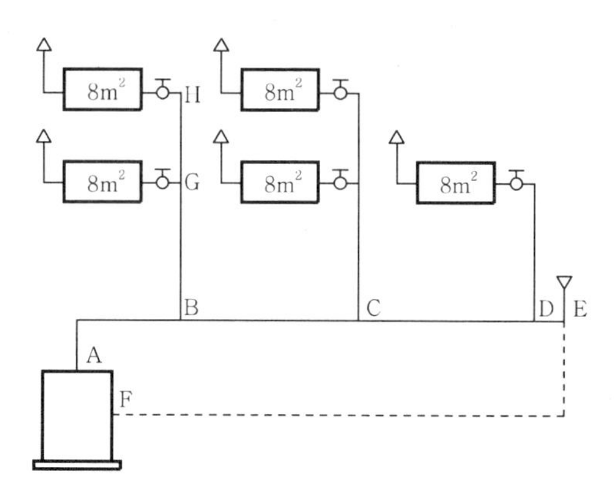

저압 증기관의 용량표(상당 방열 면적 〔m²〕당)

관지름 〔mm〕	순구배 횡관 및 하향 급기 입관 (복관식 및 단관식)					상향 급기 입관 및 역구배 횡관 (복관식)		단관식 상향 급기	
	r : 압력 강하〔kPa·100m〕								
	A	B	C	D	E	F	G	H	I
	0.5	1	2	5	10	입관	횡관	입관	입관용 횡관
20	–	2.4	3.5	5.4	7.7	3.2	–	2.6	–
25	3.6	5.0	7.1	11.2	15.9	6.1	3.2	4.9	2.2
32	7.3	1.3	14.7	23.1	32.7	11.7	5.9	9.4	4.1
40	11.3	15.9	22.6	35.6	50.3	17.9	9.9	14.3	6.9
50	22.4	31.6	44.9	70.6	99.7	35.4	19.3	28.3	13.5
65	45.1	63.5	90.3	142	201	63.6	37.1	50.9	26.0
80	72.9	103	146	230	324	105	67.4	84.0	47.2
90	108	153	217	341	482	150	110	120	77.0
100	151	213	303	477	673	204	166	163	116
125	273	384	546	860	1,214	334	–	–	–
150	433	609	866	1,363	1,924	498	–	–	–
175	625	880	1,251	1,969	2,779	–	–	–	–
200	887	1,249	1,774	2,793	3,943	–	–	–	–
250	1,620	2,280	3,240	5,100	7,200	–	–	–	–
300	2,593	3,649	5,185	8,162	11,523	–	–	–	–
350	3,363	4,736	6,730	10,593	14,955	–	–	–	–

방열기 지관 및 밸브 용량〔m²〕

관지름〔mm〕	단관식(T)	복관식(U)
5	1.3	2.0
20	3.1	4.5
25	5.7	8.4
32	11.5	17.0
40	17.5	26.0
50	33.0	48.0

저압 증기의 환수관 용량(상당 방열 면적[m^2])

관지름 [mm]	중력식						진공식		
	횡주관				입관 (N)	트랩 (P)	횡주관 (Q)	입관 (R)	트랩 (S)
	건식 (J)	습 식							
		50mm 이하(K)	100mm 이하(L)	100mm 이상(M)					
15	–	–	–	–	12.5	7.5	–	37	15
20	–	110	70	40	18	15	37	65	30
25	31	190	120	62	42	24	65	110	48
32	62	420	270	130	92	–	110	175	–
40	98	580	385	180	140	–	175	370	–
50	220	1,000	680	330	280	–	370	620	–
65	350	1,900	1,300	660	–	–	620	990	–
80	650	3,500	2,300	1,150	–	–	990	–	–
90	920	4,800	3,100	1,700	–	–	1,480	–	–
100	1,390	5,400	3,700	1,900	–	–	2,000	–	–
125	–	–	–	–	–	–	5,100	–	–

구 간	*EDR*[m^2]	관지름[mm]
A–B		
B–C		
C–D		
D–E–F		
B–G		
G–H		
G(밸브)		

해설

구 간	*EDR*[m^2]	관지름[mm]
A–B	40	50
B–C	24	50
C–D	8	32
D–E–F	40	32
B–G	16	50
G–H	8	32
G(밸브)	11.5	32

03 **다음 그림과 같이 ABCD로 운전되는 장치가 운전 상태가 변하여 A′BCD′로 사이클이 변동하는 경우 장치의 냉동 능력과 소요 동력은 몇 [%] 변화하는가?** (단, 압축기는 동일한 상태이고, ABCD 운전 과정은 A사이클, A′BCD′ 운전 과정을 B사이클로 한다.) (14점)

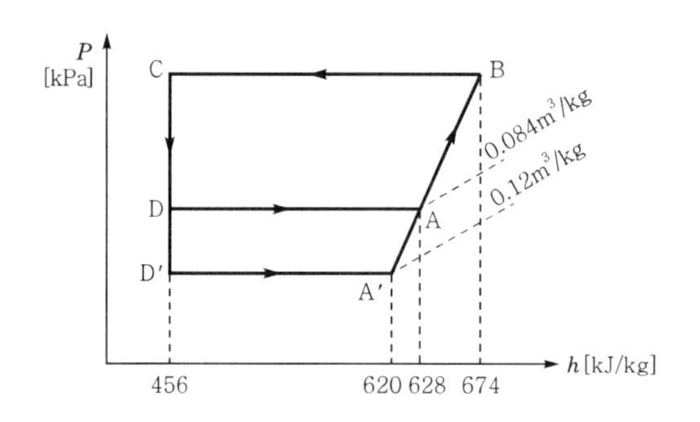

효율 구간	체적 효율	압축 효율	기계 효율
A	0.70	0.73	0.82
B	0.60	0.63	0.78

해설 ① 냉동 능력 변동률(피스톤 압출량을 $1m^3/h$로 가정)

㉠ $R_A = \left(\dfrac{h_A - h_C}{v_A}\right)\eta_{vA} = \dfrac{628-456}{0.084} \times 0.7 \fallingdotseq 1433.33\text{kJ/kg}$

㉡ $R_B = \left(\dfrac{h_A' - h_C}{v_A'}\right)\eta_{vB} = \dfrac{620-456}{0.12} \times 0.6 = 820\text{kJ/kg}$

㉢ 변동률(ϕ)$= \dfrac{R_A - R_B}{R_A} \times 100\% = \dfrac{1433.33-820}{1433.33} \times 100 \fallingdotseq 42.8\%$

A사이클이 B사이클보다 냉동 능력이 42.8% 더 크다(압축일이 작을수록 성능계수가 크다(냉동 능력이 크다)).

② 소요 동력 변동률(냉동 능력을 1RT로 가정)

㉠ $N_A = \dfrac{13897.52 \times (674-628)}{(628-456) \times 0.73 \times 0.82} \fallingdotseq 6209.12\text{kJ/kg}$

㉡ $N_B = \dfrac{13897.52 \times (674-620)}{(620-456) \times 0.63 \times 0.78} \fallingdotseq 9312.2\text{kJ/kg}$

㉢ 변동률(ϕ)$= \dfrac{N_B - N_A}{N_A} \times 100\% = \dfrac{9312.2-6209.12}{6209.12} \times 100 \fallingdotseq 49.98\%$

A사이클이 B사이클보다 소요 동력이 49.98% 적게 소비된다(압축일이 크면 소요 동력이 크다).

04

다음 그림과 같은 두께 100mm의 콘크리트 벽 내측을 두께 50mm의 방열층으로 시공하고, 그 내면에 두께 15mm의 목재로 마무리한 냉장실 외벽이 있다. 각 층의 열전도율 및 열전달률의 값은 다음 표와 같다.

재 질	열전도율 [W/m·K]	벽 면	열전달률 [$W/m^2 \cdot K$]	공기 온도 [℃]	상대 습도 [%]	노점 온도 [℃]
콘크리트 방열재 목재	1.05 0.06 0.17	외표면 내표면	23 7	30 30	80 90	26.2 28.2

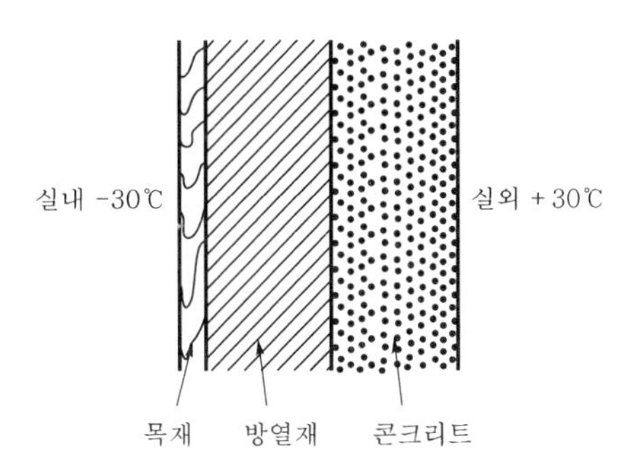

외기 온도 30℃, 상대 습도 85%, 냉장실 온도 -30℃인 경우 다음 각 물음에 답하시오. (12점)

1. 열통과율(W/m^2·K)을 구하시오.
2. 외벽 표면 온도를 구하고 응축결로 여부를 판별하시오.

해설 1. 열통과율$(K) = \frac{1}{R} = \frac{1}{\frac{1}{\alpha_o} + \sum_{i=1}^{n} \frac{l_i}{\lambda_i} + \frac{1}{\alpha_i}} = \frac{1}{\frac{1}{23} + \frac{0.1}{1.05} + \frac{0.05}{0.06} + \frac{0.015}{0.17} + \frac{1}{7}}$

$= 0.83\,\mathrm{W/m^2 \cdot K} (= 2.99\,\mathrm{kJ/m^2 \cdot h \cdot K})$

2. 외벽 표면 온도와 결로 여부

① $q_o = K(t_o - t_i) = \alpha_o(t_o - t_s)$에서

$t_s = t_o - \frac{K}{\alpha_o}(t_o - t_s) = 30 - \frac{0.83}{23} \times \{30 - (-30)\} = 27.83℃$

② 온도 30℃, 상대 습도 85%의 외기 노점 온도(t_D)는 제시된 표에서 보간법을 적용하면

$t_D = 26.2 + (28.2 - 26.2) \times \frac{85 - 80}{90 - 80} = 27.2℃$

∴ 외벽의 표면 온도 27.83℃는 외기의 노점 온도 27.2℃보다 높으므로 결로가 생기지 않는다.

05

100W 전등 20개를 하루에 4시간 사용하고, 2.2kW 송풍기 2기를 하루 18시간 사용할 때 기기 부하(kJ/h)를 구하시오. (단, 전동 효율=0.85) (6점)

해설 기기 부하$(Q) = \left(\text{전등수} \times kW \times 3{,}600 \times \text{시간} + \frac{\text{송풍기수} \times kW \times 3{,}600 \times \text{시간}}{\eta}\right) \times \frac{1}{24}$

$= \left(20 \times 0.1 \times 3{,}600 \times 4 + \frac{2 \times 2.2 \times 3{,}600}{0.85} \times 18\right) \times \frac{1}{24}$

$= 15176.47\,\mathrm{kJ/h} (= 4.22\,\mathrm{kW})$

06 다음 조건과 같은 3층 공장 건물의 3층에 위치한 A실에 대해서 난방 부하〔kJ/h〕 및 필요 가습량〔kg/h〕을 구하시오. (15점)

[조 건]

1) 외기 : -14℃ DB, 50% RH, 절대 습도$(x_o)=0.00055$kg'/kg
   실내 : 20℃ DB, 50% RH, 절대 습도$(x_i)=0.0072$kg'/kg
2) 열관류율〔W/m^2·K〕: 외벽 2.2, 천장 1.9, 바닥 3.5, 유리창 5.6
3) 창(두 짝 미세기창)에서의 간극풍 : 8m^3/m·h
4) 방위 계수(k_D)

방 위	N, NW, W	SE, E, NE, SW	S
k_D	1.05	1.05	1.0

5) 공기의 정압 비열 : 1.0046kJ/kg·K, 공기의 밀도 : 1.2kg/m^3
6) 인접실은 같은 조건으로 난방된다.
7) 층 높이는 천장 높이와 같다.

1. 난방 부하
   ① 동쪽 외벽(q_1)
   ② 창(q_2)
   ③ 천장(q_3)
   ④ 간극풍(q_4)
2. 가습량

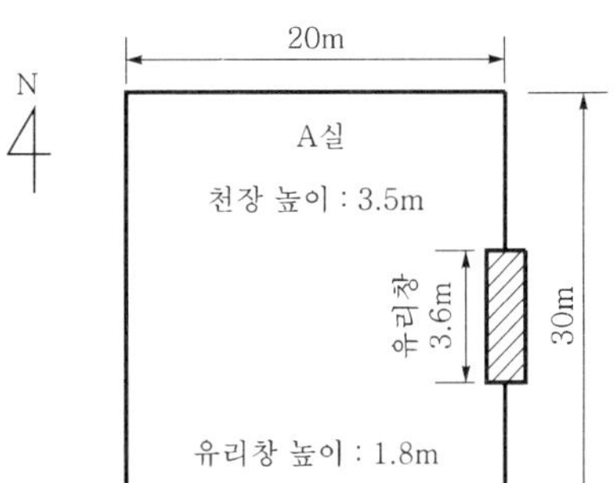

해설 1. 난방 부하

① 동쪽 외벽$(q_1)=k_D KA(t_i-t_o)$
$=1.05\times2.2\times\{(30\times3.5)-(3.6\times1.8)\}\times\{20-(-14)\}$
$=7737.76\,\text{W}(=27855.94\,\text{kJ/h})$

② 창$(q_2)=k_D KA(t_i-t_o)$
$=5.6\times1.05\times(3.6\times1.8)\times\{20-(-14)\}$
$=1295.48\,\text{W}(=4663.73\,\text{kJ/h})$

③ 천장$(q_3)=KA(t_i-t_o)$
$=1.9\times(20\times30)\times\{20-(-14)\}$
$=38{,}760\,\text{W}(=139{,}536\,\text{kJ/h})$

④ 간극풍$(q_4)=\rho QC_p(t_i-t_o)$
$=1.2\times\{(1.8\times3)+(3.6\times2)\}\times8\times1.0046\times\{20-(-14)\}$
$=4131.56\,\text{kJ/h}$

2. 가습량$(L)=m\Delta x=\rho Q(x_i-x_o)$
$=1.2\times\{(1.8\times3)+(3.6\times2)\}\times8\times(0.0072-0.00055)=0.80\,\text{kg/h}$

07 다음과 같은 덕트 시스템에 대하여 덕트 치수를 등압법(0.1mmAq/m)에 의하여 결정하시오. (단, 각 토출구의 토출 풍량=1,000m^3/h) (16점)

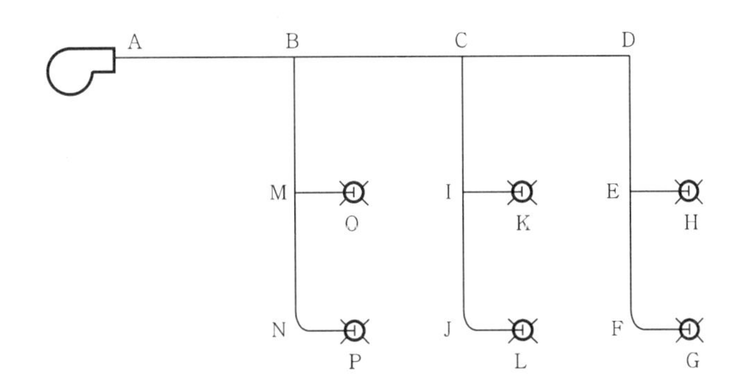

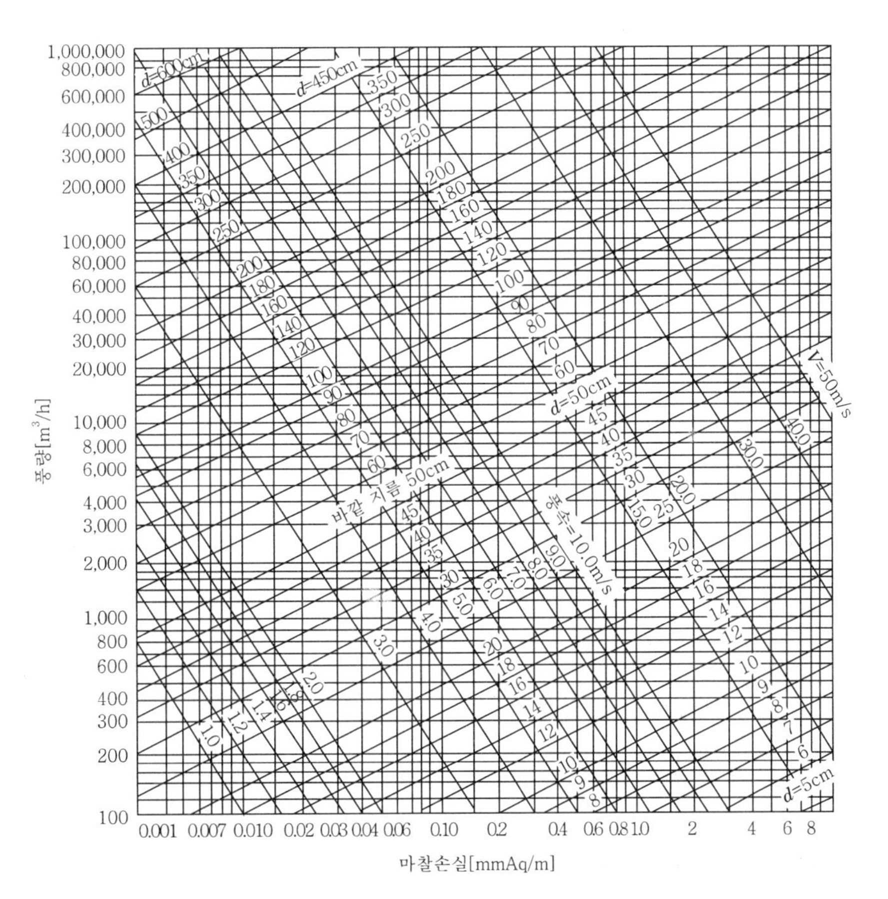

구 간	풍량(m³/h)	지름(cm)	풍속(m/s)	직사각형 덕트 $a \times b$(mm)
A－B				(　　)×200
B－C				(　　)×200
C－E				(　　)×200
E－G				(　　)×200

장변 \ 단변	10	15	20	25	30	35	40	45	50	55	60	65	70	75	80	85	90	95	100
10	10.9																		
15	13.3	16.4																	
20	15.2	18.9	21.9																
25	16.9	21.0	24.4	27.3															
30	18.3	22.9	26.6	29.9	32.8														
35	19.5	24.5	28.6	32.2	35.4	38.3													
40	20.7	26.0	30.5	34.3	37.8	40.9	43.7												
45	21.7	27.4	32.1	36.3	40.0	43.3	46.4	49.2											
50	22.7	28.7	33.7	38.1	42.0	45.6	48.8	51.8	54.7										
55	23.6	29.9	35.1	39.8	43.9	47.7	51.1	54.3	57.3	60.1									
60	24.5	31.0	36.5	41.4	45.7	49.6	53.3	56.7	59.8	62.8	65.6								
65	25.3	32.1	37.8	42.9	47.4	51.5	55.3	58.9	62.2	65.3	68.3	71.1							
70	26.1	33.1	39.1	44.3	49.0	53.3	57.3	61.0	64.4	67.7	70.8	73.7	76.5						
75	26.8	34.1	40.2	45.7	50.6	55.0	59.2	63.0	66.6	69.7	73.2	76.3	79.2	82.0					
80	27.5	35.0	41.4	47.0	52.0	56.7	60.9	64.9	68.7	72.2	75.5	78.7	81.8	84.7	87.5				
85	28.2	35.9	42.4	48.2	53.4	58.2	62.6	66.8	70.6	74.3	77.8	81.1	84.2	87.2	90.1	92.9			
90	28.9	36.7	43.5	49.4	54.8	59.7	64.2	68.6	72.6	76.3	79.9	83.3	86.6	89.7	92.7	95.6	198.4		
95	29.5	37.5	44.5	50.6	56.1	61.1	65.9	70.3	74.4	78.3	82.0	85.5	88.9	92.1	95.2	98.2	101.1	103.9	
100	30.1	38.4	45.4	51.7	57.4	62.6	67.4	71.9	76.2	80.2	84.0	87.6	91.1	94.4	97.6	100.7	103.7	106.5	109.3
105	30.7	39.1	46.4	52.8	58.6	64.0	68.9	73.5	77.8	82.0	85.9	89.7	93.2	96.7	100.0	103.1	106.2	109.1	112.0
110	31.3	39.9	47.3	53.8	59.8	65.2	70.3	75.1	79.6	83.8	87.8	91.6	95.3	98.8	102.2	105.5	108.6	111.7	114.6
115	31.8	40.6	48.1	54.8	60.9	66.5	71.7	76.6	81.2	85.5	89.6	93.6	97.3	100.9	104.4	107.8	111.0	114.1	117.2
120	32.4	41.3	49.0	55.8	62.0	67.7	73.1	78.0	82.7	87.2	91.4	95.4	99.3	103.0	106.6	110.0	113.3	116.5	119.6
125	32.9	42.0	49.9	56.8	63.1	68.9	74.4	79.5	84.3	88.8	93.1	97.3	101.2	105.0	108.6	112.2	115.6	118.8	122.0
130	33.4	42.6	50.6	57.7	64.2	70.1	75.7	80.8	85.7	90.4	94.8	99.0	103.1	106.9	110.7	114.3	117.7	121.1	124.4
135	33.9	43.3	51.4	58.6	65.2	71.3	76.9	82.2	87.2	91.9	96.4	100.7	104.9	108.8	112.6	116.3	119.9	123.3	126.7
140	34.4	43.9	52.2	59.5	66.2	72.4	78.1	83.5	88.6	93.4	98.0	102.4	106.6	110.7	114.6	118.3	122.0	125.5	128.9
145	34.9	44.5	52.9	60.4	67.2	73.5	79.3	84.8	90.0	94.9	99.6	104.1	108.4	112.5	116.5	120.3	124.0	127.6	131.1
150	35.3	45.2	53.6	61.2	68.1	74.5	80.5	86.1	91.3	96.3	101.1	105.7	110.0	114.3	118.3	122.2	126.0	129.7	133.2
155	35.8	45.7	54.4	62.1	69.1	75.6	81.6	87.3	92.6	97.4	102.6	107.2	111.7	116.0	120.1	124.1	127.9	131.7	135.3
160	36.2	46.3	55.1	62.9	70.6	76.6	82.7	88.5	93.9	99.1	104.1	108.8	113.3	117.7	121.9	125.9	129.8	133.6	137.3
165	36.7	46.9	55.7	63.7	70.9	77.6	83.8	89.7	95.2	100.5	105.5	110.3	114.9	119.3	123.6	127.7	131.7	135.6	139.3
170	37.1	47.5	56.4	64.4	71.8	78.5	84.9	90.8	96.4	101.8	106.9	111.8	116.4	120.9	125.3	129.5	133.5	137.5	141.3

해설

구 간	풍량(m³/h)	지름(cm)	풍속(m/s)	직사각형 덕트 $a \times b$(mm)
A－B	6,000	54.17	7.23	1,550×200
B－C	4,000	46.5	6.63	1,100×200
C－E	2,000	35.83	5.57	600×200
E－G	1,000	27.5	4.67	350×200

08 다음의 (　) 안에 답을 쓰시오. (8점)

1. 송풍기 동력(kW)을 구하는 식 $\dfrac{QP_s}{6,120\,\eta_s}$에서 Q의 단위는 (①)이고, P_s는 (②)으로서 단위는 (mmAq)이고, η_s는 (③)이다.
2. R－500, R－501, R－502는 (　　) 냉매이다.

해설 1. ① [m^3/min], ② 정압(P_s), ③ 정압 효율(η_s)
2. 공비 혼합

2006. 7. 9. 시행

01 **냉동 능력 251,160kJ/h인 흡수식 냉동 장치에 있어서 냉각 수량 20m³/h, 냉각수 입구 온도가 25℃, 출구 온도가 31℃라 할 때 발생기에서의 가열량 Q_G[kJ/h]를 구하시오.** (5점)

해설 가열량(Q_G) = $mC(t_o - t_i)$ − 냉동 능력(Q_e)

$$= (1{,}000 \times 20) \times 4.186 \times (31-25) - 251{,}160$$
$$= 251{,}160\,\text{kJ/h}$$

02 **다음과 같이 급기 덕트에 재열기를 설치한 공조 장치가 냉방 운전되고 있을 때 각 부분의 상태값을 공기 선도상에 나타내었다. 이 공조 장치에서 취입 외기량(m_2) = 2,000kg/h, 실내 냉방 부하의 현열 부하(q_s) = 150,700kJ/kg, 잠열 부하(q_L) = 37,600kJ/kg일 때 각 물음에 답하시오.** (단, 공기 냉각기의 냉각수 출입구 온도차(Δt_c) 및 재열기의 온수 출입구 온도차(Δt_H)는 5℃이고, 외기량과 배기량은 같다. 덕트와 송풍기에 의한 열취득(손실)은 무시한다.) (15점)

[조 건]

1) $t_1 = t_6 = 26℃$, $t_2 = 20℃$, $t_3 = 16℃$, $t_5 = 33℃$
2) $x_2 = x_3$
3) $h_1 = h_6 = 53\text{kJ/kg}$, $h_2 = 45\text{kJ/kg}$, $h_3 = 41\text{kJ/kg}$, $h_4 = 55\text{kJ/kg}$, $h_5 = 82\text{kJ/kg}$

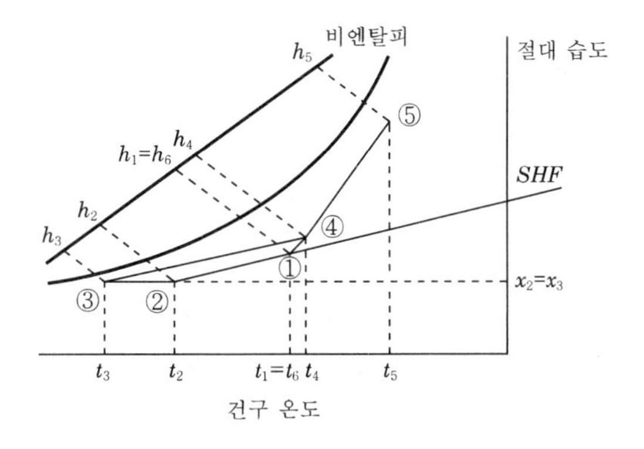

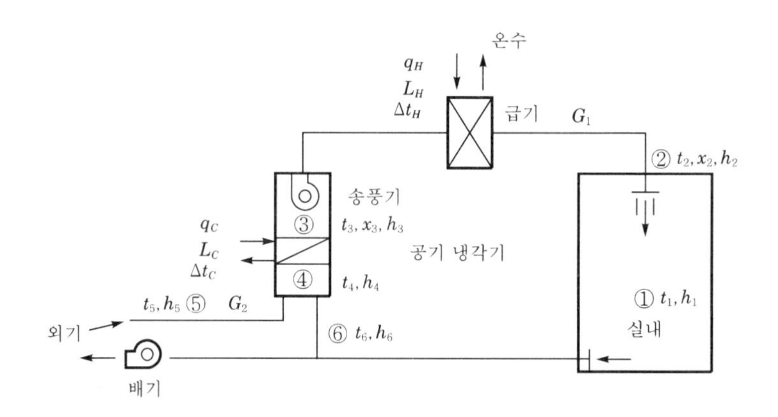

1. 실내 냉방 부하의 현열비(SHF)를 구하시오.
2. 실내 급기 풍량 G_1[kg/h]을 구하시오.
3. 공기 냉각기의 열량 q_c[kJ/h]를 구하시오.
4. 공기 냉각기의 냉수량 L_c[kg/h]를 구하시오.
5. 공기 재열기의 온수량[kg/h]을 구하시오.

해설

1. 현열비$(SHF) = \dfrac{q_s}{q_s + q_L} = \dfrac{150{,}700}{150{,}700 + 37{,}600} = 0.8$

2. 급기 풍량$(G_1) = \dfrac{q_s}{C_p(t_1 - t_2)} = \dfrac{150{,}700}{1.0046 \times (26 - 20)} = 37502.49\,\text{kg/h}$

3. 공기 냉각기 열량$(q_c) = G_1(h_4 - h_3)$
$= 37502.49 \times (55 - 41) = 525034.86\,\text{kJ/h}$

4. 냉각 수량$(L_c) = \dfrac{q_c}{C\Delta t} = \dfrac{525034.86}{4.186 \times 5} = 24139.27\,\text{kg/h}$

5. 공기 재열기 온수량$(W) = \dfrac{G_1(h_2 - h_3)}{C\Delta t}$
$= \dfrac{37502.49 \times (45 - 41)}{4.186 \times 5} = 8959.03\text{kg/h}$

03 냉동 장치에서 액압축을 방지하기 위하여 운전 조작 시 주의해야 할 사항 3가지를 쓰시오. (9점)

해설
① 냉동기 기동 시에 흡입 스톱 밸브를 서서히 열어서 조작한다.
② 운전 중 팽창 밸브 개구부를 부하량에 맞게 적절히 조정하여 압축기 액흡입을 방지한다.
③ 운전 중 냉각 코일(증발기)의 적상에 의한 전열 방해를 최소화하여 압축기 액흡입을 방지한다. 즉, 적상에 주의하고 제상 작업을 하여 전열 효과를 양호하게 한다.

04 다음은 핫가스 제상 방식의 냉동 장치도이다. 제상 요령을 설명하시오. (7점)

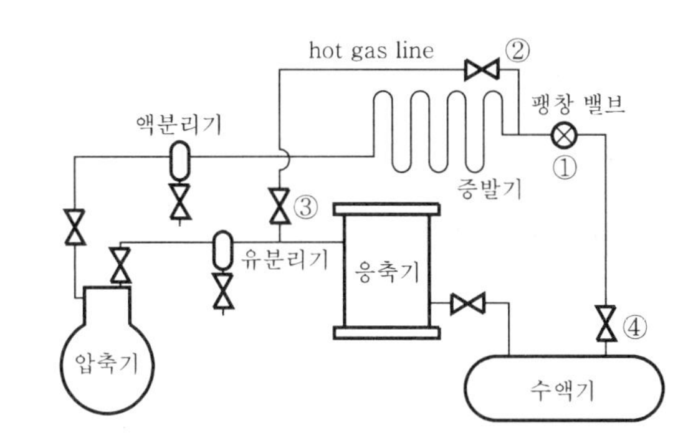

해설 ① 팽창 밸브 ①을 닫는다.
② 밸브 ②와 ③을 열어서 고압 가스를 증발기로 유입시킨다.
③ 밸브 ②는 감압 밸브로서 과열 증기를 교축시키면 압력은 낮아지지만 온도는 변화가 없으므로 과열 증기가 현열로 제상하고 압축기로 회수된다.
④ 제상이 끝나면 밸브 ②와 ③을 닫고 팽창 밸브 ①을 조정하여 정상 운전한다.

05 기통비 2인 콤파운드 R-22 고속 다기통 압축기가 다음 그림에서와 같이 중간 냉각이 불완전한 2단 압축 1단 팽창식으로 운전되고 있다. 이때 중간 냉각기 팽창 밸브 직전의 냉매액 온도가 33℃, 저단측 흡입 냉매의 비체적이 0.15m³/kg, 고단측 흡입 냉매의 비체적이 0.06m³/kg이라고 할 때 저단측의 냉동 효과[kJ/kg]는 얼마인가? (단, 고단측과 저단측의 체적 효율은 같다.) (5점)

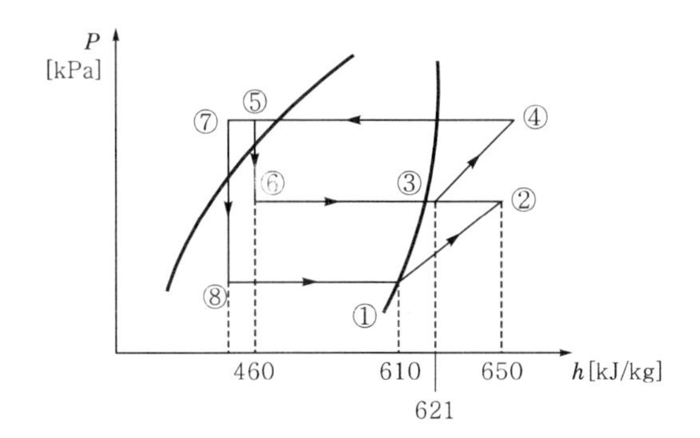

해설 고단 냉매 순환량$(m_H) = m_L\left(\dfrac{h_2 - h_7}{h_3 - h_5}\right)$에서

$$h_7 = h_2 - \frac{m_H}{m_L}(h_3 - h_5) = h_2 - \frac{\dfrac{V}{0.06}\eta_v}{\dfrac{2V}{0.15}\eta_v}(h_3 - h_5)$$

$$= 650 - \frac{0.15}{2 \times 0.06} \times (621 - 460) = 448.75\,\text{kJ/kg}$$

$\therefore$ 냉동 효과$(q_e) = h_1 - h_7 = 610 - 448.75 = 161.25\,\text{kJ/kg}$

06 다음과 같이 3중으로 된 노벽이 있다. 이 노벽의 내부 온도를 1,370℃, 외부 온도를 280℃로 유지하고, 또 정상 상태에서 노벽을 통과하는 열량을 4,070W/m^{2}로 유지하고자 한다. 이때 사용 온도 범위 내에서 노벽 전체의 두께가 최소가 되는 벽의 두께를 결정하시오. (5점)

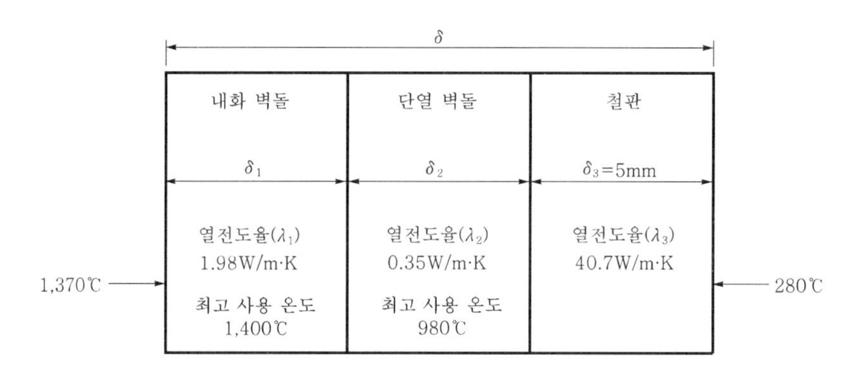

해설 푸리에(Fourier)의 열전도 법칙에 의하여

벽 Ⅰ $Q = \lambda_1 A \left(\frac{t_1 - t_{w_1}}{\delta_1} \right)$ ·························· ⓐ

벽 Ⅱ $Q = \lambda_2 A \left(\frac{t_{w_1} - t_{w_2}}{\delta_2} \right)$ ·························· ⓑ

벽 Ⅲ $Q = \lambda_3 A \left(\frac{t_{w_2} - t_2}{\delta_3} \right)$ ·························· ⓒ

식 ⓐ, ⓑ, ⓒ를 대입하여 풀면

$$Q = \frac{1}{\frac{\delta_1}{\lambda_1} + \frac{\delta_2}{\lambda_2} + \frac{\delta_3}{\lambda_3}} A\,(t_1 - t_2) = \lambda A \left(\frac{t_1 - t_2}{\delta} \right)$$

여기서, $\frac{\delta}{\lambda} = \frac{\delta_1}{\lambda_1} + \frac{\delta_2}{\lambda_2} + \frac{\delta_3}{\lambda_3}$

Fourier 식에 의해서

① $\delta_1 = \frac{\lambda_1 (t_1 - t_{w_1})}{Q} = \frac{1.98 \times (1{,}370 - 980)}{4{,}070} \fallingdotseq 0.19\text{m} = 190\text{mm}$

② 단열벽돌과 철판 사이 온도$(t_{w_2}) = t_2 + \frac{Q\delta_3}{\lambda} = 280 + \frac{4{,}070 \times 0.005}{40.7} = 280.5℃$

③ $\delta_2 = \frac{\lambda_2 (t_{w_1} - t_{w_2})}{Q} = \frac{0.35 \times (980 - 280.5)}{4{,}070} = 0.0602\text{m} = 60.2\text{mm}$

④ $\delta = \delta_1 + \delta_2 + \delta_3 = 190 + 60.2 + 5 = 255.2\text{mm}$

【별해】 ① 열관류량$(K) = \dfrac{Q}{A\Delta t} = \dfrac{4,070}{1\times(1,370-280)} = 3.73\,\text{W/m}^2\cdot\text{K}$

② 내화 벽돌(δ_1) 두께 : $Q = KA\Delta t = \dfrac{\lambda_1}{\delta_1}A\Delta t_1$

$\therefore\ \delta_1 = \dfrac{\lambda_1\Delta t_1}{k\Delta t} = \dfrac{1.98\times(1,370-980)}{3.73\times(1,370-280)} \fallingdotseq 0.19\,\text{m} = 190\,\text{mm}$

③ 단열 벽돌(δ_2) 두께 : $\dfrac{\delta_2}{\lambda_2} = \dfrac{1}{K} - \dfrac{\delta_1}{\lambda_1} - \dfrac{0.005}{40.7}$

$\dfrac{\sigma_2}{0.35} = \dfrac{1}{3.73} - \dfrac{0.19}{1.98} - \dfrac{0.005}{40.7}$

$\therefore\ \delta_2 = 0.062\,\text{m} = 60.2\,\text{mm}$

④ 전체 두께$(\delta) = \delta_1 + \delta_2 + \delta_3 = 190 + 60.2 + 5 = 255.2\,\text{mm}$

07

송풍기(fan)의 전압 효율이 45%, 송풍기 입구와 출구에서의 전압차가 120mmAq로서 10,200m^3/h의 공기를 송풍할 때 송풍기의 축동력〔kW〕을 구하시오. (5점)

해설

$$\text{축동력} = \frac{P_t Q}{1,000\eta_t} = \frac{(120\times9.8)\times\dfrac{10,200}{3,600}}{1,000\times0.45} = 7.4\,\text{kW}$$

※ $1\text{mmAq} = 1\text{kgf/m}^2 = 9.8\text{N/m}^2(=\text{Pa})$

08

다음과 같은 건물 A실에 대해 아래 조건을 이용하여 각 물음에 답하시오. (단, A실은 최상층으로 사무실 용도이며, 아래층의 난방조건은 동일하다.) (18점)

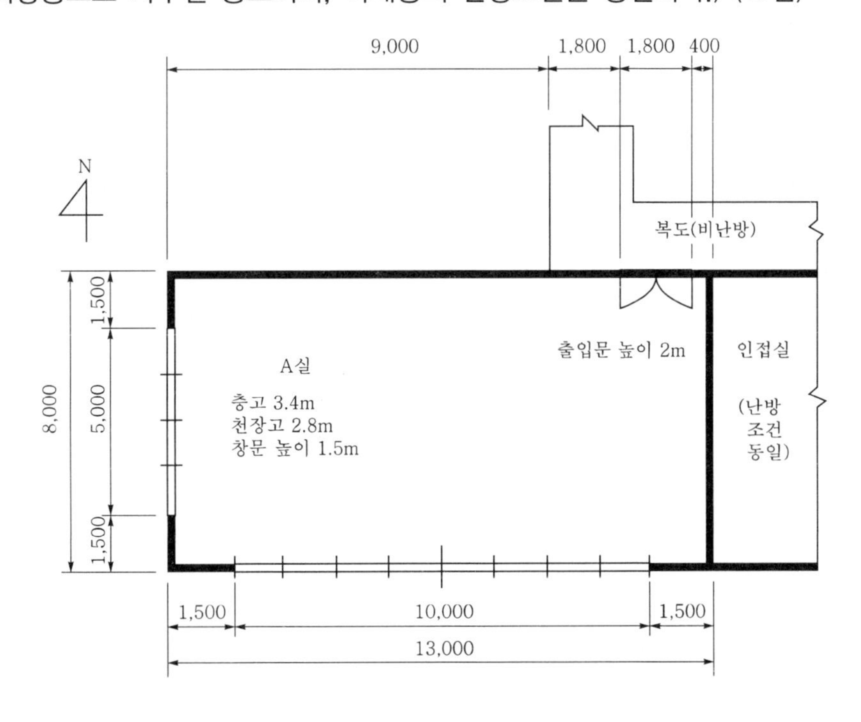

[조 건]

1) 난방 설계용 온·습도

구 분	난 방	비 고
실내	20℃ DB, 50% RH, x=0.00725kg′/kg	비공조실은 실내·외의 중간 온도로 약산함
외기	−5℃ DB, 70% RH, x=0.00175kg′/kg	

2) 유리 : 복층 유리(공기층 6mm), 블라인드 없음, 열관류율 K=3.49W/m^2·K
   출입문 : 목제 플래시문, 열관류율 K=2.21W/m^2·K
3) 공기의 밀도 ρ=1.2kg/m^3, 공기의 정압비열 C_p=1.0046kJ/kg·K, 수증기의 증발잠열(0℃) E_a=2,500kJ/kg, 100℃ 물의 증발잠열 E_b=2,256kJ/kg
4) 외기도입량=25m^3/h·인
5) 외벽

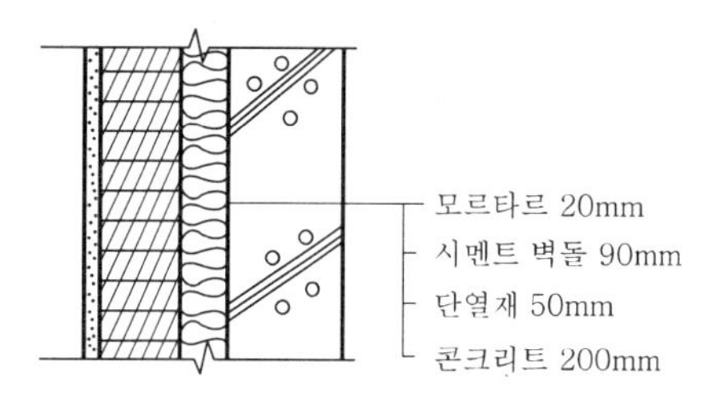

각 재료의 열전도율

재료명	열전도율 [W/m·K]
모르타르	1.4
시멘트 벽돌	1.4
단열재	0.035
콘크리트	1.6

6) 내벽 열관류율 : 3.01W/m^2·K, 지붕 열관류율 : 0.49W/m^2·K

표면 열전달률 α_i, α_o [W/m^2·K]

표면의 종류	난방 시	냉방 시
내면	8.4	8.4
외면	24.2	22.7

방위계수

방 위	N, 수평	E	W	S
방위계수	1.2	1.1	1.1	1.0

재실인원 1인당 상면적

방의 종류	상면적 [m^2/인]	방의 종류		상면적 [m^2/인]
사무실(일반)	5.0	호텔 객실		18.0
은행 영업실	5.0	백화점	평균	3.0
레스토랑	1.5		혼잡	1.0
상점	3.0		한산	6.0
호텔 로비	6.5	극장		0.5

환기횟수

실용적 [m^3]	500 미만	500~1,000	1,000~1,500	1,500~2,000	2,000~2,500	2,500~3,000	3,000 이상
환기횟수 [회/h]	0.7	0.6	0.55	0.5	0.42	0.40	0.35

1. 외벽의 열관류율을 구하시오.
2. 난방부하를 계산하시오.

① 서측 ② 남측
③ 북측 ④ 지붕
⑤ 내벽 ⑥ 출입문

1. 열저항$(R)=\dfrac{1}{K}=\dfrac{1}{\alpha_i}+\sum_{i=1}^{n}\dfrac{l_i}{\lambda_i}+\dfrac{1}{\alpha_o}$

$$=\frac{1}{8.4}+\frac{0.02}{1.4}+\frac{0.09}{1.4}+\frac{0.05}{0.03}+\frac{0.2}{1.6}+\frac{1}{24.2}=2.03\,\mathrm{m^2\cdot K/W}$$

∴ 외벽의 열관류율$(K)=\dfrac{1}{R}\fallingdotseq 0.49\,\mathrm{W/m^2\cdot K}$

2. 난방부하

① 서측

㉠ 외벽$=k_DKA(t_r-t_o)=1.1\times0.49\times[(8\times3.4)-(5\times1.5)]\times[20-(-5)]$
$=265.46\mathrm{kJ/h}$

㉡ 유리창$=k_DKA(t_r-t_o)=1.1\times3.49\times(5\times1.5)\times[20-(-5)]=719.81\mathrm{kJ/h}$

② 남측

㉠ 외벽$=k_DKA(t_r-t_o)=1.0\times0.49\times[(13\times3.4)-(10\times1.5)]\times[20-(-5)]$
$=357.7\mathrm{kJ/h}$

㉡ 유리창$=k_DKA(t_r-t_o)=1.0\times3.49\times(10\times1.5)\times[20-(-5)]=1308.75\mathrm{kJ/h}$

③ 북측 외벽$=k_DKA(t_r-t_o)=1.2\times0.49\times(9\times3.4)\times[20-(-5)]=449.82\mathrm{kJ/h}$

④ 지붕$=k_DKA(t_r-t_o)=1.2\times0.49\times(8\times13)\times[20-(-5)]=1528.8\mathrm{kJ/h}$

⑤ 내벽$=KA\left(t_r-\dfrac{t_r+t_o}{2}\right)=3.01\times[(4\times2.8)-(1.8\times2)]\times\left[20-\dfrac{20+(-5)}{2}\right]$
$=285.97\mathrm{kJ/h}$

⑥ 출입문$=KA\left(t_r-\dfrac{t_r+t_o}{2}\right)=2.21\times(1.8\times2)\times\left[20-\dfrac{20+(-5)}{2}\right]=99.45\mathrm{kJ/h}$

09

다음과 같은 공조기 수배관에서 각 구간의 관지름과 펌프 용량을 결정하시오. (단, 허용 마찰 손실은 R=80mmAq/m이며, 국부 저항 상당 길이는 직관 길이와 동일한 것으로 한다.) (15점)

구 간	직관 길이 〔m〕
A－B	50
B－C	5
C－D	5
D－E	5
E′－F	10

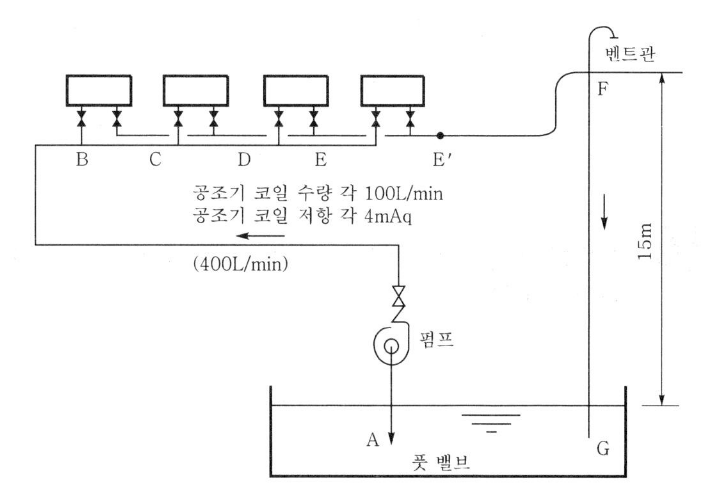

관지름에 따른 유량(R=80mmAq/m)

관지름(mm)	32	40	50	65	80
유량(L/min)	90	180	380	570	850

1. 각 구간의 빈 곳을 완성하시오.

구 간	유량 (L/min)	R (mmAq/m)	관지름 (mm)	직관 길이 l(m)	상당 길이 l'(m)	마찰 저항 P(mmAq)	비 고
A－B		80					－
B－C		80					－
C－D		80					－
D－E		80					－
E′－F		80					－
F－G		80		15	－	－	실양정

2. 펌프의 전양정 H(m)와 수동력 P(kW)를 구하시오.

해설 1.

구 간	유량 (L/min)	R (mmAq/m)	관지름 (mm)	직관 길이 l(m)	상당 길이 l'(m)	마찰 저항 P(mmAq)	비 고
A－B	400	80	65	50	50	8,000	－
B－C	300	80	50	5	5	800	－
C－D	200	80	50	5	5	800	－
D－E	100	80	40	5	5	800	－
E′－F	400	80	65	10	10	1,600	－
F－G	400	80	65	15	－	－	실양정

2. 펌프의 양정과 수동력

① 전양정(H)$=\{8{,}000+(800\times3)+1{,}600\}\times\frac{1}{1{,}000}+4+15=31\,\text{m}$

② 수동력(P)$=\gamma_w QH=9{,}800\,QH\,[\text{W}]=9.8\,QH\,[\text{kW}]$

$$=9.8\times\frac{0.4}{60}\times31=2.03\text{kW}$$

10 다음과 같은 덕트계에서 각부의 덕트 치수를 구하고, 송풍기 전압 및 정압을 구하시오. (16점)

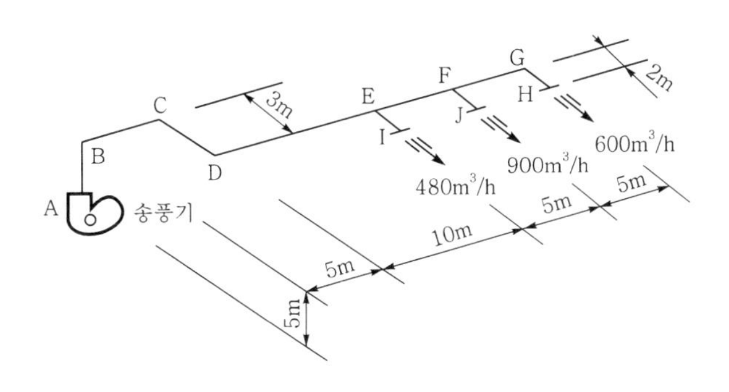

[조 건]

1) 취출구 손실은 각 2mmAq이고, 송풍기 출구 풍속은 8m/s이다.
2) 직관 마찰 손실은 0.1mmAq/m로 한다.
3) 곡관부 1개소의 상당 길이는 원형 덕트(지름)의 20배로 한다.
4) 각 기기의 마찰 저항은 다음과 같다.
   ① 에어 필터 : 10mmAq
   ② 공기 냉각기 : 20mmAq
   ③ 공기 가열기 : 7mmAq
5) 원형 덕트에 상당하는 사각형 덕트의 1변 길이는 20cm로 한다.
6) 풍량에 따라 제작 가능한 덕트의 치수표

풍량(m³/h)	원형 덕트지름(mm)	사각형 덕트치수(mm)
2,500	380	650×200
2,200	370	600×200
1,900	360	550×200
1,600	330	500×200
1,100	280	400×200
1,000	270	350×200
750	240	250×200
560	220	200×200

1. 각부의 덕트 치수를 구하시오.

구 간	풍량(m³/h)	원형 덕트지름(mm)	사각형 덕트치수(mm)
A－E			
E－F			
F－H			
F－J			

2. 송풍기 전압(mmAq)를 구하시오.
3. 송풍기 정압(mmAq)를 구하시오.

해설 1. 각부의 덕트치수

구 간	풍량[m³/h]	원형 덕트지름[mm]	사각 덕트치수[mm]
A−E	1,980	370	600×200
E−F	1,500	330	500×200
F−H	600	240	250×200
F−J	900	270	350×200

2. 송풍기 전압(P_t)

① 직통 덕트 손실$=\{(5\times4)+10+3+2\}\times0.1=3.5\,\text{mmAq}$

② B, C, D곡부 손실$=(20\times0.37\times3)\times0.1=2.22\,\text{mmAq}$

③ G곡부 손실$=(20\times0.24)\times0.1=0.48\,\text{mmAq}$

④ 송풍기 전압$=(3.5+2.22+0.48+2)-\{-(10+20+7)\}=45.2\,\text{mmAq}$

3. 송풍기 정압$(P_s)=P_t-P_v=P_t-\dfrac{\rho V^2}{2g}=45.2-\dfrac{1.2\times8^2}{2\times98}=41.282\,\text{mmAq}$

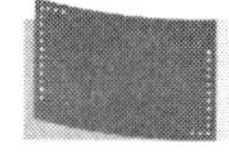

01 **다음과 같은 덕트 시스템에서 덕트 치수를 등압법(0.1mmAq/m)에 의하여 결정하시오.** (단, 각 토출구의 토출 풍량=1,000m³/h) (12점)

구 간	풍량[m³/h]	지름[cm]	풍속[m/s]	직사각형 덕트 $a\times b$[mm]
A−B				(　　)×200
B−C				(　　)×200
C−E				(　　)×200
E−G				(　　)×200

장변 \ 단변	10	15	20	25	30	35	40	45	50	55	60	65	70	75	80	85	90	95	100
10	10.9																		
15	13.3	16.4																	
20	15.2	18.9	21.9																
25	16.9	21.0	24.4	27.3															
30	18.3	22.9	26.6	29.9	32.8														
35	19.5	24.5	28.6	32.2	35.4	38.3													
40	20.7	26.0	30.5	34.3	37.8	40.9	43.7												
45	21.7	27.4	32.1	36.3	40.0	43.3	46.4	49.2											
50	22.7	28.7	33.7	38.1	42.0	45.6	48.8	51.8	54.7										
55	23.6	29.9	35.1	39.8	43.9	47.7	51.1	54.3	57.3	60.1									
60	24.5	31.0	36.5	41.4	45.7	49.6	53.3	56.7	59.8	62.8	65.6								
65	25.3	32.1	37.8	42.9	47.4	51.5	55.3	58.9	62.2	65.3	68.3	71.1							
70	26.1	33.1	39.1	44.3	49.0	53.3	57.3	61.0	64.4	67.7	70.8	73.7	76.5						
75	26.8	34.1	40.2	45.7	50.6	55.0	59.2	63.0	66.6	69.7	73.2	76.3	79.2	82.0					
80	27.5	35.0	41.4	47.0	52.0	56.7	60.9	64.9	68.7	72.2	75.5	78.7	81.8	84.7	87.5				
85	28.2	35.9	42.4	48.2	53.4	58.2	62.6	66.8	70.6	74.3	77.8	81.1	84.2	87.2	90.1	92.9			
90	28.9	36.7	43.5	49.4	54.8	59.7	64.2	68.6	72.6	76.3	79.9	83.3	86.6	89.7	92.7	95.6	198.4		
95	29.5	37.5	44.5	50.6	56.1	61.1	65.9	70.3	74.4	78.3	82.0	85.5	88.9	92.1	95.2	98.2	101.1	103.9	
100	30.1	38.4	45.4	51.7	57.4	62.6	67.4	71.9	76.2	80.2	84.0	87.6	91.1	94.4	97.6	100.7	103.7	106.5	109.3
105	30.7	39.1	46.4	52.8	58.6	64.0	68.9	73.5	77.8	82.0	85.9	89.7	93.2	96.7	100.0	103.1	106.2	109.1	112.0
110	31.3	39.9	47.3	53.8	59.8	65.2	70.3	75.1	79.6	83.8	87.8	91.6	95.3	98.8	102.2	105.5	108.6	111.7	114.6
115	31.8	40.6	48.1	54.8	60.9	66.5	71.7	76.6	81.2	85.5	89.6	93.6	97.3	100.9	104.4	107.8	111.0	114.1	117.2
120	32.4	41.3	49.0	55.8	62.0	67.7	73.1	78.0	82.7	87.2	91.4	95.4	99.3	103.0	106.6	110.0	113.3	116.5	119.6
125	32.9	42.0	49.9	56.8	63.1	68.9	74.4	79.5	84.3	88.8	93.1	97.3	101.2	105.0	108.6	112.2	115.6	118.8	122.0
130	33.4	42.6	50.6	57.7	64.2	70.1	75.7	80.8	85.7	90.4	94.8	99.0	103.1	106.9	110.7	114.3	117.7	121.1	124.4
135	33.9	43.3	51.4	58.6	65.2	71.3	76.9	82.2	87.2	91.9	96.4	100.7	104.9	108.8	112.6	116.3	119.9	123.3	126.7
140	34.4	43.9	52.2	59.5	66.2	72.4	78.1	83.5	88.6	93.4	98.0	102.4	106.6	110.7	114.6	118.3	122.0	125.5	128.9
145	34.9	44.5	52.9	60.4	67.2	73.5	79.3	84.8	90.0	94.9	99.6	104.1	108.4	112.5	116.5	120.3	124.0	127.6	131.1
150	35.3	45.2	53.6	61.2	68.1	74.5	80.5	86.1	91.3	96.3	101.1	105.7	110.0	114.3	118.3	122.2	126.0	129.7	133.2
155	35.8	45.7	54.4	62.1	69.1	75.6	81.6	87.3	92.6	97.4	102.6	107.2	111.7	116.0	120.1	124.1	127.9	131.7	135.3
160	36.2	46.3	55.1	62.9	70.6	76.6	82.7	88.5	93.9	99.1	104.1	108.8	113.3	117.7	121.9	125.9	129.8	133.6	137.3
165	36.7	46.9	55.7	63.7	70.9	77.6	83.8	89.7	95.2	100.5	105.5	110.3	114.9	119.3	123.6	127.7	131.7	135.6	139.3
170	37.1	47.5	56.4	64.4	71.8	78.5	84.9	90.8	96.4	101.8	106.9	111.8	116.4	120.9	125.3	129.5	133.5	137.5	141.3

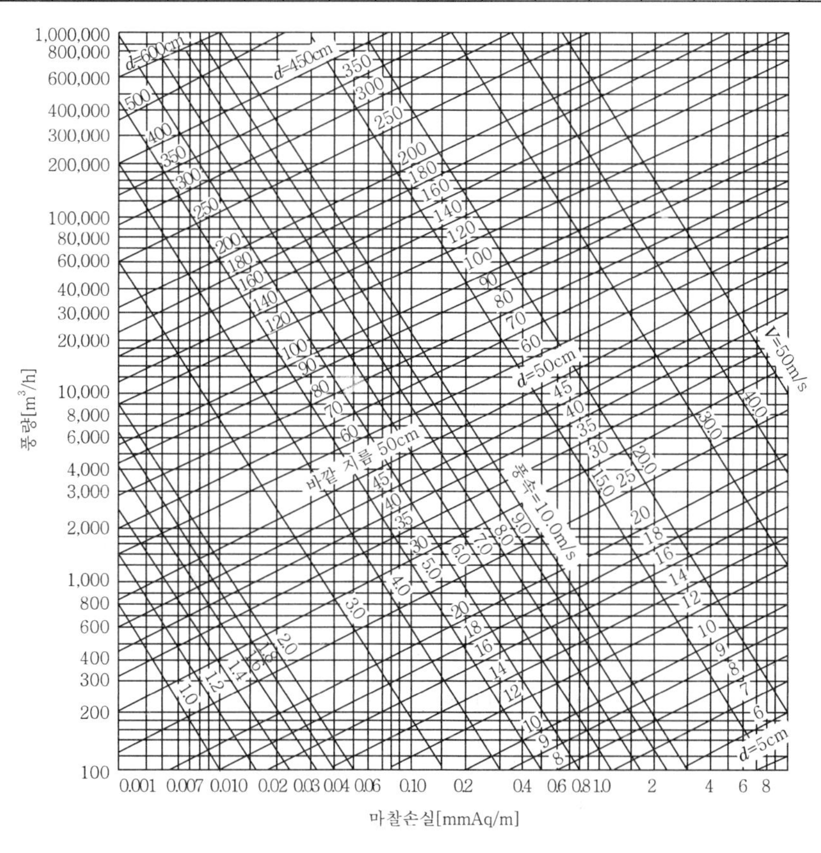

구 간	풍량[m³/h]	지름[cm]	풍속[m/s]	직사각형 덕트 $a \times b$[mm]
A−B	6,000	54.17	7.23	1,550×200
B−C	4,000	46.5	6.63	1,100×200
C−E	2,000	35.83	5.57	600×200
E−G	1,000	27.5	4.67	350×200

02 다음과 같은 배관 계통도에서 E점에 에어 벤트(필요 수압 2mAq)를 설치하려고 한다. 각 물음에 답하시오. (12점)

[조 건]

1) 배관 길이
   ① A−B=10m ② B−C=45m ③ D−E=15m
   ④ E−F=15m ⑤ F−G=15m ⑥ H−A=15m
2) 마찰 손실
   ① 열교환기=4mAq ② 가열 코일=3mAq ③ 배관=4mAq/100m

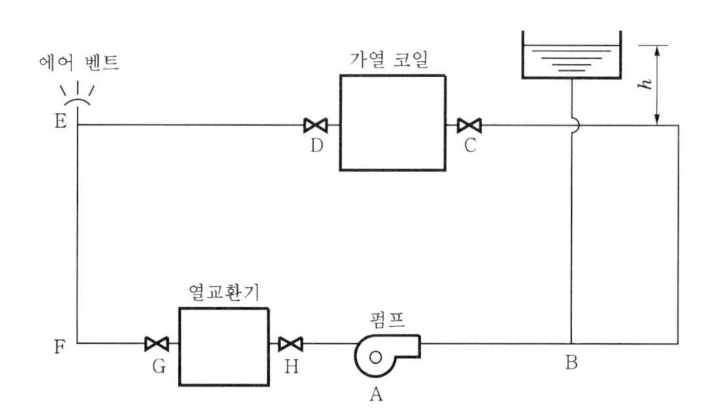

1. 팽창 탱크의 높이(h)는 몇 [m]로 하면 되는가?
2. 펌프의 양정(H)은 얼마인가?
3. 펌프 흡입측 압력은 몇 [mAq]인가?
4. 배관계를 흐르는 유량이 3m³/h일 때 펌프를 구동하기 위한 축동력[kW]을 구하시오.
   (단, 펌프의 효율=70%, 물의 비중량 γ=9,800N/m³)

1. ① 배관 B−C 간 마찰 손실$=\dfrac{4}{100}\times 45 = 1.8\,\text{mAq}$
   ② 가열 코일 C−D 손실=3mAq
   ③ 배관 D−E 간 마찰 손실$=\dfrac{4}{100}\times 15 = 0.6\,\text{mAq}$
   ④ 에어 벤트 수압=2mAq
   ⑤ 높이(h)$=1.8+3+0.6+2=7.4\,\text{mAq}$

【참고】 E점에서 공기가 배출되게 하기 위하여 배관 B−C−D−E 간의 마찰 손실 수두에 에어 벤트 필요 정압을 가산한다.

2. $H = \{10 + 45 + (15 \times 4)\} \times \dfrac{4}{100} + 4 + 3 = 11.6\text{mH}_2\text{O}$

순환 손실 수두가 양정이다.

3. ① 배관 E−G 간 마찰 손실 $= \dfrac{4}{100} \times 30 = 1.2\text{mAq}$

② 배관 H−A 간 마찰 손실 $= \dfrac{4}{100} \times 15 = 0.6\text{mAq}$

③ 열교환기 마찰 손실 $= 4\text{mAq}$

④ 펌프 흡입측 압력 $= (2 + 15) - (1.2 + 0.6 + 4) = 11.2\text{mAq}$

【참고】 E점의 압력에 정수두를 가산한 압력에 배관 E−F−H−A 간의 마찰 손실 압력을 제외한 압력이다.

4. $L_{kW} = \dfrac{9.8QH}{\eta_p} = \dfrac{9.8 \times \dfrac{3}{3{,}600} \times 11.6}{0.7} = 0.135 \fallingdotseq 0.14\text{kW}$

03

다음과 같은 $P-h$ 선도를 보고 각 물음에 답하시오. (단, 중간 냉각에 냉각수를 사용하지 않는 것으로 하고, 냉동 능력은 1RT(=13897.52kJ/h)로 한다.) (8점)

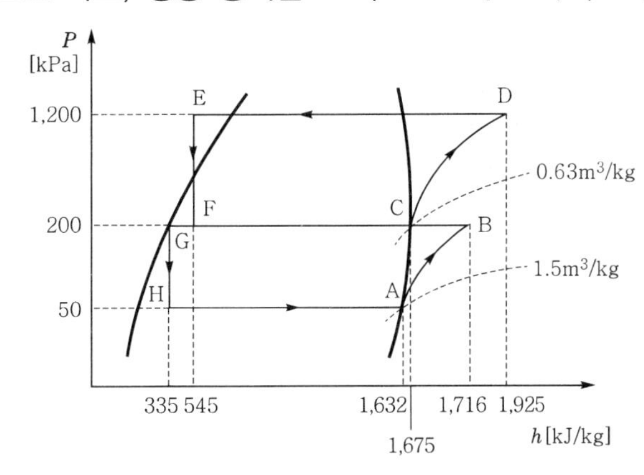

효율 \ 압축비	2	4	6	8	10	24
체적 효율(η_v)	0.86	0.78	0.72	0.66	0.62	0.48
기계 효율(η_m)	0.92	0.90	0.88	0.86	0.84	0.70
압축 효율(η_c)	0.90	0.85	0.79	0.73	0.67	0.52

1. 저단측의 냉매 순환량 m_L(kg/h), 피스톤 토출량 V_L(m^3/h), 압축기 소요 동력 N_L(kW)을 구하시오.
2. 고단측의 냉매 순환량 m_H(kg/h), 피스톤 토출량 V_H(m^3/h), 압축기 소요 동력 N_H(kW)을 구하시오.

해설

1\. ① $m_L = \dfrac{Q_e}{q_2} = \dfrac{1 \times 13897.52}{h_A - h_G} = \dfrac{13897.52}{1,632 - 335} ≒ 10.72\,\text{kg/h}$

② $V_L = \dfrac{m_L v_A}{\eta_{vL}} = \dfrac{10.72 \times 1.5}{0.78} ≒ 20.62\,\text{m}^3/\text{h}$

③ $N_L = \dfrac{m_L q_e}{3{,}600 \eta_{mL} \eta_{cL}} = \dfrac{10.72 \times (1{,}716 - 1{,}632)}{3{,}600 \times 0.9 \times 0.85} ≒ 0.33\,\text{kW}$

2\. ① $h_B{}' = h_A + \dfrac{h_B - h_A}{\eta_{cL}} = 1{,}632 + \dfrac{1{,}716 - 1{,}632}{0.85} ≒ 1730.82\,\text{kJ/kg}$

$\therefore\ m_H = m_L \left(\dfrac{h_B{}' - h_H}{h_C - h_E} \right) = 10.72 \times \dfrac{1730.82 - 335}{1{,}675 - 545} ≒ 13.24\,\text{kg/h}$

② $V_H = \dfrac{m_H v_C}{\eta_{vH}} = \dfrac{13.24 \times 0.63}{0.72} ≒ 11.59\,\text{m}^3/\text{h}$

③ $N_H = \dfrac{m_H q_e}{3{,}600 \eta_{mH} \eta_{cH}} = \dfrac{13.24 \times (1{,}925 - 1{,}675)}{3{,}600 \times 0.88 \times 0.79} ≒ 1.32\text{kW}$

【참고】 ① 저단 압축비 $\varepsilon_L = \dfrac{2}{0.5} = 4$일 때 제시된 표에서
$\eta_{vL} = 0.78,\ \eta_{mL} = 0.90,\ \eta_{cL} = 0.85$

② 고단 압축비 $\varepsilon_H = \dfrac{12}{2} = 6$일 때 제시된 표에서
$\eta_{vH} = 0.72,\ \eta_{mH} = 0.88,\ \eta_{cH} = 0.79$

04

다음과 같은 조건하에서 운전되는 공기조화기에서 각 물음에 답하시오. (단, 공기의 밀도(ρ)=1.2kg/m^3, 정압 비열 C_p=1.0046kJ/kg·K) (9점)

[조 건]

1) 외기 : 32℃ DB, 28℃ WB
2) 실내 : 26℃ DB, 50% RH
3) 실내 현열 부하 : 142,324kJ/h, 실내 잠열 부하 : 25,116kJ/h
4) 외기 도입량 : 2,000m^3/h

1\. 실내 현열비를 구하시오.
2\. 토출 온도와 실내 온도의 차를 10.5℃로 할 경우 송풍량(m^3/h)을 구하시오.
3\. 혼합점의 온도(℃)를 구하시오.

해설

1\. 실내 현열비$(SHF) = \dfrac{Q_s}{Q_s + Q_L} = \dfrac{142{,}324}{142{,}324 + 25{,}116} = 0.85$

2\. $Q_s = \rho Q C_p \Delta t$ 에서

$Q = \dfrac{Q_s}{\rho C_p \Delta t} = \dfrac{142{,}324}{1.2 \times 1.0046 \times 10.5} = 11243.83\,\text{m}^3/\text{h}$

3\. 혼합점 온도$(t_m) = \dfrac{Q_o t_o + (Q - Q_o) t_i}{Q}$

$= \dfrac{2{,}000 \times 32 + (11243.83 - 2{,}000) \times 26}{11243.83} = 27.07℃$

05 **어느 건물의 난방 부하에 의한 방열기의 용량이 1,255,800kJ/h일 때 주철제 보일러 설비에서 보일러의 정격 출력〔kJ/h〕, 오일 버너의 용량〔L/h〕과 연소에 필요한 공기량〔m^3/h〕을 구하시오.** (단, 배관 손실 및 불때기 시작 때의 부하 계수 1.2, 보일러 효율 0.7, 중유의 저위발열량 41,023kJ/kg, 밀도 0.92kg/L, 연료의 이론 공기량 12.0m^3/kg, 공기 과잉률 1.3, 보일러실의 온도 13℃, 기압 760mmHg이다.) (9점)

해설 ① 보일러의 정격 출력(Q_B) = 부하 계수(k) × 방열기 용량(Q_R)

$$= 1.2 \times 1{,}255{,}800 = 1{,}506{,}960\,\text{kJ/h}$$

② 오일 버너의 용량$(Q_o) = \dfrac{Q_D}{\rho H_L \eta_B}$

$$= \frac{1{,}506{,}960}{0.92 \times 41{,}023 \times 0.7} \fallingdotseq 57.04\,\text{L/h}$$

③ 연소 공기량$(Q) = \rho Q_o q K\left(\dfrac{273 + t_e}{273}\right)$

$$= 0.92 \times 57.04 \times 12 \times 1.3 \times \frac{273 + 13}{273} \fallingdotseq 857.62\,\text{m}^3\text{/h}$$

여기서, K : 공기과잉률

06 **중앙 공급식 난방 장치에 온수 순환 펌프를 선정하려고 한다. 다음 조건을 참조하여 온수 순환 펌프의 유량〔L/min〕, 양정〔mAq〕 및 동력〔kW〕을 구하시오.** (9점)

[조 건]

1) 직관 배관 길이 : 500m
2) 단위 길이당 열손실 : 0.35W/m·K
3) 배관의 마찰 손실 : 20mmAq/m
4) 온수 온도 : 60℃
5) 주위 온도 : 5℃
6) 기기류, 밸브, 배관 부속류의 등가 저항 : 직관의 50%
7) 기기, 밸브류 등의 열손실량 : 배관 열손실의 20%
8) 순환 온수 온도차(Δt) : 10℃
9) 펌프의 효율 : 40%

해설 ① $Q = WC\Delta t \times 60 = kll'(t_w - t_o) \times 3.6$에서

온수 순환 펌프 수량$(W) = \dfrac{kll'(t_w - t_o) \times 3.6}{C\Delta t \times 60}$

$$= \frac{0.35 \times 500 \times 1.2 \times (60 - 5) \times 3.6}{4.186 \times 10 \times 60}$$

$$= 16.56\,\text{L/min}$$

② 양정$(H) = 500 \times 1.5 \times 0.02 = 15\,\text{mAq}$

③ 동력 $= \dfrac{9.8QH}{\eta_p} = \dfrac{9.8 \times \dfrac{16.56}{60{,}000} \times 15}{0.4} = 0.1\,\text{kW}$

07 다음 도면과 같은 온수난방에 있어서 리버스 리턴 방식에 의한 배관도를 완성하시오. (단, A, B, C, D는 라디에이터를 표시한 것이며, 온수 공급관은 실선으로, 귀환관은 점선으로 표시하시오.) (8점)

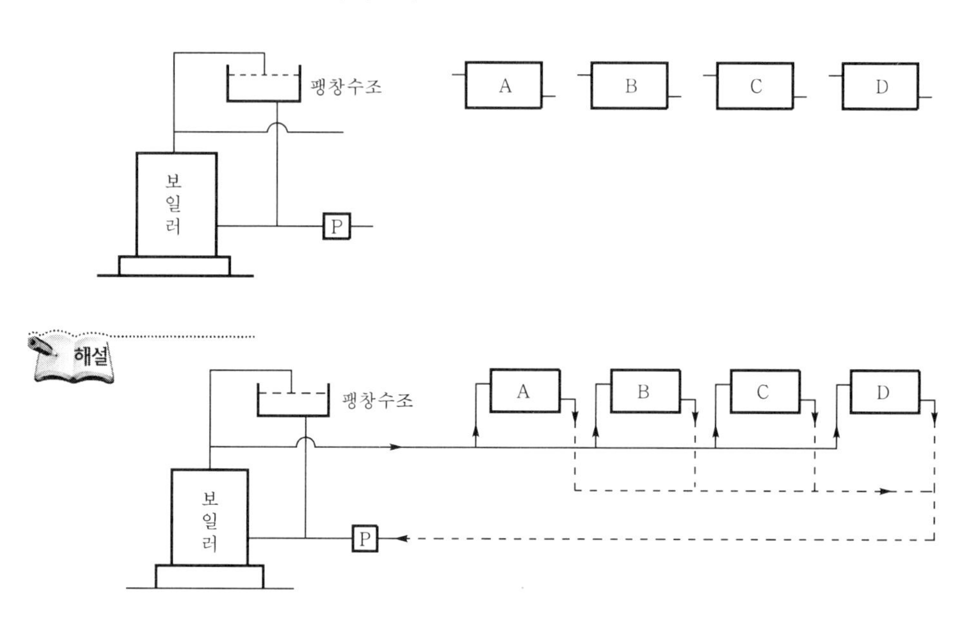

08 다음 설계 조건을 이용하여 사무실 각 부분에 대하여 손실 열량을 구하시오. (18점)

[조 건]

1) 설계 온도[℃] : 실내 20, 실외 0, 인접실 20, 복도 10, 상층 20, 하층 6
2) 열통과율[$W/m^2 \cdot K$] : 외벽 3.7, 내벽 4.2, 바닥 2.2, 유리(2중) 2.6, 문 4.2
3) 방위 계수
   ① 북쪽, 북서쪽, 북동쪽 : 1.15
   ② 동남쪽, 남서쪽 : 1.05
   ③ 동쪽, 서쪽 : 1.10
   ④ 남쪽 : 1.0
4) 환기 횟수 : 0.5회/h
5) 천장 높이와 층고는 동일하게 간주한다.
6) 공기의 정압 비열 : 1.0046kJ/kg·K, 공기의 밀도 : $1.2kg/m^3$

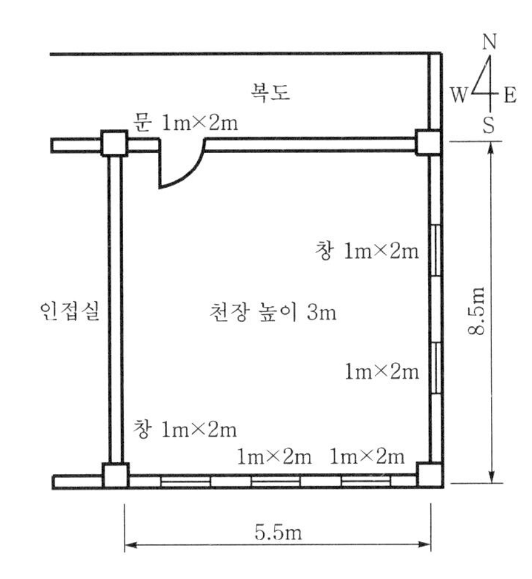

2006

1. 유리창으로 통한 손실 열량(kJ/h)을 구하시오.
   ① 남쪽
   ② 동쪽
2. 외벽을 통한 손실 열량(kJ/h)을 구하시오.
   ① 남쪽
   ② 동쪽
3. 내벽을 통한 손실 열량(kJ/h)을 구하시오.
   ① 바닥
   ② 북쪽
   ③ 서쪽
   ④ 문(출입문)
4. 간극풍에 의한 손실 열량(kJ/h)을 구하시오.

해설 1. 유리창으로 통한 손실 열량

① 남쪽 $= k_D K A_t (t_r - t_o) = 1 \times 2.6 \times (1 \times 2 \times 3) \times (20 - 0) = 312\,\text{kJ/h}$

② 동쪽 $= k_D K A_t (t_r - t_o) = 1.1 \times 2.6 \times (1 \times 2 \times 2) \times (20 - 0) = 288.8\,\text{kJ/h}$

2. 외벽을 통한 손실 열량

① 남쪽 $= 1 \times 4.2 \times \{(5.5 \times 3) - (1 \times 2 \times 3)\} \times (20 - 0) = 882\,\text{kJ/h}$

② 동쪽 $= 1.1 \times 4.2 \times \{(8.5 \times 3) - (1 \times 2 \times 2)\} \times (20 - 0) = 1986.6\,\text{kJ/h}$

3. 내벽을 통한 손실 열량

① 바닥 $= 2.2 \times (5.5 \times 8.5) \times (20 - 6) = 1439.9\,\text{kJ/h}$

② 북쪽 $= 4.2 \times \{(5.5 \times 3) - (1 \times 2)\} \times (20 - 10) = 609\,\text{kJ/h}$

③ 서쪽 $= 4.2 \times (8.5 \times 3) \times (20 - 20) = 0$

④ 문 $= 4.2 \times (1 \times 2) \times (20 - 10) = 84\,\text{kJ/h}$

4. 간극풍 손실 열량 $= \rho n V C_p (t_r - t_o) = 1.2 \times 0.5 \times (5.5 \times 8.5 \times 3) \times 1.0046 \times (20 - 0)$

$\fallingdotseq 1690.74\,\text{kJ/h}$

09 **어떤 냉동 장치의 증발기 출구 상태가 건조 포화 증기인 냉매를 흡입 · 압축하는 냉동기가 있다. 증발기의 냉동 능력이 10RT, 그리고 압축기의 체적 효율이 65%라고 한다면, 이 압축기의 분당 회전수는 얼마인가?** (단, 이 압축기는 기통 지름=120mm, 행정=100mm, 기통수=6기통, 압축기 흡입 증기의 비체적=0.15m^3/kg, 압축기 흡입 증기의 비엔탈피=624kJ/kg, 압축기 토출 증기의 비엔탈피=687kJ/kg, 팽창 밸브 직후의 비엔탈피=460kJ/kg) (6점)

해설

$$\text{압축기 회전수}(R) = \frac{Q_e(=13897.52RT)}{q_e}\left(\frac{4V}{\pi D^2 LN\eta_v}\right)$$

$$= \frac{10\times 13897.52}{624-460}\times\frac{4\times 0.15}{3.14\times 0.12^2\times 0.1\times 6\times 60\times 0.65} \fallingdotseq 480.55\,\text{rpm}$$

【참고】 $\text{회전수}(R) = \frac{4V}{60\pi D^2 LN} = \frac{4GV}{60\pi D^2 LN\eta_v}$ [rpm = rev/min]

10 **다음 그림과 같은 2중 덕트 장치도를 보고 공기 선도에 각 상태점을 나타내어 흐름도를 완성시키시오.** (6점)

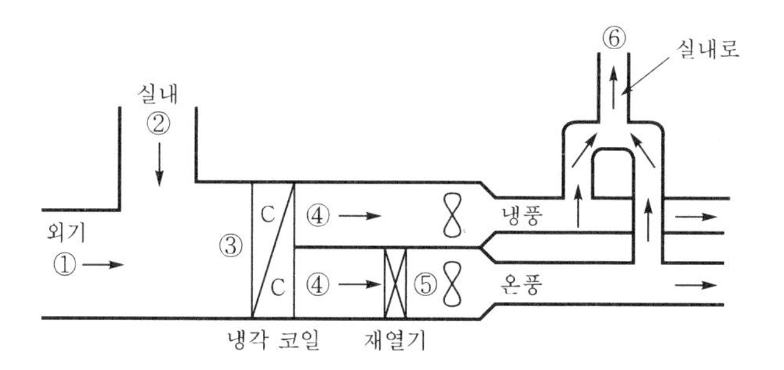

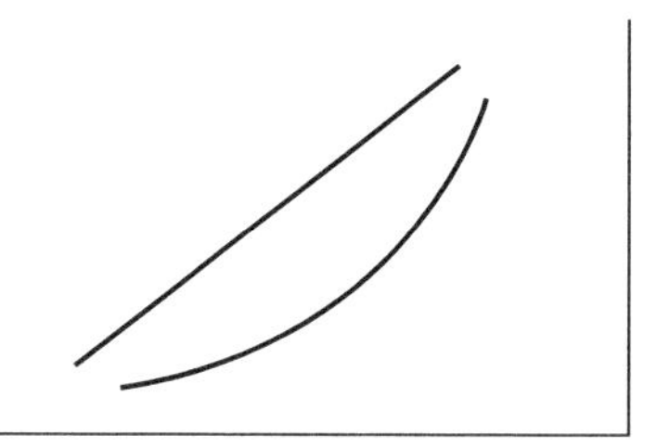

해설

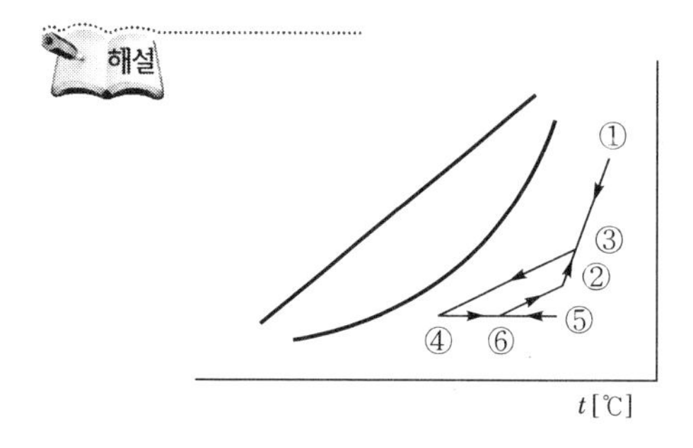

2007년도 기출문제

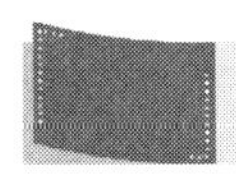

2007. 4. 22. 시행

01 **건물의 냉방 부하 계산이 다음과 같을 때 각 물음에 답하시오.** (12점)

[조 건]

1) 벽체 침입 열량 : 현열 20,930kJ/h
2) 유리창 침입 열량 : 현열 12,558kJ/h
3) 간극풍 침입 열량 : 현열 2,093kJ/h, 잠열 2,930kJ/h
4) 인체 발생 열량 : 현열 3,350kJ/h, 잠열 4,186kJ/h
5) 형광등 발생 열량 : 현열 8,372kJ/h
6) 외기 도입 부하 : 현열 5,023kJ/h, 잠열 10,465kJ/h
7) 공기의 정압 비열 : 1.005kJ/kg·K, 공기의 밀도 : 1.2kg/m^3

1. 실내 취득 열량(kJ/h)을 구하시오.
2. 송풍기 송풍량(m^3/min)을 구하시오. (단, 취출 온도차=10℃)
3. 냉각 코일 부하(kJ/h)를 구하시오.
4. 냉동기 용량(RT)을 구하시오. (단, 배관 손실 열량은 냉각 코일 부하의 10%로 한다.)

해설 1. 실내 취득 열량=현열량+잠열량

$$=(20,930+12,558+2,093+3,350+8,372)+(2,930+4,186)$$
$$=54,419\,\text{kJ/h}$$

2. 송풍기 송풍량$(Q)=\dfrac{q_s}{\rho C_p \Delta t\times 60}$

$$=\frac{47,303}{1.2\times1.005\times10\times60}=65.37\,\text{m}^3/\text{min}$$

3. 냉각 코일 부하(q_{cc})=실내 부하+외기 부하

$$=54,419+(5,023+10,465)=69,907\,\text{kJ/h}$$

4. 냉동기 용량$=\dfrac{q_{cc}K}{13897.52}=\dfrac{69,907\times1.1}{13897.52}=5.53\,\text{RT}$

02 **다음과 같은 덕트 시스템을 정압법으로 설계하시오.** (단, 입상 덕트의 풍속은 6m/s 이고, A~D구간은 높이가 350mm인 각형 덕트이다.) (13점)

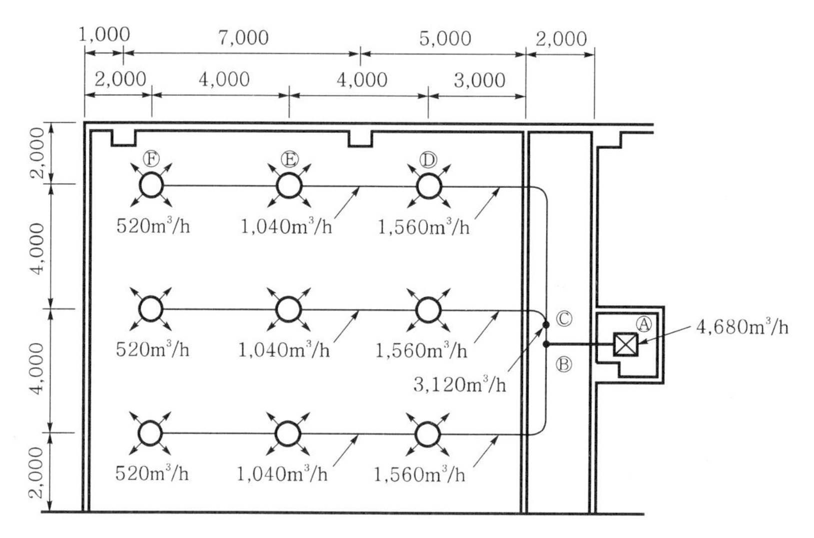

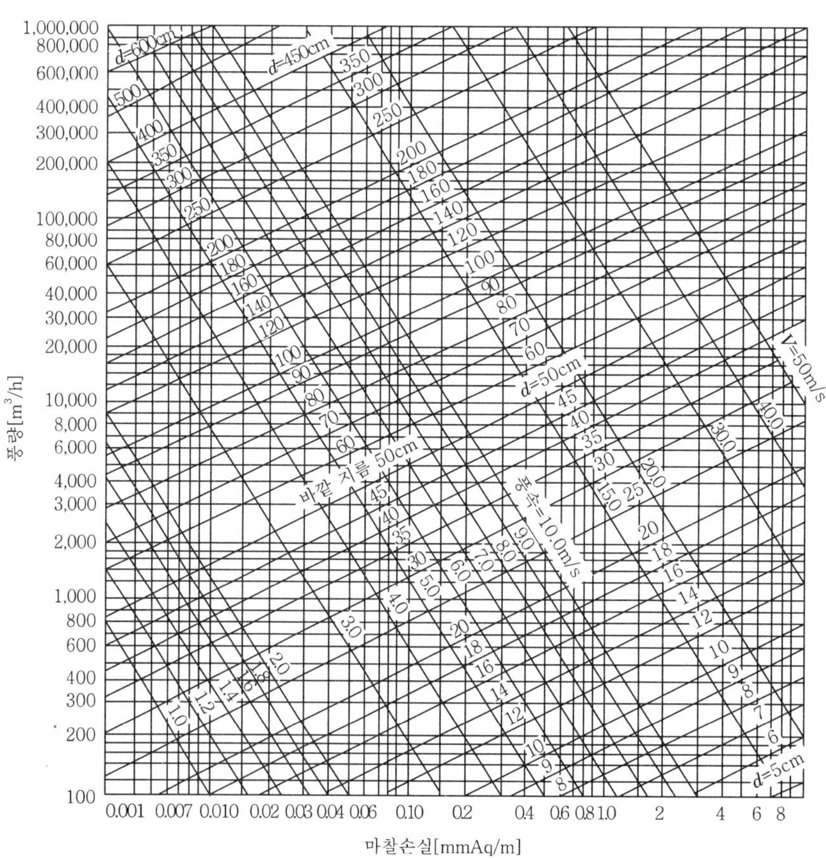

구 간	풍량(m³/h)	R(mmAq/m)	덕트 지름(cm)	각형 덕트크기(cm)
Ⓐ－Ⓑ		0.082		
Ⓑ－Ⓒ		0.082		
Ⓒ－Ⓓ		0.082		
Ⓓ－Ⓔ		0.082		
Ⓔ－Ⓕ		0.082		

장변 \ 단변	10	15	20	25	30	35	40	45	50	55	60	65	70	75	80	85	90	95	100
10	10.9																		
15	13.3	16.4																	
20	15.2	18.9	21.9																
25	16.9	21.0	24.4	27.3															
30	18.3	22.9	26.6	29.9	32.8														
35	19.5	24.5	28.6	32.2	35.4	38.3													
40	20.7	26.0	30.5	34.3	37.8	40.9	43.7												
45	21.7	27.4	32.1	36.3	40.0	43.3	46.4	49.2											
50	22.7	28.7	33.7	38.1	42.0	45.6	48.8	51.8	54.7										
55	23.6	29.9	35.1	39.8	43.9	47.7	51.1	54.3	57.3	60.1									
60	24.5	31.0	36.5	41.4	45.7	49.6	53.3	56.7	59.8	62.8	65.6								
65	25.3	32.1	37.8	42.9	47.4	51.5	55.3	58.9	62.2	65.3	68.3	71.1							
70	26.1	33.1	39.1	44.3	49.0	53.3	57.3	61.0	64.4	67.7	70.8	73.7	76.5						
75	26.8	34.1	40.2	45.7	50.6	55.0	59.2	63.0	66.6	69.7	73.2	76.3	79.2	82.0					
80	27.5	35.0	41.4	47.0	52.0	56.7	60.9	64.9	68.7	72.2	75.5	78.7	81.8	84.7	87.5				
85	28.2	35.9	42.4	48.2	53.4	58.2	62.6	66.8	70.6	74.3	77.8	81.1	84.2	87.2	90.1	92.9			
90	28.9	36.7	43.5	49.4	54.8	59.7	64.2	68.6	72.6	76.3	79.9	83.3	86.6	89.7	92.7	95.6	198.4		
95	29.5	37.5	44.5	50.6	56.1	61.1	65.9	70.3	74.4	78.3	82.0	85.5	88.9	92.1	95.2	98.2	101.1	103.9	
100	30.1	38.4	45.4	51.7	57.4	62.6	67.4	71.9	76.2	80.2	84.0	87.6	91.1	94.4	97.6	100.7	103.7	106.5	109.3
105	30.7	39.1	46.4	52.8	58.6	64.0	68.9	73.5	77.8	82.0	85.9	89.7	93.2	96.7	100.0	103.1	106.2	109.1	112.0
110	31.3	39.9	47.3	53.8	59.8	65.2	70.3	75.1	79.6	83.8	87.8	91.6	95.3	98.8	102.2	105.5	108.6	111.7	114.6
115	31.8	40.6	48.1	54.8	60.9	66.5	71.7	76.6	81.2	85.5	89.6	93.6	97.3	100.9	104.4	107.8	111.0	114.1	117.2
120	32.4	41.3	49.0	55.8	62.0	67.7	73.1	78.0	82.7	87.2	91.4	95.4	99.3	103.0	106.6	110.0	113.3	116.5	119.6
125	32.9	42.0	49.9	56.8	63.1	68.9	74.4	79.5	84.3	88.8	93.1	97.3	101.2	105.0	108.6	112.2	115.6	118.8	122.0
130	33.4	42.6	50.6	57.7	64.2	70.1	75.7	80.8	85.7	90.4	94.8	99.0	103.1	106.9	110.7	114.3	117.7	121.1	124.4
135	33.9	43.3	51.4	58.6	65.2	71.3	76.9	82.2	87.2	91.9	96.4	100.7	104.9	108.8	112.6	116.3	119.9	123.3	126.7
140	34.4	43.9	52.2	59.5	66.2	72.4	78.1	83.5	88.6	93.4	98.0	102.4	106.6	110.7	114.6	118.3	122.0	125.5	128.9
145	34.9	44.5	52.9	60.4	67.2	73.5	79.3	84.8	90.0	94.9	99.6	104.1	108.4	112.5	116.5	120.3	124.0	127.6	131.1
150	35.3	45.2	53.6	61.2	68.1	74.5	80.5	86.1	91.3	96.3	101.1	105.7	110.0	114.3	118.3	122.2	126.0	129.7	133.2
155	35.8	45.7	54.4	62.1	69.1	75.6	81.6	87.3	92.6	97.4	102.6	107.2	111.7	116.0	120.1	124.1	127.9	131.7	135.3
160	36.2	46.3	55.1	62.9	70.6	76.6	82.7	88.5	93.9	99.1	104.1	108.8	113.3	117.7	121.9	125.9	129.8	133.6	137.3
165	36.7	46.9	55.7	63.7	70.9	77.6	83.8	89.7	95.2	100.5	105.5	110.3	114.9	119.3	123.6	127.7	131.7	135.6	139.3
170	37.1	47.5	56.4	64.4	71.8	78.5	84.9	90.8	96.4	101.8	106.9	111.8	116.4	120.9	125.3	129.5	133.5	137.5	141.3

구 간	풍량(m³/h)	R(mmAq/m)	덕트 지름(cm)	각형 덕트크기(cm)
Ⓐ－Ⓑ	4,680	0.082	55	65×35
Ⓑ－Ⓒ	3,120	0.082	45	50×35
Ⓒ－Ⓓ	1,560	0.082	35	35×35
Ⓓ－Ⓔ	1,040	0.082	30	－
Ⓔ－Ⓕ	520	0.082	25	－

03 다음과 같은 온수난방 계통도에서 주어진 조건을 참조하여 각 물음에 답하시오. (15점)

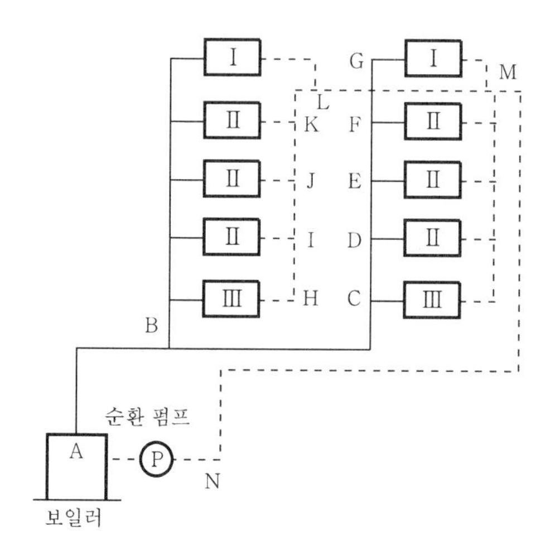

[방열기 용량]
- Ⅰ : 20,093kJ/h
- Ⅱ : 15,070kJ/h
- Ⅲ : 17,581kJ/h

[조 건]

1) 방열기 입·출구 수온차를 10℃로 한다.
2) 국부 저항 계수(ζ)=0.8
3) 배관 마찰 손실 수두(R)=10mmAq/m
4) 보일러에서 최원거리에 위치한 방열기의 왕복 순환 길이는 80m로 한다.

1. 순환 펌프의 양정〔m〕을 구하시오. (단, 여유율=20%)
2. A－B, C－D, K－L, L－M구간의 유량〔kg/h〕 및 관지름〔mm〕을 구하시오.

구분 / 구간	압력 강하〔mmAq/m〕	순환수량〔kg/h〕	관지름〔mm〕
A－B	10		
C－D	10		
K－L	10		
L－M	10		

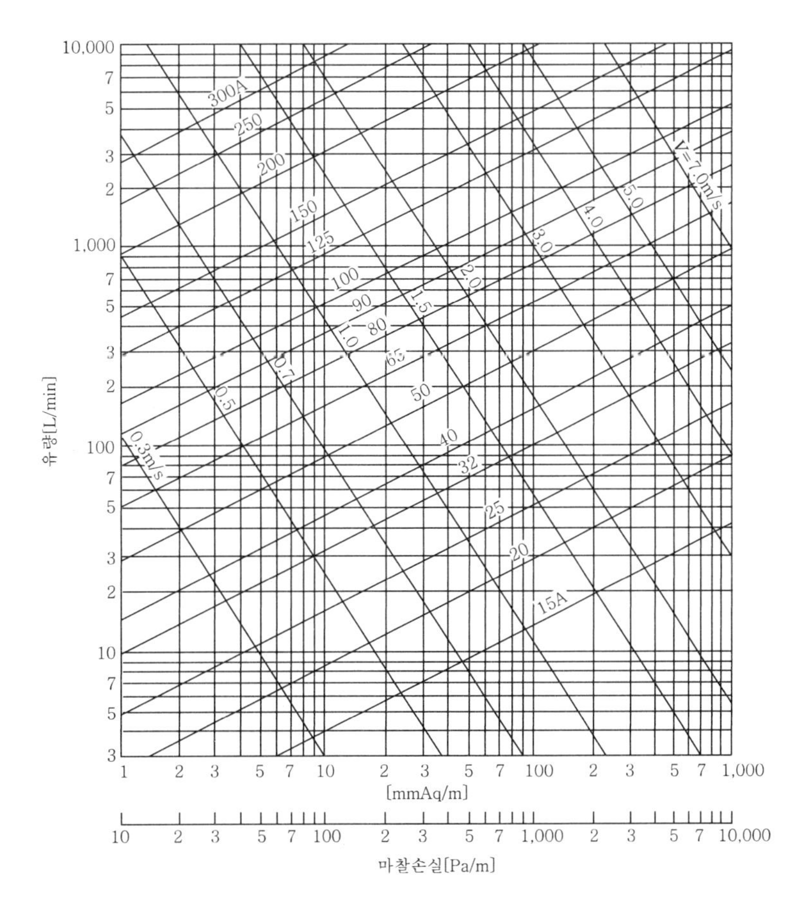

해설 1. 순환 펌프의 양정

① 유속$(V) = \dfrac{Q}{A} = \dfrac{Q}{\dfrac{\pi d^2}{4}} = \dfrac{4Q}{\pi d^2} = \dfrac{4 \times \dfrac{3.96}{3,600}}{\pi \times 0.05^2} = \dfrac{4 \times 3.96}{3.14 \times 0.05^2 \times 3,600} = 0.56\,\text{m/s}$

② 국부 저항에 의한 손실 수두$(h_L) = \zeta \dfrac{V^2}{2g} = 0.8 \times \dfrac{0.56^2}{2 \times 9.8} = 0.0128\,\text{m}$

③ 속도 수두$(h) = \dfrac{V^2}{2g} = \dfrac{0.56^2}{2 \times 9.8} = 0.016\,\text{m}$

④ 전양정$(H) = \left\{\left(80 \times \dfrac{10}{1,000}\right) + 0.0128 + 0.016\right\} \times 1.2 = 0.994 ≒ 0.99\,\text{m}$

2. 유량 및 관지름

구간 \ 구분	압력 강하 [mmAq/m]	순환수량 [kg/h]	관지름 [mm]
A－B	10	3,960	50
C－D	10	1,560	32
K－L	10	1,500	32
L－M	10	2,460	40

04 **다음은 2단 압축 1단 팽창 냉동 장치의 $P-h$ 선도를 나타낸 것이다. 다음 각 물음에 답하시오.** (15점)

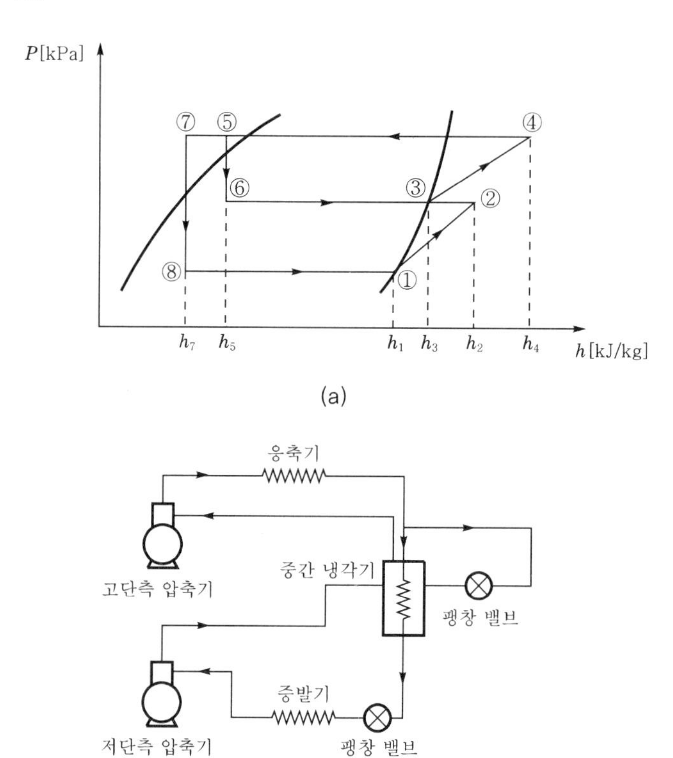

(a)

(b)

1. 그림 (a)의 $P-h$ 선도를 이용하여 각 상태점 ①~⑧을 그림 (b)의 장치도상에 나타내시오.
2. 고단측 압축기의 냉매 순환량 m_H〔kg/h〕와 저단측 압축기의 냉매 순환량 m_L〔kg/h〕의 비$\left(\dfrac{m_H}{m_L}\right)$를 그림 (a)에 표시된 비엔탈피($h$)의 차로써 나타내시오.

해설 1.

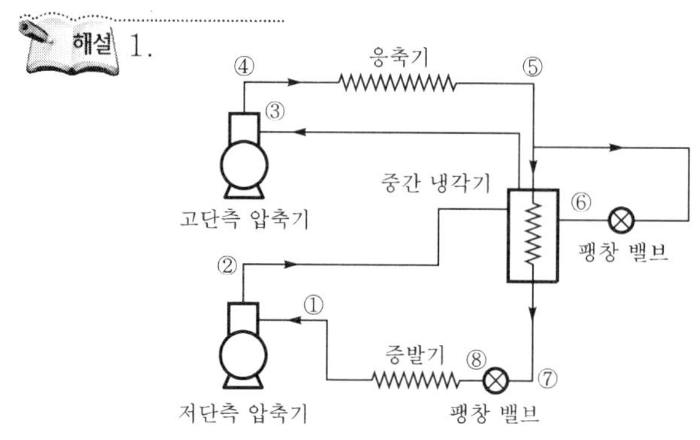

2. ① 저단 냉매 순환량(m_L)은 1kg/h라고 가정한다.

② 고단 냉매 순환량$(m_H) = m_L\left(\dfrac{h_2-h_7}{h_3-h_6}\right) = \dfrac{h_2-h_7}{h_3-h_6}$〔kg/h〕

③ 냉매 순환량비$= \dfrac{m_H}{m_L} = \dfrac{\dfrac{h_2-h_7}{h_3-h_6}}{1} = \dfrac{h_2-h_7}{h_3-h_6}$

05 유인 유닛 방식과 팬 코일 유닛 방식의 차이점을 설명하시오. (8점)

해설 ① 유인 유닛 방식(IDU) : 실내의 유닛에는 송풍기가 없고 고속으로 보내져 오는 1차 공기를 노즐로부터 취출시켜서 그 유인력에 의해 실내 공기를 흡입하여 1차 공기와 혼합해 취출하는 방식

② 팬 코일 유닛 방식(FCU) : 각 실에 설치된 유닛에 냉수 또는 온수를 코일에 순환시키고 실내 공기를 송풍기에 의해서 유닛에 순환시킴으로써 냉각 또는 가열하는 방식

【참고】 유인 유닛 방식은 송풍기가 없고, 팬 코일 유닛 방식은 송풍기가 설치된다.

06 혼합, 가열, 가습, 재열하는 공기조화기를 선도상에 다음 기호를 표시하여 작도하시오. (8점)

① 외기 온도 ② 실내 온도

③ 혼합 상태 ④ 1차 온수 코일 출구 상태

⑤ 가습기 출구 상태 ⑥ 재열기 출구 상태

해설

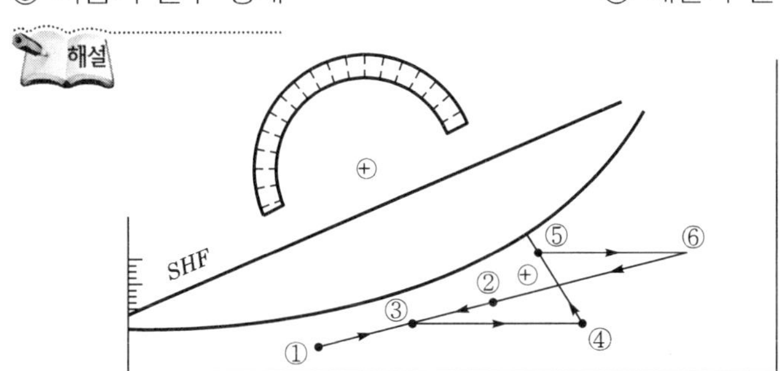

07 실내 조건이 건구 온도 27℃, 상대 습도 60%인 정밀 기계 공장 실내에 피복하지 않은 덕트가 노출되어 있다. 결로 방지를 위한 보온이 필요한지 여부를 계산 과정으로 나타내어 판정하시오. (단, 덕트 내 공기 온도를 20℃로 하고 실내 노점 온도는 t''=18.5℃, 덕트 표면 열전달률 α_o=9.3W/m^2·K, 덕트 재료 열관류율 K=0.58W/m^2·K로 한다.) (8점)

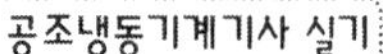

해설 $q = KA(t_r - t_a) = \alpha_o A(t_r - t_s)$에서

덕트 표면 온도$(t_s) = t_r - \dfrac{K}{\alpha_o}(t_r - t_a) = 27 - \dfrac{0.58}{9.3} \times (27 - 20) = 26.56℃$

∴ 덕트 표면 온도가 실내 노점 온도(18.5℃)보다 26.56 − 18.5 = 8.06℃ 정도 높아서 결로가 발생하지 않으므로 보온이 필요 없다.

08 주철제 증기 보일러 2기가 있는 장치에서 방열기의 상당 방열 면적이 1,500m²이고, 급탕 온수량이 5,000L/h이다. 급수 온도 10℃, 급탕 온도 60℃, 보일러 효율 80%, 압력 60kPa의 증발 잠열량이 2221.51kJ/kg일 때 다음 각 물음에 답하시오. (12점)

1. 주철제 방열기를 사용하여 난방할 경우 방열기 절수를 구하시오. (단, 방열기 절당 면적은 0.26m²이다.)
2. 배관 부하를 난방 부하의 10%라고 한다면 보일러의 상용 출력[kJ/h]은 얼마인가?
3. 예열 부하를 837,200kJ/h라고 한다면 보일러 1대당 정격 출력[kJ/h]은 얼마인가?
4. 시간당 응축수 회수량[kg/h]은 얼마인가?

해설
1. 절수$= \dfrac{1,500}{0.26} ≒ 5,770$절
2. 보일러의 상용 출력
   ① 난방 부하$= 1,500 \times 2,721 = 4,081,350\,\text{kJ/h} ≒ 1133.71\text{kW}$
   ② 급탕 부하$= 5,000 \times 4.186 \times (60 - 10) = 1,046,500\,\text{kJ/h} ≒ 290.7\text{kW}$
   ③ 상용 출력$= (4,081,350 \times 1.1) + 1,046,500 = 5,535,985\,\text{kJ/h} ≒ 1537.8\text{kW}$
3. 1대당 정격 출력$= (5,535,985 + 837,200) \times \dfrac{1}{2} = 3586592.5\,\text{kJ/h} ≒ 885.16\text{kW}$
4. 응축수량$= \dfrac{3586592.5 \times 2}{2221.51} ≒ 3228.97\,\text{kg/h}$

09 다음의 기호를 사용하여 공조 배관 계통도를 작성하시오. (단, 냉수 공급관 및 환수관은 개별식을 배관한다.) (9점)

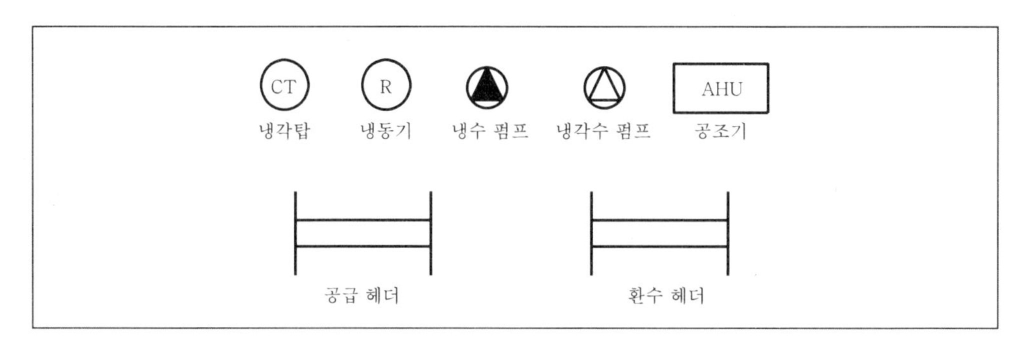

해설

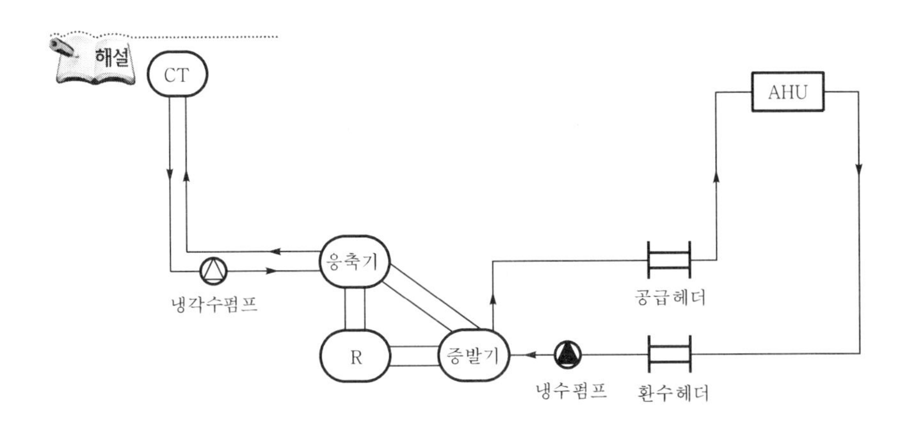

2007. 7. 8. 시행

01 300인을 수용할 수 있는 강당이 있다. 현열 부하(Q_s)=209,300kJ/h, 잠열 부하(Q_L)=83,720kJ/h일 때 주어진 조건을 이용하여 실내 풍량〔kg/h〕 및 냉방 부하〔kJ/h〕를 구하고 공기 감습 냉각용 냉수 코일의 전면 면적〔m^2〕, 코일 길이〔m〕를 구하시오. (12점)

[조 건]

1)

구 분	건구 온도〔℃〕	상대 습도〔%〕	비엔탈피〔kJ/kg〕
외기	32	68	84.56
실내	27	50	55.26
취출 공기	17	–	41.02
혼합 공기 상태점	–	–	65.30
냉각점	14.9	–	38.93
실내 노점 온도	12	–	–

2) 신선 외기 도입량 : 1인당 $20m^3/h$

3) 냉수 코일 설계 조건

위 치	건구 온도〔℃〕	습구 온도〔℃〕	노점 온도〔℃〕	절대 습도〔kg′/kg〕	비엔탈피〔kJ/kg〕
코일 입구	28.2	22.4	19.6	0.0144	65.30
코일 출구	14.9	14.0	13.4	0.0097	38.93

① 코일의 열관류율(K)=830W/m^2·K
② 코일의 통과 속도(V)=2.2m/s
③ 앞면 코일 수 : 18본, 1m에 대한 면적(A) : 0.688m^2

해설 ① $Q_s = mC_p(t_o - t_r)$에서

송풍량$(m) = \dfrac{Q_s}{C_p(t_o - t_r)} = \dfrac{209{,}300}{1.005\times(27-17)} = 20825.87\text{kg/h}$

② 냉방 부하$(q_{cc}) = m(h_i - h_o) = 20825.87\times(65.3-38.93) = 549178.19\,\text{kJ/h}$

③ 전면 면적$(F) = \dfrac{m}{\rho V} = \dfrac{\dfrac{20825.87}{3{,}600}}{1.2\times 2.2} = 2.19\,\text{m}^2$

④ 1본의 코일 길이$(L) = \dfrac{F}{NA} = \dfrac{2.19}{18\times 0.688} = 0.18\,\text{m}$

02 2단 압축 1단 팽창 암모니아 냉동 장치가 다음과 같은 조건으로 운전될 때 각 물음에 답하시오. (10점)

[조 건]

1) 고·저단 압축 효율은 단열 압축에 대해 각각 0.75로 한다.
2) 응축 온도 35℃, 증발 온도 −40℃, 과냉각 5℃, 중간 냉각기의 냉매 온도 −10℃, 팽창 밸브 직전의 액온도 −5℃로 한다.
3) 고·저 압축기에서의 흡입 가스 상태는 건포화 증기로 한다.

1. 몰리에르 선도상에 냉동 사이클을 나타내시오.
2. 단위 냉동톤(1RT)의 냉동 효과에 대해 중간 냉각기에서 증발되는 냉매량 $\dot{m}_m$(kg/h)을 구하시오.

해설 1.

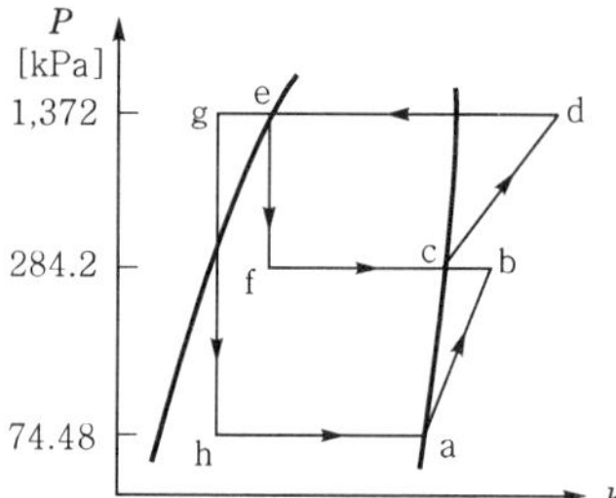

- h_a=1,625kJ/kg
- h_b=1,808kJ/kg
- h_c=1,670kJ/kg
- h_d=1,900kJ/kg
- $h_e=h_f$=560kJ/kg
- $h_g=h_h$=395kJ/kg

2. 중간 냉각기 냉매 순환량$(\dot{m}_m)$

$$h_b' = h_a + \frac{h_b - h_a}{\eta_c} = 1{,}625 + \frac{1{,}808-1{,}625}{0.75} = 1{,}869\text{kJ/kg}$$

$$\therefore\ \dot{m}_m = \left(\frac{13897.52}{h_a - h_g}\right)\frac{(h_b' - h_c) + (h_e - h_g)}{h_c - h_e}$$

$$= \frac{13897.52}{1{,}625-395}\times\frac{(1{,}869-1{,}670)+(560-395)}{1{,}670-560} = 3.7\,\text{kg/h}$$

2007

03 **30RT R-22 냉동 장치에서 냉매액관의 관 상당 길이가 80m일 때 배관 손실을 1℃ 이내로 하기 위한 관지름과 실제 압력 손실을 구하시오.** (6점)

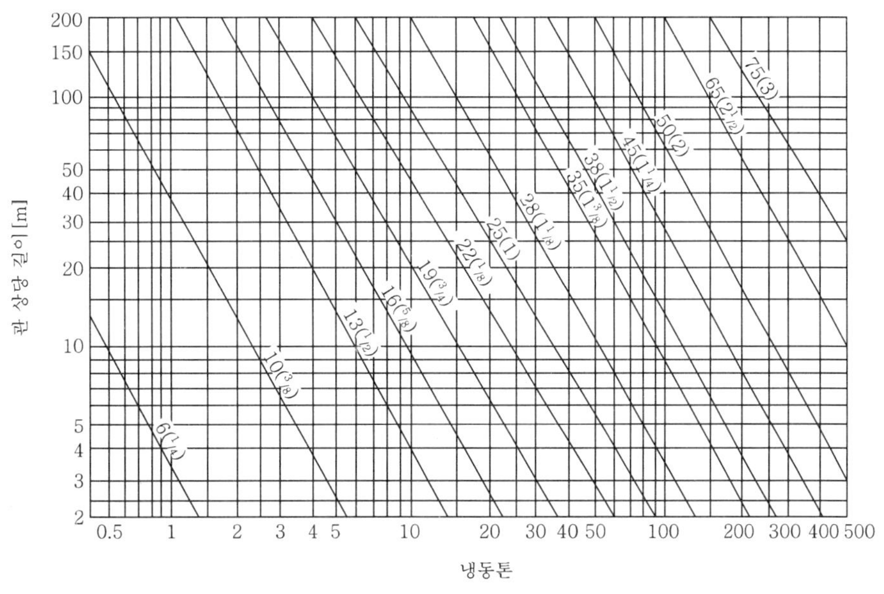

배관 손실 1℃에 대한 배관 지름(mm)

해설 ① 냉동 능력 30RT와 관 상당 길이 80m가 만나는 교점을 읽으면 관지름은 35mm를 약간 넘게 된다.

② 문제에서 배관 손실을 1℃ 이내로 하기 위해서는 관지름 38mm를 써야 한다.

③ 압력 손실은 관지름을 38mm로 결정하였을 때 냉동 능력 30RT와 만나는 교점을 읽으면 약 118m가 된다.

④ 선도는 압력 손실 1℃에 대한 관지름이므로 80m일 때의 압력 손실은 다음과 같다.

$$1℃ \times \frac{80}{118} = 0.68℃$$

※ 냉매액관의 부속품이나 배관의 압력 손실이 많으므로 될수록 배관 손실은 0.5℃ 이하로 하는 것이 바람직하다.

04 **다음과 같은 덕트계에서 주어진 구간별 풍량(m^3/h), 덕트 지름(cm)을 구하시오.** (단, 등압법으로 구하고, 단위 길이당 마찰 손실 수두는 0.08mmAq/m로 하며, 각 토출구의 풍량은 $500m^3/h$이다.) (12점)

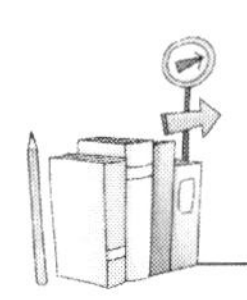

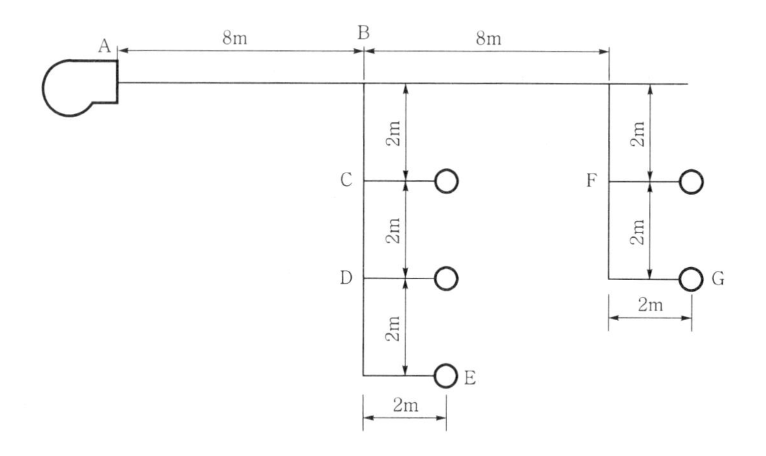
A
8m
B
8m
2m
C
F
2m
D
G
2m
E
2m
2m

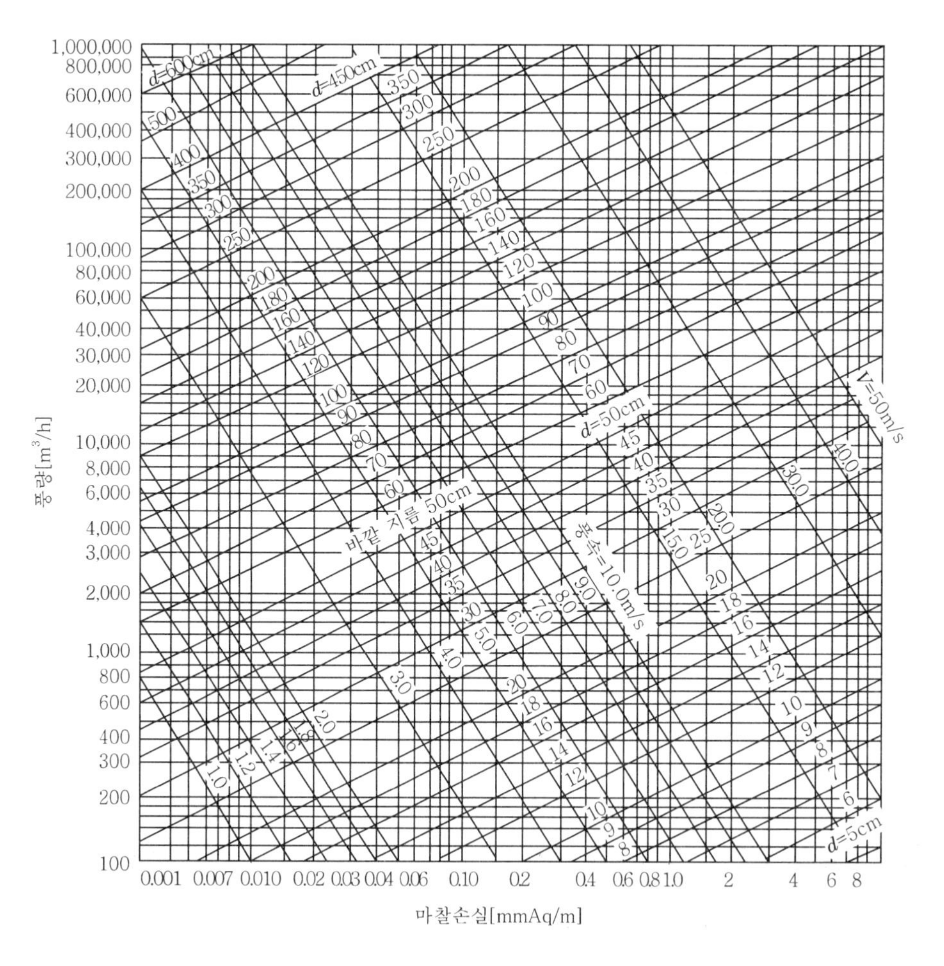
풍량[m³/h]
마찰손실[mmAq/m]
d=600cm
d=450cm
d=50cm
d=5cm
바깥 지름 50cm
풍속=10.0m/s
V=50m/s

구 간	풍량(m³/h)	덕트지름(cm)
A-B		
B-C		
B-F		
F-G		

해설

구 간	풍량(m³/h)	덕트지름(cm)
A-B	2,500	45
B-C	1,500	35
B-F	1,000	30
F-G	500	25

05 프레온 냉동 장치에서 1대의 압축기로 증발 온도가 다른 2대의 증발기를 냉각 운전하고자 한다. 이때 1대의 증발기에 증발 압력 조정 밸브를 부착하여 제어하고자 한다면 다음의 냉동 장치는 어디에 증발 압력 조정 밸브 및 체크 밸브를 부착하여야 하는지 흐름도를 완성하시오. 또 증발 압력 조정 밸브의 기능을 간단히 설명하시오. (10점)

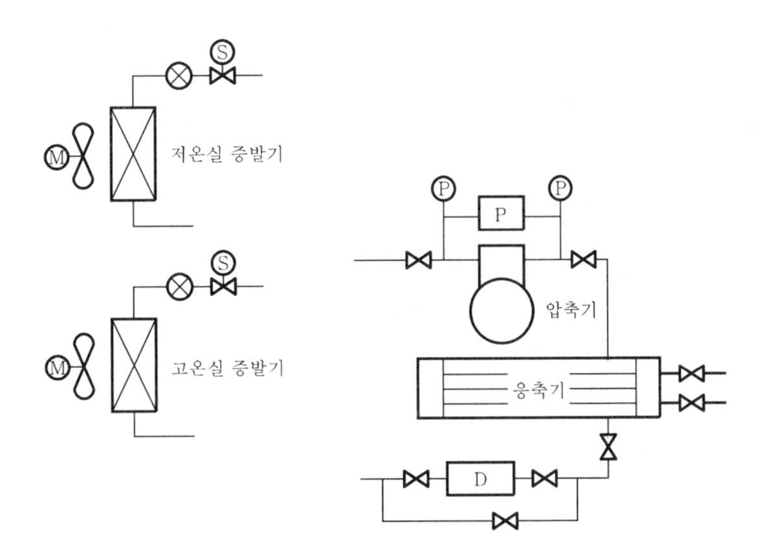

해설 ① 기능 : 증발 압력이 일정 압력 이하가 되는 것을 방지하며 밸브 입구 압력에 의해서 작동되는데, 압력이 높으면 열리고 낮으면 닫힌다.

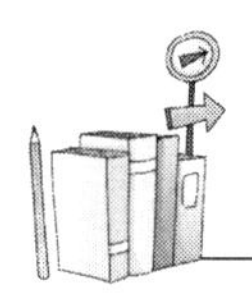

② 장치도

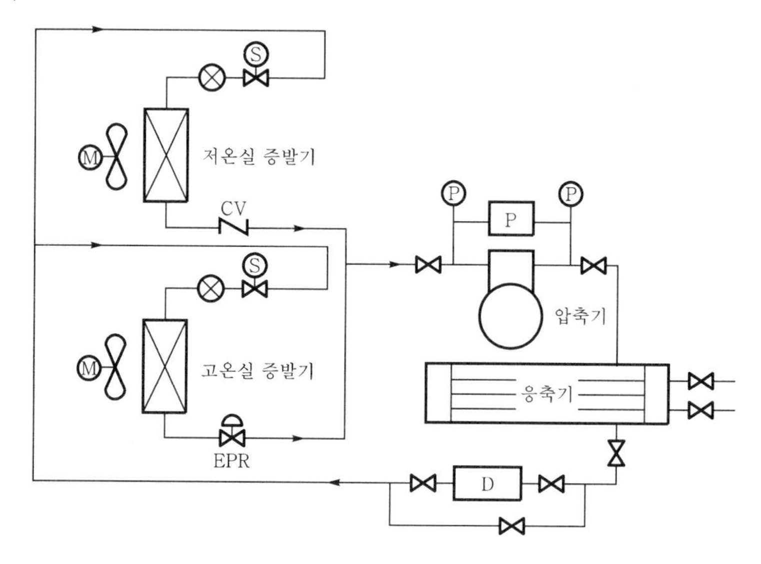

06 **다음 설계 조건을 이용하여 각 부분의 손실 열량을 시간별(10시, 12시)로 각각 구하시오.** (20점)

[조 건]

1) 공조 시간 : 10시간
2) 외기 : 10시 31℃, 12시 33℃, 16시 32℃
3) 인원 : 6인
4) 실내 설계 온·습도 : 26℃, 50%
5) 조명(형광등) : 20W/m^2
6) 각 구조체의 열통과율 K[W/m^2·K] : 외벽 4.07, 칸막이벽 2.33, 유리창 5.81
7) 인체에서의 발열량 : 현열 226kJ/h·인, 잠열 247kJ/h·인
8) 유리 일사량[W/m^2]

시 간	10시	12시	16시
일사량	360	52	35

9) 상당 온도차(Δt_e[℃])

구분 / 시간	N	E	S	W	유 리	내벽 온도차
10시	5.5	12.5	3.5	5.0	5.5	2.5
12시	4.7	20.0	6.6	6.4	6.5	3.5
16시	7.5	9.0	13.5	9.0	5.6	3.0

10) 유리창 차폐 계수 $K_s = 0.70$

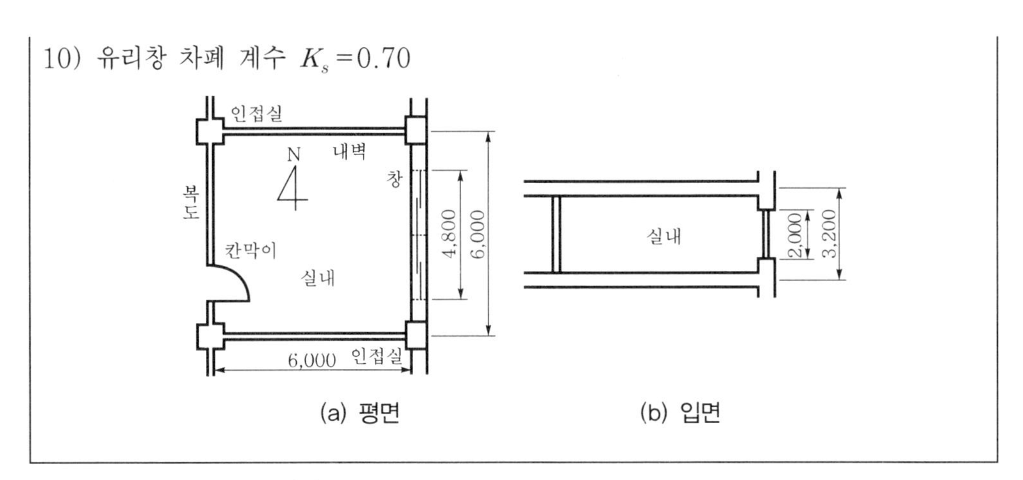

(a) 평면 (b) 입면

1. 벽체로 통한 취득 열량
   ① 동쪽 외벽
   ② 칸막이벽 및 문(단, 문의 열통과율은 칸막이벽과 동일)
2. 유리창으로 통한 취득 열량
3. 조명 발생 열량
4. 인체 발생 열량

1. 벽체로 통한 취득 열량
   ① 동쪽 외벽
   ㉠ 10시일 때 $= KA\Delta t_e = 4.07 \times \{(6 \times 3.2) - (4.8 \times 2)\} \times 12.5 = 488.4\,\mathrm{kJ/h}$
   ㉡ 12시일 때 $= KA\Delta t_e = 4.07 \times \{(6 \times 3.2) - (4.8 \times 2)\} \times 20 = 781.44\,\mathrm{kJ/h}$
   ② 칸막이벽 및 문
   ㉠ 10시일 때 $= KA\Delta t_e = 2.33 \times (6 \times 3.2) \times 2.5 = 111.84\,\mathrm{kJ/h}$
   ㉡ 12시일 때 $= KA\Delta t_e = 2.33 \times (6 \times 3.2) \times 3.5 = 156.58\,\mathrm{kJ/h}$
   ∴ 10시일 때 열량 $= 488.4 + 111.84 = 600.24\,\mathrm{kJ/h}$
   12시일 때 열량 $= 781.44 + 156.58 = 938.02\,\mathrm{kJ/h}$

2. 유리창으로 통한 취득 열량
   ① 일사량
   ㉠ 10시일 때 $= 360 \times (4.8 \times 2) \times 0.7 = 2419.2\,\mathrm{W}$
   ㉡ 12시일 때 $= 52 \times (4.8 \times 2) \times 0.7 = 349.44\,\mathrm{W}$
   ② 전도 열량
   ㉠ 10시일 때 $= KA\Delta t_e = 5.81 \times (4.8 \times 2) \times 5.5 = 306.77\,\mathrm{kJ/h}$
   ㉡ 12시일 때 $= KA\Delta t_e = 5.81 \times (4.8 \times 2) \times 6.5 = 362.54\,\mathrm{kJ/h}$
   ∴ 10시일 때 열량 $= 2419.2 + 306.77 = 2725.97\,\mathrm{kJ/h}$
   12시일 때 열량 $= 349.44 + 362.54 = 711.98\,\mathrm{kJ/h}$

3. 조명 발생 열량 $= 20 \times (6 \times 6) = 720\,\mathrm{W}$

4. 인체 발생 열량 $= n(q_s + q_L) = 6 \times (226 + 247) = 2{,}838\,\mathrm{kJ/h}$

07 다음과 같은 공조 시스템에 대해 계산하시오. (8점)

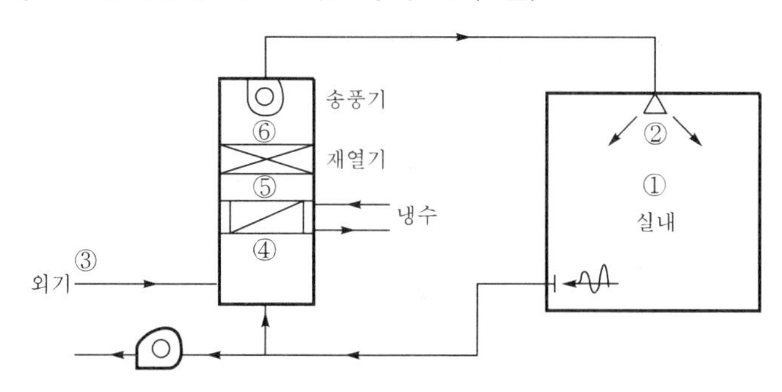

[조 건]

1) 실내 온도 : 25℃, 실내 상대 습도 : 50%
2) 외기 온도 : 31℃, 외기 상대 습도 : 60%
3) 실내 급기 풍량 : 5,000m^3/h
   취입 외기 풍량 : 1,000m^3/h
   공기 밀도 : 1.2kg/m^2
4) 취출 공기 온도 : 17℃
   공조기 송풍기 입구 온도 : 16.5℃
5) 공기 냉각기 냉수량 : 1.4L/s
   냉수 입구 온도(공기 냉각기) : 6℃
   냉수 출구 온도(공기 냉각기) : 12℃
6) 재열기(전열기) 소비 전력 : 5kW
7) 공조기 입구의 환기 온도=실내 온도

1. 실내 냉방 현열 부하〔kJ/h〕를 구하시오.
2. 실내 냉방 잠열 부하〔kJ/h〕를 구하시오.

해설 1. 실내 냉방 현열 부하$(Q_s) = \rho QC_p(t_i - t_e) = 1.2 \times 6{,}000 \times 1.0046 \times (25-17)$
$= 57864.96\text{kJ/h}$

2. 실내 냉방 잠열 부하(Q_L)

① 혼합 공기 온도$(t_4) = \dfrac{Q_i t_i + Q_o t_o}{Q(=Q_i+Q_o)} = \dfrac{(5{,}000 \times 25)+(1{,}000 \times 31)}{6{,}000} = 26℃$

② 냉각코일 부하$(q_{cc}) = WC(t_o - t_i) = (1.4 \times 3{,}600) \times 4.186 \times (12-6)$
$= 126584.64\text{kJ/h}$

③ 냉각코일 출구 비엔탈피$(h_5) = h_4 - \dfrac{q_{cc}}{\rho Q} = 54 - \dfrac{126584.64}{1.2 \times 6{,}000}$
$= 36.42\text{kJ/kg}$

④ 냉각코일 출구 온도$(t_5) = t_2 - \dfrac{5kW}{\rho QC_p} = 16.5 - \dfrac{5 \times 3{,}600}{1.2 \times 6{,}000 \times 1.0046} = 14.01℃$

⑤ 습공기 선도

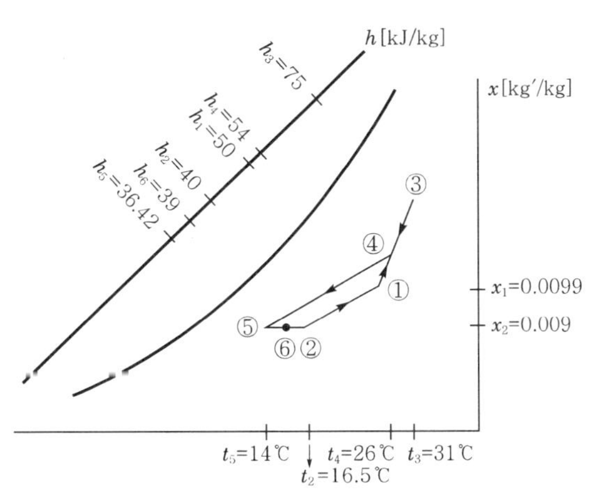

⑥ 잠열 부하$(Q_L) = \rho Q \gamma_o \Delta x = 1.2 \times 6{,}000 \times 2500.3 \times (0.0099 - 0.009)$

$= 16201.94\,\text{kJ/h}$

08 냉각 능력이 30RT인 셸 앤드 튜브식 브라인 냉각기가 있다. 주어진 조건을 이용하여 다음 각 물음에 답하시오. (8점)

[조 건]

1) 브라인 유량 : 300L/min	2) 브라인 비열 : 3.01kJ/kg·K
3) 브라인 밀도 : 1,190kg/m^3	4) 브라인 출구 온도 : −10℃
5) 냉매의 증발 온도 : −15℃	
6) 냉각관의 브라인측 열전달률 : 2,790W/m^2·K	
7) 냉각관의 냉매측 열전달률 : 698W/m^2·K	
8) 냉각관의 바깥지름 32mm, 두께 2.4mm	
9) 브라인측의 오염 계수 : 1.72×10^{-4}	
10) 1RT=13897.52kJ/h	11) 평균 온도차 : 산술 평균 온도차

1. 브라인의 평균 온도(℃)를 구하시오.
2. 냉각관의 외표면적(m^2)을 구하시오.

해설 1. 냉동 능력$(Q_e) = \rho Q_b C_b (t_{b_1} - t_{b_2}) \times 60$에서

브라인 입구 온도$(t_{b_1}) = t_{b_2} + \dfrac{30\text{RT}}{\rho Q_b C_b \times 60} = -10 + \dfrac{30 \times 13897.52}{(1{,}190 \times 0.3 \times 3.01) \times 60}$

$= -3.53℃$

∴ 브라인 평균 온도$(t_m) = \dfrac{t_{b_1} + t_{b_2}}{2} = \dfrac{-3.53 + (-10)}{2} \fallingdotseq -6.77℃$

2. 열저항$(R) = \dfrac{1}{K} = \dfrac{1}{\alpha_r} + f_b + \dfrac{1}{\alpha_b} = \dfrac{1}{698} + 1.72 \times 10^{-4} + \dfrac{1}{2{,}790}$

$\fallingdotseq 1.96 \times 10^{-3}\,\text{m}^2\cdot\text{K/W}$

열통과율$(K) = \dfrac{1}{R} = \dfrac{1}{1.96 \times 10^{-3}} \fallingdotseq 510.2\,\text{W/m}^2\cdot\text{K}$

$$\therefore \text{ 냉각관 외표면적}(A) = \frac{30\text{RT}}{K(t_m - t_r)} = \frac{30 \times 13897.52}{(510.2 \times 3.6) \times \{-6.77 - (-15)\}}$$
$$\fallingdotseq 27.58\,\text{m}^2$$

09 다음 R-22 냉동 장치도를 보고 각 물음에 답하시오. (8점)

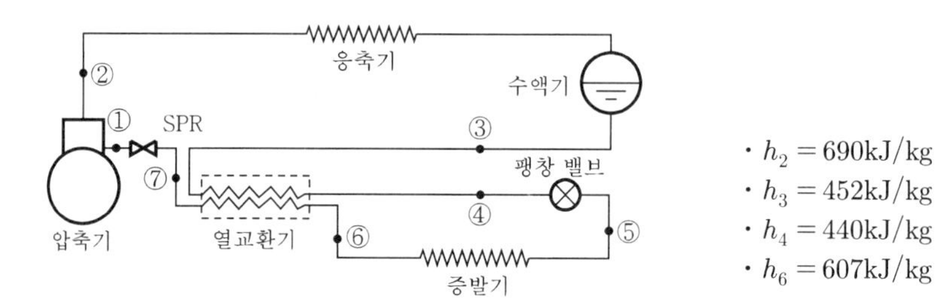

- $h_2 = 690\text{kJ/kg}$
- $h_3 = 452\text{kJ/kg}$
- $h_4 = 440\text{kJ/kg}$
- $h_6 = 607\text{kJ/kg}$

1. 장치도의 냉매 상태점 ①~⑦까지를 $P-h$ 선도상에 표시하시오.

2. 장치도의 운전 상태가 다음과 같을 때 압축기의 축동력(kW)을 구하시오.

[조 건]

1) 냉매 순환량 : 50kg/h　　2) 압축 효율(η_c) : 0.55
3) 기계 효율(η_m) : 0.9

해설 1. $P-h$선도

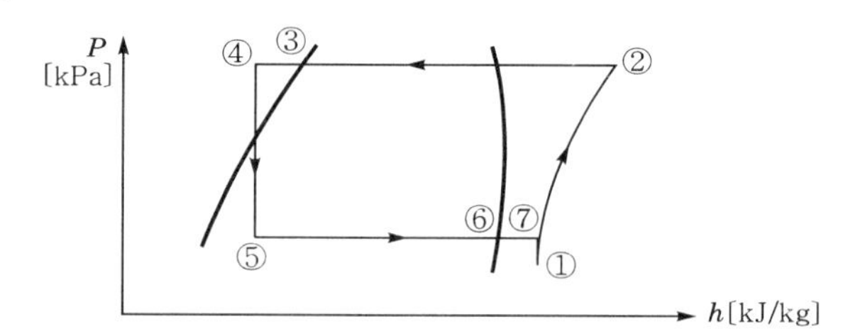

2. ① 압축기 흡입측 냉매의 비엔탈피

$h_1 = h_6 + (h_3 - h_4) = 607 + (452 - 440) = 619\,\text{kJ/kg}$

② 압축기 축동력

$$L = \frac{m(h_2 - h_1)}{3{,}600\eta_c\eta_m} = \frac{50 \times (690 - 619)}{3{,}600 \times 0.55 \times 0.9} \fallingdotseq 2\,\text{kW}$$

10 **증기대수 원통 다관형(셸 튜브형) 열교환기에서 열교환량 2,093,000kJ/h, 입구 수온 60℃, 출구 수온 70℃일 때 관의 전열 면적은 얼마인가?** (단, 사용 증기 온도=103℃, 관의 열관류율=2,093W/m²·K) (6점)

해설 ① $\Delta t_1 = t_s - t_i = 103 - 60 = 43℃$

$\Delta t_2 = t_s - t_o = 103 - 70 = 33℃$

$\therefore$ 대수 평균 온도차$(LMTD) = \dfrac{\Delta t_1 - \Delta t_2}{\ln\left(\dfrac{\Delta t_1}{\Delta t_2}\right)} = \dfrac{43-33}{\ln\left(\dfrac{43}{33}\right)} = 37.78℃$

② $Q = KA(LMTD)$〔kJ/h〕에서

$$A = \frac{Q}{K(LMTD)} = \frac{2{,}093{,}000}{(2{,}093 \times 3.6) \times 37.78} = 7.35\,\mathrm{m}^2$$

2007. 10. 7. 시행

01 **ⓐ의 공기 상태 t_1=25℃, x_1=0.022kg'/kg, h_1=91.98kJ/kg, ⓑ의 공기 상태 t_2=22℃, x_2=0.006kg'/kg, h_2=37.8kJ/kg일 때 공기 ⓐ를 25%, 공기 ⓑ를 75%로 혼합한 후의 공기 ⓒ의 상태(t_3, x_3, h_3)를 구하고, 공기 ⓐ와 공기 ⓒ 사이의 열수분비를 구하시오.** (6점)

해설 ① 혼합 후 공기 ⓒ의 상태

$$t_3 = \frac{m_1}{m}t_1 + \frac{m_2}{m}t_2 = (0.25 \times 25) + (0.75 \times 22) = 22.75℃$$

$$x_3 = \frac{m_1}{m}x_1 + \frac{m_2}{m}x_2 = (0.25 \times 0.022) + (0.75 \times 0.006) = 0.01\,\mathrm{kg'/kg}$$

$$h_3 = \frac{m_1}{m}h_1 + \frac{m_2}{m}h_2 = (0.25 \times 91.98) + (0.75 \times 37.8) = 51.35\,\mathrm{kJ/kg}$$

② 열수분비$(u) = \dfrac{h_1 - h_3}{x_1 - x_3} = \dfrac{91.98 - 51.35}{0.022 - 0.01} = 3385.83\,\mathrm{kJ/kg}$

02 **어떤 방열벽의 열통과율이 0.35W/m²·K이며, 벽면적은 1,200m²인 냉장고가 외기 온도 35℃에서 사용되고 있다. 이 냉장고의 증발기는 열통과율이 29.07W/m²·K이고 전열 면적은 30m²이다. 이때 각 물음에 답하시오.** (단, 이 식품 이외의 냉장고 내 발생 열 부하는 무시하며, 증발 온도는 −15℃로 한다.) (6점)

1. 냉장고 내 온도가 0℃일 때 외기로부터 방열벽을 통해 침입하는 열량은 몇 〔kJ/h〕인가?

2. 냉장고 내 열전달률 5.8W/m²·K, 전열 면적 600m², 온도 10℃인 식품을 보관했을 때 이 식품의 발생열 부하에 의한 냉장고 내 온도는 몇 〔℃〕가 되는가?

해설 1. 방열벽으로 침입하는 열량$(Q_w) = KA(t_o - t_i)$

$= 0.35 \times 1{,}200 \times (35 - 0) = 14{,}700\text{W}$

2. 식품에 의한 고내 온도(t)

$KA(t - t_e) = K_r A_r (10 - t)$

$$\therefore\ t = \frac{10K_r A_r + KAt_e}{KA + K_r A_r} = \frac{10 \times 5.8 \times 600 + 29.07 \times 30 \times (-15)}{29.07 \times 30 + 5.8 \times 600} \fallingdotseq 5℃$$

03 다음과 같은 증기 코일 순환 시스템에서 증기 코일의 입구 온도, 증기 코일의 출구 온도 및 코일의 전면 면적을 구하시오. (단, 외기 도입량=20%) (9점)

[조 건]

1) 풍량 : 14,400m³/h
2) 난방 용량 : 627,900kJ/h(174.42kW)
3) 외기 도입 온도 : −5℃
4) 순환 공기 온도 : 20℃
5) 코일 통과 풍속 : 3m/s
6) 공기의 밀도 : 1.2kg/m³
7) 공기 정압 비열 : 1.0046kJ/kg·K

해설 ① 증기 코일의 입구 온도$(t_i) = \frac{m_o}{m}t_o + \frac{m_e}{m}t_e = 0.2 \times (-5) + 0.8 \times 20 = 15℃$

② 증기 코일의 출구 온도

$q_H = \rho QC_p(t_o - t_i)$에서

$$t_o = t_i + \frac{q_H}{\rho QC_p} = 15 + \frac{627{,}900}{1.2 \times 14{,}400 \times 1.0046} = 51.17℃$$

③ 전면 면적

$Q = AV$에서

$$A = \frac{Q}{V} = \frac{14{,}400/3{,}600}{3} = 1.33\,\text{m}^2$$

04 외기 온도 33℃, 실내 온도 27℃, 벽체 면적 120m²의 다음 그림과 같은 구조일 때 열통과율〔W/m²·K〕과 전열량〔kJ/h〕을 구하시오. (6점)

번 호	재 료	두께〔mm〕	열전도율〔W/m·K〕
①	플라스터	3	0.60
②	모르타르	15	1.51
③	콘크리트	150	1.63
④	플라스터	3	0.60

표면 열전달률

위 치	열전달률[W/m²·K]
실외	24
실내	8

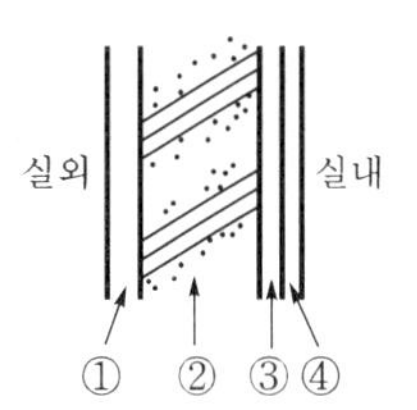

해설 ① 열통과율$(K) = \frac{1}{R} = \frac{1}{\frac{1}{\alpha_o} + \sum_{i=1}^{n} \frac{l_i}{\lambda_i} + \frac{1}{\alpha_i}}$

$$= \frac{1}{\frac{1}{24} + \frac{0.003}{0.6} + \frac{0.015}{1.51} + \frac{0.15}{1.63} + \frac{0.003}{0.6} + \frac{1}{8}} = 3.59\,\mathrm{W/m^2 \cdot K}$$

② 전열량$(Q) = KA(t_o - t_i) = 3.59 \times 120 \times (33 - 27) = 2584.8\,\mathrm{W}(= 9305.28\,\mathrm{kJ/h})$

※ $1\,\mathrm{kW} = 1{,}000\,\mathrm{W} = 3{,}600\,\mathrm{kJ/h} = 1\,\mathrm{kJ/s}$이므로 $1\,\mathrm{W} = 3.6\,\mathrm{kJ/h}$이다.

05

열교환기를 쓰고 다음 그림 (a)와 같이 구성되는 냉동 장치가 있다. 그 압축기 피스톤 압출량 V=200m³/h이다. 이 냉동 장치의 냉동 사이클은 그림 (b)와 같고 ①, ②, ③, …점에서의 각 상태값은 다음 표와 같은 것으로 한다.

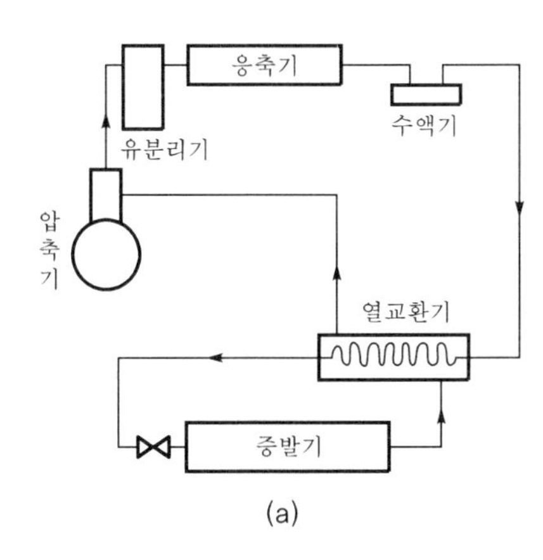

(a)

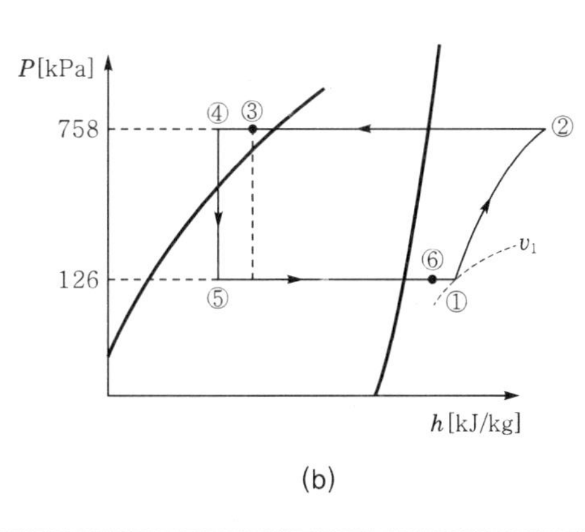

(b)

상태점	비엔탈피 h[kJ/kg]	비체적 v[m³/kg]
h_1	565	0.125
h_2	607	–
h_5	437	–
h_6	555	0.12

위와 같은 운전 조건에서 다음 값을 계산식을 표시해 산정하시오. (단, 위의 온도 조건에서의 체적 효율 η_v =0.64, 압축 효율 η_c =0.72로 한다. 또한 성적 계수는 소수점 이하 2자리까지 구하고, 그 이하는 반올림한다.) (9점)

1. 압축기의 냉동 능력(R〔kcal/h〕)
2. 이론적 성적 계수(ε_o)
3. 실제적 성적 계수(ε)

해설 1. 압축기 냉동 능력$(R) = \dfrac{V}{v_1}\eta_v(h_6 - h_5) = \dfrac{200}{0.125} \times 0.64 \times (555 - 437)$

$= 120{,}382\,\text{kJ/h}$

2. 이론적 성적 계수$(\varepsilon_o) = \dfrac{q_e}{w_c} = \dfrac{h_6 - h_5}{h_2 - h_1} = \dfrac{555 - 437}{607 - 565} \fallingdotseq 2.81$

3. 실제적 성적 계수$(\varepsilon) = \varepsilon_o \eta_c = 2.81 \times 0.72 \fallingdotseq 2.02$

06

다음 그림 (a)와 같은 공기조화기의 공기 상태 변화를 습공기 선도상에 나타내면 그림 (b)와 같이 되고 현열 부하(q_s)가 23709.5kJ/h라고 할 때 각 물음에 답하시오. (12점)

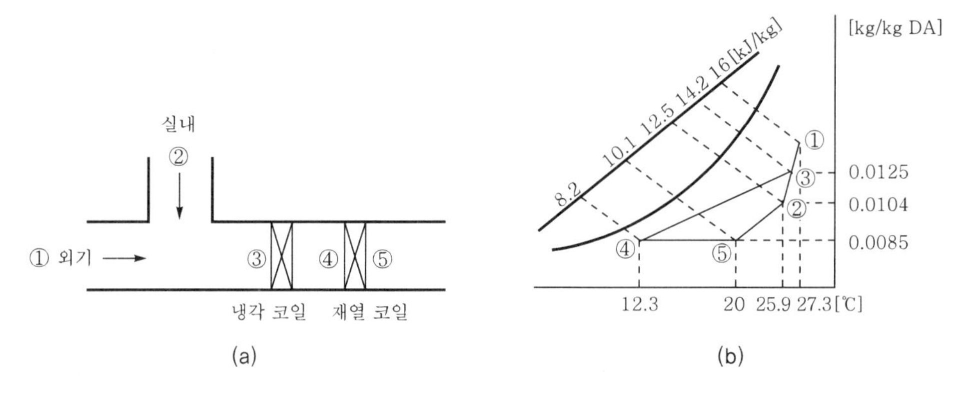

1. 필요 풍량〔kg/h〕을 구하시오.
2. 외기 부하〔kJ/h〕를 구하시오.
3. 냉각 제습량〔kg/h〕을 구하시오.
4. 냉각 코일의 냉각 부하〔kJ/h〕를 구하시오.

해설 1. $q_s = mC_p(t_2 - t_5)$에서

$$m = \frac{q_s}{C_p(t_2 - t_5)} = \frac{23709.5}{1.0046 \times (25.9 - 20)} = 4{,}000\,\text{kg/h}$$

2. $q_o = m(h_3 - h_2) = 4{,}000 \times (14.2 - 12.5) = 6{,}800\,\text{kJ/h}$

3. $L = m(x_3 - x_4) = 4{,}000 \times (0.0125 - 0.0085) = 16\,\text{kg/h}$

4. $q_C = m(h_3 - h_4) = 4{,}000 \times (14.2 - 8.2) = 24{,}000\,\text{kJ/h}$

2007

07

입구 공기 온도 t_1 = 29℃를 출구 공기 온도 t_2 = 16℃로 냉각시키는 냉수 코일에서 수량(水量)은 440L/min, 열수는 8, 관수 20본, 풀 서킷 흐름일 때 관내 냉수의 저항은 몇 〔mAq〕인가? (단, 코일의 유효 길이는 1,400mm, 2대 사용으로 한다.) (6점)

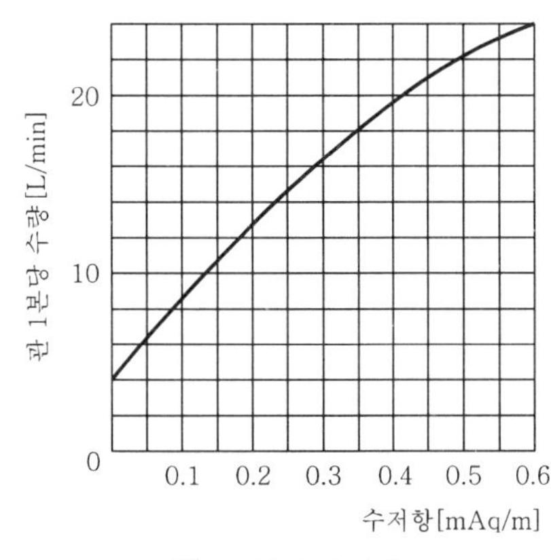

▲ 코일의 수저항

해설

① 코일이 2대이므로 관수 = 2 × 20 = 40개

② 관 1개당 순환 수량 = $\dfrac{440}{40}$ = 11L/min

③ 제시된 그림에서 수저항(R) = 0.155mAq/m

④ 관내 수저항(R_w) = $R\{NL + 1.2(N+1)\}$

$= 0.155 \times \{8 \times 1.4 + 1.2 \times (8+1)\} = 3.41\text{mAq}$

여기서, N : 열수

L : 관길이

08

다음 그림과 같은 쿨링타워의 냉각수 배관계에서 직관부의 전장을 60m, 순환 수량을 300L/min로 하여 냉각수 순환 펌프의 전양정과 축동력을 구하시오. (단, 펌프 효율은 80%이고, 배관의 국부 저항은 직관부 l의 40%로 한다.) (10점)

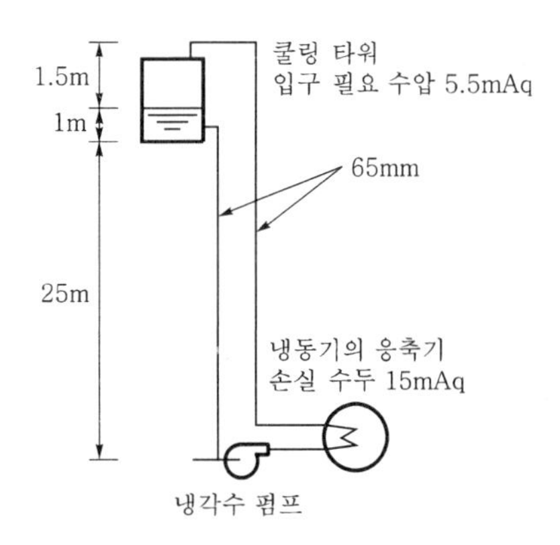

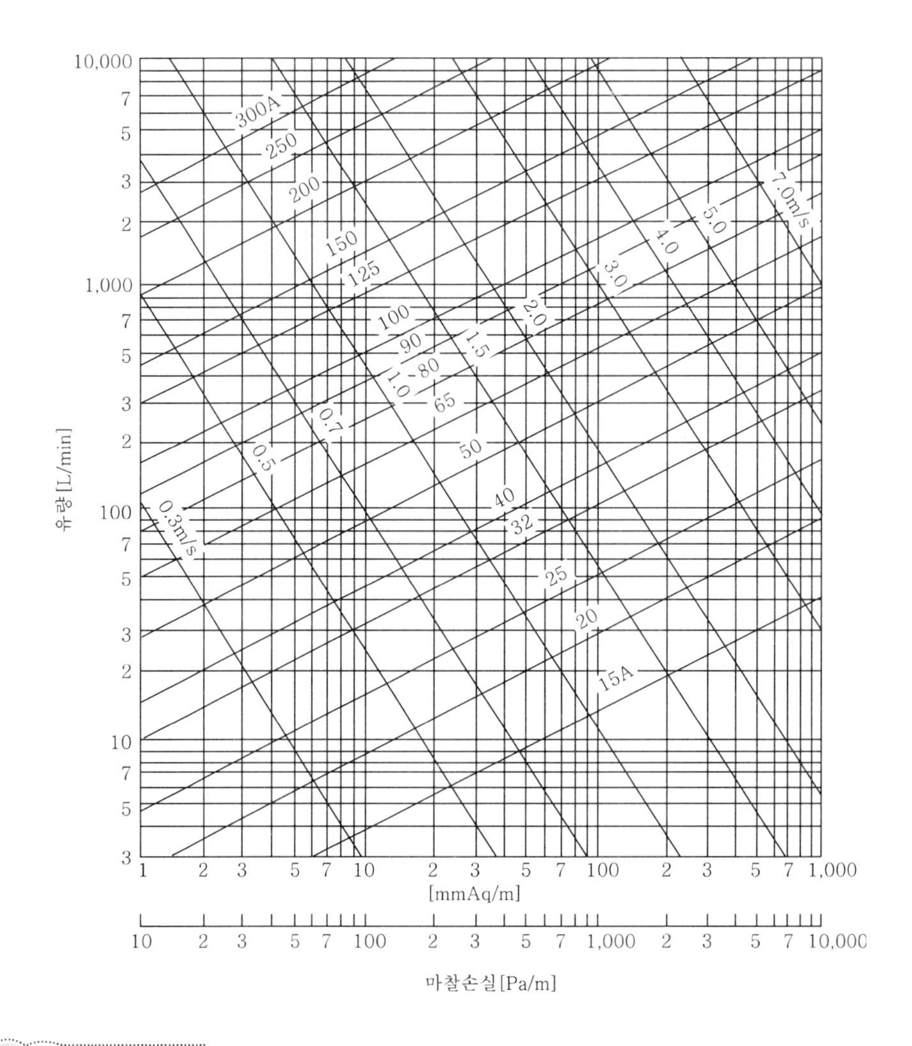

해설 ① 전양정(H)

제시된 그림에서 관지름 65mm, 수량 300L/min의 마찰 손실 수두는 34.29mmAq/m이고, 유속은 1.47m/s이다.

배관 상당 길이에 의한 손실 수두$=60\times1.4\times0.03429=2.88$mAq

속도 수두$(h)=\dfrac{V^2}{2g}=\dfrac{1.47^2}{2\times9.8}=0.11$mAq

실양정(H_a) 1.5mAq, 냉각탑 입구 수두 5.5mAq, 응축기 손실 수두 15mAq이므로

∴ 전양정$(H)=1.5+(5.5+15)+0.11+2.88=24.99$mAq

② 축동력$(L_s)=\dfrac{9.8QH}{\eta_p}=\dfrac{9.8\times\dfrac{0.3}{60}\times24.99}{0.8}=1.53$kW

09 피스톤 토출량 100m³/h의 압축기를 사용하는 R-22 냉동 장치에서 다음 그림의 선도와 같이 운전될 때 냉매를 압축하는 지시 동력은 몇 〔kW〕인가? (단, 체적 효율 0.7, 압축 효율 0.8이고 압축기에서 가해지는 일 중에 기계적 손실분은 냉매에 가해지지 않는다.) (4점)

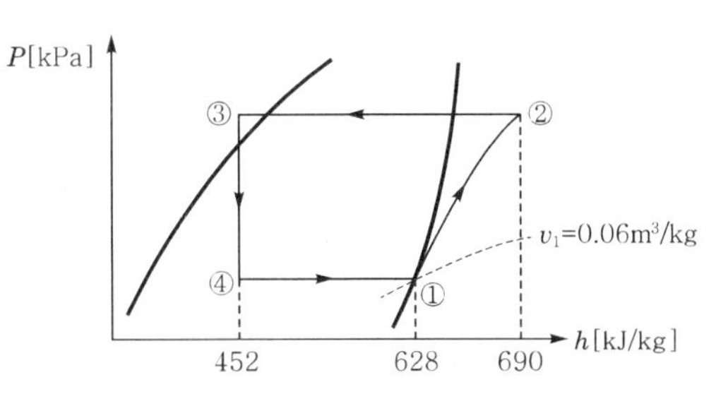

해설 지시 동력 $= \dfrac{V}{v_1}\eta_v \dfrac{w_c}{3{,}600\eta_c}$

$$= \frac{100}{0.06} \times 0.7 \times \frac{690-628}{3{,}600 \times 0.8}$$

$$= 25.12\,\text{kW}$$

10 다음 주어진 조건에 따라 사무실 냉방 부하를 계산하시오. (16점)

[조 건]

1) 천장(옥상층)의 $K=1.98\text{W/m}^2\cdot\text{K}$
2) 바닥 : 하층 공조로 계산(본 사무실과 동일 온도 조건)
3) 문 : 목재 패널 $K=2.79\text{W/m}^2\cdot\text{K}$
4) 창문 : 1중 보통 유리, 내측 베니션 블라인드 진한 색
5) 조명 : 50W/m²(형광등)
6) 인원수 : 5인/m²
7) 계산 시각 : 오후 4 : 00
8) 층고와 천장고는 동일하게 간주한다.
9) 환기 횟수는 다음 표에 따른다.

실내 용적 V〔m³〕	500 이하	500~1,000	1,000~2,000	2,000 이상
환기 횟수〔회/h〕	0.7	0.6	0.5	0.42

10) 16시 일사량 : 서쪽 523.1W/m², 남쪽 41.74W/m²
11) 16시 유리창의 전도 대류 열량 : 서쪽 47.2W/m², 남쪽 38.6W/m²

2007

인체로부터의 발열 집계표〔kJ/h·인〕

작업 상태	실온		27℃		26℃		21℃	
	예	전발열량	H_s	H_L	H_s	H_L	H_s	H_L
정좌	공장	368	205	163	223	147	273	97
사무소 업무	사무소	473	210	245	227	248	302	172
착석 작업	공장 경작업	791	235	559	260	583	386	407
보행(4.8km/h)	공장 중작업	1,055	319	739	349	710	487	571
볼링	볼링장	1,528	491	1,042	508	1,025	643	890

외벽 및 지붕의 상당 외기 온도차(t_o : 31.7℃, t_i : 26℃일 때)

구 분	시 각	H	N	HE	E	SE	S	SW	W	HW	지붕
콘크리트	8	4.7	2.3	4.5	5.0	3.5	1.6	2.4	2.8	2.1	7.5
	9	6.8	3.0	7.5	8.7	5.9	1.9	2.5	2.9	2.5	7.5
	10	10.2	3.6	10.2	12.5	8.9	2.7	3.0	3.3	3.0	8.4
	11	14.5	4.2	12.0	15.5	11.7	4.1	3.7	3.9	3.7	10.2
	12	19.3	4.9	12.6	17.1	14.0	5.9	4.5	4.6	3.4	12.9
	13	24.0	5.6	12.3	17.2	15.3	8.0	5.6	5.4	5.2	16.0
	14	28.2	6.3	11.9	16.4	15.5	9.9	7.5	6.5	6.0	19.4
	15	31.4	6.8	11.4	15.2	14.8	14.4	10.0	8.6	6.9	22.7
	16	33.5	7.3	11.1	14.2	14.0	12.2	12.8	11.6	8.6	25.6
	17	34.2	7.6	10.1	13.3	13.1	12.3	15.3	15.1	11.0	27.7
	18	33.4	7.9	10.3	12.4	12.2	11.8	17.2	18.3	13.6	29.0
	19	31.1	8.3	9.7	11.4	14.3	11.0	17.9	20.4	15.7	29.3
	20	27.7	8.3	8.9	10.3	10.2	9.9	17.1	20.3	16.1	28.5

차폐 계수

종 류	차폐 계수(K_s)
보통 판유리	1.00
후판 유리	0.91
내측 베니션 블라인드	
(1중 보통 유리) 엷은 색	0.56
(1중 보통 유리) 중간색	0.65
(1중 보통 유리) 진한 색	0.75
외측 베니션 블라인드	
(1중 보통 유리) 엷은 색	0.12
(1중 보통 유리) 중간색	0.15
(1중 보통 유리) 진한 색	0.22

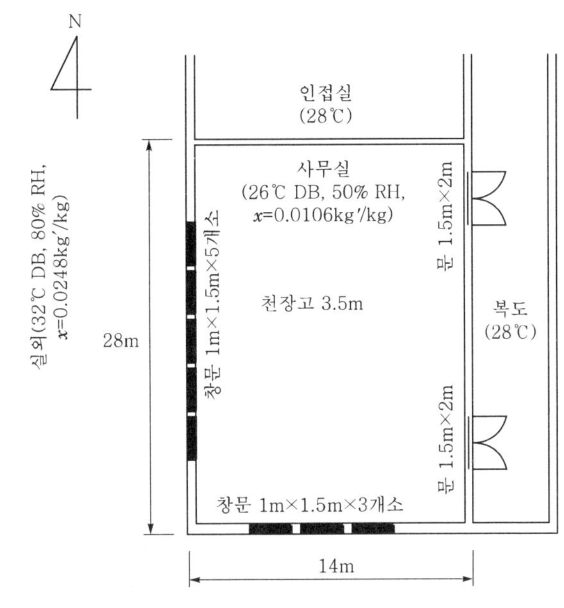

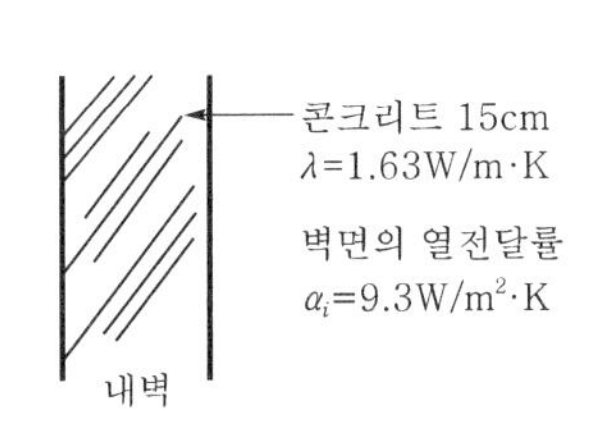

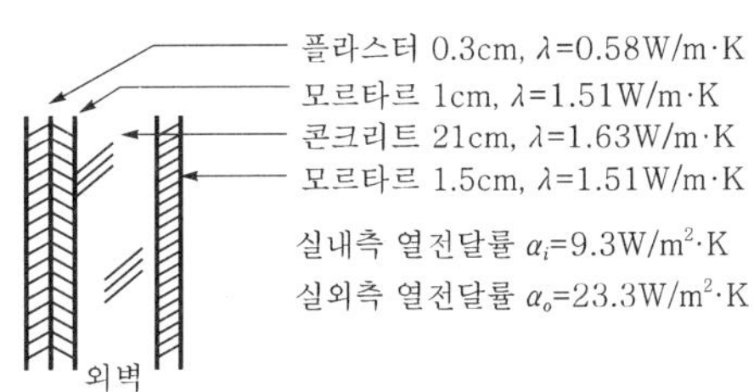

1. 유리를 통하는 부하
2. 벽체를 통하는 부하
3. 환기 횟수로 인한 간극 부하(단, 공기의 밀도=1.2kg/m³, 공기의 정압 비열=1.0046kJ/kg·K)
4. 인체 부하
5. 조명 부하

해설 1. 유리를 통한 부하

① 일사량

㉠ 서$=K_s I_{GR} A = 0.75 \times 523.1 \times (1 \times 1.5) \times 5 = 2942.44\text{W}$

㉡ 남$=K_s I_{GR} A = 0.75 \times (1 \times 1.5) \times 3 \times 41.74 = 140.87\text{W}$

② 전도량(대류)

㉠ 서$=I_{GC} A = 47.2 \times (1 \times 1.5) \times 5 = 354\text{W}$

㉡ 남$=I_{GC} A = 38.6 \times (1 \times 1.5) \times 3 = 173.7\text{W}$

2. 벽체를 통하는 부하
   ① 열통과율
      ㉠ 내벽$(K)=\dfrac{1}{R}=\dfrac{1}{\dfrac{1}{\alpha_i}+\dfrac{l}{\lambda}+\dfrac{1}{\alpha_i}}=\dfrac{1}{\dfrac{1}{9.3}+\dfrac{0.15}{1.63}+\dfrac{1}{9.3}}\fallingdotseq 3.26\text{W/m}^2\cdot\text{K}$
      ㉡ 외벽$(K)=\dfrac{1}{R}=\dfrac{1}{\dfrac{1}{\alpha_i}+\sum\limits_{i=1}^{n}\dfrac{l_i}{\lambda_i}+\dfrac{1}{\alpha_o}}$
      $=\dfrac{1}{\dfrac{1}{9.3}+\dfrac{0.015}{1.51}+\dfrac{0.21}{1.63}+\dfrac{0.01}{1.51}+\dfrac{0.003}{0.58}+\dfrac{1}{23.3}}\fallingdotseq 3.32\text{W/m}^2\cdot\text{K}$
   ② 상당 외기 온도차에 의한 보정 온도차
      $\Delta t_e{}'=\Delta t_e+(t_o{}'-t_o)-(t_i{}'-t_i)$
      16시 상당 외기 온도차에서 서쪽 11.6℃, 남쪽 12.2℃, 지붕 25.6℃이므로
      ㉠ 서쪽 $\Delta t_e{}'=11.6+(32-31.7)-(26-26)=11.9$℃
      ㉡ 지붕 $\Delta t_e{}'=25.6+(32-31.7)-(26-26)=25.9$℃
      ㉢ 남쪽 $\Delta t_e{}'=12.2+(32-31.7)-(26-26)=12.5$℃
   ③ 벽체 부하
      ㉠ 서 외벽$=KA\Delta t_e{}'=3.32\times(28\times3.5-1\times1.5\times5)\times11.9\fallingdotseq 3575.47\text{W}$
      ㉡ 남 외벽$=KA\Delta t_e{}'=3.32\times(14\times3.5-1\times1.5\times3)\times12.5\fallingdotseq 1846.75\text{W}$
      ㉢ 문$=2.79\times(1.5\times2\times2)\times(28-26)=33.48\text{W}$
      ㉣ 지붕$=KA\Delta t_e{}'=1.98\times(28\times14)\times25.9=20102.54\text{W}$
      ㉤ 동 내벽$=3.26\times\{(28\times3.5)-(1.5\times2\times2)\}\times(28-26)=599.8\text{W}$
      ㉥ 북 내벽$=3.26\times(14\times3.5)\times(28-26)=319.48\text{W}$
3. 간극 부하 : 제시된 표에서 $14\times28\times3.5=1{,}372\text{m}^3$에 의한 환기 횟수는 0.5회
   ① 현열$(q_s)=(0.5\times1{,}372)\times1.2\times1.0046\times(32-26)\fallingdotseq 4961.92\text{W}$
   ② 잠열$(q_L)=(0.5\times1{,}372)\times1.2\times2{,}501\times(0.0248-0.0106)\fallingdotseq 29235.29\text{W}$
4. 인체 부하
   ① 인원수$=28\times14\times\dfrac{1}{5}=78.4$명
   ② 현열$(q_s)=78.4\times227=17796.8\text{kJ/h}$
   ③ 잠열$(q_L)=78.4\times248=19443.2\text{kJ/h}$
5. 조명 부하$=(14\times28)\times50=19{,}600\text{W}=70{,}560\text{kJ/h}$

11 **어떤 사무소 공간의 냉방 부하를 산정한 결과 현열 부하 $q_s=24111.36$kJ/h, 잠열 부하 $q_L=6027.24$kJ/h이었으며, 표준 덕트 방식의 공기조화 시스템을 설계하고자 한다. 외기 취입량을 500m^3/h, 취출 공기 온도를 16℃로 하였을 경우 다음 각 물음에 답하시오.** (단, 실내 설계 조건 26℃ DB, 50% RH, 외기 설계 조건 32℃ DB, 70% RH, 공기의 정압비열 $C_p=1.0046$kJ/kg·K, 공기의 밀도 $\rho=1.2$kg/m^{3}이다.) (16점)

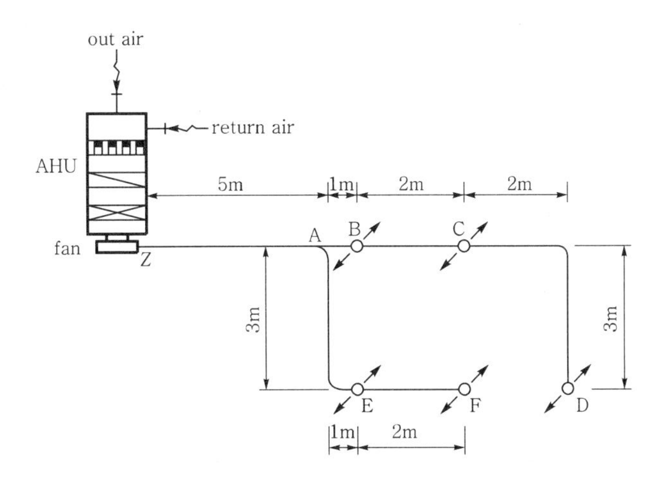

1. 냉방 풍량을 구하시오.
2. 이때의 현열비 및 공조기 내에서 실내 공기 ①과 외기 ②가 혼합되었을 때 혼합 공기 ③의 온도를 구하고, 공기조화 사이클을 습공기 선도상에 도시하시오. (단, 공기 선도를 이용)
3. 실내에 설치한 덕트 시스템을 위의 그림과 같이 설계하고자 한다. 각 취출구의 풍량이 동일할 때 장방형 덕트의 크기를 결정하고, Z-F구간의 마찰 손실을 구하시오. (단, 마찰 손실 R=0.1mmAq/m, 중력 가속도 g=9.8m/s², Z-F구간의 벤드 부분에서 $\frac{r}{W}$=1.5로 한다.)

구 간	풍량[m³/h]	원형 덕트지름[cm]	장방형 덕트크기[cm]	풍속[m/s]
Z-A			(　)×25	
A-B			(　)×25	
B-C			(　)×25	
C-D			(　)×15	
A-E			(　)×25	
E-F			(　)×15	

<table>
<tr><th>명 칭</th><th>그 림</th><th>계산식</th><th colspan="5">저항 계수</th></tr>
<tr><td rowspan="5">장방형
엘보
(90°)</td><td rowspan="5">r, W, H</td><td rowspan="5">$\Delta P_t = \lambda \frac{l'}{d} \frac{v^2}{2g} \rho$</td><td>$H/W$</td><td>$r/W$=0.5</td><td>0.75</td><td>1.0</td><td>1.5</td></tr>
<tr><td>0.25</td><td>l'/W=25</td><td>12</td><td>7</td><td>3.5</td></tr>
<tr><td>0.5</td><td>33</td><td>16</td><td>9</td><td>4</td></tr>
<tr><td>1.0</td><td>45</td><td>19</td><td>11</td><td>4.5</td></tr>
<tr><td>4.0</td><td>90</td><td>35</td><td>17</td><td>6</td></tr>
</table>

<table>
<tr><th>명 칭</th><th>그 림</th><th>계산식</th><th colspan="6">저항 계수</th></tr>
<tr><td rowspan="4">장방형
덕트의
분기</td><td rowspan="4"></td><td>직통부(1 → 2)
$\Delta P_t = \zeta_T \dfrac{v_1^2}{2g}\rho$</td><td colspan="6">$v_2/v_1 < 1.0$일 때는 대개 무시한다.
$v_2/v_1 \geqq 1.0$일 때,
$\zeta_T = 0.46 - 1.24x + 0.93x^2$
$x = \dfrac{v_2}{v_1}\left(\dfrac{a}{b}\right)^{\frac{1}{4}}$</td></tr>
<tr><td rowspan="3">분기부(1 → 3)
$\Delta P_t = \zeta_B \dfrac{v_1^2}{2g}\rho$</td><td>$x$</td><td>0.25</td><td>0.5</td><td>0.75</td><td>1.0</td><td>1.25</td></tr>
<tr><td>ζ_B</td><td>0.3</td><td>0.2</td><td>0.2</td><td>0.4</td><td>0.65</td></tr>
<tr><td colspan="6">다만, $x = \dfrac{v_3}{v_1}\left(\dfrac{a}{b}\right)^{\frac{1}{4}}$</td></tr>
</table>

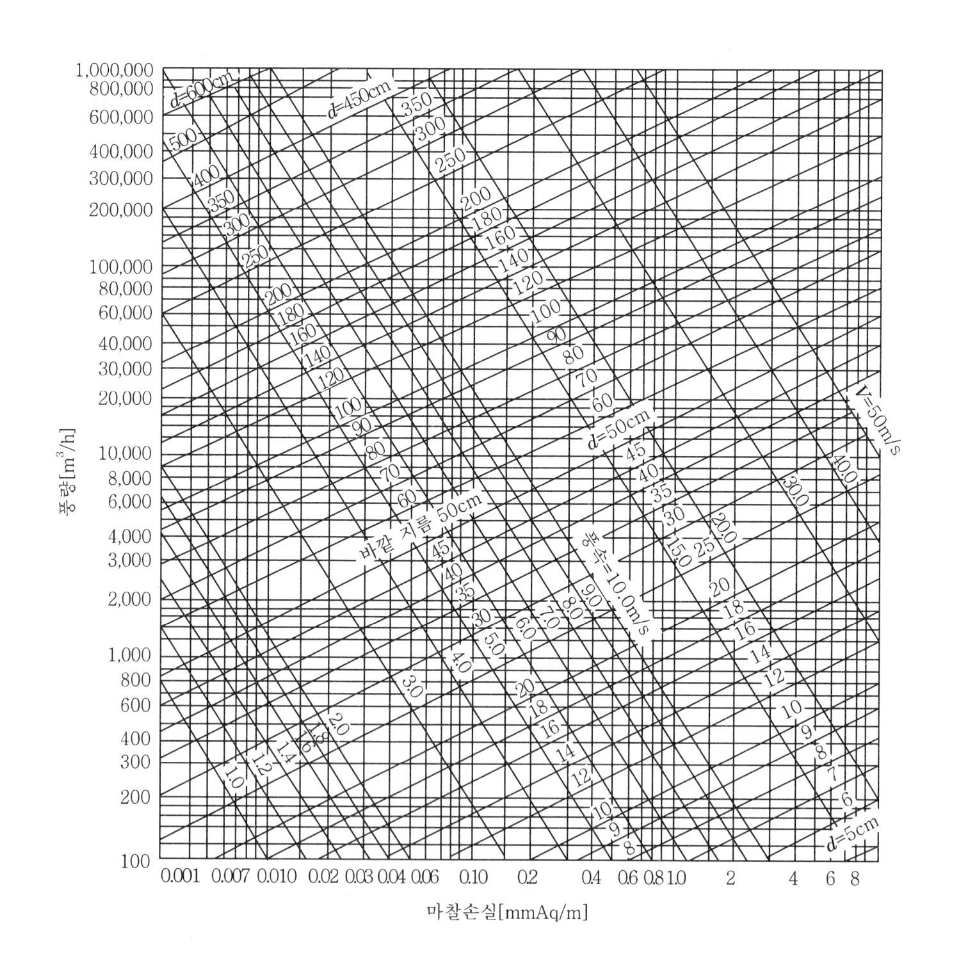

장변 \ 단변	10	15	20	25	30	35	40	45	50	55	60	65	70	75	80	85	90	95	100
10	10.9																		
15	13.3	16.4																	
20	15.2	18.9	21.9																
25	16.9	21.0	24.4	27.3															
30	18.3	22.9	26.6	29.9	32.8														
35	19.5	24.5	28.6	32.2	35.4	38.3													
40	20.7	26.0	30.5	34.3	37.8	40.9	43.7												
45	21.7	27.4	32.1	36.3	40.0	43.3	46.4	49.2											
50	22.7	28.7	33.7	38.1	42.0	45.6	48.8	51.8	54.7										
55	23.6	29.9	35.1	39.8	43.9	47.7	51.1	54.3	57.3	60.1									
60	24.5	31.0	36.5	41.4	45.7	49.6	53.3	56.7	59.8	62.8	65.6								
65	25.3	32.1	37.8	42.9	47.4	51.5	55.3	58.9	62.2	65.3	68.3	71.1							
70	26.1	33.1	39.1	44.3	49.0	53.3	57.3	61.0	64.4	67.7	70.8	73.7	76.5						
75	26.8	34.1	40.2	45.7	50.6	55.0	59.2	63.0	66.6	69.7	73.2	76.3	79.2	82.0					
80	27.5	35.0	41.4	47.0	52.0	56.7	60.9	64.9	68.7	72.2	75.5	78.7	81.8	84.7	87.5				
85	28.2	35.9	42.4	48.2	53.4	58.2	62.6	66.8	70.6	74.3	77.8	81.1	84.2	87.2	90.1	92.9			
90	28.9	36.7	43.5	49.4	54.8	59.7	64.2	68.6	72.6	76.3	79.9	83.3	86.6	89.7	92.7	95.6	198.4		
95	29.5	37.5	44.5	50.6	56.1	61.1	65.9	70.3	74.4	78.3	82.0	85.5	88.9	92.1	95.2	98.2	101.1	103.9	
100	30.1	38.4	45.4	51.7	57.4	62.6	67.4	71.9	76.2	80.2	84.0	87.6	91.1	94.4	97.6	100.7	103.7	106.5	109.3
105	30.7	39.1	46.4	52.8	58.6	64.0	68.9	73.5	77.8	82.0	85.9	89.7	93.2	96.7	100.0	103.1	106.2	109.1	112.0
110	31.3	39.9	47.3	53.8	59.8	65.2	70.3	75.1	79.6	83.8	87.8	91.6	95.3	98.8	102.2	105.5	108.6	111.7	114.6
115	31.8	40.6	48.1	54.8	60.9	66.5	71.7	76.6	81.2	85.5	89.6	93.6	97.3	100.9	104.4	107.8	111.0	114.1	117.2
120	32.4	41.3	49.0	55.8	62.0	67.7	73.1	78.0	82.7	87.2	91.4	95.4	99.3	103.0	106.6	110.0	113.3	116.5	119.6
125	32.9	42.0	49.9	56.8	63.1	68.9	74.4	79.5	84.3	88.8	93.1	97.3	101.2	105.0	108.6	112.2	115.6	118.8	122.0
130	33.4	42.6	50.6	57.7	64.2	70.1	75.7	80.8	85.7	90.4	94.8	99.0	103.1	106.9	110.7	114.3	117.7	121.1	124.4
135	33.9	43.3	51.4	58.6	65.2	71.3	76.9	82.2	87.2	91.9	96.4	100.7	104.9	108.8	112.6	116.3	119.9	123.3	126.7
140	34.4	43.9	52.2	59.5	66.2	72.4	78.1	83.5	88.6	93.4	98.0	102.4	106.6	110.7	114.6	118.3	122.0	125.5	128.9
145	34.9	44.5	52.9	60.4	67.2	73.5	79.3	84.8	90.0	94.9	99.6	104.1	108.4	112.5	116.5	120.3	124.0	127.6	131.1
150	35.3	45.2	53.6	61.2	68.1	74.5	80.5	86.1	91.3	96.3	101.1	105.7	110.0	114.3	118.3	122.2	126.0	129.7	133.2
155	35.8	45.7	54.4	62.1	69.1	75.6	81.6	87.3	92.6	97.4	102.6	107.2	111.7	116.0	120.1	124.1	127.9	131.7	135.3
160	36.2	46.3	55.1	62.9	70.6	76.6	82.7	88.5	93.9	99.1	104.1	108.8	113.3	117.7	121.9	125.9	129.8	133.6	137.3
165	36.7	46.9	55.7	63.7	70.9	77.6	83.8	89.7	95.2	100.5	105.5	110.3	114.9	119.3	123.6	127.7	131.7	135.6	139.3
170	37.1	47.5	56.4	64.4	71.8	78.5	84.9	90.8	96.4	101.8	106.9	111.8	116.4	120.9	125.3	129.5	133.5	137.5	141.3

해설

1. $Q = \dfrac{q_s}{\rho C_p \Delta t} = \dfrac{24111.36}{1.2 \times 1.0046 \times (26-16)} \fallingdotseq 2{,}000\,\text{m}^3/\text{h}$

2. $SHF = \dfrac{q_s}{q_t} = \dfrac{q_s}{q_s + q_L} = \dfrac{24111.36}{24111.36 + 6207.84} \fallingdotseq 0.8$

$$t_3 = \frac{Q_1 t_1 + Q_2 t_2}{Q} = \frac{1{,}500 \times 26 + 500 \times 32}{2{,}000} = 27.5℃$$

$$h_3 = \frac{Q_1 h_1 + Q_2 h_2}{Q} = \frac{1{,}500 \times 51.49 + 500 \times 83.72}{2{,}000} \fallingdotseq 95.55\,\text{kJ/kg}$$

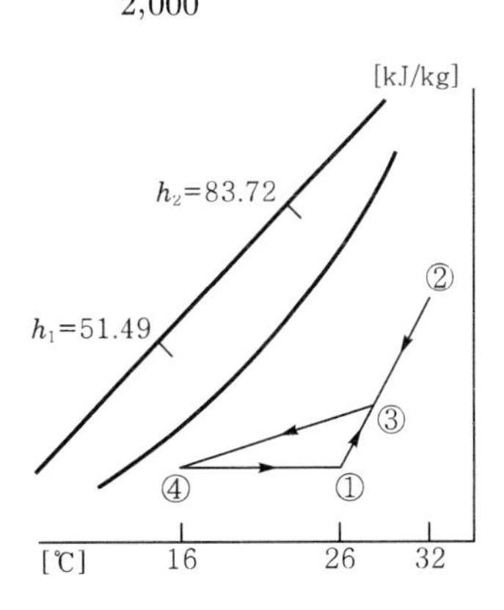

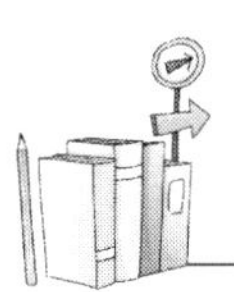

3.

구 간	풍량(m³/h)	원형 덕트지름(cm)	장방형 덕트크기(cm)	풍속(m/s)
Z－A	2,000	35	40×25	5.5
A－B	1,200	30	30×25	4.5
B－C	800	25	25×25	4.4
C－D	400	20	25×15	3.7
A－E	800	25	25×25	4.4
E－F	400	20	25×15	3.7

① 직관 손실$=(5+3+1+2)\times 0.1=1.1\,\text{mmAq}$

② 장방형 벤드

$\dfrac{H}{W}=\dfrac{25}{25}=1$

$\dfrac{r}{W}=1.5$일 때

$\dfrac{l'}{W}=4.5,\ l'=0.25\times 4.5=1.125\,\text{m}$

$\therefore\ \Delta P_t=\lambda\dfrac{l'}{d}\dfrac{v^2}{2g}\rho=0.1\times\dfrac{1.125}{0.25}\times\dfrac{4.4^2}{2\times 9.8}\times 1.2\fallingdotseq 0.53\,\text{mmAq}$

③ 장방형 덕트 분기

$x=\dfrac{v_3}{v_1}\left(\dfrac{a}{b}\right)^{\frac{1}{4}}=\dfrac{4.4}{5.5}\times\left(\dfrac{25}{25}\right)^{\frac{1}{4}}=0.8$

ζ_B는 $x=1.0$에서 0.4이다.

$\therefore\ \Delta P_t=\zeta_B\dfrac{{v_1}^2}{2g}\rho=0.4\times\dfrac{5.5^2}{2\times 9.8}\times 1.2\fallingdotseq 0.74\,\text{mmAq}$

그리고 직통관은 $\dfrac{v^2}{v_1}=\dfrac{4.4}{5.5}=0.8$

$0.8<1$이므로 ζ는 무시한다.

$\therefore\ \Delta P_t=\zeta_B\dfrac{{v_1}^2}{2g}\rho=\dfrac{{v_1}^2}{2g}\rho=\dfrac{5.5^2}{2\times 9.8}\times 1.2=1.852\,\text{mmAq}$

④ Z－F의 마찰 손실

$P_t=1.1+0.53+0.74=2.37\,\text{mmAq}$

2008년도 기출문제

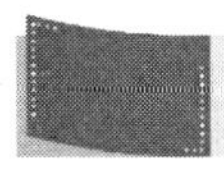

2008. 4. 20. 시행

01 **덕트 시스템을 다음과 같이 설계하고자 한다. 각 취출구의 풍량이 동일할 때 주어진 구간의 값들을 결정하고 Z－F구간의 마찰 손실을 구하시오.** (단, 공기의 밀도＝1.2kg/m^3, 중력 가속도 g＝9.8m/s^2, 마찰 손실 R＝0.1mmAq/m, A－E 벤드 부분의 $\frac{r}{W}$＝1.5, 송풍량＝2,000m^3/h) (17점)

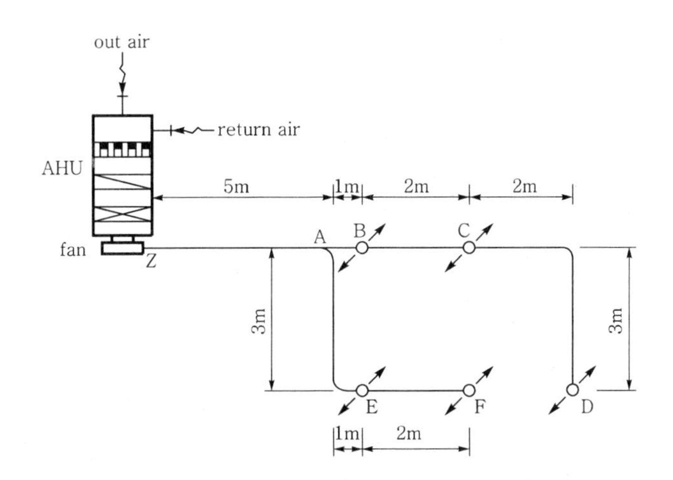

장변 \ 단변	10	15	20	25	30	35	40	45	50	55	60	65	70	75	80	85	90	95	100
10	10.9																		
15	13.3	16.4																	
20	15.2	18.9	21.9																
25	16.9	21.0	24.4	27.3															
30	18.3	22.9	26.6	29.9	32.8														
35	19.5	24.5	28.6	32.2	35.4	38.3													
40	20.7	26.0	30.5	34.3	37.8	40.9	43.7												
45	21.7	27.4	32.1	36.3	40.0	43.3	46.4	49.2											
50	22.7	28.7	33.7	38.1	42.0	45.6	48.8	51.8	54.7										
55	23.6	29.9	35.1	39.8	43.9	47.7	51.1	54.3	57.3	60.1									
60	24.5	31.0	36.5	41.4	45.7	49.6	53.3	56.7	59.8	62.8	65.6								
65	25.3	32.1	37.8	42.9	47.4	51.5	55.3	58.9	62.2	65.3	68.3	71.1							
70	26.1	33.1	39.1	44.3	49.0	53.3	57.3	61.0	64.4	67.7	70.8	73.7	76.5						

장변 \ 단변	10	15	20	25	30	35	40	45	50	55	60	65	70	75	80	85	90	95	100
75	26.8	34.1	40.2	45.7	50.6	55.0	59.2	63.0	66.6	69.7	73.2	76.3	79.2	82.0					
80	27.5	35.0	41.4	47.0	52.0	56.7	60.9	64.9	68.7	72.2	75.5	78.7	81.8	84.7	87.5				
85	28.2	35.9	42.4	48.2	53.4	58.2	62.6	66.8	70.6	74.3	77.8	81.1	84.2	87.2	90.1	92.9			
90	28.9	36.7	43.5	49.4	54.8	59.7	64.2	68.6	72.6	76.3	79.9	83.3	86.6	89.7	92.7	95.6	198.4		
95	29.5	37.5	44.5	50.6	56.1	61.1	65.9	70.3	74.4	78.3	82.0	85.5	88.9	92.1	95.2	98.2	101.1	103.9	
100	30.1	38.4	45.4	51.7	57.4	62.6	67.4	71.9	76.2	80.2	84.0	87.6	91.1	94.4	97.6	100.7	103.7	106.5	109.3
105	30.7	39.1	46.4	52.8	58.6	64.0	68.9	73.5	77.8	82.0	85.9	89.7	93.2	96.7	100.0	103.1	106.2	109.1	112.0
110	31.3	39.9	47.3	53.8	59.8	65.2	70.3	75.1	79.6	83.8	87.8	91.6	95.3	98.8	102.2	105.5	108.6	111.7	114.6
115	31.8	40.6	48.1	54.8	60.9	66.5	71.7	76.6	81.2	85.5	89.6	93.6	97.3	100.9	104.4	107.8	111.0	114.1	117.2
120	32.4	41.3	49.0	55.8	62.0	67.7	73.1	78.0	82.7	87.2	91.4	95.4	99.3	103.0	106.6	110.0	113.3	116.5	119.6
125	32.9	42.0	49.9	56.8	63.1	68.9	74.4	79.5	84.3	88.8	93.1	97.3	101.2	105.0	108.6	112.2	115.6	118.8	122.0
130	33.4	42.6	50.6	57.7	64.2	70.1	75.7	80.8	85.7	90.4	94.8	99.0	103.1	106.9	110.7	114.3	117.7	121.1	124.4
135	33.9	43.3	51.4	58.6	65.2	71.3	76.9	82.2	87.2	91.9	96.4	100.7	104.9	108.8	112.6	116.3	119.9	123.3	126.7
140	34.4	43.9	52.2	59.5	66.2	72.4	78.1	83.5	88.6	93.4	98.0	102.4	106.6	110.7	114.6	118.3	122.0	125.5	128.9
145	34.9	44.5	52.9	60.4	67.2	73.5	79.3	84.8	90.0	94.9	99.6	104.1	108.4	112.5	116.5	120.3	124.0	127.6	131.1
150	35.3	45.2	53.6	61.2	68.1	74.5	80.5	86.1	91.3	96.3	101.1	105.7	110.0	114.3	118.3	122.2	126.0	129.7	133.2
155	35.8	45.7	54.4	62.1	69.1	75.6	81.6	87.3	92.6	97.4	102.6	107.2	111.7	116.0	120.1	124.1	127.9	131.7	135.3
160	36.2	46.3	55.1	62.9	70.6	76.6	82.7	88.5	93.9	99.1	104.1	108.8	113.3	117.7	121.9	125.9	129.8	133.6	137.3
165	36.7	46.9	55.7	63.7	70.9	77.6	83.8	89.7	95.2	100.5	105.5	110.3	114.9	119.3	123.6	127.7	131.7	135.6	139.3
170	37.1	47.5	56.4	64.4	71.8	78.5	84.9	90.8	96.4	101.8	106.9	111.8	116.4	120.9	125.3	129.5	133.5	137.5	141.3

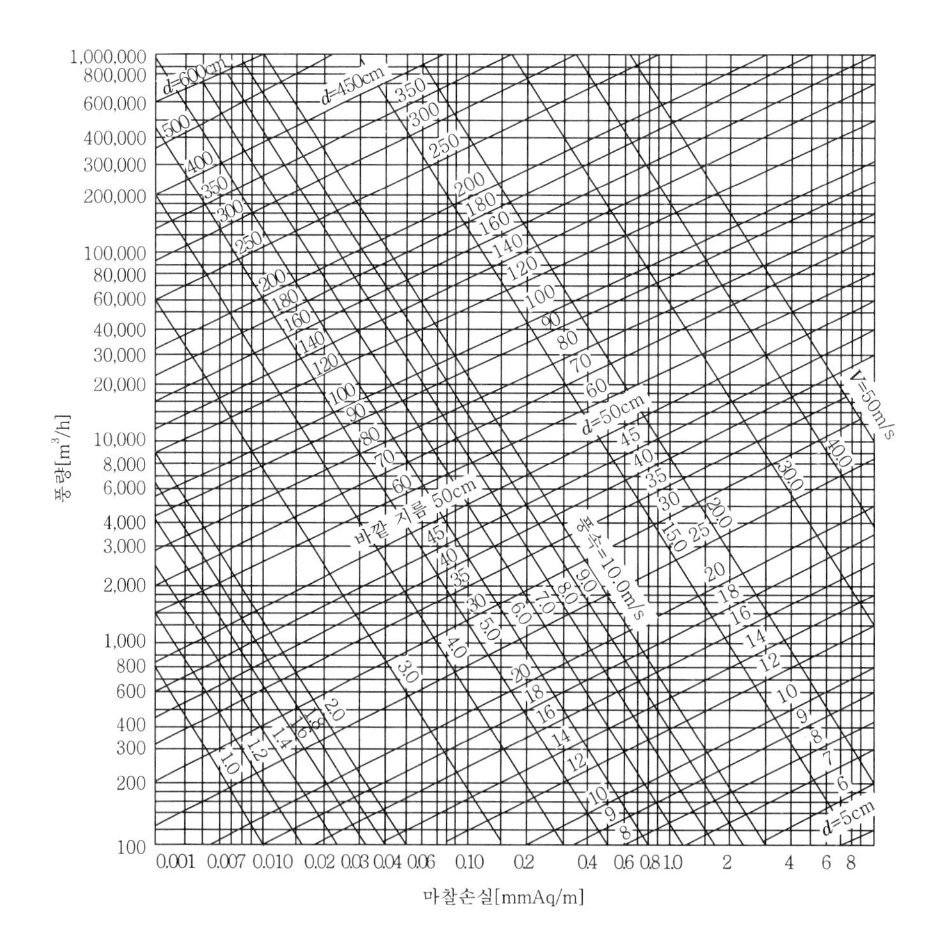

<table>
<tr><th>명 칭</th><th>그 림</th><th>계산식</th><th colspan="5">저항 계수</th></tr>
<tr><td rowspan="5">장방형
엘보
(90°)</td><td rowspan="5"></td><td rowspan="5">$\Delta P_t = \lambda \frac{l'}{d} \frac{v^2}{2g} \rho$</td><td>$H/W$</td><td>$r/W$=0.5</td><td>0.75</td><td>1.0</td><td>1.5</td></tr>
<tr><td>0.25</td><td>l'/W=25</td><td>12</td><td>7</td><td>3.5</td></tr>
<tr><td>0.5</td><td>33</td><td>16</td><td>9</td><td>4</td></tr>
<tr><td>1.0</td><td>45</td><td>19</td><td>11</td><td>4.5</td></tr>
<tr><td>4.0</td><td>90</td><td>35</td><td>17</td><td>6</td></tr>
<tr><td rowspan="4">장방형
덕트의
분기</td><td rowspan="4"></td><td>직통부(1→2)
$\Delta P_t = \zeta_T \frac{v_1^2}{2g} \rho$</td><td colspan="5">$v_2/v_1$〈1.0일 때는 대개 무시한다.
$\frac{v_2}{v_1} \geq 1.0$일 때
$\zeta_T = 0.46 - 1.24x + 0.93x^2$
$x = \frac{v_2}{v_1}\left(\frac{a}{b}\right)^{\frac{1}{4}}$</td></tr>
<tr><td rowspan="3">분기부(1→3)
$\Delta P_t = \zeta_B \frac{v_1^2}{2g} \rho$</td><td>$x$</td><td>0.25</td><td>0.5</td><td>0.75</td><td>1.0</td><td>1.25</td></tr>
<tr><td>ζ_B</td><td>0.3</td><td>0.2</td><td>0.2</td><td>0.4</td><td>0.65</td></tr>
<tr><td colspan="6">다만, $x = \frac{v_3}{v_1}\left(\frac{a}{b}\right)^{\frac{1}{4}}$</td></tr>
</table>

구 간	풍량(m³/h)	원형 덕트지름(cm)	장방형 덕트크기(cm)	풍속(m/s)
Z－A			( )×25	
B－C			( )×25	
A－E			( )×25	
E－F			( )×15	

해설

구 간	풍량(m³/h)	원형 덕트지름(cm)	장방형 덕트크기(cm)	풍속(m/s)
Z－A	2,000	35	45×25	5.5
B－C	800	25	25×25	4.2
A－E	800	25	25×25	4.2
E－F	400	20	25×15	3.7

① 직관 손실＝$(5+3+1+2) \times 0.1 = 1.1\,\text{mmAq}$

② 장방형 벤드

$\frac{H}{W} = \frac{25}{25} = 1$

$\frac{r}{W} = 1.5$일 때

$\frac{l'}{W} = 4.5,\ l' = 0.25 \times 4.5 = 1.125\,\text{m}$

$\therefore\ \Delta P_t = \lambda \frac{l'}{d} \frac{v^2}{2g} \rho = 0.1 \times \frac{1.125}{0.25} \times \frac{4.36^2}{2 \times 9.8} \times 1.2 \fallingdotseq 0.52\,\text{mmAq}$

③ 장방형 덕트 분기

$$x=\frac{v_3}{v_1}\left(\frac{a}{b}\right)^{\frac{1}{4}}=\frac{4.36}{5.5}\times\left(\frac{25}{25}\right)^{\frac{1}{4}}=0.792$$

ζ_B는 $x=1.0$에서 0.4이다.

$$\therefore\ \Delta P_t=\zeta_B\frac{v_1^2}{2g}\rho=0.4\times\frac{5.5^2}{2\times9.8}\times1.2\fallingdotseq0.74\,\text{mmAq}$$

④ Z−F의 마찰 손실$(P_t)=1.1+0.52+0.74=2.36\,\text{mmAq}$

02 다음 조건과 같은 A, B 사무실에 대해 각 물음에 답하시오. (18점)

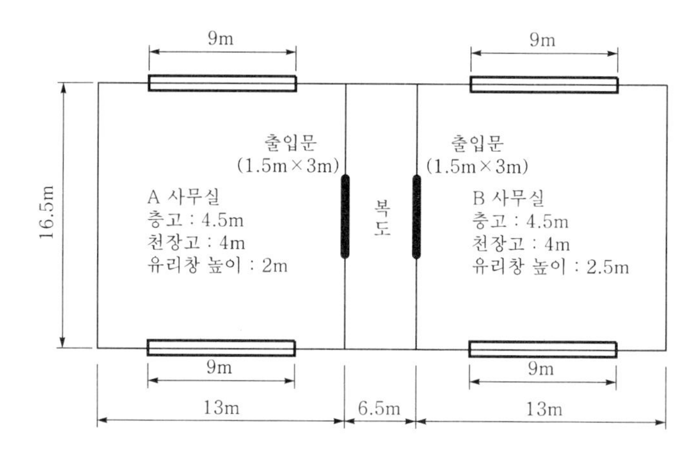

[조 건]

1)

사무실 \ 종류	실내 부하(kJ/h) 현 열	잠 열	전 열	기기 부하 (kJ/h)	외기 부하 (kJ/h)
A	64,710	7,182	67,200	12,810	28,224
B	45,234	4,284	49,518	8,862	21,630
계	109,944	11,466	116,718	21,672	49,854

2) 상 · 하층은 동일한 공조 조건이다.
3) 덕트에서의 열취득은 없는 것으로 한다.
4) 중앙 공조 system이며, 냉동기+AHU에 의한 전공기 방식이다.
5) 공기의 밀도=1.2kg/m^3, 공기의 정압 비열=1.0046kJ/kg·K

1. A, B 사무실의 실내 취출 온도차가 11℃일 때 각 사무실의 풍량(m^3/h)을 구하시오.
2. AHU 냉각 코일의 열전달률 K=930.22W/m^2·K, 냉수의 입구 온도 5℃, 출구 온도 10℃, 공기의 입구 온도 26.3℃, 출구 온도 16℃, 코일 통과면 풍속은 2.5m/s이고, 대

향류 열교환을 할 때 A, B 사무실 총계 부하에 대한 냉각 코일의 열수(row)를 구하시오.

3. 펌프 및 배관 부하는 냉각 코일 부하의 5%이고, 냉동기의 응축 온도는 40℃, 증발온도 0℃, 과열 및 냉각도 5℃, 압축기의 체적 효율 0.8, 회전수 1,800rpm, 기통수 6일 때
   ① A, B 사무실 총계 부하에 대한 냉동기 부하를 구하시오.
   ② 이론 냉매 순환(kg/h)을 구하시오.
   ③ 피스톤의 행정 체적(m^3)을 구하시오.

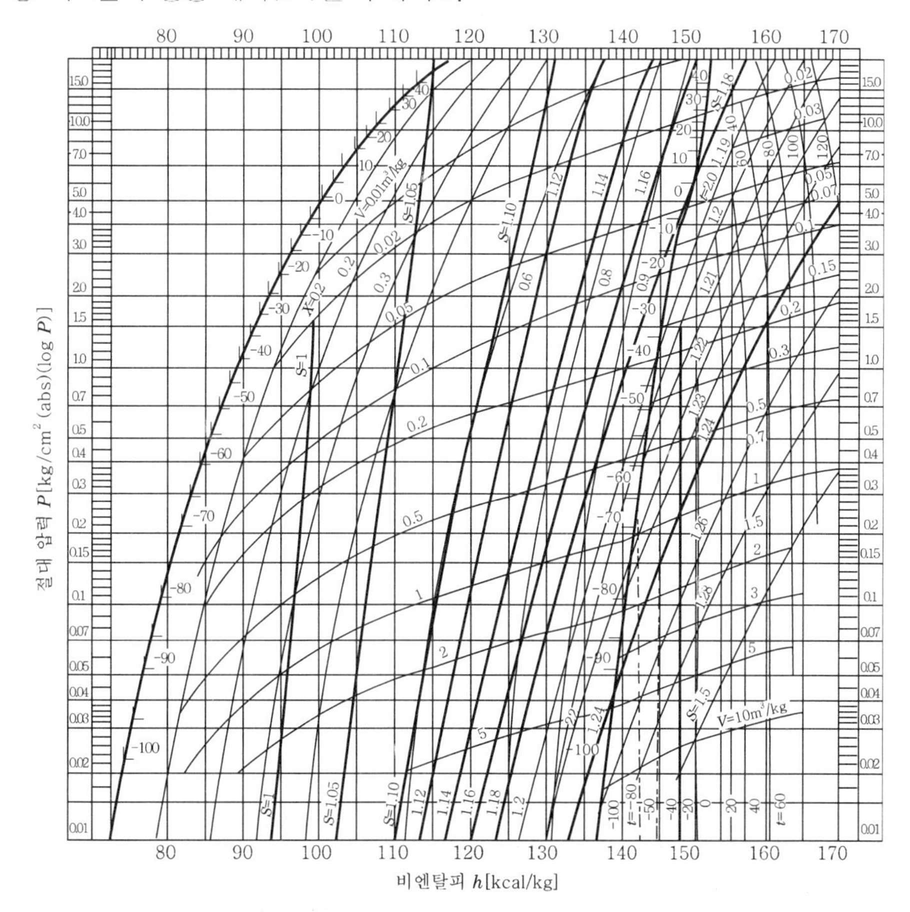

해설 1. A, B 사무실 풍량

$q_s = \rho Q C_p \Delta t$[kJ/h]에서

① A 사무실 풍량$(Q_A) = \dfrac{q_{sA}}{\rho\, C_p \Delta t} = \dfrac{64,710}{1.2 \times 1.0046 \times 11} \fallingdotseq 4879.83\,\mathrm{m^3/h}$

② B 사무실 풍량$(Q_B) = \dfrac{q_{sB}}{\rho\, C_p \Delta t} = \dfrac{45,234}{1.2 \times 1.0046 \times 11} \fallingdotseq 3411.13\,\mathrm{m^3/h}$

2. 냉각 코일의 열수

① $\Delta t_1 = t_1 - t_{w_2} = 26.3 - 10 = 16.3$℃

$\Delta t_2 = t_2 - t_{w_1} = 16 - 5 = 11$℃

∴ 대수 평균 온도차$(LMTD) = \dfrac{\Delta t_1 - \Delta t_2}{\ln\left(\dfrac{\Delta t_1}{\Delta t_2}\right)} = \dfrac{16.3 - 11}{\ln\left(\dfrac{16.3}{11}\right)} \fallingdotseq 13.48$℃

② 전면적$(A) = \dfrac{Q}{3{,}600v} = \dfrac{4879.83 + 3411.13}{3{,}600 \times 2.5} \fallingdotseq 0.92\,\mathrm{m}^2$

③ 열수$(N) = \dfrac{q_{cc}}{KA(LMTD)} = \dfrac{116{,}718 + 21{,}672 + 49{,}854}{930.22 \times 3.6 \times 0.92 \times 13.48} = 4.53 \fallingdotseq 5$열

3. $P-h$ 선도를 그려 살펴보면

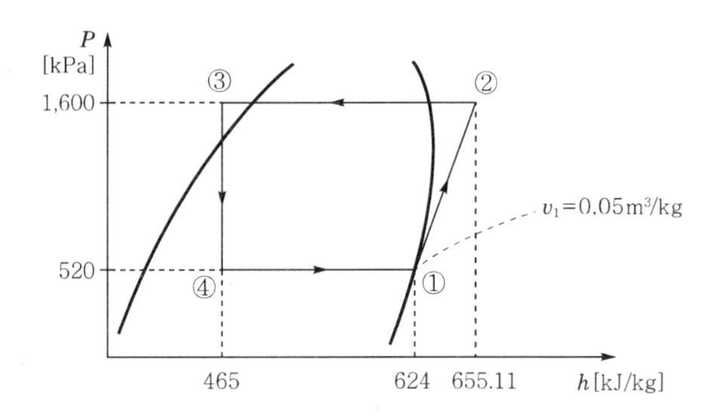

① 냉동 부하$(Q_e) = (116{,}718 + 21{,}672 + 49{,}854) \times 1.05 = 197656.2\,\mathrm{kJ/h}$

② 이론 냉매 순환량$(m) = \dfrac{Q_e}{q_e} = \dfrac{197656.2}{624 - 465} \fallingdotseq 1243.12\,\mathrm{kg/h}$

③ 피스톤의 행정 체적

㉠ 피스톤 토출량$(V) = \dfrac{mv_1}{\eta_v} = \dfrac{1243.12 \times 0.05}{0.8} \fallingdotseq 77.70\,\mathrm{m}^3/\mathrm{h}$

㉡ 행정 체적$(V_s) = \dfrac{V}{ZN \times 60} = \dfrac{77.70}{6 \times 1{,}800 \times 60} \fallingdotseq 1.2 \times 10^{-4}\,\mathrm{m}^3$

03

냉장실의 냉동 부하 25,116kJ/h, 냉장실 내 온도를 −20℃로 유지하는 나관 코일식 증발기 천장 코일의 냉각관 길이[m]를 구하시오. (단, 천장 코일의 증발관 내 냉매의 증발 온도=−28℃, 외표면적=0.19m², 열통과율=8.15W/m² · K) (6점)

해설 냉각관 길이$(L) = \dfrac{Q_e}{K\Delta t\, A_o}$

$= \dfrac{25{,}116}{(8.15 \times 3.6) \times \{-20 - (-28)\} \times 0.19} = 563.18\,\mathrm{m}$

04

R-22 냉동 장치가 다음 냉동 사이클과 같이 수냉식 응축기로부터 교축 밸브를 통한 핫가스의 일부를 팽창 밸브 출구측에 바이패스하여 용량 제어를 행하고 있다. 이 냉동 장치의 냉동 능력(Q_e〔kJ/h〕)을 구하시오. (단, 팽창 밸브 출구측의 냉매와 바이패스된 후의 냉매의 혼합 비엔탈피는 h_5, 핫가스의 비엔탈피 h_6 =633.3kJ/kg 이고, 바이패스양은 압축기를 통과하는 냉매 유량의 20%이다. 또 압축기의 피스톤 압출량 V=200m³/h, 체적 효율 η_v =0.6이다.) (8점)

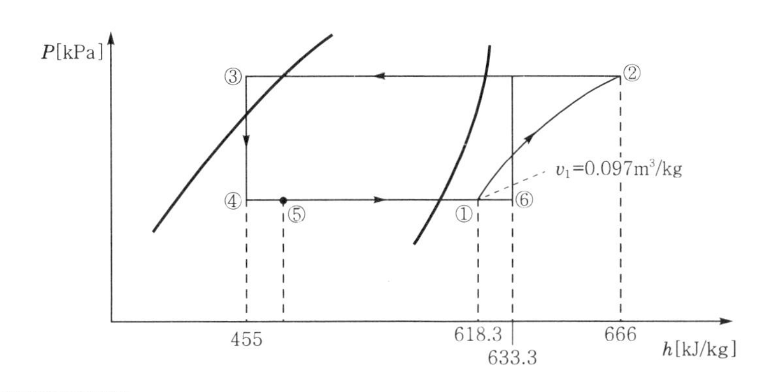

해설 ① 증발기 입구 비엔탈피(h_5) $= 0.2h_6 + 0.8h_4$

$$= 0.2 \times 633.3 + 0.8 \times 455 = 490.7\,\text{kJ/kg}$$

② 냉동 능력(Q_e) $= \dfrac{V}{v_1}\eta_v(h_1 - h_5)$

$$= \frac{200}{0.097} \times 0.6 \times (618.3 - 490.7) = 157855.67\,\text{kJ/h}$$

05

응축 온도가 43℃인 횡형 수냉 응축기에서 냉각수 입구 온도 32℃, 출구 온도 37℃, 냉각수 순환 수량 300L/min이고 응축기 전열 면적이 20m²일 때 다음 각 물음에 답하시오. (단, 응축 온도와 냉각수의 평균 온도차는 산술 평균 온도차로 한다.) (9점)

1. 응축기 냉각 열량은 몇 〔kJ/h〕인가?
2. 응축기 열통과율은 몇 〔W/m²·K〕인가?
3. 냉각수 순환량 400L/min일 때 응축 온도는 몇 〔℃〕인가? (단, 응축 열량, 냉각수 입구 수온, 전열 면적, 열통과율은 같은 것으로 한다.)

해설 1. 응축기 냉각 열량(Q_c) $= WC\Delta t \times 60$

$$= 300 \times 4.186 \times (37-32) \times 60 = 376{,}740\,\text{kJ/h}$$

2. $Q_c = KA\Delta t_m = KA\left(t_c - \dfrac{t_1 + t_2}{2}\right)$에서

열통과율(K) $= \dfrac{Q_c}{A\left(t_c - \dfrac{t_1+t_2}{2}\right)} = \dfrac{376{,}740}{20 \times \left(43 - \dfrac{32+37}{2}\right)}$

$$\fallingdotseq 2216.12\,\text{kJ/m}^2\cdot\text{h}\cdot℃ = 615.59\,\text{W/m}^2\cdot\text{K}$$

3. 응축 온도(t_c)

① 냉각수 출구 온도(t_{w_2}) $=32+\dfrac{376,740}{400\times60\times4.186}=35.75℃$

② 응축 온도(t_c) $=\dfrac{376,740}{2216.12\times20}+\dfrac{32+35.75}{2}=42.37℃$

06 다음과 같은 공기조화기를 통과할 때 공기 상태 변화를 공기 선도상에 나타내고 번호를 쓰시오. (7점)

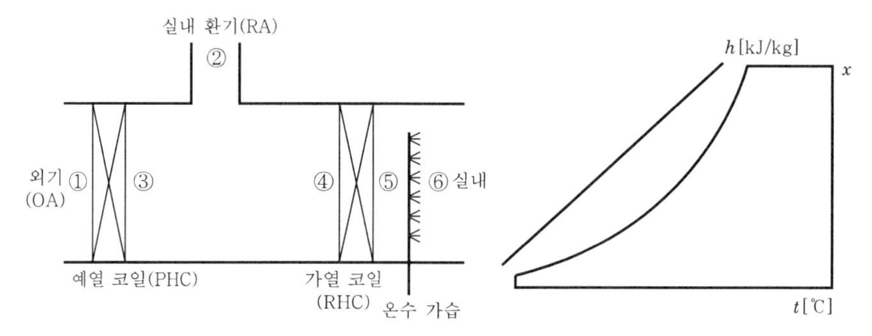

해설

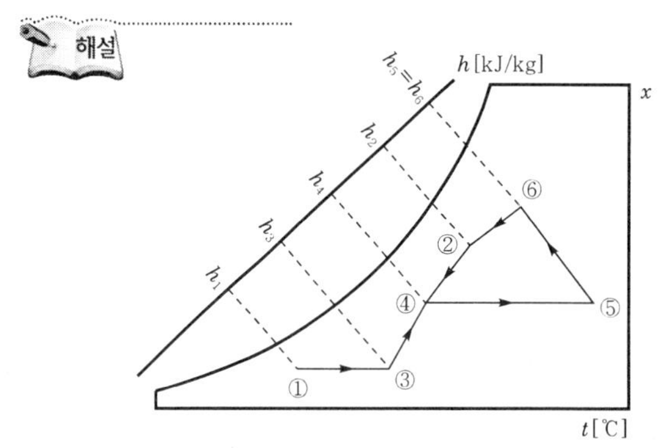

07 단일 덕트 방식의 공기조화 시스템을 설계하고자 할 때 어떤 사무소의 냉방 부하를 계산한 결과 현열 부하(q_s)=24,110kJ/h, 잠열 부하(q_L)=6,028kJ/h였다. 주어진 조건을 이용하여 다음 각 물음에 답하시오. (10점)

[조 건]

1) 설계 조건
   ① 실내 : 26℃ DB, 50% RH
   ② 실외 : 32℃ DB, 70% RH
2) 외기 취입량 : 500m^3/h
3) 공기의 정압 비열 : C_p=1.0046kJ/kg·K
4) 취출 공기 온도 : 16℃
5) 공기의 밀도 : ρ=1.2kg/m^3

1. 냉방 풍량을 구하시오.
2. 현열비 및 실내 공기(①)와 실외 공기(②)의 혼합 온도를 구하고, 공기조화 사이클을 습공기 선도상에 도시하시오.

1. 냉방 풍량$(Q) = \dfrac{Q_s}{\rho C_p (t_r - t_e)} = \dfrac{24{,}110}{1.2 \times 1.0046 \times (26-16)} = 2{,}000\,\text{m}^3/\text{h}$

2. ① 현열비$= \dfrac{q_s}{q_s + q_L} = \dfrac{24{,}110}{24{,}110 + 6{,}028} = 0.8$

   ② 혼합 공기 온도$(t_3) = \dfrac{Q_1 t_1 + Q_2 t_2}{Q} = \dfrac{1{,}500 \times 26 + 500 \times 32}{2{,}000} = 27.5℃$

   ③ 습공기 선도

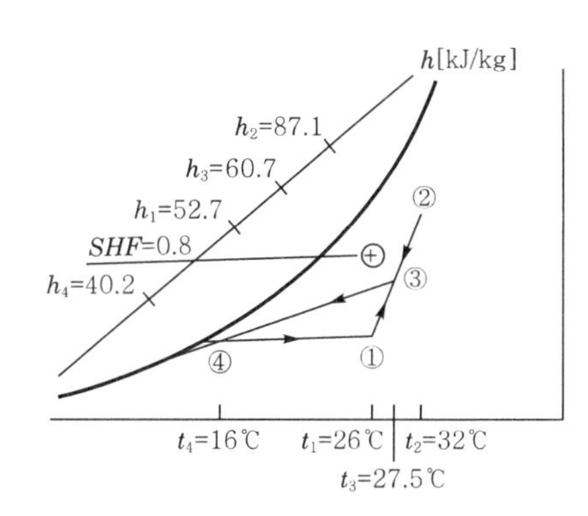

08 **R-22를 사용하는 2단 압축 1단 팽창 냉동 사이클의 상태값이 다음과 같다. 저단 압축기의 압축 효율이 0.79일 때 실제로 필요한 고단 압축기의 피스톤 압축량은 냉동 사이클에서 구한 값보다 몇 〔%〕 증가하는지 계산하시오.** (9점)

[조 건]

1) 저단측 압축기의 흡입 냉매 비엔탈피 $h_1 = 147\text{kJ/kg}$
2) 고단측 압축기의 흡입 냉매 비엔탈피 $h_2 = 150\text{kJ/kg}$
3) 저단측 압축기의 토출측 비엔탈피 $h_3 = 152\text{kJ/kg}$
4) 중간 냉각기의 팽창 밸브 직전 냉매액의 비엔탈피 $h_4 = 110\text{kJ/kg}$
5) 증발기용 팽창 밸브 직전의 냉매액의 비엔탈피 $h_5 = 99\text{kJ/kg}$

① 이론적 고단 냉매 순환량(m_H)

$$m_H = \frac{h_3 - h_5}{h_2 - h_4} = \frac{152-99}{150-110} = 1.325\,\text{kg/h}$$

② 실제 저단 압축기 토출측 비엔탈피$(h_3{}')$

$$h_3{}' = h_1 + \frac{h_3 - h_1}{\eta_c} = 147 + \frac{152-147}{0.79} = 153.329\,\text{kJ/kg}$$

③ 실제 고단 냉매 순환량(m_H')

$$m_H' = \frac{h_3' - h_5}{h_2 - h_4} = \frac{153.329 - 99}{150 - 110} = 1.358\,\text{kg/h}$$

④ 증가율$= \dfrac{1.358 - 1.325}{1.325} \times 100\% = 2.49\%$

【참고】 고단 압축기 흡입측 비체적이 같으므로 체적량으로 계산하지 않고 냉매 순환량으로 계산하여도 비율은 똑같다.

09

전압력 760mmHg, 건구 온도 20℃(포화 공기의 수증기 분압 P_{ws} =17.54mmHg), 상대 습도 50%인 습공기의 수증기 분압〔mmHg〕, 절대 습도〔kg′/kg〕, 비엔탈피〔kJ/kg〕를 구하시오. (단, 건공기 및 수증기의 정압비열은 각각 1.0046kJ/kg·K, 1.85kJ/kg·K으로 하며, 물의 증발 잠열은 2500.3kJ/kg으로 한다.) (9점)

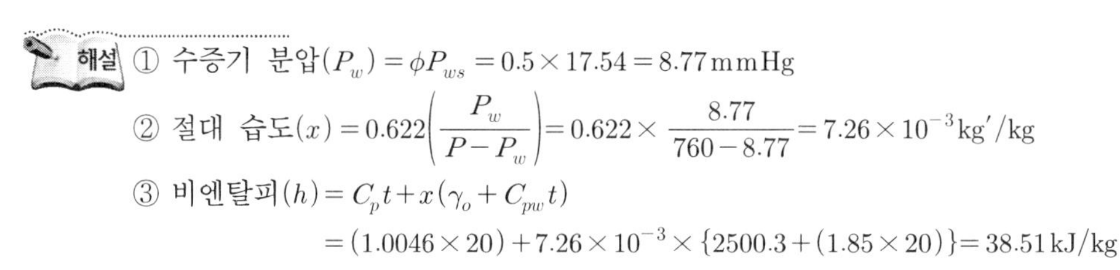

해설 ① 수증기 분압$(P_w) = \phi P_{ws} = 0.5 \times 17.54 = 8.77\,\text{mmHg}$

② 절대 습도$(x) = 0.622\left(\dfrac{P_w}{P - P_w}\right) = 0.622 \times \dfrac{8.77}{760 - 8.77} = 7.26 \times 10^{-3}\,\text{kg}'/\text{kg}$

③ 비엔탈피$(h) = C_p t + x(\gamma_o + C_{pw} t)$

$$= (1.0046 \times 20) + 7.26 \times 10^{-3} \times \{2500.3 + (1.85 \times 20)\} = 38.51\,\text{kJ/kg}$$

10

건구 온도 32℃, 습구 온도 27℃(비엔탈피 84.42kJ/kg)인 공기 21,600kg/h를 12℃의 수돗물(20,000L/h)로써 냉각하여 건구 온도 및 습구 온도가 20℃ 및 18℃(비엔탈피 51.24kJ/kg)로 되었을 때 코일의 필요 열수를 구하시오. (단, 코일 통과 풍속은 2.5m/s, 습윤면 계수는 1.45, 열통과율은 1,070W/m^2·K이라 하고, 대수 평균 온도차를 이용하며, 공기의 통과 방향과 물의 통과 방향은 역으로 한다.) (7점)

해설 ① $WC(t_2 - t_1) = m\Delta h$에서

냉수 코일 출구 온도$(t_2) = t_1 + \dfrac{m\Delta h}{WC} = 12 + \dfrac{21{,}600 \times (84.42 - 51.24)}{20{,}000 \times 4.186} = 20.56℃$

② $m = \rho A V$에서

$$A = \frac{m}{\rho V} = \frac{21{,}600/3{,}600}{1.2 \times 2.5} = 2\,\text{m}^2$$

③ $\Delta t_1 = 32 - 20.56 = 11.44℃$, $\Delta t_2 = 20 - 12 = 8℃$

∴ 대수 평균 온도차$(LMTD) = \dfrac{\Delta t_1 - \Delta t_2}{\ln\left(\dfrac{\Delta t_1}{\Delta t_2}\right)} = \dfrac{11.44 - 8}{\ln\left(\dfrac{11.44}{8}\right)} = 9.62℃$

④ $m\Delta h = KANC_{ws}\,LMTD \times 3.6$에서

$$\text{열수}(N) = \frac{m\Delta h}{KA\,C_{ws}\,(LMTD) \times 3.6}$$

$$= \frac{21{,}600 \times (84.42 - 51.24)}{1{,}070 \times 2 \times 1.45 \times 9.62 \times 3.6} \fallingdotseq 7\text{열}$$

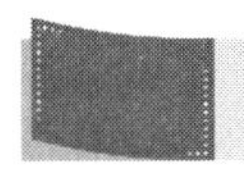

2008. 7. 6. 시행

01 **다음 공기조화 장치도는 외기의 건구 온도 및 절대 습도가 각각 32℃와 0.020kg′/kg, 실내의 건구 온도 및 상대 습도가 각각 26℃와 50%일 때 여름의 냉방 운전을 나타낸 것이다. 실내 현열 및 잠열 부하가 120,550kJ/h와 40,186kJ/h이고, 실내 취출 공기 온도 20℃, 재열기 출구 공기 온도 19℃, 공기 냉각기 출구 온도가 15℃일 때 다음 각 물음에 답하시오.** (단, 외기량은 급기량(송풍량)의 1/3이고, 공기의 정압 비열은 1.0046kJ/kg·K이며, 환기의 온도 및 습도는 실내 공기와 동일하다.) (15점)

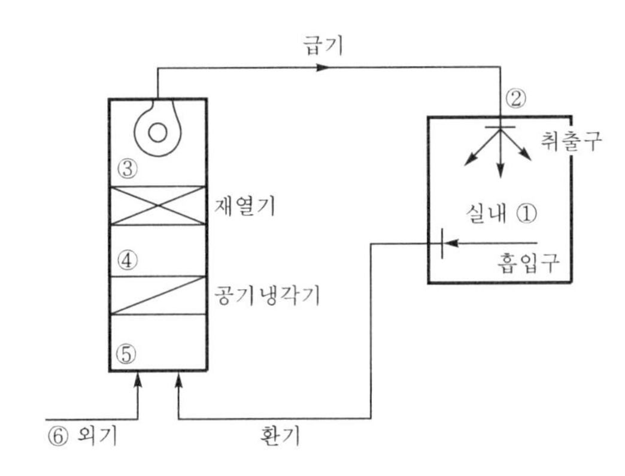

1. 장치도의 각 점을 습공기 선도에 나타내시오.
2. 실내 송풍량(급기량)을 구하시오.
3. 취입 외기량을 구하시오.
4. 공기 냉각기의 냉각 감습 열량을 구하시오.
5. 재열기의 가열량을 구하시오.

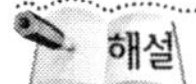

해설 1. 습공기 선도

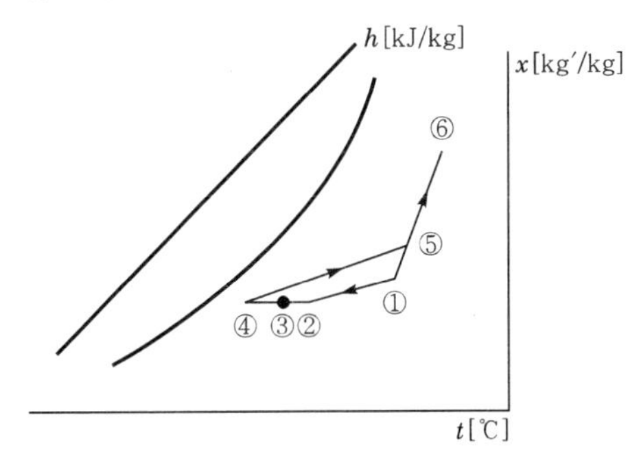

- $h_1 = 52.7\text{kJ/kg}$
- $h_2 = 43.5\text{kJ/kg}$
- $h_3 = 42.9\text{kJ/kg}$
- $h_4 = 38.7\text{kJ/kg}$
- $h_5 = 62.3\text{kJ/kg}$
- $h_6 = 83.5\text{kJ/kg}$

2. 실내 송풍량(급기량, m) $= \dfrac{q_s}{C_p(t_1 - t_2)} = \dfrac{120{,}550}{1.0046 \times (26-20)}$

$\fallingdotseq 20{,}000\,\text{kg/h}$

3. 취입 외기량$(m_o) = \frac{1}{3}m = \frac{1}{3} \times 20,000 ≒ 6666.67\,\text{kg/h}$

4. 냉각 감습 열량$(q_C) = m(h_5 - h_4) = 20,000 \times (62.3 - 38.7) = 472,000\,\text{kJ/h}$

5. 재열기 가열량$(q_R) = m(h_3 - h_4) = 20,000 \times (42.9 - 38.7) = 84,000\,\text{kJ/h}$

02 다음 조건의 최상층 사무실에 대한 정오(12시)의 냉방 부하를 구하시오. (18점)

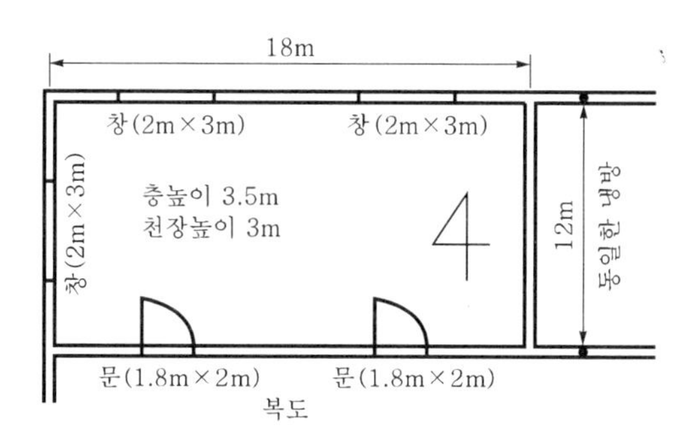

[조 건]

1) 구조체의 열관류율 K[kJ/m²·h·K]
   외벽 : 4, 내벽 : 5, 지붕 : 1.6, 창 : 5.5, 문 : 5.5
2) 12시의 상당 외기 온도차[℃]
   N : 5.4, W : 4.9, E : 15.4, 지붕 : 20
3) 유리창의 표준 일사 열취득[kJ/m²·h]
   N : 71, W : 71, S : 219
4) 시간당 환기 횟수 : 0.8회/h, 재실 인원 : 0.25인/m²
5) 인체 발생 열량 : 잠열 · 현열 각각 210kJ/h·인, 조명 기구 : 백열등 30W/m²
6) 취출 온도차 : 11℃, 외기와 환기의 혼합 비율 : 1 : 3
7) 실내 · 외 조건
   ① 실내 27℃ DB, 50% RH, x=0.0111kg′/kg
   ② 실외 33℃ DB, 70% RH, x=0.0224kg′/kg
8) 복도의 온도는 실내 온도와 외기 온도의 평균으로 한다.
9) 공기의 정압비열 1.0046kJ/kg·K, 공기의 밀도 1.2kg/m³, 물의 증발잠열 2,993kJ/m³
10) 유리창 차폐 계수 : N=1, W=0.8

1. 유리창(서쪽)을 통한 부하를 구하시오.
2. 외벽(서쪽)을 통한 부하를 구하시오.
3. 지붕을 통한 부하를 구하시오.
4. 내벽을 통한 부하를 구하시오.
5. 문을 통한 부하를 구하시오.
6. 인체 발열 부하(현열 부하)를 구하시오.

7. 환기 횟수에 의한 간극풍 부하(현열 부하)를 구하시오.
8. 조명 기기 부하를 구하시오.

1. ① 일사량 $= 71 \times (2 \times 3) \times 0.8 = 340.8\,\text{kJ/h}$
   ② 전도 열량 $= 5.5 \times (2 \times 3) \times (33-27) = 198\,\text{kJ/h}$
   ③ 유리창 부하 $= 340.8 + 198 = 538.8\,\text{kJ/h}$
2. 외벽 부하 $= 4 \times \{(3.5 \times 12) - (2 \times 3)\} \times 4.9 = 705.6\,\text{kJ/h}$
3. 지붕 부하 $= 1.6 \times (18 \times 12) \times 20 = 6{,}912\,\text{kJ/h}$
4. 내벽 부하 $= 5 \times \{(3 \times 18) - (1.8 \times 2 \times 2)\} \times \left(\dfrac{27+33}{2} - 27\right) = 702\,\text{kJ/h}$
5. 문을 통한 부하 $= 5.5 \times (1.8 \times 2 \times 2) \times \left(\dfrac{27+33}{2} - 27\right) = 118.8\,\text{kJ/h}$
6. 인체 발열 부하(현열 부하) $= (18 \times 12 \times 0.25) \times 210 = 11{,}340\,\text{kJ/h}$
7. 간극 현열 부하 $= (0.8 \times 12 \times 18 \times 3) \times 1.2 \times 1.0046 \times (33-27) \fallingdotseq 3749.65\,\text{kJ/h}$
8. 조명 부하 $= (12 \times 18) \times \dfrac{30}{1{,}000} \times 3{,}600 = 23{,}328\,\text{kJ/h}$

03 **다음 그림은 냉수 시스템의 배관 지름을 결정하기 위한 계통이다. 그림을 참조하여 각 물음에 답하시오.**

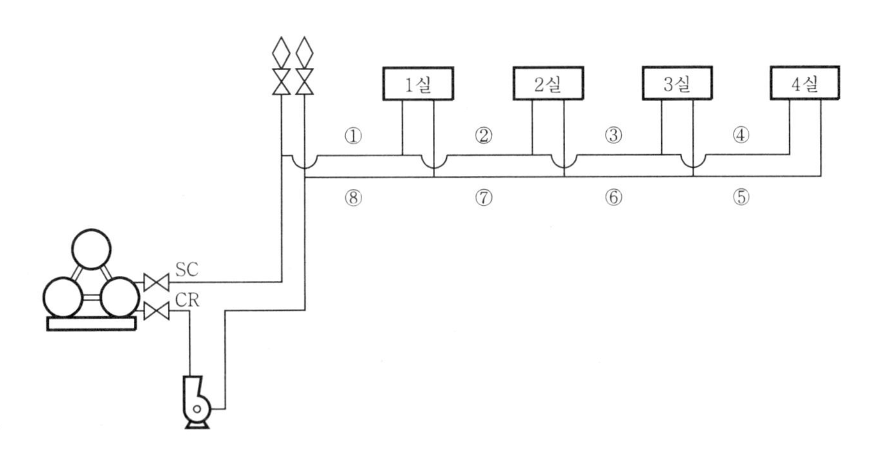

부하 집계표

실 명	현열 부하(kJ/h)	잠열 부하(kJ/h)
1실	12,000	3,000
2실	25,000	5,000
3실	15,000	3,000
4실	30,000	6,000

냉수 배관 ①~⑧에 흐르는 유량을 구하고, 주어진 마찰 저항 도표를 이용하여 관지름을 결정하시오. (단, 냉수의 공급·환수 온도차는 5℃로 하고, 마찰 저항 R은 30mmAq/m이다.) (12점)

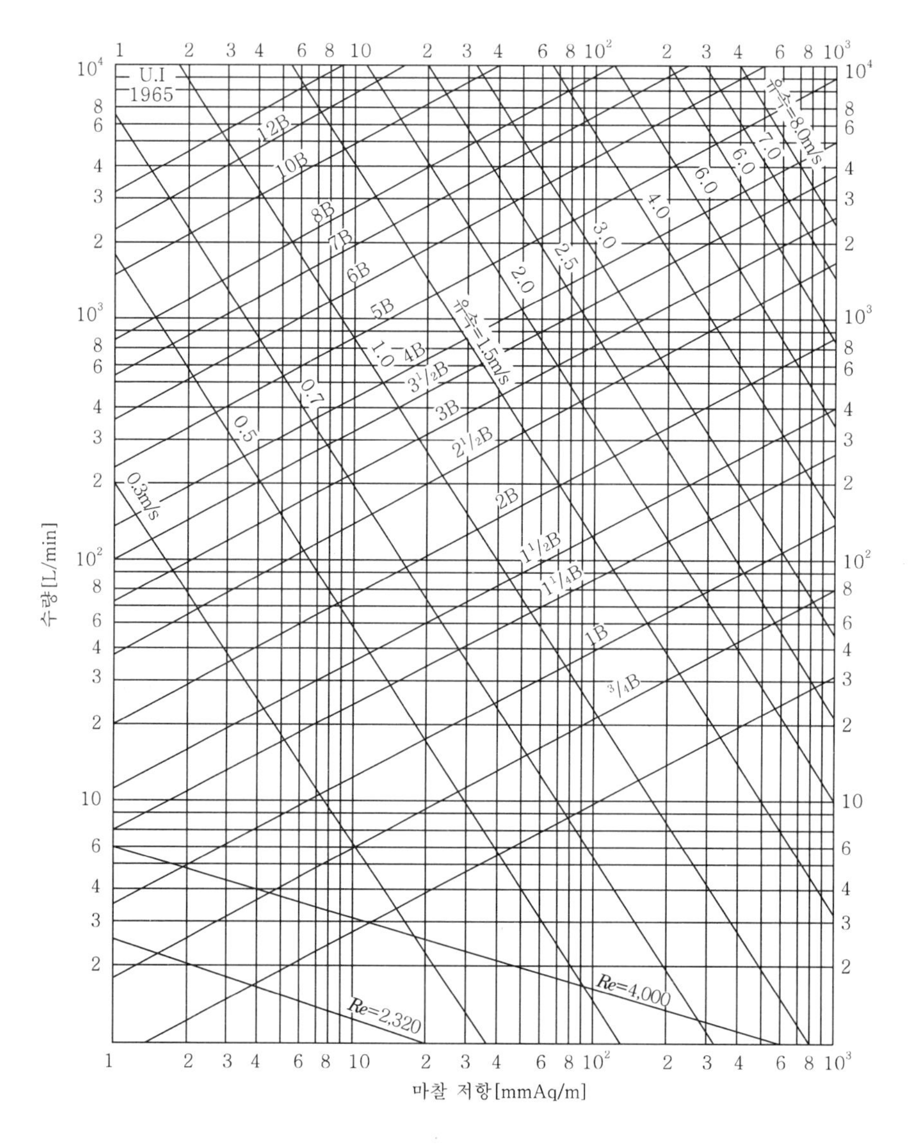

배관 번호	유량(L/min)	관지름(B)
①, ⑧		
②, ⑦		
③, ⑥		
④, ⑤		

배관 번호	유량(L/min)	관지름(B)
①, ⑧	330	3
②, ⑦	280	3
③, ⑥	180	$2\frac{1}{2}$
④, ⑤	120	2

【참고】

① 1실 : $G_w = \dfrac{12{,}000 + 3{,}000}{5 \times 60} = 50\,\text{L/min}$

② 2실 : $G_w = \dfrac{25{,}000 + 5{,}000}{5 \times 60} = 100\,\text{L/min}$

③ 3실 : $G_w = \dfrac{15{,}000 + 3{,}000}{5 \times 60} = 60\,\text{L/min}$

④ 4실 : $G_w = \dfrac{30{,}000 + 6{,}000}{5 \times 60} = 120\,\text{L/min}$

04 장치 노점이 10℃인 냉수 코일이 20℃ 공기를 12℃로 냉각시킬 때 냉수 코일의 바이패스 팩터(Bypass Factor ; BF)를 구하시오. (4점)

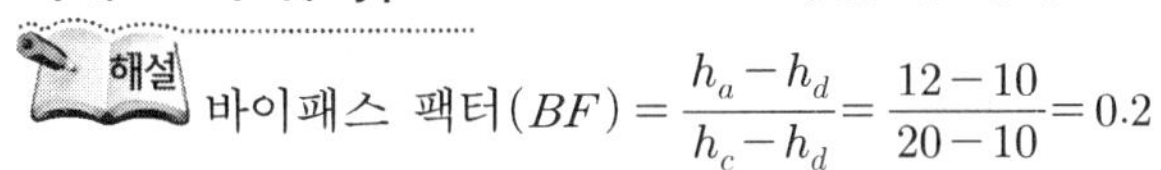

해설 바이패스 팩터$(BF) = \dfrac{h_a - h_d}{h_c - h_d} = \dfrac{12 - 10}{20 - 10} = 0.2$

05 다음과 같은 덕트 설비에 대해서 각 물음에 답하시오. (13점)

[조 건]

1) 각 취출구에서의 풍량은 각각 2,000m³/h
2) 직관 저항 : 0.1mmAq/m
3) 곡관부 저항 : a부, b부, c부, d부의 손실 계수$(\zeta) = 0.3$
   (단, a부와 b부의 속도는 8m/s이며, c부와 d부의 속도는 10m/s로 간주)
4) 공기 흡입구 저항 : 5mmAq, 공기 취출구 저항 : 4mmAq

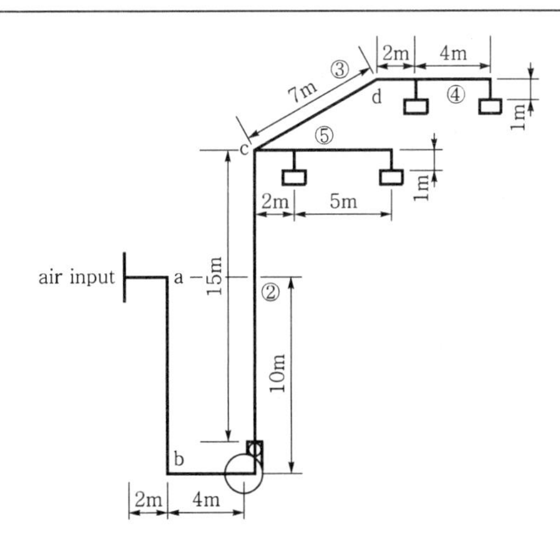

1. 정압법(0.1mmAq/m)에 의한 풍량·풍속·원형 덕트의 크기를 구하시오.

구 간	풍량[m³/h]	저항(0.1mmAq/m)	풍속[m/s]	원형 덕트크기[cm]
②				
③				
④				
⑤				

2. 덕트에서의 전손실[mmAq]을 구하시오.

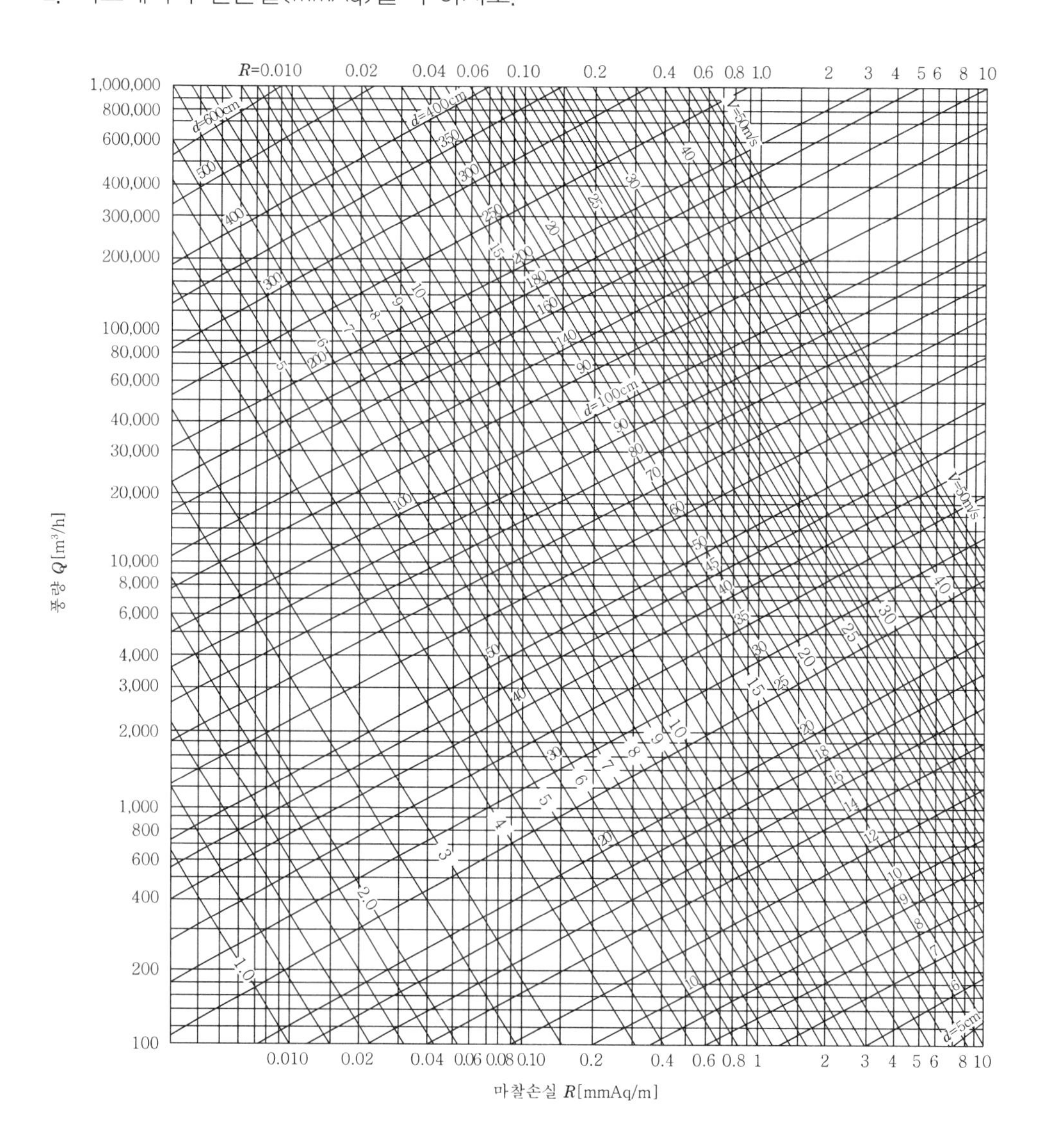

해설 1.

구 간	풍량[m³/h]	저항(0.1mmAq/m)	풍속[m/s]	원형 덕트크기[cm]
②	8,000	–	7.6	63.23
③	4,000	–	6.4	48.75
④	2,000	–	5.4	37.08
⑤	2,000	–	5.4	37.08

2. ① 직통 덕트 저항 $=(2+10+4+15+7+2+4+1)\times 0.1=4.5\text{mmAq}$

② a와 b의 곡부 저항 $=0.3\times\dfrac{8^2}{2\times 9.8}\times 1.2\times 2=2.351\text{mmAq}$

③ c와 d의 곡부 저항 $=0.3\times\dfrac{10^2}{2\times 9.8}\times 1.2\times 2=3.673\text{mmAq}$

④ 덕트 전손실 $=4.5+2.351+3.673+5+4=19.524\fallingdotseq 19.52\text{mmAq}$

06 다음과 같은 조건하에서 냉방용 흡수식 냉동장치에서 증발기가 1RT의 능력을 갖도록 하기 위한 각 물음에 답하시오. (10점)

[조 건]

1) 냉매와 흡수제 : 물+브롬화리튬
2) 발생기 공급열원 : 80℃의 폐기가스
3) 용액의 출구온도 : 74℃
4) 냉각수온도 : 25℃
5) 응축온도 : 30℃(압력 31.8mmHg)
6) 증발온도 : 5℃(압력 6.54mmHg)
7) 흡수기 출구 용액의 온도 : 28℃
8) 흡수기 압력 : 6mmHg
9) 발생기 내 증기의 비엔탈피 $h_3'=3041.4\text{kJ/kg}$
10) 증발기를 나오는 증기의 비엔탈피 $h_1'=2927.6\text{kJ/kg}$
11) 응축기를 나오는 응축수의 비엔탈피 $h_3=545.2\text{kJ/kg}$
12) 증발기로 들어가는 포화수의 비엔탈피 $h_1=438.4\text{kJ/kg}$
13) 1RT = 3.9kW

상태점	온도 [℃]	압력 [mmHg]	농도 w_t [%]	비엔탈피 [kJ/kg]
4	74	31.8	60.4	316.5
8	46	6.54	60.4	273
6	44.2	6.0	60.4	270.5
2	28.0	6.0	51.2	238.7
5	56.5	31.8	51.2	291.4

2008

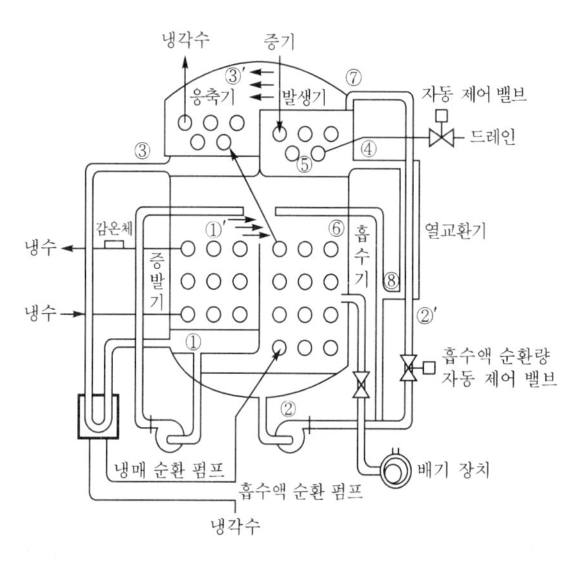

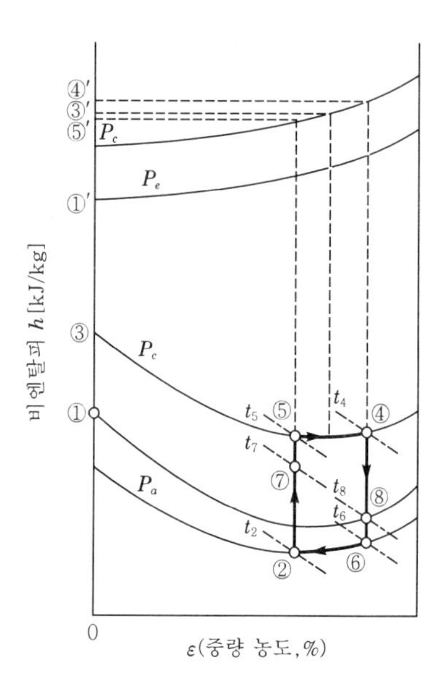

1. 다음과 같이 나타내는 과정은 어떠한 과정인지 설명하기
   ① 4－8과정
   ② 6－2과정
   ③ 2－7과정
2. 응축기와 흡수기의 열량
3. 1냉동톤당의 냉매순환량

해설 1. ① 4－8과정 : 열교환기에서 방열작용으로 발생기(재생기)에서 농축된 진한 용액이 열교환기를 거치는 동안 묽은 용액의 열을 방출하여 온도가 낮아지는 과정이다.

② 6－2과정 : 증발기에서 증발된 냉매증기는 흡수기의 브롬화리튬(LiBr)수용액에 흡수되어 증발압력과 온도는 일정하게 유지되고, 냉매증기 흡수 시에 발생되는 흡수열은 흡수기 내 전열관을 통하는 냉각수에 의해 제거되며, 흡수기의 묽은 용액은 용액펌프에 의해 고온재생기로 보내진다.

③ 2－7과정 : 열교환기에서 흡열작용으로 냉매를 흡수하여 농도가 묽은 용액이 순환펌프에 의해 발생기(재생기)로 공급되는 도중에 열교환기에서 진한 용액으로부터 흡열하여 온도가 상승하는 과정이다.

2. ① 응축기 열량$(Q_c) = h_3{}' - h_3 = 3041.4 - 545.2 = 2496.2\text{kJ/kg}$

② 흡수기 열량

㉠ 용액순환비$(f) = \dfrac{\varepsilon_2}{\varepsilon_2 - \varepsilon_1} = \dfrac{60.4}{60.4 - 51.2} \fallingdotseq 6.57\text{kg/kg}$

㉡ 흡수기 열량$(Q_a) = (f-1)h_8 + h_1{}' - fh_2$

$$= \{(6.57-1)\times 273\} + 2927.6 - (6.57\times 238.7)$$

$$\fallingdotseq 2879.95\text{kJ/kg}$$

3. ① 냉동효과(q_e)$=h_1'-h_3=2927.6-545.2=2382.4$kJ/kg

② 냉매순환량(m)$=\dfrac{Q_e}{q_e}=\dfrac{1\times 13897.52}{2382.4}\fallingdotseq 5.83$kg/h

07 **R-22를 사용하는 2단 압축 1단 팽창 냉동장치가 있다. 압축기는 저단, 고단 모두 건조 포화 증기를 흡입하여 압축하는 것으로 하고, 운전 상태에 있어서의 장치 주요 냉매값은 다음과 같다.** (10점)

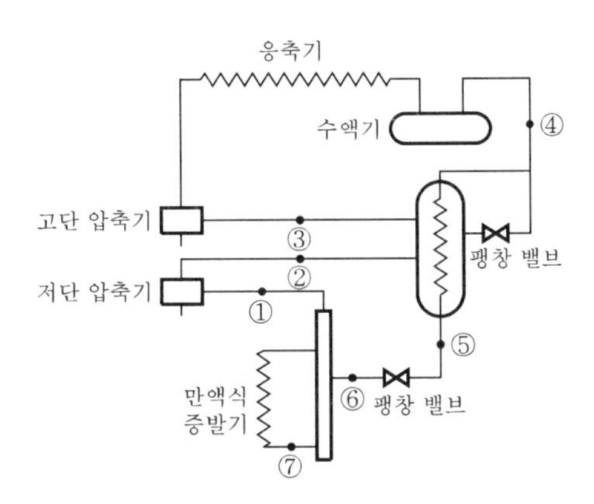

[조 건]

1) 증발 압력에서의 포화액의 비엔탈피 : 379kJ/kg
2) 증발 압력에서의 건조 포화 증기의 비엔탈피 : 609kJ/kg
3) 중간 냉각기 입구의 냉매액의 비엔탈피 : 451kJ/kg
4) 중간 냉각기 출구의 냉매액의 비엔탈피 : 424kJ/kg
5) 중간 압력에서의 건조 포화 증기의 비엔탈피 : 626kJ/kg
6) 저단 압축기에서의 단열 압축 열량 : 33kJ/kg
7) 저단 압축기의 흡입 증기 비체적 : 0.17m^3/kg
8) 고단 압축기의 흡입 증기 비체적 : 0.05m^3/kg

1. 위 장치도의 냉동 사이클을 $P-h$ 선도에 작성하고, 각 점을 나타내시오.

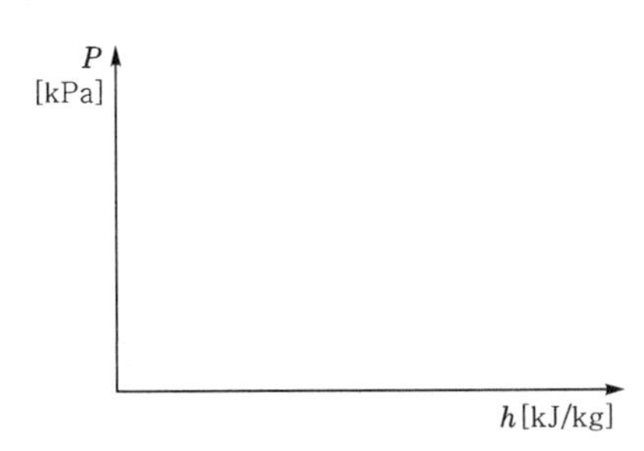

2. 냉동 능력이 10냉동톤일 때 고단 압축기의 피스톤 압출량(m^3/h)을 구하시오. (단, 압축기의 효율은 다음과 같다.)

압축기	체적 효율	압축 효율	비체적〔m^3/kg〕
저단 압축기	0.75	0.72	0.17
고단 압축기	0.75	0.72	0.05

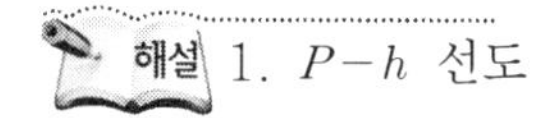 해설 1. $P-h$ 선도

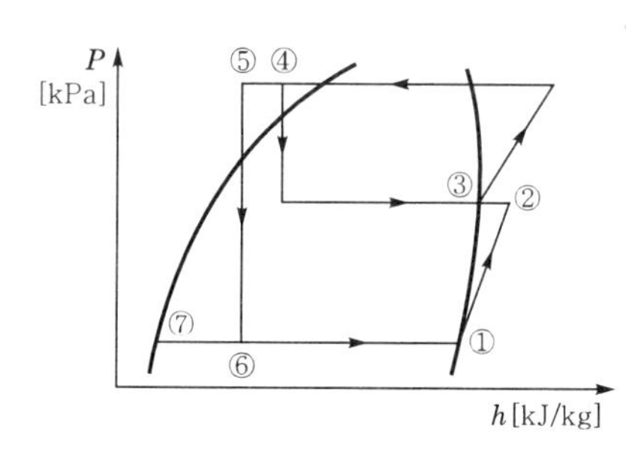

2. 고단 압축기 피스톤 압출량〔m^3/h〕

① 저단 냉매 순환량$(m_L) = \dfrac{Q_e}{q_e} = \dfrac{10\text{RT}}{h_1 - h_6} = \dfrac{10 \times 13897.52}{609 - 424} \fallingdotseq 751.22\,\text{kg/h}$

② 고단 압축기 피스톤 압출량

㉠ 저단 압축기 실제 토출 냉매의 비엔탈피

$h_2{'} = 609 + \dfrac{33}{0.72} \fallingdotseq 654.83\,\text{kJ/kg}$

㉡ 고단 냉매 순환량$(m_H) = 751.22 \times \dfrac{654.83 - 424}{626 - 451} \fallingdotseq 990.88\,\text{kg/h}$

㉢ 피스톤 압출량$(V) = \dfrac{m_H V_3}{\eta_v} = \dfrac{990.88 \times 0.05}{0.75} = 66.06\,\text{m}^3/\text{h}$

08 20m(가로)×50m(세로)×4m(높이)의 냉동 공장에서 주어진 설계 조건으로 300t/day의 얼음(−15℃)을 생산하는 경우 다음 각 물음에 답하시오. (16점)

[조 건]

1) 원수 온도 : 20℃
2) 실내 온도 : −20℃
3) 실외 온도 : 30℃
4) 환기 : 0.3회/h
5) 형광등 : 15W/m^2
6) 실내 작업 인원 : 15명(발열량 : 320W/인)
7) 실외측 열전달 계수 : 20W/m^2·K
8) 실내측 열전달 계수 : 8W/m^2·K
9) 잠열 부하 및 바닥면으로부터의 열손실은 무시한다.

10) 건물 구조

구 조	종 류	두께 (m)	열전도율 (W/m·K)	구 조	종 류	두께 (m)	열전도율 (W/m·K)
벽	모르타르 블록 단열재 합판	0.01 0.2 0.025 0.006	1.3 0.93 0.06 0.1	천장	모르타르 방수층 콘크리트 단열재	0.01 0.012 0.12 0.025	1.3 0.24 1.3 0.06

1. 벽 및 천장의 열통과율(W/m^2·K)을 구하시오.
   ① 벽　　② 천장
2. 제빙 부하(kJ/h)를 구하시오.
3. 벽체 부하(kJ/h)를 구하시오.
4. 천장 부하(kJ/h)를 구하시오.
5. 환기 부하(kJ/h)를 구하시오.
6. 조명 부하(kJ/h)를 구하시오.
7. 인체 부하(kJ/h)를 구하시오.

해설

1. ① 벽의 열통과율$(K) = \frac{1}{R} = \frac{1}{\alpha_o} + \sum_{i=1}^{n} \frac{l_i}{\lambda_i} + \frac{1}{\alpha_i}$

$$= \frac{1}{\frac{1}{20} + \frac{0.01}{1.3} + \frac{0.2}{0.93} + \frac{0.025}{0.06} + \frac{0.006}{0.1} + \frac{1}{8}}$$

$= 1.14\text{W/m}^2\cdot\text{K}$

② 천장의 열통과율$(K) = \frac{1}{R} = \frac{1}{\frac{1}{20} + \frac{0.01}{1.3} + \frac{0.012}{0.24} + \frac{0.12}{1.3} + \frac{0.025}{0.06} + \frac{1}{8}}$

$= 1.35\text{W/m}^2\cdot\text{K}$

2. 제빙 부하$= \frac{300,000}{24} \times \{(20\times1) + 79.68 + (15\times0.5)\} = 1,339,750\text{W}$
3. 벽체 부하$= 1.14 \times \{(20\times4\times2) + (50\times4\times2)\} \times \{30-(-20)\} = 31,920\text{W}$
4. 천장 부하$= 1.35 \times (20\times50) \times \{30-(-20)\} = 67,500\text{W}$
5. 환기 부하$= \{(0.3\times20\times50\times4)\times1.2\} \times 0.24 \times \{30-(-20)\} = 17,280\text{W}$
6. 조명 부하$= (20\times50\times15) \times \frac{1}{1,000} \times 1,000 = 15,000\text{W}$
7. 인체 부하$= 15\times320 = 4,800\text{W}$

【참고】 냉동 능력$= 1,339,750 + 31,920 + 67,500 + 17,280 + 15,000 + 4,800$
$= 1,476,250\text{W}$

2008. 9. 28. 시행

01 **피스톤 압출량 50m^3/h의 압축기를 사용하는 R-22 냉동 장치에서 다음과 같은 값으로 운전될 때 각 물음에 답하시오.** (8점)

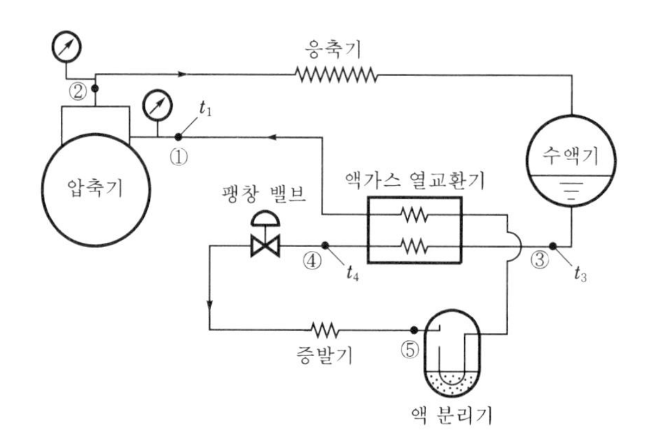

[조 건]

1) $v_1=0.143\text{m}^3/\text{kg}$ 2) $t_3=25℃$
3) $t_4=15℃$ 4) $h_1=147.5\text{kJ/kg}$
5) $h_4=105.8\text{kJ/kg}$
6) 압축기의 체적 효율 : $\eta_v=0.68$
7) 증발 압력에 대한 포화액의 비엔탈피 : $h'=91.9\text{kJ/kg}$
8) 증발 압력에 대한 포화 증기의 비엔탈피 : $h''=146.0\text{kJ/kg}$
9) 응축액의 온도에 의한 내부 에너지 변화량 : 0.3kJ/kg·℃

1. 증발기의 냉동 능력[kJ/h]을 구하시오.
2. 증발기 출구의 냉매 증기 건조도(x)값을 구하시오.

해설 1. ① 수액기 출구$(h_3)=105.8+\{0.3\times(25-15)\}=108.8\text{kJ/kg}$

② 증발기 출구 비엔탈피$(h_5)=h_1-(h_3-h_4)$
$=147.5-(108.8-105.8)=144.5\text{kJ/kg}$

③ 냉동 능력$(Q_e)=\dfrac{50}{0.143}\times0.68\times(144.5-105.8)\fallingdotseq9201.40\text{W}$

2. 건조도$(x)=\dfrac{144.5-91.9}{146-91.9}=0.972\fallingdotseq0.97$

【참고】 $P-h$ 선도

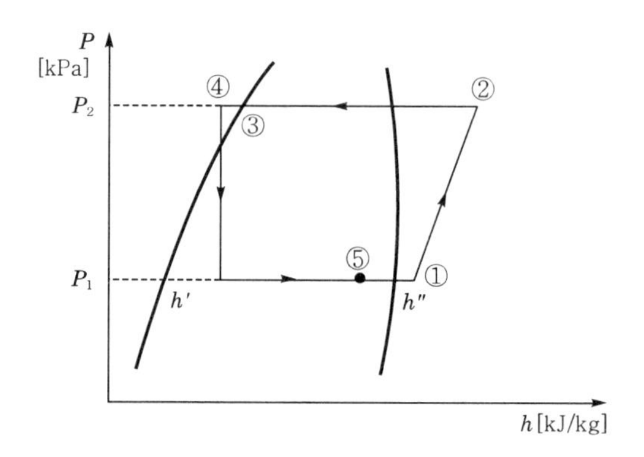

02 **다음과 같은 조건의 어느 실을 난방할 경우 각 물음에 답하시오.** (단, 공기의 밀도=1.2kg/m^3, 공기의 정압 비열=1.0046kJ/kg·K) (9점)

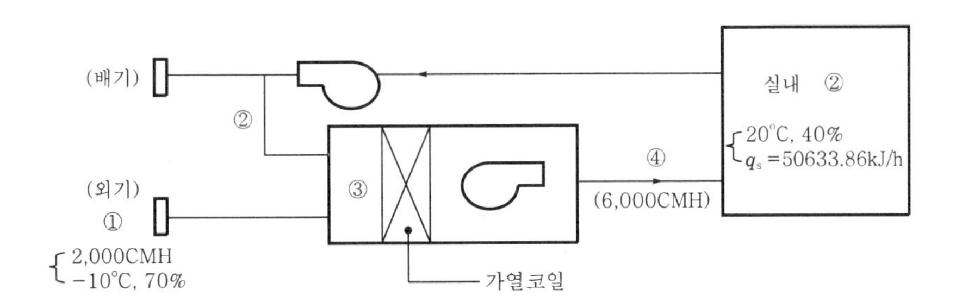

1. 혼합 공기(점 ③)의 온도를 구하시오.
2. 취출 공기(점 ④)의 온도를 구하시오.
3. 가열 코일의 용량(kJ/h)을 구하시오.

해설

1. $t_3 = \dfrac{Q_1 t_1 + Q_2 t_2}{Q} = \dfrac{Q_1 t_1 + (Q - Q_1) t_2}{Q}$

$= \dfrac{2{,}000 \times (-10) + (6{,}000 - 2{,}000) \times 20}{6{,}000} = 10℃$

2. $q_s = \rho Q C_p (t_2 - t_4)$에서

$t_4 = t_2 + \dfrac{q_s}{\rho Q C_p} = 20 + \dfrac{50633.4}{1.2 \times 6{,}000 \times 1.0046} = 27℃$

3. 가열 코일 용량$(q_H) = \rho Q C_p (t_4 - t_3)$

$= 1.2 \times 6{,}000 \times 1.0046 \times (27 - 10) = 122963.04\,\text{kJ/h}$

03 **다음과 같은 조건에 의해 온수 코일을 설계할 때 각 물음에 답하시오.** (18점)

[조 건]

1) 외기 온도 : $t_o = -10℃$	2) 실내 온도 : $t_r = 21℃$
3) 송풍량 : $Q = 10{,}800\text{m}^3/\text{h}$	4) 난방 부하 : $q = 364{,}182\text{kJ/h}$
5) 코일 입구 수온 : $t_{w_1} = 60℃$	6) 수량 : $L = 145\text{L/min}$
7) 송풍량에 대한 외기량의 비율 : 20%	8) 공기와 물은 향류
9) 공기의 정압 비열 : $C_p = 1.0046\text{kJ/kg·K}$	10) 공기의 밀도 : $\rho = 1.2\text{kg/m}^3$

1. 코일 입구의 공기 온도 t_3(℃)를 구하시오.
2. 코일 출구의 공기 온도 t_4(℃)를 구하시오.
3. 코일의 전면 면적 A_a(m^2)를 구하시오. (단, 통과 풍속 v_a=2.5m/s)
4. 코일의 단수(n)를 구하시오. (단, 코일 유효 길이 b=1,600mm, 피치 P=38mm)
5. 코일 1개당 수량(L/min)을 구하시오.

6. 코일 출구의 수온 t_{w_2}[℃]를 구하시오.
7. 전열 계수 K[W/m^2·K]를 구하시오.
8. 대수 평균 온도차 $LMTD$[℃]를 구하시오.
9. 코일 열수 N을 구하시오.

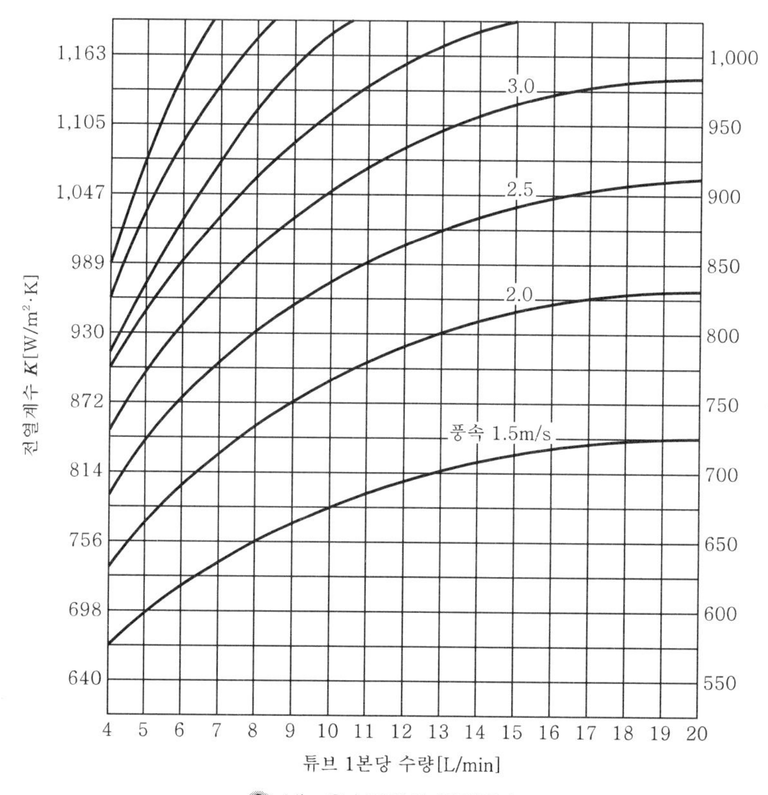

냉·온수코일의 전열계수

해설

1. 코일 입구의 공기 온도$(t_3) = \frac{m_1}{m}t_1 + \frac{m_2}{m}t_2 = 0.2 \times (-10) + 0.8 \times 21 = 14.8$℃
2. 코일 출구의 공기 온도$(t_4) = 21 + \frac{364,182}{10,800 \times 1.2 \times 1.0046} ≒ 48.97$℃
3. 코일의 전면 면적$(A_a) = \frac{Q}{V_a} = \frac{10,800}{2.5 \times 3,600} = 1.2\,\text{m}^2$
4. 코일 단수$(n) = \frac{1.2}{1.6 \times 0.038} ≒ 20$단
5. 코일 1개의 수량$= \frac{145}{20} = 7.25\,\text{L/min}$
6. 코일 출구의 수온
   ① 외기 손실 부하$= (10,800 \times 0.2 \times 1.2) \times 1.0046 \times \{21 - (-10)\} = 80721.62\,\text{kJ/h}$
   ② 난방 코일 부하$= 364,182 + 80721.62 = 444903.62\,\text{kJ/h}$
   ③ 코일 출구 수온$(t_{w_2}) = 60 - \frac{444903.62}{145 \times 4.186 \times 60} ≒ 47.78$℃

7. 전열 계수
   코일 한 개의 수량 7.25L/min, 풍속 2.5m/s일 때 제시된 그림에서 913W/m² · K 이다.
8. 대수 평균 온도차($LMTD$)
   $\Delta t_1 = 47.78 - 14.8 = 32.98$℃
   $\Delta t_2 = 60 - 48.97 = 11.03$℃
   $$\therefore\ LMTD = \frac{\Delta t_1 - \Delta t_2}{\ln\left(\frac{\Delta t_1}{\Delta t_2}\right)} = \frac{32.98 - 11.03}{\ln\left(\frac{32.98}{11.03}\right)} \fallingdotseq 20.04℃$$
9. 코일 열수(N) $= \frac{q_c}{KA_a(LMTD)} = \frac{444903.62}{913 \times 1.2 \times 20.04} \fallingdotseq 20.26$열

04 **전열 면적 A=60m²의 수냉 응축기가 응축 온도 t_c=32℃, 냉각 수량 W=500L/min, 입구 수온 t_{w_1}=23℃, 출구 수온 t_{w_2}=31℃로서 운전되고 있다. 이 응축기를 장기 운전하였을 때 냉각관의 오염이 원인으로 냉각 수량을 640L/min으로 증가하지 않으면 원래의 응축 온도를 유지할 수 없게 되었다. 이 상태에 대한 수냉 응축기의 냉각관의 열통과율은 약 몇 〔W/m²·K〕인가?** (단, 냉매와 냉각수 사이의 온도차는 산술 평균 온도차를 사용하고 열통과율과 냉각 수량 외의 응축기의 열적 상태는 변하지 않는 것으로 한다.) (7점)

해설 ① 응축 열량(Q_c) $= WC(t_{w_2} - t_{w_1})$
$= 500 \times 4.186 \times (31 - 23)$
$= 16{,}744\,\text{kJ/min}$
$= 1{,}004{,}640\,\text{kJ/h}$

② 오염된 후 냉각수 출구 수온(Q_c) $= W'C(t_{w_2}' - t_{w_1})$에서
$$t_{w_2}' = t_{w_1} + \frac{Q_c}{W'C} = 23 + \frac{16{,}744}{640 \times 4.186} = 29.25℃$$

③ 열통과율(Q_c) $= KA\left(t_c - \frac{t_{w_1} + t_{w_2}'}{2}\right)$에서
$$K = \frac{Q_c}{A\left(t_c - \frac{t_{w_1} + t_{w_2}'}{2}\right)} = \frac{1{,}004{,}640}{60 \times \left(32 - \frac{23 + 29.25}{2}\right)}$$
$= 2850.04\,\text{kJ/m}^2\cdot\text{h}\cdot℃$
$\fallingdotseq 791.68\,\text{W/m}^2\cdot\text{K}$

2008

05 **어느 건물의 난방 부하에 의한 방열기의 용량이 1,255,800kJ/h일 때 주철제 보일러 설비에서 보일러의 정격 출력〔kJ/h〕, 오일 버너의 용량〔L/h〕과 연소에 필요한 공기량〔m³/h〕을 구하시오.** (단, 배관 손실 및 불때기 시작 때의 부하 계수 1.2, 보일러 효율 0.7, 중유의 저위발열량 41,023kJ/kg, 밀도 0.92kg/L, 연료의 이론 공기량 12.0m³/kg, 공기 과잉률 1.3, 보일러실의 온도 13℃, 기압 760mmHg이다.) (9점)

해설 ① 보일러의 정격 출력(Q_B) = 부하 계수(k) × 방열기 용량(Q_R)

$$= 1.2 \times 1{,}255{,}800 = 1{,}506{,}960\,\text{kJ/h}$$

② 오일 버너의 용량$(Q_o) = \dfrac{Q_B}{\rho H_L \eta_B} = \dfrac{1{,}506{,}960}{0.92 \times 41{,}023 \times 0.7} \fallingdotseq 57.04\,\text{L/h}$

③ 연소 공기량$(Q) = \rho Q_o q K\left(\dfrac{273+t_e}{273}\right) = 0.92 \times 57.04 \times 12 \times 1.3 \times \dfrac{273+13}{273}$

$$\fallingdotseq 857.62\,\text{m}^3/\text{h}$$

여기서, K : 공기과잉률

06 **다음은 액회수 장치도를 나타낸 것이다. 미완성 계통도를 완성시키시오.** (7점)

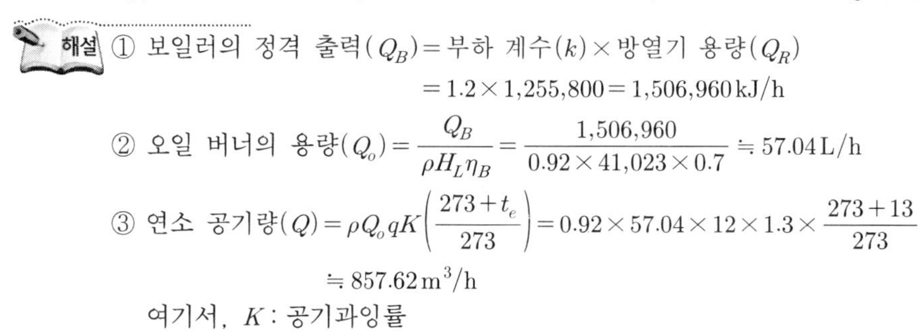

해설

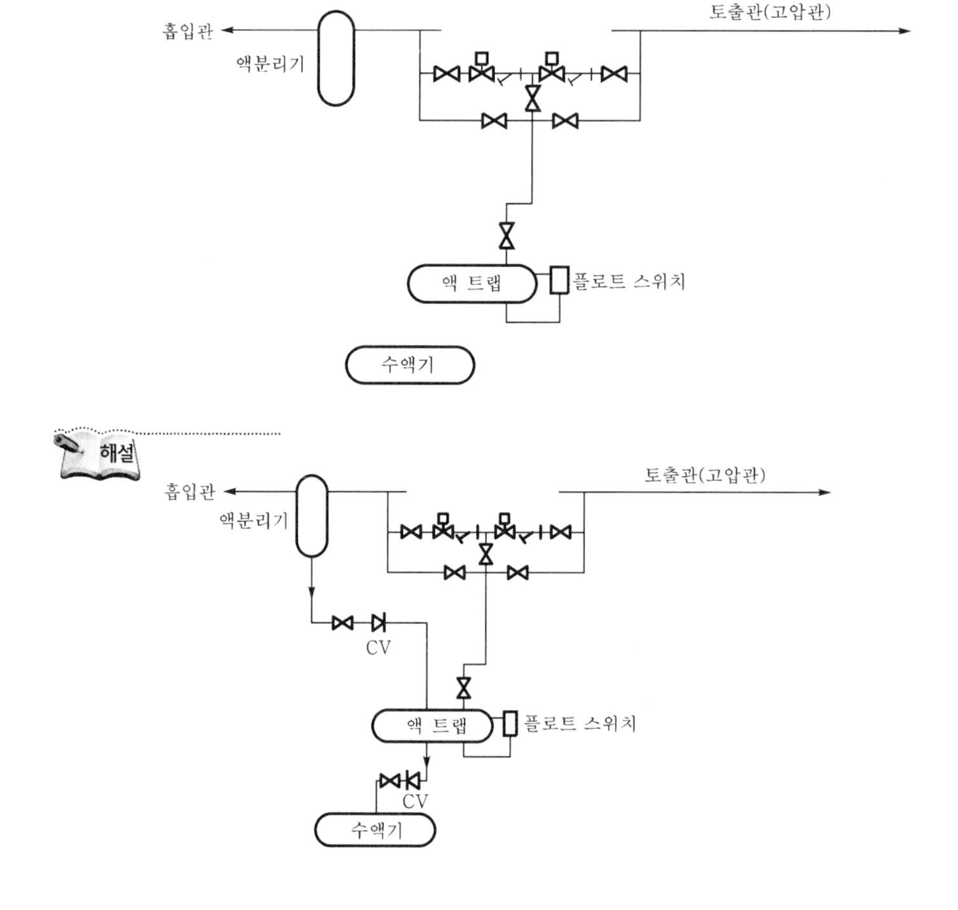

07 **다음과 같은 덕트 장치에 있어서 덕트 규격, 덕트 전저항(mmAq), 송풍기 소요 동력(kW)을 구하시오.** (16점)

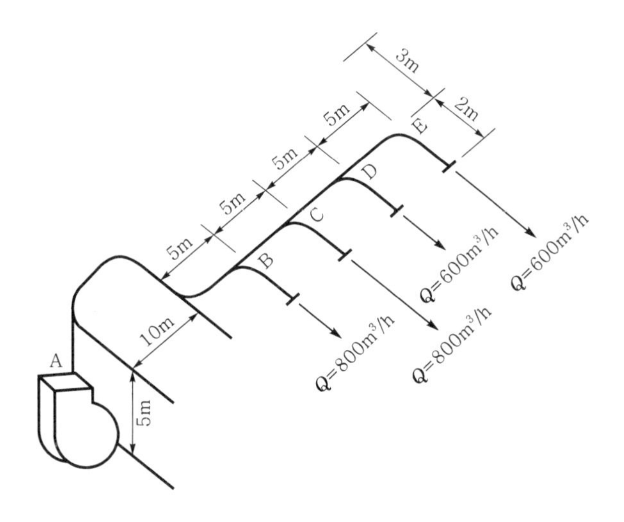

[조 건]

1) 정압법으로 설계한다(R=0.1mmAq/m).
2) 취출구는 각각 2mmAq의 마찰 손실이 있다.
3) 곡관부 1개소는 원형 덕트지름의 20배의 상당 길이로 하고, 분기부의 저항은 무시하며, 덕트 전저항의 계산 시 10%의 여유율을 고려한다.
4) 장방형 덕트의 단변=20cm
5) 송풍기의 전압 효율(η_t)=60%
6) 덕트 환산표

풍량(m^3/h)	원형 덕트지름(mm)	각형 덕트크기(mm)
2,800	410	800×200
2,200	370	600×200
2,000	320	650×150, 450×200
1,200	300	550×150, 400×200
750	240	350×150, 250×200
600	230	350×150, 250×200

2008

1. 덕트 규격을 구하시오.

구간＼구분	풍량(m³/h)	원형 덕트지름(m)	장방형 덕트크기(cm)
A−B			
B−C			
C−D			
D−E			

2. 덕트 전저항(mmAq)을 구하시오. (단, 여유율=10%)
3. 송풍기 소요 동력(kW)을 구하시오.

해설 1.

구간＼구분	풍량(m³/h)	원형 덕트지름(m)	장방형 덕트크기(cm)
A−B	2,800	0.41	80×20
B−C	2,000	0.32	45×20
C−D	1,200	0.30	40×20
D−E	600	0.23	25×20

2. ① 직통 덕트의 손실 저항$=\{(5\times5)+10+3+2\}\times0.1=4\text{mmAq}$
② A−B곡부 덕트의 손실 저항$=(20\times0.41\times3)\times0.1=2.46\text{mmAq}$
③ D−E곡부 덕트의 손실 저항$=(20\times0.23)\times0.1=0.46\text{mmAq}$
④ 덕트 전손실 저항$=(4+2.46+0.46+2)\times1.1\fallingdotseq9.81\text{mmAq}$

3. $P_t=\gamma_w h=9.8\times9.81\times10^{-3}=0.096\text{kPa}$

$$\therefore\ L_{kW}=\frac{P_tQ}{\eta_t\times3{,}600}=\frac{0.096\times2{,}800}{0.6\times3{,}600}=0.124\text{kW}$$

08 다음 그림에 표시한 200RT 냉동기를 위한 냉각수 순환 계통의 냉각수 순환 펌프의 축동력(kW)을 구하시오. (8점)

[조 건]

1) $H=50\text{m}$
2) $h=48\text{m}$
3) 배관 총길이 $l=200\text{m}$
4) 부속류 상당길이 $l'=100\text{m}$
5) 펌프 효율(η_p)=65%
6) 1RT당 응축 열량=16325.4kJ/h
7) 노즐 압력(P)=29.4kPa
8) 단위 저항(r)=30mmAq/m
9) 냉동기 저항(R_c)=6mAq
10) 여유율(안전율)=10%
11) 냉각수 온도차=5℃

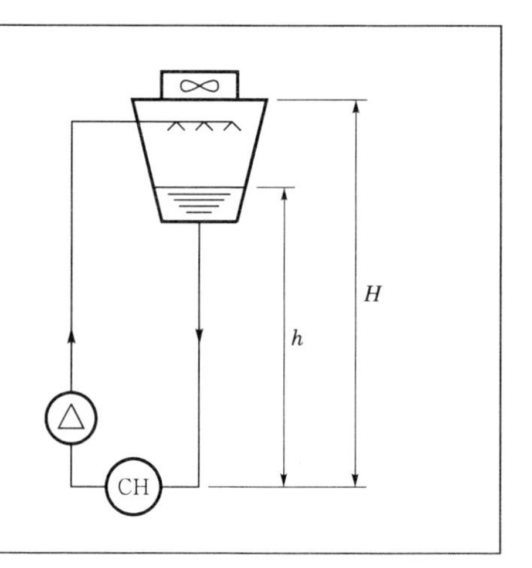

해설 ① 전양정$(H_t)=\left\{(H-h)+(l+l')\frac{r}{1,000}+\frac{P}{9.8}+R_c\right\}\times$여유율

$$=\left\{(50-48)+(200+100)\times\frac{30}{1,000}+\frac{29.4}{9.8}+6\right\}\times 1.1=22\,\text{mAq}$$

② $Q_c=WC\Delta t$에서

$$W=\frac{Q_c}{C\Delta t}=\frac{200\times 16325.4}{4.186\times 5\times 1,000}=156\,\text{m}^3/\text{h}$$

③ 축동력$(L_s)=\frac{9.8\,WH_t}{\eta_p}=\frac{9.8\times\frac{156}{3,600}\times 22}{0.65}=14.38\,\text{kW}$

09 주어진 조건을 이용하여 하계 오후 2시의 사무실 부하를 구하시오. (18점)

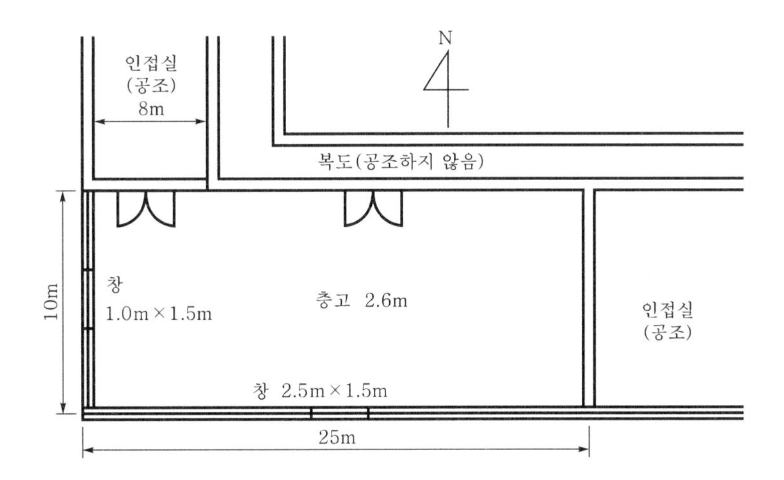

[조 건]

1) 장소 : 사무소 빌딩 최상층
2) 외기 설계 온도 : 31℃ DB
3) 실내 온도 : 26℃ DB, 50% RH
4) 재실 인원당 점유 면적 : 5m^2/인
5) 조명(형광등) : 25W/m^2
6) 아래층은 동일한 공조 상태
7) 열관류율 및 구조체 형식
   ① 천장 : $1.43\text{W/m}^2\cdot\text{K}$(Ⅵ타입)
   ② 외벽 : $3.43\text{W/m}^2\cdot\text{K}$(Ⅴ타입)
   ③ 내벽 : $3.14\text{W/m}^2\cdot\text{K}$(Ⅱ타입)
8) 유리창 : 보통 단층(1중), 블라인드는 밝은색

상당 온도차(ETD)

구조체의 종류	방 위	시각(태양시)												
		오 전							오 후					
		6	7	8	9	10	11	12	1	2	3	4	5	6
Ⅱ	수평	1.1	4.6	10.7	17.6	24.1	29.3	32.8	34.4	34.2	32.1	28.4	23.0	16.6
	N·그늘	1.3	3.4	4.3	4.8	5.9	7.9	7.9	8.4	8.7	8.8	8.7	8.8	9.1
	NE	3.2	9.9	14.6	16.0	15.0	12.3	9.8	9.1	9.0	8.9	8.7	8.0	6.9
	E	3.4	11.2	17.6	20.8	21.1	18.8	14.6	10.9	9.6	9.1	8.8	8.0	6.9
	SE	1.9	6.6	11.8	15.8	18.1	18.4	16.7	13.6	10.7	9.5	8.9	8.1	7.0
	S	0.3	1.0	2.3	4.7	8.1	11.4	13.7	14.8	14.8	13.6	11.4	9.0	7.3
	SW	0.3	1.0	2.3	4.0	5.7	7.0	9.2	13.0	16.8	19.7	21.0	20.2	17.1
	W	0.3	1.0	2.3	4.0	5.7	7.0	7.9	10.0	14.7	19.6	23.5	25.1	23.1
	NW	0.3	1.0	2.3	4.0	5.7	7.0	7.9	8.4	9.9	13.4	17.3	20.0	19.7
Ⅴ	수평	3.7	3.6	4.3	6.1	8.7	11.9	15.2	18.4	21.2	23.3	24.6	24.8	23.9
	N·그늘	2.0	2.1	2.4	2.8	3.2	3.8	4.5	5.1	5.7	6.3	6.7	7.1	7.4
	NE	2.2	3.1	4.7	6.5	8.1	9.0	9.4	9.4	9.4	9.3	9.2	9.1	8.8
	E	2.3	3.3	5.3	7.7	10.1	11.7	12.6	12.6	12.2	11.8	11.3	10.8	10.2
	SE	2.2	2.6	3.8	5.5	7.5	9.4	10.8	11.6	11.6	11.4	11.1	10.6	10.1
	S	2.1	1.8	1.8	2.1	2.9	4.1	5.6	7.1	8.4	9.5	10.0	10.0	9.7
	SW	2.8	2.4	2.3	2.5	2.9	3.5	4.3	5.5	7.2	9.1	11.1	12.8	13.8
	W	3.2	2.7	2.5	2.7	3.0	3.6	4.3	5.1	6.4	8.3	10.7	13.1	15.0
	NW	2.8	2.4	2.3	2.4	2.9	3.5	4.1	4.8	5.6	6.7	8.2	10.1	11.8
Ⅵ	수평	6.7	6.1	6.1	6.7	8.0	9.9	12.0	14.3	16.6	18.5	20.0	20.9	21.1
	N·그늘	3.0	2.9	2.9	3.0	3.2	3.6	4.0	4.4	4.9	5.3	5.7	6.1	6.4
	NE	3.3	3.6	4.3	5.4	6.4	7.3	7.8	8.1	8.3	8.4	8.5	8.5	8.5
	E	3.7	3.9	4.9	6.2	7.7	9.1	10.0	10.5	10.7	10.7	10.6	10.4	10.1
	SE	3.5	3.5	4.0	4.9	6.1	7.3	8.5	9.3	9.8	10.0	10.0	9.9	9.7
	S	3.3	4.0	2.8	2.8	3.1	3.7	4.6	5.6	6.6	7.4	8.1	8.4	8.6
	SW	4.5	4.0	3.7	3.5	3.6	3.8	4.2	4.9	5.9	7.2	8.6	9.9	11.0
	W	5.1	4.5	4.1	3.9	3.9	4.1	4.4	4.8	5.6	6.7	8.3	10.0	11.5
	NW	4.3	3.9	3.6	3.4	3.5	3.7	4.1	4.5	5.0	5.6	6.7	7.9	9.2
Ⅶ	수평	10.0	9.4	9.0	9.0	9.4	10.1	11.1	12.2	13.5	14.8	15.9	16.8	17.3
	N·그늘	4.0	3.8	3.7	3.7	3.7	3.8	4.0	4.2	4.4	4.7	4.9	5.2	5.5
	NE	4.7	4.7	4.0	5.3	5.8	6.3	6.6	4.9	7.2	7.3	7.5	7.6	7.7
	E	5.4	5.3	5.6	6.1	6.8	7.6	8.2	8.9	8.9	9.1	9.3	9.3	9.3
	SE	5.2	5.0	5.0	5.3	5.8	6.4	7.1	7.6	8.0	8.3	8.5	8.7	8.7
	S	4.6	4.3	4.1	3.9	3.9	4.1	4.5	4.9	5.6	6.0	6.5	6.8	7.1
	SW	6.1	5.7	5.4	5.1	5.0	4.9	5.0	5.2	5.7	6.3	7.0	7.8	8.5
	W	6.8	6.3	6.0	5.7	5.5	5.4	5.4	5.5	5.8	6.3	7.1	8.0	8.9
	NW	5.7	5.3	5.0	4.8	4.7	4.7	4.7	4.9	5.1	5.4	5.9	6.5	7.3

유리창에서의 표준 일사 열취득〔kcal/m²·h〕

계절	방 위	시 각(태양시)															합 계
		오 전								오 후							
		5	6	7	8	9	10	11	12	1	2	3	4	5	6	7	
여름철 (7월23일)	수평	1	58	209	379	518	629	702	[726]	702	629	518	379	209	58	1	571
	N·그늘	[44]	73	46	28	34	39	42	43	42	39	34	28	46	73	0	56
	NE	0	293	[384]	349	288	101	42	43	42	39	34	28	21	12	0	1,626
	E	0	322	476	[493]	435	312	137	43	42	39	34	28	21	12	0	2,394
	SE	0	150	278	343	[354]	312	219	103	42	39	34	28	21	12	0	1,935
	S	0	12	21	28	53	101	141	[156]	141	101	53	28	21	12	0	868
	SW	0	12	21	28	34	39	42	103	219	312	[354]	343	278	150	0	1,935
	W	0	12	21	28	34	39	42	43	137	312	435	[493]	476	322	0	2,394
	NW	0	12	21	28	34	39	42	43	42	101	238	349	[384]	293	0	1,626

※ 1) 위 표의 값에 1.163을 곱하면 〔W/m²〕이다.

2) □의 값은 그 방위에서 1일의 최고값이며, 축열 계수법의 계산 시에 사용한다.

차폐 계수

유 리	블라인드	차폐 계수
보통 단층	없음 밝은색 중간색	1.0 0.65 0.75
흡열 단층	없음 밝은색 중간색	0.8 0.55 0.65
보통 이층(중간 블라인드)	밝은색	0.4
보통 복층	없음 밝은색 중간색	0.9 0.6 0.7
외측 흡열 내측 보통	없음 밝은색 중간색	0.75 0.55 0.65
외측 보통 내측 거울	없음	0.65

유리의 열관류율[$W/m^2 \cdot K$]

종 류		열관류율	종 류		열관류율
일중 유리(여름) 일중 유리(겨울)		5.93 6.4	흡열 유리	블루 페인 3~6mm 그레이 페인 3~6mm 그레이 페인 8mm 서모 페인 12mm	6.6 6.6 6.3 3.5
이중 유리	공기층 6mm 공기층 13mm 공기층 20mm 이상 유리 블록(평균)	3.5 3.1 3.02 3.1			

인체에서의 발생 열량[kcal/h·인]

작업 상태	실온(℃)		28		27		26		24		21	
	적용 장소	전발열량	현열	잠열	현열	잠열	현열	잠열	현열	잠열	현열	잠열
정좌	극장	80	40	40	44	36	48	32	52	28	59	21
가벼운 작업	학교	91	41	50	44	47	48	43	55	36	62	29
사무소 안에서의 가벼운 보행	사무소·호텔·백화점	102	41	61	45	57	49	53	56	46	65	37
섰다, 앉았다, 걸었다 하는 일	은행	114	41	73	45	69	50	64	58	56	66	48
앉은 동작	레스토랑	125	43	82	51	74	56	69	64	61	73	52
앉은 작업	가벼운 작업(공장)	170	43	127	51	119	56	114	67	103	83	87
보통의 댄스	댄스홀	194	51	143	56	138	62	132	74	120	91	103
보행(4.8km/h)	공장의 중작업	227	61	166	69	158	57	152	87	140	104	123
볼링	볼링장	330	102	228	106	224	109	221	119	211	138	192

※ 위 표의 값에 1.163을 곱하면 [W/인]이다.

1. 외벽을 통하는 부하

① 남 ② 서

2. 유리창을 통하는 부하

① 남 ② 서

3. 실내 부하

① 인체 ② 조명

1. 외벽을 통하는 부하

① 남$(Q_S) = KA\Delta t_e$

$= 3.43 \times \{(25 \times 2.6) - (2.5 \times 1.5)\} \times 8.4 = 1764.74\,\text{W}(= 6353.05\,\text{kJ/h})$

② 서$(Q_W) = KA\Delta t_e$

$= 3.43 \times \{(10 \times 2.6) - (1.0 \times 1.5)\} \times 6.4 = 537.82\,\text{W}(= 1936.17\,\text{kJ/h})$

※ 외벽인 경우 방위 계수(k_D)가 주어지면 고려해야 한다.

2. 유리창을 통하는 부하

① 남

㉠ 전도 열량$(Q_C) = KA(t_o - t_r)$

$= 5.93 \times (2.5 \times 1.5) \times (31 - 26)$

$= 111.19\,\text{W}(= 400.28\,\text{kJ/h})$

㉡ 일사량$(Q_R) = K_R A \times$차폐 계수

$= (101 \times 1.163) \times (2.5 \times 1.5) \times 0.65$

$= 286.32\,\text{W}(= 1030.74\,\text{kJ/h})$

② 서

㉠ 전도 열량$(Q_C) = KA(t_o - t_r)$

$= 5.93 \times (1.0 \times 1.5) \times (31 - 26)$

$= 44.48\,\text{W}(= 160.11\,\text{kJ/h})$

㉡ 일사량$(Q_R) = K_R A \times$차폐 계수

$= (312 \times 1.163) \times (1.0 \times 1.5) \times 0.65$

$= 353.78\,\text{W}(= 1273.62\,\text{kJ/h})$

3. 실내 부하

① 인체 부하

㉠ 현열$(Q_s) = \dfrac{\text{사무실 면적}}{\text{재실 인원당 점유 면적}} \times$ 인체 발열량(현열)

$= \dfrac{10 \times 25}{5} \times 49 \times 1.163 = 2849.35\,\text{W}(= 10257.66\,\text{kJ/h})$

㉡ 잠열$(Q_L) = \dfrac{10 \times 25}{5} \times 53 \times 1.163 = 3081.95\,\text{W}(= 11095.02\,\text{kJ/h})$

② 조명 부하=사무실 면적×조명(형광등)

$= (10 \times 25) \times 25 = 6{,}250\,\text{W}(= 22{,}500\,\text{kJ/h})$

2009년도 기출문제

2009. 4. 19. 시행

01 **다음과 같은 덕트 시스템을 등마찰손실법(0.1mmAq/m)으로 덕트의 각 구간을 설계하여 표를 완성하시오.** (단, 급기 주덕트(①−A−②)의 풍속은 8m/s이고, 환기 주덕트(④−⑤)의 풍속은 4m/s이다. 급기 덕트는 각 취출의 취출량이 1,350m³/h이고, 환기 덕트의 흡입량은 각 3,780m³/h이다. 직사각형 단면 덕트의 크기는 aspect ratio가 2인 구간(④−⑤)의 급기 덕트에서만 구한다.) (13점)

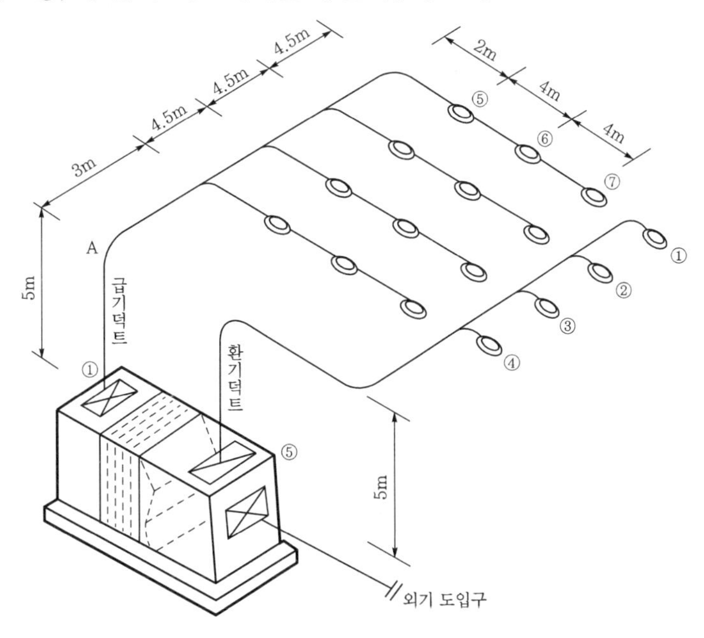

구 간	풍량〔m³/h〕	원형 덕트〔cm〕	사각 덕트〔cm〕
①−②			−
②−③			−
③−④			−
④−⑤			
⑤−⑥			−
⑥−⑦			−

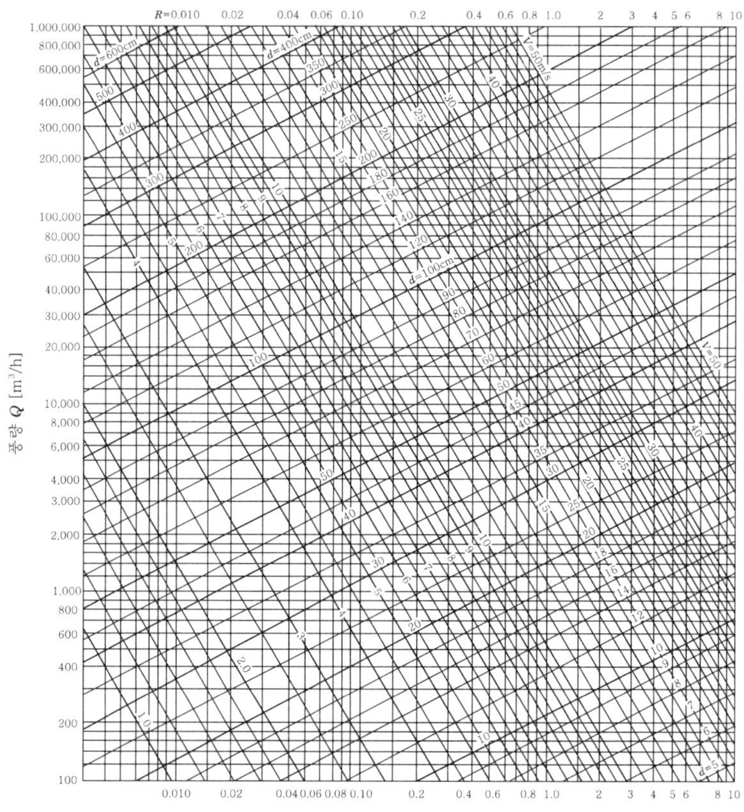

마찰손실 R [mmAq/m]

장변 \ 단변	10	15	20	25	30	35	40	45	50	55	60	65	70	75	80	85	90	95	100
10	10.9																		
15	13.3	16.4																	
20	15.2	18.9	21.9																
25	16.9	21.0	24.4	27.3															
30	18.3	22.9	26.6	29.9	32.8														
35	19.5	24.5	28.6	32.2	35.4	38.3													
40	20.7	26.0	30.5	34.3	37.8	40.9	43.7												
45	21.7	27.4	32.1	36.3	40.0	43.3	46.4	49.2											
50	22.7	28.7	33.7	38.1	42.0	45.6	48.8	51.8	54.7										
55	23.6	29.9	35.1	39.8	43.9	47.7	51.1	54.3	57.3	60.1									
60	24.5	31.0	36.5	41.4	45.7	49.6	53.3	56.7	59.8	62.8	65.6								
65	25.3	32.1	37.8	42.9	47.4	51.5	55.3	58.9	62.2	65.3	68.3	71.1							
70	26.1	33.1	39.1	44.3	49.0	53.3	57.3	61.0	64.4	67.7	70.8	73.7	76.5						
75	26.8	34.1	40.2	45.7	50.6	55.0	59.2	63.0	66.6	69.7	73.2	76.3	79.2	82.0					
80	27.5	35.0	41.4	47.0	52.0	56.7	60.9	64.9	68.7	72.2	75.5	78.7	81.8	84.7	87.5				
85	28.2	35.9	42.4	48.2	53.4	58.2	62.6	66.8	70.6	74.3	77.8	81.1	84.2	87.2	90.1	92.9			
90	28.9	36.7	43.5	49.4	54.8	59.7	64.2	68.6	72.6	76.3	79.9	83.3	86.6	89.7	92.7	95.6	198.4		
95	29.5	37.5	44.5	50.6	56.1	61.1	65.9	70.3	74.4	78.3	82.0	85.5	88.9	92.1	95.2	98.2	101.1	103.9	
100	30.1	38.4	45.4	51.7	57.4	62.6	67.4	71.9	76.2	80.2	84.0	87.6	91.1	94.4	97.6	100.7	103.7	106.5	109.3
105	30.7	39.1	46.4	52.8	58.6	64.0	68.9	73.5	77.8	82.0	85.9	89.7	93.2	96.7	100.0	103.1	106.2	109.1	112.0
110	31.3	39.9	47.3	53.8	59.8	65.2	70.3	75.1	79.6	83.8	87.8	91.6	95.3	98.8	102.2	105.5	108.6	111.7	114.6
115	31.8	40.6	48.1	54.8	60.9	66.5	71.7	76.6	81.2	85.5	89.6	93.6	97.3	100.9	104.4	107.8	111.0	114.1	117.2
120	32.4	41.3	49.0	55.8	62.0	67.7	73.1	78.0	82.7	87.2	91.4	95.4	99.3	103.0	106.6	110.0	113.3	116.5	119.6
125	32.9	42.0	49.9	56.8	63.1	68.9	74.4	79.5	84.3	88.8	93.1	97.3	101.2	105.0	108.6	112.2	115.6	118.8	122.0
130	33.4	42.6	50.6	57.7	64.2	70.1	75.7	80.8	85.7	90.4	94.8	99.0	103.1	106.9	110.7	114.3	117.7	121.1	124.4
135	33.9	43.3	51.4	58.6	65.2	71.3	76.9	82.2	87.2	91.9	96.4	100.7	104.9	108.8	112.6	116.3	119.9	123.3	126.7
140	34.4	43.9	52.2	59.5	66.2	72.4	78.1	83.5	88.6	93.4	98.0	102.4	106.6	110.7	114.6	118.3	122.0	125.5	128.9
145	34.9	44.5	52.9	60.4	67.2	73.5	79.3	84.8	90.0	94.9	99.6	104.1	108.4	112.5	116.5	120.3	124.0	127.6	131.1
150	35.3	45.2	53.6	61.2	68.1	74.5	80.5	86.1	91.3	96.3	101.1	105.7	110.0	114.3	118.3	122.2	126.0	129.7	133.2
155	35.8	45.7	54.4	62.1	69.1	75.6	81.6	87.3	92.6	97.4	102.6	107.2	111.7	116.0	120.1	124.1	127.9	131.7	135.3
160	36.2	46.3	55.1	62.9	70.6	76.6	82.7	88.5	93.9	99.1	104.1	108.8	113.3	117.7	121.9	125.9	129.8	133.6	137.3
165	36.7	46.9	55.7	63.7	70.9	77.6	83.8	89.7	95.2	100.5	105.5	110.3	114.9	119.3	123.6	127.7	131.7	135.6	139.3
170	37.1	47.5	56.4	64.4	71.8	78.5	84.9	90.8	96.4	101.8	106.9	111.8	116.4	120.9	125.3	129.5	133.5	137.5	141.3

해설 ① 급기 덕트

구 간	풍량(m³/h)	원형 덕트(cm)	사각 덕트(cm)
①-②	16,200	87.5	–
②-③	12,150	78.89	–
③-④	8,100	67.89	–
④-⑤	4,050	52.86	70×35
⑤-⑥	2,700	44.84	–
⑥-⑦	1,350	34	–

② 상당지름$(d_e) = 1.3\left\{\dfrac{(ab)^5}{(a+b)^2}\right\}^{\frac{1}{8}}$은 $a = 2b$이므로

단변$(b) = \dfrac{d_e}{1.3}\left(\dfrac{3^2}{2^5}\right)^{\frac{1}{8}} = \dfrac{52.86}{1.3} \times \left(\dfrac{3^2}{2^5}\right)^{\frac{1}{8}} \fallingdotseq 34.699 = 35\text{cm}$

∴ 사각 덕트 환산표에서 $a \times b = 70\text{cm} \times 35\text{cm}$이다.

d_e = a × b

2009

02 다음 그림의 배관 평면도를 입체도로 그리고, 필요한 엘보 수를 구하시오. (단, 굽힘 부분에서는 반드시 엘보를 사용한다.) (6점)

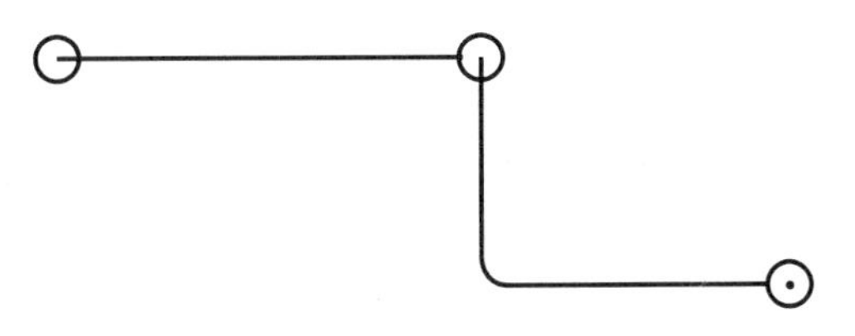

해설 ① 입체도

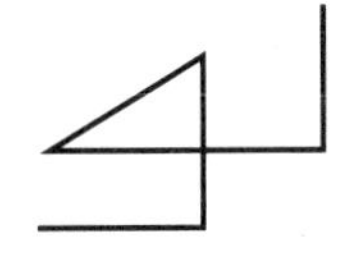

② 엘보 수 : 4개

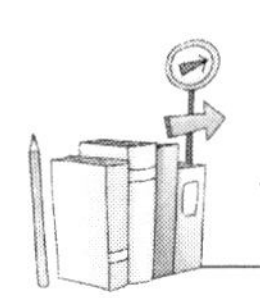

03 프레온 냉동장치에서 1대의 압축기로 증발온도가 다른 2대의 증발기를 냉각 운전하고자 한다. 이때 1대의 증발기에 증발압력 조정밸브를 부착하여 제어하고자 한다면 다음의 냉동장치는 어디에 증발압력 조정밸브 및 체크밸브를 부착하여야 하는지 흐름도를 완성하시오. 또 증발압력 조정밸브의 기능을 간단히 설명하시오. (10점)

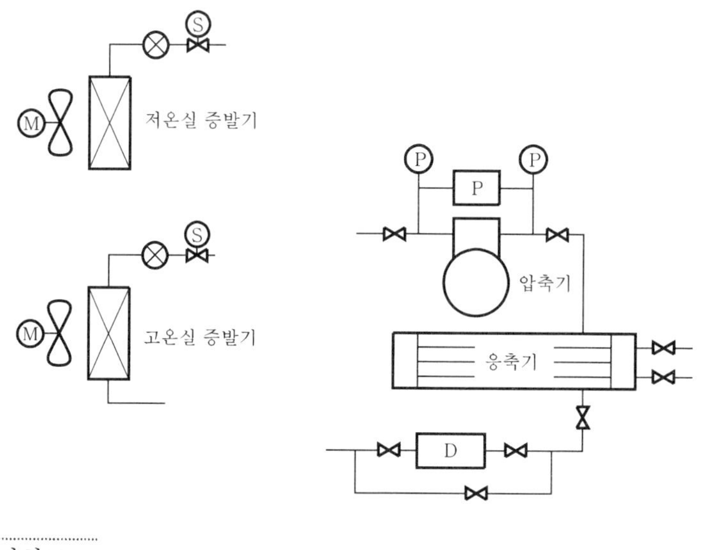

해설 ① 장치도

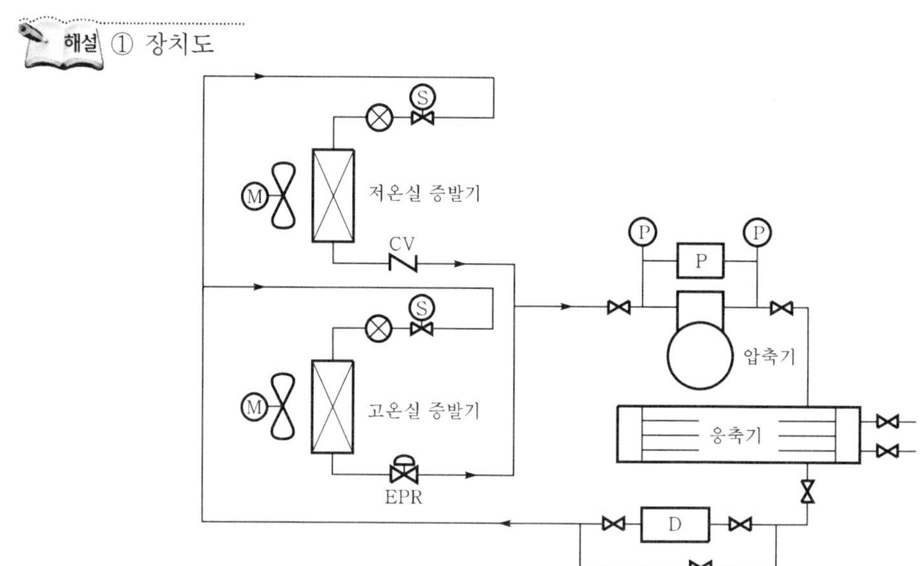

② 기능 : 증발압력 조정밸브(EPR)는 증발압력이 일정 압력 이하가 되는 것을 방지하고 밸브 입구 압력에 의해서 작동되며 압력이 높으면 열리고, 낮으면 닫힌다.

04 증기대수 원통 다관형(셸 튜브형) 열교환기에서 열교환량 50,000kJ/h, 입구 수온 60°C, 출구 수온 70°C일 때 관의 전열 면적은 얼마인가? (단, 사용 증기온도는 103°C, 관의 열관류율은 1,800kJ/m²·h·°C이다.) (5점)

해설 ① $\Delta t_1 = 103 - 60 = 43℃$, $\Delta t_2 = 103 - 70 = 33℃$

$$\therefore LMTD = \frac{\Delta t_1 - \Delta t_2}{\ln\left(\frac{\Delta t_1}{\Delta t_2}\right)} = \frac{43 - 33}{\ln\left(\frac{43}{33}\right)} = 37.78℃$$

② $Q = KA(LMTD)$ [kJ/h]에서

$$\therefore A = \frac{Q}{K(LMTD)} = \frac{50,000}{1,800 \times 37.78} = 7.35\text{m}^2$$

05 다음 그림과 같은 조건의 온수난방설비에 대하여 물음에 답하시오. (8점)

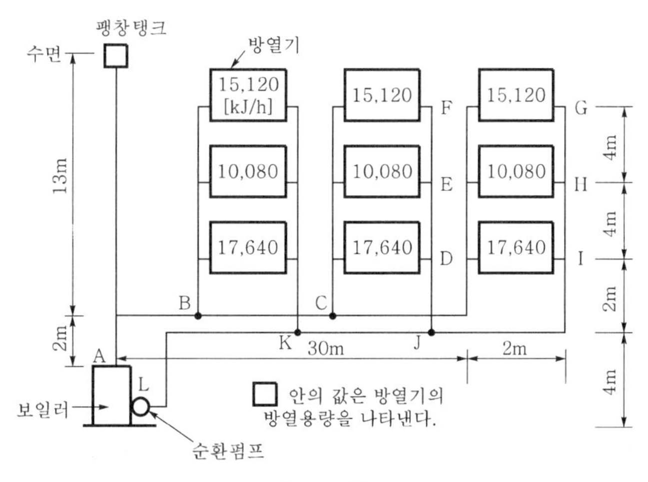

[조 건]

1) 방열기 출입구온도차 : 10℃
2) 배관손실 : 방열기 방열용량의 20%
3) 순환펌프양정 : 2m
4) 보일러, 방열기 및 방열기 주변의 지관을 포함한 배관국부저항의 상당길이는 직관길이의 100%로 한다.
5) 배관의 관지름 선정은 다음 표에 의한다(표 내의 값의 단위 : [L/min]).

압력강하 [mmAq/m]	관지름(A)					
	10	15	25	32	40	50
5	2.3	4.5	8.3	17.0	26.0	50.0
10	3.3	6.8	12.5	25.0	39.0	75.0
20	4.5	9.5	18.0	37.0	55.0	110.0
30	5.8	12.6	23.0	46.0	70.0	140.0
50	8.0	17.0	30.0	62.0	92.0	180.0

2009

6) 예열부하의 할증률은 25%로 한다.
7) 온도차에 의한 자연순환수두는 무시한다.
8) 배관길이가 표시되어 있지 않은 곳은 무시한다.

1. 전 순환수량(L/min)을 구하시오.
2. B−C 간의 관지름(mm)을 구하시오.
3. 보일러용량(kJ/h)을 구하시오.
4. C−D 간의 순환수량(L/min)을 구하시오.

해설 1. $Q_R = WC(t_o - t_i) \times 60$에서

전 순환수량$(W) = \dfrac{Q_R}{C(t_o - t_i) \times 60} = \dfrac{(15{,}120 + 10{,}080 + 17{,}640) \times 3}{4.186 \times 10 \times 60} = 51.17\text{L/min}$

2. B−C 간의 관지름
① 보일러에서 최원방열기까지 거리$(L) = 2 + 30 + 2 + (4 \times 4) + 2 + 2 + 30 + 4 = 88\text{m}$
② 국부저항 상당길이(L')는 직관길이의 100%이므로 88m이고, 순환펌프양정이 2m이므로

압력강하$(\Delta p) = \dfrac{H}{L + L'} = \dfrac{2{,}000}{88 + 88} = 11.364\text{mmAq/m}$

③ 제시된 표에서 10mmAq/m (압력강하는 적은 것을 선택함)의 난을 이용해서 순환수량 34.1L/min (B−C 간)이므로 관지름은 40mm이다.

3. 보일러용량
방열기 열량합계에 배관손실 20%, 예열부하할증률 25%를 포함한다.
보일러용량(정격출력)$= (15{,}120 + 10{,}080 + 17{,}640) \times 3 \times 1.2 \times 1.25 = 192{,}780\text{kJ/h}$

4. C−D 간의 순환수량$(W_{CD}) = \dfrac{15{,}120 + 10{,}080 + 17{,}640}{4.186 \times 10 \times 60} ≒ 17.06\text{L/min}$

06 2단 압축 1단 팽창 냉동장치가 다음 조건의 냉매상태로 운전되고 있다. 이 냉동장치에서 수냉식 응축기의 냉각수 출입구 온도차 5°C, 냉각수량 1,000L/min일 때 냉동능력(RT)은 얼마인가? (6점)

[조 건]

1) 증발기 출구(저단 압축기 입구)의 냉매증기 비엔탈피 $h_1 = 146.3\text{kJ/kg}$
2) 저단 압축기의 냉매 토출가스 비엔탈피 $h_2 = 154.0\text{kJ/kg}$
3) 고단 압축기의 냉매 흡입가스 비엔탈피 $h_3 = 148.2\text{kJ/kg}$
4) 고단 압축기의 냉매 토출가스 비엔탈피 $h_4 = 156.7\text{kJ/kg}$
5) 중간 냉각기용 팽창밸브 직전의 냉매액 비엔탈피 $h_5 = 107.2\text{kJ/kg}$
6) 증발기 입구의 냉매 비엔탈피 $h_8 = 100.0\text{kJ/kg}$

해설 ① 고단 냉매순환량$(m_H) = \dfrac{WC\Delta t \times 60}{h_4 - h_5} = \dfrac{1{,}000 \times 1 \times 5 \times 60}{156.7 - 107.2} \fallingdotseq 6060.61\text{kg/h}$

② 저단 냉매순환량$(m_L) = m_H\left(\dfrac{h_3 - h_5}{h_2 - h_7}\right) = 6060.61 \times \dfrac{148.2 - 107.2}{154 - 100} = 4601.57\text{kg/h}$

③ 냉동능력$(RT) = \dfrac{m_L(h_1 - h_8)}{3{,}320} = \dfrac{4601.57 \times (146.3 - 100)}{3{,}320} \fallingdotseq 64.17\text{RT}$

【참고】 $P-h$선도

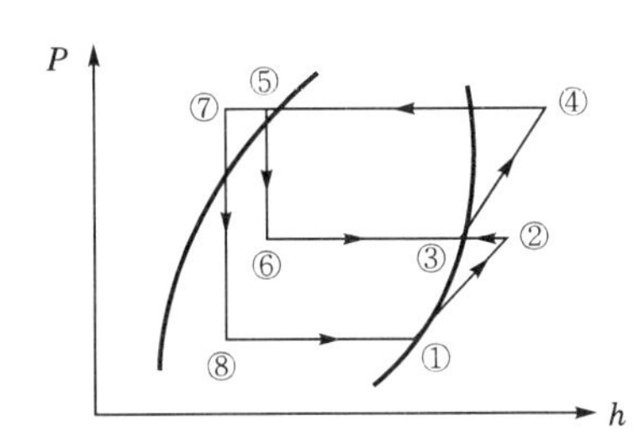

07 다음과 같은 벽체의 열관류율〔W/m² · K〕을 계산하시오. (6점)

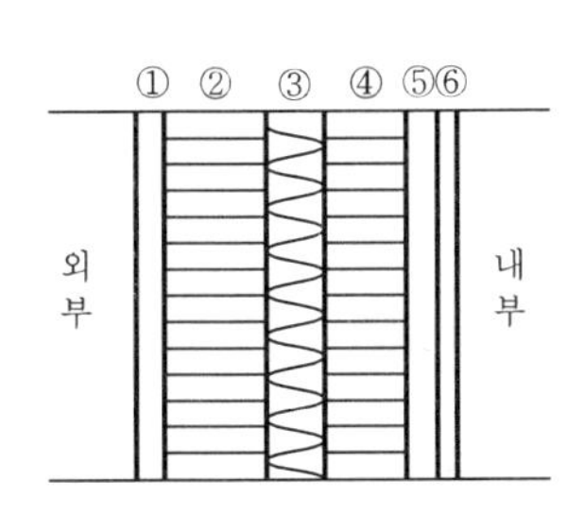

● 재료표

번 호	명 칭	두께〔mm〕	열전도율〔W/m · K〕
①	모르타르	20	1.3
②	시멘트벽돌	100	0.78
③	글라스울	50	0.03
④	시멘트벽돌	100	0.78
⑤	모르타르	20	1.3
⑥	비닐벽지	2	0.23

● 벽 표면의 열전달률〔W/m² · K〕

실내측	수직면	9
실외측	수직면	23

해설 벽체 열관류율$(K) = \dfrac{1}{R} = \dfrac{1}{\dfrac{1}{\alpha_i} + \sum_{i=1}^{n}\dfrac{l_i}{\lambda_i} + \dfrac{1}{\alpha_o}}$

$$= \frac{1}{\frac{1}{9} + \frac{0.02}{1.3} + \frac{0.1}{0.78} + \frac{0.05}{0.03} + \frac{0.1}{0.78} + \frac{0.02}{1.3} + \frac{0.002}{0.23} + \frac{1}{23}}$$

$= 0.47\text{W/m}^2\cdot\text{K}$

08 **다음과 같은 건물 A실에 대해 아래 조건을 이용하여 각 물음에 답하시오.** (단, A실은 최상층으로 사무실 용도이며, 아래층의 냉난방조건은 동일하다.) (30점)

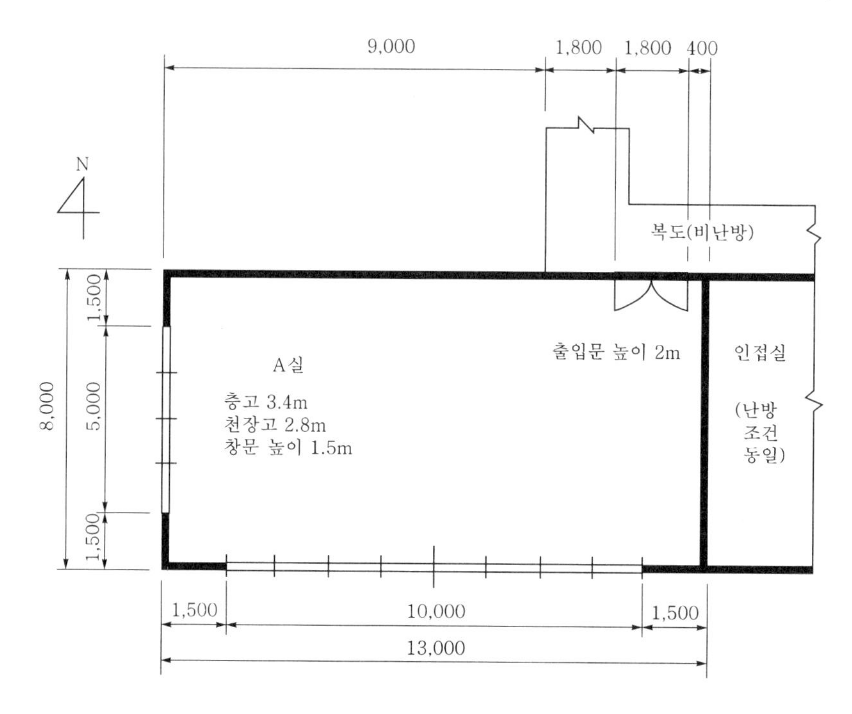

[조 건]

1) 냉난방 설계용 온·습도

구 분	냉 방	난 방	비 고
실내	26℃ DB, 50% RH, x=0.0105kg′/kg	20℃ DB, 50% RH, x=0.00725kg′/kg	비공조실은 실내·외의 중간 온도로 약산함
외기	32℃ DB, 70% RH, x=0.021kg′/kg (7월 23일 14:00)	−5℃ DB, 70% RH, x=0.00175kg′/kg	

2) 유리 : 복층 유리(공기층 6mm), 블라인드 없음, 열관류율 K=3.49W/m²·K
출입문 : 목제 플래시문, 열관류율 K=2.21W/m²·K
3) 공기의 밀도 ρ=1.2kg/m³, 공기의 정압비열 C_p=1.0046kJ/kg·K
수증기의 증발잠열(0℃) E_a=2,500kJ/kg, 100℃ 물의 증발잠열 E_b=2,256kJ/kg
4) 외기 도입량=25m³/h·인

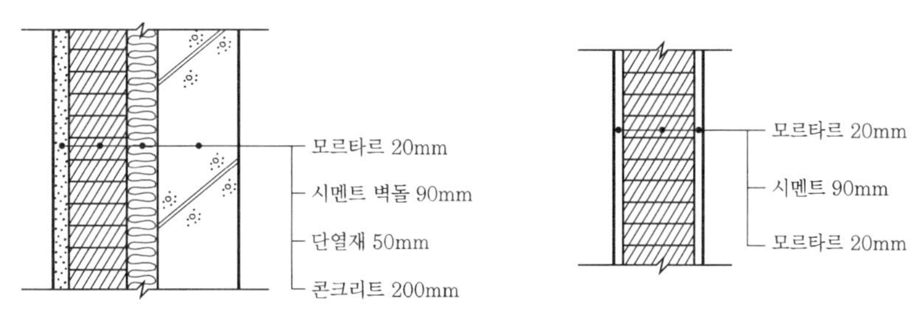

외벽(K=0.56W/m^2·K)

내벽(K=3.01W/m^2·K)

지붕(K=0.45W/m^2·K)

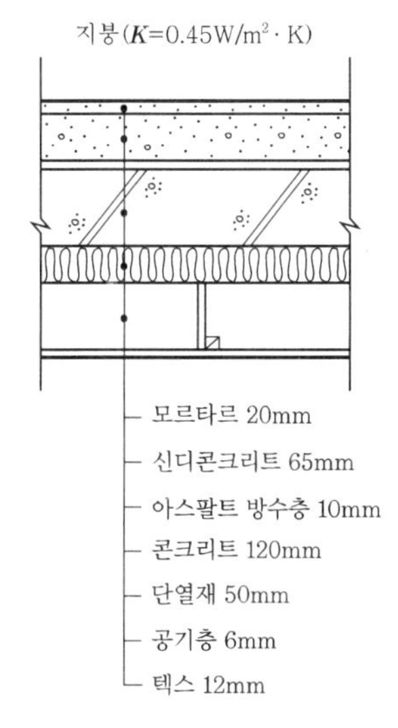

차폐계수

유 리	블라인드	차폐계수
보통 단층	없음 밝은색 중간색	1.0 0.65 0.75
흡열 단층	없음 밝은색 중간색	0.8 0.55 0.65
보통 이층 (중간 블라인드)	밝은색	0.4
보통 복층 (공기층 6mm)	없음 밝은색 중간색	0.9 0.6 0.7
외측 흡열 내측 보통	없음 밝은색 중간색	0.75 0.55 0.65
외측 보통 내측 거울	없음	0.65

인체로부터의 발열설계치(W/인)

작업 상태	실 온		27℃		26℃		21℃	
	예	전발열량	H_s	H_L	H_s	H_L	H_s	H_L
정좌	극장	88	49	39	53	35	65	23
사무소업무	사무소	113	50	63	54	59	72	41
착석작업	공장 경작업	189	56	133	62	127	92	97
보행 4.8km/h	공장 중작업	252	76	176	83	169	116	136
볼링	볼링장	365	117	248	121	244	153	212

방위계수

방 위	N, 수평	E	W	S
방위계수	1.2	1.1	1.1	1.0

벽의 타입 선정

벽의 타입	Ⅱ	Ⅲ	Ⅳ
구조 예	• 목조의 벽, 지붕 • 두께 합계 20~70mm의 중량벽	• Ⅱ+단열층 • 두께 합계 70~110mm의 중량벽	• Ⅲ의 중량벽+단열층 • 두께 합계 110~160mm의 중량벽
벽의 타입	Ⅴ	Ⅵ	Ⅶ
구조 예	• Ⅳ의 중량벽+단열층 • 두께 합계 160~230mm의 중량벽	• Ⅴ의 중량벽+단열층 • 두께 합계 230~300mm의 중량벽	• Ⅵ의 중량벽+단열층 • 두께 합계 300~380mm의 중량벽

창유리의 표준 일사열취득[W/m²]

계 절	방 위	시각(태양시)														
		오 전								오 후						
		5	6	7	8	9	10	11	12	1	2	3	4	5	6	7
하계 (7월 23일)	수평	1	58	209	379	518	629	702	726	702	629	518	379	209	58	1
	N · 그늘	44	73	46	28	34	39	42	43	42	39	34	28	46	73	0
	NE	0	293	384	349	238	101	42	43	42	39	34	28	21	12	0
	E	0	322	476	493	435	312	137	43	42	39	34	28	21	12	0
	SE	0	150	278	343	354	312	219	103	42	39	34	28	21	12	0
	S	0	12	21	28	53	101	141	156	141	101	53	28	21	12	0
	SW	0	12	21	28	34	39	42	103	219	312	354	343	278	150	0
	W	0	12	21	28	34	39	42	43	137	312	435	493	476	322	0
	NW	0	12	21	28	34	39	42	43	42	101	238	349	384	293	0

환기횟수

실용적[m³]	500 미만	500~1,000	1,000~1,500	1,500~2,000	2,000~2,500	2,500~3,000	3,000 이상
환기횟수[회/h]	0.7	0.6	0.55	0.5	0.42	0.40	0.35

재실인원 1인당 상면적

방의 종류	상면적[m²/인]	방의 종류		상면적[m²/인]
사무실(일반)	5.0	호텔	로비	6.5
은행 영업실	5.0		객실	18.0
레스토랑	1.5	백화점	평균	3.0
상점	3.0		혼잡	1.0
극장	0.5		한산	6.0

조명용 전력의 계산치

방의 종류	조명용 전력[W/m²]	방의 종류	조명용 전력[W/m²]
사무실(일반)	25	레스토랑	25
은행 영업실	65	상점	30

상당온도차(하계 냉방용, Δt_e (℃))

구조체의 종류	방 위	시각(태양시)												
		오 전							오 후					
		6	7	8	9	10	11	12	1	2	3	4	5	6
Ⅱ	수평	1.1	4.6	10.7	17.6	24.1	29.3	32.8	34.4	34.2	32.1	28.4	23.0	16.6
	N·그늘	1.3	3.4	4.3	4.8	5.9	7.9	7.9	8.4	8.7	8.8	8.7	8.8	9.1
	NE	3.2	9.9	14.6	16.0	15.0	12.3	9.8	9.1	9.0	8.9	8.7	8.0	6.9
	E	3.4	11.2	17.6	20.8	21.1	18.8	14.6	10.9	9.6	9.1	8.8	8.0	6.9
	SE	1.9	6.6	11.8	15.8	18.1	18.4	16.7	13.6	10.7	9.5	8.9	8.1	7.0
	S	0.3	1.0	2.3	4.7	8.1	11.4	13.7	14.8	14.8	13.6	11.4	9.0	7.3
	SW	0.3	1.0	2.3	4.0	5.7	7.0	9.2	13.0	16.8	19.7	21.0	20.2	17.1
	W	0.3	1.0	2.3	4.0	5.7	7.0	7.9	10.0	14.7	19.6	23.5	25.1	23.1
	NW	0.3	1.0	2.3	4.0	5.7	7.0	7.9	8.4	9.9	13.4	17.3	20.0	19.7
Ⅲ	수평	0.8	2.5	6.4	11.6	17.5	23.0	27.6	30.7	32.3	32.1	30.3	36.9	22.0
	N·그늘	0.8	2.1	3.2	3.9	4.8	5.9	6.8	7.6	8.1	8.4	8.6	8.6	8.9
	NE	1.6	5.6	10.0	12.8	13.8	13.0	11.4	10.3	9.7	9.4	9.1	8.6	7.8
	E	1.7	5.3	11.7	16.0	18.3	18.5	16.6	13.7	11.8	10.6	9.8	9.0	8.1
	SE	1.1	3.6	7.5	11.4	14.5	16.3	16.4	15.0	12.9	11.3	10.2	8.8	8.2
	S	0.5	0.7	1.5	2.9	5.4	8.2	10.8	12.7	13.6	13.6	12.5	10.8	9.2
	SW	0.5	0.7	1.5	2.7	4.1	5.4	7.1	9.8	13.1	16.2	18.5	19.2	18.2
	W	0.5	0.7	1.5	2.7	4.1	5.4	6.6	8.0	11.1	15.1	19.1	21.9	22.5
	NW	0.5	0.7	1.5	2.7	4.1	5.4	6.6	7.4	8.5	10.7	13.9	16.8	18.2
Ⅴ	수평	3.7	3.6	4.3	6.1	8.7	11.9	15.2	18.4	21.2	23.3	24.6	24.8	23.9
	N·그늘	2.0	2.1	2.4	2.8	3.2	3.8	4.5	5.1	5.7	6.3	6.7	7.1	7.4
	NE	2.2	3.1	4.7	6.5	8.1	9.0	9.4	9.4	9.4	9.3	9.2	9.1	8.8
	E	2.3	3.3	5.3	7.7	10.1	11.7	12.6	12.6	12.2	11.8	11.3	10.8	10.2
	SE	2.2	2.6	3.8	5.5	7.5	9.4	10.8	11.6	11.6	11.4	11.1	10.6	10.1
	S	2.1	1.8	1.8	2.1	2.9	4.1	5.6	7.1	8.4	9.5	10.0	10.0	9.7
	SW	2.8	2.4	2.3	2.5	2.9	3.5	4.3	5.5	7.2	9.1	11.1	12.8	13.8
	W	3.2	2.7	2.5	2.7	3.0	3.6	4.3	5.1	6.4	8.3	10.7	13.1	15.0
	NW	2.8	2.4	2.3	2.4	2.9	3.5	4.1	4.8	5.6	6.7	8.2	10.1	11.8
Ⅵ	수평	6.7	6.1	6.1	6.7	8.0	9.9	12.0	14.3	16.6	18.5	20.0	20.9	21.1
	N·그늘	3.0	2.9	2.9	3.0	3.2	3.6	4.0	4.4	4.9	5.3	5.7	6.1	6.4
	NE	3.3	3.6	4.3	5.4	6.4	7.3	7.8	8.1	8.3	8.4	8.5	8.5	8.5
	E	3.7	3.9	4.9	6.2	7.7	9.1	10.0	10.5	10.7	10.7	10.6	10.4	10.1
	SE	3.5	3.5	4.0	4.9	6.1	7.3	8.5	9.3	9.8	10.0	10.0	9.9	9.7
	S	3.3	4.0	2.8	2.8	3.1	3.7	4.6	5.6	6.6	7.4	8.1	8.4	8.6
	SW	4.5	4.0	3.7	3.5	3.6	3.8	4.2	4.9	5.9	7.2	8.6	9.9	11.0
	W	5.1	4.5	4.1	3.9	3.9	4.1	4.4	4.8	5.6	6.7	8.3	10.0	11.5
	NW	4.3	3.9	3.6	3.4	3.5	3.7	4.1	4.5	5.0	5.6	6.7	7.9	9.2
Ⅶ	수평	10.0	9.4	9.0	9.0	9.4	10.1	11.1	12.2	13.5	14.8	15.9	16.8	17.3
	N·그늘	4.0	3.8	3.7	3.7	3.7	3.8	4.0	4.2	4.4	4.7	4.9	5.2	5.5
	NE	4.7	4.7	4.0	5.3	5.8	6.3	6.6	4.9	7.2	7.3	7.5	7.6	7.7
	E	5.4	5.3	5.6	6.1	6.8	7.6	8.2	8.9	8.9	9.1	9.3	9.3	9.3
	SE	5.2	5.0	5.0	5.3	5.8	6.4	7.1	7.6	8.0	8.3	8.5	8.7	8.7
	S	4.6	4.3	4.1	3.9	3.9	4.1	4.5	4.9	5.6	6.0	6.5	6.8	7.1
	SW	6.1	5.7	5.4	5.1	5.0	4.9	5.0	5.2	5.7	6.3	7.0	7.8	8.5
	W	6.8	6.3	6.0	5.7	5.5	5.4	5.4	5.5	5.8	6.3	7.1	8.0	8.9
	NW	5.7	5.3	5.0	4.8	4.7	4.7	4.7	4.9	5.1	5.4	5.9	6.5	7.3

A실의 7월 23일 14 : 00 취득열량을 현열부하와 잠열부하로 구분하여 구하고, 외기부하를 구하시오. (단, 덕트 등 기기로부터의 열 취득 및 여유율은 무시한다.)

1. 실내부하

① 현열부하

㉠ 태양 복사열(유리창)

㉡ 태양 복사열의 영향을 받는 전도열(지붕, 외벽)

㉢ 외벽, 지붕 이외의 전도열

㉣ 틈새바람에 의한 부하

㉤ 인체에 의한 발생열

㉥ 조명에 의한 발생열(형광등)

② 잠열부하

㉠ 틈새바람에 의한 부하

㉡ 인체에 의한 발생열

2. 외기부하

① 현열부하

② 잠열부하

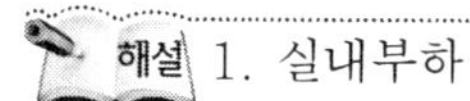
해설 1. 실내부하

① 현열부하

㉠ 태양 복사열(유리창)

- 남$=I_{gs}A_g\times$차폐계수$=101\times(10\times1.5)\times0.9=1363.5\text{W}$
- 서$=I_{gw}A_g\times$차폐계수$=312\times(5\times1.5)\times0.9=2{,}106\text{W}$

㉡ 태양 복사열의 영향을 받는 전도열(지붕, 외벽)

- 지붕$=k_DKA\Delta t_e=1.2\times0.389\times(13\times8)\times16.6=805.88\text{W}$
- 외벽 → 남$=k_DKA\Delta t_e=1.0\times0.478\times\{(13\times3.4)-(10\times1.5)\}\times5.6$
  $\fallingdotseq78.16\text{W}$
  서$=k_DKA\Delta t_e=1.1\times0.478\times\{(8\times3.4)-(5\times1.5)\}\times5.8$
  $\fallingdotseq60.08\text{W}$
  북$=k_DKA\Delta t_e=1.2\times0.478\times(9\times3.4)\times4.4$
  $\fallingdotseq77.23\text{W}$
- 지붕(277+공기층 6)=283mm Ⅵ타입 중량벽+단열층에서 상당온도차를 구한다.
- 외벽 360mm Ⅶ타입 중량벽+단열층에서 상당온도차를 구한다.

㉢ 외벽, 지붕 이외의 전도열

- 내벽$=KA\Delta t=2.59\times\{(4\times2.8)-(1.8\times2)\}\times\left(\dfrac{26+32}{2}-26\right)$
  $\fallingdotseq59.05\text{W}$
- 문$=KA\Delta t=1.9\times(1.8\times2)\times\left(\dfrac{26+32}{2}-26\right)=20.52\text{W}$
- 유리창 → 남$=k_DKA\Delta t=1.0\times3\times(10\times1.5)\times(32-26)$
  $=270\text{W}$
  서$=k_DKA\Delta t=1.1\times3\times(5\times1.5)\times(32-26)$
  $=148.5\text{W}$

㉣ 틈새바람에 의한 부하

- 실용적에 따른 환기횟수에 의해 $V=13\times8\times2.8=291.2\text{m}^3$이므로 $n=0.7$회/h
- 현열$=\rho QC_p\Delta t=\rho nVC_p\Delta t$
  $=1.2\times0.7\times291.2\times1.0046\times(32-26)$
  $\fallingdotseq1474.4\text{kJ/h}\fallingdotseq410\text{W}$

㉤ 인체에 의한 발생열

• 인원수 $= \dfrac{13 \times 8}{5} = 20.8$명

• 인체에 의한 발생열=인원수×현열〔W/인〕$= 20.8 \times 54 = 1123.2$W

㉥ 조명에 의한 발생열(형광등)

조명부하=면적×전력〔W/m²〕$\times 1 = (8 \times 13) \times 25 \times 1 = 2{,}600$W

② 잠열부하

㉠ 틈새바람에 의한 부하

$$잠열 = \rho Q \gamma_o \Delta x = \rho n V \gamma_o \Delta x$$
$$= 1.2 \times 0.7 \times 291.2 \times 2{,}500 \times (0.021 - 0.0105)$$
$$= 6420.96\text{kJ/h}$$
$$\fallingdotseq 1{,}784\text{W}$$

㉡ 인체에 의한 발생열=인원수×잠열〔W/인〕

$$= 20.8 \times 59$$
$$= 1227.2\text{W}$$

2. 외기부하

① 현열부하=인원수×외기도입량$\times \rho C_p \Delta t$

$$= 20.8 \times 25 \times 1.2 \times 1.0046 \times (32 - 26)$$
$$= 3761.22\text{kJ/h} \fallingdotseq 1{,}044\text{W}$$

② 잠열부하=인원수×외기도입량$\times \rho \gamma_o \Delta x$

$$= 20.8 \times 25 \times 1.2 \times 2{,}500 \times (0.021 - 0.0105)$$
$$= 16{,}380\text{kJ/h} \fallingdotseq 4{,}550\text{W}$$

2009

09 **펌프에서 수직높이 25m의 고가수조와 5m 아래의 지하수까지를 관경 50mm의 파이프로 연결하여 2m/s의 속도로 양수할 때 다음 각 물음에 답하시오.** (단, 배관의 마찰손실은 0.3mAq/100m이다.) (9점)

1. 펌프의 전양정〔m〕을 구하시오.
2. 펌프의 유량〔m³/s〕을 구하시오.
3. 펌프의 축동력〔kW〕을 구하시오.

해설 1. 펌프의 전양정

$$H = (25 + 5) + \left(30 \times \frac{0.3}{100}\right) + \frac{2^2}{2 \times 9.8} \fallingdotseq 30.29\text{mAq}$$

2. 펌프의 유량

$$Q = AV = \frac{\pi d^2}{4} V = \frac{\pi \times 0.05^2}{4} \times 2 \fallingdotseq 3.93 \times 10^{-3}\text{m}^3/\text{s}$$

3. 펌프의 축동력 $= \dfrac{\gamma_w QH}{102} = \dfrac{1{,}000 \times 3.93 \times 10^{-3} \times 30.29}{102} \fallingdotseq 1.17$kW

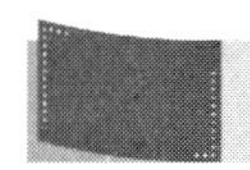

2009. 7. 5. 시행

01 **다음은 R-22용 콤파운드 압축기를 이용한 2단 압축 1단 팽창 냉동장치의 이론 냉동 사이클을 나타낸 것이다. 이 냉동장치의 냉동능력이 15RT일 때 각 물음에 답하시오.** (단, 배관에서의 열손실은 무시한다.) (10점)

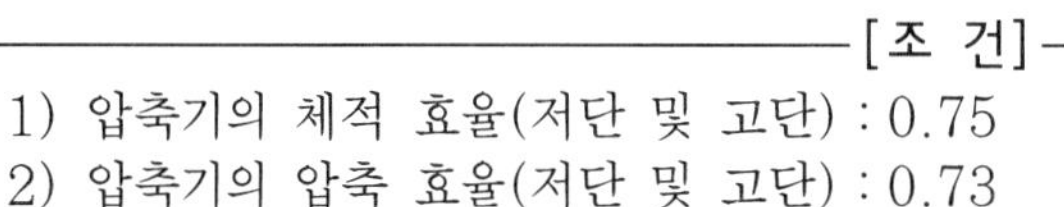

[조 건]

1) 압축기의 체적 효율(저단 및 고단) : 0.75
2) 압축기의 압축 효율(저단 및 고단) : 0.73
3) 압축기의 기계 효율(저단 및 고단) : 0.90

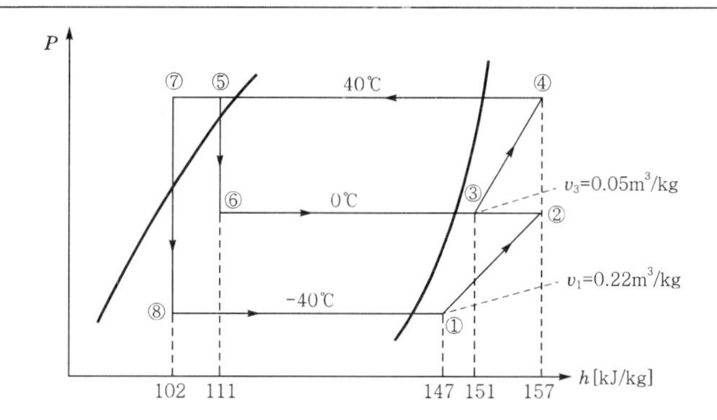

1. 저단 압축기와 고단 압축기의 기통수비가 얼마인 압축기를 선정해야 하는가?
2. 압축기의 실제 소요 동력[kW]은 얼마인가?

1. ① 저단 냉매순환량(m_L) $= \dfrac{Q_e}{h_1 - h_8} = \dfrac{15RT}{h_1 - h_8} = \dfrac{15 \times 3,320}{147 - 102} ≒ 1106.667\text{kg/h}$

② 저단 압축기 압출량(V_L) $= \dfrac{m_L v_1}{\eta_v} = \dfrac{1106.667 \times 0.22}{0.75} = 324.622\text{m}^3/\text{h}$

③ 실제 저단 압축기 출구 비엔탈피(h_2') $= h_1 + \dfrac{h_2 - h_1}{\eta_c} = 147 + \dfrac{157 - 147}{0.73}$
$≒ 160.699\text{kJ/kg}$

④ 고단 냉매순환량(m_H) $= m_L\left(\dfrac{h_2' - h_7}{h_3 - h_6}\right) = 1106.667 \times \dfrac{160.699 - 102}{151 - 111}$
$= 1624.006\text{kg/h}$

⑤ 고단 압축기 압출량(V_H) $= \dfrac{m_H v_3}{\eta_v} = \dfrac{1624.006 \times 0.05}{0.75} = 108.267\text{m}^3/\text{h}$

⑥ 기통비 $= V_L : V_H = 324.622 : 108.267 ≒ 3 : 1$
즉, 3 : 1 비율의 기통비를 갖는 압축기를 선정한다. 예를 들면 8기통의 고속다기통을 사용하는 경우 6 : 2의 비로 압축시킨다.

2. 압축기의 실제 소요동력(N_{kW})
$= \dfrac{m_L(h_2 - h_1) + m_H(h_4 - h_3)}{860\eta_c\eta_m} = \dfrac{1106.667 \times (157 - 147) + 1624.006 \times (157 - 151)}{860 \times 0.73 \times 0.9}$
$≒ 36.832\text{kW}$

02 다음과 같은 설계조건으로 냉방하고자 할 때 각 물음에 답하시오.

[조 건]

1) 실내조건 : 26℃ DB, 50% RH, $h_1 = 12.6\text{kJ/kg}$
2) 외기조건 : 32.9℃ DB, 27℃ WB, $h_2 = 20.2\text{kJ/kg}$
3) 실내부하
   ① 현열부하 : 12,250kJ/h
   ② 잠열부하 : 3,820kJ/h
4) 필요 외기량 : 800m³/h

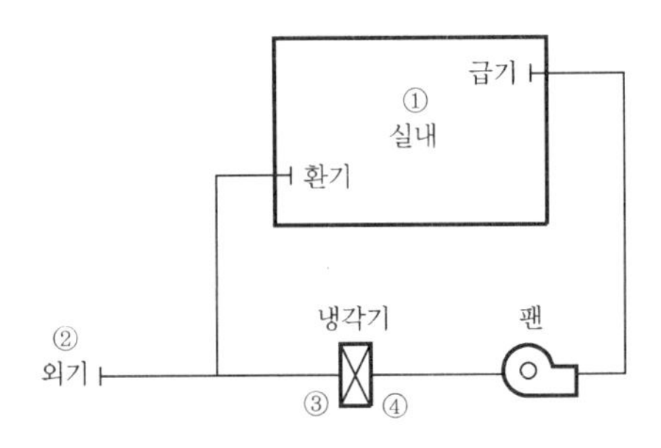

1. 급기량(m³/h)을 구하시오. (단, ④의 공기상태 RH=90%이다.)
2. ③의 공기상태점(건구온도, 비엔탈피)을 구하시오.
3. 냉각기의 냉각열량(kJ/h)을 구하시오.

1. ① $SHF = \dfrac{q_s}{q_s + q_L} = \dfrac{12{,}250}{12{,}250 + 3{,}820} \fallingdotseq 0.76$

② $Q = \dfrac{q_s}{\rho C_p (t_1 - t_4)} = \dfrac{12{,}250}{1.2 \times 0.24 \times (26 - 14)} \fallingdotseq 3544.56\text{m}^3/\text{h}$

2. ① $t_3 = \dfrac{(Q - Q_o)t_1 + Q_o t_2}{Q} = \dfrac{(3544.56 - 800) \times 26 + 800 \times 32.9}{3544.56} \fallingdotseq 27.56℃$

② $h_3 = \dfrac{(Q - Q_o)h_1 + Q_o h_2}{Q} = \dfrac{(3544.56 - 800) \times 12.6 + 800 \times 20.2}{3544.56} \fallingdotseq 14.32\text{kJ/kg}$

3. $Q_{cc} = \rho Q (h_3 - h_4) = 1.2 \times 3544.56 \times (14.32 - 8.8) \fallingdotseq 23479.17\text{kJ/h}$

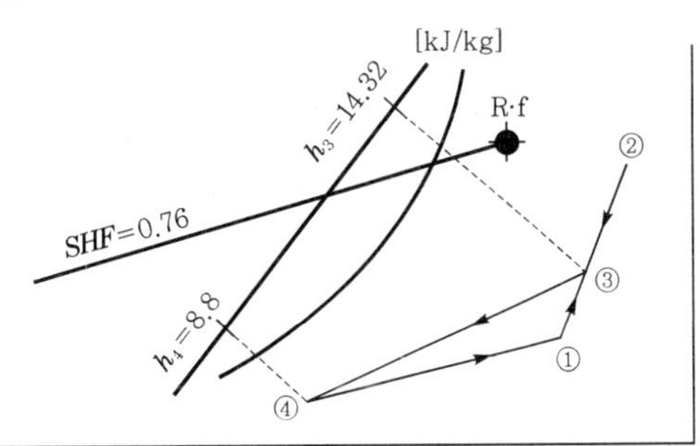

03 2단 압축 냉동장치의 $P-h$ 선도를 보고 선도상의 각 상태점을 장치도에 기입하고, 장치의 구성요소명을 (　　)에 쓰시오. (12점)

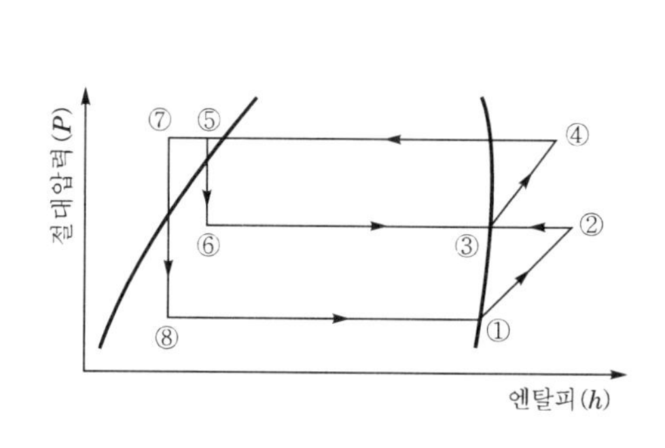

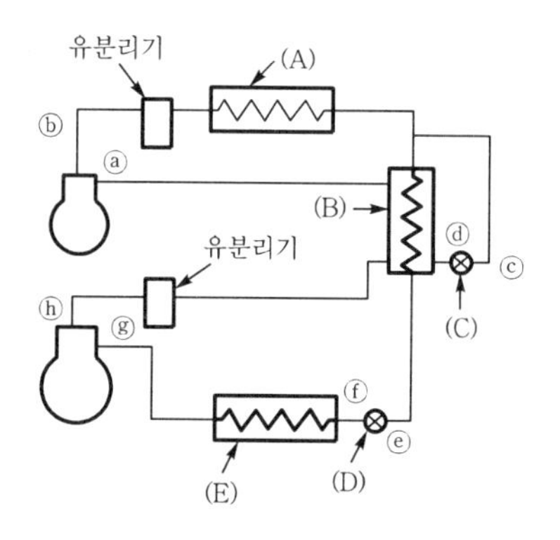

해설 ① ⓐ－③　　ⓑ－④　　ⓒ－⑤
ⓓ－⑥　　ⓔ－⑦　　ⓕ－⑧
ⓖ－①　　ⓗ－②

② A : 응축기(condenser)
B : 중간 냉각기
C : 제1팽창밸브(보조팽창밸브)
D : 제2팽창밸브(주팽창밸브)
E : 증발기(evaporator)

04 다음과 같은 냉각수 배관 시스템에 대해 각 물음에 답하시오. (단, 냉동기 냉동능력은 150RT, 응축기 수저항은 8mAq, 배관의 마찰손실은 4mAq/100m이고, 냉각수량은 1냉동톤당 13L/min이다.) (12점)

[조 건]

관경 산출표(4mAq/100m 기준)

관경(mm)	32	40	50	65	80	100	125	150
유량(L/min)	90	180	320	500	720	1,800	2,100	3,200

밸브, 이음쇠류 1개당 상당길이(m)

관경(mm)	게이트밸브	체크밸브	엘 보	티	리듀서(1/2)
100	1.4	12	3.1	6.4	3.1
125	1.8	15	4.0	7.6	4.0
150	2.1	18	4.9	9.1	4.9

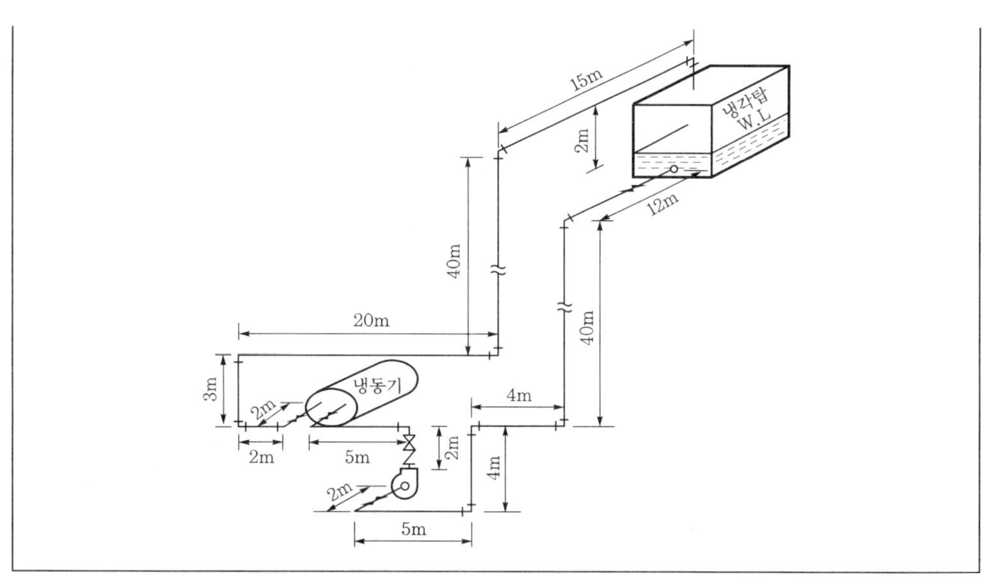

1. 배관의 마찰손실 ΔP(mAq)를 구하시오. (단, 직관부의 길이는 158m이다.)
2. 펌프 전양정 H(mAq)를 구하시오.
3. 펌프의 수동력 P(kW)를 구하시오.

해설 1. 배관 마찰손실

① 배관 지름 $=150\times13=1{,}950$L/min이므로 제시된 표에서 125mm이다.

② 배관 상당길이$(l_e)=158+(1\times15)+(5\times1.8)+(13\times4)=234$m

※ 체크밸브 1개, 게이트밸브 5개, 엘보 13개

③ 배관 마찰손실$(h_l)=234\times\dfrac{4}{100}=9.36$mAq

2. 펌프 전양정$(H)=2+9.36+8=19.36$mAq

3. 펌프 수동력$(P)=\dfrac{\gamma_w QH}{102\times60}=\dfrac{1{,}000\times1.95\times19.36}{102\times60}=6.168\fallingdotseq6.17$kW

05 송풍기 총풍량 6,000m³/h, 송풍기 출구 풍속을 7m/s로 하는 다음의 덕트 시스템에서 등마찰손실법($R=0.1$mmAq/m)에 의하여 Z-A-B, B-C, C-D-E구간의 원형 덕트의 크기와 덕트 풍속을 구하시오. (10점)

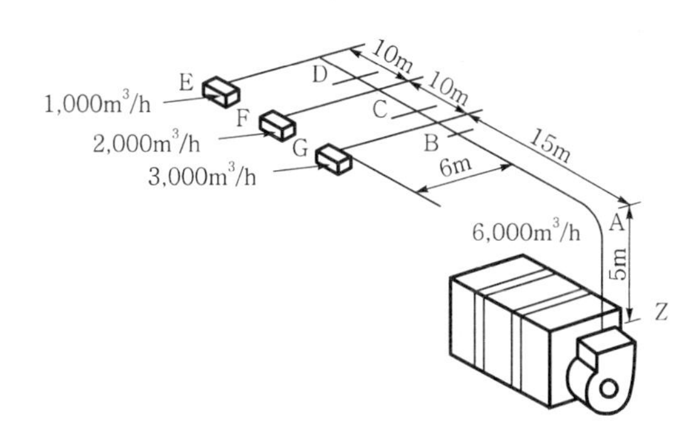

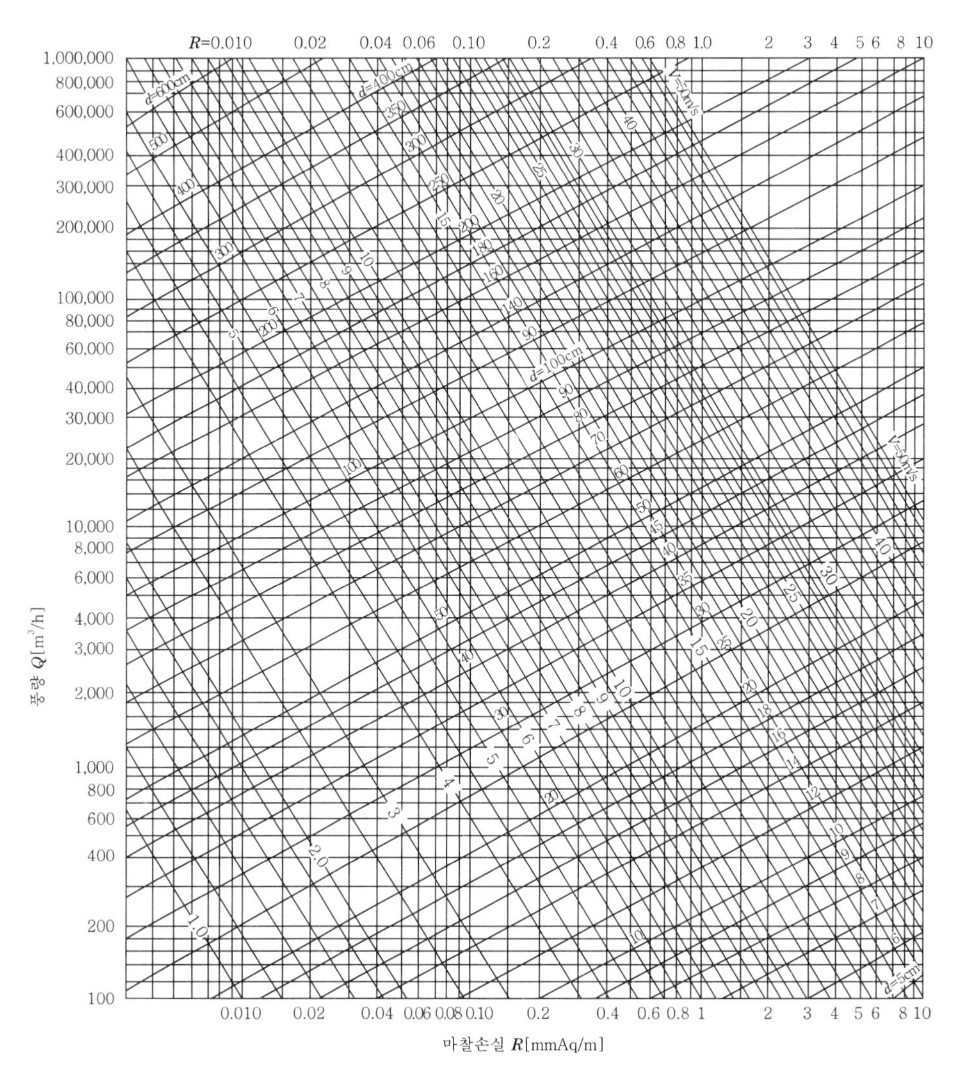

구 간	원형 덕트크기[cm]	풍속[m/s]
Z－A－B		
B－C		
C－D－E		

해설

구 간	원형 덕트크기[cm]	풍속[m/s]
Z－A－B	55	7
B－C	45	6
C－D－E	30	5

06 온수난방장치가 다음 조건과 같이 운전되고 있을 때 각 물음에 답하시오. (6점)

[조 건]

1) 방열기 출입구의 온수 온도차는 10℃로 한다.
2) 방열기 이외의 배관에서 발생되는 열손실은 방열기 전체 용량의 20%로 한다.
3) 보일러 용량은 예열부하의 여유율 30%를 포함한 값이다.
4) 그 외의 손실은 무시한다.

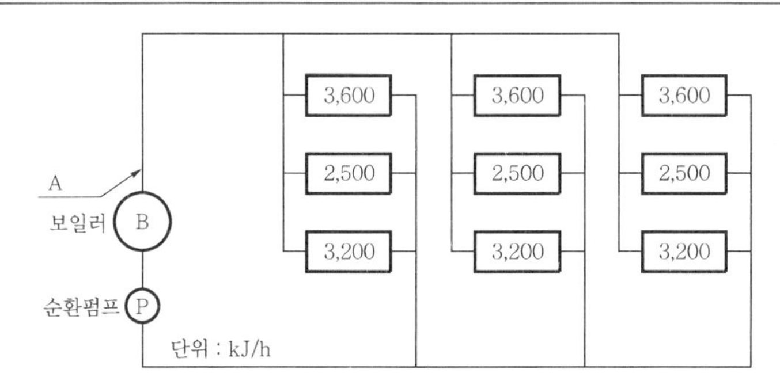

1. A점의 온수순환량(L/min)을 구하시오.
2. 보일러 용량(kJ/h)을 구하시오.

해설

1. $\text{온수순환량}(W) = \dfrac{\text{방열기 전체 용량}}{C\Delta t \times 60} = \dfrac{(3,600 \times 3) + (2,500 \times 3) + (3,200 \times 3)}{1 \times 10 \times 60}$

   $\fallingdotseq 46.5\text{L/min}$

2. 보일러 용량 = 방열기 전체 용량 × 배관열손실 × 예열부하 여유율

   $= \{(3,600 \times 3) + (2,500 \times 3) + (3,200 \times 3)\} \times 1.2 \times 1.3$

   $= 43,524\text{kJ/h}$

07 어떤 방열벽의 열통과율이 0.35W/m²·K이며, 벽면적은 1,200m²인 냉장고가 외기 온도 35℃에서 사용되고 있다. 이 냉장고의 증발기는 열통과율이 29.07W/m²·K이고 전열 면적은 30m²이다. 이때 각 물음에 답하시오. (단, 이 식품 이외의 냉장고 내 발생열 부하는 무시하며, 증발 온도는 −15℃로 한다.) (6점)

1. 냉장고 내 온도가 0℃일 때 외기로부터 방열벽을 통해 침입하는 열량은 몇 (kJ/h)인가?
2. 냉장고 내 열전달률 5.8W/m²·K, 전열 면적 600m², 온도 10℃인 식품을 보관했을 때 이 식품의 발생열 부하에 의한 냉장고 내 온도는 몇 (℃)가 되는가?

해설

1. 방열벽으로 침입하는 열량$(Q_w) = KA(t_o - t_i)$

   $= 0.35 \times 1,200 \times (35 - 0) = 14,700\text{W}$

2. 식품에 의한 고내 온도(t)

   $KA(t - t_e) = K_r A_r (10 - t)$

   $\therefore\ t = \dfrac{10K_r A_r + KAt_e}{KA + K_r A_r} = \dfrac{10 \times 5.8 \times 600 + 29.07 \times 30 \times (-15)}{29.07 \times 30 + 5.8 \times 600} \fallingdotseq 5℃$

08 20,000kg/h의 공기를 압력 35kPa · G의 증기로 0℃에서 50℃까지 가열할 수 있는 에로핀 열교환기가 있다. 주어진 설계조건을 이용하여 각 물음에 답하시오. (8점)

[조 건]

1) 전면풍속 $V_f = 3\text{m/s}$
2) 증기온도 $t_s = 108.2℃$
3) 출구공기온도 보정계수 $K_t = 1.19$
4) 코일열통과율 $K_c = 783.66\text{W/m}^2 \cdot \text{K}$
5) 증발잠열 $q_e = 2235.32\text{kJ/kg}$
6) 공기밀도 $\rho = 1.2\text{kg/m}^3$
7) 공기정압비열 $C_p = 1.0046\text{kJ/kg} \cdot \text{K}$
8) 대수평균온도차는 향류를 사용

1. 전면면적(A_f[m²])
2. 가열량(q_H[kJ/h])
3. 열수(N[열])
4. 증기소비량(L_s[kg/h])

해설 1. $m = \rho A_f V_f$[kg/s]에서

$$\text{전면면적}(A_f) = \frac{m}{\rho V_f} = \frac{\frac{20{,}000}{3{,}600}}{1.2 \times 3} \fallingdotseq 1.54\text{m}^2$$

2. $\text{가열량}(q_H) = m C_p (K_t t_o - t_i) = 20{,}000 \times 1.0046 \times (1.19 \times 50 - 0) = 1{,}195{,}474\text{kJ/h}$

3. ① $$\text{대수평균온도차}(LMTD) = \frac{\Delta t_1 - \Delta t_2}{\ln\frac{\Delta t_1}{\Delta t_2}}$$

$$= \frac{(108.2 - 0) - (108.2 - 1.19 \times 50)}{\ln\left(\frac{108.2 - 0}{108.2 - 1.19 \times 50}\right)}$$

$$\fallingdotseq 74.53℃$$

② $q_H = K_c A_f N(LMTD)$에서

$$\text{열수}(N) = \frac{q_H}{K_c A_f (LMTD)} = \frac{1{,}195{,}474}{(783.66 \times 3.6) \times 1.54 \times 74.53} \fallingdotseq 4\text{열}$$

4. $$\text{증기소비량}(L_s) = \frac{q_H}{q_e} = \frac{1{,}195{,}474}{2235.32} \fallingdotseq 534.81\text{kg/h}$$

09 **다음 그림과 같이 5개의 존(zone)으로 구획된 실내를 각 존의 부하를 담당하는 계통으로 하고, 각 존을 정풍량 방식 또는 변풍량 방식으로 냉방하고자 한다. 각 존의 냉방 현열부하가 표와 같을 때 각 물음에 답하시오.** (단, 실내온도는 26℃이다.) (16점)

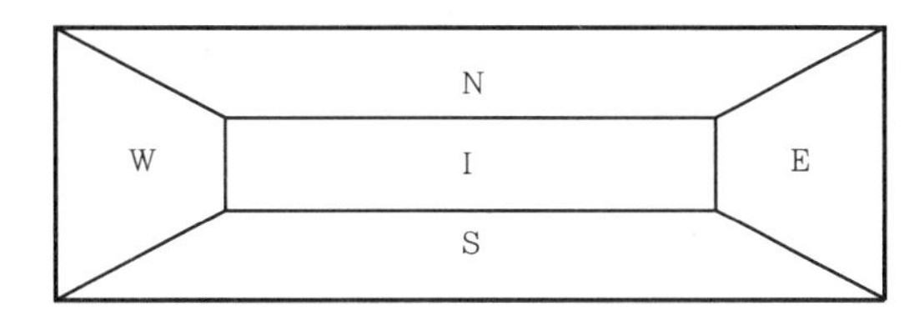

〔단위 : kJ/h〕

존 \ 시 각	8시	10시	12시	14시	16시
N	21,420	23,940	25,200	26,040	23,520
E	31,080	21,840	12,180	10,920	10,080
S	22,260	29,400	39,480	30,240	25,620
W	8,400	10,920	13,860	25,200	32,340
I	40,320	36,960	36,960	40,320	39,050

1. 각 존에 대해 정풍량(CAV) 공조방식을 채택할 경우 실 전체의 송풍량〔m^3/h〕을 구하시오. (단, 최대 부하 시의 송풍 공기온도는 15℃이다.)
2. 변풍량(VAV) 공조방식을 채택할 경우 실 전체의 최대 송풍량〔m^3/h〕을 구하시오. (단, 송풍 공기온도는 15℃이다.)
3. 아래와 같은 덕트 시스템에서 각 실마다(4개실) 위 2항의 변풍량 공조방식의 송풍량을 송풍할 때 각 구간마다의 풍량〔m^3/h〕 및 원형 덕트지름〔cm〕을 구하시오. (단, 급기용 덕트를 정압법(R=0.1mmAq/m)으로 설계하고, 각 실마다의 풍량은 같다.)

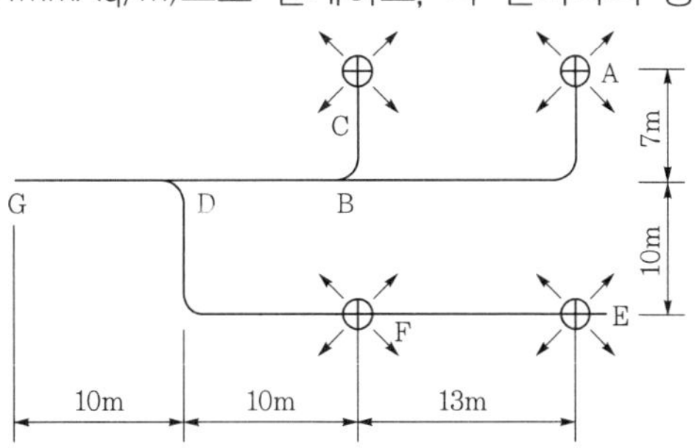

구 간	풍량〔m^3/h〕	원형 덕트지름〔cm〕
A−B(C−B)		
B−D		
E−F		
F−D		
D−G		

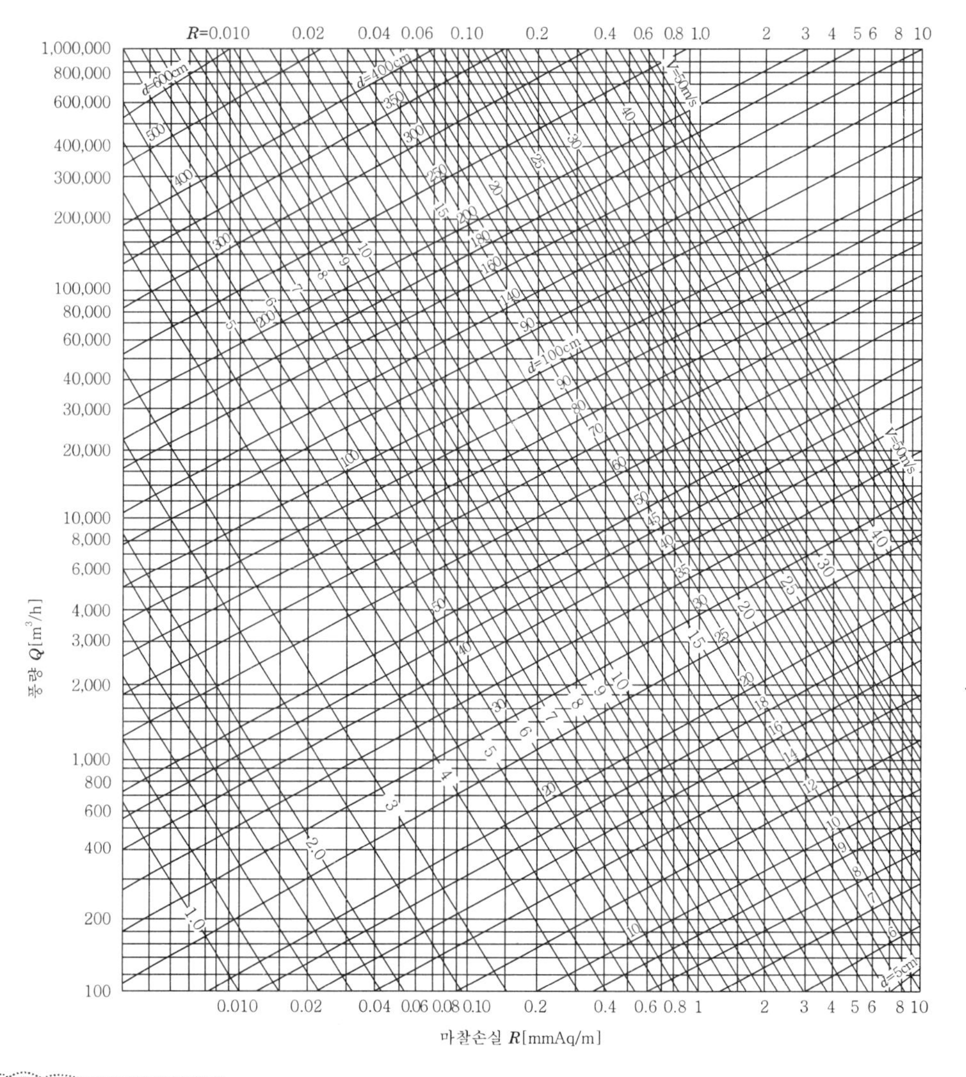

해설 1. 정풍량(CAV) 공조방식을 채택할 경우 송풍량(동서남북 내부 존(인테리어 존) 최대 현열부하를 구해서 송풍량(Q)을 구한다.)

$Q_s = \rho Q C_p (t_i - t_f)$〔kJ/h〕에서

$$Q = \frac{Q_s}{\rho C_p (t_i - t_f)}$$

$$= \frac{31{,}080 + 32{,}340 + 39{,}480 + 25{,}040 + 40{,}320}{1.2 \times 1.0046 \times (26 - 15)}$$

$$≒ 12764.01\text{m}^3/\text{h}$$

2. 변풍량(VAV) 공조방식을 채택할 경우 송풍량(14시 기준)

$$Q_v = \frac{Q_s}{\rho C_p (t_i - t_f)}$$

$$= \frac{26{,}040 + 10{,}920 + 30{,}240 + 25{,}200 + 40{,}320}{1.2 \times 1.0046 \times (26 - 15)} ≒ 10008.51\text{m}^3/\text{h}$$

3. 변풍량 공조방식의 송풍량을 송풍할 때 각 구간의 풍량[m^3/h] 및 원형 덕트지름[cm]

구 간	풍량[m^3/h]	원형 덕트지름[cm]
A－B(C－B)	10008.51	70
B－D	19,950	90
E－F	9,975	70
F－D	19,950	90
D－G	39,900	115

2009. 9. 13. 시행

01 **다음 그림과 같은 자동차 정비공장이 있다. 이 공장 내에서는 자동차 3대가 엔진 가동 상태에서 정비되고 있으며, 자동차 배기가스 중의 일산화탄소량은 1대당 0.12CMH일 때 주어진 조건을 이용하여 각 물음에 답하시오.** (12점)

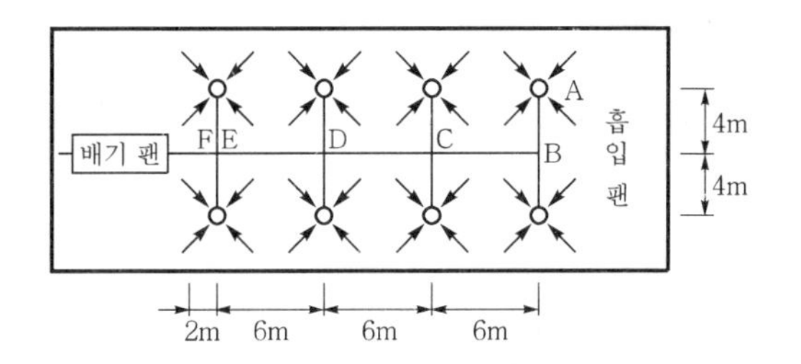

[조 건]

1) 외기 중의 일산화탄소량 0.0001%(용적비), 실내 일산화탄소의 허용농도 0.001%(용적비)
2) 바닥면적 : 300m^2, 천장높이 : 4m
3) 배기구의 풍량은 모두 같고, 자연환기는 무시한다.
4) 덕트의 마찰손실은 0.1mmAq/m로 하고, 배기구의 총압력손실은 3mmAq로 한다. 또 덕트, 엘보 등의 국부저항은 직관 덕트 저항의 50%로 한다.

1. 필요 환기량[CMH]을 구하시오.
2. 환기횟수는 몇 [회/h]가 되는가?
3. 다음 각 구간별 원형 덕트지름[cm]을 주어진 선도를 이용하여 구하시오.
4. A－F 사이의 압력손실[mmAq]을 구하시오.

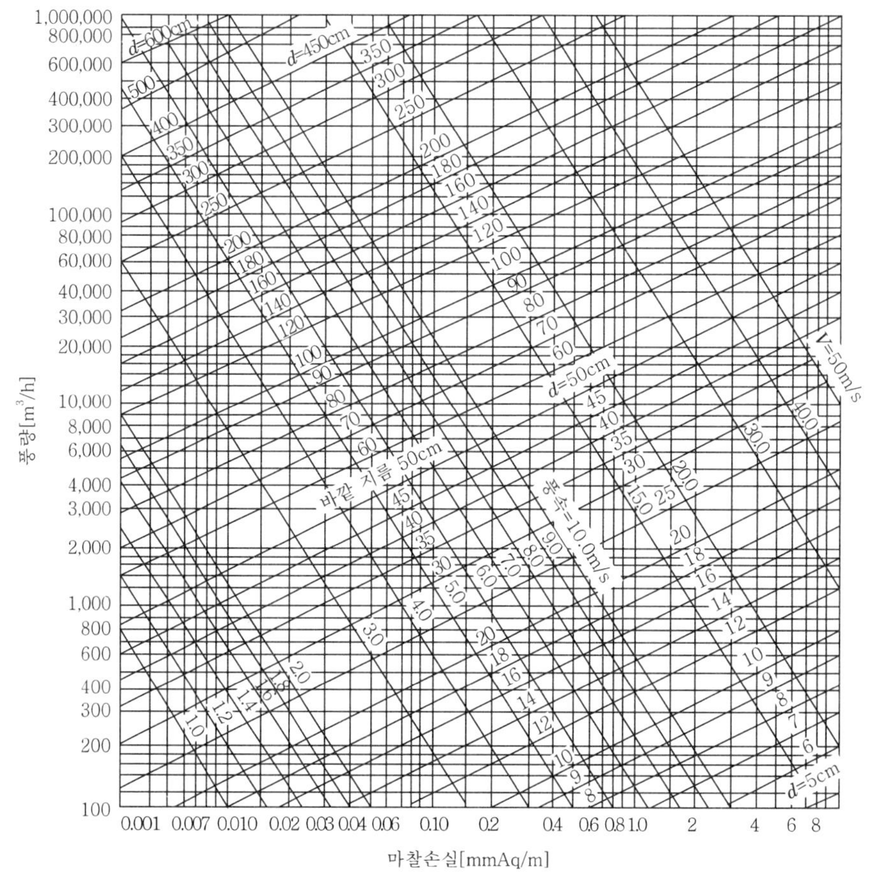

해설

1. $Q = \dfrac{M}{C_i - C_o} = \dfrac{3 \times 0.12}{0.00001 - 0.000001} = 40{,}000\text{CMH}\,[\text{m}^3/\text{h}]$

2. $Q = nV\,[\text{m}^3/\text{h}]$에서

$n = \dfrac{Q}{V} = \dfrac{40{,}000}{300 \times 4} = 33.33$회/h

3.

구 간	A－B	B－C	C－D	D－E	D－F
풍량[CMH]	5,000	10,000	20,000	30,000	40,000
덕트지름	50	65	85	100	115

4. ① 직관 덕트길이＝2＋6＋6＋6＋4＝24m

② 덕트, 엘보 등의 상당길이＝24×0.5＝12m

③ 배기구 손실＝3mmAq

④ A－F 사이의 압력손실＝(24＋12)×0.1＋3＝6.6mmAq

02 **R-22를 사용하는 2단 압축 1단 팽창 냉동장치가 있다. 압축기는 저단, 고단 모두 건조포화증기를 흡입하여 압축하는 것으로 하고, 운전상태에 있어서의 장치 주요 냉매값은 다음과 같다.** (6점)

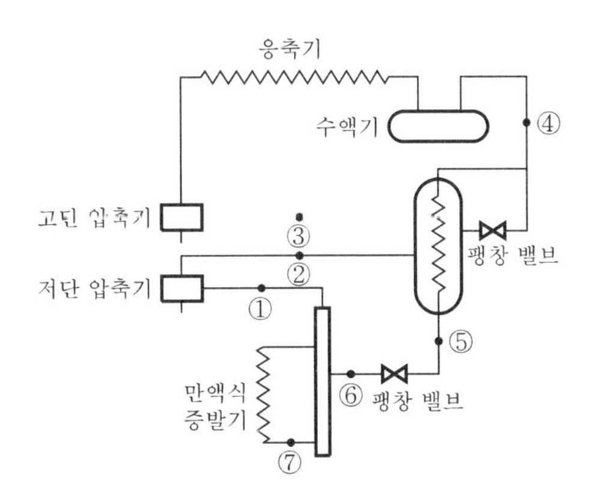

[조 건]

1) 증발압력에서의 포화액의 비엔탈피 : 379kJ/kg
2) 증발압력에서의 건조포화증기의 비엔탈피 : 610kJ/kg
3) 중간 냉각기 입구의 냉매액의 비엔탈피 : 450kJ/kg
4) 중간 냉각기 출구의 냉매액의 비엔탈피 : 424kJ/kg
5) 중간 압력에서의 건조포화증기의 비엔탈피 : 626kJ/kg
6) 저단 압축기에서의 단열압축열량 : 34kJ/kg
7) 저단 압축기의 흡입증기 비체적 : $0.17m^3/kg$
8) 고단 압축기의 흡입증기 비체적 : $0.05m^3/kg$

1. 위 장치도의 냉동 사이클을 $P-h$ 선도에 작성하고, 각 점을 나타내시오.

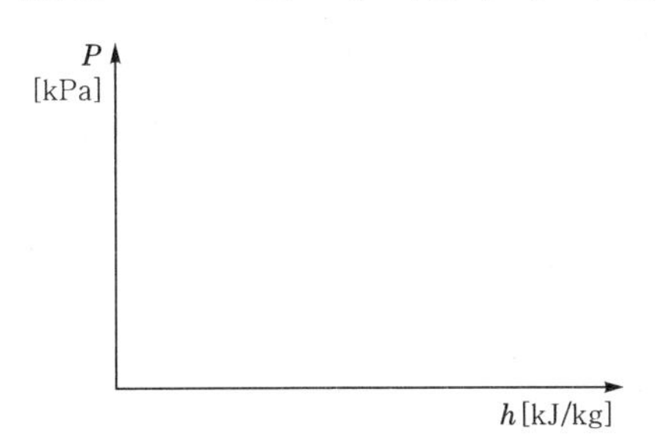

2. 냉동능력이 10냉동톤일 때 고단 압축기의 피스톤 압출량(m^3/h)을 구하시오. (단, 압축기의 효율은 다음과 같다.)

압축기	체적 효율	압축 효율	비체적(m^3/kg)
저단 압축기	0.75	0.72	0.17
고단 압축기	0.75	0.72	0.05

2009

해설 1. $P-h$ 선도

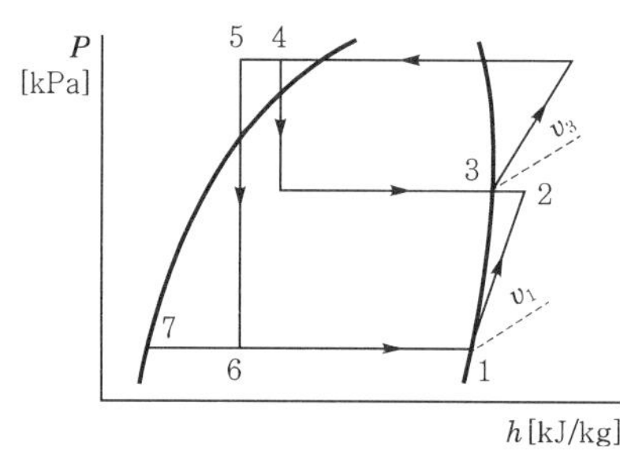

$h_1 = 610\text{kJ/kg}$
$h_3 = 626\text{kJ/kg}$
$h_4 = 450\text{kJ/kg}$
$h_5 = h_6 = 424\text{kJ/kg}$
$h_7 = 379\text{kJ/kg}$
$w_c = h_2 - h_1 = 34\text{kJ/kg}$

2. 고단 압축기 피스톤 압출량$[\text{m}^3/\text{h}]$

① 저단 냉매순환량$(m_L) = \dfrac{Q_e}{q_e} = \dfrac{Q_e}{h_1 - h_6} = \dfrac{10\text{RT}}{h_1 - h_6} = \dfrac{10 \times 13897.52}{610 - 424}$

$\fallingdotseq 747.18\,\text{kg/h}$

② 고단 압축기 피스톤 압출량

㉠ 저단 압축기 실제 토출 냉매 비엔탈피

$h_2' = h_1 + \dfrac{h_2 - h_1}{\eta_c} = 610 + \dfrac{34}{0.72} \fallingdotseq 657.22\,\text{kJ/kg}$

㉡ 고단 냉매순환량$(m_H) = m_L\left(\dfrac{h_2' - h_5}{h_3 - h_4}\right) = 747.18 \times \dfrac{657.22 - 424}{626 - 450}$

$\fallingdotseq 990.1\,\text{kg/h}$

㉢ 고단 피스톤 압출량$(V_H) = \dfrac{m_H v_3}{\eta_v} = \dfrac{990.1 \times 0.05}{0.75} = 6.01\,\text{m}^3/\text{h}$

03

냉동 능력 R=5.81kW인 R-22 냉동 시스템의 증발기에서 냉매와 공기의 평균 온도 차가 8℃로 운전되고 있다. 이 증발기는 내외 표면적비 m=7.5, 공기측 열전달률 α_a=46.48W/m^2·K, 냉매측 열전달률 α_r=581W/m^2·K의 플레이트 핀 코일이고, 핀 코일 재료의 열전달 저항은 무시한다. 각 물음에 답하시오. (15점)

1. 증발기의 외표면 기준 열통과율 K[W/m^2·K]는 얼마인가?
2. 증발기 외표면적 A_o[m^2]는 얼마인가?
3. 이 증발기의 냉매 회로수 n=4, 관의 안지름이 15mm이라면 1회로당 코일 길이 l은 몇 [m]인가?

해설 1. 증발기 외표면 열통과율

① 열저항$(R) = \dfrac{1}{K} = \dfrac{1}{\alpha_r}\dfrac{A_a}{A_r} + \dfrac{1}{\alpha_a} = \dfrac{1}{581} \times 7.5 + \dfrac{1}{46.48} = 0.034\text{m}^2\cdot\text{K/W}$

② 열통과율$(K) = \dfrac{1}{R} = \dfrac{1}{0.034} = 29.41\,\text{W/m}^2\cdot\text{K}$

2. 증발기 외표면적

$A_o = \dfrac{Q_e}{K\Delta t} = \dfrac{5.81 \times 10^3}{29.41 \times 8} = 24.69 \fallingdotseq 25\text{m}^2$

3. 1회로당 코일 길이

① 내표면적$(A_i) = \frac{A_o}{m} = \frac{25}{7.5} = 3.33\text{m}^2$

② 코일 길이$(l) = \frac{A_i}{n\pi d_i} = \frac{3.33}{4 \times \pi \times 0.015} ≒ 17.67\text{m}$

04 원심식 송풍기의 회전수를 n에서 n'로 변화시켰을 때 각 변화에 대해 답하시오. (6점)

1. 정압의 변화
2. 풍량의 변화
3. 축마력의 변화

1. $\frac{P'}{P} = \left(\frac{n'}{n}\right)^2$
2. $\frac{Q'}{Q} = \frac{n'}{n}$
3. $\frac{L'}{L} = \left(\frac{n'}{n}\right)^3$

05 다음과 같은 냉수 코일의 조건을 이용하여 각 물음에 답하시오. (16점)

[조 건]

1) 코일부하 : q_c=418,600kJ/h
2) 통과풍량 : Q_c=15,000m³/h
3) 단수 : S=26단
4) 풍속 : V_f=3m/s
5) 유효높이 a=992mm, 길이 b=1,400mm, 관내경 d_i=12mm
6) 공기 입구 온도 : 건구온도 t_1 = 28℃, 노점온도 t_1'' = 19.3℃
7) 공기 출구 온도 : 건구온도 t_2 = 14℃
8) 코일의 입·출구 수온차 : 5℃(입구 수온 7℃)
9) 코일의 열통과율 : 1,012W/m²·K
10) 습면보정계수 : C_{WS} = 1.4

1. 전면 면적 A_f[m²]를 구하시오.
2. 냉수량 L[L/min]을 구하시오.
3. 코일 내의 수속 V_w[m/s]를 구하시오.
4. 대수평균온도차(평행류) $LMTD$[℃]를 구하시오.
5. 코일 열수(N)를 구하시오.

계산된 열수(N)	2.26~3.70	3.71~5.00	5.01~6.00	6.01~7.00	7.01~8.00
실제 사용 열수(N)	4	5	6	7	8

해설

1. 전면 면적$(A_f) = \dfrac{Q_c}{V \times 3{,}600} = \dfrac{15{,}000}{3 \times 3{,}600} \fallingdotseq 1.39\text{m}^2$

2. 냉수량$(L) = \dfrac{q_c}{C\Delta t \times 60} = \dfrac{418{,}600}{4.186 \times 5 \times 60} \fallingdotseq 333.33\text{L/min}$

3. 코일 내 수속$(V_w) = \dfrac{L}{AS \times 60} = \dfrac{L \times 4}{\pi d^2 S \times 60} = \dfrac{0.33333 \times 4}{3.14 \times 0.012^2 \times 26 \times 60} = 1.89\text{m/s}$

4. $\Delta t_1 = 28 - 7 = 21℃$, $\Delta t_2 = 14 - 12 = 2℃$

   ∴ 대수평균온도차$(LMTD) = \dfrac{\Delta t_1 - \Delta t_2}{\ln\left(\dfrac{\Delta t_1}{\Delta t_2}\right)} = \dfrac{21-2}{\ln\left(\dfrac{21}{2}\right)} \fallingdotseq 8.08℃$

5. 코일 열수$(N) = \dfrac{q_c}{KA_f C_{WS}(LMTD)} = \dfrac{418{,}600}{(1{,}012 \times 3.6) \times 1.39 \times 1.4 \times 8.08} \fallingdotseq 8$열

06

다음 그림과 같은 장치로 공기조화를 할 때 주어진 공기선도와 조건을 이용하여 겨울철의 공기조화에 대한 각 물음에 답하시오. (18점)

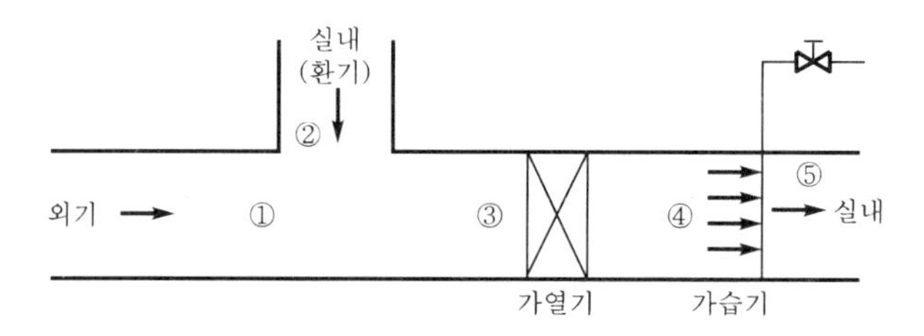

구 분	t〔℃〕	ψ〔%〕	x〔kg′/kg〕	h〔kJ/kg〕
실내	20	50	0.00725	9.21
외기	4	35	0.00175	2.0
실내 손실열량	q_s =30,240kJ/h, q_L =12,960kJ/h			
송풍량	9,000kg/h			
외기량비	K_F=0.3			
가습	증기 분무 : 2atg, h_u =650kJ/kg			

1. 현열비를 구하시오.
2. 혼합공기상태(t_3, h_3)를 구하시오.
3. 취출공기상태(t_5, h_5)를 구하시오.
4. 공기 ④의 상태를 공기선도를 이용하여 구하시오.
5. 가열기의 가열량을 구하시오.
6. 가습 열량을 구하시오.

1. 현열비$(SHF) = \dfrac{q_s}{q_s + q_L} = \dfrac{30,240}{30,240 + 12,960} = 0.7$
2. 혼합공기상태
   ① $t_3 = K_F t_1 + (1 - K_F) t_2 = 0.3 \times 4 + 0.7 \times 20 = 15.2℃$
   ② $h_3 = K_F h_1 + (1 - K_F) h_2 = 0.3 \times 2 + 0.7 \times 9.21 ≒ 7.05\,\text{kJ/kg}$
3. 취출공기상태
   ① $t_5 = t_2 + \dfrac{q_s}{m C_p} = 20 + \dfrac{30,240}{9,000 \times 0.24} = 34℃$
   ② $h_5 = h_2 + \dfrac{q_s + q_L}{m} = 9.21 + \dfrac{30,240 + 12,960}{9,000} = 14.01\,\text{kJ/kg}$
4. 공기 ④의 상태

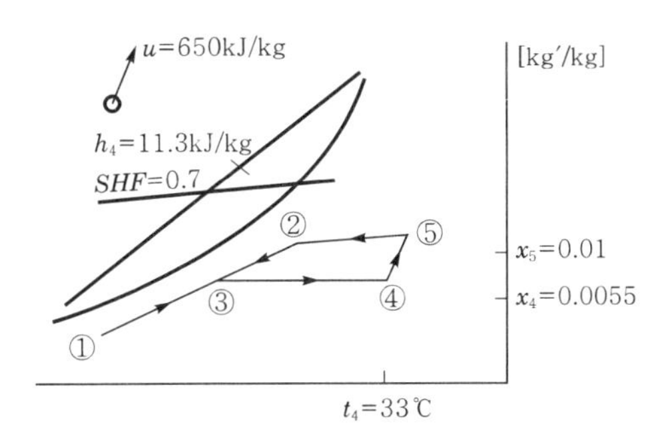

【참고】 취출공기 ⑤ 상태에서 열수분비$(u) = 650\,\text{kJ/kg}$선과 평행하게 긋고 가열기 출구 ④를 찾는다.

5. 가열기의 가열량$(q_H) = m(h_4 - h_3) = 9,000 \times (11.3 - 7.05) = 38,250\,\text{kJ/h}$
6. 가습 열량$(q_L) = m(h_5 - h_4) = 9,000 \times (14.01 - 11.3) = 24,390\,\text{kJ/h}$

【참고】 가습량$(L) = m(x_5 - x_4) = 9,000 \times (0.01 - 0.0055) = 40.5\,\text{kg/h}$

07 다음 그림과 같은 2중 덕트 장치도를 보고 공기선도에 각 상태점을 나타내어 흐름도를 완성시키시오. (5점)

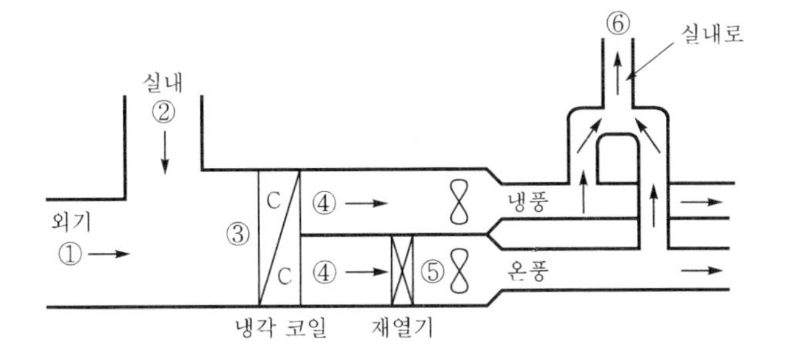

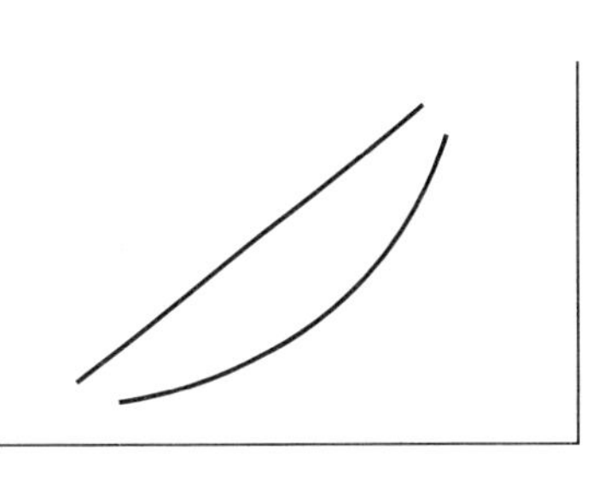

해설

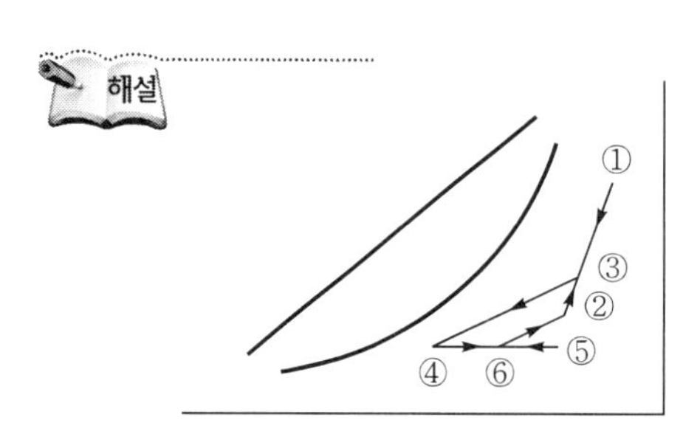

08 온도 10℃, 상대습도 60%의 공기를 20℃까지 가열하면 상대습도는 얼마가 되는지 다음 표를 이용하여 구하시오. (5점)

온도(℃)	포화수증기압 P(kPa)	온도(℃)	포화수증기압 P(kPa)
0	0.6228	60	20.316
10	1.2513	70	31.780
20	2.383	80	48.297
30	4.3261	90	71.493
40	7.5220	100	103.323
50	12.581		

해설 $\frac{\phi_2}{\phi_1} = \frac{P_1}{P_2}\left(\phi \propto \frac{1}{P}\right)$

$$\therefore\ \phi_2 = \phi_1\left(\frac{P_1}{P_2}\right) \times 100\% = 0.6 \times \frac{1.2513}{2.383} \times 100\% = 31.5\%$$

09 다음과 같은 냉방부하를 갖는 건물에서 냉동기 부하(RT)를 구하시오. (5점)

실 명	냉방부하(kJ/h)		
	8 : 00	12 : 00	16 : 00
A실	125,000	84,000	84,000
B실	105,000	125,000	168,000
C실	42,000	42,000	42,000
계	273,000	252,000	294,000

해설 $$\text{냉동기 부하}(Q_e) = \frac{\text{냉방부하} \times \text{배관부하 안전율}}{13897.52}$$

$$= \frac{294{,}000 \times (1 + 0.05)}{13897.52} \fallingdotseq 22.21\text{RT}$$

【참고】 냉동기 부하는 냉방부하에 순환펌프와 배관부하의 안전율을 5% 정도 가산하는 것이 보통이다.

10 **다음과 같은 온수난방설비에서 각 물음에 답하시오.** (단, 방열기 입·출구 온도차는 10℃, 국부저항 상당관 길이는 직관길이의 50%, 1m당 마찰손실수두는 15mmAq이다.) (15점)

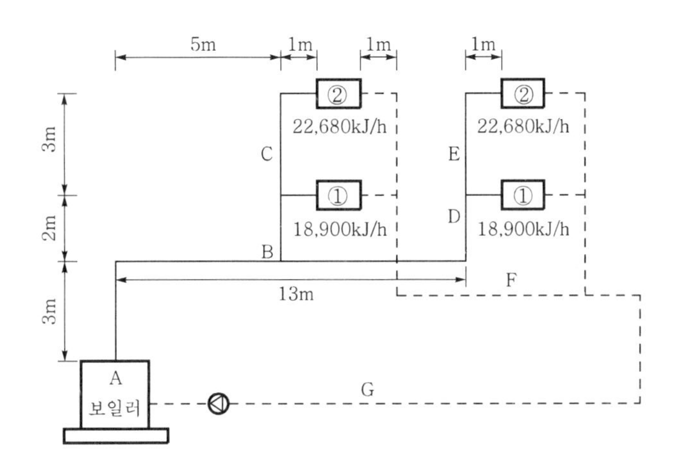

1. 순환펌프의 전 마찰손실수두(mmAq)를 구하시오. (단, 환수관의 길이=30m)
2. ①과 ②의 온수순환량(L/min)을 구하시오.
3. 각 구간의 온수순환수량을 구하시오.

구 간	B	C	D	E	F	G
온수순환수량(L/min)						

해설 1. 전 마찰손실수두

$H=(3+13+2+3+1+30)\times 1.5\times 15=1{,}170\text{mmAq}$

2. ①과 ②의 온수순환량

①의 온수순환량$(W_1)=\dfrac{Q_1}{C\Delta t\times 60}=\dfrac{18{,}900}{4.186\times 10\times 60}\fallingdotseq 7.53\text{L/min}$

②의 온수순환량$(W_2)=\dfrac{Q_2}{C\Delta t\times 60}=\dfrac{22{,}680}{4.186\times 10\times 60}\fallingdotseq 9.03\text{L/min}$

∴ 수량 합계$(W)=W_1+W_2=7.53+9.03=16.56\text{L/min}$

3. 각 구간의 온수순환수량

구 간	B	C	D	E	F	G
온수순환수량(L/min)	33.12	9.03	16.56	9.03	16.56	33.12

2009

2010년도 기출문제

2010. 4. 18. 시행

01 **어떤 사무소에 표준 덕트 방식의 공기조화 시스템을 설계하고자 한다. 각 물음에 답하시오.** (16점)

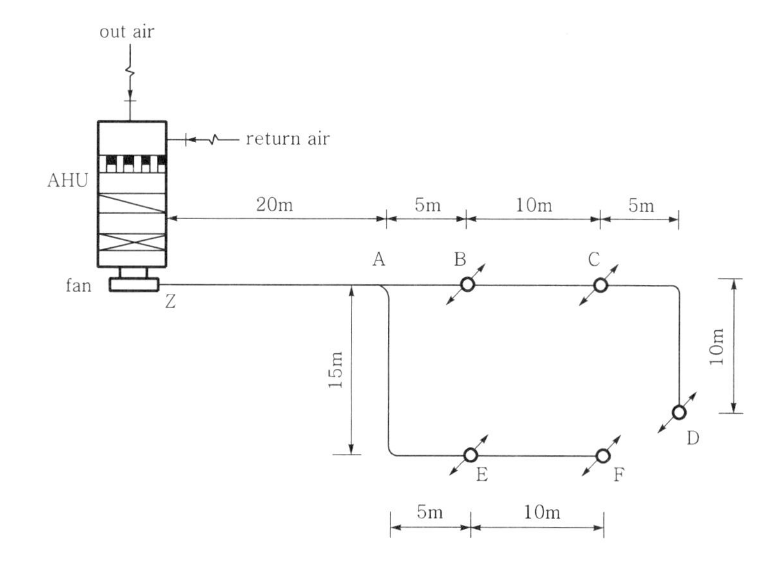

1. 실내에 설치한 덕트 시스템을 위의 그림과 같이 설계하고자 한다. 각 취출구의 풍량이 동일할 때 장방형 덕트의 크기를 결정하고, Z－F구간의 마찰 손실을 구하시오. (단, 마찰 손실 R=0.1mmAq/m, 중력 가속도 g=9.8m/s^2, 취출구 저항 5mmAq, 댐퍼 저항 5mmAq, 공기 밀도 1.2kg/m^3)

구 간	풍량[m³/h]	원형 덕트지름[mm]	장방형 덕트크기[mm]	풍속[m/s]
Z－A	18,000		1,000×(　　)	
A－B	10,800		1,000×(　　)	
B－C	7,200		1,000×(　　)	
C－D	3,600		1,000×(　　)	
A－E	7,200		1,000×(　　)	
E－F	3,600		1,000×(　　)	

2. 송풍기 토출 정압을 구하시오. (단, 국부 저항은 덕트 길이의 50%이다.)

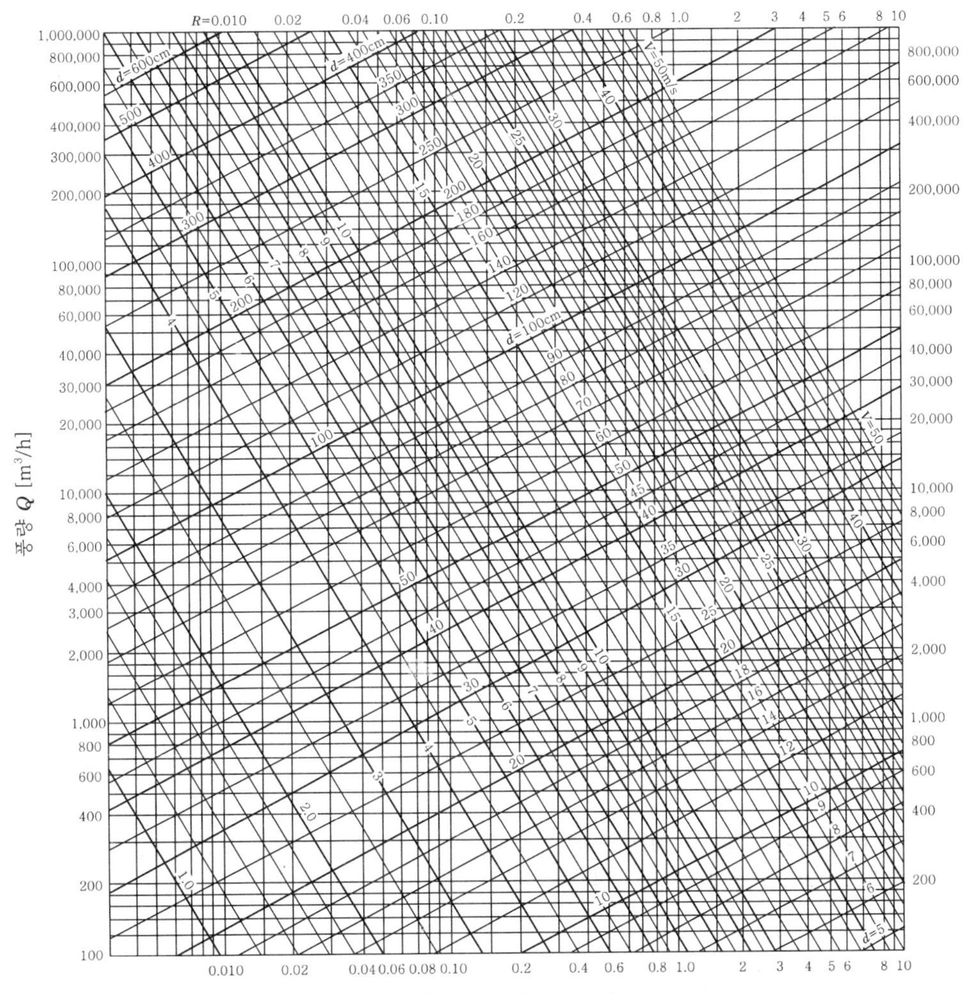

장변＼단변	10	15	20	25	30	35	40	45	50	55	60	65	70	75	80	85	90	95	100
10	10.9																		
15	13.3	16.4																	
20	15.2	18.9	21.9																
25	16.9	21.0	24.4	27.3															
30	18.3	22.9	26.6	29.9	32.8														
35	19.5	24.5	28.6	32.2	35.4	38.3													
40	20.7	26.0	30.5	34.3	37.8	40.9	43.7												
45	21.7	27.4	32.1	36.3	40.0	43.3	46.4	49.2											
50	22.7	28.7	33.7	38.1	42.0	45.6	48.8	51.8	54.7										
55	23.6	29.9	35.1	39.8	43.9	47.7	51.1	54.3	57.3	60.1									
60	24.5	31.0	36.5	41.4	45.7	49.6	53.3	56.7	59.8	62.8	65.6								
65	25.3	32.1	37.8	42.9	47.4	51.5	55.3	58.9	62.2	65.3	68.3	71.1							
70	26.1	33.1	39.1	44.3	49.0	53.3	57.3	61.0	64.4	67.7	70.8	73.7	76.5						
75	26.8	34.1	40.2	45.7	50.6	55.0	59.2	63.0	66.6	69.7	73.2	76.3	79.2	82.0					
80	27.5	35.0	41.4	47.0	52.0	56.7	60.9	64.9	68.7	72.2	75.5	78.7	81.8	84.7	87.5				
85	28.2	35.9	42.4	48.2	53.4	58.2	62.6	66.8	70.6	74.3	77.8	81.1	84.2	87.2	90.1	92.9			
90	28.9	36.7	43.5	49.4	54.8	59.7	64.2	68.6	72.6	76.3	79.9	83.3	86.6	89.7	92.7	95.6	198.4		
95	29.5	37.5	44.5	50.6	56.1	61.1	65.9	70.3	74.4	78.3	82.0	85.5	88.9	92.1	95.2	98.2	101.1	103.9	
100	30.1	38.4	45.4	51.7	57.4	62.6	67.4	71.9	76.2	80.2	84.0	87.6	91.1	94.4	97.6	100.7	103.7	106.5	109.3
105	30.7	39.1	46.4	52.8	58.6	64.0	68.9	73.5	77.8	82.0	85.9	89.7	93.2	96.7	100.0	103.1	106.2	109.1	112.0
110	31.3	39.9	47.3	53.8	59.8	65.2	70.3	75.1	79.6	83.8	87.8	91.6	95.3	98.8	102.2	105.5	108.6	111.7	114.6
115	31.8	40.6	48.1	54.8	60.9	66.5	71.7	76.6	81.2	85.5	89.6	93.6	97.3	100.9	104.4	107.8	111.0	114.1	117.2
120	32.4	41.3	49.0	55.8	62.0	67.7	73.1	78.0	82.7	87.2	91.4	95.4	99.3	103.0	106.6	110.0	113.3	116.5	119.6
125	32.9	42.0	49.9	56.8	63.1	68.9	74.4	79.5	84.3	88.8	93.1	97.3	101.2	105.0	108.6	112.2	115.6	118.8	122.0
130	33.4	42.6	50.6	57.7	64.2	70.1	75.7	80.8	85.7	90.4	94.8	99.0	103.1	106.9	110.7	114.3	117.7	121.1	124.4
135	33.9	43.3	51.4	58.6	65.2	71.3	76.9	82.2	87.2	91.9	96.4	100.7	104.9	108.8	112.6	116.3	119.9	123.3	126.7
140	34.4	43.9	52.2	59.5	66.2	72.4	78.1	83.5	88.6	93.4	98.0	102.4	106.6	110.7	114.6	118.3	122.0	125.5	128.9
145	34.9	44.5	52.9	60.4	67.2	73.5	79.3	84.8	90.0	94.9	99.6	104.1	108.4	112.5	116.5	120.3	124.0	127.6	131.1
150	35.3	45.2	53.6	61.2	68.1	74.5	80.5	86.1	91.3	96.3	101.1	105.7	110.0	114.3	118.3	122.2	126.0	129.7	133.2
155	35.8	45.7	54.4	62.1	69.1	75.6	81.6	87.3	92.6	97.4	102.6	107.2	111.7	116.0	120.1	124.1	127.9	131.7	135.3
160	36.2	46.3	55.1	62.9	70.6	76.6	82.7	88.5	93.9	99.1	104.1	108.8	113.3	117.7	121.9	125.9	129.8	133.6	137.3
165	36.7	46.9	55.7	63.7	70.9	77.6	83.8	89.7	95.2	100.5	105.5	110.3	114.9	119.3	123.6	127.7	131.7	135.6	139.3
170	37.1	47.5	56.4	64.4	71.8	78.5	84.9	90.8	96.4	101.8	106.9	111.8	116.4	120.9	125.3	129.5	133.5	137.5	141.3

해설 1.

구 간	풍량(m^3/h)	원형 덕트지름(mm)	장방형 덕트크기(mm)	풍속(m/s)
Z－A	18,000	850	1,000×(650)	8
A－B	10,800	680	1,000×(450)	7
B－C	7,200	600	1,000×(350)	6
C－D	3,600	462.5	1,000×(250)	4
A－E	7,200	600	1,000×(350)	6
E－F	3,600	462.5	1,000×(250)	4

2. ① 토출 전압(P_t) $=(20+15+5+10)\times1.5\times0.1+5+5=17.5\text{mmAq}$

② 토출 정압(P_s) $=P_t-P_v=P_t-\dfrac{\rho V^2}{2g}=17.5-\dfrac{1.2\times7.69^2}{2\times9.8}$

$=13.879\text{mmAq}(\fallingdotseq 13.88\text{mmAq})$

02 다음과 같은 증기 코일 순환 시스템에서 증기 코일의 입구 온도, 증기 코일의 출구 온도 및 코일의 전면 면적을 구하시오. (단, 외기 도입량=20%) (9점)

[조 건]

1) 풍량 : 14,400m^3/h
2) 난방 용량 : 627,900kJ/h
3) 외기 도입 온도 : －5℃
4) 순환 공기 온도 : 20℃
5) 코일 통과 풍속 : 3m/s
6) 공기의 밀도 : 1.2kg/m^3
7) 공기의 정압 비열 : 1.0046kJ/kg·K

해설 ① 증기 코일의 입구 온도$(t_i) = 0.2 \times (-5) + 0.8 \times 20 = 15℃$

② 증기 코일의 출구 온도(t_o)

$Q_H = \rho Q C_p (t_o - t_i)$에서

$$t_o = t_i + \frac{Q_H}{\rho Q C_p} = 15 + \frac{627,900}{1.2 \times 14,400 \times 1.0046} = 51.17℃$$

③ 전면 면적$(F) = \dfrac{Q}{V \times 3,600} = \dfrac{14,400}{3 \times 3,600} ≒ 1.33\text{m}^2$

03

1단 압축 1단 팽창의 이론 사이클로 운전되고 있는 R-22 냉동 장치가 있다. 이 냉동 장치는 증발 온도 -10℃, 응축 온도 40℃, 압축기 흡입 증기는 과열 증기 상태이고 비엔탈피 및 비체적은 아래 선도와 같으며 냉동 능력 163,254kJ/h일 때 피스톤 토출량[m³/h]을 구하시오. (단, 체적 효율은 60%) (6점)

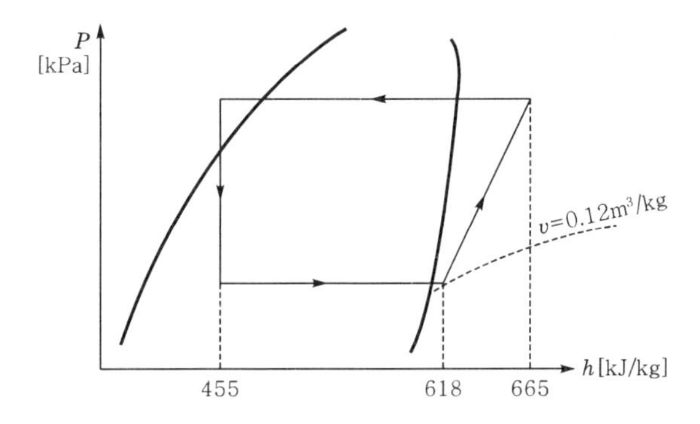

해설 피스톤 토출량$(V) = \dfrac{Q_e v}{\eta_v q_e} = \dfrac{163,254 \times 0.12}{0.6 \times (618 - 455)} = 200.31\text{m}^3/\text{h}$

04

암모니아 냉동 장치에서 사용되는 가스 퍼저(불응축 가스 분리기)에서 다음의 그림에 있는 접속구 A-E는 각각 어디에 연결되는지 예와 같이 나타내시오. (예 F : 압축기 토출관) (15점)

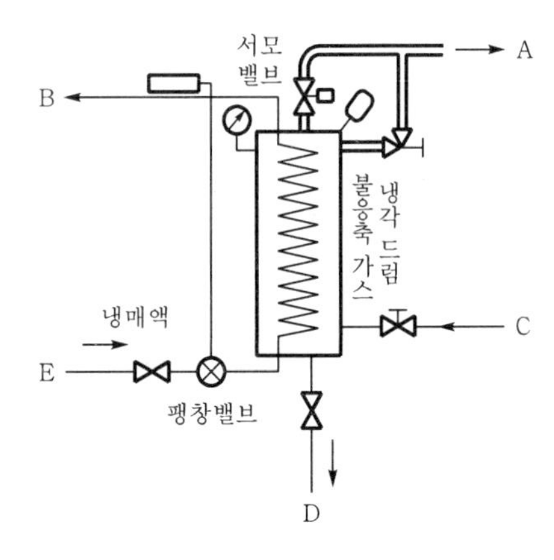

해설 A : 수조에 연결
B : 압축기 흡입관
C : 응축기와 수액기 상부 불응축 가스 도입관
D : 수액기로 연결
E : 수액기 출구 액관

05 다음 그림과 같은 R-22 장치도를 보고 각 물음에 답하시오. (7점)

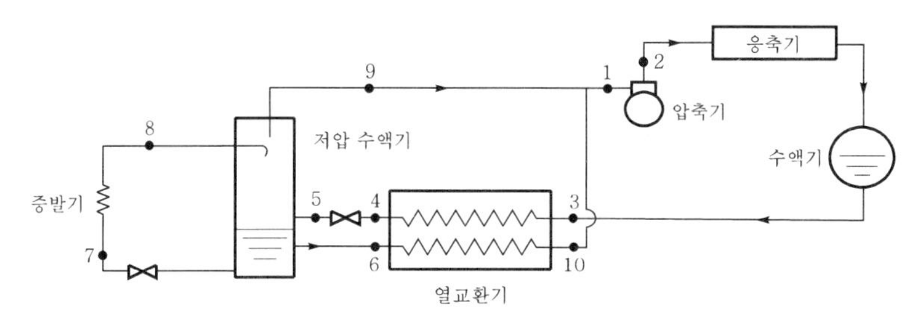

1. $P-h$ 선도를 그리고 해당 번호를 기입하시오.

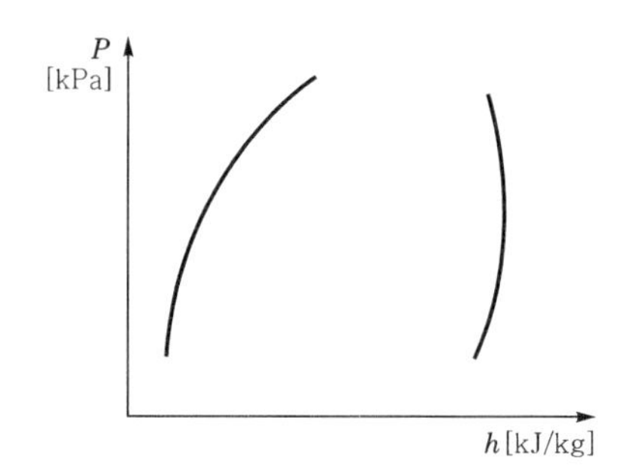

2. 냉동기 성능 계수 $(COP)_R$을 구하시오.

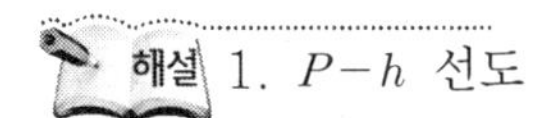

1. $P-h$ 선도

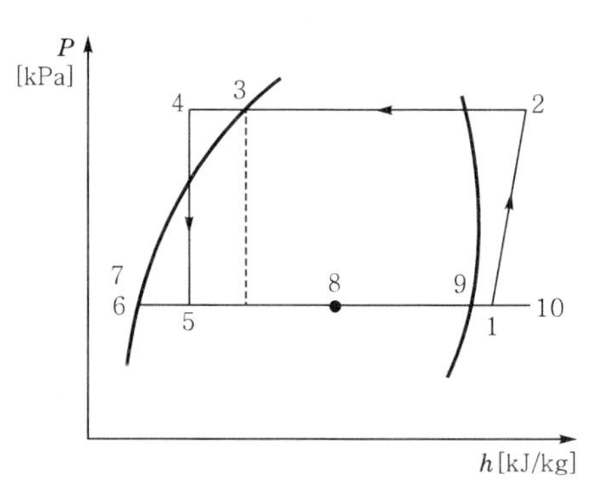

2. $(COP)_R = \dfrac{h_8 - h_7}{h_2 - h_1}$

06 응축기의 전열 면적 1m²당 송풍량이 280m³/h이고, 열통과율이 41.86W/m²·K일 때 응축기 입구 공기 온도가 20℃, 출구 공기 온도가 26℃라면 응축 온도는 몇 〔℃〕인가? (단, 공기의 밀도 1.2kg/m³, 공기의 정압 비열 1.0046kJ/kg·K이고 평균 온도차는 산술 평균 온도로 한다.) (6점)

해설 $t_c - \dfrac{t_i + t_o}{2} = \dfrac{\rho Q C_p (t_o - t_i)}{KA}$ 에서

$$\text{응축 온도}(t_c) = \frac{\rho Q C_p (t_o - t_i)}{KA} + \frac{t_i + t_o}{2}$$

$$= \frac{1.2 \times 280 \times 1.0046 \times (26-20)}{(41.86 \times 3.6) \times 1} + \frac{20+26}{2} = 36.44℃$$

07 횡형 셸 앤드 로핀 튜브 수냉식 응축기에서 수측 열관류율(q_w)은 5,814W/m²·K, 냉매측 열관류율(q_r)은 2,325W/m²·K, 냉각관의 유효 내외 면적비(m)가 3일 때 냉매 전열면 기준 열통과율〔W/m²·K〕을 구하시오. (5점)

해설 ① 열저항$(R) = \dfrac{1}{K} = \dfrac{1}{q_r} + \dfrac{1}{q_w} m$

$$= \frac{1}{2{,}325} + \frac{1}{5{,}814} \times 3 = 9.46 \times 10^{-4} \mathrm{m^2 \cdot K/W}$$

② 열통과율$(K) = \dfrac{1}{R} = \dfrac{1}{9.46 \times 10^{-4}} \fallingdotseq 1057.08 \mathrm{W/m^2 \cdot K}$

2010

08 겨울철 냉동 장치 운전 중에 고압측 압력이 갑자기 낮아질 경우 장치 내에서 일어나는 현상을 3가지 쓰고 그 이유를 각각 설명하시오. (18점)

해설 ① ㉠ 현상 : 냉동 장치의 각부가 정상임에도 불구하고 냉각이 불충분해진다.
㉡ 이유 : 응축기 냉각 공기 온도가 낮아짐으로 응축 압력이 낮아지는 것이 원인이다.

② ㉠ 현상 : 냉매 순환량이 감소한다.
㉡ 이유 : 증발 압력이 일정한 상태에서 고저압의 차압이 적어서 팽창 밸브의 능력이 감소하는 원인이다.

③ ㉠ 현상 : 단위 능력당 소요 동력이 증가한다.
㉡ 이유 : 냉동 능력에 알맞은 냉매량을 확보하지 못하므로 운전 시간이 길어지는 것이 원인이다.

09 다음 조건에 대하여 각 물음에 답하시오. (18점)

[조 건]

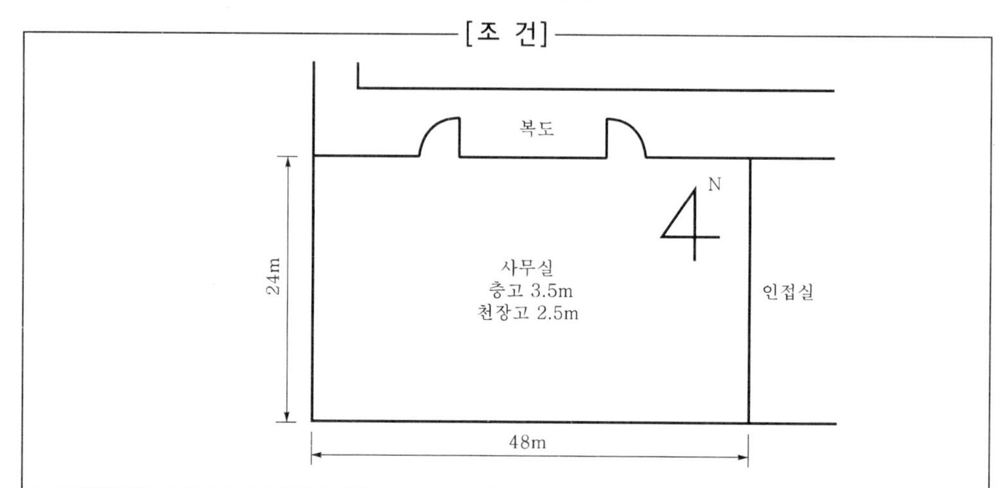

구 분	건구 온도(℃)	절대 습도(kg'/kg)
실내	26	0.0107
실외	31	0.0186

1) 인접실과 하층은 동일한 공조 상태이다.
2) 지붕 열통과율 K=1.76W/m²·K이고, 상당 외기 온도차 Δt_e=3.9℃이다.
3) 조명은 바닥 면적당 20W/m², 형광등, 제거율 0.25이다.
4) 외기 도입량은 바닥 면적당 5m³/m²·h이다.
5) 인원수 0.5인/m², 인체 발생 부하의 현열 209kJ/h·인, 잠열 263.72kJ/h·인이다.
6) 공기의 밀도 1.2kg/m³, 공기의 정압 비열 1.0046kJ/kg·K이다.

1. 인체 발열 부하(kJ/h)의 현열 및 잠열을 구하시오.
2. 조명 부하(kJ/h)를 구하시오.
3. 지붕 부하(kJ/h)를 구하시오.
4. 외기 부하(kJ/h)의 현열 및 잠열을 구하시오.

해설 1. 인체 발열 부하

① 현열$(q_s) = K_s nA = 209 \times 0.5 \times (24 \times 48) = 120{,}384\text{kJ/h}$

② 잠열$(q_L) = K_L nA = 263.72 \times 0.5 \times (24 \times 48) = 151902.72\text{kJ/h}$

2. 조명 부하$= (24 \times 48) \times 20 \times 3.6 \times (1 - 0.25) = 62{,}208\text{kJ/h}$

3. 지붕 부하$= (1.76 \times 3.6) \times (24 \times 48) \times 3.9 \fallingdotseq 28466.38\text{kJ/h}$

4. 외기 부하

① 현열$(q_s) = q_o A \rho C_p (t_o - t_i)$

$= 5 \times (24 \times 48) \times 1.2 \times 1.0046 \times (31 - 26) = 34718.98\text{kJ/h}$

② 잠열$(q_L) = q_o A \rho h_o (x_o - x_i)$

$= 5 \times (24 \times 48) \times 1.2 \times 2500.3 \times (0.0186 - 0.0107) = 136528.38\text{kJ/h}$

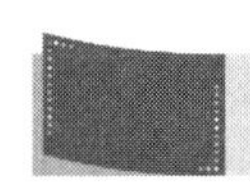

2010. 7. 4. 시행

01 실내 온도 26℃, 실외측 온도 32℃, 벽체의 면적이 120m²이고 다음과 같은 벽체 구조일 때 열통과율[W/m²·K]과 침입 열량(열통과량)[kJ/h]을 구하라. (6점)

번 호	재 료	두께[mm]	열전도율[W/m·K]
①	시멘트모르타르	15	1.51
②	콘크리트	150	1.63
③	시멘트모르타르	15	1.51
④	목재	3	0.58

⊙ 표면 열전달률

구 분	열전달률[W/m²·K]
실외	23.25
실내	8.14

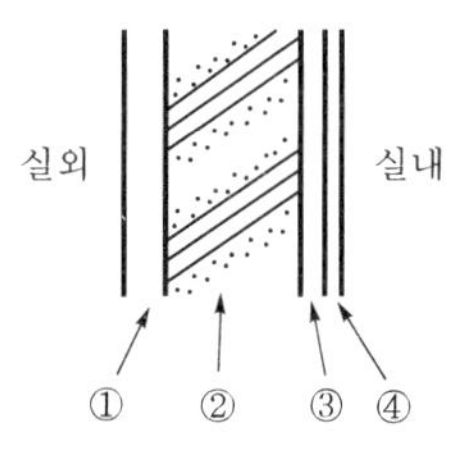

해설 ① 열통과율$(K)=\dfrac{1}{\text{열저항}(R)}=\dfrac{1}{\dfrac{1}{\alpha_o}+\displaystyle\sum_{i=1}^{n}\dfrac{l_i}{\lambda_i}+\dfrac{1}{\alpha_i}}$

$$=\frac{1}{\dfrac{1}{23.25}+\dfrac{0.015}{1.51}+\dfrac{0.15}{1.63}+\dfrac{0.015}{1.51}+\dfrac{0.003}{0.58}+\dfrac{1}{8.14}}$$

$\fallingdotseq 3.53\text{W/m}^2\cdot\text{K}$

② 열통과량$(Q)=KA(t_o-t_i)=3.53\times120\times(32-26)\fallingdotseq 2541.6\text{W}$

02 증기난방설비에서 다음과 같은 운전조건일 때 다음 각 물음에 답하시오. (18점)

[조 건]

1) 외기온도 : 6℃	2) 실내온도 : 20℃
3) 환기온도 : 18℃	4) 코일 입구 공기혼합온도 : 15℃
5) 가열코일 후 온도 : 35℃	6) 취출구온도 : 32℃
7) 배관손실 : 보일러발열량의 25%	8) 수증기의 증발잠열 : 2,268kJ/kg
9) 연료소비량 : 12.5L/h	10) 1L당 발열량 : 33,600kJ/L·h
11) 송풍량 : 10,000kg/h	12) 공기의 정압비열 : 1.0046kJ/kg·K

1. 실내손실열량[kJ/h]
2. 급기덕트의 손실열량[kJ/h]
3. 외기도입량[kg/h]
4. 가열코일의 증기소비량[kg/h]
5. 보일러효율[%]

 해설 1. 실내손실열량$= mC_p(t_o - t_r) = 10{,}000 \times 1.0046 \times (32-20) = 120{,}552\text{kJ/h}$

2. 급기덕트의 손실열량$= mC_p(t_2 - t_0) = 10{,}000 \times 1.0046 \times (35-32) = 30{,}138\text{kJ/h}$

3. 외기도입량

$$t_m = \frac{(m-x)t_R + t_o x}{m}$$

$$15 = \frac{(10{,}000-x) \times 18 + 6 \times x}{10{,}000}$$

$$\therefore\ x = \frac{180{,}000 - 150{,}000}{18-6} = 2{,}500\text{kg/h}$$

4. 증기소비량$(m_s) = \dfrac{mC_p(t_2 - t_m)}{\gamma_o}$

$$= \frac{10{,}000 \times 1.0046 \times (35-15)}{2{,}268} \fallingdotseq 88.59\text{kg/h}$$

5. 보일러효율$(\eta_B) = \dfrac{mC_p(t_2 - t_m)K_p}{m_f H_f} \times 100\%$

$$= \frac{10{,}000 \times 1.0046 \times (35-15) \times 1.25}{12.5 \times 33{,}600} \times 100\% \fallingdotseq 60\%$$

03 냉동 능력 R=4.1kW인 R-22 냉동 시스템의 증발기에서 냉매와 공기의 평균 온도차가 8℃로 운전되고 있다. 이 증발기는 내외 표면적비 m=8.3, 공기측 열전달률 a_a=56.48W/m²· K, 냉매측 열전달률 a_r=681W/m²· K의 플레이트 핀 코일이고, 핀 코일 재료의 열전달 저항은 무시한다. 각 물음에 답하시오. (12점)

1. 증발기의 외표면 기준 열통과율 K[W/m²·K]은?
2. 증발기 내경이 23.5mm일 때, 증발기 코일 길이는 몇 [m]인가?

 해설 1. 외표면 기준(공기측) 열통과율

$$K = \frac{1}{\text{열저항}(R)} = \frac{1}{\dfrac{1}{\alpha_o} + \dfrac{1}{\alpha_r}m} = \frac{1}{\dfrac{1}{56.48} + \dfrac{1}{681} \times 8.3} = 3.35\text{W/m}^2\cdot\text{K}$$

2. 증발기 코일 길이

① 내표면적$(A_i) = \dfrac{R}{K\Delta t_m m} = \dfrac{4.1}{3.35 \times 8 \times 8.3} \fallingdotseq 0.0184\text{m}^2$

② 코일 길이$(L) = \dfrac{A_i}{\pi D_i} = \dfrac{0.0184}{\pi \times 0.0235} \fallingdotseq 0.25\text{m}$

04 어떤 사무소 공조 설비 과정이 다음과 같다. 각 물음에 답하시오. (16점)

[조 건]

1) 마찰 손실(R) : 0.1mmAq	2) 국부 저항 계수(ζ) : 0.29
3) 1개당 취출구 풍량 : 3,000m³/h	4) 송풍기 출구 풍속(V) : 13m/s
5) 정압 효율 : 50%	6) 에어 필터 저항 : 5mmAq
7) 가열 코일 저항 : 15mmAq	8) 냉각기 저항 : 15mmAq
9) 송풍기 저항 : 10mmAq	10) 취출구 저항 : 5mmAq

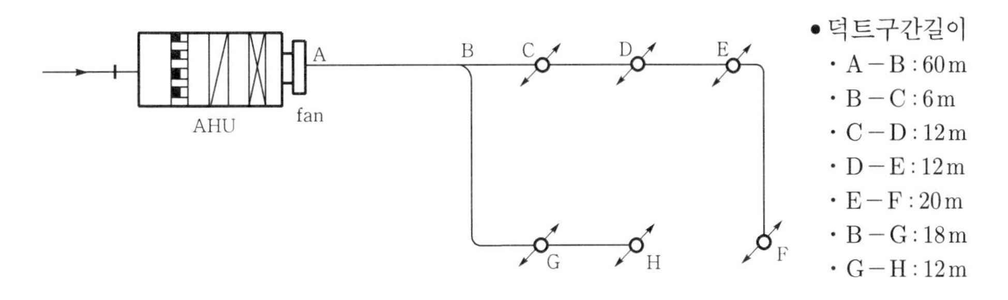

- 덕트구간길이
  - A－B : 60m
  - B－C : 6m
  - C－D : 12m
  - D－E : 12m
  - E－F : 20m
  - B－G : 18m
  - G－H : 12m

1. 실내에 설치된 덕드 시스템을 위의 그림과 같이 설계하고자 한다. 각 취출구의 풍량이 동일할 때, 장방형 덕트의 크기를 결정하고 풍속을 구하시오.

구 간	풍량[m^3/h]	원형 덕트지름[cm]	장방형 덕트크기[cm]	풍속[m/s]
A－B			(　　)×35	
B－C			(　　)×35	
C－D			(　　)×35	
D－E			(　　)×35	
E－F			(　　)×35	

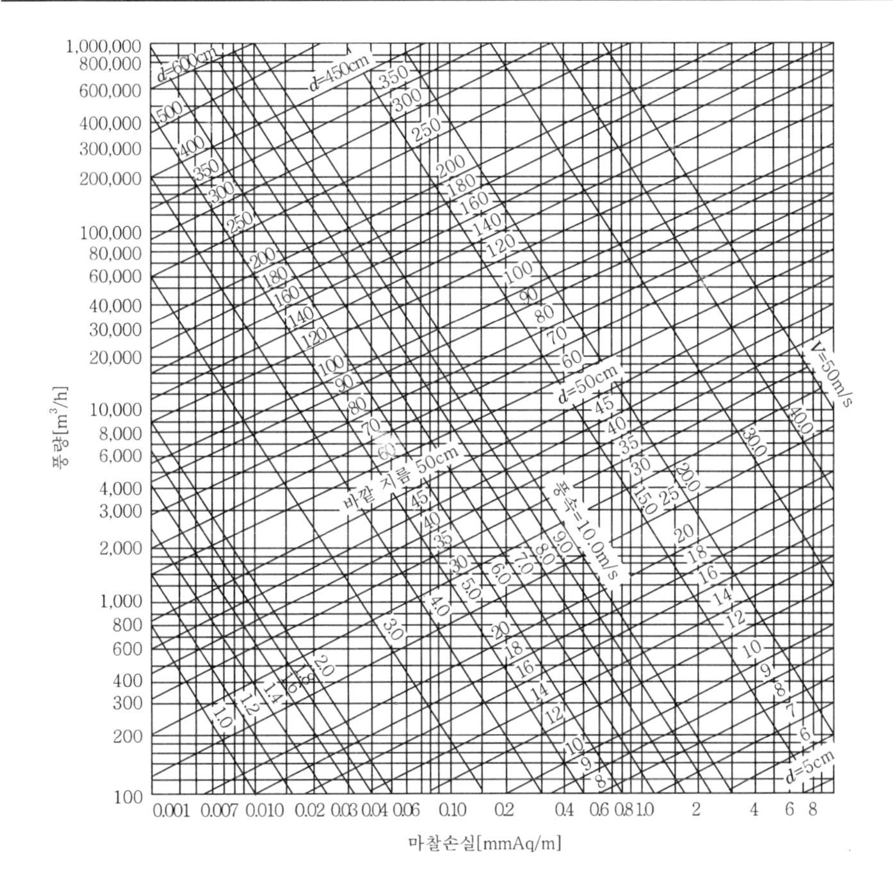

2. 송풍기 정압(mmAq)을 구하시오. (단, 공기 밀도 1.2kg/m^3, 중력 가속도 9.8m/s^2)
3. 송풍기 동력(kW)을 구하시오.

장방형 덕트와 원형 덕트의 환산표

장변 \ 단변	5	10	15	20	25	30	35	40	45	50	55	60	65	70	75
5	5.5														
10	7.6	10.9													
15	9.1	13.3	16.4												
20	10.3	15.2	18.9	21.9											
25	11.4	16.9	21.0	24.4	27.3										
30	12.2	18.3	22.9	26.6	29.9	32.8									
35	13.0	19.5	24.5	28.6	32.2	35.4	38.3								
40	13.8	20.7	26.0	30.5	34.3	37.8	40.9	43.7							
45	14.4	21.7	27.4	32.1	36.3	40.0	43.3	46.4	49.2						
50	15.0	22.7	28.7	33.7	38.1	42.0	45.6	48.8	51.8	54.7					
55	15.6	23.6	29.9	35.1	39.8	43.9	47.7	51.1	54.3	57.3	60.1				
60	16.2	24.5	31.0	36.5	41.4	45.7	49.6	53.3	56.7	59.8	62.8	65.6			
65	16.7	25.3	32.1	37.8	42.9	47.4	51.5	55.3	58.9	62.2	65.3	68.3	71.1		
70	17.2	26.1	33.1	39.1	44.3	49.0	53.3	57.3	61.0	64.4	67.7	70.8	73.7	76.5	
75	17.7	26.8	34.1	40.2	45.7	50.6	55.0	59.2	63.0	66.6	69.7	73.2	76.3	79.2	82.0
80	18.1	27.5	35.0	41.4	47.0	52.0	56.7	60.9	64.9	68.7	72.2	75.5	78.7	81.8	84.7
85	18.5	28.2	35.9	42.4	48.2	53.4	58.2	62.6	66.8	70.6	74.3	77.8	81.1	84.2	87.2
90	19.0	28.9	36.7	43.5	49.4	54.8	59.7	64.2	68.6	72.6	76.3	79.9	83.3	86.6	89.7
95	19.4	29.5	37.5	44.5	50.6	56.1	61.1	65.9	70.3	74.4	78.3	82.0	85.5	88.9	92.1
100	19.7	30.1	38.4	45.4	51.7	57.4	62.6	67.4	71.9	76.2	80.2	84.0	87.6	91.1	94.4
105	20.1	30.7	39.1	46.4	52.8	58.6	64.0	68.9	73.5	77.8	82.0	85.9	89.7	93.2	96.7
110	20.5	31.3	39.9	47.3	53.8	59.8	65.2	70.3	75.1	79.6	83.8	87.8	91.6	95.3	98.8
115	20.8	31.8	40.6	48.1	54.8	60.9	66.5	71.7	76.6	81.2	85.5	89.6	93.6	97.3	100.9
120	21.2	32.4	41.3	49.0	55.8	62.0	67.7	73.1	78.0	82.7	87.2	91.4	95.4	99.3	103.0
125	21.5	32.9	42.0	49.9	56.8	63.1	68.9	74.4	79.5	84.3	88.8	93.1	97.3	101.2	105.0
130	21.9	33.4	42.6	50.6	57.7	64.2	70.1	75.7	80.8	85.7	90.4	94.8	99.0	103.1	106.9
135	22.2	33.9	43.3	54.4	58.6	65.2	71.3	76.9	82.2	87.2	91.9	96.4	100.7	104.9	108.8
140	22.5	34.4	43.9	52.2	59.5	66.2	72.4	78.1	83.5	88.6	93.4	98.0	102.4	106.6	110.7
145	22.8	34.9	44.5	52.9	60.4	67.2	73.5	79.3	84.8	90.0	94.9	99.6	104.1	108.4	112.5
150	23.1	35.3	45.2	53.6	61.2	68.1	74.5	80.5	86.1	91.3	96.3	101.1	105.7	110.0	114.3
155	23.4	35.8	45.7	54.4	62.1	69.1	75.6	81.6	87.3	92.6	97.4	102.6	107.2	111.7	116.0
160	23.7	36.2	46.3	55.1	62.9	70.6	76.6	82.7	88.5	93.9	99.1	104.1	108.8	113.3	117.7
165	23.9	36.7	46.9	55.7	63.7	70.9	77.6	83.5	89.7	95.2	100.5	105.5	110.3	114.9	119.3
170	24.2	37.1	47.5	56.4	64.4	71.8	78.5	84.9	90.8	96.4	101.8	106.9	111.8	116.4	120.9
175	24.5	37.5	48.0	57.1	65.2	72.6	79.5	85.9	91.9	97.6	103.1	108.2	113.2	118.0	122.5
180	24.7	37.9	48.5	57.7	66.0	73.5	80.4	86.9	93.0	98.8	104.3	109.6	114.6	119.5	124.1
185	25.0	38.3	49.1	58.4	66.7	74.3	81.4	87.9	94.1	100.0	105.6	110.9	116.0	120.9	125.6
190	25.3	38.7	49.6	59.0	67.4	75.1	82.2	88.9	95.2	101.2	106.8	112.2	117.4	122.4	127.2
195	25.5	39.1	50.1	59.6	68.1	75.9	83.1	89.9	96.3	102.3	108.0	113.5	118.7	123.8	128.5
200	25.8	39.5	50.6	60.2	68.8	76.7	84.0	90.8	97.3	103.4	109.2	114.7	120.0	125.2	130.1
210	26.3	40.3	51.6	61.4	70.2	78.3	85.7	92.7	99.3	105.6	111.5	117.2	122.6	127.9	132.9
220	26.7	41.0	52.5	62.5	71.5	79.7	87.4	94.5	101.3	107.6	113.7	119.5	125.1	130.5	135.7
230	27.2	41.7	53.4	63.6	72.8	81.2	89.0	96.3	103.1	109.7	115.9	121.8	127.5	133.0	138.3
240	27.6	42.4	54.3	64.7	74.0	82.6	90.5	98.0	105.0	111.6	118.0	124.1	129.9	135.5	140.9
250	28.1	43.0	55.2	65.8	75.3	84.0	92.0	99.6	106.8	113.6	120.0	126.2	132.2	137.9	143.4
260	28.5	43.7	56.0	66.8	76.4	85.3	93.5	101.2	108.5	115.4	122.0	128.3	134.4	140.2	145.9
270	28.9	44.3	56.9	67.8	77.6	86.6	95.0	102.8	110.2	117.3	124.0	130.4	136.6	142.5	148.3
280	29.3	45.0	57.7	68.8	78.7	87.9	96.4	104.3	111.9	119.0	125.9	132.4	138.7	144.7	150.6
290	29.7	45.6	58.5	69.7	79.8	89.1	97.7	105.8	113.5	120.8	127.8	134.4	140.8	146.9	152.9
300	30.1	46.2	59.2	70.6	80.9	90.3	99.0	107.8	115.1	122.5	129.5	136.3	142.8	149.0	155.5

장변 \ 단변	80	85	90	95	100	105	110	115	120	125	130	135	140	145	150
5															
10															
15															
20															
25															
30															
35															
40															
45															
50															
55															
60															
65															
70															
75															
80	87.5														
85	90.1	92.9													
90	92.7	95.6	98.4												
95	95.2	98.2	101.1	103.9											
100	97.6	100.7	106.7	106.5	109.3										
105	100.0	103.1	106.2	109.1	112.0	114.8									
110	102.2	105.5	108.6	111.7	114.6	117.5	120.3								
115	104.4	107.8	111.0	114.1	117.2	120.1	122.9	125.7							
120	106.6	110.0	113.3	116.5	119.6	122.6	125.6	128.4	131.2						
125	108.6	112.2	115.6	118.8	122.0	125.1	128.1	131.0	133.9	136.7					
130	110.7	114.3	117.7	121.1	124.4	127.5	130.6	133.6	136.5	139.3	142.1				
135	112.6	116.3	119.9	123.3	126.7	129.9	133.0	136.1	139.1	142.0	144.8	147.6			
140	114.6	118.3	122.0	125.5	128.9	132.2	135.4	138.5	141.6	144.6	147.5	150.3	153.0		
145	116.5	120.3	124.0	127.6	131.1	134.5	137.7	140.9	144.0	147.1	150.3	152.9	155.7	158.5	
150	118.3	122.2	126.0	129.7	133.2	136.7	140.0	143.3	146.4	149.5	152.6	155.5	158.4	162.2	164.0
155	120.1	124.1	127.9	131.7	135.3	138.8	142.2	145.5	148.8	151.9	155.0	158.0	161.0	163.9	166.7
160	121.9	125.9	129.8	133.6	137.3	140.9	144.4	147.8	151.1	154.3	157.5	160.5	163.5	166.5	169.3
165	123.6	127.7	131.7	135.6	139.3	143.0	146.5	150.0	153.3	156.6	159.8	163.0	166.0	169.0	171.9
170	125.3	129.5	133.5	137.5	141.3	145.0	148.6	152.1	155.6	158.9	162.2	165.3	168.5	171.5	174.5
175	127.0	131.2	135.3	139.3	143.2	147.0	150.7	154.2	157.7	161.1	164.4	167.7	170.8	173.9	177.0
180	128.6	132.9	137.1	141.2	145.1	148.9	152.7	156.3	159.8	163.3	166.7	170.0	173.2	176.4	179.4
185	130.2	134.6	138.8	143.0	147.0	150.9	154.7	158.3	161.9	165.4	168.9	172.2	175.5	178.7	181.9
190	131.8	136.2	140.5	144.7	148.8	152.7	156.6	160.3	164.0	167.6	171.0	174.4	177.8	181.0	184.2
195	133.3	137.9	142.5	146.5	150.6	154.6	158.5	162.3	166.0	169.6	173.2	176.6	180.0	183.3	186.6
200	134.8	139.4	143.8	148.1	152.3	156.4	160.4	164.2	168.0	171.7	175.3	178.8	182.2	185.6	188.9
210	137.8	142.5	147.0	151.5	155.8	160.0	164.0	168.0	171.9	175.7	179.3	183.0	186.5	189.9	193.3
220	140.6	145.5	150.2	154.7	159.1	163.4	167.6	171.6	175.6	179.5	183.3	187.0	190.6	194.2	197.7
230	143.4	148.4	153.2	157.8	162.3	166.7	171.0	175.2	179.3	183.2	187.1	190.9	194.7	198.3	201.9
240	146.1	151.2	156.1	160.8	165.5	170.0	174.4	178.6	182.8	186.9	190.9	194.8	198.6	202.3	206.0
250	148.8	153.9	158.9	163.8	168.5	173.1	177.6	182.0	186.3	190.4	194.5	198.5	202.4	206.2	210.0
260	151.3	156.6	161.7	166.7	171.5	176.2	180.8	185.2	189.6	193.9	190.9	202.1	206.1	210.0	213.9
270	153.8	159.2	164.4	169.5	174.4	179.2	183.9	188.4	192.9	197.2	201.5	205.7	209.7	213.7	217.7
280	156.2	161.7	167.0	172.2	177.2	182.1	186.9	191.5	196.1	200.5	204.9	209.1	213.3	217.4	221.4
290	158.6	164.2	169.6	174.8	180.0	185.0	189.8	194.5	199.2	203.7	208.1	212.5	216.7	220.9	225.0
300	160.9	166.6	172.1	177.5	182.7	187.7	192.7	197.5	102.2	206.8	211.3	215.8	220.1	224.3	228.5

해설 1.

구 간	풍량(m^3/h)	원형 덕트지름(cm)	장방형 덕트크기(cm)	풍속(m/s)
A−B	18,000	85	(210)×35	8.81
B−C	12,000	75	(155)×35	7.55
C−D	9,000	65	(110)×35	7.53
D−E	6,000	55	(75)×35	7.02
E−F	3,000	45	(45)×35	5.24

2. 송풍기 정압

① 직통 덕트 손실$=(60+6+12+12+20)\times 0.1=11$mmAq

② 벤드 저항 손실$(h_B)=\zeta\dfrac{\rho V^2}{2g}=0.29\times\dfrac{1.2\times5.29^2}{2\times9.8}=0.50\text{mmAq}$

③ 흡입측 손실 압력$(P_{si})=5+15+15+10=45\text{mmAq}$

④ 송풍기 동압$(P_v)=\dfrac{\rho V^2}{2g}=\dfrac{1.2\times13^2}{2\times9.8}\fallingdotseq10.35\text{mmAq}$

⑤ 송풍기 정압$(P_s)=\{(11+0.5+5)-(-45)\}-10.35=51.15\text{mmAq}$

3\. 송풍기 동력$=\dfrac{P_sQ}{102\eta_s}=\dfrac{51.15\times\dfrac{18{,}000}{3{,}600}}{102\times0.5}=\dfrac{51.15\times18{,}000}{102\times0.5\times3{,}600}\fallingdotseq5.01\text{kW}$

05

2단 압축 1단 팽창 암모니아 냉매를 사용하는 냉동 장치가 응축 온도 30℃, 증발 온도 −32℃, 제1 팽창 밸브 직전의 냉매액 온도 25℃, 제2 팽창 밸브 직전의 냉매액 온도 0℃, 저단 및 고단 압축기 흡입 증기를 건포화 증기라고 할 때 다음 각 물음에 답하시오. (단, 저단 압축기 냉매 순환량은 1kg/h이다.) (15점)

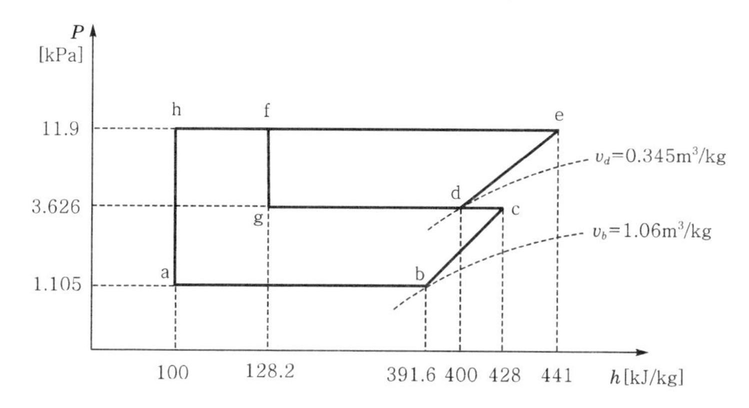

1\. 냉동 장치의 장치도를 그리고 각 점(a~h)의 상태를 나타내시오.

2\. 중간 냉각기에서 증발하는 냉매량을 구하시오.

3\. 중간 냉각기의 기능 3가지를 쓰시오.

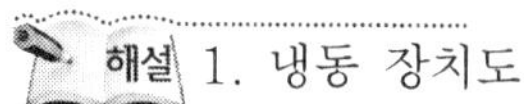

1\. 냉동 장치도

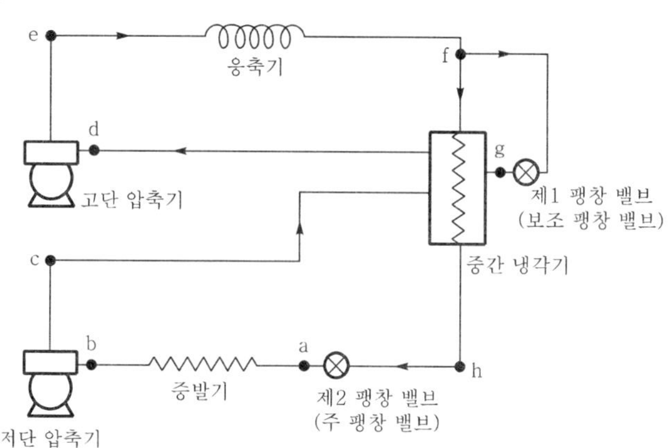

2. 중간 냉각기에서 증발하는 냉매량

$$m_o = m_L \frac{(h_c - h_d) + (h_g - h_a)}{h_d - h_g} = 1 \times \frac{(482 - 400) + (128.2 - 100)}{400 - 128.2} \fallingdotseq 0.21\text{kg/h}$$

3. 중간 냉각기의 기능
   ① 팽창 밸브 직전의 액냉매를 과냉각시켜서 플래시 가스(flash gas)의 발생을 감소시켜 냉동 효과를 증가시킨다.
   ② 저단 압축기 토출가스 온도의 과열도를 감소시켜서 고단 압축기의 과열 압축을 방지하여 토출가스 온도의 상승을 감소시킨다.
   ③ 고단 압축기의 액압축을 방지한다.

06 다기통 압축기로 사용한 R-22용 냉동 장치에 있어서 증발기의 열부하가 감소함에 따라 언로더(unloader)가 작동하여 다음 운전 조건과 같은 상태로 변화된다. 언로더가 작동된 후 압축기의 소요 동력은 언로더 작동 전보다 약 몇 〔%〕 정도 감소되는가? (9점)

[조 건]

항 목	언로더 작동 전	언로더 작동 후
압축기 흡입측 냉매 증기 비엔탈피 h_1〔kJ/kg〕	147.5	148.0
압축기 흡입측 냉매 증기 비체적 v_1〔m^3/kg〕	0.14	0.120
단열 압축 후 압축기 냉매 증기 비엔탈피 h_2〔kJ/kg〕	165.0	163.5
피스톤 압축량 V〔m^3/h〕	300	200
체적 효율(η_v)	0.70	0.75
압축 효율(η_c)	0.75	0.78
기계 효율(η_m)	0.80	0.82

해설
① 언로더 작동 전 소요 열량$(L_1) = \frac{300}{0.14} \times 0.7 \times \frac{165 - 147.5}{0.75 \times 0.8} = 43{,}750\text{kJ/h}$

② 언로더 작동 후 압축 열량$(L_2) = \frac{200}{0.12} \times 0.75 \times \frac{163.5 - 148}{0.78 \times 0.82} = 30292.37\text{kJ/h}$

③ 감소율$= \frac{L_1 - L_2}{L_1} \times 100\% = \frac{43{,}750 - 30292.37}{43{,}750} \times 100\% = 30.76\%$

07 송풍기의 상사법칙에서 비중량이 일정하고 같은 덕트 장치의 회전수가 N_1에서 N_2로 변경될 때 풍량(Q), 전압(P_t), 동력(L)에 대하여 설명하시오. (9점)

① 풍량$(Q_2) = Q_1 \frac{N_2}{N_1}$으로 회전수 변화량에 비례한다.

② 전압$(P_{t_2}) = P_{t_1}\left(\frac{N_2}{N_1}\right)^2$으로 회전수 변화량의 제곱에 비례한다.

③ 동력$(L_2) = L_1\left(\frac{N_2}{N_1}\right)^2$으로 회전수 변화량의 세제곱에 비례한다.

08 **수냉 응축기의 응축 온도 43℃, 냉각수의 입구 온도 32℃, 출구 온도 37℃에서 냉각수 순환량이 320L/min이다.** (9점)

1. 응축 열량〔kJ/h〕을 구하여라.
2. 전열 면적이 20m^{2}라면 열통과율은 몇 〔W/m^2·K〕인가? (단, 응축 온도와 냉각수 평균 온도는 산술 평균 온도차로 한다.)
3. 응축 조건이 같은 상태에서 냉각수량을 400L/min으로 하면 응축 온도는 몇 〔℃〕인가?

해설 1. 응축 열량$(Q_c) = WC(t_o - t_i) \times 60 = 320 \times 1 \times (37-32) \times 60 = 96{,}000\text{kJ/h}$

2. $$\text{열통과율}(K) = \frac{Q_c}{A\left(t_c - \dfrac{t_i + t_o}{2}\right)} = \frac{96{,}000}{20 \times \left(43 - \dfrac{32+37}{2}\right)}$$
$$≒ 564.71\text{W/m}^2\cdot\text{K}$$

3. ① $$\text{냉각수 출구 수온}(t_o') = t_i + \frac{Q_c}{WC \times 60} = 32 + \frac{96{,}000}{400 \times 1 \times 60} = 36℃$$
② $Q_c = KA\left(t_c - \dfrac{t_i + t_o'}{2}\right)$〔kJ/h〕에서
$$\text{응축 온도}(t_c) = \frac{Q_c}{KA} + \frac{t_i + t_o'}{2} = \frac{96{,}000}{564.71 \times 20} + \frac{32+36}{2} ≒ 42.5℃$$

09 **30RT R-22 냉동 장치에서 냉매액관의 관 상당 길이가 80m일 때 배관 손실을 1℃ 이내로 하기 위한 관지름과 실제 압력 손실을 구하시오.** (6점)

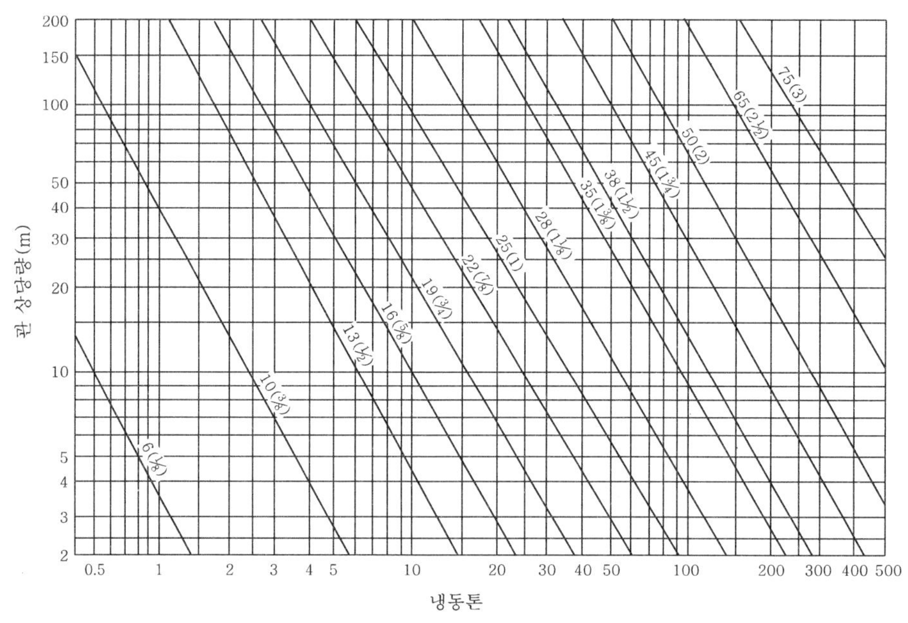

▲ 배관 손실 1℃에 대한 배관 지름(mm)

해설 ① 냉동 능력 30RT와 냉매액관의 관 상당 길이 80m가 만나는 교점을 읽으면 관지름은 $35\text{mm}\left(1\dfrac{3}{8}\text{인치}\right)$를 읽는다.

② 문제에서 배관 손실을 1℃ 이내로 하기 위해서는 관지름 38mm$\left(1\frac{1}{2}\text{인치}\right)$를 택한다.
③ 압력 손실은 관지름을 38mm로 결정하였을 때 냉동 능력 30RT와 만나는 교점을 읽으면 약 118m가 된다.
④ 선도는 압력 손실 1℃에 대한 관지름이므로 80m일 때의 압력 손실은 $1\times\frac{80}{118}=0.68$℃가 된다.
※ 냉매액관의 부속품이나 배관의 압력 손실이 많으므로 될수록 배관 손실은 0.5℃ 이하로 하는 것이 바람직하다.

2010. 9. 12. 시행

01 **다음 그림을 이용하여 2단 압축 1단 팽창 장치도와 2단 압축 2단 팽창 장치도를 완성하시오. (10점)**

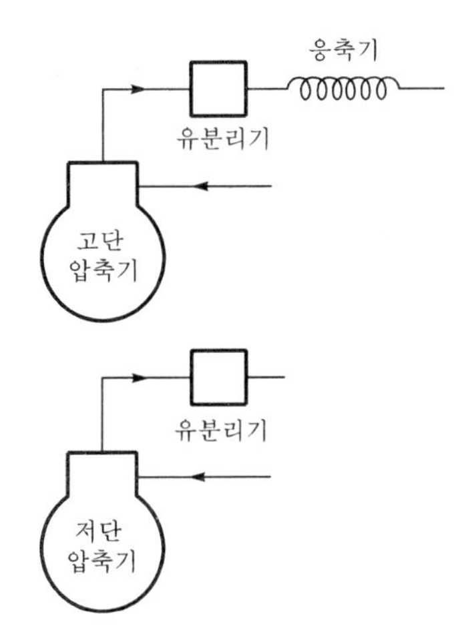

해설 ① 2단 압축 1단 팽창 장치도

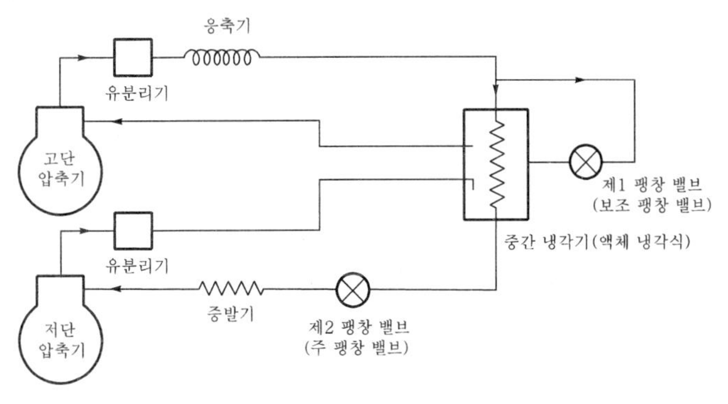

② 2단 압축 2단 팽창 장치도

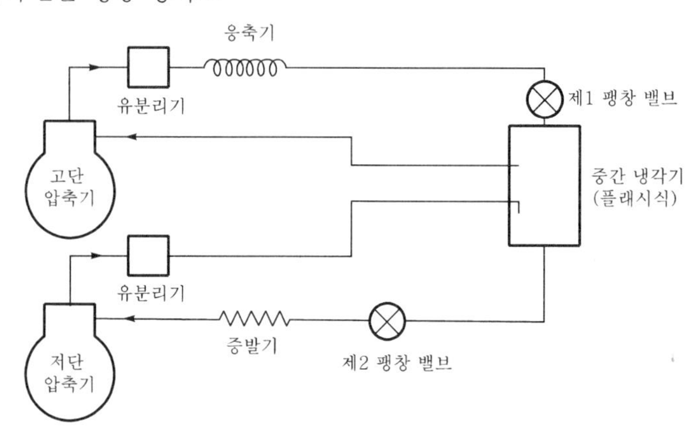

02 다음은 액회수 장치도를 나타낸 것이다. 미완성 계통도를 완성시키시오. (6점)

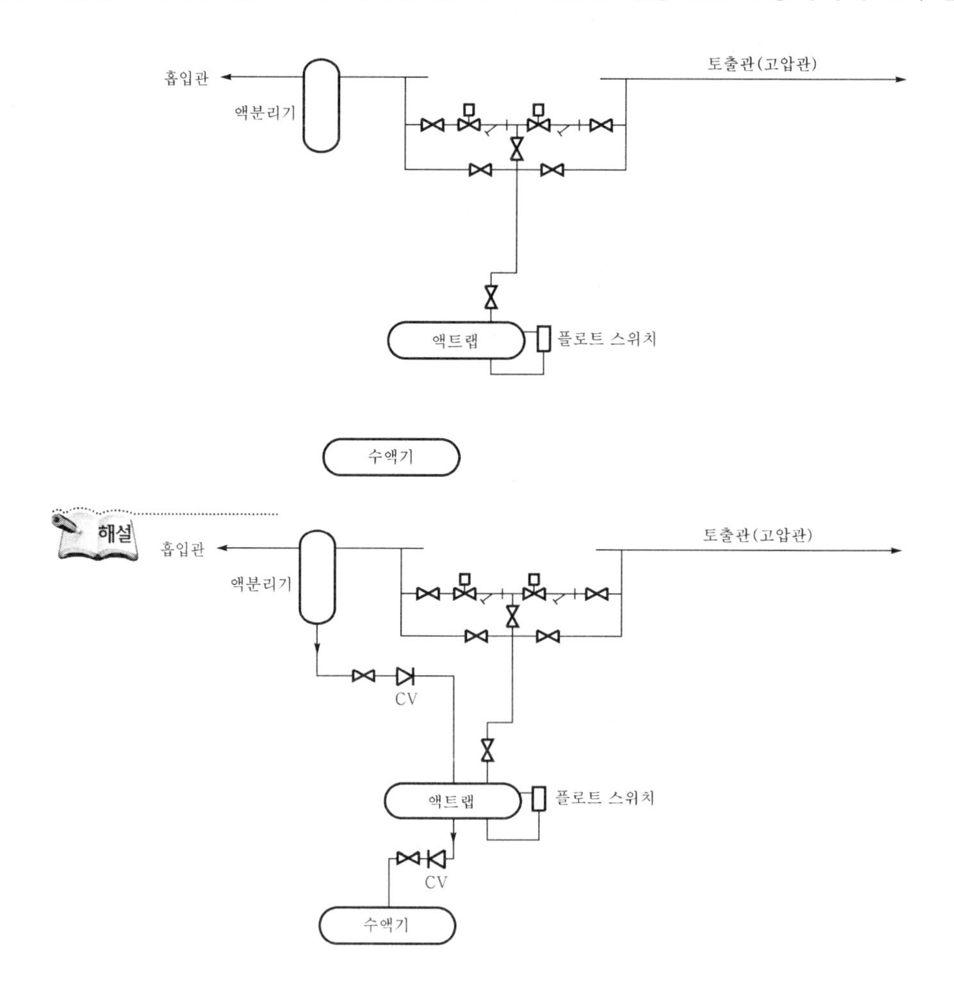

03 **다음 그림과 같은 온풍로 난방에서 다음 각 물음에 답하시오.** (단, 취출구의 풍량은 동일하고, 덕트 도중에서의 열손실 및 잠열 부하는 무시한다.) (20점)

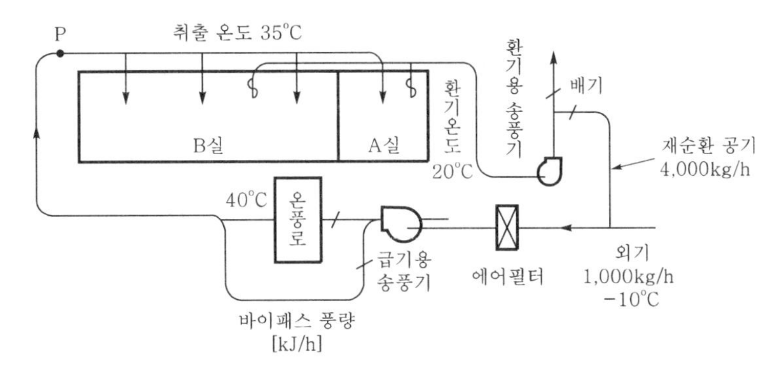

1. A실의 실내 부하(kJ/h)　　　　2. 외기 부하(kJ/h)
3. 바이패스 풍량(kg/h)　　　　4. 온풍로 출력(kJ/h)

1. $Q_A = \left(\dfrac{G_R + G_o}{4}\right) C_p (t_o - t_r) = \dfrac{4,000 + 1,000}{4} \times 1.0046 \times (35 - 20) = 18836.25\text{kJ/h}$

2. $Q_B = G_o C_p (t_r - t_o{}') = 1,000 \times 1.0046 \times \{20 - (-10)\} = 30,138\text{kJ/h}$

3. ① 송풍기 입구 평균 온도 $(t_{im}) = \dfrac{G_R t_r + G_o t_o{}'}{G(= G_R + G_o)} = \dfrac{4,000 \times 20 + 1,000 \times (-10)}{5,000} = 14℃$

   ② 바이패스 풍량

   $14 \times BF + (1 - BF) \times 40 = 35$에서

   $G_b = \dfrac{40 - 35}{40 - 14} \times 5,000 ≒ 961.54\text{kg/h}$

4. 온풍로 출력 $= (G - G_b) C_p \Delta t = (5,000 - 961.54) \times 0.24 \times (40 - 14)$

   $≒ 105482.96\text{kJ/h}$

2010

04 **다음 조건과 같은 제빙 공장에서의 제빙 부하(kJ/h)와 냉동 부하(RT)를 구하시오.** (12점)

[조 건]

1) 제빙실 내의 동력 부하 : 5kW×2대
2) 제빙실의 외부로부터 침입 열량 : 14,651kJ/h
3) 제빙 능력 : 1일 5톤 생산
4) 1일 결빙 시간 : 8시간
5) 얼음의 최종 온도 : −10℃
6) 원수 온도 : 15℃
7) 얼음의 융해 잠열 : 334kJ/kg
8) 안전율 : 10%

해설 ① 제빙 부하

㉠ 15℃ 원료수가 0℃의 물이 되는 데 제거하는 열량

$$q_1 = \frac{5,000}{8} \times 4.186 \times (15-0) = 39243.75\text{kJ/h}$$

㉡ 0℃의 물이 0℃의 얼음이 되는 데 제거하는 열량

$$q_2 = \frac{5,000}{8} \times 334 = 208,750\text{kJ/h}$$

㉢ 0℃의 얼음이 −10℃의 얼음이 되는 데 제거하는 열량

$$q_3 = \frac{5,000}{8} \times 2.093 \times \{0-(-10)\} = 13081.25\text{kJ/h}$$

㉣ 제빙 부하 $= 39243.75 + 208,750 + 13081.25 = 261,075\text{kJ/h}$

② 냉동 부하$(Q_e) = \{(5\text{kW} \times 2) + Q_o + Q_e\} S \times \frac{1}{13897.52}$

$$= \{(5 \times 3,600 \times 2) + 14,651 + 261,075\} \times 1.1 \times \frac{1}{13897.52} \fallingdotseq 24.67\text{RT}$$

05

두께 100mm의 콘크리트벽 내면에 200mm의 발포 스티로폼 방열을 시공하고, 그 내면에 20mm의 판을 댄 냉장고가 있다. 이 냉장고의 고내 온도는 −20℃, 외기 온도는 30℃일 경우 각 물음에 답하시오. (10점)

재료명	열전도율〔W/m·K〕	벽 면	열전달률〔W/m²·K〕
콘크리트	0.95	외벽면	20
발포스티롤	0.04		
판	0.15	내벽면	5

1. 이 벽의 열관류율〔W/m²·K〕은 얼마인가?
2. 이 냉장고의 벽면적이 100m²일 경우 그 전열량〔kJ/h〕은 얼마인가?

해설 1. 열관류율$(K) = \frac{1}{R} = \frac{1}{\frac{1}{\alpha_o} + \sum_{i=1}^{n} \frac{l_i}{\lambda_i} + \frac{1}{\alpha_i}}$

$$= \frac{1}{\frac{1}{20} + \frac{0.1}{0.95} + \frac{0.2}{0.04} + \frac{0.02}{0.15} + \frac{1}{5}} = 0.182\text{W/m}^2\cdot\text{K}$$

2. 전열량$(Q) = KA(t_o - t_i) = 0.182 \times 100 \times \{30-(-20)\} = 910\text{kJ/h}$

06

어느 건물의 난방 부하에 의한 방열기의 용량이 1,255,800kJ/h일 때 주철제 보일러 설비에서 보일러의 정격 출력〔kJ/h〕, 오일 버너의 용량〔L/h〕과 연소에 필요한 공기량〔m³/h〕을 구하시오. (단, 배관 손실 및 불때기 시작 때의 부하 계수 1.2, 보일러 효율 0.7, 중유의 저위 발열량 41,023kJ/kg, 밀도 0.92kg/L, 연료의 이론 공기량 12.0m³/kg, 공기 과잉률 1.3, 보일러실의 온도 13℃, 기압 760mmHg이다.) (12점)

해설 ① 보일러의 정격 출력(Q_B) = 부하 계수(k) × 방열기 용량(Q_R)

$$= 1.2 \times 1,255,800 = 1,506,960 \text{kJ/h}$$

② 오일의 버너 용량(Q_o) $= \dfrac{Q_B}{\rho H_L \eta_B} = \dfrac{1,506,960}{0.92 \times 41,023 \times 0.7} \fallingdotseq 57.04 \text{L/h}$

③ 연소 공기량(Q) $= \rho Q_o q K \left(\dfrac{273 + t_e}{273}\right)$

$$= 0.92 \times 57.04 \times 12 \times 1.3 \times \frac{273+13}{273} \fallingdotseq 857.62 \text{m}^3/\text{h}$$

여기서, K : 공기과잉률

07

300인을 수용할 수 있는 강당이 있다. 현열 부하 Q_s = 50,000kJ/h, 잠열 부하 Q_L = 20,000kJ/h일 때 주어진 조건을 이용하여 실내 풍량(kg/h) 및 냉방 부하(kJ/h)를 구하고 공기 감습 냉각용 냉수 코일의 전면 면적(m^2), 코일 길이(m)를 구하시오. (16점)

[조 건]

1)

구 분	건구 온도(℃)	상대 습도(%)	비엔탈피(kJ/kg)
외기	32	68	84.56
실내	27	50	55.26
취출 공기	17	–	41.02
혼합 공기 상태점	–	–	65.30
냉각점	14.9	–	38.93
실내 노점 온도	12	–	–

2) 신선 외기 도입량 : 1인당 $20\text{m}^3/\text{h}$

3) 냉수 코일 설계 조건

구 분	건구 온도 (℃)	습구 온도 (℃)	노점 온도 (℃)	절대 습도 (kg'/kg)	비엔탈피 (kJ/kg)
코일 입구	28.2	22.4	19.6	0.0144	65.30
코일 출구	14.9	14.0	13.4	0.0097	38.93

① 코일의 열관류율(K) = $830\text{W/m}^2 \cdot \text{K}$

② 코일의 통과 속도(V) = 2.2m/s

③ 앞면 코일 수 = 18본, 1m에 대한 면적(A) = 0.688m^2

해설 ① 송풍량(m) $= \dfrac{q_s}{C_p(t_r - t_o)} = \dfrac{50,000}{1.005 \times (27-17)} \fallingdotseq 4975.12 \text{kg/h}$

② 냉방 부하(q_{cc}) $= m(h_i - h_o) = 4975.12 \times (65.30 - 38.93) \fallingdotseq 131193.91 \text{kJ/h}$

③ 전면 면적$(F)=\frac{m}{\rho V}=\frac{\frac{4975.12}{3,600}}{1.2\times2.2}\fallingdotseq 0.49\text{m}^2$

④ 코일 길이

㉠ 평균 온도차$(\Delta t_m)=\frac{t_i+t_o}{2}-t_{so}=\frac{28.2+14.9}{2}-13.4=8.15℃$

㉡ 코일 길이$(l)=\frac{q_{\alpha c}}{KA\Delta t_m}===\frac{131193.91}{830\times0.688\times8.15}\fallingdotseq 28.19\text{m}$

【참고】 코일의 표면 온도는 출구 노점 온도와 같다.

08

R-22 냉동 장치가 다음 냉동 사이클과 같이 수냉식 응축기로부터 교축 밸브를 통한 핫가스의 일부를 팽창 밸브 출구측에 바이패스하여 용량 제어를 행하고 있다. 이 냉동 장치의 냉동 능력 Q_e〔kJ/h〕를 구하시오. (단, 팽창 밸브 출구측의 냉매와 바이패스된 후의 냉매의 혼합 비엔탈피는 h_5, 핫가스의 비엔탈피 h_6=151.3kJ/kg이고, 바이패스양은 압축기를 통과하는 냉매 유량의 20%이다. 또 압축기의 피스톤 압출량 V=200m³/h, 체적 효율 η_v=0.6이다.) (9점)

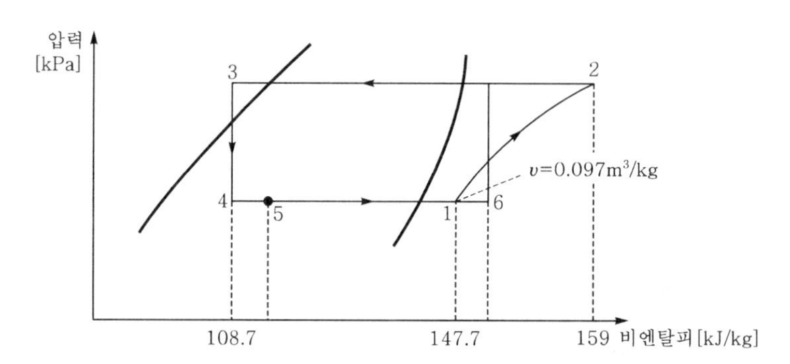

해설 ① 증발기 입구 비엔탈피$(h_5)=BF\cdot h_6+CF\cdot h_4$
$=(0.2\times151.3)+(0.8\times108.7)=117.22\text{kJ/kg}$

② 냉동 능력$(Q_e)=\frac{V}{v}\eta_v(h_1-h_5)$
$=\frac{200}{0.097}\times0.6\times(147.7-117.22)$
$\fallingdotseq 37707.22\text{kJ/h}$

09 **ⓐ의 공기 상태 t_1=25℃, x_1=0.022kg′/kg, h_1=91.98kJ/kg, ⓑ의 공기 상태 t_2=22℃, x_2=0.006kg′/kg, h_2=37.8kJ/kg일 때 공기 ⓐ를 25%, 공기 ⓑ를 75%로 혼합한 후의 공기 ⓒ의 상태(t_3, x_3, h_3)를 구하고, 공기 ⓐ와 공기 ⓒ 사이의 열수분비를 구하시오.** (8점)

해설 ① 혼합 후 공기 ⓒ의 상태

㉠ $t_3 = \frac{m_1}{m}t_1 + \frac{m_2}{m}t_2 = (0.25 \times 25) + (0.75 \times 22) = 22.75℃$

㉡ $x_3 = \frac{m_1}{m}x_1 + \frac{m_2}{m}x_2 = (0.25 \times 0.022) + (0.75 \times 0.006) = 0.01\text{kg}'/\text{kg}$

㉢ $h_3 = \frac{m_1}{m}h_1 + \frac{m_2}{m}h_2 = (0.25 \times 91.98) + (0.75 \times 37.8) = 51.35\text{kJ/kg}$

② 열수분비$(u) = \frac{h_1 - h_3}{x_1 - x_3} = \frac{91.98 - 51.35}{0.022 - 0.01} = 3385.83\text{kJ/kg}$

2010

2011년도 기출문제

2011. 5. 1. 시행

01 **다음과 같은 공조 시스템 및 계산 조건을 이용하여 A실과 B실을 냉방할 경우 각 물음에 답하시오.** (20점)

[조 건]

1) 외기 : 건구 온도 33℃, 상대 습도 60%
2) 공기 냉각기 출구 : 건구 온도 16℃, 상대 습도 90%
3) 송풍량
   ① A실 : 급기 5,000m^3/h, 환기 4,000m^3/h
   ② B실 : 급기 3,000m^3/h, 환기 2,500m^3/h
4) 신선 외기량 : 1,500m^3/h
5) 냉방 부하
   ① A실 : 현열 부하 63,000kJ/h, 잠열 부하 6,300kJ/h
   ② B실 : 현열 부하 31,500kJ/h, 잠열 부하 4,200kJ/h
6) 송풍기 동력 : 2.7kW
7) 덕트 및 공조 시스템에 있어 외부로부터의 열취득은 무시한다.

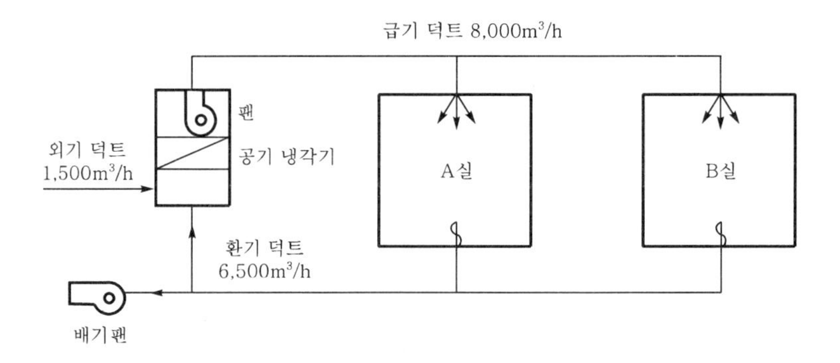

1. 급기의 취출구 온도를 구하시오.
2. A실의 건구 온도 및 상대 습도를 구하시오.
3. B실의 건구 온도 및 상대 습도를 구하시오.
4. 공기 냉각기 입구의 건구 온도를 구하시오.
5. 공기 냉각기의 냉각 열량을 구하시오.

해설 1. $Q_c = \rho Q C_p (t_2 - t_1)$에서

$$t_2 = t_1 + \frac{Q_c}{\rho Q C_p} = 16 + \frac{2.7 \times 3,600}{1.2 \times 8,000 \times 1.0046} = 17℃$$

2. ① $SHF = \frac{q_s}{q_s + q_L} = \frac{63,000}{63,000 + 6,300} ≒ 0.91$

② A실 온도$(t_A) = t_2 + \frac{Q_s}{\rho Q C_p} = 17 + \frac{63,000}{1.2 \times 5,000 \times 1.0046} = 27.45℃$

③ A실 습도$= 47.5\%$

3. ① $SHF = \frac{q_s}{q_s + q_L} = \frac{31,500}{31,500 + 4,200} ≒ 0.88$

② B실 온도$(t_B) = \frac{31,500}{1.2 \times 3,000 \times 1.0046} + 17 ≒ 25.71℃$

③ B실 습도$= 51.25\%$

4. ① $SHF = \frac{63,000 + 31,500}{(63,000 + 6,300) + (31,500 + 4,200)} = 0.9$

② A실과 B실 출구 혼합 온도$(t_m) = \frac{5,000 \times 27.45 + 3,000 \times 25.71}{8,000} ≒ 26.80℃$

③ 냉각기 입구 온도$= \frac{6,500 \times 26.80 + 1,500 \times 33}{8,000} ≒ 27.96℃$

5. $q_{cc} = m\Delta h = \rho Q \Delta h = 1.2 \times 8,000 \times (59.6 - 41.8) = 170,880\text{kJ/h}$

【참고】 공기 선도

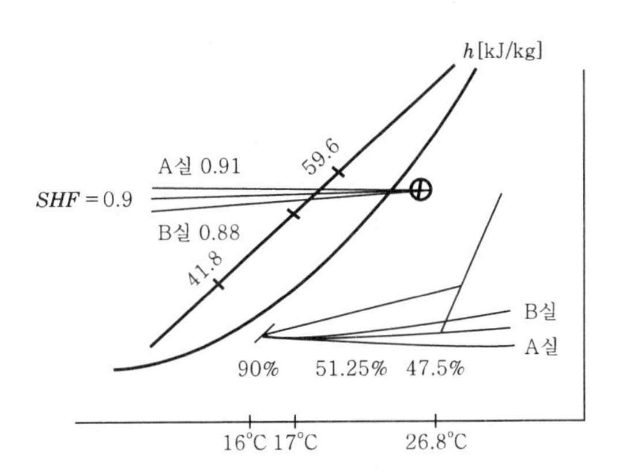

02 어떤 일반 사무실의 취득열량 및 외기부하를 산출하였더니 다음과 같이 되었다. 각 물음에 답하시오. (단, 취출온도차는 11℃로 한다.) (20점)

구 분	현열[kJ/h]	잠열[kJ/h]
벽체를 통한 열량	25,200	0
유리창을 통한 열량	33,600	0
바이패스 외기의 열량	588	2,520
재실자의 발열량	4,032	5,040
형광등의 발열량	10,080	0
외기부하	5,880	20,160

1. 실내취득 감열량〔kJ/h〕(단, 여유율은 10%로 한다.)
2. 실내취득 잠열량〔kJ/h〕(단, 여유율은 10%로 한다.)
3. 송풍기 풍량〔m^3/min〕
4. 냉각코일부하〔kJ/h〕
5. 냉동기 용량〔kJ/h〕
6. 냉각탑 용량〔냉각톤〕

해설

1. $q_s = (25{,}200 + 33{,}600 + 588 + 4{,}032 + 10{,}080) \times 1.1 = 80{,}850\text{kJ/h}$
2. $q_L = (2{,}520 + 5{,}040) \times 1.1 = 8{,}316\text{kJ/h}$
3. $Q = \dfrac{q_s}{\rho C_p \Delta t \times 60} = \dfrac{80{,}850}{1.2 \times 1.0046 \times 11 \times 60} \fallingdotseq 101.62\text{m}^3/\text{min}$
4. $q_c = q_s + q_L + q_o = 80{,}850 + 8{,}316 + (5{,}880 + 20{,}160) = 115{,}206\text{kJ/h}$
5. $q_R = 115{,}206 \times 1.05 = 120966.3\text{kJ/h}$
   ※ 냉동기 용량은 냉각코일부하의 5% 가산한다.
6. 냉각톤$= \dfrac{q_R K}{3{,}900 \times 4.186} = \dfrac{120966.3 \times 1.2}{3{,}900 \times 4.186} \fallingdotseq 8.89\text{ton}$

03 **시간당 최대 급수량(양수량)이 12,000L/h일 때 고가 탱크에 급수하는 펌프의 전양정〔m〕 및 소요 동력〔kW〕을 구하시오.** (단, 흡입관, 토출관의 마찰 손실은 실양정의 25%, 펌프 효율은 60%, 펌프 구동은 직결형으로 전동기 여유율은 10%로 한다.) (10점)

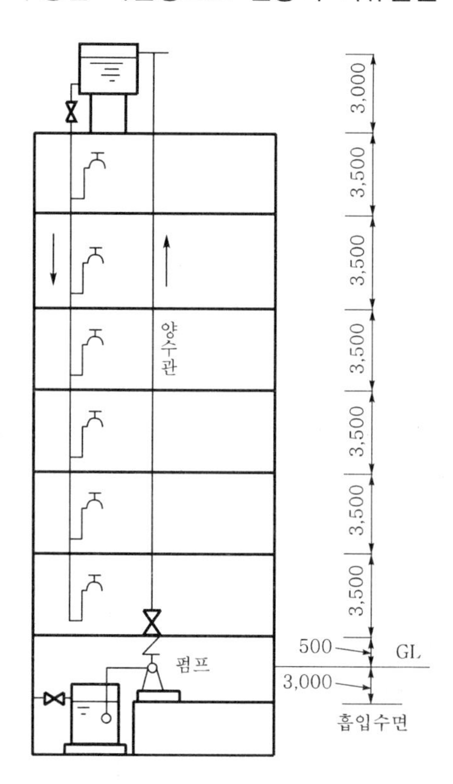

해설 ① 전양정$(H)=\{(3\times2)+0.5+(3.5\times6)\}\times1.25=34.375\text{mH}_2\text{O}$

② 소요 동력 $=\dfrac{\gamma_w QH}{\eta_p}(1+\alpha)=\dfrac{9.8\times34.375\times12}{0.6\times3{,}600}\times(1+0.1)\fallingdotseq2.06\text{kW}$

04 피스톤 압출량 50m³/h의 압축기를 사용하는 R-22 냉동 장치에서 다음과 같은 값으로 운전될 때 각 물음에 답하시오. (8점)

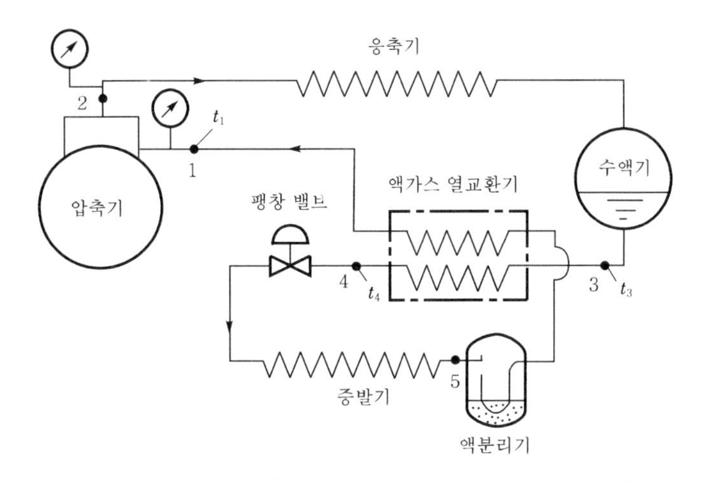

[조 건]

1) $v_1=0.143\text{m}^3/\text{kg}$
2) $t_3=25℃$
3) $t_4=15℃$
4) $h_1=609\text{kJ/kg}$
5) $h_4=443\text{kJ/kg}$
6) 압축기의 체적 효율(η_v) : 0.68
7) 증발 압력에 대한 포화액의 비엔탈피(h') : 385kJ/kg
8) 증발 압력에 대한 포화 증기의 비엔탈피(h'') : 611kJ/kg
9) 응축액의 온도에 의한 내부 에너지 변화량 : 1.26kJ/kg·K

1. 증발기의 냉동 능력(kJ/h)을 구하시오.
2. 증발기 출구의 냉매 증기 건조도(x)값을 구하시오.

해설 1. ① 수액기 출구 비엔탈피$(h_3) = h_4 + \Delta u(t_3 - t_4)$

$= 443 + \{1.26 \times (25 - 15)\} = 455.6\text{kJ/kg}$

② 증발기 출구 비엔탈피$(h_5) = h_1 - (h_3 - h_4) = 609 - (455.6 - 443) = 596.4\text{kJ/kg}$

③ 냉동 능력$(Q_e) = \dfrac{V}{v_1}\eta_v(h_5 - h_4) = \dfrac{50}{0.143} \times 0.68 \times (596.4 - 443)$

$\fallingdotseq 36472.73\text{kJ/h}$

2. 건조도$(x) = \dfrac{h_5 - h'}{h'' - h'} = \dfrac{596.4 - 385}{611 - 385} = 0.935 \fallingdotseq 0.94$

【참고】 $P-h$ 선도

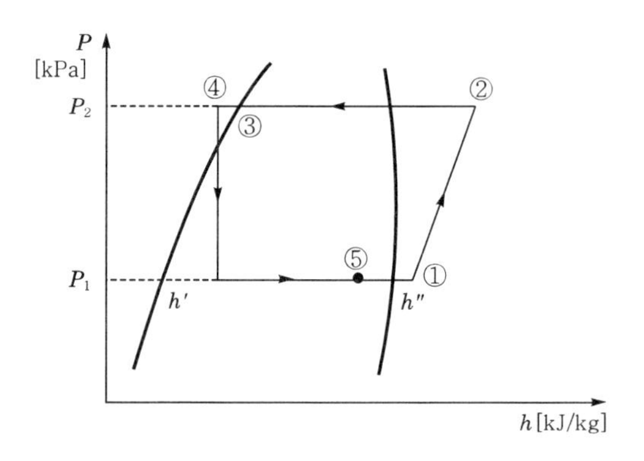

05 다음과 같은 조건의 어느 실을 난방할 경우 각 물음에 답하시오. (단, 공기의 밀도는 1.2kg/m³, 공기의 정압 비열은 1.0046kJ/kg·K) (9점)

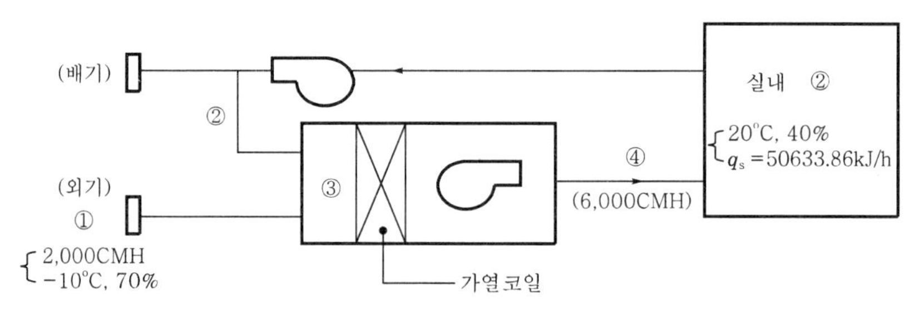

1. 혼합 공기(③)의 온도를 구하시오.
2. 취출 공기(④)의 온도를 구하시오.
3. 가열 코일의 용량[kJ/h]을 구하시오.

해설 1. $t_3 = \dfrac{Q_1 t_1 + Q_2 t_2}{Q} = \dfrac{Q_1 t_1 + (Q - Q_1)t_2}{Q} = \dfrac{2{,}000 \times (-10) + (6{,}000 - 2{,}000) \times 20}{6{,}000}$

$= 10℃$

2. $Q_s = \rho Q C_p (t_4 - t_2)$에서

$t_4 = t_2 + \dfrac{Q_s}{\rho Q C_p} = 20 + \dfrac{50633.86}{1.2 \times 6{,}000 \times 1.0046} = 27℃$

3. $q_H = \rho Q C_p (t_4 - t_3) = 1.2 \times 6{,}000 \times 1.0046 \times (27 - 10) = 122963.04\text{kJ/h}$

06 바닥면적 100m², 천장고 3m인 실내에서 재실자 60명과 가스 스토브 1대가 설치되어 있다. 다음 각 물음에 답하시오.

(단, 외기 CO_2 농도 400ppm, 재실자 1인당 CO_2 발생량 20L/h, 가스 스토브 CO_2 발생량 600L/h) (8점)

1. 실내 CO_2 농도를 1,000ppm으로 유지하기 위해서 필요한 환기량〔m³/h〕을 구하시오.
2. 환기 횟수〔회/h〕를 구하시오.

해설

1. 필요 환기량 $(Q) = \dfrac{M}{C_i - C_o} = \dfrac{(60 \times 0.02) + 0.6}{0.001 - 0.0004} = 3{,}000\text{m}^3/\text{h}$
2. 환기 횟수(n)

   $Q = nV = nAh\,〔\text{m}^3/\text{h}〕$에서

   $n = \dfrac{Q}{V} = \dfrac{Q}{Ah} = \dfrac{3{,}000}{100 \times 3} = 10$회/h

07 다음 그림과 같은 냉동 장치에서 압축기 축동력은 몇〔kW〕인가? (15점)

[조 건]

1) 장치도

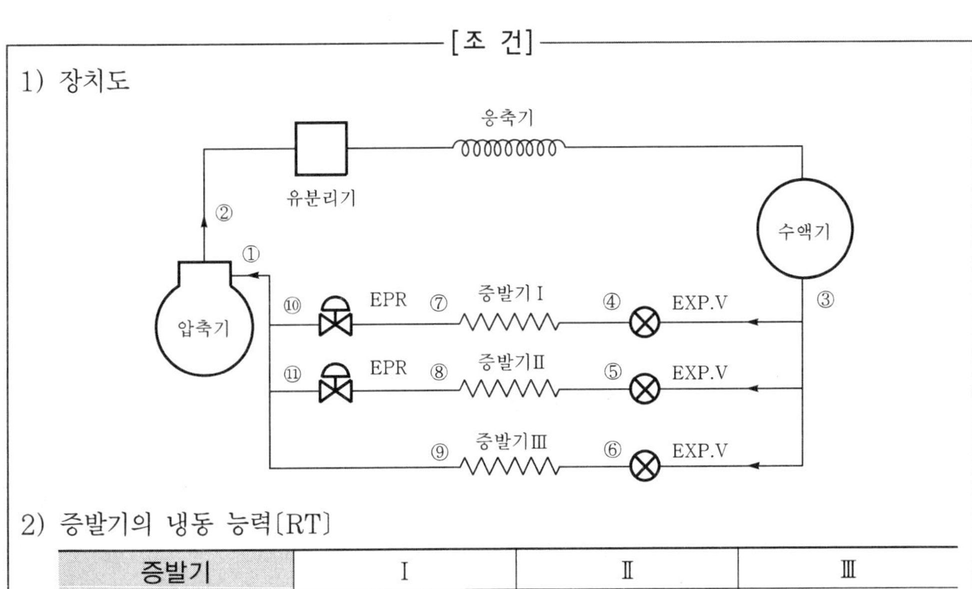

2) 증발기의 냉동 능력〔RT〕

증발기	Ⅰ	Ⅱ	Ⅲ
냉동톤	1	2	2

3) 냉매의 비엔탈피〔kJ/kg〕

구 분	h_2	h_3	h_7	h_8	h_9
h	680	456	624	620	615

4) 압축 효율 0.65, 기계 효율 0.85

해설 ① 냉매 순환량

㉠ 증발기 Ⅰ$= \dfrac{Q_e(=13897.52RT)}{h_7 - h_3} = \dfrac{1 \times 13897.52}{624-456} \fallingdotseq 82.72\text{kg/h}$

㉡ 증발기 Ⅱ$= \dfrac{Q_e}{h_8 - h_3} = \dfrac{2 \times 13897.52}{620-456} \fallingdotseq 169.48\text{kg/h}$

㉢ 증발기 Ⅲ$= \dfrac{Q_e}{h_9 - h_3} = \dfrac{2 \times 13897.52}{615-456} \fallingdotseq 174.81\text{kg/h}$

② 흡입 가스 비엔탈피

$$h_1 = \frac{(82.72 \times 624) + (169.48 \times 620) + (174.81 \times 615)}{82.72 + 169.48 + 174.81} \fallingdotseq 618.73\text{kJ/kg}$$

③ 축동력$(L_s) = \dfrac{(82.72 + 169.48 + 174.81) \times (680 - 618.73)}{3,600 \times 0.65 \times 0.85} \fallingdotseq 13.15\text{kW}$

【참고】 $P-h$선도

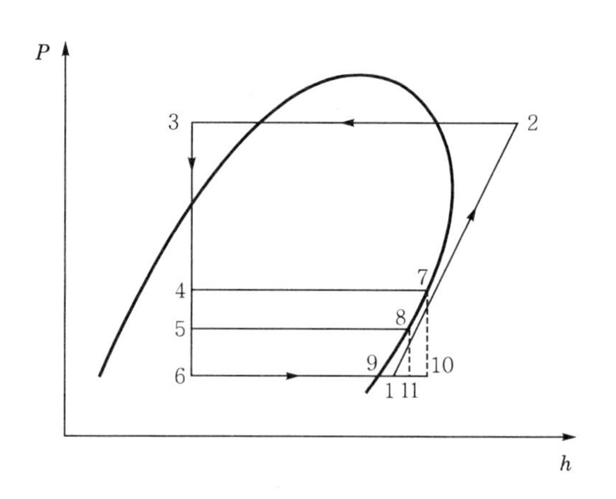

08 다음과 같은 벽체의 열관류율[W/m²·K]을 계산하시오. (5점)

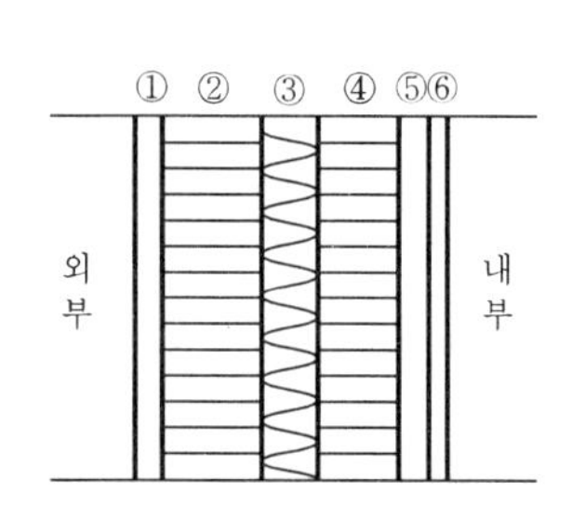

재료표

번 호	명 칭	두께 [mm]	열전도율 [W/m·K]
①	모르타르	20	1.3
②	시멘트벽돌	100	0.78
③	글라스울	50	0.03
④	시멘트벽돌	100	0.78
⑤	모르타르	20	1.3
⑥	비닐벽지	2	0.23

벽 표면의 열전달률[kW/m²·K]

실내측	수직면	8
실외측	수직면	23

해설 $\text{열관류율}(K) = \frac{1}{R} = \frac{1}{\frac{1}{\alpha_i} + \sum_{i=1}^{n} \frac{l_i}{\lambda_i} + \frac{1}{\alpha_o}}$

$= \frac{1}{\frac{1}{8} + \frac{0.02}{1.3} + \frac{0.1}{0.78} + \frac{0.05}{0.03} + \frac{0.1}{0.78} + \frac{0.02}{1.3} + \frac{0.002}{0.23} + \frac{1}{23}}$

$\fallingdotseq 0.47\text{W/m}^2 \cdot \text{K}$

09 **공기 냉각기의 공기 유량 1,000kg/h, 입구 온 · 습도 28℃, 60%(비엔탈피 62kJ/kg), 출구 온 · 습도 16℃, 60%(비엔탈피 42kJ/kg)일 때 냉각기의 냉각 열량〔kJ/h〕은 얼마인가? (5점)**

해설 냉각 코일 부하$(q_{cc}) = m\Delta h = 1{,}000 \times (62-42) = 20{,}000\text{kJ/h}$

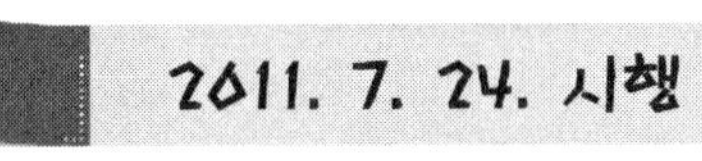

2011. 7. 24. 시행

01 **다음 그림과 같이 혼합, 냉각, 재열을 하는 공기조화기가 있다. 이에 대해 다음 각 물음에 답하시오. (18점)**

[조 건]

1) 외기 : 건구 온도 33℃, 상대 습도 65%
2) 실내 : 건구 온도 27℃, 상대 습도 50%
3) 부하 : 실내 전부하 188,370kJ/h, 실내 잠열 부하 50,232kJ/h
4) 송풍기 부하는 실내 취득 현열 부하의 12% 가산할 것
5) 실내 필요 외기량은 송풍량의 $\frac{1}{5}$로 하며, 실내 인원 120명, 1인당 25.5m^3/h
6) 건공기의 정압 비열은 1.0046kJ/kg(DA), 비용적을 0.83m^3/kg(DA)으로 한다. 여기서, kg(DA)은 습공기 중의 건조 공기 질량(kg)을 표시하는 기호이다. 또한 별첨의 습공기 선도를 사용하여 답은 계산 과정을 기입한다.

1. 상대 습도 90%일 때 실내 송풍 온도(취출 온도)는 몇 〔℃〕인가?
2. 실내 풍량〔m^3/h〕을 구하시오.
3. 냉각 코일 입구 혼합 온도를 구하시오.
4. 냉각 코일 부하는 몇 〔kJ/h〕인가?
5. 외기 부하는 몇 〔kJ/h〕인가?
6. 냉각 코일의 제습량은 몇 〔kg/h〕인가?

 1. 실내 송풍 온도

① 습공기 선도

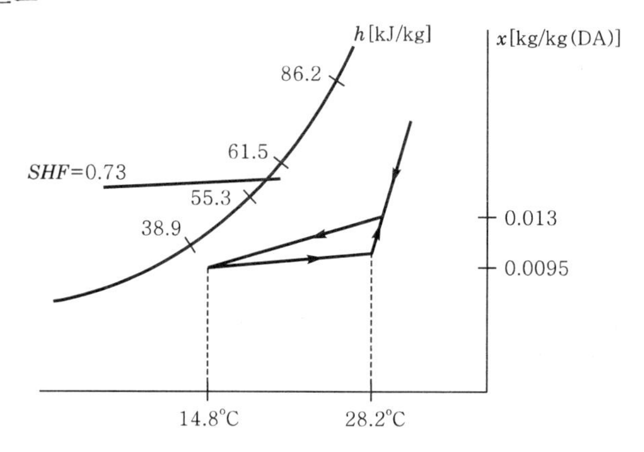

② 현열비$(SHF) = \frac{q_s}{q_t} = \frac{q_t - q_L}{q_t} = \frac{188,370 - 50,232}{188,370} \fallingdotseq 0.73$

2. $q_s K_s = \rho Q C_p (t_i - t_o)$에서

$$Q = \frac{q_s K_s}{\rho C_p (t_i - t_o)} = \frac{(188,370 - 50,232) \times 1.12}{1.2 \times 1.0046 \times (27 - 14.8)} = 10519.54\text{m}^3/\text{h}$$

3. 냉각 코일 입구 혼합 온도 $= \frac{1}{5} \times 33 + \frac{4}{5} \times 27 = 28.2$℃

4. 냉각 코일 부하 $= \frac{10519.54}{0.83} \times (61.5 - 38.9) \fallingdotseq 286435.67\text{kJ/h}$

5. 외기 부하 $= (120 \times 25.5) \times \frac{1}{0.83} \times (61.5 - 55.3) \fallingdotseq 22857.83\text{kJ/h}$

6. 냉각 코일 제습량$(L) = \frac{10519.54}{0.83} \times (0.013 - 0.0095) \fallingdotseq 44.36\text{kg/h}$

02 냉매에 대해 다음 각 물음에 답하시오. (12점)

1. 냉매의 표준 비점이란 무엇인가? 간단히 답하시오.
2. 표준 비점이 낮은 냉매(예를 들면 R−22)를 사용할 경우 비점이 높은 냉매를 사용할 경우와 비교한 장점과 단점을 설명하시오.

 1. 표준 대기압에서의 포화 온도이다.

2. ① 장점

㉠ 비점이 높은 냉매를 사용하는 경우보다 피스톤 토출량(piston displacement)이 작아지므로 압축기가 소형으로 된다.

㉡ 비점이 높은 냉매를 사용하는 경우보다 진공 운전이 되기 어려우므로, 보다 저온용에 적합하다.

② 단점 : 비점이 높은 냉매보다 응축 압력이 높아진다.

【참고】 1. 표준 비점이 높은 냉매(예 : R-11)를 사용하는 경우 장단점

① 장점

㉠ 고압이 낮다.

㉡ 고저압의 압력차가 적어 원심식 압축기에 적합하다.

② 단점

㉠ 압축기가 대형이 된다(피스톤 토출량이 크다).

㉡ 진공 운전이 되기 쉬우므로, 저온용에 적합하지 않다.

2. 비등점이 낮은 냉매는 응축 압력, 즉 고압이 높으므로 압축비가 크지만 저온을 얻을 수 있고 비등점이 높은 냉매는 비중량이 대부분 크므로 원심 냉동 장치에 적합한 냉매로서 주로 공기조화용에 사용된다.

03

R-22 냉동 장치에서 응축 압력이 1,460kPa(포화 온도 40℃), 냉각 수량 800L/min, 냉각수 입구 온도 32℃, 냉각수 출구 온도 36℃, 열통과율 884W/m²·K일 때 냉각 면적 [m²]을 구하시오. (단, 냉매와 냉각수의 평균 온도차는 산술 평균 온도차로 하며, 냉각수의 비열은 4.186kJ/kg · K, 밀도는 1.0kg/L이다.) (6점)

해설

$$\text{냉각 면적}(A) = \frac{60WC(t_o - t_i)}{K\left(t_s - \frac{t_i + t_o}{2}\right)} = \frac{60 \times 800 \times 4.186 \times (36-32)}{884 \times 3.6 \times \left(40 - \frac{32+36}{2}\right)} \fallingdotseq 42.09\text{m}^2$$

04

단일 덕트 방식의 공기조화 시스템을 설계하고자 할 때 어떤 사무소의 냉방 부하를 계산한 결과 현열 부하 q_s = 24,111kJ/h, 잠열 부하 q_L = 6,028kJ/h였다. 주어진 조건을 이용하여 각 물음에 답하시오. (10점)

[조 건]

1) 설계 조건
   ① 실내 : 26℃ DB, 50% RH
   ② 실외 : 32℃ DB, 70% RH
2) 외기 취입량 : 500m³/h
3) 공기의 정압 비열 : C_p = 1.0046kJ/kg·K
4) 취출 공기 온도 : 16℃
5) 공기의 밀도 : ρ = 1.2kg/m³

1. 냉방 풍량을 구하시오.
2. 현열비 및 실내 공기(①)과 실외 공기(②)의 혼합 온도를 구하고, 공기조화 사이클을 습공기 선도상에 도시하시오.

해설 1. $q_s = \rho Q C_p (t_i - t_o)$에서

냉방 풍량$(Q) = \dfrac{q_s}{\rho C_p (t_o - t_i)} = \dfrac{24,111}{1.2 \times 1.0046 \times (26-16)} = 2,000\text{m}^3/\text{h}$

2. ① 현열비$(SHF) = \dfrac{q_s}{q_s + q_L} = \dfrac{24,111}{24,111 + 6,028} \fallingdotseq 0.8$

② 혼합 공기$(t_3) = \dfrac{Q_i t_i + Q_o t_o}{Q} = \dfrac{(1,500 \times 26) + (500 \times 32)}{2,000} = 27.5℃$

③ 습공기 선도

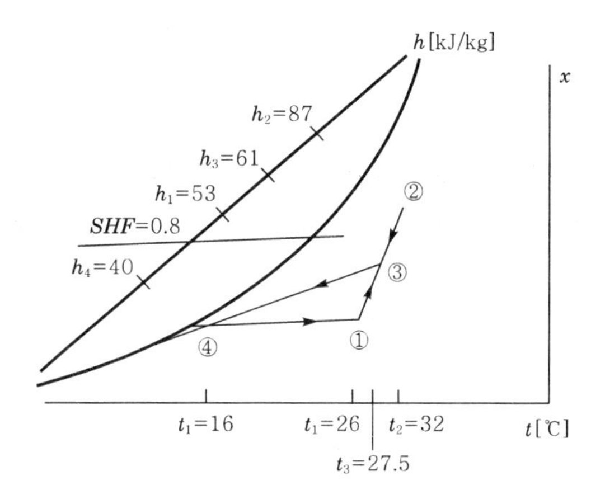

05 두께 100mm의 콘크리트벽 내면에 200mm의 발포스티로폼 방열을 시공하고, 그 내면에 20mm의 판을 댄 냉장고가 있다. 이 냉장고의 고내 온도는 −30℃, 외기 온도 32℃일 경우 각 물음에 답하시오. (10점)

재료명	열전도율〔W/m·K〕	벽 면	열전달률〔W/m²·K〕
콘크리트	0.06	외벽면	23
발포스티롤	0.05		
판	0.17	내벽면	9

1. 이 벽의 열관류율〔W/m²·K〕은 얼마인가?
2. 이 냉장고의 벽면적이 100m²일 경우 그 전열량〔kJ/h〕은 얼마인가?

해설 1. 열관류율$(K) = \dfrac{1}{\text{열저항}(R)} = \dfrac{1}{\dfrac{1}{\alpha_o} + \displaystyle\sum_{i=1}^{n} \dfrac{l_i}{\lambda_i} + \dfrac{1}{\alpha_i}}$

$$= \frac{1}{\frac{1}{23} + \frac{0.1}{0.06} + \frac{0.2}{0.05} + \frac{0.02}{0.17} + \frac{1}{9}} = 0.17\text{W/m}^2\cdot\text{K}$$

2. 전열량$(Q) = KA(t_o - t_i) = 0.17 \times 100 \times \{32 - (-30)\} = 1,054\text{W} \fallingdotseq 3794.4\text{kJ/h}$

06 증기 배관에서 벨로즈형 감압 밸브 주위 부품을 ○ 안에 기입하시오. (12점)

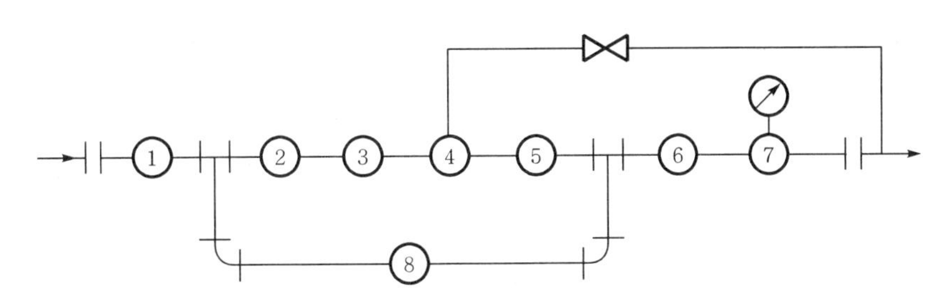

해설 ① 압력계, ② 슬루스 밸브(게이트 밸브), ③ 스트레이너(strainer), ④ 벨로즈형 감압 밸브, ⑤ 슬루스 밸브(게이트 밸브), ⑥ 안전밸브, ⑦ 압력계, ⑧ 구형 밸브(니들 밸브)

07 냉장실의 냉동 부하 25,116kJ/h, 냉장실 내 온도를 −20℃로 유지하는 나관 코일식 증발기 천장 코일의 냉각관 길이[m]를 구하시오. (단, 천장 코일의 증발관 내 냉매의 증발 온도는 −28℃, 외표면적 0.19m², 열통과율은 8.13W/m²·K) (6점)

해설 냉각관 길이$(L)=\dfrac{Q_e}{K\Delta t}\dfrac{1}{A_o}=\dfrac{25{,}116}{(8.13\times3.6)\times\{-20-(-28)\}}\times\dfrac{1}{0.19}\fallingdotseq 564.56\text{m}$

08 500rpm으로 운전되는 송풍기가 300m³/min, 전압 40mmAq, 동력 3.5kW의 성능을 나타내고 있는 것으로 한다. 이 송풍기의 회전수를 20% 증가시키면 어떻게 되는가를 계산하시오. (12점)

해설 송풍기의 상사법칙에 의해서

① 풍량$(Q_2)=Q_1\dfrac{N_2}{N_1}=300\times\dfrac{500\times1.2}{500}=360\text{m}^3/\text{min}$

② 전압$(P_2)=P_1\left(\dfrac{N_2}{N_1}\right)^2=40\times\left(\dfrac{500\times1.2}{500}\right)^2=57.6\text{mmAq}$

③ 동력$(L_2)=L_1\left(\dfrac{N_2}{N_1}\right)^3=3.5\times\left(\dfrac{500\times1.2}{500}\right)^3=6.048\fallingdotseq 6.05\text{kW}$

09 유인 유닛 방식과 팬코일 유닛 방식의 특징을 설명하시오. (8점)

해설 ① 유인 유닛 방식(induction unit system)의 특징

㉠ 장점

- 비교적 낮은 운전비로 개실 제어가 가능하다.
- 1차 공기와 2차 냉・온수를 별도로 공급함으로써 재실자의 기호에 알맞은 실온을 선정할 수 있다.
- 1차 공기를 고속 덕트로 공급하고, 2차측에 냉・온수를 공급하므로 열반송에 필요한 덕트 공간을 최소화한다.
- 중앙 공조기는 처리 풍량이 적어서 소형으로 된다.
- 제습, 가습, 공기 여과 등을 중앙 기계실에서 행한다.
- 유닛에는 팬 등의 회전 부분이 없으므로 내용 연수가 길고, 일상 점검은 온도 조절과 필터의 청소뿐이다.
- 송풍량은 일반적인 전공기 방식에 비하여 적고 실내 부하의 대부분은 2차 냉수에 의하여 처리되므로 열반송 동력이 작다.
- 조명이나 일사가 많은 방의 냉방에 효과적이고 계절에 구분 없이 쾌감도가 높다.

㉡ 단점

- 1차 공기량이 비교적 적어서 냉방에서 난방으로 전환할 때 운전 방법이 복잡하다.
- 송풍량이 적어서 외기 냉방 효과가 적다.
- 자동 제어가 전공기 방식에 비하여 복잡하다.
- 1차 공기로 가열하고 2차 냉수로 냉각(또는 가열)하는 등 가열, 냉각을 동시에 행하여 제어하므로 혼합 손실이 발생하여 에너지가 낭비된다.
- 팬코일 유닛과 같은 개별 운전이 불가능하다.
- 설비비가 많이 든다.
- 직접 난방 이외에는 사용이 곤란하고 중간기에 냉방 운전이 필요하다.

② 팬코일 유닛 방식(fan coil unit system)의 특징

㉠ 장점

- 공조 기계실 및 덕트 공간이 불필요하다.
- 사용하지 않는 실의 열원 공급을 중단시킬 수 있으므로 실별 제어가 용이하다.
- 재순환 공기의 오염이 없다.
- 덕트가 없으므로 증설이 용이하다.
- 자동 제어가 간단하다.
- 4관식의 경우 냉・난방을 동시에 할 수 있고 절환이 불필요하다.

㉡ 단점

- 기기 분산으로 유지관리 및 보수가 어렵다.
- 각 실 유닛에 필터 배관, 전기 배선 설치가 필요하므로 정기적인 청소가 요구된다.
- 환기량이 건축물 설치 방향, 풍향, 풍속 등에 좌우되므로 환기가 좋지 못하다(자연 환기를 시킴).
- 습도 제어가 불가능하다.
- 코일에 박테리아, 곰팡이 등의 서식이 가능하다.

- 동력 소모가 크다(소형 모터가 다수 설치됨).
- 유닛이 실내에 설치되므로 실내 공간이 적어진다.
- 외기 냉방이 불가능하다.

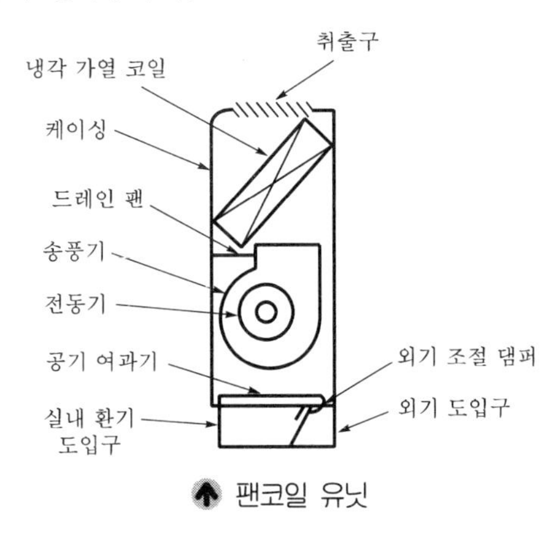

팬코일 유닛

【참고】 ① 유인 유닛 방식 : 실내의 유닛에는 송풍기가 없고, 고속으로 보내져 오는 1차 공기를 노즐로부터 취출시켜서 그 유인력에 의해서 실내 공기를 흡입하여 1차 공기와 혼합해 취출하는 방식

② 팬코일 유닛 방식 : 각 실에 설치된 유닛에 냉수 또는 온수를 코일에 순환시키고 실내 공기를 송풍기에 의해서 유닛에 순환시킴으로써 냉각 또는 가열하는 방식

10

전열 면적 A =60m^{2}의 수냉 응축기가 응축 온도 t_c =32℃, 냉각수량 W=500L/min, 입구 수온 t_{w_1} =23℃, 출구 수온 t_{w_2} =31℃로서 운전되고 있다. 이 응축기를 장기 운전하였을 때 냉각관의 오염이 원인으로 냉각수량을 640L/min로 증가하지 않으면 원래의 응축 온도를 유지할 수 없게 되었다. 이 상태에 대한 수냉 응축기의 냉각관의 열통과율은 약 몇 〔W/m^2·K〕인가? (단, 냉매와 냉각수 사이의 온도차는 산술 평균 온도차를 사용하고 열통과율과 냉각수량 외의 응축기의 열적 상태는 변하지 않는 것으로 한다.) (6점)

해설 ① 응축 열량$(q_c) = 60\,WC(t_{w_2} - t_{w_1}) = 60 \times 500 \times 4.186 \times (31-23) = 1{,}004{,}640\text{kJ/h}$

② 오염된 후 냉각수 출구 수온$(t_{w_2}) = t_{w_1} + \dfrac{q_c}{WC \times 60} = 23 + \dfrac{1{,}004{,}640}{640 \times 4.186 \times 60} = 29.25℃$

③ 열통과율$(K) = \dfrac{q_c}{60 \times 3.6\left(t_c - \dfrac{t_{w_1} + t_{w_2}'}{2}\right)} = \dfrac{1{,}004{,}640}{60 \times 3.6 \times \left(32 - \dfrac{23 + 29.25}{2}\right)}$

$\fallingdotseq 791.68\text{W/m}^2\cdot\text{K}$

2011. 10. 16. 시행

01 **주어진 설계 조건을 이용하여 사무실 각 부분에 대하여 손실 열량을 구하시오.** (20점)

[조 건]

1) 설계 온도[℃] : 실내 19, 실외 −1, 복도 10
2) 열통과율[$W/m^2 \cdot K$] : 외벽 3.72, 내벽 4.07, 바닥 2.21, 유리(2중) 2.56, 문 4.07
3) 방위 계수
   ① 북쪽, 북서쪽, 북동쪽 : 1.15
   ② 동남쪽, 남서쪽 : 1.05
   ③ 동쪽, 서쪽 : 1.10
   ④ 남쪽, 실내쪽 : 1.0
4) 환기 횟수 : 1회/h
5) 천장 높이와 층고는 동일하게 간주한다.
6) 공기의 정압 비열 : 1.0046kJ/kg · K, 공기의 밀도 : 1.2kg/m^3

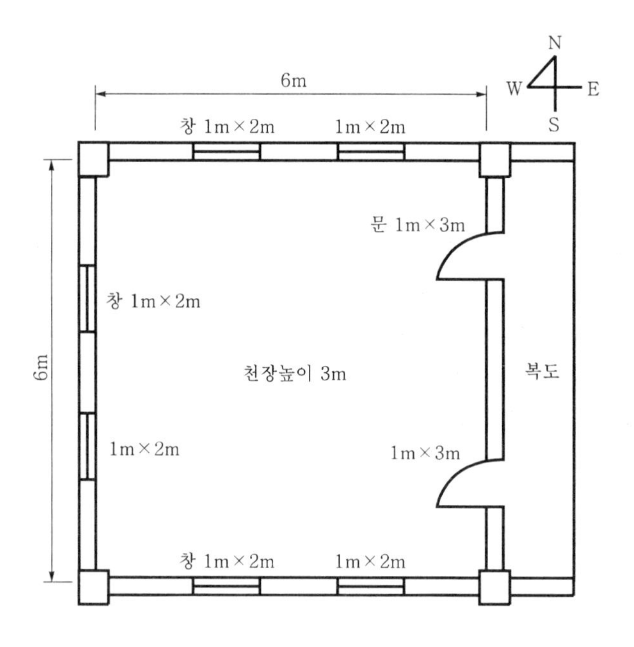

구 분	열관류율(W/m²·K)	면적(m²)	온도차(℃)	방위 계수	부하(kJ/h)
동쪽 내벽					
동쪽 문					
서쪽 외벽					
서쪽 창					
남쪽 외벽					
남쪽 창					
북쪽 외벽					
북쪽 창					
환기 부하					
난방 부하					

구 분	열관류율(W/m²·K)	면적(m²)	온도차(℃)	방위 계수	부하(kJ/h)
동쪽 내벽	4.07	12	9	1	1582.42
동쪽 문	4.07	6	9	1	659.34
서쪽 외벽	3.72	14	20	1.1	4124.74
서쪽 창	2.56	4	20	1.1	811.01
남쪽 외벽	3.72	14	20	1	1374.4
남쪽 창	2.56	4	20	1	737.28
북쪽 외벽	3.72	14	20	1.15	4312.22
북쪽 창	2.56	4	20	1.15	847.87
환기 부하	$1\times(6\times6\times3)\times1.2\times1.0046\times\{19-(-1)\}=2603.92$kJ/h				
난방 부하	$1582.42+659.34+4124.74+811.01+1374.4+737.28+4312.22+847.87+2603.92 \fallingdotseq 17053.2$kJ/h				

【참고】 $q=k_D KA\Delta t$(W), $1\text{W}=3.6\text{kJ/h}$, $1\text{kJ/h}=\frac{1}{3.6}\text{W}$

02 흡수식 냉동 장치의 냉동 능력이 120RT이고, 재생기의 증기 사용량 950kg/h, 증발 잠열량 2,470kJ/kg, 냉수 온도(입구 10℃, 출구 5℃), 냉각수 온도 입구 32℃, 출구 40℃이고 물의 비열 4.186kJ/kg·K, 냉동 능력 1RT는 13897.52kJ/h이다. 다음 각 물음에 답하시오. (12점)

1. 냉각수량은 몇 (L/min)인가?
2. 냉수량은 몇 (L/min)인가?

해설

1. 냉각수량$(L)=\dfrac{Gq_L}{C(t_2-t_1)\times60}=\dfrac{950\times2,470}{4.186\times(40-32)\times60}\fallingdotseq 1167.83\text{L/min}$

2. 냉수량$(W)=\dfrac{Q_e(=13897.52RT)}{C(t_{w_1}-t_{w_2})\times60}=\dfrac{13897.52\times120}{4.186\times(10-5)\times60}\fallingdotseq 1,328\text{L/min}$

03 공기의 건구 온도(DB) 27℃, 상대 습도(RH) 65%, 절대 습도(x) 0.0125kg'/kg일 때 습공기의 비엔탈피를 구하시오. (7점)

해설 비엔탈피$(h) = C_p t + x(\gamma_o + C_{pw} t) = 1.0046 \times 27 + 0.0125 \times (2500.3 + 1.85 \times 27)$

$\fallingdotseq 59\text{kJ/kg}$

04 어느 벽체의 구조가 다음과 같은 조건을 갖출 때 각 물음에 답하시오. (12점)

[조 건]

1) 실내 온도 : 25℃, 외기 온도 : −5℃
2) 벽체의 구조

재 료	두께[m]	열전도율[W/m·K]
① 타일	0.01	1.28
② 시멘트모르타르	0.03	1.28
③ 시멘트벽돌	0.19	1.40
④ 스티로폼	0.05	0.03
⑤ 콘크리트	0.10	1.63

3) 공기층 열컨덕턴스 : $6.05\text{W/m}^2\cdot\text{K}$
4) 외벽의 면적 : 40m^2

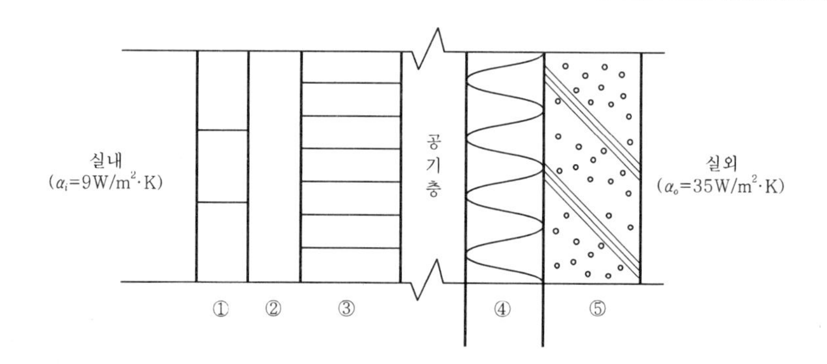

1. 벽체의 열통과율[$\text{W/m}^2\cdot\text{K}$]을 구하시오.
2. 벽체의 손실 열량[kJ/h]을 구하시오.
3. 벽체의 내표면 온도[℃]를 구하시오.

해설 1. 열통과율$(K) = \dfrac{1}{열저항(R)} = \dfrac{1}{\dfrac{1}{\alpha_i} + \sum_{i=1}^{n} \dfrac{l_i}{\lambda_i} + \dfrac{1}{\alpha_o}}$

$$= \frac{1}{\frac{1}{9} + \frac{0.01}{1.28} + \frac{0.03}{1.28} + \frac{0.19}{1.4} + \frac{0.05}{0.03} + \frac{1}{6.05} + \frac{0.1}{1.63} + \frac{1}{35}}$$

$\fallingdotseq 0.454\text{W/m}^2\cdot\text{K}$

2. 손실 열량$(q) = KA(t_i - t_o) = 0.454 \times 40 \times \{25-(-5)\} = 544.8\text{W} \fallingdotseq 1961.28\text{kJ/h}$

3. 내표면 온도(t_s)

$KA(t_i - t_o) = \alpha_i A(t_i - t_s)$에서

$t_s = t_i - \dfrac{K}{\alpha_i}(t_i - t_o) = 25 - \dfrac{0.454}{9} \times \{25-(-5)\} = 23.49℃$

05 **장치 노점이 10℃인 냉수 코일이 20℃ 공기를 12℃로 냉각시킬 때 냉수 코일의 Bypass Factor(BF)를 구하시오.** (5점)

해설 바이패스 팩터$(BF) = \dfrac{t_e - t''}{t_w - t''} = \dfrac{12-10}{20-10} = 0.2$

06 **덕트 시스템을 다음과 같이 설계하고자 한다. 각 취출구의 풍량이 동일할 때 주어진 구간의 값들을 결정하고 Z-F구간의 마찰 손실을 구하시오.** (단, 공기의 밀도는 1.2kg/m^3, 중력 가속도(g)=9.8m/s^2, 마찰 손실(R)=0.1mmAq/m, A-E 벤드 부분의 $\dfrac{r}{W} = 1.5$ 이며, 송풍량은 2,000m^3/h) (17점)

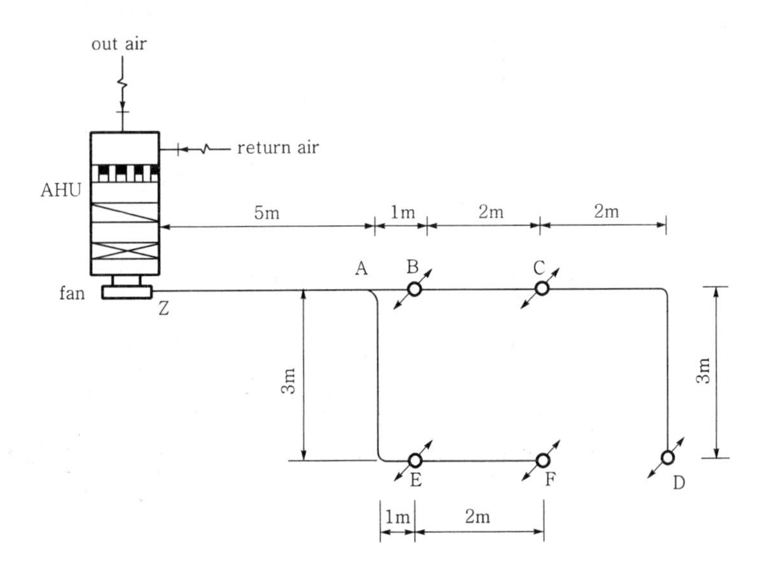

장변 \ 단변	10	15	20	25	30	35	40	45	50	55	60	65	70	75	80	85	90	95	100
10	10.9																		
15	13.3	16.4																	
20	15.2	18.9	21.9																
25	16.9	21.0	24.4	27.3															
30	18.3	22.9	26.6	29.9	32.8														
35	19.5	24.5	28.6	32.2	35.4	38.3													
40	20.7	26.0	30.5	34.3	37.8	40.9	43.7												
45	21.7	27.4	32.1	36.3	40.0	43.3	46.4	49.2											
50	22.7	28.7	33.7	38.1	42.0	45.6	48.8	51.8	54.7										
55	23.6	29.9	35.1	39.8	43.9	47.7	51.1	54.3	57.3	60.1									
60	24.5	31.0	36.5	41.4	45.7	49.6	53.3	56.7	59.8	62.8	65.6								
65	25.3	32.1	37.8	42.9	47.4	51.5	55.3	58.9	62.2	65.3	68.3	71.1							
70	26.1	33.1	39.1	44.3	49.0	53.3	57.3	61.0	64.4	67.7	70.8	73.7	76.5						
75	26.8	34.1	40.2	45.7	50.6	55.0	59.2	63.0	66.6	69.7	73.2	76.3	79.2	82.0					
80	27.5	35.0	41.4	47.0	52.0	56.7	60.9	64.9	68.7	72.2	75.5	78.7	81.8	84.7	87.5				
85	28.2	35.9	42.4	48.2	53.4	58.2	62.6	66.8	70.6	74.3	77.8	81.1	84.2	87.2	90.1	92.9			
90	28.9	36.7	43.5	49.4	54.8	59.7	64.2	68.6	72.6	76.3	79.9	83.3	86.6	89.7	92.7	95.6	198.4		
95	29.5	37.5	44.5	50.6	56.1	61.1	65.9	70.3	74.4	78.3	82.0	85.5	88.9	92.1	95.2	98.2	101.1	103.9	
100	30.1	38.4	45.4	51.7	57.4	62.6	67.4	71.9	76.2	80.2	84.0	87.6	91.1	94.4	97.6	100.7	103.7	106.5	109.3
105	30.7	39.1	46.4	52.8	58.6	64.0	68.9	73.5	77.8	82.0	85.9	89.7	93.2	96.7	100.0	103.1	106.2	109.1	112.0
110	31.3	39.9	47.3	53.8	59.8	65.2	70.3	75.1	79.6	83.8	87.8	91.6	95.3	98.8	102.2	105.5	108.6	111.7	114.6
115	31.8	40.6	48.1	54.8	60.9	66.5	71.7	76.6	81.2	85.5	89.6	93.6	97.3	100.9	104.4	107.8	111.0	114.1	117.2
120	32.4	41.3	49.0	55.8	62.0	67.7	73.1	78.0	82.7	87.2	91.4	95.4	99.3	103.0	106.6	110.0	113.3	116.5	119.6
125	32.9	42.0	49.9	56.8	63.1	68.9	74.4	79.5	84.3	88.8	93.1	97.3	101.2	105.0	108.6	112.2	115.6	118.8	122.0
130	33.4	42.6	50.6	57.7	64.2	70.1	75.7	80.8	85.7	90.4	94.8	99.0	103.1	106.9	110.7	114.3	117.7	121.1	124.4
135	33.9	43.3	51.4	58.6	65.2	71.3	76.9	82.2	87.2	91.9	96.4	100.7	104.9	108.8	112.6	116.3	119.9	123.3	126.7
140	34.4	43.9	52.2	59.5	66.2	72.4	78.1	83.5	88.6	93.4	98.0	102.4	106.6	110.7	114.6	118.3	122.0	125.5	128.9
145	34.9	44.5	52.9	60.4	67.2	73.5	79.3	84.8	90.0	94.9	99.6	104.1	108.4	112.5	116.5	120.3	124.0	127.6	131.1
150	35.3	45.2	53.6	61.2	68.1	74.5	80.5	86.1	91.3	96.3	101.1	105.7	110.0	114.3	118.3	122.2	126.0	129.7	133.2
155	35.8	45.7	54.4	62.1	69.1	75.6	81.6	87.3	92.6	97.4	102.6	107.2	111.7	116.0	120.1	124.1	127.9	131.7	135.3
160	36.2	46.3	55.1	62.9	70.6	76.6	82.7	88.5	93.9	99.1	104.1	108.8	113.3	117.7	121.9	125.9	129.8	133.6	137.3
165	36.7	46.9	55.7	63.7	70.9	77.6	83.8	89.7	95.2	100.5	105.5	110.3	114.9	119.3	123.6	127.7	131.7	135.6	139.3
170	37.1	47.5	56.4	64.4	71.8	78.5	84.9	90.8	96.4	101.8	106.9	111.8	116.4	120.9	125.3	129.5	133.5	137.5	141.3

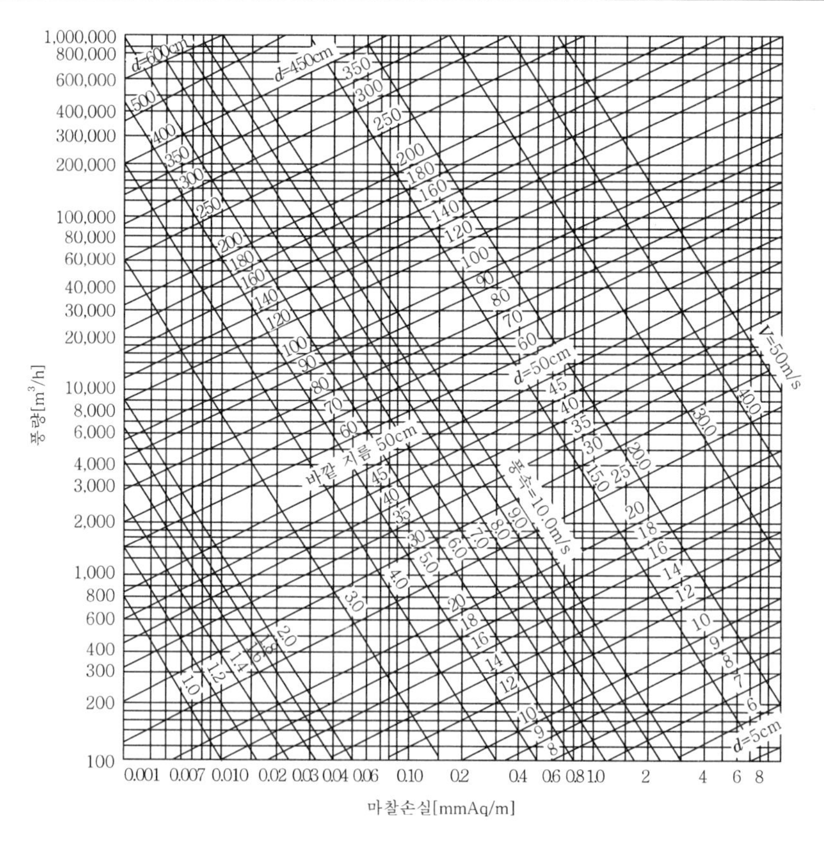

<table>
<tr><th>명 칭</th><th>그 림</th><th>계산식</th><th colspan="5">저항 계수</th></tr>
<tr><td rowspan="5">장방형 엘보 (90°)</td><td rowspan="5"></td><td rowspan="5">$\Delta P_t = \lambda \frac{l'}{d} \frac{\rho v^2}{2g}$</td><td>$H/W$</td><td>$r/W=0.5$</td><td>0.75</td><td>1.0</td><td>1.5</td></tr>
<tr><td>0.25</td><td>$l'/W=25$</td><td>12</td><td>7</td><td>3.5</td></tr>
<tr><td>0.5</td><td>33</td><td>16</td><td>9</td><td>4</td></tr>
<tr><td>1.0</td><td>45</td><td>19</td><td>11</td><td>4.5</td></tr>
<tr><td>4.0</td><td>90</td><td>35</td><td>17</td><td>6</td></tr>
<tr><td rowspan="3">장방형 덕트의 분기</td><td rowspan="3"></td><td>직통부(1 → 2)
$\Delta P_t = \zeta_T \frac{\rho {v_1}^2}{2g}$</td><td colspan="5">$\frac{v_2}{v_1} < 1.0$일 때는 대개 무시한다.
$\frac{v_2}{v_1} \geq 1.0$일 때
$\zeta_T = 0.46 - 1.24x + 0.93x^2$
$x = \frac{v_2}{v_1}\left(\frac{a}{b}\right)^{\frac{1}{4}}$</td></tr>
<tr><td rowspan="2">분기부(1 → 3)
$\Delta P_t = \zeta_B \frac{\rho {v_1}^2}{2g}$</td><td>$x$
ζ_B</td><td>0.25
0.3</td><td>0.5
0.2</td><td>0.75
0.2</td><td>1.0
0.4</td></tr>
<tr><td colspan="5">다만, $x = \frac{v_3}{v_1}\left(\frac{a}{b}\right)^{\frac{1}{4}}$ (1.25: ζ_B = 0.65)</td></tr>
</table>

구 간	풍량(m³/h)	원형 덕트지름(cm)	장방형 덕트크기(cm)	풍속(m/s)
Z−A			( )×25	
B−C			( )×25	
A−E			( )×25	
E−F			( )×15	

해설

구 간	풍량(m³/h)	원형 덕트지름(cm)	장방형 덕트크기(cm)	풍속(m/s)
Z−A	2,000	35	45×25	4.94
B−C	800	24.17	25×25	3.56
A−E	800	24.17	25×25	3.56
E−F	400	19	25×15	2.96

① 직관 손실 $=(5+3+1+2)\times 0.1 = 1.1\,\text{mmAq} = 10.78\,\text{Pa}$

② 장방형 벤드

$$\frac{H}{W} = \frac{25}{25} = 1$$

$\frac{r}{W} = 1.5$일 때

$$\frac{l'}{W} = 4.5,\; l' = 0.25 \times 4.5 = 1.125\,\text{m}$$

$\therefore\ \Delta P_t = \lambda \dfrac{l'}{d}\dfrac{\rho v^2}{2} = 0.1 \times \dfrac{1.125}{0.2417} \times \dfrac{1.2 \times 3.56^2}{2} \fallingdotseq 3.54\text{Pa}(=0.36\text{mmAq})$

③ 장방형 덕트 분기

$x = \dfrac{v_3}{v_1}\left(\dfrac{a}{b}\right)^{\frac{1}{4}} = \dfrac{3.56}{4.94} \times \left(\dfrac{25}{25}\right)^{\frac{1}{4}} = 0.72$

ζ_B는 $x = 0.75$에서 0.2이다.

$\therefore\ \Delta P_t = \zeta_B \dfrac{\rho v_1^2}{2} = 0.2 \times \dfrac{1.2 \times 4.94^2}{2} \times 1.2 = 2.93\text{Pa}(=0.3\text{mmAq})$

④ Z−F의 마찰 손실(P_t) = 1.1 + 0.36 + 0.3 = 1.76mmAq = 17.25Pa

07 냉동 창고에 39℃인 썩은 고기를 5대의 트럭에 싣고 −1℃로 냉장한다. 다음 조건과 같을 때 냉동 부하〔kJ/h〕를 구하시오. (7점)

[조 건]

1) 트럭 질량 : 130kg/대, 트럭 비열 : 0.5kJ/kg·K
2) 고기 질량 : 330kg/대, 고기 비열 : 3.5kJ/kg·K, 고기 동결 온도 : −2℃
3) 팬의 동력 : 7.5kW, 조명 부하(백열등) : 0.2kW
4) 환기 횟수 : 12회/24h, 공기 정압 비열 : 1kJ/kg·K, 공기 밀도 : 1.2kg/m^3
5) 창고 바닥 면적 : 88m^2, 높이 : 5m
6) 외기 온도 : 10℃, 실내(창고) 온도 : −4℃
7) 그 외의 열침입은 없는 것으로 한다.

해설 ① 고기 냉각 부하 = $330 \times 5 \times 3.5 \times \{39-(-1)\} = 231{,}000$kJ/h

② 트럭 열량 부하 = $130 \times 5 \times 0.5 \times \{39-(-1)\} = 13{,}000$kJ/h

③ 환기 부하 = $\dfrac{12}{24} \times (88 \times 5) \times 1.2 \times 1 \times \{10-(-4)\} = 3{,}696$kJ/h

④ 팬·조명 동력 부하 = $(7.5+0.2) \times 3{,}600 = 27{,}720$kJ/h

⑤ 냉동 부하 = $231{,}000 + 13{,}000 + 3{,}696 + 27{,}720 = 275{,}416$kJ/h

08 24시간 동안에 30℃의 원료수 5,000kg을 −10℃의 얼음으로 만들 때 냉동기 용량(냉동톤)을 구하시오. (단, 냉동기 안전율은 10%로 하고, 물의 응고 잠열은 335kJ/kg이다.) (5점)

해설
$$\text{냉동톤} = \frac{m\{C_w(t_{w2}-t_{w1}) + \gamma_o + C_i(t_{i2}-t_{i1})\}K}{24 \times 13897.52}$$
$$= \frac{5{,}000 \times \{4.186 \times (30-0) + 335 + 2.093 \times (0-(-10))\} \times 1.1}{24 \times 13897.52} = 7.94\text{RT}$$

09 다음과 같이 응축기의 냉각수 배관을 설계하였다. 각 물음에 답하시오. (15점)

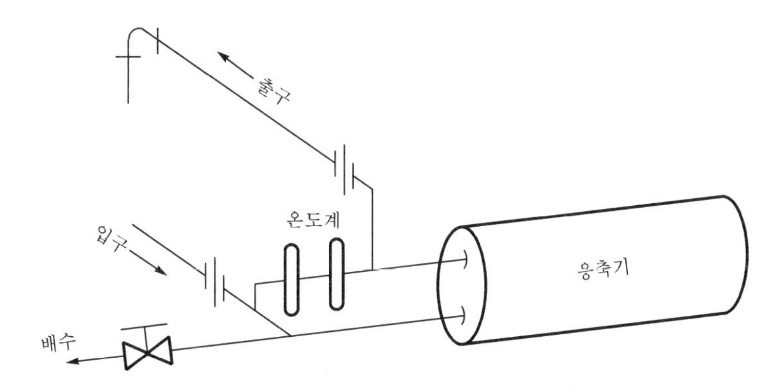

1. 냉각수 출구 배관을 응축기보다 높게 설치한 이유를 설명하시오.
2. 시수(市水)를 냉각수로 사용할 경우와 사용하지 않을 경우에 따른 자동 제어 밸브의 위치는?
   ① 시수를 냉각수로 사용할 경우
   ② 시수를 냉각수로 사용하지 않을 경우
3. 시수(市水)를 냉각수로 사용할 경우 급수 배관에 필히 부착하여야 할 것은 무엇인가?
4. 응축기 입 · 출구에 유니언 또는 플랜지를 부착하는 이유를 간단히 설명하시오.

1. 응축기의 냉각수 코일에 체류할 우려가 있는 기포(공기)를 배제하여 순환수의 흐름을 원활하게 하여 전열 작용을 양호하게 한다.
2. ① 시수를 냉각수로 사용하는 경우 : 자동 제어 밸브는 응축기 입구에 설치한다. 또한 단수 릴레이도 응축기 입구에 설치한다.
   ② 시수를 냉각수로 사용하지 않을 경우 : 자동 제어 밸브는 응축기 입구에 설치한다. 또한 단수 릴레이도 응축기 입구에 설치한다.
3. 크로스 커넥션(cross connection)을 방지하기 위하여 역류 방지 밸브(CV)를 설치하여 냉각수가 상수도 배관으로 역류되는 것을 방지한다.
4. 응축기와 배관의 점검 보수 및 세관을 용이하게 하기 위하여 플랜지 또는 유니언 이음을 한다.

【참고】 응축기에 공급되는 냉각수의 종류에 관계없이 자동 제어 밸브(절수 밸브)는 입구측에 부착한다. 방열기와 다른 점에 유의할 것

2011

2012년도 기출문제

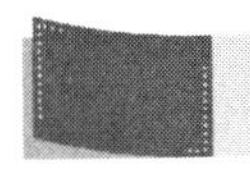

2012. 4. 22. 시행

01 다음과 같은 조건하에서 냉방용 흡수식 냉동장치에서 증발기가 1RT의 능력을 갖도록 하기 위한 각 물음에 답하시오. (10점)

[조 건]

1) 냉매와 흡수제 : 물+브롬화리튬
2) 발생기 공급열원 : 80℃의 폐기가스
3) 용액의 출구온도 : 74℃
4) 냉각수온도 : 25℃
5) 응축온도 : 30℃(압력 31.8mmHg)
6) 증발온도 : 5℃(압력 6.54mmHg)
7) 흡수기 출구 용액의 온도 : 28℃
8) 흡수기 압력 : 6mmHg
9) 발생기 내 증기의 비엔탈피 $h_3' = 3041.4$kJ/kg
10) 증발기를 나오는 증기의 비엔탈피 $h_1' = 2927.6$kJ/kg
11) 응축기를 나오는 응축수의 비엔탈피 $h_3 = 545.2$kJ/kg
12) 증발기로 들어가는 포화수의 비엔탈피 $h_1 = 438.4$kJ/kg
13) 1RT = 3.9kW

상태점	온도 〔℃〕	압력 〔mmHg〕	농도 w_t 〔%〕	비엔탈피 〔kJ/kg〕
4	74	31.8	60.4	316.5
8	46	6.54	60.4	273
6	44.2	6.0	60.4	270.5
2	28.0	6.0	51.2	238.7
5	56.5	31.8	51.2	291.4

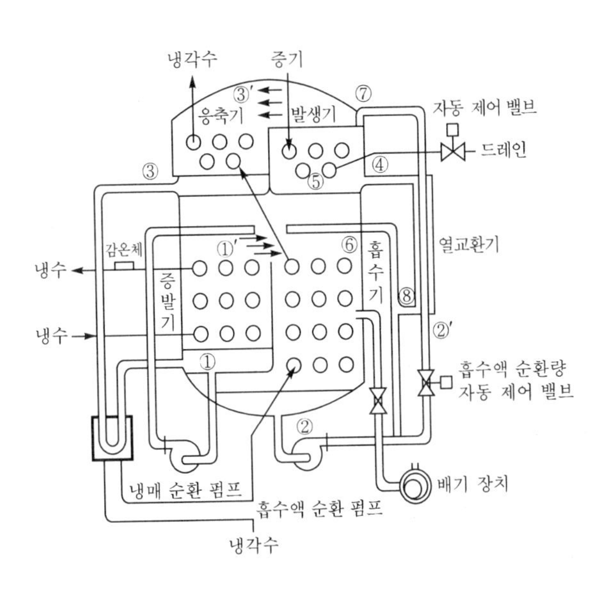

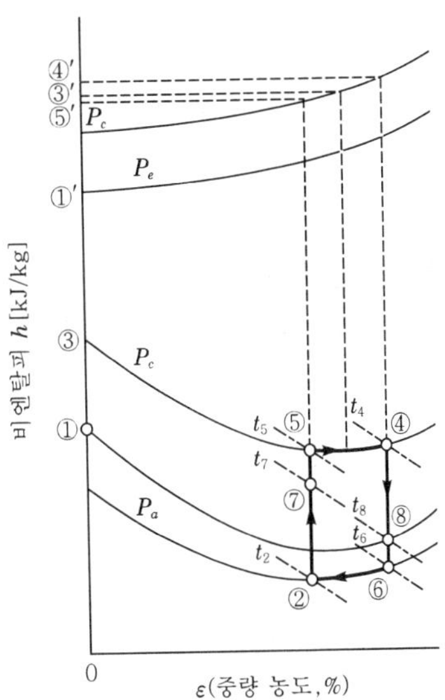

1. 다음과 같이 나타내는 과정은 어떠한 과정인지 설명하기
   ① 4－8과정
   ② 6－2과정
   ③ 2－7과정
2. 응축기와 흡수기의 열량
3. 1냉동톤당의 냉매순환량

해설 1. ① 4－8과정 : 열교환기에서 방열작용으로 발생기(재생기)에서 농축된 진한 용액이 열교환기를 거치는 동안 묽은 용액의 열을 방출하여 온도가 낮아지는 과정이다.

② 6－2과정 : 증발기에서 증발된 냉매증기는 흡수기의 브롬화리튬(LiBr)수용액에 흡수되어 증발압력과 온도는 일정하게 유지되고, 냉매증기 흡수 시에 발생되는 흡수열은 흡수기 내 전열관을 통하는 냉각수에 의해 제거되며, 흡수기의 묽은 용액은 용액펌프에 의해 고온재생기로 보내진다.

③ 2－7과정 : 열교환기에서 흡열작용으로 냉매를 흡수하여 농도가 묽은 용액이 순환펌프에 의해 발생기(재생기)로 공급되는 도중에 열교환기에서 진한 용액으로부터 흡열하여 온도가 상승하는 과정이다.

2. ① 응축기 열량(Q_c)$=h_3'-h_3=3041.4-545.2=2496.2$kJ/kg

② 흡수기 열량

㉠ 용액순환비(f)$=\dfrac{\varepsilon_2}{\varepsilon_2-\varepsilon_1}=\dfrac{60.4}{60.4-51.2}\fallingdotseq 6.57$kg/kg

㉡ 흡수기 열량(Q_a)$=(f-1)h_8+h_1'-fh_2$

$=\{(6.57-1)\times 273\}+2927.6-(6.57\times 238.7)$

$\fallingdotseq 2879.95$kJ/kg

2012

3. ① 냉동효과$(q_e) = h_1' - h_3 = 2927.6 - 545.2 = 2382.4\text{kJ/kg}$

② 냉매순환량$(m) = \dfrac{Q_e}{q_e} = \dfrac{1 \times 13897.52}{2382.4} ≒ 5.83\text{kg/h}$

02 다음은 단일 덕트 공조 방식을 나타낸 것이다. 주어진 조건과 습공기 선도를 이용하여 각 물음에 답하시오. (18점)

[조 건]

1) 실내 부하 : 현열 부하(q_s)=108,836kJ/h, 잠열 부하(q_L)=18,837kJ/h
2) 실내 : 온도 20℃, 상대 습도 50%
3) 외기 : 온도 2℃, 상대 습도 40%
4) 환기량과 외기량의 비=3 : 1
5) 공기의 밀도 : 1.2kg/m^3, 공기의 정압 비열 : 1.004kJ/kg·℃
6) 실내 송풍량 : 10,000kg/h
7) 덕트 장치 내의 열취득(손실)은 무시한다.
8) 가습은 순환수 분무로 한다.

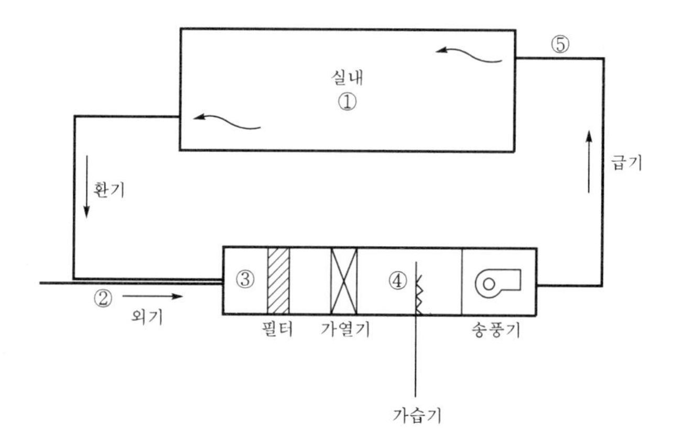

1. 계통도를 보고 공기의 상태 변화를 습공기 선도상에 나타내고 장치의 각 위치에 대응하는 점 ①~⑤를 표시하시오.
2. 실내 부하의 현열비(SHF)를 구하시오.
3. 취출 공기 온도를 구하시오.
4. 가열기 용량(kJ/h)을 구하시오.
5. 가습량(kg/h)을 구하시오.

해설 1. 습공기 선도

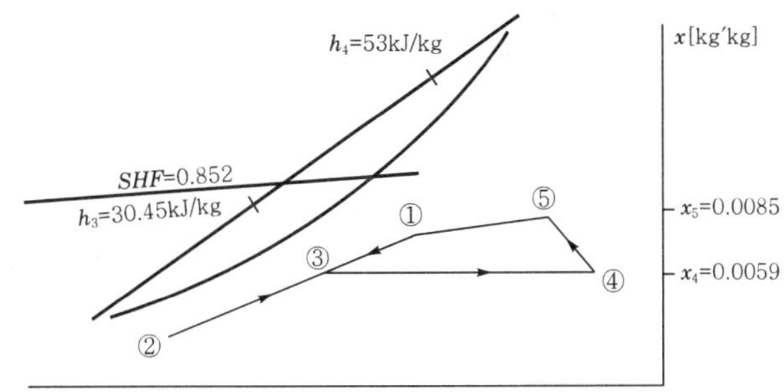

2. 현열비$(SHF) = \dfrac{q_s}{q_s + q_L} = \dfrac{108,836}{108,836 + 18,837} = 0.85$

3. $q_s = m\,C_p(t_5 - t_1)$에서

   실내 취출 공기 온도$(t_5) = t_1 + \dfrac{q_s}{m\,C_p} = 20 + \dfrac{108,836}{10,000 \times 1.004} = 30.84$℃

4. 가열기 용량$(q_H) = m(h_4 - h_3) = 10,000 \times (53 - 30.45) = 225,500\,\text{kJ/h}$

5. 가습기 용량$(L) = m(x_5 - x_4) = 10,000 \times (0.0085 - 0.0059) = 26\,\text{kg/h}$

03 다음과 같은 조건의 냉동장치 압축기의 분당 회전수를 구하시오.

〔조 건〕

1) 압축기 흡입증기의 비체적 : $0.15\text{m}^3/\text{kg}$, 압축기 흡입증기의 비엔탈피 : 624kJ/kg
2) 압축기 토출증기의 비엔탈피 : 687kJ/kg, 팽창밸브 직후의 비엔탈피 : 460kJ/kg
3) 냉동능력 : 10RT, 압축기 체적효율 : 65%
4) 압축기 기통경 : 120mm, 행정 : 100mm, 기통수 : 6기통

해설 ① 냉매순환량$(m) = \dfrac{\text{냉동능력}(Q_e)}{\text{냉동효과}(q_e)} = \dfrac{13897.52RT}{q_e} = \dfrac{13897.52 \times 10}{624 - 460} = 847.41\text{kg/h}$

② 실제 토출량$(V_a) = \eta_v V_{th} \times 60 = \eta_v ASNZ \times 60\,[\text{m}^3/\text{h}]$에서

압축기 분당 회전수$(N) = \dfrac{m\,v_c}{\eta_v ASZ \times 60}$

$$= \frac{847.41 \times 0.15}{0.65 \times \frac{\pi}{4} \times 0.12^2 \times 0.1 \times 6 \times 60}$$

$≒ 480.55\text{rpm}$

2012

04 **다음 도면과 같은 온수난방에 있어서 리버스 리턴 방식에 의한 배관도를 완성하시오.** (단, A, B, C, D는 방열기를 표시한 것이며, 온수공급관은 실선으로, 귀환관은 점선으로 표시하시오.)

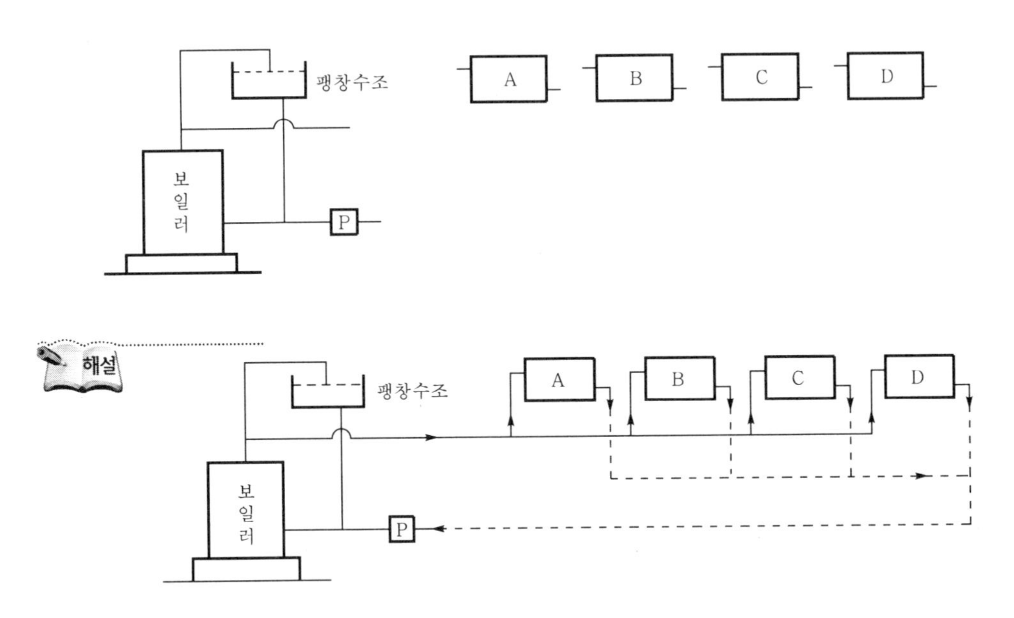

05 **다음 주어진 공기-공기, 냉매회로 절환방식 히트펌프의 구성요소를 연결하여 냉방 시와 난방 시 각각의 배관흐름도(flow diagram)를 완성하시오.** (단, 냉방 및 난방에 따라 배관의 흐름 방향을 정확히 표기하여야 한다.)

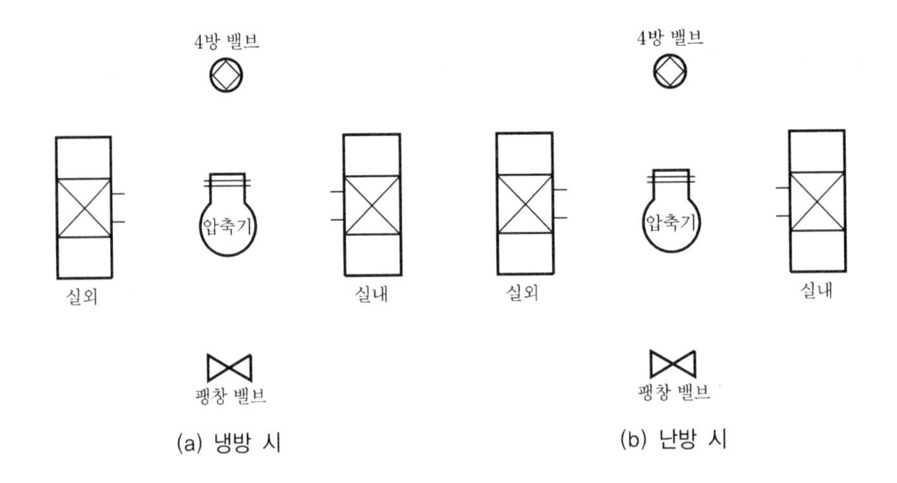

(a) 냉방 시　　(b) 난방 시

해설

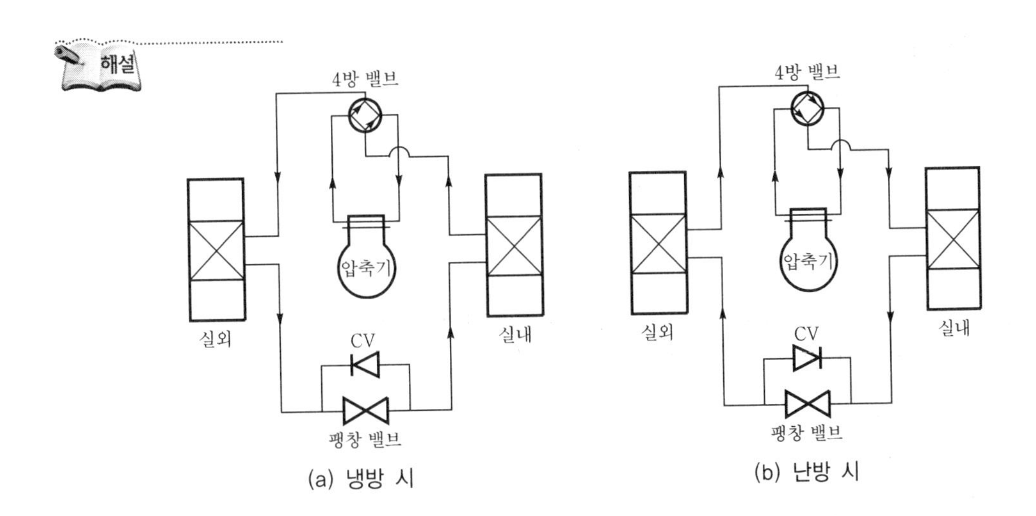

(a) 냉방 시 (b) 난방 시

06 **15℃의 물을 0℃의 얼음으로 매시간 50kg 만드는 냉동기의 냉동능력은 몇 〔RT〕인지 구하시오.** (단, 물의 응고열은 335kJ/kg, 물의 비열은 4.186kJ/kg · K이다.)

해설 냉동능력$(Q_e) = mC(t_2 - t_1) + m\gamma_0 = m\{C(t_2 - t_1) + \gamma_0\}$

$= 50 \times \{4.186 \times (15 - 0) + 335\} = 19889.5\text{kJ/h} = 1.43\text{RT}$

07 **입구 공기온도(t_1) 29℃를 출구 공기온도(t_2) 16℃로 냉각시키는 냉수 코일에서 수량은 440L/min, 열수는 8, 관수는 20본, 풀 서킷 흐름일 때 관 내 냉수의 저항은 몇 〔mAq〕인가?** (단, 코일의 유효길이 1,400mm, 2대 사용으로 한다.)

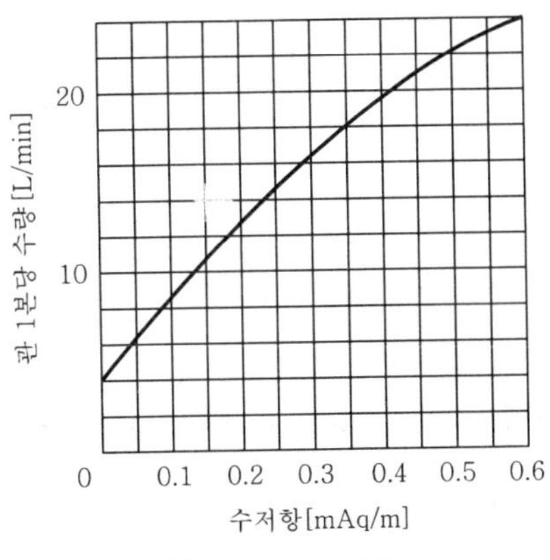

코일의 수저항

코일이 2대이므로 관수는 $2 \times 20 = 40$본

관 1본당 순환수량은 $\frac{440}{40} = 11\text{L/min}$

제시된 그림에서 코일의 수저항$(R) = 0.18\text{mAq/m}$

∴ 냉수의 저항$(R_w) = R\{nL + 1.2(n+1)\} = 0.18 \times \{8 \times 1.4 + 1.2 \times (8+1)\} = 3.96\text{mAq}$

여기서, n : 열수, L : 관의 길이

08

30℃ DB, 22% RH인 입구공기 22,000kg/h를 16℃ DB까지 냉각시키는 데 필요한 직접 팽창코일(DX coil)의 열수를 구하시오.

[조 건]

1) 냉매 : R−12
2) 증발온도 : 8℃
3) 통과공기풍속 : 2.3m/s
4) 전면적 : 1.07m²×2대
5) 흐름 : 역류형
6) 전면적 : 1m², 1열당의 외표면적 : 22.9m²
7)

공기속도[m/s]	1.5	2.0	2.5	3.0
열통과율 [W/m²·K]	19.2	22.3	26.2	29.1

구 분	입구공기	출구공기
비엔탈피 [kJ/kg]	45.2	30.9

8) 입구공기의 노점온도 : 6.2℃

① 통과공기풍속은 2.3m/s이므로 열통과율은 2.0~2.5m/s 사이에서 열통과율(K)은 보간법을 적용한다.

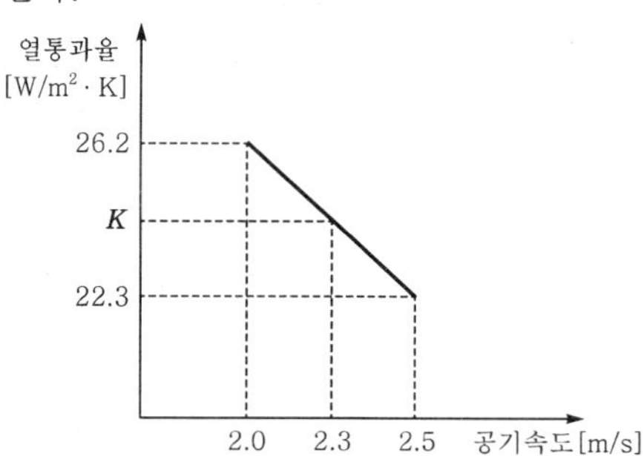

$(26.2 - 22.3) : (2.5 - 2.0) = (K - 22.3) : (2.3 - 2.0)$

$\therefore\ K = 22.3 + (26.2 - 22.3) \times \frac{2.3 - 2.0}{2.5 - 2.0} = 24.64\text{W/m}^2 \cdot \text{K}$

② 냉각코일부하$(q_r) = m\Delta h = 22{,}000 \times (45.2 - 30.9) \fallingdotseq 314{,}600\text{kJ/h}$

③ $q_r = K(A_0 \times 2)n\left(\frac{t_1 + t_2}{2} - t_e\right)$[kJ/h]이므로

$$\therefore \text{코일의 열수}(n) = \frac{q_r}{K(A_0 \times 2)\left(\frac{t_1 + t_2}{2} - t_e\right)}$$

$$= \frac{314{,}600}{(24.64 \times 3.6) \times (22.9 \times 2) \times \left(\frac{30+16}{2} - 8\right)} \fallingdotseq 6\text{열}$$

09 **다음과 같이 A, B실을 냉방할 때 각 실의 실온[℃]과 상대습도[%] 및 공조기의 냉각열량[kJ/h]을 구하시오.**

[조 건]

1) 외기조건 : 30℃ DB, 60% RH
2) 실내취출조건 : 15℃ DB, 90% RH
3) ① 송풍량 : A실 3,000m^3/h, B실 2,000m^3/h
   ② 환기량 : A실 2,500m^3/h, B실 1,500m^3/h
4) 외기량 : 1,000m^3/h
5) 냉방부하
   ① A실 : q_s=41,860kJ/h, q_L=4,186kJ/h
   ② B실 : q_s=20,930kJ/h, q_L=4,186kJ/h
6) 덕트 및 송풍기로부터의 열취득은 무시한다.
7) 공기의 밀도는 1.2kg/m^3 정압비열은 1.005kJ/kg·K이다.
8) *SHF*는 28℃, 50%를 기준점으로 할 것

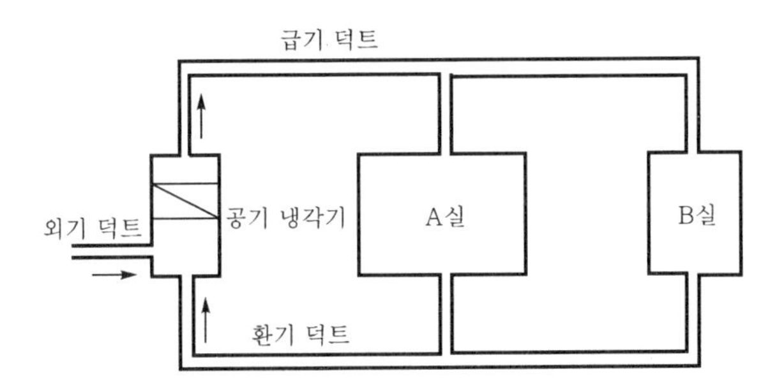

해설 ① A실의 경우

㉠ $q_s = \rho Q C_p (t_A - 15)$ [kJ/h]에서

$$\text{A실의 온도}(t_A) = 15 + \frac{q_s}{\rho Q C_p} = 15 + \frac{41{,}860}{1.2 \times 3{,}000 \times 1.005} \fallingdotseq 26.57\,℃$$

㉡ $$\text{현열비}(SHF) = \frac{q_s}{q_s + q_L} = \frac{41{,}860}{41{,}860 + 4{,}186} = 0.91$$

㉢ 습공기 선도에서 현열비 0.91과 실내온도 26.57℃를 그려 교점에서 상대습도를 구하면 47.5%가 된다.

② B실의 경우

㉠ $$\text{B실의 온도}(t_B) = 15 + \frac{q_s}{\rho Q C_p} = 15 + \frac{20{,}930}{1.2 \times 2{,}000 \times 1.005} = 23.68\,℃$$

㉡ $$\text{현열비}(SHF) = \frac{q_s}{q_s + q_L} = \frac{20{,}930}{20{,}930 + 4{,}186} = 0.83$$

㉢ 습공기 선도에서 현열비 0.83과 실내온도 23.68℃를 그려 교점에서 상대습도를 구하면 57%가 된다.

③ 공조기 냉각열량(q_{cc})

㉠ 환기혼합온도(t_{mr}) $= \dfrac{Q_A t_A + Q_B t_B}{Q} = \dfrac{3 \times 26.57 + 2 \times 23.68}{5} = 25.41℃$

㉡ 외기혼합온도(t_{mo}) $= \dfrac{Q_o t_o + Q_r t_{mr}}{Q} = \dfrac{1 \times 30 + 4 \times 25.41}{5} = 26.33℃$

㉢ 현열비(SHF) $= \dfrac{q_s}{q_s + q_L} = \dfrac{62,790}{62,790 + 8,372} = 0.88$

㉣ 공조기 냉각열량(Q_{cc}) $= m\Delta h = \rho Q(h_3 - h_4)$
$= 1.2 \times 5,000 \times (56-40)$
$= 96,000\text{kJ/h}$

【참고】 $P-h$선도

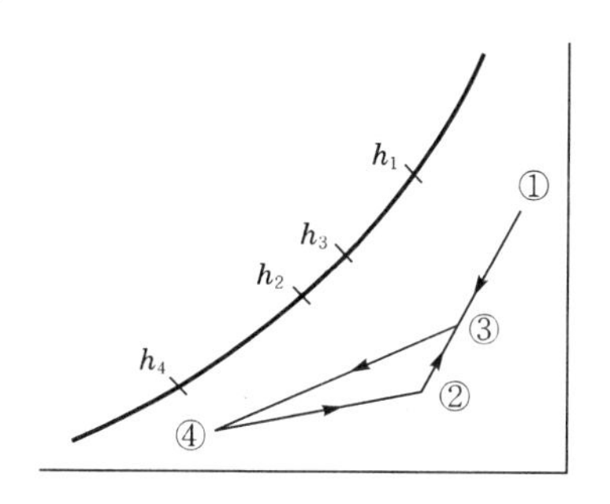

2012. 7. 8. 시행

01 **다음 주어진 조건을 이용하여 사무실 건물의 부하를 구하시오.** (13점)

[조 건]

1) 실내 : 26℃ DB, 50% RH, 절대습도 0.0106kg'/kg
2) 외기 : 32℃ DB, 80% RH, 절대습도 0.0248kg'/kg
3) 천장 : K=1.98W/m^2 · K
4) 문 : 목재패널 K=2.79W/m^2 · K
5) 외벽 : K=3.33W/m^2 · K
6) 내벽 : K=3.26W/m^2 · K
7) 바닥 : 하층공조로 계산(본 사무실과 동일 조건)
8) 창문 : 1중 보통유리(내측 베니션블라인드 진한 색)
9) 조명 : 형광등 1,800W, 전구 1,000W(주간조명 1/2점등)
10) 인원수 : 거주 90인
11) 계산시각 : 오전 8시
12) 환기횟수 : 0.5회/h
13) 8시 일사량 : 동쪽 2,369kJ/m^2 · h, 남쪽 160kJ/m^2 · h
14) 8시 유리창 전도열량 : 동쪽 11.3kJ/m · h, 남쪽 22.6kJ/m · h

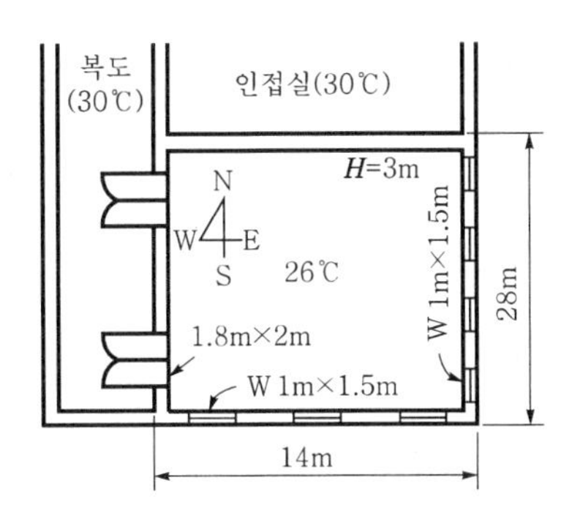

인체로부터의 발열집계표〔kJ/h · 인〕

작업상태	실 온		실 내					
			27℃		26℃		21℃	
	예	전발열량	H_s	H_L	H_s	H_L	H_s	H_L
정좌	공장	368	205	163	223	147	273	97
사무소업무	사무소	473	210	245	227	248	302	172
착석작업	공장의 경작업	791	235	559	260	583	386	407
보행 4.8km/h	공장의 중작업	1,055	319	739	349	710	487	571
볼링	볼링장	1,528	491	1,042	508	1,025	643	890

외벽 및 지붕의 상당외기온도차(t_o : 31.7℃, t_i : 26℃일 때)

구 분	시 각	H	N	HE	E	SE	S	SW	W	HW	지 붕
콘크리트	8	4.7	2.3	4.5	5.0	3.5	1.6	2.4	2.8	2.1	7.5
	9	6.8	3.0	7.5	8.7	5.9	1.9	2.5	2.9	2.5	7.5
	10	10.2	3.6	10.2	12.5	8.9	2.7	3.0	3.3	3.0	8.4
	11	14.5	4.2	12.0	15.5	11.7	4.1	3.7	3.9	3.7	10.2
	12	19.3	4.9	12.6	17.1	14.0	5.9	4.5	4.6	3.4	12.9
	13	24.0	5.6	12.3	17.2	15.3	8.0	5.6	5.4	5.2	16.0
	14	28.2	6.3	11.9	16.4	15.5	9.9	7.5	6.5	6.0	19.4
	15	31.4	6.8	11.4	15.2	14.8	14.4	10.0	8.6	6.9	22.7
	16	33.5	7.3	11.1	14.2	14.0	12.2	12.8	11.6	8.6	25.6
	17	34.2	7.6	10.1	13.3	13.1	12.3	15.3	15.1	11.0	27.7
	18	33.4	7.9	10.3	12.4	12.2	11.8	17.2	18.3	13.6	29.0
	19	31.1	8.3	9.7	11.4	14.3	11.0	17.9	20.4	15.7	29.3
	20	27.7	8.3	8.9	10.3	10.2	9.9	17.1	20.3	16.1	28.5

1. 외벽체를 통한 부하
2. 내벽체를 통한 부하
3. 극간풍에 의한 부하
4. 인체부하

해설 1. 외벽체를 통한 부하(침입열량)

① 동쪽 수정상당외기온도차$(\Delta t_{eE}') = \Delta t_{eE} + \{(t_o - t_o') - (t_i' - t_i)\}$
$= 5 + \{(32 - 31.7) - (26 - 26)\} = 5.3℃$

② 남쪽 수정상당외기온도차$(\Delta t_{eS}') = \Delta t_{eS} + \{(t_o - t_o') - (t_i' - t_i)\}$
$= 1.6 + \{(32 - 31.7) - (26 - 26)\} = 1.9℃$

③ 동쪽 침입열량$(q_E) = KA\Delta t_{eE}' = 3.33 \times \{(28 \times 3) - (1 \times 1.5 \times 4)\} \times 5.3$
$≒ 1376.62\text{kJ/h}$

④ 남쪽 침입열량$(q_S) = KA\Delta t_{eS}' = 3.33 \times \{(14 \times 3) - (1 \times 1.5 \times 3)\} \times 1.9$
$≒ 237.26\text{kJ/h}$

∴ 외벽부하$(q_o) = q_E + q_S = 1376.62 + 237.26 = 1613.88\text{kJ/h}$

【참고】 수정상당외기온도차$(\Delta t_e')$

실제의 외기실내조건과 설계외기실내조건이 다를 때 적용하는 보정온도차를 말한다.

상당외기온도차$(\Delta t_e) = t_e - t_i$

상당외기온도$(t_e) = t_o + I\dfrac{\alpha}{\alpha_o}$ = 외기온도 + 일사열 × $\dfrac{\text{흡수율}}{\text{벽면열전달율}}$

2. 내벽체를 통한 부하(침입열량)

① 서쪽 벽$(q_W) = KA\Delta t = 3.26 \times \{(28 \times 3) - (1.8 \times 2 \times 2)\} \times (30 - 26)$
$≒ 1001.47\text{kJ/h}$

② 서쪽 문$(q_d) = KA\Delta t = 2.79 \times (1.8 \times 2 \times 2) \times (30 - 26) ≒ 80.35\text{kJ/h}$

③ 북쪽 벽$(q_N) = KA\Delta t = 3.26 \times (14 \times 3) \times (30 - 26) ≒ 547.68\text{kJ/h}$

∴ 내벽부하$(q_i) = q_W + q_d + q_N = 1001.47 + 80.35 + 547.68 = 1629.5\text{kJ/h}$

3. 극간풍에 의한 부하(q)

① 극간풍량$(Q_i) = nV = 0.5 \times (14 \times 28 \times 3) = 588\text{m}^3/\text{h}$

② 현열량$(q_s) = \rho Q_i C_p \Delta t = 1.2 \times 588 \times 1.0046 \times (32 - 26)$
$≒ 4235.07\text{kJ/h}$

③ 잠열량$(q_L) = \rho Q_i \gamma_o \Delta x = 1.2 \times 588 \times 2500.3 \times (0.0248 - 0.0106)$
$≒ 25051.80\text{kJ/h}$

∴ 극간풍부하$(q) = q_s + q_L = 4235.07 + 25051.80 ≒ 29286.87\text{kJ/h}$

4. 인체부하(q_m)

① 현열량$(q_s) = n'H_s = 90 \times 227 = 20{,}430\text{kJ/h}$

② 잠열량$(q_L) = n'H_L = 90 \times 248 = 22{,}320\text{kJ/h}$

∴ 인체부하$(q_m) = q_s + q_L = 20{,}430 + 22{,}320 = 42{,}750\text{kJ/h}$

02 다음과 같은 2단 압축 1단 팽창 냉동장치를 보고 $P-h$선도상에 냉동 사이클을 그리고 ①~⑧점을 표시하시오.

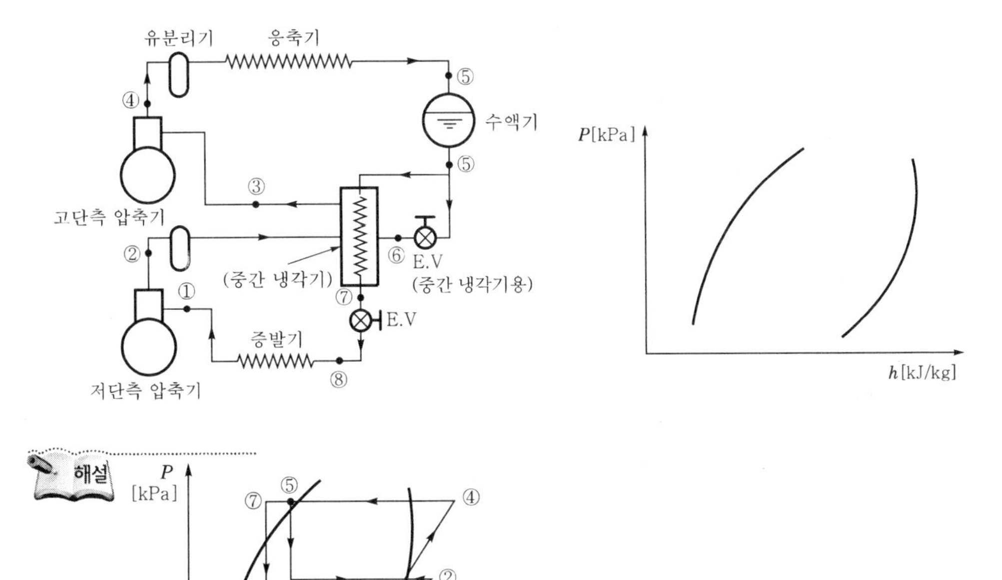

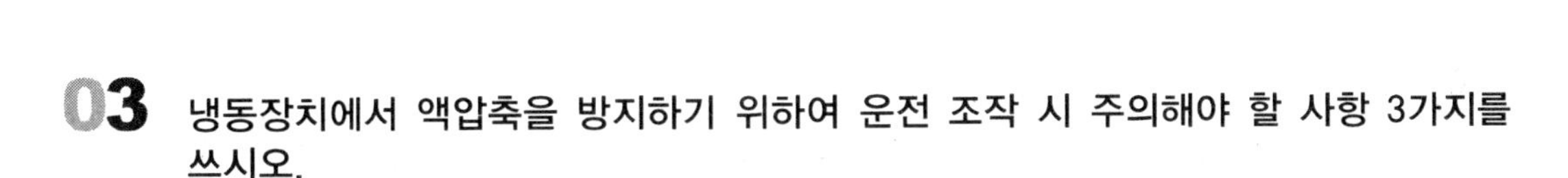

03 냉동장치에서 액압축을 방지하기 위하여 운전 조작 시 주의해야 할 사항 3가지를 쓰시오.

해설
① 압축기 기동 시 흡입밸브는 액흡입에 유의하면서 서서히 개방한다.
② 팽창밸브를 용량에 맞게 선정한다.
③ 액분리기 기능을 수시로 검사하여 이상이 없도록 한다.
④ 증발기 코일에 적상 과대 시 신속히 제상하여 냉매와 피냉각체의 열교환이 원활하게 이루어지도록 한다.
⑤ 증발기 냉각관에 유막 또는 물때 등을 신속히 제거한다.

04 다음 조건과 같은 제빙공장에서의 제빙부하〔kJ/h〕와 냉동부하〔RT〕를 구하시오.

[조 건]

1) 제방실 내의 동력부하 : 5kW×2대
2) 제빙실의 외부로부터 침입열량 : 14,651kJ/h
3) 제빙능력 : 1일 5톤 생산
4) 1일 결빙시간 : 8시간
5) 얼음의 최종온도 : −10℃
6) 원수온도 : 15℃
7) 얼음의 융해잠열 : 334kJ/kg
8) 안전율 : 10%

해설 ① 제빙부하

15℃ 원수(물)를 −10℃ 얼음으로 만들 때 시간당 제거열량을 말한다.

$$제빙부하=\frac{W(C\Delta t+\gamma_0+C_1\Delta t)}{8}$$

$$=\frac{5{,}000\times(4.186\times15+334+2.093\times10)}{8}=261{,}075\text{kJ/h}$$

② $냉동부하=(제빙부하+동력부하+침입열량)\times\dfrac{안전계수}{13897.52}$

$$=(261{,}075+5\times3{,}600\times2+14{,}651)\times\frac{1.1}{13897.52}=24.67\text{RT}$$

05 다음 그림은 −100℃ 정도의 증발온도를 필요로 할 때 사용되는 2원 냉동 사이클의 $P-h$ 선도이다. $P-h$ 선도를 참고로 하여 각 지점의 비엔탈피로서 2원 냉동 사이클의 성적계수(ε_R)를 나타내시오. (단, 저온 증발기의 냉동능력 : Q_{2L}, 고온 증발기의 냉동능력 : Q_{2H}, 저온부의 냉매 순환량 : m_1, 고온부의 냉매 순환량 : m_2)

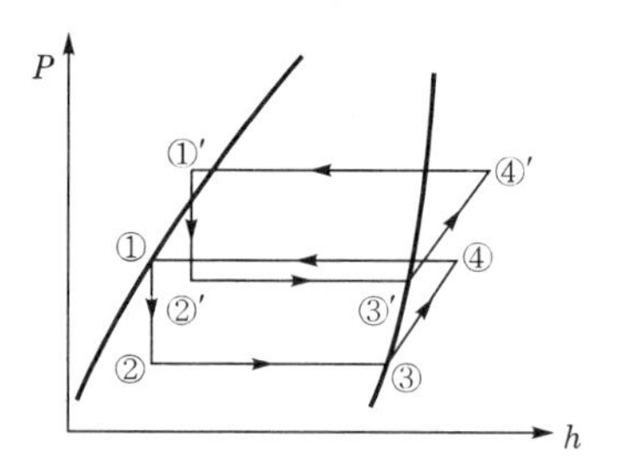

해설 $$성적계수(\varepsilon_R)=\frac{냉동능력}{저온\ 압축기\ 소요동력+고온\ 압축기\ 소요동력}$$

$$=\frac{Q_{2L}}{AW_L+AW_H}=\frac{Q_{2L}}{m_1(h_4-h_3)+m_2(h_4{}'-h_3{}')}$$

06 **건구 온도 32℃, 습구 온도 27℃(비엔탈피 84kJ/kg)인 공기 21,600kg/h를 12℃의 수돗물(20,000L/h)로서 냉각하여 건구 온도 및 습구 온도가 20℃ 및 18℃(비엔탈피 50kJ/kg)로 되었을 때 코일의 필요 열수를 구하시오.** (단, 코일 통과 풍속 2.5m/s, 습윤면계수 1.45, 열통과율은 1,070W/m²·K이라 하고, 대수 평균 온도차를 이용하며, 공기의 통과 방향과 물의 통과 방향은 역으로 한다.) (7점)

해설 ① 냉수 코일 출구 수온$(t_2) = t_1 + \dfrac{m\Delta h}{WC} = 12 + \dfrac{21{,}600 \times (84-50)}{20{,}000 \times 4.186} \fallingdotseq 20.77℃$

② 전면 면적$(A) = \dfrac{m}{\rho V} = \dfrac{21{,}600}{1.2 \times 2.5 \times 3{,}600} = 2\,\text{m}^2$

③ 대수 평균 온도차

$\Delta t_1 = 32 - 20.77 = 11.23℃$

$\Delta t_2 = 20 - 12 = 8℃$

$\therefore\ LMTD = \dfrac{\Delta t_1 - \Delta t_2}{\ln\left(\dfrac{\Delta t_1}{\Delta t_2}\right)} = \dfrac{11.23 - 8}{\ln\left(\dfrac{11.23}{8}\right)} \fallingdotseq 9.52℃$

④ 전열 부하$(q) = KA(LMTD)C_{ws} = KAN(LMTD)C_{ws}$ [kJ/h]이므로

열수$(N) = \dfrac{q(=m\Delta h)}{KA(LMTD)C_{ws}} = \dfrac{21{,}600 \times (84-50)}{1{,}070 \times 2 \times 9.52 \times 1.45} \fallingdotseq 24.86 \fallingdotseq 25$열

07 **플래시 가스(flash gas)의 발생원인 3가지와 방지책 3가지를 쓰시오.**

해설 ① 플래시 가스의 발생원인

㉠ 액관이 현저히 입상되었을 경우
㉡ 관경이 지나치게 가늘거나 긴 경우
㉢ 스트레이너·액관·전자밸브·드라이어 등이 막혔을 경우
㉣ 응축온도가 지나치게 낮을 경우
㉤ 액관 및 수액기가 직사광선에 노출된 경우

② 플래시 가스의 방지책

㉠ 입상관은 일정 높이마다 곡부를 두어 압력손실을 적게 한다.
㉡ 충분한 굵기의 관경을 선정한다.
㉢ 액관이 따뜻한 곳을 통과하는 경우 주변을 보온해 준다.
㉣ 액가스 열교환기 등을 설치하여 냉매액을 과냉각시킨다.
㉤ 수액기에 살수장치를 설치하여 주기적으로 살수한다.

【참고】 플래시 가스(flash gas)는 냉동능력을 상실한 가스로서 냉매 순환량을 감소시키며 냉동능력당 소요동력을 증대시켜 악영향을 초래한다.

08 반원형 단면 덕트의 지름이 50cm일 때 같은 저항과 풍량을 갖는 원형 덕트의 지름을 구하시오.

해설

$$수력반경(R_H) = \frac{유동\ 단면적(A)}{접수길이(P)} = \frac{\frac{\pi D^2}{4} \times \frac{1}{2}}{\frac{\pi D}{2}} = \frac{D}{4}\,[\mathrm{m}]$$

$$\therefore\ 수력직경(D_H) = 4R_H = 4 \times \frac{D}{4} = D = 50\mathrm{cm}$$

09 다음 배관장치도를 보고 각 물음에 답하시오.

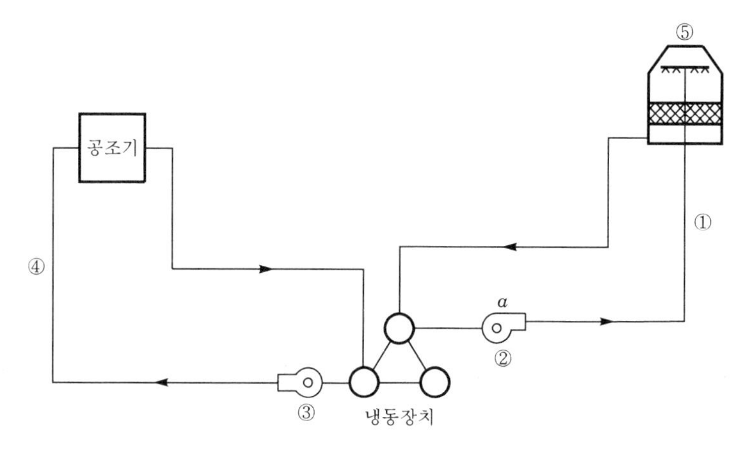

1. 배관장치도의 ①에서 ⑤까지 명칭을 쓰시오.
2. 다음 조건에 따라 그림에서 a의 전양정을 구하시오.

[조 건]

1) 배관 직선길이 : 75m
2) 배관 밸브 및 곡관부의 상당길이 : 25m
3) 노즐 수압 : 49kPa
4) 응축기 손실수두 : 4mAq
5) 배관 마찰손실압력 : 3mAq/m
6) 냉각탑 낙차높이 : 3m

해설 1. ① 냉각수배관 ② 냉각수펌프 ③ 냉수펌프 ④ 냉수배관 ⑤ 냉각탑

【참고】 응축기에서 사용되는 물은 냉각수, 증발기(공조기)에서 사용되는 물은 냉수라 한다.

2. $전양정(H) = \{(①+②) \times ⑤\} + ③ + ④ + ⑥$

$$= \{(75+25) \times 3\} + \frac{49}{9.8} + 4 + 3 = 15\mathrm{mAq}$$

2012. 10. 14. 시행

01 **프레온 압축기 흡입관(sucton riser)에서 이중 입상관(double suction riser)을 사용하는 경우가 있다. 이중 입상관의 배관도를 그리고, 그 역할을 설명하시오.**

해설 ① 이중 입상관 배관도

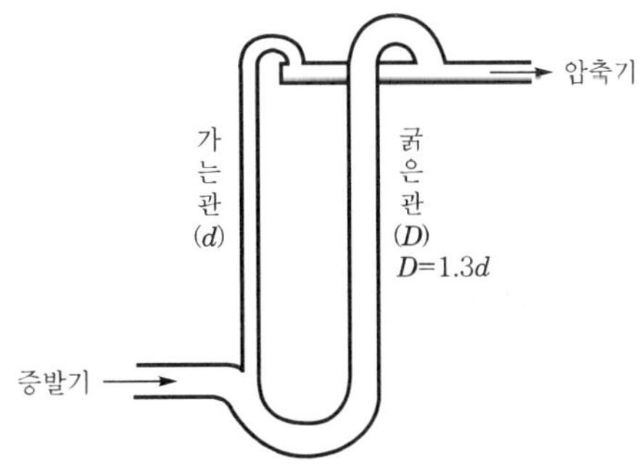

② 역할 : 프레온 냉동장치에서 냉매가스와 함께 장치 내로 넘어간 오일을 용이하게 압축기로 회수하기 위하여 설치하는 것으로 부하 변동이 심한 장치나 언로드(unload) 장치가 설치된 프레온 장치에서 사용한다.

02 **다음의 그림과 같은 암모니아 수동식 가스 퍼저(불응축 가스분리기)에 대한 배관도를 완성하시오.** (단, A, B, C선을 적절한 위치와 점선으로 연결하고, 스톱밸브(stop valve)는 생략한다.)

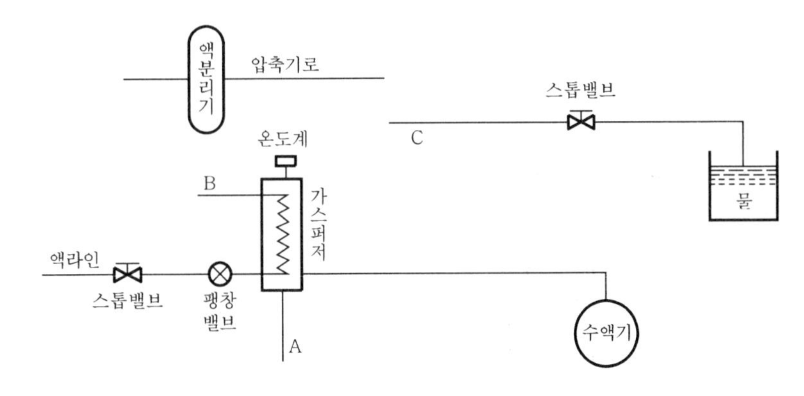

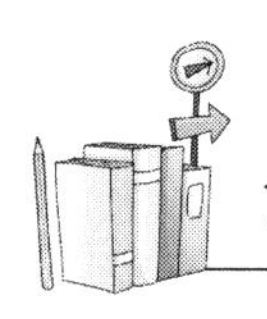

해설

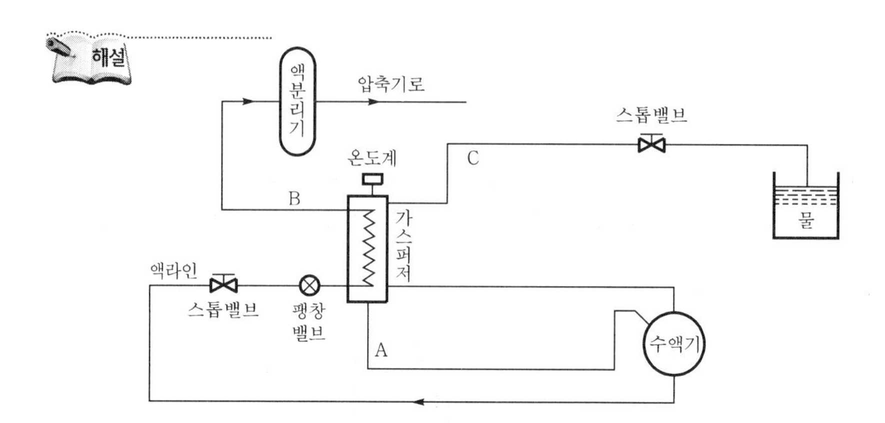

03 다음과 같은 사무실 (1)에 대해 주어진 조건에 따라 각 물음에 답하시오.

[조 건]

1) 사무실 (1)
   ① 층 높이 : 3.4m　　② 천장 높이 : 2.8m
   ③ 창문 높이 : 1.5m　　④ 출입문 높이 : 2m
2) 설계조건
   ① 실외 : 33℃ DB, 68% RH, $x=0.0218$kg′/kg
   ② 실내 : 26℃ DB, 50% RH, $x=0.0105$kg′/kg
3) 계산시각 : 오후 2시
4) 유리 : 보통 유리 3m
5) 내측 베니션 블라인드(색상은 중간색)를 설치한다.
6) 틈새바람이 없는 것으로 한다.
7) 1인당 신선 외기량 : 25m^3/h
8) 조명
   ① 형광등 50W/m^2
   ② 천장 매입에 의한 제거율 없음
9) 중앙 공조 시스템이며, 냉동기+AHU에 의한 전공기 방식이다.
10) 벽체 구조

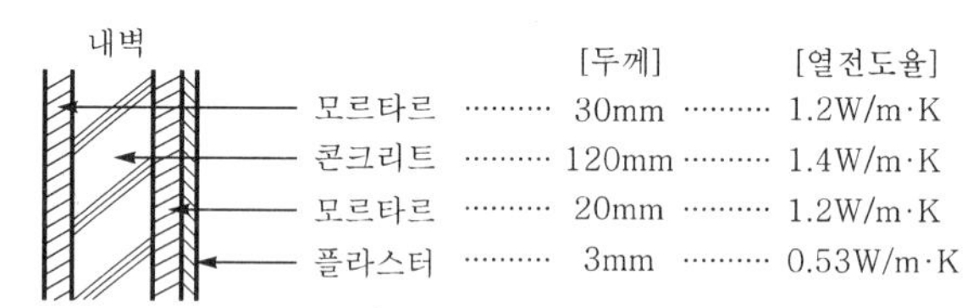

11) 외벽 열통과율(K)=3.03W/m^2·K
12) 위·아래층은 동일한 공조상태이다.
13) 복도는 28℃이고, 출입문 열관류율은 2.4W/m^2·K이다.
14) 공기의 밀도(ρ)=1.2kg/m^3, 공기의 정압비열(C_p)=1.005kJ/kg·K이다.
15) 실내측(α_i)=7.5W/m^2·K, 실외측(α_o)=20W/m^2·K

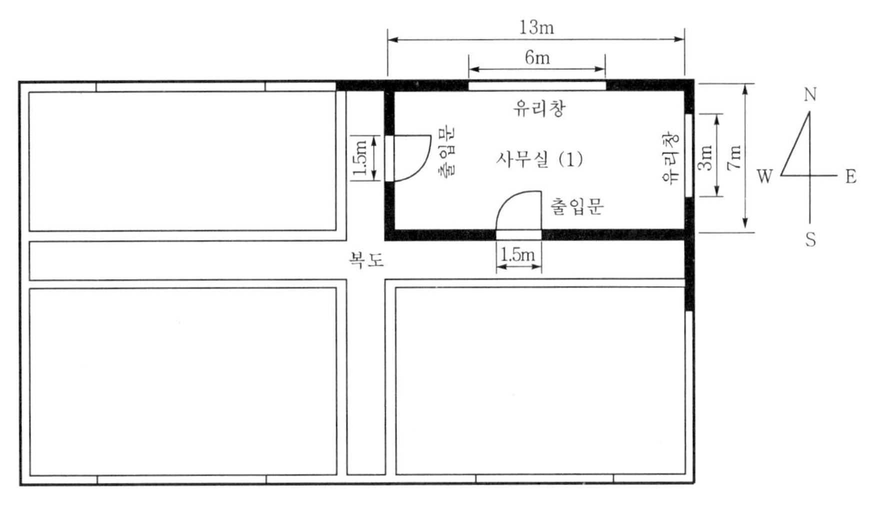

재실인원 1인당 면적 A_f〔m²/인〕

구 분	사무소건축		백화점, 상점			레스토랑	극장, 영화관의 관객석	학교의 보통교실
	사무실	회의실	평 균	혼 잡	한 산			
일반 설계치	5.0	2.0	3.0	1.0	5.0	1.5	0.5	1.4

인체로부터의 발열 설계치〔kcal/h · 인〕

작업상태	실 온		27℃		26℃		21℃	
	예	전발열량	H_s	H_L	H_s	H_L	H_s	H_L
정좌	극장	88	49	39	53	35	65	23
사무소업무	사무소	113	50	63	54	59	72	41
착석작업	공장의 경작업	189	56	133	62	127	92	97
보행 4.8km/h	공장의 중작업	252	76	176	83	169	116	136
볼링	볼링장	365	117	248	121	244	153	212

※ 위 표의 값에 4.186을 곱하면 〔kJ/h · 인〕이다.

외벽의 상당 외기온도차〔℃〕

시 각	H	N	NE	E	SE	S	SW	W	NW
8	4.9	2.8	7.5	8.6	5.3	1.2	1.5	1.6	1.5
9	9.3	3.7	11.6	14.0	9.4	2.1	2.2	2.3	2.2
10	15.0	4.4	14.2	18.1	13.3	3.7	3.2	3.3	3.2
11	21.1	5.2	15.0	20.4	16.3	6.1	4.4	4.4	4.4
12	27.0	6.1	14.3	20.5	18.0	8.8	5.6	5.5	5.4
13	32.2	6.9	13.1	18.8	18.2	11.3	7.6	6.6	6.4
14	36.1	7.5	12.2	16.6	16.9	13.2	10.6	8.7	7.3
15	38.3	8.0	11.5	14.8	15.1	14.3	14.1	12.3	9.0
16	38.8	8.4	11.0	13.4	13.7	14.3	17.4	16.6	11.8
17	37.4	8.5	10.4	12.2	12.4	13.3	19.9	20.8	15.1
18	34.1	8.9	9.7	11.0	11.2	11.9	20.9	23.9	18.1

보통 유리의 일사량[kcal/m² · h]

구 분	시 각	H	N	NE	E	SE	S	SW	W	NW
I_{GR}	6	73.9	76.0	27.05	294.4	139.3	21.5	21.5	21.5	21.5
	7	204.6	54.1	353.0	433.2	251.8	30.2	30.2	30.2	30.2
	8	351.1	36.0	313.3	449.9	308.3	35.9	35.9	35.9	35.9
	9	480.1	40.0	215.3	392.9	315.4	58.4	40.0	40.0	40.0
	10	575.4	42.7	100.4	276.9	276.9	100.5	42.7	42.7	42.7
	11	635.0	44.3	44.3	130.9	197.9	134.7	44.3	44.3	44.3
	12	655.2	44.8	44.8	44.8	101.3	147.4	101.3	44.8	44.8
	13	635.0	44.3	44.3	44.3	44.3	134.7	197.9	130.9	44.3
	14	575.4	42.7	42.7	42.7	42.7	100.5	276.9	276.9	100.4
	15	480.1	40.0	40.0	40.0	40.0	58.4	315.4	392.9	215.3
	16	351.1	36.0	35.9	35.9	35.9	35.9	308.3	449.9	313.3
	17	204.6	54.1	30.2	30.2	30.2	30.2	251.8	433.2	353.0
	18	73.9	76.0	21.5	21.5	21.5	21.5	139.3	294.4	270.6
I_{GC}	6	2.2	2.4	4.7	4.9	3.4	0.4	0.4	0.4	0.4
	7	12.0	8.7	13.4	14.2	12.3	7.4	7.4	7.4	7.4
	8	23.2	16.7	22.6	24.0	22.5	16.6	16.6	16.6	16.6
	9	32.9	24.7	29.7	31.7	30.9	25.7	24.7	24.7	24.7
	10	40.3	31.1	33.0	36.9	36.9	33.8	31.1	31.1	31.1
	11	44.4	34.5	34.5	38.2	39.2	38.3	34.5	34.5	34.5
	12	47.0	36.8	36.8	36.8	39.5	40.8	39.5	36.8	36.8
	13	47.9	37.9	37.9	37.9	37.9	41.7	42.6	41.6	37.9
	14	47.1	37.9	37.9	37.9	37.9	40.7	43.8	43.8	40.7
	15	46.0	37.9	37.9	37.9	37.9	38.9	44.0	44.8	42.8
	16	39.8	33.2	33.2	33.2	33.2	33.2	39.1	40.6	39.1
	17	33.1	29.8	28.6	28.5	28.5	28.5	33.5	35.4	34.6
	18	23.9	24.2	22.1	22.1	22.1	22.1	25.1	26.7	26.4

※ 위 표의 값에 4.186을 곱하면 [kJ/m² · h]이다.

유리의 차폐계수

종 류		차폐계수(K_s)
보통 판유리		1.00
후판 유리		0.94
내측 venetian blind(1중 보통유리)	엷은 색	0.56
	중간색	0.65
	진한 색	0.75
외측 venetian blind(1중 보통유리)	엷은 색	0.12
	중간색	0.15
	진한 색	0.22

1. 내벽체 열통과율(K)
2. 벽체를 통한 부하

   ① 동 ② 서 ③ 남 ④ 북

3. 출입문을 통한 부하
4. 유리를 통한 부하
   ① 동　　　　② 북
5. 인체부하
6. 조명부하

해설 1. 내벽체 열통과율$(K) = \dfrac{1}{R} = \dfrac{1}{\dfrac{1}{\alpha_l} + \sum_{i-1}^{n} \dfrac{l_i}{\lambda_i} + \dfrac{1}{\alpha_i}}$

$$= \frac{1}{\frac{1}{7.5} + \frac{0.03}{1.2} + \frac{0.12}{1.4} + \frac{0.02}{1.2} + \frac{0.003}{0.53} + \frac{1}{7.5}}$$

$= 2.50\,\mathrm{W/m^2 \cdot K}$

2. 벽체를 통한 부하
   ① 동 : $3.03 \times \{(7 \times 3.4) - (3 \times 1.5)\} \times 16.6 = 970.75\,\mathrm{W}$
   ② 서 : $2.50 \times \{(7 \times 2.8) - (1.5 \times 2)\} \times (28 - 26) = 83\,\mathrm{W}$
   ③ 남 : $2.50 \times \{(13 \times 2.8) - (1.5 \times 2)\} \times (28 - 26) = 167\,\mathrm{W}$
   ④ 북 : $3.03 \times \{(13 \times 3.4) - (6 \times 1.5)\} \times 7.5 = 799.92\,\mathrm{W}$
3. 출입문을 통한 부하$= KA\Delta t = 2.4 \times (1.5 \times 2) \times 2 \times (28 - 26) = 28.8\,\mathrm{W}$
4. 유리를 통한 부하
   ① 동 : 일사량$(q_R) = KAK_s = 42.7 \times (3 \times 1.5) \times 0.65 = 124.90\,\mathrm{W}$
   전도 대류량$(q_c) = KA = 37.9 \times (3 \times 1.5) = 170.55\,\mathrm{W}$
   $\therefore\ 124.90 + 170.55 = 294.45\,\mathrm{W}$
   ② 북 : 일사량$(q_R) = KAK_s = 42.7 \times (6 \times 1.5) \times 0.65 = 249.80\,\mathrm{W}$
   전도 대류량$(q_c) = KA = 37.9 \times (6 \times 1.5) = 341.1\,\mathrm{W}$
   $\therefore\ 249.80 + 341.1 = 590.9\,\mathrm{W}$
5. 인체부하
   ① 현열$(q_s) = 13 \times \dfrac{7}{5} \times 54 = 982.8\,\mathrm{W}$
   ② 잠열$(q_L) = 13 \times \dfrac{7}{5} \times 59 = 1073.8\,\mathrm{W}$
   $\therefore\ 982.8 + 1073.8 = 2056.6\,\mathrm{W}$
6. 조명부하$= 50 \times 13 \times 7 \times 1 = 4{,}550\,\mathrm{W}$

04 **다음 조건과 같은 제빙공장에서의 제빙부하〔kJ/h〕와 냉동부하〔RT〕를 구하시오.**

[조 건]

1) 제빙실 내의 동력부하 : 16.5kW
2) 제빙실의 외부로부터 침입열량 : 15,362kJ/h
3) 제빙능력 : 1일 10톤 생산　　4) 1일 결빙시간 : 20시간
5) 얼음의 최종온도 : −5℃　　6) 원수온도 : 15℃
7) 얼음의 융해잠열 : 335kJ/kg　　8) 안전율 : 10%

해설

① 제빙부하 $= \dfrac{W(C\Delta t + \gamma_o + C_1\Delta t)}{\text{결빙시간}(H)}$

$= \dfrac{10{,}000 \times \{(4.186 \times 15) + 335 + (2.093 \times 5)\}}{20}$

$\fallingdotseq 204127.5\text{kJ/h}$

② 냉동부하 $=(\text{제빙부하}+\text{동력부하}+\text{침입열량}) \times \dfrac{\text{안전계수}}{13897.52}$

$= 204127.5 + (16.5 \times 3{,}600) + 15{,}362 \times \dfrac{1.1}{13897.52}$

$\fallingdotseq 22.07\text{RT}$

05 2단 압축 냉동장치의 $P-h$ 선도를 보고 선도상의 각 상태점을 장치도에 기입하고, 장치의 구성요소명을 (　　)에 쓰시오.

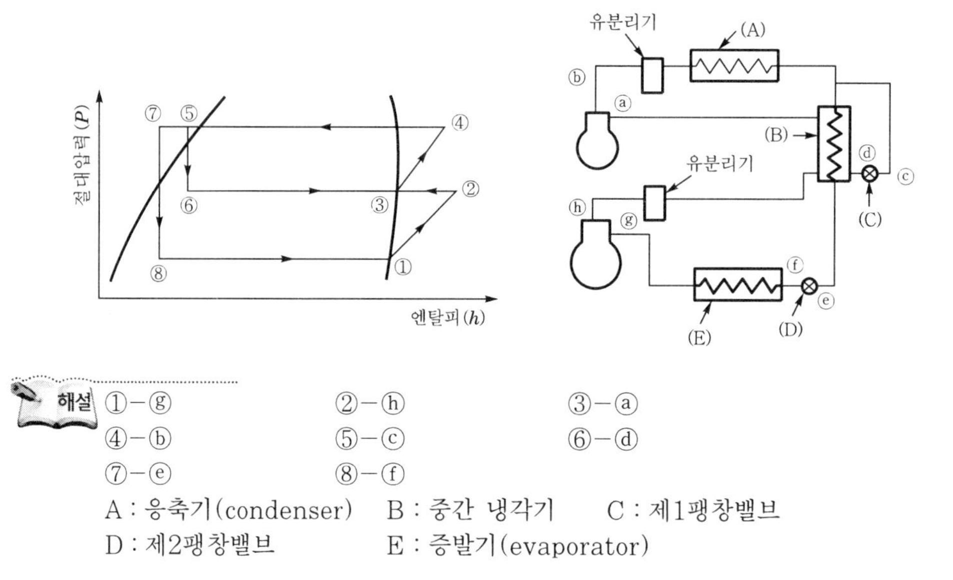

해설

①-ⓖ　②-ⓗ　③-ⓐ
④-ⓑ　⑤-ⓒ　⑥-ⓓ
⑦-ⓔ　⑧-ⓕ

A : 응축기(condenser)　B : 중간 냉각기　C : 제1팽창밸브
D : 제2팽창밸브　E : 증발기(evaporator)

06 냉매 순환량이 5,000kg/h인 표준 냉동장치에서 다음 선도를 참고하여 성적계수와 냉동능력을 구하시오.

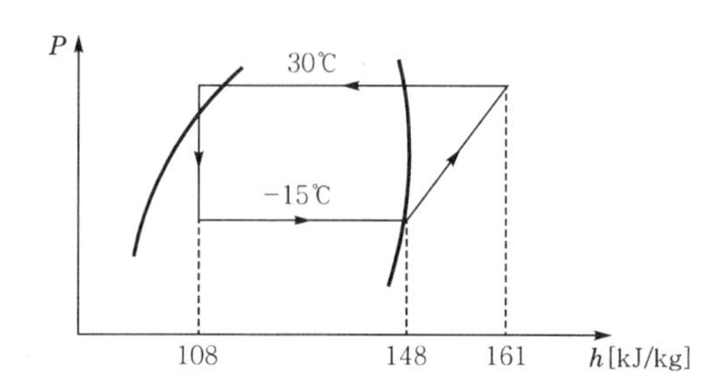

해설 ① 냉동기 성적계수(ε_R) $= \dfrac{q_e(\text{냉동효과})}{AW_c(\text{압축기 소요일의 열당량})} = \dfrac{148-108}{161-148} = 3.08$

② 냉동능력(Q_e) $= mq_e = 5{,}000 \times (148-108) = 200{,}000\text{kJ/h}$

07 다음과 같은 공장용 원형 덕트를 주어진 도표를 이용하여 정압 재취득법으로 설계하시오. (단, 토출구 1개의 풍량은 5,000m³/h, 토출구의 간격은 5,000mm, 송풍기 출구의 풍속은 10m/s로 한다.)

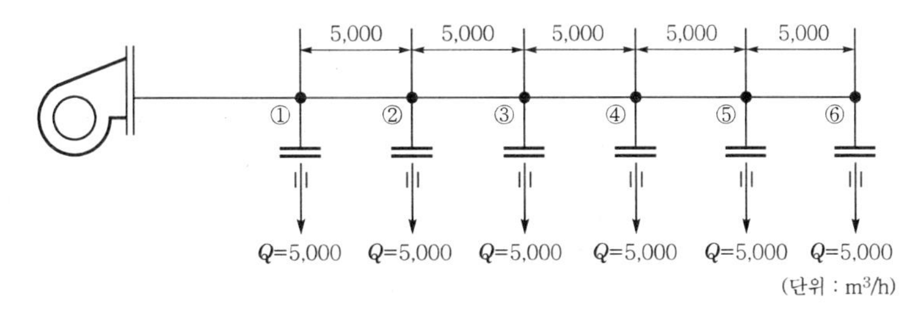

구 간	풍량[m³/h]	K값	풍속[m/s]	덕트 단면적[m²]
①	30,000			
②	25,000			
③	20,000			
④	15,000			
⑤	10,000			
⑥	5,000			

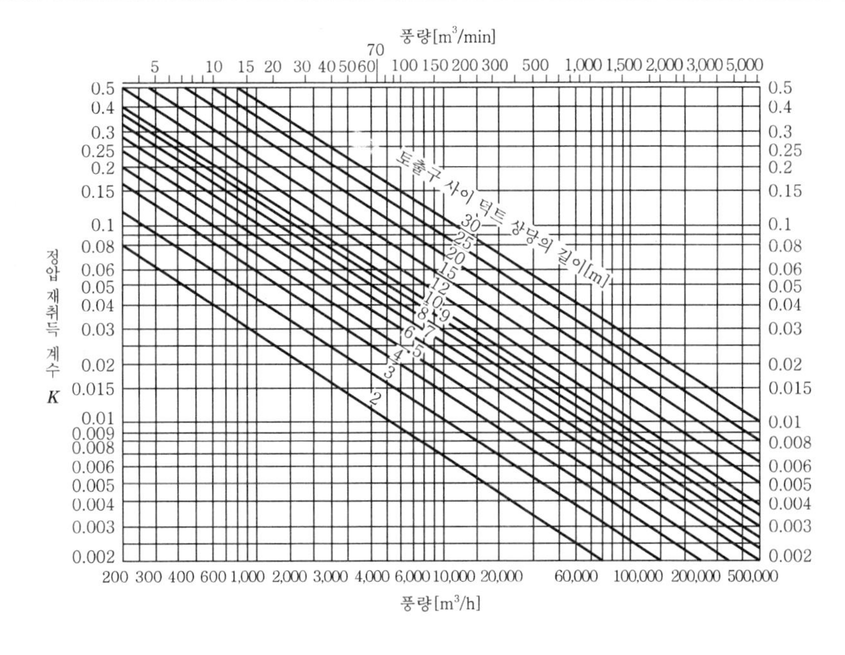

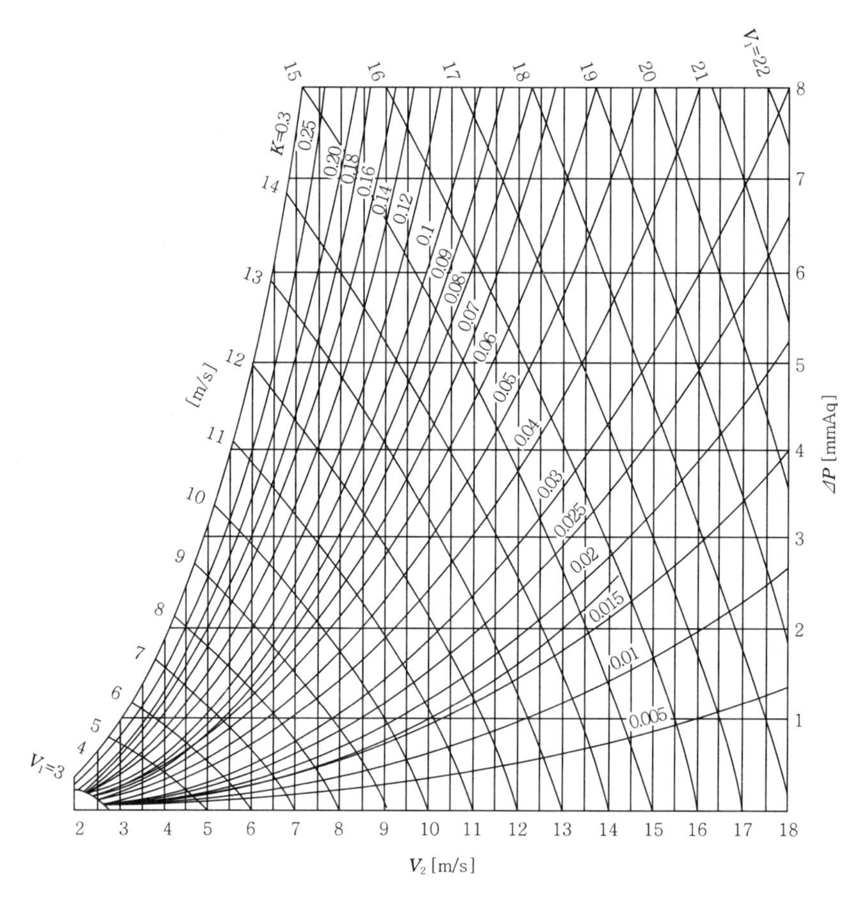

해설

구 간	풍량[m^3/h]	K값	풍속[m/s]	덕트 단면적[m^2]
①	30,000	0.009	9.5	0.88
②	25,000	0.01	9.0	0.77
③	20,000	0.012	8.5	0.66
④	15,000	0.0143	7.9	0.53
⑤	10,000	0.018	7.3	0.38
⑥	5,000	0.0271	6.5	0.22

※ 풍량 30,000m^3/h, 토출구 사이 덕트길이 5,000mm(=5m) 교점에서 K값을 구한다. 풍속은 K값(0.009)과 10m/s의 교점에서 구하고, ②는 ①에서 구한 풍속을 기준으로 구하며, ③은 ②의 풍속을 기준으로 하여 구한다.

※ 덕트 단면적은 풍량과 풍속을 이용하여 계산하면 쉽게 구할 수 있다.

08 **공기조화기에서 풍량이 2,000m³/h, 난방코일 가열량 65,595kJ/h, 입구온도 10℃일 때 출구온도는 몇 〔℃〕인가?** (단, 공기의 밀도는 1.2kg/m³, 공기의 정압비열 1.0046kJ/kg · K이다.)

해설 $q_H = \rho Q C_p (t_o - t_i)$〔kJ/h〕에서

출구온도$(t_o) = t_i + \dfrac{q_H}{\rho Q C_p} = 10 + \dfrac{65{,}595}{1.2 \times 2{,}000 \times 1.0046} = 37.21$℃

2013년도 기출문제

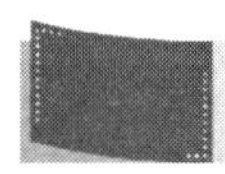

2013. 4. 21. 시행

01 다음 조건에서 이 방을 냉방하는 데에 필요한 송풍량[m^3/h] 및 냉각열량[kJ/h]을 구하시오.

[조 건]

1) 외기조건 : 건구온도 33℃, 노점온도 25℃
2) 실내조건 : 건구온도 26℃, 상대습도 50%
3) 실내부하 : 현열부하 210,000kJ/h, 잠열부하 42,000kJ/h
4) 도입 외기량 : 송풍 공기량의 30%
5) 냉각기 출구의 공기상태는 상대습도 90%로 한다.
6) 송풍기 및 덕트 등에서의 열부하는 무시한다.
7) 송풍공기의 정압비열은 1.0046kJ/kg · K, 비용적은 0.83m^3/kg로 하여 계산한다.

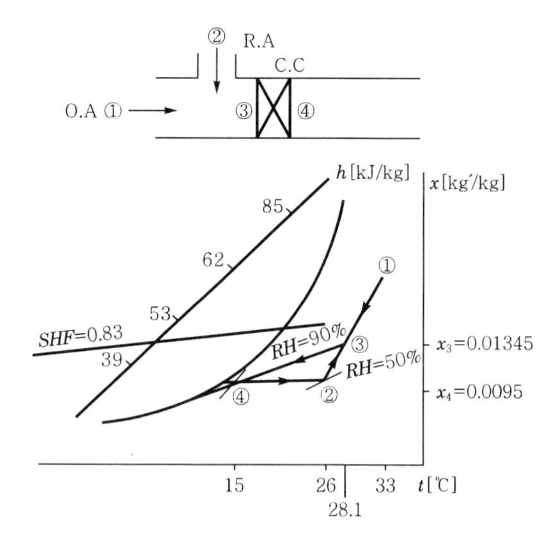

해설 ① $q_s = \rho Q C_p (t_2 - t_4)$ [kJ/h]에서

$$\text{송풍량}(Q) = \frac{q_s}{\rho C_p (t_2 - t_4)} = \frac{210{,}000}{1.2 \times 1.0046 \times (26 - 15)} = 15836.24\text{m}^3/\text{h}$$

② 냉각열량(q_{cc})$= m\Delta h = \rho Q(h_3 - h_4) = \dfrac{Q}{v}(h_3 - h_4)$

$$= \frac{15836.24}{0.83} \times (62 - 39) = 438835.57\text{kJ/h}$$

02 다익형 송풍기(일명 시로코팬)은 그 크기에 따라서 2, $2\frac{1}{2}$, 3, … 등으로 표시한다. 이때 이 번호의 크기는 어느 부분에 대한 얼마의 크기를 말하는가?

해설 송풍기 번호는 임펠러 지름의 크기로 표시하며, 다익형 송풍기(원심식인 경우)의 경우 임펠러 지름(D[mm])를 150으로 나누어 번호를 정한다.

【참고】 • 다익형 송풍기 번호(No.)$= \dfrac{\text{임펠러 지름}(D)}{150}$

• 축류형 송풍기 번호(No.)$= \dfrac{\text{임펠러 지름}(D)}{100}$

03 다음 그림과 같은 공조설비에서 송풍기의 필요정압(static pressure)은 몇 [mmAq]인가?

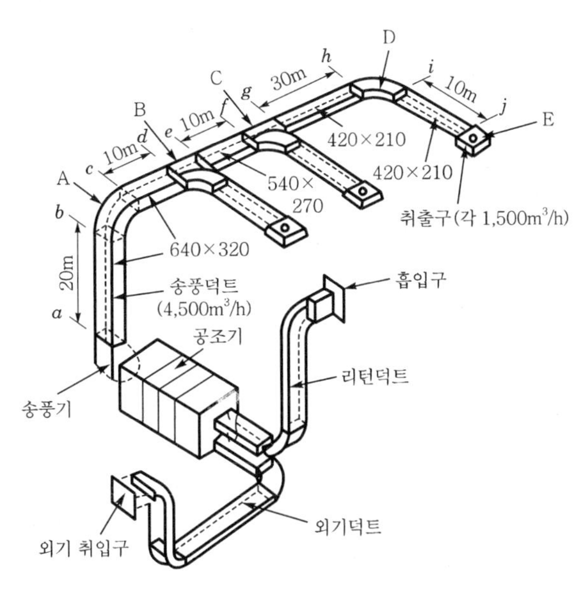

[조 건]

1) 덕트의 압력강하 R=0.15mmAq/m(등압법)
2) 송풍기의 토출동압 3.0mmAq
3) 취출구의 저항(전압) 5.0mmAq
4) 곡부의 상당길이(l_e)

H/W	r/W			
	0.5	0.75	1.0	1.5
0.25	l_e/W=25	12	7	1.5
0.5	33	16	9	4
1.0	45	19	11	4.5
2.0	60	24	13	5
4.0	90	35	17	6

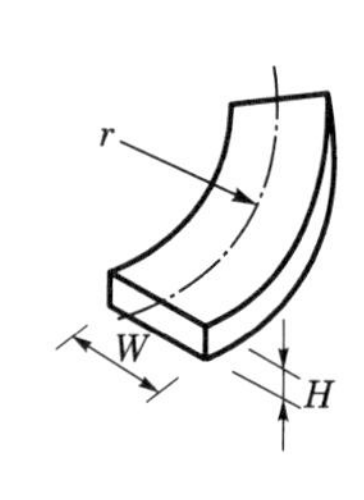

5) 곡부의 곡률반지름(r)은 W의 1.5배로 한다.
6) 공조기의 저항(전압) 30mmAq, 리턴덕트(return duct)의 저항(전압) 8mmAq, 외기덕트의 저항(전압) 8mmAq이다.
7) 송풍덕트 분기부(BC) 직통부의 저항(전압)은 무시한다.

해설 ① 직관에서의 손실(h_L)=(20+10+10+30+10)×0.15=12mmAq

② A곡부에서의 손실

$\frac{H}{W}=\frac{320}{640}=0.5$, $\frac{r}{W}=1.5$(조건 5), $\frac{l_e}{W}=4$

$l_e=4W=4\times640=2{,}560\text{mm}=2.56\text{m}$

$R_A=2.56\times0.15=0.38\text{mmAq}$

③ D곡부에서의 손실

$\frac{H}{W}=\frac{210}{420}=0.5$, $\frac{r}{W}=1.5$(조건 5)

$l_e=4W=4\times420=1{,}680\text{mm}=1.68\text{m}$

$R_D=1.68\times0.15=0.25\text{mmAq}$

④ 기기 손실=5+30+8+8=51mmAq

⑤ 송풍기 전압(P_t)=12+0.38+0.25+51=63.63mmAq

⑥ 송풍기 정압(P_s)=전압(P_t)−동압(P_v)=63.63−3=60.63mmAq

04 **주어진 조건을 이용하여 R-12 냉동기의 냉동능력〔kJ/h〕를 구하시오.**

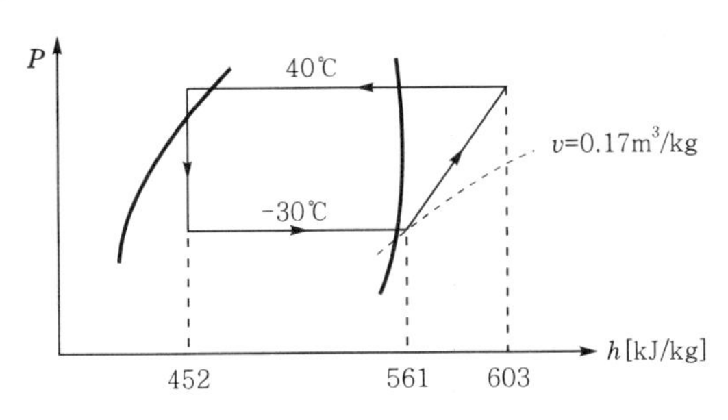

[조 건]

1) 실린더 지름 : 80mm
2) 행정거리 : 90mm
3) 회전수 : 1,200rpm
4) 체적효율 : 70%
5) 기통수 : 4

① 실제 피스톤 압출량(V_a) $= ASNZ\eta_v \times 60 = \dfrac{\pi \times 0.08^2}{4} \times 0.09 \times 1{,}200 \times 4 \times 0.7 \times 60$

$= 91.2\text{m}^3/\text{h}$

② 냉동능력(Q_e) $= mq_e = \dfrac{V}{v}\eta_v q_e = \dfrac{V_a}{v} q_e$

$= \dfrac{91.2}{0.17} \times (561 - 452) \fallingdotseq 58475.29\text{kJ/h}$

05 **어느 건물의 난방 부하에 의한 방열기의 용량이 1,255,800kJ/h일 때 주철제 보일러 설비에서 보일러의 정격출력〔kJ/h〕, 오일버너의 용량〔L/h〕과 연소에 필요한 공기량〔m³/h〕을 구하시오.** (단, 배관 손실 및 불때기 시작 때의 부하계수 1.2, 보일러 효율 0.7, 중유의 저위발열량 41,023kJ/kg, 밀도 0.92kg/L, 연료의 이론공기량 12.0m³/kg, 공기과잉률 1.3, 보일러실의 온도 13℃, 기압 760mmHg이다.)

해설 ① 보일러의 정격출력(Q_B)=부하계수×방열기용량

$= 1.2 \times 1{,}255{,}800 = 1{,}506{,}960\text{kJ/h}$

② 오일버너의 용량 $= \dfrac{\text{보일러 정격출력}(Q_B)}{\rho H_L \eta_B}$

$= \dfrac{1{,}506{,}960}{0.92 \times 41{,}023 \times 0.7} = 57.04\text{L/h}$

③ 연소 공기량(Q) $= \rho Q_o q K \left(\dfrac{273 + t_e}{273}\right)$

$= 0.92 \times 57.04 \times 12 \times 1.3 \times \dfrac{273 + 13}{273} \fallingdotseq 857.62\text{m}^3/\text{h}$

여기서, K : 공기과잉률

2013

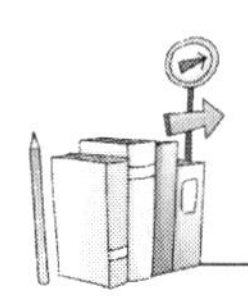

06 **다음 그림의 증기난방에 대한 증기공급 배관지름(①~③)을 구하시오.** (단, 증기압은 30kPa, 압력강하 r=1kPa · 100m로 한다.)

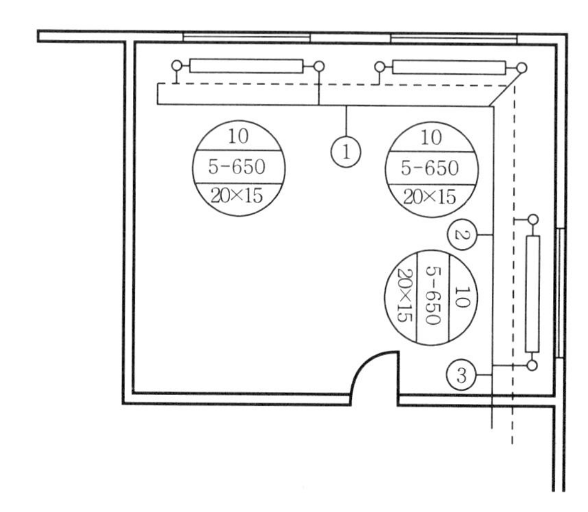

🅥 저압증기관의 관지름

관지름〔mm〕	저압증기관의 용량(EDR〔m^2〕)									
	순구배 횡주관 및 하향급기 입관(복관식 및 단관식)						역구배 횡주관 및 상향급기 입관			
	r=압력강하〔kPa·100m〕						복관식		단관식	
	0.5	1	2	5	10	20	입 관	횡주관	입 관	횡주관
20	2.0	3.4	4.5	7.4	10.6	15.3	4.5	–	3.1	–
25	3.9	5.7	8.4	14	20	29	8.4	3.7	5.7	3.0
32	7.7	11.5	17	28	41	59	17.0	8.2	11.5	6.8
40	12	17.5	26	42	61	83	26	12	17.5	10.4
50	22	33	48	80	115	166	48	21	33	18
65	44	64	94	155	225	325	90	51	63	34
80	70	102	150	247	350	510	130	85	96	55
90	104	150	218	360	520	740	180	134	135	85
100	145	210	300	500	720	1,040	235	192	175	130
125	260	370	540	860	1,250	1,800	440	360	–	240
150	410	600	860	1,400	2,000	2,900	770	610	–	–
200	850	1,240	1,800	2,900	4,100	5,900	1,700	1,340	–	–
250	1,530	2,200	3,200	5,100	7,300	10,400	3,000	2,500	–	–
300	3,450	3,500	5,000	8,100	11,500	17,000	4,800	4,000	–	–

주철방열기의 치수와 방열면적

형 식	치수〔mm〕			1매당 상당 방열면적 A〔m²〕	내용적〔L〕	중량〔kg〕
	높이 H	폭 b	길이 L			
2주	950	187	65	0.35	3.60	12.3
	800	187	65	0.29	2.85	11.3
	700	187	65	0.25	2.50	8.7
	650	187	65	0.23	2.30	8.2
	600	187	65	0.12	2.10	7.7
3주	950	228	65	0.42	2.40	15.8
	800	228	65	0.35	2.20	12.6
	700	228	65	0.30	2.00	11.0
	650	228	65	0.27	1.80	10.3
	600	228	65	0.25	1.65	9.2
3세주	800	117	50	0.19	0.80	6.0
	700	117	50	0.16	0.73	5.5
	650	117	50	0.15	0.70	5.0
	600	117	50	0.13	0.60	4.5
	500	117	50	0.11	0.54	3.7
5세주	950	203	50	0.40	1.30	11.9
	800	203	50	0.33	1.20	10.0
	700	203	50	0.28	1.10	9.1
	650	203	50	0.25	1.00	8.3
	600	203	50	0.23	0.90	7.2
	500	203	50	0.19	0.85	6.9

① 원 안의 10은 절수, 5－650에서 5 : 5세주, 650 : 방열기 높이, 20×15는 유입관, 유출관 지름 표시이다.

② 제시된 표에서 5세주－650에 해당하는 방열면적은 $0.25m^2$이므로

방열기 면적$(A) = \frac{0.25}{1} \times 10 = 2.5m^2$

③ ①구간의 방열면적 : $2.5m^2$

②구간의 방열면적 : $2.5 \times 2 = 5m^2$

③구간의 방열면적 : $2.5 \times 3 = 7.5m^2$

∴ ①구간 지름 : 20mm, ②구간 지름 : 25mm, ③구간 지름 : 32mm

※ 압력강하 1kPa·100m와 구간 방열면적의 교점으로 관지름을 구하면 된다. 면적이 동일 치수가 없을 경우 바로 큰 수치를 대입하고 압력강하만 작은 수치를 대입한다.

07 재실자 20명이 있는 실내에서 1인당 CO_2 발생량이 0.015m³/h일 때 실내 CO_2 농도를 1,000ppm으로 유지하기 위하여 필요한 환기량을 구하시오. (단, 외기의 CO_2 농도는 300ppm이다.)

해설 환기량$(Q) = \dfrac{M}{C_i - C_o} = \dfrac{20 \times 0.015}{0.001 - 0.0003} = 428.57\text{m}^3/\text{h}$

※ $1\text{ppm(parts per million)} = 10^{-6} = \dfrac{1}{1,000,000}$

08 혼합, 가열, 가습, 재열하는 공기조화기를 선도상에 다음 기호를 표시하여 작도하시오.

① 외기온도
② 실내온도
③ 혼합상태
④ 1차 온수 코일 출구상태
⑤ 가습기 출구상태
⑥ 재열기 출구상태

해설

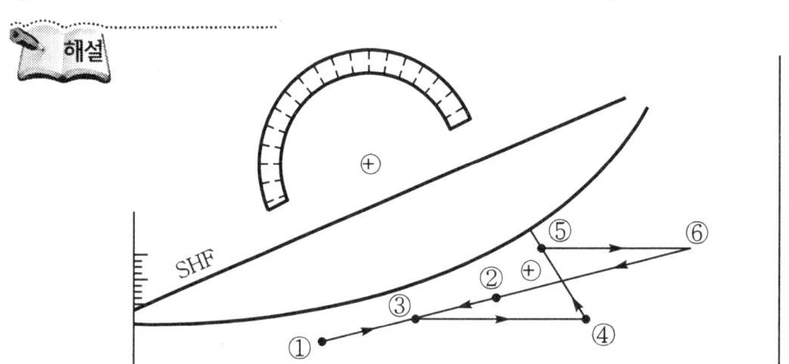

09 2단 압축 1단 팽창 $P-h$ 선도와 같은 냉동사이클로 운전되는 장치에서 다음 각 물음에 답하시오. (단, 냉동능력은 251,160kJ/h이고 압축기의 효율은 다음 표와 같다.)

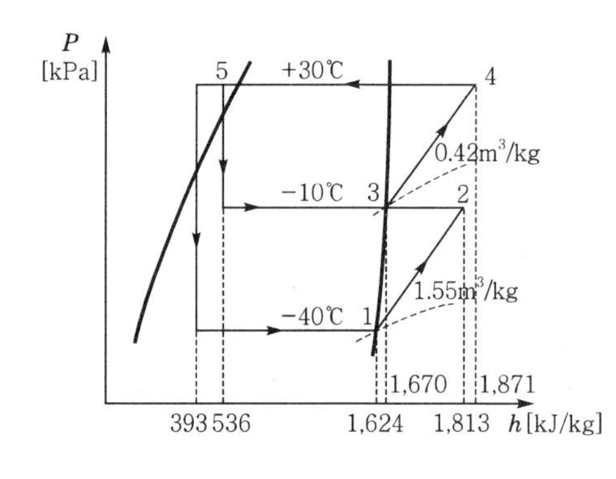

구 분	체적효율	압축효율	기계효율
고단	0.8	0.85	0.93
저단	0.7	0.82	0.95

1. 저단 냉매 순환량(m_L[kg/h])
2. 저단 피스톤 토출량(V_L[m³/h])
3. 저단 소요 동력(N_L[kJ/h])
4. 고단 냉매 순환량(m_H[kg/h])
5. 고단 피스톤 압출량(V_H[m³/h])
6. 고단 소요 동력(N_H[kJ/h])

해설 1. 저단 냉매 순환량(m_L)$=\dfrac{\text{냉동능력}(Q_e)}{\text{냉동효과}(q_e)}=\dfrac{251,160}{1,624-393}=204.03\text{kg/h}$

2. 저단 피스톤 토출량(V_L)$=m_L\dfrac{v_1}{\eta_{vL}}=204.03\times\dfrac{1.55}{0.7}=451.78\text{m}^3\text{/h}$

3. 저단 소요 동력(N_L)$=m_L\left(\dfrac{h_2-h_1}{\eta_{cL}\eta_{mL}}\right)=204.03\times\dfrac{1,813-1,624}{0.82\times0.95}=49501.5\text{kJ/h}$

4. 고단 냉매 순환량(m_H)

① 저단 압축기 실제 토출가스 비엔탈피($h_2{}'$)$=h_1+\dfrac{h_2-h_1}{\eta_{cL}}$

$$=1,624+\frac{1,813-1,624}{0.82}$$

$$\fallingdotseq 1854.49\text{kJ/kg}$$

② $m_H=m_L\left(\dfrac{h_2{}'-h_6}{h_3-h_5}\right)=204.03\times\dfrac{1854.49-393}{1,670-536}\fallingdotseq 262.95\text{kg/h}$

5. 고단 피스톤 압출량(V_H)$=m_H\dfrac{v_3}{V_{cH}}=262.95\times\dfrac{0.42}{0.8}=138.05\text{m}^3\text{/h}$

6. 고단 소요 동력(N_H)$=m_H\left(\dfrac{h_4-h_3}{\eta_{cH}\eta_{mH}}\right)=262.95\times\dfrac{1,871-1,670}{0.85\times0.93}=66860.15\text{kJ/h}$

10 **다음 길이에 따른 열관류율일 때 길이 10cm의 열관류율은 몇 〔W/m² · K〕인가?**
(단, 두께와 길이에 관계없이 열저항은 일정하다. 소수점 다섯째 자리에서 반올림하여 넷째 자리까지 구하시오.)

길이〔cm〕	열관류율〔W/m² · K〕
4	0.07
7.5	0.04

해설 열관류율과 길이(두께)는 반비례하므로

$$\frac{K_2}{K_1}=\frac{l_1}{l_2}$$

$$\therefore\ K_2=\frac{K_2 l_1}{l_2}=\frac{0.07\times0.04}{0.1}=0.028\text{W/m}^2\cdot\text{K}$$

2013

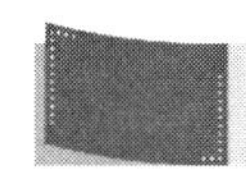

2013. 7. 1. 시행

01 **다음 $P-h$ 선도와 같은 조건에서 운전되는 R-502 냉동장치가 있다. 이 장치의 축동력이 7kW, 이론 피스톤 토출량(V)이 66m³/h, η_v =0.7일 때 다음 각 물음에 답하시오.**

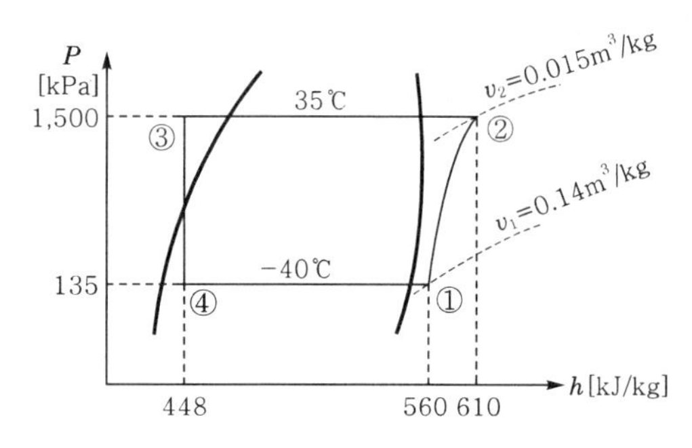

1. 냉동장치의 냉매 순환량[kg/h]을 구하시오.
2. 냉동능력[kJ/h]을 구하시오.
3. 냉동장치의 실제 성적계수를 구하시오.
4. 압축기의 압축비를 구하시오.

1. $m = \dfrac{V\eta_v}{v_1} = \dfrac{66 \times 0.7}{0.14} = 330\text{kg/h}$
2. $Q_e = mq_e = m(h_1 - h_4) = 330 \times (560 - 448) = 36{,}960\text{kJ/h}$
3. $COP_R = \dfrac{Q_e}{W_c} = \dfrac{36{,}960}{7 \times 3{,}600} = 1.47$
4. $\text{압축비}(\varepsilon) = \dfrac{\text{고온(응축기) 절대압력}}{\text{저압(증발기) 절대압력}} = \dfrac{1{,}500}{135} = 11.1$

02 **다음 조건과 같은 공기조화기(AHU)의 공기 냉각용 냉수 코일이 있다. 각 물음에 답하시오.** (단, 장치에서 열손실은 없는 것으로 하고, 공기의 밀도는 1.2kg/m³, 공기의 정압 비열 1.0046kJ/kg·K이다.)

[조 건]

1) 냉각기의 송풍량 : 14,400m³/h
2) 냉방능력 : 418,600kJ/h
3) 냉각수량 : 333L/min
4) 냉각코일 입구수온 : t_{w_1} =7℃
5) 냉각 코일 출구 공기 건구온도 : 14.2℃
6) 외기 : 건구온도 32℃, 상대습도 50%
7) 재순환 공기 : 건구온도 26℃, 상대습도 50%
8) 신선 외기량 : 송풍량의 30%

1. 냉각코일 입구의 건구온도는 몇 〔℃〕인가?
2. 냉각코일 출구의 공기 비엔탈피는 몇 〔kJ/kg〕인가?
3. 냉각코일 출구의 냉각수온도는 몇 〔℃〕인가?
4. 향류 코일일 때 대수평균온도차($LMTD$)는 몇 〔℃〕인가?

1. 냉각코일 입구 건구온도(평균온도)

$$t_m = t_3 = \frac{m_o}{m} t_o + \frac{m_i}{m} t_i = 0.3 \times 32 + 0.7 \times 26 = 27.8℃$$

※ 습구온도 : 공기선도에 의하여 21.3℃

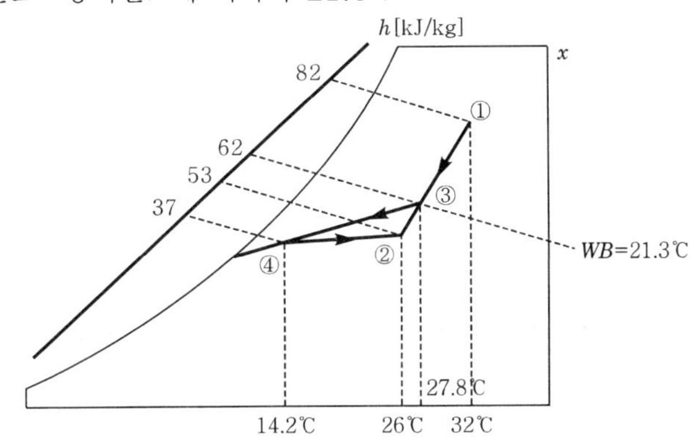

2. ① 냉각코일 입구 공기 비엔탈피(h_3) $= \frac{m_o}{m} h_1 + \frac{m_i}{m} h_2$

$= 0.3 \times 82 + 0.7 \times 53$

$≒ 61.7$kJ/kg

② 냉각코일 출구 공기 비엔탈피(h_4)

냉각코일부하(q_{cc}) $= \rho Q(h_3 - h_4)$〔kJ/kg〕에서

$$h_4 = h_3 - \frac{q_{cc}}{\rho Q} = 62 - \frac{418,600}{1.2 \times 14,400} = 37.78\text{kJ/kg}$$

3. 냉각코일 출구 냉각수온도(t_{w_2})

$q_{cc} = WC(t_{w_2} - t_{w_1}) \times 60$〔kJ/h〕에서

$$t_{w_2} = t_{w_1} + \frac{q_{cc}}{WC \times 60} = 7 + \frac{418,600}{333 \times 4.186 \times 60} = 12℃$$

4. 대수평균온도차

$\Delta t_1 = 27.8 - 12 = 15.8℃$

$\Delta t_2 = 14.2 - 7 = 7.2℃$

$$\therefore LMTD = \frac{\Delta t_1 - \Delta t_2}{\ln\left(\frac{\Delta t_1}{\Delta t_2}\right)} = \frac{15.8 - 7.2}{\ln\left(\frac{15.8}{7.2}\right)} = 10.94℃$$

03 온도 21.5℃, 수증기 포화 압력 17.54mmHg, 상대습도 50%, 대기압력 760mmHg 이다. 다음 각 물음에 답하시오. (단, 공기의 정압비열 1.0046kJ/kg·K, 수증기의 정압비열 1.85kJ/kg · K, 물의 증발잠열 2500.3kJ/kg이다.)

1. 수증기의 분압(mmHg)을 구하시오.
2. 절대습도(kg′/kg)를 구하시오.
3. 습공기의 비엔탈피는 몇 (kJ/kg)인가?

해설 1. 수증기 분압$(P_w) = \phi P_s = 0.5 \times 17.54 = 8.77\text{mmHg}$

2. 절대습도$(x) = 0.622\left(\dfrac{P_w}{P-P_w}\right) = 0.622 \times \dfrac{8.77}{760-8.77} = 0.00726\text{kg}'/\text{kg}$

3. 습공기의 비엔탈피$(h) = C_{pa}t + x(\gamma_o + C_{pw}t)$

$= 1.0046 \times 21.5 + 0.00726 \times (2500.3 + 1.85 \times 21.5)$

$\fallingdotseq 40.04\text{kJ/kg}$

04 주어진 조건을 이용하여 사무실 각 부분에 대하여 손실열량을 구하시오.

[조 건]

1) 설계온도 : 실내온도 20℃, 실외온도 0℃, 인접실온도 20℃, 복도온도 10℃, 상층온도 20℃, 하층온도 6℃
2) 열통과율[W/m²·K] : 외벽 3.2, 내벽 3.5, 바닥 1.9, 유리(2중) 2.2, 문 3.5
3) 방위계수
   ① 북쪽, 북서쪽, 북동쪽 : 1.15 ② 동남쪽, 남서쪽 : 1.05
   ③ 동쪽, 서쪽 : 1.10 ④ 남쪽 : 1.0
4) 환기 횟수 : 0.5회/h
5) 천장높이와 층고는 동일하게 간주한다.
6) 공기의 밀도 : 1.2kg/m³, 공기의 정압비열 : 1.0046kJ/kg·K

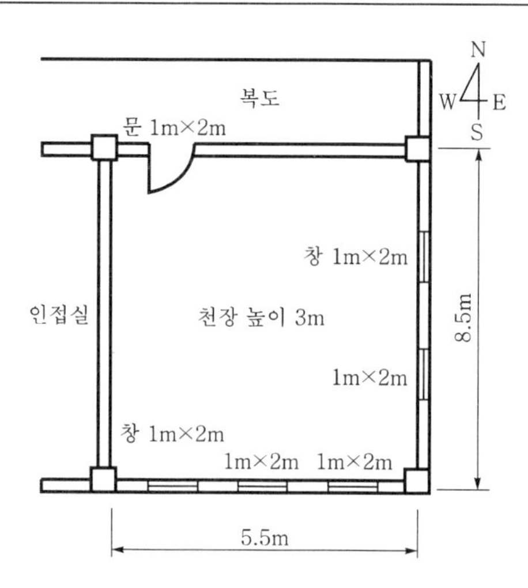

1. 유리창으로 통한 손실열량〔kJ/h〕을 구하시오.
   ① 남쪽　　　② 동쪽
2. 외벽을 통한 손실열량〔kJ/h〕을 구하시오.
   ① 남쪽　　　② 동쪽
3. 내벽을 통한 손실열량〔kJ/h〕을 구하시오.
   ① 바닥　　　② 북쪽　　　③ 서쪽
4. 환기부하〔kJ/h〕를 구하시오.

1. 유리창으로 통한 손실열량
   ① 남쪽 $= 2.2 \times (1 \times 2 \times 3) \times (20-0) \times 1 = 264\text{W} = 950.4\text{kJ/h}$
   ② 동쪽 $= 2.2 \times (1 \times 2 \times 2) \times (20-0) \times 1.1 = 193.6\text{W} \fallingdotseq 697\text{kJ/h}$
2. 외벽을 통한 손실열량
   ① 남쪽 $= 3.2 \times \{(5.5 \times 3) - (1 \times 2 \times 3)\} \times (20-0) \times 1 = 672\text{W} = 2419.2\text{kJ/h}$
   ② 동쪽 $= 3.2 \times \{(8.5 \times 3) - (1 \times 2 \times 2)\} \times (20-0) \times 1.1 = 1513.6\text{W} \fallingdotseq 5{,}449\text{kJ/h}$
3. 내벽을 통한 손실열량
   ① 바닥 $= 1.9 \times (5.5 \times 8.5) \times (20-6) = 1243.55\text{W} \fallingdotseq 4{,}477\text{kJ/h}$
   ② 북쪽 $= 3.5 \times (5.5 \times 3) \times (20-10) = 577.5\text{W} \fallingdotseq 2{,}079\text{kJ/h}$
   ③ 서쪽 $= 3.5 \times (8.5 \times 3) \times (20-20) = 0$
4. 환기부하$(Q_R) = 0.5 \times (5.5 \times 8.5 \times 3) \times 1.2 \times 1.0046 \times (20-0) = 1690.74\text{kJ/h}$

05 다음과 같은 벽체의 열관류율〔$W/m^2 \cdot K$〕을 계산하시오.

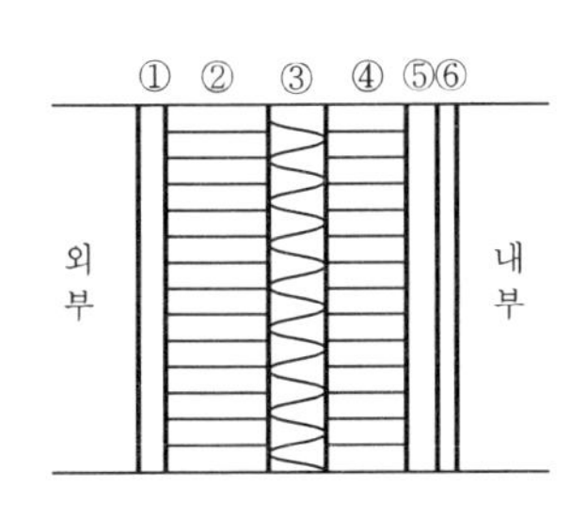

재료표

번 호	명 칭	두께〔mm〕	열전도율〔W/m · K〕
①	모르타르	20	1.3
②	시멘트벽돌	100	0.78
③	글라스울	50	0.03
④	시멘트벽돌	100	0.78
⑤	모르타르	20	1.3
⑥	비닐벽지	2	0.23

벽 표면의 열전달률〔$W/m^2 \cdot K$〕

실내측	수직면	9
실외측	수직면	23

해설 벽체 열관류율$(K) = \frac{1}{R} = \frac{1}{\frac{1}{\alpha_i} + \sum_{i=1}^{n} \frac{l_i}{\lambda_i} + \frac{1}{\alpha_o}}$

$$= \frac{1}{\frac{1}{9} + \frac{0.02}{1.3} + \frac{0.1}{0.78} + \frac{0.05}{0.03} + \frac{0.1}{0.78} + \frac{0.02}{1.3} + \frac{0.002}{0.23} + \frac{1}{23}}$$

$$\fallingdotseq 0.47\text{W/m}^2 \cdot \text{K}$$

06 냉동장치의 동부착(copper plating)현상에 대하여 서술하시오.

해설 프레온 냉동장치에서 수분과 프레온이 작용하여 산을 생성하고 침입한 공기 중의 산소와 화합하여 동에 반응한 다음, 압축기 각 부분의 금속표면에 동이 도금되는 현상이며, 장치 내에 수분이 많이 존재할 때 수소원자가 많은 냉매일수록, 왁스성분이 많은 오일을 사용할 때 온도가 높은 부분일수록 잘 발생한다.

07 다음 그림과 같은 쿨링타워의 냉각수 배관계에서 직관부의 전장을 50m, 순환수량을 300L/min로 하여 냉각수 순환펌프의 양정과 축동력을 구하시오. (단, 배관의 국부저항은 직관부(l)의 40%로 한다.)

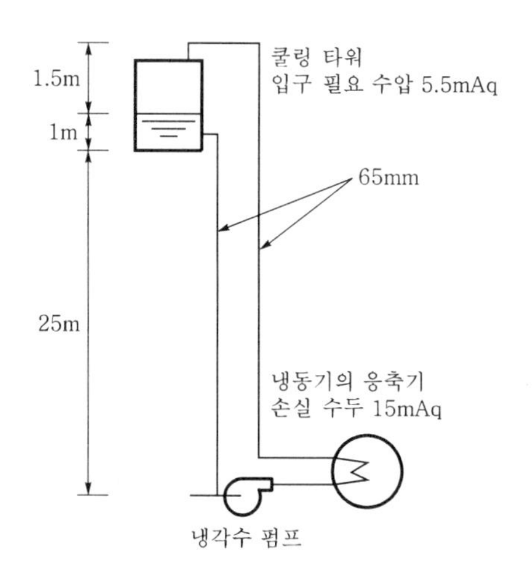

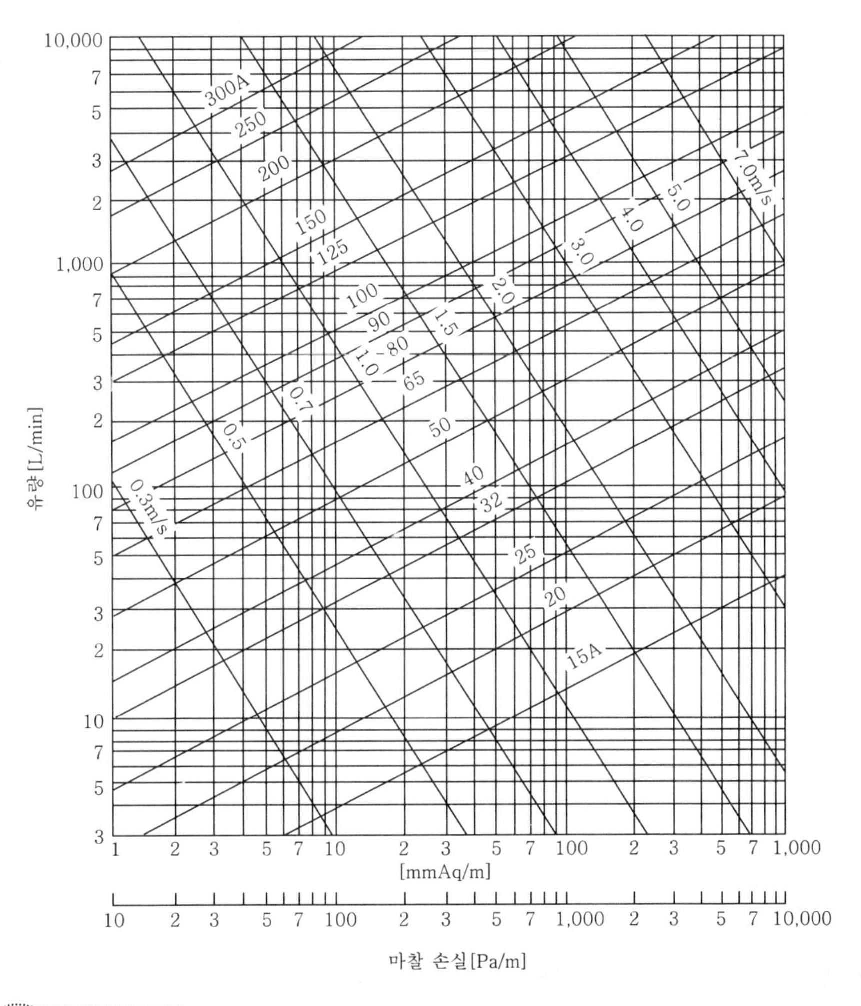

해설 ① 순환수량 300L/min와 관지름 65mm의 교점에 의하여 마찰손실수두는 34.4mmAq/m이며, 이때 유속은 1.47m/s이다.

㉠ 직관 상당길이$(L_e) = 50 \times \dfrac{34.3}{1{,}000} = 1.715\text{m}$

㉡ 국부저항 상당길이$(l_e) = 1.715 \times 0.4 = 0.686\text{m}$

㉢ 기기 손실수두(h_L)=쿨링타워 입구수두+응축기 손실수두+실양정(H_a)

$= 5.5 + 15 + 1.5 = 22\text{m}$

㉣ 속도수두$(h) = \dfrac{V^2}{2g} = \dfrac{1.47^2}{2 \times 9.8} = 0.11\text{m}$

㉤ 전양정$(H) = L_e + l_e + h_L + h = 1.715 + 0.686 + 22 + 0.11 = 24.51\text{m}$

② 축동력$(L_s) = \dfrac{\gamma QH}{102 \times 60\eta_p} = \dfrac{1{,}000 \times 0.3 \times 24.51}{102 \times 60 \times 1} = 1.2\text{kW}$

【별해】 $L_s = \dfrac{9.8QH}{\eta_p} = \dfrac{9.8 \times \dfrac{0.3}{60} \times 24.51}{1} = 1.2\text{kW}$

2013

08 냉동장치 각 기기의 온도변화 시에 이론적인 값이 상승하면 ○, 감소하면 ×, 무관하면 △을 하시오. (단, 다른 조건은 변화 없다고 가정한다.)

온도변화 / 상태변화	응축온도 상승	증발온도 상승	과열도 증가	과냉각도 증가
성적 계수				
압축기 토출가스온도				
압축 일량				
냉동 효과				
압축기 흡입가스 비체적				

해설

온도변화 / 상태변화	응축온도 상승	증발온도 상승	과열도 증가	과냉각도 증가
성적 계수	×	○	○	○
압축기 토출가스온도	○	×	○	△
압축 일량	○	×	○	△
냉동 효과	×	○	○	○
압축기 흡입가스 비체적	△	×	○	△

2013. 10. 6. 시행

01 겨울철 냉동장치 운전 중에 고압측 압력이 갑자기 낮아질 경우 장치 내에서 일어나는 현상을 3가지 쓰고 그 이유를 각각 설명하시오.

해설 ① ㉠ 현상 : 냉매 순환량이 감소된다.
㉡ 이유 : 팽창밸브 전후의 압력차가 작으므로 냉매 순환량이 감소하게 된다.
② ㉠ 현상 : 시간당 압축기 소요동력이 증대된다.
㉡ 이유 : 냉매 순환량 감소로 증발기에서 냉동효과(q_e)의 감소로 압축기 동력소비가 증대된다.
③ ㉠ 현상 : 공냉식 응축기의 경우 운전이 정지된다.
㉡ 이유 : 동절기 외기의 급격한 냉각으로 고압이 형성되지 못하여 냉매 순환이 원활하지 못하므로 운전이 정지된다.

02 **다음 냉동장치도의 $P-h$ 선도를 그리고 각 물음에 답하시오.** (단, 압축기의 체적 효율 0.75, 압축 효율 0.75, 기계 효율 0.9이고 배관의 압력 손실 및 열손실은 무시한다.)

[조 건]

1) 증발기 A : 증발 온도 −10℃, 과열도 10℃, 냉동 부하 2RT(한국 냉동톤)
2) 증발기 B : 증발 온도 −30℃, 과열도 10℃, 냉동 부하 4RT(한국 냉동톤)
3) 팽창 밸브 직전의 냉매액 온도 : 30℃
4) 응축 온도 : 35℃

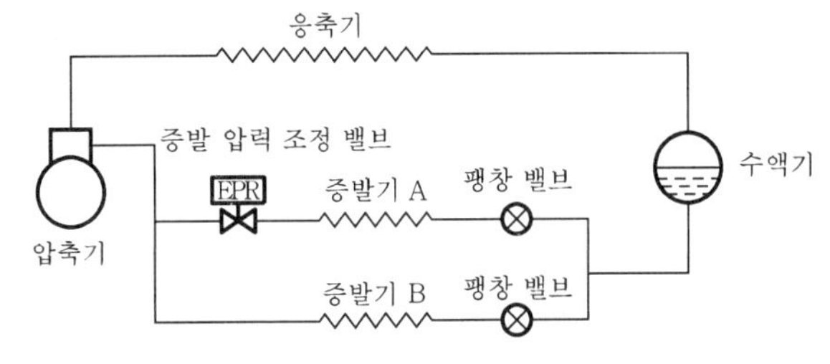

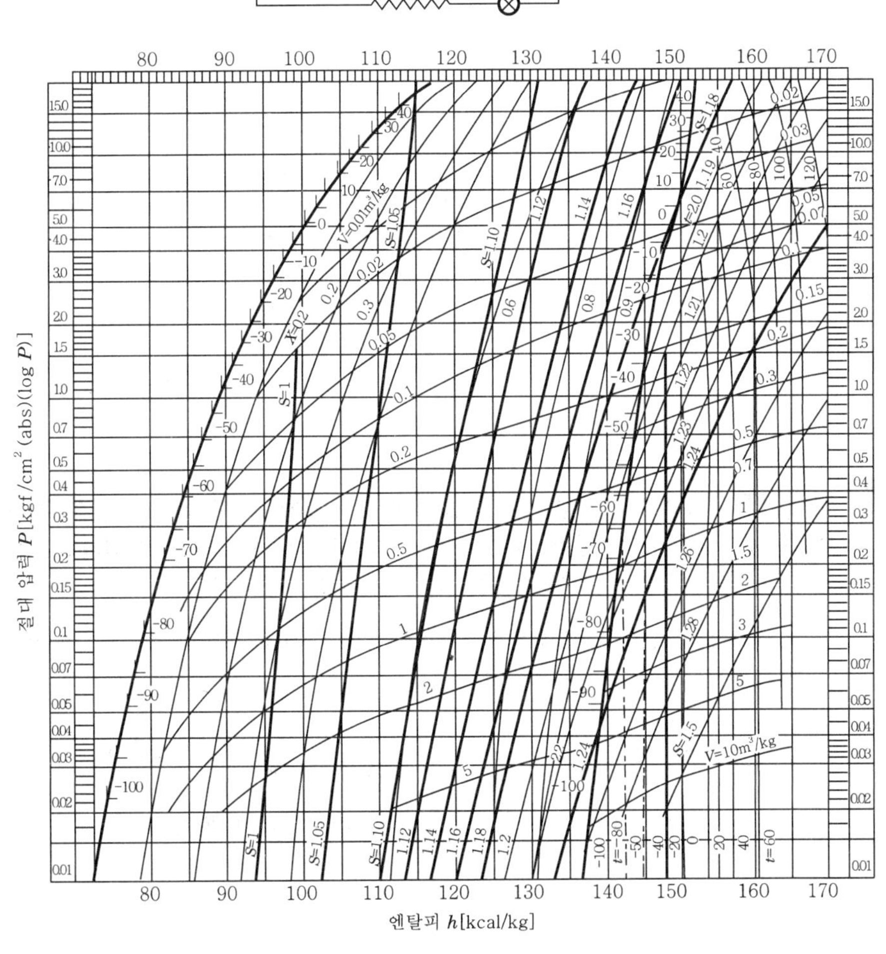

2013

1. 압축기의 피스톤 압출량[m³/h]을 구하시오.
2. 축동력[kW]을 구하시오.

해설 1. 피스톤 압출량

① A증발기 냉매순환량$(m_A) = \dfrac{2RT}{h_7 - h_3} = \dfrac{2 \times 13897.52}{630 - 459} = 162.54\text{kg/h}$

② B증발기 냉매순환량$(m_B) = \dfrac{4RT}{h_8 - h_3} = \dfrac{4 \times 13897.52}{620 - 459} = 345.28\text{kg/h}$

③ 흡입점에서의 엔탈피$(h_s) = \dfrac{m_A h_7 + m_B h_8}{m_A + m_B}$

$$= \frac{(162.54 \times 630) + (345.28 \times 620)}{162.54 + 345.28} \fallingdotseq 623\text{kJ/kg}$$

④ 비엔탈피 623kJ/kg일 때 흡입가스 비체적 $0.15\text{m}^3/\text{kg}$

∴ 피스톤 압출량$(V) = \dfrac{(m_A + m_B)v}{\eta_v} = \dfrac{(162.54 + 345.28) \times 0.15}{0.75} \fallingdotseq 101.56\text{m}^3/\text{h}$

2. 축동력$(L_s) = \dfrac{(m_A + m_B)(h_2 - h_s)}{3{,}600\eta_c \eta_m} = \dfrac{(162.54 + 345.28) \times (687 - 623)}{3{,}600 \times 0.75 \times 0.9} \fallingdotseq 13.37\text{kW}$

【참고】 $P-h$선도

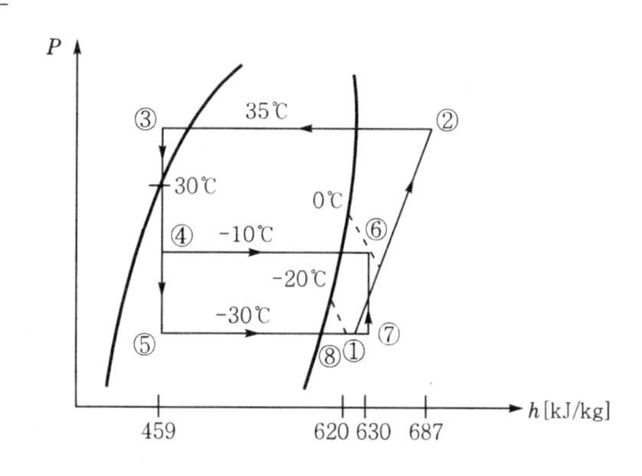

03 바닥면적 100m², 천장고 3m인 실내에서 재실자 60명과 가스 스토브 1대가 설치되어 있다. 다음 각 물음에 답하시오. (단, 외기 CO_2 농도 400ppm, 재실자 1인당 CO_2 발생량 20L/h, 가스 스토브 CO_2 발생량 600L/h)

1. 실내 CO_2 농도를 1,000ppm으로 유지하기 위해서 필요한 환기량[m³/h]을 구하시오.
2. 환기 횟수[회/h]를 구하시오.

해설 1. 필요 환기량$(Q) = \dfrac{M}{C_i - C_o} = \dfrac{(60 \times 0.02) + 0.6}{0.001 - 0.0004} = 3{,}000\text{m}^3/\text{h}$

2. 환기 횟수$(n) = \dfrac{\text{필요환기량}(Q)}{\text{실내체적}(V)} = \dfrac{3{,}000}{100 \times 3} = 10\text{회/h}$

04 수냉 응축기의 응축능력이 6냉동톤일 때 냉각수 입·출구 온도차가 4℃라면 냉각수 순환수량은 몇 〔L/min〕인가?

해설 $Q_c = WC\Delta t \times 60$ 〔kJ/h〕에서

$$W = \frac{Q_c}{C\Delta t \times 60} = \frac{6RT}{C\Delta t \times 60} = \frac{6 \times 13897.52}{4.186 \times 4 \times 60} = 83\,\text{L/min}$$

05 냉장실의 냉동부하 25,116kJ/h, 냉장실 온도를 −20℃로 유지하는 나관 코일식 증발기 천장 코일의 냉각관 길이〔m〕를 구하시오. (단, 천장 코일의 증발관 내 냉매의 증발온도는 −28℃, 외표면적 0.19m², 열통과율은 8.14W/m²·K이다.)

해설 $q_c = KA_sL(t_i - t_s)$ 〔kJ/h〕에서

$$\text{냉각관 길이}(L) = \frac{q_c}{KA_s(t_i - t_s)} = \frac{25{,}116}{(8.14 \times 3.6) \times 0.19 \times \{-20-(-28)\}} \fallingdotseq 364\text{m}$$

06 다음과 같은 공조 시스템에 대해 계산하시오. (14점)

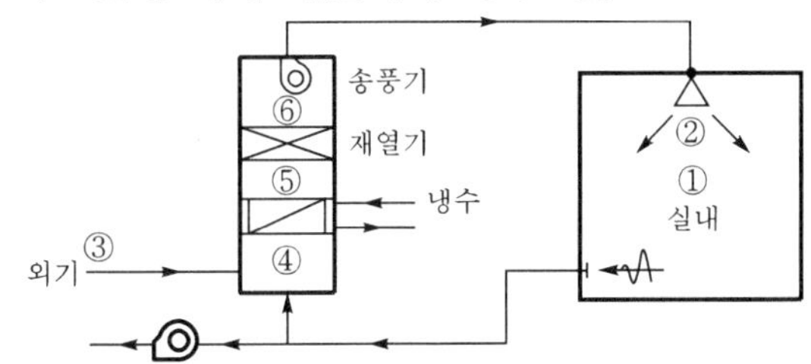

[조 건]

1) 실내 온도 : 25℃, 실내 상대 습도 : 50%
2) 외기 온도 : 31℃, 외기 상대 습도 : 60%
3) 실내 급기 풍량 : 6,000m³/h
   취입 외기 풍량 : 1,000m³/h
   공기 밀도 : 1.2kg/m²
4) 취출 공기 온도 : 17℃, 공조기 송풍기 입구 온도 : 16.5℃
5) 공기 냉각기 냉수량 : 1.4L/s
   냉수 입구 온도(공기 냉각기) : 6℃
   냉수 출구 온도(공기 냉각기) : 12℃
6) 재열기(전열기) 소비 전력 : 5kW
7) 공조기 입구의 환기 온도는 실내 온도와 같음

1. 실내 냉방 현열 부하〔kW〕를 구하시오.
2. 실내 냉방 잠열 부하〔kW〕를 구하시오.

2013

해설 1. 실내 냉방 현열 부하(Q_s)$=\rho QC_p(t_i-t_e)=1.2\times6{,}000\times1.005\times(25-17)$
$=57{,}888\text{kJ/h}=16.08\text{kW}$

2. 실내 냉방 잠열 부하(Q_L)

① 혼합 공기 온도(t_4)$=\dfrac{Q_it_i+Q_ot_o}{Q(=Q_i+Q_o)}=\dfrac{5{,}000\times25+1{,}000\times31}{6{,}000}=26℃$

② 냉각 코일 부하(q_{cc})$=WC(t_o-t_i)=1.4\times3{,}600\times4.186\times(12-6)$
$=16584.64\text{kJ/h}=35.16\text{kW}$

③ 냉각 코일 출구 비엔탈피(h_5)$=h_4-\dfrac{q_{cc}}{\rho Q}=55-\dfrac{126584.64}{1.2\times6{,}000}=37.42\text{kJ/kg}$

④ 냉각 코일 출구 온도(t_5)$=t_2-\dfrac{q_{Reh}}{\rho QC_p}=16.5-\dfrac{5\times3{,}600}{1.2\times6{,}000\times1.005}=14.01℃$

⑤ 습공기 선도

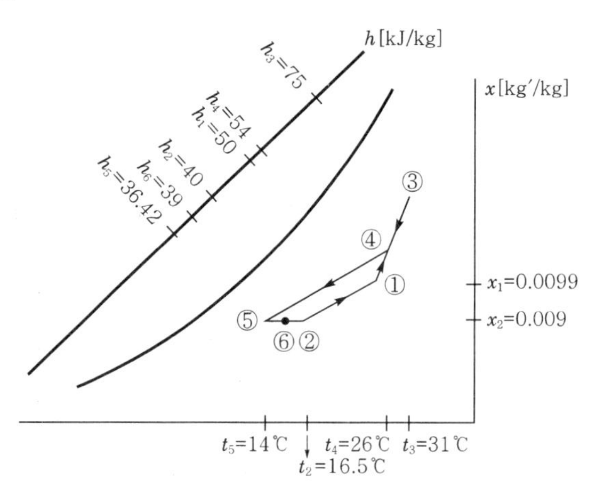

⑥ 잠열 부하(Q_L)$=\rho Q\gamma_o\Delta x$
$=1.2\times6{,}000\times2{,}500\times(0.0099-0.009)$
$=16{,}200\text{kJ/h}=4.5\text{kW}$

07 어떤 사무소 공조설비 과정이 다음과 같다. 각 물음에 답하시오.

[조 건]

1) 마찰 손실(R) : 0.1mmAq/m	2) 국부 저항 계수(ζ) : 0.29
3) 1개당 취출구 풍량 : 3,000m^3/h	4) 송풍기 출구 풍속 : 13m/s
5) 정압 효율 : 50%	6) 에어필터 저항 : 5mmAq
7) 가열 코일 저항 : 15mmAq	8) 냉각기 저항 : 15mmAq
9) 송풍기 저항 : 10mmAq	10) 취출구 저항 : 5mmAq

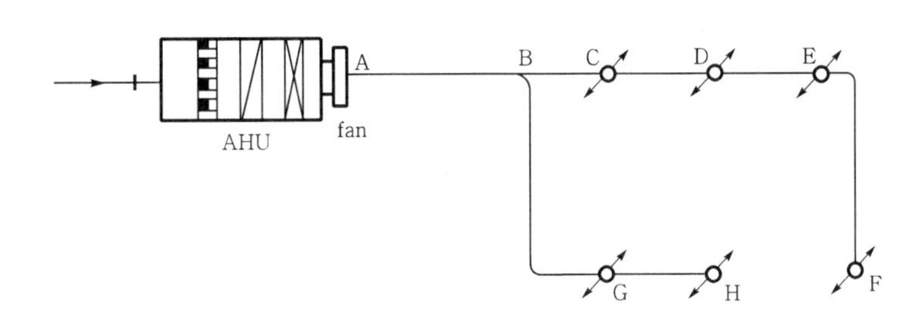

- 덕트구간길이
  - A－B : 60 m
  - B－C : 6 m
  - C－D : 12 m
  - D－E : 12 m
  - E－F : 20 m
  - B－G : 18 m
  - G－H : 12 m

1. 실내에 실치한 딕트 시스템을 위의 그림과 같이 설계히고자 한다. 각 취출구의 풍량이 동일할 때 직사각형 덕트의 크기를 결정하고 풍속을 구하시오.

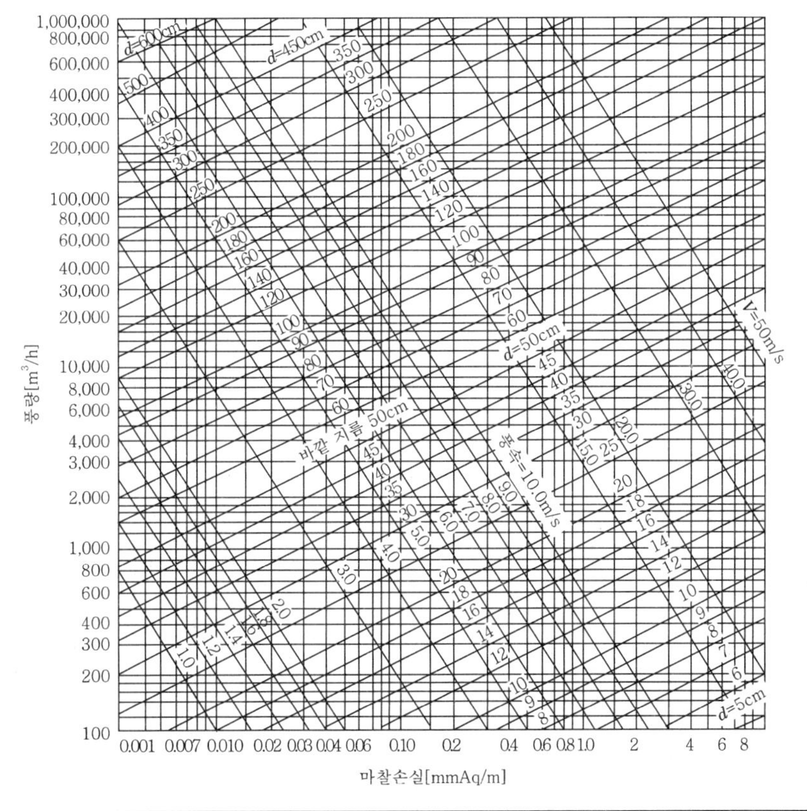

구 간	풍량[m³/h]	원형 덕트지름[cm]	직사각형 덕트크기[cm]	풍속[m/s]
A－B			(　　)×35	
B－C			(　　)×35	
C－D			(　　)×35	
D－E			(　　)×35	
E－F			(　　)×35	

2013

2. 송풍기 정압(mmAq)을 구하시오. (단, 공기의 밀도는 1.2kg/m^3, 중력가속도는 9.8m/s^{2}이다.)
3. 송풍기 동력(kW)을 구하시오.

직사각형 덕트와 원형 덕트의 환산표

장변 \ 단변	5	10	15	20	25	30	35	40	45	50	55	60	65	70	75
5	5.5														
10	7.6	10.9													
15	9.1	13.3	16.4												
20	10.3	15.2	18.9	21.9											
25	11.4	16.9	21.0	24.4	27.3										
30	12.2	18.3	22.9	26.6	29.9	32.8									
35	13.0	19.5	24.5	28.6	32.2	35.4	38.3								
40	13.8	20.7	26.0	30.5	34.3	37.8	40.9	43.7							
45	14.4	21.7	27.4	32.1	36.3	40.0	43.3	46.4	49.2						
50	15.0	22.7	28.7	33.7	38.1	42.0	45.6	48.8	51.8	54.7					
55	15.6	23.6	29.9	35.1	39.8	43.9	47.7	51.1	54.3	57.3	60.1				
60	16.2	24.5	31.0	36.5	41.4	45.7	49.6	53.3	56.7	59.8	62.8	65.6			
65	16.7	25.3	32.1	37.8	42.9	47.4	51.5	55.3	58.9	62.2	65.3	68.3	71.1		
70	17.2	26.1	33.1	39.1	44.3	49.0	53.3	57.3	61.0	64.4	67.7	70.8	73.7	76.5	
75	17.7	26.8	34.1	40.2	45.7	50.6	55.0	59.2	63.0	66.6	69.7	73.2	76.3	79.2	82.0
80	18.1	27.5	35.0	41.4	47.0	52.0	56.7	60.9	64.9	68.7	72.2	75.5	78.7	81.8	84.7
85	18.5	28.2	35.9	42.4	48.2	53.4	58.2	62.6	66.8	70.6	74.3	77.8	81.1	84.2	87.2
90	19.0	28.9	36.7	43.5	49.4	54.8	59.7	64.2	68.6	72.6	76.3	79.9	83.3	86.6	89.7
95	19.4	29.5	37.5	44.5	50.6	56.1	61.1	65.9	70.3	74.4	78.3	82.0	85.5	88.9	92.1
100	19.7	30.1	38.4	45.4	51.7	57.4	62.6	67.4	71.9	76.2	80.2	84.0	87.6	91.1	94.4
105	20.1	30.7	39.1	46.4	52.8	58.6	64.0	68.9	73.5	77.8	82.0	85.9	89.7	93.2	96.7
110	20.5	31.3	39.9	47.3	53.8	59.8	65.2	70.3	75.1	79.6	83.8	87.8	91.6	95.3	98.8
115	20.8	31.8	40.6	48.1	54.8	60.9	66.5	71.7	76.6	81.2	85.5	89.6	93.6	97.3	100.9
120	21.2	32.4	41.3	49.0	55.8	62.0	67.7	73.1	78.0	82.7	87.2	91.4	95.4	99.3	103.0
125	21.5	32.9	42.0	49.9	56.8	63.1	68.9	74.4	79.5	84.3	88.8	93.1	97.3	101.2	105.0
130	21.9	33.4	42.6	50.6	57.7	64.2	70.1	75.7	80.8	85.7	90.4	94.8	99.0	103.1	106.9
135	22.2	33.9	43.3	54.4	58.6	65.2	71.3	76.9	82.2	87.2	91.9	96.4	100.7	104.9	108.8
140	22.5	34.4	43.9	52.2	59.5	66.2	72.4	78.1	83.5	88.6	93.4	98.0	102.4	106.6	110.7
145	22.8	34.9	44.5	52.9	60.4	67.2	73.5	79.3	84.8	90.0	94.9	99.6	104.1	108.4	112.5
150	23.1	35.3	45.2	53.6	61.2	68.1	74.5	80.5	86.1	91.3	96.3	101.1	105.7	110.0	114.3
155	23.4	35.8	45.7	54.4	62.1	69.1	75.6	81.6	87.3	92.6	97.4	102.6	107.2	111.7	116.0
160	23.7	36.2	46.3	55.1	62.9	70.6	76.6	82.7	88.5	93.9	99.1	104.1	108.8	113.3	117.7
165	23.9	36.7	46.9	55.7	63.7	70.9	77.6	83.5	89.7	95.2	100.5	105.5	110.3	114.9	119.3
170	24.2	37.1	47.5	56.4	64.4	71.8	78.5	84.9	90.8	96.4	101.8	106.9	111.8	116.4	120.9
175	24.5	37.5	48.0	57.1	65.2	72.6	79.5	85.9	91.9	97.6	103.1	108.2	113.2	118.0	122.5
180	24.7	37.9	48.5	57.7	66.0	73.5	80.4	86.9	93.0	98.8	104.3	109.6	114.6	119.5	124.1
185	25.0	38.3	49.1	58.4	66.7	74.3	81.4	87.9	94.1	100.0	105.6	110.9	116.0	120.9	125.6
190	25.3	38.7	49.6	59.0	67.4	75.1	82.2	88.9	95.2	101.2	106.8	112.2	117.4	122.4	127.2
195	25.5	39.1	50.1	59.6	68.1	75.9	83.1	89.9	96.3	102.3	108.0	113.5	118.7	123.8	128.5
200	25.8	39.5	50.6	60.2	68.8	76.7	84.0	90.8	97.3	103.4	109.2	114.7	120.0	125.2	130.1
210	26.3	40.3	51.6	61.4	70.2	78.3	85.7	92.7	99.3	105.6	111.5	117.2	122.6	127.9	132.9
220	26.7	41.0	52.5	62.5	71.5	79.7	87.4	94.5	101.3	107.6	113.7	119.5	125.1	130.5	135.7
230	27.2	41.7	53.4	63.6	72.8	81.2	89.0	96.3	103.1	109.7	115.9	121.8	127.5	133.0	138.3
240	27.6	42.4	54.3	64.7	74.0	82.6	90.5	98.0	105.0	111.6	118.0	124.1	129.9	135.5	140.9
250	28.1	43.0	55.2	65.8	75.3	84.0	92.0	99.6	106.8	113.6	120.0	126.2	132.2	137.9	143.4
260	28.5	43.7	56.0	66.8	76.4	85.3	93.5	101.2	108.5	115.4	122.0	128.3	134.4	140.2	145.9
270	28.9	44.3	56.9	67.8	77.6	86.6	95.0	102.8	110.2	117.3	124.0	130.4	136.6	142.5	148.3
280	29.3	45.0	57.7	68.8	78.7	87.9	96.4	104.3	111.9	119.0	125.9	132.4	138.7	144.7	150.6
290	29.7	45.6	58.5	69.7	79.8	89.1	97.7	105.8	113.5	120.8	127.8	134.4	140.8	146.9	152.9
300	30.1	46.2	59.2	70.6	80.9	90.3	99.0	107.8	115.1	122.5	129.5	136.3	142.8	149.0	155.5

장변 \ 단변	80	85	90	95	100	105	110	115	120	125	130	135	140	145	150
5															
10															
15															
20															
25															
30															
35															
40															
45															
50															
55															
60															
65															
70															
75															
80	87.5														
85	90.1	92.9													
90	92.7	95.6	98.4												
95	95.2	98.2	101.1	103.9											
100	97.6	100.7	106.7	106.5	109.3										
105	100.0	103.1	106.2	109.1	112.0	114.8									
110	102.2	105.5	108.6	111.7	114.6	117.5	120.3								
115	104.4	107.8	111.0	114.1	117.2	120.1	122.9	125.7							
120	106.6	110.0	113.3	116.5	119.6	122.6	125.6	128.4	131.2						
125	108.6	112.2	115.6	118.8	122.0	125.1	128.1	131.0	133.9	136.7					
130	110.7	114.3	117.7	121.1	124.4	127.5	130.6	133.6	136.5	139.3	142.1				
135	112.6	116.3	119.9	123.3	126.7	129.9	133.0	136.1	139.1	142.0	144.8	147.6			
140	114.6	118.3	122.0	125.5	128.9	132.2	135.4	138.5	141.6	144.6	147.5	150.3	153.0		
145	116.5	120.3	124.0	127.6	131.1	134.5	137.7	140.9	144.0	147.1	150.3	152.9	155.7	158.5	
150	118.3	122.2	126.0	129.7	133.2	136.7	140.0	143.3	146.4	149.5	152.6	155.5	158.4	162.2	164.0
155	120.1	124.1	127.9	131.7	135.3	138.8	142.2	145.5	148.8	151.9	155.0	158.0	161.0	163.9	166.7
160	121.9	125.9	129.8	133.6	137.3	140.9	144.4	147.8	151.1	154.3	157.5	160.5	163.5	166.5	169.3
165	123.6	127.7	131.7	135.6	139.3	143.0	146.5	150.0	153.3	156.6	159.8	163.0	166.0	169.0	171.9
170	125.3	129.5	133.5	137.5	141.3	145.0	148.6	152.1	155.6	158.9	162.2	165.3	168.5	171.5	174.5
175	127.0	131.2	135.3	139.3	143.2	147.0	150.7	154.2	157.7	161.1	164.4	167.7	170.8	173.9	177.0
180	128.6	132.9	137.1	141.2	145.1	148.9	152.7	156.3	159.8	163.3	166.7	170.0	173.2	176.4	179.4
185	130.2	134.6	138.8	143.0	147.0	150.9	154.7	158.3	161.9	165.4	168.9	172.2	175.5	178.7	181.9
190	131.8	136.2	140.5	144.7	148.8	152.7	156.6	160.3	164.0	167.6	171.0	174.4	177.8	181.0	184.2
195	133.3	137.9	142.5	146.5	150.6	154.6	158.5	162.3	166.0	169.6	173.2	176.6	180.0	183.3	186.6
200	134.8	139.4	143.8	148.1	152.3	156.4	160.4	164.2	168.0	171.7	175.3	178.8	182.2	185.6	188.9
210	137.8	142.5	147.0	151.5	155.8	160.0	164.0	168.0	171.9	175.7	179.3	183.0	186.5	189.9	193.3
220	140.6	145.5	150.2	154.7	159.1	163.4	167.6	171.6	175.6	179.5	183.3	187.0	190.6	194.2	197.7
230	143.4	148.4	153.2	157.8	162.3	166.7	171.0	175.2	179.3	183.2	187.1	190.9	194.7	198.3	201.9
240	146.1	151.2	156.1	160.8	165.5	170.0	174.4	178.6	182.8	186.9	190.9	194.8	198.6	202.3	206.0
250	148.8	153.9	158.9	163.8	168.5	173.1	177.6	182.0	186.3	190.4	194.5	198.5	202.4	206.2	210.0
260	151.3	156.6	161.7	166.7	171.5	176.2	180.8	185.2	189.6	193.9	190.9	202.1	206.1	210.0	213.9
270	153.8	159.2	164.4	169.5	174.4	179.2	183.9	188.4	192.9	197.2	201.5	205.7	209.7	213.7	217.7
280	156.2	161.7	167.0	172.2	177.2	182.1	186.9	191.5	196.1	200.5	204.9	209.1	213.3	217.4	221.4
290	158.6	164.2	169.6	174.8	180.0	185.0	189.8	194.5	199.2	203.7	208.1	212.5	216.7	220.9	225.0
300	160.9	166.6	172.1	177.5	182.7	187.7	192.7	197.5	102.2	206.8	211.3	215.8	220.1	224.3	228.5

해설 1.

구 간	풍량[m^3/h]	원형 덕트지름[cm]	직사각형 덕트크기[cm]	풍속[m/s]
A−B	18,000	85	(195)×35	7.33
B−C	12,800	75	(150)×35	6.35
C−D	9,000	65	(105)×35	6.80
D−E	6,000	55	(75)×35	6.35
E−F	3,000	45	(45)×35	5.29

2. 송풍기 정압

① 직관에서의 덕트 손실 $= (60+6+12+12+20) \times 0.1 = 11$mmAq

② 벤드 저항 손실$(h_B) = \zeta \dfrac{\rho V_1^{\,2}}{2g} = 0.29 \times \dfrac{1.2 \times 5.29^2}{2 \times 9.8} = 0.5\text{mmAq}$

③ 흡입측 손실 압력$(P_{si}) = 5 + 15 + 15 + 10 = 45\text{mmAq}$

④ 송풍기 동압$(P_v) = \dfrac{\rho V_2^{\,2}}{2g} = \dfrac{1.2 \times 13^2}{2 \times 9.8} \fallingdotseq 10.35\text{mmAq}$

∴ 송풍기 정압$(P_s) = \{(11 + 0.5 + 5) - (-45)\} - 10.35 = 51.15\text{mmAq}$

3. 송풍기 동력$= \dfrac{P_s Q}{3{,}600\eta_s} = \dfrac{51.15 \times 9.8 \times (6 \times 3{,}000)}{3{,}600 \times 0.5} = 5012.7\text{W} \fallingdotseq 5.01\text{kW}$

08 다음 그림에서 취출구 및 흡입구의 형식번호 ①~⑨를 [보기]에서 찾아 답하시오.

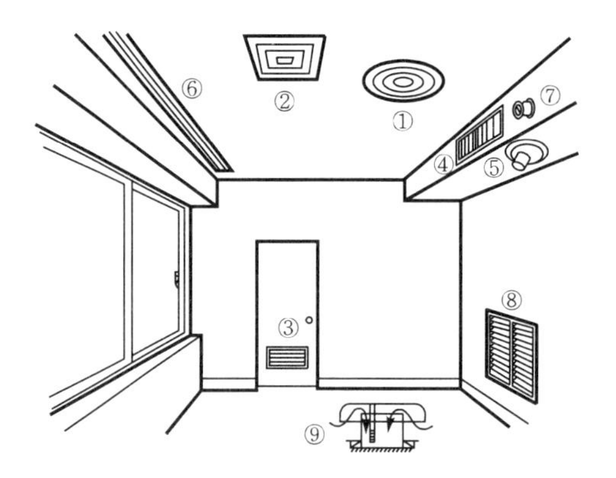

[보 기]

머시룸형 노즐형 원형 아네모형 방연 댐퍼 도어 그릴
루버 댐퍼 펑커 루버 각형 아네모형 유니버설형 라인형 고정 루버

번 호	명 칭	번 호	명 칭	번 호	명 칭
①		④		⑦	
②		⑤		⑧	
③		⑥		⑨	

해설

번 호	명 칭	번 호	명 칭	번 호	명 칭
①	원형 아네모형	④	유니버설형	⑦	노즐형
②	각형 아네모형	⑤	펑커 루버	⑧	고정 루버
③	도어 그릴	⑥	라인형	⑨	머시룸형

09 **열교환기를 쓰고 그림 (a)와 같이 구성되는 냉동 장치 냉동능력이 159,068kJ/h이고, 이 냉동장치의 냉동 사이클은 그림 (b)와 같고 1, 2, 3, …점에서의 각 상태값은 다음 표와 같은 것으로 한다.**

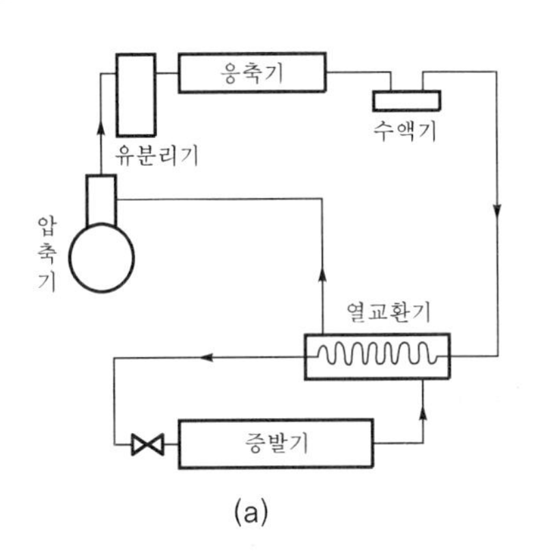

(a)

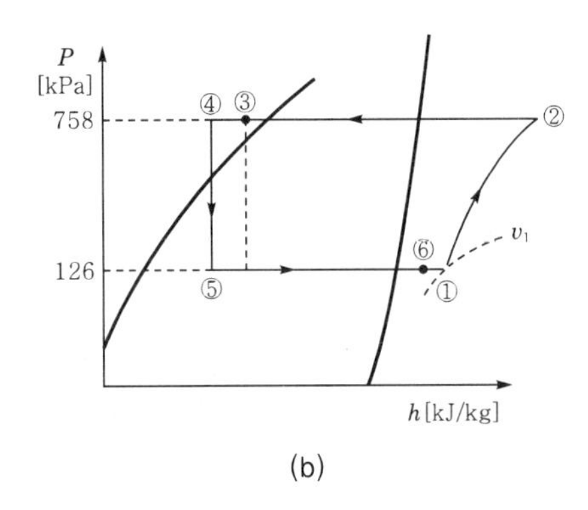

(b)

상태점	비엔탈피 h〔kJ/kg〕	비체적 v〔m^3/kg〕
h_1	563	0.125
h_2	607	–
h_5	437	–
h_6	555	0.12

위와 같은 운전 조건에서 다음 1~5의 값을 계산식을 표시해 산정하시오. (단, 위의 온도 조건에서의 체적 효율 η_v=0.64, 압축 효율 η_c=0.72로 한다. 또한 성적계수는 소수점 이하 2자리까지 구하고, 그 이하는 반올림한다.)

1. 장치 3의 비엔탈피〔kJ/kg〕를 구하시오.
2. 장치의 냉매순환량〔kg/h〕을 계산하시오.
3. 피스톤 토출량〔m^3/h〕을 계산하시오.
4. 이론적 성적계수(ε_o)를 구하시오.
5. 실제적 성적계수(ε)를 구하시오.

해설 1. 장치 3의 비엔탈피$(h_3) = h_3 - h_4 = h_1 - h_6 = h_4 + (h_1 - h_6)$
$= 437 + (563 - 555) = 445$kJ/kg

2. 장치의 냉매순환량$(m) = \dfrac{Q_e}{q_e} = \dfrac{Q_e}{h_6 - h_5} = \dfrac{159{,}068}{555 - 437} ≒ 1348.03$kg/h

3. 피스톤 토출량$(V) = \dfrac{mv_1}{\eta_v} = \dfrac{1348.03 \times 0.125}{0.64} = 263.29\text{m}^3/\text{h}$

4. 이론적 성적계수$(\varepsilon_o) = \dfrac{q_e}{W_c} = \dfrac{h_6 - h_5}{h_2 - h_1} = \dfrac{555 - 437}{607 - 563} = 2.68$

5. 실제적 성적계수$(\varepsilon) = \varepsilon_o \eta_c = 2.68 \times 0.72 ≒ 1.93$

2014년도 기출문제

2014. 4. 20. 시행

01 **다음 그림과 같은 분기된 축소 덕트에서 전압(P_t) 2.1mmAq, 정압재취득(ΔP_s) 2mmAq, 유속(U_1) 10m/s, 공기의 밀도 1.2kg/m³일 때 각 물음에 답하시오.** (9점)

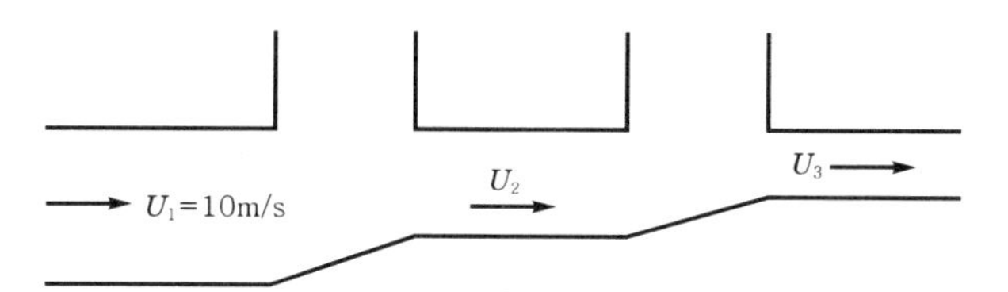

1. 유속 U_2[m/s]를 구하시오.
2. 종횡비(aspect ratio)를 6 : 1 이하로 시공해야 하는 이유를 3가지만 쓰시오.

1. $U_2 = \sqrt{U_1^2 + \frac{2g}{\rho}\Delta P_s} = \sqrt{10^2 + \frac{2\times 9.8}{1.2}\times 2} = 11.52\text{m/s}$
2. 종횡비(aspect ratio)를 6 : 1 이하로 시공해야 하는 이유
   ① 덕트 내의 풍량 분배를 균일하게 한다.
   ② 덕트의 종횡비를 크게 하면 와류손실로 마찰손실이 증가하므로 마찰손실동력을 작게 할 수 있다.
   ③ 덕트 재료 과다로 인한 경제적 손실을 방지할 수 있다.

02 **다음과 같은 운전조건을 갖는 브라인 쿨러가 있다. 전열 면적이 20m²일 때 각 물음에 답하시오.** (단, 평균온도차는 산술평균온도차를 이용한다.) (10점)

[조 건]

1) 브라인 비중 : 1.24
2) 브라인 유량 : 200L/min
3) 브라인 비열 : 2.81kJ/kg · ℃
4) 쿨러로 들어가는 브라인 온도 : −18℃
5) 쿨러에서 나오는 브라인 온도 : −23℃
6) 쿨러 냉매 증발온도 : −26℃

1. 브라인 쿨러의 냉동부하[kJ/h]를 구하시오.
2. 브라인 쿨러의 열통과율[W/m² · K]을 구하시오.

해설 1. $Q_b = 60\rho Q C_b(t_i - t_o) = 60\times 1.24\times 200\times 2.81\times\{-18-(-23)\} = 209{,}064\text{kJ/h}$

2. $Q_b = KA\left(\dfrac{t_{b_1}+t_{b_2}}{2} - t_e\right)$〔kJ/h〕에서

$$K = \frac{Q_b}{A\left(\dfrac{t_{b_1}+t_{b_2}}{2} - t_e\right)} = \frac{209{,}064}{20\times\left\{\dfrac{-18+(-23)}{2} - (-26)\right\}} = 1900.6\text{W/m}^2\cdot{}^\circ\text{C}$$

03 2단 압축 2단 팽창 냉동장치의 다음 그림을 보고 각 물음에 답하시오. (14점)

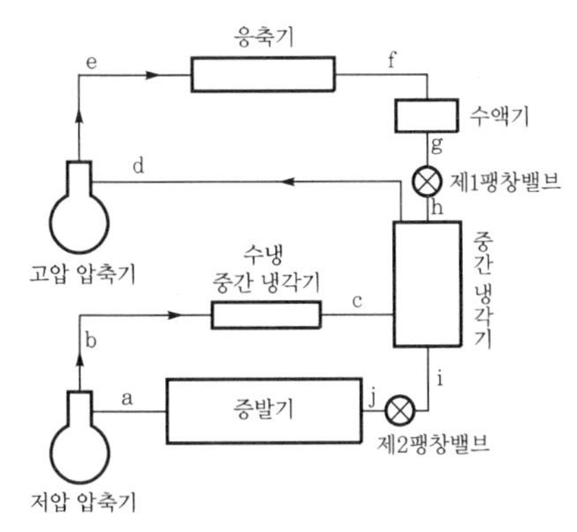

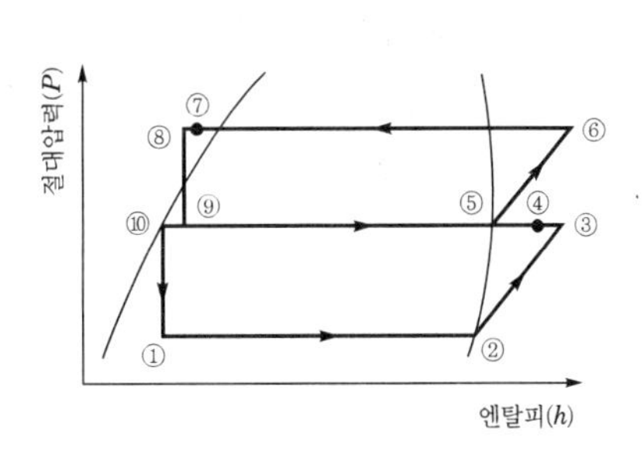

2단 압축 2단 팽창 계통도

$P-h$ 선도

1. 계통도의 상태점을 $P-h$ 선도에 기입하시오.
2. 성적계수를 구하시오. (단, 비엔탈피의 값은 다음과 같다.)

$h_1 = 89\text{kJ/kg}$	$h_2 = 388\text{kJ/kg}$	$h_3 = 433\text{kJ/kg}$
$h_4 = 420\text{kJ/kg}$	$h_5 = 399\text{kJ/kg}$	$h_6 = 447\text{kJ/kg}$
$h_8 = 128\text{kJ/kg}$		

해설 1.

① - j	② - a	③ - b	④ - c	⑤ - d
⑥ - e	⑦ - f	⑧ - g	⑨ - h	⑩ - I

2. 성적계수(ε_R)

① 저압 압축기 냉매순환량을 $m_L = 1\text{kg/h}$로 가정한다.

② 냉동능력$(Q_e) = m_L(h_2 - h_1) = h_2 - h_1$〔kJ/h〕

③ 저압 압축일량$(N_L) = m_L(h_3 - h_2) = h_3 - h_2$〔kJ/h〕

④ 고압 압축기 냉매순환량$(m_H) = m_L\left(\dfrac{h_4 - h_{10}}{h_5 - h_8}\right) = \dfrac{h_4 - h_{10}}{h_5 - h_8}$〔kg/h〕

⑤ 고압 압축일량$(N_H) = m_H(h_6 - h_5) = \dfrac{h_4 - h_{10}}{h_5 - h_8}(h_6 - h_5)$〔kJ/h〕

⑥ 성적계수$(\varepsilon_R) = \dfrac{Q_e}{N_L + N_H} = \dfrac{h_2 - h_1}{(h_3 - h_2) + \left(\dfrac{h_4 - h_{10}}{h_5 - h_8}\right)(h_6 - h_5)}$

$$= \frac{388 - 89}{(433 - 388) + \dfrac{420 - 89}{399 - 128}\times(477 - 399)} \fallingdotseq 2.89$$

04 **300kg의 소고기를 18°C에서 4°C까지 냉각하고, 다시 −18℃까지 냉동하려 할 때 필요한 냉동능력을 산출하시오.** (단, 소고기의 동결온도는 −2.2°C, 동결 전의 비열은 3.23kJ/kg · K, 동결 후의 비열은 1.68kJ/kg · K, 동결잠열은 232kJ/kg이다.) (6점)

해설 냉동능력$(Q_e) = mC_1\Delta t + m\gamma_L + mC_2\Delta t' = m(C_1\Delta t + \gamma_L + C_2\Delta t')$

$= 300 \times \{3.23 \times (18-(-2.2)) + 232 + 1.68 \times (-2.2-(-18))\}$

$= 97,137\text{kJ}$

05 **환산증발량이 10,000kg/h인 노통연관식 증기 보일러의 사용압력(게이지 압력)이 0.5MPa일 때 보일러의 실제 증발량을 구하시오.** (단, 급수의 비엔탈피 $h=80$kJ/kg, h_1 : 포화수의 비엔탈피, h_2 : 포화증기의 비엔탈피, γ : 증발잠열) (7점)

절대압력 〔MPa〕	포화온도 〔℃〕	비엔탈피 h〔kJ/kg〕		
		h_1	h_2	$\gamma = h_2 - h_1$
0.4	142.92	143.70	653.66	509.96
0.5	151.11	152.13	656.03	503.90
0.6	158.08	159.34	657.93	498.59
0.7	164.17	165.67	659.49	493.82

해설 절대압력 = 대기압력 + 계기압력 = 0.1 + 0.5 = 0.6MPa

환산(상당)증발량$(m_e) = \dfrac{m_a(h_2 - h)}{2256.54}$〔kg/h〕에서

실제 증발량$(m_a) = \dfrac{m_e \times 2256.54}{h_2 - h} = \dfrac{10,000 \times 2256.54}{657.93 - 80} \fallingdotseq 39045.21\text{kg/h}$

06 **다음과 같은 급기장치에서 덕트 선도와 주어진 조건을 이용하여 각 물음에 답하시오.** (18점)

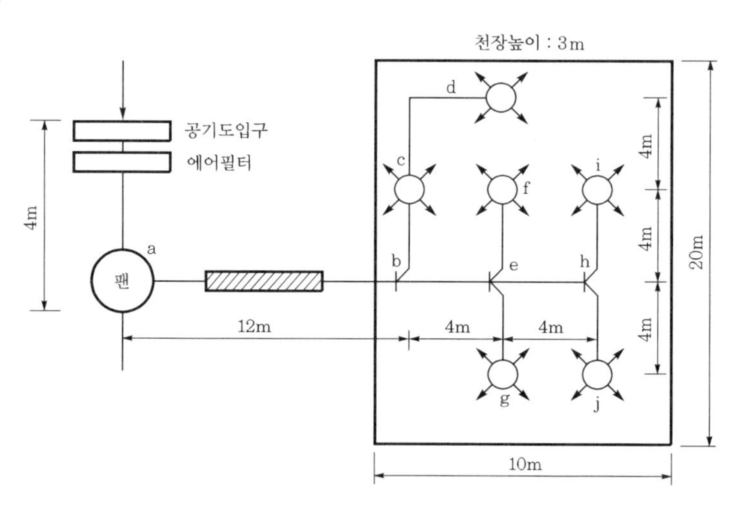

[조 건]

1) 직관 덕트 내의 마찰저항손실 : 0.1mmAq/m
2) 환기횟수 : 10회/h
3) 공기 도입구의 정압손실 : 0.5mmAq/m
4) 에어필터의 정압손실 : 10mmAq/m
5) 공기 취출구의 정압손실 : 5mmAq
6) 굴곡부 1개소의 상당길이 : 직경 10배
7) 송풍기의 정압효율(η_t) : 60%
8) 각 취출구의 풍량은 모두 같다.
9) $R=0.10$mmAq/m에 대한 원형 덕트의 지름은 다음 표에 의한다.

풍량(m³/h)	200	400	600	800	1,000	1,200	1,400	1,600	1,800
지름(mm)	152	195	227	252	276	295	316	331	346
풍량(m³/h)	2,000	2,500	3,000	3,500	4,000	4,500	5000	5,500	6,000
지름(mm)	360	392	418	444	465	488	510	528	545

10) $kW=\dfrac{Q'\Delta P}{102E}$ (이때 Q'[m³/h], ΔP[mmAq])

1. 각 구간의 풍량(m³/h)과 덕트지름(mm)을 구하시오.

구 간	풍량(m³/h)	덕트지름(mm)
a－b		
b－c		
c－d		
b－e		

2. 전 덕트 저항손실(mmAq)을 구하시오.
3. 송풍기의 소요동력(kW)을 구하시오.

해설 1. 각 구간의 풍량(m³/h)과 덕트지름(mm)

① 필요급기량$(Q')=nV=10\times(10\times20\times3)=6{,}000\text{m}^3/\text{h}$

② 각 취출구 풍량$=\dfrac{6{,}000}{6}=1{,}000\text{m}^3/\text{h}$

③ 각 구간의 풍량과 덕트지름

구 간	풍량(m³/h)	덕트지름(mm)
a－b	6,000	545
b－c	2,000	360
c－d	1,000	276
b－e	4,000	465

2. 전 덕트 저항손실[mmAq]
   ① 직관 덕트 손실 $=(12+4+4+4)\times 0.1=2.4\text{mmAq}$
   ② 굴곡부 덕트 손실 $=(10\times 0.276)\times 0.1=0.276\text{mmAq}$
   ③ 취출구 손실 $=5\text{mmAq}$
   ④ 흡입 덕트 손실 $=(4\times 0.1)+0.5+10=10.9\text{mmAq}$
   ∴ 전 덕트 손실저항 $=2.4+0.276+5+10.9 \fallingdotseq 18.58\text{mmAq}$
3. 송풍기의 소요동력 $=\dfrac{Q'\Delta P}{102\eta_t}=\dfrac{6{,}000\times 18.58}{102\times 3{,}600\times 0.6}\fallingdotseq 0.51\text{kW}$

07 취출에 관한 다음 용어를 설명하시오. (8점)

1. 셔터
2. 전면적(face area)

해설 1. 셔터(shutter) : 그릴(grille)의 안쪽에 풍량조절을 할 수 있게 설치한 것으로 그릴에 셔터가 있는 것을 레지스터(register)라 한다.
2. 전면적(face area) : 가로날개, 세로날개 또는 두 날개를 갖는 환기구 또는 취출구의 개구부를 덮는 면판을 말한다.

08 프레온 냉동장치의 수냉식 응축기에 냉각탑을 설치하여 운전상태가 다음과 같을 때 응축기 냉각수의 순환수량을 구하시오. (8점)

[조 건]

1) 응축온도 : 38℃
2) 응축기 냉각수 입구 온도 : 30℃
3) 응축기 냉각수 출구 온도 : 35℃
4) 증발온도 : −15℃
5) 냉동능력 : 179,760kJ/h
6) 외기 습구온도 : 27℃
7) 압축동력 : 20kW

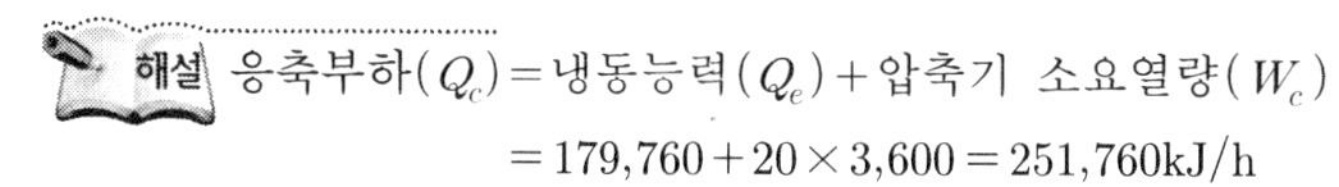

해설 응축부하(Q_c) = 냉동능력(Q_e) + 압축기 소요열량(W_c)
$= 179{,}760+20\times 3{,}600=251{,}760\text{kJ/h}$

$Q_c = WC(t_2-t_1)$ [kJ/h]에서

냉각수 순환수량(W) $=\dfrac{Q_c}{C(t_2-t_1)}=\dfrac{251{,}760}{4.2\times(35-30)}=11988.57\text{kg/h}$

09 **900rpm으로 운전되는 송풍기가 8,000m³/h, 정압 40mmAq, 동력 15kW의 성능을 나타내고 있는 것으로 한다. 이 송풍기의 회전수를 1,080rpm 증가시키면 어떻게 되는가를 계산하시오.** (12점)

해설 송풍기의 상사법칙에 의해서

① 풍량$(Q_2) = Q_1 \dfrac{N_2}{N_1} = 8{,}000 \times \dfrac{1{,}080}{900} = 9{,}600\text{m}^3/\text{h}$

② 전압$(P_2) = P_1 \left(\dfrac{N_2}{N_1}\right)^2 = 40 \times \left(\dfrac{1{,}080}{900}\right)^2 = 57.6\text{mmAq}$

③ 동력$(L_2) = L_1 \left(\dfrac{N_2}{N_1}\right)^3 = 15 \times \left(\dfrac{1{,}080}{900}\right)^3 = 25.92\text{kW}$

10 **어느 사무실의 취득열량 및 외기부하를 산출하였더니 다음과 같았다. 각 물음에 답하시오.** (단, 급기온도와 실온의 차이는 11℃로 하고, 공기의 밀도는 1.2kg/m³, 공기의 정압비열은 1.01kJ/kg · K이다. 계산상 안전율은 고려하지 않는다.) (8점)

항 목	부하[kJ/h]
벽체	외벽 : 1,500, 내벽 : 900
유리창부하	2,200
틈새부하	현열 : 1,800, 잠열 : 500
인체발열량	현열 : 1,500, 잠열 : 300
외기부하	현열 : 600, 잠열 : 400

1. 현열비를 구하시오.
2. 냉각코일부하는 몇 [kJ/h]인가?

해설 1. 현열부하 = (1,500 + 900) + 2.200 + 1,800 + 1,500
= 7,900kJ/h

잠열부하 = 500 + 300 = 800kJ/h

$\therefore$ 현열비$(SHF) = \dfrac{\text{현열부하}}{\text{전 열량}} = \dfrac{\text{현열부하}}{\text{현열부하} + \text{잠열부하}}$

$= \dfrac{7{,}900}{7{,}900 + 800} \fallingdotseq 0.91$

2. 냉각코일부하$(Q_{cc}) = 7{,}900 + 800 + (600 + 400)$
$= 9{,}700\text{kJ/h}$

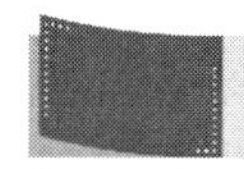

2014. 7. 6. 시행

01 다음 용어를 설명하시오. (8점)

1. 스머징(smudging)
2. 도달거리(throw distance)
3. 강하거리
4. 등마찰손실법(등압법)

해설 1. 스머징(smudging) : 천장 취출구 등에서 취출기류 또는 유인된 실내 공기 중의 먼지에 의해서 취출구의 주변이 더럽혀지는 것
2. 도달거리(throw distance) : 취출구에서 0.25m/s의 풍속이 되는 위치까지의 거리
3. 강하거리 : 냉풍 및 온풍을 토출할 때 토출구에서 도달거리에 도달하는 동안 일어나는 기류의 강하 및 상승을 말하며, 이를 강하도(drop) 및 최대 상승거리 또는 상승도(rise)라 한다.
4. 등마찰손실법(등압법) : 덕트 1m당 마찰손실과 동일 값을 사용하여 덕트 치수를 결정한 것으로 선도 또는 덕트 설계용으로 개발한 계산으로 결정할 수 있다.

02 일반형 흡수식 냉동기(단중효용식)와 비교한 이중효용 흡수식 냉동장치의 특징(이점) 3가지를 쓰시오. (6점)

해설 ① 직접연소식(직화식) 방식을 선택하므로 보일러의 병설 없이 온수를 공급할 수 있어 냉·난방을 겸용할 수 있고, 필요에 따라서 냉수와 온수(급탕용 등)가 동시에 공급될 수 있다.
② 발생기에서의 열에너지를 효과적으로 활용하여 가열량을 감소시켜서 운전비의 절감을 도모한다.
③ 1RT당 냉매액을 발생시키는 데 필요한 가열량(연료소비량)이 일반형(단중효용)에 비하여 65%가 되며 효율이 상당히 높다.
④ 응축기에서 냉매 응축량이 감소하게 되므로 냉각수로의 방열량 감소에 수반하여 냉각탑(cooling tower)이 일반형(단중효용)에 비하여 75% 정도의 용량이 된다.

03 암모니아를 냉매로 사용한 2단 압축 1단 팽창의 냉동장치에서 운전조건이 다음과 같을 때 저단 및 고단의 피스톤 토출량을 계산하시오. (10점)

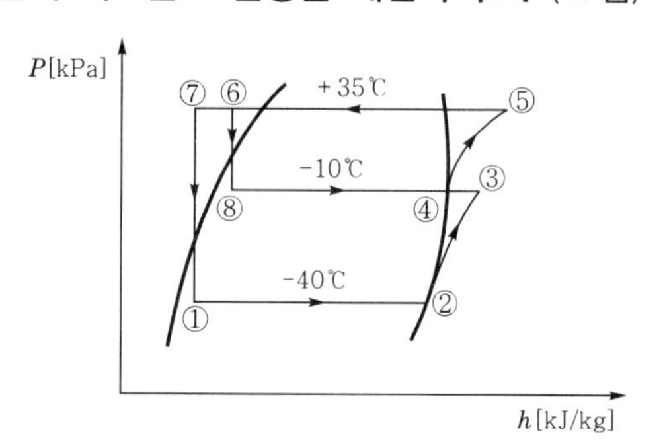

[조 건]

1) 냉동능력 : 20한국냉동톤[RT]
2) 저단 압축기의 체적효율 : 75%
3) 고단 압축기의 체적효율 : 80%
4) ① $h_1=95$kJ/kg ② $h_2=393$kJ/kg ③ $h_3=437$kJ/kg
④ $h_4=398$kJ/kg ⑤ $h_5=458$kJ/kg ⑥ $h_6=136$kJ/kg
⑦ $v_2=1.51$m³/kg ⑧ $v_4=0.4$m³/kg

해설 ① 저단 냉매순환량$(m_L)=\dfrac{Q_e}{q_e}=\dfrac{3{,}320RT}{h_2-h_1}=\dfrac{3{,}320\times 20}{393-95}=222.82\text{kg/h}$

∴ 저단 피스톤 토출량$(V_L)=\dfrac{m_L v_2}{\eta_L}=\dfrac{222.82\times 1.51}{0.75}=448.61\text{m}^3/\text{h}$

② 고단 피스톤 토출량$(V_H)=m_L\dfrac{(h_3-h_1)v_4}{(h_4-h_6)\eta_H}=222.82\times\dfrac{(437-95)\times 0.4}{(398-136)\times 0.8}$

$=145.43\text{m}^3/\text{h}$

04

어느 사무실의 취득열량 및 외기부하를 산출하였더니 다음과 같았다. 각 물음에 답하시오. (단, 급기온도와 실온의 차이는 11°C로 하고, 공기의 밀도는 1.2kg/m³, 공기의 정압비열은 1.01kJ/kg · K이다. 계산상 안전율은 고려하지 않는다.) (12점)

항 목	현열[kJ/h]	잠열[kJ/h]
벽체로부터의 열취득	6,000	0
유리로부터의 열취득	8,000	0
바이패스 외기열량	140	600
재실자 발열량	960	1,200
형광등 발열량	2,400	0
외기부하	1,400	4,800

1. 실내 취득 현열량[kJ/h]을 구하시오.
2. 실내 취득 잠열량[kJ/h]을 구하시오.
3. 소요 냉방풍량[CMH]을 구하시오.
4. 냉각코일부하[kJ/h]를 구하시오.

해설 1. 실내 취득 현열량$(q_s)=6{,}000+8{,}000+140+960+2{,}400=17{,}500\text{kJ/h}$

2. 실내 취득 잠열량$(q_L)=600+1{,}200=1{,}800\text{kJ/h}$

3. $q_s=\rho QC_p\Delta t$[kJ/h]에서

소요 냉방풍량$(Q)=\dfrac{q_s}{\rho C_p\Delta t}=\dfrac{17{,}500}{1.2\times 1.01\times 11}\fallingdotseq 1312.63\text{CMH}[\text{m}^3/\text{h}]$

4. 냉각코일부하$(q_{cc})=q_s+q_L+q_o$(외기부하)$=17{,}500+1{,}800+(1{,}400+4{,}800)$

$=25{,}500\text{kJ/h}$

05 **원심식 송풍기의 회전수를 N에서 N'로 변화시켰을 때 각 변화에 대해 답하시오.** (9점)

1. 정압의 변화
2. 풍량의 변화
3. 축마력의 변화

해설 임펠러(impeller)의 직경이 일정 시($D=D'$)

1. 정압(전압)은 회전수 제곱에 비례한다$\left(\frac{P'}{P}=\left(\frac{N'}{N}\right)^2\right)$.
2. 풍량은 회전수에 비례한다$\left(\frac{Q'}{Q}=\frac{N'}{N}\right)$.
3. 축동력(마력)은 회전수 세제곱에 비례한다$\left(\frac{L'}{L}=\left(\frac{N'}{N}\right)^3\right)$.

06 **주어진 조건을 이용하여 다음 각 물음에 답하시오.** (단, 실내 송풍량 $m=5{,}000$kg/h, 실내부하의 현열비 $SHF=0.86$이고, 공기조화기의 환기 및 전열교환기의 실내측 입구 공기의 상태는 실내와 동일하다.) (20점)

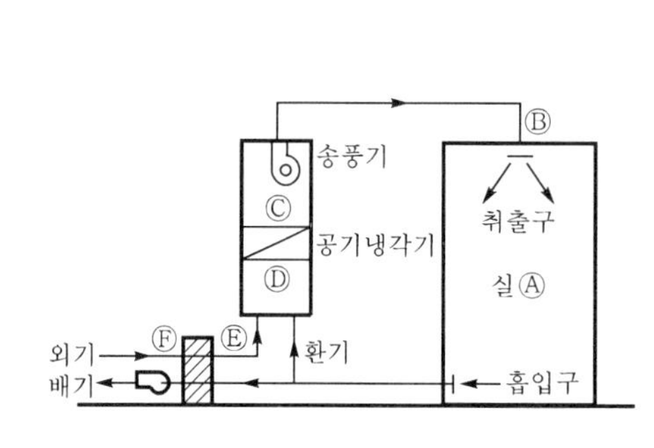

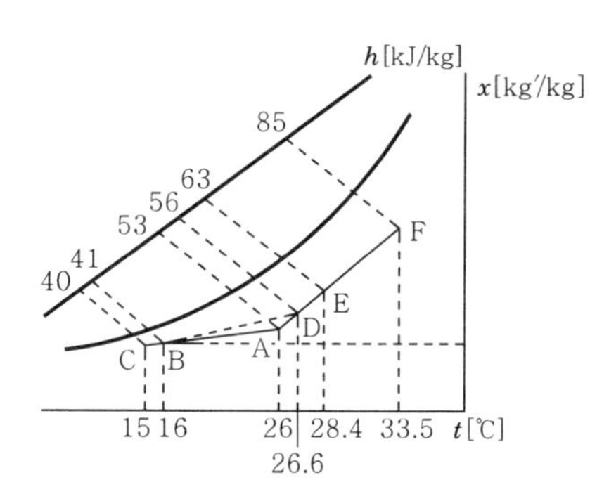

1. 실내 현열부하 q_s[kJ/h]를 구하시오.
2. 실내 잠열부하 q_L[kJ/h]을 구하시오.
3. 공기냉각기의 냉각 감습열량 q_c[kJ/h]를 구하시오.
4. 취입 외기량 m_o[kg/h]를 구하시오.
5. 전열교환기의 효율 η[%]를 구하시오.

해설

1. $q_s=mC_p(t_A-t_B)=5{,}000\times1.005\times(26-16)=50{,}250\text{kJ/h}$
2. $q_L=m(h_A-h_B)-q_s=5{,}000\times(53-41)-50{,}250=9{,}750\text{kJ/h}$
3. $q_c=m(h_D-h_C)=5{,}000\times(56-40)=80{,}000\text{kJ/h}$
4. $m(h_D-h_A)=m_o(h_E-h_A)$에서

$$m_o=\frac{m(h_D-h_A)}{h_E-h_A}=\frac{5{,}000\times(56-53)}{63-53}=1{,}500\text{kJ/h}$$

5. $\eta=\frac{t_F-t_E}{t_F-t_A}\times100\%=\frac{33.5-28.4}{33.5-26}\times100\%=68\%$

07 냉각탑(cooling tower)의 성능 평가에 대한 다음 각 물음에 답하시오. (10점)

1. 쿨링 레인지(cooling range)에 대하여 서술하시오.
2. 쿨링 어프로치(cooling approach)에 대하여 서술하시오.
3. 냉각탑의 공칭능력을 쓰고 계산하시오.
4. 냉각탑 설치 시 주의사항 3가지만 쓰시오.

해설 1. 쿨링 레인지(cooling range)=냉각탑 입구 온도−냉각탑 출구 온도(냉각탑에서 냉각되는 수온, 즉 쿨링 레인지는 보통 5℃ 정도로 한다.)

2. 쿨링 어프로치(cooling approach)=냉각탑 출구 수온−냉각탑 입구 공기 습구온도, 같은 조건에서 어프로치가 작으면 냉각탑의 냉각능력이 좋다는 의미이다.
3. 공칭능력 : 냉각탑 냉각수 입구 온도 37℃, 출구 수온 32℃, 대기 습구온도 27℃에서 순환 수량 13L/min을 냉각하는 능력으로 $13 \times 60 \times 4.186 \times (37-32) = 16325.4$kJ/h=4.53kW을 공칭능력 1냉각톤이라 한다.

$$\text{냉각탑 효율} = \frac{\text{입구 수온} - \text{출구 수온}}{\text{입구 수온} - \text{입구 습구온도}} = \frac{\text{쿨링 레인지}}{\text{쿨링 어프로치} + \text{쿨링 레인지}}$$

4. 냉각탑 설치 시 주의사항
   ① 먼지가 적고 고온의 배기에 영향을 받지 않는 장소에 설치할 것
   ② 공기의 순환이 좋고 인접 건물에 영향을 주지 않는 장소에 설치할 것
   ③ 냉동기로부터 가깝고 설치, 보수, 점검이 용이한 장소에 설치할 것
   ④ 송풍기(fan)나 물의 낙차로 인한 소음(noise)으로 주위에 피해가 가지 않는 장소에 설치할 것
   ⑤ 2대 이상을 설치할 경우에는 상호 2대 이상 간격을 유지할 것

08 다음 그림과 같은 배기 덕트 계통에 있어서 풍량은 2,000m³/h이고 ①, ②의 각 위치 전압 및 정압이 다음 표와 같다면 송풍기 전압〔mmAq〕과 송풍기 정압〔mmAq〕을 구하시오. (단, 송풍기와 덕트 사이의 압력 손실은 무시한다.) (5점)

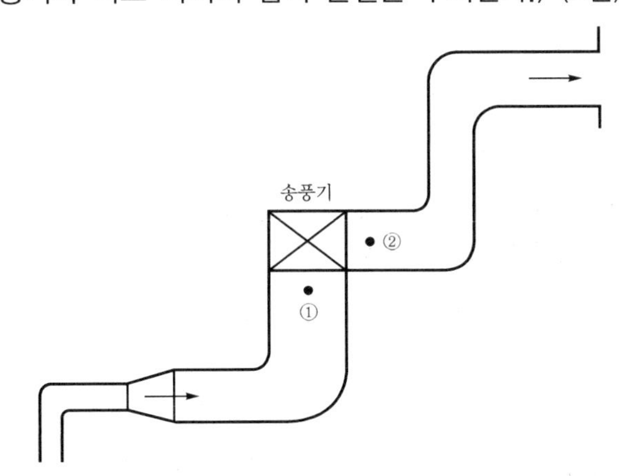

위 치	전압〔mmAq〕	정압〔mmAq〕
①	−20.1	−25.7
②	9.2	6.1

해설 ① 송풍기 전압(P_t) $= P_{t_2} - P_{t_1} = 9.2 - (-20.1) = 29.3$mmAq
② 송풍기 정압(P_s) $= P_{s_1} - P_{t_1} = 6.1 - (-20.1) = 26.2$mmAq

【참고】 ① 송풍기 동압(P_v) $= P_t - P_s = 29.3 - 26.2 = 3.1$mmAq
또는 $P_{v_2} = P_{t_2} - P_{s_2} = 9.2 - 6.1 = 3.1$mmAq
즉, 송풍기 동압은 송풍기 출구 동압과 같다.
② 송풍기 정압(P_s) $= P_t - (P_{t_2} - P_{s_2}) = 29.3 - (9.2 - 6.1) = 26.2$mmAq

09

냉동능력 179160.8kJ/h인 냉동장치에서 응축온도 27℃, 냉각수 입구 수온 30℃, 출구 수온 35℃, 대기 습구온도 25℃의 장치에서 냉동기 축동력이 15kW가 소비될 때 응축부하〔kJ/h〕를 구하고, 냉각수의 증발잠열이 2,093kJ/kg일 때 증발되는 냉각수량〔kg/h〕을 구하시오. (14점)

해설 ① 응축부하(Q_c) = 냉동능력(Q_e) + 축동력(L_s) $= 179160.8 + 15 \times 3{,}600 = 233160.8$kJ/h
② $Q_c = m\gamma_o$〔kJ/h〕에서

$$\text{증발냉각수량}(W) = \frac{Q_c}{\gamma_o} = \frac{233160.8}{2{,}093} = 111.4\text{kg/h}$$

10

다음 그림과 같은 두께 100mm의 콘크리트벽 내면에 목재로 마무리한 냉장실 외벽이 있다. 각 층의 열전도율 및 열전달률의 값은 다음 표와 같다. (단, 전열 면적은 20m^{2}이다.)

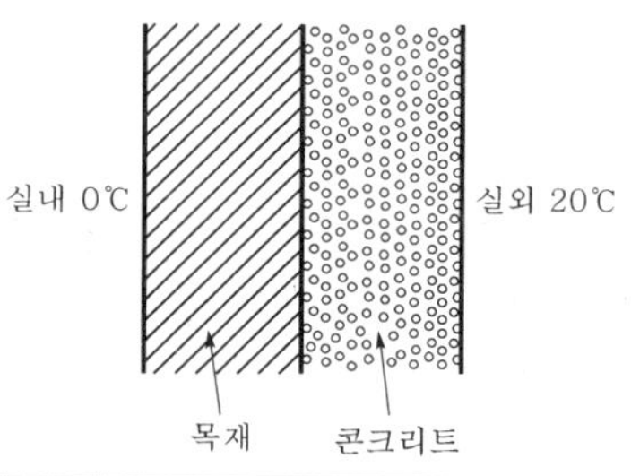

재 질	열전도율〔W/m · K〕	벽 면	열전달률〔W/m^2 · K〕
콘크리트	0.85	외표면	20
목재	0.12	내표면	5

실내온도 0℃, 실외온도 20℃에서 절대습도 0.013kg'/kg일 때 외표면에 결로가 생기지 않는 목재 두께는 몇 〔mm〕인가? (단, 노점온도는 공기선도를 이용하시오.) (5점)

해설 ① 공기선도에서 절대습도 0.013kg'/kg일 때 노점온도는 18.2℃이다(공기선도 참조).

② $\text{열통과율}(K) = \dfrac{20 - 18.2}{20 - 0} \times 20 = 1.8\text{W/m}^2 \cdot \text{K}$

③ $\text{목재 두께}(t) = 0.12 \times \left\{\dfrac{1}{1.8} - \left(\dfrac{0.1}{0.85} + \dfrac{1}{20} + \dfrac{1}{5}\right)\right\} = 0.022549\text{m} ≒ 22.55\text{mm}$

2014. 10. 5. 시행

01 **왕복동 압축기의 실린더 지름 120mm, 피스톤 행정 65mm, 회전수 1,200rpm, 체적 효율 70% 6기통일 때 다음 각 물음에 답하시오.** (6점)

1. 이론적 압축기 토출량(m^3/h)을 구하시오.
2. 실제적 압축기 토출량(m^3/h)을 구하시오.

해설

1. 이론적 압축기 토출량$(Q_{th}) = ASNZ \times 60 = \dfrac{\pi d^2}{4} SNZ \times 60$

$$= \frac{\pi \times 0.12^2}{4} \times 0.065 \times 1{,}200 \times 6 \times 60$$

$$= 317.42 \text{m}^3/\text{h}$$

2. 실제적 압축기 토출량$(Q_a) = V_{th}\eta_v = 317.42 \times 0.7 = 222.19 \text{m}^3/\text{h}$

02 **다음과 같은 사무실 (1)에 대해 주어진 조건에 따라 각 물음에 답하시오.** (28점)

[조 건]

1) 사무실 (1)
   ① 층 높이 : 3.4m
   ② 천장 높이 : 2.8m
   ③ 창문 높이 : 1.5m
   ④ 출입문 높이 : 2m
2) 설계조건
   ① 실외 : 33℃ DB, 68% RH, $x = 0.0218$kg′/kg
   ② 실내 : 26℃ DB, 50% RH, $x = 0.0105$kg′/kg
3) 계산시각 : 오후 2시
4) 유리 : 보통유리 3mm
5) 내측 베니션 블라인드(색상은 중간색)를 설치한다.
6) 틈새바람이 없는 것으로 한다.
7) 1인당 신선외기량 : $25\text{m}^3/\text{h}$
8) 조명
   ① 형광등 50W/m^2
   ② 천장 매입에 의한 제거율 없음
9) 중앙공조시스템이며, 냉동기+AHU에 의한 전공기방식이다.
10) 벽체구조

11) 내벽 열통과율 : 2.5W/m^2 · K
12) 위 · 아래층은 동일한 공조상태이다.
13) 복도는 28°C이고, 출입문의 열관류율은 2.4W/m^2 · K이다.
14) 공기의 밀도(ρ)=1.2kg/m^3, 공기의 정압비열(C_p)=1.005kJ/kg · K이다.
15) 실내측(α_i)=7.5W/m^2 · K, 실외측(α_o)=20W/m^2 · K이다.
16) 실내 취출 공기온도는 16°C이다.

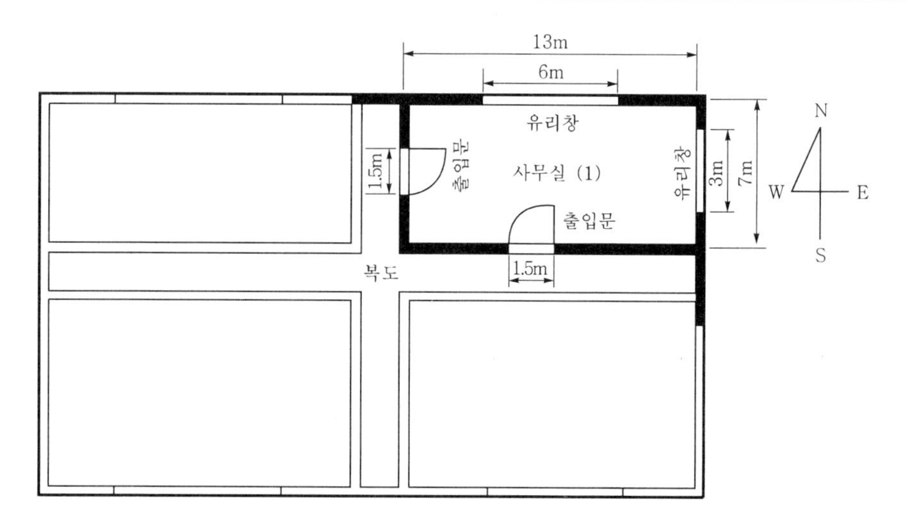

재실인원 1인당 면적 A_f [m^2/인]

구 역	사무소건축		백화점, 상점			레스토랑	극장 영화관의 관객석	학교의 보통교실
	사무실	회의실	평 균	혼 잡	한 산			
일반 설계치	5.0	2.0	3.0	1.0	5.0	1.5	0.5	1.4

인체로부터의 발열설계치[kcal/h · 인]

작업상태	실 온		27°C		26°C		21°C	
	예	전발열량	H_s	H_L	H_s	H_L	H_s	H_L
정좌	극장	88	49	39	53	35	65	23
사무소 업무	사무소	113	50	63	54	59	72	41
착석작업	공장의 경작업	189	56	133	62	127	92	97
보행 4.8km/h	공장의 중작업	252	76	176	83	169	116	136
볼링	볼링장	365	117	248	121	244	153	212

※ 위 표의 값에 4.186을 곱하면 [kJ/h · 인]이다.

외벽의 상당외기온도차(℃)

시 각	H	N	NE	E	SE	S	SW	W	NW
8	4.9	2.8	7.5	8.6	5.3	1.2	1.5	1.6	1.5
9	9.3	3.7	11.6	14.0	9.4	2.1	2.2	2.3	2.2
10	15.0	4.4	14.2	18.1	13.3	3.7	3.2	3.3	3.2
11	21.1	5.2	15.0	20.4	16.3	6.1	4.4	4.4	4.4
12	27.0	6.1	14.3	20.5	18.0	8.8	5.6	5.5	5.4
13	32.2	6.9	13.1	18.8	18.2	11.3	7.6	6.6	6.4
14	36.1	7.5	12.2	16.6	16.9	13.2	10.6	8.7	7.3
15	38.3	8.0	11.5	14.8	15.1	14.3	14.1	12.3	9.0
16	38.8	8.4	11.0	13.4	13.7	14.3	17.4	16.6	11.8
17	37.4	8.5	10.4	12.2	12.4	13.3	19.9	20.8	15.1
18	34.1	8.9	9.7	11.0	11.2	11.9	20.9	23.9	18.1

보통유리의 일사량(kcal/m^2 · h)

구 분	시 각	H	N	NE	E	SE	S	SW	W	NW
I_{GR}	6	73.9	76.0	270.5	294.4	139.3	21.5	21.5	21.5	21.5
	7	204.6	54.1	353.0	433.2	251.8	30.2	30.2	30.2	30.2
	8	351.1	36.0	313.3	449.9	308.3	35.9	35.9	35.9	35.9
	9	480.1	40.0	215.3	392.9	315.4	58.4	40.0	40.0	40.0
	10	575.4	42.7	100.4	276.9	276.9	100.5	42.7	42.7	42.7
	11	635.0	44.3	44.3	130.9	197.9	134.7	44.3	44.3	44.3
	12	655.2	44.8	44.8	44.8	101.3	147.4	101.3	44.8	44.8
	13	635.0	44.3	44.3	44.3	44.3	134.7	197.9	130.9	44.3
	14	575.4	42.7	42.7	42.7	42.7	100.5	276.9	276.9	100.4
	15	480.1	40.0	40.0	40.0	40.0	58.4	315.4	392.9	215.3
	16	351.1	36.0	35.9	35.9	35.9	35.9	308.3	449.9	313.3
	17	204.6	54.1	30.2	30.2	30.2	30.2	251.8	433.2	353.0
	18	73.9	76.0	21.5	21.5	21.5	21.5	139.3	294.4	270.6
I_{GC}	6	2.2	2.4	4.7	4.9	3.4	0.4	0.4	0.4	0.4
	7	12.0	8.7	13.4	14.2	12.3	7.4	7.4	7.4	7.4
	8	23.2	16.7	22.6	24.0	22.5	16.6	16.6	16.6	16.6
	9	32.9	24.7	29.7	31.7	30.9	25.7	24.7	24.7	24.7
	10	40.3	31.1	33.8	36.9	36.9	33.8	31.1	31.1	31.1
	11	44.4	34.5	34.5	38.2	39.2	38.3	34.5	34.5	34.5
	12	47.0	36.8	36.8	36.8	39.5	40.8	39.5	36.8	36.8
	13	47.9	37.9	37.9	37.9	37.9	41.7	42.6	41.6	37.9
	14	47.1	37.9	37.9	37.9	37.9	40.7	43.8	43.8	40.7
	15	46.0	37.9	37.9	37.9	37.9	38.9	44.0	44.8	42.8
	16	39.8	33.2	33.2	33.2	33.2	33.2	39.1	40.6	39.1
	17	33.1	29.8	28.6	28.5	28.5	28.5	33.5	35.4	34.6
	18	23.9	24.2	22.1	22.1	22.1	22.1	25.1	26.7	26.4

※ 위 표의 값에 4.186을 곱하면 (kJ/m^2 · h)이다.

유리의 차폐계수

종 류	차폐계수(K_s)
보통유리	1.00
마판유리	0.94
내측 venetian blind(보통유리) 엷은 색 내측 venetian blind(보통유리) 중간색 내측 venetian blind(보통유리) 진한 색	0.56 0.65 0.75
외측 venetian blind(보통유리) 엷은 색 외측 venetian blind(보통유리) 중간색 외측 venetian blind(보통유리) 진한 색	0.12 0.15 0.22

1. 외벽체 열통과율(K)
2. 벽체를 통한 부하
   ① 동 ② 서 ③ 남 ④ 북
3. 출입문을 통한 부하
4. 유리를 통한 부하
   ① 동 ② 북
5. 인체부하
6. 조명부하
7. 송풍량〔m^3/h〕
   ① 현열부하의 총합계〔kJ/h〕 ② 송풍량〔m^3/h〕

해설

1. 외벽체 열통과율$(K) = \dfrac{1}{R} = \dfrac{1}{\dfrac{1}{\alpha_i} + \sum_{i=1}^{n} \dfrac{l_i}{\lambda_i} + \dfrac{1}{\alpha_o}}$

$$= \frac{1}{\frac{1}{7.5} + \frac{0.03}{1.2} + \frac{0.12}{1.4} + \frac{0.02}{1.2} + \frac{0.003}{0.53} + \frac{0.003}{0.22} + \frac{1}{20}}$$

$\fallingdotseq 3.03 W/m^2 \cdot K$

2. 벽체를 통한 부하
   ① 동 : $3.03 \times \{(7 \times 3.4) - (3 \times 1.5)\} \times 16.6 \fallingdotseq 970.75W$
   ② 서 : $2.5 \times \{(7 \times 2.8) - (1.5 \times 2)\} \times (28 - 26) = 83W$
   ③ 남 : $2.5 \times \{(13 \times 2.8) - (1.5 \times 2)\} \times (28 - 26) = 167W$
   ④ 북 : $3.03 \times \{(13 \times 3.4) - (6 \times 1.5)\} \times 7.5 = 799.92W$
3. 출입문을 통한 부하$= KA(t_b - t_r) = 2.4 \times (1.5 \times 2 \times 2) \times (28 - 26) = 28.8W$
4. 유리를 통한 부하
   ① 동(E)
   ㉠ 일사량$= 42.7 \times (3 \times 1.5) \times 0.65 \fallingdotseq 124.90W$
   ㉡ 전도 대류열량$= 37.9 \times (3 \times 1.5) = 170.55W$
   $\therefore\ 124.90 + 170.55 = 295.45W$
   ② 북(N)
   ㉠ 일사량$= 42.7 \times (6 \times 1.5) \times 0.65 \fallingdotseq 249.80W$
   ㉡ 전도 대류열량$= 37.9 \times (6 \times 1.5) = 341.1W$
   $\therefore\ 249.8 + 341.1 = 590.9W$

5. 인체부하

① 현열$=\frac{13\times7}{5}\times54=982.8\text{W}$

② 잠열$=\frac{13\times7}{5}\times59=1073.8\text{W}$

$\therefore\ 982.8+1073.8=2056.6\text{W}$

6. 조명부하$=(13\times7\times50)\times1=4{,}550\text{W}$

7. 송풍량(Q)

① 현열량(q_s)$=970.75+83+167+799.92+28.8+124.9+170.55+249.8+341.1$
$+982.8+4{,}550$
$=8468.62\text{W}$

② $q_s=\rho QC_p(t_r-t_o)$에서

송풍량$(Q)=\frac{q_s}{\rho C_p(t_r-t_o)}=\frac{8468.62}{1.2\times1.005\times(26-16)}\fallingdotseq702.21\text{m}^3/\text{h}$

※ 송풍량을 구할 때는 현열부하만을 고려한다.

03 냉동장치 운전 중에 발생되는 현상과 운전관리에 대한 다음 각 물음에 답하시오. (10점)

1. 플래시 가스(flash gas)에 대하여 설명하시오.
2. 액압축(liquid hammer)에 대하여 설명하시오.
3. 안전두(safety head)에 대하여 설명하시오.
4. 펌프다운(pump down)에 대하여 설명하시오.
5. 펌프아웃(pump out)에 대하여 설명하시오.

1. 플래시 가스(flash gas) : 응축기에서 액화된 냉매가 증발기가 아닌 곳에서 기화된 가스를 말하며, 팽창밸브를 통과할 때 가장 많이 발생되고, 액관에서 발생되는 경우에는 증발기에 공급되는 냉매순환량이 감소하여 냉동능력이 감소한다. 방지법으로 팽창밸브 직전의 냉매를 5℃ 정도 과냉각시켜 팽창시킨다.
2. 액압축(liquid hammer) : 팽창밸브 개도를 과대하게 열거나 증발기 코일에 적상이 생기거나 냉동부하의 감소로 인하여 증발하지 못한 액냉매가 압축기로 흡입되어 압축되는 현상으로, 소음과 진동이 발생되고 심하면 압축기가 파손된다. 파손방지를 위하여 내장형 안전밸브(안전두)가 설치되어 있다.
3. 안전두(safety head) : 압축기 실린더 상부 밸브 플레이트(변판)에 설치한 것으로, 냉매액이 압축기에 흡입되어 압축될 때 파손을 방지하기 위하여 작동되며, 가스는 압축기 흡입측으로 분출된다(작동압력=정상고압+196~294kPa).
4. 펌프다운(pump down) : 냉동장치 저압측(증발기, 팽창밸브)에 이상이 발생했을 때 저압측 냉매를 고압측으로 이동시키는 것을 말한다.
5. 펌프아웃(pump out) : 고압측(압축기, 응축기)에 이상이 생겨서 수리가 필요할 때 고압측 냉매를 저압측으로 보내거나 장치 내에서 제거시키는 것이다. 즉, 고압측 냉매를 저압측으로 보내기 위해 냉동기를 액운전하는 것을 말한다.

04 다음 그림은 −100℃ 정도의 증발온도를 필요로 할 때 사용되는 2원 냉동 사이클의 $P-h$선도이다. $P-h$선도를 참고로 하여 각 지점의 비엔탈피로서 2원 냉동 사이클의 성적계수(ε_R)를 나타내시오. (단, 저온증발기의 냉동능력 : Q_{2L}, 고온증발기의 냉동능력 : Q_{2H}, 저온부의 냉매순환량 : m_1, 고온부의 냉매순환량 : m_2) (10점)

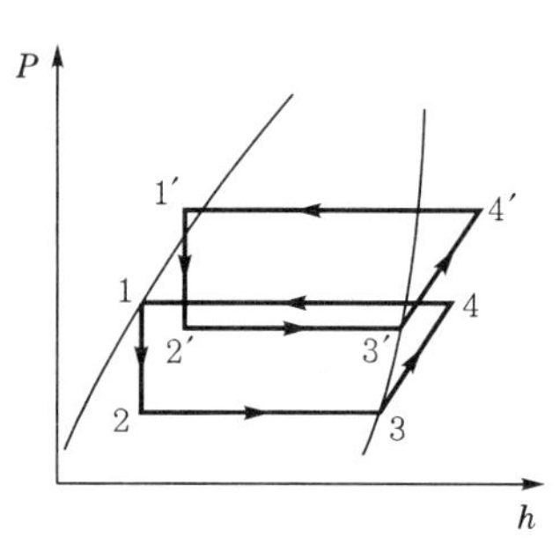

해설 성적계수$(\varepsilon_R) = \dfrac{Q_{2L}}{m_1(h_4 - h_3) + m_2(h_4' - h_3')}$

05 다음과 같은 벽체의 열관류율〔W/m²· K〕을 계산하시오. (6점)

재료표

번 호	명 칭	두께〔mm〕	열전도율〔W/m · K〕
①	모르타르	20	1.3
②	시멘트벽돌	100	0.78
③	글라스울	50	0.03
④	시멘트벽돌	100	0.78
⑤	모르타르	20	1.3
⑥	비닐벽지	2	0.23

벽 표면의 열전달률〔W/m²· K〕

실내측	수직면	9
실외측	수직면	23

해설 벽체 열관류율$(K) = \dfrac{1}{R} = \dfrac{1}{\dfrac{1}{\alpha_i} + \sum_{i=1}^{n} \dfrac{l_i}{\lambda_i} + \dfrac{1}{\alpha_o}}$

$$= \frac{1}{\frac{1}{9} + \frac{0.02}{1.3} + \frac{0.1}{0.78} + \frac{0.05}{0.03} + \frac{0.1}{0.78} + \frac{0.02}{1.3} + \frac{0.002}{0.23} + \frac{1}{23}}$$

$\fallingdotseq 0.47\text{W/m}^2\cdot\text{K}$

06 배관지름이 25mm이고, 수속이 2m/s, 물의 밀도(ρ)=1,000kg/m³일 때 다음 각 물음에 답하시오. (10점)

1. 배관 면적[m²]을 구하시오(소수점 다섯째 자리까지).
2. 송수 유량[m³/s]을 구하시오(소수점 다섯째 자리까지).
3. 송수 질량[kg/s]을 구하시오(소수점 둘째 자리까지).

1. 배관 면적$(A)=\dfrac{\pi d^2}{4}=\dfrac{\pi\times0.025^2}{4}=0.00049\text{m}^2$
2. 송수 유량$(Q)=AV=0.00049\times2=0.00098\text{m}^3/\text{s}$
3. 송수 질량$(m)=\rho AV=\rho Q=1,000\times0.00098=0.98\text{kg/s}$

07 다음 그림과 같이 ABCD로 운전되는 장치가 운전상태가 변하여 A′BCD′로 사이클이 변동하는 경우 장치의 냉동능력과 소요동력은 몇 [%] 변화하는가? (단, 압축기는 동일한 상태이고, ABCD 운전과정은 A사이클, A′BCD′ 운전과정을 B사이클로 한다. 해답은 백분율로 표시한다.) (10점)

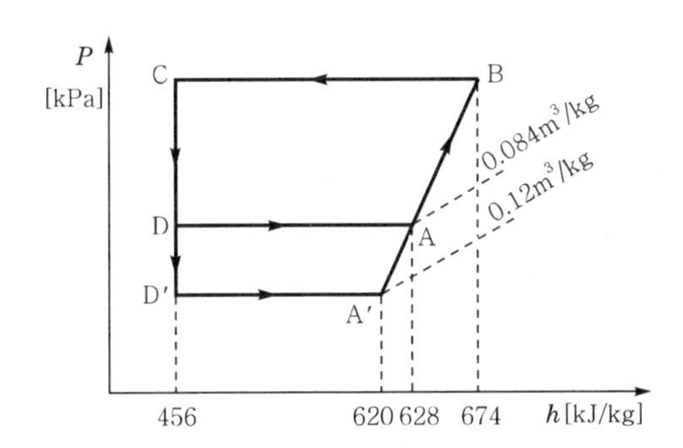

구 분	체적효율	압축효율	기계효율
A	0.7	0.7	0.8
B	0.6	0.6	0.7

① 냉동능력 변동률(피스톤 압출량을 1m³/h로 가정한다.)

㉠ $R_A=\dfrac{V\eta_v q_e}{v_A}=\dfrac{1\times0.7\times(628-456)}{0.084}\fallingdotseq1433.33\text{kJ/h}$

㉡ $R_B=\dfrac{1\times0.6\times(620-456)}{0.12}=820\text{kJ/h}$

㉢ $\%=\dfrac{R_A-R_B}{R_A}\times100\%=\dfrac{1433.33-820}{1433.33}\times100\%\fallingdotseq42.79\%$

∴ A사이클이 B사이클보다 냉동능력이 42.79% 더 양호하다.

② 소요동력 변동률(냉동능력을 1RT로 가정한다.)

㉠ $N_A=\dfrac{13897.52(h_B-h_A)}{(h_A-h_D)\eta_c\eta_m}=\dfrac{13897.52\times(674-628)}{(628-456)\times0.7\times0.8}\fallingdotseq6637.1\text{kJ/h}$

㉡ $N_B=\dfrac{13897.52(h_B-h_A{}')}{(h_A{}'-h_D{}')\eta_c{}'\eta_m{}'}=\dfrac{13897.52\times(674-620)}{(620-456)\times0.6\times0.7}\fallingdotseq10895.27\text{kJ/h}$

㉢ $\%=\dfrac{N_B-N_A}{N_A}\times100\%=\dfrac{10895.27-6637.1}{6637.1}\times100\%\fallingdotseq64.2\%$

∴ A사이클이 B사이클보다 소요동력이 64.2% 적게 소비된다.

08 건구온도 25°C, 상대습도 50%, 5,000kg/h의 공기를 15°C 냉각할 때와 35°C로 가열할 때의 열량을 공기선도에 작도하여 비엔탈피로 계산하시오. (10점)

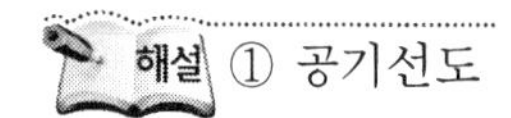
해설 ① 공기선도

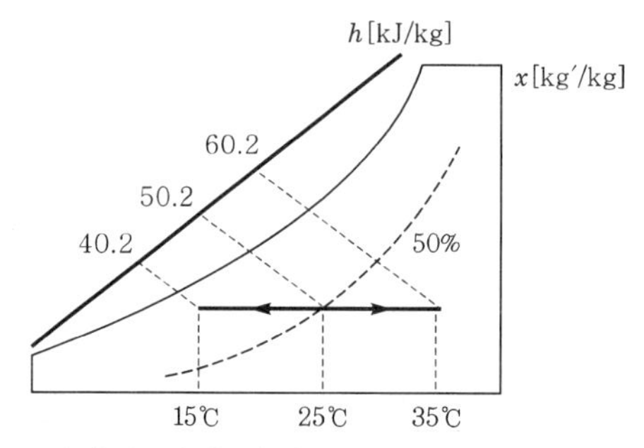

② 25°C에서 15°C로 냉각할 때의 열량(q_L) $= m\Delta h = 5{,}000 \times (50.2 - 40.2)$

$= 50{,}000$kJ/h

③ 25°C에서 35°C로 가열할 때의 열량(q_H) $= m\Delta h = 5{,}000 \times (60.2 - 50.2)$

$= 50{,}000$kJ/h

09 송풍기 총풍량 6,000m³/h, 송풍기 출구 풍속을 7m/s로 하는 다음의 덕트 시스템에서 등마찰손실법(R=0.1mmAq/m)에 의하여 Z−A−B, B−C, C−D−E구간의 원형 덕트의 크기와 덕트 풍속을 구하시오. (10점)

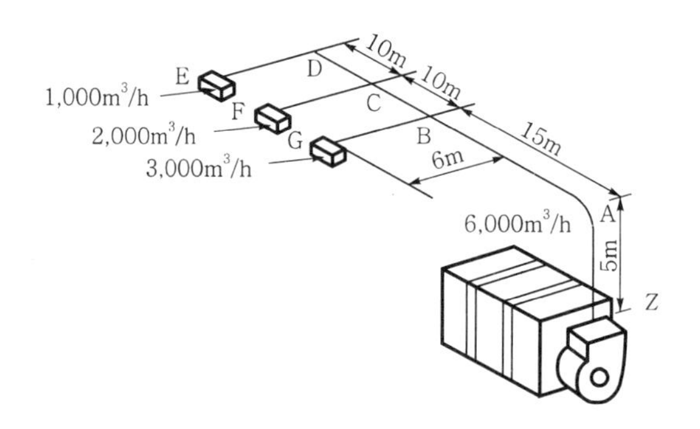

구 간	원형 덕트크기(cm)	풍속(m/s)
Z−A−B		
B−C		
C−D−E		

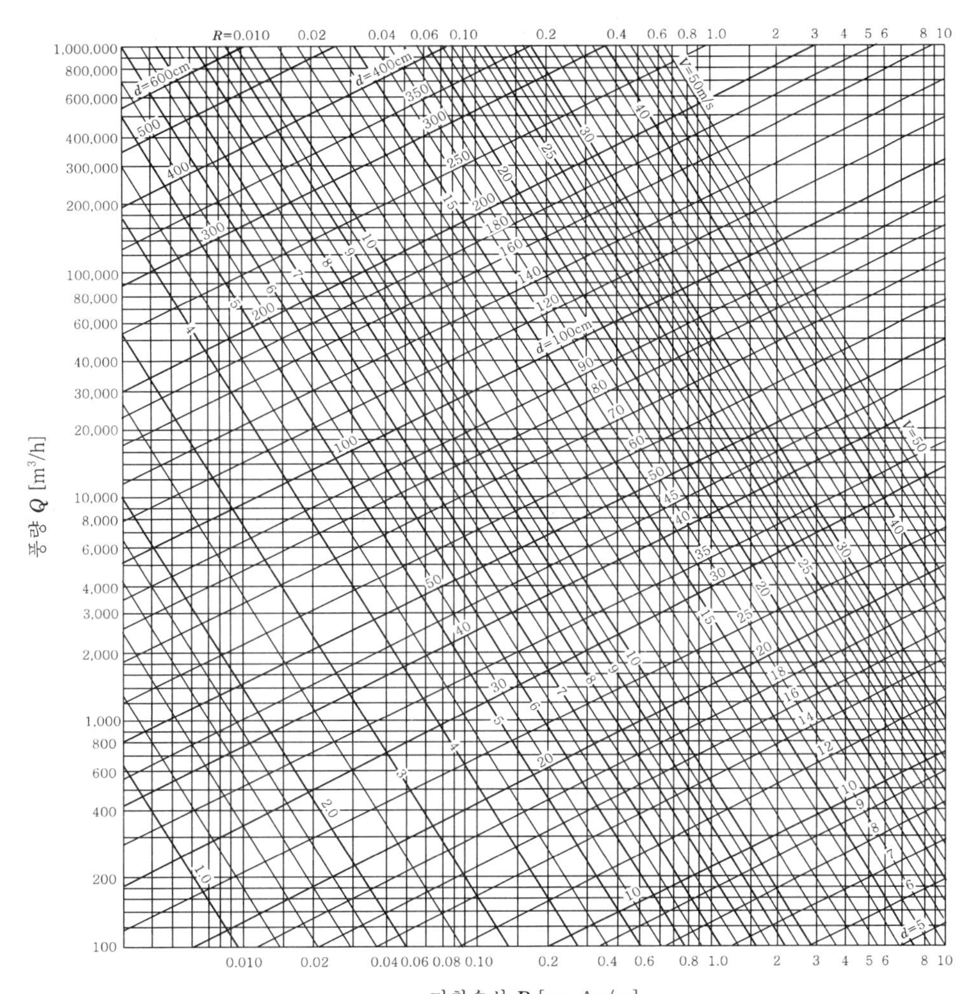

구 간	원형 덕트크기[cm]	풍속[m/s]
Z－A－B	55	7
B－C	45	6
C－D－E	30	5

2015년도 기출문제

2015. 4. 19. 시행

01 다음과 같이 3중으로 된 노벽이 있다. 이 노벽의 내부온도를 1,370°C, 외부온도를 280°C로 유지하고, 또 정상상태에서 노벽을 통과하는 열량을 4,069W/m^2 · K로 유지하고자 한다. 이때 사용온도 범위 내에서 노벽 전체의 두께가 최소가 되는 벽의 두께를 결정하시오. (10점)

전체 두께: δ, 내부온도 1,370°C → | ← 외부온도 280°C

내화벽돌	단열벽돌	철판
δ_1	δ_2	δ_3=5mm
열전도율(λ_1) 1.74W/m · K	열전도율(λ_2) 0.35W/m · K	열전도율(λ_3) 40.7W/m · K
최고사용온도 1,400°C	최고사용온도 980°C	

해설 푸리에(Fourier)의 열전도법칙에 의하여

벽 Ⅰ $Q=\lambda_1 A\left(\dfrac{t_1-t_{w_1}}{\delta_1}\right)$ ⋯⋯⋯⋯⋯⋯ ⓐ

벽 Ⅱ $Q=\lambda_2 A\left(\dfrac{t_{w_1}-t_{w_2}}{\delta_2}\right)$ ⋯⋯⋯⋯⋯⋯ ⓑ

벽 Ⅲ $Q=\lambda_3 A\left(\dfrac{t_{w_2}-t_2}{\delta_3}\right)$ ⋯⋯⋯⋯⋯⋯ ⓒ

식 ⓐ, ⓑ, ⓒ를 대입하여 풀면

$$Q=\frac{1}{\dfrac{\delta_1}{\lambda_1}+\dfrac{\delta_2}{\lambda_2}+\dfrac{\delta_3}{\lambda_3}}A(t_1-t_2)=\lambda A\left(\frac{t_1-t_2}{\delta}\right)$$

여기서, $\dfrac{\delta}{\lambda}=\dfrac{\delta_1}{\lambda_1}+\dfrac{\delta_2}{\lambda_2}+\dfrac{\delta_3}{\lambda_3}$

Fourier 식에 의해서

① $\delta_1 = \dfrac{\lambda_1(t_1 - t_{w_1})}{Q} = \dfrac{1.74 \times (1{,}370 - 980)}{4{,}069} = 0.16677\text{m} ≒ 166.77\text{mm}$

② 단열벽돌과 철판 사이 온도$(t_{w_2}) = t_2 + \dfrac{Q\delta_3}{\lambda_3} = 280 + \dfrac{4{,}069 \times 0.005}{40.7} ≒ 280.5℃$

③ $\delta_2 = \dfrac{\lambda_2(t_{w_1} - t_{w_2})}{Q} = \dfrac{0.35 \times (980 - 280.5)}{4{,}069} = 0.06018\text{m} ≒ 60.17\text{mm}$

④ $\delta = \delta_1 + \delta_2 + \delta_3 = 166.77 + 60.17 + 5 = 231.94\text{mm}$

【별해】 ① 열관류량$(K) = \dfrac{Q}{A\Delta t} = \dfrac{4{,}069}{1 \times (1{,}370 - 280)} ≒ 3.733\text{W/m}^2 \cdot \text{K}$

② 내화벽돌두께(δ_1) : $Q = K\Delta t_1 = \dfrac{\lambda_1}{\delta_1}\Delta t$에서

$\delta_1 = \dfrac{\lambda_1 \Delta t_1}{K\Delta t} = \dfrac{1.74 \times (1{,}370 - 980)}{3.733 \times (1{,}370 - 280)} = 0.16677\text{m} ≒ 166.77\text{mm}$

③ 단열벽돌두께(δ_2) : $\dfrac{\delta_2}{\lambda_2} = \dfrac{1}{K} - \dfrac{\delta_1}{\lambda_1} - \dfrac{\delta_3}{\lambda_3}$

$\dfrac{\delta_2}{0.35} = \dfrac{1}{3.733} - \dfrac{0.16677}{1.74} - \dfrac{0.005}{40.7}$

$\therefore\ \delta_2 = 0.06017\text{m} ≒ 60.17\text{mm}$

④ 전체 두께$(\delta) = \delta_1 + \delta_2 + \delta_3 = 166.77 + 60.17 + 5 = 231.94\text{mm}$

02 다음 그림은 사무소 건물의 기준층에 위치한 실의 일부를 나타낸 것이다. 각종 설계 조건으로부터 대상실의 냉방부하를 산출하고자 한다. 주어진 조건을 이용하여 냉방부하를 계산하시오. (25점)

[조 건]

1) 외기조건 : 32°C DB, 70% RH
2) 실내 설정조건 : 26°C DB, 50% RH
3) 열관류율
   ① 외벽 : $0.58\text{W/m}^2 \cdot \text{K}$
   ② 유리창 : $6.39\text{W/m}^2 \cdot \text{K}$
   ③ 내벽 : $2.33\text{W/m}^2 \cdot \text{K}$
4) 유리창 차폐계수 : 0.71
5) 재실인원 : 0.2인/m^2
6) 인체 발생열 : 현열 205kJ/h · 인, 잠열 222kJ/h · 인
7) 조명부하 : $84\text{kJ/m}^2 \cdot \text{h}$
8) 틈새바람에 의한 외풍은 없는 것으로 하며, 인접실의 실내조건은 대상실과 동일하다.

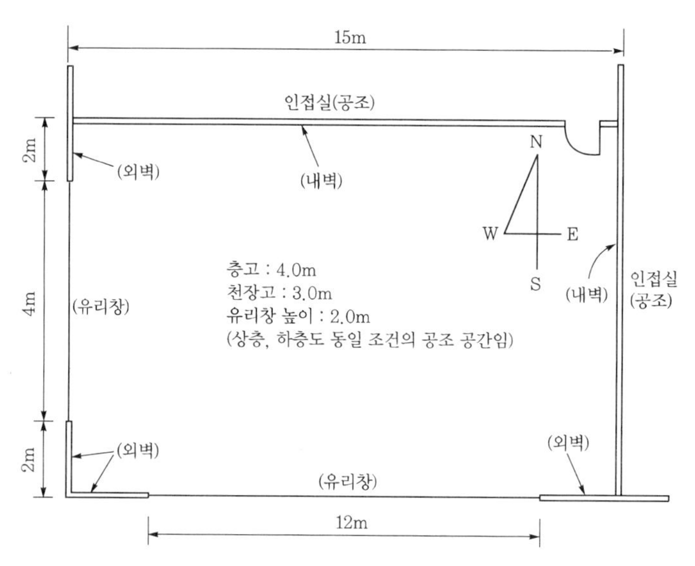

유리창에서의 일사열량[W/m²]

시간 \ 방위	수 평	N	NE	E	SE	S	SW	W	NW
10	731	45	117	363	363	117	45	45	45
12	844	50	50	50	120	181	120	50	50
14	731	45	45	45	45	117	363	363	117
16	441	33	33	33	33	33	398	573	406

상당온도차(하기 냉방용[deg])

시간 \ 방위	수 평	N	NE	E	SE	S	SW	W	NW
10	12.8	3.9	10.9	14.2	11.0	4.0	3.2	3.3	5.2
12	21.4	5.6	10.6	14.9	13.8	8.1	5.6	5.3	5.2
14	27.2	7.0	9.8	12.4	12.6	11.2	10.2	8.7	7.0
16	26.2	7.6	9.4	10.9	11.0	11.6	15.0	15.0	11.2

1. 설계조건에 의해 12시, 14시, 16시의 냉방부하를 구하시오.
   ① 구조체에서의 부하
   ② 유리를 통한 일사에 의한 열부하
   ③ 실내에서의 부하
2. 실내 냉방부하의 최대 발생시각을 결정하고, 이때의 현열비를 구하시오.
3. 최대 부하 발생 시의 취출풍량[m³/h]을 구하시오. (단, 취출온도는 15℃, 공기의 정압비열은 1.0046kJ/kg · K, 공기의 밀도는 1.2kg/m³로 한다. 또한 실내의 습도조절은 고려하지 않는다.)

해설 1. ① 구조체에서의 부하

벽 체	방 위	면적 (m^2)	열관류율 ($W/m^2 \cdot K$)	12시		14시		16시	
				Δt	(kJ/h)	Δt	(kJ/h)	Δt	(kJ/h)
외벽	S	36	0.58	8.1	610	11.2	844	11.6	1,175
유리창	S	24	6.39	6	3,315	6	3,315	6	3,315
외벽	W	24	0.58	5.3	267	8.7	437	15	753
유리창	W	8	6.39	6	1,105	6	1,105	6	1,105
				계	5,297	계	5,701	계	6,348

② 유리를 통한 일사에 의한 열부하

종 류	방 위	면적 (m^2)	차폐 계수	12시		14시		16시	
				일사량	(kJ/h)	일사량	(kJ/h)	일사량	(kJ/h)
유리창	S	24	0.71	156	11,127	101	7,024	28	1,997
유리창	W	8	0.71	43	1,022	312	7,418	493	11,722

③ 실내에서의 부하

㉠ 인체 : $(15\times8\times0.2\times205)+(15\times8\times0.2\times222)=10{,}248\text{kJ/h}$

㉡ 조명 : $15\times8\times84=10{,}080\text{kJ/h}$

2. ① 최대 부하 발생 시각은 14시이다.

② 현열 $=1{,}723+(15\times8\times0.2\times205)+(7{,}024+7{,}418)+10{,}080=31{,}195\text{kJ/h}$

③ 잠열 $=15\times8\times0.2\times222=5{,}328\text{kJ/h}$

④ 현열비$(SHF)=\dfrac{q_s}{q_s+q_L}=\dfrac{31{,}195}{31{,}195+5{,}328}\fallingdotseq 0.85$

3. $q_s=\rho QC_p(t_r-t_c)$에서

$$Q=\frac{q_s}{\rho C_p(t_r-t_c)}=\frac{31{,}195}{1.2\times1.0046\times(26-15)}\fallingdotseq 2352.44\text{m}^3/\text{h}$$

03 **어떤 방열벽의 열통과율이 $0.35W/m^2\cdot K$이며, 벽 면적은 $1{,}000m^2$인 냉장고가 외기온도 30°C에서 사용되고 있다. 이 냉장고의 증발기는 열통과율이 $29W/m^2\cdot K$이고 전열면적은 $24m^2$이다. 이때 각 물음에 답하시오.** (단, 이 식품 이외의 냉장고 내 발생열부하는 무시하며, 증발온도는 −10℃로 한다.) (14점)

1. 냉장고 내 온도가 0°C일 때 외기로부터 방열벽을 통해 침입하는 열량은 몇 (kJ/h)인가?
2. 냉장고 내 열전달률 $5.08W/m^2\cdot K$, 전열면적 $600m^2$, 온도 10°C인 식품을 보관했을 때 이 식품의 발생열부하에 의한 고내 온도는 몇 (°C)가 되는가?

해설 1. 방열벽으로 침입하는 열량$(Q_w)=KA(t_o-t_r)=0.35\times1{,}000\times(30-0)$

$=10{,}500\text{W}=37{,}800\text{kJ/h}$

2. 식품에 의한 고내 온도(t)

$K_1A_1\{t-(-10)\}=\alpha_rA_r(10-t)$

$$\therefore\ t=\frac{10(\alpha_rA_r-K_1A_1)}{K_1A_1+\alpha_rA_r}=\frac{10\times(5.08\times600-29\times24)}{29\times24+5.08\times600}\fallingdotseq 6.28℃$$

04 **다음과 같은 공조기 수배관에서 각 구간의 관지름과 펌프용량을 결정하시오.** (단, 허용마찰손실은 R=80mmAq/m이며, 국부저항 상당길이는 직관길이와 동일한 것으로 한다.) (15점)

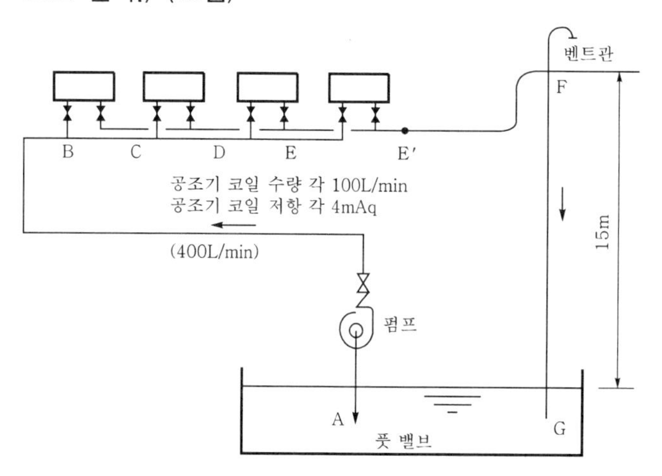

구 간	직관길이
A－B	50m
B－C	5m
C－D	5m
D－E	5m
E′－F	10m

관지름에 따른 유량(R = 80mmAq/m)

관지름(mm)	32	40	50	65	80
유량(L/min)	90	180	380	570	850

1. 각 구간의 빈 곳을 완성하시오.

구 간	유량 (L/min)	R (mmAq/m)	관지름 (mm)	직관길이 l(m)	상당길이 l'(m)	마찰저항 P(mmAq)	비 고
A－B		80					－
B－C		80					－
C－D		80					－
D－E		80					－
E′－F		80					－
F－G		80		15	－	－	실양정

2. 펌프의 양정 H(m)와 수동력 L_s(kW)를 구하시오.

해설 1.

구 간	유량 (L/min)	R (mmAq/m)	관지름 (mm)	직관길이 l(m)	상당길이 l'(m)	마찰저항 P(mmAq)	비 고
A－B	400	80	65	50	50	8,000	－
B－C	300	80	50	5	5	800	－
C－D	200	80	50	5	5	800	－
D－E	100	80	40	5	5	800	－
E′－F	400	80	65	10	10	1,600	－
F－G	400	80	65	15	－	－	실양정

2. 펌프의 전양정(H〔m〕)과 수동력(L_s〔kW〕)

① 전양정$(H) = R(l+l')\dfrac{1}{\gamma_w} + 4 + 15 = 80 \times (75+75) \times \dfrac{1}{1,000} + 4 + 15$

$= 31\text{mAq}$

【별해】 전양정$(H) = 8 + 2.4 + 1.6 + 4 + 15 = 31\text{mAq}$

② 수동력$(L_s) = 9.8QH = 9.8 \times \dfrac{0.4}{60} \times 31 ≒ 2.03\text{kW}$

05 **다음 그림과 같은 중앙식 공기조화설비의 계통도에서 각 기기의 명칭을 [보기]에서 골라 쓰시오.** (5점)

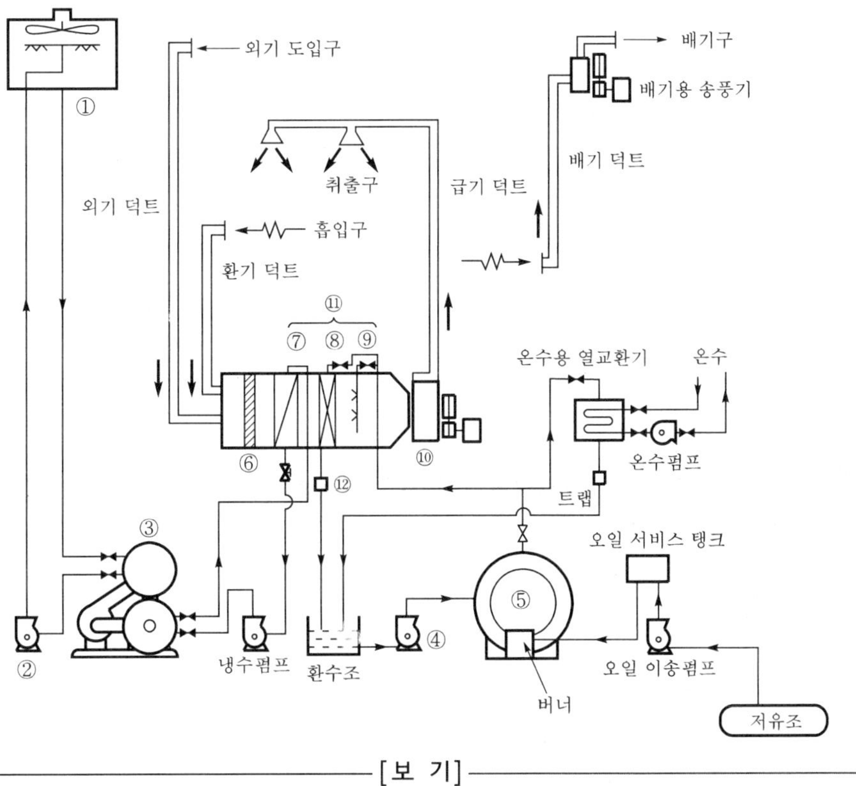

[보 기]

송풍기	보일러	냉동기
공기조화기	냉수펌프	냉매펌프
냉각수펌프	냉각탑	공기가열기
에어필터	응축기	증발기
공기냉각기	냉매건조기	트랩
가습기	보일러 급수펌프	

해설

① 냉각탑	② 냉각수펌프	③ 응축기
④ 보일러 급수펌프	⑤ 보일러	⑥ 에어필터
⑦ 공기냉각기	⑧ 공기가열기	⑨ 가습기
⑩ 송풍기	⑪ 공기조화기	⑫ 트랩

06 냉동장치에 사용되는 증발압력 조정밸브(EPR), 흡입압력 조정밸브(SPR), 응축압력 조절밸브(절수밸브 ; WRV)에 대해서 설치위치와 작동원리를 서술하시오. (13점)

해설 ① 증발압력 조정밸브(evaporator pressure regulator)
㉠ 설치위치 : 증발기와 압축기 사이의 흡입관에서 증발기 출구에 설치
㉡ 작동원리 : 밸브 입구 압력에 의해서 작동되고 압력이 높으면 열리고, 낮으면 닫혀서 증발압력이 일정 압력 이하가 되는 것을 방지한다.

② 흡입압력 조정밸브(suction pressure regulator)
㉠ 설치위치 : 증발기와 압축기 사이의 흡입관에서 압축기 입구에 설치
㉡ 작동원리 : 밸브 출구 압력에 의해서 작동되고 압력이 높으면 닫히고, 낮으면 열려서 흡입압력이 일정 압력 이상이 되는 것을 방지한다.

③ 응축압력 조절밸브(절수밸브)
㉠ 설치위치 : 응축기 입구 냉각수 배관에 설치
㉡ 작동원리 : 압력 작동식과 온도 작동식 급수밸브가 있고, 압축기 토출압력에 의해서 응축기에 공급되는 냉각수량을 증감시켜서 응축압력을 안정시키고, 경제적인 운전을 하며, 냉동기 정지 시 냉각수 공급도 정지시킨다.

07 공기조화부하에서 극간풍(틈새바람)을 구하는 방법 3가지와 방지하는 방법 3가지를 서술하시오. (12점)

해설 ① 극간풍(틈새바람)을 결정하는 방법
㉠ 환기횟수에 의한 방법
㉡ 극간길이에 의한 방법(crack법)
㉢ 창면적에 의한 방법

② 극간풍(틈새바람)을 방지하는 방법
㉠ 에어커튼(air curtain) 사용
㉡ 회전문 설치
㉢ 충분한 간격을 두고 이중문 설치
㉣ 실내를 가압하여 외부압력보다 높게 유지
㉤ 건축의 건물 기밀성 유지와 현관의 방풍실 설치, 중간의 구획 등

08 **다음 도면은 2대의 압축기를 병렬운전하는 1단 압축 냉동장치의 일부이다. 토출가스 배관에 유분리기를 설치하여 완성하시오.** (6점)

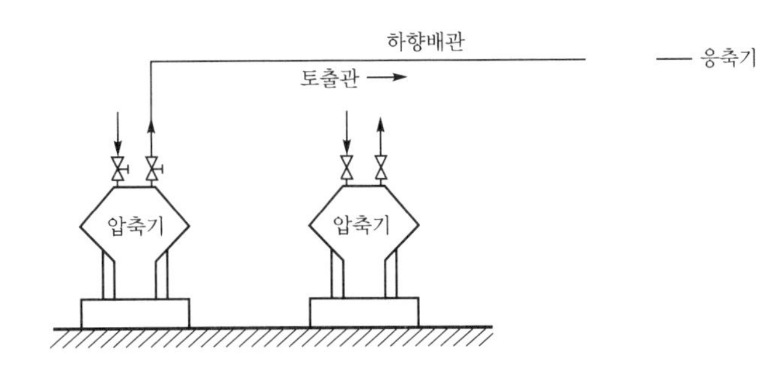

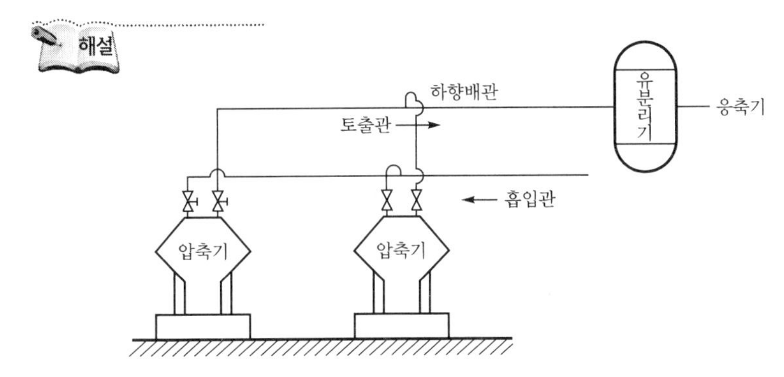

2015. 7. 12. 시행

01 **흡수식 냉동장치에서 다음 각 물음에 답하시오.** (6점)

1. 빈칸에 냉매와 흡수제를 쓰시오.

냉 매	흡수제

2. 다음 흡수제의 구비조건 중 맞으면 ○, 틀리면 ×하고 수정하시오.

① 용액의 증기압이 높을 것 (　　)

② 용액의 농도변화에 의한 증기압의 변화가 작을 것 (　　)

③ 재생하는 열량이 낮을 것 (　　)

④ 점도가 높고 부식성이 높을 것 (　　)

해설

1.

냉 매	흡수제
NH_3	H_2O
H_2O	LiBr

【참고】 냉매와 흡수제

냉 매	흡수제
암모니아(NH_3)	물(H_2O)
암모니아(NH_3)	로단암모니아(NH_4CHS)
물(H_2O)	황산(H_2SO_4)
물(H_2O)	수산화칼슘(KOH) 또는 수산화나트륨(NaOH)
물(H_2O)	브롬화리튬(LiBr) 또는 염화리튬(LICl)
염화에틸(C_2H_5Cl)	4클로로에탄(C_2H_2Cl)
트리올(C_7H_8) 또는 펜탄(C_5H_{12})	파라핀유(油)
메탄올(CH_3OH)	브롬화리튬메탄올용액(LiBr + CH_3OH)
R-12($CHFC_{l2}$), 메틸클로라이드(CH_2C_{l2})	4에틸렌글리콜2메틸에테르 (CH_3-O-$(CH_2)_4$-O-CH_3)

2. ① 용액의 증기압이 높을 것 (×)
   【수정】 용액의 증기압이 낮을 것
   ② 용액의 농도변화에 의한 증기압의 변화가 작을 것 (○)
   ③ 재생하는 열량이 낮을 것 (×)
   【수정】 재생에 많은 열량을 필요로 하지 않을 것
   ④ 점도가 높고 부식성이 높을 것 (×)
   【수정】 점도가 높지 않고 부식성이 없을 것

【참고】 흡수제의 구비조건
① 용액의 증기압이 낮을 것
② 농도변화에 의한 증기압의 변화가 작을 것
③ 증발하지 않거나 증발할 경우 증발온도가 냉매의 증발온도와 차이가 있을 것 (같은 압력에서)
④ 재생에 많은 열량을 필요로 하지 않을 것
⑤ 점도가 높지 않을 것
⑥ 부식성이 없을 것

02 송풍기(fan)의 전압 효율이 45%, 송풍기 입구와 출구에서의 전압차가 120mmAq로서 10,200m³/h의 공기를 송풍할 때 송풍기의 축동력[kW]을 구하시오. (4점)

해설

$$\text{송풍기 축동력}(L_s) = \frac{P_t Q}{1{,}000\eta_t} = \frac{(120 \times 9.8) \times \dfrac{10{,}200}{3{,}600}}{1{,}000 \times 0.45} = 7.40\text{kW}$$

03 **다음은 저압증기난방설비의 방열기 용량 및 증기 공급관(복관식)을 나타낸 것이다. 설계조건과 주어진 증기관 용량표를 이용하여 각 물음에 답하시오.** (17점)

[조 건]

1) 보일러의 상용 게이지 압력 P_b는 30kPa이며, 가장 먼 방열기의 필요압력 P_r은 25kPa, 보일러로부터 가장 먼 방열기까지의 거리는 50m이다.
2) 배관의 이음, 굴곡, 밸브 등의 직관 상당길이는 직관길이의 100%로 한다. 또한 증기 횡주관의 경우 관말 압력강하를 방지하기 위하여 관지름은 50A 이상으로 설계한다.

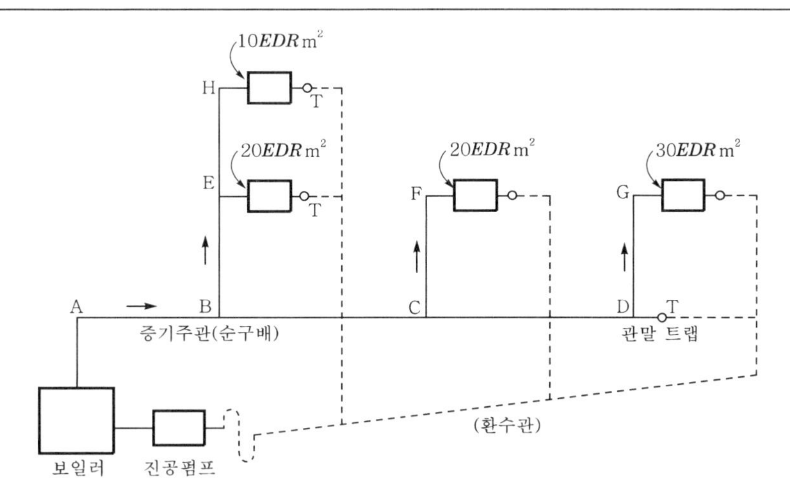

저압 증기관의 용량표(상당 방열 면적 〔m²〕당)

관지름 (A)	순구배 횡관 및 하향 급기 수직관 (복관식 및 단관식)						역구배 횡관 및 상향 급기 수직관			
	r : 압력강하〔kPa/cm² · 100m〕						복관식		단관식	
	0.5	1	2	5	10	20	수직관	횡 관	수직관	횡 관
	A	B	C	D	E	F	G^{+1}	H^{+3}	I^{+2}	J^{+3}
20	2.1	3.1	4.5	7.4	10.6	15.3	4.5	–	3.1	–
25	3.9	5.1	8.4	14	20	29	8.4	3.7	5.7	3.0
32	7.7	11.5	17	28	41	59	17	8.2	11.5	6.8
40	12	17.5	26	42	61	88	26	12	17.5	10.4
50	22	33	48	80	115	166	48	21	33	18
65	44	64	94	155	225	325	90	51	63	34
80	70	102	150	247	350	510	130	85	96	55
90	104	150	218	360	520	740	180	134	135	85
100	145	210	300	500	720	1,040	235	192	175	130
125	260	370	540	860	1,250	1,800	440	360	–	240
150	410	600	860	1,400	2,000	2,900	770	610	–	–
200	850	1,240	1,800	2,900	4,100	5,900	1,700	1,340	–	–
250	1,530	2,200	3,200	3,200	7,300	10,400	3,000	2,500	–	–
300	2,450	3,500	3,500	5,000	11,500	17,000	4,800	4,000	–	–

1. 가장 먼 방열기까지의 허용압력손실을 구하시오.
2. 증기 공급관의 각 구간별 관지름을 결정하고 주어진 표를 완성하시오.

구 분	구 간	*EDR* [m²]	허용압력손실 [kPa · 100m]	관지름 A [mm]
증기 횡주관	A－B			
	B－C			
	C－D			
상향 수직관	B－E			
	E－H			
	C－F			
	D－G			

해설 1. 가장 먼 방열기까지의 허용압력손실수두

$$P=\frac{30-25}{50+50}\times 100=5\text{kPa}\cdot 100\text{m}$$

2. 증기 공급관의 각 구간별 관지름

구 분	구 간	*EDR* [m²]	허용압력손실 [kPa · 100m]	관지름 A [mm]
증기 횡주관	A－B	80	5	50
	B－C	50	5	50
	C－D	30	5	50
상향 수직관	B－E	30	5	50
	E－H	10	5	32
	C－F	20	5	40
	D－G	30	5	50

04 **열교환기를 쓰고 그림 (a)와 같이 구성되는 냉동장치가 있다. 그 압축기 피스톤 압출량 V=200m³/h이다. 이 냉동장치의 냉동 사이클은 그림 (b)와 같고 1, 2, 3, …점에서의 각 상태값은 다음 표와 같은 것으로 한다.**

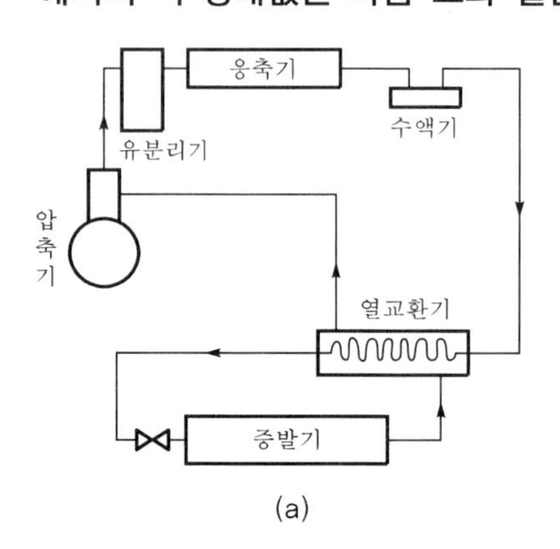

(a)

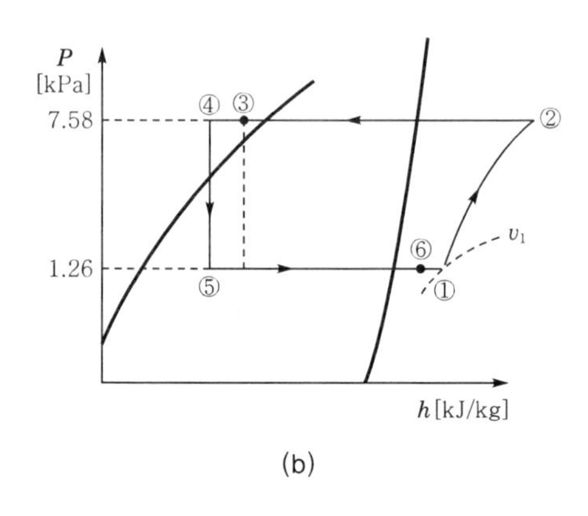

(b)

상태점	비엔탈피 h[kJ/kg]	비체적 v[m³/kg]
h_1	564	0.125
h_2	607	−
h_5	437	−
h_6	555	0.12

위와 같은 운전조건에서 다음 1, 2, 3의 값을 계산식을 표시해 산정하시오. (단, 위의 온도조건에서의 체적효율 η_v =0.64, 압축효율 η_c =0.72로 한다. 또한 성적계수는 소수점 이하 2자리까지 구하고, 그 이하는 반올림한다.) (10점)

1. 압축기의 냉동능력 R[kJ/h]
2. 이론적 성적계수(ε_o)
3. 실제적 성적계수(ε_a)

해설 1. 냉동능력$(R) = \frac{V}{v_1}\eta_v q_e = \frac{V}{v_1}\eta_v(h_1 - h_5) = \frac{200}{0.125} \times 0.64 \times (555 - 437) = 120{,}832\text{kJ/h}$

2. 이론적 성적계수$(\varepsilon_o) = \frac{q_e}{W_c} = \frac{h_1 - h_5}{h_2 - h_1} = \frac{555 - 437}{607 - 564} \fallingdotseq 2.74$

3. 실제적 성적계수$(\varepsilon_a) = \varepsilon_o \eta_c = 2.74 \times 0.72 = 1.97$

05

2단 압축 1단 팽창 암모니아 냉매를 사용하는 냉동장치가 응축온도 30°C, 증발온도 −32°C, 제1팽창밸브 직전의 냉매액 온도 25°C, 제2팽창밸브 직전의 냉매액 온도 0℃, 저단 및 고단 압축기 흡입증기를 건조포화증기라고 할 때 다음 각 물음에 답하시오. (단, 저단 압축기의 냉매순환량은 1kg/h이다.) (15점)

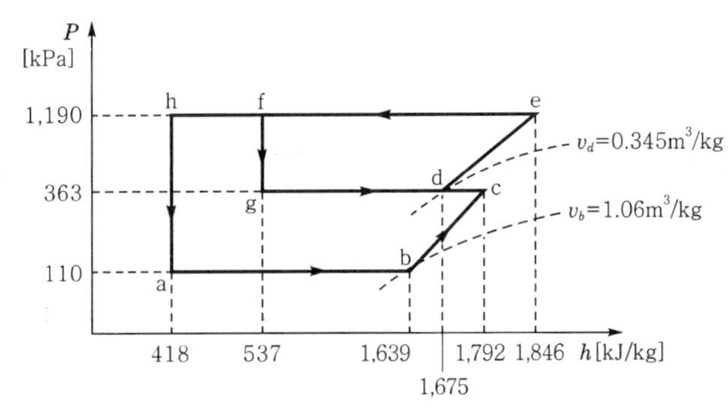

1. 냉동장치의 장치도를 그리고, 각 점(a∼h)의 상태를 나타내시오.
2. 중간 냉각기에서 증발하는 냉매량을 구하시오.
3. 중간 냉각기의 기능 3가지를 쓰시오.

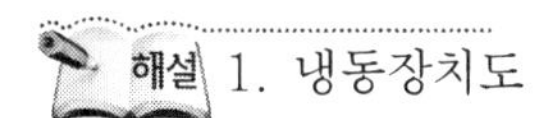
1. 냉동장치도

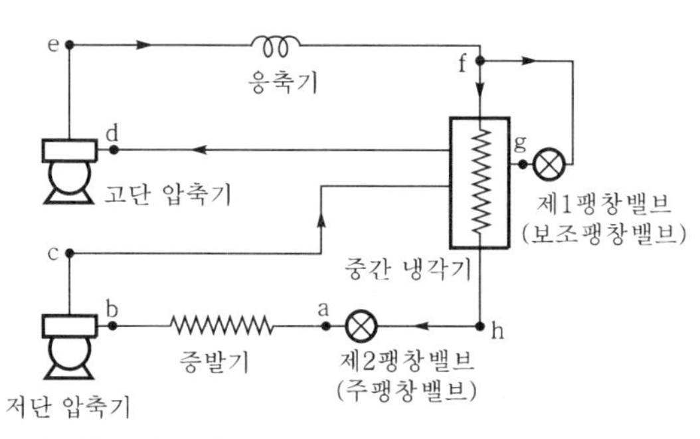

2. 중간 냉각기 증발하는 냉매량

$$m_m = m_L \frac{(h_c - h_d) + (h_g - h_a)}{h_d - h_g} = 1 \times \frac{(1,792 - 1,675) + (537 - 418)}{1,675 - 537} \fallingdotseq 0.18\text{kg/h}$$

3. 중간 냉각기의 기능
   ① 팽창밸브 직전의 액냉매를 과냉각시켜서 플래시 가스의 발생을 감소시켜 냉동효과를 증가시킨다.
   ② 저단 압축기 토출가스 온도의 과열도를 감소시켜서 고단 압축기의 과열 압축을 방지하여 토출가스 온도의 상승을 감소시킨다.
   ③ 고단 압축기의 액압축을 방지한다.

06

R-22 냉동장치에서 응축압력이 1.46MPa · g(포화온도 40℃), 냉각수량 800L/min, 냉각수 입구 온도 32℃, 냉각수 출구 온도 36℃, 열통과율 884W/m² · K일 때 냉각면적〔m²〕을 구하시오. (단, 냉매와 냉각수의 평균 온도차는 산술평균 온도차로 하며, 냉각수의 비열은 4.186kJ/kg · K이고, 밀도는 1kg/L이다.) (6점)

해설

$$\text{냉각면적}(A) = \frac{WC(t_o - t_i)}{K\left(t_s - \frac{t_i + t_o}{2}\right)} = \frac{\frac{800}{60} \times 4.186 \times (36 - 32)}{0.884 \times \left(40 - \frac{32 + 36}{2}\right)} \fallingdotseq 42.09\text{m}^2$$

07

다음과 같은 온수난방설비에서 각 물음에 답하시오. (단, 방열기 입 · 출구 온도차는 10℃, 국부저항 상단관길이는 직관길이의 50%, 1m당 마찰손실수두는 15mmAq이다.) (9점)

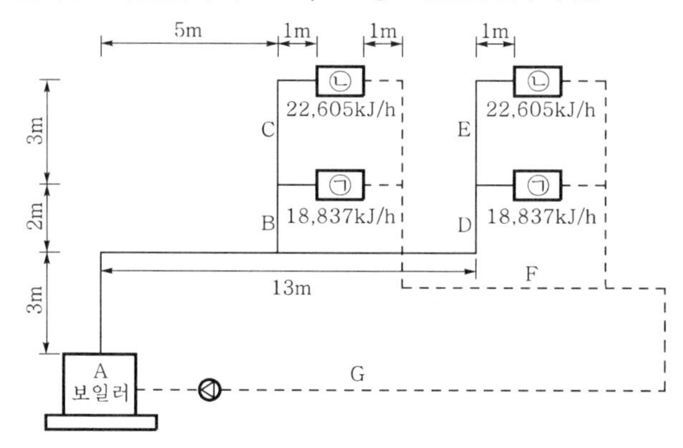

1. 순환펌프의 전 마찰손실수두(mmAq)를 구하시오. (단, 환수관의 길이는 30m이다.)
2. ㉠과 ㉡의 온수순환량(L/min)을 구하시오.
3. 각 구간의 온수순환수량을 구하시오.

구 간	B	C	D	E	F	G
온수순환수량(L/min)						

해설 1. 전 마찰손실수두

$H=(3+13+2+3+1+30)\times1.5\times15=1{,}170\text{mmAq}$

2. ㉠과 ㉡의 온수순환량

① ㉠의 온수순환량$(W_1)=\dfrac{18{,}837}{4.186\times10\times60}=7.5\text{kg/min}\fallingdotseq7.5\text{L/min}$

② ㉡의 온수순환량$(W_2)=\dfrac{22{,}605}{4.186\times10\times60}=9\text{kg/min}\fallingdotseq9\text{L/min}$

③ 합계 수량$(W_t)=W_1+W_2=7.5+9=16.5\text{L/min}$

3. 각 구간의 온수순환수량

구 간	B	C	D	E	F	G
온수순환수량(L/min)	33	9	16.5	9	16.5	33

08

①의 공기상태 $t_1=25$°C, $x_1=0.022$kg'/kg, $h_1=91.67$kJ/kg, ②의 공기상태 $t_2=22$°C, $x_2=0.006$kg'/kg, $h_2=37.67$kJ/kg일 때 공기 ①을 25%, 공기 ②를 75%로 혼합한 후의 공기 ③의 상태(t_3, x_3, h_3)를 구하고, 공기 ①과 공기 ③ 사이의 열수분비를 구하시오. (8점)

해설 ① 혼합 후 공기 ③의 상태

㉠ $t_3=(0.25\times25)+(0.75\times22)=22.75$℃

㉡ $x_3=(0.25\times0.022)+(0.75\times0.006)=0.01\text{kg}'/\text{kg}$

㉢ $h_3=(0.25\times91.67)+(0.75\times37.67)=51.17\text{kJ/kg}$

② 열수분비$(u)=\dfrac{h_1-h_3}{x_1-x_3}=\dfrac{91.67-37.67}{0.022-0.01}=4{,}500\text{kJ/kg}$

09

액압축(liquid back or liquid hammering)의 발생 원인 2가지와 액압축 방지(예방)법 4가지 및 압축기에 미치는 영향 2가지를 쓰시오. (10점)

해설 ① 액압축의 발생 원인

㉠ 냉동부하가 급격히 변동할 때

㉡ 증발기에 유막이 형성되거나 적상 과대일 때

㉢ 액분리기 기능이 불량일 때

㉣ 흡입지변이 갑자기 열렸을 때

㉤ 팽창밸브의 개도가 클 때

② 액압축 방지법
㉠ 냉동부하의 변동을 적게 한다.
㉡ 냉매의 과잉 공급을 피한다(팽창밸브의 적절한 조정).
㉢ 제상 및 배유(적상 및 유막 제거)를 한다.
㉣ 능력에 대한 냉동기를 이상운전하지 않는다.
㉤ 액분리기 용량을 크게 하여 기능을 좋게 한다.
㉥ 열교환기를 설치하여 흡입가스를 과열시킨다.
㉦ 안전두를 설치하여 순간적인 액압축을 방지해 압축기를 보호한다.

③ 압축기에 미치는 영향
㉠ 압축기 헤드에 적상 과대로 토출가스 온도 감소
㉡ 압축기 축봉부에 과부하 발생
㉢ 압축기에 소음과 진동 발생
㉣ 압축기 파손 우려

10

다음 그림과 같이 예열 · 혼합 · 순환수분무가습 · 가열하는 장치에서 실내의 현열부하가 14.8kW이고, 잠열부하가 4.2kW일 때 다음 각 물음에 답하시오. (단, 외기량은 전체 순환량의 25%이다.) (15점)

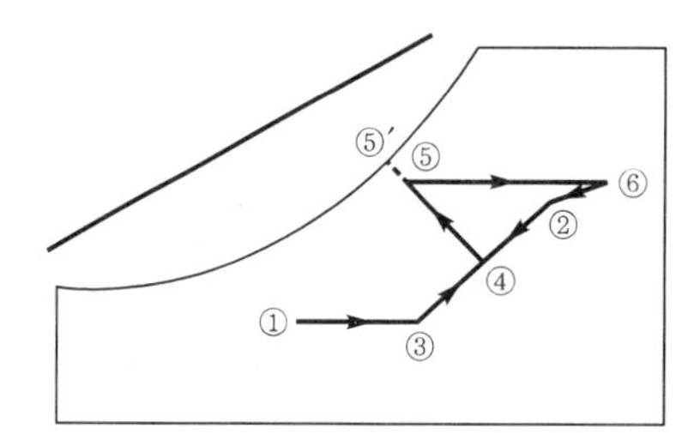

$h_1 = 14\text{kJ/kg}$
$h_2 = 38\text{kJ/kg}$
$h_3 = 24\text{kJ/kg}$
$h_6 = 41.2\text{kJ/kg}$

1. 외기와 환기의 혼합비엔탈피 h_4를 구하시오.
2. 전체 순환공기량(kg/h)을 구하시오.
3. 예열부하(kW)를 구하시오.
4. 외기부하(kW)를 구하시오.
5. 난방코일부하(kW)를 구하시오.

해설

1. 혼합비엔탈피$(h_4) = (0.25 \times 14) + (0.75 \times 38) = 32\text{kJ/kg}$
2. 순환공기량$= \dfrac{(14.8 + 4.2) \times 3{,}600}{41.2 - 38} = 21{,}375\text{kg/h}$
3. 예열부하$= 21{,}375 \times 0.25 \times (24 - 14) \times \dfrac{1}{3{,}600} ≒ 14.8\text{kW}$
4. 외기부하$= 21{,}375 \times 0.25 \times (38 - 24) \times \dfrac{1}{3{,}600} ≒ 20.78\text{kW}$
5. 난방코일부하$= 21{,}375 \times (41.2 - 32) \times \dfrac{1}{3{,}600} ≒ 54.63\text{kW}$

【참고】 순환수분무가습(단열가습)일 때는 비엔탈피가 변화 없이 일정하다($h_4 = h_5$).

2015. 10. 4. 시행

01 **다음 그림과 같은 중앙식 공기조화설비의 계통도에서 각 기기의 명칭을 [보기]에서 골라 쓰시오.** (10점)

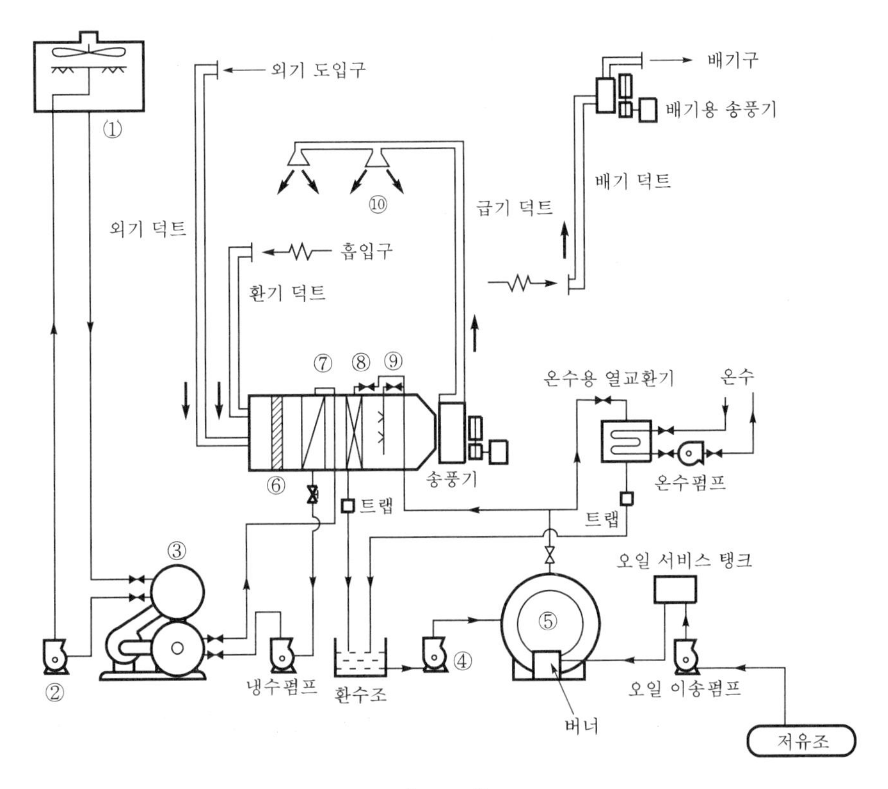

[보 기]

송풍기	보일러	냉동기
공기조화기	냉수펌프	냉매펌프
냉각수펌프	냉각탑	공기가열기
에어필터	응축기	증발기
공기냉각기	냉매건조기	트랩
가습기	보일러 급수펌프	

해설 ① 냉각탑 ② 냉각수펌프 ③ 응축기
④ 보일러 급수펌프 ⑤ 보일러 ⑥ 에어필터
⑦ 공기냉각기 ⑧ 공기가열기 ⑨ 가습기
⑩ 취출구

02 다음과 같은 운전조건을 갖는 브라인 쿨러가 있다. 전열 면적이 25m²일 때 각 물음에 답하시오. (10점)

[조 건]

1) 브라인 비중 : 1.24
2) 브라인 비열 : 2.8kJ/kg · K
3) 브라인의 유량 : 300L/min
4) 쿨러로 들어가는 브라인 온도 : −18℃
5) 쿨러에서 나오는 브라인 온도 : −23℃
6) 쿨러 냉매 증발온도 : −26℃

1. 브라인 쿨러의 냉동부하(kJ/h)를 구하시오.
2. 브라인 쿨러의 열통과율(W/m² · K)을 구하시오.

해설 1. 냉동부하$(Q_c) = \rho Q \times 60 C_b (t_i - t_o) = 1{,}240 \times 0.3 \times 60 \times 2.8 \times \{-18-(-23)\}$
$= 312.480\text{kJ/h} = 86{,}800\text{W}$

2. $Q_c = KA\Delta t_m$ [W]에서 $\Delta t_m = \left(\dfrac{t_{b_1}+t_{b_2}}{2} - t_e\right)$이므로

$$\text{열통과율}(K) = \frac{Q_c}{A\Delta t_m} = \frac{Q_c}{A\left(\dfrac{t_{b_1}+t_{b_2}}{2} - t_e\right)} = \frac{\dfrac{312{,}480}{3.6}}{25 \times \left\{\dfrac{-18+(-23)}{2} - (-26)\right\}}$$
$$= 632.27\text{W/m}^2 \cdot \text{K}$$

03 다음은 핫가스 제상방식의 냉동장치도이다. 제상요령을 설명하시오. (7점)

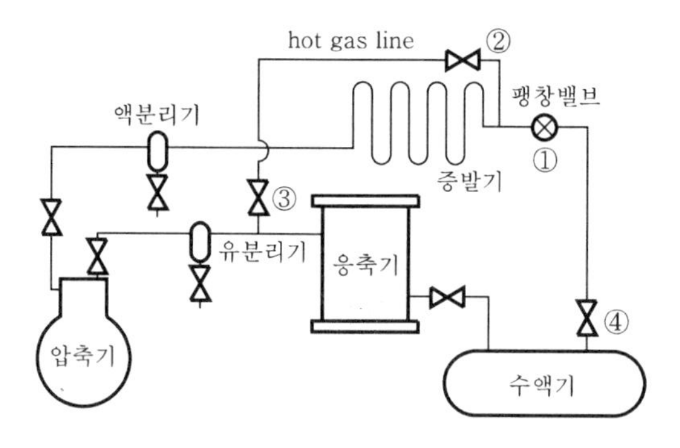

해설 ① 팽창밸브 ①을 닫는다.
② 밸브 ②와 ③을 열어서 고압가스를 증발기로 유입시킨다.
③ 밸브 ②는 감압밸브로서 과열증기를 교축시키면 압력은 낮아지지만 온도는 변화가 없으므로 과열증기가 현열로 제상하고 압축기로 회수된다.
④ 제상이 끝나면 밸브 ②와 ③을 닫고 팽창밸브 ①을 조정하여 정상 운전한다.

04 다음과 같은 공조 시스템에 대해 계산하시오. (18점)

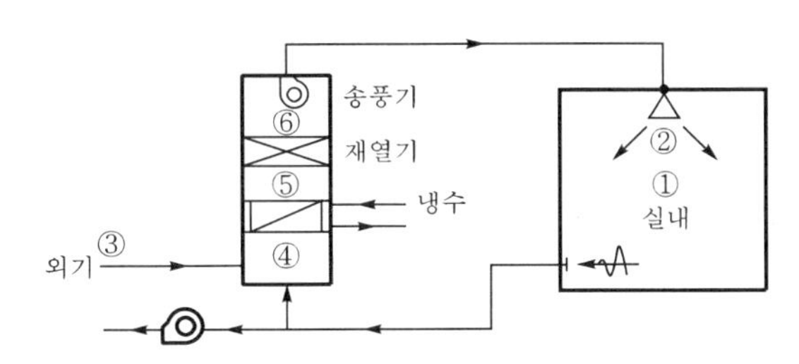

[조 건]

1) 실내온도 : 25℃, 실내 상대습도 : 50%
2) 외기온도 : 31℃, 외기 상대습도 : 60%
3) 실내 급기풍량 : 5,000m³/h, 취입 외기풍량 : 1,000m³/h, 공기 밀도 : 1.2kg/m³
4) 취출 공기온도 : 17°C, 공조기 송풍기 입구 온도 : 16.5°C
5) 공기냉각기 냉수량 : 1.4L/s, 냉수 입구 온도(공기냉각기) : 6°C, 냉수 출구 온도(공기냉각기) : 12°C
6) 재열기(전열기) 소비전력 : 5kW
7) 공조기 입구의 환기온도는 실내온도와 같다.

1. 실내 냉방 현열부하[kJ/h]를 구하시오.
2. 실내 냉방 잠열부하[kJ/h]를 구하시오.
3. 현열비(SHF)를 구하시오.

1. 실내 냉방 현열부하

$q_s = \rho QC_p(t_r - t_o) = 1.2 \times 6{,}000 \times 1.0046 \times (25-17) = 57864.96\text{kJ/h}$

2. 실내 냉방 잠열부하

① 혼합공기온도$(t_4) = \dfrac{Q_r t_r + Q_o t_o}{Q} = \dfrac{5,000 \times 25 + 1,000 \times 31}{6,000} = 26℃$

② 냉각코일부하$(q_{cc}) = (1.4 \times 3,600) \times 4.186 \times (12-6) = 126584.64\text{kJ/h}$

③ 냉각코일 출구 비엔탈피$(h_5) = 54 - \dfrac{126584.64}{1.2 \times 6,000} = 36.42\text{kJ/kg}$

④ 냉각코일 출구 온도$(t_5) = 16.5 - \dfrac{5 \times 3,600}{6,000 \times 1.2 \times 1.0046} \fallingdotseq 14.012℃$

⑤ 습공기 선도

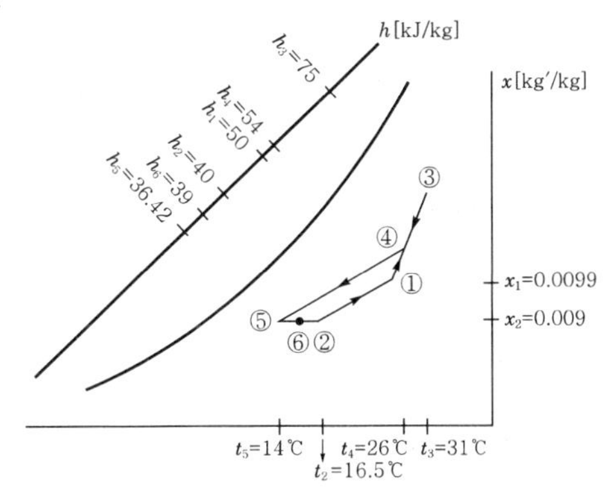

⑥ 잠열부하$=\rho Q\gamma_o\Delta x = 1.2\times 6{,}000\times 2500.3\times(0.0099-0.009) = 16201.94\text{kJ/kg}$

3. 현열비$(SHF) = \dfrac{q_s}{q_s+q_L} = \dfrac{57864.86}{57864.96+16201.94} \fallingdotseq 0.78$

05 다음과 같은 냉수 코일의 조건을 이용하여 각 물음에 답하시오. (15점)

[조 건]

1) 코일부하(q_c) : 418,600kJ/h
2) 통과풍량(Q_c) : 15,000m^3/h
3) 단수(S) : 26단
4) 풍속(V_f) : 3m/s
5) 유효높이 $a=992$mm, 길이 $b=1{,}400$mm, 관내경 $d_i=12$mm
6) 공기 입구 온도 : 건구온도 $t_1=28$℃, 노점온도 $t_1''=19.3$℃
7) 공기 출구 온도 : 건구온도 $t_2=14$℃
8) 코일의 입·출구 수온차 : 5℃(입구 수온 7℃)
9) 코일의 열통과율 : 1011.55W/m^2·K
10) 습면보정계수(C_{WS}) : 1.4

1. 전면 면적 A_f(m^2)를 구하시오.
2. 냉수량 L(L/min)을 구하시오.
3. 코일 내의 수속 V_w(m/s)를 구하시오.
4. 대수평균온도차(평행류) $LMTD$(℃)을 구하시오.
5. 코일 열수(N)를 구하시오.

계산된 열수(N)	2.26~3.70	3.71~5.00	5.01~6.00	6.01~7.00	7.01~8.00
실제 사용 열수(N)	4	5	6	7	8

해설

1. 전면 면적$(A_f) = \dfrac{Q_c}{V_f} = \dfrac{\frac{15{,}000}{3{,}600}}{3} \fallingdotseq 1.39\text{m}^2$

2. 냉수량$(L) = \dfrac{q_c}{C\Delta t\times 60} = \dfrac{418{,}600}{4.186\times 5\times 60} \fallingdotseq 333.33\text{L/min}$

3. 코일 내 수속$(V_w) = \dfrac{0.33333\times 4}{3.14\times 0.012^2\times 26\times 60} = 1.89\text{m/s}$

4. $\Delta t_1 = 28-7 = 21$℃, $\Delta t_2 = 14-12 = 2$℃

∴ 대수평균온도차$(LMTD) = \dfrac{\Delta t_1-\Delta t_2}{\ln\left(\dfrac{\Delta t_1}{\Delta t_2}\right)} = \dfrac{21-2}{\ln\left(\dfrac{21}{2}\right)} \fallingdotseq 8.08$℃

5. 코일 열수$(N) = \dfrac{q_c}{KA_fC_{WS}(LMTD)} = \dfrac{418{,}600}{(1011.55\times 3.6)\times 1.39\times 1.4\times 8.08} \fallingdotseq 8$열

※ $1\text{W} = 1\text{J/s} = 3.6\text{kJ/h},\ 1\text{kJ/h} = \dfrac{1}{3.6}\text{W}$

06 다음 조건에 대하여 각 물음에 답하시오. (20점)

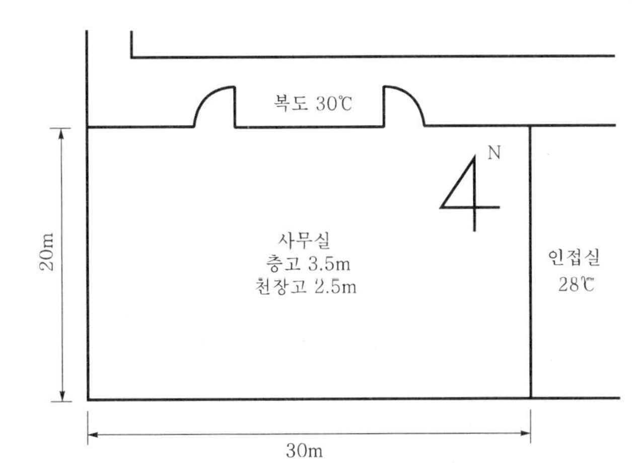

[조 건]

구 분	건구온도[℃]	상대습도[%]	절대습도[kg′/kg]
실내	27	50	0.0112
실외	32	68	0.0206

1) 상·하층은 사무실과 동일한 공조상태이다.
2) 남쪽 및 서쪽 벽은 외벽이 40%이고, 창면적이 60%이다.
3) 열관류율
   ① 외벽 : 3.38W/m^2·K
   ② 내벽 : 4.07W/m^2·K
   ③ 내부문 : 4.07W/m^2·K
4) 유리는 6mm 반사유리이고, 차폐계수는 0.65이다.
5) 인체 발열량
   ① 현열 : 197kJ/h·인
   ② 잠열 : 25kJ/h·인
6) 침입외기에 의한 실내 환기횟수 : 0.5회/h
7) 실내 사무기기 : 200W×5개, 실내조명(형광등) : 20W/m^2
8) 실내 인원 : 0.2인/m^2, 1인당 필요 외기량 : 25m^3/h·인
9) 공기의 밀도 : 1.2kg/m^3, 공기의 정압비열 : 1.0046kJ/kg·K
10) 보정된 외벽의 상당 외기온도차 : 남쪽 8.4℃, 서쪽 5℃
11) 유리를 통한 열량의 침입[kJ/m^2·h]

구분 \ 방위	동	서	남	북
직달일사 I_{GR}	1201.4	719.6	243.6	120.1
전도대류 I_{GC}	180.8	344.9	243.6	180.8

1. 실내부하를 구하시오.
   ① 벽체를 통한 부하
   ② 유리를 통한 부하
   ③ 인체부하
   ④ 조명부하
   ⑤ 실내사무기기부하
   ⑥ 틈새부하
2. 위의 계산결과가 현열취득 Q_s =151,450kJ/h, 잠열취득 Q_L =51,027kJ/h라고 가정할 때 SHF를 구하시오.
3. 실내취출온도차가 10℃라 할 때 실내의 필요송풍량(m^3/h)을 구하시오.
4. 환기와 외기를 혼합하였을 때 혼합온도를 구하시오.

해설 1. 실내부하

① 벽체를 통한 부하

㉠ 남쪽 외벽 $= KA\Delta t_e = 3.38\times(30\times3.5)\times0.4\times8.4 \fallingdotseq 1192.5\text{kJ/h}$

㉡ 서쪽 외벽 $= KA\Delta t_e = 3.38\times(20\times3.5)\times0.4\times5 = 473.2\text{kJ/h}$

㉢ 북쪽 벽 $= KA\Delta t = 4.07\times(2.5\times30)\times(30-27) = 915.75\text{kJ/h}$

㉣ 동쪽 벽 $= KA\Delta t = 4.07\times(2.5\times20)\times(28-27) = 203.5\text{kJ/h}$

∴ 열량합계$(Q) = 1192.5+473.2+915.75+203.5 = 2784.95\text{kJ/h}$

② 유리를 통한 부하

㉠ 남쪽 창
- 일사량 $= I_{GR}AK_s = 243.6\times(30\times3.5)\times0.6\times0.65 = 9975.42\text{kJ/h}$
- 전도대류량 $= I_{GC}A = 243.6\times(30\times3.5)\times0.6 = 15346.8\text{kJ/h}$

㉡ 서쪽 창
- 일사량 $= I_{GR}AK_s = 719.6\times(20\times3.5)\times0.6\times0.65 = 19645.08\text{kJ/h}$
- 전도대류량 $= I_{GC}A = 344.9\times(20\times3.5)\times0.6 = 14485.8\text{kJ/h}$

③ 인체부하

㉠ 재실인원 $= (20\times30)\times0.2 = 120$명

㉡ 현열$(q_s) = 120\times197 = 23{,}640\text{kJ/h}$

㉢ 잠열$(q_L) = 120\times25 = 3{,}000\text{kJ/h}$

④ 조명부하(형광등) $= 20\times(20\times30) = 12{,}000\text{W} = 43{,}200\text{kJ/h}$

⑤ 실내사무기기부하 $= 200\times5 = 1{,}000\text{W} = 3{,}600\text{kJ/h}$

⑥ 틈새부하

㉠ 환기량$(Q) = nV = 0.5\times(20\times30\times2.5) = 750\text{m}^3/\text{h}$

㉡ 현열$(q_s) = \rho QC_p(t_o - t_r) = 1.2\times750\times1.0046\times(32-27) = 4520.7\text{kJ/h}$

㉢ 잠열$(q_L) = \rho Q\gamma_o\Delta x = 1.2\times750\times2500.3\times(0.0206-0.0112) = 21152.54\text{kJ/h}$

2. 현열비$(SHF) = \dfrac{Q_s}{Q_t} = \dfrac{Q_s}{Q_s+Q_L} = \dfrac{151{,}450}{151{,}450+51{,}027} \fallingdotseq 0.75$

3. 송풍량$(Q) = \dfrac{Q_s}{\rho C_p\Delta t} = \dfrac{151{,}450}{1.2\times1.0046\times10} = 12563.04\text{m}^3/\text{h}$

4. 재실인원에 의한 외기도입량 $= 25\times120 = 3{,}000\text{m}^3/\text{h}$

∴ 혼합온도$(t_m) = \dfrac{27\times(12563.04-3{,}000)+3{,}000\times32}{12563.04} \fallingdotseq 28.19℃$

【참고】 ① 현열$(q_s) = \rho QC_p(t_o - t_i)$ =1.2×3,000×1.0046×(32−27)=18082.8kJ/h
② 잠열$(q_L) = \rho Q\gamma_o(x_o - x_i)$ =1.2×3,000×2500.3×(0.0206−0.0112)=84610.15kJ/h

07 다음과 같은 공기조화기를 통과할 때 공기상태 변화를 공기선도상에 나타내고 번호를 쓰시오. (5점)

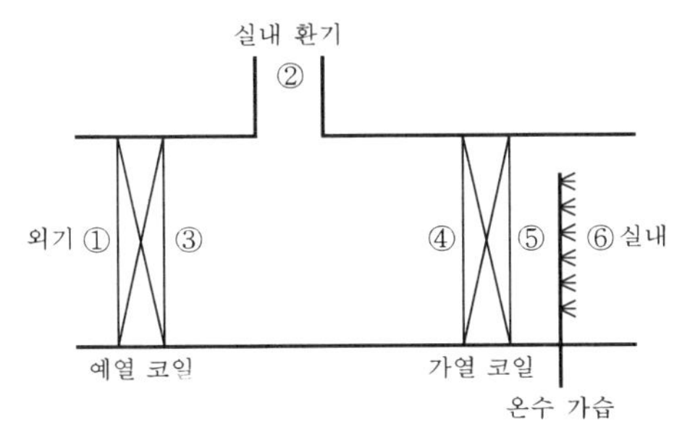

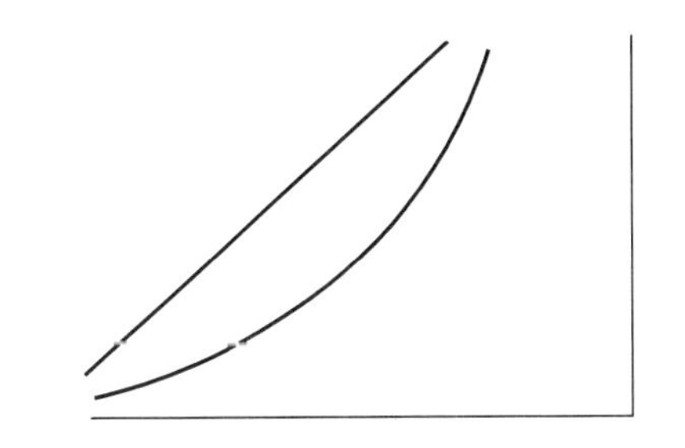

해설

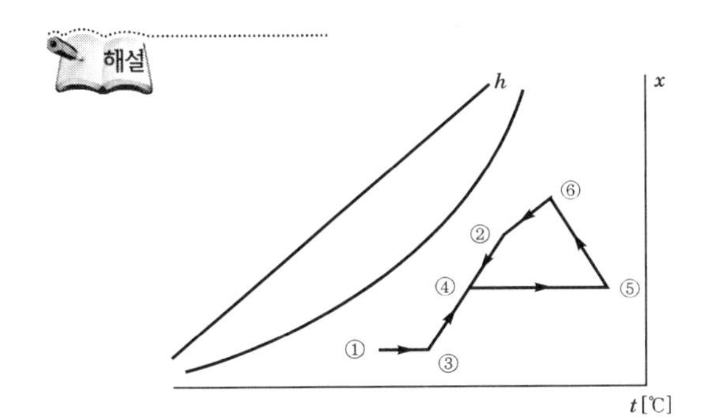

08 다음 포화공기표를 써서 다음 공기의 비엔탈피를 산출하여 그 결과를 보고 어떠한 사실을 알 수 있는가를 설명하시오. (5점)

1. 30°C DB, 15°C WB, 17% RH
2. 25°C DB, 15°C WB, 33% RH
3. 20°C DB, 15°C WB, 59% RH
4. 15°C DB, 15°C WB, 100% RH

포화공기표

온도 t (℃)	포화공기의 수증기분압		절대습도 x_s (kg′/kg)	포화공기의 비엔탈피 h_s (kJ/kg)	건조공기의 비엔탈피 h_a (kJ/kg)	포화공기의 비체적 v_s (m^3/kg)	건조공기의 비체적 v_a (m^3/kg)
	p_s (kPa)	p_s' (mmHg)					
11	1.3387	9.840	8.159×10^{-3}	31.62	11.05	0.8155	0.8050
12	1.4294	10.514	8.725×10^{-3}	34.07	12.06	0.8192	0.8078
13	1.5264	11.23	9.326×10^{-3}	36.60	13.06	0.8228	0.8106
14	1.6292	11.98	9.964×10^{-3}	39.24	14.06	0.8265	0.8135
15	1.7380	12.78	0.01064×10^{-3}	41.99	15.07	0.8303	0.8163
16	1.8531	13.61	0.01136	44.79	16.07	0.8341	0.8191
17	1.9749	14.53	0.01212	47.76	17.08	0.8380	0.8220
18	2.104	15.42	0.01293	50.82	18.08	0.8420	0.8248
19	2.240	16.47	0.01378	54.04	19.09	0.8460	0.8276
20	2.383	17.53	0.01469	57.35	20.09	0.8501	0.8305

온도 t [℃]	포화공기의 수증기분압		절대습도 x_s [kg′/kg]	포화공기의 비엔탈피 h_s [kJ/kg]	건조공기의 비엔탈피 h_a [kJ/kg]	포화공기의 비체적 v_s [m^3/kg]	건조공기의 비체적 v_a [m^3/kg]
	p_s [kPa]	p_s' [mmHg]					
21	2.535	18.65	0.01564	60.82	21.09	0.8543	0.8333
22	2.695	19.82	0.01666	64.42	22.10	0.8585	0.8361
23	2.864	21.07	0.01773	68.19	23.11	0.8629	0.8390
24	3.042	22.38	0.01887	72.12	24.11	0.8673	0.8418
25	3.230	23.75	0.02007	76.23	25.12	0.8719	0.8446
26	3.427	25.21	0.02134	80.50	26.12	0.8766	0.8475
27	3.635	26.74	0.02268	84.98	27.13	0.8813	0.8503
28	3.854	28.35	0.02410	89.62	28.13	0.8862	0.8531
29	4.084	30.04	0.02560	94.52	29.13	0.8912	0.8560
30	4.327	31.83	0.02718	99.63	30.14	0.8963	0.8588

1. $h_{30} = h_a + \phi(h_s - h_a) = 30.14 + 0.17 \times (99.63 - 30.14) = 41.95\text{kJ/kg}$
2. $h_{25} = h_a + \phi(h_s - h_a) = 25.12 + 0.33 \times (76.23 - 25.12) = 41.99\text{kJ/kg}$
3. $h_{20} = h_a + \phi(h_s - h_a) = 20.09 + 0.59 \times (57.35 - 20.09) = 42.07\text{kJ/kg}$
4. $h_{15} = h_a + \phi(h_s - h_a) = 15.07 + 1.00 \times (41.99 - 15.07) = 41.99\text{kJ/kg}$

∴ 이들 공기는 습구온도가 똑같다는 것에 주목한다. 비엔탈피는 습구온도에 직접적인 관계가 있다는 것을 계산으로 확인하고자 하는 것이다. 습공기는 건조공기와 수증기의 혼합체이므로, 그 비엔탈피도 각각의 비엔탈피의 합계가 된다.
위의 계산결과로 보아 상태량이 다른 공기라도 습구온도가 같으면 그 비엔탈피는 거의 일치하고, 그 값은 그 습구온도에서의 포화공기의 비엔탈피와 일치한다는 것을 알 수 있다. 즉, 공기의 습구온도를 알면 그 비엔탈피를 구할 수 있다.

09 다음과 같은 조건에 대해 각 물음에 답하시오. (10점)

[조 건]

1) 응축기 입구의 냉매가스의 비엔탈피 : 1,926kJ/kg
2) 응축기 출구의 냉매액의 비엔탈피 : 649kJ/kg
3) 냉매순환량 : 200kg/h
4) 응축온도 : 40°C
5) 냉각수 평균온도 : 32.5°C
6) 응축기의 전열 면적 : 12m^2

1. 응축기에서 제거해야 할 열량[kJ/h]을 구하시오.
2. 응축기의 열통과율[$\text{W/m}^2 \cdot \text{K}$]을 구하시오.

1. 응축기에서 제거하는 열량(응축부하, Q_c)
   $Q_c = m\Delta h = 200 \times (1{,}926 - 649) = 255{,}400\text{kJ/h}$
2. 응축기 열통과율(K)
   $Q_c = KA(t_c - t_m)$ [kJ/h]에서
   $$K = \frac{Q_c}{A(t_c - t_m)} = \frac{\frac{255{,}400}{3.6}}{12 \times (40 - 32.5)} = 788.27\text{W/m}^2 \cdot \text{K}$$

2016년도 기출문제

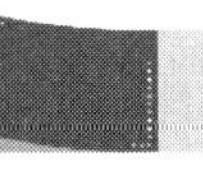

2016. 4. 17. 시행

01 **다음 그림과 같이 5개의 존(zone)으로 구획된 실내를 각 존의 부하를 담당하는 계통으로 하고, 각 존을 정풍량 방식 또는 변풍량 방식으로 냉방하고자 한다. 각 존의 냉방 현열부하가 표와 같을 때 각 물음에 답하시오.** (단, 실내온도는 26℃이다.) (16점)

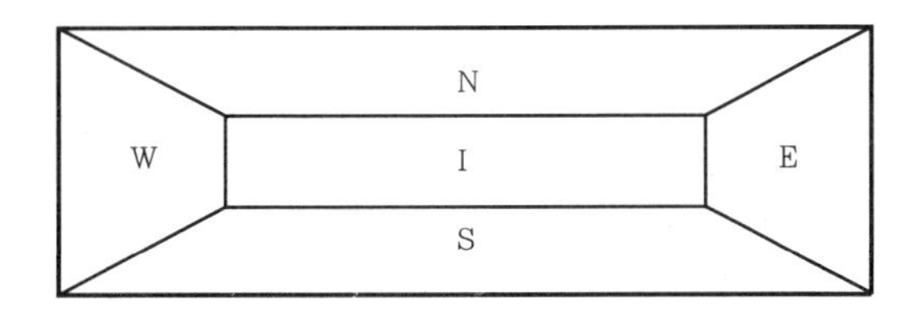

〔단위 : kJ/h〕

시 각 / 존	8시	10시	12시	14시	16시
N	21,420	23,940	25,200	26,040	23,520
E	31,080	21,840	12,180	10,920	10,080
S	22,260	29,400	39,480	30,240	25,620
W	8,400	10,920	13,860	25,200	32,340
I	40,320	36,960	36,960	40,320	39,060

1. 각 존에 대해 정풍량(CAV) 공조방식을 채택할 경우 실 전체의 송풍량〔m^3/h〕을 구하시오. (단, 최대 부하 시의 송풍 공기온도는 15℃이다.)
2. 변풍량(VAV) 공조방식을 채택할 경우 실 전체의 최대 송풍량〔m^3/h〕을 구하시오. (단, 송풍 공기온도는 15℃이다.)
3. 아래와 같은 덕트 시스템에서 각 실마다(4개실) 위 2항의 변풍량 공조방식의 송풍량을 송풍할 때 각 구간마다의 풍량〔m^3/h〕 및 원형 덕트지름〔cm〕을 구하시오. (단, 급기용 덕트를 정압법(R=0.1mmAq/m)으로 설계하고, 각 실마다의 풍량은 같다.)

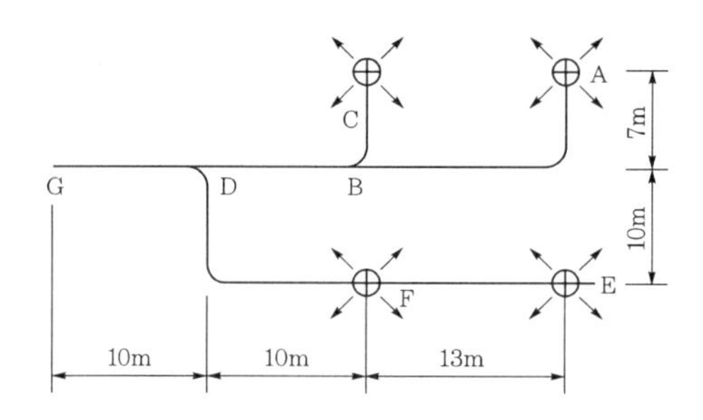

구 간	풍량[m³/h]	원형 덕트지름[cm]
A－B(C－B)		
B－D		
E－F		
F－D		
D－G		

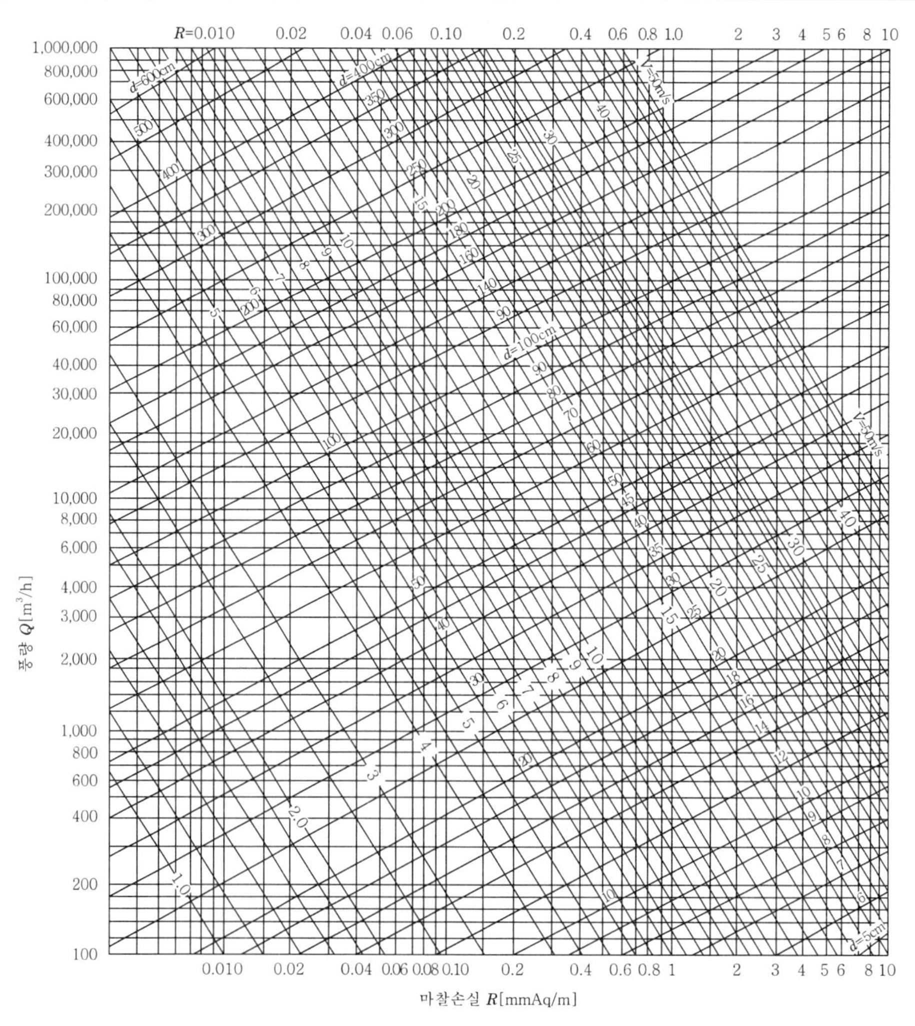

해설 1. 정풍량(CAV) 공조방식을 채택할 경우 송풍량(동서남북 내부 존(인테리어 존) 최대 현열부하를 구해서 송풍량(Q)을 구한다.)

$Q_s = \rho Q C_p (t_i - t_f)$ [kJ/h]에서

$$Q = \frac{Q_s}{\rho C_p (t_i - t_f)} = \frac{31{,}080 + 32{,}340 + 39{,}480 + 26{,}040 + 40{,}320}{1.2 \times 1.0046 \times (26 - 15)} \fallingdotseq 12764.01\text{m}^3/\text{h}$$

2. 변풍량(VAV) 공조방식을 채택할 경우 송풍량(14시 기준)

$$Q_v = \frac{Q_s}{\rho C_p (t_i - t_f)} = \frac{26{,}040 + 10{,}920 + 30{,}240 + 25{,}200 + 40{,}320}{1.2 \times 1.0046 \times (26 - 15)} \fallingdotseq 10008.51\text{m}^3/\text{h}$$

3. 변풍량 공조방식의 송풍량을 송풍할 때 각 구간의 풍량[m^3/h] 및 원형 덕트지름[cm]

구 간	풍량[m^3/h]	원형 덕트지름[cm]
A−B(C−B)	10008.51	70
B−D	19,950	90
E−F	9,975	70
F−D	19,950	90
D−G	39,900	115

02 프레온 냉동장치에서 1대의 압축기로 증발온도가 다른 2대의 증발기를 냉각 운전하고자 한다. 이때 1대의 증발기에 증발압력 조정밸브를 부착하여 제어하고자 한다면 다음의 냉동장치는 어디에 증발압력 조정밸브 및 체크밸브를 부착하여야 하는지 흐름도를 완성하시오. 또 증발압력 조정밸브의 기능을 간단히 설명하시오. (14점)

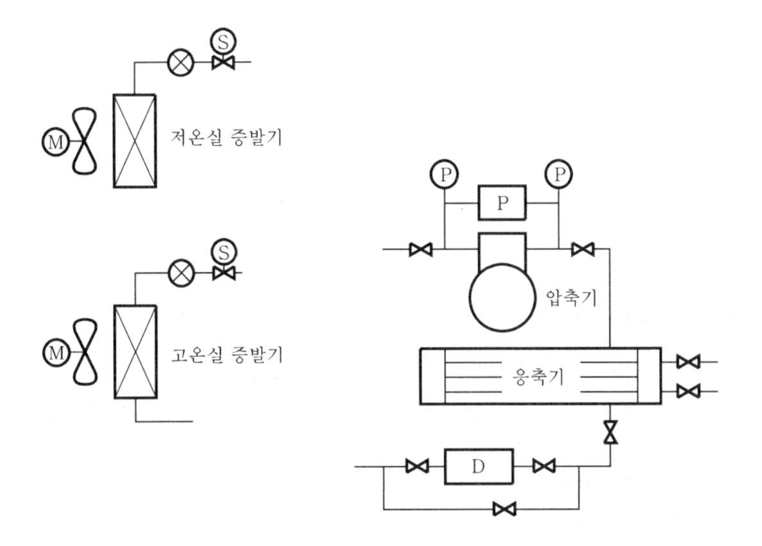

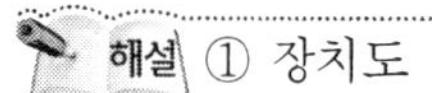 ① 장치도

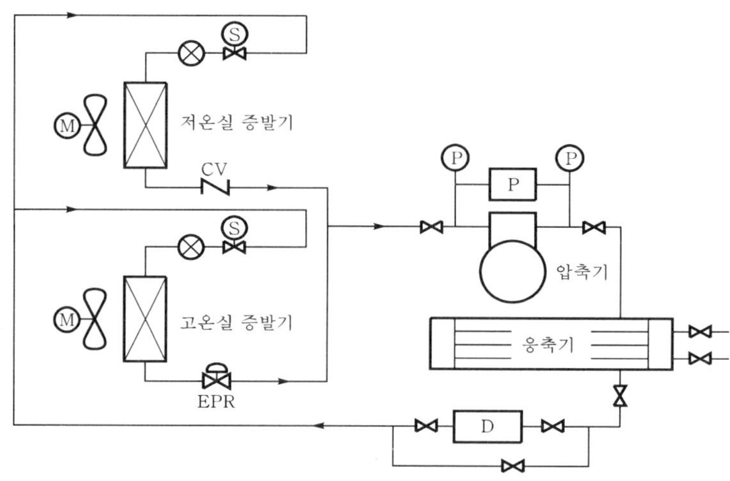

② 기능 : 증발압력 조정밸브(EPR)는 증발기 내의 압력을 일정하게 유지하며 원하는 온도를 만들어 주는 밸브이다. 증발기와 압축기 사이에 설치되며 증발기 압력과 압축기 흡입압력의 차압이 스프링을 미는 힘보다 차압이 크면 열리고 다시 차압이 낮아지면 닫히므로, 결과적으로 증발압력은 일정하게 유지된다.

03 어느 냉장고 내에 100W 전등 20개와 2.2kW 송풍기(전동기 효율 0.85) 2기가 설치되어 있고, 전등은 1일 4시간 사용, 송풍기는 1일 18시간 사용된다고 할 때, 이들 기기의 냉동부하〔kW〕를 구하시오. (7점)

해설 냉동부하$(Q_R) = \dfrac{\text{전등부하} + \text{송풍기부하}}{24}$

$$= \frac{0.1 \times 20 \times 3{,}600 \times 4 + \dfrac{2.2}{0.85} \times 2 \times 3{,}600 \times 18}{24}$$

$$= 15176.47\text{kJ/h} \fallingdotseq 4.22\text{kW}$$

04 다음 각 물음의 답을 답안지에 써 넣으시오. (6점)

[조 건]

그림 (a)는 R-22 냉동장치의 계통도이며, 그림 (b)는 이 장치의 평형운전상태에서의 압력(P)-비엔탈피(h)선도이다. 그림 (a)에 있어서 액분리기에서 분리된 액은 열교환기에서 증발하여 ⑨의 상태가 되며, ⑦의 증기와 혼합하여 ①의 증기로 되어 압축기에 흡입된다.

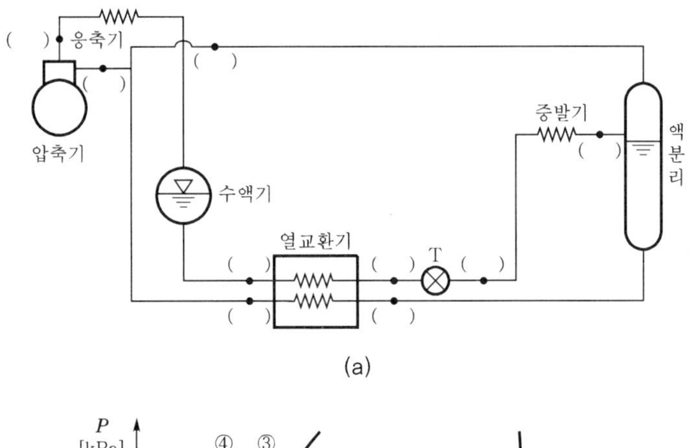

(a)

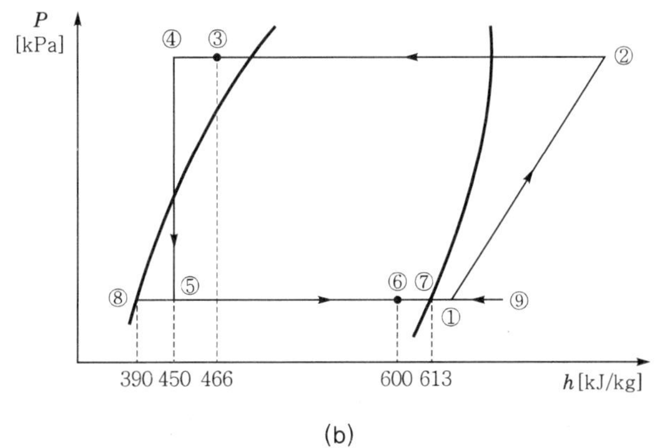

(b)

1. 그림 (b)의 상태점 ①~⑨를 그림 (a)의 각각에 기입하시오. (단, 흐름방향도 표시할 것)
2. 그림 (b)에 표시할 각 점의 비엔탈피를 이용하여 ⑨점의 비엔탈피 h_9를 구하시오. (단, 액분리에서 분리되는 냉매액은 0.0654kg/h이다.)

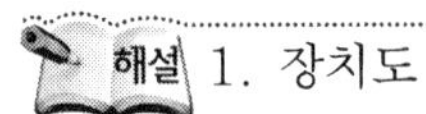

1. 장치도

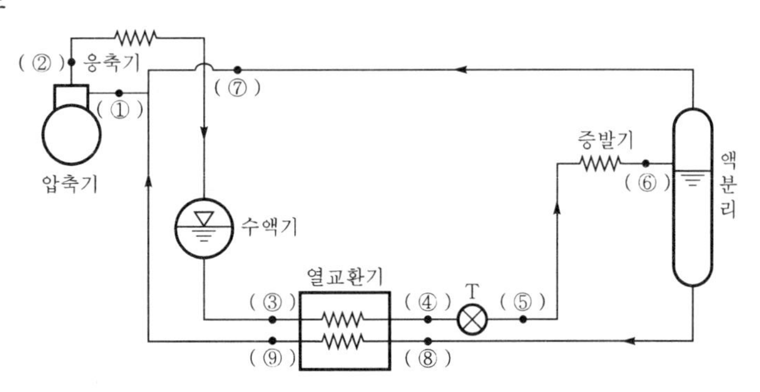

2. ⑨점의 비엔탈피$(h_9) = h_8 + \dfrac{h_3 - h_4}{m_r} = 390 + \dfrac{466 - 450}{0.0654} \fallingdotseq 634.65\text{kJ/kg}$

05 다음과 같은 덕트계에서 각부의 덕트 치수를 구하고, 송풍기 전압 및 정압을 구하시오. (17점)

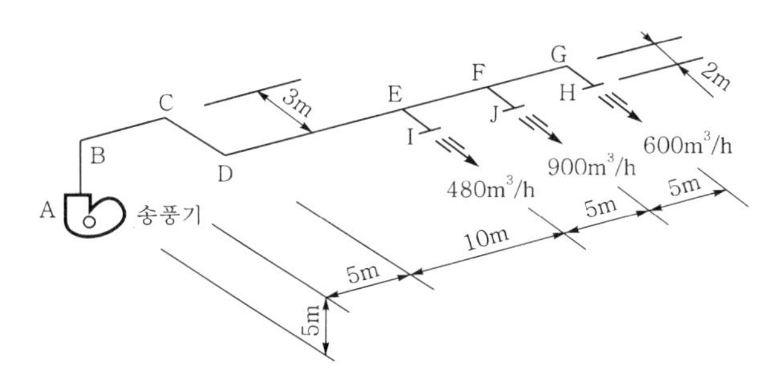

[조 건]

1) 취출구 손실은 각 2mmAq이고, 송풍기 출구 풍속은 8m/s이다.
2) 직관 마찰손실은 0.1mmAq/m로 한다.
3) 곡관부 1개소의 상당길이는 원형 덕트(지름)의 20배로 한다.
4) 각 기기의 마찰저항은 다음과 같다.
   ① 에어필터 : 10mmAq
   ② 공기냉각기 : 20mmAq
   ③ 공기가열기 : 7mmAq
5) 원형 덕트에 상당하는 사각형 덕트의 1변 길이는 20cm로 한다.
6) 풍량에 따라 제작 가능한 덕트의 치수표

풍량(m³/h)	원형 덕트지름(mm)	사각형 덕트치수(mm)
2,500	380	650×200
2,200	370	600×200
1,900	360	550×200
1,600	330	500×200
1,100	280	400×200
1,000	270	350×200
750	240	250×200
560	220	200×200

1. 각부의 덕트 치수를 구하시오.

구 간	풍량(m³/h)	원형 덕트지름(mm)	사각형 덕트치수(mm)
A－E			
E－F			
F－H			
F－J			

2. 송풍기 전압(mmAq)을 구하시오.
3. 송풍기 정압(mmAq)을 구하시오.

해설 1. 각부의 덕트 치수

구 간	풍량(m³/h)	원형 덕트지름(mm)	사각형 덕트치수(mm)
A－E	1,980	370	600×200
E－F	1,500	330	500×200
F－H	600	240	250×200
F－J	900	270	350×200

2. 송풍기 전압(P_t)

① 직통 덕트 손실$=\{(5\times4)+10+3+2\}\times0.1=3.5\text{mmAq}$

② B, C, D곡부 손실$=(20\times0.37\times3)\times0.1=2.22\text{mmAq}$

③ G곡부 손실$=(20\times0.24)\times0.1=0.48\text{mmAq}$

④ 송풍기 전압$(P_t)=(3.5+2.22+0.48+2)-\{-(10+20+7)\}=45.2\text{mmAq}$

3. 송풍기 정압$(P_s)=$전압$-$동압$=P_t-P_d=P_t-\dfrac{\rho V^2}{2g}=45.2-\dfrac{1.2\times8^2}{2\times9.8}$

$\fallingdotseq 41.28\text{mmAq}$

06

다음 그림과 같은 공조장치를 아래의 조건으로 냉방 운전할 때 공기선도를 이용하여 그림의 번호를 공기조화 프로세스에 나타내고, 실내 송풍량 및 공기냉각기에 공급하는 냉각수량을 계산하시오. (단, 환기덕트에 의한 공기의 온도 상승은 무시하고, 풍량은 비체적을 0.83m³/kg DA로 계산한다.) (16점)

[조 건]

1) 실내상태 : 건구온도 26℃, 상대습도 50%
2) 외기상태 : 건구온도 33℃, 습구온도 27℃
3) 실내 냉방부하 : 현열부하 41,860kJ/h, 잠열부하 5,025kJ/h
4) 취입 외기량 : 급기풍량의 25%
5) 실내와 취출공기의 온도차 : 10℃
6) 송풍기 및 급기덕트에 의한 공기의 온도 상승 : 1℃
7) 공기의 밀도 : 1.2kg/m³
8) 공기의 정압비열 : 1.005kJ/kg·K

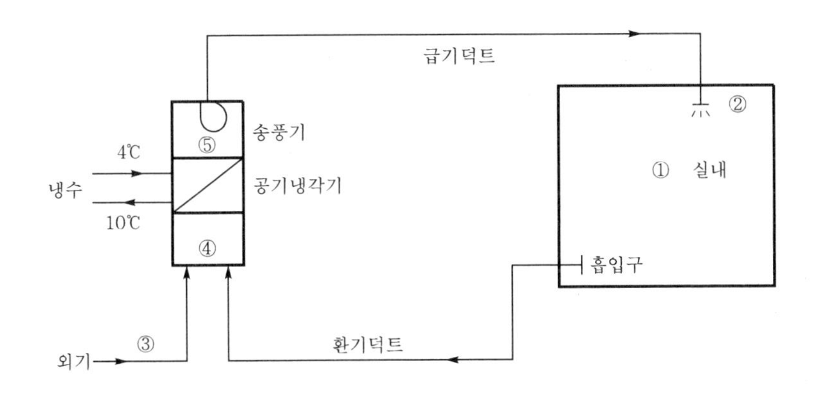

해설 ① 공기선도

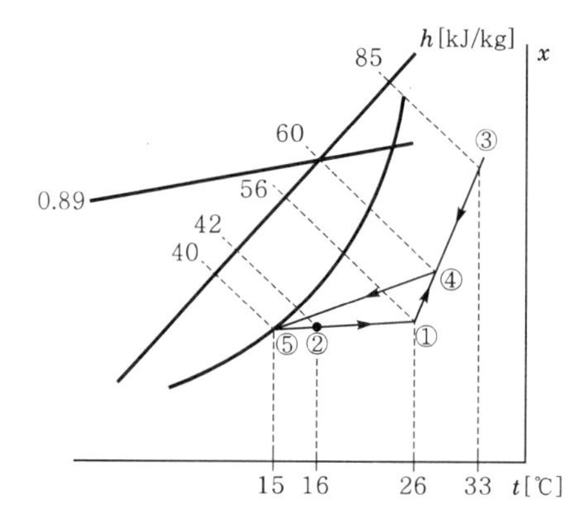

② 현열비$(SHF) = \frac{q_s}{q_s + q_L} = \frac{41,860}{41,860 + 5,025} \fallingdotseq 0.89$

혼합점 평균온도$(t_4) = t_3\frac{Q_3}{Q} + t_1\frac{Q_1}{Q} = 33 \times 0.25 + 26 \times 0.75 = 27.75℃$

$t_2 = t_1 - 10 = 26 - 10 = 16℃$

$t_5 = t_2 - 1 = 16 - 1 = 15℃$

$q_s = \rho Q C_p(t_1 - t_2)$에서

$\therefore\ Q = \frac{q_s}{\rho C_p(t_1 - t_2)} = \frac{41,860}{1.2 \times 1.005 \times (26 - 16)} \fallingdotseq 3470.98\text{m}^3/\text{h}$

③ 냉각코일부하$(q_{cc}) = m\Delta h = \rho Q(h_4 - h_5) = 1.2 \times 3470.98 \times (60 - 40)$
$= 83303.52\text{kJ/h}$

$q_{cc} = mC(t_4 - t_5) \times 60$에서

$\therefore\ m = \frac{q_{cc}}{C(t_4 - t_5) \times 60} = \frac{83303.52}{4.186 \times (27.75 - 15) \times 60} = 26.01\text{kg/min}$

07 다음 ( ) 안에 알맞은 말을 [보기]에서 골라 넣으시오. (4점)

표준 냉동장치에서 흡입가스는 (①)을 따라서 (②)하여 과열증기가 되어 외부와 열교환을 하고, 응축기 출구 (③)에서 5℃ 과냉각시켜서 (④)을 따라서 교축작용으로 단열팽창되어 증발기에서 등압선을 따라 포화증기가 된다.

[보 기]

단열압축	등온압축	습압축	등엔탈피선	등비체적선
등엔트로피선	포화액선	습증기선	등온선	

해설 ① 등엔트로피선, ② 단열압축, ③ 포화액선, ④ 등엔탈피선

08 **다음 설계 조건을 이용하여 각 부분의 손실 열량을 시간별(10시, 12시)로 각각 구하시오.** (20점)

[조 건]

1) 공조 시간 : 10시간
2) 외기 : 10시 31°C, 12시 33°C, 16시 32°C
3) 인원 : 6인
4) 실내 설계 온·습도 : 26°C, 50%
5) 조명(형광등) : 20W/m²
6) 각 구조체의 열통과율 K〔W/m²·K〕: 외벽 3.5, 칸막이벽 2.3, 유리창 5.8
7) 인체에서의 발열량 : 현열 227kJ/h·인, 잠열 248kJ/h·인
8) 유리 일사량〔W/m²〕

시 간	10시	12시	16시
일사량	360	53	35

9) 상당 온도차(Δt_e)

구분 / 시간	N	E	S	W	유 리	내벽 온도차
10시	5.5	12.5	3.5	5.0	5.5	2.5
12시	4.7	20.0	6.6	6.4	6.5	3.5
16시	7.5	9.0	13.5	9.0	5.6	3.0

10) 유리창 차폐계수 K_s=0.7

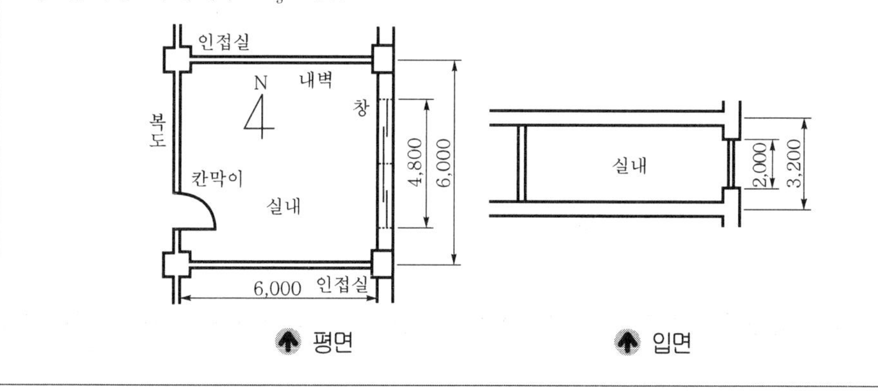

1. 벽체로 통한 취득 열량
   ① 동쪽 외벽
   ② 칸막이벽 및 문(단, 문의 열통과율은 칸막이벽과 동일)
2. 유리창으로 통한 취득 열량
3. 조명 발생 열량
4. 인체 발생 열량

해설 1. 벽체로 통한 취득 열량

① 동쪽 외벽

㉠ 10시일 때 $= KA\Delta t_e = 3.5 \times \{(6 \times 3.2) - (4.8 \times 2)\} \times 12.5 = 420\text{W}$

㉡ 12시일 때 $= KA\Delta t_e = 3.5 \times \{(6 \times 3.2) - (4.8 \times 2)\} \times 20 = 672\text{W}$

② 칸막이벽 및 문

㉠ 10시일 때 $= KA\Delta t_e = 2.3 \times (6 \times 3.2) \times 2.5 = 110.4\text{W}$

㉡ 12시일 때 $= KA\Delta t_e = 2.3 \times (6 \times 3.2) \times 3.5 = 154.56\text{W}$

∴ ㉠ 10시일 때 열량 $= 420 + 110.4 = 530.4\text{W}$

㉡ 12시일 때 열량 $= 672 + 154.56 = 826.56\text{W}$

2. 유리창으로 통한 취득 열량

① 일사량

㉠ 10시일 때 $= K_s q_R A = 0.7 \times 360 \times (4.8 \times 2) = 2419.2\text{W}$

㉡ 12시일 때 $= K_s q_R A = 0.7 \times 53 \times (4.8 \times 2) = 356.16\text{W}$

② 전도 열량

㉠ 10시일 때 $= KA\Delta t_e = 5.8 \times (4.8 \times 2) \times 5.5 = 306.24\text{W}$

㉡ 12시일 때 $= KA\Delta t_e = 5.8 \times (4.8 \times 2) \times 6.5 = 361.92\text{W}$

∴ ㉠ 10시일 때 열량 $= 2419.2 + 306.24 = 2725.44\text{W}$

㉡ 12시일 때 열량 $= 356.16 + 361.92 = 718.08\text{W}$

3. 조명 발생 열량 $= 20 \times (6 \times 6) = 720\text{W}$

4. 인체 발생 열량

인체부하는 현열과 잠열을 모두 고려하므로

$Q_t = n(q_s + q_L) = 6 \times (227 + 248) = 2{,}850\text{kJ/h} \fallingdotseq 792\text{W}$

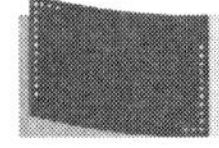

2016. 6. 26. 시행

01 **다음과 같은 2단 압축 2단 팽창 냉동 사이클의 $P-h$ 선도를 보고 각 물음에 답하시오. (단, 냉동능력=10RT=139,440kJ/h) (10점)**

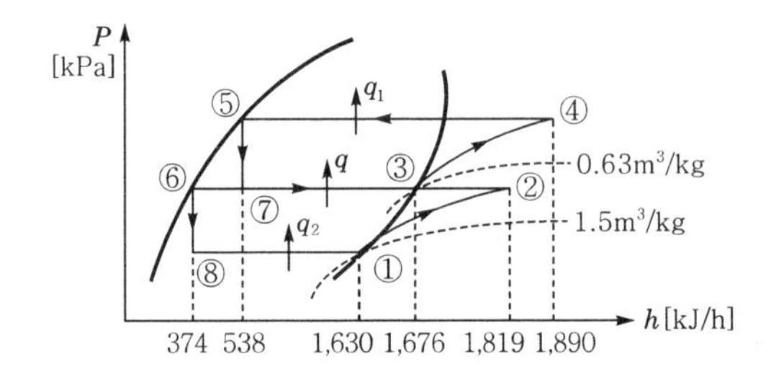

1. 저단 압축기 냉매순환량 $\dot{m}_L$(kg/h)을 구하시오.
2. 중간 냉각기의 냉매순환량 $\dot{m}_m$ (kg/h)을 구하시오.
3. 2단 압축기의 냉매순환량 $\dot{m}_H$(kg/h)을 구하시오.
4. 냉동장치의 성적계수(COP_R)를 구하시오.
5. 저단 압축기의 소요동력(kW)을 구하시오.

해설

1. $\dot{m}_L = \dfrac{Q_p}{h_1 - h_8} = \dfrac{139,440}{1,630 - 374} = 111.02\text{kg/h}$

2. $\dot{m}_m = \dot{m}_L \dfrac{(h_2 - h_3) + (h_7 - h_6)}{h_3 - h_7}$

$= 111.02 \times \dfrac{(1,819 - 1,676) + (538 - 374)}{1,676 - 538}$

$= 29.95\text{kg/h}$

3. $\dot{m}_H = \dot{m}_L + \dot{m}_m = 111.02 + 29.95 = 140.97\text{kg/h}$

4. $COP_R = \dfrac{Q_p}{\dot{m}_L(h_2 - h_1) + \dot{m}_H(h_4 - h_3)}$

$= \dfrac{139,440}{111.02 \times (1,819 - 1,630) + 140.97 \times (1,890 - 1,676)}$

$= 2.73$

5. $kW = \dfrac{\dot{m}_L W_{cL}}{3,600} = \dfrac{\dot{m}_L(h_2 - h_1)}{3,600} = \dfrac{111.02 \times (1,819 - 1,630)}{3,600}$

$= 5.83\text{kW}$

02 공기의 건구온도(DB) 27℃, 상대습도(RH) 65%, 절대습도(x) 0.0125kg′/kg일 때 습공기의 비엔탈피(kJ/kg)를 구하시오. (7점)

해설 습공기 비엔탈피$(h) = C_p t + x(\gamma_o + C_{pw} t) = 1.005t + x(2,500 + 1.85t)$

$= 1.005 \times 27 + 0.0125 \times (2,500 + 1.85 \times 27) ≒ 59\text{kJ/kg}$

03 장치노점이 10℃인 냉수 코일이 20℃ 공기를 12℃ 냉각시킬 때 냉수 코일의 바이패스 팩터(Bypass Factor ; BF)를 구하시오. (5점)

해설 바이패스 팩터$(BF) = \dfrac{t - t''}{t_w - t''} = \dfrac{12 - 10}{20 - 10} = 0.2$

04 어느 벽체의 구조가 다음과 같은 조건을 갖출 때 각 물음에 답하시오. (12점)

[조 건]

1) 실내온도 : 25℃, 외기온도 : −5℃
2) 벽체의 구조

재 료	두께[m]	열전도율[W/m · K]
① 타일	0.01	1.28
② 시멘트모르타르	0.03	1.28
③ 시멘트벽돌	0.19	1.4
④ 스티로폴	0.05	0.04
⑤ 콘크리트	0.10	1.63

3) 공기층 열컨덕턴스 : 6.04W/m² · K
4) 외벽의 면적 : 40m²

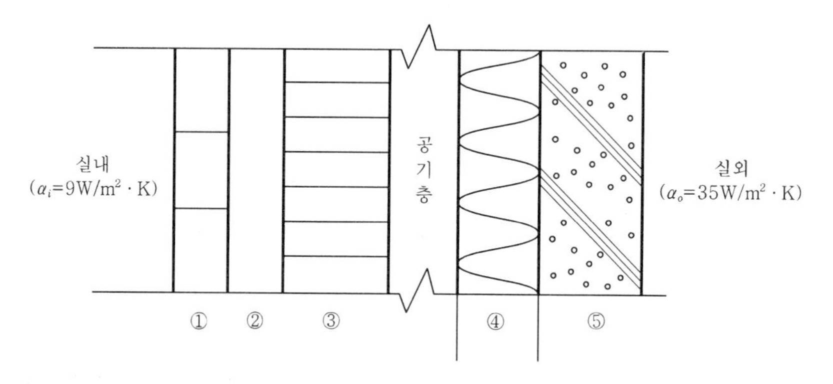

1. 벽체의 열통과율[W/m² · K]을 구하시오.
2. 벽체의 손실열량[kW]을 구하시오.
3. 벽체의 내표면 온도[℃]를 구하시오.

해설

1. 벽체의 열통과율$(K) = \frac{1}{R} = \frac{1}{\frac{1}{\alpha_i} + \sum_{i=1}^{n} \frac{l_i}{\lambda_i} + \frac{1}{\text{공기층}} + \frac{1}{\alpha_o}}$

$$= \frac{1}{\frac{1}{9} + \frac{0.01}{1.28} + \frac{0.03}{1.28} + \frac{0.19}{1.4} + \frac{0.05}{0.04} + \frac{0.1}{1.63} + \frac{1}{6.04} + \frac{1}{35}}$$

$$= 0.56\text{W/m}^2 \cdot \text{K}$$

2. 벽체의 손실열량$(q) = KA(t_r - t_o) = 0.56 \times 40 \times \{25 - (-5)\} = 672\text{W} = 0.672\text{kW}$
3. $KA(t_r - t_o) = \alpha_i A(t_r - t_s)$에서

벽체의 내표면 온도$(t_s) = t_r - \frac{K}{\alpha_i}(t_r - t_o) = 25 - \frac{0.56}{9} \times 30 = 23.13℃$

05 **냉동능력 R=5.81kW인 R-22 냉동시스템의 증발기에서 냉매와 공기의 평균온도차가 8℃로 운전되고 있다. 이 증발기는 내외 표면적비 m=7.5, 공기측 열전달률 α_a=46.48W/m^2·K, 냉매측 열전달률 α_r=581W/m^2·K의 플레이트 핀코일이고, 핀코일 재료의 열전달저항은 무시한다. 다음 각 물음에 답하시오.** (15점)

1. 증발기의 외표면기준 열통과율 K〔W/m^2·K〕는 얼마인가?
2. 증발기 외표면적 A_o〔m^2〕는 얼마인가?
3. 이 증발기의 냉매회로 수 n=4, 관의 안지름이 15mm이라면 1회로당 코일길이 l은 몇〔m〕인가?

해설 1. 증발기의 외표면 열통과율

① 열저항$(R)=\frac{1}{K}=\frac{1}{\alpha_r}\frac{A_a}{A_r}+\frac{1}{\alpha_a}=\frac{1}{581}\times 7.5+\frac{1}{46.48}=0.034\text{m}^2\cdot\text{K/W}$

② 열통과율$(K)=\frac{1}{R}=\frac{1}{0.034}=29.41\text{W/m}^2\cdot\text{K}$

2. 증발기 외표면적

$$A_o=\frac{Q_e}{K\Delta t}=\frac{5.81\times 10^3}{29.41\times 8}=24.69\fallingdotseq 25\text{m}^2$$

3. 1회로당 코일길이

① 내표면적$(A_i)=\frac{A_o}{m}=\frac{25}{7.5}=3.33\text{m}^2$

② 코일길이$(l)=\frac{A_i}{n\pi d_i}=\frac{3.33}{4\times\pi\times 0.015}\fallingdotseq 17.67\text{m}$

06 **다음 그림과 같은 자동차 정비공장이 있다. 이 공장 내에서는 자동차 3대가 엔진 가동 상태에서 정비되고 있으며, 자동차 배기가스 중의 일산화탄소량은 1대당 0.12CMH일 때 주어진 조건을 이용하여 각 물음에 답하시오.** (15점)

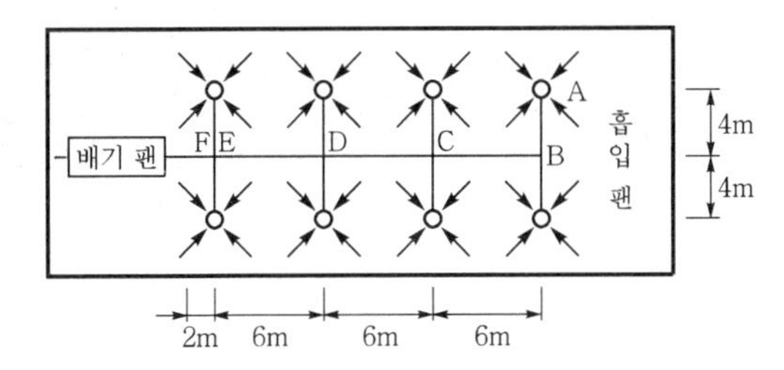

[조 건]

1) 외기 중의 일산화탄소량 0.0001%(용적비), 실내 이산화탄소의 허용농도 0.001%(용적비)
2) 바닥면적 : $300m^2$, 천장높이 : 4m
3) 배기구의 풍량은 모두 같고, 자연환기는 무시한다.
4) 덕트의 마찰손실은 0.1mmAq/m로 하고, 배기구의 총압력손실은 3mmAq로 한다. 또 덕트, 엘보 등의 국부저항은 직관 덕트 저항의 50%로 한다.

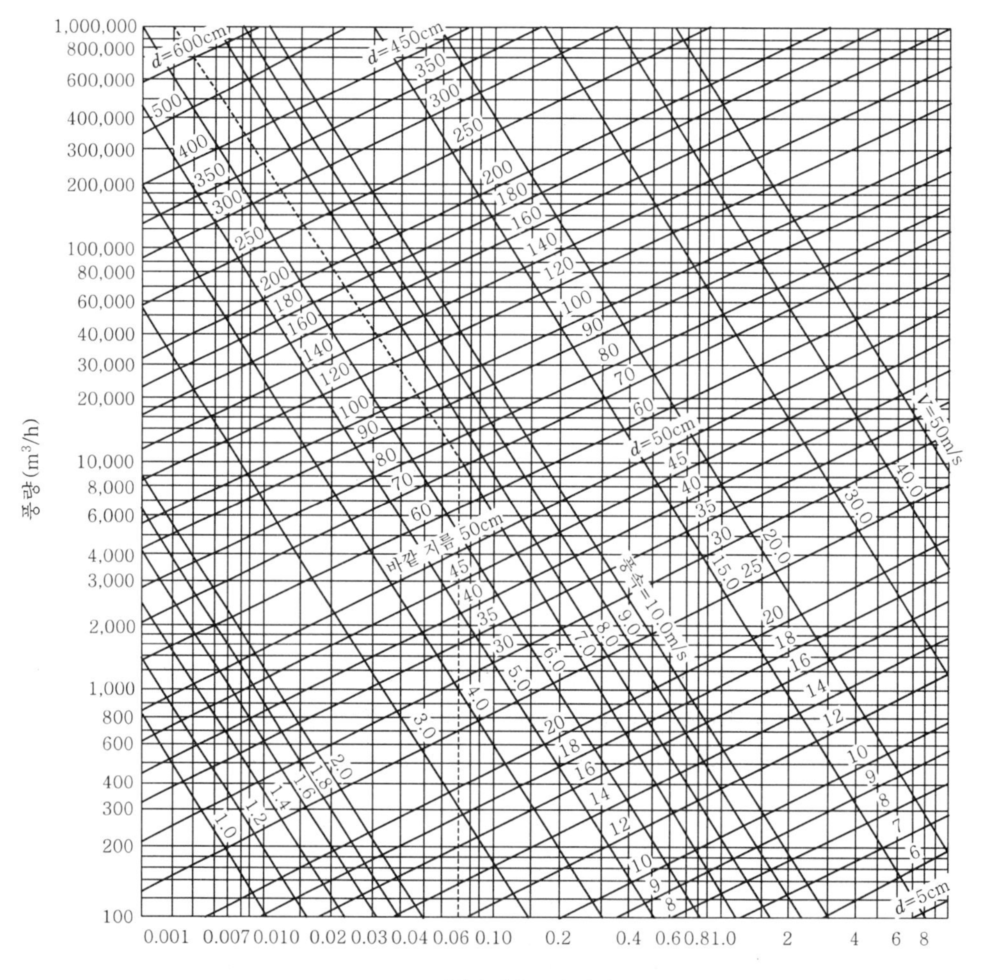

1. 필요 환기량(CMH)을 구하시오.
2. 환기횟수는 몇 (회/h)가 되는가?
3. 다음 각 구간별 원형 덕트 사이즈(cm)를 주어진 선도를 이용하여 구하시오.
4. A－F 사이의 압력손실(mmAq)을 구하시오.

해설

1. $Q = \dfrac{M}{C_i - C_o} = \dfrac{3 \times 0.12}{0.00001 - 0.000001} = 40{,}000\text{CMH}$

2. $Q = nV[\text{m}^3/\text{h}]$에서

$n = \dfrac{Q}{V} = \dfrac{40{,}000}{300 \times 4} = 33.33$회/h

3.

구 간	AB	BC	CD	DE	EF
풍량[CMH]	5,000	10,000	20,000	30,000	40,000
덕트 지름[cm]	50	65	85	100	115

4. ① 직관 덕트길이$(l) = 2+6+6+6+4 = 24\text{m}$

② 덕트, 엘보 등의 상당길이$(l') = 24 \times 0.5 = 12\text{m}$

③ 배기구 손실 = 3mmAq

④ A−F 사이의 압력손실 $= (24+12) \times 0.1 + 3 = 6.6\text{mmAq}$

07

50m×20m×4m 크기의 제빙시설이 있다. 300ton/day의 얼음(−15°C)을 생산하는 경우 다음 각 물음에 답하시오. (16점)

[조 건]

1) 외기온도 : 30°C
2) 원수온도 : 20°C
3) 실내온도 : −20°C
4) 실내인원 : 3명
5) 환기횟수 : 0.7회/h
6) 인체발생열량 : 210kJ/h · 인
7) 조명기구 부하 : 20W/m^2

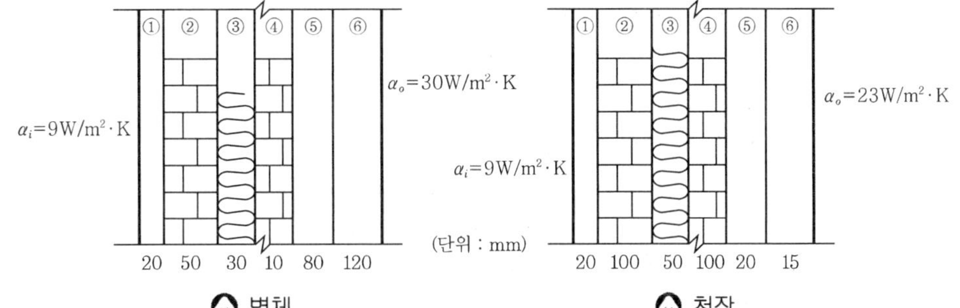

재료명	열전도율[W/m · K]
① 모르타르	1.3
② 시멘트벽돌	0.78
③ 글라스울(유리섬유)	0.03
④ 시멘트벽돌	0.78
⑤ 모르타르	1.3
⑥ 플라스틱	0.62

1. 벽체 열관류율(K_w)을 구하시오.
2. 천장 열관류율(K_c)을 구하시오.
3. 벽체 부하를 구하시오.
4. 천장 부하를 구하시오.
5. 환기 부하를 구하시오.
6. 인체 부하를 구하시오.
7. 조명 부하를 구하시오.
8. 제빙 부하를 구하시오.

해설

1\. 벽체 열관류율 $(K_w) = \dfrac{1}{\dfrac{1}{\alpha_i} + \sum_{i=1}^{n} \dfrac{l_i}{\lambda_i} + \dfrac{1}{\alpha_o}}$

$$= \frac{1}{\frac{1}{9} + \frac{0.02}{1.3} + \frac{0.05}{0.78} + \frac{0.03}{0.03} + \frac{0.01}{0.78} + \frac{0.08}{1.3} + \frac{0.12}{0.62} + \frac{1}{30}}$$

$$\fallingdotseq 0.67\text{W/m}^2 \cdot \text{K}$$

2\. 천장 열관류율 $(K_c) = \dfrac{1}{\dfrac{1}{\alpha_i} + \sum_{i=1}^{n} \dfrac{l_i}{\lambda_i} + \dfrac{1}{\alpha_o}}$

$$= \frac{1}{\frac{1}{9} + \frac{0.02}{1.3} + \frac{0.1}{0.78} + \frac{0.05}{0.03} + \frac{0.1}{0.78} + \frac{0.02}{1.3} + \frac{0.015}{0.62} + \frac{1}{23}}$$

$$\fallingdotseq 0.47\text{W/m}^2 \cdot \text{K}$$

3\. 벽체 부하 $(Q_w) = K_w A \Delta t = 0.67 \times \{(50 \times 4) \times 2 + (20 \times 4 \times 2)\} \times 50$

$\fallingdotseq 18,760\text{W}$

4\. 천장 부하 $(Q_c) = K_c A \Delta t = 0.47 \times (50 \times 20) \times 50 = 23,500\text{W}$

5\. 환기 부하 $(Q_R) = \rho Q C_p \Delta t = \rho n V C_p \Delta t$

$= 1.2 \times 0.7 \times (50 \times 20 \times 4) \times 1.0046 \times 50$

$\fallingdotseq 46881.33\text{kJ/h} \fallingdotseq 13022.6\text{W}$

6\. 인체 부하 $(Q_m) = n q_m = 3 \times 250 = 630\text{kJ/h} = 175\text{W}$

7\. 조명 부하 $(Q_r) = q_r A = 20 \times (50 \times 20) = 20,000\text{W}$

8\. 제빙 부하 $(Q_i) = \dfrac{W(C\Delta t_w + \gamma_o + C_i \Delta t_i)}{24} = \dfrac{300,000 \times (4.186 \times 20 + 335 + 2.093 \times 15)}{24}$

$\fallingdotseq 5626437.5\text{kJ/h} \fallingdotseq 1562899.31\text{W}$

08 냉매번호 2자릿수는 메탄(methane)계 냉매, 냉매번호 3자릿수 중 100단위는 에탄(ethane)계 냉매, 냉매번호 500단위는 공비혼합냉매, 냉매번호 700단위는 무기물 냉매이며, 냉매번호 700단위 뒤의 2자리의 결정은 분자량의 값이다. 다음 냉매종류에 해당하는 냉매번호를 (　　) 안에 기입하시오. (7점)

1. 메틸클로라이드 (　　)　　2. NH_3 (　　)
3. 탄산가스 (　　)　　4. CCl_2F_2 (　　)
5. 아황산가스 (　　)　　6. 물 (　　)
7. $C_2H_4F_2+CCl_2F_2$ (　　)　　8. $C_2Cl_2F_2$ (　　)

해설 1. R－40　　2. R－717　　3. R－744
4. R－12　　5. R－764　　6. R－718
7. R－500　　8. R－114

【참고】 1. 공비혼합냉매
① 공비혼합냉매는 R－다음에 500단위, 무기화합물냉매는 R-다음에 700단위를 사용하고 두 자릿수는 물질의 분자량으로 결정한다.
② 비공비혼합냉매(R－400번대)
서로 다른 두 냉매를 일정한 비율에 관계없이 혼합한 냉매로서 사용할 때 액상과 기상의 조성이 변화하여 증발할 경우에는 비등점이 낮은 냉매가 먼저 증발하고, 비등점이 높은 냉매는 남게 되어 운전상태가 조성에까지 영향을 미치는 혼합냉매를 뜻한다.
예 R－407C, R－410A
③ 공비혼합냉매(R-500번대)
서로 다른 두 가지 냉매를 일정한 비율에 의하여 혼합하면 마치 한 가지 냉매와 같은 특성을 갖게 되는 혼합냉매로서 일정한 비등점, 동일한 액상, 기상의 조성이 나타나는 냉매를 뜻한다.
예 R－500(＝R－12＋R－152), R－501(＝R－12＋R－22), R－502(＝R－22＋R－115), R－503(＝R－13＋R－23)

2. 무기화합물냉매(R－700번대)
① 물(H_2O : R－718)
㉠ 증발온도를 0℃ 이하로 할 수 없는 조건이 최대의 단점이다.
㉡ 저온용에는 사용할 수 없고 공기조화용으로 흡수식 냉동장치의 냉매로 사용된다.
② 탄산가스(CO_2, R－744)
㉠ 불연성이며 인체에 무독하다.
㉡ 임계온도는 31℃로 상온에서의 응축이 곤란하며 포화압력이 높다.
㉢ 배관 및 기기의 내압강도가 커야 한다.
㉣ 가스의 체적이 작아 선박 같은 좁은 장소의 냉동장치의 냉매로 사용된다.
③ 아황산가스(SO_2, R－764)
㉠ 비등점은 －10℃, 응고점은 －75.5℃, 임계온도는 157.1℃, 임계압력은 7.87MPa이다.
㉡ 응축압력은 암모니아의 1/3 정도이며, 금속재료 선택에서도 구리 및 구리합금을 사용할 수 있다.
㉢ 불연성, 폭발성이 없다.
㉣ 공기 중의 수분과 화합하여 황산을 생성해서 금속을 부식시킨다.
㉤ 강한 독성가스이다.
④ 암모니아(NH_3, R－717)
㉠ 암모니아는 우수한 열역학적 특성 및 높은 효율을 지닌 냉매이다.

2016

㉡ 제빙 냉동 · 냉장 등 산업용의 증기압축식 및 흡수식의 냉매로 오래전부터 많이 사용되어 왔다. 그러나 작동압력이 다소 높고 인체에 해로운 유독성이 있어 위험하다.

㉢ 산업용 대용량 시스템에서 주로 사용되어 왔으며, 소형은 특수한 목적에만 사용되었다.

㉣ 장점
- 냉동효과가 매우 크다.
- 설치비와 유지보수비용이 적다.
- 전열효과가 크다.
- 가격이 저렴하다.

㉤ 단점
- 독성가스이며 취급에 매우 주의해야 한다.
- 가연성이기 때문에 취급에 주의해야 한다.
- 특수한 장소에 보관해야 한다.
- 철 이외에 금속 및 비금속에 부식성을 갖는다.
- 냉동유와 용해하지 않기 때문에 냉동유 회수가 힘들다.
- 수분에 의해서 에멀션현상을 일으킨다.
- 비열비가 높아 토출가스의 온도 상승으로 실린더를 냉각시키는 장치가 필요하다.

3. 유기질혼합냉매(R－600)
   ① 부탄(R－600a)
   ② 산소(R－61x)
   ③ 유황화합물(R－62x)
   ④ 질소화합물(R－63x)

2016. 10. 9. 시행

01 증기 보일러에 부착된 인젝터의 작용을 설명하시오. (8점)

해설 인젝터(injector)는 증기보일러 급수장치로 증기노즐, 혼합노즐, 방출노즐로 구성되어 있으며 인젝터의 증기밸브를 열어 인젝터 핸들을 열면 증기노즐로부터 증기가 고속으로 분류에 의한 인젝터(injector)작용과 흡수되는 물과 혼합하여 응축할 때의 진공작용으로 강력하게 물을 빨아들여 혼합노즐을 거쳐 방출노즐에 도달하여 속도가 늦춰지면서 보일러에 급수된다(열에너지－운동에너지(속도에너지)－압력에너지로 변화한다).

02 다익형 송풍기(일명 시로코팬)는 그 크기에 따라서 2, $2\frac{1}{2}$, 3, … 등으로 표시한다. 이때 이 번호의 크기는 어느 부분에 대한 얼마의 크기를 말하는가? (5점)

해설 다익형 송풍기(sirocco fna)는 원심식 송풍기로 크기는 회전차(impeller)의 지름(D)으로 표시한다.

$$\text{원심식 송풍기 번호(No.)} = \frac{\text{임펠러 지름}(D)}{150}$$

예
- No.2 : $D = 2 \times 150 = 300$mm
- No.2.5 : $D = 2.5 \times 150 = 375$mm
- No.3 : $D = 3 \times 150 = 450$mm

03 다음 그림과 같은 2중 덕트 장치도를 보고 공기선도에 각 상태점을 나타내어 흐름도를 완성시키시오. (8점)

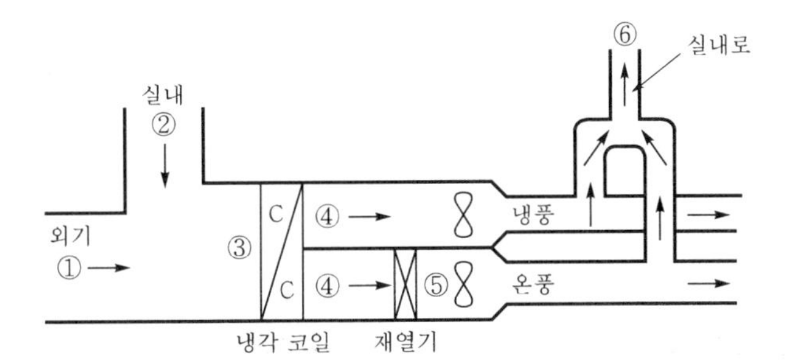

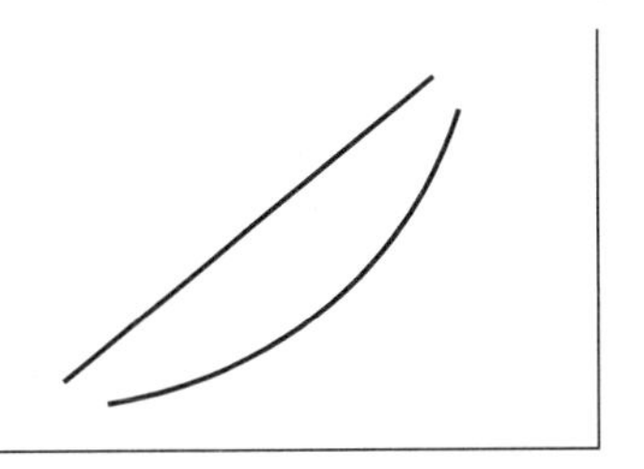

해설

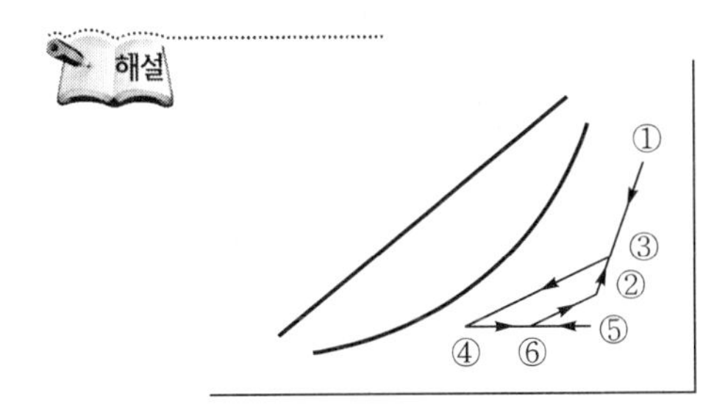

04 다음 조건과 같은 제빙공장에서의 제빙부하〔kJ/h〕와 냉동부하〔RT〕를 구하시오. (8점)

[조 건]

1) 제방실 내의 동력부하 : 16.5kW
2) 제빙실의 외부로부터 침입열량 : 15,362kJ/h
3) 제빙능력 : 1일 10톤 생산
4) 1일 결빙시간 : 20시간
5) 얼음의 최종온도 : −5℃
6) 원수온도 : 15℃
7) 얼음의 융해잠열 : 335kJ/kg
8) 안전율 : 10%

해설 ① 제빙부하$(Q_i)=\dfrac{W(C\Delta t_w+\gamma_o+C_1\Delta t_i)}{결빙시간(H)}$

$=\dfrac{10{,}000\times\{(4.186\times15)+335+(2.093\times5)\}}{20}$

$\fallingdotseq 204127.5\text{kJ/h}$

② 냉동부하$(Q_e)=(제빙부하+제빙실\ 내\ 동력부하+침입열량)\times\dfrac{안전계수}{13897.52}$

$=\{204127.5+(16.5\times3{,}600)+15{,}362\}\times\dfrac{1.1}{13897.52}$

$\fallingdotseq 22.07\text{RT}$

05 냉매순환량이 5,000kg/h인 표준 냉동장치에서 다음 선도를 참고하여 성적계수와 냉동능력을 구하시오. (12점)

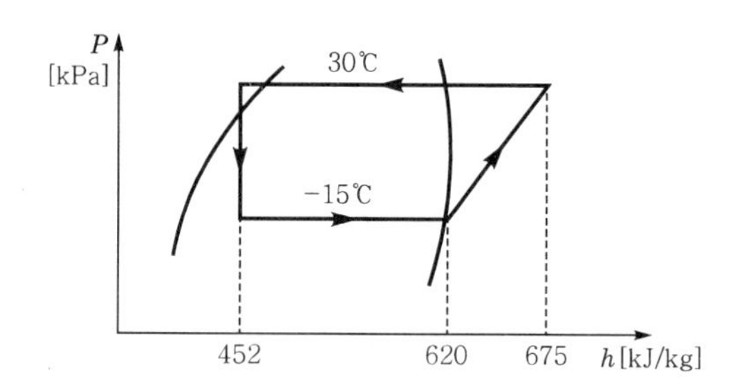

해설 ① 냉동기 성적계수$((COP)_R)=\dfrac{q_e}{w_c}=\dfrac{620-452}{675-620}=3.05$

② 냉동능력$(Q_e)=\dot{m}\,q_e=5{,}000\times(620-452)=840{,}000\text{kJ/h}\fallingdotseq 233.33\text{kW}$

06 다음 길이에 따른 열관류율일 때 길이 10cm의 열관류율은 몇 〔W/m²·K〕인가?

(단, 두께와 길이에 관계없이 열저항은 일정하다. 소수점 다섯째 자리에서 반올림하여 넷째 자리까지 구하시오.) (5점)

길이〔cm〕	열관류율〔W/m²·K〕
4	0.07
7.5	0.04

해설 열관류율과 길이(두께)는 반비례하므로

$$\frac{K_2}{K_1}=\frac{l_1}{l_2}$$

$$\therefore\ K_2=\frac{K_2 l_1}{l_2}=\frac{0.07\times0.04}{0.1}=0.028\text{W/m}^2\cdot\text{K}$$

07 냉장실의 냉동부하 25,116kJ/h, 냉장실 온도를 −20℃로 유지하는 나관 코일식 증발기 천장 코일의 냉각관 길이〔m〕를 구하시오.

(단, 천장 코일의 증발관 내 냉매의 증발 온도는 −28℃, 외표면적 0.19m², 열통과율은 8.14W/m²·K이다.) (8점)

해설 $$\text{냉각관 길이}(L)=\frac{Q_r}{KA_o\Delta t}=\frac{25{,}116}{8.14\times3.6\times0.19\times\{-20-(-28)\}}\fallingdotseq 563.87\text{m}$$

08 주어진 조건을 이용하여 다음 각 물음에 답하시오.

(단, 실내 송풍량 m=5,000kg/h, 실내 부하의 현열비 SHF=0.86이고, 공기조화기의 환기 및 전열교환기의 실내측 입구 공기의 상태는 실내와 동일하다.) (20점)

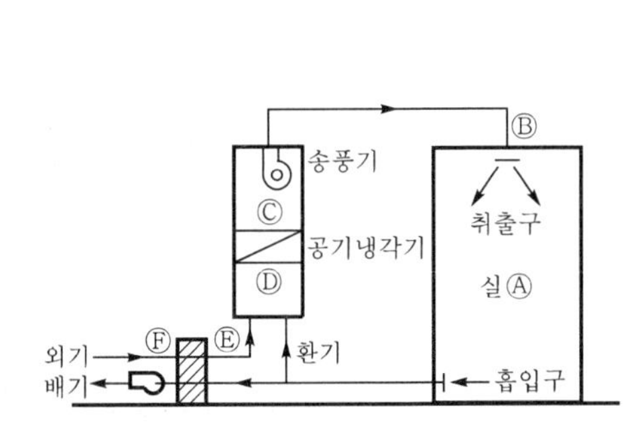

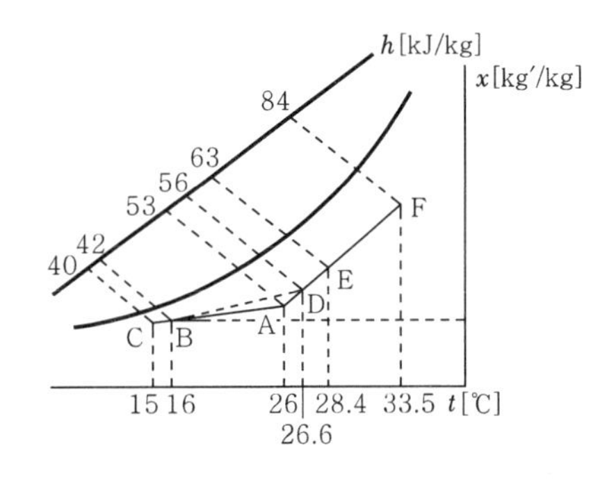

1. 실내 현열부하 q_s〔kJ/h〕를 구하시오.
2. 실내 잠열부하 q_L〔kJ/h〕을 구하시오.
3. 공기냉각기의 냉각 감습열량 q_c〔kJ/h〕를 구하시오.
4. 취입 외기량 m_o〔kg/h〕를 구하시오.
5. 전열교환기의 효율 η〔%〕를 구하시오.

해설 1. $q_s = mC_p(t_A - t_B) = 5{,}000 \times 1.0046 \times (26-16) = 50{,}230\text{kJ/h}$

2. $q_L = m(h_A - h_B) - q_s = 5{,}000 \times (53-42) - 50{,}230 = 154{,}770\text{kJ/h}$

3. $q_c = m(h_D - h_C) = 5{,}000 \times (56-40) = 80{,}000\text{kJ/h}$

4. $m(h_D - h_A) = m_o(h_E - h_A)$에서

$$m_o = \frac{m(h_D - h_A)}{h_E - h_A} = \frac{5{,}000 \times (56-53)}{63-53} = 1{,}500\text{kg/h}$$

5. $$\eta = \frac{t_F - t_E}{t_F - t_A} \times 100\% = \frac{33.5-28.4}{33.5-26} \times 100\% = 68\%$$

09 송풍기(fan)의 전압효율이 45%, 송풍기 입구와 출구에서의 전압차가 120mmAq로서 10,200m^3/h의 공기를 송풍할 때 송풍기의 축동력(PS)을 구하시오. (5점)

해설

$$\text{축동력}(L_s) = \frac{P_t Q}{735\eta_t} = \frac{120 \times 9.8 \times \dfrac{10{,}200}{3{,}600}}{735 \times 0.45} = 10.07\text{PS}$$

※ $1\text{mmAq} = 1\text{kgf/m}^2 = 9.8\text{N/m}^2(=\text{Pa})$

10 사각덕트 소음 방지방법에서 흡음장치에 대한 종류 3가지를 쓰시오. (8점)

해설 ① 덕트(duct) 내장형
② 플레이트형(plate, 셀형)
③ 엘보(elbow)형
④ 웨이브(wave)형
⑤ 머플러(muffler)형

【참고】

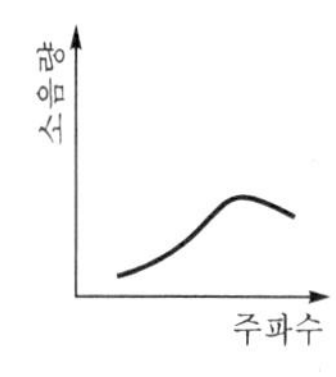

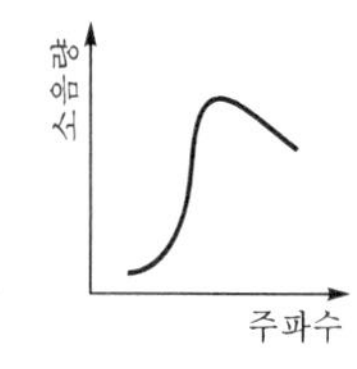

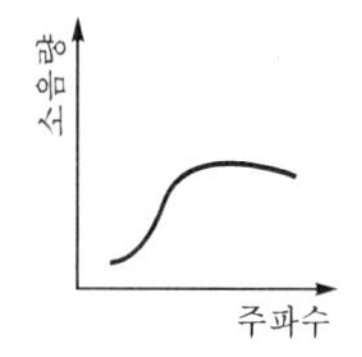

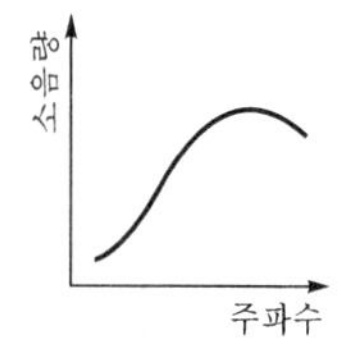

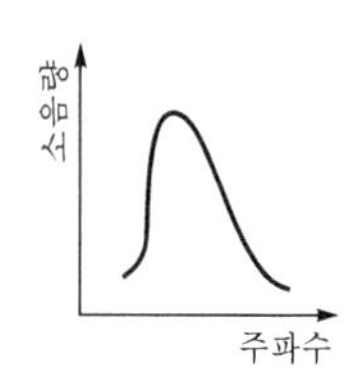

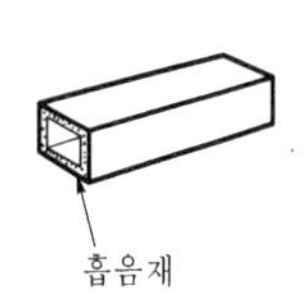

(a) 덕트 내장형

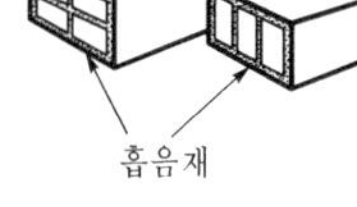

(b) 플레이트형(셀형)

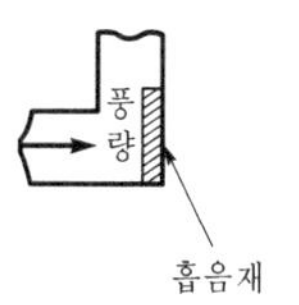

(c) 엘보형

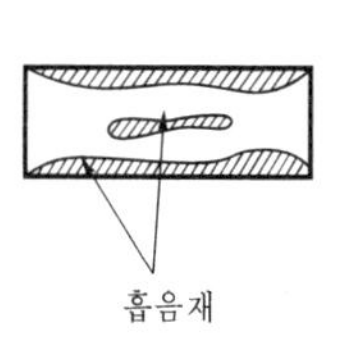

(d) 웨이브형

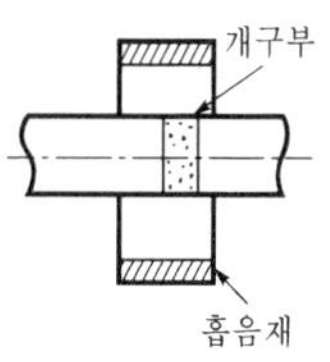

(e) 머플러형

11 송풍기 총풍량 6,000m³/h, 송풍기 출구 풍속 8m/s로 하는 직사각형 단면 덕트 시스템을 등마찰손실법으로 설치할 때 종횡비(a : b)가 3 : 1일 때 단면 덕트 길이〔cm〕를 구하시오. (8점)

해설 $Q = AV = \dfrac{\pi d_e^{\,2}}{4} V$〔m³/h〕에서

$$d_e = \sqrt{\frac{4Q}{\pi V}} = \sqrt{\frac{4 \times \dfrac{6,000}{3,600}}{\pi \times 8}} = 0.2653\text{m} \fallingdotseq 26.53\text{cm}$$

$a = 3b$이므로

$$d_e = 1.3\left[\frac{(ab)^5}{(a+b)^2}\right]^{\frac{1}{8}} = 1.3\left[\frac{(3b^2)^5}{(4b)^2}\right]^{\frac{1}{8}} = 1.3 \times \left(\frac{3^5}{4^2}\right)^{\frac{1}{8}} b = 1.827b$$

$$\therefore\ b = \frac{26.53}{1.827} = 14.52\text{cm}$$

$$a = 3b = 3 \times 14.52 = 43.56\text{cm}$$

12 냉동능력 360,000kJ/h이고 압축기 동력이 20kW이다. 압축효율이 0.8일 때 성능계수를 구하시오. (5점)

해설 냉동능력(Q_e) $= 360,000\text{kJ/h} = 100\text{kW}$

$$\therefore\ \text{냉동기 성능계수}((COP)_R) = \frac{Q_e}{\dfrac{20}{\eta_c}} = \frac{100}{\dfrac{20}{0.8}} = 4$$

【참고】 압축효율(η_c) $= \dfrac{\text{이론동력}(kW)}{\text{실제 토출동력}(kW')} \times 100\%$(실제 토출동력 > 이론동력일 때)

$$\therefore\ \text{실제 토출동력} = \frac{kW}{\eta_c} = \frac{20}{0.8} = 25\text{kW}$$

2017년도 기출문제

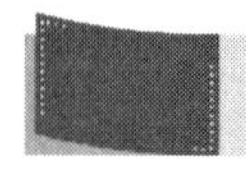

2017. 4. 16. 시행

01 **다음 그림은 냉수시스템의 배관지름을 결정하기 위한 계통이다. 그림을 참조하여 각 물음에 답하시오.** (12점)

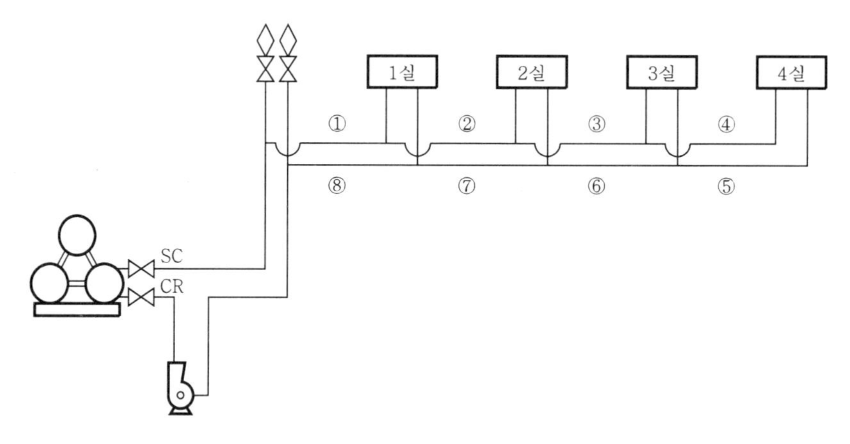

부하집계표

실 명	현열부하〔kJ/h〕	잠열부하〔kJ/h〕
1실	50,400	12,600
2실	105,000	21,000
3실	63,000	12,600
4실	126,000	25,200

냉수배관 ①~⑧에 흐르는 유량을 구하고 주어진 마찰저항도표를 이용하여 관지름을 결정하시오. (단, 냉수의 공급 · 환수온도차는 5℃로 하고, 마찰저항 R은 30mmAq/m이다.)

배관번호	유량〔L/min〕	관지름(B)
①, ⑧		
②, ⑦		
③, ⑥		
④, ⑤		

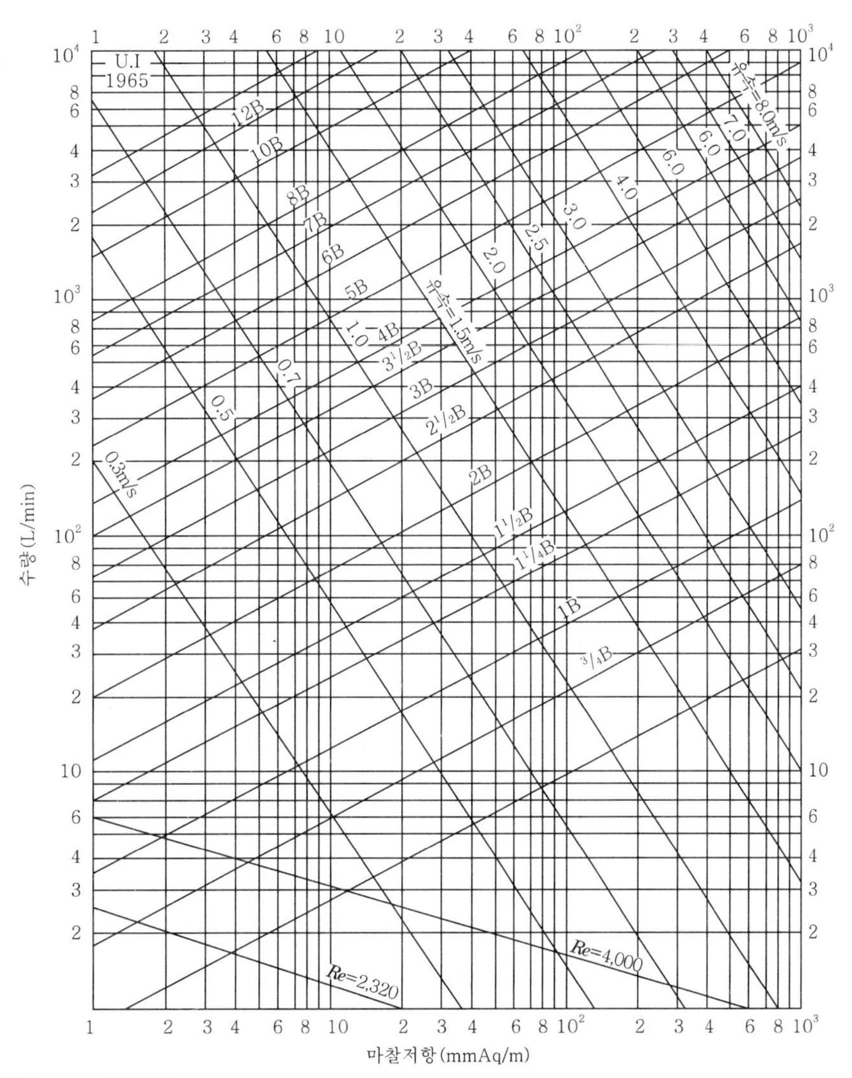

해설 ① 각 실의 유량

㉠ 1실의 유량(W_1)$=\dfrac{q_1}{60C\Delta t}=\dfrac{63,000}{60\times4.2\times5}=50\text{L/min}$

㉡ 2실의 유량(W_2)$=\dfrac{q_2}{60C\Delta t}=\dfrac{126,000}{60\times4.2\times5}=100\text{L/min}$

㉢ 3실의 유량(W_3)$=\dfrac{q_3}{60C\Delta t}=\dfrac{75,600}{60\times4.2\times5}=60\text{L/min}$

㉣ 4실의 유량(W_4)$=\dfrac{q_4}{60C\Delta t}=\dfrac{151,200}{60\times4.2\times5}=120\text{L/min}$

② 관지름

배관번호	유량〔L/min〕	관지름(B)
①, ⑧	330	3
②, ⑦	280	3
③, ⑥	180	$2\frac{1}{2}$
④, ⑤	120	2

02 어느 벽체의 구조가 다음 조건을 갖출 때 각 물음에 답하시오. (12점)

[조 건]

1) 실내온도 : 25℃, 외기온도 : −5℃
2) 벽체의 구조

재 료	두께[m]	열전도율[W/m · K]
① 타일	0.01	1.28
② 시멘트모르타르	0.03	1.28
③ 시멘트벽돌	0.19	1.40
④ 스티로폼	0.05	0.03
⑤ 콘크리트	0.10	1.63

3) 공기층 열컨덕턴스 : $6.05 \text{W/m}^2 \cdot \text{K}$
4) 외벽의 면적 : 40m^2

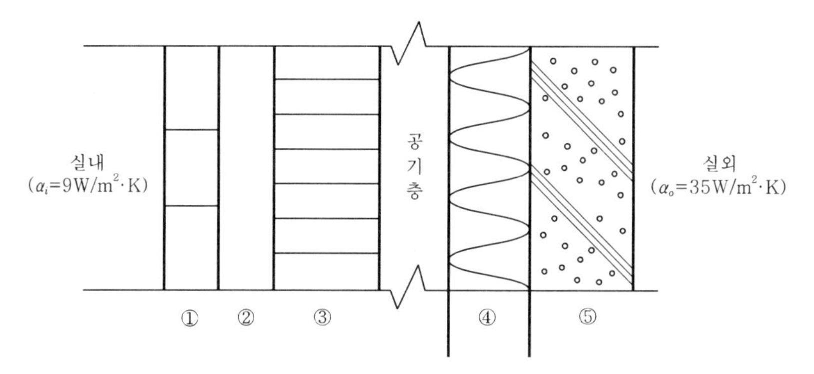

1. 벽체의 열통과율[$\text{W/m}^2 \cdot \text{K}$]을 구하시오.
2. 벽체의 손실열량[kJ/h]을 구하시오.
3. 벽체의 내표면온도[℃]를 구하시오.

해설

1. 벽체의 열통과율$(K) = \dfrac{1}{R} = \dfrac{1}{\dfrac{1}{\alpha_i} + \displaystyle\sum_{i=1}^{n} \dfrac{l_i}{\lambda_i} + \dfrac{1}{\alpha_o}}$

$$= \frac{1}{\frac{1}{9} + \frac{0.01}{1.28} + \frac{0.03}{1.28} + \frac{0.19}{1.40} + \frac{0.05}{0.03} + \frac{1}{6.05} + \frac{0.1}{1.63} + \frac{1}{35}}$$

$$\fallingdotseq 0.45 \text{W/m}^2 \cdot \text{K}$$

2. 벽체의 손실열량$(Q) = KA(t_i - t_o) = 0.45 \times 40 \times \{25-(-5)\} \fallingdotseq 540\text{W}$

3. 벽체의 내표면온도(t_s)

$KA(t_i - t_o) = \alpha_i A(t_i - t_s)$[W]에서

$$t_s = t_i - \frac{K}{\alpha_i}(t_i - t_o) = 25 - \frac{0.45}{9} \times \{25-(-5)\} \fallingdotseq 23.5℃$$

03 **혼합, 가열, 가습, 재열하는 공기조화기가 실내와 외기공기의 혼합비율이 2 : 1일 때 선도상에 다음 기호를 표시하여 작도하시오.** (8점)

① 외기온도
② 실내온도
③ 혼합상태
④ 1차 온수코일 출구상태
⑤ 가습기 출구상태
⑥ 재열기 출구상태

해설

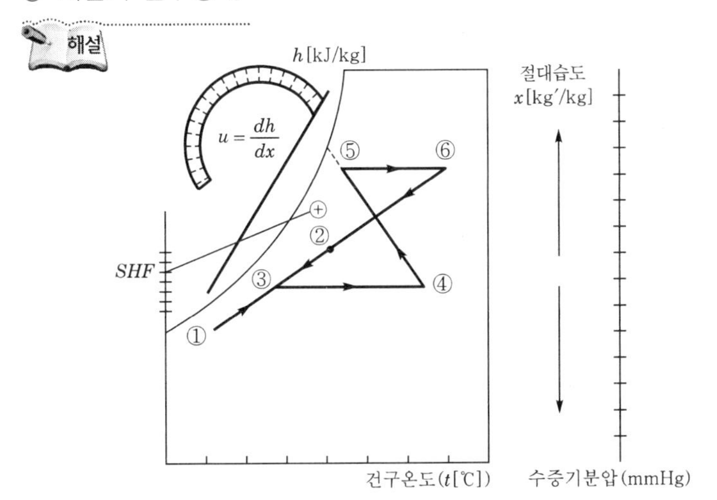

04 **냉동능력 R=14,651kJ/h인 R−22 냉동시스템의 증발기에서 냉매와 공기의 평균 온도차가 8℃로 운전되고 있다. 이 증발기는 내 · 외표면적비 m=8.3, 공기측 열전달률 α_a=35W/m^2 · K, 냉매측 열전달률 α_r=698W/m^2 · K의 플레이트핀코일이고, 핀코일재료의 열전달저항은 무시한다. 각 물음에 답하시오.** (12점)

1. 증발기의 외표면기준 열통과율(K[W/m^2 · K])은?
2. 증발기 내경이 23.5mm일 때 증발기 코일길이는 몇 [m]인가?

해설

1. $\text{열통과율}(K) = \dfrac{1}{\dfrac{1}{\alpha_a} + \dfrac{m}{\alpha_r}} = \dfrac{1}{\dfrac{1}{35} + \dfrac{8.3}{698}} \fallingdotseq 24.71\text{W/m}^2 \cdot \text{K}$

2. $\text{내표면적}(A_i) = \dfrac{R}{mK\Delta t_m} = \dfrac{14{,}651}{8.3 \times 24.71 \times 3.6 \times 8} = 2.48\text{m}^2$

$\therefore \text{증발기 코일길이}(L) = \dfrac{A_i}{\pi D_i} = \dfrac{2.48}{\pi \times 0.0235} \fallingdotseq 33.59\text{m}$

05 유인유닛방식과 팬코일유닛방식의 특징을 설명하시오. (8점)

해설 ① 유인유닛방식(IDU)의 특징

실내에 유인유닛을 설치하고 중앙공조기로부터 1차 공기를 고속덕트를 통해 각 유인유닛으로 송풍되면 1차 공기가 유닛의 노즐을 통과할 때 2차 공기를 유인하여 취출하는 것으로, 실내에 위치한 유인유닛에 냉온수가 공급된다(공기－수(물)방식).

㉠ 송풍기가 없다(압력차에 의한 유인작용 ; 고속덕트).
㉡ 건코일을 사용하므로 드레인배관이 필요 없다.
㉢ 겨울철 잠열부하처리가 가능하다.
㉣ 팬코일유닛(FCU)에 비해 설비비가 많이 든다.
㉤ 공기여과, 가습, 제습 등을 중앙기계실에서 행한다.

② 팬코일유닛방식(FCU)의 특징

각 실에 팬코일유닛을 설치하고 냉동기나 보일러로부터 냉각 또는 온수를 공급하여 유닛 내의 순환코일에 의해서 실내공기와 열교환하여 실온을 제어하는 방식이다. 팬코일의 배관방식에는 2관식, 3관식, 4관식이 있다(수(물)방식).

㉠ 송풍기에 의해 강제순환시킨다.
㉡ 여름철 잠열부하처리가 가능하다(습코일).
㉢ 겨울철 잠열부하처리가 불가능하다.
㉣ 습코일을 사용하기 때문에 별도의 드레인배관이 필요하다.
㉤ 자동제어가 간단하다.
㉥ 외기냉방이 불가능하다.

06 건구온도 25℃, 상대습도 50%, 5,000kg/h의 공기를 15℃로 냉각할 때와 35℃로 가열할 때의 열량을 공기선도에 작도하여 비엔탈피로 계산하시오. (6점)

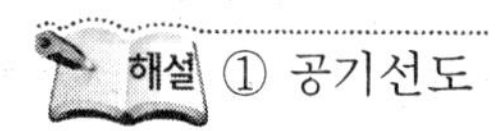

해설 ① 공기선도

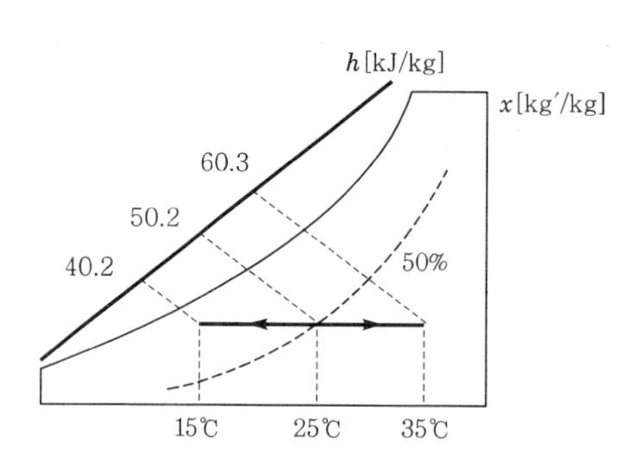

② 25℃에서 15℃로 냉각할 때의 열량(q_L)$=m\,\Delta h=5{,}000\times(50.2-40.2)$
$=5{,}000$kJ/h

③ 25℃에서 35℃로 가열할 때의 열량(q_H)$=m\,\Delta h=5{,}000\times(60.3-50.2)$
$=50{,}500$kJ/h

07

900rpm으로 운전되는 송풍기가 8,000m³/h, 정압 40mmAq, 동력 15kW의 성능을 나타내고 있다. 이 송풍기의 회전수를 1,080rpm으로 증가시키면 어떻게 되는가를 계산하시오. (9점)

해설 $D_1 = D_2$일 때 송풍기의 상사법칙에 의해

① 풍량$(Q_2) = Q_1 \dfrac{N_2}{N_1} = 8,000 \times \dfrac{1,080}{900} = 9,600\text{m}^3/\text{h}$

② 정압$(P_2) = P_1 \left(\dfrac{N_2}{N_1}\right)^2 = 40 \times \left(\dfrac{1,080}{900}\right)^2 = 57.6\text{mmAq}$

③ 동력$(L_2) = L_1 \left(\dfrac{N_2}{N_1}\right)^3 = 15 \times \left(\dfrac{1,080}{900}\right)^3 = 25.92\text{kW}$

08

어느 사무실의 실내취득현열량이 350kW, 잠열량이 150kW, 실내급기온도와 실온차이가 15℃일 때 송풍량[m³/h]을 계산하시오. (단, 공기의 밀도 1.2kg/m³, 공기의 정압비열 1.01kJ/kg · K이다.) (3점)

해설 $q_s = \rho Q C_p (t_s - t_i)$ [kJ/h]에서

$$Q = \frac{q_s}{\rho C_p (t_s - t_i)} = \frac{350 \times 3,600}{1.2 \times 1.01 \times 15} \fallingdotseq 69306.93\text{m}^3/\text{h}$$

09

공조장치에서 증발기부하가 100kW이고 냉각수 순환수량이 0.3m³/min, 성적계수가 2.5이고 응축기 산술평균온도 5℃에서 냉각수 입구온도 23℃일 때 다음을 구하시오. (12점)

1. 응축필요부하[kW]
2. 응축기 냉각수 출구온도[℃]
3. 냉매의 응축온도[℃]

해설 1. 응축필요부하(Q_c) = 냉동능력(증발기부하) + 압축기 소요동력(w_c)

$$= R + \frac{Q_e}{\varepsilon_R} = 100 + \frac{100}{2.5} = 140\text{kW}$$

2. 응축기 냉각수 출구온도(t_{w_2})

$Q_c = mC(t_{w_2} - t_{w_1}) \times 60$ [kJ/h]에서

$$t_{w_2} = t_{w_1} + \frac{Q_c}{mC \times 60} = 23 + \frac{140 \times 3,600}{(0.3 \times 1,000) \times 4.186 \times 60} \fallingdotseq 30℃$$

3. 냉매의 응축온도(t_c)

$$\Delta t_m = t_c - \frac{t_{w_1} + t_{w_2}}{2} \text{ [℃]에서}$$

$$t_c = \Delta t_m + \frac{t_{w_1} + t_{w_2}}{2} = 5 + \frac{23 + 30}{2} \fallingdotseq 31.5℃$$

10 피스톤 토출량이 100m^3/h인 냉동장치에서 A사이클(1－2－3－4)로 운전하다 증발 온도가 내려가서 B사이클(1′－2′－3－4′)로 운전될 때 B사이클의 냉동능력과 소요 동력을 A사이클과 비교하여라. (14점)

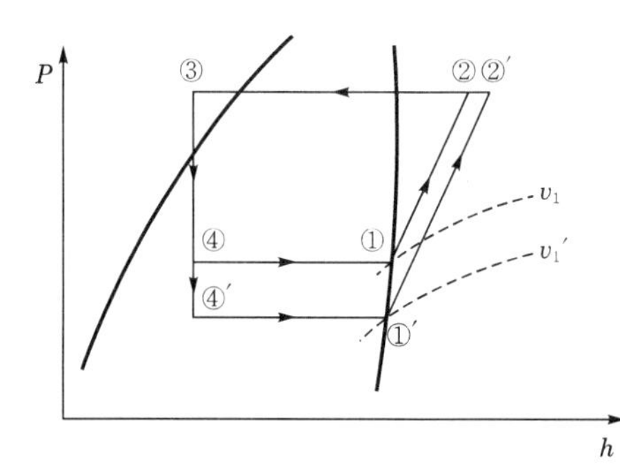

$v_1 = 0.85\text{m}^3/\text{kg}$
$v_1' = 1.2\text{m}^3/\text{kg}$
$h_1 = 628\text{kJ/kg}$
$h_1' = 620\text{kJ/kg}$
$h_2 = 674\text{kJ/kg}$
$h_2' = 691\text{kJ/kg}$
$h_3 = 456\text{kJ/kg}$
$h_3 = h_4 = h_4' = 456\text{kJ/kg}$

구 분	체적효율(η_v)	기계효율(η_m)	압축효율(η_c)
A사이클	0.78	0.90	0.85
B사이클	0.72	0.88	0.79

해설

① 냉동능력$(RT) = \dfrac{Q_e}{13897.52} = \dfrac{m\,q_e}{13897.52} = \dfrac{V\eta_v q_e}{13897.52v}$〔RT〕에서

㉠ A사이클의 냉동능력$(RT_A) = \dfrac{V\eta_{vA}q_e}{13897.52v_1} = \dfrac{V\eta_{vA}(h_1 - h_4)}{13897.52v_1}$

$= \dfrac{100 \times 0.78 \times (628 - 456)}{13897.52 \times 0.85} \fallingdotseq 1.14\text{RT}$

㉡ B사이클의 냉동능력$(RT_B) = \dfrac{V\eta_{vB}q_e'}{13897.52v_1'} = \dfrac{V\eta_{vB}(h_1' - h_4')}{13897.52v_1'}$

$= \dfrac{100 \times 0.72 \times (620 - 456)}{13897.52 \times 1.2} \fallingdotseq 0.71\text{RT}$

㉢ $RT_A = \left(1 - \dfrac{RT_B}{RT_A}\right) \times 100\% = \left(1 - \dfrac{0.71}{1.14}\right) \times 100\% \fallingdotseq 37.72\%$

∴ A사이클이 B사이클보다 냉동능력이 37.72% 더 크다.

② 소요동력$(N) = \dfrac{Q_e}{3{,}600\varepsilon_R\eta_m\eta_c}$〔kW〕에서

㉠ A사이클의 소요동력$(N_A) = \dfrac{Q_{eA}}{3{,}600\varepsilon_{RA}\eta_{mA}\eta_{cA}} = \dfrac{13897.52 \times 1.14}{3{,}600 \times 3.73 \times 0.9 \times 0.85} \fallingdotseq 1.54\text{kW}$

여기서, $\varepsilon_{RA} = \dfrac{q_e}{w_c} = \dfrac{h_1 - h_4}{h_2 - h_1} = \dfrac{628 - 456}{674 - 628} \fallingdotseq 3.73$

㉡ B사이클의 소요동력$(N_B) = \dfrac{Q_{eB}}{3{,}600\varepsilon_{RB}\eta_{mB}\eta_{cB}} = \dfrac{13897.52 \times 0.71}{3{,}600 \times 2.31 \times 0.88 \times 0.79}$

$\fallingdotseq 1.72\text{kW}$

여기서, $\varepsilon_{RB} = \dfrac{q_e'}{w_c'} = \dfrac{h_1' - h_4'}{h_2' - h_1'} \fallingdotseq \dfrac{620 - 456}{691 - 620} \fallingdotseq 2.31$

∴ B사이클의 소요동력이 A사이클의 소요동력보다 더 크다$(N_B > N_A)$.

11 공기조화장치에서 주어진 표를 참고하여 실내외 혼합공기상태에 대한 다음 각 물음에 답하시오. (4점)

구 분	t〔℃〕	ϕ〔%〕	x〔kg′/kg〕	h〔kJ/kg〕
실내	26	50	0.0105	52.95
외기	32	65	0.0197	82.55
외기량비	재순환공기 0.7kg, 외기도입량 0.3kg			

1. 혼합건구온도〔℃〕
2. 혼합상대습도〔%〕
3. 혼합절대습도〔kg′/kg〕
4. 혼합비엔탈피〔kJ/kg〕

해설

1. 혼합건구온도$(t_m) = \dfrac{m_r}{m} t_r + \dfrac{m_o}{m} t_o = 0.7 \times 26 + 0.3 \times 32 = 27.8℃$
2. 혼합상대습도$(\phi_m) = \dfrac{m_r}{m} \phi_r + \dfrac{m_o}{m} \phi_o = 0.7 \times 50 + 0.3 \times 65 = 54.5\%$
3. 혼합절대습도$(x_m) = \dfrac{m_r}{m} x_r + \dfrac{m_o}{m} x_o = 0.7 \times 0.0105 + 0.3 \times 0.0197 ≒ 0.01326\text{kg}'/\text{kg}$
4. 혼합비엔탈피$(h_m) = \dfrac{m_r}{m} h_r + \dfrac{m_o}{m} h_o = 0.7 \times 52.95 + 0.3 \times 82.55 ≒ 61.83\text{kJ/kg}$

2017. 6. 25. 시행

01 2단 압축 냉동장치의 $P-h$선도를 보고 선도상의 각 상태점을 장치도에 기입하고 장치의 구성요소명을 (   )에 쓰시오. (12점)

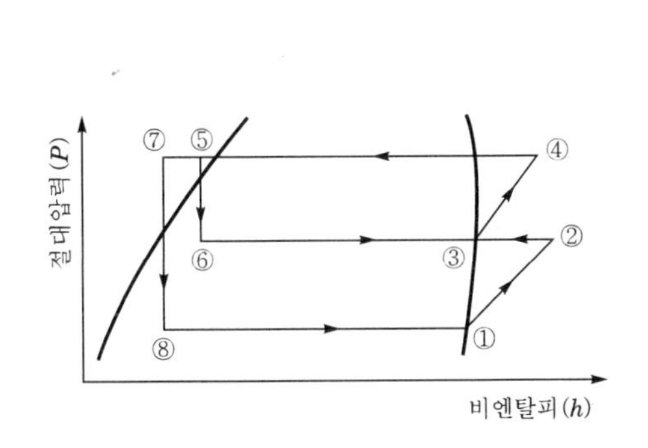

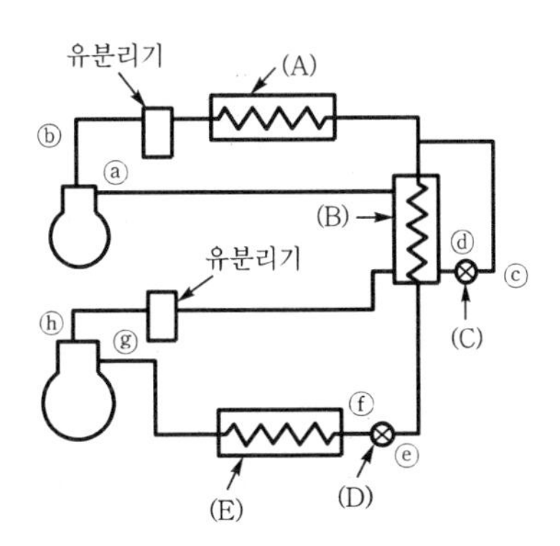

해설 ① ⓐ-③, ⓑ-④, ⓒ-⑤, ⓓ-⑥, ⓔ-⑦, ⓕ-⑧, ⓖ-①, ⓗ-②
② (A) : 응축기(condenser)
(B) : 중간냉각기
(C) : 보조팽창밸브(제1팽창밸브)
(D) : 주팽창밸브(제2팽창밸브)
(E) : 증발기(evaporator)

02 다음과 같은 공조시스템 및 계산조건을 이용하여 A실과 B실을 냉방할 경우 각 물음에 답하시오. (15점)

[조 건]

1) 외기 : 건구온도 33℃, 상대습도 60%
2) 공기냉각기 출구 : 건구온도 16℃, 상대습도 90%
3) 송풍량
① A실 : 급기 5,000m³/h, 환기 4,000m³/h
② B실 : 급기 3,000m³/h, 환기 2,500m³/h
4) 신선외기량 : 1,500m³/h
5) 냉방부하
① A실 : 현열부하 63,000kJ/h, 잠열부하 6,300kJ/h
② B실 : 현열부하 31,500kJ/h, 잠열부하 4,200kJ/h
6) 송풍기동력 : 2.7kW
7) 덕트 및 공조시스템에 있어 외부로부터의 열취득은 무시한다.

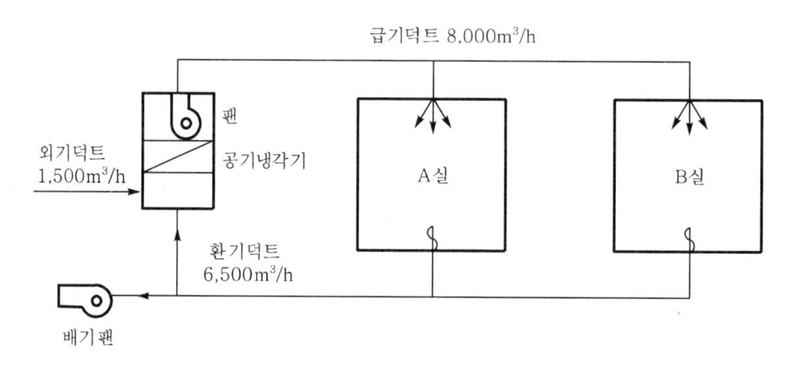

1. 급기의 취출구온도를 구하시오.
2. A실의 건구온도 및 상대습도를 구하시오.
3. B실의 건구온도 및 상대습도를 구하시오.
4. 공기냉각기 입구의 건구온도를 구하시오.
5. 공기냉각기의 냉각열량을 구하시오.

해설 1. $Q_s = \rho Q C_p (t_s - t_o)$ [kJ/h]에서

$$t_s = t_o + \frac{Q_s}{\rho Q C_p} = 16 + \frac{2.7 \times 3,600}{1.2 \times 8,000 \times 1.0046} = 17℃$$

2. ① $Q_{sA} = \rho Q_A C_p (t_A - t_s)$ [kJ/h]에서

$$t_A = t_s + \frac{Q_{sA}}{\rho Q_A C_p} = 17 + \frac{63,000}{1.2 \times 5,000 \times 1.0046} \fallingdotseq 27.45℃$$

② $$SHF_A = \frac{Q_{sA}}{Q_{sA} + Q_{LA}} = \frac{63,000}{63,000 + 6,300} \fallingdotseq 0.91$$

∴ A실 상대습도 47.5%

3. ① $Q_{sB} = \rho Q_B C_p (t_B - t_s)$ [kJ/h]에서

$$t_B = t_s + \frac{Q_{sB}}{\rho Q_B C_p} = 17 + \frac{31,500}{1.2 \times 3,000 \times 1.0046} \fallingdotseq 25.71℃$$

② $$SHF_B = \frac{Q_{sB}}{Q_{sB} + Q_{LB}} = \frac{31,500}{31,500 + 4,200} \fallingdotseq 0.88$$

∴ B실 상대습도 51.3%

4. ① $$SHF = \frac{Q_{sA} + Q_{sB}}{Q_{A_{total}} + Q_{B_{total}}} = \frac{63,000 + 31,500}{69,300 + 35,700} = 0.9$$

② A실과 B실의 혼합온도(t_m) $= \frac{Q_A}{Q} t_A + \frac{Q_B}{Q} t_B = \frac{5,000}{8,000} \times 27.45 + \frac{3,000}{8,000} \times 25.71$

$\fallingdotseq 26.8℃$

③ 냉각기 입구의 건구온도(t_i) $= \frac{Q_{RA}}{Q} t_m + \frac{Q_{OA}}{Q} t_o = \frac{6,500}{8,000} \times 26.8 + \frac{1,500}{8,000} \times 33$

$\fallingdotseq 27.96℃$

5. 공기냉각기의 냉각열량(q_{cc}) $= m\Delta h = \rho Q \Delta h = 1.2 \times 8,000 \times (59.6 - 41.8)$

$= 170,880\text{kJ/h}$

03 냉매순환량이 5,000kg/h인 표준 냉동장치에서 다음 선도를 참고하여 성적계수와 냉동능력을 구하시오. (8점)

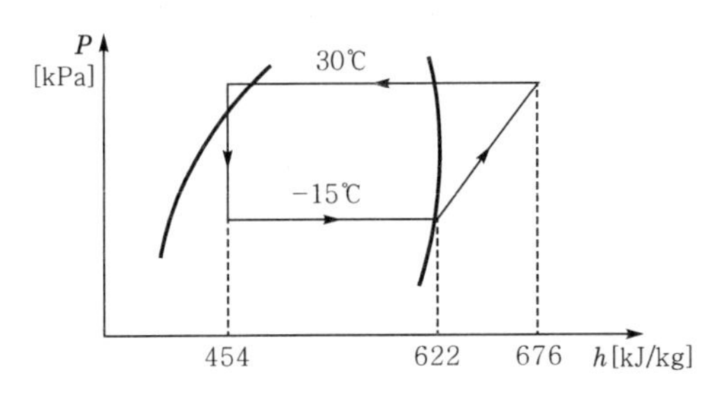

해설 ① 냉동기 성적계수($(COP)_R$) $= \frac{q_e}{w_c} = \frac{622 - 454}{676 - 622} \fallingdotseq 3.11$

② 냉동능력(Q_e) $= mq_e = 5,000 \times (622 - 454) = 840,000\text{kJ/h} = 60.44\text{RT}$

※ 1RT = 3,320kcal/h = 13897.52kJ/h = 3.86kW

04

어떤 방열벽의 열통과율이 0.35W/m^2 · K이며, 벽면적은 1,200m^{2}인 냉장고가 외기온도 35℃에서 사용되고 있다. 이 냉장고의 증발기는 열통과율이 30W/m^2 · K이고 전열면적은 30m^{2}이다. 이때 각 물음에 답하시오. (단, 이 식품 이외의 냉장고 내 발생열부하는 무시하며, 증발온도는 −15℃로 한다.) (6점)

1. 냉장고 내 온도가 0℃일 때 외기로부터 방열벽을 통해 침입하는 열량은 몇 〔kJ/h〕인가?
2. 냉장고 내 열전달률 5.81W/m^2 · K, 전열면적 600m^2, 온도 10℃인 식품을 보관했을 때 이 식품의 발생열부하에 의한 냉장고 내 온도는 몇 〔℃〕가 되는가?

해설 1. 방열벽을 통해 침입하는 열량(Q_w) $= KA\Delta t$

$= 0.35 \times 1{,}200 \times (35-0)$

$= 14{,}700\text{kJ/h}$

2. 식품의 발생열부하에 의한 냉장고 내 온도

$30 \times 30 \times (t+15) = 5.81 \times 600 \times (10-t)$

$900t + 13{,}500 = 34{,}860 - 3{,}486t$

$\therefore\ t = 4.87℃$

05

다음 조건과 같이 혼합, 냉각을 하는 공기조화기가 있다. 이에 대해 다음 각 물음에 답하시오. (12점)

[조 건]

1) 외기 : 건구온도 33℃, 상대습도 65%
2) 실내 : 건구온도 27℃, 상대습도 50%
3) 부하 : 실내전열부하 189,000kJ/h, 실내잠열부하 50,400kJ/h
4) 송풍기부하 : 실내취득현열부하의 12% 가산할 것
5) 실내필요외기량 : 송풍량의 $\frac{1}{5}$, 실내인원 : 120명, 1인당 : 25.5m^3/h
6) 습공기의 정압비열은 1.0046kJ/kg$_{DA}$ deg, 비용적을 0.83m^3/kg$_{DA}$로 한다. 여기서, kg$_{DA}$은 습공기 중의 건조공기중량(kg)을 표시하는 기호이다.

1. 상대습도 90%일 때 실내송풍온도(취출온도)는 몇 〔℃〕인가?
2. 실내풍량〔m^3/h〕을 구하시오.
3. 냉각코일 입구혼합온도를 구하시오.
4. 냉각코일부하는 몇 〔kJ/h〕인가?
5. 외기부하는 몇 〔kJ/h〕인가?
6. 냉각코일의 제습량은 몇 〔kg/h〕인가?

 1. 실내송풍온도(취출온도)

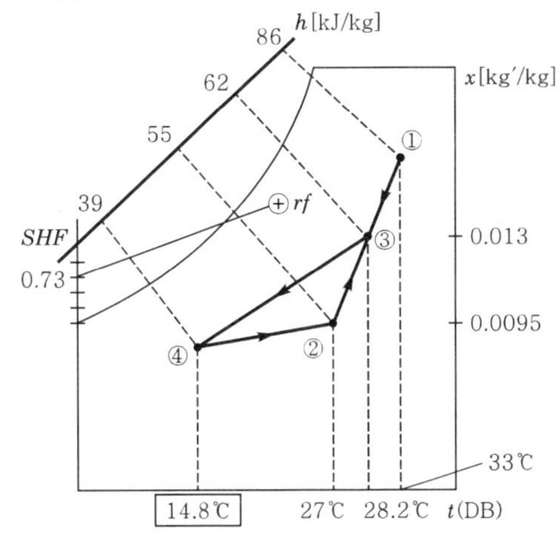

현열비$(SHF) = \dfrac{q_s}{q_t} = \dfrac{q_t - q_L}{q_t} = \dfrac{189{,}000 - 50{,}400}{189{,}000} \fallingdotseq 0.73$

2. $q_s = \dfrac{Q}{v} C_p (t_2 - t_4) \dfrac{1}{k_s}$ 에서

$$Q = \frac{q_s k_s v}{C_p (t_2 - t_4)} = \frac{(189{,}000 - 50{,}400) \times 1.12 \times 0.83}{1.0046 \times (27 - 14.8)} \fallingdotseq 10512.51\text{m}^3/\text{h}$$

3. 냉각코일 입구혼합온도$(t_3) = \dfrac{m_1}{m} t_1 + \dfrac{m_2}{m} t_2 = \dfrac{1}{5} \times 33 + \dfrac{4}{5} \times 27 = 28.2℃$

4. 냉각코일부하$(q_{cc}) = m(h_3 - h_4) = \dfrac{Q}{v}(h_3 - h_4) = \dfrac{10512.51}{0.83} \times (62 - 39)$

$\fallingdotseq 291310.52\text{kJ/h}$

5. 외기부하$(Q_o) = m_o (h_3 - h_2) = \dfrac{Q_o}{v}(h_3 - h_2) = \dfrac{120 \times 25.5}{0.83} \times (62 - 55)$

$\fallingdotseq 25807.23\text{kJ/h}$

6. 냉각코일의 제습량$(m_w) = m(x_3 - x_2) = \dfrac{Q}{v}(x_3 - x_2) = \dfrac{10512.51}{0.83} \times (0.013 - 0.0095)$

$\fallingdotseq 44.33\text{kg/h}$

06 왕복동압축기의 실린더지름 120mm, 피스톤행정 65mm, 회전수 1,200rpm, 체적효율 70% 6기통일 때 다음 각 물음에 답하시오. (6점)

1. 이론적 압축기 토출량[m³/h]을 구하시오.
2. 실제적 압축기 토출량[m³/h]을 구하시오.

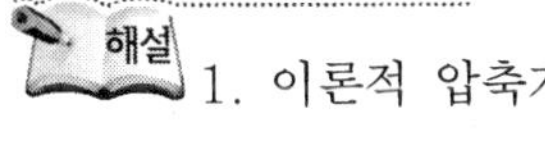

1. 이론적 압축기 토출량$(Q_{th}) = ASNZ \times 60 = \dfrac{\pi \times 0.12^2}{4} \times 0.065 \times 1{,}200 \times 6 \times 60$

$\fallingdotseq 317.58\text{m}^3/\text{h}$

2. 실제적 압축기 토출량$(Q_a) = \eta_v Q_{th} = 0.7 \times 317.58 \fallingdotseq 222.31\text{m}^3/\text{h}$

07 공기조화장치에서 열원설비장치 4가지를 쓰시오. (4점)

해설 히트펌프(heat pump), 흡수식 냉동장치, 직화식 냉온수발생기, 증기압축식 냉동장치

08 다음 주어진 조건을 이용하여 사무실 건물의 부하를 구하시오. (13점)

[조 건]

1) 실내 : 26℃ DB, 50% RH, 절대습도 0.0106kg′/kg
2) 외기 : 32℃ DB, 80% RH, 절대습도 0.0248kg′/kg
3) 천장 : K=1.98W/m^2·K
4) 문 : 목재패널 K=2.79W/m^2·K
5) 외벽 : K=3.33W/m^2·K
6) 내벽 : K=3.26W/m^2·K
7) 바닥 : 하층공조로 계산(본 사무실과 동일 조건)
8) 창문 : 1중 보통유리(내측 베니션블라인드 진한 색)
9) 조명 : 형광등 1,800W, 전구 1,000W(주간조명 1/2점등)
10) 인원수 : 거주 90인
11) 계산시각 : 오전 8시
12) 환기횟수 : 0.5회/h
13) 8시 일사량 : 동쪽 2,369kJ/m^2·h, 남쪽 160kJ/m^2·h
14) 8시 유리창 전도열량 : 동쪽 11.3kJ/m·h, 남쪽 22.6kJ/m·h

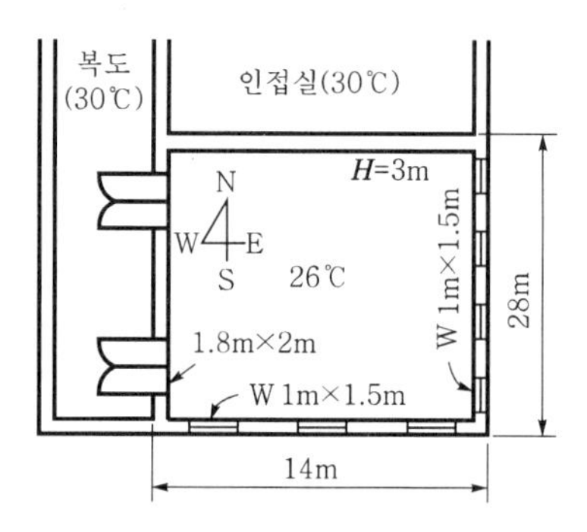

인체로부터의 발열집계표[kJ/h·인]

작업상태	실 온		실 내					
			27℃		26℃		21℃	
	예	전발열량	H_s	H_L	H_s	H_L	H_s	H_L
정좌	공장	368	205	163	223	147	273	97
사무소업무	사무소	473	210	245	227	248	302	172
착석작업	공장의 경작업	791	235	559	260	583	386	407
보행 4.8km/h	공장의 중작업	1,055	319	739	349	710	487	571
볼링	볼링장	1,528	491	1,042	508	1,025	643	890

◐ 외벽 및 지붕의 상당외기온도차(t_o : 31.7℃, t_i : 26℃일 때)

구 분	시 각	H	N	HE	E	SE	S	SW	W	HW	지 붕
콘크리트	8	4.7	2.3	4.5	5.0	3.5	1.6	2.4	2.8	2.1	7.5
	9	6.8	3.0	7.5	8.7	5.9	1.9	2.5	2.9	2.5	7.5
	10	10.2	3.6	10.2	12.5	8.9	2.7	3.0	3.3	3.0	8.4
	11	14.5	4.2	12.0	15.5	11.7	4.1	3.7	3.9	3.7	10.2
	12	19.3	4.9	12.6	17.1	14.0	5.9	4.5	4.6	3.4	12.9
	13	24.0	5.6	12.3	17.2	15.3	8.0	5.6	5.4	5.2	16.0
	14	28.2	6.3	11.9	16.4	15.5	9.9	7.5	6.5	6.0	19.4
	15	31.4	6.8	11.4	15.2	14.8	14.4	10.0	8.6	6.9	22.7
	16	33.5	7.3	11.1	14.2	14.0	12.2	12.8	11.6	8.6	25.6
	17	34.2	7.6	10.1	13.3	13.1	12.3	15.3	15.1	11.0	27.7
	18	33.4	7.9	10.3	12.4	12.2	11.8	17.2	18.3	13.6	29.0
	19	31.1	8.3	9.7	11.4	14.3	11.0	17.9	20.4	15.7	29.3
	20	27.7	8.3	8.9	10.3	10.2	9.9	17.1	20.3	16.1	28.5

1. 외벽체를 통한 부하
2. 내벽체를 통한 부하
3. 극간풍에 의한 부하
4. 인체부하

해설 1. 외벽체를 통한 부하(침입열량)

① 동쪽 수정상당외기온도차$(\Delta t_{eE}{}') = \Delta t_{eE} + \{(t_o - t_o{}') - (t_i{}' - t_i)\}$
$= 5 + \{(32 - 31.7) - (26 - 26)\} = 5.3℃$

② 남쪽 수정상당외기온도차$(\Delta t_{eS}{}') = \Delta t_{eS} + \{(t_o - t_o{}') - (t_i{}' - t_i)\}$
$= 1.6 + \{(32 - 31.7) - (26 - 26)\} = 1.9℃$

③ 동쪽 침입열량$(q_E) = KA\Delta t_{eE}{}' = 3.33 \times \{(28 \times 3) - (1 \times 1.5 \times 4)\} \times 5.3$
$\fallingdotseq 1376.62\text{kJ/h}$

④ 남쪽 침입열량$(q_S) = KA\Delta t_{eS}{}' = 3.33 \times \{(14 \times 3) - (1 \times 1.5 \times 3)\} \times 1.9$
$\fallingdotseq 237.26\text{kJ/h}$

∴ 외벽부하$(q_o) = q_E + q_S = 1376.62 + 237.26 = 1613.88\text{kJ/h}$

【참고】 수정상당외기온도차$(\Delta t_e{}')$

실제의 외기실내조건과 설계외기실내조건이 다를 때 적용하는 보정온도차를 말한다.

상당외기온도차$(\Delta t_e) = t_e - t_i$

상당외기온도$(t_e) = t_o + I\dfrac{\alpha}{\alpha_o}$ = 외기온도 + 일사열 × $\dfrac{\text{흡수율}}{\text{벽면열전달율}}$

2. 내벽체를 통한 부하(침입열량)

① 서쪽 벽$(q_W) = KA\Delta t = 3.26 \times \{(28 \times 3) - (1.8 \times 2 \times 2)\} \times (30 - 26)$
$\fallingdotseq 1001.47\text{kJ/h}$

② 서쪽 문$(q_d) = KA\Delta t = 2.79 \times (1.8 \times 2 \times 2) \times (30 - 26) \fallingdotseq 80.35\text{kJ/h}$

③ 북쪽 벽$(q_N) = KA\Delta t = 3.26 \times (14 \times 3) \times (30 - 26) \fallingdotseq 547.68\text{kJ/h}$

∴ 내벽부하$(q_i) = q_W + q_d + q_N = 1001.47 + 80.53 + 547.68 = 1629.5\text{kJ/h}$

3. 극간풍에 의한 부하(q)

① 극간풍량$(Q_i) = nV = 0.5 \times (14 \times 28 \times 3) = 588\text{m}^3\text{/h}$

② 현열량$(q_s) = \rho Q_i C_p \Delta t = 1.2 \times 588 \times 1.0046 \times (32 - 26) \fallingdotseq 4235.07\text{kJ/h}$

③ 잠열량$(q_L) = \rho Q_i \gamma_o \Delta x = 1.2 \times 588 \times 2500.3 \times (0.0248 - 0.0106)$
$\fallingdotseq 25051.80\text{kJ/h}$

∴ 극간풍부하$(q) = q_s + q_L = 4235.07 + 25051.80 \fallingdotseq 29286.87\text{kJ/h}$

4. 인체부하(q_m)

① 현열량$(q_s) = n' H_s = 90 \times 227 = 20{,}430\text{kJ/h}$

② 잠열량$(q_L) = n' H_L = 90 \times 248 = 22{,}320\text{kJ/h}$

∴ 인체부하$(q_m) = q_s + q_L = 20{,}430 + 22{,}320 = 42{,}750\text{kJ/h}$

09 저온측 냉매는 R-13으로 증발온도 -100℃, 응축온도 -45℃, 액의 과냉각은 없다. 고온측 냉매는 R-22로서 증발온도 -50℃, 응축온도 30℃이며, 액은 25℃까지 과냉각된다. 이 2원 냉동사이클의 1냉동톤당 성적계수를 계산하시오. (10점)

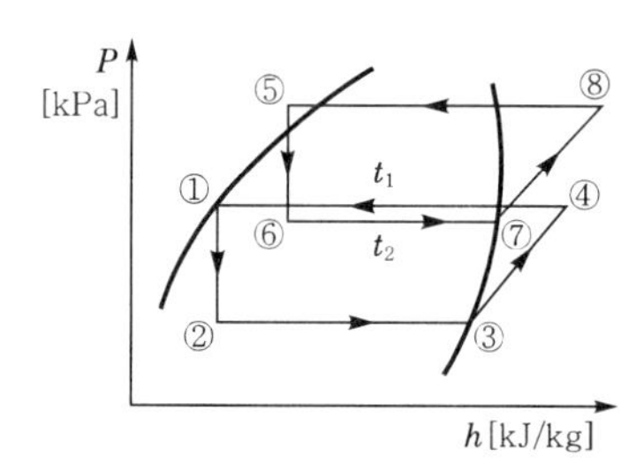

$h_1 = h_2 = 370\text{kJ/kg}$
$h_3 = 477\text{kJ/kg}$
$h_4 = 521\text{kJ/kg}$
$h_5 = h_6 = 451\text{kJ/kg}$
$h_7 = 602\text{kJ/kg}$
$h_8 = 679\text{kJ/kg}$

① 저단측 압축기 소요동력$(w_{c1}) = \dfrac{q_e}{\varepsilon_{R1}} = \dfrac{3.86}{2.43} = 1.59\text{kW}$

여기서, $\varepsilon_{R1} = \dfrac{q_e}{w_{c1}} = \dfrac{h_3 - h_1}{h_4 - h_3} = \dfrac{477 - 370}{521 - 477} = 2.43$

② 고단측 압축기 소요동력$(w_{c2}) = \dfrac{q_e}{\varepsilon_{R2}} = \dfrac{3.86}{1.4} \fallingdotseq 2.76\text{kW}$

여기서, $\varepsilon_{R2} = \dfrac{(h_3 - h_1)(h_7 - h_5)}{(h_4 - h_1)(h_8 - h_7)} = \dfrac{(477 - 370) \times (602 - 451)}{(521 - 370) \times (679 - 602)} \fallingdotseq 1.39$

∴ 2원 냉동사이클의 1냉동톤당 성적계수$(\varepsilon_R) = \dfrac{q_e}{w_{c1} + w_{c2}} = \dfrac{3.86}{1.59 + 2.76} = 0.89$

※ 1냉동톤(RT) = 3,320kcal/h = 13897.52kJ/h = 3.86kW

10 다음 덕트에 대한 내용을 읽고 틀린 곳에 밑줄을 긋고 바로 고쳐 쓰시오. (5점)

1. 일반적으로 최대 풍속이 20m/s를 경계로 하여 저속덕트와 고속덕트로 구별된다.
2. 주택에서 쓰이는 저속덕트의 주덕트 내 풍속은 약 3m/s 이하로 누른다.
3. 공공건물에서 쓰이는 저속덕트의 주덕트 내 풍속은 15m/s 이하로 누른다.
4. 장방형 덕트의 아스펙트비는 되도록 10 이내로 하는 것이 좋다.
5. 장방형 덕트의 굴곡부에서의 내측 반지름비는 일반적으로 1 정도가 쓰인다.

해설 1. 20m/s → 15m/s
2. 3m/s 이하 → 6m/s 이하
3. 15m/s 이하 → 8m/s 이하
4. 10 이내 → 4 이내
5. 1 정도 → 0.75 정도

11 **바닥면적 600m², 천장높이 4m의 자동차정비공장에서 항상 10대의 자동차가 엔진을 작동한 상태에 있는 것으로 한다. 자동차의 배기가스 중의 일산화탄소량을 1대당 1m³/h, 외기 중의 일산화탄소농도를 0.0001%(용적실 내의 일산화탄소허용농도를 0.01%) 용적이라 하면 필요외기량(환기량)은 어느 정도가 되는가? 또 환기횟수로 따지면 몇 〔회〕가 되는가?** (단, 자연환기는 무시한다.) (3점)

해설 ① 필요외기량$(Q)=\dfrac{M}{C_i-C_o}=\dfrac{1\times10}{0.0001-0.000001}\fallingdotseq 101{,}010\text{m}^3/\text{h}$

② 환기횟수
$Q=nV[\text{m}^3/\text{h}]$에서
$n=\dfrac{Q}{V}=\dfrac{Q}{Ah}=\dfrac{101{,}010}{600\times4}\fallingdotseq 42.09$회/h

2017

12 **공기냉동기의 온도에 있어서 압축기 입구가 −5℃, 압축기 출구가 105℃, 팽창기 입구에서 10℃, 팽창기 출구에서 −70℃라면 공기 1kg당의 성적계수와 냉동효과는 몇 〔kJ/kg〕인가?** (단, 공기비열은 1.005kJ/kg · K이다.) (6점)

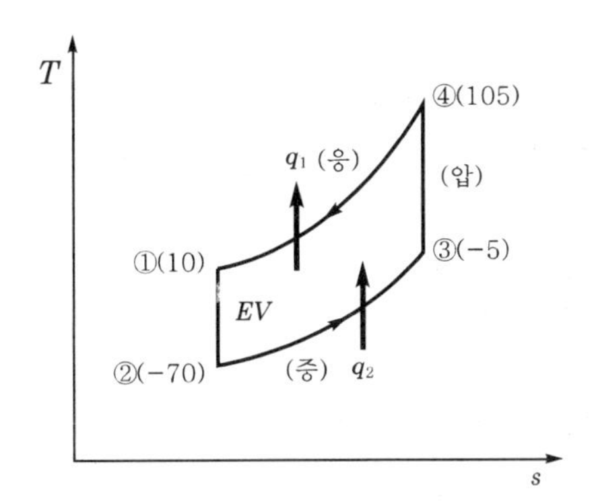

해설 ① 냉동효과$(q_e)=C_p(T_3-T_2)=1.005\times\{(-5+273)-(-70+273)\}\fallingdotseq 65.33\text{kJ/kg}$
② 응축부하$(q_c)=C_p(T_4-T_1)=1.005\times\{(105+273)-(10+273)\}\fallingdotseq 95.48\text{kJ/kg}$
③ 냉동기 성적계수$((COP)_R)=\dfrac{q_e}{w_c}=\dfrac{q_e}{q_c-q_e}=\dfrac{65.33}{95.48-65.33}\fallingdotseq 2.17$

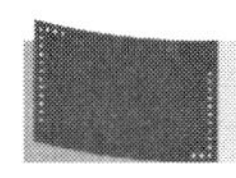

2017. 10. 14. 시행

01 **암모니아응축기에 있어서 다음과 같은 조건일 경우 필요한 냉각면적을 구하시오.** (단, 냉각관의 열전도저항은 무시하며 소수점 이하 한 자리까지 구하시오.) (4점)

[조 건]

1) 냉매측의 열전달률 $\alpha_r = 6976.2\text{W/m}^2 \cdot \text{K}$
2) 냉각수측의 열전달률 $\alpha_w = 1395.2\text{W/m}^2 \cdot \text{K}$
3) 물때의 열저항 $f = 8.6 \times 10^{-5}\text{m}^2 \cdot \text{K/W}$
4) 냉동능력 $Q_e = 25\text{RT}$
5) 압축기 소요동력 $P = 25\text{kW}$
6) 냉매와 냉각수와의 평균온도차 $\Delta t_m = 6℃$

해설 열통과율$(K) = \dfrac{1}{R} = \dfrac{1}{\dfrac{1}{\alpha_r} + f + \dfrac{1}{\alpha_w}} = \dfrac{1}{\dfrac{1}{6976.2} + 8.6 \times 10^{-5} + \dfrac{1}{1395.2}}$

$\fallingdotseq 1056.98\text{W/m}^2 \cdot \text{K} \fallingdotseq 3805.13\text{kJ/m}^2 \cdot \text{h} \cdot \text{K}$

$Q_c = Q_e + W_c = 25 \times 13897.52 + 25 \times 3,600 = 437,438\text{kJ/h}$

응축부하$(Q_c) = KA\Delta t_m$ [kJ/h]에서

$\therefore$ 냉각면적$(A) = \dfrac{Q_c}{K\Delta t_m} = \dfrac{437,438}{3805.13 \times 6} = 19.16\text{m}^2$

02 **응축온도가 43℃인 횡형 수냉응축기에서 냉각수 입구온도 32℃, 출구온도 37℃, 냉각수 순환수량 300L/min이고 응축기 전열면적이 20m^{2}일 때 다음 각 물음에 답하시오.** (단, 응축온도와 냉각수의 평균온도차는 산술평균온도차로 한다.) (9점)

1. 응축기 냉각열량은 몇 [kJ/h]인가?
2. 응축기 열통과율은 몇 [W/m^2 · K]인가?
3. 냉각수 순환량 400L/min일 때 응축온도는 몇 [℃]인가? (단, 응축열량, 냉각수 입구수온, 전열면적, 열통과율은 같은 것으로 한다.)

해설 1. 냉각열량$(Q_c) = WC(t_o - t_i) \times 60 = 300 \times 4.186 \times (37 - 32) \times 60 = 376,740\text{kJ/h}$

2. 열통과율$(K) = \dfrac{Q_c}{A\left(t_c - \dfrac{t_{w1} + t_{w2}}{2}\right)} = \dfrac{376,740}{20 \times \left(43 - \dfrac{32 + 37}{2}\right) \times 3.6} \fallingdotseq 615.59\text{W/m}^2 \cdot \text{K}$

3. 응축온도

① 냉각수 출구온도$(t_{w2}) = t_{w1} + \dfrac{Q_c}{WC \times 60} = 32 + \dfrac{376,740}{400 \times 4.186 \times 60} = 35.75℃$

② 응축온도$(t_c) = \dfrac{Q_c}{KA} + \dfrac{t_{w1} + t_{w2}}{2} = \dfrac{376,740}{615.59 \times 3.6 \times 20} + \dfrac{32 + 35.75}{2} = 42.37℃$

03 다음과 같은 냉방부하를 갖는 건물에서 냉동기부하〔RT〕를 구하시오. (단, 안전율은 10%이다.) (5점)

실 명	냉방부하〔kJ/h〕		
	8 : 00	12 : 00	16 : 00
A실	126,000	84,000	84,000
B실	105,000	126,000	168,000
C실	42,000	42,000	42,000
계	273,000	252,000	294,000

해설 냉동기부하 $= \dfrac{Q_e}{13897.52}k = \dfrac{294{,}000}{13897.52} \times 1.1 \fallingdotseq 23.27\text{RT}$

04 다음 그림의 배관 평면도를 입체도로 그리고, 필요한 엘보수를 구하시오. (단, 굽힘 부분에서는 반드시 엘보를 사용한다.) (5점)

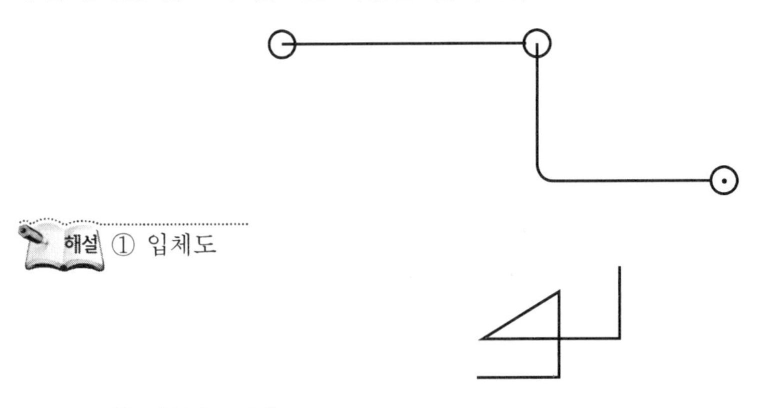

해설 ① 입체도

② 엘보수 : 4개

05 다음과 같은 2단 압축 1단 팽창 냉동장치를 보고 $P-h$선도상에 냉동사이클을 그리고 ①~⑧점을 표시하시오. (5점)

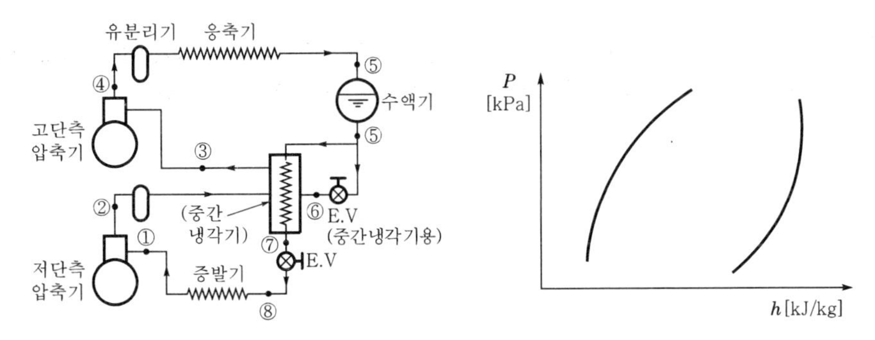

해설

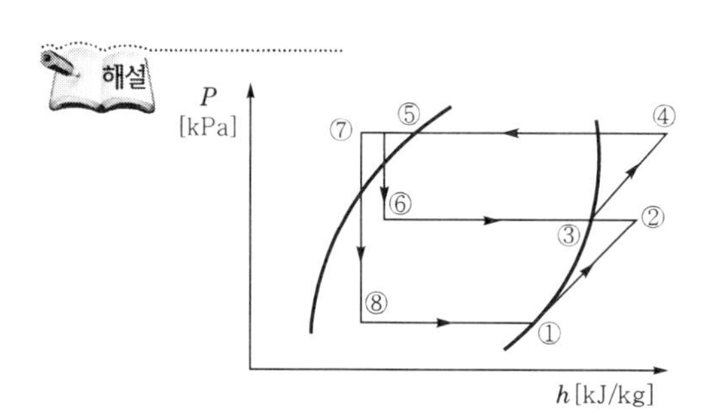

06 다음과 같은 공기조화기를 통과할 때 공기상태변화를 공기선도상에 나타내고 번호를 쓰시오. (5점)

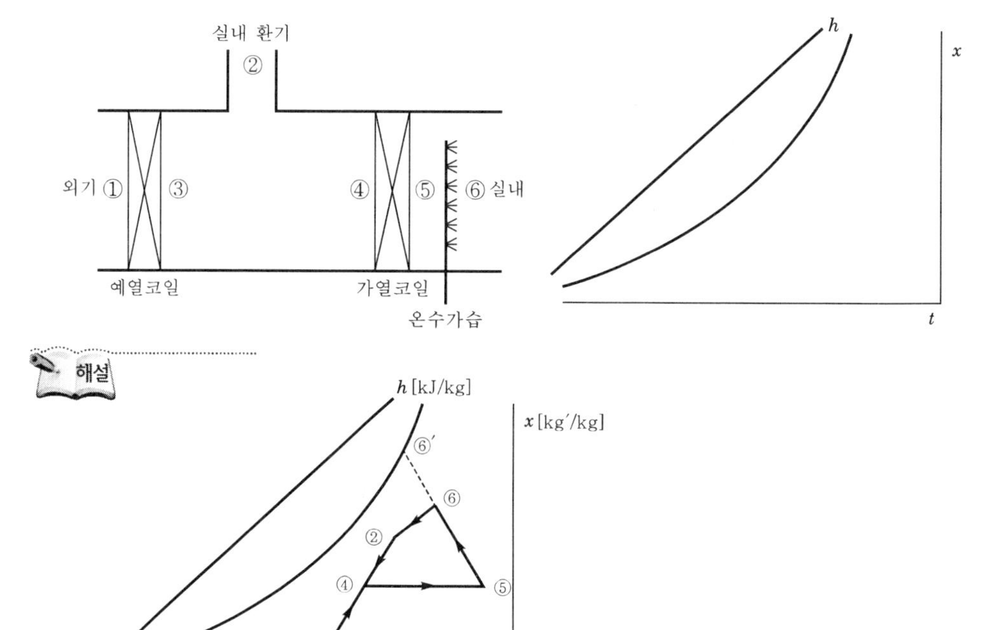

07 왕복동압축기의 실린더지름 120mm, 피스톤행정 65mm, 회전수 1,200rpm, 체적효율 70% 6기통일 때 압축기 토출량[m^3/h]을 구하시오. (3점)

해설 압축기 토출량$(Q_a) = ASNZ\eta_v \times 60$

$$= \frac{\pi \times 0.12^2}{4} \times 0.065 \times 1,200 \times 6 \times 0.7 \times 60$$

$$≒ 222.30\text{m}^3/\text{h}$$

08 냉장실의 냉동부하 25,116kJ/h, 냉장실 내 온도를 −20℃로 유지하는 나관코일식 증발기 천장코일의 냉각관 길이〔m〕를 구하시오. (단, 천장코일의 증발관 내 냉매의 증발온도는 −28℃, 외표면적 $0.19m^2$, 열통과율은 $8.14W/m^2 \cdot K$이다.) (4점)

해설 $Q_e = K(t_i - t_e) L A_s$〔kJ/h〕에서

$$L = \frac{Q_e}{K A_s (t_i - t_e)} = \frac{25{,}116}{(8.14 \times 3.6) \times 0.19 \times \{-20 - (-28)\}} \fallingdotseq 563.87\text{m}$$

09 다음 제어기기의 명칭을 쓰시오. (5점)

1. TEV
2. SV
3. HPS
4. OPS
5. DPS

해설
1. TEV : 온도식 팽창밸브(temperature expansion valve)
2. SV : 전자밸브(solenoid valve)
3. HPS : 고압차단스위치(high pressure cut out switch)
4. OPS : 유압보호스위치(oil protection switch)
5. DPS : 고저압차단스위치(dual pressure cut out switch)

10 다음과 같은 건물 A실에 대해 아래 조건을 이용하여 각 물음에 답하시오. (단, A실은 최상층으로 사무실 용도이며, 아래층의 난방조건은 동일하다.) (18점)

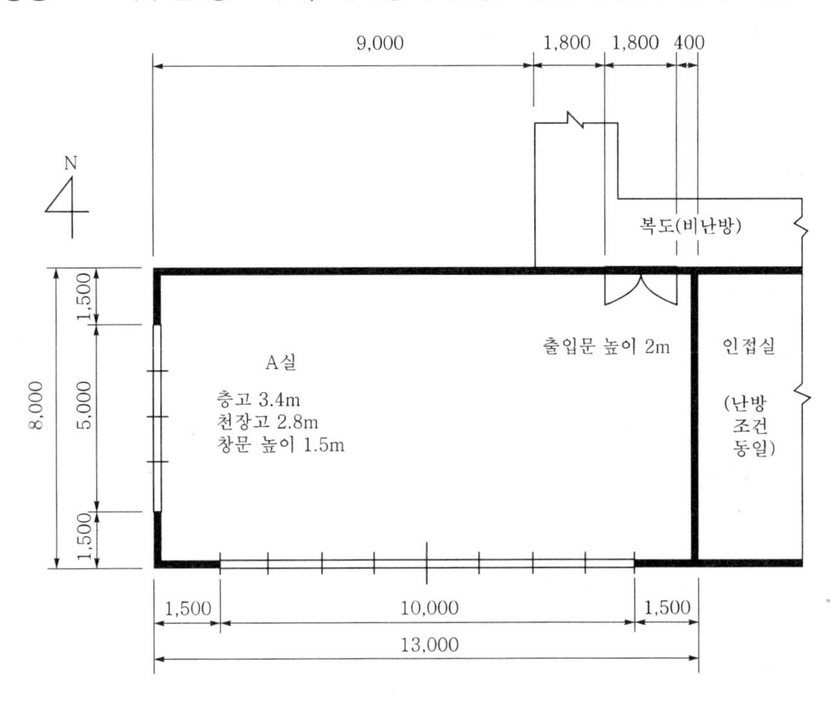

[조 건]

1) 난방 설계용 온·습도

구 분	난 방	비 고
실내	20℃ DB, 50% RH, x=0.00725kg′/kg	비공조실은 실내·외의 중간 온도로 약산함
외기	−5℃ DB, 70% RH, x=0.00175kg′/kg	

2) 유리 : 복층 유리(공기층 6mm), 블라인드 없음, 열관류율 K=3.49W/m²·K
   출입문 : 목제 플래시문, 열관류율 K=2.21W/m²·K
3) 공기의 밀도 ρ=1.2kg/m³, 공기의 정압비열 C_p=1.0046kJ/kg·K, 수증기의 증발잠열(0℃) E_a=2,500kJ/kg, 100℃ 물의 증발잠열 E_b=2,256kJ/kg
4) 외기도입량=25m³/h·인
5) 외벽

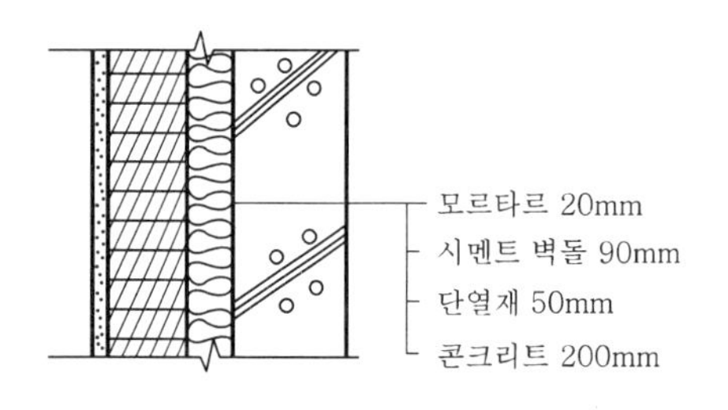

각 재료의 열전도율

재료명	열전도율 (W/m·K)
모르타르	1.4
시멘트 벽돌	1.4
단열재	0.03
콘크리트	1.6

6) 내벽 열관류율 : 3.01W/m²·K, 지붕 열관류율 : 0.49W/m²·K

표면 열전달률 α_i, α_o (W/m²·K)

표면의 종류	난방 시	냉방 시
내면	8.4	8.4
외면	24.2	22.7

방위계수

방 위	N, 수평	E	W	S
방위계수	1.2	1.1	1.1	1.0

재실인원 1인당 상면적

방의 종류	상면적 (m²/인)	방의 종류		상면적 (m²/인)
사무실(일반)	5.0	호텔 객실		18.0
은행 영업실	5.0	백화점	평균	3.0
레스토랑	1.5		혼잡	1.0
상점	3.0		한산	6.0
호텔 로비	6.5	극장		0.5

환기횟수

실용적 (m³)	500 미만	500~1,000	1,000~1,500	1,500~2,000	2,000~2,500	2,500~3,000	3,000 이상
환기횟수 (회/h)	0.7	0.6	0.55	0.5	0.42	0.40	0.35

1. 외벽의 열관류율을 구하시오.
2. 난방부하를 계산하시오.
   ① 서측　② 남측　③ 북측
   ④ 지붕　⑤ 내벽　⑥ 출입문

해설

1. 열저항$(R) = \dfrac{1}{K} = \dfrac{1}{\alpha_i} + \sum_{i=1}^{n} \dfrac{l_i}{\lambda_i} + \dfrac{1}{\alpha_o}$

$$= \frac{1}{8.4} + \frac{0.02}{1.4} + \frac{0.09}{1.4} + \frac{0.05}{0.03} + \frac{0.2}{1.6} + \frac{1}{24.2} = 2.03\,\mathrm{m^2 \cdot K/W}$$

∴ 외벽의 열관류율$(K) = \dfrac{1}{R} = \dfrac{1}{2.03} ≒ 0.49\,\mathrm{W/m^2 \cdot K}$

2. 난방부하
   ① 서측
      ㉠ 외벽$= k_D KA(t_r - t_o) = 1.1 \times 0.49 \times [(8 \times 3.4) - (5 \times 1.5)] \times [20 - (-5)]$
      $- 265.46\mathrm{kJ/h}$
      ㉡ 유리창$= k_D KA(t_r - t_o) = 1.1 \times 3.49 \times (5 \times 1.5) \times [20 - (-5)] = 719.81\mathrm{kJ/h}$
   ② 남측
      ㉠ 외벽$= k_D KA(t_r - t_o) = 1.0 \times 0.49 \times [(13 \times 3.4) - (10 \times 1.5)] \times [20 - (-5)]$
      $= 357.7\mathrm{kJ/h}$
      ㉡ 유리창$= k_D KA(t_r - t_o) = 1.0 \times 3.49 \times (10 \times 1.5) \times [20 - (-5)] = 1308.75\mathrm{kJ/h}$
   ③ 북측 외벽$= k_D KA(t_r - t_o) = 1.2 \times 0.49 \times (9 \times 3.4) \times [20 - (-5)] = 449.82\mathrm{kJ/h}$
   ④ 지붕$= k_D KA(t_r - t_o) = 1.2 \times 0.49 \times (8 \times 13) \times [20 - (-5)] = 1528.8\mathrm{kJ/h}$
   ⑤ 내벽$= KA\left(t_r - \dfrac{t_r + t_o}{2}\right) = 3.01 \times [(4 \times 2.8) - (1.8 \times 2)] \times \left[20 - \dfrac{20 + (-5)}{2}\right]$
   $= 285.97\mathrm{kJ/h}$
   ⑥ 출입문$= KA\left(t_r - \dfrac{t_r + t_o}{2}\right) = 2.21 \times (1.8 \times 2) \times \left[20 - \dfrac{20 + (-5)}{2}\right] = 99.45\mathrm{kJ/h}$

11

다음과 같은 조건의 어느 실을 난방할 경우 각 물음에 답하시오. (단, 공기의 밀도는 1.2kg/m³, 공기의 정압비열은 1.0046kJ/kg · K이다.) (6점)

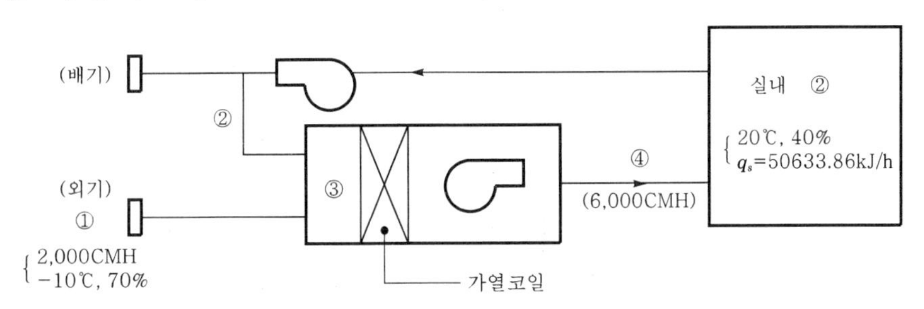

1. 혼합공기(③점)의 온도를 구하시오.
2. 취출공기(④점)의 온도를 구하시오.
3. 가열코일의 용량〔kJ/h〕을 구하시오.

1. $t_3 = \dfrac{Q_1}{Q} t_1 + \dfrac{Q_2}{Q} t_2 = \dfrac{1}{3} \times (-10) + \dfrac{2}{3} \times 20 = 10℃$
2. $q_s = \rho Q C_p (t_4 - t_2)$〔kJ/h〕에서

   $$t_4 = t_2 + \frac{q_s}{\rho Q C_p} = 20 + \frac{50633.86}{1.2 \times 6{,}000 \times 1.0046} = 27℃$$
3. $q_H = \rho Q C_p (t_4 - t_3) = 1.2 \times 6{,}000 \times 1.0046 \times (27 - 10) = 122963.04\mathrm{kJ/h}$

12 공기조화부하에서 극간풍(틈새바람)을 구하는 방법 3가지와 틈새바람을 방지하는 방법 3가지를 서술하시오. (6점)

① 극간풍(틈새바람)을 구하는 법
㉠ 환기횟수에 의한 방법
㉡ 극간길이에 의한 방법(Crack법)
㉢ 창면적에 의한 방법
② 틈새바람 방지방법
㉠ 회전문 설치
㉡ 에어커튼(Air Curtain) 사용
㉢ 충분한 간격을 두고 이중문 설치

13 어느 벽체의 구조가 다음과 같은 조건을 갖출 때 각 물음에 답하시오. (9점)

[조 건]

1) 실내온도 : 27℃, 외기온도 : 32℃
2) 벽체의 구조

재 료	두께[m]	열전도율[W/m · K]
① 타일	0.01	1.1
② 시멘트모르타르	0.03	1.1
③ 시멘트벽돌	0.19	1.2
④ 스티로폼	0.05	0.03
⑤ 콘크리트	0.10	1.4

3) 공기층 열컨덕턴스 : 5.2W/m^2 · K
4) 외벽의 면적 : 40m^2

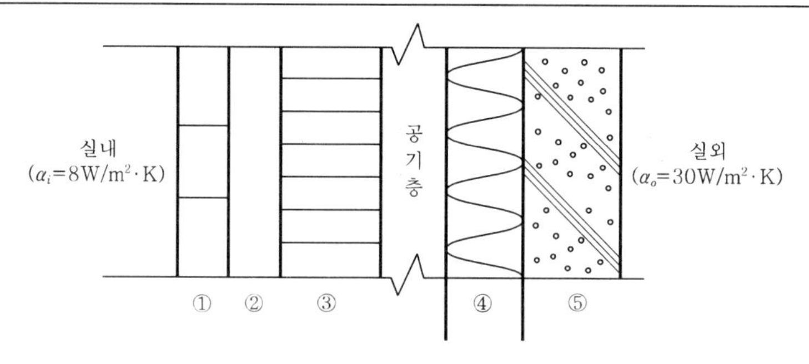

1. 벽체의 열통과율[W/m^2 · K]을 구하시오.
2. 벽체의 침입열량[W]을 구하시오.
3. 벽체의 내표면온도[℃]를 구하시오.

해설

1. $K=\dfrac{1}{R}=\dfrac{1}{\dfrac{1}{\alpha_i}+\sum_{i=1}^{n}\dfrac{l_i}{\lambda_i}+\dfrac{1}{\alpha_o}}=\dfrac{1}{\dfrac{1}{8}+\dfrac{0.01}{1.1}+\dfrac{0.03}{1.1}+\dfrac{0.19}{1.2}+\dfrac{0.05}{0.03}+\dfrac{1}{5.2}+\dfrac{0.1}{1.4}+\dfrac{1}{30}}$

   $\fallingdotseq 0.438\text{W/m}^2\cdot\text{K}$

2. $q_w=KA(t_o-t_r)=0.438\times 40\times(32-27)=87.6\text{W}$

3. $KA(t_o-t_r)=\alpha_i A(t_s-t_r)$에서

   $t_s=t_r+\dfrac{K}{\alpha_i}(t_o-t_r)=27+\dfrac{0.438}{8}\times(32-27)\fallingdotseq 27.27℃$

14 조건이 다른 2개의 냉장실에 2대의 압축기를 설치하여 필요에 따라 교체운전을 할 수 있도록 흡입배관과 그에 따른 밸브를 설치하고 완성하시오. (10점)

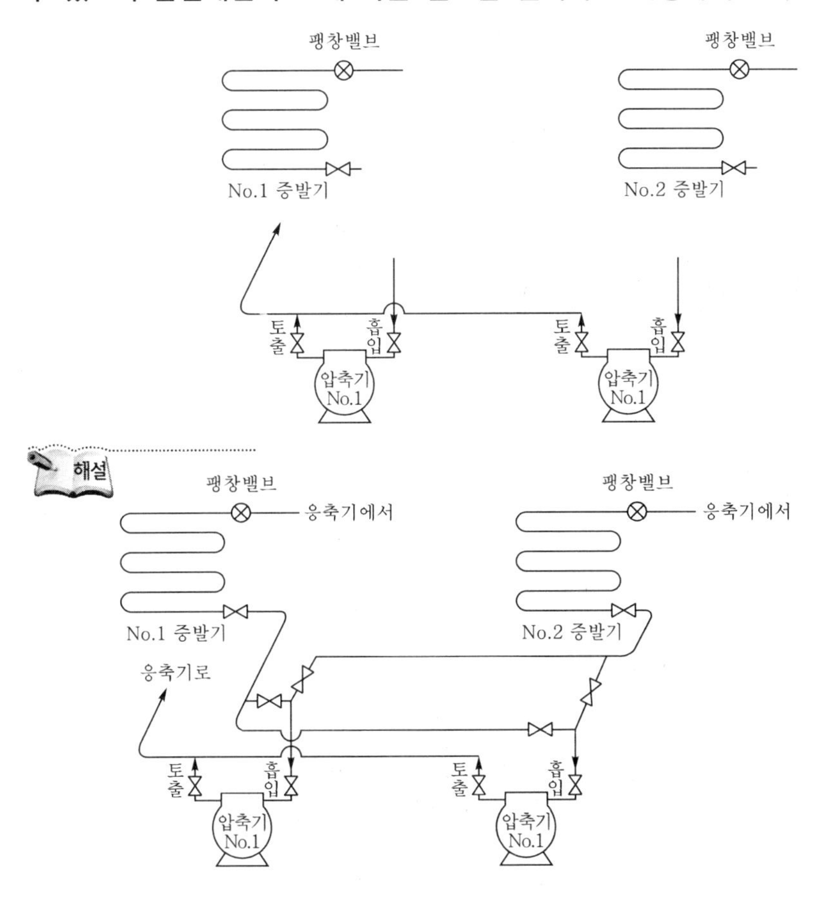

15 다음 그림과 같은 중앙식 공기조화설비의 계통도에서 미완성된 배관도를 완성하고 유체의 흐르는 방향을 화살표로 표시하시오. (10점)

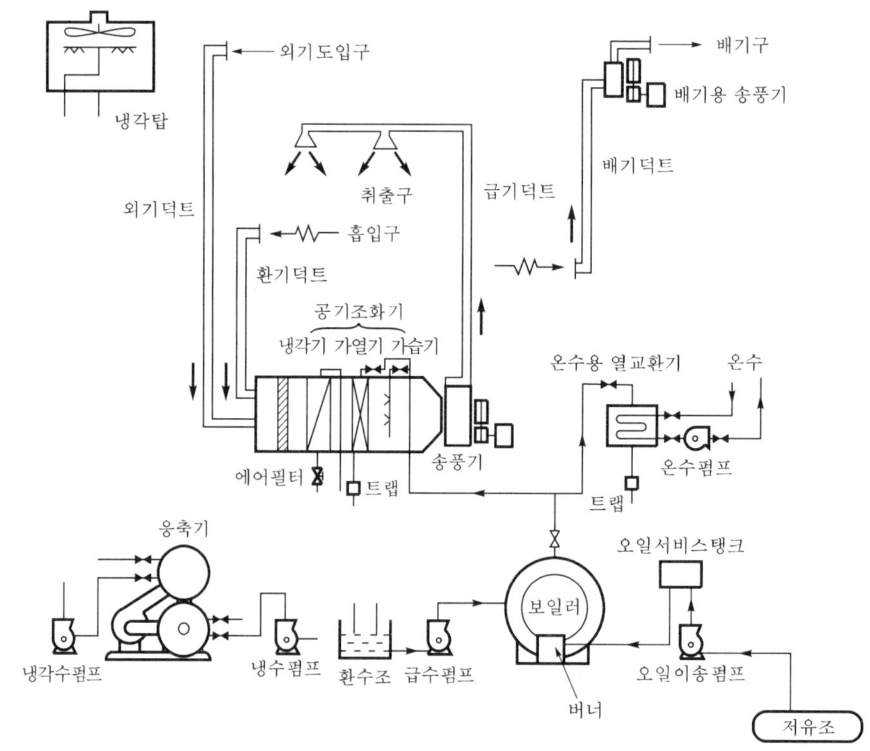

해설

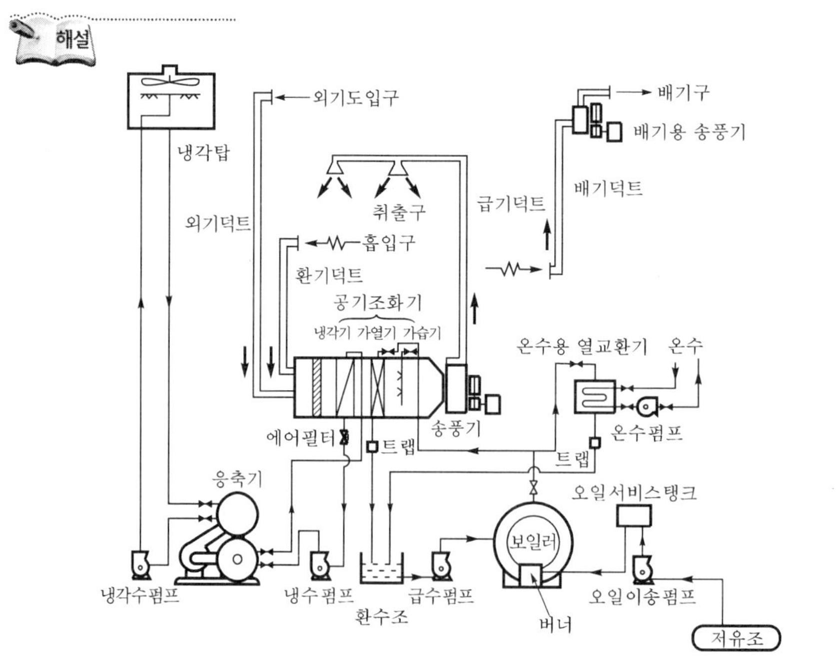

2018년도 기출문제

2018. 4. 15. 시행

01 **흡입측에 30mmAq(전압)의 저항을 갖는 덕트가 접속되고, 토출측은 평균풍속 10m/s로 직접 대기에 방출하고 있는 송풍기가 있다. 이 송풍기의 축동력을 구하시오.** (단, 풍량은 900m^3/h, 정압효율은 0.5로 한다.) (2점)

해설 송풍기 정압(P_s)$=P_t-P_v$에서 토출측 정압 P_{s2}는 대기방출형이므로 0mmAq가 된다.

$$P_v=P_{s2}+P_{v2}=0+\frac{V^2}{2g}\rho=\frac{10^2}{2\times9.8}\times1.2=6.12\text{mmAq}$$

$$\text{전압}(P_t)=P_{t2}-P_{t1}=6.12-(-30)=36.12\text{mmAq}$$

$$P_s=36.12-6.12=30\text{mmAq}$$

$$\therefore\ \text{축동력}(L)=\frac{P_sQ}{102\eta_s}=\frac{30\times900}{102\times3,600\times0.5}=0.147\fallingdotseq0.15\text{kW}$$

02 **주철제 증기보일러 2기가 있는 장치에서 방열기의 상당방열면적이 1,500m^{2}이고, 급탕온수량이 5,000L/h이다. 급수온도 10℃, 급탕온도 60℃, 보일러효율 80%, 압력 60kPa의 증발잠열량이 2221.51kJ/kg일 때 다음 각 물음에 답하시오.** (12점)

1. 주철제 방열기를 사용하여 난방할 경우 방열기 절수를 구하시오. (단, 방열기 절당 면적은 0.26m^{2}이다.)
2. 배관부하를 난방부하의 10%라고 한다면 보일러의 상용출력(kJ/h)은 얼마인가?
3. 예열부하를 837,200kJ/h라고 한다면 보일러 1대당 정격출력(kJ/h)은 얼마인가?
4. 시간당 응축수 회수량(kg/h)은 얼마인가?

해설

1. $\text{절수}=\frac{1,500}{0.26}\fallingdotseq5,770\text{절}$
2. 보일러의 상용출력
   ① $\text{난방부하}=1,500\times2,721=4,081,350\text{kJ/h}\fallingdotseq1133.71\text{kW}$
   ② $\text{급탕부하}=5,000\times4.186\times(60-10)=1,046,500\text{kJ/h}\fallingdotseq290.7\text{kW}$
   ③ $\text{상용출력}=(4,081,350\times1.1)+1,046,500=5,535,985\text{kJ/h}\fallingdotseq1537.8\text{kW}$
3. $\text{1대당 정격출력}=(5,535,985+837,200)\times\frac{1}{2}=3586592.5\text{kJ/h}\fallingdotseq885.16\text{kW}$
4. $\text{응축수 회수량}=\frac{3586592.5\times2}{2221.51}\fallingdotseq3228.97\text{kg/h}$

03 다음과 같은 조건의 건물 중간층 난방부하를 구하시오. (16점)

[조 건]

1) 열관류율[W/m²·K] : 천장 0.84, 바닥 1.64, 문 3.4, 유리창 5.7
2) 난방실의 실내온도 : 25℃, 비난방실의 온도 : 5℃, 외기온도 : −10℃, 상·하층 난방실의 실내온도 : 25℃
3) 벽체표면의 열전달률

구 분	표면위치	대류의 방향	열전달률[W/m²·K]
실내측	수직	수평(벽면)	9
실외측	수직	수직·수평	23

4) 방위계수

방 위	방위계수
북쪽, 외벽, 창, 문	1.1
남쪽, 외벽, 창, 문, 내벽	1.0
동쪽, 서쪽, 창, 문	1.05

5) 환기횟수 : 난방실 1회/h, 비난방실 3회/h
6) 공기의 정압비열 : 1.0046kJ/kg·K, 공기의 밀도 : 1.2kg/m³

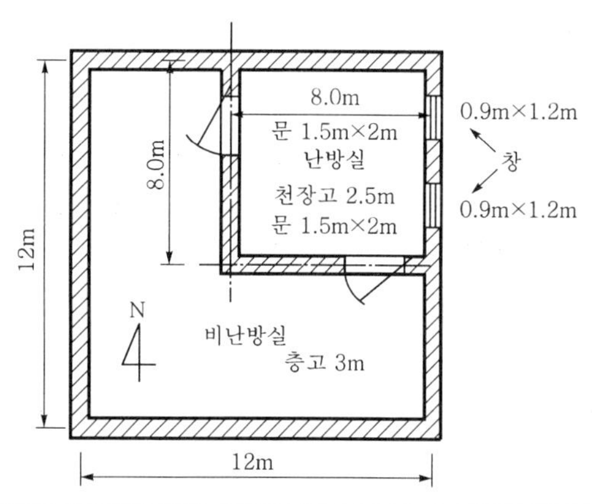

벽체의 종류	구 조	재 료	두께 [mm]	열전도율 [W/m·K]
외벽		타일 모르타르 콘크리트 모르타르 플라스터	10 15 120 15 3	1.28 1.53 1.65 1.53 0.6
내벽		콘크리트	100	1.53

1. 외벽과 내벽의 열관류율을 구하시오.
2. 다음 부하를 계산하시오.
   ① 벽체를 통한 부하　　② 유리창을 통한 부하
   ③ 문을 통한 부하　　④ 극간풍부하(환기횟수에 의함)

해설 1. ① 외벽을 통한 열관류율(K_o)

$$=\frac{1}{R}=\frac{1}{\frac{1}{\alpha_i}+\sum_{i=1}^{n}\frac{l_i}{\lambda_i}+\frac{1}{\alpha_o}}=\frac{1}{\frac{1}{9}+\frac{0.01}{1.28}+\frac{0.015}{1.53}+\frac{0.12}{1.65}+\frac{0.015}{53}+\frac{0.003}{0.6}+\frac{1}{23}}$$

$=3.85\mathrm{W/m^2\cdot K}$

② 내벽을 통한 열관류율(K_i)

$$=\frac{1}{R}=\frac{1}{\frac{1}{\alpha_i}+\frac{l}{\lambda}+\frac{1}{\alpha_i}}=\frac{1}{\frac{1}{9}+\frac{0.1}{1.53}+\frac{1}{9}}\fallingdotseq 3.48\mathrm{W/m^2\cdot K}$$

2. ① ㉠ 외벽

북$=k_DK_oA\Delta t=1.1\times3.85\times(8\times3)\times\{25-(-10)\}$
$=3557.4\mathrm{W}(=12806.64\mathrm{kJ/h})$

동$=k_DK_o\Delta t=1.05\times3.85\times\{(8\times3)-(0.9\times1.2\times2)\}\times\{25-(-10)\}$
$=3090.09\mathrm{W}(\fallingdotseq 1124.3\mathrm{kJ/h})$

㉡ 내벽

남$=K_iA\Delta t=3.48\times\{(8\times2.5)-(1.5\times2)\}\times(25-5)$
$=1183.2\mathrm{W}(\fallingdotseq 4259.52\mathrm{kJ/h})$

서$=K_iA\Delta t=3.48\times\{(8\times2.5)-(1.5\times2)\}\times(25-5)$
$=1183.2\mathrm{W}(\fallingdotseq 4259.52\mathrm{kJ/h})$

∴ 벽체의 침입열량=북+동+남+서
$=12806.64+1124.3+4259.52+4259.52$
$=32449.98\mathrm{kJ/h}$

② 창문$=k_DKA\Delta t=1.05\times5.7\times(0.9\times1.2\times2)\times\{25-(-10)\}$
$=452.466\mathrm{W}(\fallingdotseq 1628.88\mathrm{kJ/h})$

③ 문$=KA\Delta t=3.4\times(1.5\times2\times2)\times(25-5)=408\mathrm{W}(\fallingdotseq 1468.8\mathrm{kJ/h})$

④ 극간풍부하$=\rho Q_iC_p\Delta t$
$=1.2\times(8\times8\times2.5\times1)\times1.0046\times\{25-(-10)\}$
$=6750.91\mathrm{W}(\fallingdotseq 24303.28\mathrm{kJ/h})$

【참고】 난방부하=벽체+창문+문+극간풍
=32449.98+1628.88+1468.8+24303.28=59850.94kJ/h

04 다음은 단일덕트공조방식을 나타낸 것이다. 주어진 조건과 습공기선도를 이용하여 각 물음에 답하시오. (13점)

[조 건]

1) 실내부하 : 현열부하(q_s)=109,200kJ/h, 잠열부하(q_L)=18,900kJ/h
2) 실내 : 온도 20℃, 상대습도 50%
3) 외기 : 온도 2℃, 상대습도 40%
4) 환기량과 외기량의 비 : 3 : 1
5) 공기의 밀도 : 1.2kg/m³, 공기의 정압비열 : 1.0046kJ/kg·K
6) 실내송풍량 : 10,000kg/h
7) 덕트장치 내의 열취득(손실)은 무시한다.
8) 가습은 순환수분무로 한다.

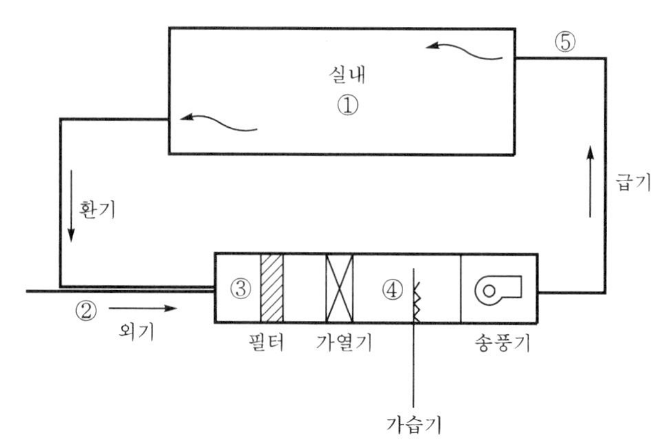

1. 계통도를 보고 공기의 상태변화를 습공기선도상에 나타내고 장치의 각 위치에 대응하는 점 ①~⑤를 표시하시오.
2. 실내부하의 현열비(SHF)를 구하시오.
3. 취출공기온도[℃]를 구하시오.
4. 가열기의 용량[kJ/h]을 구하시오.
5. 가습량[kg/h]을 구하시오.

해설 1. 습공기선도

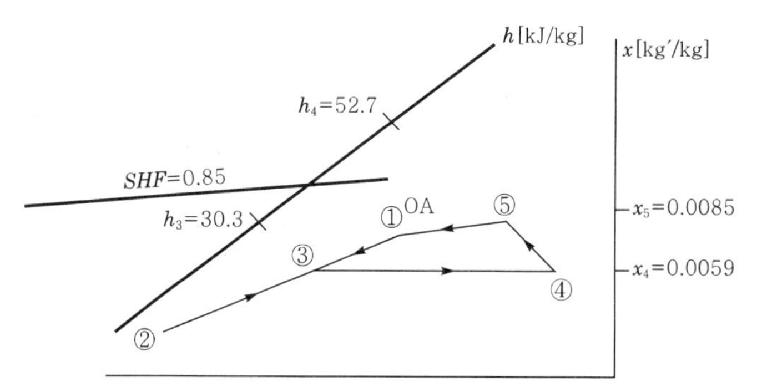

2. 현열비$(SHF) = \dfrac{q_s}{q_s + q_L} = \dfrac{109{,}200}{109{,}200 + 18{,}900} \fallingdotseq 0.852$

3. $q_s = mC_p(t_5 - t_1)$[kJ/h]에서

   취출공기온도$(t_5) = t_1 + \dfrac{q_s}{mC_p} = 20 + \dfrac{109{,}200}{10{,}000 \times 1.0046} = 30.87$℃

4. 혼합공기온도$(t_3) = \dfrac{m_1}{m}t_1 + \dfrac{m_2}{m}t_2 = \dfrac{3}{4} \times 20 + \dfrac{1}{4} \times 2 = 15.5$℃

   ∴ 가열기의 용량$(q_H) = m\Delta h = m(h_4 - h_3) = 10{,}000 \times (52.7 - 30.3) = 224{,}000$kJ/h

5. 가습량$(L) = m\Delta x = m(x_5 - x_4) = 10{,}000 \times (0.0085 - 0.0059) = 26$kg/h

05

500rpm으로 운전되는 송풍기가 300m³/min, 전압 40mmAq, 동력 3.5kW의 성능을 나타내고 있는 것으로 한다. 이 송풍기의 회전수를 1할 증가시키면 어떻게 되는지를 계산하시오. (6점)

해설 송풍기의 상사법칙에 의해

① 풍량$(Q_2) = Q_1 \dfrac{N_2}{N_1} = 300 \times \dfrac{500 \times 1.1}{500} = 330\text{m}^3/\text{min}$

② 전압$(P_2) = P_1 \left(\dfrac{N_2}{N_1}\right)^2 = 40 \times \left(\dfrac{500 \times 1.1}{500}\right)^2 = 48.4\text{mmAq}$

③ 동력$(L_2) = L_1 \left(\dfrac{N_2}{N_1}\right)^3 = 3.5 \times \left(\dfrac{500 \times 1.1}{500}\right)^3 \fallingdotseq 4.66\text{kW}$

06

다음과 같은 조건하에서 운전되는 공기조화기에서 각 물음에 답하시오. (단, 공기의 밀도 $\rho = 1.2\text{kg/m}^3$, 공기의 정압비열 $C_p = 1.0046\text{kJ/kg} \cdot \text{K}$이다.) (6점)

[조 건]

1) 외기 : 32℃ DB, 28℃ WB
2) 실내 : 26℃ DB, 50% RH
3) 실내현열부하 : 142,800kJ/h, 실내잠열부하 : 25,200kJ/h
4) 외기도입량 : 2,000m³/h

1. 실내현열비(SHF)를 구하시오.
2. 토출온도와 실내온도의 차를 10.5℃로 할 경우 송풍량〔m³/h〕을 구하시오.
3. 혼합점의 온도〔℃〕를 구하시오.

해설

1. 실내현열비$(SHF) = \dfrac{q_s}{q_s + q_L} = \dfrac{142{,}800}{142{,}800 + 25{,}200} = 0.85$

2. $q_s = \rho Q C_p \Delta t$에서

$$Q = \frac{q_s}{\rho C_p \Delta t} = \frac{142{,}800}{1.2 \times 1.0046 \times 10.5} \fallingdotseq 11281.44\text{m}^3/\text{h}$$

3. 혼합점의 온도$(t_m) = \dfrac{Q_o}{Q} t_o + \dfrac{Q_r}{Q} t_r = \dfrac{2{,}000}{11281.44} \times 32 + \dfrac{11281.44 - 2{,}000}{11281.44} \times 26$

$\fallingdotseq 27.06℃$

07

송풍기(fan)의 전압효율이 45%, 송풍기 입구와 출구에서의 전압차가 120mmAq로서 10,200m³/h의 공기를 송풍할 때 송풍기의 축동력〔PS〕을 구하시오. (2점)

해설

$$L_s = \frac{P_t Q}{735 \eta_t} = \frac{P_t Q}{735 \eta_t \times 3{,}600} = \frac{120 \times 9.8 \times 10{,}200}{735 \times 0.45 \times 3{,}600} \fallingdotseq 10.07\text{PS}$$

※ $1\text{mmAq} = 1\text{kgf/m}^2 = 9.8\text{N/m}^2 (= \text{Pa})$

08 단일덕트방식의 공기조화시스템을 설계하고자 할 때 어떤 사무소의 냉방부하를 계산한 결과 현열부하 q_s=24,112kJ/h, 잠열부하 q_L=6,028kJ/h였다. 주어진 조건을 이용하여 각 물음에 답하시오. (8점)

[조 건]

1) 설계조건
   ① 실내 : 26℃ DB, 50% RH
   ② 실외 : 32℃ DB, 70% RH
2) 외기취입량 : $500m^3/h$
3) 공기의 정압비열 : C_p=1.0046kJ/kg·K
4) 취출공기온도 : 16℃
5) 공기의 밀도 : $\rho=1.2kg/m^3$

1. 냉방풍량을 구하시오.
2. 현열비 및 실내공기(①)과 실외공기(②)의 혼합온도를 구하고 공기조화사이클을 습공기선도상에 도시하시오.

해설

1. 냉방풍량$(Q)=\dfrac{q_s}{\rho C_p(t_1-t_4)}=\dfrac{24,112}{1.2\times1.0046\times(26-16)}\fallingdotseq 2,000m^3/h$

2. ① 현열비$(SHF)=\dfrac{q_s}{q_t}=\dfrac{q_s}{q_s+q_L}=\dfrac{24,112}{24,112+6,028}=0.8$

   ② 혼합공기온도$(t_3)=\dfrac{Q_1t_1+Q_2t_2}{Q}=\dfrac{(1,500\times26)+(500\times32)}{2,000}=27.5℃$

   ③ 습공기선도

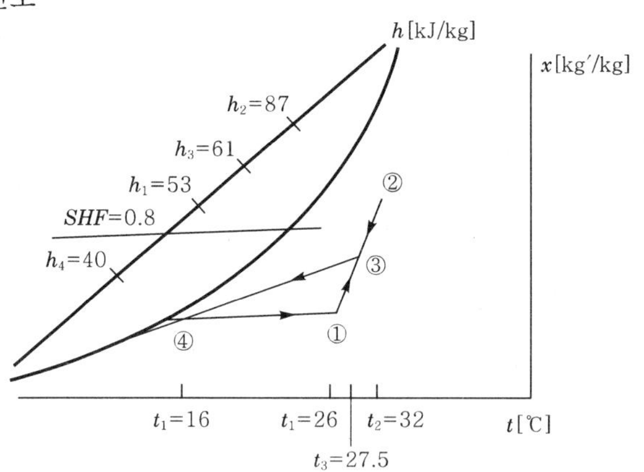

09 공기조화기에서 풍량이 $2,000m^3/h$, 난방코일의 가열량 65,595kJ/h, 입구온도 10℃일 때 출구온도는 몇 〔℃〕인가? (단, 공기의 밀도 $1.2kg/m^3$, 공기의 정압비열 1.0046kJ/kg·K이다.) (2점)

해설 $q_H=\rho QC_p(t_o-t_i)$〔kJ/h〕에서

$$t_o=t_i+\frac{q_H}{\rho QC_p}=10+\frac{65,595}{1.2\times2,000\times1.0046}\fallingdotseq 37.21℃$$

10 펌프에서 수직높이 25m의 고가수조와 5m 아래의 지하수까지를 관경 50mm의 파이프로 연결하여 2m/s의 속도로 양수할 때 다음 각 물음에 답하시오. (단, 펌프의 효율은 90%이고, 배관의 마찰손실은 0.3mAq/100m이다.) (6점)

1. 펌프의 전양정[m]을 구하시오.
2. 펌프의 유량[m^3/s]을 구하시오.
3. 펌프의 축동력[kW]을 구하시오.

해설 1. 펌프의 전양정$(H) = (H_1 + h) + \frac{0.3}{100}(H_1 + h) + \frac{V^2}{2g}$

$$= (25+5) + \frac{0.3}{100} \times (25+5) + \frac{2^2}{2 \times 9.8} \fallingdotseq 30.29\text{mAq}$$

2. 펌프의 유량$(Q) = AV = \frac{\pi d^2}{4} V = \frac{\pi}{4} \times 0.05^2 \times 2 = 3.93 \times 10^{-3}\text{m}^3/\text{s}$

3. 펌프의 축동력$(N) = \frac{\gamma_w QH}{\eta_p} = \frac{9.8 \times (3.93 \times 10^{-3}) \times 30.29}{0.9} \fallingdotseq 1.3\text{kW}$

11 겨울철 냉동장치의 운전 중에 고압측 압력이 갑자기 낮아질 경우 장치 내에서 일어나는 현상을 3가지 쓰고 그 이유를 각각 설명하시오. (12점)

해설 ① ㉠ 현상 : 냉동장치의 각부가 정상임에도 불구하고 냉각이 불충분해진다.
㉡ 이유 : 응축기의 냉각공기온도가 낮아짐으로 응축압력이 낮아지는 것이 원인이다.

② ㉠ 현상 : 단위능력당 소요동력이 증가한다.
㉡ 이유 : 냉동능력에 알맞은 냉매량을 확보하지 못하므로 운전시간이 길어지는 것이 원인이다.

③ ㉠ 현상 : 냉매순환량이 감소한다.
㉡ 이유 : 증발압력이 일정한 상태에서 고저압의 차압이 적어서 팽창밸브의 능력이 감소하는 것이 원인이다.

【대책】 ① 냉각풍량을 감소시켜 응축압력을 높인다.
② 압축기 토출가스를 압력제어밸브를 통하여 수액기로 바이패스시킨다.
③ 액냉매를 응축기에 고이게 함으로써 유효냉각면적을 감소시킨다.

12 실내현열발생량 q_s =31269.6kJ/h이고 실내온도 26℃, 취출구온도 16℃에서 공기밀도 1.2kg/m^3, 정압비열 1.01kJ/kg · K일 때 취출송풍량[kg/h]은 얼마인가? (2점)

해설 $q_s = mC_p(t_i - t_o)$ [kJ/h]에서

취출송풍량$(m) = \frac{q_s}{C_p(t_i - t_o)} = \frac{31269.6}{1.01 \times (26-16)} = 3{,}096\text{kg/h}$

【참고】 송풍량(m)은 현열부하(q_s)만을 고려하여 구한다.

13 다음과 같은 조건하에서 냉방용 흡수식 냉동장치에서 증발기가 1RT의 능력을 갖도록 하기 위한 각 물음에 답하시오. (10점)

[조 건]

1) 냉매와 흡수제 : 물+브롬화리튬
2) 발생기 공급열원 : 80℃의 폐기가스
3) 용액의 출구온도 : 74℃
4) 냉각수온도 : 25℃
5) 응축온도 : 30℃(압력 31.8mmHg)
6) 증발온도 : 5℃(압력 6.54mmHg)
7) 흡수기 출구 용액의 온도 : 28℃
8) 흡수기 압력 : 6mmHg
9) 발생기 내 증기의 비엔탈피 h_3' =3041.4kJ/kg
10) 증발기를 나오는 증기의 비엔탈피 h_1' =2927.6kJ/kg
11) 응축기를 나오는 응축수의 비엔탈피 h_3 =545.2kJ/kg
12) 증발기로 들어가는 포화수의 비엔탈피 h_1 =438.4kJ/kg
13) 1RT= 3.9kW

상태점	온도 〔℃〕	압력 〔mmHg〕	농도 w_t 〔%〕	비엔탈피 〔kJ/kg〕
4	74	31.8	60.4	316.5
8	46	6.54	60.4	273
6	44.2	6.0	60.4	270.5
2	28.0	6.0	51.2	238.7
5	56.5	31.8	51.2	291.4

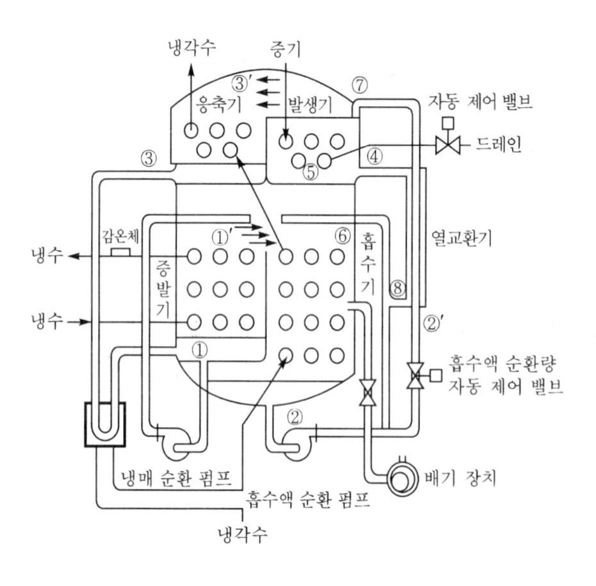

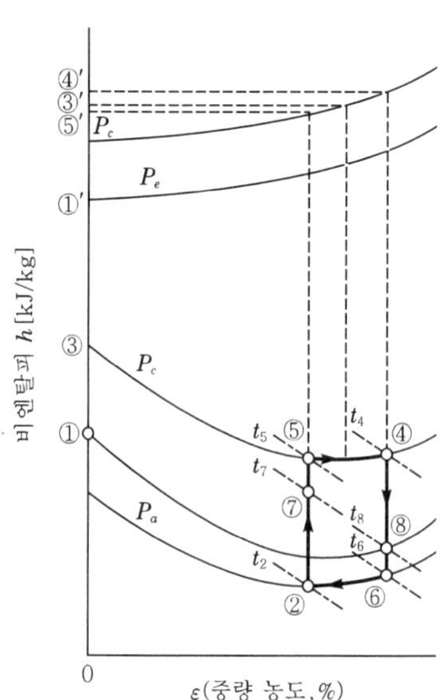

1. 다음과 같이 나타내는 과정은 어떠한 과정인지 설명하기
   ① 4-8과정
   ② 6-2과정
   ③ 2-7과정
2. 응축기와 흡수기의 열량
3. 1냉동톤당의 냉매순환량

해설 1. ① 4-8과정 : 열교환기에서 방열작용으로 발생기(재생기)에서 농축된 진한 용액이 열교환기를 거치는 동안 묽은 용액의 열을 방출하여 온도가 낮아지는 과정이다.

② 6-2과정 : 증발기에서 증발된 냉매증기는 흡수기의 브롬화리튬(LiBr)수용액에 흡수되어 증발압력과 온도는 일정하게 유지되고, 냉매증기 흡수 시에 발생되는 흡수열은 흡수기 내 전열관을 통하는 냉각수에 의해 제거되며, 흡수기의 묽은 용액은 용액펌프에 의해 고온재생기로 보내진다.

③ 2-7과정 : 열교환기에서 흡열작용으로 냉매를 흡수하여 농도가 묽은 용액이 순환펌프에 의해 발생기(재생기)로 공급되는 도중에 열교환기에서 진한 용액으로부터 흡열하여 온도가 상승하는 과정이다.

2. ① 응축기 열량$(Q_c) = h_3' - h_3 = 3041.4 - 545.2 = 2496.2\text{kJ/kg}$

② 흡수기 열량

㉠ 용액순환비$(f) = \dfrac{\varepsilon_2}{\varepsilon_2 - \varepsilon_1} = \dfrac{60.4}{60.4 - 51.2} \fallingdotseq 6.57\text{kg/kg}$

㉡ 흡수기 열량$(Q_a) = (f-1)h_8 + h_1' - fh_2$

$= \{(6.57-1) \times 273\} + 2927.6 - (6.57 \times 238.7)$

$\fallingdotseq 2879.95\text{kJ/kg}$

3. ① 냉동효과$(q_e) = h_1' - h_3 = 2927.6 - 545.2 = 2382.4\text{kJ/kg}$

② 냉매순환량$(m) = \dfrac{Q_e}{q_e} = \dfrac{1 \times 13897.52}{2382.4} \fallingdotseq 5.83\text{kg/h}$

14

다음의 그림은 각종 송풍기의 임펠러형상을 나타낸 것이고, [보기]는 각종 송풍기의 명칭이다. 이들 중에서 가장 관계가 깊은 것끼리 골라서 번호와 기호를 선으로 연결하시오. (6점)
[정답 예 : (8)-(a)]

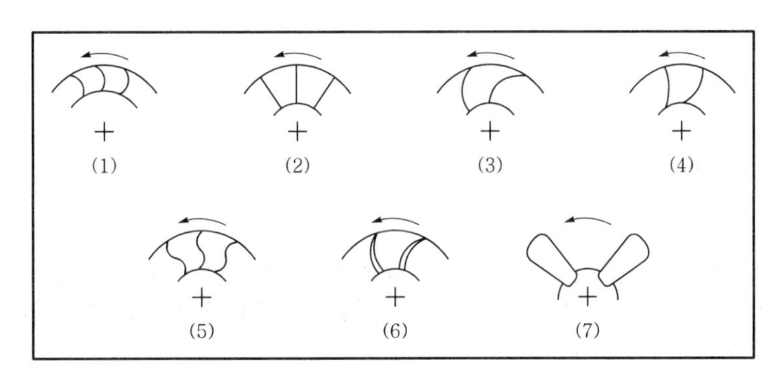

[보 기]

(a) 터보팬(사일런트형)	(b) 에어로휠팬
(c) 시로코팬(다익송풍기)	(d) 리밋로드팬
(e) 플레이트팬	(f) 프로펠러팬
(g) 터보팬(일반형)	

해설 (1)－(c), (2)－(e), (3)－(a), (4)－(g), (5)－(d), (6)－(b), (7)－(f)

15 R－502를 냉매로 하고 A, B 2대의 증발기를 동일 압축기에 연결해서 쓰는 냉동장치가 있다. 증발기 A에는 증발압력조정밸브가 설치되고, A와 B의 운전조건은 다음 표와 같으며, 응축온도는 35℃인 것으로 한다. 이 냉동장치의 냉동사이클을 $P-h$선도상에 그렸을 때 다음과 같다면 전체 냉매순환량은 몇 〔kg/s〕인가? (3점)

증발기	냉동부하〔RT〕	증발온도〔℃〕	팽창밸브 전 액온도〔℃〕	증발기 출구의 냉매증기상태
A	2	－10	30	과열도 10℃
B	4	－30	30	건조포화증기

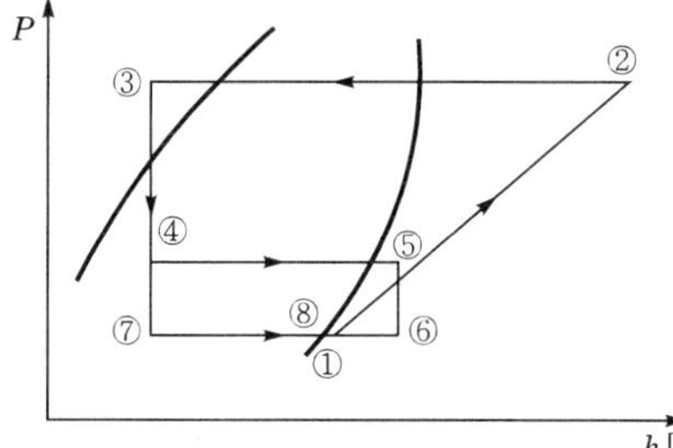

해설

$$m_A = \frac{Q_{eA}}{q_e} = \frac{2\text{RT}}{h_5 - h_4} = \frac{2 \times 13879.52}{571 - 455} = 239.61\text{kg/h} ≒ 0.067\text{kg/s}$$

$$m_B = \frac{Q_{eB}}{q_e} = \frac{4\text{RT}}{h_8 - h_7} = \frac{4 \times 13897.52}{553 - 455} = 567.25\text{kg/h} = 0.158\text{kg/s}$$

∴ 전체 냉매순환량$(m_t) = m_A + m_B = 0.067 + 0.158 = 0.225\text{kg/s}$

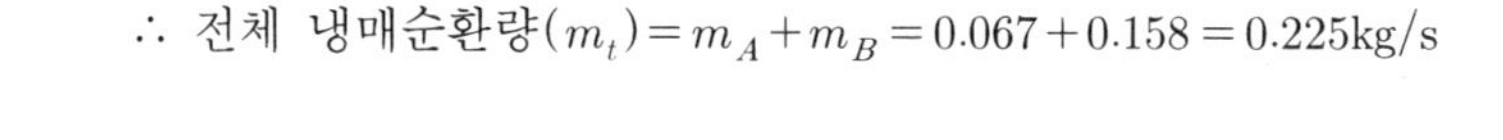

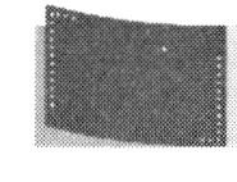

2018. 6. 30. 시행

01 500rpm으로 운전되는 송풍기가 300m³/min, 전압 40mmAq, 동력 3.5kW의 성능을 나타내고 있는 것으로 한다. 이 송풍기의 회전수를 1할 증가시키면 어떻게 되는지를 계산하시오. (6점)

해설 송풍기의 상사법칙에 의해

① 풍량$(Q_2)=Q_1\dfrac{N_2}{N_1}=300\times\dfrac{500\times1.1}{500}=330\text{m}^3/\text{min}$

② 전압$(P_2)=P_1\left(\dfrac{N_2}{N_1}\right)^2=40\times\left(\dfrac{500\times1.1}{500}\right)^2=48.4\text{mmAq}$

③ 동력$(L_2)=L_1\left(\dfrac{N_2}{N_1}\right)^3=3.5\times\left(\dfrac{500\times1.1}{500}\right)^3\fallingdotseq4.66\text{kW}$

이때 1할은 10% 증가를 의미한다.

02 **다음 그림 (a), (b)는 응축온도 35℃, 증발온도 −35℃로 운전되는 냉동사이클을 나타낸 것이다. 이 두 냉동사이클 중 어느 것이 에너지절약차원에서 유리한가를 계산하여 비교하시오.** (9점)

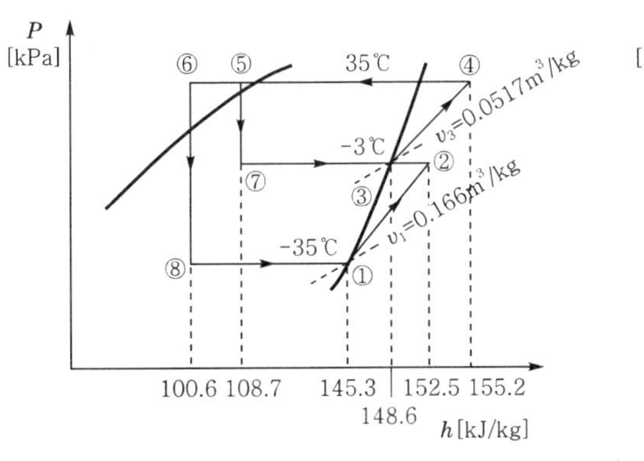

(a) (b)

해설 ① 저단측 냉매순환량을 1kg/h라고 가정하고 (a)사이클 성적계수를 ε_1이라 하면

㉠ 저단압축기 일의 열당량$(w_{c1})=h_2-h_1$[kJ/kg]

㉡ 고단압축기 일의 열당량$(w_{c2})=\left(\dfrac{h_2-h_6}{h_3-h_5}\right)(h_4-h_3)$[kJ/kg]

㉢ 성적계수$(\varepsilon_1)=\dfrac{h_1-h_8}{(h_2-h_1)+\left(\dfrac{h_2-h_6}{h_3-h_5}\right)(h_4-h_3)}$

$$=\frac{145.3-100.6}{(152.5-145.3)+\left(\dfrac{152.5-100.6}{148.6-108.7}\right)\times(155.2-148.6)}\fallingdotseq2.83$$

② (b)사이클의 성적계수를 ε_2라 하면

$$\varepsilon_2=\frac{h_1-h_4}{h_2-h_1}=\frac{132.7-107.2}{143.2-132.7}\fallingdotseq2.43$$

③ 성능계수비율$(\phi)=\dfrac{\varepsilon_1-\varepsilon_2}{\varepsilon_1}\times100\%=\dfrac{2.83-2.43}{2.83}\times100\%\fallingdotseq14.13\%$

∴ (a)사이클의 성능계수가 (b)사이클의 성능계수보다 14.13% 더 크므로 (a)사이클이 에너지절약차원에서 더 유리하다.

03 냉동장치의 운전상태 및 계산의 활용에 이용되는 몰리에르선도($P-h$선도)의 구성요소의 명칭과 해당되는 단위를 번호에 맞게 기입하시오. (6점)

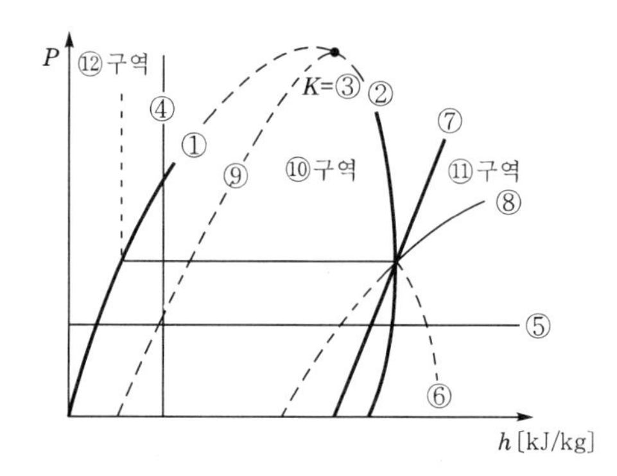

해설

번 호	명 칭	단위	번 호	명 칭	단위
①	포화액체선	없음	⑦	등엔트로피선	kJ/kg · K
②	건조포화증기선	없음	⑧	등비체적선	m^3/kg
③	임계점	없음	⑨	등건조도선	없음
④	등엔탈피선	kJ/kg	⑩	습포화증기구역	없음
⑤	등압력선	kPa	⑪	과열증기구역	없음
⑥	등온도선	℃	⑫	과냉각액체구역	없음

04 증기대수 원통다관(셸튜브)형 열교환기에서 열교환량 2,093,000kJ/h, 입구수온 60℃, 출구수온 70℃일 때 관의 전열면적은 얼마인가? (단, 사용증기온도는 103℃, 관의 열관류율은 2092.86W/m^2 · K이다.) (4점)

해설 ① $\Delta t_1 = t_s - t_{w1} = 103 - 60 = 43℃$

$\Delta t_2 = t_s - t_{w2} = 103 - 70 = 33℃$

$$\therefore\ LMTD = \frac{\Delta t_1 - \Delta t_2}{\ln\left(\frac{\Delta t_1}{\Delta t_2}\right)} = \frac{43-33}{\ln\left(\frac{43}{33}\right)} \fallingdotseq 37.78℃$$

$t_s = 103℃$
Δt_1
Δt_2
$t_{w1} = 60℃$
$t_{w2} = 70℃$

② $Q = KA(LMTD)$〔W〕에서

$$\text{전열면적}(A) = \frac{Q}{K(LMTD)} = \frac{\frac{2{,}093{,}000}{3.6}}{2092.86 \times 37.78} \fallingdotseq 7.35\text{m}^2$$

05 **다음과 같은 벽체의 열관류율을 구하시오.** (단, 외표면 열전달률 α_o=23W/m^2 · K, 내표면 열전달률 α_i=9W/m^2 · K로 한다.) (4점)

재료명	두께 〔mm〕	열전도율 〔W/m · K〕
① 모르타르	30	1.4
② 콘크리트	130	1.63
③ 모르타르	20	1.4
④ 스티로폼	50	0.037
⑤ 석고보드	10	0.21

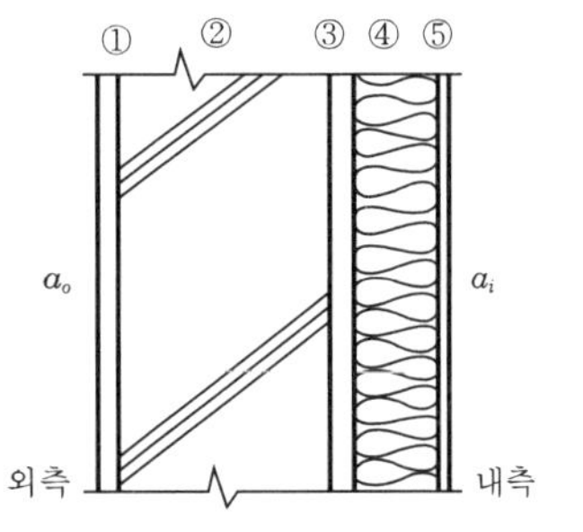

해설 열관류율$(K)=\dfrac{1}{R}=\dfrac{1}{\dfrac{1}{\alpha_o}+\sum_{i=1}^{n}\dfrac{l_i}{\lambda_i}+\dfrac{1}{\alpha_i}}$

$$=\frac{1}{\frac{1}{23}+\frac{0.03}{1.4}+\frac{0.13}{1.63}+\frac{0.02}{1.4}+\frac{0.05}{0.037}+\frac{0.01}{0.21}+\frac{1}{9}}$$

$\fallingdotseq 0.60\text{W/m}^2 \cdot \text{K}$

06 **다음과 같은 건물 A실에 대해 아래 조건을 이용하여 각 물음에 답하시오.** (단, A실은 최상층으로 사무실 용도이며, 아래층의 난방조건은 동일하다.) (18점)

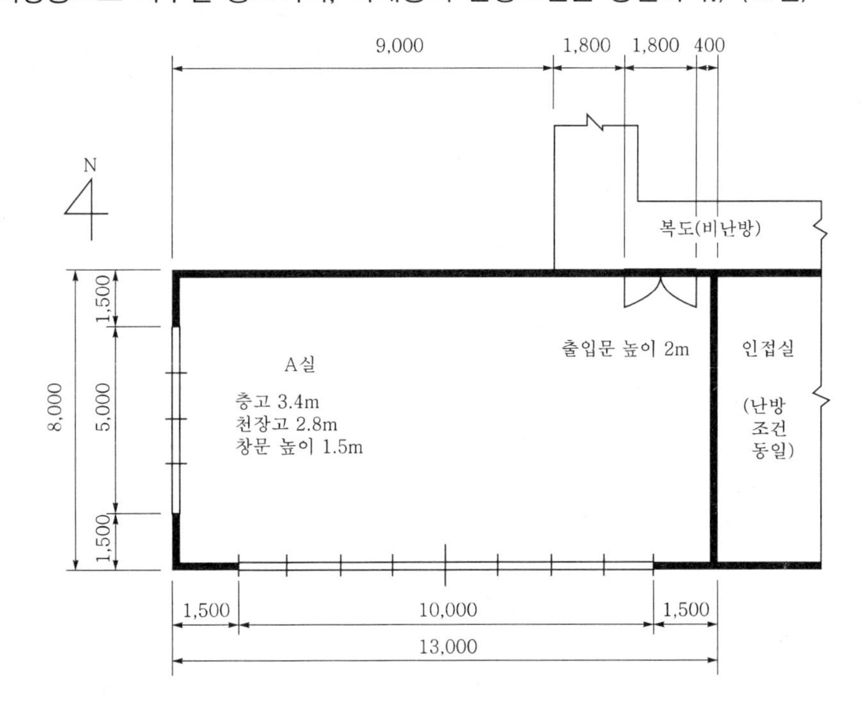

[조 건]

1) 난방 설계용 온・습도

구 분	난 방	비 고
실내	20℃ DB, 50% RH, x=0.00725kg'/kg	비공조실은 실내・외의 중간 온도로 약산함
외기	−5℃ DB, 70% RH, x=0.00175kg'/kg	

2) 유리 : 복층 유리(공기층 6mm), 블라인드 없음, 열관류율 K=3.49W/m^2·K
출입문 : 목제 플래시문, 열관류율 K=2.21W/m^2·K
3) 공기의 밀도 ρ=1.2kg/m^3, 공기의 정압비열 C_p=1.0046kJ/kg·K, 수증기의 증발잠열(0℃) E_a=2,500kJ/kg, 100℃ 물의 증발잠열 E_b=2,256kJ/kg
4) 외기도입량=25m^3/h·인
5) 외벽

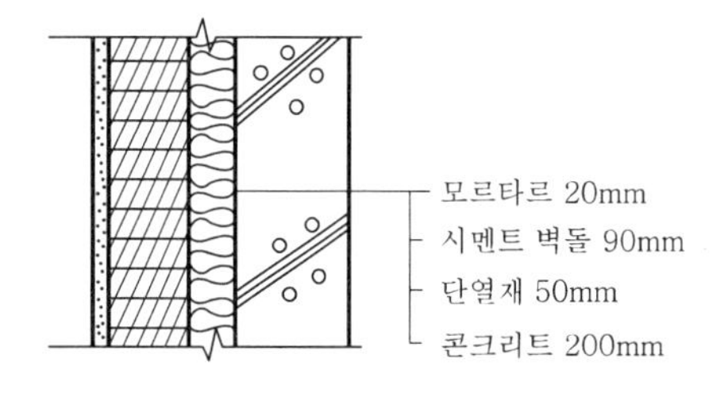

각 재료의 열전도율

재료명	열전도율 〔W/m·K〕
모르타르	1.4
시멘트 벽돌	1.4
단열재	0.03
콘크리트	1.6

6) 내벽 열관류율 : 3.01W/m^2·K, 지붕 열관류율 : 0.49W/m^2·K

표면 열전달률 α_i, α_o〔W/m^2·K〕

표면의 종류	난방 시	냉방 시
내면	8.4	8.4
외면	24.2	22.7

방위계수

방 위	N, 수평	E	W	S
방위계수	1.2	1.1	1.1	1.0

재실인원 1인당 상면적

방의 종류	상면적 〔m^2/인〕	방의 종류		상면적 〔m^2/인〕
사무실(일반)	5.0	호텔 객실		18.0
은행 영업실	5.0	백화점	평균	3.0
레스토랑	1.5		혼잡	1.0
상점	3.0		한산	6.0
호텔 로비	6.5	극장		0.5

환기횟수

실용적 〔m^3〕	500 미만	500~1,000	1,000~1,500	1,500~2,000	2,000~2,500	2,500~3,000	3,000 이상
환기횟수 〔회/h〕	0.7	0.6	0.55	0.5	0.42	0.40	0.35

1. 외벽의 열관류율을 구하시오.
2. 난방부하를 계산하시오.
   ① 서측 ② 남측 ③ 북측
   ④ 지붕 ⑤ 내벽 ⑥ 출입문

해설 1. 열저항$(R) = \frac{1}{K} = \frac{1}{\alpha_i} + \sum_{i=1}^{n} \frac{l_i}{\lambda_i} + \frac{1}{\alpha_o}$

$$= \frac{1}{8.4} + \frac{0.02}{1.4} + \frac{0.09}{1.4} + \frac{0.05}{0.03} + \frac{0.2}{1.6} + \frac{1}{24.2} = 2.03\,\text{m}^2\cdot\text{K/W}$$

∴ 외벽의 열관류율$(K) = \frac{1}{R} = \frac{1}{2.03} ≒ 0.49\,\text{W/m}^2\cdot\text{K}$

2. 난방부하

① 서측

㉠ 외벽$= k_D KA(t_r - t_o) = 1.1 \times 0.49 \times [(8 \times 3.4) - (5 \times 1.5)] \times [20 - (-5)]$
$= 265.46\text{kJ/h}$

㉡ 유리창$= k_D KA(t_r - t_o) = 1.1 \times 3.49 \times (5 \times 1.5) \times [20 - (-5)] = 719.81\text{kJ/h}$

② 남측

㉠ 외벽$= k_D KA(t_r - t_o) = 1.0 \times 0.49 \times [(13 \times 3.4) - (10 \times 1.5)] \times [20 - (-5)]$
$= 357.7\text{kJ/h}$

㉡ 유리창$= k_D KA(t_r - t_o) = 1.0 \times 3.49 \times (10 \times 1.5) \times [20 - (-5)] = 1308.75\text{kJ/h}$

③ 북측 외벽$= k_D KA(t_r - t_o) = 1.2 \times 0.49 \times (9 \times 3.4) \times [20 - (-5)] = 449.82\text{kJ/h}$

④ 지붕$= k_D KA(t_r - t_o) = 1.2 \times 0.49 \times (8 \times 13) \times [20 - (-5)] = 1528.8\text{kJ/h}$

⑤ 내벽$= KA\left(t_r - \frac{t_r + t_o}{2}\right) = 3.01 \times [(4 \times 2.8) - (1.8 \times 2)] \times \left[20 - \frac{20 + (-5)}{2}\right]$
$= 285.97\text{kJ/h}$

⑥ 출입문$= KA\left(t_r - \frac{t_r + t_o}{2}\right) = 2.21 \times (1.8 \times 2) \times \left[20 - \frac{20 + (-5)}{2}\right] = 99.45\text{kJ/h}$

07 프레온냉동장치에서 1대의 압축기로 증발온도가 다른 2대의 증발기를 냉각운전하고자 한다. 이때 1대의 증발기에 증발압력조정밸브를 부착하여 제어하고자 한다면 다음의 냉동장치는 어디에 증발압력조정밸브 및 체크밸브를 부착하여야 하는지 흐름도를 완성하시오. 또 증발압력조정밸브의 기능을 간단히 설명하시오. (10점)

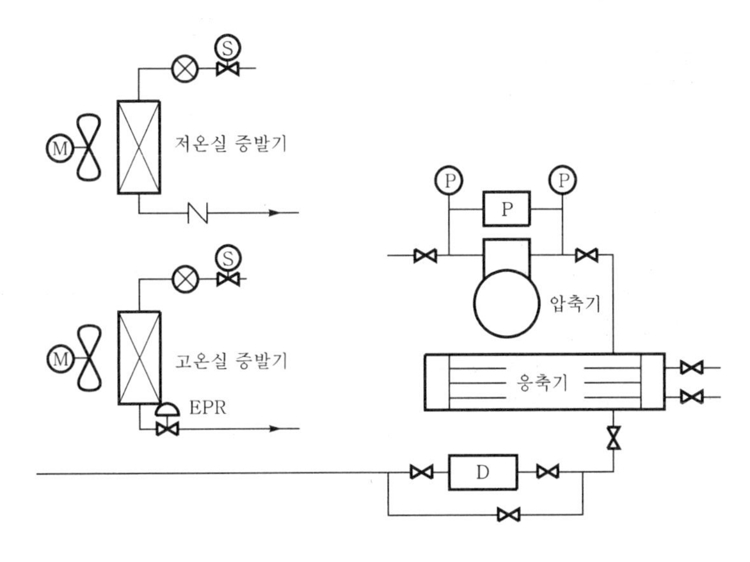

해설 ① 장치도

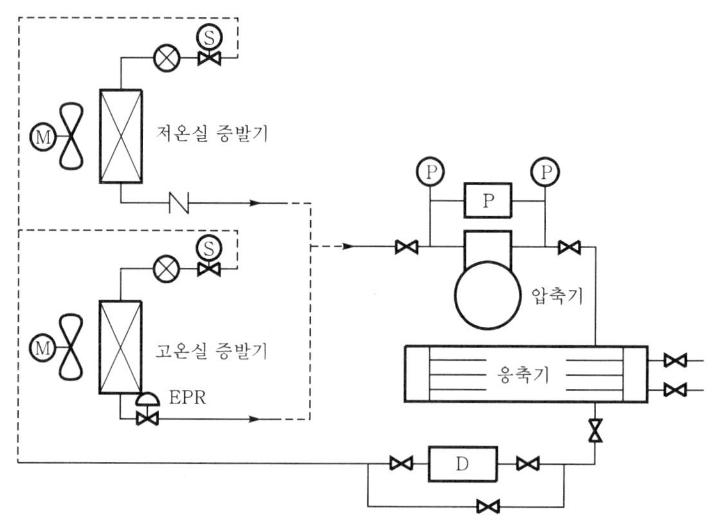

② 기능 : 증발압력조정밸브(EPR)는 증발압력이 일정압력 이하가 되는 것을 방지하고 밸브 입구압력에 의해서 작동되며 압력이 높으면 열리고, 낮으면 닫힌다.

08 **다음 그림과 같은 조건의 온수난방설비에 대하여 각 물음에 답하시오.** (9점)

[조 건]

1) 방열기 출입구온도차 : 10℃
2) 배관손실 : 방열기 방열용량의 20%
3) 순환펌프양정 : 2m
4) 보일러, 방열기 및 방열기 주변의 지관을 포함한 배관국부저항의 상당길이는 직관길이의 100%로 한다.
5) 배관의 관지름 선정은 다음 표에 의한다(표 내의 값의 단위 : [L/min]).

압력강하 [mmAq/m]	관지름(A)					
	10	15	25	32	40	50
5	2.3	4.5	8.3	17.0	26.0	50.0
10	3.3	6.8	12.5	25.0	39.0	75.0
20	4.5	9.5	18.0	37.0	55.0	110.0
30	5.8	12.6	23.0	46.0	70.0	140.0
50	8.0	17.0	30.0	62.0	92.0	180.0

6) 예열부하의 할증률은 25%로 한다.
7) 온도차에 의한 자연순환수두는 무시한다.
8) 배관길이가 표시되어 있지 않은 곳은 무시한다.

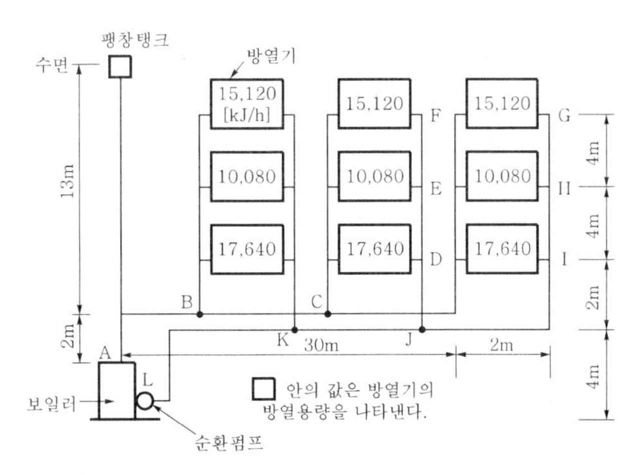

1. 전 순환수량〔L/min〕을 구하시오.
2. B－C 간의 관지름〔mm〕을 구하시오.
3. 보일러용량〔kJ/h〕을 구하시오.

1. 전 순환수량(W) $= \dfrac{Q_c}{C\Delta t \times 60} = \dfrac{(15{,}120+10{,}080+17{,}640)\times 3}{4.186\times 10\times 60} \fallingdotseq 51.17\text{L/min}$
2. B－C 간의 관지름
   ① 보일러에서 최원방열기까지 거리(L) $=2+30+2+(4\times 4)+2+2+30+4=88\text{m}$
   ② 국부저항 상당길이는 직관길이의 100%이므로 88m이고 순환펌프양정이 2m이므로
   압력강하(Δp) $= \dfrac{2{,}000}{88+88} \fallingdotseq 11.364\text{mmAq/m}$
   ③ 제시된 표에서 10mmAq/m(압력강하는 적은 것을 선택함)의 난을 이용해서 순환수량 34.1L/min(B－C 간)이므로 관지름은 40mm이다.
3. 보일러용량
   방열기 열량합계에 배관손실 20%, 예열부하 할증률 25%를 포함한다.
   정격출력 $=(15{,}120+10{,}080+17{,}640)\times 3\times 1.2\times 1.25=192{,}780\text{kJ/h}$

【참고】 보일러의 정격출력＝난방부하＋급탕부하＋배관부하＋예열(시동)부하
＝상용출력＋예열(시동)부하
＝정미출력＋배관부하＋예열(시동)부하

09 24시간 동안에 30℃의 원료수 5,000kg을 －10℃의 얼음으로 만들 때 냉동기용량(냉동톤)을 구하시오. (단, 냉동기 안전율은 10%로 하고, 물의 응고잠열은 335kJ/kg이다.) (4점)

해설

$$냉동톤 = \frac{m(C\Delta t+\gamma_o+C_1\Delta t)\times 1.1}{13897.52}$$

$$= \frac{\dfrac{5{,}000}{24}\times\{(4.186\times 30)+335+(2.093\times 10)\}\times 1.1}{13897.52} \fallingdotseq 7.94\text{RT}$$

10 다음 도면과 같은 온수난방에 있어서 리버스리턴방식에 의한 배관도를 완성하시오.

(단, A, B, C, D는 방열기를 표시한 것이며, 온수공급관은 실선으로, 귀환관은 점선으로 표시하시오.) (6점)

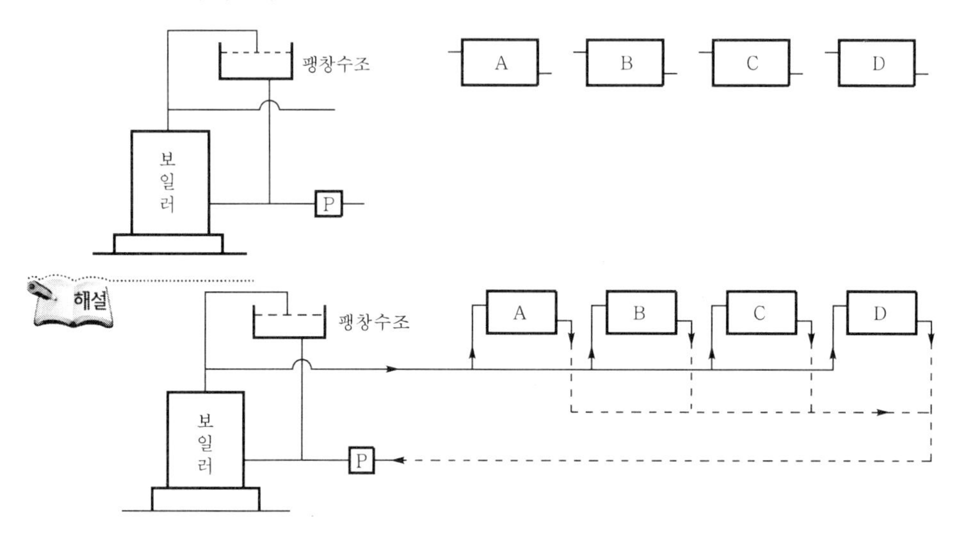

11 냉동장치에 사용하는 액분리기에 대하여 다음 각 물음에 답하시오. (6점)

1. 설치목적
2. 설치위치

1. 설치목적 : 흡입가스 중의 액냉매를 분리하여 냉매증기만 압축기로 흡입시킴으로써 액압축(liquid back)을 방지하여 압축기의 운전을 안전하게 한다.
2. 설치위치 : 증발기와 압축기 사이에서 증발기 최상부보다 흡입관을 150mm 이상 입상시켜서 설치한다.

12 장치노점이 10℃인 냉수코일이 20℃ 공기를 12℃로 냉각시킬 때 냉수코일의 BF (bypass factor)를 구하시오. (4점)

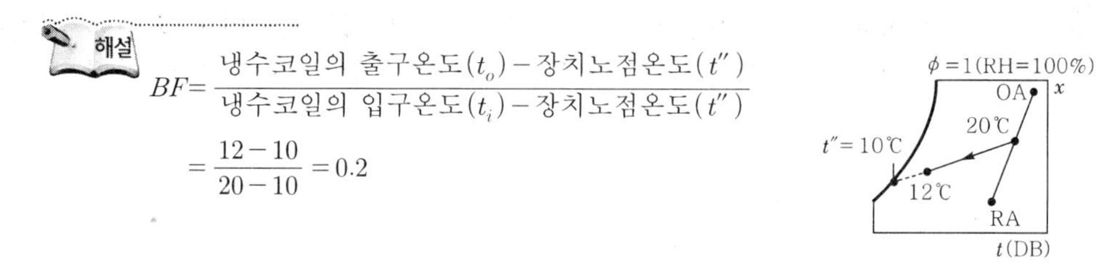

$$BF = \frac{\text{냉수코일의 출구온도}(t_o) - \text{장치노점온도}(t'')}{\text{냉수코일의 입구온도}(t_i) - \text{장치노점온도}(t'')}$$

$$= \frac{12-10}{20-10} = 0.2$$

13 **다음과 같은 냉각수배관시스템에 대해 각 물음에 답하시오.** (단, 냉동기 냉동능력은 150RT, 응축기 수저항은 8mAq, 배관의 마찰손실은 4mAq/100m이고, 냉각수량은 1냉동톤당 13L/min이다.) (9점)

관경 산출표(4mAq/100m 기준)

관경〔mm〕	32	40	50	65	80	100	125	150
유량〔L/min〕	90	180	320	500	720	1,800	2,100	3,200

밸브, 이음쇠류의 1개당 상당길이〔m〕

관경〔mm〕	게이트밸브	체크밸브	엘보	티	리듀서(1/2)
100	1.4	12	3.1	6.4	3.1
125	1.8	15	4.0	7.6	4.0
150	2.1	18	4.9	9.1	4.9

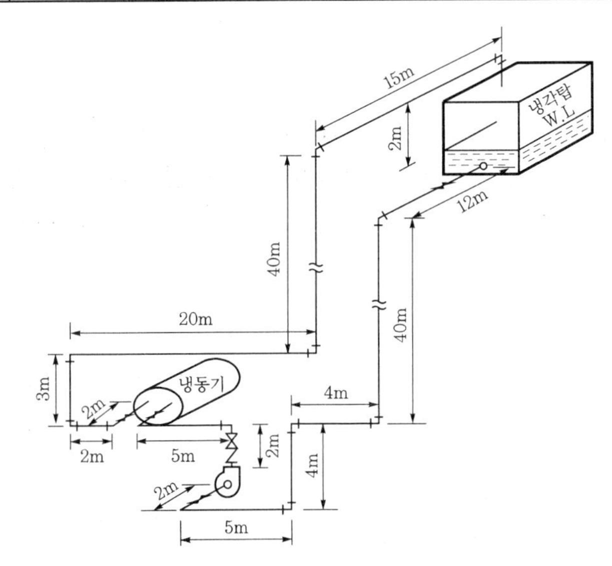

1. 배관의 마찰손실 ΔP〔mAq〕를 구하시오. (단, 직관부의 길이는 158m이다.)
2. 펌프양정 H〔mAq〕를 구하시오.
3. 펌프의 수동력 P〔kW〕를 구하시오.

해설 1. 배관마찰손실

① 배관지름은 냉각수량이 150RT이므로 150×13=1,950L/min이므로 제시된 표에서 125mm이다.

② 배관 상당길이 $=158+(1\times15)+(5\times1.8)+(13\times4)=234$m

③ 배관마찰손실$(\Delta P)=234\times\frac{4}{100}=9.36$mAq

※ 체크밸브 1개, 게이트밸브 5개, 엘보 13개

2. 펌프양정$(H)=2+9.36+8=19.36$mAq

3. 펌프의 수동력$(P)=\gamma_w QH=9.8QH=9.8\times\frac{1.95}{60}\times19.36 \fallingdotseq 6.17$kW

14 **역카르노사이클 냉동기의 증발온도 −20℃, 응축온도 35℃일 때 이론성적계수와 실제 성적계수는 약 얼마인가?** (단, 팽창밸브 직전의 액온도는 32℃, 흡입가스는 건포화증기이고, 체적효율은 0.65, 압축효율은 0.8, 기계효율은 0.9로 한다.) (4점)

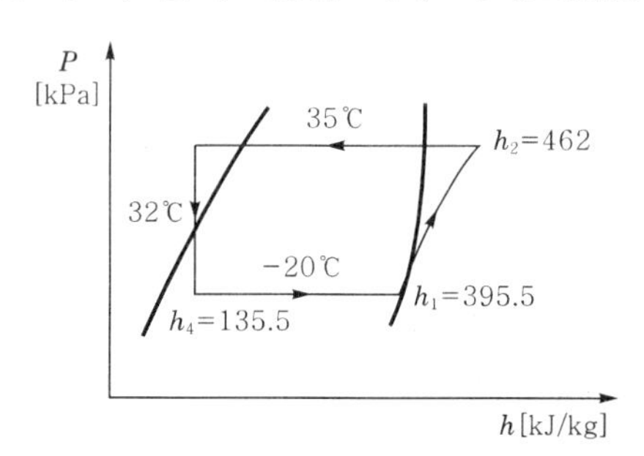

해설

① 이론성적계수$((COP)_R) = \dfrac{h_1 - h_4}{h_2 - h_1} = \dfrac{395.5 - 135.5}{462 - 395.5} = 3.91$

② 실제 성적계수$((COP)_R{}') = (COP)_R \eta_c \eta_m = 3.91 \times 0.8 \times 0.9 ≒ 2.82$

15 **①의 공기상태 $t_1 = 25$℃, $x_1 = 0.022$kg′/kg, $h_1 = 21.9$kJ/kg, ②의 공기상태 $t_2 = 22$℃, $x_2 = 0.006$kg′/kg, $h_2 = 9$kJ/kg일 때 공기 ①을 25%, 공기 ②를 75%로 혼합한 후의 공기 ③의 상태(t_3, x_3, h_3)를 구하고 공기 ①과 공기 ③ 사이의 열수분비를 구하시오.** (5점)

해설

① 혼합 후 공기 ③의 상태

㉠ $t_3 = \dfrac{m_1}{m} t_1 + \dfrac{m_2}{m} t_2 = 0.25 \times 25 + 0.75 \times 22 = 22.75$℃

㉡ $x_3 = \dfrac{m_1}{m} x_1 + \dfrac{m_2}{m} x_2 = 0.25 \times 0.022 + 0.75 \times 0.006 = 0.01$kg′/kg

㉢ $h_3 = \dfrac{m_1}{m} h_1 + \dfrac{m_2}{m} h_2 = 0.25 \times 21.9 + 0.75 \times 9 ≒ 12.23$kJ/kg

② 열수분비$(u) = \dfrac{h_1 - h_3}{x_1 - x_3} = \dfrac{21.9 - 12.23}{0.022 - 0.01} = 805.83$kJ/kg

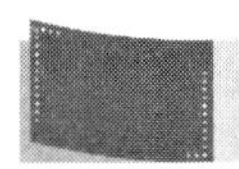

2018. 10. 6. 시행

01 **응축기의 전열면적 1m²당 송풍량이 280m³/h이고 열통과율이 41.85W/m² · K일 때 응축기 입구 공기온도가 20℃, 출구 공기온도가 26℃라면 응축온도는 몇 〔℃〕인가?** (단, 공기의 밀도 1.2kg/m³, 공기의 정압비열 1.005kJ/kg · K이고 평균온도차는 산술평균온도로 한다.) (5점)

해설 $Q=\rho q_s C_p(t_o-t_i)=KA\Delta t_m=KA\left(t_c-\dfrac{t_i+t_o}{2}\right)$

$$\therefore\ t_c=\frac{\rho q_s C_p(t_o-t_i)}{KA}+\frac{t_i+t_o}{2}=\frac{1.2\times280\times1.005\times(26-20)}{3.6\times41.85\times1}+\frac{20+26}{2}\fallingdotseq36.45℃$$

02 **①의 공기상태 $t_1=25$℃, $x_1=0.022$kg'/kg, $h_1=92$kJ/kg, ②의 공기상태 $t_2=22$℃, $x_2=0.006$kg'/kg, $h_2=38$kJ/kg일 때 공기 ①을 25%, 공기 ②를 75%로 혼합한 후의 공기 ③의 상태(t_3, x_3, h_3)를 구하고 공기 ①과 공기 ③ 사이의 열수분비를 구하시오.** (5점)

해설 ① 혼합 후 공기 ③의 상태

㉠ $t_3=\dfrac{m_1}{m}t_1+\dfrac{m_2}{m}t_2=0.25\times25+0.75\times22=22.75℃$

㉡ $x_3=\dfrac{m_1}{m}x_1+\dfrac{m_2}{m}x_2=0.25\times0.022+0.75\times0.006=0.01\text{kg}'/\text{kg}$

㉢ $h_3=\dfrac{m_1}{m}h_1+\dfrac{m_2}{m}h_2=0.25\times92+0.75\times38\fallingdotseq51.5\text{kJ/kg}$

② 열수분비$(u)=\dfrac{h_1-h_3}{x_1-x_3}=\dfrac{92-51.5}{0.022-0.01}=3{,}375\text{kJ/kg}$

03 **어떤 냉동장치의 증발기 출구상태가 건조포화증기인 냉매를 흡입압축하는 냉동기가 있다. 증발기의 냉동능력이 10RT, 압축기의 체적효율이 65%라고 한다면 이 압축기의 분당 회전수는 얼마인가?** (단, 이 압축기는 기통지름 120mm, 행정 100mm, 기통수 6기통, 압축기 흡입증기의 비체적 0.15m³/kg, 압축기 흡입증기의 비엔탈피 624kJ/kg, 압축기 토출증기의 비엔탈피 687kJ/kg, 팽창밸브 직후의 비엔탈피 460kJ/kg) (5점)

해설 $N=\dfrac{RT}{h_2-h_1}\left(\dfrac{4v}{60\pi D^2SZ\eta_v}\right)$

$$=\frac{10\times13897.52}{624-460}\times\frac{4\times0.15}{60\times\pi\times0.12^2\times0.1\times6\times0.65}\fallingdotseq480.3\text{rpm}$$

2018

04 R-22 냉동장치가 다음 냉동사이클과 같이 수냉식 응축기로부터 교축밸브를 통한 핫가스의 일부를 팽창밸브 출구측에 바이패스하여 용량제어를 행하고 있다. 이 냉동장치의 냉동능력 Q_e〔kJ/h〕를 구하시오. (단, 팽창밸브 출구측의 냉매와 바이패스된 후의 냉매의 혼합엔탈피는 h_5, 핫가스의 비엔탈피 h_6 =633kJ/kg이고 바이패스양은 압축기를 통과하는 냉매유량의 20%이다. 또 압축기의 피스톤압출량 V=200m³/h, 체적효율 η_v =0.6이다.) (5점)

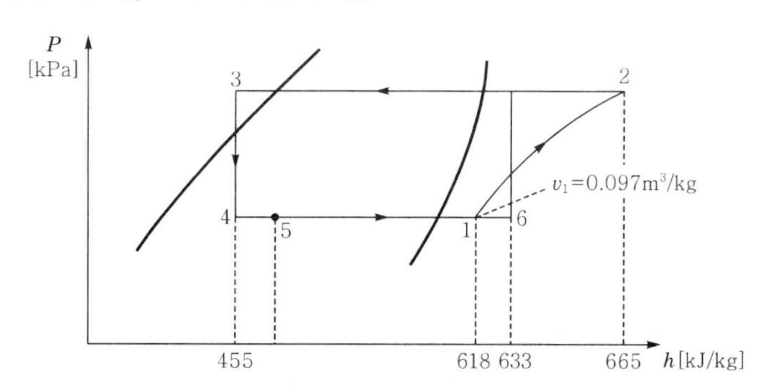

해설 ① 증발기 입구 비엔탈피(h_5) $=0.2h_6+0.8h_4=0.2\times633+0.8\times455=490.6$kJ/kg

② 냉동능력(Q_e) $=\dfrac{V}{v_1}\eta_v(h_1-h_5)=\dfrac{200}{0.097}\times0.6\times(618-490.6)=157608.25$kJ/h

05 **다음의 그림과 같은 암모니아 수동식 가스퍼저(불응축가스분리기)에 대한 배관도를 완성하시오.** (단, ABC선을 적절한 위치와 점선으로 연결하고, 스톱밸브는 생략한다.) (5점)

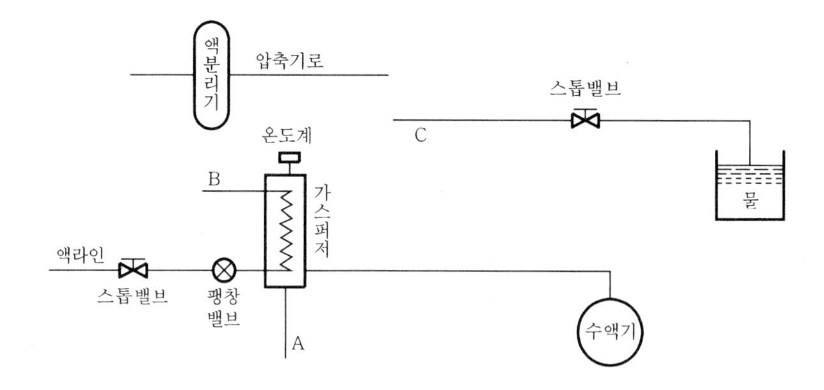

해설

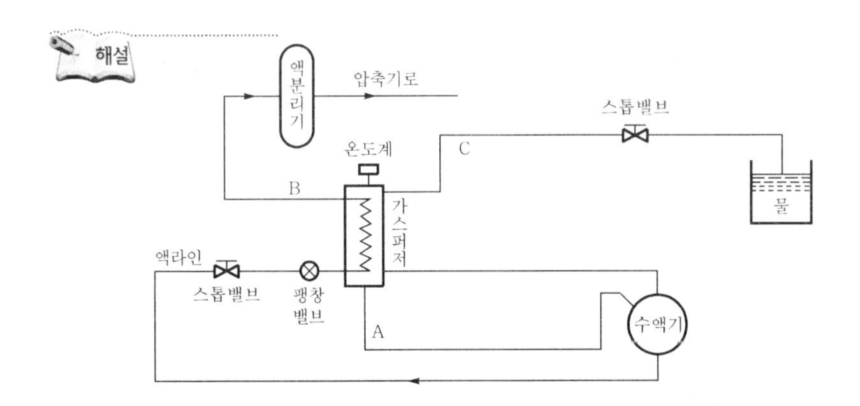

06 다음과 같은 벽체의 열관류율[W/m² · K]을 계산하시오. (5점)

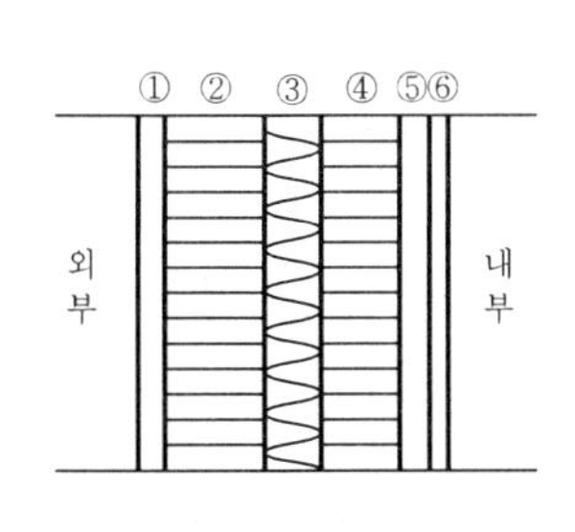

재료표

번 호	명 칭	두께[mm]	열전도율[W/m · K]
①	모르타르	20	1.30
②	시멘트벽돌	100	0.78
③	글라스울	50	0.03
④	시멘트벽돌	100	0.78
⑤	모르타르	20	1.30
⑥	비닐벽지	2	0.23

벽 표면의 열전달률[W/m² · K]

실내측	수직면	8.7
실외측	수직면	23.3

해설

$$K=\frac{1}{R}=\frac{1}{\dfrac{1}{\alpha_i}+\displaystyle\sum_{i=1}^{n}\frac{l_i}{\lambda_i}+\dfrac{1}{\alpha_o}}$$

$$=\frac{1}{\dfrac{1}{8.7}+\dfrac{0.02}{1.30}+\dfrac{0.1}{0.78}+\dfrac{0.05}{0.03}+\dfrac{0.1}{0.78}+\dfrac{0.02}{1.30}+\dfrac{0.002}{0.23}+\dfrac{1}{23.3}}\fallingdotseq 0.472\text{W/m}^2\cdot\text{K}$$

07 장치노점이 10℃인 냉수코일이 20℃ 공기를 12℃로 냉각시킬 때 냉수코일의 바이패스팩터(BF)를 구하시오. (5점)

해설

$$BF=\frac{t_a-t_d}{t_c-t_d}=\frac{12-10}{20-10}=0.2$$

08 **어떤 사무소에 표준 덕트방식의 공기조화시스템을 다음 조건과 같이 설계하고자 한다.** (10점)

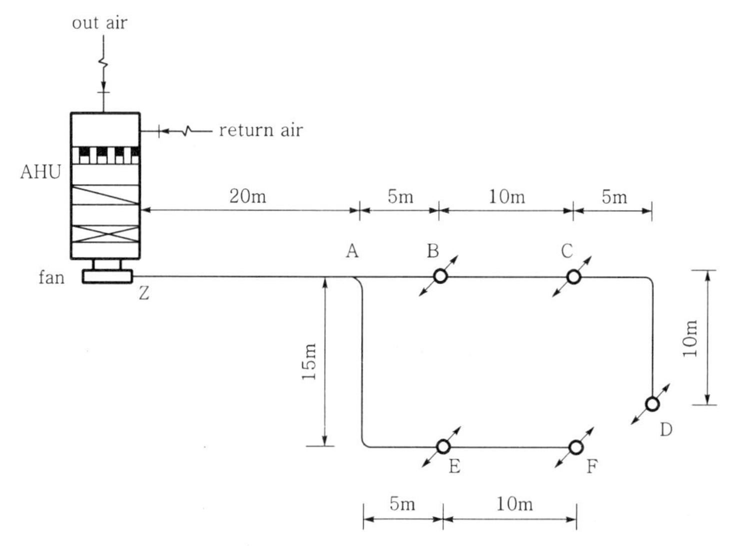

1. 실내에 설치한 덕트시스템을 위의 그림과 같이 설계하고자 한다. 각 취출구의 풍량이 동일할 때 장방형 덕트의 크기를 결정하고, Z−F구간의 마찰손실을 구하시오. (단, 마찰손실 $R=0.1$mmAq/m, 중력가속도 $g=9.8\text{m/s}^2$, 취출구 저항 5mmAq, 댐퍼저항 5mmAq, 공기의 밀도 : 1.2kg/m^3)

구 간	풍량(m^3/h)	원형 덕트지름(mm)	장방형 덕트크기(mm)	풍속(m/s)
Z−A	18,000		1,000×(　　)	
A−B	10,800		1,000×(　　)	
B−C	7,200		1,000×(　　)	
C−D	3,600		1,000×(　　)	
A−E	7,200		1,000×(　　)	
E−F	3,600		1,000×(　　)	

2. 송풍기 토출정압을 구하시오. (단, 국부저항은 덕트길이의 50%이다.)

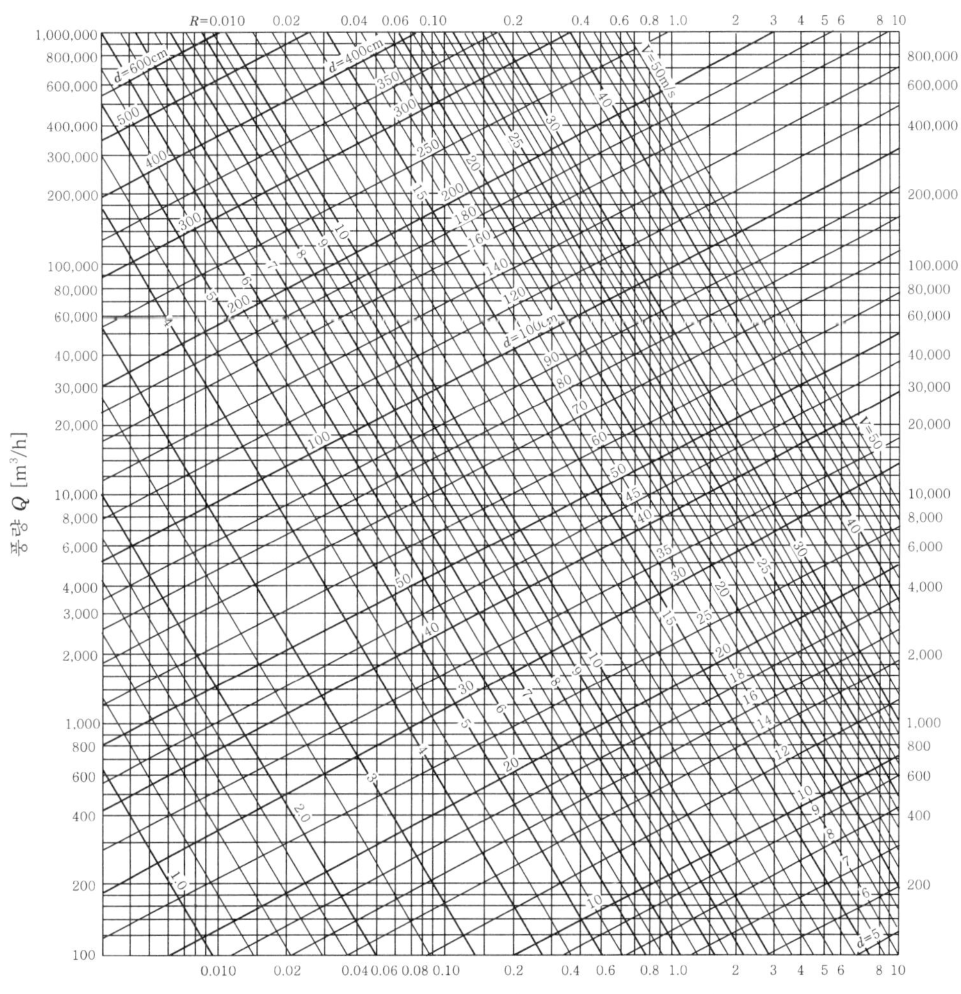
R=0.010 0.02 0.04 0.06 0.10 0.2 0.4 0.6 0.8 1.0 2 3 4 5 6 8 10
1,000,000
800,000
600,000
400,000
300,000
200,000
100,000
80,000
60,000
40,000
30,000
20,000
10,000
8,000
6,000
4,000
3,000
2,000
1,000
800
600
400
200
100
풍량 Q [m³/h]
d=600cm
d=400cm
d=100cm
d=5
V=50m/s
V=50
0.010 0.02 0.04 0.06 0.08 0.10 0.2 0.4 0.6 0.8 1.0 2 3 4 5 6 8 10
마찰손실 R [mmAq/m]

장변＼단변	10	15	20	25	30	35	40	45	50	55	60	65	70	75	80	85	90	95	100
10	10.9																		
15	13.3	16.4																	
20	15.2	18.9	21.9																
25	16.9	21.0	24.4	27.3															
30	18.3	22.9	26.6	29.9	32.8														
35	19.5	24.5	28.6	32.2	35.4	38.3													
40	20.7	26.0	30.5	34.3	37.8	40.9	43.7												
45	21.7	27.4	32.1	36.3	40.0	43.3	46.4	49.2											
50	22.7	28.7	33.7	38.1	42.0	45.6	48.8	51.8	54.7										
55	23.6	29.9	35.1	39.8	43.9	47.7	51.1	54.3	57.3	60.1									
60	24.5	31.0	36.5	41.4	45.7	49.6	53.3	56.7	59.8	62.8	65.6								
65	25.3	32.1	37.8	42.9	47.4	51.5	55.3	58.9	62.2	65.3	68.3	71.1							
70	26.1	33.1	39.1	44.3	49.0	53.3	57.3	61.0	64.4	67.7	70.8	73.7	76.5						
75	26.8	34.1	40.2	45.7	50.6	55.0	59.2	63.0	66.6	69.7	73.2	76.3	79.2	82.0					
80	27.5	35.0	41.4	47.0	52.0	56.7	60.9	64.9	68.7	72.2	75.5	78.7	81.8	84.7	87.5				
85	28.2	35.9	42.4	48.2	53.4	58.2	62.6	66.8	70.6	74.3	77.8	81.1	84.2	87.2	90.1	92.9			
90	28.9	36.7	43.5	49.4	54.8	59.7	64.2	68.6	72.6	76.3	79.9	83.3	86.6	89.7	92.7	95.6	198.4		
95	29.5	37.5	44.5	50.6	56.1	61.1	65.9	70.3	74.4	78.3	82.0	85.5	88.9	92.1	95.2	98.2	101.1	103.9	
100	30.1	38.4	45.4	51.7	57.4	62.6	67.4	71.9	76.2	80.2	84.0	87.6	91.1	94.4	97.6	100.7	103.7	106.5	109.3
105	30.7	39.1	46.4	52.8	58.6	64.0	68.9	73.5	77.8	82.0	85.9	89.7	93.2	96.7	100.0	103.1	106.2	109.1	112.0
110	31.3	39.9	47.3	53.8	59.8	65.2	70.3	75.1	79.6	83.8	87.8	91.6	95.3	98.8	102.2	105.5	108.6	111.7	114.6
115	31.8	40.6	48.1	54.8	60.9	66.5	71.7	76.6	81.2	85.5	89.6	93.6	97.3	100.9	104.4	107.8	111.0	114.1	117.2
120	32.4	41.3	49.0	55.8	62.0	67.7	73.1	78.0	82.7	87.2	91.4	95.4	99.3	103.0	106.6	110.0	113.3	116.5	119.6
125	32.9	42.0	49.9	56.8	63.1	68.9	74.4	79.5	84.3	88.8	93.1	97.3	101.2	105.0	108.6	112.2	115.6	118.8	122.0
130	33.4	42.6	50.6	57.7	64.2	70.1	75.7	80.8	85.7	90.4	94.8	99.0	103.1	106.9	110.7	114.3	117.7	121.1	124.4
135	33.9	43.3	51.4	58.6	65.2	71.3	76.9	82.2	87.2	91.9	96.4	100.7	104.9	108.8	112.6	116.3	119.9	123.3	126.7
140	34.4	43.9	52.2	59.5	66.2	72.4	78.1	83.5	88.6	93.4	98.0	102.4	106.6	110.7	114.6	118.3	122.0	125.5	128.9
145	34.9	44.5	52.9	60.4	67.2	73.5	79.3	84.8	90.0	94.9	99.6	104.1	108.4	112.5	116.5	120.3	124.0	127.6	131.1
150	35.3	45.2	53.6	61.2	68.1	74.5	80.5	86.1	91.3	96.3	101.1	105.7	110.0	114.3	118.3	122.2	126.0	129.7	133.2
155	35.8	45.7	54.4	62.1	69.1	75.6	81.6	87.3	92.6	97.4	102.6	107.2	111.7	116.0	120.1	124.1	127.9	131.7	135.3
160	36.2	46.3	55.1	62.9	70.6	76.6	82.7	88.5	93.9	99.1	104.1	108.8	113.3	117.7	121.9	125.9	129.8	133.6	137.3
165	36.7	46.9	55.7	63.7	70.9	77.6	83.8	89.7	95.2	100.5	105.5	110.3	114.9	119.3	123.6	127.7	131.7	135.6	139.3
170	37.1	47.5	56.4	64.4	71.8	78.5	84.9	90.8	96.4	101.8	106.9	111.8	116.4	120.9	125.3	129.5	133.5	137.5	141.3

1.

구 간	풍량[m³/h]	원형 덕트지름[mm]	장방형 덕트크기[mm]	풍속[m/s]
Z－A	18,000	850	1,000×(650)	7.69
A－B	10,800	710	1,000×(450)	6.67
B－C	7,200	600	1,000×(350)	5.71
C－D	3,600	462.5	1,000×(250)	4
A－E	7,200	600	1,000×(350)	5.71
E－F	3,600	462.5	1,000×(250)	4

2. ① 토출전압 $=(20+15+5+10)\times1.5\times0.1+5+5=17.5\text{mmAq}$

② 토출정압 $=17.5-\dfrac{7.69^2}{2\times9.8}\times1.2=13.88\text{mmAq}$

09 다음 (　) 안에 알맞은 말을 쓰시오. (5점)

1. 송풍기 동력[kW]을 구하는 식 $\dfrac{QP_s}{6{,}120\eta_s}$에서 Q의 단위는 (①)이고, P_s는 (②)으로서 단위는 [mmAq]이고, η_s는 (③)이다.
2. R－500, R－501, R－502는 (　　)냉매이다.

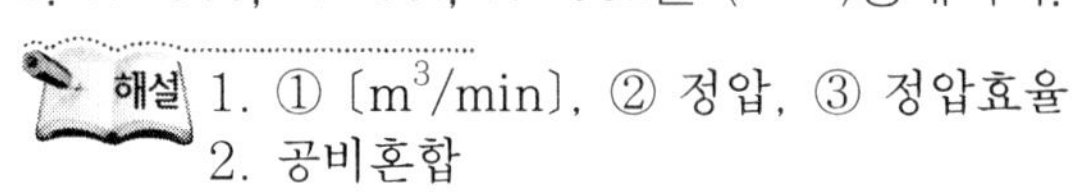
해설 1. ① [m^3/min], ② 정압, ③ 정압효율
2. 공비혼합

10 **다음과 같은 온수난방설비에서 각 물음에 답하시오.** (단, 방열기 입 · 출구온도차는 10℃, 국부저항 상당관길이는 직관길이의 50%, 1m당 마찰손실수두는 15mmAq이다.) (15점)

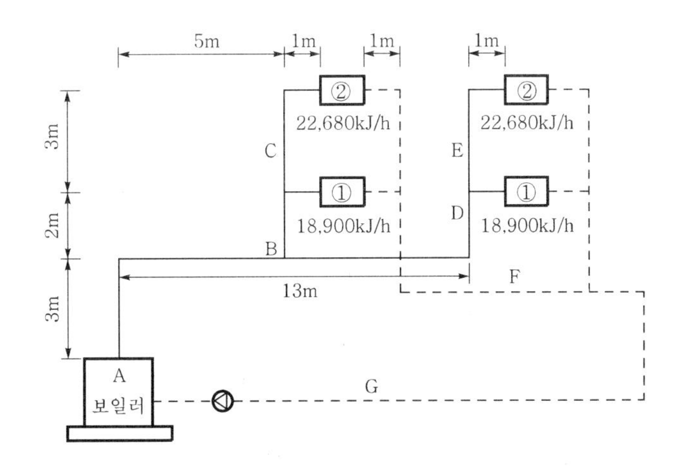

1. 순환펌프의 전 마찰손실수두(mmAq)를 구하시오. (단, 환수관의 길이=30m)
2. ①과 ②의 온수순환량(L/min)을 구하시오.
3. 각 구간의 온수순환수량을 구하시오.

구 간	B	C	D	E	F	G
온수순환수량(L/min)						

해설 1. 전 마찰손실수두

$$H = (3+13+2+3+1+30) \times 1.5 \times 15 = 1{,}170\,\text{mmAq}$$

2. ①과 ②의 온수순환량

①의 온수순환량$(W_1) = \dfrac{Q_1}{C\Delta t \times 60} = \dfrac{18{,}900}{4.186 \times 10 \times 60} ≒ 7.53\,\text{L/min}$

②의 온수순환량$(W_2) = \dfrac{Q_2}{C\Delta t \times 60} = \dfrac{22{,}680}{4.186 \times 10 \times 60} ≒ 9.03\,\text{L/min}$

∴ 수량 합계$(W) = W_1 + W_2 = 7.53 + 9.03 = 16.56\,\text{L/min}$

3. 각 구간의 온수순환수량

구 간	B	C	D	E	F	G
온수순환수량(L/min)	33.12	9.03	16.56	9.03	16.56	33.12

11 공조기 A, B, C에 관한 주어진 조건을 참고하여 다음 각 물음에 대해 답하시오. (18점)

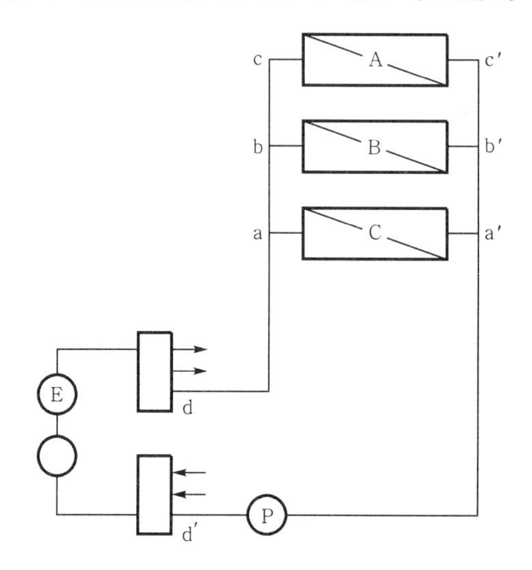

[조 건]

1) 각 공조기의 냉각 코일 최대 부하는 다음과 같다.

부 하 \ 공조기	A	B	C
현열 부하(kJ/h)	257,040	266,700	277,200
잠열 부하(kJ/h)	45,360	48,300	50,400

2) 공조기를 통과하는 냉수의 입구 온도 5℃, 출구 온도 10℃이다.
3) 관지름 결정은 단위길이당 마찰 저항 R=70mmAq/m이다.
4) 2차측 배관의 국부 저항은 직관 길이 저항의 25%로 한다.
5) 공조기의 마찰 저항은 냉수 코일 4mAq, 제어 밸브류 5mAq로 한다.
6) 냉수 속도는 2m/s로 한다.
7) d′−E−d의 배관 길이는 20m로 하고, 펌프 양정 산정 시 여유율은 5%, 펌프 효율(η_p)은 60%로 한다.

1. 배관 지름 및 수량을 구하시오.

구 분 \ 구 간	b−c, c′−b′	a−b, b′−a′	d−a, a′−d′	d′−E−d
관지름 d(mm)				125
수량(L/min)				1,500
왕복 길이(m)	30	30	100	20

2. 펌프의 양정(mAq)을 구하시오.
3. 펌프를 구동하기 위한 축동력(PS)을 구하시오.

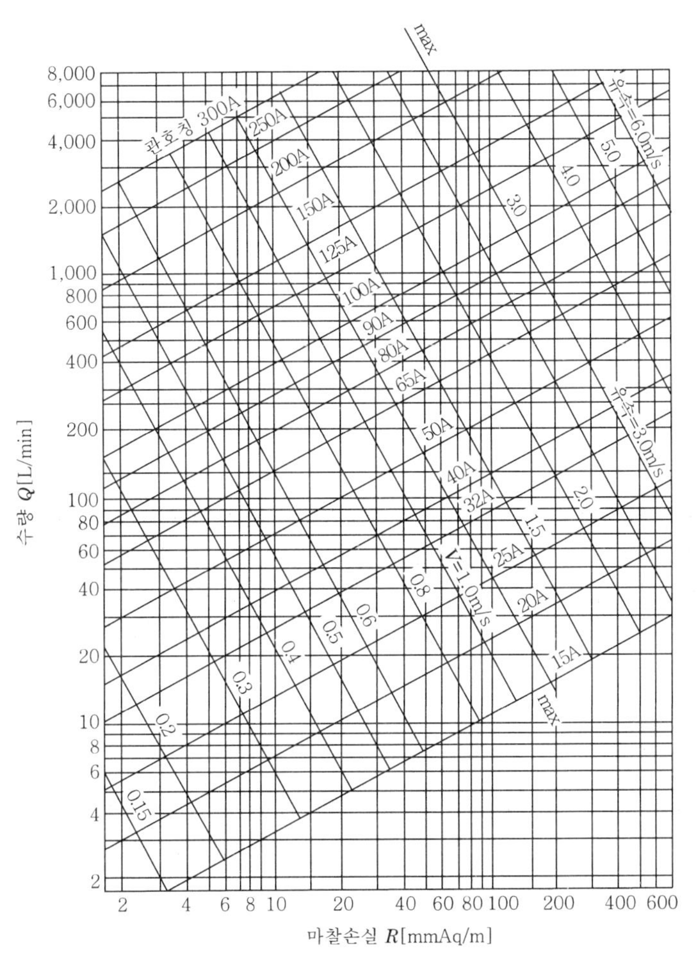

↑ 강관의 수에 대한 마찰손실수두

해설 1. 배관 지름 및 수량

구분 \ 구간	b-c, c′-b′	a-b, b′-a′	d-a, a′-d′	d′-E-d
관지름 d [mm]	(65)	(80)	(90)	125
수량[L/min]	(240)	(490)	(750)	1,500
왕복 길이[m]	30	30	100	20

① A실 순환 수량$=\dfrac{Q_{As}+Q_{AL}}{C\Delta t\times 60}=\dfrac{257,040+45,360}{4.2\times 5\times 60}=240\,\text{L/min}$

② B실 순환 수량$=\dfrac{Q_{Bs}+Q_{BL}}{C\Delta t\times 60}=\dfrac{266,700+48,300}{4.2\times 5\times 60}=250\,\text{L/min}$

③ C실 순환 수량$=\dfrac{Q_{Cs}+Q_{CL}}{C\Delta t\times 60}=\dfrac{277,200+50,400}{4.2\times 5\times 60}=260\,\text{L/min}$

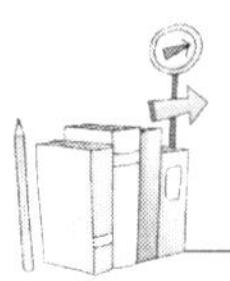

2. 펌프의 양정

① 배관에 의한 마찰 손실 수두$(h_L) = (30+30+100+20) \times 1.25 \times \dfrac{70}{1,000}$

$= 15.75\,\text{mAq}$

② 기기 손실 수두$= 4+5 = 9\,\text{mAq}$

③ 속도 수두$(h) = \dfrac{V^2}{2g} = \dfrac{2^2}{2\times 9.8} = 0.204\,\text{mAq}$

④ 전양정$(H) = (15.75+9+0.204)\times 1.05 ≒ 26.20\,\text{mAq}$

3. 펌프를 구동하기 위한 축동력$= \dfrac{\gamma QH}{735\eta_p} = \dfrac{9,800\times\dfrac{1.5}{60}\times 26.20}{735\times 0.6} ≒ 14.56\,\text{PS}$

12

실내조건이 건구온도 27℃, 상대습도 60%인 정밀기계공장 실내에 피복하지 않은 덕트가 노출되어 있다. 결로 방지를 위한 보온이 필요한지 여부를 계산과정으로 나타내어 판정하시오. (단, 덕트 내 공기온도를 20℃로 하고 실내노점온도는 $t''=18.5$℃, 덕트표면 열전달률 $\alpha_o=9.3\text{W/m}^2\cdot\text{K}$, 덕트재료 열관류율 $K=0.58\text{W/m}^2\cdot\text{K}$으로 한다.) (5점)

$KA(t_r - t_a) = \alpha_o A(t_r - t_s)$에서

덕트 표면온도$(t_s) = t_r - \dfrac{K}{\alpha_o}(t_r - t_a) = 27 - \dfrac{0.58}{9.3}\times(27-20) ≒ 26.56$℃

∴ 덕트 표면온도가 실내노점온도(18.5℃)보다 높으므로 결로가 발생하지 않는다. 따라서 보온을 할 필요 없다.

13

다음은 단일덕트공조방식을 나타낸 것이다. 주어진 조건과 습공기선도를 이용하여 각 물음에 답하시오. (13점)

[조 건]

1) 실내부하 : 현열부하(q_s)=109,200kJ/h, 잠열부하(q_L)=18,900kJ/h
2) 실내 : 온도 20℃, 상대습도 50%
3) 외기 : 온도 2℃, 상대습도 40%
4) 환기량과 외기량의 비 : 3 : 1
5) 공기의 밀도 : 1.2kg/m³, 공기의 정압비열 : 1.0046kJ/kg · K
6) 실내송풍량 : 10,000kg/h
7) 덕트장치 내의 열취득(손실)은 무시한다.
8) 가습은 순환수분무로 한다.

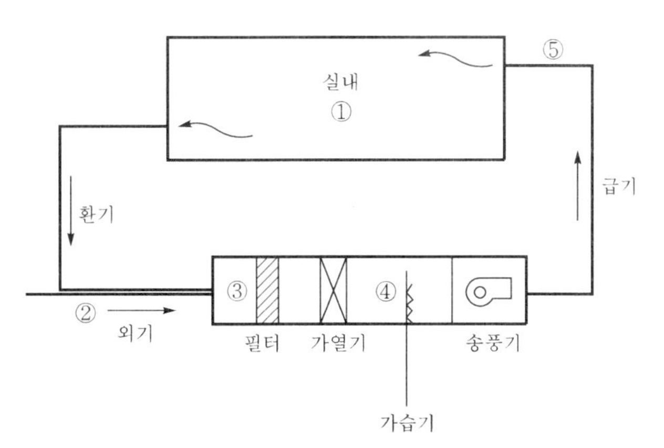

1. 계통도를 보고 공기의 상태변화를 습공기선도상에 나타내고 장치의 각 위치에 대응하는 점 ①~⑤를 표시하시오.
2. 실내부하의 현열비(SHF)를 구하시오.
3. 취출공기온도[℃]를 구하시오.
4. 가열기의 용량[kJ/h]을 구하시오.
5. 가습량[kg/h]을 구하시오.

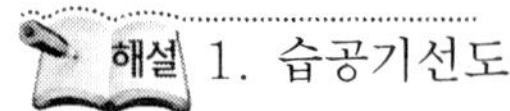

1. 습공기선도

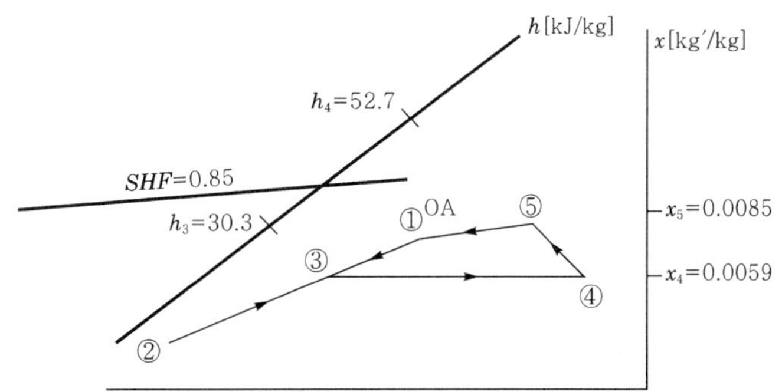

2. 현열비(SHF) $= \dfrac{q_s}{q_s + q_L} = \dfrac{109{,}200}{109{,}200 + 18{,}900} \fallingdotseq 0.852$

3. $q_s = mC_p(t_5 - t_1)$ [kJ/h]에서

   취출공기온도$(t_5) = t_1 + \dfrac{q_s}{mC_p} = 20 + \dfrac{109{,}200}{10{,}000 \times 1.0046} = 30.87$℃

4. 혼합공기온도$(t_3) = \dfrac{m_1}{m}t_1 + \dfrac{m_2}{m}t_2 = \dfrac{3}{4} \times 20 + \dfrac{1}{4} \times 2 = 15.5$℃

   ∴ 가열기의 용량$(q_H) = m\Delta h = m(h_4 - h_3) = 10{,}000 \times (52.7 - 30.3) = 224{,}000$kJ/h

5. 가습량$(L) = m\Delta x = m(x_5 - x_4) = 10{,}000 \times (0.0085 - 0.0059) = 26$kg/h

14 다음 조건에 대하여 각 물음에 답하시오. (9점)

[조 건]

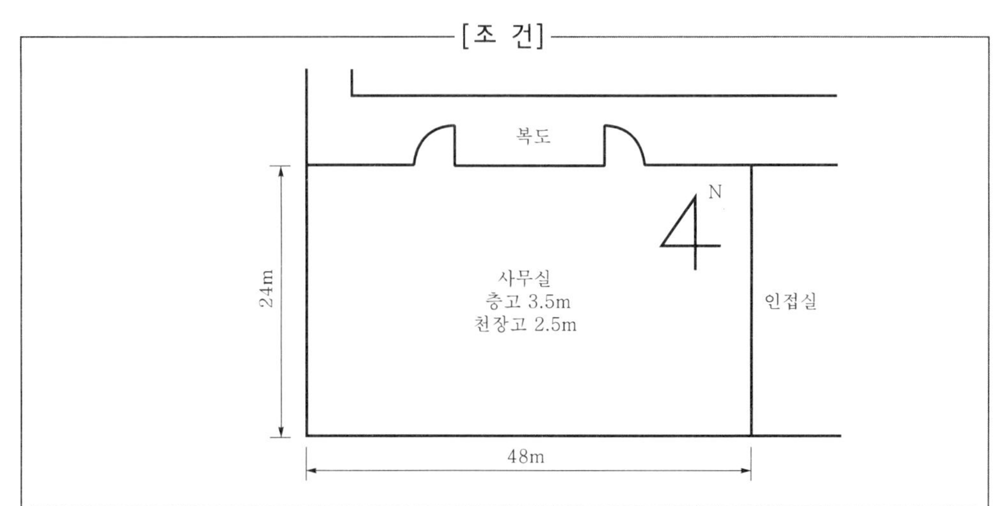

구 분	건구온도(℃)	절대습도(kg′/kg)
실내	26	0.0107
실외	31	0.0186

1) 인접실과 하층은 동일한 공조상태이다.
2) 지붕의 열통과율 $K=1.75\text{W/m}^2\cdot\text{K}$이고, 상당외기온도차 $t_e=3.9$℃이다.
3) 조명은 바닥면적당 20W/m^2, 형광등, 제거율 0.25이다.
4) 외기도입량은 바닥면적당 $5\text{m}^3/\text{m}^2\cdot\text{h}$이다.
5) 인원수 0.5인/m^2, 인체발생부하의 현열 210kJ/h · 인, 잠열 264kJ/h · 인이다.
6) 공기의 밀도 1.2kg/m^3, 공기의 정압비열 1.0046kJ/kg · K이다.

1. 인체발열부하(kJ/h)의 현열 및 잠열을 구하시오.
2. 지붕부하(kJ/h)를 구하시오.
3. 외기부하(kJ/h)의 현열 및 잠열을 구하시오.

해설 1. 인체발열부하

① 현열 $=(24\times48)\times0.5\times210=120{,}960\text{kJ/h}$

② 잠열 $=(24\times48)\times0.5\times264=152{,}064\text{kJ/h}$

2. 지붕부하 $=KAt_e=1.75\times(24\times48)\times3.9=7862.4\text{kJ/h}$

3. 외기부하

① 현열 $=\rho QC_p(t_o-t_i)=1.2\times(5\times24\times48)\times1.0046\times(31-26)$
$\fallingdotseq 34718.98\text{kJ/h}$

② 잠열 $=\rho Q\gamma_o(x_o-x_i)=1.2\times(5\times24\times48)\times2500.2\times(0.0186-0.0107)$
$\fallingdotseq 136528.38\text{kJ/h}$

15 **송풍기의 상사법칙에서 비중량이 일정하고 같은 덕트장치의 회전수가 N_1에서 N_2로 변경될 때 풍량(Q), 전압(P), 동력(L)에 대하여 설명하시오.** (6점)

해설

① 풍량 : 회전수에 비례하므로 $\frac{Q_2}{Q_1}=\frac{N_2}{N_1}$일 때 $Q_2=Q_1\frac{N_2}{N_1}$〔m³/min〕

② 전압 : 회전수의 제곱에 비례하므로 $\frac{P_2}{P_1}=\left(\frac{N_2}{N_1}\right)^2$일 때 $P_2=P_1\left(\frac{N_2}{N_1}\right)^2$〔mmAq〕

③ 동력 : 회전수의 세제곱에 비례하므로 $\frac{L_2}{L_1}=\left(\frac{N_2}{N_1}\right)^3$일 때 $L_2=L_1\left(\frac{N_2}{N_1}\right)^3$〔kW〕

2019년도 기출문제

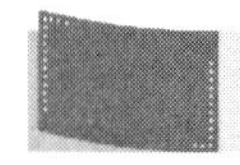

2019. 4. 14. 시행

01 2단 압축 냉동장치의 $P-h$선도를 보고 선도상의 각 상태점을 장치도에 기입하고 고단측 압축기와 저단측 압축기에 흐르는 냉매순환량의 비를 계산식을 표시하여 구하시오. (6점)

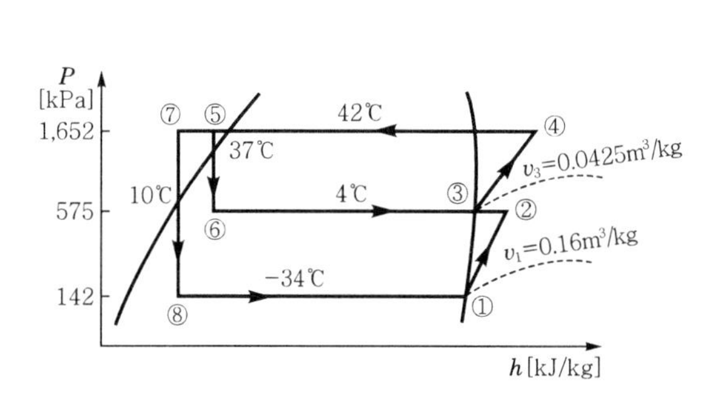

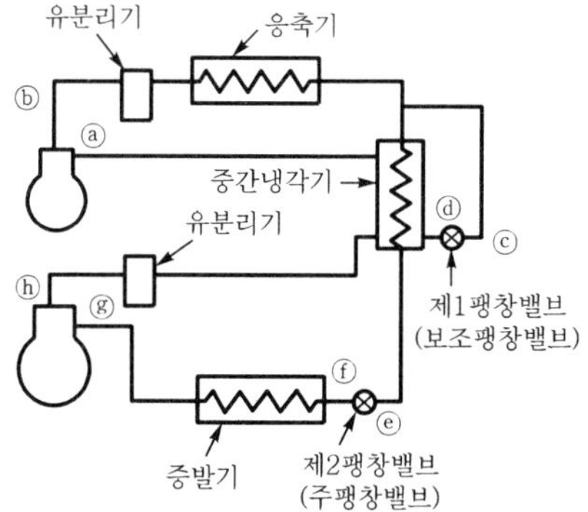

$h_1 = 609$kJ/kg　　$h_2 = 645$kJ/kg　　$h_3 = 624$kJ/kg

$h_4 = 649$kJ/kg　　$h_5 = h_6 = 464$kJ/kg　　$h_7 = h_8 = 430$kJ/kg

해설 ① ⓐ－③, ⓑ－④, ⓒ－⑤, ⓓ－⑥, ⓔ－⑦, ⓕ－⑧, ⓖ－①, ⓗ－②

② 저단측 냉매순환량(m_L)을 1kg/h라고 가정하면

고단측 냉매순환량$(m_H) = 1 \times \dfrac{645-430}{624-464} \fallingdotseq 1.34$kg/h

$\therefore \dfrac{m_H}{m_L} = \dfrac{1.34}{1} = 1.34$

고단측이 저단측보다 1.34배의 냉매가 순환하고 있다.

02 **증발온도 −20℃인 R−12 냉동계 50RT에 사용하는 수냉식 셸 앤드 튜브형 응축기를 다음 순서에 따라 계산하시오.** (6점)

[조 건]

1) 동관의 관벽두께 : 2.0mm
2) 물때의 두께 : 0.2mm
3) 냉매측 표면열전달률 : 1,744W/m² · K
4) 물측 표면열전달률 : 2,325W/m² · K
5) 1RT당 응축열량 : 16325.4kJ/h
6) 동관의 열전도율 : 350W/m · K
7) 물때의 열전도율 : 1.16W/m · K
8) 냉각수 입구수온 : 25℃
9) 냉매 응축온도 : 39.2℃
10) 1RT당 냉각수 유량 : 12.2L/min

1. 냉각수 출구온도(t_2[℃])를 구하시오.
2. 열관류율(K[W/m² · K])을 구하시오.
3. 총 냉각수 순환수량[L/min]을 구하시오.

해설 1. $Q=60\,WC(t_2-t_1)$[kJ/h]에서

$$t_2=t_1+\frac{Q}{60\,WC}=25+\frac{16325.4}{60\times12.2\times4.186}\fallingdotseq 30.33℃$$

2. $$K=\frac{1}{R}=\frac{1}{\dfrac{1}{\alpha_i}+\displaystyle\sum_{i=1}^{n}\frac{l_i}{\lambda_i}+\dfrac{1}{\alpha_o}}$$

$$=\frac{1}{\dfrac{1}{1{,}744}+\dfrac{0.002}{350}+\dfrac{0.0002}{1.16}+\dfrac{1}{2{,}325}}\fallingdotseq 846.29\text{W/m}^2\cdot\text{K}$$

3. 총 냉각수 순환수량(W)=냉동톤(RT)×1RT당 냉각수 유량

$=50\times12.2=610$L/min

03 **냉각탑의 성능평가에 대한 다음 각 물음에 답하시오.** (9점)

1. 쿨링 레인지(cooling range)에 대하여 서술하시오.
2. 쿨링 어프로치(cooling approach)에 대하여 서술하시오.
3. 쿨링 어프로치의 차이가 크고 작음에 따른 차이점을 쓰시오.
4. 냉각탑 설치 시 주의사항 2가지만 쓰시오.

해설 1. '쿨링 레인지=냉각탑 입구수온−냉각탑 출구수온'으로 일반적으로 5℃ 내외(흡수식에서 5~9℃)가 적당하다.
2. '쿨링 어프로치=냉각탑 출구수온−냉각탑 입구 공기습구온도'로서 5℃ 내외가 적당하다.
3. 쿨링 어프로치가 작을수록 냉각탑의 성능이 좋고, 쿨링 어프로치가 크면 클수록 냉각탑의 성능이 저하된다.
4. 냉각탑의 설치장소는 냉각탑의 성능과 수명효율에 직접 관계하므로 다음 조건에 맞는 장소를 선정한다.
① 기온이 낮고 통풍이 잘 되는 곳
② 냉각탑 공기흡입에 영향을 주지 않는 곳
③ 송풍기 토출측에 장애물이 없는 곳
④ 온풍이 배출되는 배기구와 멀리 떨어져 있는 곳
⑤ 산성, 먼지, 매연 등의 발생이 적은 곳
⑥ 냉각탑 반향음이 발생되지 않는 곳

04 다음과 같이 2대의 증발기를 이용하는 냉동장치에서 고압가스 제상을 위한 배관을 완성하시오. (4점)

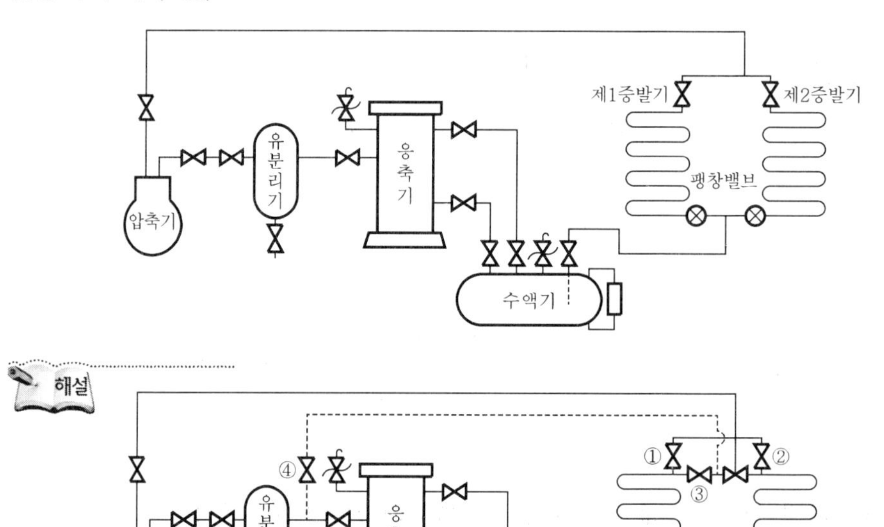

해설

05 온수난방장치가 다음 조건과 같이 운전되고 있을 때 각 물음에 답하시오. (4점)

[조 건]

1) 방열기 출입구의 온수온도차는 10℃로 한다.
2) 방열기 이외의 배관에서 발생되는 열손실은 방열기 전체 용량의 20%로 한다.
3) 보일러용량은 예열부하의 여유율 30%를 포함한 값이다.
4) 그 외의 손실은 무시한다.

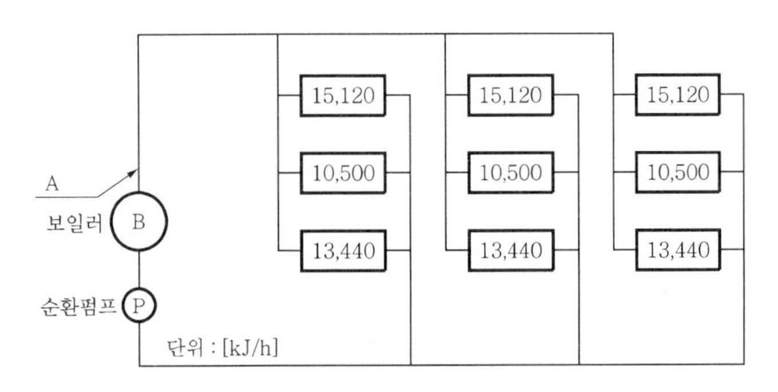

1. A점의 온수순환량(L/min)을 구하시오.
2. 보일러용량(kJ/h)을 구하시오.

해설 1. $Q = WC(t_o - t_r) \times 60$ [kJ/h]에서

$$W = \frac{Q}{C(t_o - t_r) \times 60}$$

$$= \frac{(15{,}120 + 10{,}500 + 13{,}440) \times 3}{4.186 \times 10 \times 60} \fallingdotseq 46.6\text{L/min}$$

2. 보일러용량(Q_B)=방열기 열량합계(Q)×배관손실(1.2)×예열부하(1.3)

$$= (15{,}120 + 10{,}500 + 13{,}440) \times 3 \times 1.2 \times 1.3$$

$$\fallingdotseq 182800.8\text{kJ/h}$$

06 다음 그림 (a)와 같은 배관계통도로서 표시되는 R-22 냉동장치가 있다. 즉 액분리기로 분리된 저압냉매액은 열교환기에서 고압냉매액에 의해 가열되어 그림의 H와 같은 상태의 증기가 되어, 이것이 액분리기에서 나온 건조포화증기와 혼합되어 A의 상태로서 압축기에 흡입되는 것으로 한다. 여기서 증발기에서 나오는 냉매증기가 항상 건조도 0.914인 습증기라는 상태에서 운전이 계속되고, 운전상태에서의 냉동사이클은 그림 (b)와 같은 것으로 한다. 또 B, C, D, K, M에서의 상태값은 다음 표와 같다. 이와 같은 냉동사이클에 있어서 압축기 일량 w_c(kJ/kg)에 관한 계산식을 표시하여 산정하시오. (4점)

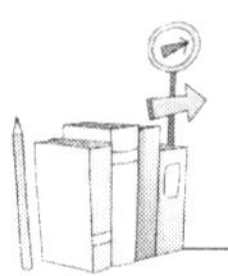

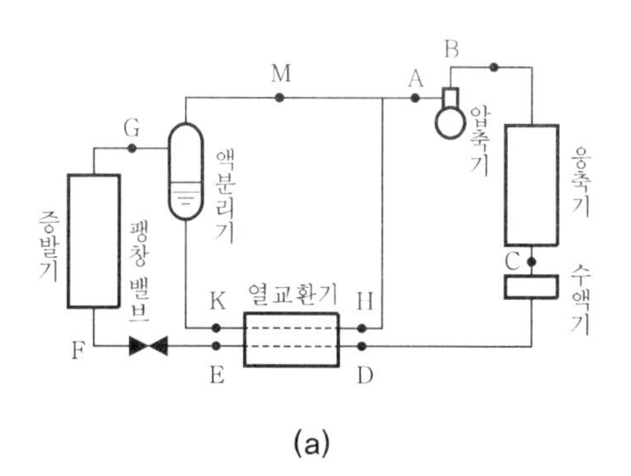

(a)

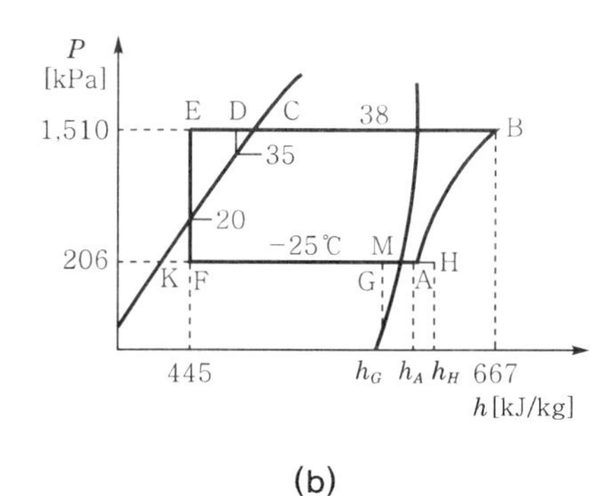

(b)

기 호	온도(℃)	비엔탈피(kJ/kg)
B	80	667
C	38	469
D	35	465
E	20	445
K(포화액)	−25	390
M(건조포화증기)	−25	615

해설 $h_A = xh_M + h_H(1-x)$ ……………………… ㉠

$h_H = \dfrac{h_D - h_E}{1-x} + h_K$ ……………………………… ㉡

식 ㉠에 ㉡을 대입하면

$$h_A = xh_M + (1-x)\left(\frac{h_D - h_E}{1-x} + h_K\right)$$

$$= 0.914 \times 615 + (1-0.914) \times \left(\frac{465-445}{1-0.914} + 390\right)$$

$$≒ 615.65\text{kJ/kg}$$

$$\therefore\ w_c = h_B - h_A = 667 - 615.65 = 51.35\text{kJ/kg}$$

07 다음 그림과 같은 조건의 온수난방설비에 대하여 각 물음에 답하시오. (8점)

[조 건]

1) 방열기 출입구온도차 : 10℃
2) 배관손실 : 방열기 방열용량의 20%
3) 순환펌프양정 : 2m
4) 보일러, 방열기 및 방열기 주변의 지관을 포함한 배관국부저항의 상당길이는 직관길이의 100%로 한다.

5) 배관의 관지름 선정은 다음 표에 의한다(표 내의 값의 단위 : 〔L/min〕).

압력강하〔mmAq/m〕	관지름(A)					
	10	15	25	32	40	50
5	2.3	4.5	8.3	17.0	26.0	50.0
10	3.3	6.8	12.5	25.0	39.0	75.0
20	4.5	9.5	18.0	37.0	55.0	110.0
30	5.8	12.6	23.0	46.0	70.0	140.0
50	8.0	17.0	30.0	62.0	92.0	180.0

6) 예열부하의 할증률은 25%로 한다.
7) 온도차에 의한 자연순환수두는 무시한다.
8) 배관길이가 표시되어 있지 않은 곳은 무시한다.

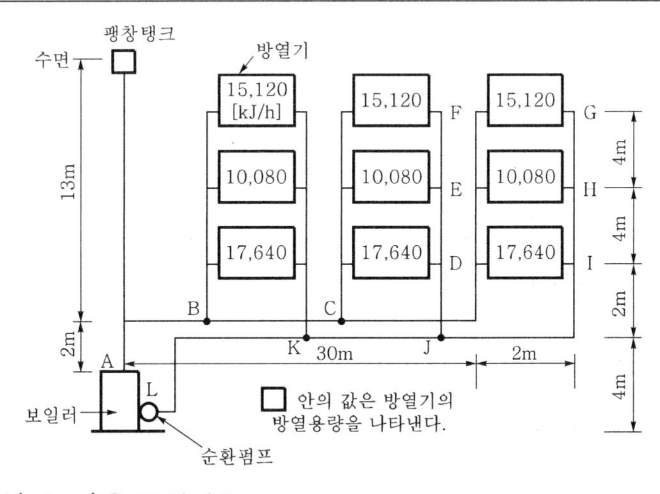

1. 전 순환수량〔L/min〕을 구하시오.
2. B－C 간의 관지름〔mm〕을 구하시오.
3. 보일러용량〔kJ/h〕을 구하시오.
4. C－D 간의 순환수량〔L/min〕을 구하시오.

해설 1. $Q_R = WC(t_o - t_i) \times 60$에서

전 순환수량(W)$= \dfrac{Q_R}{C(t_o - t_i) \times 60} = \dfrac{(15{,}120 + 10{,}080 + 17{,}640) \times 3}{4.186 \times 10 \times 60} = 51.17\text{L/min}$

2. B－C 간의 관지름

① 보일러에서 최원방열기까지 거리(L)$=2+30+2+(4\times4)+2+2+30+4=88\text{m}$

② 국부저항 상당길이(L')는 직관길이의 100%이므로 88m이고, 순환펌프양정이 2m이므로

압력강하(Δp)$= \dfrac{H}{L+L'} = \dfrac{2{,}000}{88+88} = 11.364\text{mmAq/m}$

③ 제시된 표에서 10mmAq/m(압력강하는 적은 것을 선택함)의 난을 이용해서 순환수량 34.1L/min(B－C 간)이므로 관지름은 40mm이다.

2019

3. 보일러용량
   방열기 열량합계에 배관손실 20%, 예열부하할증률 25%를 포함한다.
   보일러용량(정격출력) = (15,120 + 10,080 + 17,640) × 3 × 1.2 × 1.25 = 192,780kJ/h
4. C－D 간의 순환수량(W_{CD}) = $\frac{15,120 + 10,080 + 17,640}{4.186 \times 10 \times 60}$ ≒ 17.06L/min

08 어느 사무실의 취득열량 및 외기부하를 산출하였더니 다음과 같았다. 각 물음에 답하시오.

(단, 급기온도와 실온의 차이는 11℃로 하고, 공기의 밀도는 1.2kg/m³, 공기의 정압비열은 1.0046kJ/kg · K이다. 계산상 안전율은 고려하지 않는다.) (6점)

항 목	현열〔kJ/h〕	잠열〔kJ/h〕
벽체로부터의 열취득	25,200	0
유리로부터의 열취득	33,600	0
바이패스 외기열량	588	2,520
재실자 발열량	4,032	5,040
형광등 발열량	10,080	0
외기부하	5,880	20,160

1. 현열비를 구하시오.
2. 냉각코일부하〔kJ/h〕를 구하시오.
3. 냉각탑용량(냉각톤)을 구하시오.

해설

1. 현열비(SHF)
   ① 실내취득 현열량(q_s) = 25,200 + 33,600 + 588 + 4,032 + 10,080
   = 73,500kJ/h
   ② 실내취득 잠열량(q_L) = 2,520 + 5,040
   = 7,560kJ/h
   ③ $SHF = \frac{q_s}{q_s + q_L}$
   $= \frac{73,500}{73,500 + 7,560} ≒ 0.91$
2. 냉각코일부하 = 73,500 + 7,560 + (5,880 + 20,160)
   = 107,100kJ/h
3. 냉각탑용량 = $107,100 \times 1.2 \times \frac{1}{16325.4}$ ≒ 7.87냉각톤

【참고】 방열계수(C) = $\frac{\text{응축부하}(Q_c)}{\text{냉동능력}(Q_e)}$, 1냉각톤 = 16325.4kJ/h ≒ 4.53kW

09 **다음과 같은 공기조화기를 통과할 때 공기상태변화를 공기선도상에 나타내고 번호를 쓰시오.** (4점)

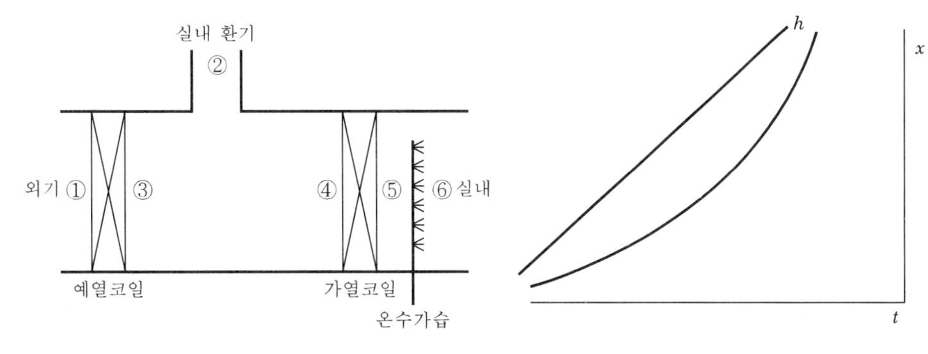

해설

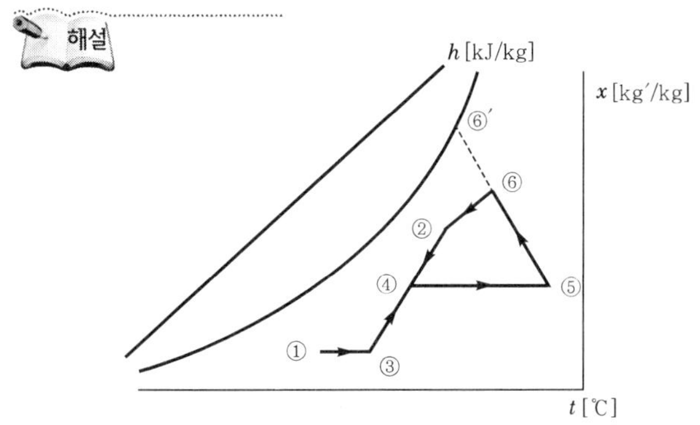

10 **다음 도면과 같은 온수난방에 있어서 리버스리턴방식에 의한 배관도를 완성하시오.** (단, A, B, C, D는 방열기를 표시한 것이며, 온수공급관은 실선으로, 귀환관은 점선으로 표시하시오.) (4점)

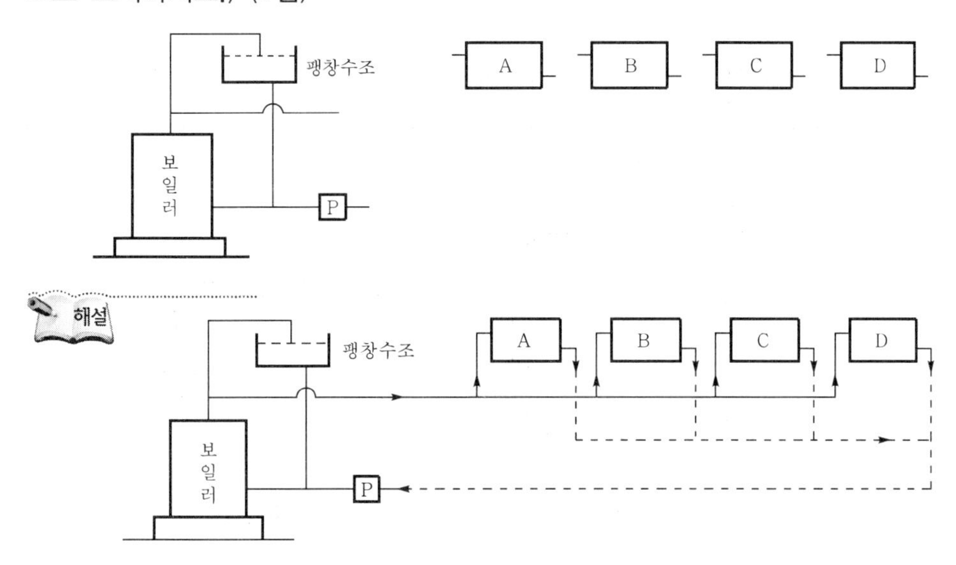

2019

11 취출에 관한 다음 용어를 설명하시오. (6점)

1. 셔터
2. 전면적(face area)

1. 셔터(shutter) : 그릴(grille)의 안쪽에 풍량조절을 할 수 있게 설치한 것으로 그릴에 셔터가 있는 것을 레지스터(register)라 한다.
2. 전면적(face area) : 가로 날개, 세로 날개 또는 두 날개를 갖는 환기구 또는 취출구의 개구부를 덮는 면판을 말한다.

12 다음 설계조건을 이용하여 각 부분의 손실열량을 시간별(10시, 12시)로 각각 구하시오. (20점)

[조 건]

1) 공조시간 : 10시간
2) 외기 : 10시 31°C, 12시 33°C, 16시 32°C
3) 인원 : 6인
4) 실내 설계 온·습도 : 26°C, 50%
5) 조명(형광등) : 20W/m^2
6) 각 구조체의 열통과율 K[W/m^2·K] : 외벽 3.5, 칸막이벽 2.3, 유리창 5.8
7) 인체에서의 발열량 : 현열 227kJ/h·인, 잠열 248kJ/h·인
8) 유리 일사량[W/m^2]

시 간	10시	12시	16시
일사량	360	53	35

9) 상당 온도차(Δt_e)

시 간 \ 구 분	N	E	S	W	유 리	내벽 온도차
10시	5.5	12.5	3.5	5.0	5.5	2.5
12시	4.7	20.0	6.6	6.4	6.5	3.5
16시	7.5	9.0	13.5	9.0	5.6	3.0

10) 유리창 차폐계수 K_s=0.7

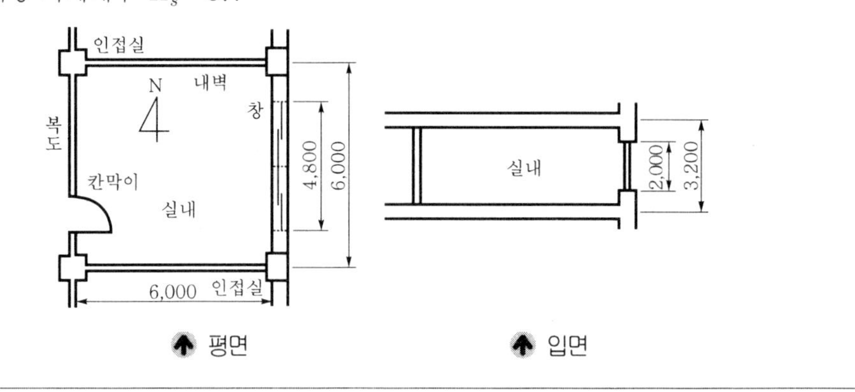

1. 벽체로 통한 취득열량
   ① 동쪽 외벽
   ② 칸막이벽 및 문(단, 문의 열통과율은 칸막이벽과 동일)
2. 유리창으로 통한 취득열량
3. 조명 발생열량
4. 인체 발생열량

해설 1. 벽체로 통한 취득열량

① 동쪽 외벽

㉠ 10시일 때 $= KA\Delta t_e = 3.5 \times \{(6 \times 3.2) - (4.8 \times 2)\} \times 12.5 = 420\mathrm{W}$

㉡ 12시일 때 $= KA\Delta t_e = 3.5 \times \{(6 \times 3.2) - (4.8 \times 2)\} \times 20 = 672\mathrm{W}$

② 칸막이벽 및 문

㉠ 10시일 때 $= KA\Delta t_e = 2.3 \times (6 \times 3.2) \times 2.5 = 110.4\mathrm{W}$

㉡ 12시일 때 $= KA\Delta t_e = 2.3 \times (6 \times 3.2) \times 3.5 = 154.56\mathrm{W}$

∴ ㉠ 10시일 때 열량 $= 420 + 110.4 = 530.4\mathrm{W}$

㉡ 12시일 때 열량 $= 672 + 154.56 = 826.56\mathrm{W}$

2. 유리창으로 통한 취득열량

① 일사량

㉠ 10시일 때 $= K_s q_R A = 0.7 \times 360 \times (4.8 \times 2) = 2419.2\mathrm{W}$

㉡ 12시일 때 $= K_s q_R A = 0.7 \times 53 \times (4.8 \times 2) = 356.16\mathrm{W}$

② 전도 열량

㉠ 10시일 때 $= KA\Delta t_e = 5.8 \times (4.8 \times 2) \times 5.5 = 306.24\mathrm{W}$

㉡ 12시일 때 $= KA\Delta t_e = 5.8 \times (4.8 \times 2) \times 6.5 = 361.92\mathrm{W}$

∴ ㉠ 10시일 때 열량 $= 2419.2 + 306.24 = 2725.44\mathrm{W}$

㉡ 12시일 때 열량 $= 356.16 + 361.92 = 718.08\mathrm{W}$

3. 조명 발생열량 $= 20 \times (6 \times 6) = 720\mathrm{W}$

4. 인체 발생열량

인체부하는 현열과 잠열을 모두 고려하므로

$Q_t = n(q_s + q_L) = 6 \times (227 + 248) = 2{,}850\mathrm{kJ/h} \fallingdotseq 792\mathrm{W}$

13

송풍기 흡입압력이 200Pa이고 송풍기 풍량이 150m³/min일 때 송풍기 소요동력〔kW〕을 구하시오. (단, 송풍기 전압효율 0.65, 구동효율 0.90이다.) (4점)

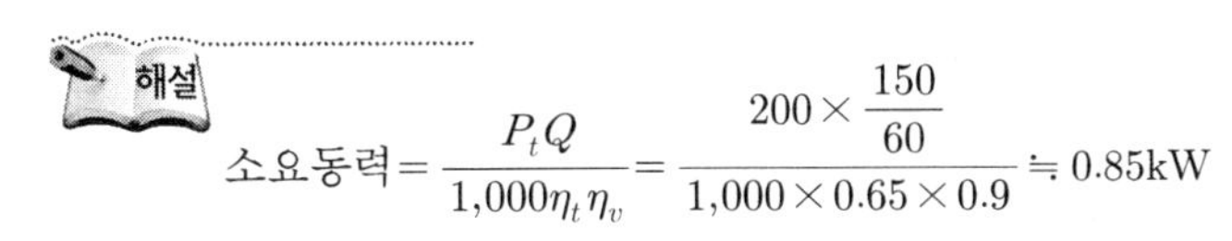

해설

$$\text{소요동력} = \frac{P_t Q}{1{,}000\eta_t \eta_v} = \frac{200 \times \frac{150}{60}}{1{,}000 \times 0.65 \times 0.9} \fallingdotseq 0.85\mathrm{kW}$$

14 다음과 같은 조건에 의해 온수코일을 설계할 때 각 물음에 답하시오. (18점)

[조 건]

1) 외기온도 : $t_o = -10$℃	2) 실내온도 : $t_r = 21$℃
3) 송풍량 : $Q = 10,800\text{m}^3/\text{h}$	4) 난방부하 : $q = 364,182\text{kJ/h}$
5) 코일 입구수온 : $t_{wi} = 60$℃	6) 수량 : $L = 145\text{L/min}$
7) 송풍량에 대한 외기량의 비율 : 20%	8) 공기와 물은 향류
9) 공기의 정압비열 : $C_p = 1.0046\text{kJ/kg·K}$	10) 공기의 밀도 : $\rho = 1.2\text{kg/m}^3$

1. 코일 입구의 공기온도 t_3[℃]를 구하시오.
2. 코일 출구의 공기온도 t_4[℃]를 구하시오.
3. 코일의 전면면적 A_a[m^2]를 구하시오. (단, 통과풍속 $v_a = 2.5$m/s)
4. 코일의 단수(n)를 구하시오. (단, 코일유효길이 $b = 1,600$mm, 피치 $P = 38$mm)
5. 코일 1개당 수량[L/min]을 구하시오.
6. 코일 출구의 수온 t_{wo}[℃]를 구하시오.
7. 전열계수 K[W/m^2·K]를 구하시오.
8. 대수평균온도차 $LMTD$[℃]를 구하시오.
9. 코일열수 N을 구하시오.

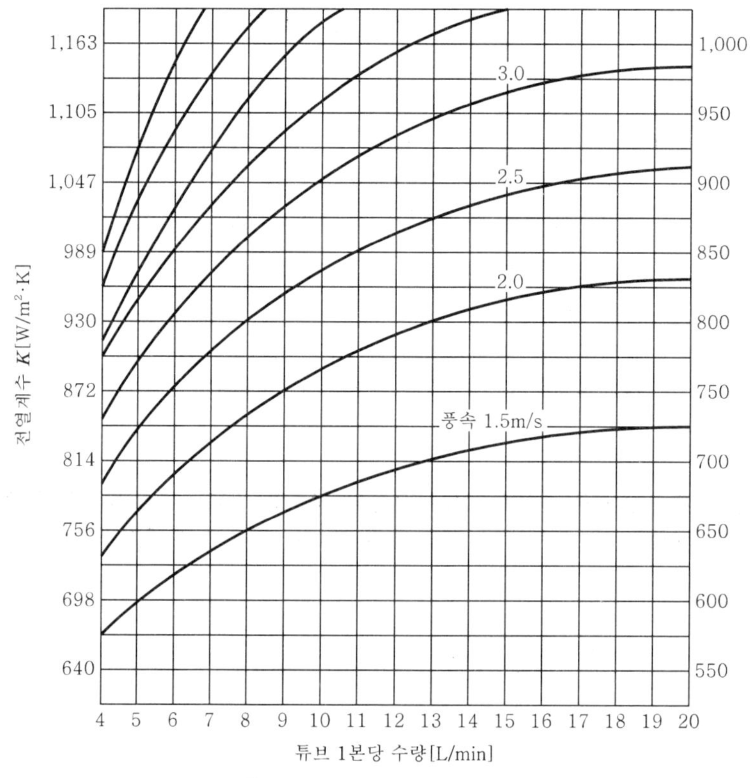

냉 · 온수코일의 전열계수

해설

1. 코일 입구의 공기온도$(t_3) = \frac{m_1}{m}t_1 + \frac{m_2}{m}t_2 = 0.2\times(-10)+0.8\times 21 = 14.8$℃
2. 코일 출구의 공기온도$(t_4) = 21 + \frac{364,182}{10,800\times 1.2\times 1.0046} ≒ 48.97$℃
3. 코일의 전면면적$(A_a) = \frac{Q}{V_a} = \frac{10,800}{2.5\times 3,600} = 1.2\,\text{m}^2$
4. 코일단수$(n) = \frac{1.2}{1.6\times 0.038} ≒ 20$단
5. 코일 1개의 수량$= \frac{145}{20} = 7.25\,\text{L/min}$
6. 코일 출구의 수온
   ① 외기손실부하$=(10,800\times 0.2\times 1.2)\times 1.0046\times\{21-(-10)\} = 80721.62\,\text{kJ/h}$
   ② 난방코일부하$=364,182+80721.62=444903.62\,\text{kJ/h}$
   ③ 코일 출구수온$(t_{wo}) = 60 - \frac{444903.62}{145\times 4.186\times 60} ≒ 47.78$℃
7. 전열계수
   코일 한 개의 수량 7.25L/min, 풍속 2.5m/s일 때 제시된 그림에서 $913\text{W/m}^2\cdot\text{K}$이다.
8. 대수평균온도차$(LMTD)$
   $\Delta t_1 = 47.78 - 14.8 = 32.98$℃
   $\Delta t_2 = 60 - 48.97 = 11.03$℃
   $\therefore\ LMTD = \frac{\Delta t_1 - \Delta t_2}{\ln\left(\frac{\Delta t_1}{\Delta t_2}\right)} = \frac{32.98-11.03}{\ln\left(\frac{32.98}{11.03}\right)} ≒ 20.04$℃
9. 코일열수$(N) = \frac{q_c}{KA_a(LMTD)} = \frac{444903.62}{913\times 1.2\times 20.04} ≒ 20.26$열

15

손실열량 745kW인 아파트가 있다. 다음의 설계조건에 의한 열교환기의 코일전열면적, 가열코일의 길이, 열교환기 동체의 안지름을 계산하시오. (단, 2pass 열교환기로 온수의 비열은 생략하며, 소수점 이하는 반올림한다.) (6점)

[조 건]

1) 스팀압력 : 0.2MPa, 119℃(t_1, t_2를 같은 온도로 본다.)
2) 온수공급온도 : 70℃
3) 온수환수온도 : 60℃
4) 온수평균유속 : 1m/s
5) 가열코일 : 동관, 바깥지름(D) : 20mm, 안지름(d) : 17.2mm(두께 1.4mm)
6) 평균온도차 : $LMTD = \frac{\Delta t_1 - \Delta t_2}{\ln\left(\frac{\Delta t_1}{\Delta t_2}\right)}$
7) 코일피치 : $p = 2D$
8) 코일 1가닥의 길이 : 2m
9) 총괄전열계수 : K

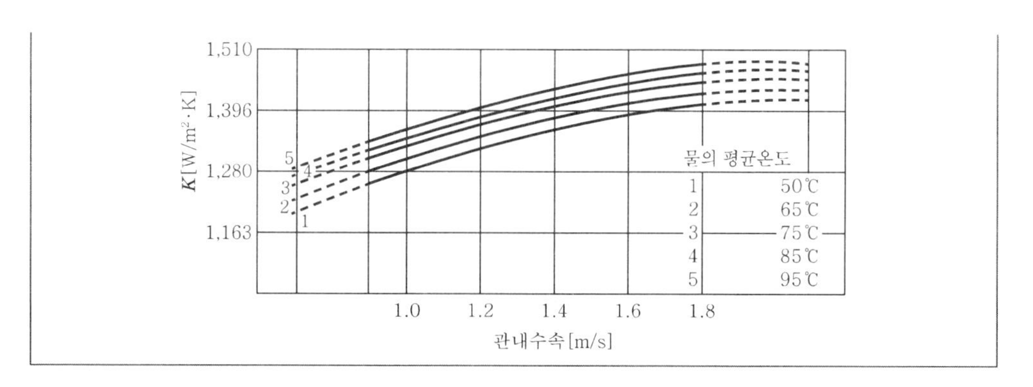

해설 ① $\Delta t_1 = 119 - 60 = 59℃$, $\Delta t_2 = 119 - 70 = 49℃$

$$\text{대수평균온도차}(LMTD) = \frac{\Delta t_1 - \Delta t_2}{\ln\left(\frac{\Delta t_1}{\Delta t_2}\right)} = \frac{59-49}{\ln\left(\frac{59}{49}\right)} \fallingdotseq 53.85℃$$

$$\therefore \text{면적}(A) = \frac{q_H}{K(LMTD)} = \frac{745\times 10^3}{1,280\times 53.85} = 10.81\text{m}^2$$

② $\text{코일길이}(l) = \dfrac{A}{\pi D} = \dfrac{10.81}{\pi\times 0.02} \fallingdotseq 172.05\text{m}$

③ $\text{코일의 가닥수}(N) = \dfrac{172.05}{2} \fallingdotseq 86\text{가닥}(2\text{pass이므로})$

$$\therefore \text{열교환기 동체 안지름}(D_e) = \frac{p}{3}(\sqrt{69+12N}-3)+D$$
$$= \frac{2\times 20}{3}\times(\sqrt{69+12\times 86}-3)+20$$
$$\fallingdotseq 670\text{mm}$$

2019. 6. 29. 시행

01 **응축온도가 43℃인 횡형 수냉응축기에서 냉각수 입구온도 32℃, 출구온도 37℃, 냉각수 순환수량 300L/min이고 응축기 전열면적이 20m^2일 때 다음 각 물음에 답하시오.**
(단, 응축온도와 냉각수의 평균온도차는 산술평균온도차로 한다.) (6점)

1. 응축기 냉각열량은 몇 〔kJ/h〕인가?
2. 응축기 열통과율은 몇 〔$\text{W/m}^2\cdot\text{K}$〕인가?
3. 냉각수 순환량 400L/min일 때 응축온도는 몇 〔℃〕인가? (단, 응축열량, 냉각수 입구수온, 전열면적, 열통과율은 같은 것으로 한다.)

해설 1. 냉각열량(Q_c) $= WC(t_o - t_i) \times 60 = 300 \times 4.186 \times (37-32) \times 60 = 376{,}740\,\text{kJ/h}$

2. 열통과율(K) $= \dfrac{Q_c}{A\left(t_c - \dfrac{t_i + t_o}{2}\right)} = \dfrac{\dfrac{376{,}740}{3.6}}{20 \times \left(43 - \dfrac{32+37}{2}\right)} \fallingdotseq 615.59\,\text{W/m}^2\cdot\text{K}$

3. 응축온도

① 냉각수 출구온도(t_{wo}) $= 32 + \dfrac{376{,}740}{400 \times 60 \times 4.186} = 35.75℃$

② 응축온도(t_c) $= \dfrac{Q_c}{KA} + \dfrac{t_{wi} + t_{wo}}{2} = \dfrac{\dfrac{376{,}740}{3.6}}{615.59 \times 20} + \dfrac{32 + 35.75}{2} \fallingdotseq 42.37℃$

02 **다음 조건에서 이 방을 냉방하는 데에 필요한 송풍량〔m³/h〕, 냉각열량〔kJ/h〕, 냉매 순환량〔kg/h〕 및 냉각기 감습수량〔kg/h〕을 구하시오. (단, 냉수 입출구 온도차는 5℃이다.)** (8점)

〔조 건〕

1) 외기조건 : 건구온도 33℃, 노점온도 25℃
2) 실내조건 : 건구온도 26℃, 상대습도 50%
3) 실내부하 : 현열부하 210,000kJ/h, 잠열부하 42,000kJ/h
4) 도입외기량 : 송풍공기량의 30%
5) 냉각기 출구의 공기상태는 상대습도 90%로 한다.
6) 송풍기 및 덕트 등에서의 열부하는 무시한다.
7) 송풍공기의 정압비열은 1.0046kJ/kg · K, 비용적은 0.83m³/kg로 하여 계산한다.

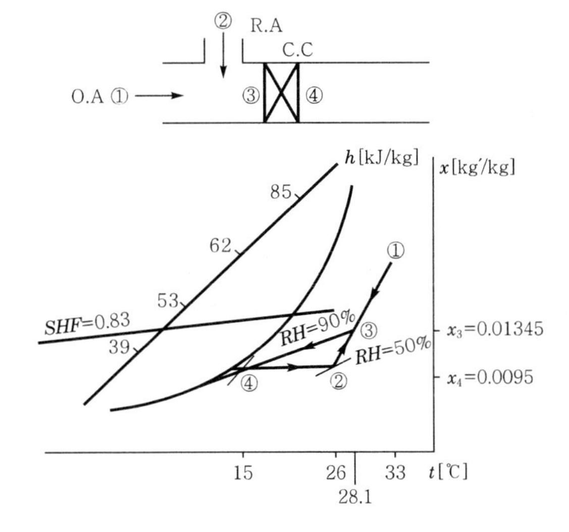

해설 ① $q_s = \rho Q C_p (t_2 - t_4)$〔kJ/h〕에서

송풍량(Q) $= \dfrac{q_s}{\rho C_p (t_2 - t_4)} = \dfrac{210{,}000}{1.2 \times 1.0046 \times (26-15)} = 15836.24\,\text{m}^3/\text{h}$

② 냉각열량$(q_{cc}) = m\Delta h = \rho Q(h_3 - h_4) = \dfrac{Q}{v}(h_3 - h_4)$

$$= \frac{15836.24}{0.83} \times (62 - 39) = 438835.57\text{kJ/h}$$

③ 냉매순환량$(m_R) = \dfrac{q_{cc}}{C\Delta t}$

$$= \frac{438835.57}{1 \times 5} \fallingdotseq 87767.11\text{kg/h}$$

④ 냉각기 감습수량$(m_w) = \dfrac{Q}{v}(x_3 - x_4)$

$$= \frac{15836.24}{0.83} \times (0.01345 - 0.0095) \fallingdotseq 75.37\text{kg/h}$$

03

어떤 방열벽의 열통과율이 0.35W/m^2 · K이며, 벽면적은 1,200m^{2}인 냉장고가 외기온도 35℃에서 사용되고 있다. 이 냉장고의 증발기는 열통과율이 30W/m^2 · K이고 전열면적은 30m^{2}이다. 이때 각 물음에 답하시오. (단, 이 식품 이외의 냉장고 내 발생열부하는 무시하며, 증발온도는 −15℃로 한다.) (6점)

1. 냉장고 내 온도가 0℃일 때 외기로부터 방열벽을 통해 침입하는 열량은 몇 〔kJ/h〕인가?
2. 냉장고 내 열전달률 5.81W/m^2 · K, 전열면적 600m^2, 온도 10℃인 식품을 보관했을 때 이 식품의 발생열부하에 의한 냉장고 내 온도는 몇 〔℃〕가 되는가?

해설 1. 방열벽을 통해 침입하는 열량$(Q_w) = KA\Delta t$

$$= 0.35 \times 1,200 \times (35 - 0)$$
$$= 14,700\text{kJ/h}$$

2. 식품의 발생열부하에 의한 냉장고 내 온도

$30 \times 30 \times (t + 15) = 5.81 \times 600 \times (10 - t)$

$900t + 13,500 = 34,860 - 3,486t$

$\therefore\ t = 4.87℃$

04

시간당 최대 급수량(양수량)이 12,000L/h일 때 고가탱크에 급수하는 펌프의 전양정〔m〕 및 소요동력〔kW〕을 구하시오. (단, 흡입관, 토출관의 마찰손실은 전양정의 25%, 펌프효율은 60%, 펌프구동은 직결형으로 전동기 여유율은 10%로 한다.) (7점)

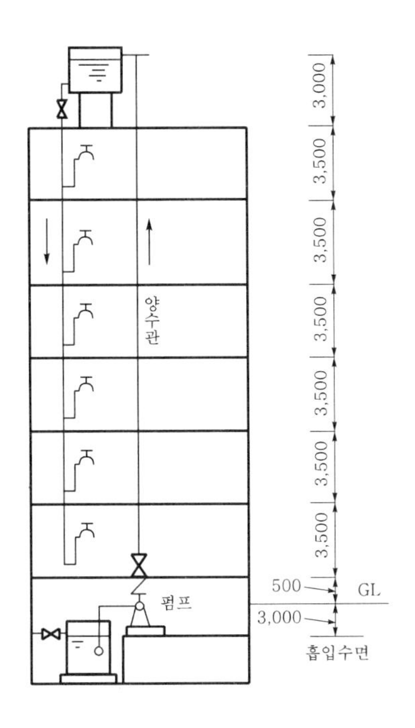

해설 ① 전양정$(H) = \{(3\times2)+0.5+(3.5\times6)\}\times1.25 = 34.375\text{m}$

② 소요동력$= \dfrac{9.8QH}{\eta_p}(1+\alpha) = \dfrac{9.8\times\dfrac{12}{3,600}\times34.375}{0.6}\times(1+0.1) \fallingdotseq 2.06\text{kW}$

05

다음 그림과 같은 두께 100mm의 콘크리트벽 내측을 두께 50mm의 방열층으로 시공하고 그 내면에 두께 15mm의 목재로 마무리한 냉장실 외벽이 있다. 각 층의 열전도율 및 열전달률의 값은 다음 표와 같다. 외기온도 30℃, 상대습도 85%, 냉장실 온도 −30℃인 경우 다음 각 물음에 답하시오. (6점)

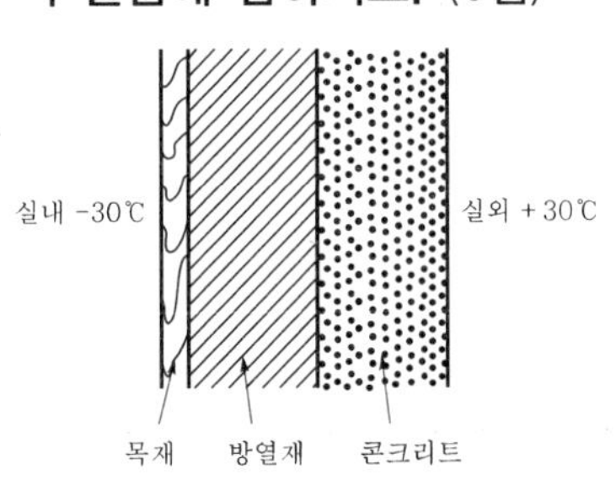

재 질	열전도율 〔W/m · K〕	벽 면	열전달률 〔W/m^2 · K〕	공기온도 〔℃〕	상대습도 〔%〕	노점온도 〔℃〕
콘크리트 방열재 목재	0.9 0.05 0.15	외표면 내표면	20 6	30 30	80 90	26.2 28.2

1. 열통과율[W/m² · K]을 구하시오.
2. 외벽의 표면온도를 구하고 응축결로 여부를 판별하시오.

해설 1. 열통과율$(K)=\frac{1}{R}=\frac{1}{\frac{1}{\alpha_i}+\sum_{i=1}^{n}\frac{l_i}{\lambda_i}+\frac{1}{\alpha_o}}$

$$=\frac{1}{\frac{1}{20}+\frac{0.1}{0.9}+\frac{0.05}{0.05}+\frac{0.015}{0.15}+\frac{1}{6}}=0.7\mathrm{W/m^2\cdot K}$$

2. 외벽 표면온도와 결로 여부

① $K(t_o-t_i)=\alpha_o(t_o-t_s)$에서

$$t_s=t_o-\frac{K}{\alpha_o}(t_o-t_s)=30-\frac{0.7}{20}\times\{30-(-30)\}=27.9℃$$

② 온도 30℃, 상대습도 85%의 외기노점온도(t_D)는 제시된 표에서 보간법을 적용하면

$$t_D=26.2+(28.2-26.2)\times\frac{85-80}{90-80}=27.2℃$$

∴ 외벽의 표면온도(27.9℃)는 외기의 노점온도(27.2℃)보다 높으므로 결로가 생기지 않는다.

06 **다음과 같이 3중으로 된 노벽이 있다. 이 노벽의 내부온도를 1,370°C, 외부온도를 280°C로 유지하고, 또 정상상태에서 노벽을 통과하는 열량을 4,069W/m² · K로 유지하고자 한다. 이때 사용온도범위 내에서 노벽 전체의 두께가 최소가 되는 벽의 두께를 결정하시오.** (6점)

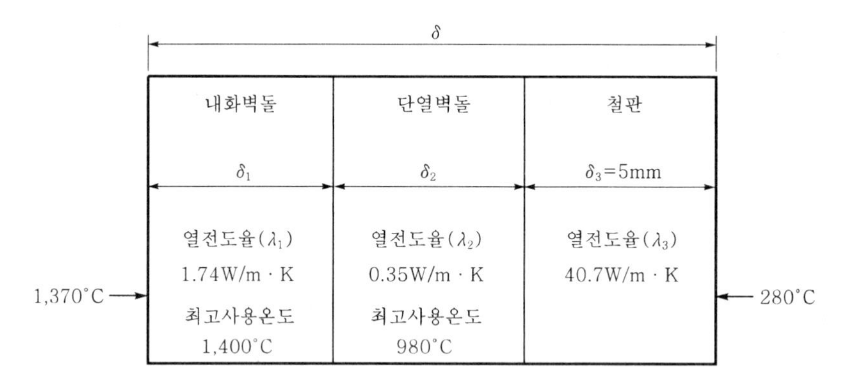

해설 푸리에(Fourier)의 열전도법칙에 의하여

벽 I $Q=\lambda_1 A\left(\frac{t_1-t_{w_1}}{\delta_1}\right)$ ………………… ⓐ

벽 II $Q=\lambda_2 A\left(\frac{t_{w_1}-t_{w_2}}{\delta_2}\right)$ ………………… ⓑ

벽 Ⅲ $Q=\lambda_3 A\left(\dfrac{t_{w_2}-t_2}{\delta_3}\right)$ ………………… ⓒ

식 ⓐ, ⓑ, ⓒ를 대입하여 풀면

$$Q=\frac{1}{\dfrac{\delta_1}{\lambda_1}+\dfrac{\delta_2}{\lambda_2}+\dfrac{\delta_3}{\lambda_3}}A(t_1-t_2)=\lambda A\left(\frac{t_1-t_2}{\delta}\right)$$

여기서, $\dfrac{\delta}{\lambda}=\dfrac{\delta_1}{\lambda_1}+\dfrac{\delta_2}{\lambda_2}+\dfrac{\delta_3}{\lambda_3}$

Fourier식에 의해서

① $\delta_1=\dfrac{\lambda_1(t_1-t_{w_1})}{Q}=\dfrac{1.74\times(1,370-980)}{4,069}=0.16677\text{m} ≒ 166.77\text{mm}$

② 단열벽돌과 철판 사이 온도$(t_{w_2})=t_2+\dfrac{Q\delta_3}{\lambda_3}=280+\dfrac{4,069\times0.005}{40.7} ≒ 280.5℃$

③ $\delta_2=\dfrac{\lambda_2(t_{w_1}-t_{w_2})}{Q}=\dfrac{0.35\times(980-280.5)}{4,069}=0.06018\text{m} ≒ 60.17\text{mm}$

④ $\delta=\delta_1+\delta_2+\delta_3=166.77+60.17+5=231.94\text{mm}$

【별해】 ① 열관류량$(K)=\dfrac{Q}{A\Delta t}=\dfrac{4,069}{1\times(1,370-280)} ≒ 3.733\text{W/m}^2\cdot\text{K}$

② 내화벽돌두께(δ_1) : $K\Delta t_1=\dfrac{\lambda_1}{\delta_1}\Delta t$에서

$\delta_1=\dfrac{\lambda_1\Delta t_1}{K\Delta t}=\dfrac{1.74\times(1,370-980)}{3.733\times(1,370-280)}=0.16677\text{m} ≒ 166.77\text{mm}$

③ 단열벽돌두께(δ_2) : $\dfrac{\delta_2}{\lambda_2}=\dfrac{1}{K}-\dfrac{\delta_1}{\lambda_1}-\dfrac{\delta_3}{\lambda_3}$

$\dfrac{\delta_2}{0.35}=\dfrac{1}{3.733}-\dfrac{0.16677}{1.74}-\dfrac{0.005}{40.7}$

$\therefore\ \delta_2=0.06017\text{m} ≒ 60.17\text{mm}$

④ 전체 두께$(\delta)=\delta_1+\delta_2+\delta_3=166.77+60.17+5=231.94\text{mm}$

07 증기보일러에 부착된 인젝터의 작용을 설명하시오. (6점)

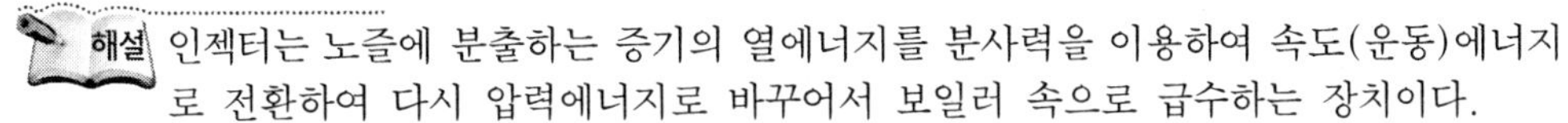

해설 인젝터는 노즐에 분출하는 증기의 열에너지를 분사력을 이용하여 속도(운동)에너지로 전환하여 다시 압력에너지로 바꾸어서 보일러 속으로 급수하는 장치이다.

① 작동원리 : 인젝터(injector) 내부에는 증기노즐, 혼합노즐, 토출노즐로 구성되어 있으며, 증기가 증기노즐로 들어와서 열에너지를 형성하여 증기가 혼합노즐에 들어오면 인젝터 본체 및 흡수되는 물에 열을 빼앗겨 증기의 체적이 감소되면서 진공상태가 형성되어서 속도(운동)에너지가 발생된다. 이 원리에 의해 물이 흡수되고 토출노즐에서 증기의 압력에너지에 의해서 물을 보일러 속으로 압입(급수)한다.

② 작동순서
  ㉠ 인젝터 출구측 급수정지밸브를 연다.
  ㉡ 급수흡수밸브를 연다.
  ㉢ 증기정지밸브를 연다.
  ㉣ 인젝터 핸들을 연다.
③ 정지순서
  ㉠ 인젝터 핸들을 잠근다.
  ㉡ 급수흡수밸브를 잠근다.
  ㉢ 증기정지밸브를 잠근다.
  ㉣ 인젝터 출구측 급수정지밸브를 잠근다.

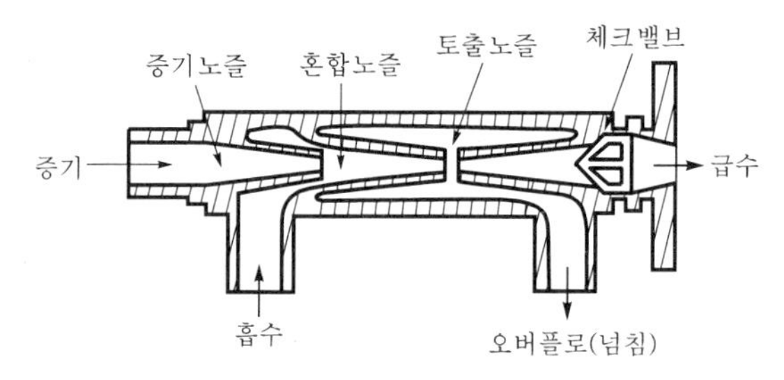

08 다음 그림은 사무소 건물의 기준층에 위치한 실의 일부를 나타낸 것이다. 각종 설계 조건으로부터 대상실의 냉방부하를 산출하고자 한다. 주어진 조건을 이용하여 냉방부하를 계산하시오. (25점)

[조 건]

1) 외기조건 : 32℃ DB, 70% RH
2) 실내 설정조건 : 26℃ DB, 50% RH
3) 열관류율
  ① 외벽 : $0.58W/m^2 \cdot K$
  ② 유리창 : $6.39W/m^2 \cdot K$
  ③ 내벽 : $2.33W/m^2 \cdot K$
4) 유리창 차폐계수 : 0.71
5) 재실인원 : 0.2인/m^2
6) 인체 발생열 : 현열 205kJ/h · 인, 잠열 222kJ/h · 인
7) 조명부하 : $84kJ/m^2 \cdot h$
8) 틈새바람에 의한 외풍은 없는 것으로 하며, 인접실의 실내조건은 대상실과 동일하다.

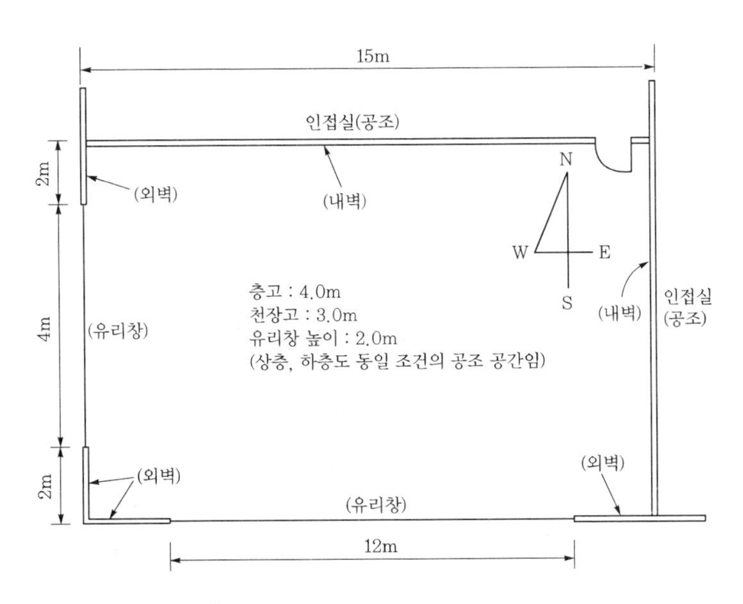

유리창에서의 일사열량(W/m²)

방위 / 시간	수평	N	NE	E	SE	S	SW	W	NW
10	731	45	117	363	363	117	45	45	45
12	844	50	50	50	120	181	120	50	50
14	731	45	45	45	45	117	363	363	117
16	441	33	33	33	33	33	398	573	406

상당온도차(하기 냉방용(deg))

방위 / 시간	수평	N	NE	E	SE	S	SW	W	NW
10	12.8	3.9	10.9	14.2	11.0	4.0	3.2	3.3	5.2
12	21.4	5.6	10.6	14.9	13.8	8.1	5.6	5.3	5.2
14	27.2	7.0	9.8	12.4	12.6	11.2	10.2	8.7	7.0
16	26.2	7.6	9.4	10.9	11.0	11.6	15.0	15.0	11.2

1. 설계조건에 의해 12시, 14시, 16시의 냉방부하를 구하시오.
   ① 구조체에서의 부하
   ② 유리를 통한 일사에 의한 열부하
   ③ 실내에서의 부하
2. 실내 냉방부하의 최대 발생시각을 결정하고, 이때의 현열비를 구하시오.
3. 최대 부하 발생 시의 취출풍량(m³/h)을 구하시오. (단, 취출온도는 15°C, 공기의 정압비열은 1.0046kJ/kg · K, 공기의 밀도는 1.2kg/m³로 한다. 또한 실내의 습도조절은 고려하지 않는다.)

해설 1. ① 구조체에서의 부하

벽 체	방 위	면적 (m²)	열관류율 (W/m² · K)	12시		14시		16시	
				Δt	(kJ/h)	Δt	(kJ/h)	Δt	(kJ/h)
외벽	S	36	0.58	8.1	610	11.2	844	11.6	1,175
유리창	S	24	6.39	6	3,315	6	3,315	6	3,315
외벽	W	24	0.58	5.3	267	8.7	437	15	753
유리창	W	8	6.39	6	1,105	6	1,105	6	1,105
				계	5,297	계	5,701	계	6,348

② 유리를 통한 일사에 의한 열부하

종 류	방위	면적 (m²)	차폐 계수	12시		14시		16시	
				일사량	(kJ/h)	일사량	(kJ/h)	일사량	(kJ/h)
유리창	S	24	0.71	156	11,127	101	7,024	28	1,997
유리창	W	8	0.71	43	1,022	312	7,418	493	11,722

③ 실내에서의 부하

㉠ 인체 : $(15\times8\times0.2\times205)+(15\times8\times0.2\times222)=10{,}248\text{kJ/h}$

㉡ 조명 : $15\times8\times84=10{,}080\text{kJ/h}$

2. ① 최대 부하 발생 시각은 14시이다.

② 현열 $=1{,}723+(15\times8\times0.2\times205)+(7{,}024+7{,}418)+10{,}080=31{,}195\text{kJ/h}$

③ 잠열 $=15\times8\times0.2\times222=5{,}328\text{kJ/h}$

④ 현열비$(SHF)=\dfrac{q_s}{q_s+q_L}=\dfrac{31{,}195}{31{,}195+5{,}328}\fallingdotseq0.85$

3. $q_s=\rho QC_p(t_r-t_c)$에서

$$Q=\frac{q_s}{\rho C_p(t_r-t_c)}=\frac{31{,}195}{1.2\times1.0046\times(26-15)}\fallingdotseq2352.44\text{m}^3/\text{h}$$

09 어떤 사무소의 공조설비과정이 다음과 같다. 각 물음에 답하시오. (10점)

[조 건]

1) 마찰손실(R) : 0.1mmAq/m
2) 국부저항계수(ζ) : 0.29
3) 1개당 취출구 풍량 : 3,000m³/h
4) 송풍기 출구풍속 : 13m/s
5) 정압효율 : 50%
6) 에어필터저항 : 5mmAq
7) 가열코일저항 : 15mmAq
8) 냉각기 저항 : 15mmAq
9) 송풍기 저항 : 10mmAq
10) 취출구 저항 : 5mmAq

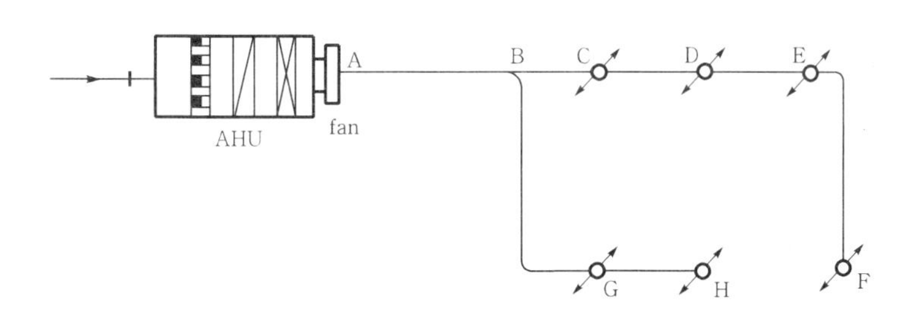

- 덕트구간길이
  - A－B : 60 m
  - B－C : 6 m
  - C－D : 12 m
  - D－E : 12 m
  - E－F : 20 m
  - B－G : 18 m
  - G－H : 12 m

1. 실내에 설치한 덕트시스템을 위의 그림과 같이 설계하고자 한다. 각 취출구의 풍량이 동일할 때 직사각형 덕트의 크기를 결정하고 풍속을 구하시오.

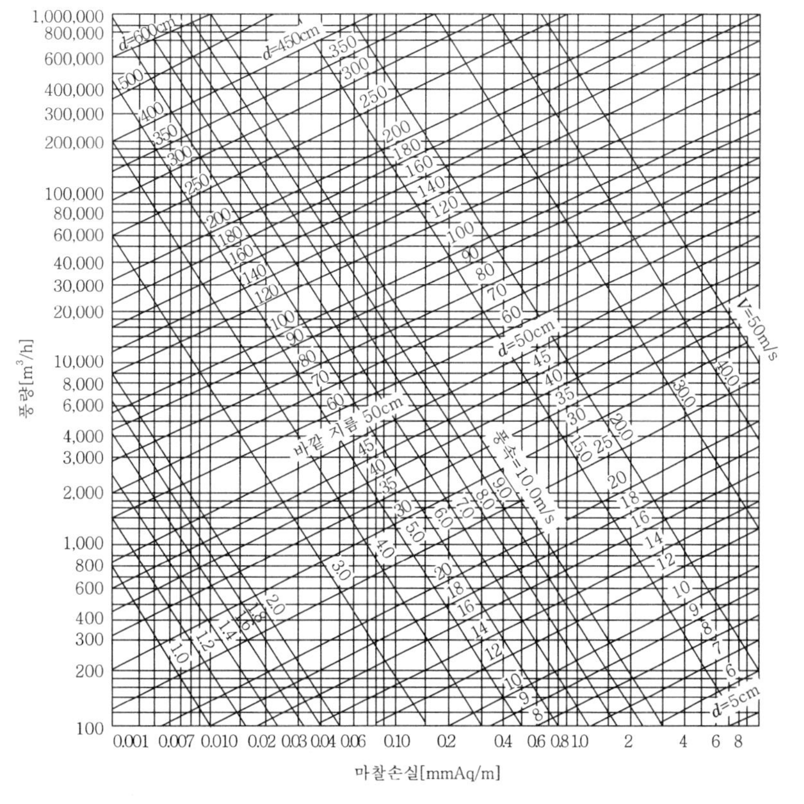

구 간	풍량[m³/h]	원형 덕트지름[cm]	직사각형 덕트크기[cm]	풍속[m/s]
A－B			(　　　)×35	
B－C			(　　　)×35	
C－D			(　　　)×35	
D－E			(　　　)×35	
E－F			(　　　)×35	

2. 송풍기 정압[mmAq]을 구하시오. (단, 공기의 밀도는 1.2kg/m^3, 중력가속도는 9.8m/s^{2}이다.)
3. 송풍기 동력[kW]을 구하시오.

직사각형 덕트와 원형 덕트의 환산표

장변 \ 단변	5	10	15	20	25	30	35	40	45	50	55	60	65	70	75
5	5.5														
10	7.6	10.9													
15	9.1	13.3	16.4												
20	10.3	15.2	18.9	21.9											
25	11.4	16.9	21.0	24.4	27.3										
30	12.2	18.3	22.9	26.6	29.9	32.8									
35	13.0	19.5	24.5	28.6	32.2	35.4	38.3								
40	13.8	20.7	26.0	30.5	34.3	37.8	40.9	43.7							
45	14.4	21.7	27.4	32.1	36.3	40.0	43.3	46.4	49.2						
50	15.0	22.7	28.7	33.7	38.1	42.0	45.6	48.8	51.8	54.7					
55	15.6	23.6	29.9	35.1	39.8	43.9	47.7	51.1	54.3	57.3	60.1				
60	16.2	24.5	31.0	36.5	41.4	45.7	49.6	53.3	56.7	59.8	62.8	65.6			
65	16.7	25.3	32.1	37.8	42.9	47.4	51.5	55.3	58.9	62.2	65.3	68.3	71.1		
70	17.2	26.1	33.1	39.1	44.3	49.0	53.3	57.3	61.0	64.4	67.7	70.8	73.7	76.5	
75	17.7	26.8	34.1	40.2	45.7	50.6	55.0	59.2	63.0	66.6	69.7	73.2	76.3	79.2	82.0
80	18.1	27.5	35.0	41.4	47.0	52.0	56.7	60.9	64.9	68.7	72.2	75.5	78.7	81.8	84.7
85	18.5	28.2	35.9	42.4	48.2	53.4	58.2	62.6	66.8	70.6	74.3	77.8	81.1	84.2	87.2
90	19.0	28.9	36.7	43.5	49.4	54.8	59.7	64.2	68.6	72.6	76.3	79.9	83.3	86.6	89.7
95	19.4	29.5	37.5	44.5	50.6	56.1	61.1	65.9	70.3	74.4	78.3	82.0	85.5	88.9	92.1
100	19.7	30.1	38.4	45.4	51.7	57.4	62.6	67.4	71.9	76.2	80.2	84.0	87.6	91.1	94.4
105	20.1	30.7	39.1	46.4	52.8	58.6	64.0	68.9	73.5	77.8	82.0	85.9	89.7	93.2	96.7
110	20.5	31.3	39.9	47.3	53.8	59.8	65.2	70.3	75.1	79.6	83.8	87.8	91.6	95.3	98.8
115	20.8	31.8	40.6	48.1	54.8	60.9	66.5	71.7	76.6	81.2	85.5	89.6	93.6	97.3	100.9
120	21.2	32.4	41.3	49.0	55.8	62.0	67.7	73.1	78.0	82.7	87.2	91.4	95.4	99.3	103.0
125	21.5	32.9	42.0	49.9	56.8	63.1	68.9	74.4	79.5	84.3	88.8	93.1	97.3	101.2	105.0
130	21.9	33.4	42.6	50.6	57.7	64.2	70.1	75.7	80.8	85.7	90.4	94.8	99.0	103.1	106.9
135	22.2	33.9	43.3	54.4	58.6	65.2	71.3	76.9	82.2	87.2	91.9	96.4	100.7	104.9	108.8
140	22.5	34.4	43.9	52.2	59.5	66.2	72.4	78.1	83.5	88.6	93.4	98.0	102.4	106.6	110.7
145	22.8	34.9	44.5	52.9	60.4	67.2	73.5	79.3	84.8	90.0	94.9	99.6	104.1	108.4	112.5
150	23.1	35.3	45.2	53.6	61.2	68.1	74.5	80.5	86.1	91.3	96.3	101.1	105.7	110.0	114.3
155	23.4	35.8	45.7	54.4	62.1	69.1	75.6	81.6	87.3	92.6	97.4	102.6	107.2	111.7	116.0
160	23.7	36.2	46.3	55.1	62.9	70.6	76.6	82.7	88.5	93.9	99.1	104.1	108.8	113.3	117.7
165	23.9	36.7	46.9	55.7	63.7	70.9	77.6	83.5	89.7	95.2	100.5	105.5	110.3	114.9	119.3
170	24.2	37.1	47.5	56.4	64.4	71.8	78.5	84.9	90.8	96.4	101.8	106.9	111.8	116.4	120.9
175	24.5	37.5	48.0	57.1	65.2	72.6	79.5	85.9	91.9	97.6	103.1	108.2	113.2	118.0	122.5
180	24.7	37.9	48.5	57.7	66.0	73.5	80.4	86.9	93.0	98.8	104.3	109.6	114.6	119.5	124.1
185	25.0	38.3	49.1	58.4	66.7	74.3	81.4	87.9	94.1	100.0	105.6	110.9	116.0	120.9	125.6
190	25.3	38.7	49.6	59.0	67.4	75.1	82.2	88.9	95.2	101.2	106.8	112.2	117.4	122.4	127.2
195	25.5	39.1	50.1	59.6	68.1	75.9	83.1	89.9	96.3	102.3	108.0	113.5	118.7	123.8	128.5
200	25.8	39.5	50.6	60.2	68.8	76.7	84.0	90.8	97.3	103.4	109.2	114.7	120.0	125.2	130.1
210	26.3	40.3	51.6	61.4	70.2	78.3	85.7	92.7	99.3	105.6	111.5	117.2	122.6	127.9	132.9
220	26.7	41.0	52.5	62.5	71.5	79.7	87.4	94.5	101.3	107.6	113.7	119.5	125.1	130.5	135.7
230	27.2	41.7	53.4	63.6	72.8	81.2	89.0	96.3	103.1	109.7	115.9	121.8	127.5	133.0	138.3
240	27.6	42.4	54.3	64.7	74.0	82.6	90.5	98.0	105.0	111.6	118.0	124.1	129.9	135.5	140.9
250	28.1	43.0	55.2	65.8	75.3	84.0	92.0	99.6	106.8	113.6	120.0	126.2	132.2	137.9	143.4
260	28.5	43.7	56.0	66.8	76.4	85.3	93.5	101.2	108.5	115.4	122.0	128.3	134.4	140.2	145.9
270	28.9	44.3	56.9	67.8	77.6	86.6	95.0	102.8	110.2	117.3	124.0	130.4	136.6	142.5	148.3
280	29.3	45.0	57.7	68.8	78.7	87.9	96.4	104.3	111.9	119.0	125.9	132.4	138.7	144.7	150.6
290	29.7	45.6	58.5	69.7	79.8	89.1	97.7	105.8	113.5	120.8	127.8	134.4	140.8	146.9	152.9
300	30.1	46.2	59.2	70.6	80.9	90.3	99.0	107.8	115.1	122.5	129.5	136.3	142.8	149.0	155.5

장변 \ 단변	80	85	90	95	100	105	110	115	120	125	130	135	140	145	150
5															
10															
15															
20															
25															
30															
35															
40															
45															
50															
55															
60															
65															
70															
75															
80	87.5														
85	90.1	92.9													
90	92.7	95.6	98.4												
95	95.2	98.2	101.1	103.9											
100	97.6	100.7	106.7	106.5	109.3										
105	100.0	103.1	106.2	109.1	112.0	114.8									
110	102.2	105.5	108.6	111.7	114.6	117.5	120.3								
115	104.4	107.8	111.0	114.1	117.2	120.1	122.9	125.7							
120	106.6	110.0	113.3	116.5	119.6	122.6	125.6	128.4	131.2						
125	108.6	112.2	115.6	118.8	122.0	125.1	128.1	131.0	133.9	136.7					
130	110.7	114.3	117.7	121.1	124.4	127.5	130.6	133.6	136.5	139.3	142.1				
135	112.6	116.3	119.9	123.3	126.7	129.9	133.0	136.1	139.1	142.0	144.8	147.6			
140	114.6	118.3	122.0	125.5	128.9	132.2	135.4	138.5	141.6	144.6	147.5	150.3	153.0		
145	116.5	120.3	124.0	127.6	131.1	134.5	137.7	140.9	144.0	147.1	150.3	152.9	155.7	158.5	
150	118.3	122.2	126.0	129.7	133.2	136.7	140.0	143.3	146.4	149.5	152.6	155.5	158.4	162.2	164.0
155	120.1	124.1	127.9	131.7	135.3	138.8	142.2	145.5	148.8	151.9	155.0	158.0	161.0	163.9	166.7
160	121.9	125.9	129.8	133.6	137.3	140.9	144.4	147.8	151.1	154.3	157.5	160.5	163.5	166.5	169.3
165	123.6	127.7	131.7	135.6	139.3	143.0	146.5	150.0	153.3	156.6	159.8	163.0	166.0	169.0	171.9
170	125.3	129.5	133.5	137.5	141.3	145.0	148.6	152.1	155.6	158.9	162.2	165.3	168.5	171.5	174.5
175	127.0	131.2	135.3	139.3	143.2	147.0	150.7	154.2	157.7	161.1	164.4	167.7	170.8	173.9	177.0
180	128.6	132.9	137.1	141.2	145.1	148.9	152.7	156.3	159.8	163.3	166.7	170.0	173.2	176.4	179.4
185	130.2	134.6	138.8	143.0	147.0	150.9	154.7	158.3	161.9	165.4	168.9	172.2	175.5	178.7	181.9
190	131.8	136.2	140.5	144.7	148.8	152.7	156.6	160.3	164.0	167.6	171.0	174.4	177.8	181.0	184.2
195	133.3	137.9	142.5	146.5	150.6	154.6	158.5	162.3	166.0	169.6	173.2	176.6	180.0	183.3	186.6
200	134.8	139.4	143.8	148.1	152.3	156.4	160.4	164.2	168.0	171.7	175.3	178.8	182.2	185.6	188.9
210	137.8	142.5	147.0	151.5	155.8	160.0	164.0	168.0	171.9	175.7	179.3	183.0	186.5	189.9	193.3
220	140.6	145.5	150.2	154.7	159.1	163.4	167.6	171.6	175.6	179.5	183.3	187.0	190.6	194.2	197.7
230	143.4	148.4	153.2	157.8	162.3	166.7	171.0	175.2	179.3	183.2	187.1	190.9	194.7	198.3	201.9
240	146.1	151.2	156.1	160.8	165.5	170.0	174.4	178.6	182.8	186.9	190.9	194.8	198.6	202.3	206.0
250	148.8	153.9	158.9	163.8	168.5	173.1	177.6	182.0	186.3	190.4	194.5	198.5	202.4	206.2	210.0
260	151.3	156.6	161.7	166.7	171.5	176.2	180.8	185.2	189.6	193.9	190.9	202.1	206.1	210.0	213.9
270	153.8	159.2	164.4	169.5	174.4	179.2	183.9	188.4	192.9	197.2	201.5	205.7	209.7	213.7	217.7
280	156.2	161.7	167.0	172.2	177.2	182.1	186.9	191.5	196.1	200.5	204.9	209.1	213.3	217.4	221.4
290	158.6	164.2	169.6	174.8	180.0	185.0	189.8	194.5	199.2	203.7	208.1	212.5	216.7	220.9	225.0
300	160.9	166.6	172.1	177.5	182.7	187.7	192.7	197.5	102.2	206.8	211.3	215.8	220.1	224.3	228.5

해설 1.

구 간	풍량[m³/h]	원형 덕트지름[cm]	직사각형 덕트크기[cm]	풍속[m/s]
A−B	18,000	85	(195)×35	7.33
B−C	12,000	75	(150)×35	6.35
C−D	9,000	65	(105)×35	6.80
D−E	6,000	55	(75)×35	6.35
E−F	3,000	45	(45)×35	5.29

2. 송풍기 정압

① 직관에서의 덕트 손실 $=(60+6+12+12+20)\times 0.1=11\text{mmAq}$

② 벤드 저항 손실 $(h_B)=\zeta\dfrac{\rho V_1^2}{2g}=0.29\times\dfrac{1.2\times 5.29^2}{2\times 9.8}=0.5\text{mmAq}$

③ 흡입측 손실 압력 $(P_{si})=5+15+15+10=45\text{mmAq}$

④ 송풍기 동압 $(P_v)=\dfrac{\rho V_2^2}{2g}=\dfrac{1.2\times 13^2}{2\times 9.8}\fallingdotseq 10.35\text{mmAq}$

∴ 송풍기 정압 $(P_s)=\{(11+0.5+5)-(-45)\}-10.35=51.15\text{mmAq}$

3. 송풍기 동력 $=\dfrac{P_s Q}{3{,}600\eta_s}=\dfrac{51.15\times 9.8\times(6\times 3{,}000)}{3{,}600\times 0.5}=5012.7\text{W}\fallingdotseq 5.01\text{kW}$

10

다음은 R-22용 콤파운드압축기를 이용한 2단 압축 1단 팽창 냉동장치의 이론냉동 사이클을 나타낸 것이다. 이 냉동장치의 냉동능력이 15RT일 때 각 물음에 답하시오. (단, 배관에서의 열손실은 무시한다.) (6점)

[조 건]

1) 압축기의 체적효율(저단 및 고단) : 0.75
2) 압축기의 압축효율(저단 및 고단) : 0.73
3) 압축기의 기계효율(저단 및 고단) : 0.90

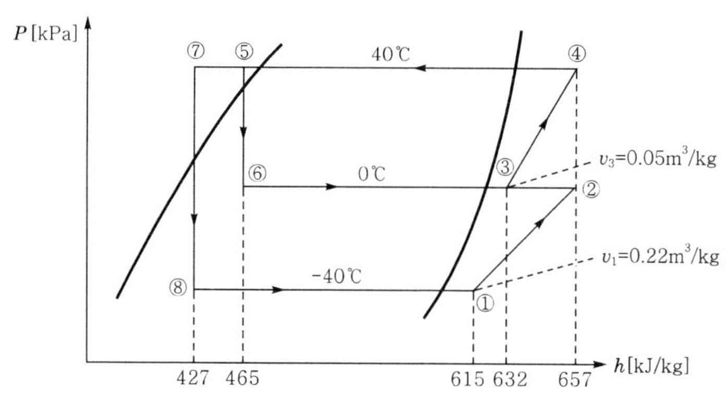

1. 저단압축기와 고단압축기의 기통수비가 얼마인 압축기를 선정해야 하는가?
2. 압축기의 실제 소요동력[kW]은 얼마인가?

해설

1. ① 저단 냉매순환량 $(m_L)=\dfrac{Q_e}{q_2}=\dfrac{15RT}{h_1-h_7}=\dfrac{15\times 13897.52}{615-427}\fallingdotseq 1108.84\text{kg/h}$

② 저단압축기 압출량 $(V_L)=\dfrac{m_L v_1}{\eta_v}=\dfrac{1108.84\times 0.22}{0.75}=325.26\text{m}^3/\text{h}$

③ 실제 저단압축기 출구 비엔탈피 $(h_2{}')=h_1+\dfrac{h_2-h_1}{\eta_c}=615+\dfrac{657-615}{0.73}$

$\fallingdotseq 672.53\text{kJ/kg}$

④ 고단 냉매순환량$(m_H) = m_L\left(\dfrac{h_2' - h_7}{h_3 - h_6}\right) = 1108.84 \times \dfrac{672.53 - 427}{632 - 465} = 1630.26\,\text{kg/h}$

⑤ 고단압축기 압출량$(V_H) = \dfrac{m_H v_3}{\eta_v} = \dfrac{1630.26 \times 0.05}{0.75} \fallingdotseq 108.69\,\text{m}^3/\text{h}$

⑥ 기통수비$= V_L : V_H = 325.26 : 108.69 \fallingdotseq 3 : 1$

즉, 3 : 1 비율의 기통수비를 갖는 압축기를 선정한다. 예를 들면 8기통의 고속다기통을 사용하는 경우 6 : 2의 비로 압축시킨다.

2. 압축기의 실제 소요동력$(N_{kW}) = \dfrac{1108.84 \times (657 - 615) + 1630.33 \times (657 - 632)}{3{,}600 \times 0.73 \times 0.9}$

$\fallingdotseq 36.92\,\text{kW}$

11

50RT R-22 냉동장치에서 증발식 응축기가 다음과 같은 조건일 때 과냉각도를 결정하시오. (7점)

[조 건]

1) 관의 압력손실 : 10kPa
2) 액주(m)의 압력손실 : 300kPa
3) 밸브 기타의 압력손실 : 30kPa
4) 응축온도 : 30℃

R-22의 온도, 압력관계

온도〔℃〕	압력〔kPa〕	온도〔℃〕	압력〔kPa〕	온도〔℃〕	압력〔kPa〕
10	596	20	832	30	1,123
12	639	22	886	32	1,189
14	684	24	942	34	1,257
16	731	26	1,000	36	1,327
18	780	28	1,060	38	1,399

해설 ① 응축온도 30℃에서 포화압력$= 1{,}123\text{kPa(g)}$

② 전 압력손실$(P_{tl}) = 10 + 300 + 30 = 340\text{kPa(g)}$

③ 팽창밸브 전 압력$= 1{,}123 - 340 = 783\text{kPa(g)}$

∴ 790kPa에 상당하는 포화온도는 약 19℃이므로

과냉각에 필요한 온도$= 30 - 19 = 11$℃

12

공기조화방식에서 전공기방식의 종류 3가지를 쓰고 각각 장점 3가지씩 쓰시오. (6점)

해설 ① 정풍량 단일덕트방식(CAV : Constant Air Volume)

㉠ 공조기가 중앙식이므로 공기조절이 용이하다.

㉡ 공조기실을 별도로 설치하므로 유지관리가 확실하다.

㉢ 공조기실과 공조대상실을 분리할 수 있어 방음·방진이 용이하다.
㉣ 송풍량과 환기량을 크게 계획할 수 있으며 환기팬을 설치하면 외기냉방이 용이하다.
㉤ 자동제어가 간단하므로 운전 및 유지관리가 용이하다.
㉥ 급기량이 일정하므로 환기상태가 양호하고 쾌적하다.

② 변풍량 단일덕트방식(VAV : Variable Air Volume)
㉠ 개별실 제어가 용이하다.
㉡ 타 방식에 비해 에너지가 절약된다.
- 사용하지 않는 실의 급기가 중단된다.
- 급기량을 부하에 따라 공급할 수 있다.
- 부분부하 시 팬(fan)의 소비전력이 절약된다.

㉢ 동시부하율을 고려하여 공조기를 설정하므로 정풍량에 비해 20% 정도 용량이 적어진다.
㉣ 공기조절이 용이하므로 부하변동에 따른 유연성이 있다.
㉤ 부하변동에 따른 제어응답이 빠르기 때문에 거주성이 향상된다.
㉥ 시운전 시 토출구의 풍량조절이 간단하다.

③ 정풍량 이중덕트방식(DDCAV : Double Duct Constant Air Volume)
㉠ 실내부하에 따라 개별실 제어가 가능하다.
㉡ 냉·온풍을 혼합하여 토출하므로 계절에 따라 냉·난방을 변환시킬 필요가 있다.
㉢ 실내의 용도변경에 대해서 유연성이 있다.
㉣ 냉풍 및 온풍이 열매체이므로 부하변동에 대한 응답이 빠르다.
㉤ 조닝(zoning)의 필요성이 크지 않다.
㉥ 외기냉방이 가능하다.

④ 변풍량 이중덕트방식(DDVAV : Double Duct Variable Air Volume)
㉠ 같은 기능의 변풍량 재열방식에 비해 에너지가 절감된다.
㉡ 동시사용률을 적용할 수가 있어서 주덕트에서 최대 부하 시보다 20~30%의 풍량을 줄일 수 있으므로 설비용량을 적게 할 수 있다.
㉢ 부분부하 시 송풍기 동력을 절감할 수가 있다.
㉣ 빈 방에 급기를 정지시킬 수 있어서 운전비를 줄일 수 있다.
㉤ 부하변동에 대하여 제어응답이 빠르다.

⑤ 멀티존유닛방식(multi zone unit system)
㉠ 소규모 건물의 이중덕트방식과 비교하여 초기 설비비가 저렴하다.
㉡ 이중덕트방식의 덕트공간을 천장 속에 확보할 수 없는 경우에 적합하다.
㉢ 존제어가 가능하므로 건물의 내부존에 이용된다.

13 **다음 회로도는 3상 유도전동기 정역운전회로이다. 회로의 동작설명 중 맞는 번호를 고르시오.** (6점)

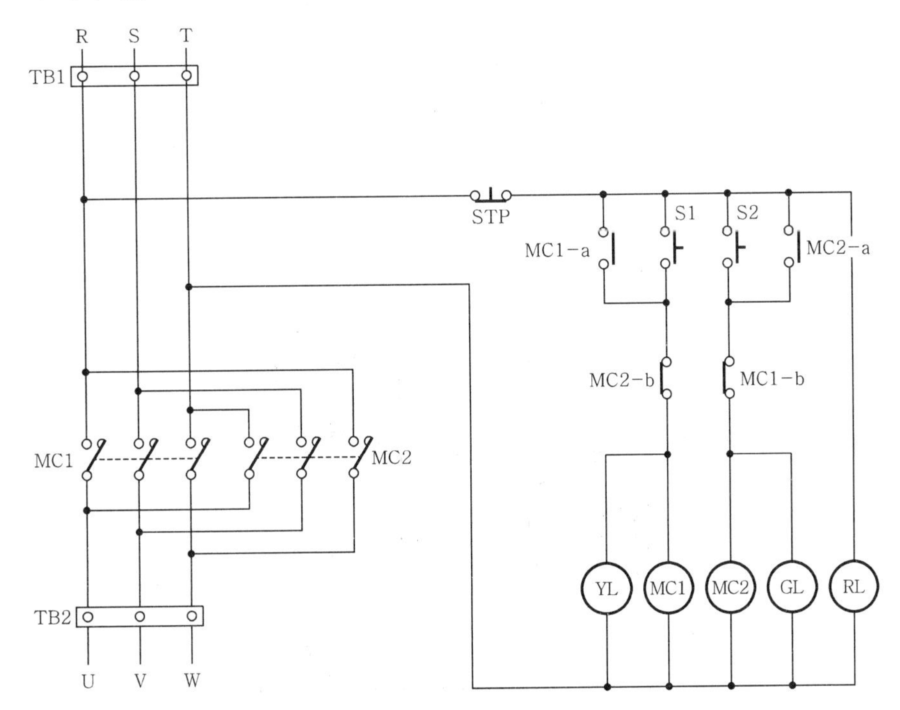

[동작상태]

(가) 전원을 투입하면 YL이 점등된다.
(나) S1을 누르면 MC1이 여자되어 전동기는 정회전하며, YL은 점등되고 GL은 소등된다.
(다) S2을 누르면 MC2가 여자되어 전동기는 역회전하며, YL은 점등되고 GL은 소등된다.
(라) 이 회로는 자기유지회로이다.
(마) STP를 누르면 모든 동작이 정지된다.

해설 (나), (라), (마)

【별해】 ① (가) : RL이 점등된다(RL은 상시등으로 전원 표시등이다).
② (다) : GL은 점등되고, YL은 소등된다(YL은 정회전 표시등, GL은 역회전 표시등).
③ MC1-a, MC2-a접점에 의해서 자기유지된다.
④ MC1-b, MC2-b접점에 의해서 인터로크(interlock)가 된다.

14 **다음 그림은 냉매액순환방식을 채택하는 냉동장치의 계통도이다. 필요한 배관과 밸브를 완성하시오.** (10점)

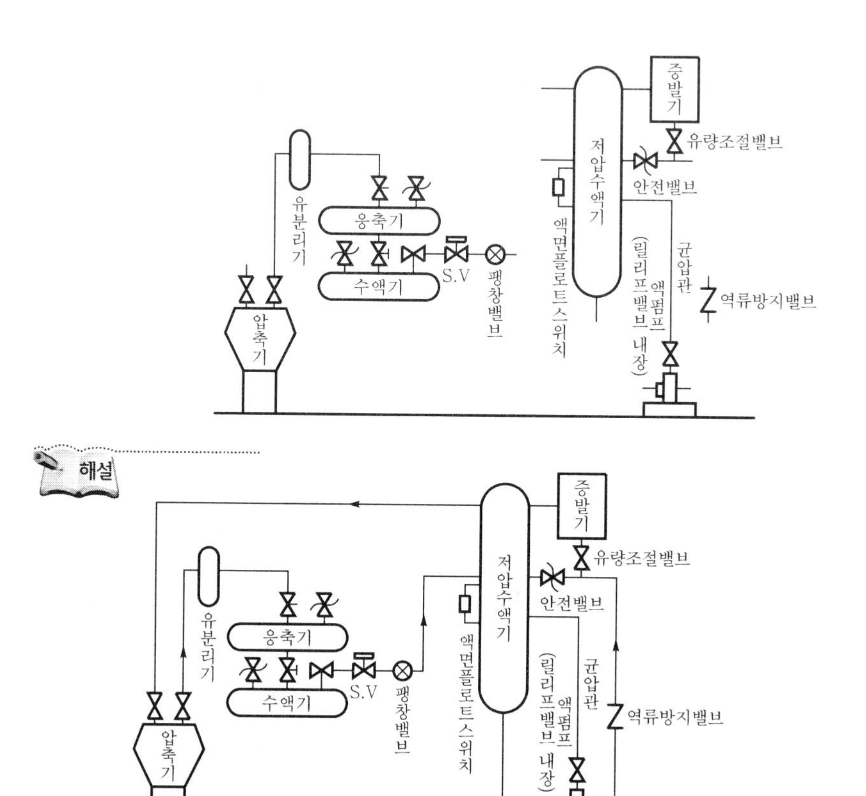

2019. 10. 12. 시행

01 **다음 그림과 같이 예열 · 혼합 · 순환수분무가습 · 가열하는 장치에서 실내의 현열부하가 14.8kW이고, 잠열부하가 4.2kW일 때 다음 각 물음에 답하시오.** (단, 외기량은 전체 순환량의 25%이다.) (8점)

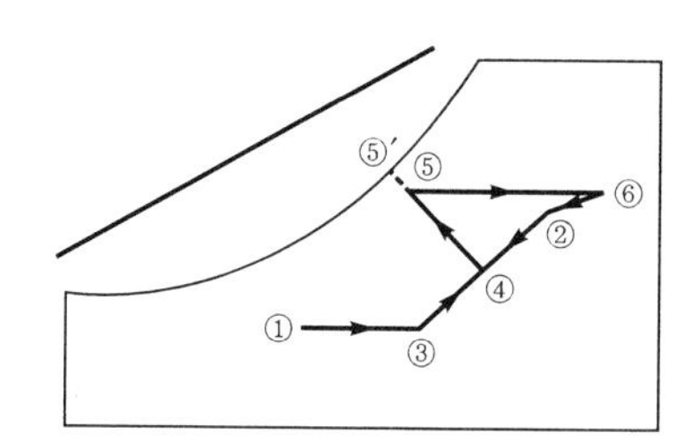

$h_1 = 14\text{kJ/kg}$
$h_2 = 38\text{kJ/kg}$
$h_3 = 24\text{kJ/kg}$
$h_6 = 41.2\text{kJ/kg}$

1. 외기와 환기의 혼합비엔탈피(h_4)를 구하시오.
2. 전체 순환공기량[kg/h]을 구하시오.
3. 예열부하[kW]를 구하시오.
4. 난방코일부하[kW]를 구하시오.

1. 혼합비엔탈피$(h_4)=\dfrac{m_o}{m}h_3+\dfrac{m_r}{m}h_2=0.25h_3+0.75h_2=0.25\times24+0.75\times38$
$=34.5\text{kJ/kg}$
2. 순환공기량$(m)=\dfrac{3,600(q_s+q_L)}{h_6-h_2}=\dfrac{3,600\times(14.8+4.2)}{41.2-38}=21,375\text{kg/h}$
3. 예열부하$=\dfrac{mm_o(h_3-h_1)}{3,600}=\dfrac{21,375\times0.25\times(24-14)}{3,600}\fallingdotseq14.8\text{kW}$
4. 난방코일부하$=\dfrac{m(h_6-h_4)}{3,600}=\dfrac{21,375\times(41.2-34.5)}{3,600}=39.78\text{kW}$

【참고】 순환수분무가습(단열가습)일 때는 비엔탈피가 변화 없이 일정하다($h_4=h_5$).

02

실내조건이 온도 27℃, 습도 60%인 정밀기계공장 실내에 피복하지 않은 덕트가 노출되어 있다. 결로 방지를 위한 보온이 필요한지 여부를 계산식으로 나타내어 판정하시오. (단, 덕트 내 공기온도를 20℃로 하고 실내노점온도는 $t_a'=19.5$℃, 덕트표면 열전달률 $\alpha_o=9.3\text{W/m}^2\cdot\text{K}$, 덕트재료 열관류율 $K=0.58\text{W/m}^2\cdot\text{K}$으로 한다.) (5점)

해설 $KA(t_i-t_a)=\alpha_oA(t_i-t_o)$에서

$$t_o=t_i-\frac{K}{\alpha_o}(t_i-t_a)=27-\frac{0.58}{9.3}\times(27-20)\fallingdotseq26.56℃$$

∴ 덕트의 표면온도가 실내노점온도(19.5℃)보다 26.56−19.5=7.06℃ 정도 높아서 결로되지 않으므로 보온할 필요가 없다.

03

피스톤압출량 $50\text{m}^3\text{/h}$의 압축기를 사용하는 R−22 냉동장치에서 다음과 같은 값으로 운전될 때 각 물음에 답하시오. (7점)

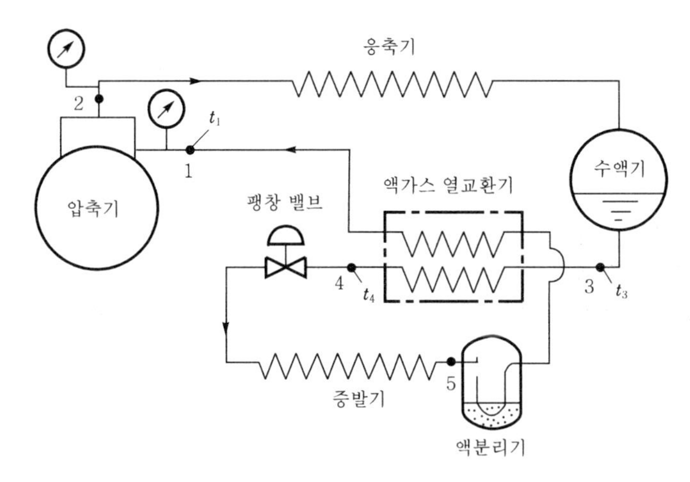

[조 건]

1) $v_1 = 0.143\text{m}^3/\text{kg}$
2) $t_3 = 25℃$
3) $t_4 = 15℃$
4) $h_1 = 620\text{kJ/kg}$
5) $h_4 = 444\text{kJ/kg}$
6) 압축기의 체적효율(η_v) : 0.68
7) 증발압력에 대한 포화액의 비엔탈피(h') : 386kJ/kg
8) 증발압력에 대한 포화증기의 비엔탈피(h'') : 613kJ/kg
9) 응축액의 온도에 의한 내부에너지변화량 : 1.3kJ/kg

1. 증발기의 냉동능력(kW)을 구하시오.
2. 증발기 출구의 냉매증기건조도(x)값을 구하시오.

 해설 1. ① 수액기 출구$(h_3) = h_4 + \Delta u(t_3 - t_4) = 444 + \{1.3 \times (25-15)\} = 457\text{kJ/kg}$

② 증발기 출구 비엔탈피$(h_5) = h_1 - (h_3 - h_4) = 620 - (457 - 444) = 607\text{kJ/kg}$

③ 냉동능력$(Q_e) = \dfrac{V}{v_1}\eta_v(h_5 - h_4) = \dfrac{50}{0.143} \times 0.68 \times (607-444) \times \dfrac{1}{3{,}600}$

$≒ 10.77\text{kW}$

2. 건조도$(x) = \dfrac{h_5 - h'}{h'' - h'} = \dfrac{607-386}{613-386} ≒ 0.97$

【참고】 $P-h$선도

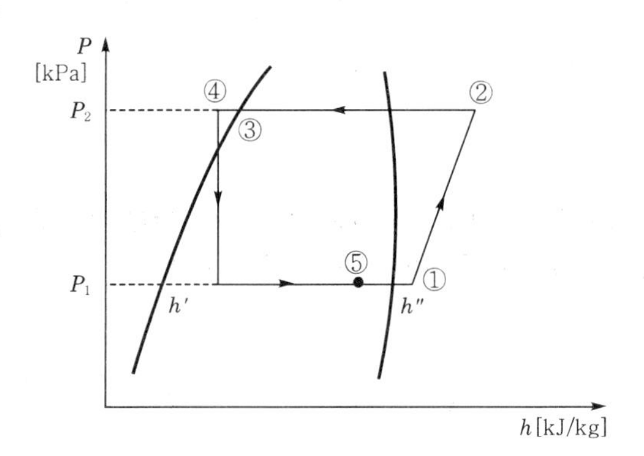

04 **어느 건물의 기준층 배관을 적산한 결과 다음과 같은 산출근거가 나왔다. 이 배관공사에 대한 내역서를 작성하시오.** (단, 강관부속류의 가격은 직관가격의 50%, 지지철물의 가격은 직관가격의 10%, 배관의 할증률은 10%, 공구손료는 인건비의 3%이다.) (8점)

[조 건]

1) 산출근거서(정미량)

품 명	규 격	직관길이 및 수량
백강관	25mm	40m
백강관	50mm	50m
게이트밸브	청동제 0.98MPa, 50mm	4개

2) 품셈

① 강관배관([m]당)

규 격	배관공[인]	보통 인부[인]
25mm	0.147	0.037
50mm	0.248	0.063

② 밸브류 설치 : 개소당 0.07인

3) 단가

품 명	규 격	단 위	단가[원]
백강관	25mm	m	1,200
백강관	50mm	m	1,500
게이트밸브	50mm	개	9,000

※ 배관공 : 45,000원/인, 보통 인부 : 25,000원/인

4) 내역서

품 명	규 격	단 위	수 량	단 가	금 액
백강관	25mm	m			
백강관	50mm	m			
게이트밸브	청동제 0.98MPa, 50mm	개			
강관부속류					
지지철물류					
인건비	배관공	인			
인건비	보통 인부	인			
공구손료		식			
계					

품 명	규 격	단 위	수 량	단 가	금 액
백강관	25mm	m	44	1,200	52,800
백강관	50mm	m	55	1,500	82,500
게이트밸브	청동제 0.98MPa, 50mm	개	4	9,000	36,000
강관부속류	직관가격의 50%				67,650
지지철물류	직관가격의 10%				13,530
인건비	배관공	인	18.28	45,000	822,600
인건비	보통 인부	인	4.63	25,000	115,750
공구손료	인건비의 3%	식			28150.5
계					1218980.5

05 **외기온도가 −5℃이고 실내공급공기온도를 18℃로 유지하는 히트펌프가 있다. 실내 총손실열량이 60kW일 때 열펌프의 성적계수와 외기로부터 침입되는 열량은 약 몇 〔kW〕인가?** (7점)

해설

① 열펌프의 성적계수$(\varepsilon_H)=\dfrac{T_1}{T_1-T_2}=\dfrac{18+273}{(18+273)-(-5+273)}\fallingdotseq 12.65$

② 성적계수$(\varepsilon_H)=\dfrac{Q_1}{Q_1-Q_2}$에서

침입열량$(Q_2)=\dfrac{\varepsilon_H Q_1-Q_1}{\varepsilon_H}=\dfrac{12.65\times 60-60}{12.65}\fallingdotseq 55.26\text{kW}$

06 **다음 그림은 향류식 냉각탑에서 공기와 물의 온도변화를 나타낸 것이다. 다음 각 물음에 답하시오.** (6점)

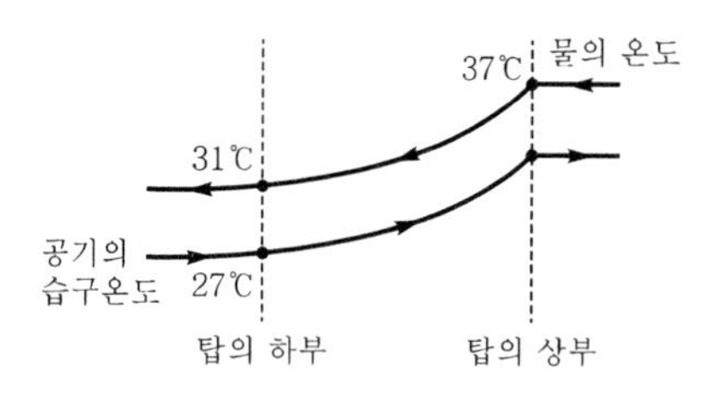

1. 쿨링 레인지는 몇 〔℃〕인가?
2. 쿨링 어프로치는 몇 〔℃〕인가?
3. 냉각탑의 냉각효율은 몇 〔%〕인가?

해설 1. 쿨링 레인지 $= t_{w1} - t_{w2} = 37 - 31 = 6℃$

2. 쿨링 어프로치 $= t_{w2} - t' = 31 - 27 = 4℃$

3. 냉각탑의 냉각효율$(\eta) = \dfrac{6}{6+4} \times 100\% = 60\%$

07 다음과 같은 건물 A실에 대해 아래 조건을 이용하여 각 물음에 답하시오. (단, A실은 최상층으로 사무실 용도이며, 아래층의 냉난방조건은 동일하다.) (30점)

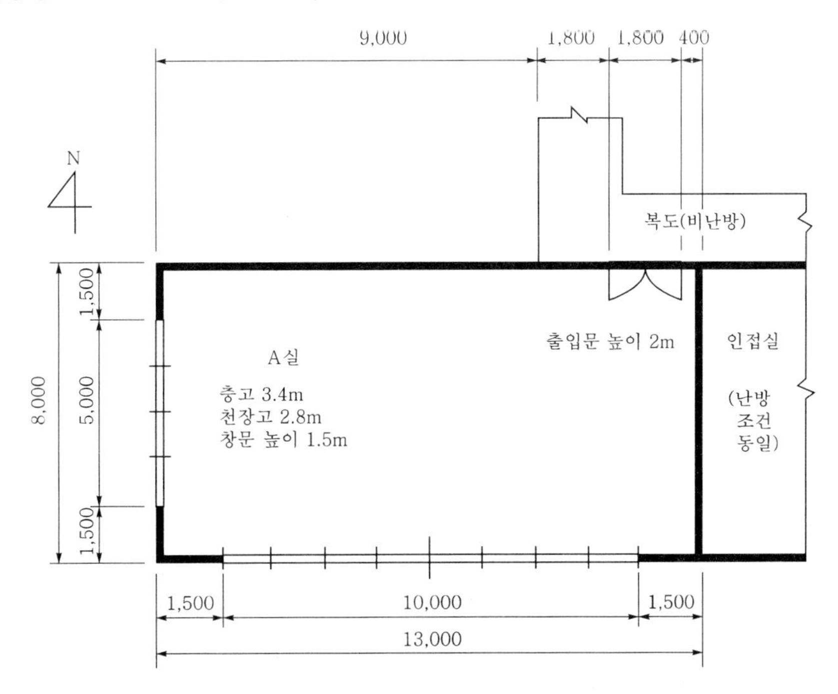

[조 건]

1) 냉난방 설계용 온·습도

구 분	냉 방	난 방	비 고
실내	26℃ DB, 50% RH, x=0.0105kg′/kg	20℃ DB, 50% RH, x=0.00725kg′/kg	비공조실은 실내·외의 중간 온도로 약산함
외기	32℃ DB, 70% RH, x=0.021kg′/kg (7월 23일 14:00)	−5℃ DB, 70% RH, x=0.00175kg′/kg	

2) 유리 : 복층 유리(공기층 6mm), 블라인드 없음, 열관류율 K=3.49W/m^2·K
출입문 : 목제 플래시문, 열관류율 K=2.21W/m^2·K

3) 공기의 밀도 ρ=1.2kg/m^3, 공기의 정압비열 C_p=1.0046kJ/kg·K
수증기의 증발잠열(0℃) E_a=2,500kJ/kg, 100℃ 물의 증발잠열 E_b=2,256kJ/kg

4) 외기도입량=25m^3/h·인

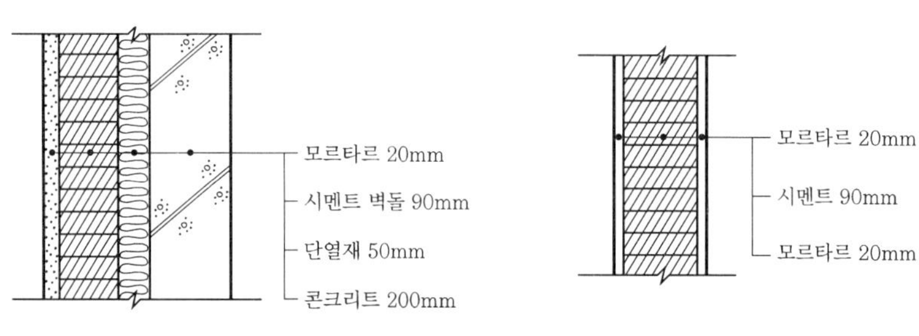

외벽(K=0.56W/m²·K)　　내벽(K=3.01W/m²·K)

지붕(K=0.45W/m²·K)

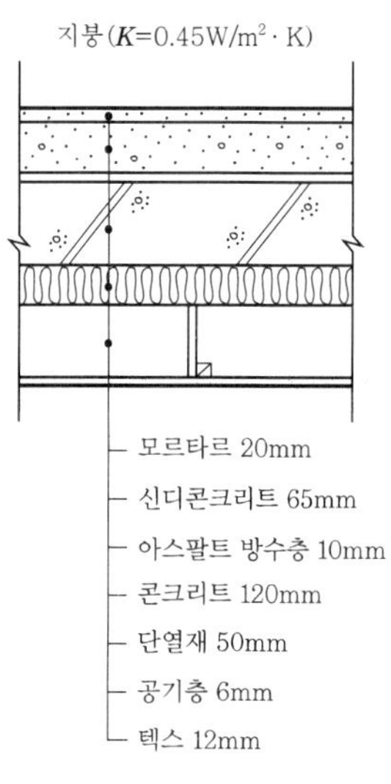

차폐계수

유 리	블라인드	차폐계수
보통 단층	없음 밝은색 중간색	1.0 0.65 0.75
흡열 단층	없음 밝은색 중간색	0.8 0.55 0.65
보통 이층 (중간 블라인드)	밝은색	0.4
보통 복층 (공기층 6mm)	없음 밝은색 중간색	0.9 0.6 0.7
외측 흡열 내측 보통	없음 밝은색 중간색	0.75 0.55 0.65
외측 보통 내측 거울	없음	0.65

인체로부터의 발열설계치(W/인)

작업 상태	실 온		27℃		26℃		21℃	
	예	전발열량	H_s	H_L	H_s	H_L	H_s	H_L
정좌	극장	88	49	39	53	35	65	23
사무소업무	사무소	113	50	63	54	59	72	41
착석작업	공장 경작업	189	56	133	62	127	92	97
보행 4.8km/h	공장 중작업	252	76	176	83	169	116	136
볼링	볼링장	365	117	248	121	244	153	212

방위계수

방 위	N, 수평	E	W	S
방위계수	1.2	1.1	1.1	1.0

벽의 타입 선정

벽의 타입	Ⅱ	Ⅲ	Ⅳ
구조 예	• 목조의 벽, 지붕 • 두께 합계 20~70mm의 중량벽	• Ⅱ+단열층 • 두께 합계 70~110mm의 중량벽	• Ⅲ의 중량벽+단열층 • 두께 합계 110~160mm의 중량벽
벽의 타입	**Ⅴ**	**Ⅵ**	**Ⅶ**
구조 예	• Ⅳ의 중량벽+단열층 • 두께 합계 160~230mm의 중량벽	• Ⅴ의 중량벽+단열층 • 두께 합계 230~300mm의 중량벽	• Ⅵ의 중량벽+단열층 • 두께 합계 300~380mm의 중량벽

창유리의 표준 일사열취득(W/m²)

계 절	방 위	시각(태양시)														
		오 전								오 후						
		5	6	7	8	9	10	11	12	1	2	3	4	5	6	7
하계 (7월 23일)	수평	1	58	209	379	518	629	702	726	702	629	518	379	209	58	1
	N · 그늘	44	73	46	28	34	39	42	43	42	39	34	28	46	73	0
	NE	0	293	384	349	238	101	42	43	42	39	34	28	21	12	0
	E	0	322	476	493	435	312	137	43	42	39	34	28	21	12	0
	SE	0	150	278	343	354	312	219	103	42	39	34	28	21	12	0
	S	0	12	21	28	53	101	141	156	141	101	53	28	21	12	0
	SW	0	12	21	28	34	39	42	103	219	312	354	343	278	150	0
	W	0	12	21	28	34	39	42	43	137	312	435	493	476	322	0
	NW	0	12	21	28	34	39	42	43	42	101	238	349	384	293	0

환기횟수

실용적(m³)	500 미만	500~1,000	1,000~1,500	1,500~2,000	2,000~2,500	2,500~3,000	3,000 이상
환기횟수(회/h)	0.7	0.6	0.55	0.5	0.42	0.40	0.35

재실인원 1인당 상면적

방의 종류	상면적(m²/인)	방의 종류		상면적(m²/인)
사무실(일반)	5.0	호텔	로비	6.5
은행 영업실	5.0		객실	18.0
레스토랑	1.5	백화점	평균	3.0
상점	3.0		혼잡	1.0
극장	0.5		한산	6.0

조명용 전력의 계산치

방의 종류	조명용 전력(W/m²)	방의 종류	조명용 전력(W/m²)
사무실(일반)	25	레스토랑	25
은행 영업실	65	상점	30

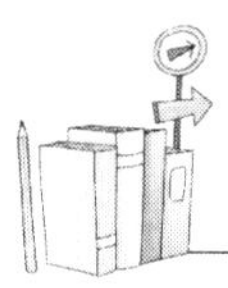

상당온도차(하계 냉방용, Δt_e [℃])

구조체의 종류	방 위	시각(태양시)												
		오 전							오 후					
		6	7	8	9	10	11	12	1	2	3	4	5	6
Ⅱ	수평	1.1	4.6	10.7	17.6	24.1	29.3	32.8	34.4	34.2	32.1	28.4	23.0	16.6
	N · 그늘	1.3	3.4	4.3	4.8	5.9	7.9	7.9	8.4	8.7	8.8	8.7	8.8	9.1
	NE	3.2	9.9	14.6	16.0	15.0	12.3	9.8	9.1	9.0	8.9	8.7	8.0	6.9
	E	3.4	11.2	17.6	20.8	21.1	18.8	14.6	10.9	9.6	9.1	8.8	8.0	6.9
	SE	1.9	6.6	11.8	15.8	18.1	18.4	16.7	13.6	10.7	9.5	8.9	8.1	7.0
	S	0.3	1.0	2.3	4.7	8.1	11.4	13.7	14.8	14.8	13.6	11.4	9.0	7.3
	SW	0.3	1.0	2.3	4.0	5.7	7.0	9.2	13.0	16.8	19.7	21.0	20.2	17.1
	W	0.3	1.0	2.3	4.0	5.7	7.0	7.9	10.0	14.7	19.6	23.5	25.1	23.1
	NW	0.3	1.0	2.3	4.0	5.7	7.0	7.9	8.4	9.9	13.4	17.3	20.0	19.7
Ⅲ	수평	0.8	2.5	6.4	11.6	17.5	23.0	27.6	30.7	32.3	32.1	30.3	36.9	22.0
	N · 그늘	0.8	2.1	3.2	3.9	4.8	5.9	6.8	7.6	8.1	8.4	8.6	8.6	8.9
	NE	1.6	5.6	10.0	12.8	13.8	13.0	11.4	10.3	9.7	9.4	9.1	8.6	7.8
	E	1.7	5.3	11.7	16.0	18.3	18.5	16.6	13.7	11.8	10.6	9.8	9.0	8.1
	SE	1.1	3.6	7.5	11.4	14.5	16.3	16.4	15.0	12.9	11.3	10.2	8.8	8.2
	S	0.5	0.7	1.5	2.9	5.4	8.2	10.8	12.7	13.6	13.6	12.5	10.8	9.2
	SW	0.5	0.7	1.5	2.7	4.1	5.4	7.1	9.8	13.1	16.2	18.5	19.2	18.2
	W	0.5	0.7	1.5	2.7	4.1	5.4	6.6	8.0	11.1	15.1	19.1	21.9	22.5
	NW	0.5	0.7	1.5	2.7	4.1	5.4	6.6	7.4	8.5	10.7	13.9	16.8	18.2
Ⅴ	수평	3.7	3.6	4.3	6.1	8.7	11.9	15.2	18.4	21.2	23.3	24.6	24.8	23.9
	N · 그늘	2.0	2.1	2.4	2.8	3.2	3.8	4.5	5.1	5.7	6.3	6.7	7.1	7.4
	NE	2.2	3.1	4.7	6.5	8.1	9.0	9.4	9.4	9.4	9.3	9.2	9.1	8.8
	E	2.3	3.3	5.3	7.7	10.1	11.7	12.6	12.6	12.2	11.8	11.3	10.8	10.2
	SE	2.2	2.6	3.8	5.5	7.5	9.4	10.8	11.6	11.6	11.4	11.1	10.6	10.1
	S	2.1	1.8	1.8	2.1	2.9	4.1	5.6	7.1	8.4	9.5	10.0	10.0	9.7
	SW	2.8	2.4	2.3	2.5	2.9	3.5	4.3	5.5	7.2	9.1	11.1	12.8	13.8
	W	3.2	2.7	2.5	2.7	3.0	3.6	4.3	5.1	6.4	8.3	10.7	13.1	15.0
	NW	2.8	2.4	2.3	2.4	2.9	3.5	4.1	4.8	5.6	6.7	8.2	10.1	11.8
Ⅵ	수평	6.7	6.1	6.1	6.7	8.0	9.9	12.0	14.3	16.6	18.5	20.0	20.9	21.1
	N · 그늘	3.0	2.9	2.9	3.0	3.2	3.6	4.0	4.4	4.9	5.3	5.7	6.1	6.4
	NE	3.3	3.6	4.3	5.4	6.4	7.3	7.8	8.1	8.3	8.4	8.5	8.5	8.5
	E	3.7	3.9	4.9	6.2	7.7	9.1	10.0	10.5	10.7	10.7	10.6	10.4	10.1
	SE	3.5	3.5	4.0	4.9	6.1	7.3	8.5	9.3	9.8	10.0	10.0	9.9	9.7
	S	3.3	4.0	2.8	2.8	3.1	3.7	4.6	5.6	6.6	7.4	8.1	8.4	8.6
	SW	4.5	4.0	3.7	3.5	3.6	3.8	4.2	4.9	5.9	7.2	8.6	9.9	11.0
	W	5.1	4.5	4.1	3.9	3.9	4.1	4.4	4.8	5.6	6.7	8.3	10.0	11.5
	NW	4.3	3.9	3.6	3.4	3.5	3.7	4.1	4.5	5.0	5.6	6.7	7.9	9.2
Ⅶ	수평	10.0	9.4	9.0	9.0	9.4	10.1	11.1	12.2	13.5	14.8	15.9	16.8	17.3
	N · 그늘	4.0	3.8	3.7	3.7	3.7	3.8	4.0	4.2	4.4	4.7	4.9	5.2	5.5
	NE	4.7	4.7	4.0	5.3	5.8	6.3	6.6	4.9	7.2	7.3	7.5	7.6	7.7
	E	5.4	5.3	5.6	6.1	6.8	7.6	8.2	8.9	8.9	9.1	9.3	9.3	9.3
	SE	5.2	5.0	5.0	5.3	5.8	6.4	7.1	7.6	8.0	8.3	8.5	8.7	8.7
	S	4.6	4.3	4.1	3.9	3.9	4.1	4.5	4.9	5.6	6.0	6.5	6.8	7.1
	SW	6.1	5.7	5.4	5.1	5.0	4.9	5.0	5.2	5.7	6.3	7.0	7.8	8.5
	W	6.8	6.3	6.0	5.7	5.5	5.4	5.4	5.5	5.8	6.3	7.1	8.0	8.9
	NW	5.7	5.3	5.0	4.8	4.7	4.7	4.7	4.9	5.1	5.4	5.9	6.5	7.3

A실의 7월 23일 14 : 00 취득열량을 현열부하와 잠열부하로 구분하여 구하고, 외기부하를 구하시오. (단, 덕트 등 기기로부터의 열 취득 및 여유율은 무시한다.)

1. 실내부하
   ① 현열부하
      ㉠ 태양 복사열(유리창)
      ㉡ 태양 복사열의 영향을 받는 전도열(지붕, 외벽)
      ㉢ 외벽, 지붕 이외의 전도열
      ㉣ 틈새바람에 의한 부하
      ㉤ 인체에 의한 발생열
      ㉥ 조명에 의한 발생열(형광등)

② 잠열부하

㉠ 틈새바람에 의한 부하

㉡ 인체에 의한 발생열

2. 외기부하

① 현열부하

② 잠열부하

1. 실내부하

① 현열부하

㉠ 태양 복사열(유리창)

- 남$=I_{gs}A_g\times$차폐계수$=101\times(10\times1.5)\times0.9=1363.5\text{W}$
- 서$=I_{gw}A_g\times$차폐계수$=312\times(5\times1.5)\times0.9=2{,}106\text{W}$

㉡ 태양 복사열의 영향을 받는 전도열(지붕, 외벽)

- 지붕$=k_DKA\Delta t_e=1.2\times0.389\times(13\times8)\times16.6=805.88\text{W}$
- 외벽 → 남$=k_DKA\Delta t_e=1.0\times0.478\times\{(13\times3.4)-(10\times1.5)\}\times5.6$
  $\fallingdotseq 78.16\text{W}$
  서$=k_DKA\Delta t_e=1.1\times0.478\times\{(8\times3.4)-(5\times1.5)\}\times5.8$
  $\fallingdotseq 60.08\text{W}$
  북$=k_DKA\Delta t_e=1.2\times0.478\times(9\times3.4)\times4.4$
  $\fallingdotseq 77.23\text{W}$
- 지붕(277+공기층 6)=283mm Ⅵ타입 중량벽+단열층에서 상당온도차를 구한다.
- 외벽 360mm Ⅶ타입 중량벽+단열층에서 상당온도차를 구한다.

㉢ 외벽, 지붕 이외의 전도열

- 내벽$=KA\Delta t=2.59\times\{(4\times2.8)-(1.8\times2)\}\times\left(\dfrac{26+32}{2}-26\right)$
  $\fallingdotseq 59.05\text{W}$
- 문$=KA\Delta t=1.9\times(1.8\times2)\times\left(\dfrac{26+32}{2}-26\right)=20.52\text{W}$
- 유리창 → 남$=k_DKA\Delta t=1.0\times3\times(10\times1.5)\times(32-26)$
  $=270\text{W}$
  서$=k_DKA\Delta t=1.1\times3\times(5\times1.5)\times(32-26)$
  $=148.5\text{W}$

㉣ 틈새바람에 의한 부하

- 실용적에 따른 환기횟수에 의해 $V=13\times8\times2.8=291.2\text{m}^3$이므로 $n=0.7$회/h
- 현열$=\rho QC_p\Delta t=\rho nVC_p\Delta t=1.2\times0.7\times291.2\times1.0046\times(32-26)$
  $\fallingdotseq 1474.4\text{kJ/h}\fallingdotseq 410\text{W}$

㉤ 인체에 의한 발생열

- 인원수$=\dfrac{13\times8}{5}=20.8$명
- 인체에 의한 발생열=인원수×현열〔W/인〕$=20.8\times54=1123.2\text{W}$

㉥ 조명에 의한 발생열(형광등)

조명부하=면적×전력〔W/m²〕$\times1=(8\times13)\times25\times1=2{,}600\text{W}$

② 잠열부하

㉠ 틈새바람에 의한 부하

잠열 $= \rho Q \gamma_o \Delta x = \rho n V \gamma_o \Delta x = 1.2 \times 0.7 \times 291.2 \times 2{,}500 \times (0.021 - 0.0105)$

$= 6420.96\text{kJ/h} \fallingdotseq 1{,}784\text{W}$

㉡ 인체에 의한 발생열=인원수×잠열〔W/인〕$= 20.8 \times 59 = 1227.2\text{W}$

2\. 외기부하

① 현열부하=인원수×외기도입량$\times \rho C_p \Delta t = 20.8 \times 25 \times 1.2 \times 1.0046 \times (32-26)$

$= 3761.22\text{kJ/h} \fallingdotseq 1{,}044\text{W}$

② 잠열부하=인원수×외기도입량$\times \rho \gamma_o \Delta x = 20.8 \times 25 \times 1.2 \times 2{,}500 \times (0.021 - 0.0105)$

$= 16{,}380\text{kJ/h} \fallingdotseq 4{,}550\text{W}$

08

500rpm으로 운전되는 송풍기가 300m³/min, 전압 40mmAq, 동력 3.5kW의 성능을 나타내고 있는 것으로 한다. 이 송풍기의 회전수를 1할 증가시키면 어떻게 되는가를 계산하시오. (6점)

해설 송풍기의 상사법칙에 의해서

① 풍량$(Q_2) = Q_1 \dfrac{N_2}{N_1} = 300 \times \dfrac{500 \times 1.1}{500} = 330\text{m}^3/\text{min}$

② 전압$(P_2) = P_1 \left(\dfrac{N_2}{N_1}\right)^2 = 40 \times \left(\dfrac{500 \times 1.1}{500}\right)^2 = 48.4\text{mmAq}$

③ 동력$(L_2) = L_1 \left(\dfrac{N_2}{N_1}\right)^3 = 3.5 \times \left(\dfrac{500 \times 1.1}{500}\right)^3 \fallingdotseq 4.66\text{kW}$

09

어느 냉장고 내에 100W 전등 20개와 2.2kW 송풍기(전동기 효율 0.85) 2기가 설치되어 있고, 전등은 1일 4시간, 송풍기는 1일 18시간 사용된다고 할 때 이들 기기의 냉동부하〔kW〕를 구하시오. (3점)

해설 ① 전등의 소요동력$= 0.1 \times 20 \times \dfrac{4}{24} = 0.33\text{kW}$

② 송풍기의 소요동력$= \dfrac{2.2}{0.85} \times 2 \times \dfrac{18}{24} \fallingdotseq 3.88\text{kW}$

∴ 냉동부하$= 0.33 + 3.88 = 4.21\text{kW}$

10

24시간 동안에 30℃의 원료수 5,000kg을 −10℃의 얼음으로 만들 때 냉동기 용량(냉동톤)을 구하시오. (단, 냉동기 안전율은 10%로 하고, 물의 응고잠열은 334.3kJ/kg, 물과 얼음의 비열이 4.2kJ/kg · K, 2.1kJ/kg · K이고, 1RT는 3.86kW이다.) (5점)

해설 냉동톤$= \dfrac{m(C\Delta t + \gamma_o + C_1 \Delta t_1)K}{24 \times 3.86 \times 3{,}600} = \dfrac{5{,}000 \times \{4.2 \times 30 + 334.3 + (2.1 \times 10)\} \times 1.1}{24 \times 3.86 \times 3{,}600}$

$\fallingdotseq 7.94\text{RT}$

※ 1kW=1kJ/s=60kJ/min=3,600kJ/h

11 어느 벽체의 구조가 다음과 같은 조건을 가질 때 각 물음에 답하시오. (6점)

[조 건]

1) 실내온도 : 25℃, 외기온도 : −5℃
2) 벽체의 구조

재 료	두께(m)	열전도율(W/m · K)
① 타일	0.01	1.3
② 시멘트모르타르	0.03	1.3
③ 시멘트벽돌	0.19	1.4
④ 스티로폼	0.05	0.04
⑤ 콘크리트	0.10	1.6

3) 공기층 열컨덕턴스 : 6.05W/m²·K
4) 외벽의 면적 : 40m²

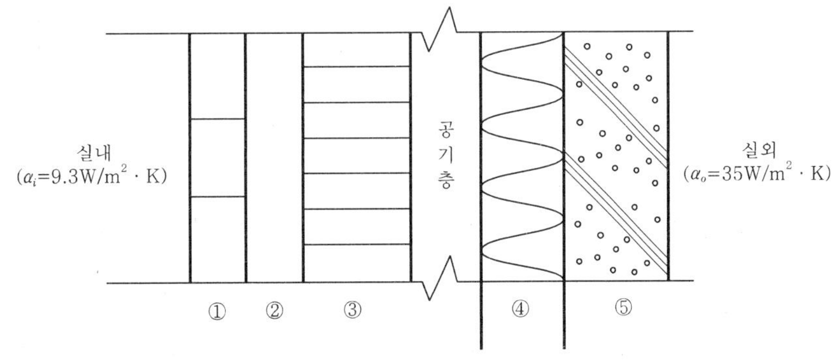

1. 벽체의 열통과율(W/m²·K)을 구하시오.
2. 벽체의 손실열량(W)을 구하시오.
3. 벽체의 내표면온도(℃)를 구하시오.

해설

1. $K = \dfrac{1}{R} = \dfrac{1}{\dfrac{1}{\alpha_i} + \displaystyle\sum_{i=1}^{n}\dfrac{l_i}{\lambda_i} + \dfrac{1}{\alpha_o}}$

$$= \frac{1}{\dfrac{1}{9.3} + \dfrac{0.01}{1.3} + \dfrac{0.03}{1.3} + \dfrac{0.19}{1.4} + \dfrac{1}{6.05} + \dfrac{0.05}{0.04} + \dfrac{0.1}{1.6} + \dfrac{1}{35}} \fallingdotseq 0.56\text{W/m}^2 \cdot \text{K}$$

2. $Q = KA(t_i - t_o) = 0.56 \times 40 \times \{25 - (-5)\} = 672\text{W}$

3. $KA(t_i - t_o) = \alpha_i A(t_i - t_s)$에서

$$t_s = t_i - \frac{K}{\alpha_i}(t_i - t_o) = 25 - \frac{0.56}{9.3} \times \{25 - (-5)\} \fallingdotseq 23.2℃$$

12 **어떤 사무소 공간의 냉방 부하를 산정한 결과 현열 부하 q_s=24111.36kJ/h, 잠열 부하 q_L=6027.24kJ/h이었으며, 표준 덕트 방식의 공기조화 시스템을 설계하고자 한다. 외기 취입량을 500m³/h, 취출 공기 온도를 16℃로 하였을 경우 다음 각 물음에 답하시오.** (단, 실내 설계 조건 26℃ DB, 50% RH, 외기 설계 조건 32℃ DB, 70% RH, 공기의 정압비열 C_p=1.0046kJ/kg·K, 공기의 밀도 ρ=1.2kg/m³이다.) (16점)

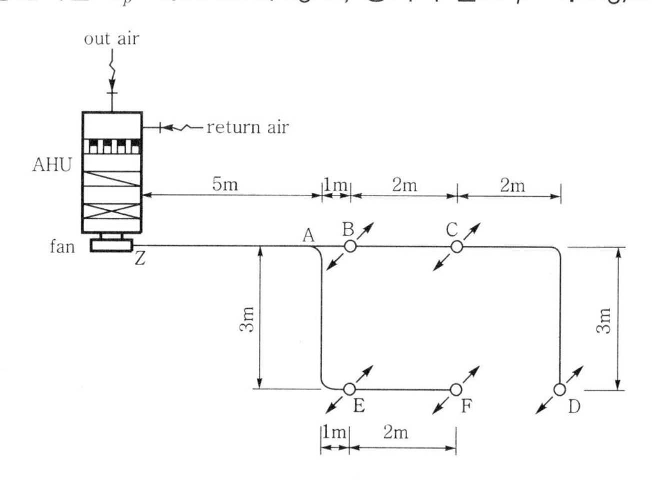

1. 냉방 풍량을 구하시오.
2. 이때의 현열비 및 공조기 내에서 실내 공기 ①과 외기 ②가 혼합되었을 때 혼합 공기 ③의 온도를 구하고, 공기조화 사이클을 습공기 선도상에 도시하시오. (단, 공기 선도를 이용)
3. 실내에 설치한 덕트 시스템을 위의 그림과 같이 설계하고자 한다. 각 취출구의 풍량이 동일할 때 장방형 덕트의 크기를 결정하고, Z－F구간의 마찰 손실을 구하시오. (단, 마찰 손실 R=0.1mmAq/m, 중력 가속도 g=9.8m/s², Z－F구간의 벤드 부분에서 $\frac{r}{W}$=1.5로 한다.)

구 간	풍량(m³/h)	원형 덕트지름(cm)	장방형 덕트크기(cm)	풍속(m/s)
Z－A			(　　)×25	
A－B			(　　)×25	
B－C			(　　)×25	
C－D			(　　)×15	
A－E			(　　)×25	
E－F			(　　)×15	

<table>
<tr><th>명 칭</th><th>그 림</th><th>계산식</th><th colspan="5">저항계수</th></tr>
<tr><td rowspan="5">장방형
엘보
(90°)</td><td rowspan="5">r, W, H</td><td rowspan="5">$\Delta P_t = \lambda \frac{l'}{d} \frac{v^2}{2g} \rho$</td><td>$H/W$</td><td>$r/W$=0.5</td><td>0.75</td><td>1.0</td><td>1.5</td></tr>
<tr><td>0.25</td><td>l'/W=25</td><td>12</td><td>7</td><td>3.5</td></tr>
<tr><td>0.5</td><td>33</td><td>16</td><td>9</td><td>4</td></tr>
<tr><td>1.0</td><td>45</td><td>19</td><td>11</td><td>4.5</td></tr>
<tr><td>4.0</td><td>90</td><td>35</td><td>17</td><td>6</td></tr>
<tr><td rowspan="4">장방형
덕트의
분기</td><td rowspan="4">v_1, v_2, v_3, A_2, A_3, a, b</td><td>직통부(1 → 2)
$\Delta P_t = \zeta_T \frac{{v_1}^2}{2g} \rho$</td><td colspan="5">$\frac{v_2}{v_1} < 1.0$일 때는 대개 무시한다.
$\frac{v_2}{v_1} \geq 1.0$일 때
$\zeta_T = 0.46 - 1.24x + 0.93x^2$
$x = \frac{v_2}{v_1}\left(\frac{a}{b}\right)^{\frac{1}{4}}$</td></tr>
<tr><td rowspan="3">분기부(1 → 3)
$\Delta P_t = \zeta_B \frac{{v_1}^2}{2g} \rho$</td><td>$x$</td><td>0.25</td><td>0.5</td><td>0.75</td><td>1.0</td></tr>
<tr><td>ζ_B</td><td>0.3</td><td>0.2</td><td>0.2</td><td>0.4</td></tr>
<tr><td colspan="5">다만, $x = \frac{v_3}{v_1}\left(\frac{a}{b}\right)^{\frac{1}{4}}$</td></tr>
</table>

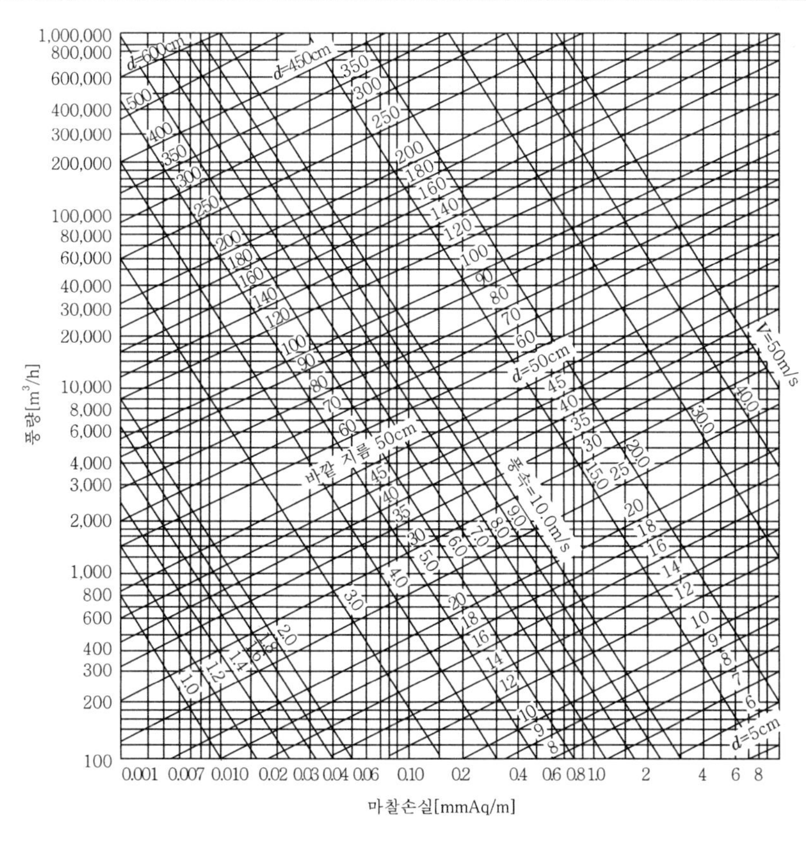

장변 \ 단변	10	15	20	25	30	35	40	45	50	55	60	65	70	75	80	85	90	95	100
10	10.9																		
15	13.3	16.4																	
20	15.2	18.9	21.9																
25	16.9	21.0	24.4	27.3															
30	18.3	22.9	26.6	29.9	32.8														
35	19.5	24.5	28.6	32.2	35.4	38.3													
40	20.7	26.0	30.5	34.3	37.8	40.9	43.7												
45	21.7	27.4	32.1	36.3	40.0	43.3	46.4	49.2											
50	22.7	28.7	33.7	38.1	42.0	45.6	48.8	51.8	54.7										
55	23.6	29.9	35.1	39.8	43.9	47.7	51.1	54.3	57.3	60.1									
60	24.5	31.0	36.5	41.4	45.7	49.6	53.3	56.7	59.8	62.8	65.6								
65	25.3	32.1	37.8	42.9	47.4	51.5	55.3	58.9	62.2	65.3	68.3	71.1							
70	26.1	33.1	39.1	44.3	49.0	53.3	57.3	61.0	64.4	67.7	70.8	73.7	76.5						
75	26.8	34.1	40.2	45.7	50.6	55.0	59.2	63.0	66.6	69.7	73.2	76.3	79.2	82.0					
80	27.5	35.0	41.4	47.0	52.0	56.7	60.9	64.9	68.7	72.2	75.5	78.7	81.8	84.7	87.5				
85	28.2	35.9	42.4	48.2	53.4	58.2	62.6	66.8	70.6	74.3	77.8	81.1	84.2	87.2	90.1	92.9			
90	28.9	36.7	43.5	49.4	54.8	59.7	64.2	68.6	72.6	76.3	79.9	83.3	86.6	89.7	92.7	95.6	198.4		
95	29.5	37.5	44.5	50.6	56.1	61.1	65.9	70.3	74.4	78.3	82.0	85.5	88.9	92.1	95.2	98.2	101.1	103.9	
100	30.1	38.4	45.4	51.7	57.4	62.6	67.4	71.9	76.2	80.2	84.0	87.6	91.1	94.4	97.6	100.7	103.7	106.5	109.3
105	30.7	39.1	46.4	52.8	58.6	64.0	68.9	73.5	77.8	82.0	85.9	89.7	93.2	96.7	100.0	103.1	106.2	109.1	112.0
110	31.3	39.9	47.3	53.8	59.8	65.2	70.3	75.1	79.6	83.8	87.8	91.6	95.3	98.8	102.2	105.5	108.6	111.7	114.6
115	31.8	40.6	48.1	54.8	60.9	66.5	71.7	76.6	81.2	85.5	89.6	93.6	97.3	100.9	104.4	107.8	111.0	114.1	117.2
120	32.4	41.3	49.0	55.8	62.0	67.7	73.1	78.0	82.7	87.2	91.4	95.4	99.3	103.0	106.6	110.0	113.3	116.5	119.6
125	32.9	42.0	49.9	56.8	63.1	68.9	74.4	79.5	84.3	88.8	93.1	97.3	101.2	105.0	108.6	112.2	115.6	118.8	122.0
130	33.4	42.6	50.6	57.7	64.2	70.1	75.7	80.8	85.7	90.4	94.8	99.0	103.1	106.9	110.7	114.3	117.7	121.1	124.4
135	33.9	43.3	51.4	58.6	65.2	71.3	76.9	82.2	87.2	91.9	96.4	100.7	104.9	108.8	112.6	116.3	119.9	123.3	126.7
140	34.4	43.9	52.2	59.5	66.2	72.4	78.1	83.5	88.6	93.4	98.0	102.4	106.6	110.7	114.6	118.3	122.0	125.5	128.9
145	34.9	44.5	52.9	60.4	67.2	73.5	79.3	84.8	90.0	94.9	99.6	104.1	108.4	112.5	116.5	120.3	124.0	127.6	131.1
150	35.3	45.2	53.6	61.2	68.1	74.5	80.5	86.1	91.3	96.3	101.1	105.7	110.0	114.3	118.3	122.2	126.0	129.7	133.2
155	35.8	45.7	54.4	62.1	69.1	75.6	81.6	87.3	92.6	97.4	102.6	107.2	111.7	116.0	120.1	124.1	127.9	131.7	135.3
160	36.2	46.3	55.1	62.9	70.6	76.6	82.7	88.5	93.9	99.1	104.1	108.8	113.3	117.7	121.9	125.9	129.8	133.6	137.3
165	36.7	46.9	55.7	63.7	70.9	77.6	83.8	89.7	95.2	100.5	105.5	110.3	114.9	119.3	123.6	127.7	131.7	135.6	139.3
170	37.1	47.5	56.4	64.4	71.8	78.5	84.9	90.8	96.4	101.8	106.9	111.8	116.4	120.9	125.3	129.5	133.5	137.5	141.3

해설

1. $Q = \dfrac{q_s}{\rho C_p \Delta t} = \dfrac{24111.36}{1.2 \times 1.0046 \times (26-16)} \fallingdotseq 2{,}000\,\text{m}^3/\text{h}$

2. $SHF = \dfrac{q_s}{q_t} = \dfrac{q_s}{q_s + q_L} = \dfrac{24111.36}{24111.36 + 6207.84} \fallingdotseq 0.8$

$$t_3 = \frac{Q_1 t_1 + Q_2 t_2}{Q} = \frac{1{,}500 \times 26 + 500 \times 32}{2{,}000} = 27.5℃$$

$$h_3 = \frac{Q_1 h_1 + Q_2 h_2}{Q} = \frac{1{,}500 \times 51.49 + 500 \times 83.72}{2{,}000} \fallingdotseq 95.55\,\text{kJ/kg}$$

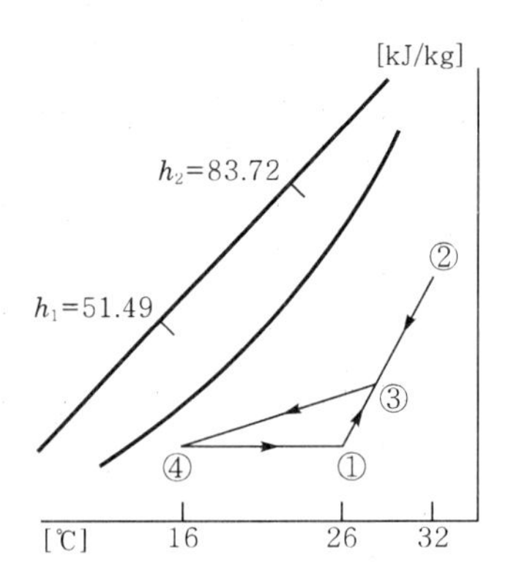

3.

구 간	풍량(m³/h)	원형 덕트지름(cm)	장방형 덕트크기(cm)	풍속(m/s)
Z-A	2,000	35	40×25	5.5
A-B	1,200	30	30×25	4.5
B-C	800	25	25×25	4.4
C-D	400	20	25×15	3.7
A-E	800	25	25×25	4.4
E-F	400	20	25×15	3.7

① 직관 손실$=(5+3+1+2)\times 0.1 = 1.1\text{mmAq}$

② 장방형 벤드

$\frac{H}{W}=\frac{25}{25}=1$, $\frac{r}{W}=1.5$일 때

$\frac{l'}{W}=4.5$, $l'=0.25\times 4.5=1.125\text{m}$

$\Delta P_t=\lambda\frac{l'}{d}\frac{v^2}{2g}\rho=0.1\times\frac{1.125}{0.25}\times\frac{4.4^2}{2\times 9.8}\times 1.2 \fallingdotseq 0.53\text{mmAq}$

③ 장방형 덕트 분기

$x=\frac{v_3}{v_1}\left(\frac{a}{b}\right)^{\frac{1}{4}}=\frac{4.4}{5.5}\times\left(\frac{25}{25}\right)^{\frac{1}{4}}=0.8$

ζ_B는 $x=1.0$에서 0.4이다.

$\therefore\ \Delta P_t=\zeta_B\frac{{v_1}^2}{2g}\rho=0.4\times\frac{5.5^2}{2\times 9.8}\times 1.2 \fallingdotseq 0.74\text{mmAq}$

그리고 직통관은 $\frac{v^2}{v_1}=\frac{4.4}{5.5}=0.8$

$0.8<1$이므로 ζ는 무시한다.

$\Delta P_t=\zeta_B\frac{{v_1}^2}{2g}\rho=\frac{{v_1}^2}{2g}\rho=\frac{5.5^2}{2\times 9.8}\times 1.2=1.852\text{mmAq}$

④ Z-F의 마찰 손실

$P_t=1.1+0.53+0.74=2.37\text{mmAq}$

13 냉동장치 각 기기의 온도변화 시에 이론적인 값이 상승하면 ○, 감소하면 ×, 무관하면 △을 하시오. (단, 다른 조건은 변화 없다고 가정한다.) (5점)

온도변화 / 상태변화	응축온도 상승	증발온도 상승	과열도 증가	과냉각도 증가
성적계수				
압축기 토출가스온도				
압축일량				
냉동효과				
압축기 흡입가스 비체적				

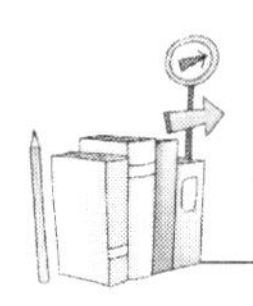

해설

상태변화 \ 온도변화	응축온도 상승	증발온도 상승	과열도 증가	과냉각도 증가
성적계수	×	○	○	○
압축기 토출가스온도	○	×	○	△
압축일량	○	×	○	△
냉동효과	×	○	○	○
압축기 흡입가스 비체적	△	×	○	△

14 **2대의 증발기가 압축기 위쪽에 위치하고 각각 다른 층에 설치되어 있는 경우 프레온증발기 출구와 흡입구 배관을 연결하는 배관계통을 도시하시오.** (8점)

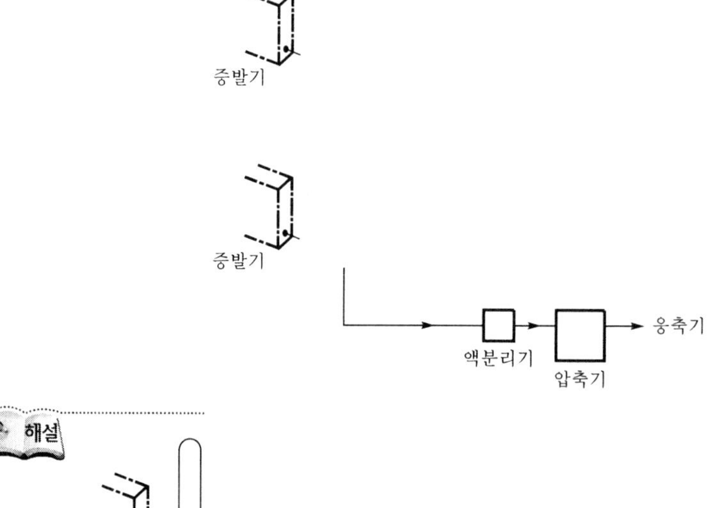

해설

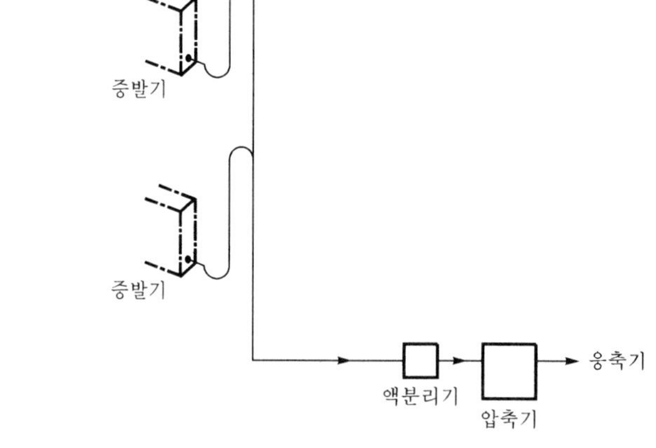

2020년도 기출문제

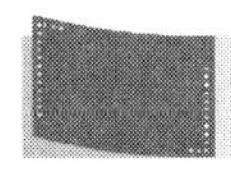

2020. 5. 24. 시행

01 **다음 그림과 같은 온풍로난방에서 다음 각 물음에 답하시오. (5점)**

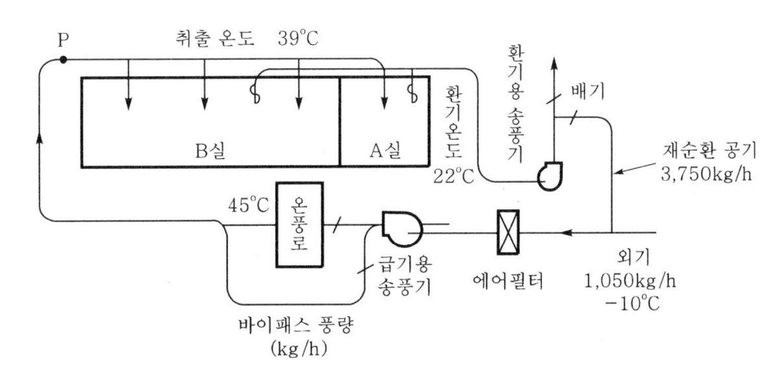

[조 건]

1) 덕트 도중에서의 열손실 및 잠열부하는 무시한다.
2) 각 취출구에서의 풍량은 같다.
3) 덕트의 P점에서 송풍기 소음파워레벨은 중심주파수 210c/s(Hz)의 옥타브벤드에 대해 81dB이다. 또한 P점과 각 취출구 간의 덕트에 의한 자연감음 및 덕트취출구에서의 발생소음은 무시한다.
4) 취출구는 모두 750mm×250mm의 베인격자취출구로 한다.

1. A실의 실내부하[kJ/h]
2. 외기부하[kJ/h]
3. 바이패스풍량[kg/h]

해설

1. A실의 실내부하$(Q_A) = \left(\dfrac{m_r + m_o}{4}\right) C_p (t_o - t_r)$

$$= \frac{3{,}750 + 1{,}050}{4} \times 1.0046 \times (39 - 22) = 20493.84\text{kJ/h}$$

2. 외기부하$(Q_B) = m_o C_p (t_r - t_o{}')$

$$= 1{,}050 \times 1.0046 \times \{22 - (-10)\} = 33754.56\text{kJ/h}$$

3. ① 송풍기 입구평균온도$(t_m) = \dfrac{m_r t_r + m_o t_o'}{m_r + m_o} = \dfrac{3{,}750 \times 22 + 1{,}050 \times (-10)}{3{,}750 + 1{,}050} = 15℃$

② 바이패스풍량

$15 \times BF + (1 - BF) \times 45 = 39$에서

$m_b = \dfrac{45 - 39}{45 - 15} \times (3{,}750 + 1{,}050) = 960\text{kg/h}$

02 송수량이 5,000L/min, 전양정 25m, 펌프의 효율이 65%일 때 양수펌프의 축동력〔kW〕을 구하시오. (5점)

해설

펌프축동력$(L_s) = \dfrac{\gamma_w QH}{\eta_p} = \dfrac{9.8 \times \dfrac{5}{60} \times 25}{0.65} ≒ 31.4\text{kW}$

03 다음에 열거하는 난방용 기기가 기능을 발휘할 수 있도록 기호를 서로 연결하여 배관계통도를 완성하시오. (6점)

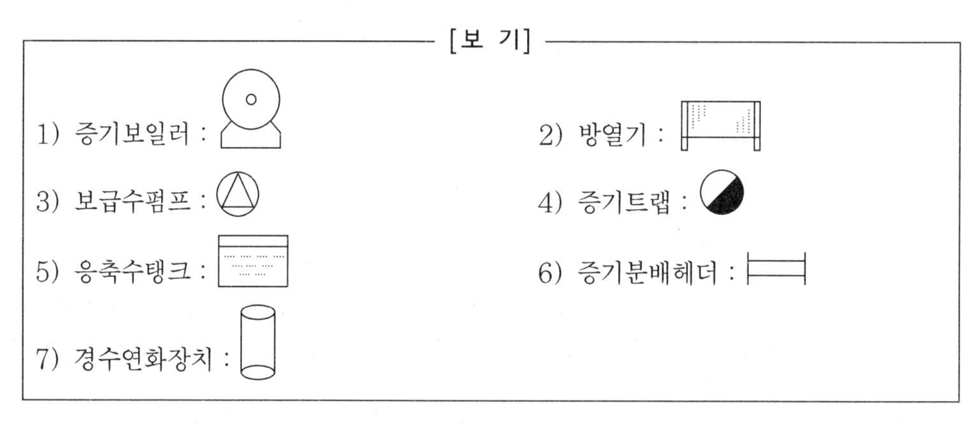

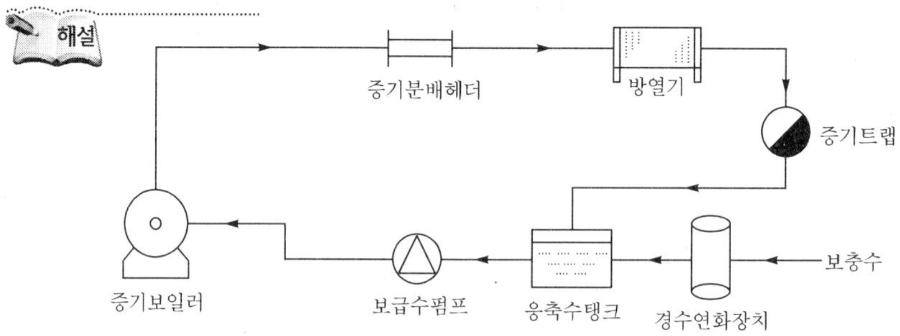

04 다음과 같은 정오(12시) 최상층 사무실에 대해서 각 물음에 답하시오. (8점)

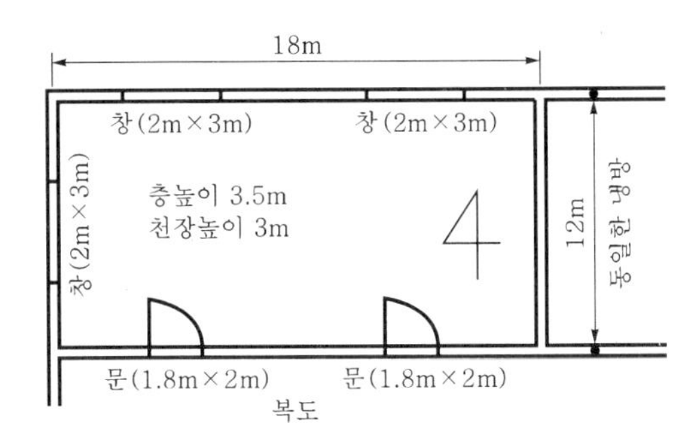

[조 건]

1) 구조체의 열관류율 K〔$W/m^2 \cdot K$〕: 외벽 4.7, 내벽 5.8, 지붕 1.9, 창 6.4, 문 6.4
2) 12시의 상당외기온도차〔℃〕: N 5.4, W 4.9, E 15.4, 지붕 20
3) 유리창의 표준 일사열취득〔$kJ/m^2 \cdot h$〕: N 207, W 207, S 916
4) 시간당 환기횟수 : 0.8회/h, 재실인원 : 0.25인/m^2
5) 인체발생열량 : 잠열 · 현열 각각 210kJ/h · 인, 조명기구 : 백열등 30W/m^2
6) 취출온도차 : 11℃, 외기와 환기의 혼합비율 : 1 : 3
7) 실내 · 외조건
   ① 실내 27℃ DB, 50% RH, x=0.0111kg′/kg
   ② 실외 33℃ DB, 70% RH, x=0.0224kg′/kg
8) 복도의 온도는 실내온도와 외기온도의 평균으로 한다.
9) 공기의 정압비열 : 1.0046kJ/kg · K, 공기의 밀도 : 1.2kg/m^3, 물의 증발잠열 : 2,993kJ/m^3
10) 유리창 차폐계수 : N 1, W 0.8

1. 유리창(서쪽)을 통한 냉방부하를 구하시오.
2. 외벽(서쪽)을 통한 냉방부하를 구하시오.
3. 지붕을 통한 냉방부하
4. 내벽을 통한 냉방부하

해설 1. 유리창(서쪽)부하=일사량(q_R)+전도열량(q_{con})$=K_W A n + KA(t_o - t_i)$

$= 207\times(2\times3)\times0.8+6.4\times(2\times3)\times(33-27)$

$=1,224$kJ/h

2. 외벽(서쪽)부하 $= K(A_o - A)\Delta t_e = 4.7\times\{(3.5\times12)-(2\times3)\}\times4.9 = 829.08$kJ/h

3. 지붕부하$= KA\Delta t_e = 1.9\times(18\times12)\times20 = 8,208$kJ/h

4. 내벽부하$= K(A_o - A_d)\left(\dfrac{t_i + t_o}{2} - t_i\right) = 5.8\times\{(3\times18)-(1.8\times2\times2)\}\times\left(\dfrac{27+33}{2}-27\right)$

$\fallingdotseq 814.32$kJ/h

05 다음 그림의 배관 평면도를 입체도로 그리고, 필요한 엘보수를 구하시오. (단, 굽힘 부분에서는 반드시 엘보를 사용한다.) (4점)

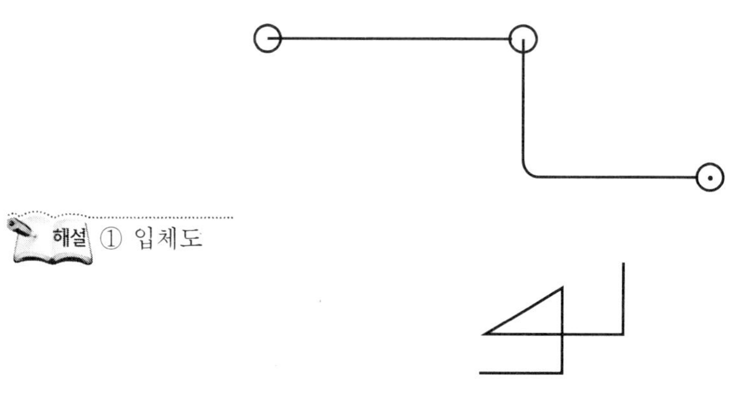

해설 ① 입체도

② 엘보수 : 4개

06 어떤 일반 사무실의 취득열량 및 외기부하를 산출하였더니 다음과 같을 때 각 물음에 답하시오. (단, 취출온도차는 11℃로 한다.) (6점)

구 분	현열〔kJ/h〕	잠열〔kJ/h〕
벽체를 통한 열량	25,200	0
유리창을 통한 열량	33,600	0
바이패스 외기의 열량	588	2,520
재실자의 발열량	4,032	5,040
형광등의 발열량	10,080	0
외기부하	5,880	20,160

1. 실내취득 현열량〔kJ/h〕(단, 여유율은 10%로 한다)
2. 실내취득 잠열량〔kJ/h〕(단, 여유율은 10%로 한다)
3. 송풍기 풍량〔m^3/min〕
4. 냉각코일부하〔kJ/h〕

해설 1. 현열량$(q_s) = (q_w + q_g + q_b + q_m + q_f)k$
$= (25{,}200 + 33{,}600 + 588 + 4{,}032 + 10{,}080) \times (1 + 0.1) = 80{,}850\text{kJ/h}$

2. 잠열량$(q_L) = (q_{Lb} + q_{Lm})k = (2{,}520 + 5{,}040) \times (1 + 0.1) = 8{,}316\text{kJ/h}$

3. $q_s = 60\rho Q C_p \Delta t$〔kJ/h〕에서

$$\text{풍량}(Q) = \frac{q_s}{60\rho C_p \Delta t} = \frac{80{,}850}{60 \times 1.2 \times 1.0046 \times 11} \fallingdotseq 101.62\text{m}^3/\text{min}$$

4. 냉각코일부하$(q_c) = q_s + q_L + q_o = q_s + q_L + (q_{os} + q_{oL})$
$= 80{,}850 + 8{,}316 + (5{,}880 + 20{,}160) = 115{,}206\text{kJ/h}$

07 암모니아(NH_3)냉매의 특징 5가지를 쓰시오. (5점)

해설 ① 표준 냉동장치에서 다른 냉매에 비해 포화압력이 별로 높지 않으므로 냉동기 제작 및 배관설비가 용이하다.

② 경제적으로 우수하여 공업용 대형 냉동기에 사용된다.

③ 사용냉매 중에서 전열이 3488.33~5813.89W/m^2·K으로 가장 우수하다.

④ 금속에 대한 부식성은 철 또는 강에 대하여 부식성이 없고 동 또는 동합금을 부식하며, 수분이 있으면 아연도 부식된다. 수은, 염소 등은 폭발적으로 결합되고 에보나이트나 베이클라이트 등의 비금속도 부식한다.

⑤ 폭발범위가 15~28%인 제2종 가연성 가스이고 폭발성이 있다.

⑥ 전기적 절연내력이 약하고 절연물질인 에나멜 등을 침식시키므로 밀폐형 압축기에는 사용할 수 없다.

⑦ 천연고무는 침식하지 않고, 인조고무인 아스베스토(asbesto)는 침식한다.

⑧ 허용농도 25ppm인 독성가스로서 0.5~0.6% 정도를 30분 정도 호흡하면 질식하고, 성분은 알칼리성이다.

⑨ 수분에 800~900배 용해되어 암모니아수가 되어 재질을 부식시키는 촉진제가 되며, 냉매 중에 수분 1%가 용해되면 증발온도가 0.5℃ 상승하여 기능이 저하되고 장치에 나쁜 영향을 미친다.

⑩ 증발온도가 −15℃의 냉매가 비체적(ν) = 0.5087m^3/kg으로 다른 냉매에 비해 크다.

⑪ 비열비가 1.31로 다른 냉매보다 크므로 압축 후 토출가스온도가 상승되므로 압축기를 수냉식으로 한다(워터재킷을 설치하여 실린더를 냉각시킨다).

⑫ 1atm에서 1,467kJ/kg, 증발압력 236.42kPa(abs), 온도 −15℃에서 1312.31kJ/kg의 증발잠열을 갖고 있다.

08 암모니아를 냉매로 사용한 2단 압축 1단 팽창 냉동장치에서 운전조건이 다음과 같을 때 저단 및 고단의 피스톤토출량을 계산하시오. (8점)

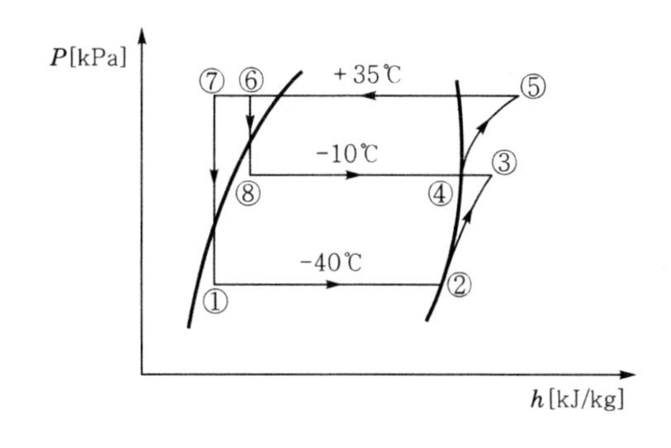

2020

[조 건]

1) 냉동능력 : 20한국냉동톤
2) 저단 압축기의 체적효율 : 75%
3) 고단 압축기의 체적효율 : 80%
4) $h_1 = 398$kJ/kg, $h_2 = 1,645$kJ/kg, $h_3 = 1,829$kJ/kg, $h_4 = 1,666$kJ/kg, $h_5 = 1,917$kJ/kg, $h_6 = 569$kJ/kg
5) $v_2 = 1.51\text{m}^3/\text{kg}$, $v_4 = 0.4\text{m}^3/\text{kg}$

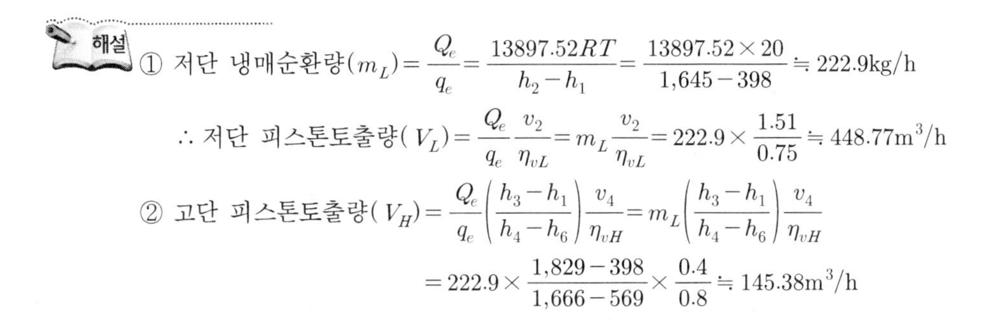

해설

① 저단 냉매순환량(m_L)$= \dfrac{Q_e}{q_e} = \dfrac{13897.52RT}{h_2 - h_1} = \dfrac{13897.52 \times 20}{1,645 - 398} \fallingdotseq 222.9\text{kg/h}$

$\therefore$ 저단 피스톤토출량(V_L)$= \dfrac{Q_e}{q_e}\dfrac{v_2}{\eta_{vL}} = m_L \dfrac{v_2}{\eta_{vL}} = 222.9 \times \dfrac{1.51}{0.75} \fallingdotseq 448.77\text{m}^3/\text{h}$

② 고단 피스톤토출량(V_H)$= \dfrac{Q_e}{q_e}\left(\dfrac{h_3 - h_1}{h_4 - h_6}\right)\dfrac{v_4}{\eta_{vH}} = m_L\left(\dfrac{h_3 - h_1}{h_4 - h_6}\right)\dfrac{v_4}{\eta_{vH}}$

$= 222.9 \times \dfrac{1,829 - 398}{1,666 - 569} \times \dfrac{0.4}{0.8} \fallingdotseq 145.38\text{m}^3/\text{h}$

09 다음과 같은 냉수코일의 조건을 이용하여 각 물음에 답하시오. (6점)

[조 건]

1) 코일부하(q_c) : 418,600kJ/h
2) 통과풍량(Q_c) : 15,000m^3/h
3) 단수(S) : 26단
4) 풍속(V_f) : 3m/s
5) 유효높이 $a = 992$mm, 길이 $b = 1,400$mm, 관내경 $d_i = 12$mm
6) 공기 입구온도 : 건구온도 $t_1 = 28$℃, 노점온도 $t_1'' = 19.3$℃
7) 공기 출구온도 : 건구온도 $t_2 = 14$℃
8) 코일의 입·출구수온차 : 5℃(입구수온 7℃)
9) 코일의 열통과율 : 1,012W/m^2·K
10) 습면보정계수 : $C_{WS} = 1.4$

1. 전면면적(A_f[m^2])

2. 코일열수(N)

계산된 열수(N)	2.26~3.70	3.71~5.00	5.01~6.00	6.01~7.00	7.01~8.00
실제 사용열수(N)	4	5	6	7	8

해설

1. 전면면적$(A_f)=\dfrac{Q_c}{V_f}=\dfrac{\frac{15,000}{3,600}}{3}\fallingdotseq 1.39\text{m}^2$

2. ① $\Delta t_1=28-7=21℃$, $\Delta t_2=14-12=2℃$ 이므로

$$\text{대수평균온도차}(LMTD)=\frac{\Delta t_1-\Delta t_2}{\ln\left(\frac{\Delta t_1}{\Delta t_2}\right)}=\frac{21-2}{\ln\left(\frac{21}{2}\right)}\fallingdotseq 8.08℃$$

② $q_c=KA_fNC_{WS}(LMTD)$ [kJ/h]에서

$$\text{코일열수}(N)=\frac{q_c}{KA_f\,C_{WS}(LMTD)}=\frac{\frac{418,600}{3.6}}{1,012\times1.39\times1.4\times8.08}\fallingdotseq 8\text{열}$$

10 **다음과 같은 공조장치가 다음 조건으로 운전되고 있다. 각 물음에 답하시오.** (단, 송풍기 입구와 취출구온도, 흡입구와 공조기 입구온도는 각각 동일하며, 물(水)가습에 의한 공기의 상태변화는 습구온도선상에 일정한 상태로 변화한다.) (10점)

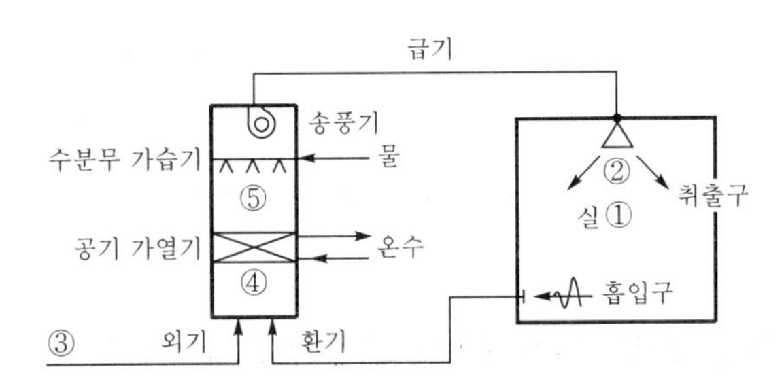

[조 건]

1) 실내온도 : 22℃
2) 실내상대습도 : 45%
3) 실내급기량(V_s) : 10,000m^3/h
4) 취입외기량(V_o) : 2,000m^3/h
5) 외기온도 : 5℃, 상대습도 : 45%
6) 실내난방부하 : 현열부하(q_s) 72,836kJ/h, 잠열부하(q_L) 15,070kJ/h
7) 온수 : 입구온도 45℃, 출구온도 40℃
8) 공기의 정압비열(C_p) : 1.0046kJ/kg·K
9) 공기의 밀도(ρ_a) : 1.2kg/m^3
10) 물의 증발잠열(γ) : 2,500kJ/kg

1. 장치도에 나타낸 운전상태 ①~⑤를 공기선도상에 나타내기
2. 공기가열기의 가열량[kJ/h]
3. 온수량[kg/h]
4. 가습기의 가습량[kg/h]

해설

1. ① $t_4 = \dfrac{V_i t_i + V_o t_o}{V_s} = \dfrac{(8{,}000 \times 22) + (2{,}000 \times 5)}{10{,}000} = 18.6℃$

② $SHF = \dfrac{q_s}{q_t} = \dfrac{q_s}{q_s + q_L} = \dfrac{72{,}836}{72{,}836 + 15{,}070} ≒ 0.83$

③ $q_s = \rho_a V_s C_p (t_2 - t_1)$ [kJ/h]에서

$t_2 = t_1 + \dfrac{q_s}{\rho_a V_s C_p} = 22 + \dfrac{72{,}836}{1.2 \times 10{,}000 \times 1.0046} = 28.04℃$

④ 공기선도

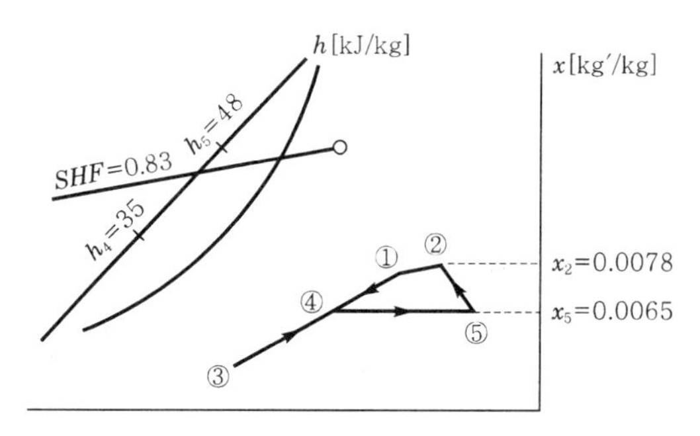

2. 가열량$(H) = \rho_a V_s (h_5 - h_4) = 1.2 \times 10{,}000 \times (48 - 35) = 156{,}000\text{kJ/h}$

3. 온수량$(G_w) = \dfrac{H}{C(t_i - t_o)} = \dfrac{156{,}000}{4.186 \times (45 - 40)} = 7453.42\text{kg/h}$

4. 가습량$(L) = \rho_a V_s (x_2 - x_5) = 1.2 \times 10{,}000 \times (0.0078 - 0.0065) = 15.6\text{kg/h}$

11

다음 그림과 같은 배기덕트계통을 측정한 결과 풍량은 3,000m³/h이고, ①, ②, ③, ④의 각 점에서의 전압과 정압은 다음 표와 같다. 이때 각 물음에 답하시오. (단, ② – 송풍기 – ③ 사이의 압력손실은 무시하고 1kW=3,598,560N · m/h로 한다.) (8점)

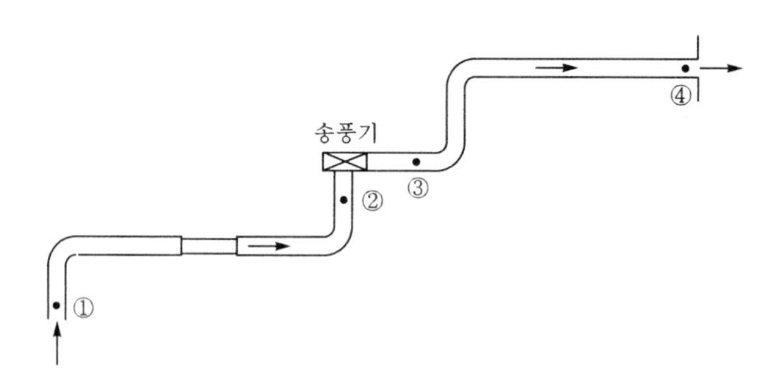

위 치	전압〔mmAq〕	정압〔mmAq〕
①	−7.5	−16.3
②	−16.1	−20.8
③	10.6	5.9
④	4.7	0

1. 송풍기 전압〔mmAq〕
2. 송풍기 정압〔mmAq〕
3. 덕트계의 압력손실〔mmAq〕
4. 송풍기의 공기동력〔kW〕

1. 송풍기 전압$(P_t)=P_{t③}-P_{t②}=10.6-(-16.1)=26.7\text{mmAq}$
2. 송풍기 정압$(P_s)=P_{s③}-P_{t②}=5.9-(-16.1)=22\text{mmAq}$
3. 덕트계의 압력손실 = 송풍기 전압 = 26.7mmAq
4. 송풍기의 공기동력 $=\dfrac{P_t Q}{3{,}598{,}560}=\dfrac{26.7\times 9.8\times 3{,}000}{3{,}598{,}560}≒0.22\text{kW}$

12 R−22를 냉매로 하는 2단 압축 1단 팽창 이론냉동사이클을 나타내었다. 이 냉동장치의 냉동능력을 45kW라 할 때 각 물음에 답하시오. (8점)

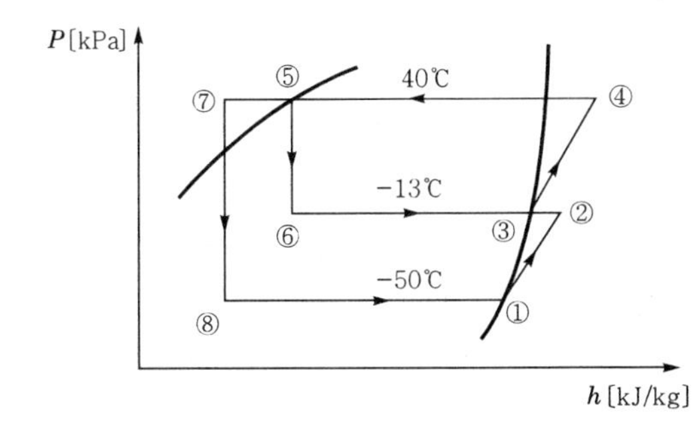

$h_1=600\text{kJ/kg}$
$h_2=637\text{kJ/kg}$
$h_3=617.4\text{kJ/kg}$
$h_4=658\text{kJ/kg}$
$h_5=h_6=460.6\text{kJ/kg}$
$h_7=h_8=418\text{kJ/kg}$

[조 건]

1) 저단 압축기 : 압축효율$(\eta_{cL})=0.72$, 기계효율$(\eta_{mL})=0.80$
2) 고단 압축기 : 압축효율$(\eta_{cH})=0.75$, 기계효율$(\eta_{mH})=0.80$

1. 저단 냉매순환량$(m_L$〔kg/h〕$)$
2. 고단 냉매순환량$(m_H$〔kg/h〕$)$
3. 성적계수

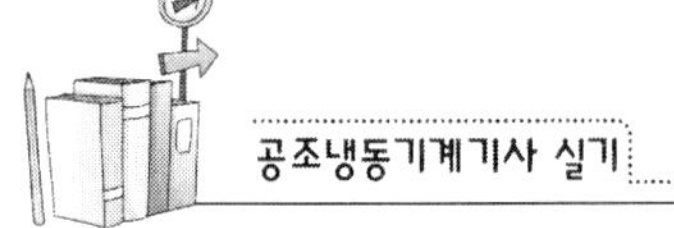

해설

1. 저단 냉매순환량$(m_L) = \frac{Q_e}{q_e} = \frac{3,600kW}{h_1 - h_7} = \frac{3,600 \times 45}{600 - 418} ≒ 890.11\text{kg/h}$

2. 고단 냉매순환량$(m_H) = m_L\left(\frac{h_2 - h_7}{h_3 - h_5}\right) = 890.11 \times \frac{637 - 418}{617.4 - 460.6} ≒ 1243.2\text{kg/h}$

3. 성적계수$(COP) = \dfrac{3,600kW}{\dfrac{m_L(h_2 - h_1)}{\eta_{cL}\eta_{mL}} + \dfrac{m_H(h_4 - h_3)}{\eta_{cH}\eta_{mH}}}$

$$= \frac{3,600 \times 45}{\dfrac{890.11 \times (637 - 600)}{0.72 \times 0.8} + \dfrac{1243.2 \times (658 - 617.4)}{0.75 \times 0.8}} ≒ 1.15$$

13 전공기방식에서 덕트의 소음 방지방법 3가지를 쓰시오. (6점)

해설

① 덕트 도중에 흡음재를 부착한다.
② 송풍기 출구 부근에 플리넘챔버를 설치한다.
③ 댐퍼나 덕트의 취출구에 흡음재를 부착한다.
④ 주덕트의 철판두께를 표준치보다 두껍게 한다.

14 냉동장치 운전 중에 발생되는 현상과 운전관리에 대한 다음 각 물음에 답하시오. (5점)

1. 플래시가스(flash gas)
2. 액압축(liquid hammer)
3. 안전두(safety head)
4. 펌프다운(pump down)
5. 펌프아웃(pump out)

해설

1. 플래시가스(flash gas) : 응축기에서 액화된 냉매가 증발기가 아닌 곳에서 기화된 가스를 말하며, 팽창밸브를 통과할 때 가장 많이 발생되고, 액관에서 발생되는 경우에는 증발기에 공급되는 냉매순환량이 감소하여 냉동능력이 감소한다. 방지법으로 팽창밸브 직전의 냉매를 5℃ 정도 과냉각시켜 팽창시킨다.
2. 액압축(liquid hammer) : 팽창밸브 개도를 과대하게 열거나 증발기 코일에 적상이 생기거나 냉동부하의 감소로 인하여 증발하지 못한 액냉매가 압축기로 흡입되어 압축되는 현상으로, 소음과 진동이 발생되고 심하면 압축기가 파손된다. 파손 방지를 위하여 내장형 안전밸브(안전두)가 설치되어 있다.
3. 안전두(safety head) : 압축기 실린더 상부 밸브플레이트(변판)에 설치한 것으로, 냉매액이 압축기에 흡입되어 압축될 때 파손을 방지하기 위하여 작동되며, 가스는 압축기 흡입측으로 분출된다(작동압력 정상고압 196~294kPa).
4. 펌프다운(pump down) : 냉동장치 저압측(증발기, 팽창밸브)에 이상이 발생했을 때 저압측 냉매를 고압측으로 이동시키는 것을 말한다.
5. 펌프아웃(pump out) : 고압측(압축기, 응축기)에 이상이 생겨서 수리가 필요할 때 고압측 냉매를 저압측으로 보내거나 장치 내에서 제거시키는 것이다. 즉, 고압측 냉매를 저압측으로 보내기 위해 냉동기를 액운전하는 것을 말한다.

15 다음 배관도는 냉수(brine)를 냉각시켜 공급하는 공기조화장치도이다. 팽창밸브에 공급하는 액관과 압축기 흡입관을 연결하시오. (10점)

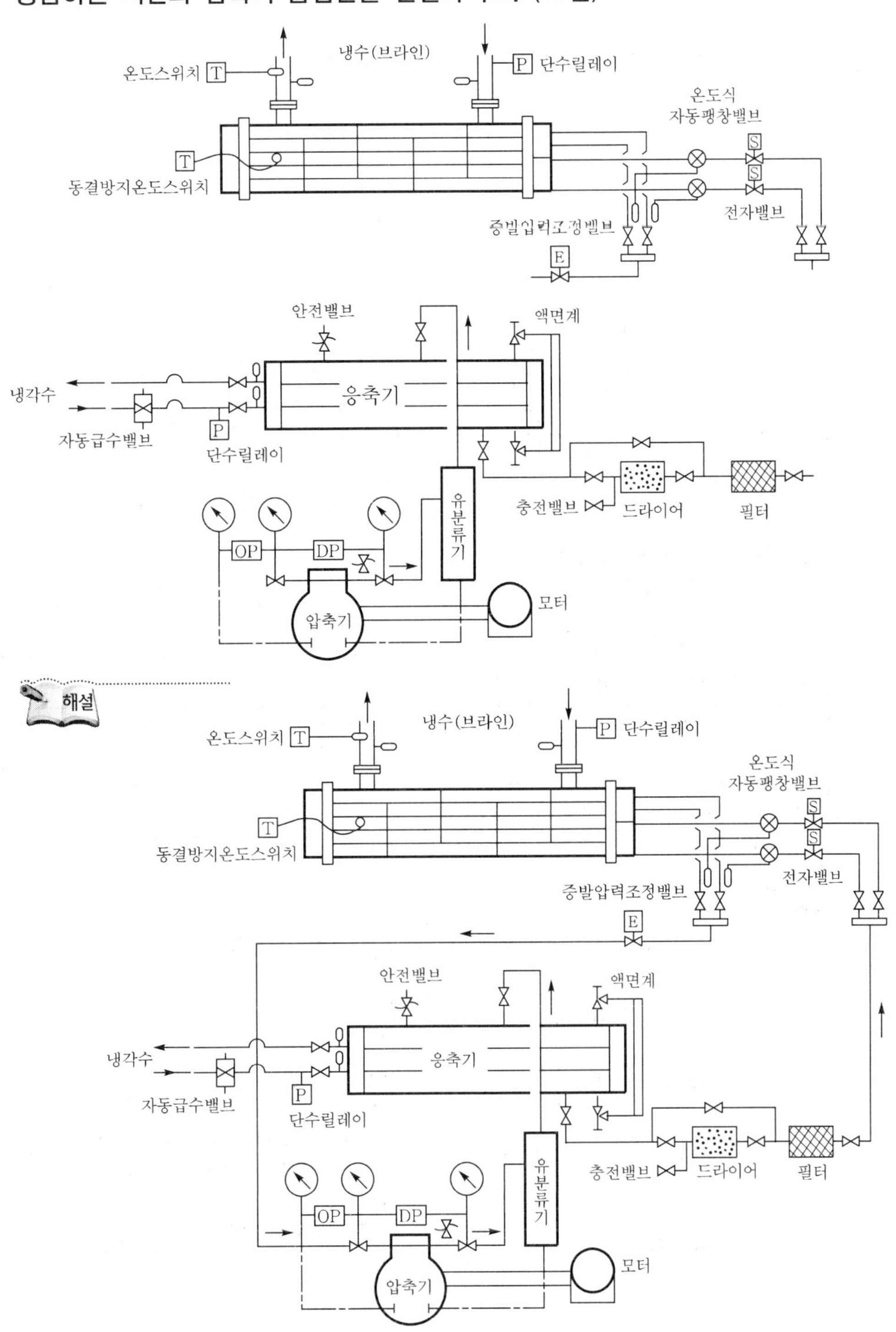

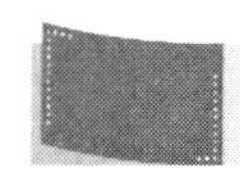

2020. 7. 25. 시행

01 다음과 같은 냉동장치에서 압축기 축동력은 몇 〔kW〕인가? (6점)

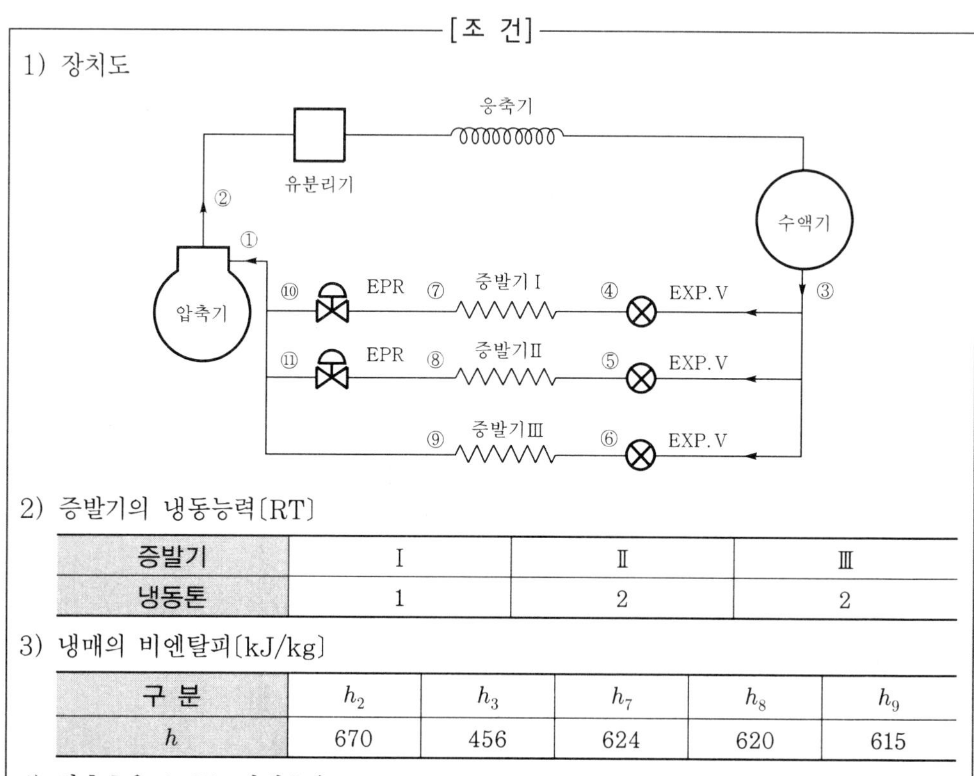

[조 건]

1) 장치도

2) 증발기의 냉동능력〔RT〕

증발기	I	II	III
냉동톤	1	2	2

3) 냉매의 비엔탈피〔kJ/kg〕

구 분	h_2	h_3	h_7	h_8	h_9
h	670	456	624	620	615

4) 압축효율 0.65, 기계효율 0.85

해설 ① 냉매순환량

㉠ 증발기 I $= \dfrac{Q_{e1}}{h_7 - h_3} = \dfrac{1 \times 13897.52}{624 - 456} \fallingdotseq 82.72\text{kg/h}$

㉡ 증발기 II $= \dfrac{Q_{e2}}{h_8 - h_3} = \dfrac{2 \times 13897.52}{620 - 456} \fallingdotseq 169.48\text{kg/h}$

㉢ 증발기 III $= \dfrac{Q_{e3}}{h_9 - h_3} = \dfrac{2 \times 13897.52}{615 - 456} \fallingdotseq 178.17\text{kg/h}$

② 흡입가스의 비엔탈피$(h_1) = \dfrac{(82.72 \times 624) + (169.48 \times 620) + (178.17 \times 615)}{82.72 + 169.48 + 178.17}$

$\fallingdotseq 618.7\text{kJ/kg}$

③ 축동력$(L_s) = \dfrac{(82.72 + 169.48 + 178.17) \times (670 - 618.7)}{3{,}600 \times 0.65 \times 0.85} \fallingdotseq 11.10\text{kW}$

【참고】 $P-h$선도

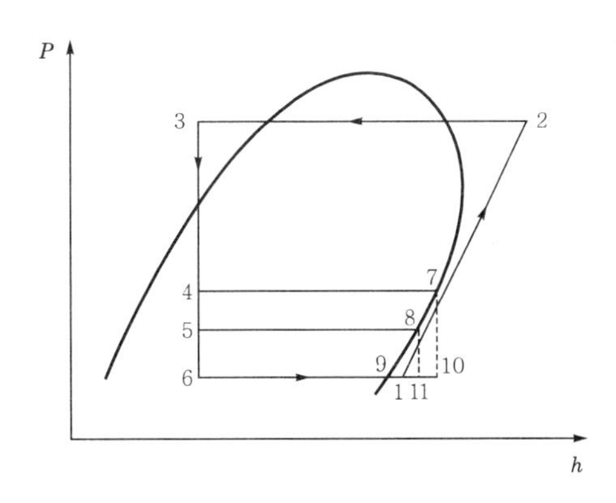

02 2단 압축 1단 팽창 $P-h$선도와 같은 냉동사이클로 운전되는 장치에서 다음 각 물음에 답하시오. (단, 냉동능력은 251,160kJ/h이고, 압축기의 효율은 다음 표와 같다.) (6점)

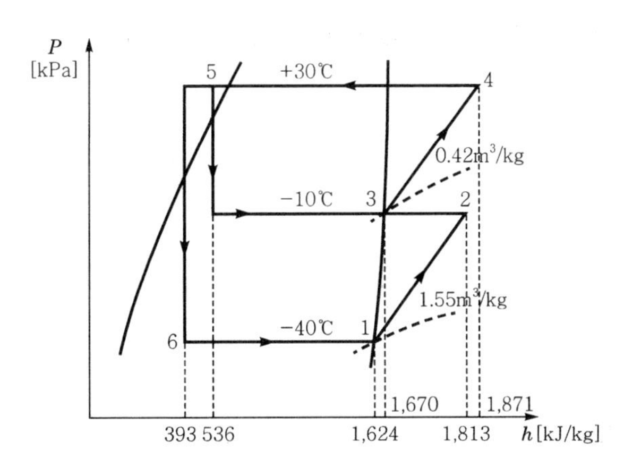

구 분	체적효율	압축효율	기계효율
고단	0.8	0.85	0.93
저단	0.7	0.82	0.95

1. 저단 냉매순환량(m_L[kg/h])
2. 저단 피스톤토출량(V_L[m³/h])
3. 고단 냉매순환량(m_H[kg/h])
4. 고단 피스톤압출량(V_H[m³/h])

해설

1. 저단 냉매순환량$(m_L)=\dfrac{Q_e}{q_e}=\dfrac{Q_e}{h_1-h_6}=\dfrac{251,160}{1,624-393}≒204.03\text{kg/h}$

2. 저단 피스톤토출량$(V_L)=m_L\dfrac{v_1}{\eta_{vL}}=204.03\times\dfrac{1.55}{0.7}≒451.78\text{m}^3/\text{h}$

3. ① 저단 압축기 토출가스 비엔탈피$(h_2')=h_1+\dfrac{h_2-h_1}{\eta_{cL}}=1,624+\dfrac{1,813-1,624}{0.82}$
$≒1854.49\text{kJ/kg}$

② 고단 냉매순환량$(m_H)=m_L\left(\dfrac{h_2'-h_6}{h_3-h_5}\right)=204.03\times\dfrac{1854.49-393}{1,670-536}≒262.95\text{kg/h}$

4. 고단 피스톤압출량$(V_H)=m_H\dfrac{v_3}{\eta_{vH}}=262.95\times\dfrac{0.42}{0.8}≒138.05\text{m}^3/\text{h}$

2020

03 **펌프에서 수직높이 25m의 고가수조와 5m 아래의 지하수까지를 관경 50mm의 파이프로 연결하여 2m/s의 속도로 양수할 때 다음 각 물음에 답하시오.** (단, 배관의 마찰손실은 0.3mAq/100m이다.) (4점)

1. 펌프의 전양정[m]
2. 펌프의 유량[m^3/s]
3. 펌프의 축동력[kW](단, 펌프효율은 95%이다.)

해설

1. 펌프의 전양정$(H) = H_v + h + H_L + \frac{V^2}{2g} = (25+5) + \frac{30\times0.3}{100} + \frac{2^2}{2\times9.8} ≒ 30.29\text{mAq}$
2. 펌프의 유량$(Q) = AV = \frac{\pi d^2}{4}V = \frac{\pi\times0.05^2}{4}\times2 ≒ 3.93\times10^{-3}\text{m}^3/\text{s}$
3. 펌프의 축동력$(L_s) = \frac{\gamma_w QH}{\eta_p} = \frac{9.8\times3.93\times10^{-3}\times30.29}{0.95} ≒ 1.23\text{kW}$

04 **다음 조건과 같은 사무실 A, B에 대해 각 물음에 답하시오. (15점)**

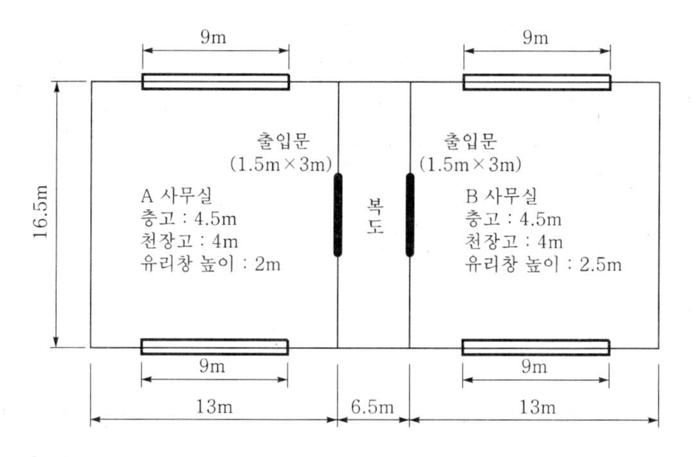

[조 건]

1) 각 사무실별 부하조건

구 분	실내부하[kJ/h]			기기부하 [kJ/h]	외기부하 [kJ/h]
	현 열	잠 열	전 열		
A	60,396	7,182	67,578	12,810	28,224
B	45,234	4,284	49,518	8,862	21,630
계	105,630	11,466	117,096	21,672	49,854

2) 상 · 하층은 동일한 공조조건이다.
3) 덕트에서의 열취득은 없는 것으로 한다.
4) 중앙공조시스템이며 냉동기+AHU에 의한 전공기방식이다.
5) 공기의 밀도는 1.2kg/m^3, 정압비열은 $1.005\text{kJ/kg}\cdot\text{K}$이다.
6) 조건에서 열량과 $P-h$선도 비엔탈피 1kcal는 4.2kJ로 환산한다.

1. A, B사무실의 실내취출온도차가 11℃일 때 각 사무실의 풍량[m^3/h]을 구하시오.
2. AHU냉각코일의 열전달률 $K = 930W/m^2 \cdot K$, 냉수의 입구온도 5℃, 출구온도 10℃, 공기의 입구온도 26.3℃, 출구온도 16℃, 코일통과면풍속은 2.5m/s이고 대향류 열교환을 할 때 A, B사무실 총계부하에 대한 냉각코일의 열수를 구하시오.
3. 펌프 및 배관부하는 냉각코일부하의 5%이고, 냉동기의 응축온도는 40℃, 증발온도 0℃, 과열 및 냉각도 5℃, 압축기의 체적효율 0.8, 회전수 1,800rpm, 기통수 6일 때
   ① A, B사무실 총계부하에 대한 냉동기부하[kJ/h]를 구하시오.
   ② 이론냉매순환량[kg/h]을 구하시오.
   ③ 피스톤의 행정체적[m^3]을 구하시오.

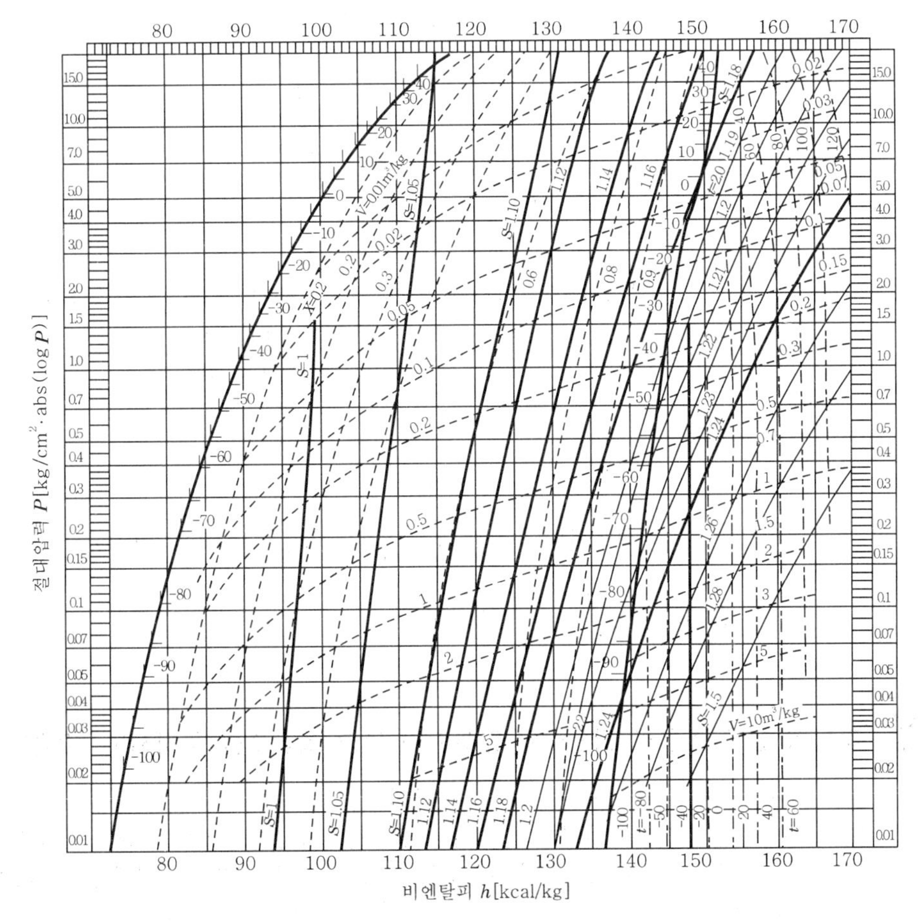

해설 1. A, B사무실의 각 풍량

$q_s = \rho Q C_p \Delta t$[kJ/h]에서

① A사무실 풍량(Q_A)$= \dfrac{q_{sA}}{\rho\, C_p \Delta t} = \dfrac{60{,}396}{1.2 \times 1.005 \times 11} \fallingdotseq 4552.69m^3/h$

② B사무실 풍량(Q_B)$= \dfrac{q_{sB}}{\rho\, C_p \Delta t} = \dfrac{45{,}234}{1.2 \times 1.005 \times 11} \fallingdotseq 3409.77m^3/h$

2. 냉각코일의 열수

① 대수평균온도차$(LMTD) = \dfrac{\Delta t_1 - \Delta t_2}{\ln\left(\dfrac{\Delta t_1}{\Delta t_2}\right)} = \dfrac{(26.3-10)-(16-5)}{\ln\left(\dfrac{26.3-10}{16-5}\right)} \fallingdotseq 13.48℃$

② 면적$(A) = \dfrac{Q}{3{,}600v} = \dfrac{Q_A+Q_B}{3{,}600v} = \dfrac{4552.69+3409.77}{3{,}600\times 2.5} \fallingdotseq 0.88\text{m}^2$

③ 열수$(N) = \dfrac{q_t+q_p+q_o}{KA(LMTD)} = \dfrac{117{,}096+21{,}672+49{,}854}{930\times 3.6\times 0.88\times 13.48} = 4.749 \fallingdotseq 5$열

3. $P-h$선도를 그려 살펴보면

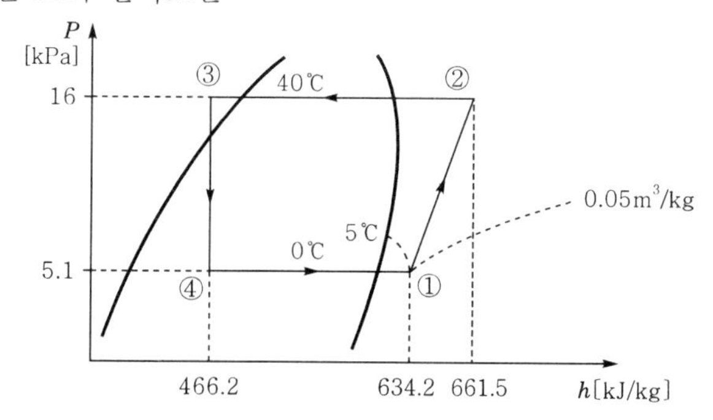

① 냉동부하$(Q_e) = (117{,}096+21{,}672+49{,}854)\times 1.05 = 198053.1\text{kJ/h}$

② 이론냉매순환량$(\dot{m}) = \dfrac{Q_e}{q_e} = \dfrac{Q_e}{h_1-h_4} = \dfrac{198053.1}{634.2-466.2} \fallingdotseq 1178.89\text{kg/h}$

③ 피스톤의 행정체적

㉠ 피스톤토출량$(V) = \dfrac{\dot{m}v_1}{\eta_v} = \dfrac{1178.89\times 0.05}{0.8} \fallingdotseq 77.68\text{m}^3/\text{h}$

㉡ 행정체적$(V_s) = \dfrac{V}{60ZN} = \dfrac{77.68}{60\times 6\times 1{,}800} \fallingdotseq 1.14\times 10^{-4}\text{m}^3$

【참고】 $\dot{m} = \dfrac{Q_e}{q_e} = \dfrac{V\eta_v}{v}$ [kg/h]

05 다음과 같은 조건의 냉동장치 압축기의 분당 회전수를 구하시오. (2점)

[조 건]

1) 압축기 흡입증기의 비체적 : $0.15\text{m}^3/\text{kg}$, 압축기 흡입증기의 비엔탈피 : 610.3kJ/kg
2) 압축기 토출증기의 비엔탈피 : 685.5kJ/kg, 팽창밸브 직후의 비엔탈피 : 459.8kJ/kg
3) 냉동능력 : 10RT, 압축기 체적효율 : 65%(1RT=3.9kW)
4) 압축기 기통경 : 120mm, 행정 : 100mm, 기통수 : 6기통

해설

$Q_e = \dfrac{V_{th}}{v}\eta_v q_e = 3.9RT\times 60$ [kJ/min]에서

$V_{th} = \dfrac{Q_e v}{\eta_v q_e} = \dfrac{(3.9RT\times 60)v}{\eta_v(h_s-h_e)} = ASNZ = \dfrac{\pi d^2}{4}SNZ$이므로

$$회전수(N) = \frac{4(3.9RT\times 60)v}{\pi d^2 SZ\eta_v(h_s - h_e)} = \frac{4\times(3.9\times 10\times 60)\times 0.15}{\pi\times 0.12^2\times 0.1\times 6\times 0.65\times(610.3-459.8)}$$
$$\fallingdotseq 528.75\text{rpm}$$

06 **송풍량 500kg/h인 1대의 송풍기로 전급기를 냉각감온하고 온풍덕트측에 재열기를 사용하는 2중덕트방식에서 다음 그림과 같은 조건일 때 공기선도를 이용하여 각 물음에 답하시오. (10점)**

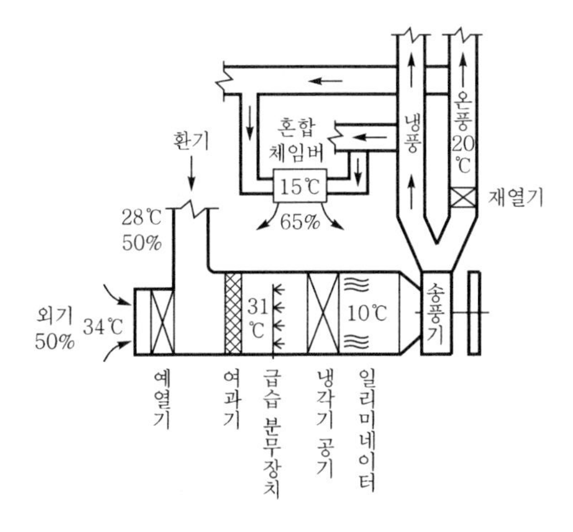

1. 냉각기부하
2. 실내취득열량
3. 재열부하
4. 실내취득잠열

해설 1. 냉각기부하
① 공기선도

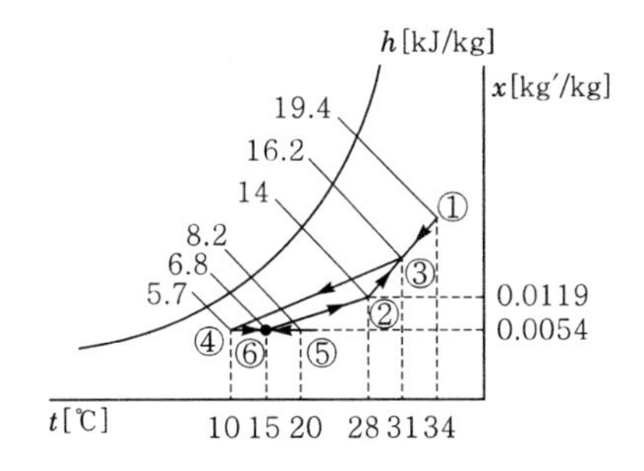

② 냉각기부하$(q_c) = m(h_3 - h_4) = 500\times(16.2-5.7) = 5{,}250\text{kJ/h}$

2. 실내취득열량$(q_R) = m(h_2 - h_6) = 500\times(14-6.8) = 3{,}600\text{kJ/h}$
3. 재열부하$(q_{re}) = m(h_6 - h_4) = 500\times(6.8-5.7) = 550\text{kJ/h}$
4. 실내취득잠열$(q_{RL}) = m\gamma_0(x_2 - x_4) = 500\times 2{,}501\times(0.0119-0.0054)$
$\fallingdotseq 8128.25\text{kJ/kg}$

여기서, 0℃ 수증기잠열(γ_0)=2,501kJ/kg

07 왕복동압축기의 실린더지름 120mm, 피스톤행정 65mm, 회전수 1,200rpm, 체적효율 70%, 6기통일 때 다음 각 물음에 답하시오. (4점)

1. 이론적 압축기 토출량[m^3/h]
2. 실제적 압축기 토출량[m^3/h]

해설

1. 이론적 압축기 토출량(V_{th}) $= 60ASNZ = 60 \times \frac{\pi \times 0.12^2}{4} \times 0.065 \times 1,200 \times 6$

   $\fallingdotseq 317.58 m^3/h$

2. 실제적 압축기 토출량(V_a) $= \eta_v V_{th} = 0.7 \times 317.58 \fallingdotseq 222.31 m^3/h$

08 다음과 같은 공장용 원형 덕트를 주어진 도표를 이용하여 정압재취득법으로 설계하시오. (단, 토출구 1개의 풍량은 5,000m^3/h, 토출구의 간격은 5,000mm, 송풍기 출구의 풍속은 10m/s로 한다.) (6점)

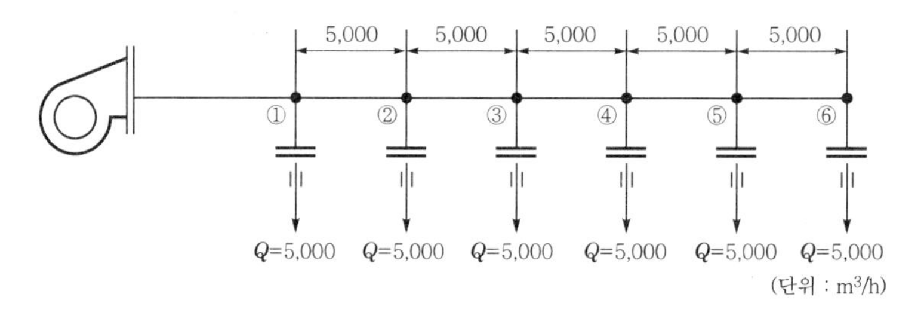

구 간	풍량[m^3/h]	K값	풍속[m/s]	덕트 단면적[m^2]
①	30,000			
②	25,000			
③	20,000			
④	15,000			
⑤	10,000			
⑥	5,000			

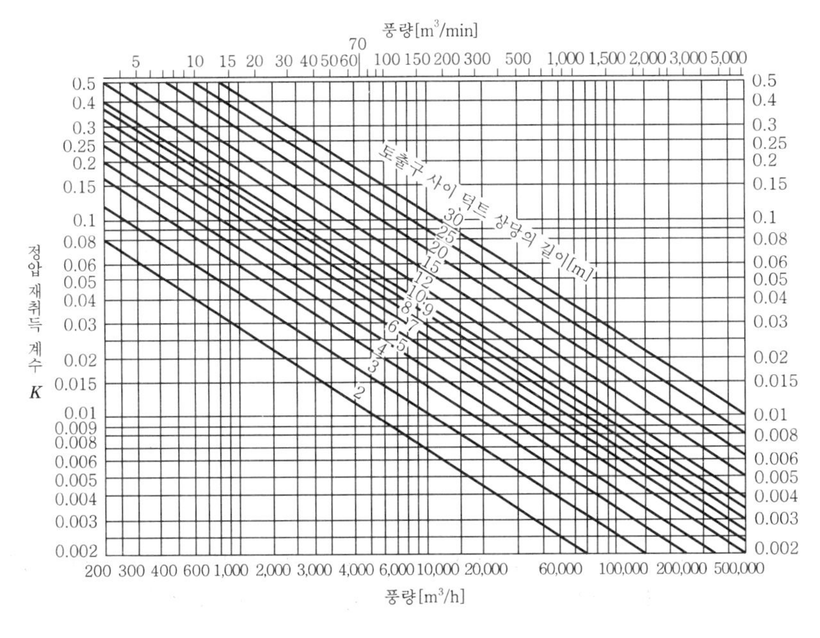
풍량[m³/min]
5 10 15 20 30 40 50 60 70 100 150 200 300 500 1,000 1,500 2,000 3,000 5,000
토출구 사이 덕트 상당의 길이[m]
30 25 20 15 12 10 9 8 7 6 5 4 3 2
정압 재취득 계수 K
0.5 0.4 0.3 0.25 0.2 0.15 0.1 0.08 0.06 0.05 0.04 0.03 0.02 0.015 0.01 0.009 0.008 0.006 0.005 0.004 0.003 0.002
200 300 400 600 1,000 2,000 3,000 4,000 6,000 10,000 20,000 60,000 100,000 200,000 500,000
풍량[m³/h]

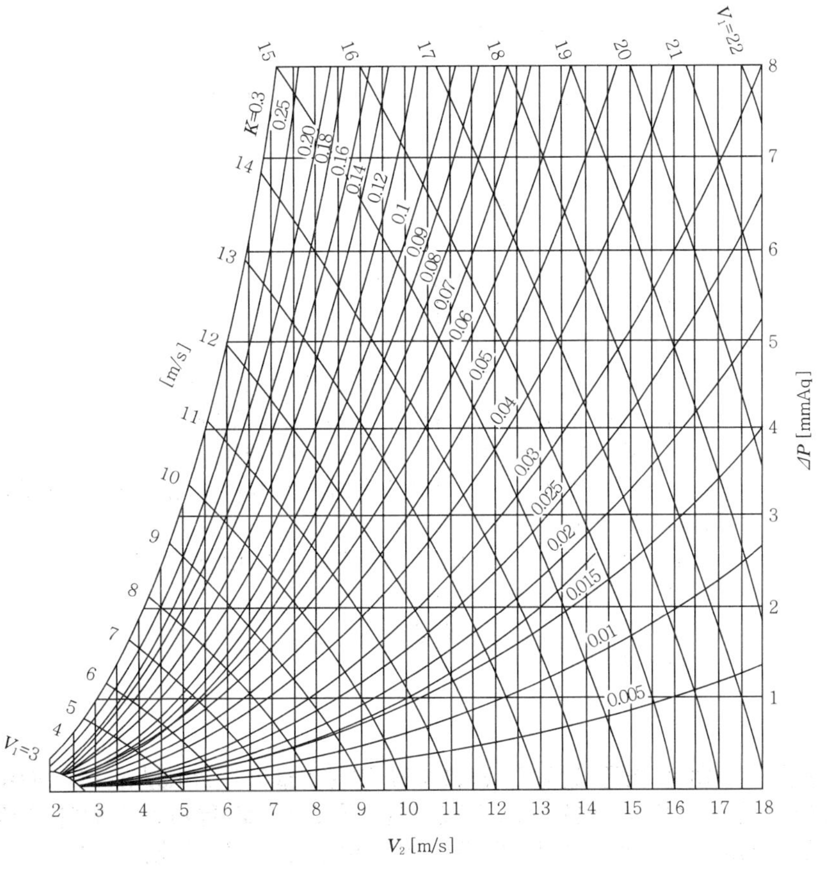
15 16 17 18 19 20 21 V1=22
K=0.3 0.25 0.20 0.18 0.16 0.14 0.12 0.1 0.09 0.08 0.07 0.06 0.05 0.04 0.03 0.025 0.02 0.015 0.01 0.005
14 13 12 11 10 9 8 7 6 5 4 V1=3
[m/s]
ΔP [mmAq]
1 2 3 4 5 6 7 8
2 3 4 5 6 7 8 9 10 11 12 13 14 15 16 17 18
V2 [m/s]

해설

구 간	풍량[m^3/h]	K값	풍속[m/s]	덕트 단면적[m^2]
①	30,000	0.009	9.5	0.88
②	25,000	0.01	9.0	0.77
③	20,000	0.012	8.5	0.66
④	15,000	0.0143	7.9	0.53
⑤	10,000	0.018	7.3	0.38
⑥	5,000	0.0271	6.5	0.22

【참고】 • 풍량 30,000m^3/h, 토출구 사이 덕트길이 5,000mm(=5m) 교점에서 K값을 구한다. 풍속은 K값(0.009)과 10m/s의 교점에서 구하고, ②는 ①에서 구한 풍속을 기준으로 구하며, ③은 ②의 풍속을 기준으로 하여 구한다.
• 덕트 단면적은 풍량과 풍속을 이용하여 계산하면 쉽게 구할 수 있다.

09 액압축(liquid back or liquid hammering)의 발생원인 2가지와 액압축 방지(예방)법 및 압축기에 미치는 영향 각각 1가지를 쓰시오. (4점)

해설 ① 액압축(리퀴드백)의 발생원인
㉠ 냉동부하가 급격히 변동할 때
㉡ 증발기에 유막이 형성되거나 적상 과다일 때
㉢ 액분리기(liquid separator) 기능(상태)이 불량일 때
㉣ 흡입지변이 갑자기 열렸을 때
㉤ 팽창밸브의 개도가 클 때

② 액압축 방지법
㉠ 냉동부하의 변동을 적게 한다.
㉡ 냉매의 과잉공급을 피한다.
㉢ 제상 및 배유를 한다(적상 제거).
㉣ 능력에 대한 냉동기를 이상운전하지 않도록 한다.
㉤ 액분리기 용량을 크게 하여 기능을 좋게 한다.
㉥ 열교환기를 설치하여 흡입가스를 과열시킨다.
㉦ 안전두를 설치하여 순간적인 액압축을 방지해 압축기를 보호한다.

③ 압축기에 미치는 영향
㉠ 압축기 헤드에 적상(frost) 과대로 토출가스온도 감소
㉡ 압축기 축봉부에 과부하 발생
㉢ 압축기에 소음·진동 발생
㉣ 압축기 파손 우려

10 식품을 저장하는 어떤 냉장고 방열벽의 열통과율이 1.25kJ/m^2·h·K이며 벽면적 1,000m^2인 냉장고가 외기온도 35℃, 실내온도 1℃로 유지하고 있다. 다음 각 물음에 답하시오. (단, 조건 이외의 열부하는 없는 것으로 한다.) (10점)

1. 방열벽을 통해 침입하는 열량〔kW〕
2. 식품전열계수가 20.9kJ/m^2 · h · K, 전열면적 600m^2, 10℃로 저장할 때 발생열량〔kW〕
3. 바닥면적 250m^2, 천장고 5m, 환기횟수 2회/h일 때 환기부하〔kW〕
4. 바닥면적당 50W/m^{2}일 때 조명부하〔kW〕
5. 냉장실 작업인부가 10명이고 1인당 발열량이 790kJ/h일 때 인체발열량〔kW〕
6. 냉장실 총부하〔kW〕

1. 방열벽 침입열량 $-\dfrac{1.25}{3,600}\times 1,000\times(35-1)\fallingdotseq 11.81\text{kW}$
2. 식품발생열량 $=\dfrac{20.9}{3,600}\times 600\times(10-1)=31.35\text{kW}$
3. 환기부하 $=\dfrac{250\times 5\times 2\times 1.2}{3,600}\times 1\times(35-1)\fallingdotseq 28.33\text{kW}$
4. 조명부하 $=\dfrac{50}{1,000}\times 250=12.5\text{kW}$
5. 인체발열량 $=10\times\dfrac{790}{3,600}\fallingdotseq 2.19\text{kW}$
6. 냉장실 총부하 $=11.81+31.35+28.33+12.5+2.19=86.18\text{kW}$

11

다음 그림의 장치도는 증발기의 액관에서 플래시가스(flash gas) 발생을 방지하기 위해 증발기 출구의 냉매증기와 수액기 출구의 냉매액을 액가스 열교환기로 열교환시킨 것이다. 또 압축기 출구 냉매가스온도의 과열을 방지하기 위해 열교환기 출구의 냉매증기에 수액기 출구로부터 액의 일부를 열교환기 직전에 분사해서 습포화상태의 증기를 압축기에 흡입되어진다. 이 냉동장치에서의 냉매의 비엔탈피값과 운전조건이 다음과 같을 때 다음 각 물음에 답하시오. (단, 그림의 6번 증기는 과열상태이고, 배관의 열손실은 무시하며, 1kcal는 4.18kJ이다.) (10점)

냉 매	비엔탈피〔kJ/kg〕
압축기 흡입측 냉매의 비엔탈피(h_1)	375.7
단열압축 후 압축기 출구냉매의 비엔탈피(h_2)	438.5
수액기 출구냉매의 비엔탈피(h_3)	243.9
증발기 출구의 냉매증기와 열교환 후의 고압측 냉매의 비엔탈피(h_4)	232.5
증발기 출구의 과열증기냉매의 비엔탈피(h_6)	394.6

[조 건]

1) 응축기의 냉각수량(m_w) : 300L/min
2) 냉각수의 입출구온도차(Δt) : 5℃
3) 압축기의 압축효율(η_c) : 0.75

1. 냉동장치에서 각 점(1~8)을 $P-h$선도로 그리고 표시하기

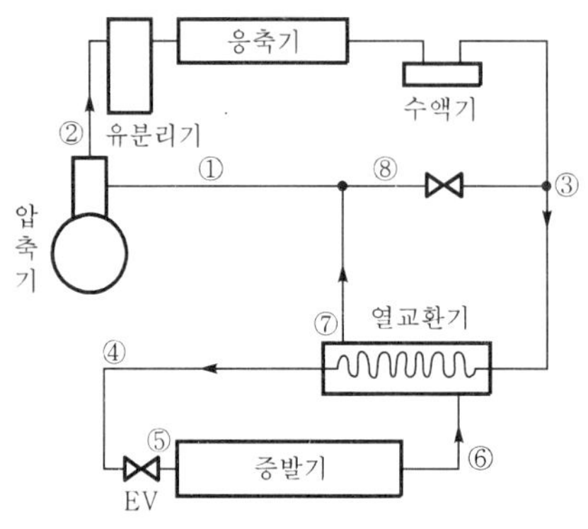

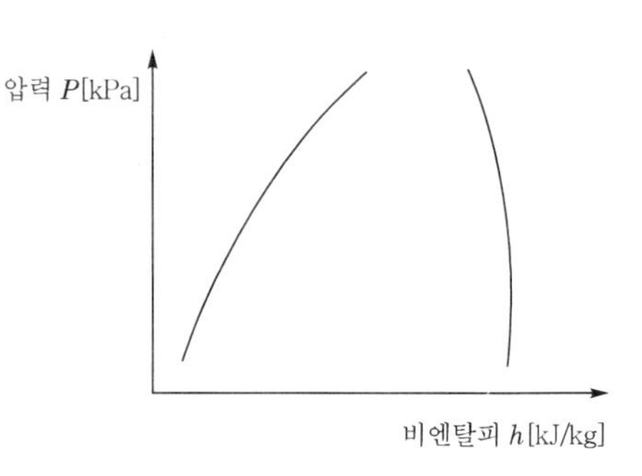

2. 액가스 열교환기에서 열교환량〔kW〕

3. 실제적 성적계수

 1. $P-h$선도

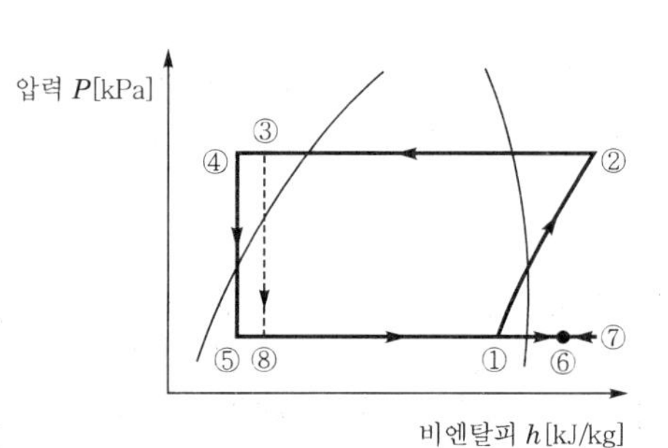

2. 액가스 열교환기에서 열교환량

① 압축기 출구 실제 비엔탈피$(h_2{}') = h_1 + \dfrac{h_2 - h_1}{\eta_c}$

$$= 375.7 + \frac{438.5 - 375.7}{0.75} \fallingdotseq 459.43\text{kJ/kg}$$

② 냉매순환량$(m) = \dfrac{m_w C\Delta t}{h_2{}' - h_3} = \dfrac{300 \times 60 \times 4.18 \times 5}{459.43 - 243.9} \fallingdotseq 1745.46\text{kg/h}$

③ $h_7 - h_6 = h_3 - h_4$에서

열교환기 출구냉매의 비엔탈피$(h_7) = h_6 + (h_3 - h_4)$

$$= 394.6 + (243.9 - 232.5) = 406\text{kJ/kg}$$

④ 수액기에서 바이패스되는 냉매(m_x)

$m h_1 = (m - m_x)h_7 + m_x h_8 = mh_7 - m_x h_7 + m_x h_8$

$m_x(h_7 - h_8) = m(h_7 - h_1)$

$\therefore\ m_x = \dfrac{m(h_7 - h_1)}{h_7 - h_3} = \dfrac{1745.46 \times (406 - 375.7)}{406 - 243.9} \fallingdotseq 326.26\text{kg/h}$

⑤ 열교환량$(m_H) = \dfrac{m - m_x}{3{,}600}(h_7 - h_6) = \dfrac{1745.46 - 326.26}{3{,}600} \times (406 - 394.6) \fallingdotseq 4.49\text{kW}$

3. 실제 성적계수$(\varepsilon) = \dfrac{(m - m_x)(h_6 - h_4)}{m(h_2 - h_1)}\eta_c$

$= \dfrac{(1745.46 - 326.26) \times (394.6 - 232.5)}{1745.46 \times (438.5 - 375.7)} \times 0.75 \fallingdotseq 1.57$

12 수격현상(water hammer)에 대하여 설명하고 방지대책 2가지를 서술하시오. (4점)

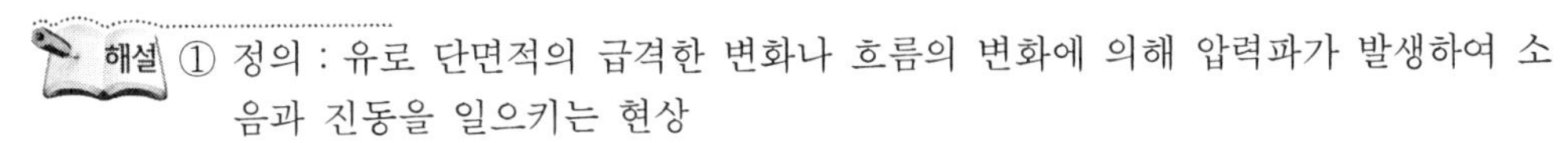

해설 ① 정의 : 유로 단면적의 급격한 변화나 흐름의 변화에 의해 압력파가 발생하여 소음과 진동을 일으키는 현상

② 방지대책

㉠ 관내유속을 작게 한다(관의 직경을 크게 한다).

㉡ 밸브를 펌프토출측 가까이 설치하고 급격한 조작을 피한다.

㉢ 정지할 때 밸브부터 닫고 펌프를 정지한다(단, 펌프의 부하가 발생하여 손상되지 않도록 할 것).

㉣ 펌프에 플라이휠을 설치하여 펌프의 급격한 제동 시에도 관성력으로 회전이 유지될 수 있도록 한다.

㉤ 수격방지기를 설치한다.

13 조건이 다른 2개의 냉장실에 2대의 압축기를 설치하여 필요시에 따라 교체운전을 할 수 있도록 흡입배관과 그에 따른 밸브를 설치하고 완성하시오. (10점)

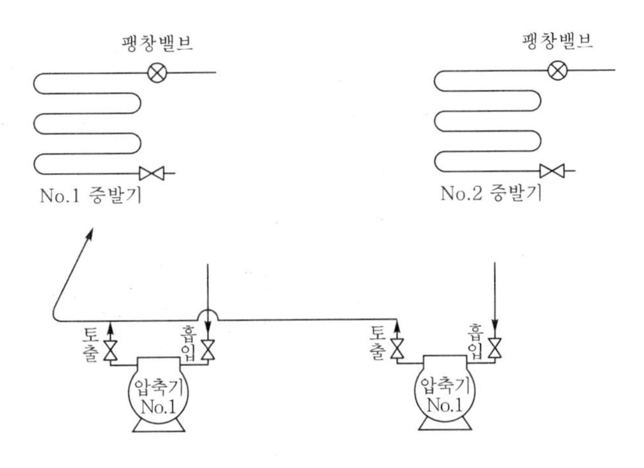

2020

해설

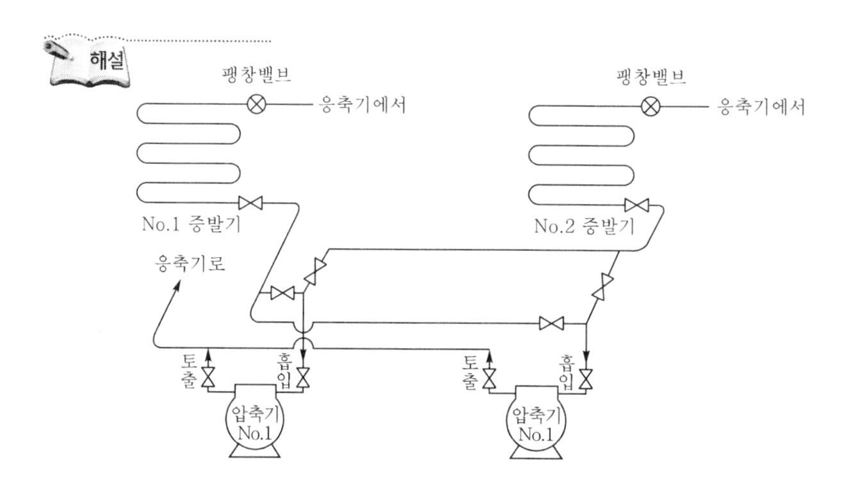

14 원심(터보)압축기의 서징(surging)현상에 대하여 서술하시오. (4점)

해설 서징(surging)현상이란 흡입압력이 결정되어 있을 때 운전 중 압축비의 변화가 없으므로 토출압력에 한계가 있어서 토출측에 이상압력이 형성되면 응축가스가 압축기 쪽으로 역류하여 압축이 재차 반복되는 현상으로 맥동현상이라고도 한다.

15 다음은 공기조화설비계통이다. 냉각코일과 가열코일에 공급되는 배관과 냉각탑 냉각수배관도를 완성하시오. (10점)

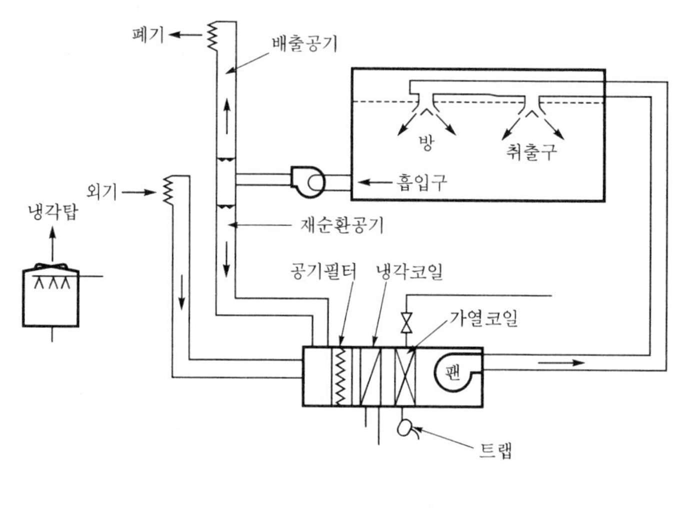

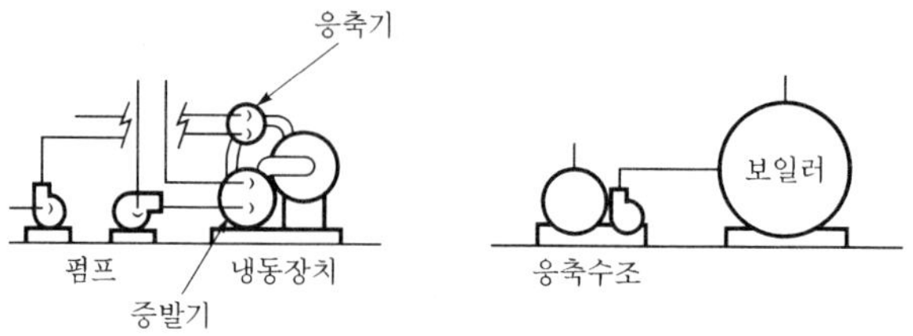

해설

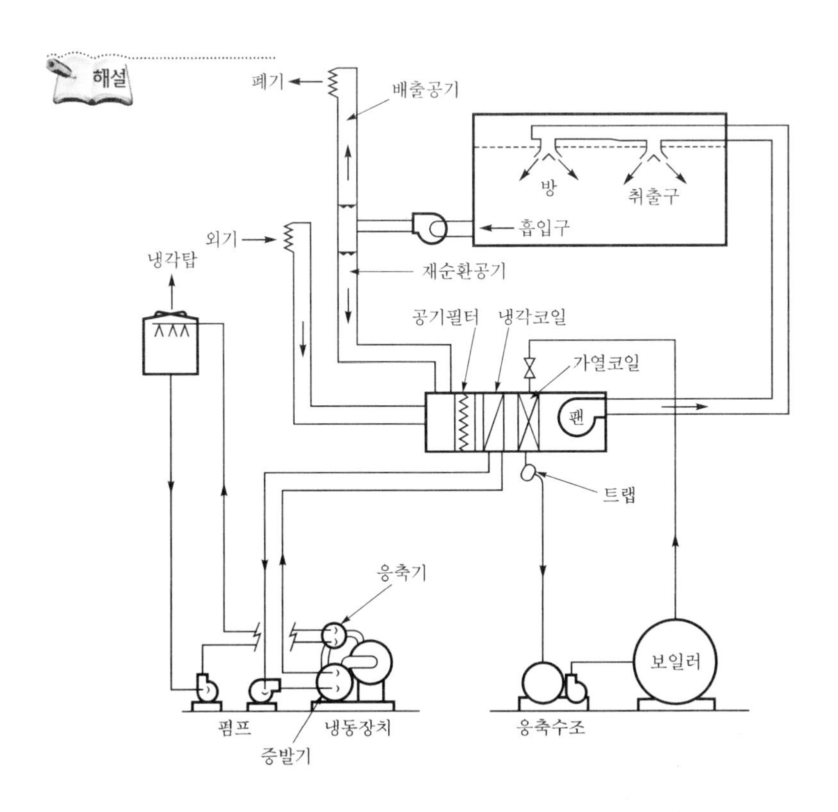

2020. 10. 7. 시행

01 다음과 같은 조건의 건물 중간층 난방부하를 구하시오. (10점)

[조 건]

1) 열관류율[W/m^2·K] : 천장 0.98, 바닥 1.91, 문 3.95, 유리창 6.63
2) 난방실의 실내온도 : 25℃, 비난방실의 온도 : 5℃, 외기온도 : −10℃, 상·하층 난방실의 실내온도 : 25℃
3) 벽체 표면의 열전달률

구 분	표면위치	대류의 방향	열전달률[W/m^2·K]
실내측	수직	수평(벽면)	9.3
실외측	수직	수직 · 수평	23.26

4) 방위계수

방 위	방위계수
북쪽, 외벽, 창, 문	1.1
남쪽, 외벽, 창, 문, 내벽	1.0
동쪽, 서쪽, 창, 문	1.05

5) 환기횟수 : 난방실 1회/h, 비난방실 3회/h
6) 공기의 비열 : 1kJ/kg·K, 공기의 밀도 : 1.2kg/m^3

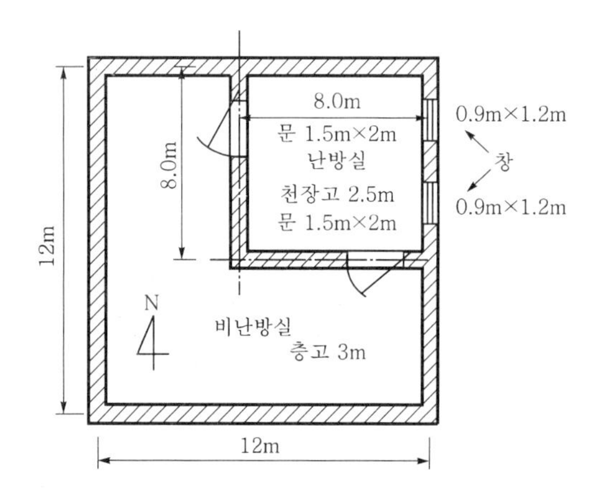

벽체의 종류	구 조	재 료	두께 〔mm〕	열전도율 〔W/m·K〕
외벽		타일 모르타르 콘크리트 모르타르 플라스터	10 15 120 15 3	1.28 1.53 1.64 1.53 0.6
내벽		콘크리트	100	1.53

1. 외벽과 내벽의 열관류율
2. 벽체를 통한 부하
3. 유리창을 통한 부하
4. 문을 통한 부하
5. 극간풍부하(환기횟수에 의함)

해설 1. ① 외벽을 통한 열관류율

$$R_o = \frac{1}{K_o} = \frac{1}{\alpha_i} + \sum_{i=1}^{n}\frac{l_i}{\lambda_i} + \frac{1}{\alpha_o}$$

$$= \frac{1}{9.3} + \frac{0.01}{1.28} + \frac{0.015}{1.53} + \frac{0.12}{1.64} + \frac{0.015}{1.53} + \frac{0.003}{0.6} + \frac{1}{23.26}$$

$$= 0.2559\text{m}^2\cdot\text{K/W}$$

$$\therefore K_o = \frac{1}{R_o} = \frac{1}{0.2559} ≒ 3.90\text{W/m}^2\cdot\text{K}$$

② 내벽을 통한 열관류율

$$R_i = \frac{1}{K_i} = \frac{1}{\alpha_i} + \frac{l_1}{\lambda_1} + \frac{1}{\alpha_i} = \frac{1}{9.3} + \frac{0.1}{1.53} + \frac{1}{9.3} = 0.2803\text{m}^2 \cdot \text{K/W}$$

$$\therefore K_i = \frac{1}{R_i} = \frac{1}{0.2803} \fallingdotseq 3.57\text{W/m}^2 \cdot \text{K}$$

2. ① 외벽

㉠ 북 $= (8\times3)\times3.9\times\{25-(-10)\}\times1.1 = 3603.6\text{W} \fallingdotseq 3.60\text{kW}$

㉡ 동 $= \{(8\times3)-(0.9\times1.2\times2)\}\times3.9\times\{25-(-10)\}\times1.05$
$= 3{,}130\text{W} \fallingdotseq 3.13\text{kW}$

② 내벽

㉠ 남 $= \{(8\times2.5)-(1.5\times2)\}\times3.57\times(25-5) = 1{,}213\text{W} \fallingdotseq 1.21\text{kW}$

㉡ 서 $= \{(8\times2.5)-(1.5\times2)\}\times3.57\times(25-5) = 1{,}213\text{W} \fallingdotseq 1.21\text{kW}$

3. 유리창부하 $= (0.9\times1.2\times2)\times6.63\times\{25-(-10)\}\times1.05 = 526\text{W} \fallingdotseq 0.53\text{kW}$

4. 문부하 $= (1.5\times2\times2)\times3.95\times(25-5) = 474\text{W} \fallingdotseq 0.47\text{kW}$

5. 극간풍부하 $= (8\times8\times2.5\times1)\times1.2\times1\times\{25-(-10)\}\times\frac{1}{3{,}600} \fallingdotseq 1.87\text{kW}$

02

냉동능력 52kW로 작동하는 브라인냉각기의 전열면적이 20m^{2}이다. 브라인의 입구온도가 −10℃, 브라인의 출구온도가 −13℃, 증발온도가 −16℃일 때 열통과율[kW/m^2 · K]을 구하시오. (단, 평균온도차는 산술평균온도차를 이용한다.) (5점)

해설 $Q_e = KA\Delta t_m$ [kW]에서

$$\text{열통과율}(K) = \frac{Q_e}{A\Delta t_m} = \frac{Q_e}{A\left(\frac{t_{B1}+t_{B2}}{2} - t_e\right)} = \frac{52}{20\times\left(\frac{(-10)+(-13)}{2} - (-16)\right)}$$

$$\fallingdotseq 0.58\text{kW/m}^2 \cdot \text{K}$$

03

20,000kg/h의 공기를 압력 35kPa · G의 증기로 0℃에서 50℃까지 가열할 수 있는 에로핀 열교환기가 있다. 주어진 설계조건을 이용하여 각 물음에 답하시오. (8점)

[조 건]

1) 전면풍속 $V_f = 3\text{m/s}$
2) 증기온도 $t_s = 108.2$℃
3) 출구공기온도 보정계수 $K_t = 1.19$
4) 코일열통과율 $K_c = 783.66\text{W/m}^2 \cdot \text{K}$
5) 증발잠열 $q_e = 2235.32\text{kJ/kg}$
6) 공기밀도 $\rho = 1.2\text{kg/m}^3$
7) 공기정압비열 $C_p = 1.0046\text{kJ/kg} \cdot \text{K}$
8) 대수평균온도차는 향류를 사용

1. 전면면적(A_f〔m^2〕)
2. 가열량(q_H〔kJ/h〕)
3. 열수(N〔열〕)
4. 증기소비량(L_s〔kg/h〕)

해설 1. $m = \rho A_f V_f$〔kg/s〕에서

$$\text{전면면적}(A_f) = \frac{m}{\rho V_f} = \frac{\frac{20,000}{3,600}}{1.2 \times 3} ≒ 1.54\text{m}^2$$

2. $\text{가열량}(q_H) = m C_p (K_t t_o - t_i) = 20,000 \times 1.0046 \times (1.19 \times 50 - 0) = 1,195,474\text{kJ/h}$

3. ① $\text{대수평균온도차}(LMTD) = \dfrac{\Delta t_1 - \Delta t_2}{\ln\left(\dfrac{\Delta t_1}{\Delta t_2}\right)}$

$$= \frac{(108.2-0)-(108.2-1.19\times 50)}{\ln\left(\dfrac{108.2-0}{108.2-1.19\times 50}\right)}$$

$≒ 74.53$℃

② $q_H = K_c A_f N(LMTD)$에서

$$\text{열수}(N) = \frac{q_H}{K_c A_f (LMTD)} = \frac{1,195,474}{(783.66\times 3.6)\times 1.54\times 74.53} ≒ 4\text{열}$$

4. $\text{증기소비량}(L_s) = \dfrac{q_H}{q_e} = \dfrac{1,195,474}{2235.32} ≒ 534.81\text{kg/h}$

04 다음 그림을 이용하여 2단 압축 1단 팽창 장치도와 2단 압축 2단 팽창 장치도를 완성하시오. (10점)

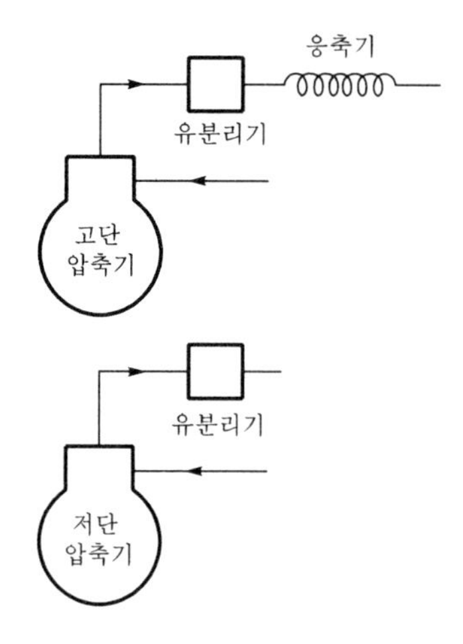

해설 ① 2단 압축 1단 팽창 장치도

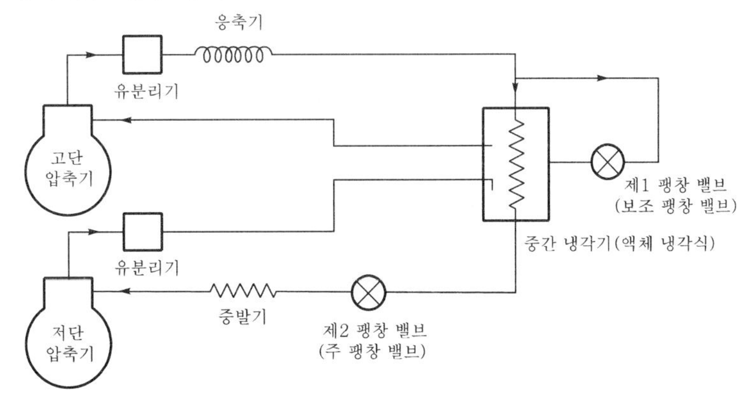

② 2단 압축 2단 팽창 장치도

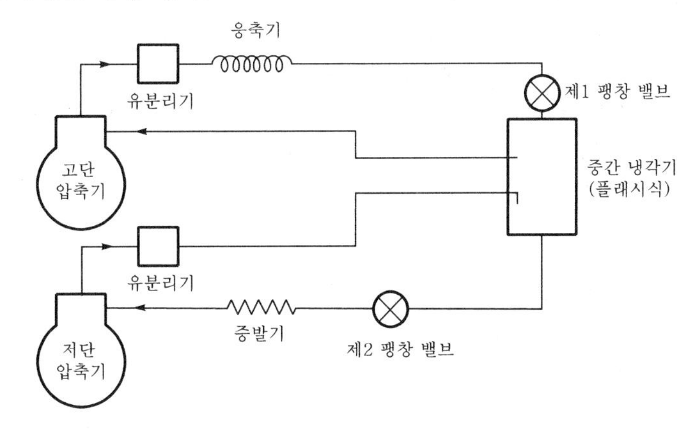

05 다음 그림에 표시한 200RT 냉동기를 위한 냉각수 순환계통의 냉각수 순환펌프의 축동력〔kW〕을 구하시오. (6점)

[조 건]

1) $H=50$m
2) $h=48$m
3) 배관 총길이 $l=200$m
4) 부속류 상당길이 $l'=100$m
5) 펌프효율 $\eta_p=65\%$
6) 1RT당 응축열량 : 28883.4kJ/h
7) 노즐압력 $P=30$kPa
8) 단위저항 $r=30$mmAq/m
9) 냉동기 저항 $R_c=6$mAq
10) 여유율(안전율) : 10%
11) 냉각수온도차 : 5℃

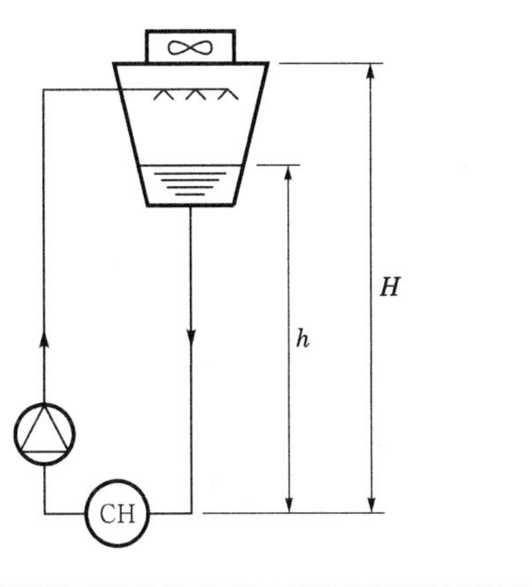

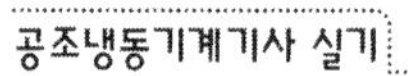

해설 ① 전양정$(H_t)=\left\{(H-h)+\dfrac{r}{1,000}(l+l')+\dfrac{P}{9.8}+R_c\right\}k$

$$=\left\{(50-48)+\frac{30}{1,000}\times(200+100)+\frac{30}{9.8}+6\right\}\times(1+0.1)$$

$\fallingdotseq 22.07\text{mAq}$

② $Q_c = WC\Delta t$에서

순환수량$(W)=\dfrac{Q_c}{C\Delta t}=\dfrac{28883.4\times 200}{4.186\times 5\times 1,000}=156\text{m}^3/\text{h}$

③ 축동력$(L_s)=\dfrac{9.8\,WH_t}{\eta_p}=\dfrac{9.8\times\dfrac{156}{3,600}\times 22.07}{0.65}\fallingdotseq 14.42\text{kW}$

06

1단 압축 1단 팽창의 이론사이클로 운전되고 있는 R−22 냉동장치가 있다. 이 냉동장치는 증발온도 −10℃, 응축온도 40℃, 압축기 흡입증기의 과열증기 비엔탈피 및 비체적은 각각 621kJ/kg과 0.066m³/kg, 압축기 출구증기의 비엔탈피 661kJ/kg, 팽창변을 통과한 냉매의 비엔탈피 460kJ/kg, 팽창변 직전의 냉매는 과냉각상태이고 10냉동톤의 냉동능력을 유지하고 있다. 압축기의 체적효율(η_v)은 0.85이고 압축효율(η_c) 및 기계효율(η_m)의 곱($\eta_c\eta_m$)이 0.73이라고 할 때 다음 각 물음에 답하시오. (8점)

1. $P-h$선도를 그리고 각 상태값을 나타내기
2. 압축기의 피스톤토출량(m³/h)
3. 압축기의 소요축동력(kW)
4. 응축부하(kJ/h)
5. 성적계수

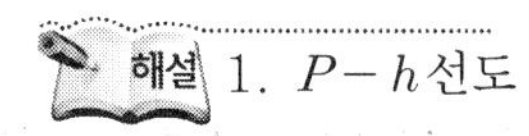

해설 1. $P-h$선도

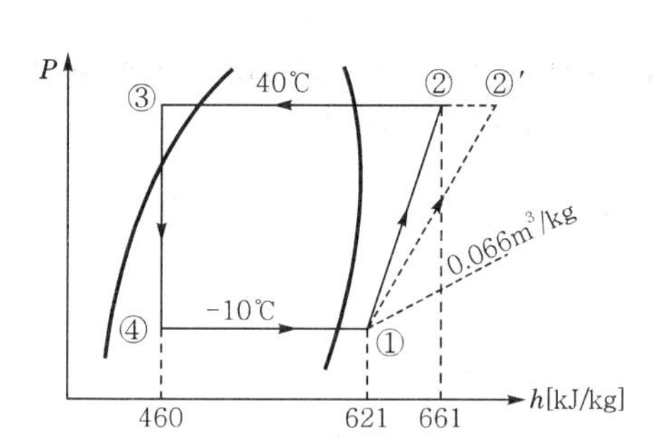

2. 피스톤토출량$(V)=\dot{m}\dfrac{v}{\eta_v}=\dfrac{10\times 13897.52}{621-460}\times\dfrac{0.066}{0.85}\fallingdotseq 67.02\text{m}^3/\text{h}$

3. 축동력$(L_s)=\dot{m}\dfrac{w_c}{3,600\eta_c\eta_m}=\dfrac{10\times 13897.52}{621-460}\times\dfrac{661-621}{3,600\times 0.73}\fallingdotseq 13.14\text{kW}$

【참고】 $\dot{m}=\dfrac{Q_e}{q_e}=\dfrac{V\eta_v}{v}$ (kg/h)

4. 응축부하(q_c)

① 압축효율(η_c) = $\sqrt{0.73} = 0.854$

② 실제 압축기 출구 비엔탈피(h') = $621 + \dfrac{661-621}{0.85} ≒ 668.06\text{kJ/kg}$

③ 응축부하(q_c) = $\dfrac{10 \times 13897.52}{621-460} \times (668.06-460) ≒ 179597.4\text{kJ/h}$

5. 성적계수(COP) = $\dfrac{10 \times 13897.52}{13.14 \times 3,600} ≒ 2.94$

07 다음과 같은 조건하에서 냉방용 흡수식 냉동장치에서 증발기가 1RT의 능력을 갖도록 하기 위한 각 물음에 답하시오. (10점)

[조 건]

1) 냉매와 흡수제 : 물+브롬화리튬
2) 발생기 공급열원 : 80℃의 폐기가스
3) 용액의 출구온도 : 74℃
4) 냉각수온도 : 25℃
5) 응축온도 : 30℃(압력 31.8mmHg)
6) 증발온도 : 5℃(압력 6.54mmHg)
7) 흡수기 출구 용액의 온도 : 28℃
8) 흡수기 압력 : 6mmHg
9) 발생기 내 증기의 비엔탈피 $h_3' = 3041.4\text{kJ/kg}$
10) 증발기를 나오는 증기의 비엔탈피 $h_1' = 2927.6\text{kJ/kg}$
11) 응축기를 나오는 응축수의 비엔탈피 $h_3 = 545.2\text{kJ/kg}$
12) 증발기로 들어가는 포화수의 비엔탈피 $h_1 = 438.4\text{kJ/kg}$
13) 1RT = 3.9kW

상태점	온도 〔℃〕	압력 〔mmHg〕	농도 w_t 〔%〕	비엔탈피 〔kJ/kg〕
4	74	31.8	60.4	316.5
8	46	6.54	60.4	273
6	44.2	6.0	60.4	270.5
2	28.0	6.0	51.2	238.7
5	56.5	31.8	51.2	291.4

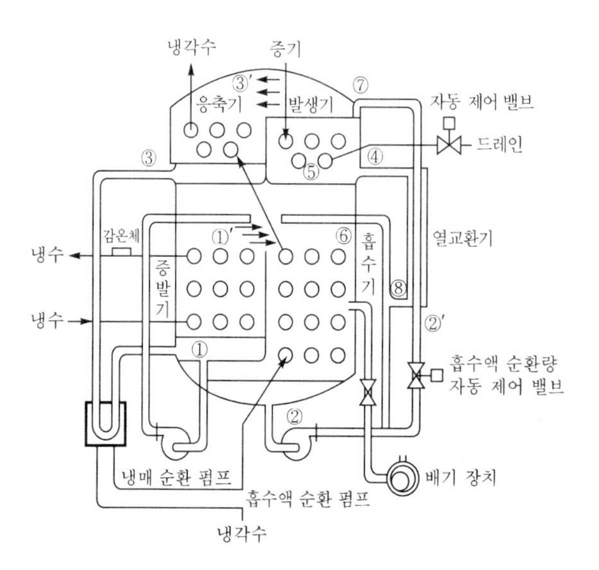

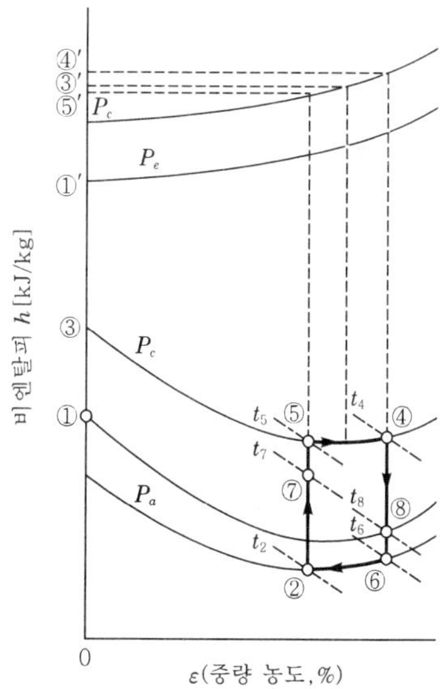

1. 다음과 같이 나타내는 과정은 어떠한 과정인지 설명하기
   ① 4－8과정
   ② 6－2과정
   ③ 2－7과정
2. 응축기와 흡수기의 열량
3. 1냉동톤당의 냉매순환량

해설 1. ① 4－8과정 : 열교환기에서 방열작용으로 발생기(재생기)에서 농축된 진한 용액이 열교환기를 거치는 동안 묽은 용액의 열을 방출하여 온도가 낮아지는 과정이다.

② 6－2과정 : 증발기에서 증발된 냉매증기는 흡수기의 브롬화리튬(LiBr)수용액에 흡수되어 증발압력과 온도는 일정하게 유지되고, 냉매증기 흡수 시에 발생되는 흡수열은 흡수기 내 전열관을 통하는 냉각수에 의해 제거되며, 흡수기의 묽은 용액은 용액펌프에 의해 고온재생기로 보내진다.

③ 2－7과정 : 열교환기에서 흡열작용으로 냉매를 흡수하여 농도가 묽은 용액이 순환펌프에 의해 발생기(재생기)로 공급되는 도중에 열교환기에서 진한 용액으로부터 흡열하여 온도가 상승하는 과정이다.

2. ① 응축기 열량(Q_c) $= h_3' - h_3 = 3041.4 - 545.2 = 2496.2\text{kJ/kg}$

② 흡수기 열량

㉠ 용액순환비(f) $= \dfrac{\varepsilon_2}{\varepsilon_2 - \varepsilon_1} = \dfrac{60.4}{60.4 - 51.2} ≒ 6.57\text{kg/kg}$

㉡ 흡수기 열량(Q_a) $= (f-1)h_8 + h_1' - f h_2$

$= \{(6.57-1)\times 273\} + 2927.6 - (6.57 \times 238.7)$

$≒ 2879.95\text{kJ/kg}$

3. ① 냉동효과(q_e) $= h_1' - h_3 = 2927.6 - 545.2 = 2382.4$kJ/kg

② 냉매순환량(m) $= \frac{Q_e}{q_e} = \frac{1 \times 13897.52}{2382.4} ≒ 5.83$kg/h

08 다음 용어를 설명하시오. (6점)

1. 스머징(smudging)
2. 도달거리(throw)
3. 강하거리
4. 등마찰손실법(등압법)

해설 1. 스머징 : 천장취출구 등에서 취출기류 또는 유인된 실내공기 중의 먼지에 의해서 취출구의 주변이 더렵혀지는 것이다.
2. 도달거리 : 취출구에서 0.25m/s의 풍속이 되는 위치까지의 거리이다.
3. 강하거리 : 냉풍 및 온풍을 토출할 때 토출구에서 도달거리에 도달하는 동안 일어나는 기류의 강하 및 상승을 말하며, 이를 강하도(drop) 및 최대 상승거리 또는 상승도(rise)라 한다.
4. 등마찰손실법(등압법) : 덕트 1m당 마찰손실과 동일값을 사용하여 덕트치수를 결정한 것으로 선도 또는 덕트설계용으로 개발한 계산으로 결정할 수 있다.

09 냉장실의 냉동부하 25,116kJ/h, 냉장실 내 온도를 −20℃로 유지하는 나관코일식 증발기 천장코일의 냉각관길이[m]를 구하시오. (단, 천장코일의 증발관 내 냉매의 증발온도는 −28℃, 외표면적 0.19m², 열통과율은 8.14W/m² · K이다.) (4점)

해설 $Q_e = KA_o L(t_i - t_e)$[kJ/h]에서

냉각관길이(L) $= \frac{Q_e}{KA_o(t_i - t_e)} = \frac{25{,}116}{(8.14 \times 3.6) \times 0.19 \times \{-20-(-28)\}} ≒ 563.87$m

10 2단 압축 냉동장치의 운전조건이 다음의 몰리에르선도($P-h$선도)와 같을 때 각 물음에 답하시오. (6점)

[조 건]

1) $h_1 = 1{,}625$kJ/kg, $h_2 = 1{,}813$kJ/kg, $h_3 = 1{,}671$kJ/kg, $h_4 = 1{,}872$kJ/kg, $h_5 = h_7 = 536$kJ/kg, $h_6 = h_8 = 419$kJ/kg
2) 냉동능력 : 5RT(단, 1RT=3.9kW)
3) $v_1 = 1.55$m³/kg, $v_3 = 0.63$m³/kg
4) 저단측 압축기의 체적효율 : 0.7
5) 고단측 압축기의 체적효율 : 0.8

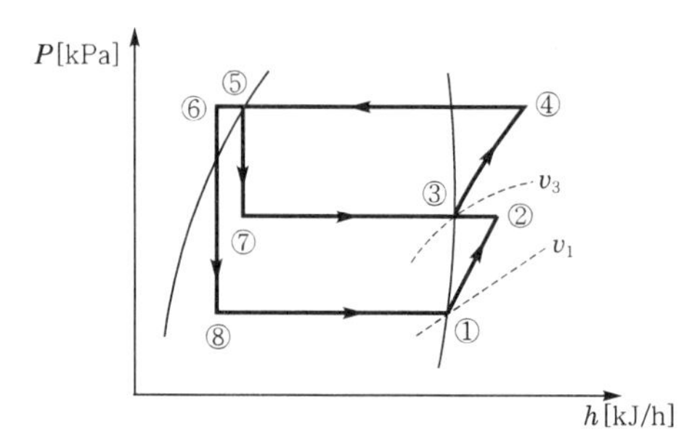

1. 저단측 압축기의 이론적인 피스톤압출량(V_{aL})
2. 고단측 압축기의 이론적인 피스톤압출량(V_{aH})

1\. ① 저단 냉매순환량(m_L) $= \dfrac{Q_e}{q_e} = \dfrac{3.9RT \times 3{,}600}{h_1 - h_6} = \dfrac{3.9 \times 5 \times 3{,}600}{1{,}625 - 419} \fallingdotseq 58.21\text{kg/h}$

② 저단 피스톤압출량(V_{aL}) $= \dfrac{m_L v_1}{\eta_{vL}} = \dfrac{58.21 \times 1.55}{0.7} \fallingdotseq 128.89\text{m}^3\text{/h}$

2\. ① 고단 냉매순환량(m_H) $= m_L\left(\dfrac{h_2 - h_6}{h_3 - h_5}\right) = 58.21 \times \dfrac{1{,}813 - 419}{1{,}671 - 536} \fallingdotseq 71.49\text{kg/h}$

② 고단 피스톤압출량(V_{aH}) $= \dfrac{m_H v_3}{\eta_{vH}} = \dfrac{71.49 \times 0.63}{0.8} \fallingdotseq 56.30\text{m}^3\text{/h}$

11

다음 그림과 같은 공조장치를 다음의 조건으로 냉방운전할 때 공기선도를 이용하여 그림의 번호를 공기조화프로세스에 나타내고 공기냉각기에서 냉각열량〔kJ/h〕과 제습(감습)량〔kg/h〕을 계산하시오. (단, 환기덕트에 의한 공기의 온도 상승은 무시한다.) (7점)

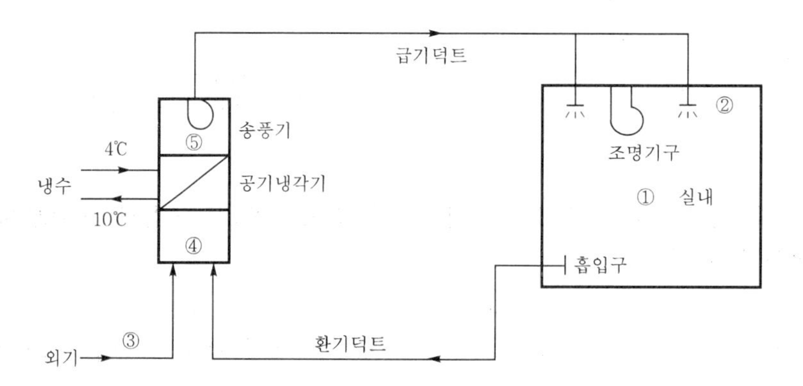

[조 건]

1) 실내상태 : 건구온도 26℃, 상대습도 50%
2) 외기상태 : 건구온도 33℃, 습구온도 27℃
3) 실내급기량 : 1,000m^3/h
4) 취입외기량 : 급기풍량의 25%
5) 실내와 취출공기의 온도차 : 10℃
6) 송풍기 및 급기덕트에 의한 공기의 온도 상승 : 1℃
7) 공기의 밀도 : 1.2kg/m^3
8) 공기의 정압비열 : 1kJ/kg·K, 냉각수비열 : 4.2kJ/kg·K
9) SHF=0.9
10) 1kcal=4.2kJ

해설 ① 공기선도

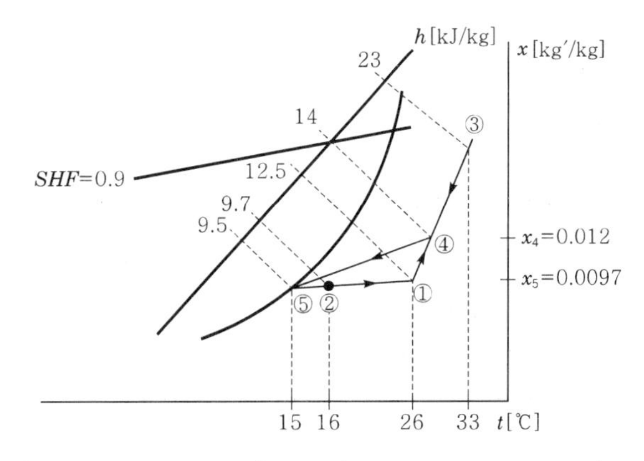

② 냉각열량$(q_c) = \rho Q C_p \Delta h = \rho Q C_p (h_4 - h_5) = 1.2 \times 1{,}000 \times 4.2 \times (14 - 9.5)$
$= 22{,}680\text{kJ/h}(= 6.3\text{kW})$

③ 제습량$(L) = m\Delta x = \rho Q(x_4 - x_5) = 1.2 \times 1{,}000 \times (0.012 - 0.0097) = 2.76\text{kg}'/\text{kg}$

12 프레온계 냉매의 오존층 파괴문제를 방지하기 위해 대체한 냉매인 이산화탄소(CO_2, R-744)의 특징 5가지를 쓰시오. (5점)

해설 ① 포화압력이 매우 높아서 냉동장치의 내압성이 커야 한다.
② 다른 냉매에 비해 가스의 비체적이 매우 작아 장치를 소형으로 만들 수 있다.
③ 가정용 에어컨보다는 자동차용으로 더욱 적용성이 크다.
④ 냉매의 임계온도가 매우 낮아(31.06℃) 냉각수의 온도가 충분히 낮지 않으면 응축기에서 응축작용이 일어나지 않는다.
⑤ 가정용 히트펌프급탕기로 사용할 수 있다(일본은 상용화되어 있다).

13 다음 부속품을 삽입하여 냉동장치의 배관도를 완성하시오. (10점)

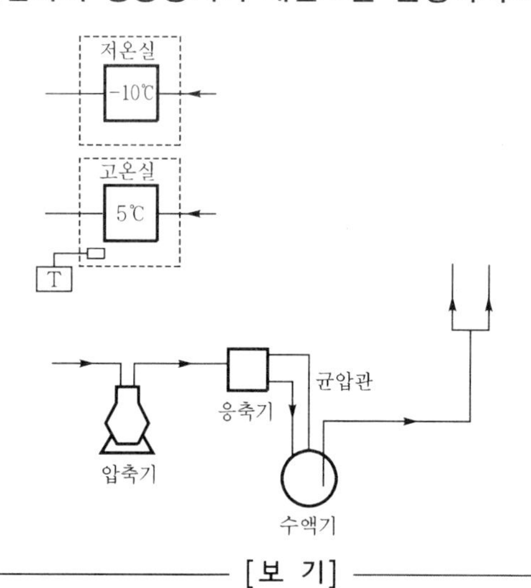

[보 기]

1) Ⓓ : 건조기
2) Ⓢ : 전자밸브
3) T : (참고) 열전대
4) SPR : 흡입압력조정밸브
5) 체크밸브 기호 : 체크밸브
6) EPR : 증발압력조정밸브
7) 온도식 자동팽창밸브 기호 : 온도식 자동팽창밸브
8) OP : 유압보호스위치
9) DPS : 고저압차단스위치

해설

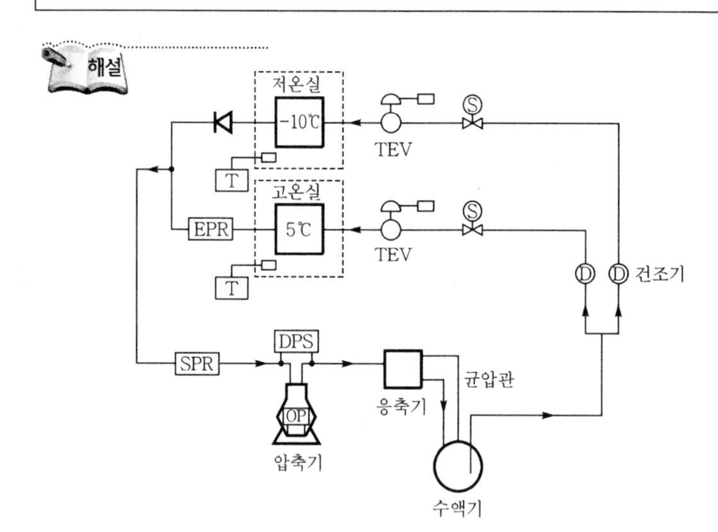

14 다음 응축기의 요목 및 사용조건에서 유막이 없을 때 열통과율(K_1)에 비하여 유막이 있을 때 열통과율(K_2)이 몇 〔%〕 정도 감소하는지 계산식을 표시하여 답하시오. (5점)

[조 건]

1) 형식 : 셸 앤드 튜브식
2) 표면열전달률(냉각수측) $\alpha_w = 2,326\text{W/m}^2 \cdot \text{K}$
3) 표면열전달률(냉매측) $\alpha_r = 1,744\text{W/m}^2 \cdot \text{K}$, 냉각관두께 $\delta_t = 3.0\text{mm}$
4) 물때의 부착상황 시 두께 $\delta_s = 0.2\text{mm}$, 열전도율 $\lambda_s = 0.93\text{W/m} \cdot \text{K}$
5) 관재의 열전도율 $\lambda_t = 349\text{W/m} \cdot \text{K}$
6) 유막의 부착상황 시 두께 $\delta_o = 0.01\text{mm}$, 열전도율 $\lambda_o = 0.14\text{W/m} \cdot \text{K}$

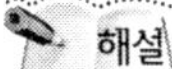

해설 ① 유막이 없을 때 열통과율

$$R_1 = \frac{1}{K_1} = \frac{1}{\alpha_w} + \frac{\delta_s}{\lambda_s} + \frac{\delta_t}{\lambda_t} + \frac{1}{\alpha_r}$$

$$= \frac{1}{2,326} + \frac{0.2 \times 10^{-3}}{0.93} + \frac{3 \times 10^{-3}}{349} + \frac{1}{1,744}$$

$$= 0.00122696686\text{m}^2 \cdot \text{K/W}$$

$$\therefore K_1 = \frac{1}{R_1} = \frac{1}{0.00122696686} ≒ 815.02\text{W/m}^2 \cdot \text{K}$$

② 유막이 있을 때 열통과율

$$R_2 = \frac{1}{K_1} = \frac{1}{\alpha_w} + \frac{\delta_s}{\lambda_s} + \frac{\delta_t}{\lambda_t} + \frac{\delta_o}{\lambda_o} + \frac{1}{\alpha_r}$$

$$= \frac{1}{2,326} + \frac{0.2 \times 10^{-3}}{0.93} + \frac{3 \times 10^{-3}}{349} + \frac{0.01 \times 10^{-3}}{0.14} + \frac{1}{1,744}$$

$$= 0.00129839543\text{m}^2 \cdot \text{K/W}$$

$$\therefore K_2 = \frac{1}{R_2} = \frac{1}{0.00129839543} ≒ 770.18\text{W/m}^2 \cdot \text{K}$$

③ 감소율(R_r) $= \dfrac{K_1 - K_2}{K_1} \times 100\% = \dfrac{815.02 - 770.18}{815.02} \times 100\% ≒ 5.5\%$

즉, 유막이 있을 때 열통과율이 5.5% 감소한다.

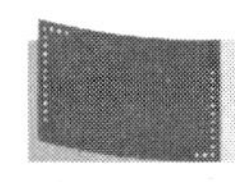

2020. 11. 29. 시행

01 겨울철 냉동장치의 운전 중에 고압측 압력이 갑자기 낮아질 경우 장치 내에서 일어나는 현상을 3가지 쓰고 그 이유를 각각 설명하시오. (6점)

해설 ① ㉠ 현상 : 냉동장치의 각부가 정상임에도 불구하고 냉각이 불충분해진다.
㉡ 이유 : 응축기 냉각공기온도가 낮아짐으로 응축압력이 낮아지는 것이 원인이다.
② ㉠ 현상 : 냉매순환량이 감소한다.
㉡ 이유 : 증발압력이 일정한 상태에서 고·저압의 차압이 적어서 팽창밸브의 능력이 감소하는 것이 원인이다.
③ ㉠ 현상 : 단위능력당 소요동력이 증가한다.
㉡ 이유 : 냉동능력에 알맞은 냉매량을 확보하지 못하므로 운전시간이 길어지는 것이 원인이다.

02 다음과 같은 벽체의 열관류율을 구하시오. (단, 외표면 열전달률 $\alpha_o = 23\text{W/m}^2 \cdot \text{K}$, 내표면 열전달률 $\alpha_i = 9\text{W/m}^2 \cdot \text{K}$로 한다.) (6점)

재료명	두께 [mm]	열전도율 [W/m · K]
① 모르타르	30	1.4
② 콘크리트	130	1.6
③ 모르타르	20	1.4
④ 스티로폼	50	0.037
⑤ 석고보드	10	0.21

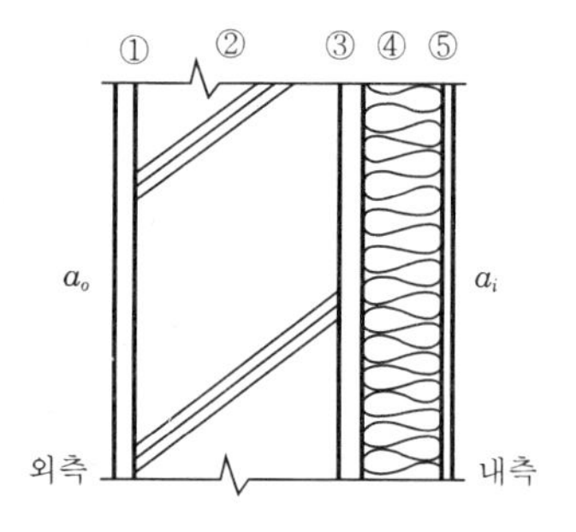

해설
$$R = \frac{1}{K} = \frac{1}{\alpha_o} + \sum_{i=1}^{n} \frac{l_i}{\lambda_i} + \frac{1}{\alpha_i}$$
$$= \frac{1}{23} + \frac{0.03}{1.4} + \frac{0.13}{1.6} + \frac{0.02}{1.4} + \frac{0.05}{0.037} + \frac{0.01}{0.21} + \frac{1}{9}$$
$$= 1.6702\text{m}^2 \cdot \text{K/W}$$
$$\therefore K = \frac{1}{R} = \frac{1}{1.6702} \fallingdotseq 0.60\text{W/m}^2 \cdot \text{K}$$

03 다음과 같은 공조시스템에 대해 계산하시오. (8점)

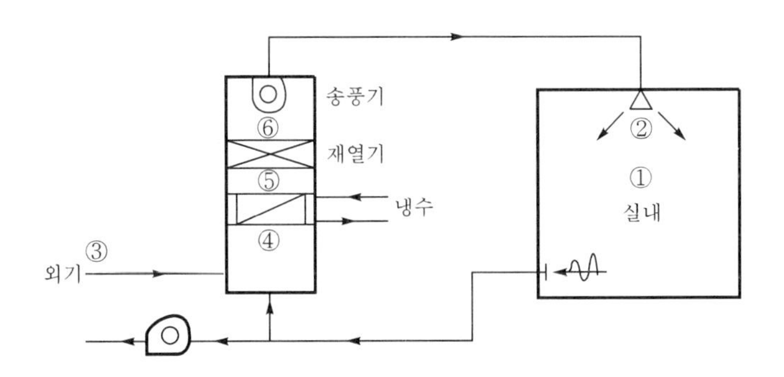

[조 건]

1) 실내온도 : 25℃, 실내상대습도 : 50%
2) 외기온도 : 31℃, 외기상대습도 : 60%
3) 실내급기풍량 : 5,000m^3/h
   취입외기풍량 : 1,000m^3/h
   공기밀도 : 1.2kg/m^2
4) 취출공기온도 : 17℃
   공조기 송풍기 입구온도 : 16.5℃
5) 공기냉각기 냉수량 : 1.4L/s
   냉수 입구온도(공기냉각기) : 6℃
   냉수 출구온도(공기냉각기) : 12℃
6) 재열기(전열기) 소비전력 : 5kW
7) 공조기 입구의 환기온도=실내온도

1. 실내냉방 현열부하(kJ/h)를 구하시오.
2. 실내냉방 잠열부하(kJ/h)를 구하시오.

해설 1. 실내냉방 현열부하(Q_s)$=\rho QC_p(t_i-t_e)=1.2\times 6{,}000\times 1.0046\times(25-17)$
$=57864.96$kJ/h

2. 실내냉방 잠열부하(Q_L)

① 혼합공기온도(t_4)$=\dfrac{Q_i t_i+Q_o t_o}{Q(=Q_i+Q_o)}=\dfrac{(5{,}000\times 25)+(1{,}000\times 31)}{6{,}000}=26$℃

② 냉각코일부하(q_{cc})$=WC(t_o-t_i)=(1.4\times 3{,}600)\times 4.186\times(12-6)$
$=126584.64$kJ/h

③ 냉각코일 출구 비엔탈피(h_5)$=h_4-\dfrac{q_{cc}}{\rho Q}=54-\dfrac{126584.64}{1.2\times 6{,}000}$
$\fallingdotseq 36.42$kJ/kg

④ 냉각코일 출구온도(t_5)$=t_2-\dfrac{5kW}{\rho QC_p}=16.5-\dfrac{5\times 3{,}600}{1.2\times 6{,}000\times 1.0046}=14.01$℃

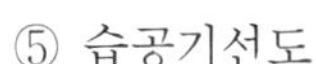

⑤ 습공기선도

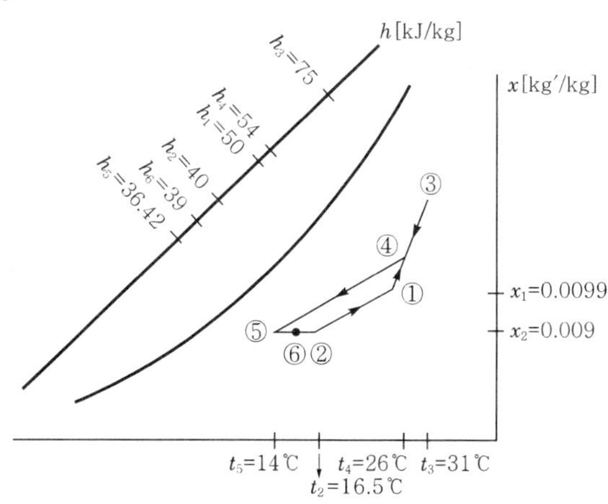

⑥ 잠열부하$(Q_L) = \rho Q \gamma_o \Delta x = 1.2 \times 6{,}000 \times 2500.3 \times (0.0099 - 0.009)$
$= 16201.94\,\text{kJ/h}$

04 900rpm으로 운전되는 송풍기가 300m³/min, 전압 40mmAq, 동력 3.5kW의 성능을 나타내고 있다. 이 송풍기의 회전수를 1,080rpm으로 증가시키면 어떻게 되는가? (6점)

해설 송풍기의 상사법칙에 의해

① 풍량 : $Q_2 = Q_1\left(\dfrac{N_2}{N_1}\right) = 300 \times \dfrac{1{,}080}{900} = 360\text{m}^3/\text{min}$

② 전압 : $P_2 = P_1\left(\dfrac{N_2}{N_1}\right)^2 = 40 \times \left(\dfrac{1{,}080}{900}\right)^2 = 57.6\text{mmAq}$

③ 동력 : $L_2 = L_1\left(\dfrac{N_2}{N_1}\right)^3 = 3.5 \times \left(\dfrac{1{,}080}{900}\right)^3 \fallingdotseq 6.05\text{kW}$

05 주어진 조건을 이용하여 R-12 냉동기의 이론피스톤압출량(m³/h), 냉동능력(kW), 성적계수(COP)를 구하시오. (8점)

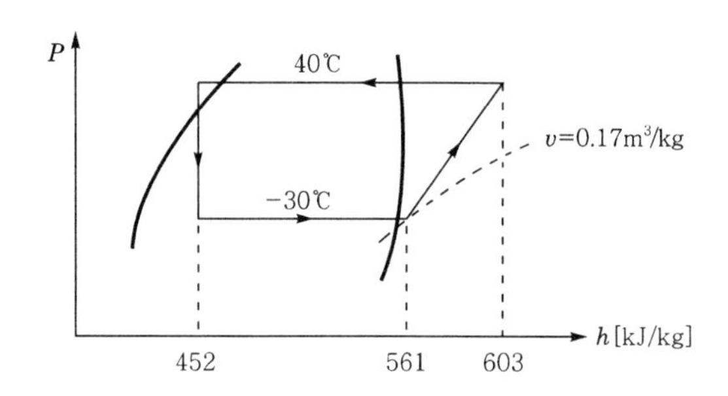

[조 건]	
1) 실린더지름 : 80mm	2) 행정거리 : 90mm
3) 회전수 : 1,200rpm	4) 체적효율 : 70%
5) 기통수 : 4	6) 압축효율 : 82%
7) 기계효율 : 90%	

해설 ① 이론피스톤압출량(V_{th}) $= 60ASNZ$

$$= 60 \times \frac{\pi \times 0.08^2}{4} \times 0.09 \times 1{,}200 \times 4$$

$$\fallingdotseq 130.29\text{m}^3/\text{h}$$

② 냉동능력(Q_e) $= \dfrac{V_{th}}{v}\eta_v q_e = \dfrac{\frac{130.29}{3{,}600}}{0.17} \times 0.7 \times (561-452) \fallingdotseq 16.24\text{kW}$

③ 성적계수(COP) $= \dfrac{q_e}{w_c \eta_c \eta_m} = \dfrac{561-452}{(603-561) \times 0.82 \times 0.9} \fallingdotseq 1.92$

06 다음과 같은 건물의 A실에 대하여 다음 조건을 이용하여 각 난방부하[kJ/h]를 구하시오.

(단, 실 A는 최상층으로 사무실용도이며, 아래층의 난방조건은 동일하다.) (10점)

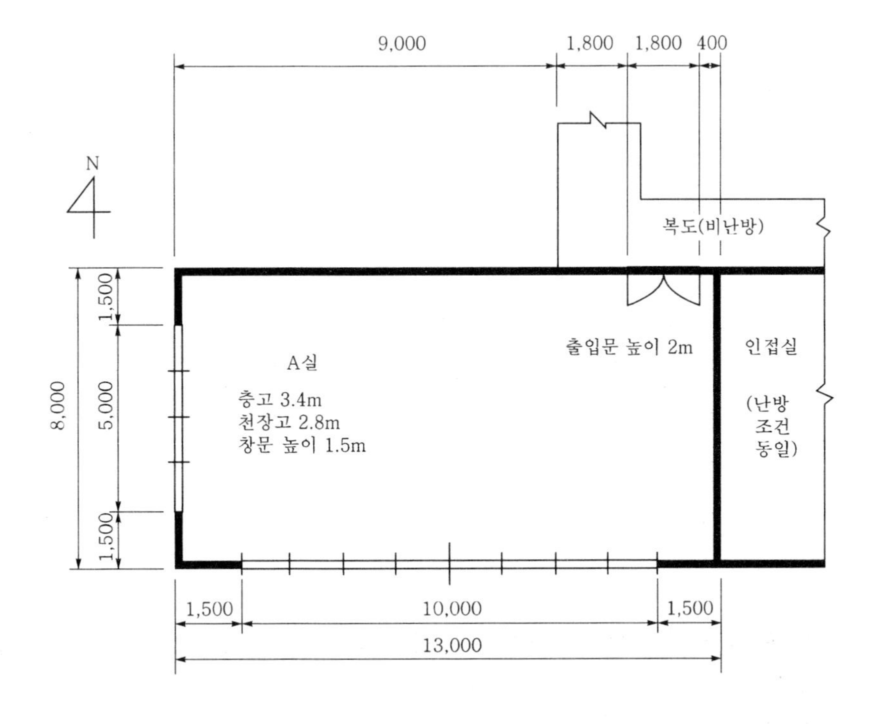

[조 건]

1) 난방설계용 온·습도

구 분	난 방	비 고
실내	20℃ DB, 50% RH, $x=0.00725$kg′/kg	비공조실은 실내·외의 중간 온도로 약산함
외기	−5℃ DB, 70% RH, $x=0.00175$kg′/kg	

2) 유리 : 복층유리(공기층 6mm), 블라인드 없음, 열관류율 $K=3.5\text{W/m}^2\cdot\text{K}$
   출입문 : 목제 플래시문, 열관류율 $K=2.21\text{W/m}^2\cdot\text{K}$
3) 공기의 밀도 $\rho=1.2\text{kg/m}^3$, 공기의 정압비열 $C_p=1.0046\text{kJ/kg}\cdot\text{K}$, 수증기의 증발잠열(0℃) $E_a=2{,}500\text{kJ/kg}$, 100℃ 물의 증발잠열 $E_b=2{,}256\text{kJ/kg}$
4) 외기도입량$=25\text{m}^3/\text{h}\cdot$인
5) 외벽 열관류율 : $0.56\text{W/m}^2\cdot\text{K}$, 내벽 열관류율 : $3\text{W/m}^2\cdot\text{K}$,
   지붕 열관류율 : $0.49\text{W/m}^2\cdot\text{K}$

1. 서측 : ① 외벽 ② 유리창
2. 남측 : ① 외벽 ② 유리창
3. 북측 외벽
4. 지붕
5. 내벽(북측 칸막이)
6. 출입문

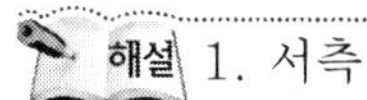
해설 1. 서측

① 외벽$=0.56\times\{(8\times3.4)-(5\times1.5)\}\times\{20-(-5)\}\times1.1=303.38\text{kJ/h}$

② 유리창$=3.5\times(5\times1.5)\times\{20-(-5)\}\times1.1=721.88\text{kJ/h}$

2. 남측

① 외벽$=0.56\times\{(13\times3.4)-(10\times1.5)\}\times\{20-(-5)\}\times1.0=408.8\text{kJ/h}$

② 유리창$=3.5\times(10\times1.5)\times\{20-(-5)\}\times1.0=1312.5\text{kJ/h}$

3. 북측 외벽$=0.56\times(9\times3.4)\times\{20-(-5)\}\times1.2=514.08\text{kJ/h}$

4. 지붕$=0.49\times(8\times13)\times\{20-(-5)\}\times1.2=1528.8\text{kJ/h}$

5. 내벽(북측 칸막이)$=3\times\{(4\times2.8)-(1.8\times2)\}\times\left\{20-\dfrac{20+(-5)}{2}\right\}$

$=285\text{kJ/h}$

6. 출입문$=2.21\times(1.8\times2)\times\left\{20-\dfrac{20+(-5)}{2}\right\}=99.45\text{kJ/h}$

07 **다음 도면과 같은 온수난방에 있어서 리버스리턴방식에 의한 배관도를 완성하시오.** (단, A, B, C, D는 방열기를 표시한 것이며, 온수공급관은 실선으로, 귀환관은 점선으로 표시하시오.) (10점)

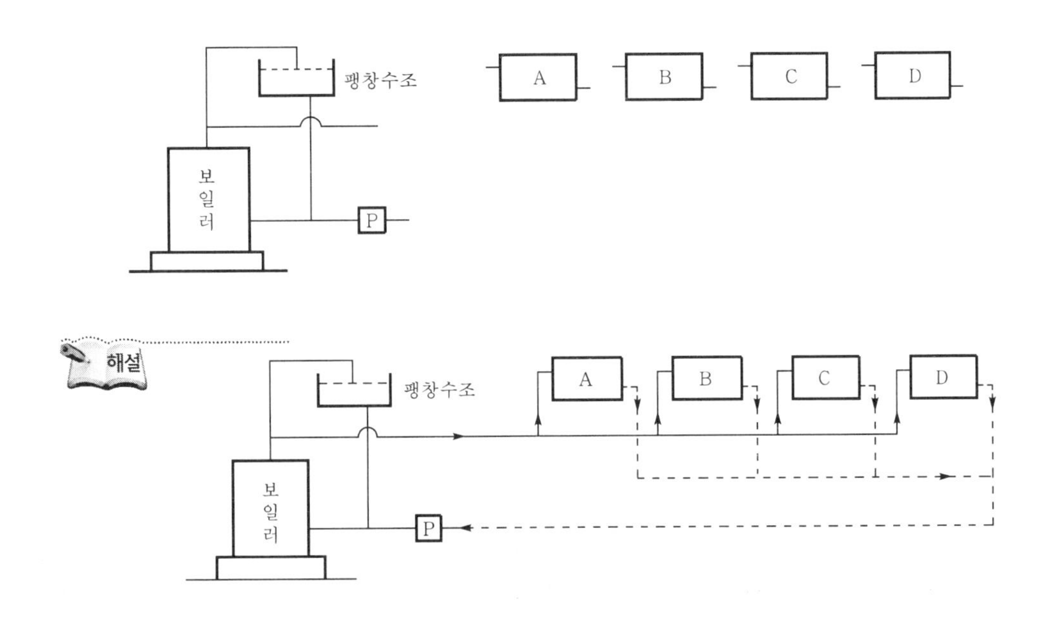

08 **매시간마다 40ton의 석탄을 연소시켜서 800kPa, 온도 400℃의 증기를 매시간 25ton 발생시키는 보일러의 효율은 얼마인가?** (단, 급수의 비엔탈피 504kJ/kg, 발생증기의 비엔탈피 33,600kJ/kg, 석탄의 저위발열량 23,100kJ/kg이다.) (4점)

해설 보일러의 효율(η_B)$= \dfrac{m_a(h_2 - h_1)}{H_L \times m_f} \times 100\%$

$$= \frac{25 \times 10^3 \times (33{,}600 - 504)}{23{,}100 \times 40 \times 10^3} \times 100\% \fallingdotseq 89.55\%$$

09 **흡수식 냉동장치에서 응축기 발열량이 50,232kJ/h이고 흡수기에 공급되는 냉각수량이 1,200kg/h이며 냉각수온도차가 8℃일 때 냉동능력 2RT를 얻기 위하여 발생기에 가열하는 열량을 구하시오. (5점)**

해설 열평형법칙(열역학 제0법칙) 적용

냉동능력(Q_e)+발생기 가열량(Q_g) = 흡수기 제거열량(Q_a)+응축부하(Q_c)

① 흡수기 제거열량(Q_a)$= WC\Delta t$

$= 1{,}200 \times 4.186 \times 8 = 40185.6\text{kJ/h}$

② 발생기(재생기) 가열량(Q_g)$= (Q_a + Q_c) - Q_e$

$= (40185.6 + 50{,}232) - (2 \times 13897.52)$

$= 62622.56\text{kJ/h}$

10

다음과 같은 조건하에서 횡형 응축기를 설계하고자 한다. 냉동능력 10kW당 응축기 전열면적[m^2]은 얼마인가? (단, 방열계수 1.2, 응축온도 35℃, 냉각수 입구온도 28℃, 냉각수 출구온도 32℃, 응축온도와 냉각수의 평균온도차 5℃, K=1.05kW/m^2 · K이다.) (5점)

해설

① $방열계수(C) = \dfrac{응축부하(Q_c)}{냉동능력(Q_e)} = 1.2$에서 $Q_c = 1.2Q_e$ [kW]

② $Q_c = KA\left(t_c - \dfrac{t_{w1}+t_{w2}}{2}\right)$ [kW]에서

$$전열면적(A) = \frac{Q_c(=1.2Q_e)}{K\left(t_c - \dfrac{t_{w1}+t_{w2}}{2}\right)} = \frac{1.2\times10}{1.05\times\left(35-\dfrac{28+32}{2}\right)} \fallingdotseq 2.29\text{m}^2$$

11

①의 공기상태 t_1 =25℃, x_1 =0.022kg′/kg, h_1 =91.67kJ/kg, ②의 공기상태 t_2 = 22℃, x_2 =0.006kg′/kg, h_2 =37.67kJ/kg일 때 공기 ①을 25%, 공기 ②를 75%로 혼합한 후의 공기 ③의 상태(t_3, x_3, h_3)를 구하고, 공기 ①과 공기 ③ 사이의 열수분비를 구하시오. (8점)

해설

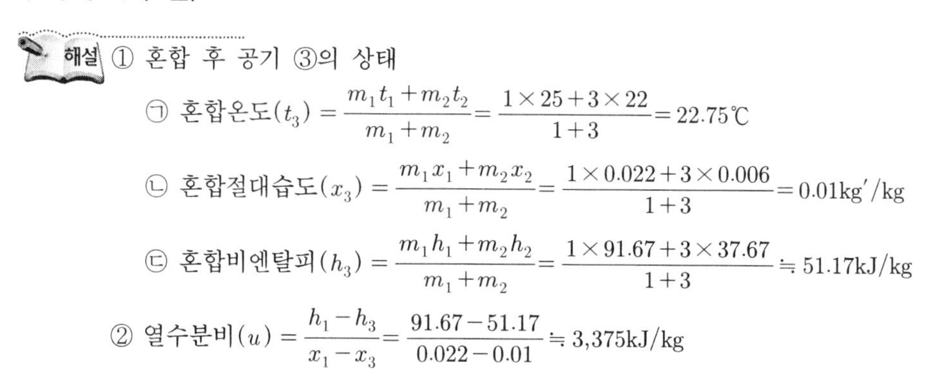

① 혼합 후 공기 ③의 상태

㉠ $혼합온도(t_3) = \dfrac{m_1t_1+m_2t_2}{m_1+m_2} = \dfrac{1\times25+3\times22}{1+3} = 22.75℃$

㉡ $혼합절대습도(x_3) = \dfrac{m_1x_1+m_2x_2}{m_1+m_2} = \dfrac{1\times0.022+3\times0.006}{1+3} = 0.01\text{kg}'/\text{kg}$

㉢ $혼합비엔탈피(h_3) = \dfrac{m_1h_1+m_2h_2}{m_1+m_2} = \dfrac{1\times91.67+3\times37.67}{1+3} \fallingdotseq 51.17\text{kJ/kg}$

② $열수분비(u) = \dfrac{h_1-h_3}{x_1-x_3} = \dfrac{91.67-51.17}{0.022-0.01} \fallingdotseq 3{,}375\text{kJ/kg}$

12

다음과 같은 덕트계에서 각부의 덕트치수를 구하고 송풍기 전압 및 정압을 구하시오. (6점)

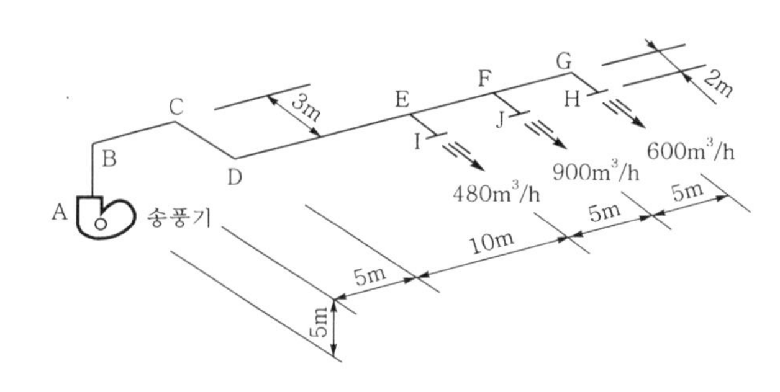

[조 건]

1) 취출구 손실은 각 2mmAq이고, 송풍기 출구풍속은 8m/s이다.
2) 직관마찰손실은 0.1mmAq/m로 한다.
3) 곡관부 1개소의 상당길이는 원형 덕트(지름)의 20배로 한다.
4) 각 기기의 마찰저항은 다음과 같다.
   ① 에어필터 : 10mmAq
   ② 공기냉각기 : 20mmAq
   ③ 공기가열기 : 7mmAq
5) 원형 덕트에 상당하는 사각형 덕트의 1변 길이는 20cm로 한다.
6) 풍량에 따라 제작 가능한 덕트의 치수표

풍량[m^3/h]	원형 덕트지름[mm]	사각형 덕트치수[mm]
2,500	380	650×200
2,200	370	600×200
1,900	360	550×200
1,600	330	500×200
1,100	280	400×200
1,000	270	350×200
750	240	250×200
560	220	200×200

1. 각부의 덕트치수을 구하시오.

구 간	풍량[m^3/h]	원형 덕트지름[mm]	사각형 덕트치수[mm]
A－E			
E－F			
F－H			
F－J			

2. 송풍기 전압[mmAq]을 구하시오.
3. 송풍기 정압[mmAq]을 구하시오.

해설 1. 각부의 덕트치수

구 간	풍량[m^3/h]	원형 덕트지름[mm]	사각형 덕트치수[mm]
A－E	1,980	370	600×200
E－F	1,500	330	500×200
F－H	600	240	250×200
F－J	900	270	350×200

2. 송풍기 전압(P_t)
   ① 직통덕트손실$=\{(5\times4)+10+3+2\}\times0.1=3.5$mmAq
   ② B, C, D곡부손실$=(20\times0.37\times3)\times0.1=2.22$mmAq
   ③ G곡부손실$=(20\times0.24)\times0.1=0.48$mmAq
   ④ 송풍기 전압$(P_t)=(3.5+2.22+0.48+2)-\{-(10+20+7)\}=45.2$mmAq

3. 송풍기 정압(P_s)=전압−동압$= P_t - P_d = P_t - \dfrac{\rho V^2}{2g} = 45.2 - \dfrac{1.2 \times 8^2}{2 \times 98}$

$\fallingdotseq 41.28\,\text{mmAq}$

13

R−22를 사용하는 2단 압축 1단 팽창 냉동장치가 있다. 압축기는 저단, 고단 모두 건조포화증기를 흡입하여 압축하는 것으로 하고, 운전상태에 있어서의 장치 주요 냉매값이 다음과 같을 때 다음 각 물음에 답하시오. (8점)

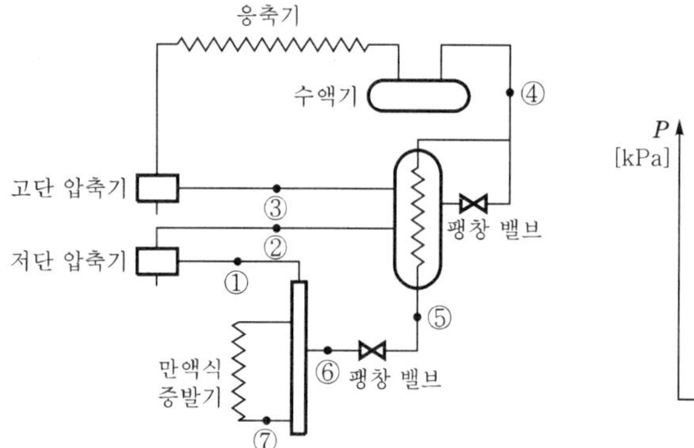

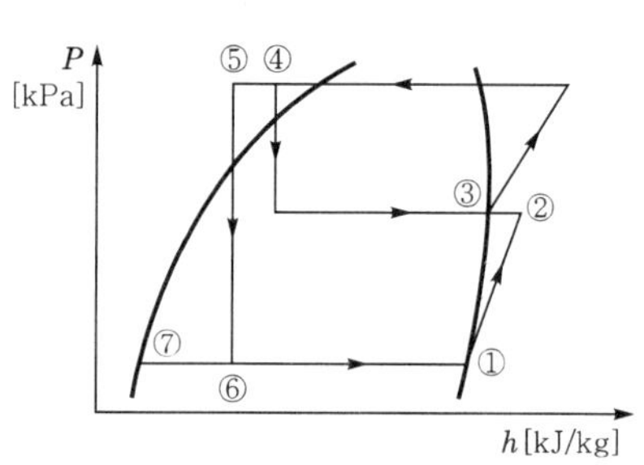

[조 건]

1) 냉동능력 : 200kW
2) 증발압력에서의 포화액의 비엔탈피 : 380kJ/kg
3) 증발압력에서의 건조포화증기의 비엔탈피 : 610kJ/kg
4) 중간냉각기 입구의 냉매액의 비엔탈피 : 452kJ/kg
5) 팽창밸브 출구의 냉매액의 비엔탈피 : 425kJ/kg
6) 중간 압력에서의 건조포화증기의 비엔탈피 : 627kJ/kg
7) 저단 압축기 토출가스의 비엔탈피 : 643kJ/kg

1. 냉동효과[kJ/kg]
2. 저단 냉매순환량[kg/s]
3. 중간냉각기로 바이패스되어 고단 압축기로 들어가는 냉매량[kg/s]

해설

1. 냉동효과$(q_e) = h_1 - h_6 = 610 - 425 = 185\,\text{kJ/kg}$

2. 저단 냉매순환량$(m_L) = \dfrac{Q_e}{q_e} = \dfrac{200}{185} \fallingdotseq 1.08\,\text{kg/s}$

3. 바이패스냉매량$(m_b) = m_L\left(\dfrac{(h_2 - h_3) + (h_4 - h_5)}{h_3 - h_4}\right)$

$= 1.08 \times \dfrac{(643 - 627) + (452 - 425)}{627 - 452} \fallingdotseq 0.27\,\text{kg/s}$

14 온도식 자동팽창밸브의 감온통의 설치위치 및 외부균압관의 인출위치를 바르게 도시하고 그 이유를 설명하시오. (8점)

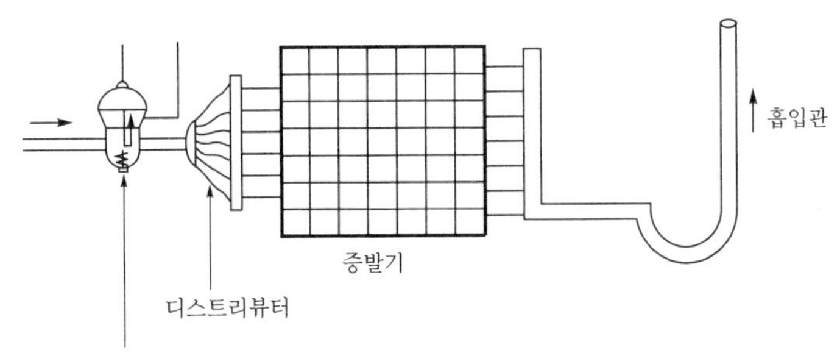

① 설치위치

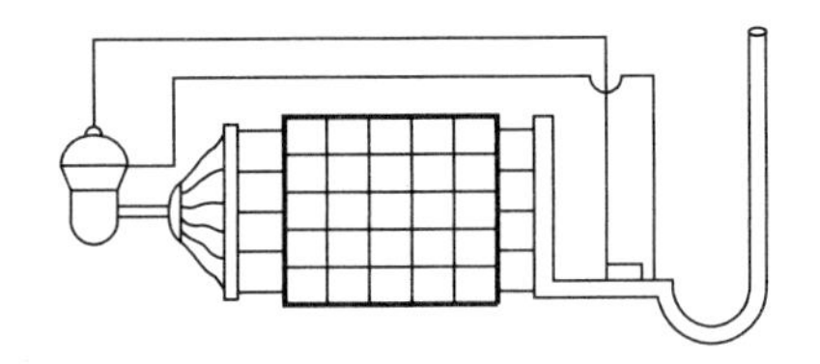

② 이유

㉠ 흡입가스의 과열도를 정확히 감지하기 위해서는 감온통의 부착위치는 액냉매나 윤활유가 체류하지 않은 곳을 선정해야 하며, 흡입관이 입상할 경우의 배관은 액트랩을 설치하고 있으므로 유의해야 한다.

㉡ 증발기 냉각관에서 압력강하가 심한 경우에는 외부균압형 TEV를 사용하며, 외부균압관의 인출위치는 최대 압력강하지점인 감온통의 설치위치를 지난 흡입관 상부에 접속한다. 즉, 팽창밸브 출구에서 감온통 부착지점까지의 총 압력강하의 영향을 해소하기 위한 위치를 선정한다.

【참고】 온도식 자동팽창밸브(Thermostatic Expansion Valve)
증발기 출구에 감온통을 설치하여 감온통에서 감지한 냉매가스의 과열도가 증가하면 열리고, 부하가 감소하여 과열도가 적어지면 닫혀 팽창작용 및 냉매량을 제어하는 것으로 가장 많이 사용한다. 온도식 자동팽창밸브 동력부에 압력을 공급하는 것은 TEV 감온통이다.

2021년도 기출문제

2021. 4. 25. 시행

01 다음 조건과 같은 사무실 A, B에 대해 각 물음에 답하시오. (15점)

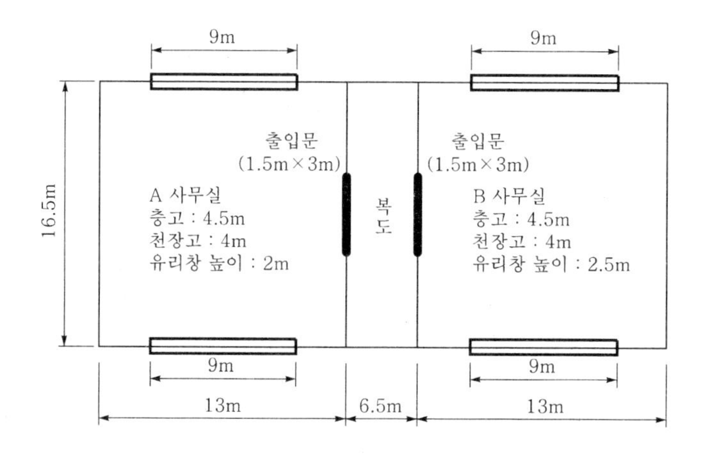

[조 건]

1) 각 사무실별 부하조건

구 분	실내부하(kJ/h)			기기부하 (kJ/h)	외기부하 (kJ/h)
	현 열	잠 열	전 열		
A	60,396	7,182	67,578	12,810	28,224
B	45,234	4,284	49,518	8,862	21,630
계	105,630	11,466	117,096	21,672	49,854

2) 상 · 하층은 동일한 공조조건이다.
3) 덕트에서의 열취득은 없는 것으로 한다.
4) 중앙공조시스템이며 냉동기+AHU에 의한 전공기방식이다.
5) 공기의 밀도는 1.2kg/m^3, 정압비열은 1.005kJ/kg · K이다.
6) 조건에서 열량과 $P-h$선도 비엔탈피 1kcal는 4.2kJ로 환산한다.

1. A, B사무실의 실내취출온도차가 11℃일 때 각 사무실의 풍량(m^3/h)을 구하시오.
2. AHU냉각코일의 열전달률 K=930W/m^2 · K, 냉수의 입구온도 5℃, 출구온도 10℃, 공기의 입구온도 26.3℃, 출구온도 16℃, 코일통과면풍속은 2.5m/s이고 대향류 열교환을 할 때 A, B사무실 총계부하에 대한 냉각코일의 열수를 구하시오.

3. 펌프 및 배관부하는 냉각코일부하의 5%이고, 냉동기의 응축온도는 40℃, 증발온도 0℃, 과열 및 냉각도 5℃, 압축기의 체적효율 0.8, 회전수 1,800rpm, 기통수 6일 때

① A, B사무실 총계부하에 대한 냉동기부하(kJ/h)를 구하시오.

② 이론냉매순환량(kg/h)을 구하시오.

③ 피스톤의 행정체적(m^3)을 구하시오.

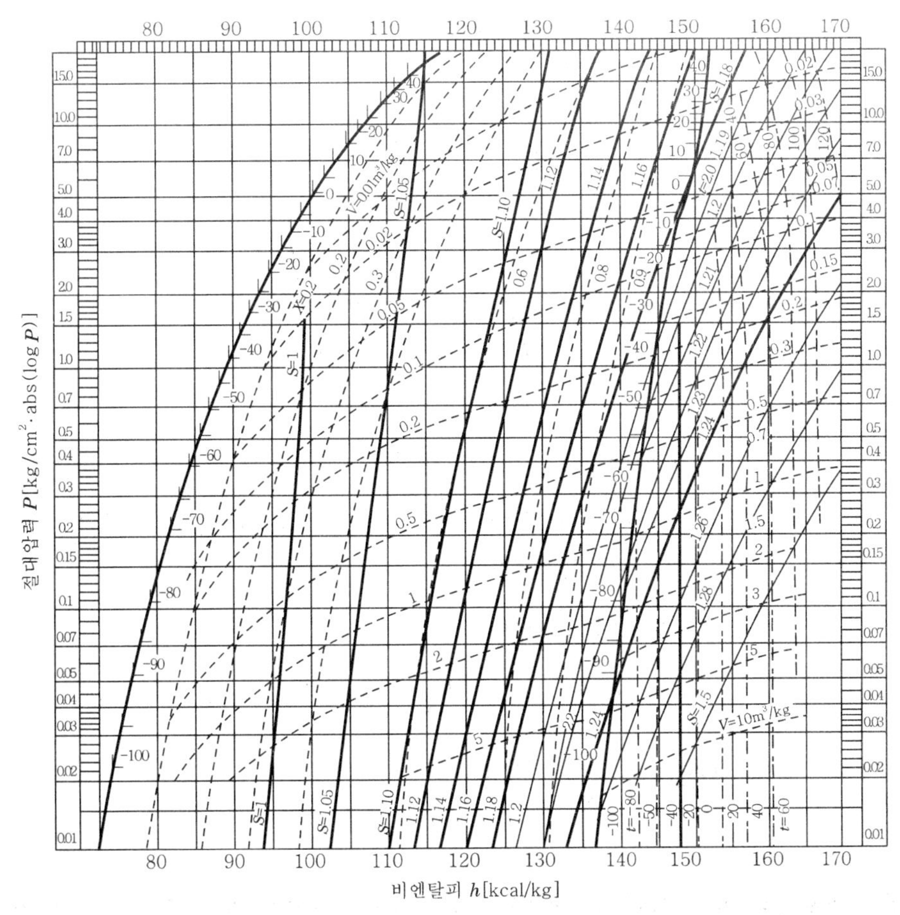

해설 1. A, B사무실의 각 풍량

$q_s = \rho Q C_p \Delta t$ [kJ/h]에서

① A사무실 풍량$(Q_A) = \dfrac{q_{sA}}{\rho C_p \Delta t} = \dfrac{60,396}{1.2 \times 1.005 \times 11} ≒ 4552.69 m^3/h$

② B사무실 풍량$(Q_B) = \dfrac{q_{sB}}{\rho C_p \Delta t} = \dfrac{45,234}{1.2 \times 1.005 \times 11} ≒ 3409.77 m^3/h$

2. 냉각코일의 열수

① 대수평균온도차$(LMTD)=\dfrac{\Delta t_1-\Delta t_2}{\ln\left(\dfrac{\Delta t_1}{\Delta t_2}\right)}=\dfrac{(26.3-10)-(16-5)}{\ln\left(\dfrac{26.3-10}{16-5}\right)}\fallingdotseq 13.48℃$

② 면적$(A)=\dfrac{Q}{3{,}600v}=\dfrac{Q_A+Q_B}{3{,}600v}=\dfrac{4552.69+3409.77}{3{,}600\times 2.5}\fallingdotseq 0.88\text{m}^2$

③ 열수$(N)=\dfrac{q_t+q_p+q_o}{KA(LMTD)}=\dfrac{117{,}096+21{,}672+49{,}854}{930\times 3.6\times 0.88\times 13.48}=4.749\fallingdotseq 5$열

3. $P-h$선도를 그려 살펴보면

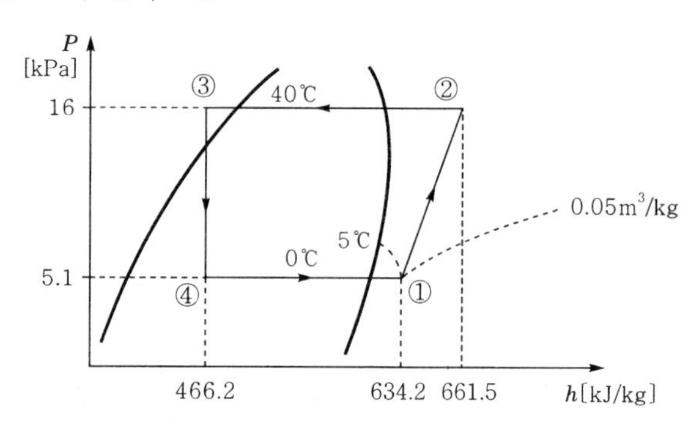

① 냉동부하$(Q_e)=(117{,}096+21{,}672+49{,}854)\times 1.05=198053.1\text{kJ/h}$

② 이론냉매순환량$(\dot{m})=\dfrac{Q_e}{q_e}=\dfrac{Q_e}{h_1-h_4}=\dfrac{198053.1}{634.2-466.2}\fallingdotseq 1178.89\text{kg/h}$

③ 피스톤의 행정체적

㉠ 피스톤토출량$(V)=\dfrac{\dot{m}v_1}{\eta_v}=\dfrac{1178.89\times 0.05}{0.8}\fallingdotseq 77.68\text{m}^3/\text{h}$

㉡ 행정체적$(V_s)=\dfrac{V}{60ZN}=\dfrac{77.68}{60\times 6\times 1{,}800}\fallingdotseq 1.14\times 10^{-4}\text{m}^3$

【참고】 $\dot{m}=\dfrac{Q_e}{q_e}=\dfrac{V\eta_v}{v}$ (kg/h)

02 냉동장치 각 기기의 온도변화 시에 이론적인 값이 상승하면 ○, 감소하면 ×, 무관하면 △을 하시오. (단, 다른 조건은 변화 없다고 가정한다.) (5점)

상태변화 \ 온도변화	응축온도 상승	증발온도 상승	과열도 증가	과냉각도 증가
성적계수				
압축기 토출가스온도				
압축일량				
냉동효과				
압축기 흡입가스 비체적				

상태변화 \ 온도변화	응축온도 상승	증발온도 상승	과열도 증가	과냉각도 증가
성적계수	×	○	○	○
압축기 토출가스온도	○	×	○	△
압축일량	○	×	○	△
냉동효과	×	○	○	○
압축기 흡입가스 비체적	△	×	○	△

03 냉동장치에 설치하는 수액기에 대하여 다음 각 물음에 답하시오. (9점)

1. 설치위치
2. 역할
3. NH_3냉동장치의 표준 용량

1. 응축기와 팽창밸브 사이 고압액관에 설치한다.
2. 장치를 순환하는 냉매를 일시저장하여 증발기의 부하변동에 대응하여 냉매 공급을 원활하게 하며, 냉동기 정지 시에 냉매를 회수하여 안전한 운전을 하게 한다.
3. 냉매충전량을 1RT당 15kg으로 하고, 그 충전량의 $\frac{1}{2}$을 저장할 수 있는 것을 표준으로 한다.

04 다음 주어진 공기-공기, 냉매회로 절환방식 히트펌프의 구성요소를 연결하여 냉방 시와 난방 시 각각의 배관흐름도를 완성하시오. (단, 냉방 및 난방에 따라 배관의 흐름방향을 정확히 표기하여야 한다.) (6점)

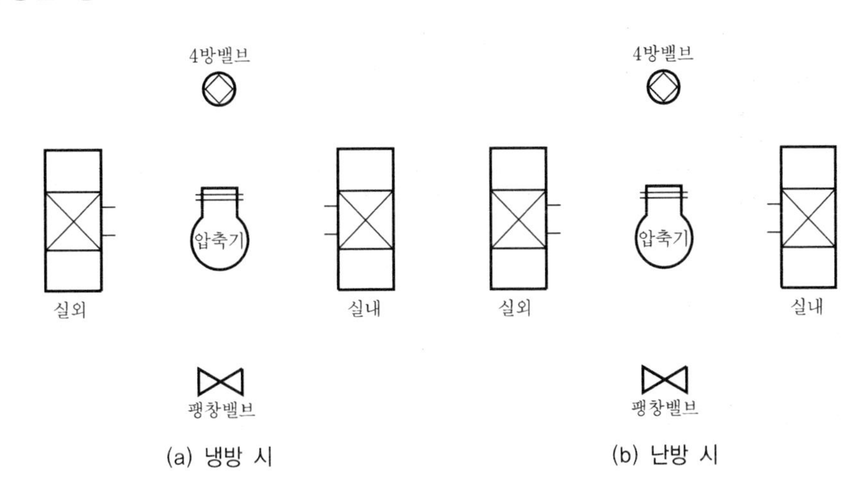

(a) 냉방 시 (b) 난방 시

해설

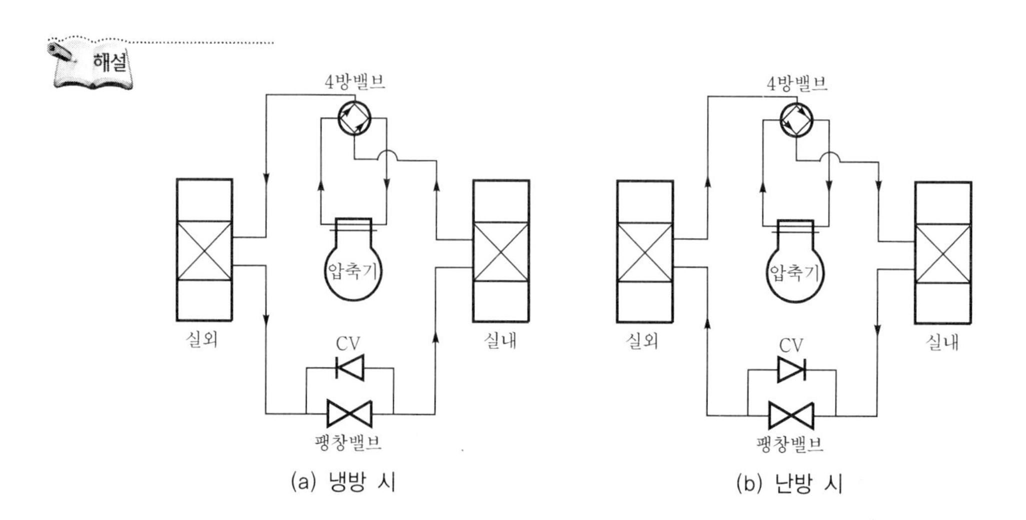

(a) 냉방 시 (b) 난방 시

05 20m(가로)×50m(세로)×4m(높이)의 냉동공장에서 주어진 설계조건으로 300t/day의 얼음(−15℃)을 생산하는 경우 다음 각 물음에 답하시오. (14점)

[조 건]

1) 원수온도 : 20℃
2) 실내온도 : −20℃
3) 실외온도 : 30℃
4) 환기 : 0.3회/h
5) 형광등 : 15W/m^2
6) 실내작업인원 : 15명(발열량 : 1,344kJ/h · 인)
7) 실외측 열전달계수 : 20W/m^2 · K
8) 실내측 열전달계수 : 8W/m^2 · K
9) 잠열부하 및 바닥면으로부터의 열손실은 무시한다.
10) 물의 비열은 4.19kJ/kg · K, 얼음의 비열은 2.1kJ/kg · K, 응고잠열은 333.9kJ/kg이다.
11) 건물구조

구 조	종 류	두께 (m)	열전도율 (W/m · K)	구 조	종 류	두께 (m)	열전도율 (W/m · K)
벽	모르타르	0.01	1.3	천장	모르타르	0.01	1.3
	블록	0.2	0.93		방수층	0.012	0.24
	단열재	0.025	0.06		콘크리트	0.12	1.3
	합판	0.006	0.1		단열재	0.025	0.06

1. 벽 및 천장의 열통과율[W/m² · K]
2. 제빙부하[kJ/h]
3. 벽체부하[kJ/h]
4. 천장부하[kJ/h]
5. 환기부하[kJ/h]
6. 조명부하[kJ/h]
7. 인체부하[kJ/h]

해설 1. 열통과율

① 벽 : $K_1 = \frac{1}{R_1} = \frac{1}{\frac{1}{\alpha_o} + \sum_{i=1}^{n} \frac{l_i}{\lambda_i} + \frac{1}{\alpha_i}}$

$= \frac{1}{\frac{1}{20} + \frac{0.01}{1.3} + \frac{0.2}{0.93} + \frac{0.025}{0.06} + \frac{0.006}{0.1} + \frac{1}{8}}$

$\fallingdotseq 1.14\text{W/m}^2 \cdot \text{K}$

② 천장 : $K_2 = \frac{1}{R_2} = \frac{1}{\frac{1}{\alpha_o} + \sum_{i=1}^{n} \frac{l_i}{\lambda_i} + \frac{1}{\alpha_i}}$

$= \frac{1}{\frac{1}{20} + \frac{0.01}{1.3} + \frac{0.012}{0.24} + \frac{0.12}{1.3} + \frac{0.025}{0.06} + \frac{1}{8}}$

$\fallingdotseq 1.35\text{W/m}^2 \cdot \text{K}$

2. 제빙부하 $= m(C_1 \Delta t_1 + \gamma_o + C_2 \Delta t_2)$

$= \frac{300 \times 10^3}{24} \times [(4.19 \times 20) + 333.9 + (2.1 \times 15)]$

$= 5{,}615{,}000\text{kJ/h}$

3. 벽체부하 $= K_1 m (2A_1 + 2A_2)(t_o - t_i)$

$= 1.14 \times \frac{300 \times 10^3}{24} \times [(2 \times 20 \times 4) + (2 \times 50 \times 4)] \times [30 - (-20)]$

$= 114{,}912\text{kJ/h}$

4. 천장부하 $= K_2 m A \Delta t$

$= 1.35 \times \frac{300 \times 10^3}{24} \times (20 \times 50) \times [30 - (-20)]$

$= 243{,}000\text{kJ/h}$

5. 환기부하 $= \rho Q C_p \Delta t = \rho n V C_p (t_o - t_i)$

$= 1.2 \times 0.3 \times (20 \times 50 \times 4) \times 1.0046 \times [30 - (-20)]$

$= 72331.2\text{kJ/h}$

6. 조명부하 $= 15 \times (20 \times 50) \times 10^{-3} \times 3{,}600$

$= 54{,}000\text{kJ/h}$

7. 인체부하 = 작업인원 × 발열량

$= 15 \times 1{,}344 = 20{,}160\text{kJ/h}$

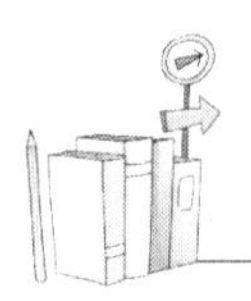

06 다음과 같은 공기조화기를 통과할 때 공기상태변화를 공기선도상에 나타내고 번호를 쓰시오. (4점)

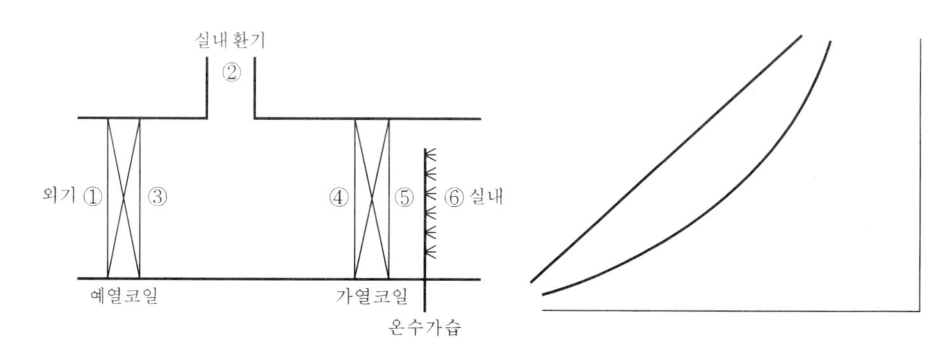

해설

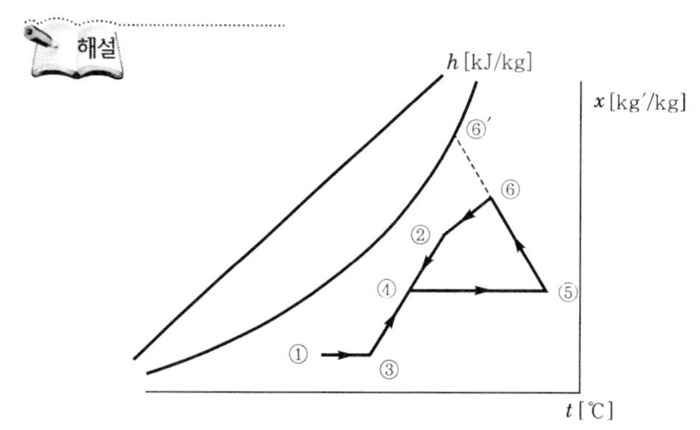

07 다음과 같은 온수난방설비에서 각 물음에 답하시오. (단, 방열기 입출구온도차는 10℃, 국부저항 상당관길이는 직관길이의 50%, 1m당 마찰손실수두는 15mmAq, 물의 정압비열은 4.2kJ/kg · K이다.) (9점)

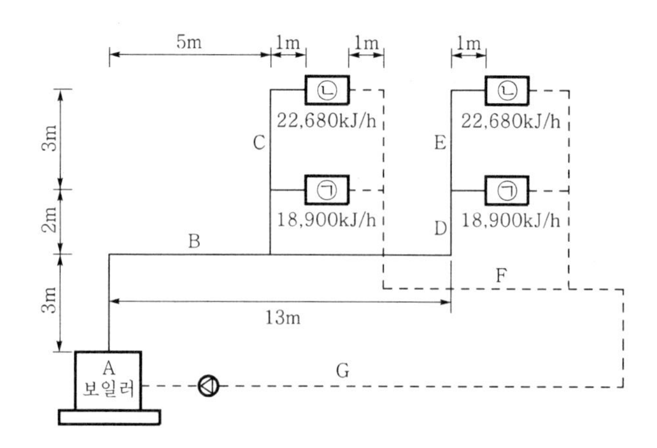

1. 순환펌프의 전 마찰손실수두〔mmAq〕(단, 환수관의 길이는 30m이다.)
2. ㉠과 ㉡의 온수순환량〔L/min〕
3. 각 구간의 온수순환수량〔L/min〕

구 간	B	C	D	E	F	G
순환수량〔L/min〕						

1. 전마찰손실수두(H_L) = (3 + 13 + 2 + 3 + 1 + 30) × 1.5 × 15 = 1,170mmAq
2. ㉠과 ㉡의 온수순환량

   ① ㉠의 온수순환량(W_1) $= \dfrac{Q_㉠}{C_p \Delta t \times 60} = \dfrac{18{,}900}{4.2 \times 10 \times 60} \fallingdotseq 7.5\text{L/min}$

   ② ㉡의 온수순환량(W_2) $= \dfrac{Q_㉡}{C_p \Delta t \times 60} = \dfrac{22{,}680}{4.2 \times 10 \times 60} \fallingdotseq 9\text{L/min}$

   ③ 수량합계(W_t) $= W_1 + W_2 = 7.5 + 9 = 16.5\text{L/min}$
3. 각 구간의 온수순환수량

구 간	B	C	D	E	F	G
순환수량〔L/min〕	33	9	16.5	9	16.5	33

08 다음 감압밸브 주위 배관도를 보고 수량 및 규격을 산출하시오. (4점)

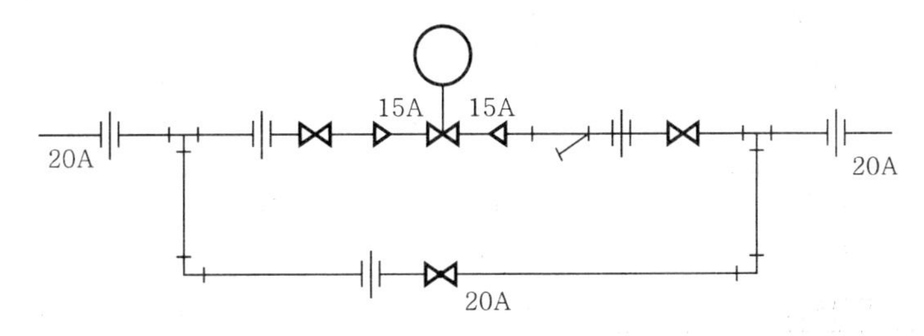

명 칭	단 위	규 격	수 량
감압밸브	개		
글로브밸브	개		
슬루스밸브	개		
리듀서	개		
스트레이너	개		
엘보	개		
티	개		
유니언	개		

2021

해설

명 칭	단 위	규 격	수 량
감압밸브	개	20×15×20	1
글로브밸브	개	20	1
슬루스밸브	개	20	2
리듀서	개	20×15	2
스트레이너	개	20	1
엘보	개	20	2
티	개	20	2
유니언	개	20	5

09 피스톤토출량이 100m³/h인 냉동장치에서 A사이클(1－2－3－4)로 운전하다 증발온도가 내려가서 B사이클(1′－2′－3－4′)로 운전될 때 B사이클의 냉동능력과 소요동력을 A사이클과 비교하시오. (7점)

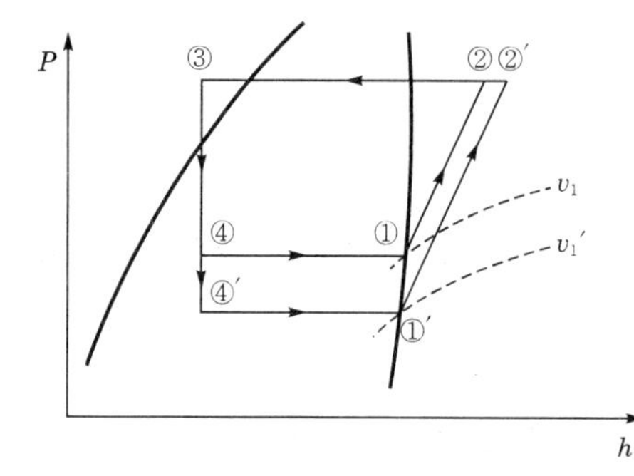

$v_1 = 0.85\text{m}^3/\text{kg}$
$v_1' = 1.2\text{m}^3/\text{kg}$
$h_1 = 630\text{kJ/kg}$
$h_2 = 676.2\text{kJ/kg}$
$h_3 = h_4 = h_4' = 457.8\text{kJ/kg}$
$h_1' = 621.6\text{kJ/kg}$
$h_2' = 693\text{kJ/kg}$

구 분	체적효율(η_v)	기계효율(η_m)	압축효율(η_c)
A사이클	0.78	0.90	0.85
B사이클	0.72	0.88	0.79

해설

① 냉동능력$(Q_e) = \dfrac{V\eta_v q_e}{v}$ [kJ/h]에서

㉠ A사이클의 냉동능력$(Q_{eA}) = \dfrac{V\eta_{vA}(h_1 - h_4)}{v_1}$

$$= \frac{100 \times 0.78 \times (630 - 457.8)}{0.85}$$

$$≒ 15801.88\text{kJ/h} = 4.39\text{kW}$$

㉡ B사이클의 냉동능력$(Q_{eB}) = \dfrac{V\eta_{vB}(h_1' - h_4')}{v_1'}$

$$= \frac{100 \times 0.72 \times (621.6 - 457.8)}{1.2}$$

$$= 9{,}828\text{kJ/h} = 2.73\text{kW}$$

∴ A사이클의 냉동능력이 B사이클의 냉동능력보다 더 크다$(Q_{eA} > Q_{eB})$.

② 소요동력$(N)=\dfrac{V\eta_v w_c}{v\eta_m\eta_c}$ [kJ/h]에서

㉠ A사이클의 소요동력$(N_A)=\dfrac{V\eta_{vA}(h_2-h_1)}{v_1\eta_{mA}\eta_{cA}}$

$=\dfrac{100\times0.78\times(676.2-630)}{0.85\times0.9\times0.85}$

$=5541.88\text{kJ/h}\fallingdotseq1.54\text{kW}$

㉡ B사이클의 소요동력$(N_B)=\dfrac{V\eta_{vB}(h_2'-h_1')}{v_1'\eta_{mB}\eta_{cB}}$

$=\dfrac{100\times0.72\times(693-621.6)}{1.2\times0.88\times0.79}$

$=6162.25\text{kJ/h}\fallingdotseq1.71\text{kW}$

∴ B사이클의 소요동력이 A사이클의 소요동력보다 더 크다$(N_B>N_A)$.

10 냉동장치에 사용하는 액분리기에 대하여 다음 각 물음에 답하시오. (6점)

1. 설치목적　　　　2. 설치위치

해설 1. 흡입가스 중의 액냉매를 분리하여 냉매증기만 압축기로 흡입시킴으로써 액압축(리퀴드백)을 방지하여 압축기 운전을 안전하게 한다.
2. 증발기와 압축기 사이에서 증발기 최상부보다 흡입관을 15cm 이상 입상시켜서 설치한다.

11 주철제 증기보일러 2기가 있는 장치에서 방열기의 상당방열면적이 1,500m^{2}이고, 급탕온수량이 5,000L/h이다. 급수온도 10℃, 급탕온도 60℃, 보일러효율 80%, 압력 60kPa의 증발잠열량이 2221.5kJ/kg일 때 다음 각 물음에 답하시오. (8점)

1. 주철제 방열기를 사용하여 난방할 경우 방열기 절수(단, 방열기의 절당 면적은 0.26m^{2}이다).
2. 배관부하를 난방부하의 10%라고 한다면 보일러의 상용출력[kJ/h]
3. 예열부하를 837,200kJ/h라고 한다면 보일러 1대당 정격출력[kJ/h]
4. 시간당 응축수 회수량[kg/h]

해설 1. 절수(section)$=\dfrac{\text{상당방열면적}}{\text{방열기의 절당 면적}}=\dfrac{1,500}{0.26}\fallingdotseq5,770$절

2. 보일러의 상용출력

① 실제 난방부하=(절수×방열기의 절당 면적)×증기 표준 방열량

$=(5,770\times0.26)\times2720.9=4,081,894\text{kJ/h}$

② 급탕부하$=WC(t_2-t_1)=5,000\times4.186\times(60-10)=1,046,500\text{kJ/h}$

③ 상용출력=(난방부하+배관부하)+급탕부하

=(난방부하×1.1)+급탕부하

$=(4,081,894\times1.1)+1,046,500=5536583.4\text{kJ/h}$

3. 1대당 정격출력 $=(\text{상용출력}+\text{예열부하})\times\dfrac{1}{2}$

$$=(5536583.4+837,200)\times\frac{1}{2}=3186891.7\text{kJ/h}$$

4. 응축수량 $=\dfrac{\text{정격출력}\times 2\text{기}}{\text{증발잠열량}}=\dfrac{3186891.7\times 2}{2221.5}\fallingdotseq 2869.13\text{kg/h}$

12

냉동장치에서 액압축을 방지하기 위하여 운전조작 시 주의해야 할 사항 3가지를 쓰시오. (9점)

해설 ① 냉동기 기동 시에 흡입밸브를 서서히 열어서 조작한다.

② 운전 중 팽창밸브 개구부를 부하량에 맞게 적절히 조정하여 압축기 액흡입을 방지한다(팽창밸브 직전 냉매를 과냉각시켜 액압축 방지).

③ 운전 중 냉각코일(증발기)의 적상에 의한 전열 방해를 최소화하여 압축기 액흡입을 방지한다(적상에 주의하고 제상작업을 하여 전열효과를 양호하게 한다).

2021. 7. 11. 시행

01

다음 도면과 같은 온수난방에 있어서 리버스리턴방식에 의한 배관도를 완성하시오. (단, A, B, C, D는 방열기를 표시한 것이며, 온수공급관은 실선으로, 귀환관은 점선으로 표시하시오.) (6점)

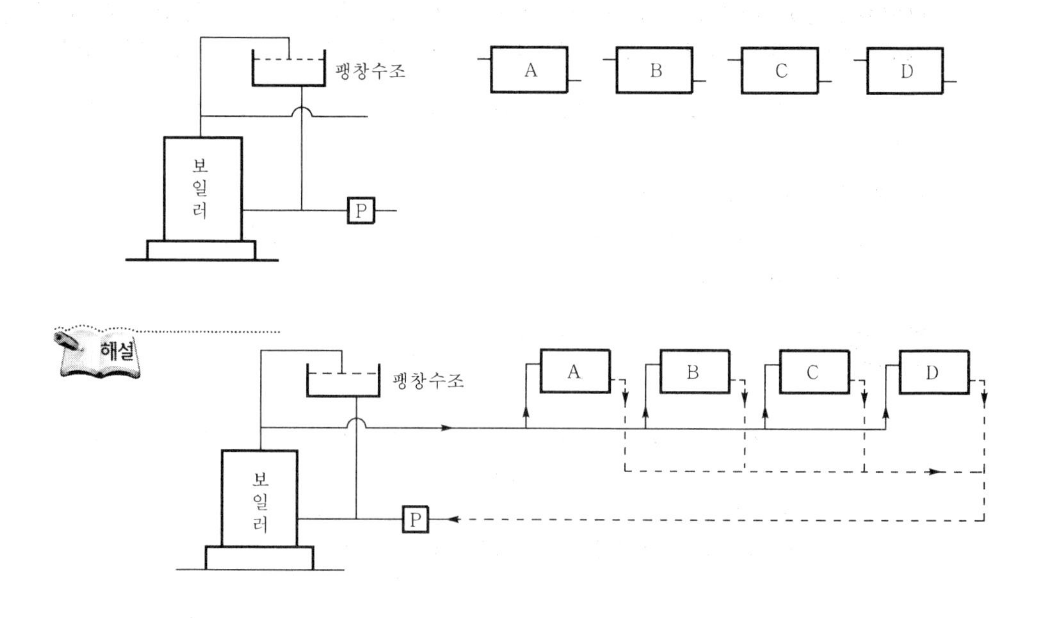

02 냉동장치에 설치하는 유분리기와 수액기의 설치위치 및 목적을 서술하시오. (6점)

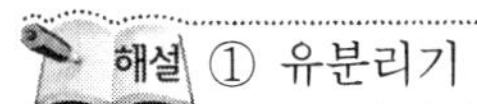

해설 ① 유분리기

㉠ 설치위치 : 압축기와 응축기 사이의 토출배관 중에 설치한다.

【참고】 이때 NH_3장치는 응축기 가까이(응축기와 압축기 사이 응축기에서 1/4인 곳), 프레온장치는 압축기 가까이(압축기와 응축기 사이 압축기에서 1/4인 곳)에 설치한다.

㉡ 설치목적 : 토출되는 고압가스 중에 미립자의 윤활유가 혼입되면 윤활유를 냉매증기로부터 분리시켜서 응축기와 증발기에서 유막 형성으로 전열작용이 방해되는 것을 방지한다.

② 수액기

㉠ 설치위치 : 응축기와 팽창밸브 사이의 냉매액관에 설치한다(응축기 출구에 설치).

㉡ 설치목적 : 냉동장치를 순환하는 냉매액을 일시저장하여 증발기의 부하변동에 대응하여 냉매공급을 원활하게 하며 냉동기 정지 시에 냉매를 회수하여 안전한 운전을 하게 한다.

03 외기온도가 −5℃이고 실내공급공기온도를 18℃로 유지하는 히트펌프가 있다. 실내 총손실열량이 60kW일 때 열펌프의 성적계수와 외기로부터 침입되는 열량은 약 몇 〔kW〕인가? (7점)

해설 ① 열펌프의 성적계수$(\varepsilon_H) = \dfrac{T_1}{T_1 - T_2} = \dfrac{18+273}{(18+273)-(-5+273)} \fallingdotseq 12.65$

② 성적계수$(\varepsilon_H) = \dfrac{Q_1}{Q_1 - Q_2}$ 에서

침입되는 열량$(Q_2) = Q_1 - \dfrac{Q_1}{\varepsilon_H} = 60 - \dfrac{60}{12.65} \fallingdotseq 55.26\text{kW}$

04 냉동장치에 사용되고 있는 NH_3와 R−22 냉매의 특성을 비교하여 다음 빈칸에 기입하시오. (8점)

비교사항	NH_3	R−22
대기압상태에서 응고점 고저		
수분과의 용해성 대소		
폭발성 및 가연성 유무		
누설 발견의 난이		
독성의 유무		
동에 대한 부식성 대소		
윤활유와 분리성		
1냉동톤당 냉매순환량의 대소		

해설

비교사항	NH_3	R－22
대기압상태에서 응고점 고저	고	저
수분과의 용해성 대소	대	소
폭발성 및 가연성 유무	유	무
누설 발견의 난이	쉽다	어렵다
독성의 유무	유	무
동에 대한 부식성 대소	대	소
윤활유와 분리성	분리	용해
1냉동톤당 냉매순환량의 대소	소	대

05 압축기 흡입측에 설치하는 액분리기에서 분리된 냉매액 회수방법에 대하여 2가지만 서술하시오. (5점)

해설
① 열교환기 등을 이용하여 액냉매를 증발시켜서 압축기로 회수한다.
② 만액식 또는 액순환식 증발기의 경우 증발기에 재사용한다.
③ 액회수장치에서 고압으로 전환하여 수액기로 회수한다.

06 다음 그림은 냉수시스템의 배관지름을 결정하기 위한 계통이다. 그림을 참조하여 각 물음에 답하시오. (8점)

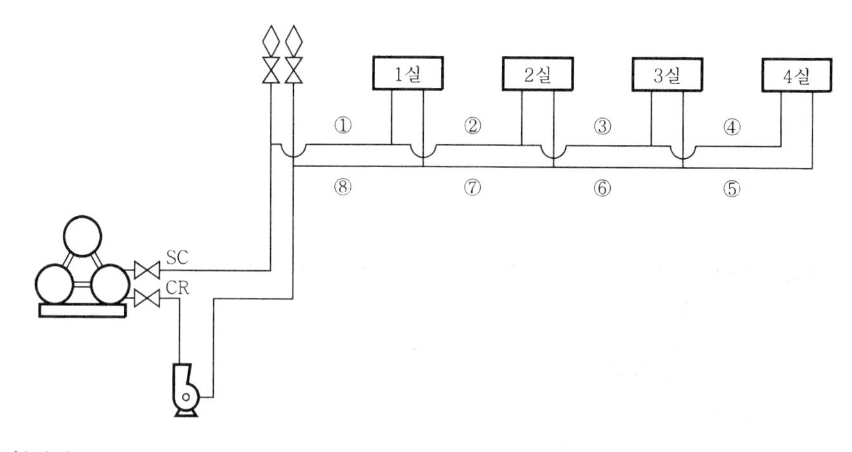

부하집계표

실 명	현열부하[kJ/h]	잠열부하[kJ/h]
1실	50,400	12,600
2실	105,000	21,000
3실	63,000	12,600
4실	126,000	25,200

냉수배관 ①~⑧에 흐르는 유량을 구하고 주어진 마찰저항도표를 이용하여 관지름을 결정하시오. (단, 냉수의 공급 · 환수온도차는 5℃로 하고, 물의 정압비열은 4.2kJ/kg · K, 마찰저항(R)은 30mmAq/m이다.)

배관번호	유량〔L/min〕	관지름(B)
①, ⑧		
②, ⑦		
③, ⑥		
④, ⑤		

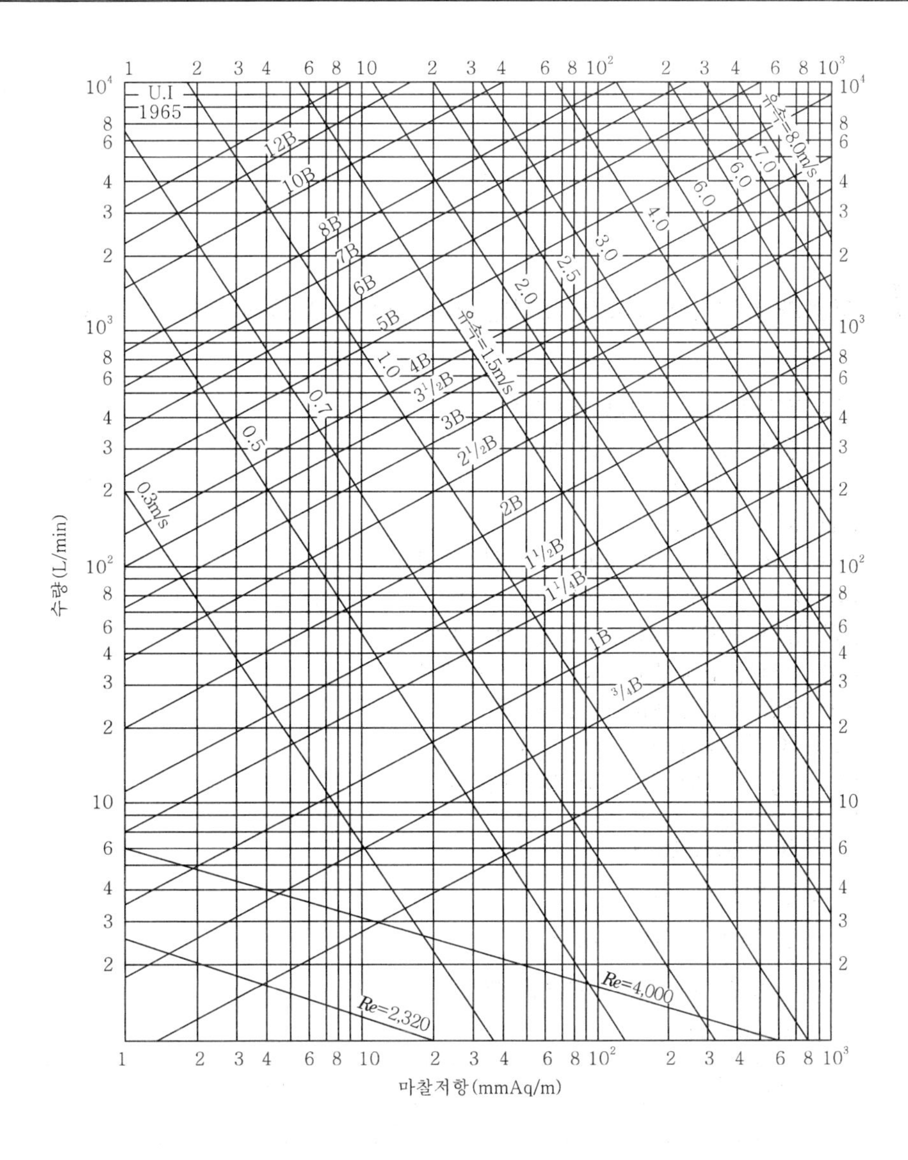

해설 ① 각 실의 유량

㉠ 1실의 유량$(W_1)=\dfrac{q_{s1}+q_{L1}}{60C_p\Delta t}=\dfrac{50,400+12,600}{60\times4.2\times5}=50\text{L/min}$

㉡ 2실의 유량$(W_2)=\dfrac{q_{s2}+q_{L2}}{60C_p\Delta t}=\dfrac{105,000+21,000}{60\times4.2\times5}=100\text{L/min}$

㉢ 3실의 유량$(W_3)=\dfrac{q_{s3}+q_{L3}}{60C_p\Delta t}=\dfrac{63,000+12,600}{60\times4.2\times5}=60\text{L/min}$

㉣ 4실의 유량$(W_4)=\dfrac{q_{s4}+q_{L4}}{60C_p\Delta t}=\dfrac{126,000+25,200}{60\times4.2\times5}=120\text{L/min}$

② 관지름

배관번호	유량〔L/min〕	관지름(B)
①, ⑧	330	3
②, ⑦	280	3
③, ⑥	180	$2\frac{1}{2}$
④, ⑤	120	2

07 다음과 같은 냉수코일의 조건을 이용하여 각 물음에 답하시오. (10점)

[조 건]

1) 코일부하(q_c) : 420,000kJ/h
2) 통과풍량(Q_c) : 15,000m^3/h
3) 단수(S) : 26단
4) 풍속(V) : 3m/s
5) 유효높이(a) 992mm, 길이(b) 1,400mm, 관내경(d_i) 12mm
6) 공기 입구온도 : 건구온도(t_1) 28℃, 노점온도(t_1'') 19.3℃
7) 공기 출구온도 : 건구온도(t_2) 14℃
8) 코일의 입출구수온차 : 5℃(입구수온 7℃)
9) 코일의 열통과율 : 3,654kJ/m^2 · h · K
10) 습면보정계수(C_{WS}) : 1.4
11) 냉수의 정압비열 : 4.2kJ/kg · K

1. 전면면적(A_f)〔m^2〕
2. 냉수량(L)〔L/min〕
3. 코일 내의 수속(V_w)〔m/s〕
4. 대수평균온도차(평행류)$(LMTD)$〔℃〕
5. 코일열수(N)

계산된 열수(N)	2.26~3.70	3.71~5.00	5.01~6.00	6.01~7.00	7.01~8.00
실제 사용열수(N)	4	5	6	7	8

해설

1. 전면면적$(A_f) = \dfrac{Q_c}{3{,}600\,V} = \dfrac{15{,}000}{3{,}600 \times 3} \fallingdotseq 1.39\text{m}^2$

2. 냉수량$(L) = \dfrac{q_c}{60\,C_p\,\Delta t} = \dfrac{420{,}000}{60 \times 4.2 \times 5} \fallingdotseq 333.33\text{L/min}$

3. 코일 내의 수속$(V_w) = \dfrac{L}{AS} = \dfrac{\dfrac{333.33 \times 10^{-3}}{60}}{\dfrac{\pi \times 0.012^2}{4} \times 26} = 1.89\text{m/s}$

4. 대수평균온도차$(LMTD) = \dfrac{\Delta t_1 - \Delta t_2}{\ln\left(\dfrac{\Delta t_1}{\Delta t_2}\right)} = \dfrac{(28-7)-(14-12)}{\ln\left(\dfrac{28-7}{14-12}\right)} \fallingdotseq 8.08℃$

5. 코일열수$(N) = \dfrac{q_c}{KA_f\,C_{WS}(LMTD)} = \dfrac{420{,}000}{3{,}654 \times 1.39 \times 1.4 \times 8.08} \fallingdotseq 8$열

08 다음 도면은 2대의 압축기를 병렬운전하는 1단 압축 냉동장치의 일부이다. 토출가스 배관에 유분리기를 설치하여 완성하시오. (6점)

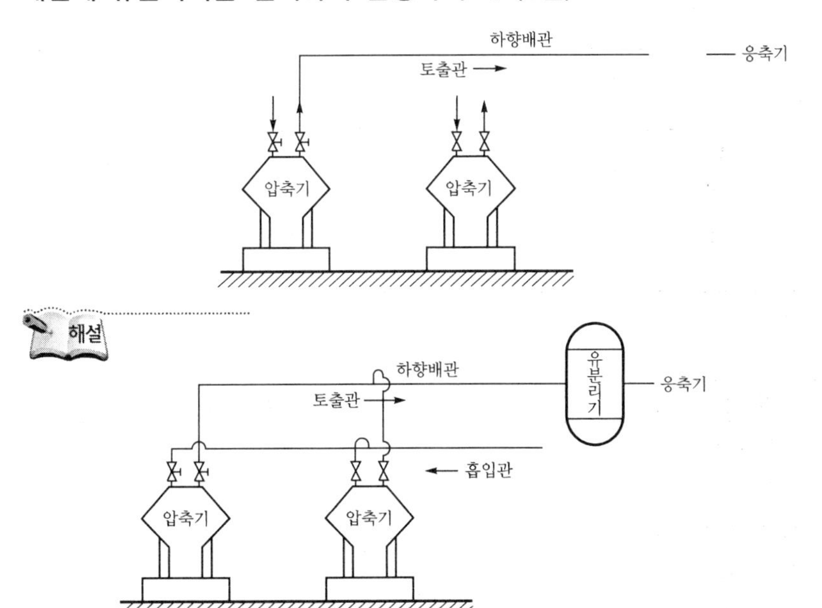

09 재실자 20명이 있는 실내에서 1인당 CO_2 발생량이 0.015m³/h일 때 실내CO_2농도를 1,000ppm으로 유지하기 위하여 필요한 환기량을 구하시오. (단, 외기의 CO_2농도는 300ppm이다.) (3점)

해설 환기량$(Q) = \dfrac{M}{C_i - C_o} = \dfrac{20 \times 0.015}{0.001 - 0.0003} = 428.57\text{m}^3/\text{h}$

※ $1\text{ppm} = 10^{-6} = \dfrac{1}{1{,}000{,}000}$

10 **어느 건물의 기준층 배관을 적산한 결과 다음과 같은 산출근거가 나왔다. 이 배관공사에 대한 내역서를 작성하시오.** (단, 강관부속류의 가격은 직관가격의 50%, 지지철물의 가격은 직관가격의 10%, 배관의 할증률은 10%, 공구손료는 인건비의 3%이다.) (8점)

[조 건]

1) 산출근거서(정미량)

품 명	규 격	직관길이 및 수량
백강관	25mm	40m
백강관	50mm	50m
게이트밸브	청동제 0.98MPa, 50mm	4개

2) 품셈

① 강관배관([m]당)

규 격	배관공[인]	보통 인부[인]
25mm	0.147	0.037
50mm	0.248	0.063

② 밸브류 설치 : 개소당 0.07인

3) 단가

품 명	규 격	단 위	단가[원]
백강관	25mm	m	1,200
백강관	50mm	m	1,500
게이트밸브	50mm	개	9,000

※ 배관공 : 45,000원/인, 보통 인부 : 25,000원/인

4) 내역서

품 명	규 격	단 위	수 량	단 가	금 액
백강관	25mm	m			
백강관	50mm	m			
게이트밸브	청동제 0.98MPa, 50mm	개			
강관부속류					
지지철물류					
인건비	배관공	인			
인건비	보통 인부	인			
공구손료		식			
계					

해설

품 명	규 격	단 위	수 량	단 가	금 액
백강관	25mm	m	44	1,200	52,800
백강관	50mm	m	55	1,500	82,500
게이트밸브	청동제 0.98MPa, 50mm	개	4	9,000	36,000
강관부속류	직관가격의 50%				67,650
지지철물류	직관가격의 10%				13,530
인건비	배관공	인	18.28	45,000	822,600
인건비	보통 인부	인	4.63	25,000	115,750
공구손료	인건비의 3%	식			28150.5
계					1218980.5

11 다음과 같이 3중으로 된 노벽이 있다. 이 노벽의 내부온도를 1,370°C, 외부온도를 280°C로 유지하고, 또 정상상태에서 노벽을 통과하는 열량을 4,069W/m^2 · K로 유지하고자 한다. 이때 사용온도범위 내에서 노벽 전체의 두께가 최소가 되는 벽의 두께를 결정하시오. (10점)

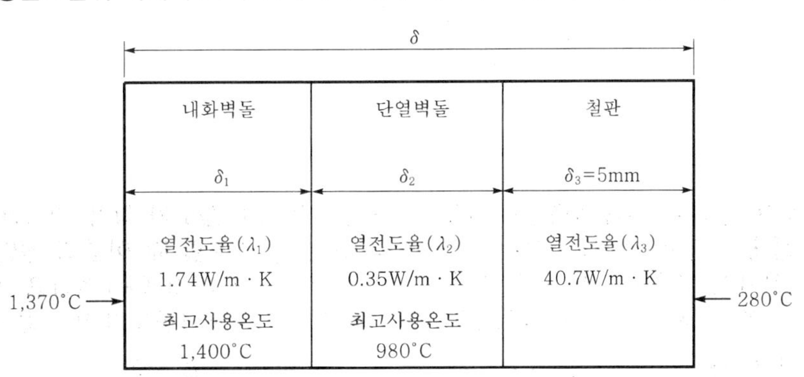

해설 푸리에(Fourier)의 열전도법칙에 의하여

벽 Ⅰ $Q=\lambda_1 A\left(\frac{t_1-t_{w_1}}{\delta_1}\right)$ ………………… ⓐ

벽 Ⅱ $Q=\lambda_2 A\left(\frac{t_{w_1}-t_{w_2}}{\delta_2}\right)$ ………………… ⓑ

벽 Ⅲ $Q=\lambda_3 A\left(\frac{t_{w_2}-t_2}{\delta_3}\right)$ ………………… ⓒ

식 ⓐ, ⓑ, ⓒ를 대입하여 풀면

$$Q=\frac{1}{\frac{\delta_1}{\lambda_1}+\frac{\delta_2}{\lambda_2}+\frac{\delta_3}{\lambda_3}}A(t_1-t_2)=\lambda A\left(\frac{t_1-t_2}{\delta}\right)$$

여기서, $\frac{\delta}{\lambda}=\frac{\delta_1}{\lambda_1}+\frac{\delta_2}{\lambda_2}+\frac{\delta_3}{\lambda_3}$

2021

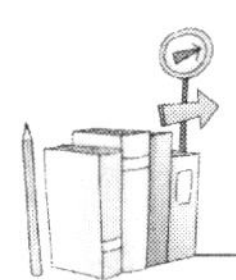
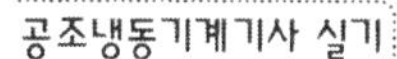

Fourier 식에 의해서

① $\delta_1 = \dfrac{\lambda_1(t_1 - t_{w_1})}{Q} = \dfrac{1.74 \times (1,370 - 980)}{4,069} = 0.16677\text{m} \fallingdotseq 166.77\text{mm}$

② 단열벽돌과 철판 사이 온도$(t_{w_2}) = t_2 + \dfrac{Q\delta_3}{\lambda_3} = 280 + \dfrac{4,069 \times 0.005}{40.7} \fallingdotseq 280.5℃$

③ $\delta_2 = \dfrac{\lambda_2(t_{w_1} - t_{w_2})}{Q} = \dfrac{0.35 \times (980 - 280.5)}{4,069} = 0.06018\text{m} \fallingdotseq 60.17\text{mm}$

④ $\delta = \delta_1 + \delta_2 + \delta_3 = 166.77 + 60.17 + 5 = 231.94\text{mm}$

【별해】 ① 열관류량$(K) = \dfrac{Q}{A\Delta t} = \dfrac{4,069}{1 \times (1,370 - 280)} \fallingdotseq 3.733\text{W/m}^2 \cdot \text{K}$

② 내화벽돌두께(δ_1) : $Q = K\Delta t_1 = \dfrac{\lambda_1}{\delta_1}\Delta t$에서

$\delta_1 = \dfrac{\lambda_1 \Delta t_1}{K\Delta t} = \dfrac{1.74 \times (1,370 - 980)}{3.733 \times (1,370 - 280)} = 0.16677\text{m} \fallingdotseq 166.77\text{mm}$

③ 단열벽돌두께(δ_2) : $\dfrac{\delta_2}{\lambda_2} = \dfrac{1}{K} - \dfrac{\delta_1}{\lambda_1} - \dfrac{\delta_3}{\lambda_3}$

$\dfrac{\delta_2}{0.35} = \dfrac{1}{3.733} - \dfrac{0.16677}{1.74} - \dfrac{0.005}{40.7}$

$\therefore\ \delta_2 = 0.06017\text{m} \fallingdotseq 60.17\text{mm}$

④ 전체 두께$(\delta) = \delta_1 + \delta_2 + \delta_3 = 166.77 + 60.17 + 5 = 231.94\text{mm}$

12

다음의 공기조화장치도는 외기의 건구온도 및 절대습도가 각각 32℃와 0.020kg′/kg, 실내의 건구온도 및 상대습도가 각각 26℃와 50%일 때 여름의 냉방운전을 나타낸 것이다. 실내현열 및 잠열부하가 120,960kJ/h와 40,320kJ/h이고, 실내취출공기온도 20℃, 재열기 출구 공기온도 19℃, 공기냉각기 출구온도가 15℃일 때 다음 각 물음에 답하시오. (단, 외기량은 환기량의 $\dfrac{1}{3}$이고, 공기의 정압비열은 1.008kJ/kg · K이며, 환기의 온도 및 습도는 실내공기와 동일하다.) (10점)

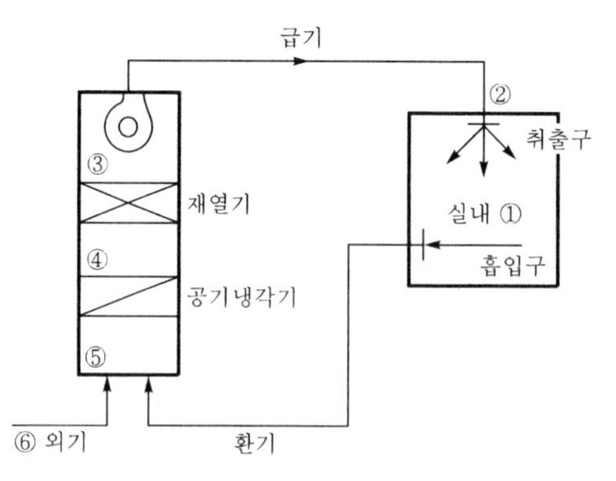

1. 장치도의 각 점을 습공기선도에 나타내기
2. 실내송풍량(급기량)
3. 취입외기량
4. 공기냉각기의 냉각감습열량
5. 재열기의 가열량

해설 1. 장치도의 습공기선도

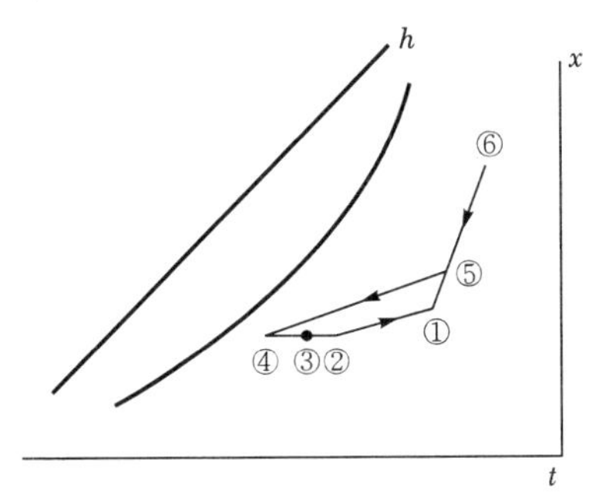

- $h_1 = 52.7$kJ/kg
- $h_2 = 43.9$kJ/kg
- $h_3 = 43.5$kJ/kg
- $h_4 = 38.7$kJ/kg
- $h_5 = 62.4$kJ/kg
- $h_6 = 83.5$kJ/kg

① $SHF = \dfrac{q_s}{q_s + q_L} = \dfrac{120{,}960}{120{,}960 + 40{,}320} = 0.75$

② $t_5 = \dfrac{1}{3}t_o + \dfrac{2}{3}t_i = \dfrac{1}{3} \times 32 + \dfrac{2}{3} \times 26 = 28℃$

2. 실내송풍량$(m) = \dfrac{q_s}{C_p(t_i - t_e)} = \dfrac{120{,}960}{1.008 \times (26-20)} = 20{,}000$kg/h

3. 취입외기량$= \dfrac{1}{3}m = \dfrac{1}{3} \times 20{,}000 ≒ 6666.67$kg/h

4. 공기냉각기의 냉각감습열량$(Q_1) = m(h_5 - h_4) = 20{,}000 \times (62.4 - 38.7) = 474{,}000$kJ/h

5. 재열기의 가열량$(Q_2) = m(h_3 - h_4) = 20{,}000 \times (43.5 - 38.7) = 96{,}000$kJ/h

13

냉동능력 R=14,700kJ/h인 R−22 냉동시스템의 증발기에서 냉매와 공기의 평균 온도차가 8℃로 운전되고 있다. 이 증발기는 내외표면적비 m=8.3, 공기측 열전달률 α_a=126kJ/m^2·h·K, 냉매측 열전달률 α_r=2,520kJ/m^2·h·K의 플레이트핀 코일이고, 핀코일재료의 열전달저항은 무시한다. 다음 각 물음에 답하시오. (6점)

1. 증발기의 외표면기준 열통과율(K[kJ/m^2·h·K])은?
2. 증발기 내경이 23.5mm일 때 증발기 코일길이는 몇 [m]인가?

해설 1. 외표면기준(공기측) 열통과율$(K) = \dfrac{1}{R} = \dfrac{1}{\dfrac{1}{\alpha_a} + \dfrac{1}{\alpha_r}m}$

$$= \frac{1}{\dfrac{1}{126} + \dfrac{1}{2{,}520} \times 8.3} ≒ 89.05\text{kJ/m}^2\cdot\text{h}\cdot\text{K}$$

2. 증발기 코일길이

① 내표면적$(A_i) = \dfrac{R}{Km\Delta t_m} = \dfrac{14{,}700}{89.05 \times 8.3 \times 8} ≒ 2.49\text{m}^2$

② 코일길이$(L) = \dfrac{A_i}{\pi d_i} = \dfrac{2.49}{\pi \times 0.0235} ≒ 33.73$m

14 다음과 같이 주어진 설계조건을 이용하여 사무실 각 부분에 대한 손실열량을 구하시오. (9점)

[조 건]

1) 설계온도 : 실내온도 20℃, 실외온도 0℃, 인접실온도 20℃, 복도온도 10℃, 상층온도 20℃, 하층온도 6℃
2) 열통과율 : 외벽 3.2W/m^2 · K, 내벽 3.5W/m^2 · K, 바닥 1.9W/m^2 · K, 유리(2중) 2.2W/m^2 · K, 문 3.5W/m^2 · K
3) 방위계수
   ① 북쪽, 북서쪽, 북동쪽 : 1.15
   ② 동남쪽, 남서쪽 : 1.05
   ③ 동쪽, 서쪽 : 1.10
   ④ 남쪽 : 1.0
4) 환기횟수 : 0.5회/h
5) 천장높이와 층고는 동일하게 간주한다.
6) 공기의 밀도 : 1.2kg/m^3
7) 공기의 정압비열 : 1.0046kJ/kg · K

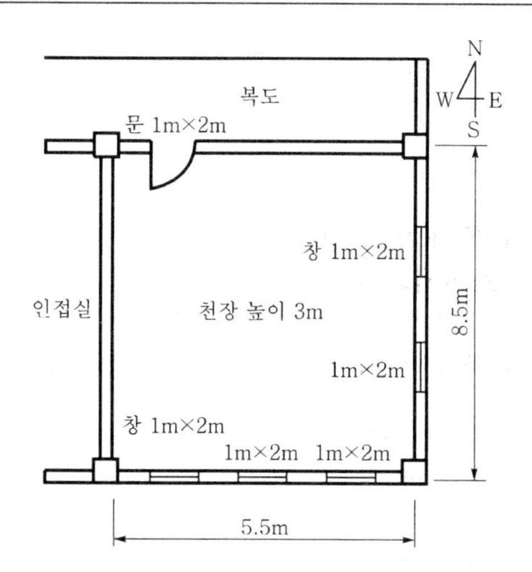

1. 유리창으로 통한 손실열량(kJ/h)
   ① 남쪽
   ② 동쪽
2. 외벽을 통한 손실열량(kJ/h)
   ① 남쪽
   ② 동쪽
3. 내벽을 통한 손실열량(kJ/h)
   ① 바닥
   ② 북쪽

③ 서쪽

④ 문(출입문)

4. 극간풍에 의한 손실열량[kJ/h]

해설 1. 유리창으로 통한 손실열량

① 남쪽 $= k_D KA(t_i - t_o)$

$= 1 \times 2.2 \times 10^{-3} \times 3{,}600 \times (1 \times 2 \times 3) \times (20 - 0)$

$= 950.4\text{kJ/h}$

② 동쪽 $= k_D KA(t_i - t_o)$

$= 1.1 \times 2.2 \times 10^{-3} \times 3{,}600 \times (1 \times 2 \times 2) \times (20 - 0)$

$= 696.96\text{kJ/h}$

2. 외벽을 통한 손실열량

① 남쪽 $= k_D KA(t_i - t_o)$

$= 1 \times 3.2 \times 10^{-3} \times 3{,}600 \times [(5.5 \times 3) - (1 \times 2 \times 3)] \times (20 - 0)$

$= 2419.2\text{kJ/h}$

② 동쪽 $= k_D KA(t_i - t_o)$

$= 1.1 \times 3.2 \times 10^{-3} \times 3{,}600 \times [(8.5 \times 3) - (1 \times 2 \times 2)] \times (20 - 0)$

$= 5448.96\text{kJ/h}$

3. 내벽을 통한 손실열량

① 바닥 $= KA\Delta t = 1.9 \times 10^{-3} \times 3{,}600 \times (5.5 \times 8.5) \times (20 - 6) = 4476.78\text{kJ/h}$

② 북쪽 $= KA\Delta t$

$= 3.5 \times 10^{-3} \times 3{,}600 \times [(5.5 \times 3) - (1 \times 2)] \times (20 - 10) = 1{,}827\text{kJ/h}$

③ 서쪽 $= KA\Delta t$

$= 3.5 \times 10^{-3} \times 3{,}600 \times (8.5 \times 3) \times (20 - 20) = 0\text{kJ/h}$

④ 문(출입문) $= KA\Delta t$

$= 3.5 \times 10^{-3} \times 3{,}600 \times (1 \times 2) \times (20 - 10) = 252\text{kJ/h}$

4. 극간풍에 의한 손실열량 $= \rho Q C_p \Delta t = \rho n V C_p \Delta t$

$= 1.2 \times 0.5 \times (5.5 \times 8.5 \times 3) \times 1.0046 \times (20 - 0)$

$= 1690.74\text{kJ/h}$

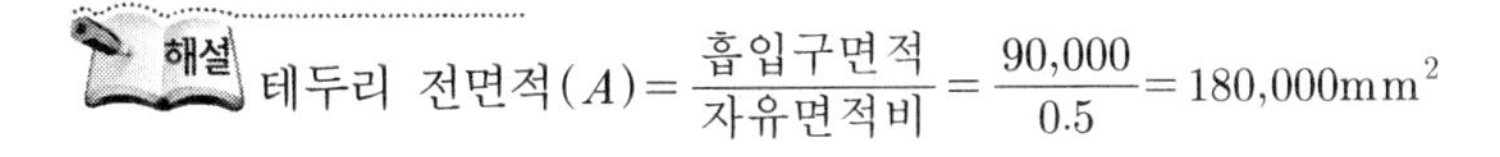

2021. 10. 17. 시행

01 **도어그릴 흡입구면적이 90,000mm^{2}이라면 자유면적비가 0.5일 때 테두리 전면적 [mm^2]을 구하시오. (2점)**

해설 테두리 전면적$(A) = \dfrac{\text{흡입구면적}}{\text{자유면적비}} = \dfrac{90{,}000}{0.5} = 180{,}000\text{mm}^2$

02 다음 그림을 보고 각 물음에 답하시오. (10점)

1. 압축기 1대에 2대의 증발기를 사용하는 경우 EPR의 설치위치를 설정하시오.

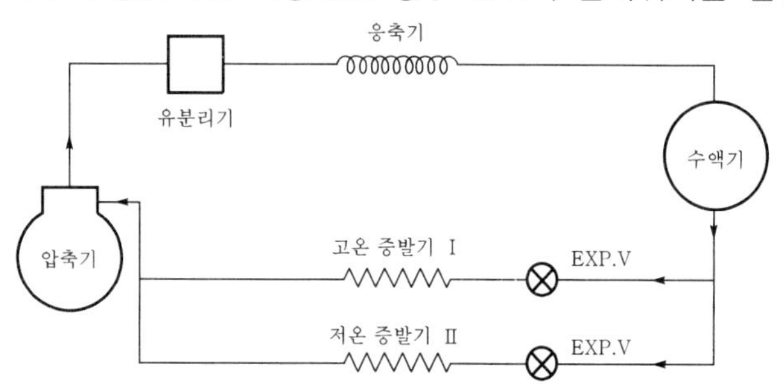

2. 압축기 1대에 3대의 증발기를 사용하는 경우 EPR의 설치위치를 설정하시오.

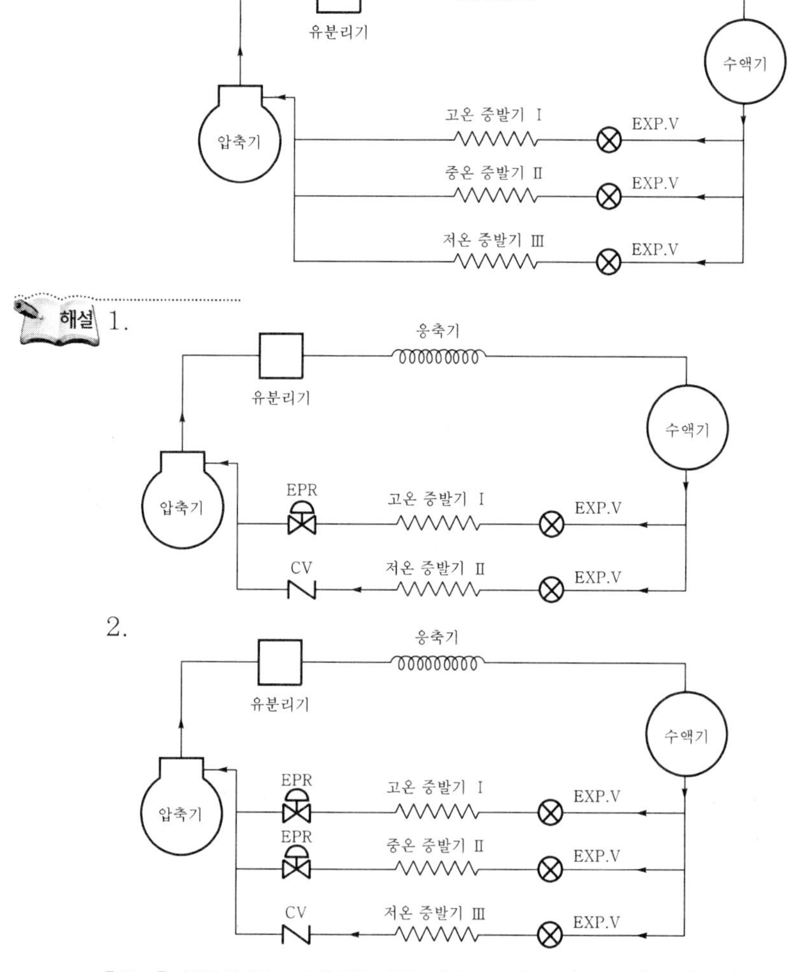

【참고】 냉동장치는 저온증발기를 기준으로 운전되고, 저온증발기 출구에는 체크밸브(CV)를 설치한다.

03 **다음과 같은 공장 내부에 각 취출구에서 3,000m³/h로 취출하는 환기장치가 있다. 다음 각 물음에 답하시오.** (단, 주덕트 내의 풍속은 10m/s로 하고, 곡관부 및 기기의 저항은 다음과 같다.) (8점)

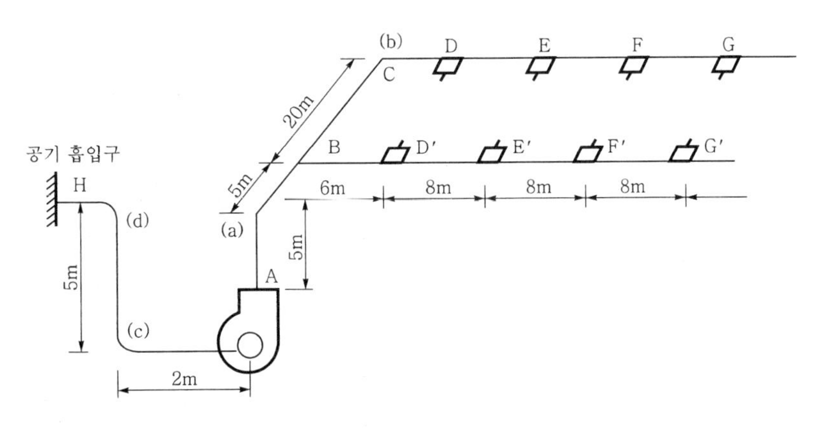

[조 건]

1) 곡관부 저항

① (a)부 : $R_1 = \zeta_1 \dfrac{{V_1}^2}{2g}\left(단,\ \zeta_1 = \dfrac{V_3}{V_1},\ V_1 = 10\text{m/s},\ V_3 = \text{B}-\text{D}\ 간의\ 풍속\right)$

② (b)부 : $R_2 = \zeta_2 \dfrac{{V_2}^2}{2g}(단,\ \zeta_2 = 0.33,\ V_2 = \text{B}-\text{C}-\text{D}\ 간의\ 풍속)$

③ (c), (d)부 : $R_3 = \zeta_3 \dfrac{{V_1}^2}{2g}(단,\ \zeta_3 = 0.33,\ V_1 = 10\text{m/s})$

2) 기기의 저항

① 공기 흡입구 : 5mmAq

② 공기 취출구 : 5mmAq

③ 댐퍼 등 기타 : 3mmAq

1. 정압법(0.1mmAq/m)에 의한 풍량, 풍속, 원형 덕트의 크기

구 간	풍량(m³/h)	저항(mmAq/m)	원형 덕트(cm)	풍속(m/s)
H−A−B		0.1		
B−C−D(B−D′)		0.1		
D−E(D′−E′)		0.1		
E−F(E′−F′)		0.1		
F−G(F′−G′)		0.1		

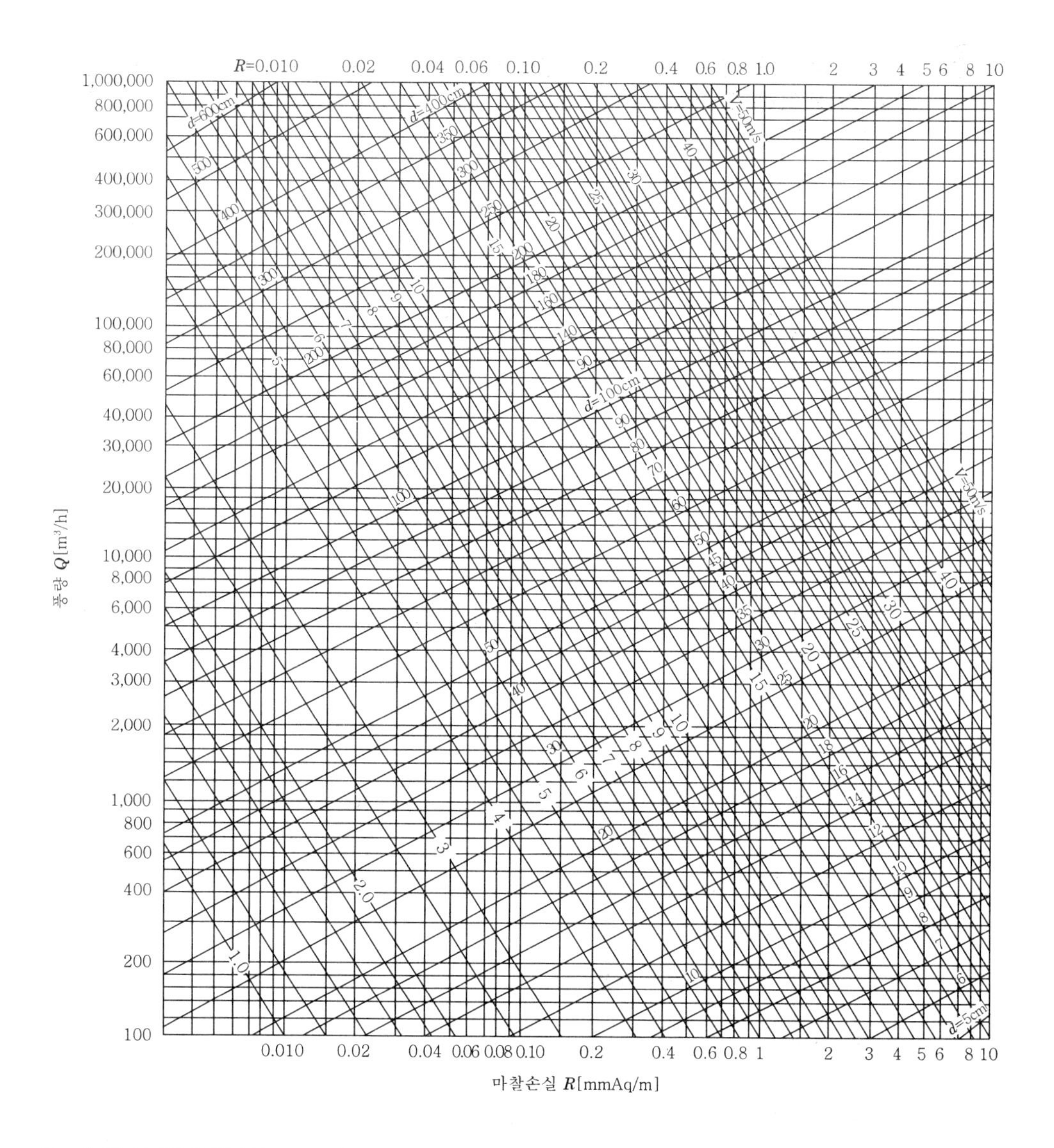

2. 송풍기 필요정압[mmAq]

해설 1.

구 간	풍량 〔m^3/h〕	저항 〔mmAq/m〕	원형 덕트 〔cm〕	풍속 〔m/s〕
H－A－B	24,000	0.1	95	10
B－C－D(B－D′)	12,000	0.1	73	8.2
D－E(D′－E′)	9,000	0.1	65	7.6
E－F(E′－F′)	6,000	0.1	55	7
F－G(F′－G′)	3,000	0.1	45	6

2. ① ㉠ 토출덕트손실 $=(5+5+20+6+8+8+8)\times 0.1=6\,\text{mmAq}$

㉡ (a)곡부 : $\zeta_1=\dfrac{V_3}{V_1}=\dfrac{8.2}{10}=0.82$, $R_a=0.82\times\dfrac{10^2}{2\times 9.8}\fallingdotseq 4.18\,\text{mmAq}$

㉢ (b)곡부 : $R_b=\zeta_2\dfrac{V_2^{\,2}}{2g}=0.33\times\dfrac{8.2^2}{2\times 9.8}=1.13\,\text{mmAq}$

② 토출(덕트, 곡관부, 기기)저항손실 $=6+4.18+1.13+3+5=19.31\,\text{mmAq}$

③ ㉠ 흡입측 덕트손실 $=(5+2)\times 0.1=0.7\,\text{mmAq}$

㉡ (c), (d)곡부 : $R_c=\zeta_3\dfrac{V_1^{\,2}}{2g}=0.33\times\dfrac{10^2}{2\times 9.8}\times 2=3.37\,\text{mmAq}$

㉢ 흡입손실 $=0.7+3.37+5=9.07\,\text{mmAq}$

㉣ 송풍기 전압 $=19.31-(-9.07)=28.38\,\text{mmAq}$

㉤ 정압손실 $=28.38-6.12=22.26\,\text{mmAq}$

04 조건이 다른 2개의 냉장실에 2대의 압축기를 설치하여 필요시에 따라 교체운전을 할 수 있도록 흡입배관과 그에 따른 밸브를 설치하고 완성하시오. (8점)

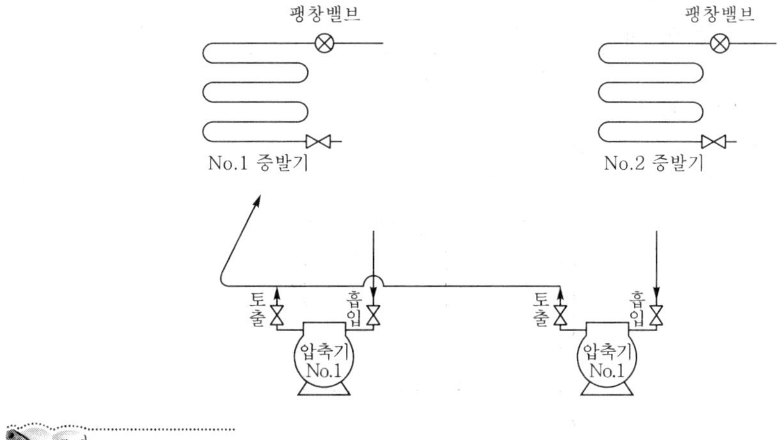

해설

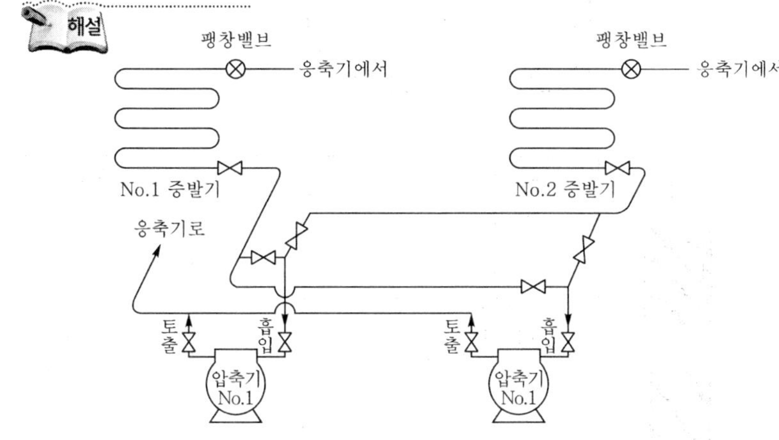

05 다음과 같은 조건의 건물 중간층 난방부하를 구하시오. (10점)

[조 건]

1) 열관류율 : 천장 0.98W/m²·K, 바닥 1.91W/m²·K, 문 3.95W/m²·K, 유리창 6.63W/m²·K
2) 난방실의 실내온도 : 25℃
3) 비난방실의 온도 : 5℃
4) 외기온도 : −10℃
5) 상·하층 난방실의 실내온도 : 25℃
6) 벽체표면의 열전달률

구 분	표면위치	대류의 방향	열전달률(W/m²·K)
실내측	수직	수평(벽면)	9.3
실외측	수직	수직·수평	23.26

7) 방위계수

방 위	방위계수
북쪽, 외벽, 창, 문	1.1
남쪽, 외벽, 창, 문, 내벽	1.0
동쪽, 서쪽, 창, 문	1.05

8) 환기횟수 : 난방실 1회/h, 비난방실 3회/h
9) 공기의 비열 : 1kJ/kg·K
10) 공기의 밀도 : 1.2kg/m³

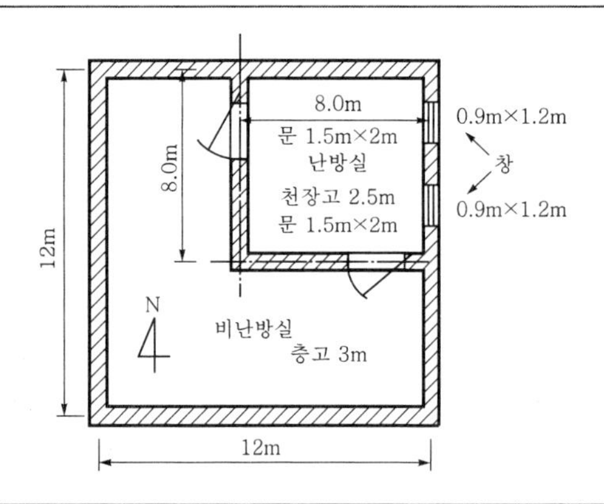

벽체의 종류	구 조	재 료	두께(mm)	열전도율(W/m·K)
외벽		타일 모르타르 콘크리트 모르타르 플라스터	10 15 120 15 3	1.28 1.53 1.64 1.53 0.6
내벽		콘크리트	100	1.53

1. 외벽과 내벽의 열관류율(W/m · K)
2. 벽체를 통한 부하(kW)
3. 유리창을 통한 부하(kW)
4. 문을 통한 부하(kW)
5. 극간풍부하(환기횟수에 의함)(kW)

해설 1. ① 외벽을 통한 열관류율

$$R_o = \frac{1}{K_o} = \frac{1}{\alpha_i} + \sum_{i=1}^{n} \frac{l_i}{\lambda_i} + \frac{1}{\alpha_o}$$

$$= \frac{1}{9.3} + \frac{0.01}{1.28} + \frac{0.015}{1.53} + \frac{0.12}{1.64} + \frac{0.015}{1.53} + \frac{0.003}{0.6} + \frac{1}{23.26}$$

$$= 0.2559\text{m}^2 \cdot \text{K/W}$$

$$\therefore K_o = \frac{1}{R_o} = \frac{1}{0.2559} \fallingdotseq 3.91\text{W/m}^2 \cdot \text{K}$$

② 내벽을 통한 열관류율

$$R_i = \frac{1}{K_i} = \frac{1}{\alpha_i} + \frac{l_1}{\lambda_1} + \frac{1}{\alpha_o} = \frac{1}{9.3} + \frac{0.1}{1.53} + \frac{1}{9.3} = 0.2803\text{m}^2 \cdot \text{K/W}$$

$$\therefore K_i = \frac{1}{R_i} = \frac{1}{0.2803} \fallingdotseq 3.57\text{W/m}^2 \cdot \text{K}$$

2. ① 외벽

㉠ 북 $= k_D K_o A \Delta t = 1.1 \times 3.91 \times (8 \times 3) \times [25 - (-10)] \fallingdotseq 3{,}613\text{W} = 3.613\text{kW}$

㉡ 동 $= k_D K_o A \Delta t$

$= 1.05 \times 3.91 \times [(8 \times 3) - (0.9 \times 1.2 \times 2)] \times [25 - (-10)] = 3138.24\text{W} \fallingdotseq 3.14\text{kW}$

② 내벽

㉠ 남 $= K_i A \Delta t = 3.57 \times [(8 \times 2.5) - (1.5 \times 2)] \times (25 - 5) \fallingdotseq 1{,}214\text{W} = 1.214\text{kW}$

㉡ 서 $= K_i A \Delta t = 3.57 \times [(8 \times 2.5) - (1.5 \times 2)] \times (25 - 5) = 1{,}214\text{W} \fallingdotseq 1.214\text{kW}$

3. 유리창부하 $= k_D K A \Delta t$

$= 1.05 \times 6.63 \times (0.9 \times 1.2 \times 2) \times [25 - (-10)] \fallingdotseq 526.29\text{W} \fallingdotseq 0.53\text{kW}$

4. 문부하 $= K A \Delta t = 3.95 \times (1.5 \times 2 \times 2) \times (25 - 5) = 474\text{W} \fallingdotseq 0.474\text{kW}$

5. 극간풍부하 $= \rho Q C_p (t_i - t_o) = \rho n V C_p (t_i - t_o)$

$$= 1.2 \times (1 \times 8 \times 8 \times 2.5) \times 1 \times [25 - (-10)] \times \frac{1}{3{,}600} \fallingdotseq 1.87\text{kW}$$

2021

06 냉동장치의 동부착현상(copper plating)에 대하여 서술하시오. (6점)

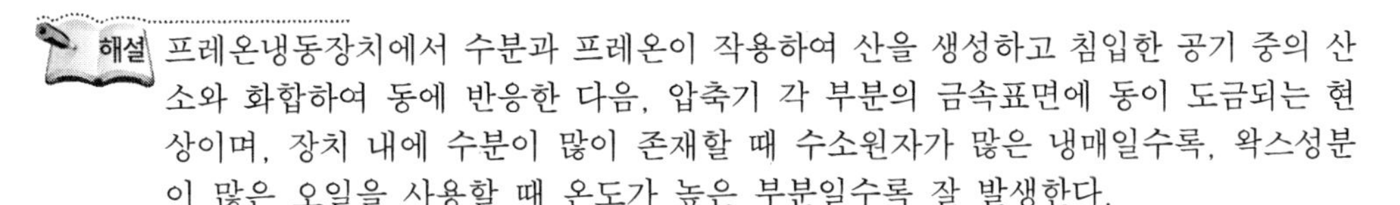
해설 프레온냉동장치에서 수분과 프레온이 작용하여 산을 생성하고 침입한 공기 중의 산소와 화합하여 동에 반응한 다음, 압축기 각 부분의 금속표면에 동이 도금되는 현상이며, 장치 내에 수분이 많이 존재할 때 수소원자가 많은 냉매일수록, 왁스성분이 많은 오일을 사용할 때 온도가 높은 부분일수록 잘 발생한다.

07 수냉응축기의 응축온도는 43℃, 냉각수 입구온도는 32℃, 출구온도는 37℃에서 냉각수순환량이 320L/min이다. 다음 각 물음에 답하시오. (단, 물의 비열은 4.2kJ/kg · K이다.) (8점)

1. 응축열량〔kW〕을 구하여라.
2. 전열면적이 20m²이라면 열통과율은 몇 〔W/m² · K〕인가? (단, 응축온도와 냉각수 평균온도는 산술평균온도차로 한다.)
3. 응축조건이 같은 상태에서 냉각수량을 400L/min으로 하면 응축온도는 몇 〔℃〕인가?

해설

1. 응축열량$(Q_c) = \frac{m}{60} C_p (t_o - t_i) = \frac{320}{60} \times 4.2 \times (37 - 32) \fallingdotseq 112\text{kJ/s} = 112\text{kW}$
2. $Q_c = KA\Delta t_m$〔kW〕에서

$$\text{열통과율}(K) = \frac{Q_c}{A\Delta t_m} = \frac{Q_c}{A\left(t_c - \frac{t_i + t_o}{2}\right)} = \frac{112 \times 10^3}{20 \times \left(43 - \frac{32+37}{2}\right)} \fallingdotseq 658.82\text{W/m}^2 \cdot \text{K}$$

3. 응축온도

① 냉각수 출구온도$(t_o{}') = t_i + \frac{Q_c}{m' C_p} = 32 + \frac{112}{\frac{400}{60} \times 4.2} = 36℃$

② 응축온도$(t_c) = \frac{Q_c}{KA} + \frac{t_i + t_o{}'}{2} = \frac{112 \times 10^3}{658.82 \times 20} + \frac{32+36}{2} = 42.5℃$

08 다음 그림과 같은 이중덕트장치도를 보고 공기선도에 각 상태점을 나타내어 흐름도를 완성하여라. (6점)

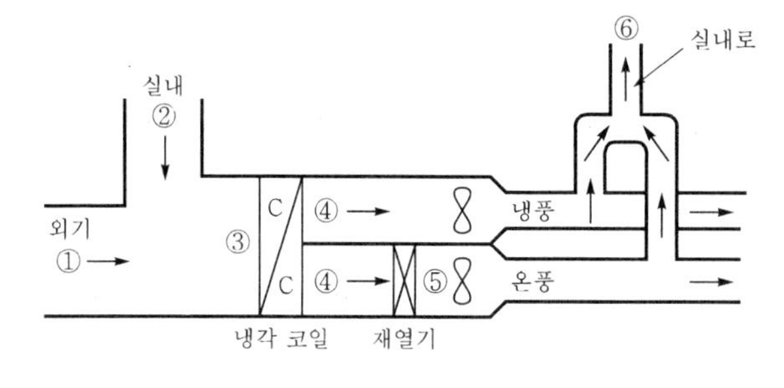

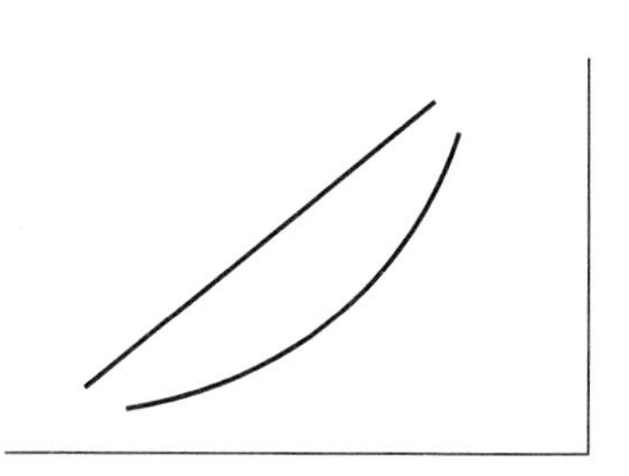

해설

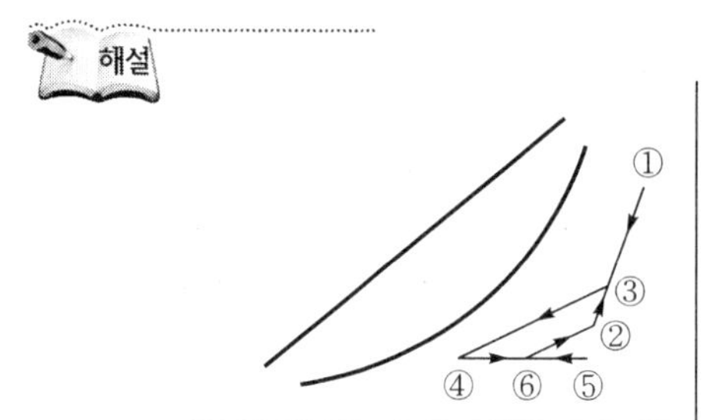

09 **다음 냉동장치도의 $P-h$선도를 그리고 각 물음에 답하시오.** (단, 압축기의 체적효율 $\eta_v=0.75$, 압축효율 $\eta_c=0.75$, 기계효율 $\eta_m=0.9$이고, 배관에 있어서 압력손실 및 열손실은 무시한다.) (10점)

[조 건]

1) 증발기 A : 증발온도 −10℃, 과열도 10℃, 냉동부하 2RT(한국냉동톤)
2) 증발기 B : 증발온도 −30℃, 과열도 10℃, 냉동부하 4RT(한국냉동톤)
3) 팽창밸브 직전의 냉매액온도 : 30℃
4) 응축온도 : 35℃

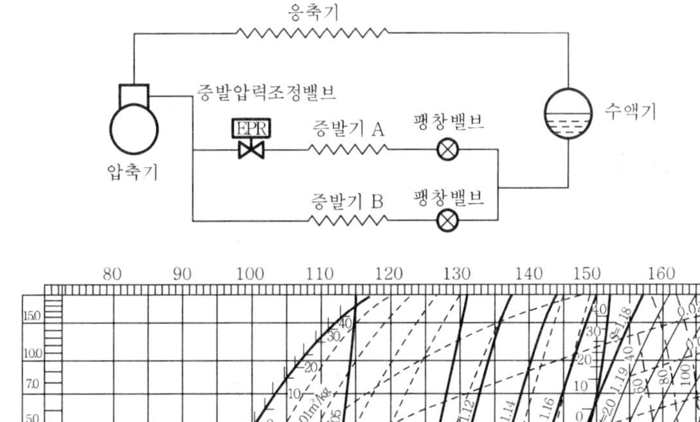

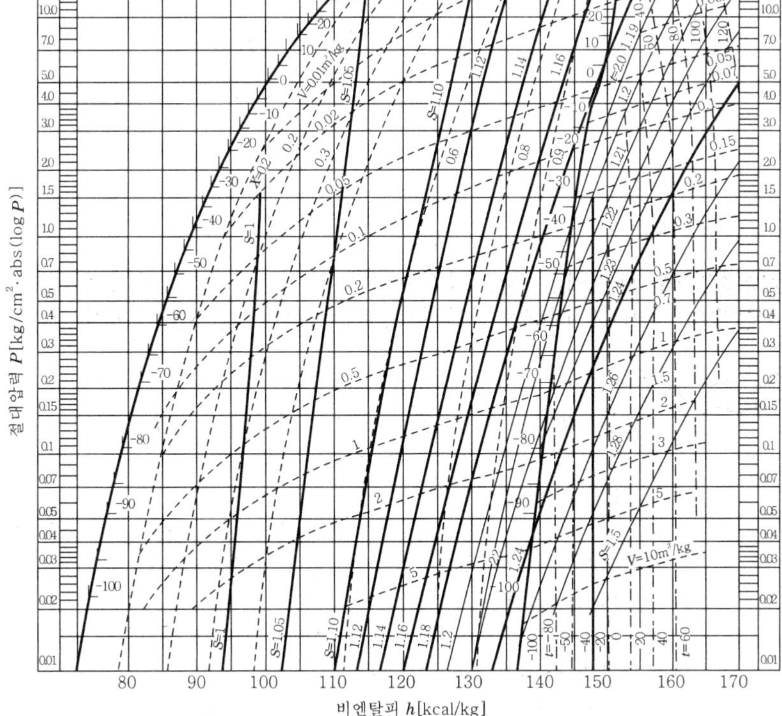

1. 압축기의 피스톤압출량[m³/h]
2. 축동력[kW]

해설 1. 피스톤압출량

① A증발기 냉매순환량$(m_A)=\dfrac{2\text{RT}}{h_7-h_3}=\dfrac{2\times 13897.52}{630-459}=162.54\text{kg/h}$

② B증발기 냉매순환량$(m_B)=\dfrac{4\text{RT}}{h_8-h_3}=\dfrac{4\times 13897.52}{620-459}=345.28\text{kg/h}$

③ 흡입점에서의 비엔탈피$(h_s)=\dfrac{m_A h_7+m_B h_8}{m_A+m_B}$

$$=\frac{(162.54\times 630)+(345.28\times 620)}{162.54+345.28}\fallingdotseq 623\text{kJ/kg}$$

④ 비엔탈피 623kJ/kg일 때 흡입가스 비체적 $0.15\text{m}^3/\text{kg}$

∴ 피스톤압출량$(V)=\dfrac{(m_A+m_B)v}{\eta_v}=\dfrac{(162.54+345.28)\times 0.15}{0.75}\fallingdotseq 101.56\text{m}^3/\text{h}$

2. 축동력$(L_s)=\dfrac{(m_A+m_B)(h_2-h_s)}{3{,}600\eta_c\eta_m}=\dfrac{(162.54+345.28)\times(687-623)}{3{,}600\times 0.75\times 0.9}\fallingdotseq 13.37\text{kW}$

【참고】 $P-h$선도

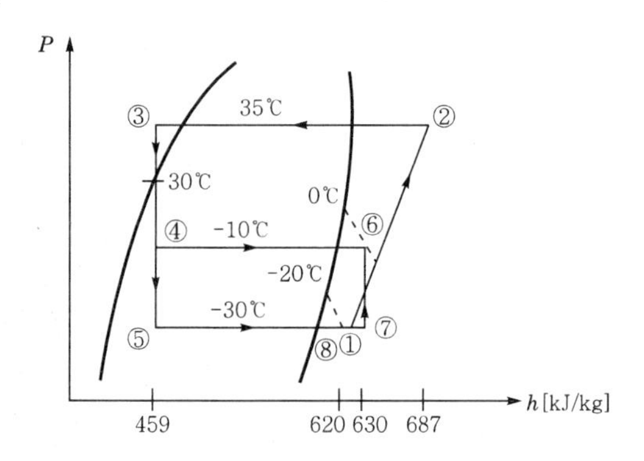

10 **냉동장치에 사용되는 증발압력조정밸브(EPR), 흡입압력조정밸브(SPR), 응축압력조정밸브(CPR)에 대해서 설치위치와 사용목적을 서술하시오. (6점)**

해설 ① 증발압력조정밸브(EPR)

㉠ 설치위치 : 증발기와 압축기 사이의 흡입관에서 증발기 출구에 설치한다.

㉡ 사용목적 : 증발압력 일정압력 이하 방지

② 흡입압력조정밸브(SPR)

㉠ 설치위치 : 증발기와 압축기 사이의 흡입관에서 압축기 입구에 설치한다.

㉡ 사용목적 : 압축기 흡입압력 일정압력 이상 방지

③ 응축압력조정밸브(CPR)

㉠ 설치위치 : 응축기 입구와 수액기 사이에 설치한다(압축기 출구 토출가스배관과 수액기 사이에 설치).

㉡ 사용목적 : 고압측 압력이 일정압력 이하 방지

【참고】 CPR(크랭크케이스압력조정밸브) : 압축기 입구에 부착되어 압축기의 과열을 방지하는 밸브이다. Crankcase Pressure Regulator의 약자로도 사용되므로 주의한다.

11 300인을 수용할 수 있는 강당이 있다. 현열부하 q_s =210,000kJ/h, 잠열부하 q_L = 84,000kJ/h일 때 주어진 조건을 이용하여 실내풍량(kg/h) 및 냉방부하(kJ/h)를 구하고 공기감습냉각용 냉수코일의 전면면적〔m²〕과 코일길이〔m〕를 구하시오. (8점)

[조 건]

1)

구 분	건구온도〔℃〕	상대습도〔%〕	비엔탈피〔kJ/kg〕
외기	32	68	84.84
실내	27	50	55.44
취출공기	17	–	41.16
혼합공기상태점	–	–	65.52
냉각점	14.9	–	39.06
실내노점온도	12	–	–

2) 신선외기도입량 : 1인당 20m³/h

3) 냉수코일 설계조건

구 분	건구온도〔℃〕	습구온도〔℃〕	노점온도〔℃〕	절대습도〔kg′/kg〕	비엔탈피〔kJ/kg〕
코일 입구	28.2	22.4	19.6	0.0144	65.52
코일 출구	14.9	14.0	13.4	0.0097	39.06

① 코일의 열관류율(K) : 0.83kW/m² · K
② 코일의 통과속도(V) : 2.2m/s
③ 앞면코일수 : 18본
④ 1m에 대한 면적(A) : 0.688m²
⑤ 공기의 정압비열 : 1kJ/kg · K

해설

① 송풍량$(m) = \dfrac{q_s}{C_p(t_r - t_o)} = \dfrac{210{,}000}{1 \times (27-17)} = 21{,}000\text{kg/h}$

② 냉방부하$(q_{cc}) = m(h_m - h_r) = 21{,}000 \times (65.52 - 39.06) = 555{,}660\text{kJ/h}$

③ 전면면적$(F) = \dfrac{q_s}{\rho V} = \dfrac{\dfrac{21{,}000}{3{,}600}}{1.2 \times 2.2} \fallingdotseq 2.21\text{m}^2$

④ 코일길이

㉠ 평균온도차$(\Delta t_m) = \dfrac{t_i + t_o}{2} - t_o'' = \dfrac{28.2 + 14.9}{2} - 13.4 = 8.15℃$

㉡ 코일길이$(l) = \dfrac{q_{cc}}{3{,}600KA\Delta t_m} = \dfrac{555{,}660}{3{,}600 \times 0.83 \times 0.688 \times 8.15} \fallingdotseq 33.17\text{m}$

2021

12 다음 그림과 같은 조건의 온수난방설비에 대하여 각 물음에 답하시오. (8점)

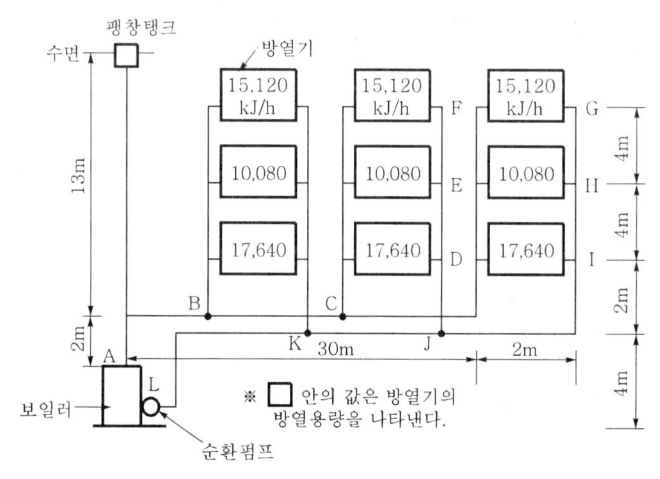

[조 건]

1) 방열기 출입구온도차 : 10℃
2) 배관손실 : 방열기 방열용량의 20%
3) 순환펌프양정 : 2m
4) 보일러, 방열기 및 방열기 주변의 지관을 포함한 배관국부저항의 상당길이는 직관길이의 100%로 한다.
5) 배관의 관지름(표 내 값의 단위 : 〔L/min〕)

압력강하〔mmAq/m〕	관지름(A)					
	10	15	25	32	40	50
5	2.3	4.5	8.3	17.0	26.0	50.0
10	3.3	6.8	12.5	25.0	39.0	75.0
20	4.5	9.5	18.0	37.0	55.0	110.0
30	5.8	12.6	23.0	46.0	70.0	140.0
50	8.0	17.0	30.0	62.0	92.0	180.0

6) 예열부하 할증률 : 25%
7) 온도차에 의한 자연순환수두는 무시한다.
8) 배관길이가 표시되어 있지 않은 곳은 무시한다.
9) 온수의 비열 : 4.2kJ/kg · K

1. 전순환수량〔L/min〕
2. B－C 간의 관지름〔mm〕
3. 보일러용량〔kW〕

해설 1. $Q_R = WC(t_o - t_i) \times 60$에서

$$\text{전순환수량}(W) = \frac{Q_R}{C_p(t_o - t_i) \times 60} = \frac{(15{,}120 + 10{,}080 + 17{,}640) \times 3}{4.2 \times 10 \times 60} = 51\text{L/min}$$

2. B－C 간의 관지름
   ① 보일러에서 최원방열기까지 거리(L)＝2＋30＋2＋(4×4)＋2＋2＋30＋4＝88m
   ② 국부저항 상당길이는 직관길이의 100%이므로 88m이고, 순환펌프양정이 2m이므로

   $$압력강하(\Delta p)=\frac{H}{L+L'}=\frac{2,000}{88+88}=11.364\text{mmAq/m}$$

   ③ 제시된 표에서 10mmAq/m(압력강하는 적은 것을 선택함)의 난을 이용해서 순환수량 34L/min(B－C 간)이므로 관지름은 40mm이다.
3. 보일러용량
   방열기 합계열량에 배관손실 20%, 예열부하할증률 25%를 포함한다.

   $$보일러용량(정격출력)=(15,120+10,080+17,640)\times\frac{3}{3,600}\times1.2\times1.25$$
   $$=53.537\text{kJ/s}\fallingdotseq53.54\text{kW}$$

13 2단 압축 냉동장치의 $P-h$선도를 보고 선도상의 각 상태점을 장치도에 기입하시오. (6점)

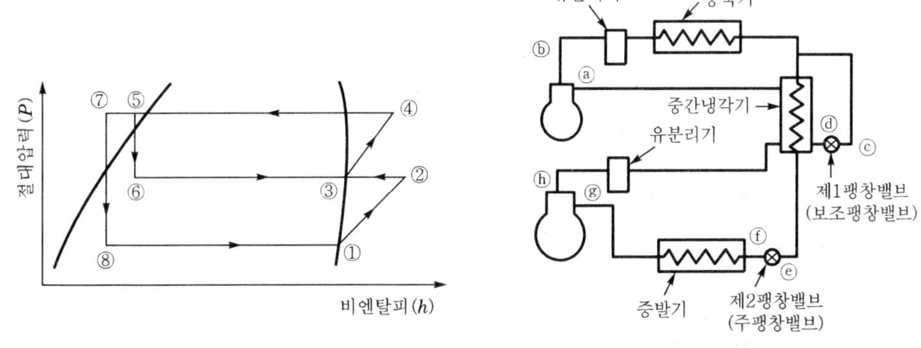

해설 ⓐ－③, ⓑ－④, ⓒ－⑤, ⓓ－⑥, ⓔ－⑦, ⓕ－⑧, ⓖ－①, ⓗ－②

14 재실자 20명이 있는 실내에서 1인당 CO_2 발생량이 0.015m³/h일 때 실내CO_2농도를 1,000ppm으로 유지하기 위하여 필요한 환기량을 구하시오. (단, 외기의 CO_2농도는 300ppm이다.) (4점)

해설 $$환기량(Q)=\frac{M}{C_i-C_o}=\frac{20\times0.015}{0.001-0.0003}=428.57\text{m}^3/\text{h}$$

※ $1\text{ppm}=10^{-6}=\frac{1}{1,000,000}$

2021

2022년도 기출문제

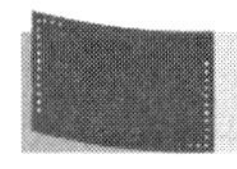

2022. 5. 7. 시행

01 **다음과 같은 급기장치에서 덕트선도와 주어진 조건을 이용하여 각 물음에 답하시오.** (8점)

[조 건]

1) 직관덕트 내의 마찰저항손실 : 1.0Pa/m
2) 환기횟수 : 10회/h
3) 공기도입구의 저항손실 : 5Pa
4) 에어필터의 저항손실 : 100Pa
5) 공기취출구의 저항손실 : 50Pa
6) 굴곡부 1개소의 상당길이 : 직경 10배(b, e, h 부분도 굴곡부로 간주한다.)
7) 송풍기의 전압효율(η_t) : 60%
8) 각 취출구의 풍량은 모두 같다.
9) R=1.0Pa/m에 대한 원형 덕트의 지름

풍량(m^3/h)	200	400	600	800	1,000	1,200	1,400	1,600	1,800
지름(mm)	152	195	227	252	276	295	316	331	346
풍량(m^3/h)	2,000	2,500	3,000	3,500	4,000	4,500	5,000	5,500	6,000
지름(mm)	360	392	418	444	465	488	510	528	545

10) $kW = \dfrac{\Delta P Q}{\eta_t}$ (이때 ΔP(kPa), Q(m^3/s))

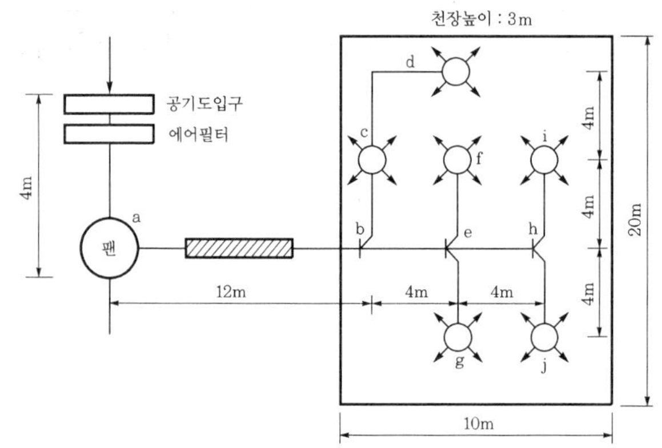

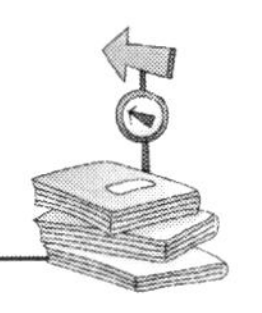

1. 각 구간의 풍량과 덕트지름

구 간	풍량(m³/h)	덕트지름(mm)
a−b		
b−c		
c−d		
b−e		

2. 전덕트의 저항손실(Pa)
3. 송풍기의 소요동력(kW)

해설 1. 각 구간의 풍량과 덕트지름

① 총급기풍량$(Q)=nV=10\times(10\times20\times3)=6{,}000\text{m}^3/\text{h}$

② 각 취출구 풍량$=\dfrac{6{,}000}{6}=1{,}000\text{m}^3/\text{h}$

③ 각 구간의 풍량과 덕트지름

구 간	풍량(m³/h)	덕트지름(mm)
a−b	6,000	545
b−c	2,000	360
c−d	1,000	276
b−e	4,000	465

2. 전덕트의 저항손실 : 공기도입구→a→b→e→h→i의 덕트구간까지(원거리) 저항손실

① 직관덕트손실$=(4+12+4+4+4)\times1.0=28\text{Pa}$

② 곡관덕트손실$=(0.545\times10+0.465\times10+0.360\times10)\times1.0=13.7\text{Pa}$

③ 도입구, 에어필터, 취출구손실$=5+100+50=155\text{Pa}$

④ 전덕트의 저항손실$=28+13.7+155=196.7\text{Pa}$

3. 송풍기의 소요동력$=\dfrac{\Delta PQ}{\eta_t}=\dfrac{196.7\times10^{-3}\times\dfrac{6{,}000}{3{,}600}}{0.6}\fallingdotseq0.55\text{kW}$

02 겨울철 냉동장치 운전 중에 고압측 압력이 갑자기 낮아질 경우 장치 내에서 일어나는 현상을 3가지 쓰고 그 이유를 각각 설명하시오. (8점)

해설 ① ㉠ 현상 : 냉동장치의 각부가 정상임에도 불구하고 냉각이 불충분해진다.
㉡ 이유 : 응축기 냉각공기온도가 낮아짐으로 응축압력이 낮아지는 것이 원인이다.

② ㉠ 현상 : 냉매순환량이 감소한다.
㉡ 이유 : 증발압력이 일정한 상태에서 고·저압의 압력차가 적어서 팽창밸브의 능력이 감소하는 것이 원인이다.

③ ㉠ 현상 : 단위능력당 소요동력이 증가한다.
㉡ 이유 : 냉동능력에 알맞은 냉매량을 확보하지 못하므로 운전시간이 길어지는 것이 원인이다.

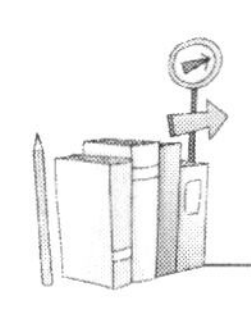

03 다음 그림과 같이 2대의 증발기를 가진 냉동시스템에서 핫가스 제상을 위한 배관을 완성하시오. 그리고 증발기 Ⅰ에서 서리가 발생하여 핫가스 제상할 경우 증발기 Ⅱ로 냉매를 회수하는 방법을 밸브 조작을 이용하여 설명하시오. (10점)

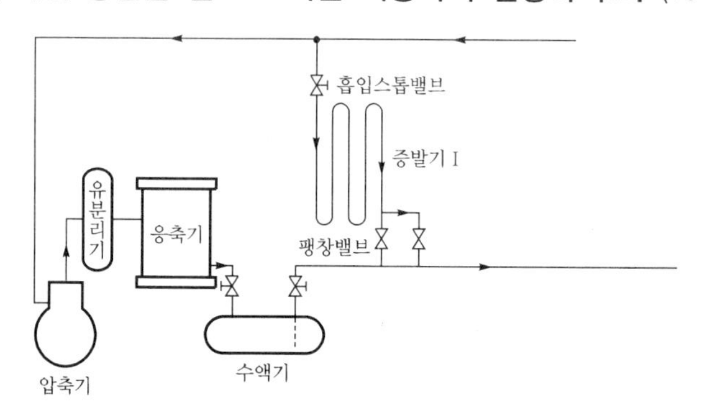

1. 배관 완성하기
2. 제상 시 냉매회수방법 설명

해설 1. 배관 완성

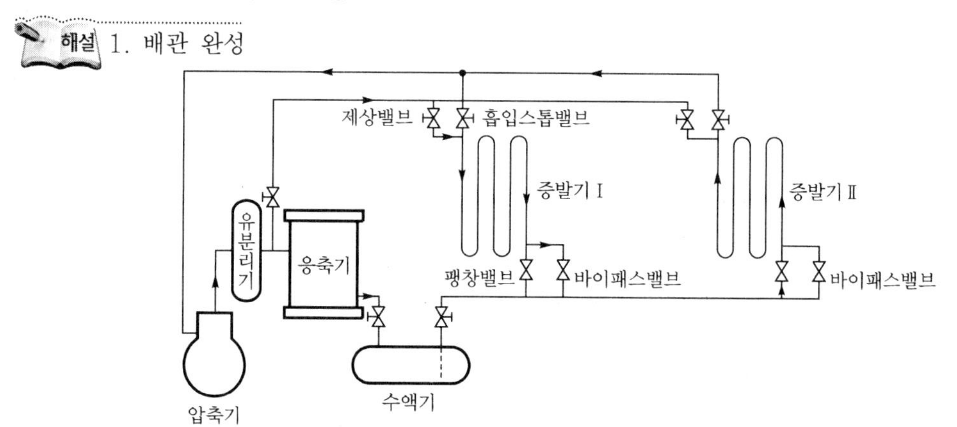

2. 제상 시 냉매회수방법
   ① 증발기 Ⅰ의 팽창밸브와 흡입스톱밸브를 닫고 유분리기 다음 배관에 설치된 핫가스밸브와 증발기 Ⅰ의 제상밸브를 열어 고온 고압가스를 증발기 Ⅰ에 유입시켜 제상을 하면 냉매는 액화된다.
   ② 제상이 끝나면 유분리기 다음 배관에 설치된 핫가스밸브와 증발기 Ⅰ의 제상밸브를 닫고 수액기 출구밸브를 닫은 후 증발기 Ⅰ의 바이패스밸브를 열어 액화된 냉매액을 증발기 Ⅱ의 팽창밸브를 통해 증발기 Ⅱ에 보내어 증발시켜 증발된 냉매증기를 압축기로 회수한다.

04 **다음 그림과 같은 팬코일유닛연결배관**(냉수 공급, 환수, 응축수라인)**에 대하여 역환수식 배관도면을 완성하시오.** (단, 밸브류는 생략하고 배관연결과 흐름방향을 기입하시오. FCS(팬코일 냉수 공급), FCR(팬코일 냉수 환수), FCD(팬코일 드레인)) (8점)

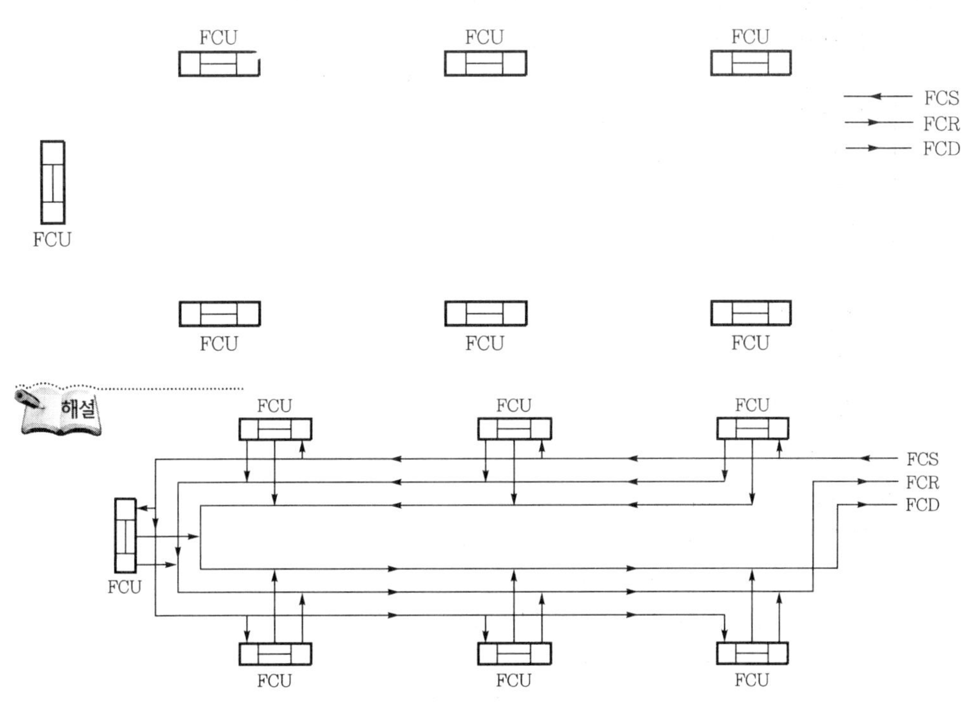

05 **다음 조건에 대하여 각 물음에 답하시오.** (8점)

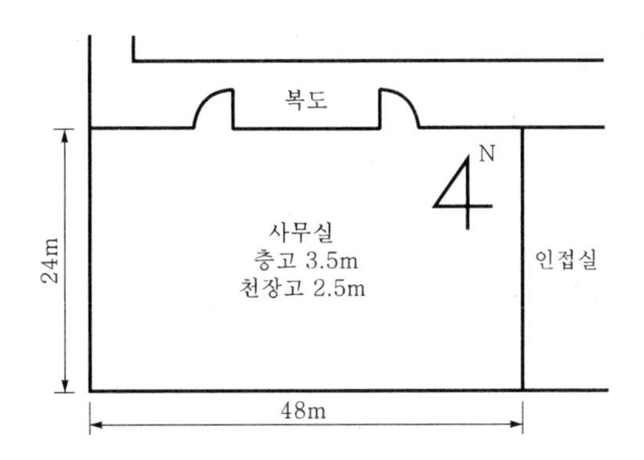

구 분	건구온도(℃)	절대습도(kg′/kg)
실내	26	0.0107
실외	31	0.0186

[조 건]

1) 인접실과 하층은 동일한 공조상태이다.
2) 지붕의 열통과율(K) 1.76W/m^2・K, 상당외기온도차(Δt_e) 3.9℃
3) 조명은 바닥면적당 20W/m^2, 형광등, 제거율 0.25
4) 외기도입량은 바닥면적당 5m^3/m^2・h
5) 인원수 0.5인/m^2, 인체 발생 현열 58W/인, 잠열 73W/인
6) 공기의 밀도(ρ) 1.2kg/m^3, 공기의 정압비열(C_p) 1.01kJ/kg・K, 포화액의 증발잠열(γ_o) 2,501kJ/kg

1. 인체발열부하[W]
   ① 현열　　② 잠열
2. 조명부하[W]
3. 지붕부하[W]
4. 외기부하[W]
   ① 현열　　② 잠열

해설

1. 인체발열부하
   ① 인원수(n) $= 0.5 \times (24 \times 48) = 576$인
   ② 현열(Q_s) $= nq_s = 576 \times 58 = 33{,}408$W
   ③ 잠열(Q_L) $= nq_L = 576 \times 73 = 42{,}048$W
2. 조명부하(형광등)(Q_E) $= 1.2\,Wf$

$$= 1.2 \times 20 \times (24 \times 48) \times (1 - 0.25)$$
$$= 20{,}736\text{W}$$

【참고】 제거율 : 천장 속에서의 방열로 실내취득열량으로 처리되지 않는 열량의 비율

3. 지붕부하(Q) $= KA\Delta t_e = 1.76 \times (24 \times 48) \times 3.9 ≒ 7907.33$W
4. 외기부하
   ① 현열(Q_{os}) $= m_F C_p \Delta t = \rho Q_F C_p \Delta t$

$$= 1.2 \times \frac{5 \times (24 \times 48)}{3{,}600} \times 1.01 \times 10^3 \times (31 - 26)$$
$$= 9{,}696\text{W}$$

   ② 잠열(Q_{oL}) $= \gamma_o m_F \Delta_x = 2{,}501 \rho Q_F \Delta x$

$$= 2{,}501 \times 10^3 \times 1.2 \times \frac{5 \times (24 \times 48)}{3{,}600} \times (0.0186 - 0.0107)$$
$$≒ 37935.17\text{W}$$

06 **공조방식에서 유인유닛방식과 팬코일유닛방식의 차이점을 기술하시오.** (6점)

① 유인유닛방식(induction unit system)

㉠ 장점
- 각 유닛마다 제어가 가능하여 각 방의 개별제어가 가능하다.
- 고속덕트를 사용하므로 덕트의 설치공간을 작게 할 수 있다.
- 중앙공조기는 1차 공기만 처리하므로 작게 할 수 있다.
- 풍량이 적게 들어 동력소비가 적다.

㉡ 단점
- 수배관으로 인한 누수 우려가 있다.
- 송풍량이 적어 외기냉방효과가 적다.
- 유닛의 설치에 따른 실내유효공간이 감소한다.
- 유닛 내의 여과기가 막히기 쉽다.
- 고속덕트이므로 송풍동력이 크고 소음이 발생한다.

② 팬코일유닛방식(fan coil unit system)

㉠ 장점
- 덕트를 설치하지 않으므로 설비비가 싸다.
- 각 방의 개별제어가 가능하다.
- 증설이 간단하고 에너지 소비가 적다.

㉡ 단점
- 외기 도입이 어려워 실내공기오염의 우려가 있다.
- 수배관으로 누수 우려 및 유지관리가 어렵다.
- 송풍량이 적어 고성능 필터를 사용할 수 없다.
- 외기송풍량을 크게 할 수 없다.

③ 차이점

㉠ 유인유닛방식(IDU) : 실내의 유닛에는 송풍기가 없고 고속으로 보내져 오는 1차 공기를 노즐로부터 취출시켜서 그 유인력에 의해 실내공기를 흡입하여 1차 공기와 혼합해 취출하는 방식

㉡ 팬코일유닛방식(FCU) : 각 실에 설치된 유닛에 냉수 또는 온수를 코일에 순환시키고 실내공기를 송풍기에 의해서 유닛에 순환시킴으로써 냉각 또는 가열하는 방식

【참고】 유인유닛방식은 송풍기가 없고, 팬코일유닛방식은 송풍기를 설치한다.

2022

07 다음 그림과 같은 물-브롬화리튬 2중효용 흡수식 냉동기의 계통도를 보고 혼합용액의 상태변화사이클을 주어진 듀링선도에 나타내시오. (8점)

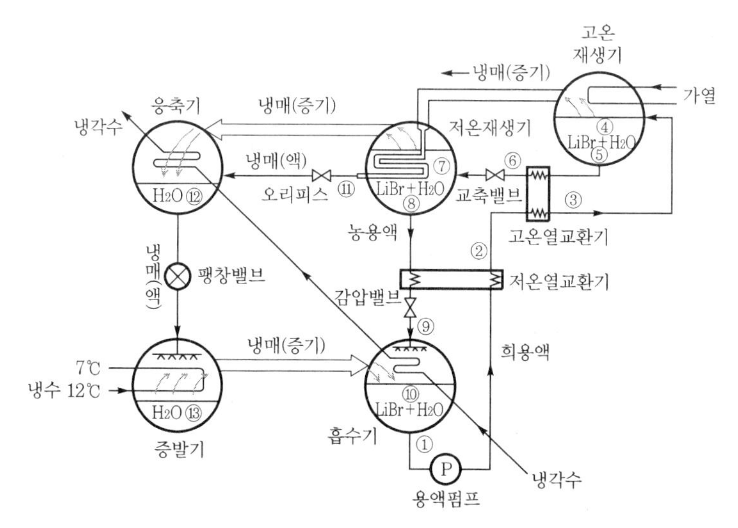

▲ 2중효용 흡수식 냉동기(H_2O+LiBr)

해설 2중효용 흡수식 냉동기의 듀링선도(H_2O+LiBr)

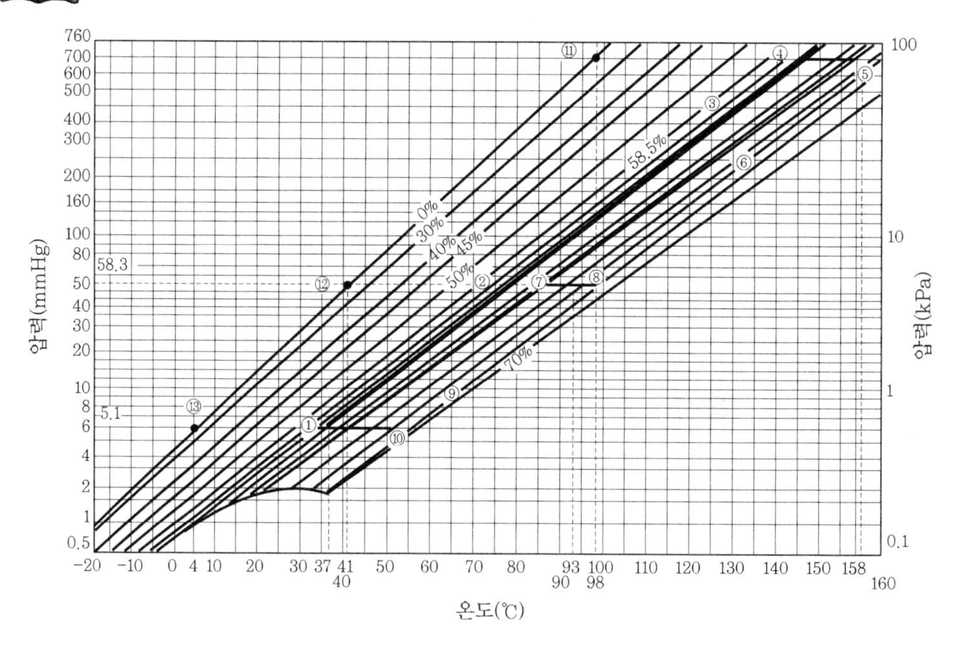

【참고】 2중효용 흡수식 냉동사이클

① 단효용(1중효용) 흡수재료의 틈에 수분을 흡수하는 성질의 냉동기 성능(효율)을 높이기 위해 재생기를 저압과 고압의 2단으로 분리한 냉동기 증기의 열을 이중으로 이용하므로 증기사용량은 단효용의 50~60%가 된다. 2중효용 흡수식 냉동기는 재생기가 2개이다(고온재생기, 저온재생기).

② 과정

㉠ ⑩ → ① : 흡수기에서 흡수과정을 나타낸다. ⑩의 농도 63.5% 흡수액은 냉각수에 의해 37℃까지 냉각되면서 증발기로부터 나온 냉매증기를 흡수하여 ①의 농도 58.5%까지 농도가 묽어져 희용액이 된다. 이때 압력은 6.1mmHg(=0.81kPa)이며, 이 압력은 4℃ 물의 포화증기압에 해당한다. 그러므로 증발기에서는 4℃에서 냉매(물)가 증발한다.

㉡ ① → ② : 흡수기를 나온 희용액이 저온열교환기에서 열을 얻어 일정한 농도에서 온도가 상승한다.

㉢ ② → ③ : 고온열교환기에서 일정 농도하에서 온도가 상승한다.

㉣ ③ → ④ : 고온재생기에 들어간 희용액이 포화온도 ④까지 가열된다.

㉤ ④ → ⑤ : 포화온도 ④에서 더 가열되어 희용액 속에 있던 냉매(물)가 증발하여 빠져나가면 농도가 상승하여 ⑤의 농도 61.3%로 중간 농도의 용액이 된다(고온재생기압력 P_4 =707mmHg)

㉥ ⑤ → ⑦ : 중간 농도 61.3%의 용액이 희용액과 고온열교환기에서 열교환하여 농도는 일정하고 온도는 저하되며, 교축밸브를 지나면서 압력이 중간 압력까지 낮아진다.

㉦ ⑦ → ⑧ : 중간 농도의 용액에서 냉매(물)가 증발하여 빠져나가면서 용액은 농축되어 농도가 63.5%가 된다.

㉧ ⑧ → ⑨ : 저온재생기에서 나온 농용액이 저온열교환기에서 냉각되어 농도는 일정한 상태에서 온도가 저하되고 감압밸브에 의해 압력이 떨어진다.

㉨ ⑨ → ⑩ : 농용액이 흡수기에 들어가 냉각수에 의해 냉각되어 온도가 떨어진다.

㉩ ⑪ → ⑫ : 고온재생기에서 증발된 냉매(H_2O)증기가 저온재생기를 거치면서 응축되어 ⑪이 된다. 이때 온도는 98℃이고 오리피스를 통과하며 압력이 떨어지며 응축기에서 냉각수에 의해 온도가 저하되어 ⑫가 된다(응축기 응축압력 P_c = 58.3mmHg).

㉪ ⑫ → ⑬ : 냉매액(H_2O)이 팽창밸브를 거쳐 압력이 증발압력 P_e =6.1mmHg로 떨어지며, 이때 냉매액의 일부가 증발하여 온도가 저하되어 ⑬이 된다.

08 **다음 그림과 같은 두께 100mm의 콘크리트벽 내측을 두께 50mm의 방열층으로 시공하고, 그 내면에 두께 15mm의 목재로 마무리한 냉장실 외벽이 있다. 각 층의 열전도율 및 열전달률의 값은 다음 표와 같다. 외기온도 30℃, 상대습도 85%, 냉장실 온도 −30℃인 경우 다음 각 물음에 답하시오.** (12점)

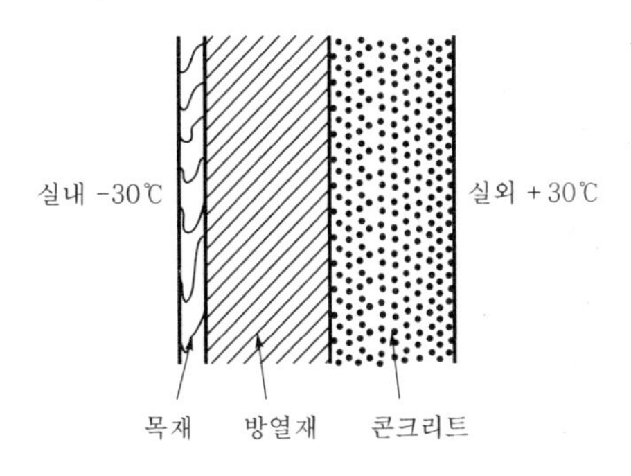

재 질	열전도율 [W/m·K]	벽 면	열전달률 [W/m²·K]	공기온도 [℃]	상대습도 [%]	노점온도 [℃]
콘크리트 방열재 목재	1.0 0.06 0.17	외표면 내표면	23 9	30 30	80 90	26.2 28.2

1. 열통과율[W/m²·K]
2. 외벽의 표면온도를 구하고 결로 여부 판별

해설 1. 열통과율$(K)=\dfrac{1}{R}=\dfrac{1}{\dfrac{1}{\alpha_o}+\sum_{i=1}^{n}\dfrac{l_i}{\lambda_i}+\dfrac{1}{\alpha_i}}=\dfrac{1}{\dfrac{1}{23}+\dfrac{0.1}{1.0}+\dfrac{0.05}{0.06}+\dfrac{0.015}{0.17}+\dfrac{1}{9}}$

$\fallingdotseq 0.85\text{W/m}^2\cdot\text{K}$

2. 외벽의 표면온도 및 결로 여부 판별

① 외벽의 표면온도(t_s)

$q=q_1=q_2=q_3=q_4=q_5$이므로 $q=q_1$이다.

$KA(t_o-t_r)=\alpha_o A(t_o-t_s)$

$\therefore\ t_s=t_o-\dfrac{K}{\alpha_o}(t_o-t_r)=30-\dfrac{0.85}{23}\times[30-(-30)]=27.78℃$

② 결로 여부 판별

㉠ 외기온도 30℃, 상대습도(RH) 85%에서 외기의 노점온도(t_d)를 제시된 표에서 직선보간법으로 계산하면

$t_d=26.2+(28.2-26.2)\times\dfrac{85-80}{90-80}=27.2℃$

㉡ 판별 : 외벽의 표면온도(t_s)가 외기의 노점온도(t_d)보다 높으므로 결로가 발생하지 않는다.

09 500rpm으로 회전하는 송풍기를 600rpm으로 증가하여 운행하였을 때 처음 회전수 대비 전압력의 비(P_2/P_1)와 축동력의 비(L_2/L_1)를 각각 구하시오. (4점)

해설 송풍기의 상사법칙을 적용한다. 같은 송풍기를 사용하므로 임펠러의 직경은 같다$(D_1=D_2)$.

① 전압력비 : $\dfrac{P_2}{P_1}=\left(\dfrac{N_2}{N_1}\right)^2=\left(\dfrac{600}{500}\right)^2=1.44$

② 축동력비 : $\dfrac{L_2}{L_1}=\left(\dfrac{N_2}{N_1}\right)^3=\left(\dfrac{600}{500}\right)^3\fallingdotseq 1.73$

【참고】 송풍기의 상사법칙

① $\dfrac{Q_2}{Q_1}=\left(\dfrac{N_2}{N_1}\right)\left(\dfrac{D_2}{D_1}\right)^3$ ② $\dfrac{P_2}{P_1}=\left(\dfrac{N_2}{N_1}\right)^2\left(\dfrac{D_2}{D_1}\right)^2$ ③ $\dfrac{L_2}{L_1}=\left(\dfrac{N_2}{N_1}\right)^3\left(\dfrac{D_2}{D_1}\right)^5$

10 배관지름이 25mm이고 수속이 2m/s, 밀도 1,000kg/m³일 때 다음 각 물음에 답하시오. (6점)

1. 관의 유동 단면적[m^2]
2. 체적유량[m^3/s]
3. 질량유량[kg/s]

해설 1. 관의 유동 단면적$(A) = \frac{\pi d^2}{4} = \frac{\pi \times 0.025^2}{4} = 4.9 \times 10^{-4} m^2$

2. 체적유량$(Q) = AV = 4.9 \times 10^{-4} \times 2 = 9.8 \times 10^{-4} m^3/s$

3. 질량유량$(m) = \rho Q = 1{,}000 \times 9.8 \times 10^{-4} = 0.98 kg/s$

11 2단 압축 1단 팽창 냉동사이클 각 점의 상태값이 다음과 같다 저단 압축기의 압축효율이 0.79일 때 이론 고단압축기 피스톤압출량(V_h)과 실제 고단압축기 피스톤압출량(V_a)의 비(V_a / V_h)는 얼마인가? (8점)

[조 건]

1) 저단압축기 흡입측 냉매의 비엔탈피 : $h_1 = 615.5 kJ/kg$
2) 고단압축기 흡입측 냉매의 비엔탈피 : $h_2 = 628 kJ/kg$
3) 저단압축기 토출측 냉매의 비엔탈피 : $h_3 = 636.4 kJ/kg$
4) 중간냉각기 팽창밸브 직전 냉매액의 비엔탈피 : $h_4 = 460.5 kJ/kg$
5) 증발기용 팽창밸브 직전의 냉매액의 비엔탈피 : $h_5 = 414.5 kJ/kg$

해설 이론압출량은 압축효율이 미적용된 압출량이며, 실제 압출량은 압축효율이 적용된 압출량이다.

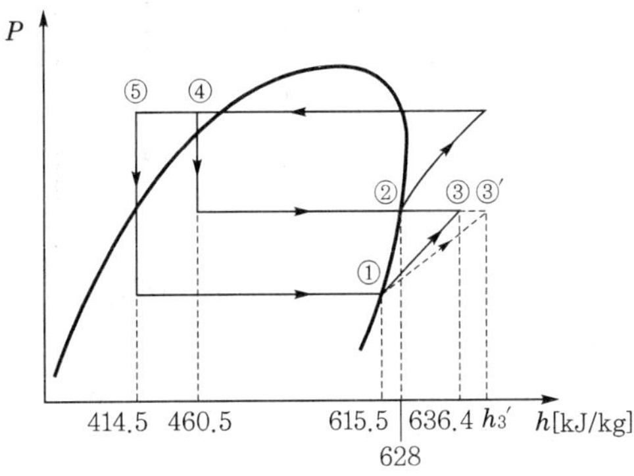

① 압축효율$(\eta_c) = \frac{h_3 - h_1}{h_3' - h_1}$

$$\therefore h_3' = h_1 + \frac{h_3 - h_1}{\eta_c} = 615.5 + \frac{636.4 - 615.5}{0.79} \fallingdotseq 641.96 kJ/kg$$

② 이론(압축효율 미적용)냉매량의 비

$$\frac{m_h}{m_L} = \frac{h_3 - h_5}{h_2 - h_4}$$

$$\therefore\ m_h = m_L \left(\frac{h_3 - h_5}{h_2 - h_4} \right)$$

③ 실제(압축효율 적용) 냉매량의 비

$$\frac{m_h{}'}{m_L} = \frac{h_3{}' - h_5}{h_2 - h_4}$$

$$\therefore\ m_h{}' = m_L \left(\frac{h_3{}' - h_5}{h_2 - h_4} \right)$$

④ $$\frac{V_a}{V_h} = \frac{m_h{}'}{m_h} = \frac{m_L \left(\frac{h_3{}' - h_5}{h_2 - h_4} \right)}{m_L \left(\frac{h_3 - h_5}{h_2 - h_4} \right)} = \frac{h_3{}' - h_5}{h_3 - h_5} = \frac{641.96 - 414.5}{636.4 - 414.5} \fallingdotseq 1.03$$

12 어느 벽체의 구조가 다음과 같은 조건을 갖출 때 각 물음에 답하시오. (8점)

[조 건]

1) 실내온도 : 27℃, 외기온도 : −5℃
2) 공기층의 열컨덕턴스 : 6.05W/m^2 · K
3) 외벽의 면적 : 40m^2
4) 벽체의 구조

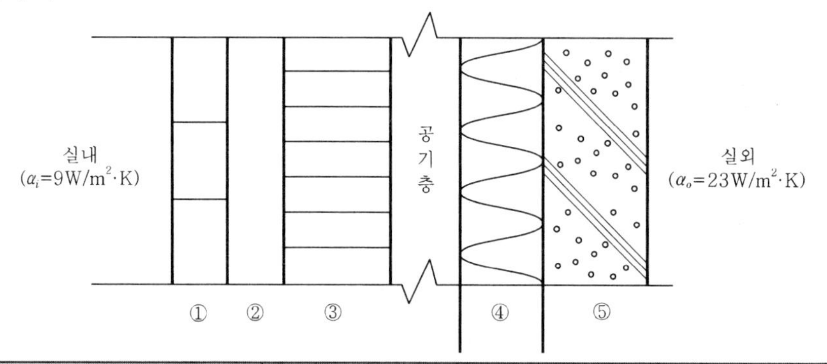

재 료	두께[m]	열전도율[W/m · K]
① 타일	0.01	1.3
② 시멘트 모르타르	0.03	1.3
③ 시멘트 벽돌	0.19	1.4
④ 스티로폼	0.05	0.03
⑤ 콘크리트	0.10	1.4

1. 벽체의 열통과율〔W/m² · K〕
2. 벽체의 손실열량〔W〕
3. 벽체의 내표면온도〔℃〕

해설 1. 벽체의 열통과율(K)

$$=\frac{1}{R}=\frac{1}{\frac{1}{\alpha_i}+\sum_{i=1}^{n}\frac{l_i}{\lambda_i}+\frac{1}{\text{공기층}}+\frac{1}{\alpha_o}}$$

$$=\frac{1}{\frac{1}{9}+\frac{0.01}{1.3}+\frac{0.03}{1.3}+\frac{0.19}{1.4}+\frac{0.05}{0.03}+\frac{0.10}{1.4}+\frac{1}{6.05}+\frac{1}{23}}$$

$$≒ 0.45\text{W/m}^2 \cdot \text{K}$$

2. 벽체의 손실열량(q) $= KA(t_r - t_o) = 0.45 \times 40 \times [27-(-5)] = 576\text{W}$

3. 벽체의 내표면온도(t_s)

$$KA(t_r - t_o) = \alpha_o A(t_r - t_s)$$

$$\therefore\ t_s = t_r - \frac{K}{\alpha_i}(t_r - t_o) = 27 - \frac{0.45}{9} \times [27-(-5)] = 25.4℃$$

13

전열면적 $A=60\text{m}^2$의 수냉응축기가 응축온도 $t_c=32℃$, 냉각수량 $m=500\text{L/min}$, 입구수온 $t_{w1}=23℃$, 출구수온 $t_{w2}=31℃$로서 운전되고 있다. 이 응축기를 장기 운전하였을 때 냉각관의 오염이 원인으로 냉각수량을 640L/min로 증가하지 않으면 원래의 응축온도를 유지할 수 없게 되었다. 이 상태에 대한 수냉응축기의 냉각관의 열통과율은 약 몇 〔W/m² · K〕인가? (단, 냉각수의 비열은 4.2kJ/kg · K, 냉매와 냉각수 사이의 온도차는 산술평균온도차를 사용하고 열통과율과 냉각수량 외의 응축기의 열적상태는 변하지 않는 것으로 한다.) (6점)

해설

① $q = m_1 C_p \Delta t_1 = \frac{500}{60} \times 4.2 \times (31-23) = 280\text{kW}$

② $q = m_2 C_p \Delta t_2 = \frac{640}{60} \times 4.2 \times (t_{w2}' - 23) = 280\text{kW}$

$$\therefore\ t_{w2}' = 23 + \frac{60 \times 280}{4.2 \times 640} = 29.25℃$$

여기서, t_{w2}' : 오염된 후 냉각수 출구온도(℃)

③ $\Delta t_m = t_c - \frac{t_{w1} + t_{w2}'}{2} = 32 - \frac{23 + 29.25}{2} ≒ 5.88℃$

④ $q = KA\Delta t_m$

$$\therefore\ K = \frac{q}{A\Delta t_m} = \frac{280 \times 10^3}{60 \times 5.88} ≒ 793.65\text{W/m}^2 \cdot \text{K}$$

2022

14 다음 ( ) 안에 알맞은 말을 [보기]에서 고르시오. (5점)

표준 냉동장치에서 흡입가스는 (①)을 따라서 (②)하여 과열증기가 되어 외부와 열교환을 하고, 응축기 출구 (③)에서 5℃ 과냉각시켜서 (④)을 따라서 교축작용으로 단열팽창되어 증발기에서 등압선을 따라 포화증기가 된다.

[보 기]

단열압축	등온압축	습압축
등엔탈피선	등비체적선	등엔트로피선
포화액선	습증기선	등온선

해설 ① 등엔트로피선, ② 단열압축, ③ 포화액선, ④ 등엔탈피선

【참고】 표준 냉동사이클 $P-h$선도

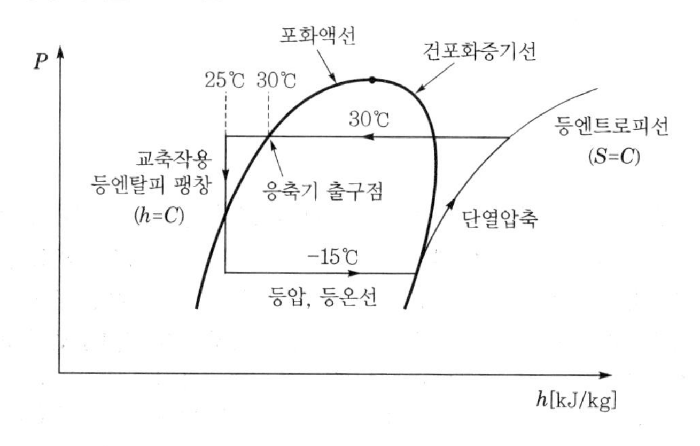

2022. 7. 24. 시행

01 송풍기가 회전수 800RPM에서 400m³/min의 송풍량을 갖는다. 회전수가 1,000RPM일 때의 송풍량[m³/min]을 구하시오. (4점)

해설 송풍기의 상사법칙에서 송풍량은 회전수에 비례한다.

$$\frac{Q_2}{Q_1}=\frac{N_2}{N_1}$$

$$\therefore\ Q_2=Q_1\left(\frac{N_2}{N_1}\right)=400\times\frac{1,000}{800}=500\text{m}^3/\text{min}$$

02 냉매액 강제순환식 냉동장치에 대한 다음 각 물음에 답하시오. (10점)

1. 다음 냉매액 강제순환식 암모니아냉동장치의 주요 장치에 대한 배관을 완성하시오.
   (단, 고압측은 점선, 저압측은 실선으로 표시하시오.)

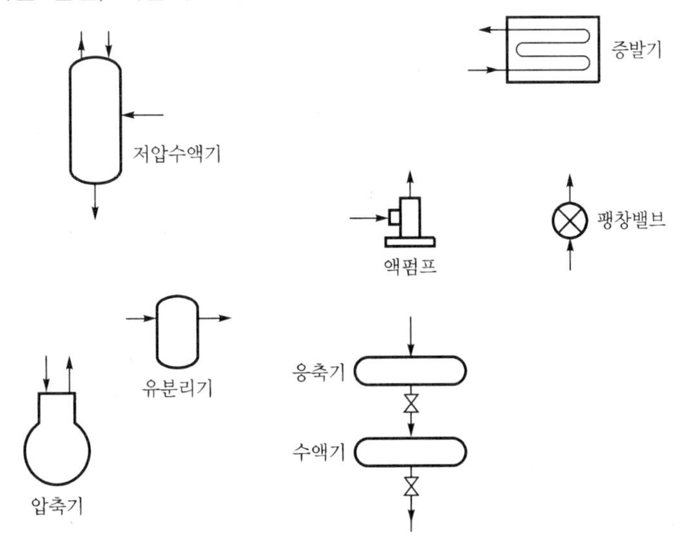

2. 냉매액 강제순환식 냉동장치의 장점 2가지를 적으시오.

해설 1. 배관 완성

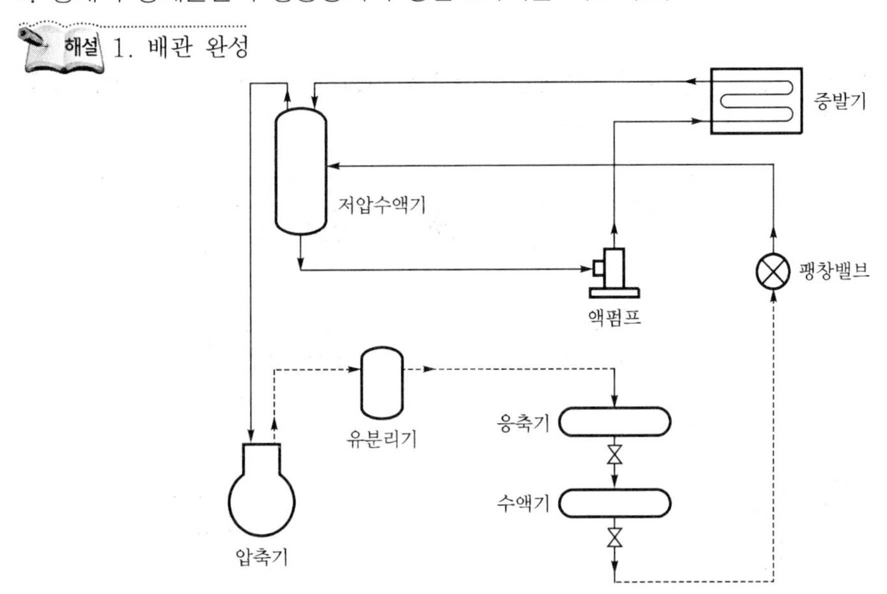

2. 냉매액 강제순환식 냉동장치의 장점
   ① 냉매측 열전달성능이 좋아 증발기 냉각능력이 우수하다.
   ② 프레온냉동장치의 경우 증발기에 냉동기유가 고이지 않는다.
   ③ 부하변동의 영향이 작다.
   ④ 냉매량이 만액식보다 적다.

2022

03 다음 그림은 2단 압축 1단 팽창 사이클의 직접팽창형 중간냉각기이다. 빈칸에 알맞은 용어를 [보기]에서 골라 써 넣으시오. (8점)

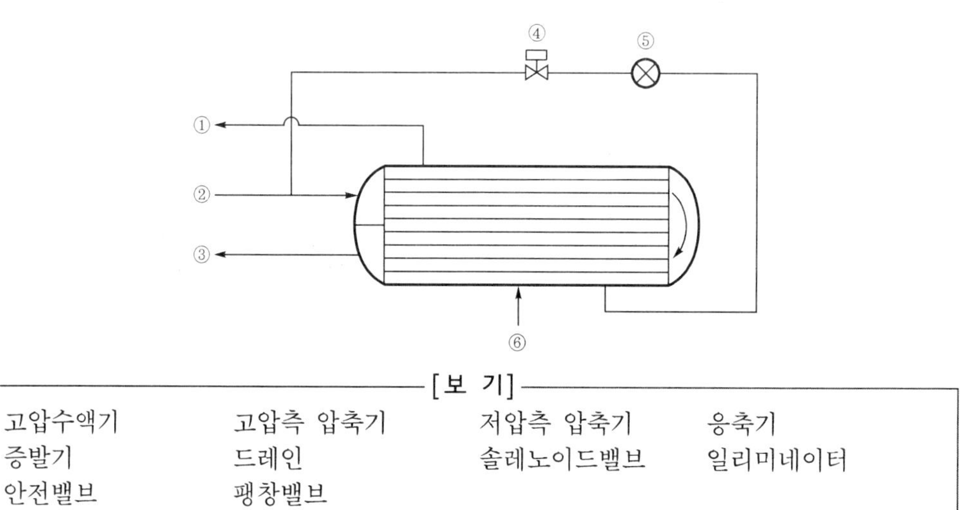

[보 기]

고압수액기	고압측 압축기	저압측 압축기	응축기
증발기	드레인	솔레노이드밸브	일리미네이터
안전밸브	팽창밸브		

해설 ① 고압측 압축기 ② 고압수액기 ③ 증발기
④ 솔레노이드밸브 ⑤ 팽창밸브 ⑥ 저압측 압축기

04 다음의 기호를 사용하여 공조배관계통도를 작성하시오. (단, 냉수 공급관 및 환수관은 개별식을 배관한다.) (6점)

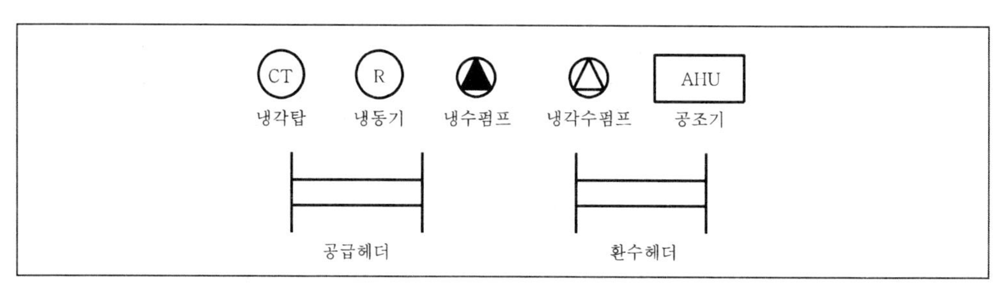

해설

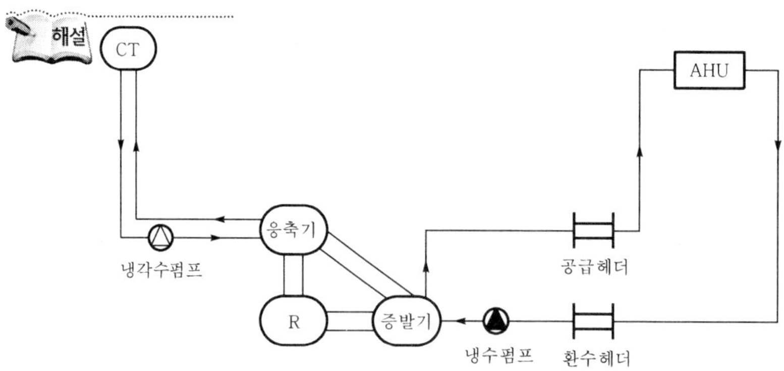

05 기통비가 2인 콤파운드 R-22 고속다기통압축기가 다음 그림에서와 같이 중간 냉각이 불완전한 2단 압축 1단 팽창식으로 운전되고 있다. 이때 중간냉각기 팽창밸브 직전의 냉매액온도가 33℃, 저단측 흡입냉매의 비체적이 $0.15m^3/kg$, 고단측 흡입냉매의 비체적이 $0.06m^3/kg$이라고 할 때 저단측의 냉동효과〔kJ/kg〕는 얼마인가? (단, 고단측과 저단측의 체적효율은 같다.) (8점)

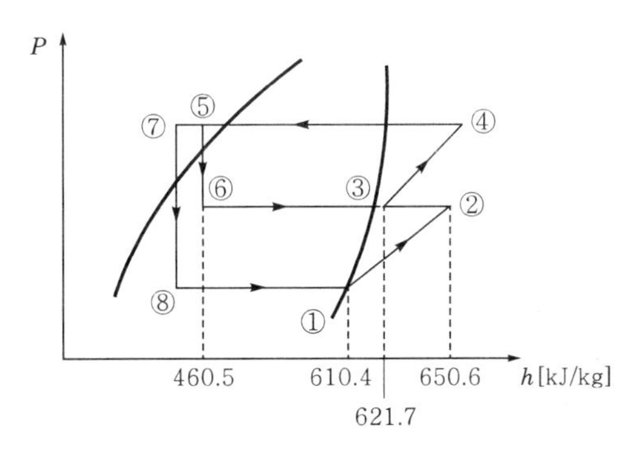

해설

$$\text{기통수비} = \frac{\text{저단 기통수}}{\text{고단 기통수}} = 2$$

$$\frac{m_L}{m_h} = \frac{h_3 - h_6}{h_2 - h_7} = \frac{h_3 - h_6}{h_2 - h_8}$$

$$h_8 = h_2 - \frac{m_h}{m_L}(h_3 - h_6) = h_2 - \frac{\frac{V}{v_h}}{\frac{2V}{v_L}}(h_3 - h_6) = h_2 - \frac{v_L}{2v_h}(h_3 - h_6)$$

$$= 650.6 - \frac{0.15}{2 \times 0.06} \times (621.7 - 460.5) = 449.1\text{kJ/kg}$$

$$\therefore\ q_e = h_1 - h_8 = 610.4 - 449.1 = 161.3\text{kJ/kg}$$

06 실린더 안지름 80mm, 피스톤 행정거리 80mm, 회전수 1,500rpm, 4기통 왕복동식 압축기의 이론피스톤토출량〔m^3/h〕을 구하시오. (4점)

해설

$$V = ASNZ = \frac{\pi d^2}{4} SNZ$$

$$= \frac{\pi \times 0.08^2}{4} \times 0.08 \times 1{,}500 \times 4$$

$$\fallingdotseq 2.413\text{m}^3/\text{min} = 144.76\text{m}^3/\text{h}$$

2022

07 주어진 설계조건을 이용하여 사무실 각 부분에 대하여 손실열량을 구하시오. (10점)

[조 건]

1) 설계온도 : 실내온도 19℃, 실외온도 −1℃, 복도온도 10℃
2) 열관류율 : 외벽 3.2W/m^2·K, 내벽 3.5W/m^2·K,
   바닥 1.9W/m^2·K, 유리(2중) 2.2W/m^2·K, 문 3.5W/m^2·K
3) 방위보정계수(α)
   ① 북쪽, 북서쪽, 북동쪽 : 0.15
   ② 동남쪽, 남서쪽 : 0.05
   ③ 동쪽, 서쪽 : 0.10
   ④ 남쪽 : 0
4) 환기횟수 : 1회/h
5) 천장높이와 층고는 동일하게 간주한다.
6) 공기의 정압비열(C_p) : 1.01kJ/kg·K, 공기의 밀도(ρ) : 1.2kg/m^3

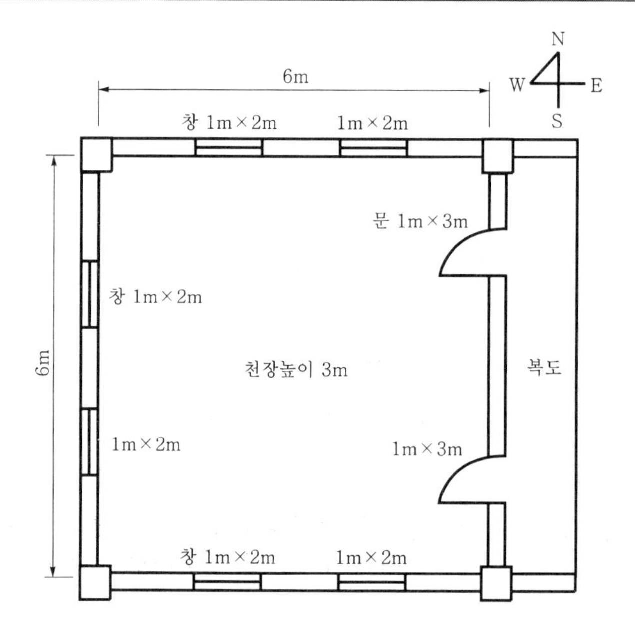

구 분	열관류율 [W/m²·K]	면적 [m²]	온도차 [℃]	방위계수 [1+α]	부하 [W]
동쪽 내벽				-	
동쪽 문				-	
서쪽 외벽					
서쪽 창					
남쪽 외벽					
남쪽 창					
북쪽 외벽					
북쪽 창					
환기부하	• 계산식= • 부하량=				
난방부하	• 계산식= • 부하량=				

해설

구 분	열관류율 [W/m²·K]	면적 [m²]	온도차 [℃]	방위계수 [1+α]	부하 [W]
동쪽 내벽	3.5	12	9	-	378
동쪽 문	3.5	6	9	-	189
서쪽 외벽	3.2	14	20	1.1	985.6
서쪽 창	2.2	4	20	1.1	193.6
남쪽 외벽	3.2	14	20	1.0	896
남쪽 창	2.2	4	20	1.0	176
북쪽 외벽	3.2	14	20	1.15	1030.4
북쪽 창	2.2	4	20	1.15	202.4
환기부하	• 계산식 $=\rho\left(\frac{nV}{3,600}\right)C_p(t_r-t_o)$ $=1.2\times\frac{1\times6\times6\times3}{3,600}\times1.01\times10^3\times[19-(-1)]$ $=727.2\text{W}$ • 부하량=727.2W				
난방부하	• 계산식=378+189+985.6+193.6+896+176+1030.4+202.4+727.2 =4778.2W • 부하량=4778.2W				

【참고】 부하(q) $=k_D KA\Delta t$

08 **다음과 같은 덕트시스템에 대하여 덕트치수를 등압법(1.0Pa/m)에 의하여 결정하시오.** (단, 각 토출구의 토출풍량은 1,000m^3/h이며, 덕트풍속은 선도에서 읽어서 구한다.) (8점)

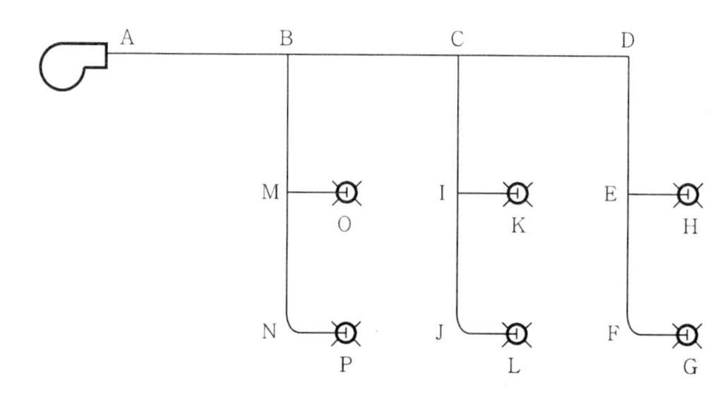

구 간	풍량〔m^3/h〕	지름〔cm〕	풍속〔m/s〕	직사각형 덕트 $a \times b$〔mm〕
A–B				(　　)×200
B–C				(　　)×200
C–E				(　　)×200
E–G				(　　)×200

장변 \ 단변	10	15	20	25	30	35	40	45	50	55	60	65	70	75	80	85	90	95	100
10	10.9																		
15	13.3	16.4																	
20	15.2	18.9	21.9																
25	16.9	21.0	24.4	27.3															
30	18.3	22.9	26.6	29.9	32.8														
35	19.5	24.5	28.6	32.2	35.4	38.3													
40	20.7	26.0	30.5	34.3	37.8	40.9	43.7												
45	21.7	27.4	32.1	36.3	40.0	43.3	46.4	49.2											
50	22.7	28.7	33.7	38.1	42.0	45.6	48.8	51.8	54.7										
55	23.6	29.9	35.1	39.8	43.9	47.7	51.1	54.3	57.3	60.1									
60	24.5	31.0	36.5	41.4	45.7	49.6	53.3	56.7	59.8	62.8	65.6								
65	25.3	32.1	37.8	42.9	47.4	51.5	55.3	58.9	62.2	65.3	68.3	71.1							
70	26.1	33.1	39.1	44.3	49.0	53.3	57.3	61.0	64.4	67.7	70.8	73.7	76.5						
75	26.8	34.1	40.2	45.7	50.6	55.0	59.2	63.0	66.6	69.7	73.2	76.3	79.2	82.0					
80	27.5	35.0	41.4	47.0	52.0	56.7	60.9	64.9	68.7	72.2	75.5	78.7	81.8	84.7	87.5				
85	28.2	35.9	42.4	48.2	53.4	58.2	62.6	66.8	70.6	74.3	77.8	81.1	84.2	87.2	90.1	92.9			
90	28.9	36.7	43.5	49.4	54.8	59.7	64.2	68.6	72.6	76.3	79.9	83.3	86.6	89.7	92.7	95.6	198.4		
95	29.5	37.5	44.5	50.6	56.1	61.1	65.9	70.3	74.4	78.3	82.0	85.5	88.9	92.1	95.2	98.2	101.1	103.9	
100	30.1	38.4	45.4	51.7	57.4	62.6	67.4	71.9	76.2	80.2	84.0	87.6	91.1	94.4	97.6	100.7	103.7	106.5	109.3
105	30.7	39.1	46.4	52.8	58.6	64.0	68.9	73.5	77.8	82.0	85.9	89.7	93.2	96.7	100.0	103.1	106.2	109.1	112.0
110	31.3	39.9	47.3	53.8	59.8	65.2	70.3	75.1	79.6	83.8	87.8	91.6	95.3	98.8	102.2	105.5	108.6	111.7	114.6
115	31.8	40.6	48.1	54.8	60.9	66.5	71.7	76.6	81.2	85.5	89.6	93.6	97.3	100.9	104.4	107.8	111.0	114.1	117.2
120	32.4	41.3	49.0	55.8	62.0	67.7	73.1	78.0	82.7	87.2	91.4	95.4	99.3	103.0	106.6	110.0	113.3	116.5	119.6
125	32.9	42.0	49.9	56.8	63.1	68.9	74.4	79.5	84.3	88.8	93.1	97.3	101.2	105.0	108.6	112.2	115.6	118.8	122.0
130	33.4	42.6	50.6	57.7	64.2	70.1	75.7	80.8	85.7	90.4	94.8	99.0	103.1	106.9	110.7	114.3	117.7	121.1	124.4
135	33.9	43.3	51.4	58.6	65.2	71.3	76.9	82.2	87.2	91.9	96.4	100.7	104.9	108.8	112.6	116.3	119.9	123.3	126.7
140	34.4	43.9	52.2	59.5	66.2	72.4	78.1	83.5	88.6	93.4	98.0	102.4	106.6	110.7	114.6	118.3	122.0	125.5	128.9
145	34.9	44.5	52.9	60.4	67.2	73.5	79.3	84.8	90.0	94.9	99.6	104.1	108.4	112.5	116.5	120.3	124.0	127.6	131.1
150	35.3	45.2	53.6	61.2	68.1	74.5	80.5	86.1	91.3	96.3	101.1	105.7	110.0	114.3	118.3	122.2	126.0	129.7	133.2
155	35.8	45.7	54.4	62.1	69.1	75.6	81.6	87.3	92.6	97.4	102.6	107.2	111.7	116.0	120.1	124.1	127.9	131.7	135.3
160	36.2	46.3	55.1	62.9	70.6	76.6	82.7	88.5	93.9	99.1	104.1	108.8	113.3	117.7	121.9	125.9	129.8	133.6	137.3
165	36.7	46.9	55.7	63.7	70.9	77.6	83.8	89.7	95.2	100.5	105.5	110.3	114.9	119.3	123.6	127.7	131.7	135.6	139.3
170	37.1	47.5	56.4	64.4	71.8	78.5	84.9	90.8	96.4	101.8	106.9	111.8	116.4	120.9	125.3	129.5	133.5	137.5	141.3

구 간	풍량[m³/h]	지름[cm]	풍속[m/s]	직사각형 덕트 $a \times b$[mm]
A-B	6,000	54	7.2	1,550×200
B-C	4,000	46	6.5	1,050×200
C-E	2,000	36	5.5	600×200
E-G	1,000	28	4.7	350×200

09

공조장치에서 증발기 부하가 100kW이고 냉각수 순환수량이 0.2m³/min, 성적계수가 2.5이고 응축기 전열면적 3m², 열관류율 6kW/m²·K에서 냉각수 입구온도 20℃일 때 응축 필요부하[kW], 응축기 냉각수 출구온도[℃], 냉매의 응축온도[℃]를 구하시오. (단, 냉각수의 비열은 4.2kJ/kg·K이며 산술평균온도차를 이용한다.) (6점)

해설 ① 응축 필요부하(Q_c)

$$(COP)_R = \frac{Q_e}{W_c}$$

$$W_c = \frac{Q_e}{(COP)_R} = \frac{100}{2.5} = 40\text{kW}$$

$$\therefore \ Q_c = Q_e + W_c = 100 + 40 = 140\text{kW}$$

② 응축기 냉각수 출구온도(t_{w2})

$$m = \rho Q = 1{,}000 \times \frac{0.2}{60} \fallingdotseq 3.33\text{kg/s}$$

$$Q_c = m\,C_p(t_{w2} - t_{w1})$$

$$\therefore \ t_{w2} = t_{w1} + \frac{Q_c}{m\,C_p} = 20 + \frac{140}{3.33 \times 4.2} = 30℃$$

③ 냉매의 응축온도(t_c)

㉠ $Q_c = KA\Delta t_m$

$$\therefore \ \Delta t_m = \frac{Q_c}{KA} = \frac{140}{6 \times 3} \fallingdotseq 7.78℃$$

㉡ $\Delta t_m = t_c - \dfrac{t_{w1} + t_{w2}}{2}$

$$\therefore \ t_c = \Delta t_m + \frac{t_{w1} + t_{w2}}{2} = 7.78 + \frac{20 + 30}{2} = 32.78℃$$

2022

10 증기보일러에 부착된 인젝터의 원리를 설명하시오. (6점)

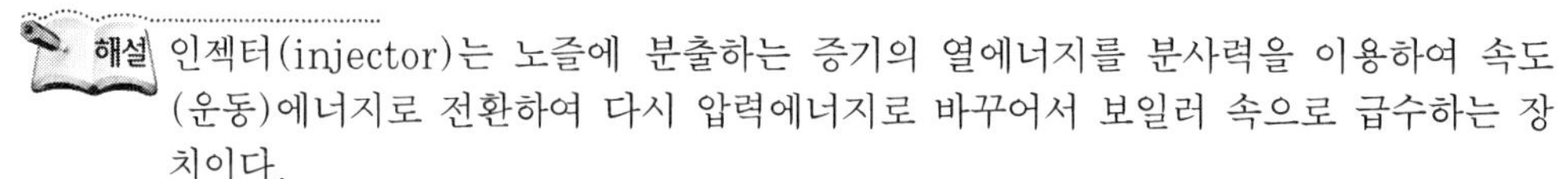

해설 인젝터(injector)는 노즐에 분출하는 증기의 열에너지를 분사력을 이용하여 속도(운동)에너지로 전환하여 다시 압력에너지로 바꾸어서 보일러 속으로 급수하는 장치이다.

① 작동원리 : 인젝터 내부에는 증기노즐, 혼합노즐, 토출노즐로 구성되어 있으며, 증기가 증기노즐로 들어와서 열에너지를 형성하여 증기가 혼합노즐에 들어오면 인젝터 본체 및 흡수되는 물에 열을 빼앗겨 증기의 체적이 감소되면서 진공상태가 형성되어서 속도(운동)에너지가 발생된다. 이 원리에 의해 물이 흡수되고 토출노즐에서 증기의 압력에너지에 의해서 물을 보일러 속으로 압입(급수)한다.

② 작동순서
- ㉠ 인젝터 출구측 급수정지밸브를 연다.
- ㉡ 급수흡수밸브를 연다.
- ㉢ 증기정지밸브를 연다.
- ㉣ 인젝터 핸들을 연다.

③ 정지순서
- ㉠ 인젝터 핸들을 잠근다.
- ㉡ 급수흡수밸브를 잠근다.
- ㉢ 증기정지밸브를 잠근다.
- ㉣ 인젝터 출구측 급수정지밸브를 잠근다.

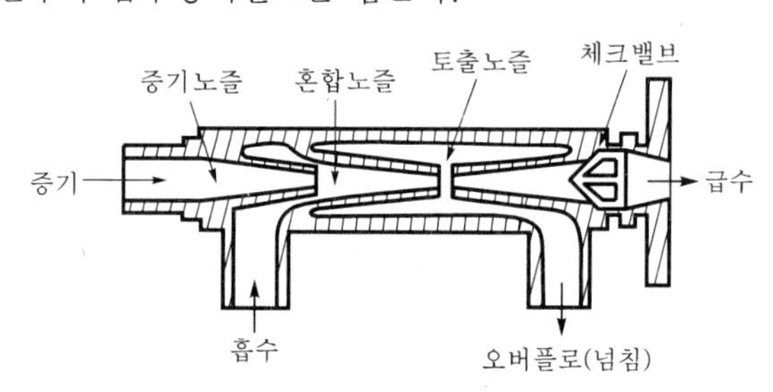

11 어떤 일반 사무실의 취득열량 및 외기부하를 산출하였더니 다음과 같이 되었다. 각 물음에 답하시오. (단, 취출온도차(Δt)=10℃, 공기밀도(ρ)=1.2kg/m^3, 공기정압비열(C_p)=1.01kJ/kg·K) (8점)

구 분	현열〔kJ/h〕	잠열〔kJ/h〕
벽체를 통한 열량	25,000	0
유리창을 통한 열량	33,000	0
바이패스 외기의 열량	600	2,500
재실자의 발열량	4,000	5,000
형광등의 발열량	10,000	0
외기부하	6,000	20,000

1. 현열비
2. 취출풍량〔CMM〕
3. 냉각코일용량〔kW〕
4. 냉동기용량〔RT〕(단, 여유율은 냉각코일용량의 10%, 1RT=3.86kW)
5. 냉각탑용량〔CRT〕(단, 여유율은 냉동코일용량의 20%, 1CRT=4.54kW)

해설 1. 현열비

$q_s = 25,000 + 33,000 + 600 + 4,000 + 10,000 = 72,600\text{kJ/h}$

$q_L = 2,500 + 5,000 = 7,500\text{kJ/h}$

$$\therefore \ SHF = \frac{현열(q_s)}{현열(q_s) + 잠열(q_L)} = \frac{72,600}{72,600 + 7,500} \fallingdotseq 0.91$$

2. $$취출풍량(Q) = \frac{q_s}{\rho C_p \Delta t} = \frac{\frac{72,600}{60}}{1.2 \times 1.01 \times 10} \fallingdotseq 99.83\text{CMM}(=\text{m}^3/\text{min})$$

【참고】 CMM(Cubic Meter per Minute)$=\text{m}^3$/min

3. $$냉각코일용량(q_c) = q_s + q_L + q_o = \frac{72,600 + 7,500 + (6,000 + 20,000)}{3,600} \fallingdotseq 29.47\text{kW}$$

4. $$냉동기용량 = \frac{냉각코일용량(q_c) \times 냉동기\ 여유율(\alpha)}{1\text{RT}(=3.86\text{kW})} = \frac{29.47 \times (1 + 0.1)}{3.86} \fallingdotseq 8.4\text{RT}$$

5. $$냉각탑용량 = \frac{[냉각코일용량(q_c) \times 냉동기\ 여유율(\alpha)] \times 냉각탑\ 여유율(\alpha')}{1\text{CRT}(=4.54\text{kW})} = \frac{[29.47 \times (1 + 0.1)] \times (1 + 0.2)}{4.54} \fallingdotseq 8.57\text{CRT}$$

12 다음 그림의 증기난방에 대한 증기공급배관지름(①~③)을 구하시오. (단, 증기압은 30kPa, 압력강하 r=1.0kPa/100m로 한다.) (6점)

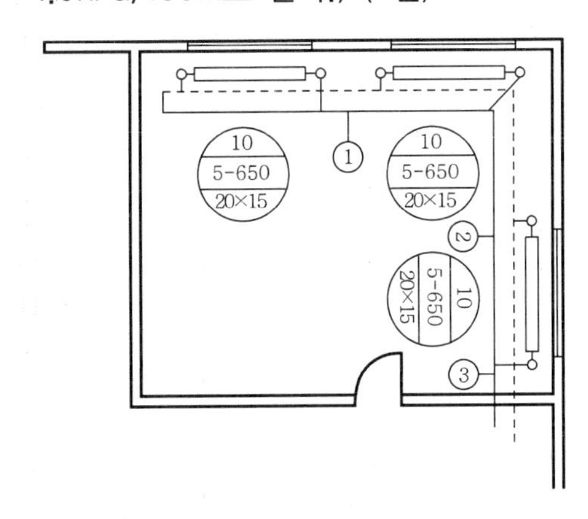

저압증기관의 관지름

관지름 (mm)	저압증기관의 용량(EDR(m²))									
	순구배 횡주관 및 하향급기 입관 (복관식 및 단관식)						역구배 횡주관 및 상향급기 입관			
	r=압력강하(kPa/100m)						복관식		단관식	
	0.5	1.0	2.0	5.0	10	20	입관	횡주관	입관	횡주관
20	2.1	3.1	4.5	7.4	10.6	15.3	4.5	–	3.1	–
25	3.9	5.7	8.4	14	20	29	8.4	3.7	5.7	3.0
32	7.7	11.5	17	28	41	59	17	8.2	11.5	6.8
40	12	17.5	26	42	61	88	26	12	17.5	10.4
50	22	33	48	80	115	166	48	21	33	18
65	44	64	94	155	225	325	90	51	63	34
80	70	102	150	247	350	510	130	85	96	55
90	104	150	218	360	520	740	180	134	135	85
100	145	210	300	500	720	1,040	235	192	175	130
125	260	370	540	860	1,250	1,800	440	360		
150	410	600	860	1,400	2,000	2,900	770	610		
200	850	1,240	1,800	2,900	4,100	5,900	1,700	1,340		
250	1,530	2,200	3,200	5,100	7,300	10,400	3,000	2,500		
300	3,450	3,500	5,000	8,100	11,500	17,000	4,800	4,000		

주철방열기의 치수와 방열면적

형 식	치수(mm)			1매당 상당 방열면적 A(m²)	내용적 (L)	중량 (N)
	높이 H	폭 b	길이 L			
2주	950	187	65	0.35	3.60	120.5
	800	187	65	0.29	2.85	110.7
	700	187	65	0.25	2.50	85.3
	650	187	65	0.23	2.30	80.4
	600	187	65	0.12	2.10	75.5
3주	950	228	65	0.42	2.40	154.8
	800	228	65	0.35	2.20	123.5
	700	228	65	0.30	2.00	107.8
	650	228	65	0.27	1.80	100.9
	600	228	65	0.25	1.65	90.2
3세주	800	117	50	0.19	0.80	58.8
	700	117	50	0.16	0.73	53.9
	650	117	50	0.15	0.70	49.0
	600	117	50	0.13	0.60	44.1
	500	117	50	0.11	0.54	36.3
5세주	950	203	50	0.40	1.30	117.0
	800	203	50	0.33	1.20	98.0
	700	203	50	0.28	1.10	90.0
	650	203	50	0.25	1.00	81.3
	600	203	50	0.23	0.90	70.2
	500	203	50	0.19	0.85	67.6

해설 ① 주철방열기 1대의 상당방열면적 : 10매×0.25=2.5m²(5세주 방열기, 높이 650mm)

② 각 구간별 방열면적

㉠ ①구간 방열면적 : 2.5×1대=2.5m²

㉡ ②구간 방열면적 : 2.5×2대=5.0m²

㉢ ③구간 방열면적 : 2.5×3대=7.5m²

③ 저압증기관, 순구배 횡주관(복관식), 압력강하 r=1.0kPa/100m에서 관지름을 구한다.

㉠ ①구간 배관지름 : 20mm(EDR 2.5m² 바로 위 값 3.1m²에 해당하는 관지름)

㉡ ②구간 배관지름 : 25mm(EDR 5.0m² 바로 위 값 5.7m²에 해당하는 관지름)

㉢ ③구간 배관지름 : 32mm(EDR 7.5m² 바로 위 값 11.5m²에 해당하는 관지름)

13 펌프운전 중에 일어나는 공동현상(cavitation)에 대하여 각 물음에 답하시오. (6점)

1. 정의
2. 발생원인(2가지)

해설 1. 정의 : 액체가 빠른 속도로 유동 시 벽면에 요철 부분이 있거나 만곡부가 있으면 국부적으로 저압이 되어 여기에 캐비티(공동)가 생긴다. 이 부분의 압력이 그 수온의 포화증기압보다 낮아지면 수중에 증기가 발생하며, 수중에는 압력에 비례하여 공기가 용입되어 있는데, 이 공기가 물과 분리되어 기포가 발생되는 현상을 말한다.

2. 발생원인

① 펌프의 흡입양정(suction head)이 높은 경우

② 회전하는 임펠러 끝단에서의 속도가 고속인 경우

14 다음 그림과 같은 공조장치를 냉방운전하고자 한다. 각 물음에 답하시오. (10점)

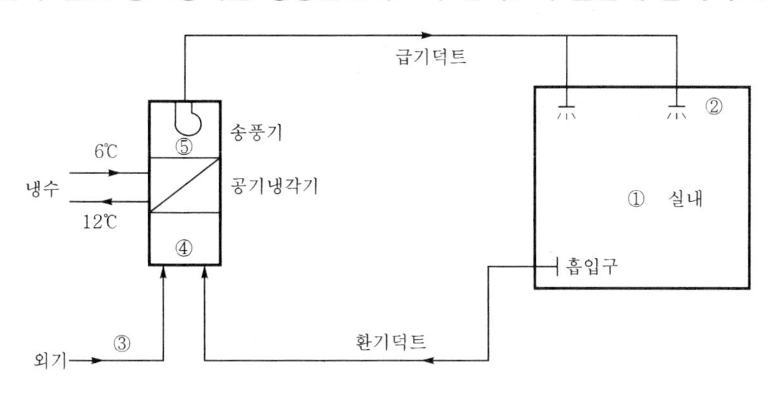

2022

[조 건]

1) 외기온도 : 33℃, 습구온도 : 27℃
2) 실내온도 : 26℃, 상대습도 : 50%, 현열부하 : 13.5kW, 잠열부하 : 2.4kW
3) 취출구온도 : 16℃
4) 송풍기 부하 : 1kW, 급기덕트 취득열 : 0.35kW
5) 취입외기량 : 급기송풍량의 30%
6) 공기밀도 : 1.2kg/m^3, 공기정압비열 : 1.01kJ/kg·K
7) 냉수비열 : 4.2kJ/kg·K

1. 공기선도에 ①~⑤점 표시
2. 현열비
3. 실내풍량[m^3/h]
4. 냉각기 출구 공기온도[℃]
5. 냉수량[L/min]

해설 1. 공기선도에 ①~⑤점 표시

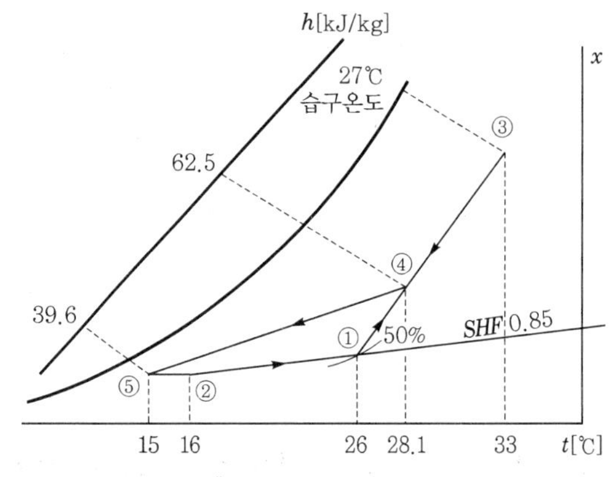

【참고】 ①~⑤점을 공기선도에 표시하기 위해서는 먼저 SHF, t_4, t_5를 구해야 한다.

2. 현열비(SHF) $= \dfrac{\text{현열부하}}{\text{현열부하}+\text{잠열부하}} = \dfrac{13.5}{13.5+2.4} \fallingdotseq 0.85$

3. 실내풍량(Q)

$mC_p\Delta t = \rho Q C_p \Delta t$

$\therefore\ Q = \dfrac{q_s}{\rho C_p \Delta t} = \dfrac{13.5\times 3{,}600}{1.2\times 1.01\times(26-16)} = 4009.9\text{m}^3/\text{h}$

4. 냉각기 출구 공기온도(t_5)

① $q = \rho Q C_p \Delta t$

$\therefore\ \Delta t = \dfrac{q}{\rho Q C_p} = \dfrac{(1+0.35)\times 3{,}600}{1.2\times 4009.9\times 1.01} = 1℃$

② $t_5 = t_2 - \Delta t = 16 - 1 = 15℃$

5. 냉수량(m_w)

① 혼합공기온도(t_4) $= \dfrac{m_1 t_1 + m_3 t_3}{m_1 + m_3} = \dfrac{0.7\times 26 + 0.3\times 33}{0.7+0.3} = 28.1$℃

② 공기선도를 작도하여 공기냉각기 입출구 비엔탈피를 읽으면 $h_4 = 62.5$kJ/kg, $h_5 = 39.6$kJ/kg이다.
공기냉각열량=냉수가열량
$m\,\Delta h = m_w\,C_w\,\Delta t_w$

$$\therefore\ m_w = \frac{m\,\Delta h}{C_w\,\Delta t_w} = \frac{\rho Q(h_4 - h_5)}{C_w\,\Delta t_w}$$

$$= \frac{1.2\times 4009.9\times(62.5-39.6)}{4.2\times(12-6)\times 60} = 72.88\text{L/min}$$

2022. 10. 16. 시행

01

풍량 18,000m³/h, 풍속 8m/s인 원형 덕트가 있다. 이 원형 덕트를 동일한 마찰손실을 갖는 종횡비가 3 : 1인 장방형 덕트로 바꾸려고 할 때 장변과 단변은 각 얼마인가? (8점)

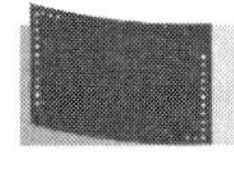

$Q = AV = \dfrac{\pi}{4}d^2 V$[m³/s]

$$\therefore\ d = \sqrt{\frac{4Q}{\pi V}} = \sqrt{\frac{4\times 18,000}{\pi\times 8\times 3,600}} = 0.89206\text{m} ≒ 89.21\text{cm}$$

문제에서 종횡비(aspect ratio) $= \dfrac{장변(a)}{단변(b)} = 3$이므로 $a = 3b$이다.

$$d = 1.3\left[\frac{(ab)^5}{(a+b)^2}\right]^{\frac{1}{8}}$$

$$89.21 = 1.3\left[\frac{(3b\times b)^5}{(3b+b)^2}\right]^{\frac{1}{8}} = 1.3\left[\frac{(3b^2)^5}{(4b)^2}\right]^{\frac{1}{8}} = 1.3\left(\frac{3^5}{4^2}\right)^{\frac{1}{8}} b$$

$$\therefore\ b = \frac{89.21}{1.3}\times\left(\frac{4^2}{3^5}\right)^{\frac{1}{8}} = 48.84\text{cm}$$

$a = 3b = 3\times 48.84 = 146.52$cm

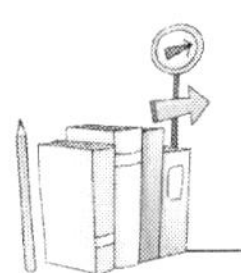

02 **다음은 R-22용 콤파운드압축기를 이용한 2단 압축 1단 팽창 냉동장치의 이론냉동사이클을 나타낸 것이다. 이 냉동장치의 냉동능력이 15RT일 때 각 물음에 답하시오.** (단, 압축기의 체적효율(저단 및 고단) : 0.75, 압축기의 압축효율(저단 및 고단) : 0.73, 압축기의 기계효율(저단 및 고단) : 0.90, 1RT=3.83kW이며 배관에서의 열손실은 무시한다.) (8점)

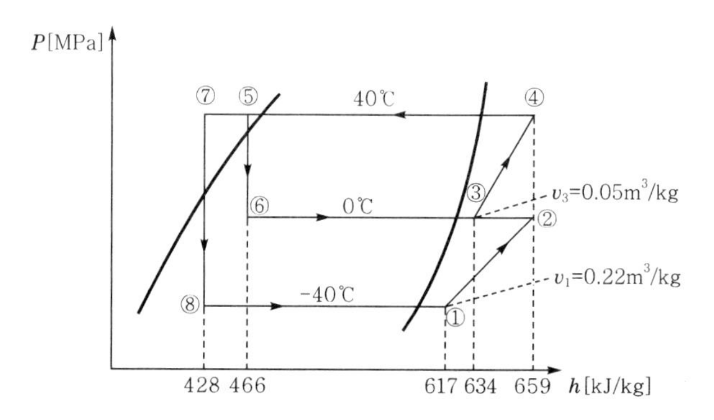

1. 저단압축기와 고단압축기의 실제 피스톤배출량의 비
2. 압축기의 실제 소요동력(kW)

1. 실제 피스톤배출량의 비

① 저단압축기의 실제 피스톤배출량(V_L)

$$Q_e = m_L(h_1 - h_8)$$

$$m_L = \frac{Q_e}{q_e} = \frac{15RT}{h_1 - h_8} = \frac{15 \times 3.86 \times 3{,}600}{617 - 428} = 1102.857\text{kg/h}$$

$$\therefore \ V_L = \frac{m_L v_1}{\eta_v} = \frac{1102.857 \times 0.22}{0.75} \fallingdotseq 323.50\text{m}^3/\text{h}$$

② 고단압축기의 실제 피스톤배출량(V_h)

㉠ $\eta_c = \dfrac{h_2 - h_1}{h_2{}' - h_1}$

$$\therefore \ h_2{}' = h_1 + \frac{h_2 - h_1}{\eta_c} = 617 + \frac{659 - 617}{0.73} = 674.534\text{kJ/kg}$$

㉡ $\dfrac{m_h}{m_L} = \dfrac{h_2{}' - h_7}{h_3 - h_6}$

$$\therefore \ m_h = m_L\left(\frac{h_2{}' - h_7}{h_3 - h_6}\right) = 1102.857 \times \frac{674.534 - 428}{634 - 466}$$

$$= 1618.403\text{kg/h}$$

㉢ $V_h = \dfrac{m_h v_3}{\eta_v} = \dfrac{1618.403 \times 0.05}{0.75} \fallingdotseq 107.89\text{m}^3/\text{h}$

③ 실제 피스톤배출량의 비 = 저단 피스톤배출량 : 고단 피스톤배출량
= 323.50 : 107.89 ≒ 3 : 1

2. 압축기의 실제 소요동력

$$L_b = \frac{L}{\eta_c \eta_m} = \frac{m_L(h_2 - h_1) + m_h(h_4 - h_3)}{\eta_c \eta_m}$$

$$= \frac{1102.857 \times (659 - 617) + 1618.403 \times (659 - 634)}{0.73 \times 0.9 \times 3{,}600}$$

$$= 36.69\text{kW}$$

03 **2대의 증발기가 압축기 위쪽에 위치하고 각각 다른 층에 설치되어 있는 경우 프레온증발기 출구와 흡입구 배관을 연결하는 배관계통을 도시하시오.** (단, 점선은 증발기 상부와 하부를 나타낸 것이다.) (8점)

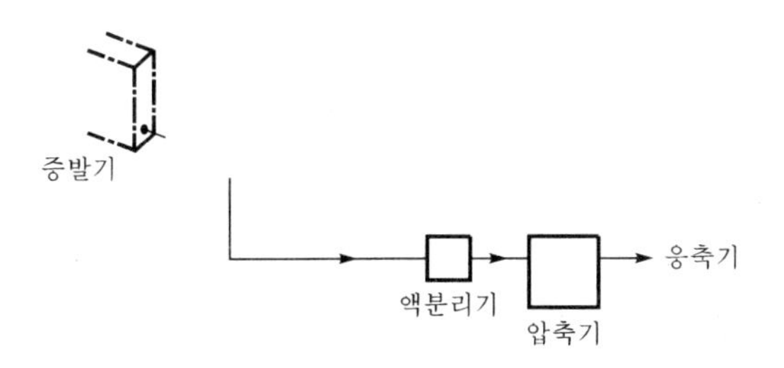

해설

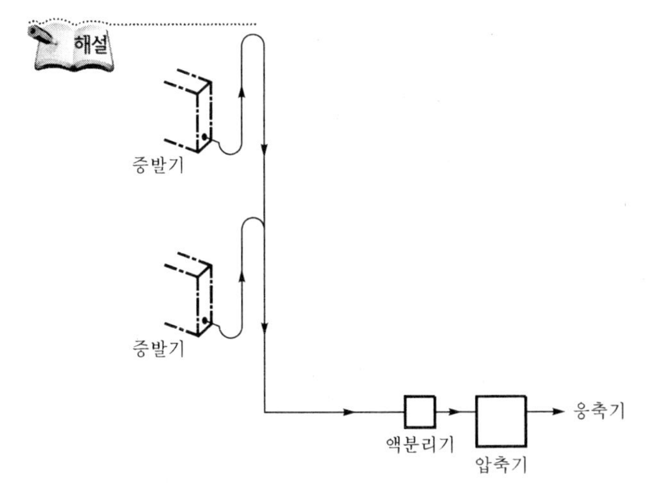

04 다음의 공기조화장치도는 외기의 건구온도 및 절대습도가 각각 32℃와 0.020kg′/kg이고, 실내의 건구온도 및 상대습도가 각각 26℃와 50%일 때 여름의 냉방운전을 나타낸 것이다. 실내 현열 및 잠열부하가 33.5kW와 11.1kW이고 실내취출공기온도 20℃, 재열기 출구 공기온도 19℃, 공기냉각기 출구온도가 15℃일 때 다음 각 물음에 답하시오.

(단, 외기량은 환기량의 $\frac{1}{3}$이고, 공기의 정압비열(C_p)은 1.01kJ/kg·K이며, 공기밀도(ρ)는 1.2kg/m^3, 환기의 온도 및 습도는 실내공기와 동일하다.) (10점)

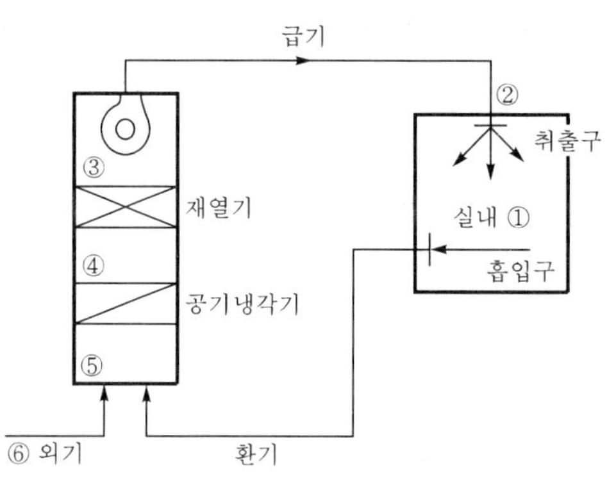

1. 장치도의 각 점을 습공기선도에 나타내기
2. 실내송풍량(급기량)〔m^3/h〕
3. 취입외기량〔m^3/h〕
4. 공기냉각기의 냉각감습열량〔kW〕
5. 재열기의 가열량〔kW〕

해설 1. 습공기선도 작성

① 현열비$(SHF)=\dfrac{\text{현열부하}}{\text{현열부하}+\text{잠열부하}}=\dfrac{33.5}{33.5+11.1}\fallingdotseq 0.75$

② 혼합공기온도(t_5)

급기량(m_5)=환기량(m_1)+외기량(m_6)

$$\therefore\ t_5=\frac{m_1t_1+m_6t_6}{m_1+m_6}=\frac{1\times26+\frac{1}{3}\times32}{1+\frac{1}{3}}=27.5℃$$

③ 습공기선도

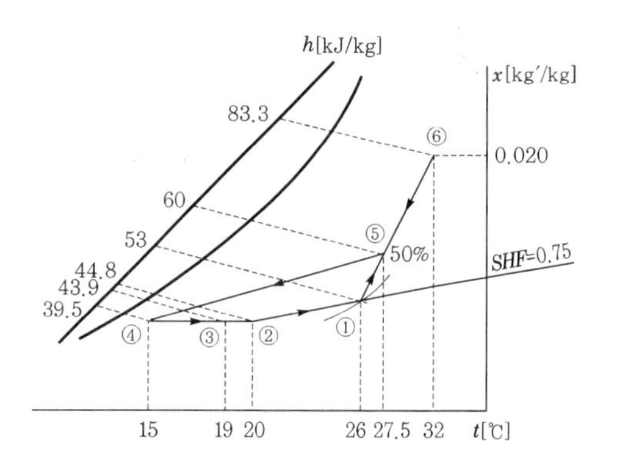

2. 실내송풍량(급기량)(Q)

$q_s = m C_p \Delta t = \rho Q C_p (t_1 - t_2)$

$\therefore \ Q = \dfrac{q_s}{\rho C_p (t_1 - t_2)} = \dfrac{33.5 \times 3{,}600}{1.2 \times 1.01 \times (26-20)} ≒ 16584.16\text{m}^3/\text{h}$

3. 취입외기량(Q_6)

$Q_1 + Q_6 = Q$와 $Q_6 = \dfrac{Q_1}{3}$에서 $Q_1 = 3Q_6$이므로

$\therefore \ Q_6 = \dfrac{Q}{4} = \dfrac{16584.16}{4} = 4146.04\text{m}^3/\text{h}$

4. 공기냉각기의 냉각감습열량(q_c)$= m\,\Delta h = \rho Q (h_5 - h_4)$

$= 1.2 \times \dfrac{16584.16}{3{,}600} \times (60 - 39.5)$

$≒ 113.33\text{kW}$

5. 재열기의 가열량(q_{RH})$= m C_p \Delta t = \rho Q C_p (t_3 - t_4)$

$= 1.2 \times \dfrac{16584.16}{3{,}600} \times 1.01 \times (19 - 15)$

$≒ 22.33\text{kW}$

05 과열증기압축사이클로 작동하는 냉동시스템에서 압축기 흡입냉매 비엔탈피는 390.21 kJ/kg이다. 가역단열과정으로 압축했을 때 압축기 출구 비엔탈피는 425.47kJ/kg이다. 실제 압축기의 압축효율이 85%일 때 다음을 구하시오. (6점)

1. 압축기 출구 실제 비엔탈피[kJ/kg]
2. 압축기 냉매의 질량유량이 1.5kg/s이고 체적효율이 82%이며 기계효율이 91%일 때 실제 압축기를 구동시키는 전동기 동력[kW]

해설 1. 압축기 출구 실제 비엔탈피(h_2')

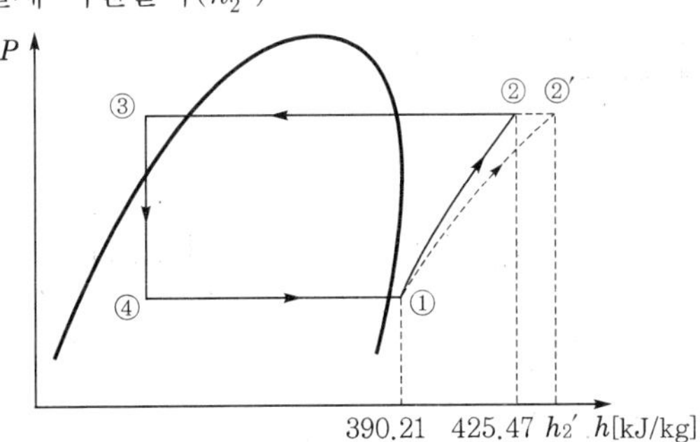

$\eta_c = \dfrac{h_2 - h_1}{h_2' - h_1}$

$\therefore \ h_2' = h_1 + \dfrac{h_2 - h_1}{\eta_c} = 390.21 + \dfrac{425.47 - 390.21}{0.85} ≒ 431.69\text{kJ/kg}$

2. 전동기 동력(L)$= \dfrac{m(h_2' - h_1)}{\eta_m} = \dfrac{1.5 \times (431.69 - 390.21)}{0.91} ≒ 68.37\text{kW}$

06

두께 100mm의 콘크리트벽 내면에 200mm의 발포스티로폼 방열을 시공하고, 그 내면에 10mm의 판을 댄 냉장고가 있다. 이 냉장고의 고내온도는 −20℃, 외기온도는 30℃, 벽면적이 100m²일 때 각 물음에 답하시오. (6점)

재료명	열전도율〔W/m·K〕	벽 면	열전달률〔W/m²·K〕
콘크리트 발포스티로폼 판	1.10 0.05 0.17	외벽면 내벽면	23 9

1. 벽의 열관류율〔W/m²·K〕
2. 냉장고 벽면의 전열량〔kW〕

해설 1. 열관류율$(K) = \dfrac{1}{R} = \dfrac{1}{\dfrac{1}{\alpha_o} + \sum\limits_{i=1}^{n} \dfrac{l_i}{\lambda_i} + \dfrac{1}{\alpha_i}} = \dfrac{1}{\dfrac{1}{23} + \dfrac{0.1}{1.10} + \dfrac{0.2}{0.05} + \dfrac{0.01}{0.17} + \dfrac{1}{9}}$

$\fallingdotseq 0.232\text{W/m}^2 \cdot \text{K}$

2. 전열량$(q) = KA\Delta t = 0.232 \times 100 \times [30-(-20)] = 1{,}160\text{W} = 1.16\text{kW}$

07

다음 도면과 같은 온수난방에 있어서 리버스리턴방식에 의한 배관도를 완성하시오. (단, A, B, C, D는 방열기를 표시한 것이며, 온수공급관은 실선으로, 귀환관은 점선으로 표시하시오.) (10점)

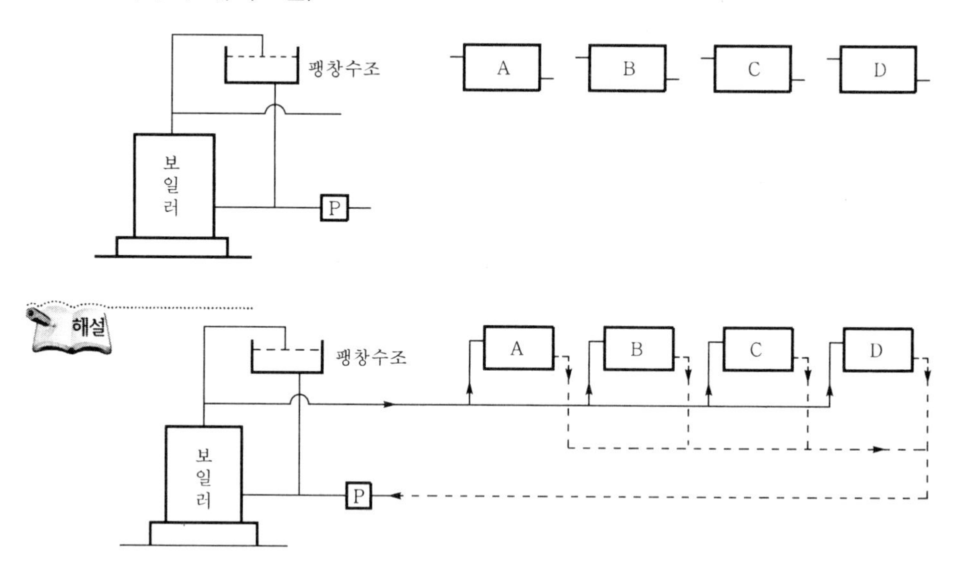

08 암모니아용 압축기에 대하여 피스톤압출량 $1m^3/h$당의 냉동능력 R_1, 증발온도 t_1, 응축온도 t_2와의 관계는 다음 그림과 같다. 피스톤압출량 $100m^3/h$인 압축기가 운전되고 있을 때 저압측 압력계에 0.26MPa, 고압측 압력계에 1.1MPa로 각각 나타내고 있다. 이 압축기에 대한 냉동부하〔RT〕는 얼마인가? (단, 1RT=3.86kW) (8점)

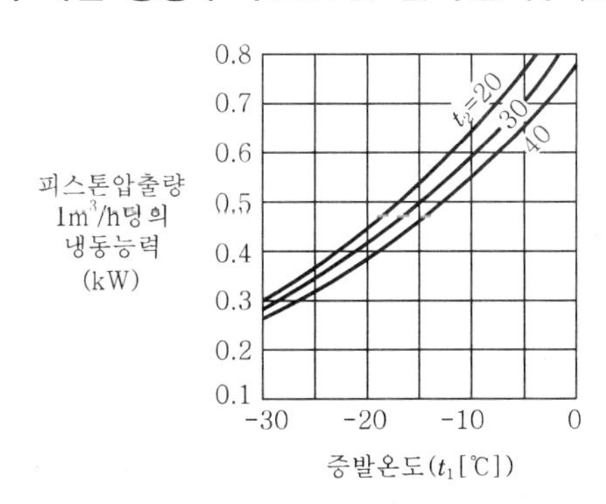

온도〔℃〕	포화압력〔MPa abs〕	온도〔℃〕	포화압력〔MPa abs〕
40	1.6	-5	0.36
35	1.4	-10	0.30
30	1.2	-15	0.24
25	1.0	-20	0.19

① 저압측(증발기) 절대압=0.1+0.26=0.36MPa abs
② 고압측(응축기) 절대압=0.1+1.1=1.2MPa abs
③ 제시된 표에서 증발압력과 응축압력에 해당하는 온도를 찾으면 증발온도(t_1)=-5℃, 응축온도(t_2)=30℃이므로 제시된 그래프에서 피스톤압출량 $1m^3/h$당의 냉동능력 0.7kW를 찾을 수 있다.

$$\therefore \text{ 냉동부하} = \frac{100 \times 0.7}{3.86} \fallingdotseq 18.13\text{RT}$$

09 다음과 같은 냉각수배관시스템에 대해 각 물음에 답하시오. (10점)

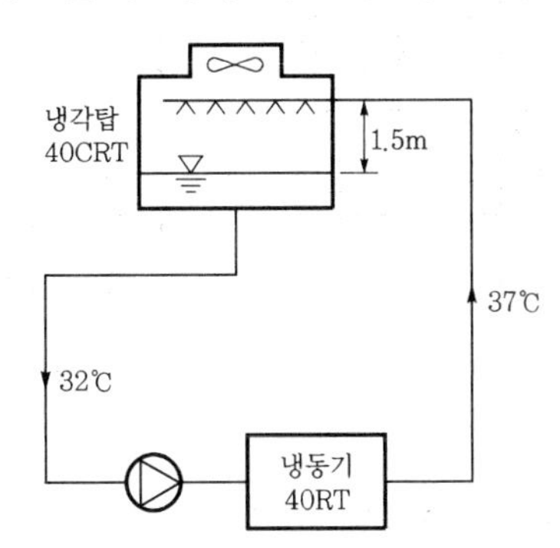

[조 건]

1) 배관의 총길이 : 60m
2) 응축기 압력손실 : 6mAq
3) 노즐 살수압력 : 3mAq
4) 자연수위 높이차 : 1.5m
5) 1냉각톤(CRT) : 4.53kW
6) 물의 비열 : 4.2kJ/kg·K
7) 배관 부속기구의 수량

부속명	엘보	스윙체크밸브	게이트밸브	볼밸브	스트레이너
수 량	10개	1개	3개	1개	1개

8) 부속기구의 국부저항 상당길이

부속명	엘보	스윙체크밸브	게이트밸브	볼밸브	스트레이너
상당길이	3.1m	12.7m	1.4m	36.6m	8.7m

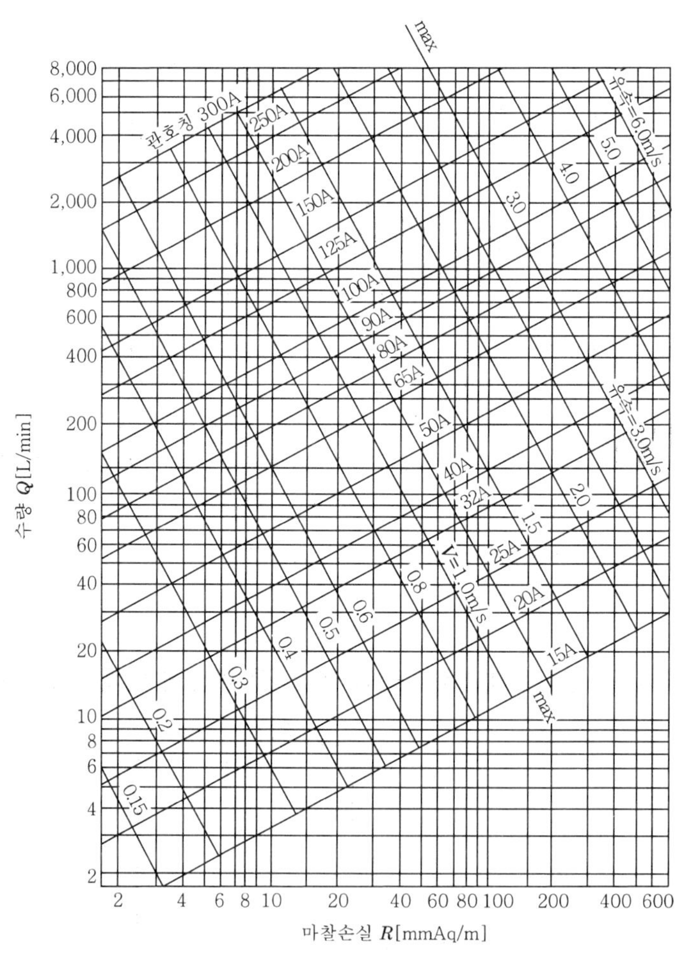

1. 필요냉각수량[L/min]
2. ① 마찰손실이 100mmAq/m일 때 배관경
   ② 위에서 구한 배관경의 실제 마찰저항[mmAq/m]

③ ①과 ②를 고려하여 유속[m/s]

3. 배관의 부속기구에 의한 국부저항 상당길이[m]

4. 배관상의 총마찰손실수두[mAq]

5. 속도에 의한 마찰손실수두[mAq]

해설 1. 필요냉각수량(m)

$q = mC_p\Delta t$

$\therefore\ m = \dfrac{q}{C_p\Delta t} = \dfrac{40\times4.53\times60}{4.2\times(37-32)} ≒ 517.71\text{L/min}$

※ 1kW=1kJ/s=60kJ/min

2. ① 배관경 : 제시된 마찰손실선도에서 냉각수량 517.71L/min와 마찰손실 100mmAq/m가 만나는 점인 65A~80A 사이에서 바로 위의 배관경을 선정한다.

∴ 배관경=80A

② 실제 마찰저항 : 선정된 배관경 80A와 냉각수량 517.71L/min이 만나는 점에서 마찰손실을 읽으면 65mmAq/m을 읽을 수 있다.

∴ 실제 마찰저항=65mmAq/m

③ ①과 ②를 고려한 유속 : 마찰손실선도에서 냉각수량 517.71L/min와 배관경 80A가 만나는 점에서 유속을 읽으면 1.7m/s를 읽을 수 있다.

∴ 유속=1.7m/s

3. 국부저항 상당길이(L')=10×3.1+1×12.7+3×1.4+1×36.6+1×8.7
=93.2m

4. 배관상의 총마찰손실수두(H_L)=$(L+L')R = (60+93.2)\times65\times10^{-3}$
$≒ 9.96\text{mAq}$

5. 속도에 의한 마찰손실수두(h)=$\dfrac{V^2}{2g} = \dfrac{1.7^2}{2\times9.8} ≒ 0.15\text{mAq}$

10 원심식 송풍기의 회전수만 N_1에서 N_2로 변경될 때 다음은 어떻게 변하는지 쓰시오. (4점)

1. 풍량(Q)　　2. 전압(P)　　3. 동력(L)

해설 1. 풍량 : $Q_2 = Q_1\left(\dfrac{N_2}{N_1}\right)$, 풍량은 회전수변화량에 비례한다.

2. 전압 : $P_2 = P_1\left(\dfrac{N_2}{N_1}\right)^2$, 전압은 회전수변화량의 제곱에 비례한다.

3. 동력 : $L_2 = L_1\left(\dfrac{N_2}{N_1}\right)^3$, 동력은 회전수변화량의 세제곱에 비례한다.

11 취출에 관한 다음 용어를 설명하시오. (5점)

1. 셔터(shutter)
2. 전면적(face area)

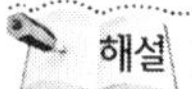
해설 1. 셔터(shutter) : 그릴(grille)의 안쪽에 풍량조절을 할 수 있게 설치한 것으로 그릴에 셔터가 있는 것을 레지스터(register)라 한다.
2. 전면적(face area) : 가로 날개, 세로 날개 또는 두 날개를 갖는 환기구 또는 취출구의 개구부를 덮는 면판을 말한다.

12 어느 공장이 겨울철에 휴업하였다가 봄이 되어 토출밸브를 열고 암모니아냉동기를 가동하였더니 소음과 함께 피스톤이 파괴되었다. 이 현상이 일어난 이유를 쓰시오. (7점)

해설 겨울철에 냉동기를 장시간 정지시키면 압축기 크랭크케이스 하부의 온도가 낮아지고 냉동기가 정지된 동안에 크랭크케이스에 냉매액이 고이게 된다(축수하중 및 소요동력 증대). 압축기를 재가동했을 때 크랭크케이스에 고여있던 액냉매가 오일과 함께 압축기로 흡입되어 액압축을 일으켜 소음과 함께 피스톤이 파괴되었다. 압축기를 정지시키고 워터재킷의 냉각수를 배출하며 크랭크케이스를 가열(액냉매 증발)시켜 열교환을 한 후 재운전하며, 정도가 심하면 압축기 파손부품을 교환한다.

13 냉동장치 각 기기의 온도변화 시에 이론적인 값이 상승하면 ○, 감소하면 ×, 무관하면 △을 하시오. (단, 다른 조건은 변화 없다고 가정한다.) (5점)

상태변화 \ 온도변화	응축온도 상승	증발온도 상승	과열도 증가	과냉각도 증가
성적계수				
압축기 토출가스온도				
압축일량				
냉동효과				
압축기 흡입가스 비체적				

해설

상태변화 \ 온도변화	응축온도 상승	증발온도 상승	과열도 증가	과냉각도 증가
성적계수	×	○	○	○
압축기 토출가스온도	○	×	○	△
압축일량	○	×	○	△
냉동효과	×	○	○	○
압축기 흡입가스 비체적	△	×	○	△

14 최상층 사무실의 겨울철 난방부하를 구하시오. (10점)

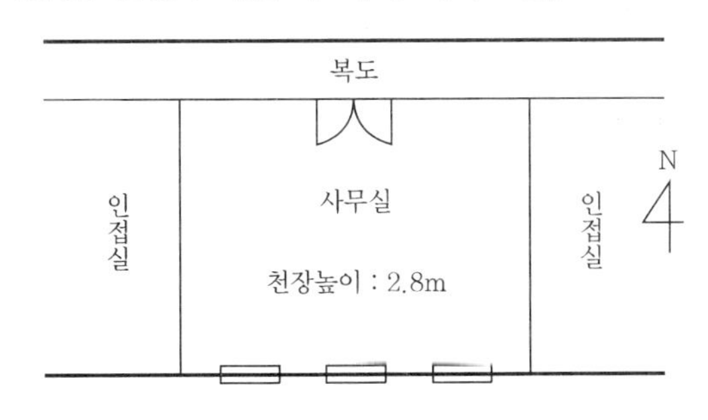

[조 건]

1)

구 분	실내	옥외	복도	인접실, 아래층
온도[℃]	18	−10	5	동일 공조상태

2)

구 분	면적[m^2]	열통과율[$W/m^2 \cdot K$]
외벽(콘크리트)	34.8	2.8
유리창	3.6	5.4
내벽(콘크리트)	29.6	2.3
문	4	3.5
바닥	70	2.8
지붕	70	2.7

3) 방위계수 : 지붕 1.2, 동, 서, 남, 북 1.0
4) 극간풍 : 환기횟수 0.5회
5) 공기의 정압비열(C_p) : 1.0kJ/kg·K, 공기의 밀도(ρ) : 1.2kg/m^3
6) 증기방열기 표준 방열량 : 755.8W/m^2
7) 방열기 쪽당 방열면적 : 0.26m^2

1. 각 난방부하[W]
   ① 외벽(콘크리트)　　② 유리창
   ③ 내벽(콘크리트)　　④ 문
   ⑤ 지붕　　⑥ 극간풍
2. 총난방부하[W](단, 안전율 15%)
3. 방열기 1대당 상당방열면적[m^2](단, 방열기는 3대 설치)
4. 방열기 1대당 쪽수

해설 1. 각 난방부하

① 외벽(콘크리트) $= k_D KA(t_r - t_o)$

$= 1.0 \times 2.8 \times 34.8 \times [18-(-10)] = 2728.32\text{W}$

② 유리창 $= k_D KA(t_r - t_o) = 1.0 \times 5.4 \times 3.6 \times [18-(-10)] = 544.32\text{W}$

③ 내벽(콘크리트) $= KA\Delta t = 2.3 \times 29.6 \times (18-5) = 885.04\text{W}$

④ 문 $= KA\Delta t = 3.5 \times 4 \times (18-5) = 182\text{W}$

⑤ 지붕 $= k_D KA(t_r - t_o) = 1.2 \times 2.7 \times 70 \times [18-(-10)] = 6350.4\text{W}$

⑥ 극간풍$(q_I) = q_{Is} + q_{IL}$

$= m_I C_p \Delta t + 2{,}501 m_I \Delta x$

$= \rho Q_I C_p \Delta t + 2{,}501 \rho Q_I \Delta x$

$= 1.2 \times \frac{0.5 \times 70 \times 2.8}{3{,}600} \times 1.0 \times [18-(-10)] \times 10^3 + 0$

$\fallingdotseq 914.67\text{W}$

2. 총난방부하 $= (2728.32 + 544.32 + 885.04 + 182 + 6{,}350 + 914.67) \times (1+0.15)$

$\fallingdotseq 13{,}345\text{W}$

3. 방열기 1대당 상당방열면적$(EDR) = \frac{\text{방열기 방열량(총난방부하)}}{\text{방열기 표준 발열량}}$

$= \frac{13{,}345}{755.8 \times 3} \fallingdotseq 5.89\text{m}^2$

4. 방열기 1대당 쪽수 $= \frac{\text{방열기 1대당 상당방열면적}(EDR)}{\text{방열기 1쪽당 방열면적}}$

$= \frac{5.89}{0.26} \fallingdotseq 23$쪽

2023년도 기출문제

2023. 5. 10. 시행

01 다음 주어진 조건을 이용하여 사무실 건물의 부하를 구하시오.

[조 건]

1) 실내 : 26℃ DB, 50% RH, 절대습도 0.0106kg'/kg
2) 외기 : 32℃ DB, 80% RH, 절대습도 0.0248kg'/kg
3) 천장 : $2.0W/m^2 \cdot K$
4) 문 : 목재 패널 $2.8W/m^2 \cdot K$
5) 외벽 : $3.3W/m^2 \cdot K$
6) 내벽 : $3.2W/m^2 \cdot K$
7) 바닥 : 하층공조로 계산(본 사무실과 동일 조건)
8) 창문 : 1중 보통유리(내측 베니션블라인드 진한 색)
9) 조명 : 형광등 1,800W, 전구 1,000W(주간조명 1/2점등)
10) 인원수 : 거주 90인
11) 계산시각 : 오전 8시
12) 환기횟수 : 0.5회/h
13) 공기의 정압비열 : 1.005kJ/kg · K
14) 0℃ 포화액의 증발잠열 : 2,501kJ/kg
15) 8시 일사량 : 동쪽 $647W/m^2$, 남쪽 $44W/m^2$
16) 8시 유리창 전도열량 : 동쪽 $3.1W/m^2$, 남쪽 $6.3W/m^2$

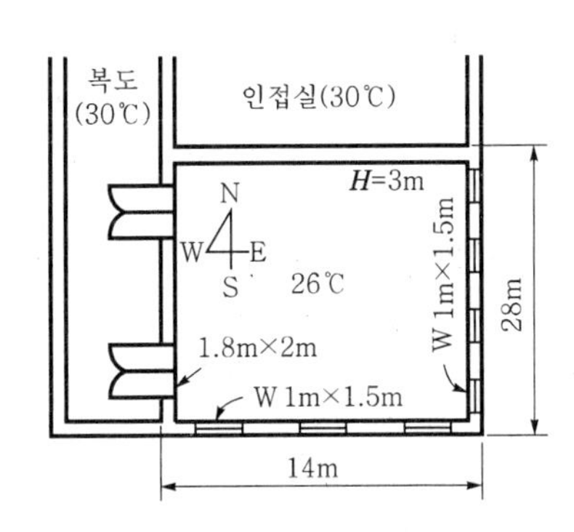

인체로부터의 발열량[W/인]

작업상태	실온		실내					
			27℃		26℃		21℃	
	예	전발열량	H_s	H_L	H_s	H_L	H_s	H_L
정좌	공장	103	57	46	62	41	76	27
사무소업무	사무소	132	58	74	63	69	84	48
착석작업	공장의 경작업	220	65	155	72	148	107	113
보행 4.8km/h	공장의 중작업	293	77	205	96	197	135	158
볼링	볼링장	425	136	289	141	284	178	247

외벽 및 지붕의 상당외기온도차(t_o : 31.7℃, t_i : 26℃일 때)

구분	시각	H	N	HE	E	SE	S	SW	W	HW	지붕
콘크리트	8	4.7	2.3	4.5	5.0	3.5	1.6	2.4	2.8	2.1	7.5
	9	6.8	3.0	7.5	8.7	5.9	1.9	2.5	2.9	2.5	7.5
	10	10.2	3.6	10.2	12.5	8.9	2.7	3.0	3.3	3.0	8.4
	11	14.5	4.2	12.0	15.5	11.7	4.1	3.7	3.9	3.7	10.2
	12	19.3	4.9	12.6	17.1	14.0	5.9	4.5	4.6	3.4	12.9
	13	24.0	5.6	12.3	17.2	15.3	8.0	5.6	5.4	5.2	16.0
	14	28.2	6.3	11.9	16.4	15.5	9.9	7.5	6.5	6.0	19.4
	15	31.4	6.8	11.4	15.2	14.8	14.4	10.0	8.6	6.9	22.7
	16	33.5	7.3	11.1	14.2	14.0	12.2	12.8	11.6	8.6	25.6
	17	34.2	7.6	10.1	13.3	13.1	12.3	15.3	15.1	11.0	27.7
	18	33.4	7.9	10.3	12.4	12.2	11.8	17.2	18.3	13.6	29.0
	19	31.1	8.3	9.7	11.4	14.3	11.0	17.9	20.4	15.7	29.3
	20	27.7	8.3	8.9	10.3	10.2	9.9	17.1	20.3	16.1	28.5

1. 외벽체를 통한 부하
2. 내벽체를 통한 부하
3. 극간풍에 의한 부하
4. 인체부하

해설 1. 외벽체를 통한 부하(침입열량)

① 동쪽 수정상당외기온도차($\Delta t_{eE}'$) $= \Delta t_{eE} + \{(t_o - t_o') - (t_i' - t_i)\}$

$= 5 + \{(32 - 31.7) - (26 - 26)\} = 5.3℃$

② 남쪽 수정상당외기온도차($\Delta t_{eS}'$) $= \Delta t_{eS} + \{(t_o - t_o') - (t_i' - t_i)\}$

$= 1.6 + \{(32 - 31.7) - (26 - 26)\} = 1.9℃$

③ 동쪽 침입열량(q_E) $= KA\Delta t_{eE}' = 3.3 \times \{(28 \times 3) - (1 \times 1.5 \times 4)\} \times 5.3 \fallingdotseq 1364.22\text{W}$

④ 남쪽 침입열량(q_S) $= KA\Delta t_{eS}' = 3.3 \times \{(14 \times 3) - (1 \times 1.5 \times 3)\} \times 1.9 \fallingdotseq 235.13\text{W}$

∴ 외벽부하(q_o) $= q_E + q_S = 1364.22 + 235.13 = 1599.35\text{W}$

2. 내벽체를 통한 부하(침입열량)

① 서쪽 벽(q_W) $= KA\Delta t = 3.2 \times \{(28 \times 3) - (1.8 \times 2 \times 2)\} \times (30 - 26) \fallingdotseq 983.04\text{W}$

② 서쪽 문(q_d) $= KA\Delta t = 2.8 \times (1.8 \times 2 \times 2) \times (30 - 26) \fallingdotseq 80.64\text{W}$

③ 북쪽 벽(q_N) $= KA\Delta t = 3.2 \times (14 \times 3) \times (30 - 26) \fallingdotseq 537.6\text{W}$

∴ 내벽부하(q_i) $= q_W + q_d + q_N = 983.04 + 80.64 + 537.6 = 1601.28\text{W}$

3. 극간풍에 의한 부하(q)

① 극간풍량(Q_i) $= nV = 0.5 \times (14 \times 28 \times 3) = 588\text{m}^3/\text{h} = 0.163\text{m}^3/\text{s}$

② 현열량(q_s) $= mC_p\Delta t = \rho Q_i C_p \Delta t$

$= 1.2 \times 0.163 \times 1.005 \times (32-26)$

$\fallingdotseq 1.179\text{kJ/s}(=\text{kW}) = 1{,}179\text{W}$

③ 잠열량(q_L) $= m\gamma_o \Delta x = \rho Q_i \gamma_o \Delta x$

$= 1.2 \times 1.163 \times 2{,}501 \times (0.0248 - 0.0106)$

$\fallingdotseq 6.947\text{kJ/s}(=\text{kW}) = 6{,}947\text{W}$

∴ 극간풍부하(q) $= q_s + q_L = 1{,}179 + 6{,}947 = 8{,}126\text{W}$

4. 인체부하(q_m)

① 현열량(q_s) $= n'H_s = 90 \times 63 = 5{,}670\text{W}$

② 잠열량(q_L) $= n'H_L = 90 \times 69 = 6{,}210\text{W}$

∴ 인체부하(q_m) $= q_s + q_L = 5{,}670 + 6{,}210 = 11{,}880\text{W}$

02 **다음과 같은 $P-h$ 선도를 보고 각 물음에 답하시오.** (단, 중간 냉각에 냉각수를 사용하지 않는 것으로 하고, 냉동능력은 1RT(=3.86kW)로 한다.)

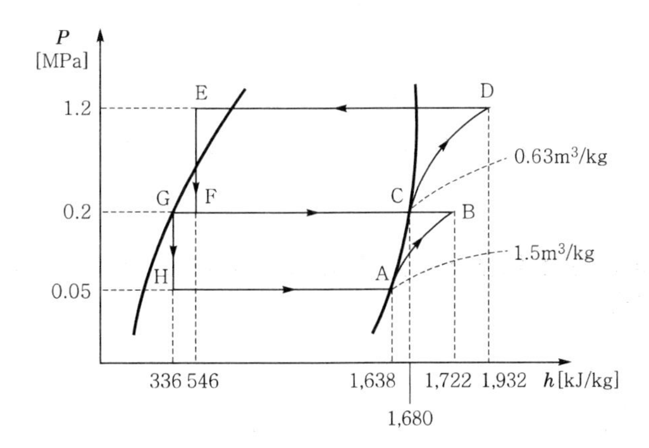

효율 \ 압축비	2	4	6	8	10	24
체적효율(η_v)	0.86	0.78	0.72	0.66	0.62	0.48
기계효율(η_m)	0.92	0.90	0.88	0.86	0.84	0.70
압축효율(η_c)	0.90	0.85	0.79	0.73	0.67	0.52

1. 저단측의 냉매순환량 m_L[kg/h], 피스톤토출량 V_L[m³/h], 압축기 소요동력 N_L[kW]
2. 고단측의 냉매순환량 m_H[kg/h], 피스톤토출량 V_H[m³/h], 압축기 소요동력 N_H[kW]

해설 1. $m_L = \dfrac{Q_e}{q_e} = \dfrac{Q_e}{h_A - h_H} = \dfrac{1 \times 3.86 \times 3,600}{1,638 - 336} ≒ 10.67\text{kg/h}$

$$V_L = \frac{m_L v_A}{\eta_{vL}} = \frac{10.67 \times 1.5}{0.78} ≒ 20.52\text{m}^3/\text{h}$$

$$N_L = \frac{m_L(h_B - h_A)}{\eta_{mL}\,\eta_{cL}} = \frac{\dfrac{10.67}{3,600} \times (1,722 - 1,638)}{0.9 \times 0.85} ≒ 0.33\text{kW}$$

2. $h_B{}' = h_A + \dfrac{h_B - h_A}{\eta_{cL}} = 1,638 + \dfrac{1,722 - 1,638}{0.85} ≒ 1736.82\,\text{kJ/kg}$

$$m_H = m_L\left(\frac{h_B{}' - h_H}{h_C - h_E}\right) = 10.67 \times \frac{1736.82 - 336}{1,680 - 546} ≒ 13.18\,\text{kg/h}$$

$$V_H = \frac{m_H v_C}{\eta_{vH}} = \frac{13.18 \times 0.63}{0.72} ≒ 11.53\,\text{m}^3/\text{h}$$

$$N_H = \frac{m_H(h_D - h_C)}{\eta_{mH}\,\eta_{cH}} = \frac{\dfrac{13.18}{3,600} \times (1,932 - 1,680)}{0.88 \times 0.79} ≒ 1.33\text{kW}$$

【참고】 ① 저단압축비 $\varepsilon_L = \dfrac{0.2}{0.05} = 4$일 때 제시된 표에서

$\eta_{vL} = 0.78$, $\eta_{mL} = 0.90$, $\eta_{cL} = 0.85$

② 고단압축비 $\varepsilon_H = \dfrac{1.2}{0.2} = 6$일 때 제시된 표에서

$\eta_{vH} = 0.72$, $\eta_{mH} = 0.88$, $\eta_{cH} = 0.79$

03 다음 그림과 같은 이중덕트장치도를 보고 공기선도에 각 상태점을 나타내어 흐름도를 완성하여라.

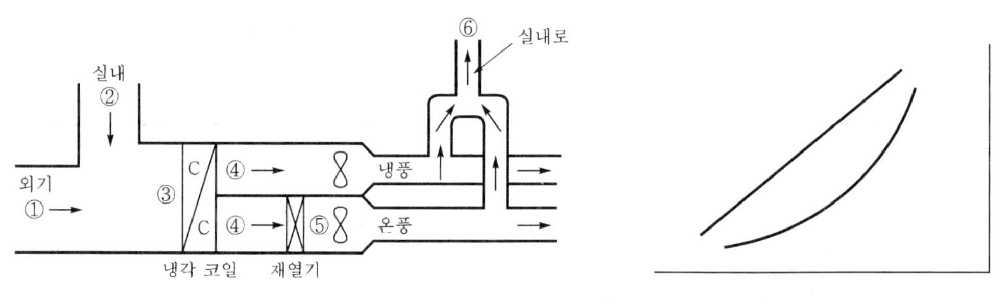

해설

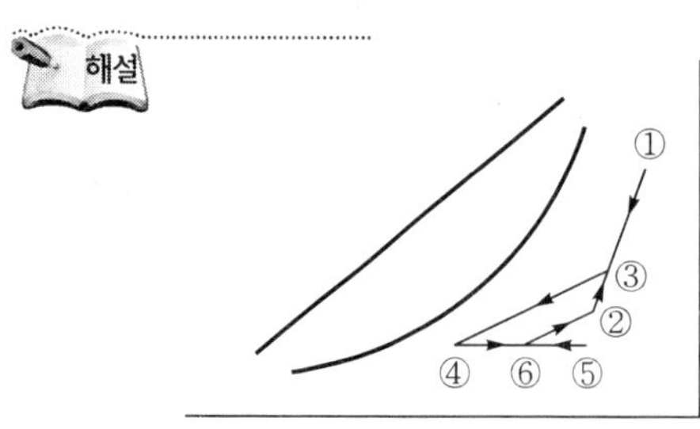

04 **다음 그림의 배관 평면도를 입체도로 그리고, 필요한 엘보수를 구하시오.** (단, 굽힘 부분에서는 반드시 엘보를 사용한다.)

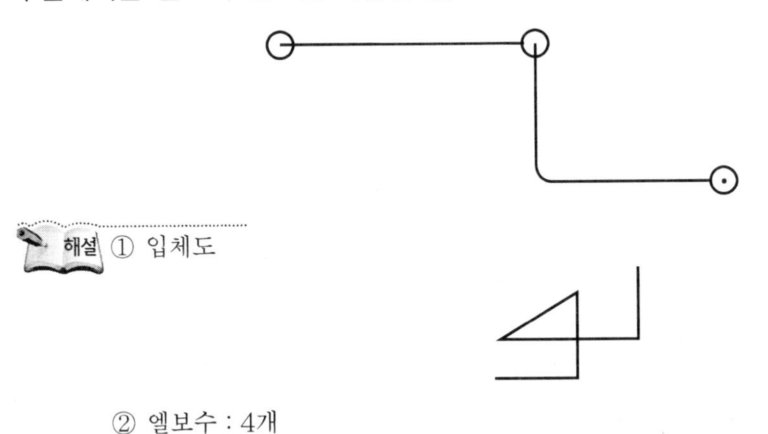

해설 ① 입체도

② 엘보수 : 4개

05 **다음과 같이 2대의 증발기를 이용하는 냉동장치에서 고압가스 제상을 위한 배관을 완성하시오.**

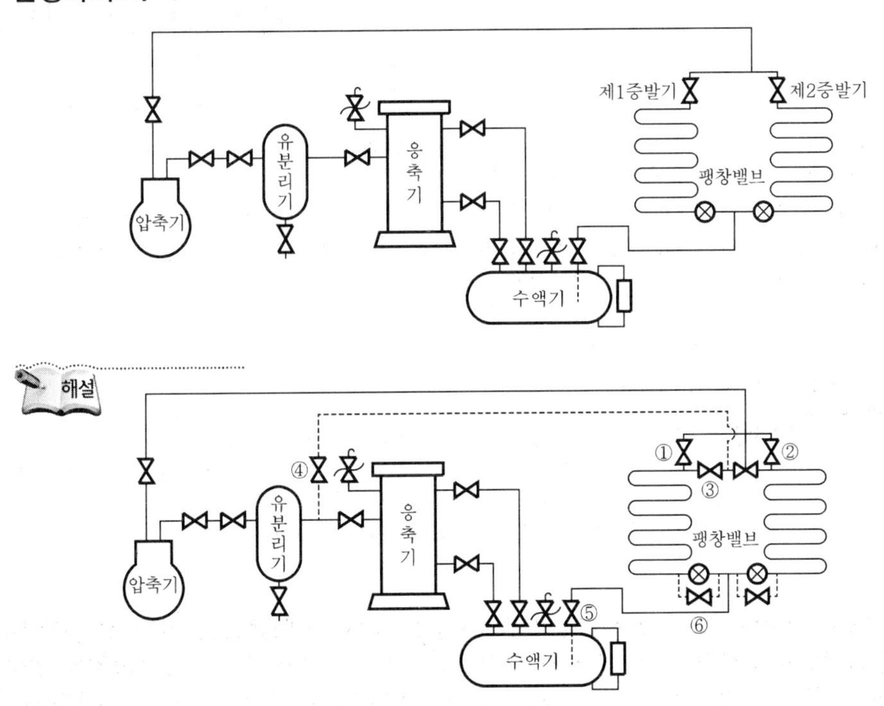

06 다음 회로도는 3상 유도전동기 정역운전회로이다. 회로의 동작설명 중 맞는 번호를 고르시오.

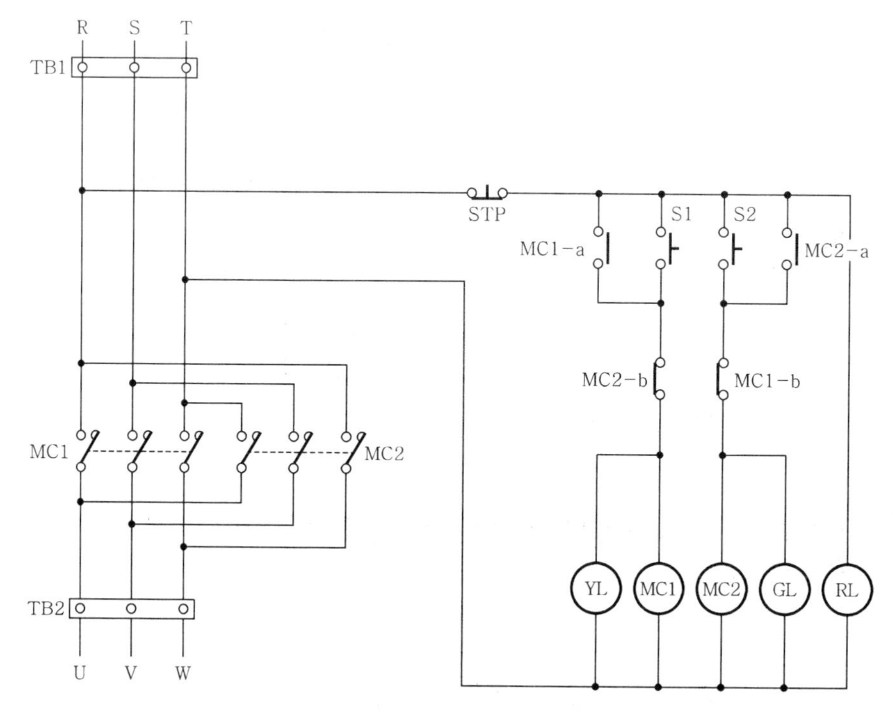

[동작상태]

(가) 전원을 투입하면 YL이 점등된다.
(나) S1을 누르면 MC1이 여자되어 전동기는 정회전하며, YL은 점등되고 GL은 소등된다.
(다) S2을 누르면 MC2가 여자되어 전동기는 역회전하며, YL은 점등되고 GL은 소등된다.
(라) 이 회로는 자기유지회로이다.
(마) STP를 누르면 모든 동작이 정지된다.

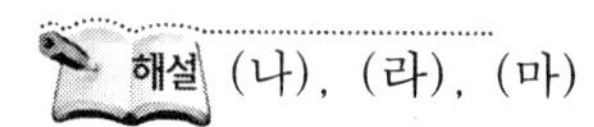
해설 (나), (라), (마)

【별해】 ① (가) : RL이 점등된다(RL은 상시등으로 전원 표시등이다).
② (다) : GL은 점등되고, YL은 소등된다(YL은 정회전 표시등, GL은 역회전 표시등).
③ MC1-a, MC2-a접점에 의해서 자기유지된다.
④ MC1-b, MC2-b접점에 의해서 인터로크(interlock)가 된다.

07 **24시간 동안에 30℃의 원료수 5,000kg을 -10℃의 얼음으로 만들 때 냉동기용량(냉동톤)을 구하시오.** (단, 냉동기 안전율은 10%로 하고, 물의 응고잠열은 334kJ/kg, 물과 얼음의 비열은 각각 4.2kJ/kg·K, 2.1kJ/kg·K이고, 1RT는 3.86kW이다.)

해설

$$냉동톤 = \frac{m(C\Delta t + \gamma_o + C_1\Delta t_1)K}{24\times 3.86\times 3{,}600}$$

$$= \frac{5{,}000\times\{4.2\times(30-0)+334+[2.1\times(0-(-10))]\}\times 1.1}{24\times 3.86\times 3{,}600} \fallingdotseq 7.93\text{RT}$$

2023

08 **다음 그림과 같은 장치로 공기조화를 할 때 주어진 공기선도와 조건을 이용하여 겨울철의 공기조화에 대한 각 물음에 답하시오.** (단, 공기의 정압비열=1.01kJ/kg・K)

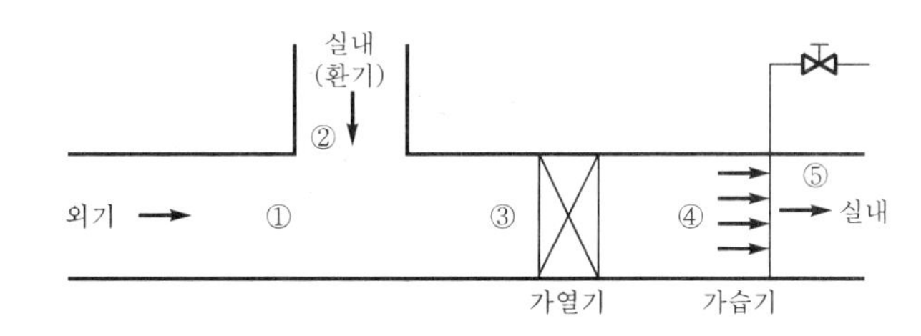

구 분	t〔℃〕	ψ〔%〕	x〔kg′/kg〕	h〔kJ/kg〕
실내	20	50	0.00725	38.7
외기	4	35	0.00175	8.4
실내손실열량	q_s =35kW, q_L =15kW			
송풍량	9,000kg/h			
외기량비	K_F=0.3			
가습	증기분무 : 0.2MPa, h_u =2,730kJ/kg			

1. 현열비
2. 혼합공기상태(t_3, h_3)
3. 취출공기상태(t_5, h_5)
4. 공기 ④의 상태(단, 공기선도를 이용할 것)
5. 가열기의 가열량
6. 가습열량

해설

1. 현열비$(SHF) = \dfrac{q_s}{q_s + q_L} = \dfrac{35}{35+15} = 0.7$
2. 혼합공기상태
   ① $t_3 = K_F t_1 + (1-K_F)t_2 = 0.3 \times 4 + (1-0.3) \times 20 = 15.2$℃
   ② $h_3 = K_F h_1 + (1-K_F)h_2 = 0.3 \times 8.4 + (1-0.3) \times 38.7 \fallingdotseq 29.61$kJ/kg
3. 취출공기상태
   ① $t_5 = t_2 + \dfrac{q_s}{m C_p}$
   $= 20 + \dfrac{35 \times 3{,}600}{9{,}000 \times 1.01} \fallingdotseq 34$℃
   ② $h_5 = h_2 + \dfrac{q_s + q_L}{m}$
   $= 38.7 + \dfrac{(33+15) \times 3{,}600}{9{,}000} = 58.7$kJ/kg

4. 공기 ④의 상태

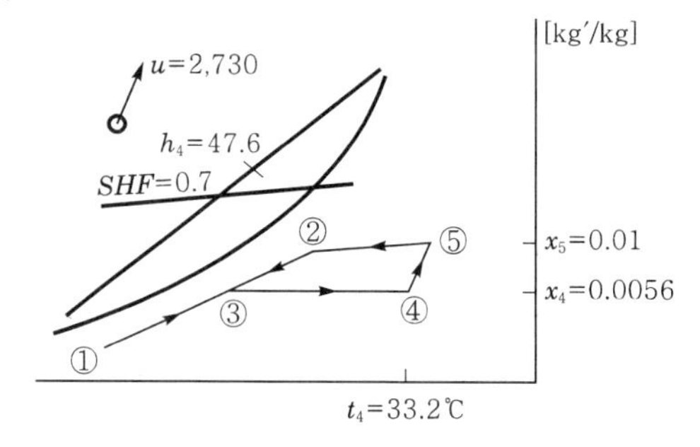

【참고】 취출공기 ⑤점에서 열수분비(u) =2,730kJ/kg 선과 평행하게 긋고 ③점에서 그은 수평선과 만나는 ④점을 찾는다.

5. 가열기의 가열량$(q_H) = m C_p \Delta h = m C_p (h_4 - h_3) = \dfrac{9,000}{3,600} \times 1.01 \times (47.6 - 29.61)$

$= 45\text{kW}$

6. 가습열량$(q_L) = m\gamma_o \Delta x = m\gamma_o (x_5 - x_4) = \dfrac{9,000}{3,600} \times 2,501 \times (0.01 - 0.0056) = 27.51\text{kW}$

09 다음 설명에 대한 알맞은 용어를 쓰시오.

1. 압축기에서 토출되는 냉매가스 중 윤활유(오일입자)를 분리하는 기기
2. 응축기에서 응축된 고온 고압의 냉매액을 일시 저장하는 목적의 용기
3. 증발기의 냉매액이 전부 증발하지 못하고 액체상태로 압축기에 흡입되는 현상
4. 액압축 시 압축기 파손을 방지하기 위해 압축기의 실린더 상부에 설치한 안전장치
5. 냉동장치의 저압측을 수리하거나 장기간 휴지(정지) 시에 저압측의 냉매를 고압측의 수액기로 회수하는 것
6. 냉동장치의 고압측을 수리할 때 냉매를 저압측 증발기 또는 외부용기에 모아 보관하는 것
7. 응축기에서 응축된 냉매액이 과냉각이 덜 되어 팽창밸브로 가는 도중 액의 일부가 기체로 된 것
8. 흡입가스 중의 액립을 분리하여 증기만 압축기에 흡입시켜서 액압축으로부터 위험을 방지하기 위한 기기

해설
1. 유분리기(oil separator)
2. 수액기(receiver)
3. 액백(liquid back)현상
4. 안전두(safety head)
5. 펌프다운(pump down)
6. 펌프아웃(pump out)
7. 플래시가스(flash gas)
8. 액분리기(liquid separator)

10

다음과 같은 덕트시스템을 등마찰손실법(0.1mmAq/m)으로 덕트의 각 구간을 설계하여 표를 완성하시오. (단, 급기 주덕트(①-A-②)의 풍속은 8m/s이고, 환기 주덕트(④-⑤)의 풍속은 4m/s이다. 급기덕트는 각 취출의 취출량이 1,350m³/h이고, 환기덕트의 흡입량은 각 3,780m³/h이다. 직사각형 단면 덕트의 크기는 aspect ratio가 2인 구간(④-⑤)의 급기덕트에서만 구한다.)

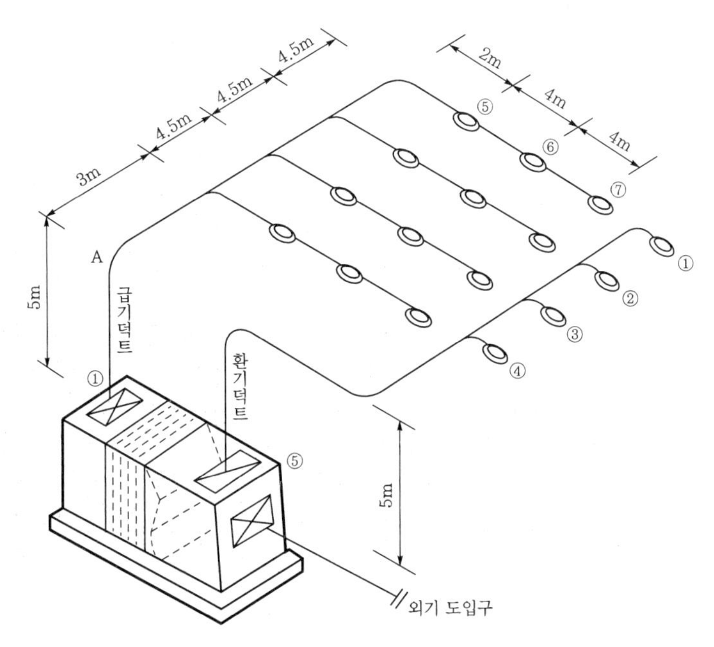

구 간	풍량(m³/h)	원형 덕트(cm)	사각 덕트(cm)
①-②			-
②-③			-
③-④			-
④-⑤			
⑤-⑥			-
⑥-⑦			-

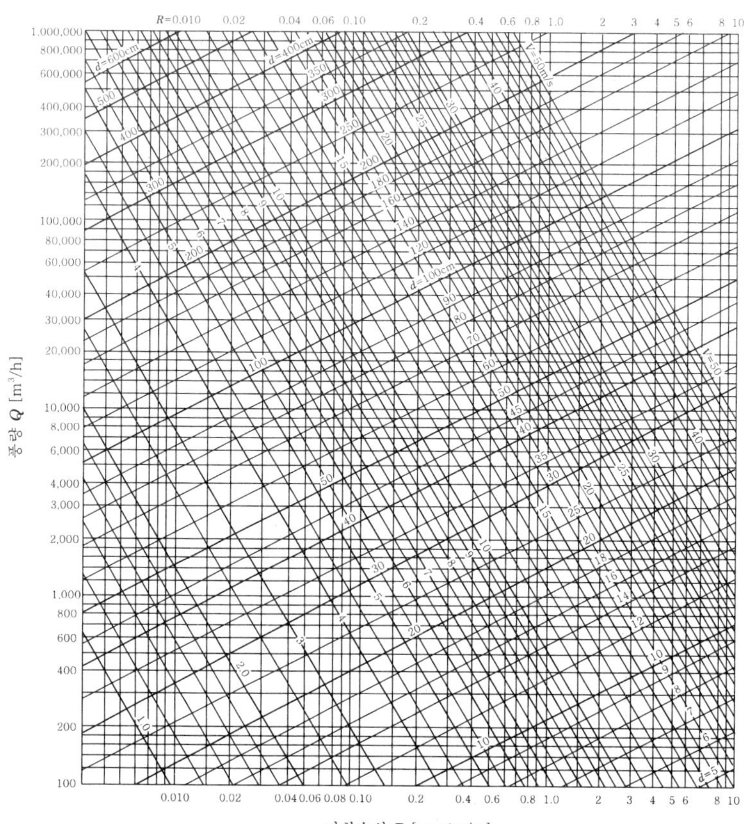

마찰손실 R [mmAq/m]

장변 \ 단변	10	15	20	25	30	35	40	45	50	55	60	65	70	75	80	85	90	95	100
10	10.9																		
15	13.3	16.4																	
20	15.2	18.9	21.9																
25	16.9	21.0	24.4	27.3															
30	18.3	22.9	26.6	29.9	32.8														
35	19.5	24.5	28.6	32.2	35.4	38.3													
40	20.7	26.0	30.5	34.3	37.8	40.9	43.7												
45	21.7	27.4	32.1	36.3	40.0	43.3	46.4	49.2											
50	22.7	28.7	33.7	38.1	42.0	45.6	48.8	51.8	54.7										
55	23.6	29.9	35.1	39.8	43.9	47.7	51.1	54.3	57.3	60.1									
60	24.5	31.0	36.5	41.4	45.7	49.6	53.3	56.7	59.8	62.8	65.6								
65	25.3	32.1	37.8	42.9	47.4	51.5	55.3	58.9	62.2	65.3	68.3	71.1							
70	26.1	33.1	39.1	44.3	49.0	53.3	57.3	61.0	64.4	67.7	70.8	73.7	76.5						
75	26.8	34.1	40.2	45.7	50.6	55.0	59.2	63.0	66.6	69.7	73.2	76.3	79.2	82.0					
80	27.5	35.0	41.4	47.0	52.0	56.7	60.9	64.9	68.7	72.2	75.5	78.7	81.8	84.7	87.5				
85	28.2	35.9	42.4	48.2	53.4	58.2	62.6	66.8	70.6	74.3	77.8	81.1	84.2	87.2	90.1	92.9			
90	28.9	36.7	43.5	49.4	54.8	59.7	64.2	68.6	72.6	76.3	79.9	83.3	86.6	89.7	92.7	95.6	198.4		
95	29.5	37.5	44.5	50.6	56.1	61.1	65.9	70.3	74.4	78.3	82.0	85.5	88.9	92.1	95.2	98.2	101.1	103.9	
100	30.1	38.4	45.4	51.7	57.4	62.6	67.4	71.9	76.2	80.2	84.0	87.6	91.1	94.4	97.6	100.7	103.7	106.5	109.3
105	30.7	39.1	46.4	52.8	58.6	64.0	68.9	73.5	77.8	82.0	85.9	89.7	93.2	96.7	100.0	103.1	106.2	109.1	112.0
110	31.3	39.9	47.3	53.8	59.8	65.2	70.3	75.1	79.6	83.8	87.8	91.6	95.3	98.8	102.2	105.5	108.6	111.7	114.6
115	31.8	40.6	48.1	54.8	60.9	66.5	71.7	76.6	81.2	85.5	89.6	93.6	97.3	100.9	104.4	107.8	111.0	114.1	117.2
120	32.4	41.3	49.0	55.8	62.0	67.7	73.1	78.0	82.7	87.2	91.4	95.4	99.3	103.0	106.6	110.0	113.3	116.5	119.6
125	32.9	42.0	49.9	56.8	63.1	68.9	74.4	79.5	84.3	88.8	93.1	97.3	101.2	105.0	108.6	112.2	115.6	118.8	122.0
130	33.4	42.6	50.6	57.7	64.2	70.1	75.7	80.8	85.7	90.4	94.8	99.0	103.1	106.9	110.7	114.3	117.7	121.1	124.4
135	33.9	43.3	51.4	58.6	65.2	71.3	76.9	82.2	87.2	91.9	96.4	100.7	104.9	108.8	112.6	116.3	119.9	123.3	126.7
140	34.4	43.9	52.2	59.5	66.2	72.4	78.1	83.5	88.6	93.4	98.0	102.4	106.6	110.7	114.6	118.3	122.0	125.5	128.9
145	34.9	44.5	52.9	60.4	67.2	73.5	79.3	84.8	90.0	94.9	99.6	104.1	108.4	112.5	116.5	120.3	124.0	127.6	131.1
150	35.3	45.2	53.6	61.2	68.1	74.5	80.5	86.1	91.3	96.3	101.1	105.7	110.0	114.3	118.3	122.2	126.0	129.7	133.2
155	35.8	45.7	54.4	62.1	69.1	75.6	81.6	87.3	92.6	97.4	102.6	107.2	111.7	116.0	120.1	124.1	127.9	131.7	135.3
160	36.2	46.3	55.1	62.9	70.6	76.6	82.7	88.5	93.9	99.1	104.1	108.8	113.3	117.7	121.9	125.9	129.8	133.6	137.3
165	36.7	46.9	55.7	63.7	70.9	77.6	83.8	89.7	95.2	100.5	105.5	110.3	114.9	119.3	123.6	127.7	131.7	135.6	139.3
170	37.1	47.5	56.4	64.4	71.8	78.5	84.9	90.8	96.4	101.8	106.9	111.8	116.4	120.9	125.3	129.5	133.5	137.5	141.3

해설 ① 급기덕트

구 간	풍량[m³/h]	원형 덕트[cm]	사각 덕트[cm]
①-②	16,200	87.5	-
②-③	12,150	78.89	-
③-④	8,100	67.89	-
④-⑤	4,050	52.86	70×35
⑤-⑥	2,700	44.84	-
⑥-⑦	1,350	34	-

② 상당지름$(d_e) = 1.3\left\{\dfrac{(ab)^5}{(a+b)^2}\right\}^{\frac{1}{8}}$은 $a=2b$이므로

단변$(b) = \dfrac{d_e}{1.3}\left(\dfrac{3^2}{2^5}\right)^{\frac{1}{8}} = \dfrac{52.86}{1.3}\times\left(\dfrac{3^2}{2^5}\right)^{\frac{1}{8}} \fallingdotseq 34.699 = 35\text{cm}$

∴ 사각 덕트 환산표에서 $a\times b = 70\text{cm}\times 35\text{cm}$이다.

11 다음과 같은 운전조건을 갖는 브라인 쿨러가 있다. 전열면적이 25m²일 때 각 물음에 답하시오.

[조 건]

1) 브라인 비중 : 1.24	2) 브라인 비열 : 2.81kJ/kg·K
3) 브라인의 유량 : 300L/min	4) 쿨러로 들어가는 브라인 온도 : −18℃
5) 쿨러에서 나오는 브라인 온도 : −23℃	6) 쿨러 냉매 증발온도 : −26℃

1. 브라인 쿨러의 냉동부하[kW]
2. 브라인 쿨러의 열통과율[W/m²·K]

해설 1. 냉동부하$(q_c) = mC_b\Delta t = \rho QC_b(t_i - t_o) = 1.24\times\dfrac{300}{60}\times 2.81\times\{-18-(-23)\}$

$= 87.11\text{kW}$

2. ① $LMTD = \dfrac{\Delta t_1 - \Delta t_2}{\ln\left(\dfrac{\Delta t_1}{\Delta t_2}\right)} = \dfrac{\{-18-(-26)\}-\{-23-(-26)\}}{\ln\left(\dfrac{-18-(-26)}{-23-(-26)}\right)} \fallingdotseq 5.1℃$

② $q_c = KA(LMTD)$[W]

∴ 열통과율$(K) = \dfrac{q_c}{A(LMTD)} = \dfrac{87.11\times 10^3}{25\times 5.1} = 683.22\text{W/m}^2\cdot\text{K}$

12 냉장실의 냉동부하 7kW, 냉장실 내 온도를 −20℃로 유지하는 나관상태 천장코일의 냉각관길이[m]를 구하시오. (단, 천장코일의 증발관 내 냉매의 증발온도는 −28℃, 외표면적은 0.19m², 열통과율은 8W/m²·K이다.)

해설 냉각관길이$(L) = \dfrac{q}{KA_o(t_i - t_e)} = \dfrac{7\times 10^3}{8\times 0.19\times\{-20-(-28)\}} \fallingdotseq 575.66\text{m}$

13 연돌효과의 발생원리를 쓰고, 대책 3가지를 쓰시오.

 ① 발생원리 : 고층건물의 계단실이나 엘리베이터와 같은 수직공간 내의 온도와 건물 밖의 온도차에 의한 압력차로 공기가 상승하는 현상

② 대책

㉠ 1층 출입구에 회전방풍문을 설치할 것
㉡ 아래층에서의 공기유입을 최대한 억제(이중문 설치)할 것
㉢ 계단실이나 엘리베이터 등 수직통로에 공기유출구를 설치할 것
㉣ 공기통로의 미로를 형성할 것
㉤ 철저한 방화구획일 것
㉥ 출입구에 에어커튼을 설치할 것
㉦ 이중문 중간에 컨벡터 또는 소형 공조장치(FCU)를 설치할 것
㉧ 실내를 가압하여 외부보다 압력을 높일 것

14 다음 ( ) 안에 알맞은 말을 [보기]에서 고르시오.

표준 냉동장치에서 흡입가스는 (①)을 따라서 (②)하여 과열증기가 되어 외부와 열교환을 하고, 응축기 출구 (③)에서 5℃ 과냉각시켜서 (④)을 따라서 교축작용으로 단열팽창되어 증발기에서 등압선을 따라 포화증기가 된다.

[보 기]

단열압축	등온압축	습압축
등엔탈피선	등비체적선	등엔트로피선
포화액선	습증기선	등온선

 ① 등엔트로피선, ② 단열압축, ③ 포화액선, ④ 등엔탈피선

【참고】 표준 냉동사이클 $P-h$선도

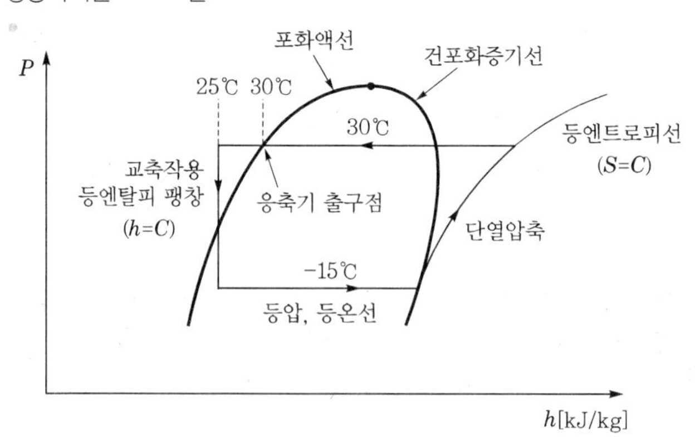

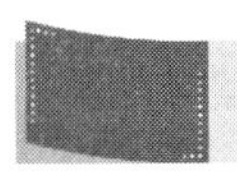

2023. 7. 31. 시행

01 다음 R-22 냉동장치도를 보고 각 물음에 답하시오.

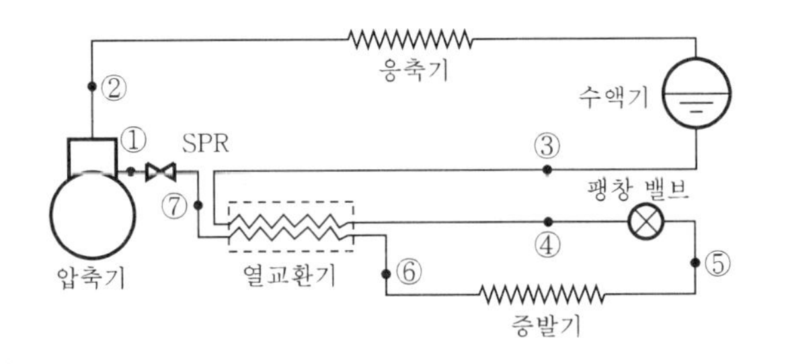

- $h_2 = 491\text{kJ/kg}$
- $h_3 = 254\text{kJ/kg}$
- $h_4 = 241\text{kJ/kg}$
- $h_6 = 409\text{kJ/kg}$

1. 장치도의 냉매상태점 ①~⑦까지를 $P-h$ 선도상에 표시

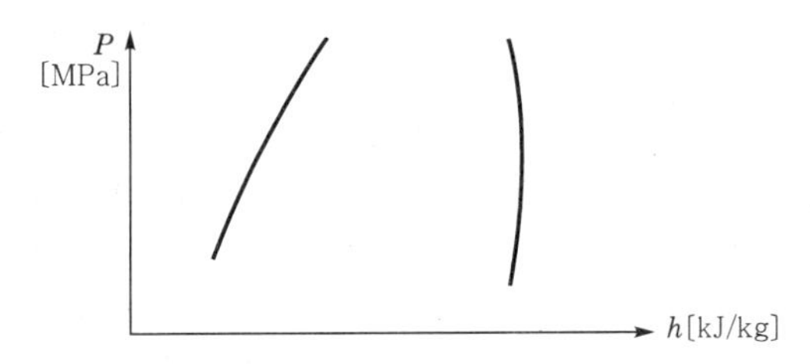

2. 장치도의 운전상태가 다음과 같을 때 압축기의 축동력(kW)

[조 건]

1) 냉매순환량 : 50kg/h
2) 압축효율(η_c) : 0.55
3) 기계효율(η_m) : 0.9

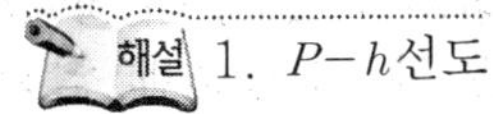

해설 1. $P-h$ 선도

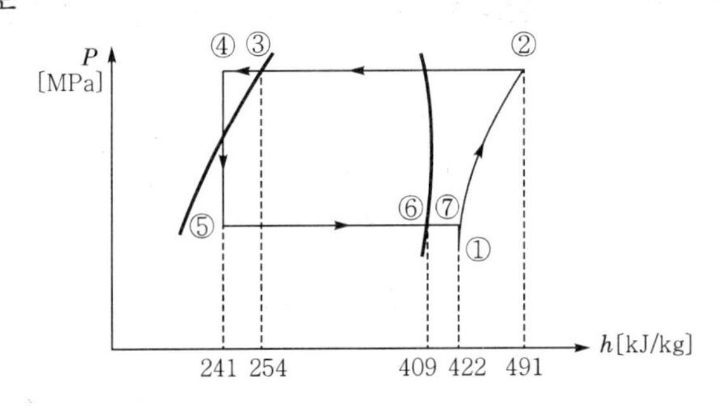

2. ① 압축기 흡입측 냉매의 비엔탈피

$$h_1 = h_6 + (h_3 - h_4) = 409 + (254 - 241) = 422\,\text{kJ/kg}$$

② 압축기 축동력

$$L_s = \frac{m(h_2 - h_1)}{\eta_c \eta_m} = \frac{\frac{50}{3{,}600} \times (491 - 422)}{0.55 \times 0.9} \fallingdotseq 1.94\,\text{kW}$$

02 냉동장치 운전 중에 발생되는 현상과 운전관리에 대한 다음 각 물음에 답하시오.

1. 플래시가스(flash gas)
2. 액압축(liquid hammer)
3. 안전두(safety head)
4. 펌프다운(pump down)
5. 펌프아웃(pump out)

해설 1. 플래시가스(flash gas) : 응축기에서 액화된 냉매가 증발기가 아닌 곳에서 기화된 가스를 말하며, 팽창밸브를 통과할 때 가장 많이 발생되고, 액관에서 발생되는 경우에는 증발기에 공급되는 냉매순환량이 감소하여 냉동능력이 감소한다. 방지법으로 팽창밸브 직전의 냉매를 5℃ 정도 과냉각시켜 팽창시킨다.
2. 액압축(liquid hammer) : 팽창밸브 개도를 과대하게 열거나 증발기 코일에 적상이 생기거나 냉동부하의 감소로 인하여 증발하지 못한 액냉매가 압축기로 흡입되어 압축되는 현상으로, 소음과 진동이 발생되고 심하면 압축기가 파손된다. 파손 방지를 위하여 내장형 안전밸브(안전두)가 설치되어 있다.
3. 안전두(safety head) : 압축기 실린더 상부 밸브플레이트(변판)에 설치한 것으로, 냉매액이 압축기에 흡입되어 압축될 때 파손을 방지하기 위하여 작동되며, 가스는 압축기 흡입측으로 분출된다(작동압력 정상고압 196~294kPa).
4. 펌프다운(pump down) : 냉동장치 저압측(증발기, 팽창밸브)에 이상이 발생했을 때 저압측 냉매를 고압측으로 이동시키는 것을 말한다.
5. 펌프아웃(pump out) : 고압측(압축기, 응축기)에 이상이 생겨서 수리가 필요할 때 고압측 냉매를 저압측으로 보내거나 장치 내에서 제거시키는 것이다. 즉, 고압측 냉매를 저압측으로 보내기 위해 냉동기를 액운전하는 것을 말한다.

03 다음 $P-h$선도와 같은 조건에서 운전되는 R-502 냉동장치가 있다. 이 장치의 축동력이 7kW, 이론피스톤토출량(V)이 66m³/h, η_v =0.7일 때 각 물음에 답하시오.

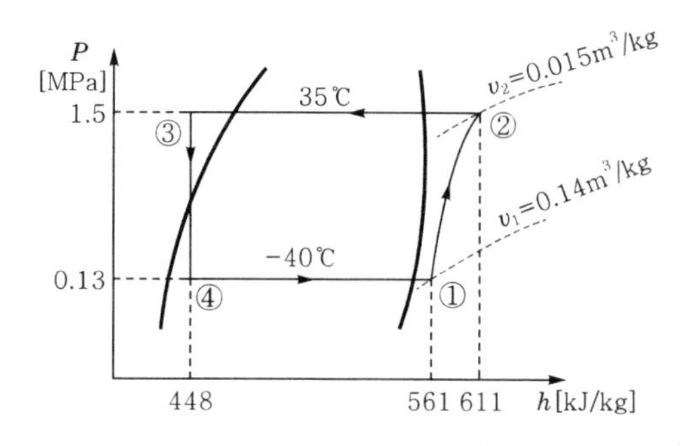

1. 냉동장치의 냉매순환량〔kg/h〕
2. 냉동능력〔kJ/h〕
3. 냉동장치의 실제 성적계수
4. 압축기의 압축비

해설

1. $\dot{m} = \frac{V\eta_v}{v_1} = \frac{66 \times 0.7}{0.14} = 330\text{kg/h}$

2. $Q_e = \dot{m}\, q_e = \dot{m}(h_1 - h_4) = \frac{330}{3{,}600} \times (561 - 448) \fallingdotseq 10.36\text{kW}$

3. $COP_R = \frac{Q_e}{W_c} = \frac{10.36}{7} = 1.48$

4. $\text{압축비}(\varepsilon) = \frac{\text{고온(응축기) 절대압력}}{\text{저압(증발기) 절대압력}} = \frac{1.5}{0.13} \fallingdotseq 11.54$

04

건구온도 25℃, 상대습도 50%, 5,000kg/h의 공기를 15℃로 냉각할 때와 35℃로 가열할 때의 열량을 공기선도에 작도하여 비엔탈피로 계산하시오.

해설 ① 공기선도

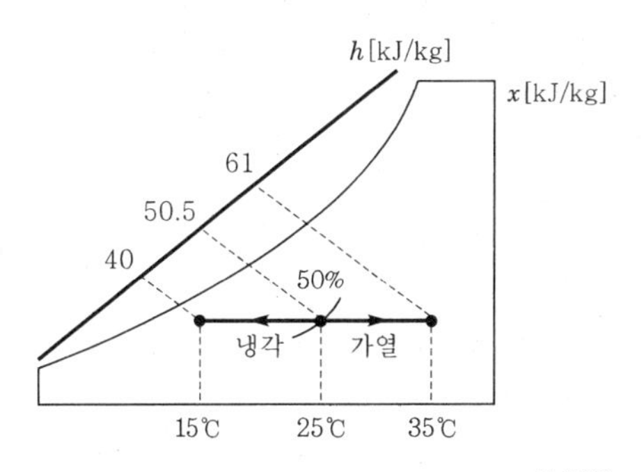

② 25℃에서 15℃로 냉각할 때의 열량$(q_L) = m\,\Delta h_L = \frac{5{,}000}{3{,}600} \times (50.5 - 40)$

$\fallingdotseq 14.58\text{kW}$

③ 25℃에서 35℃로 가열할 때의 열량$(q_H) = m\,\Delta h_H = \frac{5{,}000}{3{,}600} \times (61 - 50.5)$

$\fallingdotseq 14.58\text{kW}$

05

송풍기 총풍량 6,000m³/h, 송풍기 출구 풍속을 7m/s로 하는 다음의 덕트시스템에서 등마찰손실법(R=0.1mmAq/m)에 의하여 Z-A-B, B-C, C-D-E구간의 원형 덕트의 크기와 덕트 풍속을 구하시오.

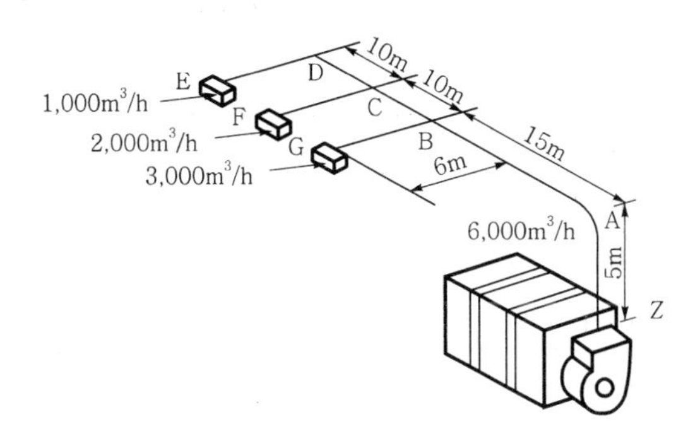

구 간	원형 덕트크기(cm)	풍속(m/s)
Z－A－B		
B－C		
C－D－E		

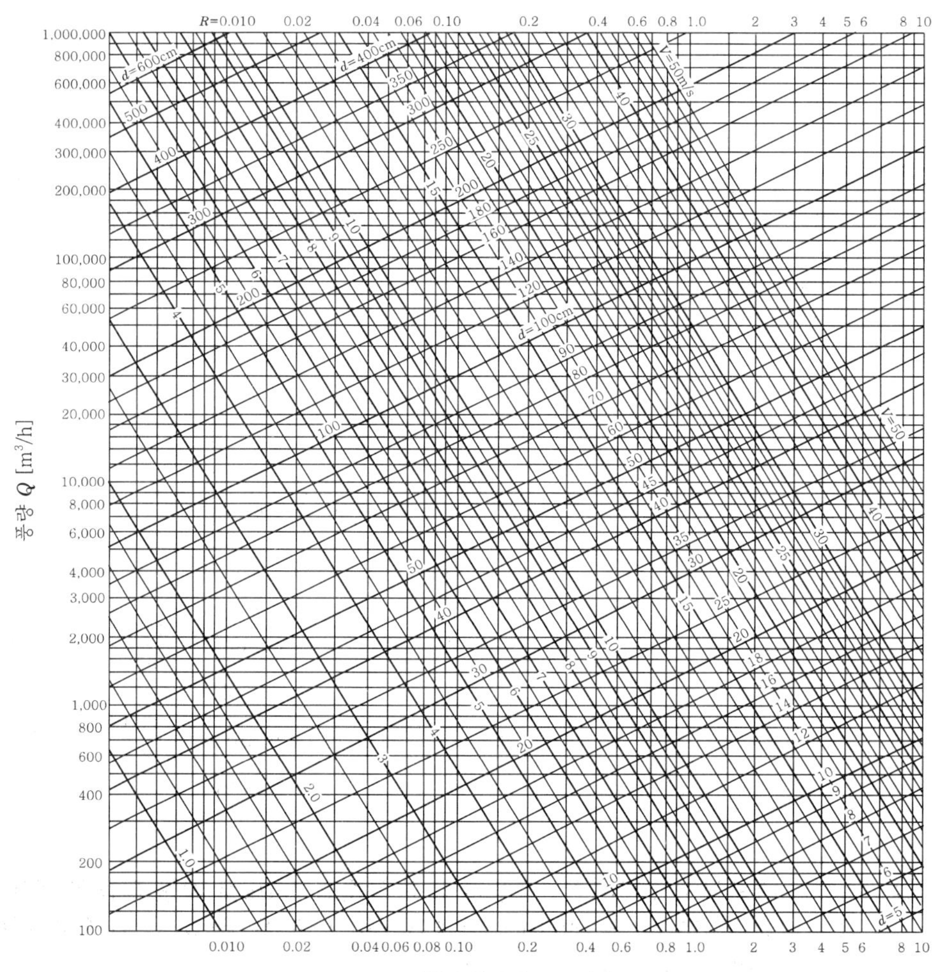

해설

구 간	원형 덕트크기(cm)	풍속(m/s)
Z－A－B	55	7
B－C	45	6
C－D－E	30	5

06 다음 설계조건을 이용하여 각 부분의 손실열량을 시간별(10시, 12시)로 각각 구하시오.

[조 건]

1) 공조시간 : 10시간
2) 외기 : 10시 31°C, 12시 33°C, 16시 32°C
3) 인원 : 6인
4) 실내설계온습도 : 26°C, 50%
5) 조명(형광등) : $20W/m^2$
6) 각 구조체의 열통과율 $K[W/m^2 \cdot K]$: 외벽 3.5, 칸막이벽 2.3, 유리창 5.8
7) 인체에서의 발열량 : 현열 63W/인, 잠열 69W/인
8) 유리의 일사량$[W/m^2]$

시 간	10시	12시	16시
일사량	361	52	35

9) 상당온도차(Δt_e[℃])

시 간 \ 구 분	N	E	S	W	유 리	내벽온도차
10시	5.5	12.5	3.5	5.0	5.5	2.5
12시	4.7	20.0	6.6	6.4	6.5	3.5
16시	7.5	9.0	13.5	9.0	5.6	3.0

10) 유리창 차폐계수 $K_s = 0.7$

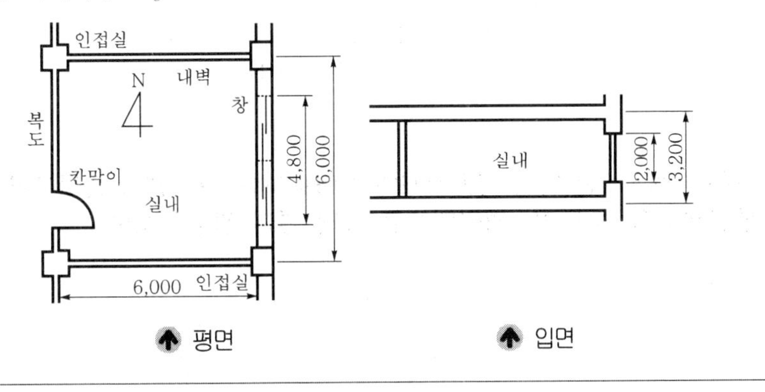

1. 벽체로 통한 취득열량
   ① 동쪽 외벽
   ② 칸막이벽 및 문(단, 문의 열통과율은 칸막이벽과 동일)
2. 유리창으로 통한 취득열량
3. 조명 발생열량
4. 인체 발생열량

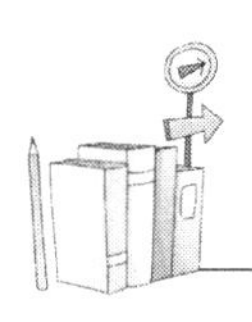

해설 1. 벽체로 통한 취득열량

① 동쪽 외벽

㉠ 10시일 때$=KA\Delta t_e=3.5\times\{(6\times3.2)-(4.8\times2)\}\times12.5=420\text{W}$

㉡ 12시일 때$=KA\Delta t_e=3.5\times\{(6\times3.2)-(4.8\times2)\}\times20=672\text{W}$

② 칸막이벽 및 문

㉠ 10시일 때$=KA\Delta t_e=2.3\times(6\times3.2)\times2.5=110.4\text{W}$

㉡ 12시일 때$=KA\Delta t_e=2.3\times(6\times3.2)\times3.5=154.56\text{W}$

∴ ㉠ 10시일 때 열량$=420+110.4=530.4\text{W}$

㉡ 12시일 때 열량$=672+154.56=826.56\text{W}$

2. 유리창으로 통한 취득열량

① 일사량

㉠ 10시일 때$=K_sq_RA=0.7\times361\times(4.8\times2)=2425.92\text{W}$

㉡ 12시일 때$=K_sq_RA=0.7\times52\times(4.8\times2)=349.44\text{W}$

② 전도열량

㉠ 10시일 때$=KA\Delta t_e=5.8\times(4.8\times2)\times5.5=306.24\text{W}$

㉡ 12시일 때$=KA\Delta t_e=5.8\times(4.8\times2)\times6.5=361.92\text{W}$

∴ ㉠ 10시일 때 열량$=2425.92+306.24=2732.16\text{W}$

㉡ 12시일 때 열량$=349.44+361.92=711.36\text{W}$

3. 조명 발생열량$=20\times(6\times6)=720\text{W}$

4. 인체 발생열량

인체부하는 현열과 잠열을 모두 고려하므로

$Q_t=n(q_s+q_L)=6\times(63+69)≒792\text{W}$

07 **다음 그림은 2단 압축 냉동장치의 개략도이다. 1단 팽창 장치도와 2단 팽창 장치도에 중간냉각기, 증발기, 팽창밸브를 그려 넣어 완성하시오.**

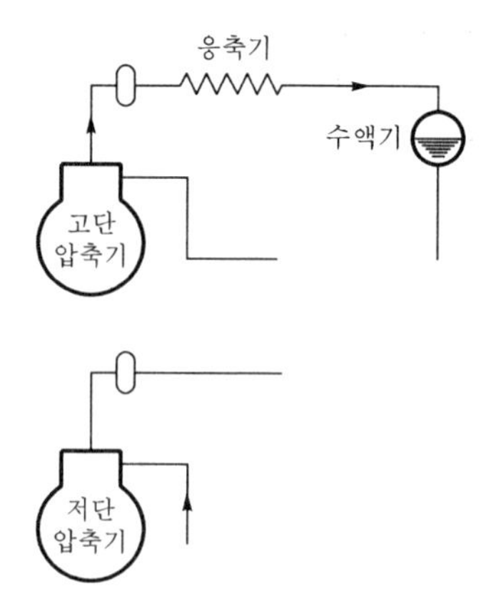

해설 ① 2단 압축 1단 팽창 장치도

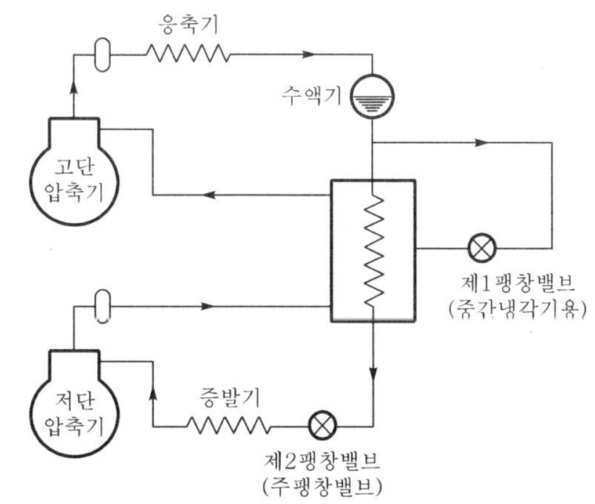

② 2단 압축 2단 팽창 장치도

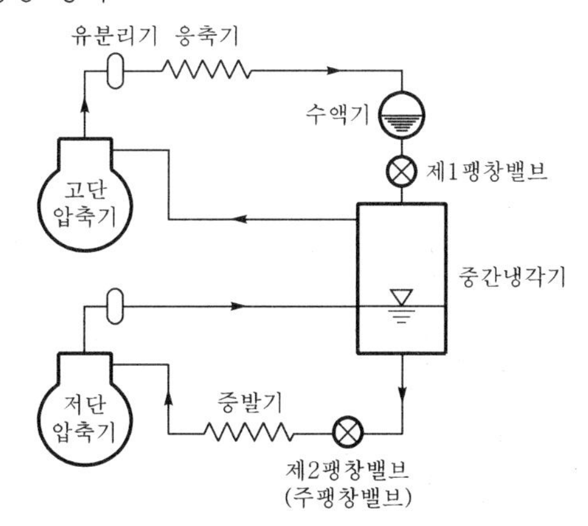

08 **다음 그림과 같은 이중덕트방식에 대한 설계에 있어서 주어진 조건을 참고하여 각 물음에 답하시오.**

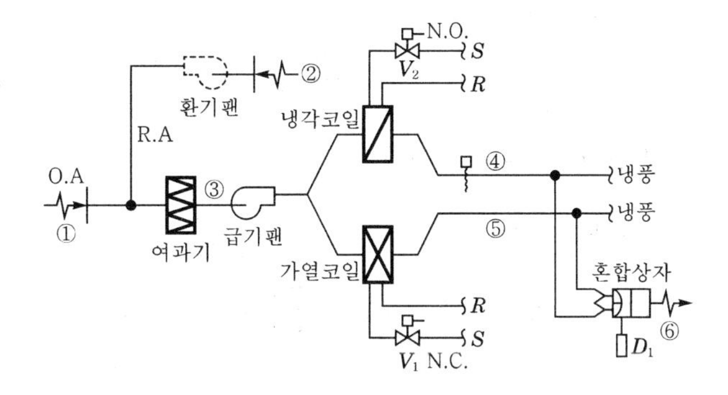

[조 건]

1) 실내온도 26℃, 비엔탈피 53kJ/kg
2) 외기온도 31℃, 비엔탈피 83kJ/kg
3) 전체 공기순환량 : 7,200kg/h
4) 외기량 : 1,800kg/h
5) 현열부하 : 16.5kW
6) 냉각코일 출구온도 : 13℃
7) 가열코일 출구온도 : 31℃
8) 공기의 정압비열 : 1.01kJ/kg · K
9) 공기의 밀도 : 1.2kg/m^3

1. 외기와 환기의 혼합공기온도[℃]와 비엔탈피[kJ/kg]
2. 냉각코일 통과공기량[m^3/h]
3. 냉각부하[kW]
4. 가열부하[kW]
5. 외기부하[kW]

해설 1. 혼합공기온도(t_3) 및 비엔탈피(h_3)

① $t_3 = \dfrac{m_1 t_1 + m_2 t_2}{m} = \dfrac{1,800 \times 31 + (7,200 - 1,800) \times 26}{7,200} = 27.25℃$

② $h_3 = \dfrac{m_1 h_1 + m_2 h_2}{m} = \dfrac{1,800 \times 83 + (7,200 - 1,800) \times 53}{7,200} = 60.5\text{kJ/kg}$

2. 냉각코일 통과공기량

① 실내취출공기온도(t_6)

$q_s = m C_p (t_2 - t_6)$

$\therefore\ t_6 = t_2 - \dfrac{q_s}{m C_p} = 26 - \dfrac{16.5 \times 3,600}{7,200 \times 1.01} = 17.75℃$

② 냉각코일 통과공기량(m_4)

$m_4 (t_4 - t_5) = m (t_6 - t_5)$

$\therefore\ m_4 = \dfrac{m (t_6 - t_5)}{t_4 - t_5} = \dfrac{7,200 \times (17.75 - 31)}{13 - 31} = 5,300\text{kg/h} = 4416.67\text{m}^3\text{/h}$

3. 냉각부하(q_c) $= m_4 C_p (t_3 - t_4) = \dfrac{5,300}{3,600} \times 1.01 \times (27.25 - 13) ≒ 21.19\text{kW}$

4. 가열부하(q_H) $= m_5 C_p (t_5 - t_3) = \dfrac{7,200 - 5,300}{3,600} \times 1.01 \times (31 - 27.25) ≒ 1.98\text{kW}$

5. 외기부하(q_o) $= m (h_3 - h_2) = \dfrac{7,200}{3,600} \times (60.5 - 53) = 15\text{kW}$

09 **전공기방식에서 덕트의 소음 방지방법 3가지를 쓰시오.**

① 덕트 도중에 흡음재를 부착한다.
② 송풍기 출구 부근에 플리넘챔버를 설치한다.
③ 댐퍼나 덕트의 취출구에 흡음재를 부착한다.
④ 주덕트의 철판두께를 표준치보다 두껍게 한다.

10 **2대의 증발기가 압축기 위쪽에 위치하고 각각 다른 층에 설치되어 있는 경우 프레온증발기 출구와 흡입구 배관을 연결하는 배관계통을 도시하시오.** (단, 점선은 증발기 상부와 하부를 나타낸 것이다)

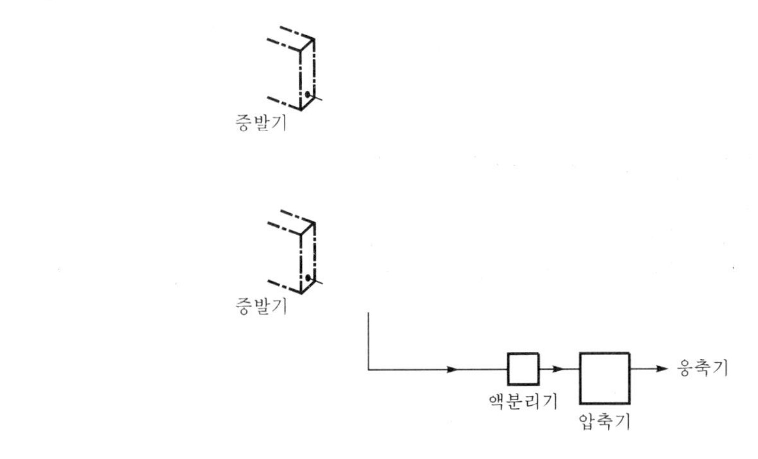

해설

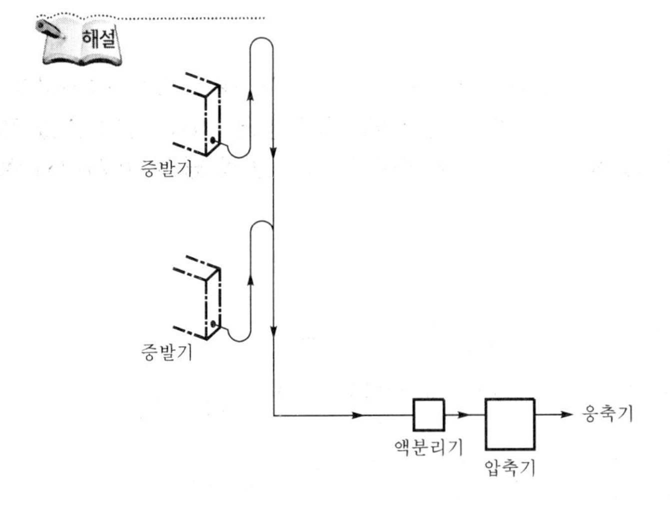

11 다음 조건을 이용하여 응축기 설계 시 1RT(=3.86kW)당 응축면적〔m²〕을 구하시오. (단, 온도차는 산술평균온도차를 적용한다.)

[조 건]

1) 응축온도 : 35℃
2) 냉각수 입구온도 : 28℃
3) 냉각수 출구온도 : 32℃
4) 열통과율 : 1.05W/m² · ℃

$q_c = KA\Delta t_m$〔kW〕

$$\therefore\ A = \frac{q_c}{K\Delta t_m} = \frac{q_c}{K\left(t_c - \dfrac{t_{w1}+t_{w2}}{2}\right)} = \frac{3.86\times 10^3}{1.05\times\left(35-\dfrac{28+32}{2}\right)} = 735.24\text{m}^2$$

12 다음의 빈칸에 들어갈 알맞은 내용을 쓰시오.

공비냉매는 400번대, 비공비냉매는 500번대이다. 600번대는 (①)이고, 무기화합물냉매는 700번대이며, 700번대 뒤의 00은 화합물의 분자량을 쓴다. 그리고 불포화 유기화합물은 (②)번대이다.

① 유기화합물냉매
② 1000

13 ①의 공기상태 t_1 =25℃, x_1 =0.022kg′/kg, h_1 =91.7kJ/kg, ②의 공기상태 t_2 = 22℃, x_2 =0.006kg′/kg, h_2 =37.7kJ/kg일 때 공기 ①을 25%, 공기 ②를 75%로 혼합한 후의 공기 ③의 상태(t_3, x_3, h_3)를 구하고, 공기 ①과 공기 ③ 사이의 열수분비를 구하시오.

① 혼합 후 공기 ③의 상태

㉠ $t_3 = \dfrac{m_1 t_1 + m_2 t_2}{m_1 + m_2} = \dfrac{0.25\times 25 + 0.75\times 22}{0.25+0.75} = 22.75℃$

㉡ $x_3 = \dfrac{m_1 x_1 + m_2 x_2}{m_1 + m_2} = \dfrac{0.25\times 0.022 + 0.75\times 0.006}{0.25+0.75} = 0.01\text{kg}'/\text{kg}$

㉢ $h_3 = \dfrac{m_1 h_1 + m_2 h_2}{m_1 + m_2} = \dfrac{0.25\times 91.7 + 0.75\times 37.7}{0.25+0.75} \fallingdotseq 51.2\text{kJ/kg}$

② 열수분비$(u) = \dfrac{h_1 - h_3}{x_1 - x_3} = \dfrac{91.7-51.2}{0.022-0.01} = 3{,}375\text{kJ/kg}$

2023

14 **펌프에서 수직높이 25m의 고가수조와 5m 아래의 지하수까지를 관경 50mm의 파이프로 연결하여 2m/s의 속도로 양수할 때 다음 각 물음에 답하시오.** (단, 배관의 마찰손실은 0.3mAq/100m이다.)

1. 펌프의 전양정〔m〕
2. 펌프의 유량〔m^3/s〕
3. 펌프의 축동력〔kW〕(단, 펌프효율은 70%이다.)

1. 펌프의 전양정$(H)=(H_v+h)+H_L+\frac{V^2}{2g}=(25+5)+\frac{30\times0.3}{100}+\frac{2^2}{2\times9.8}\fallingdotseq30.29\text{mAq}$

2. 펌프의 유량$(Q)=AV=\frac{\pi d^2}{4}V=\frac{\pi\times0.05^2}{4}\times2\fallingdotseq3.93\times10^{-3}\text{m}^3/\text{s}$

3. 펌프의 축동력$(L_s)=\frac{\gamma_w QH}{\eta_p}=\frac{9.8\times3.93\times10^{-3}\times30.29}{0.7}\fallingdotseq1.67\text{kW}$

2023. 10. 20. 시행

01 **다음과 같은 온수난방설비에서 각 물음에 답하시오.** (단, 방열기 입출구온도차는 10℃, 국부저항 상당관길이는 직관길이의 50%, 1m당 마찰손실수두는 147Pa, 온수의 비열은 4.2kJ/kg·K이다.)

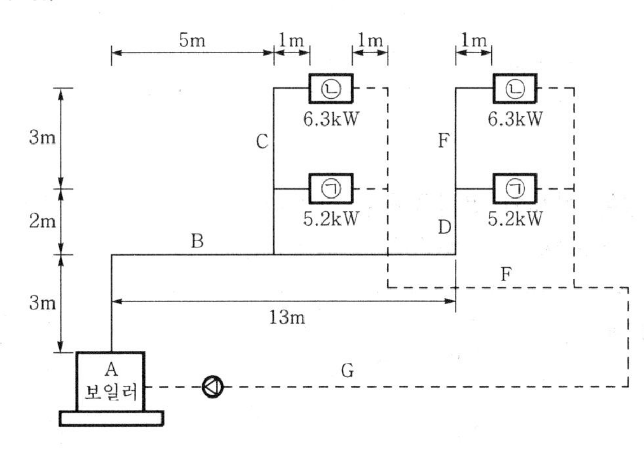

1. 순환펌프의 전마찰손실수두〔Pa〕(단, 환수관의 길이는 30m이다.)
2. ㉠과 ㉡의 온수순환량〔L/min〕
3. 각 구간의 온수순환수량〔L/min〕

구 간	B	C	D	E	F	G
순환수량〔L/min〕						

해설 1. 전마찰손실수두(H_L)

$=$(직관길이(L)+국부저항상당길이(L'))×단위길이당 마찰손실압력

$=(3+13+2+3+1+30)\times 1.5\times 147=11,466\text{Pa}(=\text{N/m}^2)$

【참고】 직관길이(L)는 보일러에서 가장 먼 거리에 있는 방열기를 기준으로 한다.

2. ㉠과 ㉡의 온수순환량

① ㉠의 온수순환량(m_1) $=\dfrac{q_㉠}{C_p\Delta t}=\dfrac{5.2\times 60}{4.2\times 10}\fallingdotseq 7.43\text{kg/min}=7.43\text{L/min}$

② ㉡의 온수순환량(m_2) $=\dfrac{q_㉡}{C_p\Delta t}=\dfrac{6.3\times 60}{4.2\times 10}=9\text{kg/min}=9\text{L/min}$

③ 수량합계(m_t) $=m_1+m_2=7.43+9=16.43\text{L/min}$

3. 각 구간의 온수순환수량

구 간	B	C	D	E	F	G
순환수량[L/min]	32.86	9	16.43	9	16.43	32.86

02 실내조건이 온도 27℃, 습도 60%인 정밀기계공장 실내에 피복하지 않은 덕트가 노출되어 있다. 결로 방지를 위한 보온이 필요한지 여부를 계산식으로 나타내어 판정하시오.

(단, 덕트 내 공기온도를 20℃로 하고 실내노점온도는 $t_a{}'=19.5$℃, 덕트표면 열전달률 $\alpha_o=9.3\text{W/m}^2\cdot\text{K}$, 덕트재료 열관류율 $K=0.58\text{W/m}^2\cdot\text{K}$로 한다.)

해설 $q=q_s,\ KA(t_i-t_a)=\alpha_o A(t_i-t_o)$

$t_o=t_i-\dfrac{K}{\alpha_o}(t_i-t_a)=27-\dfrac{0.58}{9.3}\times(27-20)\fallingdotseq 26.56$℃

∴ 덕트의 표면온도(26.56℃)가 실내노점온도(19.5℃)보다 26.56−19.5=7.06℃ 정도 높아 결로되지 않으므로 보온할 필요가 없다.

03 다음과 같은 벽체의 열관류율을 구하시오.

(단, 외표면 열전달률 $\alpha_o=23\text{W/m}^2\cdot\text{K}$, 내표면 열전달률 $\alpha_i=9\text{W/m}^2\cdot\text{K}$로 한다.)

재료명	두께 [mm]	열전도율 [W/m·K]
① 모르타르	30	1.4
② 콘크리트	130	1.6
③ 모르타르	20	1.4
④ 스티로폼	50	0.037
⑤ 석고보드	10	0.21

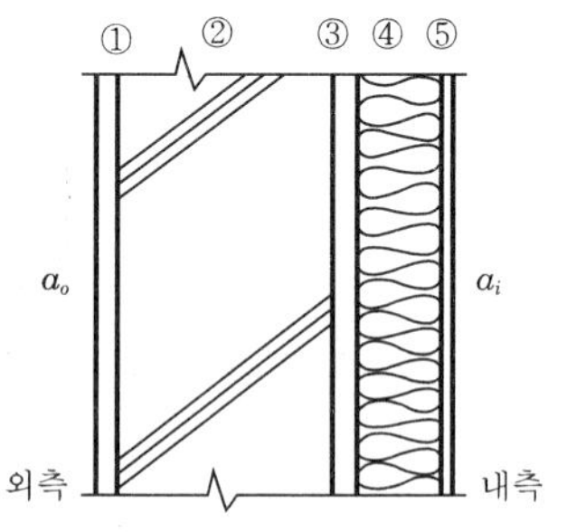

해설 $K=\dfrac{1}{R}=\dfrac{1}{\dfrac{1}{\alpha_i}+\sum_{i=1}^{n}\dfrac{l_i}{\lambda_i}+\dfrac{1}{\alpha_o}}=\dfrac{1}{\dfrac{1}{9}+\dfrac{0.03}{1.4}+\dfrac{0.13}{1.6}+\dfrac{0.02}{1.4}+\dfrac{0.05}{0.037}+\dfrac{0.01}{0.21}+\dfrac{1}{23}}$

$\fallingdotseq 0.60\text{W/m}^2\cdot\text{K}$

04 프레온냉동장치에서 1대의 압축기로 증발온도가 다른 2대의 증발기를 냉각운전하고자 한다. 이때 1대의 증발기에 증발압력조정밸브를 부착하여 제어하고자 한다면 다음의 냉동장치는 어디에 증발압력조정밸브 및 체크밸브를 부착하여야 하는지 흐름도를 완성하시오. 또 증발압력조정밸브의 기능을 간단히 설명하시오.

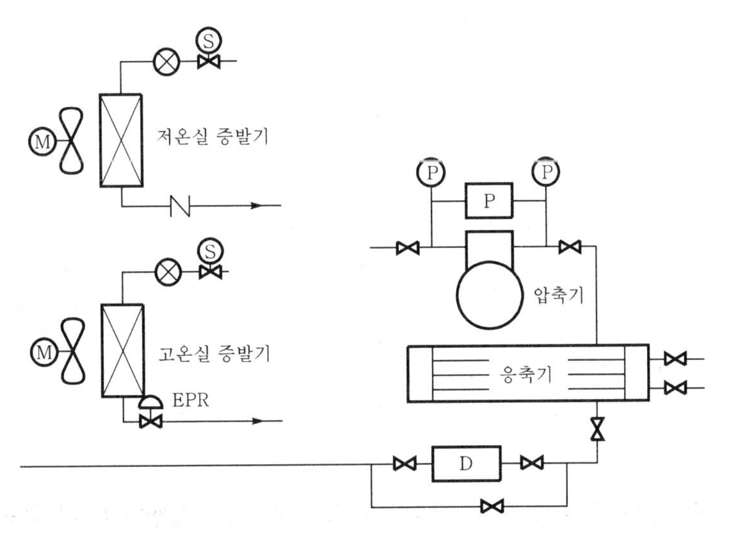

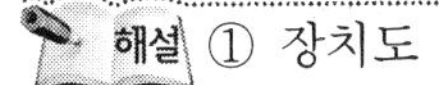

① 장치도

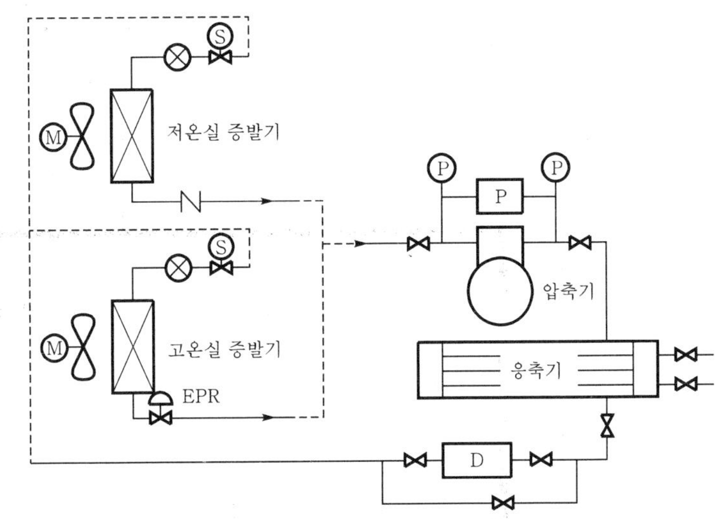

② 기능 : 증발압력조정밸브(EPR)는 증발압력이 일정 압력 이하가 되는 것을 방지하고 밸브 입구압력에 의해서 작동되며 압력이 높으면 열리고, 낮으면 닫힌다.

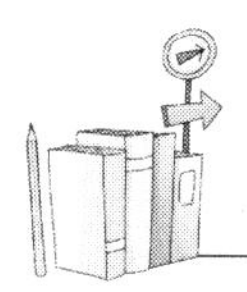

05 플래시가스(flash gas)의 발생원인 3가지와 방지책 3가지를 쓰시오.

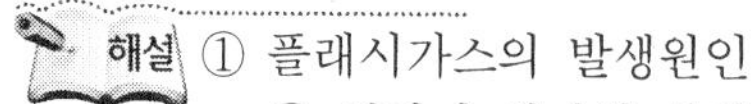

해설 ① 플래시가스의 발생원인

㉠ 액관이 현저히 입상되었을 경우
㉡ 관경이 지나치게 가늘거나 긴 경우
㉢ 스트레이너 · 액관 · 전자밸브 · 드라이어 등이 막혔을 경우
㉣ 응축온도가 지나치게 낮을 경우
㉤ 액관 및 수액기가 직사광선에 노출된 경우

② 플래시가스의 방지책

㉠ 입상관은 일정 높이마다 곡부를 두어 압력손실을 적게 한다.
㉡ 충분한 굵기의 관경을 선정한다.
㉢ 액관이 따뜻한 곳을 통과하는 경우 주변을 보온해준다.
㉣ 액가스 열교환기 등을 설치하여 냉매액을 과냉각시킨다.
㉤ 수액기에 살수장치를 설치하여 주기적으로 살수한다.

【참고】 플래시가스(flash gas)는 냉동능력을 상실한 가스로서 냉매순환량을 감소시키며 냉동능력당 소요동력을 증대시켜 악영향을 초래한다.

06 다음과 같은 건물의 A실에 대하여 다음 조건을 이용하여 각 물음에 답하시오. (단, A실은 최상층으로 사무실 용도이며, 아래층의 난방조건은 동일하다.)

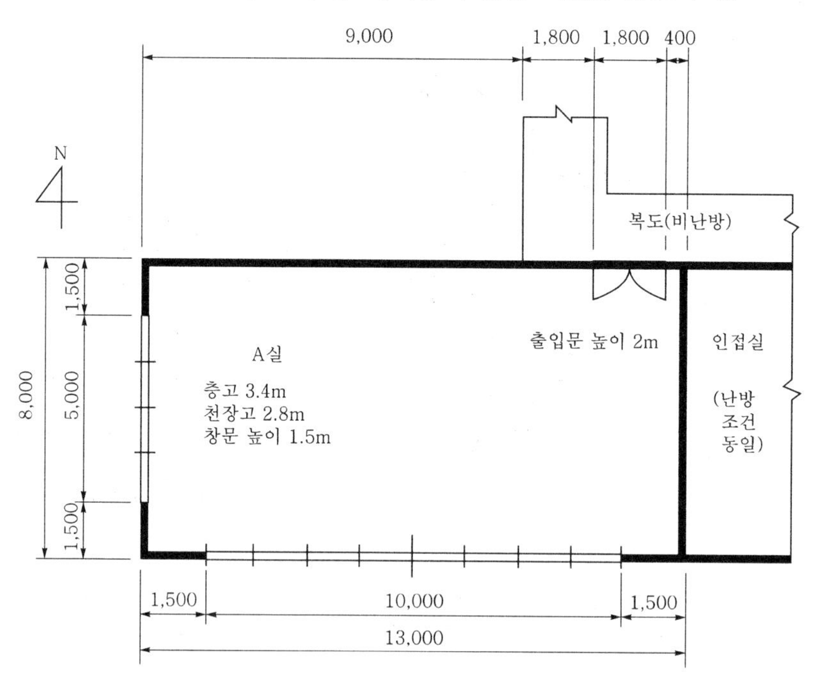

[조 건]

1) 난방 설계용 온·습도

구 분	난 방	비 고
실내	20℃ DB, 50% RH, $x=0.00725$kg'/kg	비공조실은 실내·외의 중간 온도로 약산함
외기	−5℃ DB, 70% RH, $x=0.00175$kg'/kg	

2) 유리 : 복층유리(공기층 6mm), 블라인드 없음, 열관류율 $K=3.49\text{W/m}^2\cdot\text{K}$
출입문 : 목제 플래시문, 열관류율 $K=2.21\text{W/m}^2\cdot\text{K}$

3) 공기의 밀도 $\rho=1.2\text{kg/m}^3$, 공기의 정압비열 $C_p=1.0046\text{kJ/kg}\cdot\text{K}$, 수증기의 증발잠열(0℃) $E_a=2{,}500\text{kJ/kg}$, 100℃ 물의 증발잠열 $E_b=2{,}256\text{kJ/kg}$

4) 외기도입량$=25\text{m}^3/\text{h}\cdot$인

5) 외벽

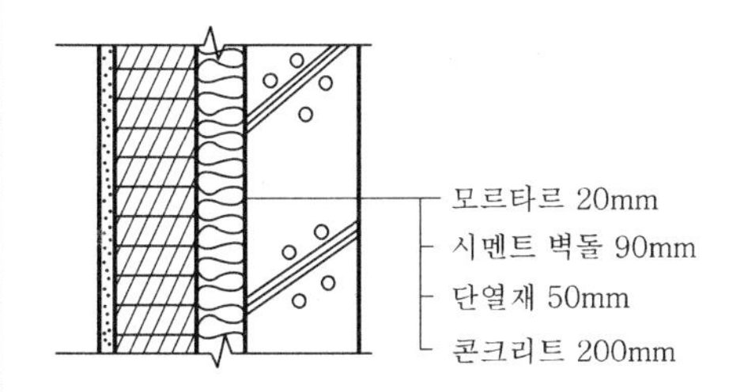

각 재료의 열전도율

재료명	열전도율 〔W/m·K〕
모르타르	1.4
시멘트 벽돌	1.4
단열재	0.03
콘크리트	1.6

6) 내벽 열관류율 : $3.01\text{W/m}^2\cdot\text{K}$, 지붕 열관류율 : $0.49\text{W/m}^2\cdot\text{K}$

표면 열전달률 α_i, α_o〔$\text{W/m}^2\cdot\text{K}$〕

표면의 종류	난방 시	냉방 시
내면	8.4	8.4
외면	24.2	22.7

방위계수

방 위	N, 수평	E	W	S
방위계수	1.2	1.1	1.1	1.0

재실인원 1인당 상면적

방의 종류	상면적 〔m^2/인〕	방의 종류		상면적 〔m^2/인〕
사무실(일반)	5.0	호텔 객실		18.0
은행 영업실	5.0	백화점	평균	3.0
레스토랑	1.5		혼잡	1.0
상점	3.0		한산	6.0
호텔 로비	6.5	극장		0.5

환기횟수

실용적 〔m^3〕	500 미만	500~1,000	1,000~1,500	1,500~2,000	2,000~2,500	2,500~3,000	3,000 이상
환기횟수 〔회/h〕	0.7	0.6	0.55	0.5	0.42	0.40	0.35

1. 외벽의 열관류율
2. 난방부하
   ① 서측　② 남측　③ 북측
   ④ 지붕　⑤ 내벽　⑥ 출입문

해설 1. 열저항$(R) = \dfrac{1}{K} = \dfrac{1}{\alpha_i} + \sum_{i=1}^{n} \dfrac{l_i}{\lambda_i} + \dfrac{1}{\alpha_o}$

$= \dfrac{1}{8.4} + \dfrac{0.02}{1.4} + \dfrac{0.09}{1.4} + \dfrac{0.05}{0.03} + \dfrac{0.2}{1.6} + \dfrac{1}{24.2} = 2.03\text{m}^2\cdot\text{K/W}$

∴ 외벽의 열관류율$(K) = \dfrac{1}{R} = \dfrac{1}{2.03} ≒ 0.49\text{W/m}^2\cdot\text{K}$

2. 난방부하

① 서측

㉠ 외벽$= k_D KA(t_r - t_o) = 1.1 \times 0.49 \times [(8 \times 3.4) - (5 \times 1.5)] \times [20 - (-5)]$
$= 265.46\text{kJ/h} ≒ 73.74\text{W}$

㉡ 유리창$= k_D KA(t_r - t_o) = 1.1 \times 3.49 \times (5 \times 1.5) \times [20 - (-5)]$
$= 719.81\text{kJ/h} ≒ 199.95\text{W}$

② 남측

㉠ 외벽$= k_D KA(t_r - t_o) = 1.0 \times 0.49 \times [(13 \times 3.4) - (10 \times 1.5)] \times [20 - (-5)]$
$= 357.7\text{kJ/h} ≒ 99.36\text{W}$

㉡ 유리창$= k_D KA(t_r - t_o) = 1.0 \times 3.49 \times (10 \times 1.5) \times [20 - (-5)]$
$= 1308.75\text{kJ/h} ≒ 363.54\text{W}$

③ 북측 외벽$= k_D KA(t_r - t_o) = 1.2 \times 0.49 \times (9 \times 3.4) \times [20 - (-5)]$
$= 449.82\text{kJ/h} = 124.95\text{W}$

④ 지붕$= k_D KA(t_r - t_o) = 1.2 \times 0.49 \times (8 \times 13) \times [20 - (-5)]$
$= 1528.8\text{kJ/h} ≒ 424.67\text{W}$

⑤ 내벽$= KA\left(t_r - \dfrac{t_r + t_o}{2}\right) = 3.01 \times [(4 \times 2.8) - (1.8 \times 2)] \times \left[20 - \dfrac{20 + (-5)}{2}\right]$
$= 285.97\text{kJ/h} ≒ 79.43\text{W}$

⑥ 출입문$= KA\left(t_r - \dfrac{t_r + t_o}{2}\right) = 2.21 \times (1.8 \times 2) \times \left[20 - \dfrac{20 + (-5)}{2}\right]$
$= 99.45\text{kJ/h} ≒ 27.63\text{W}$

07 어떤 사무소의 공조설비과정이 다음과 같다. 각 물음에 답하시오.

[조 건]

1) 마찰손실(R) : 1.0Pa/m(≒ 0.1mmAq/m)
2) 국부저항계수(ζ) : 0.29
3) 1개당 취출구 풍량 : 3,000m^3/h
4) 송풍기 출구풍속 : 13m/s
5) 정압효율 : 50%
6) 에어필터저항 : 50Pa
7) 가열코일저항 : 150Pa
8) 냉각기 저항 : 150Pa
9) 송풍기 저항 : 100Pa
10) 취출구 저항 : 50Pa

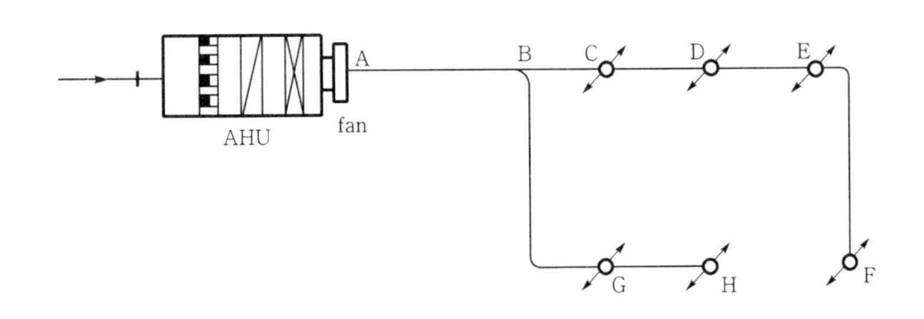

- 덕트구간길이
  - A－B : 60m
  - B－C : 6m
  - C－D : 12m
  - D－E : 12m
  - E－F : 20m
  - B－G : 18m
  - G－H : 12m

1. 실내에 설치한 덕트시스템을 위의 그림과 같이 설계하고자 한다. 각 취출구의 풍량이 동일할 때 장방형 덕트의 크기를 결정하고 풍속을 구하시오. (단, 공기밀도 1.2kg/m^3, 중력가속도 9.8m/s^2이다.)

구 간	풍량〔m^3/h〕	원형 덕트지름〔cm〕	직사각형 덕트크기〔cm〕	풍속〔m/s〕
A－B			(　　)×35	
B－C			(　　)×35	
C－D			(　　)×35	
D－E			(　　)×35	
E－F			(　　)×35	

2. 송풍기 정압〔Pa〕을 구하시오.
3. 송풍기 동력〔kW〕을 구하시오.

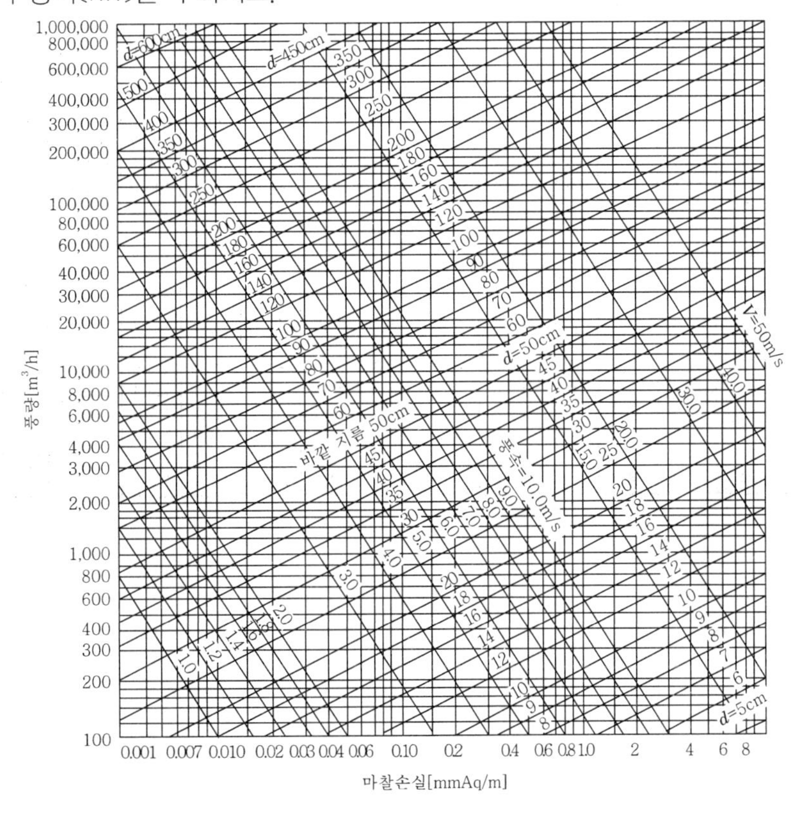

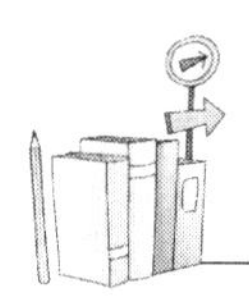

직사각형 덕트와 원형 덕트의 환산표

장변 \ 단변	5	10	15	20	25	30	35	40	45	50	55	60	65	70	75
5	5.5														
10	7.6	10.9													
15	9.1	13.3	16.4												
20	10.3	15.2	18.9	21.9											
25	11.4	16.9	21.0	24.4	27.3										
30	12.2	18.3	22.9	26.6	29.9	32.8									
35	13.0	19.5	24.5	28.6	32.2	35.4	38.3								
40	13.8	20.7	26.0	30.5	34.3	37.8	40.9	43.7							
45	14.4	21.7	27.4	32.1	36.3	40.0	43.3	46.4	49.2						
50	15.0	22.7	28.7	33.7	38.1	42.0	45.6	48.8	51.8	54.7					
55	15.6	23.6	29.9	35.1	39.8	43.9	47.7	51.1	54.3	57.3	60.1				
60	16.2	24.5	31.0	36.5	41.4	45.7	49.6	53.3	56.7	59.8	62.8	65.6			
65	16.7	25.3	32.1	37.8	42.9	47.4	51.5	55.3	58.9	62.2	65.3	68.3	71.1		
70	17.2	26.1	33.1	39.1	44.3	49.0	53.3	57.3	61.0	64.4	67.7	70.8	73.7	76.5	
75	17.7	26.8	34.1	40.2	45.7	50.6	55.0	59.2	63.0	66.6	69.7	73.2	76.3	79.2	82.0
80	18.1	27.5	35.0	41.4	47.0	52.0	56.7	60.9	64.9	68.7	72.2	75.5	78.7	81.8	84.7
85	18.5	28.2	35.9	42.4	48.2	53.4	58.2	62.6	66.8	70.6	74.3	77.8	81.1	84.2	87.2
90	19.0	28.9	36.7	43.5	49.4	54.8	59.7	64.2	68.6	72.6	76.3	79.9	83.3	86.6	89.7
95	19.4	29.5	37.5	44.5	50.6	56.1	61.1	65.9	70.3	74.4	78.3	82.0	85.5	88.9	92.1
100	19.7	30.1	38.4	45.4	51.7	57.4	62.6	67.4	71.9	76.2	80.2	84.0	87.6	91.1	94.4
105	20.1	30.7	39.1	46.4	52.8	58.6	64.0	68.9	73.5	77.8	82.0	85.9	89.7	93.2	96.7
110	20.5	31.3	39.9	47.3	53.8	59.8	65.2	70.3	75.1	79.6	83.8	87.8	91.6	95.3	98.8
115	20.8	31.8	40.6	48.1	54.8	60.9	66.5	71.7	76.6	81.2	85.5	89.6	93.6	97.3	100.9
120	21.2	32.4	41.3	49.0	55.8	62.0	67.7	73.1	78.0	82.7	87.2	91.4	95.4	99.3	103.0
125	21.5	32.9	42.0	49.9	56.8	63.1	68.9	74.4	79.5	84.3	88.8	93.1	97.3	101.2	105.0
130	21.9	33.4	42.6	50.6	57.7	64.2	70.1	75.7	80.8	85.7	90.4	94.8	99.0	103.1	106.9
135	22.2	33.9	43.3	54.4	58.6	65.2	71.3	76.9	82.2	87.2	91.9	96.4	100.7	104.9	108.8
140	22.5	34.4	43.9	52.2	59.5	66.2	72.4	78.1	83.5	88.6	93.4	98.0	102.4	106.6	110.7
145	22.8	34.9	44.5	52.9	60.4	67.2	73.5	79.3	84.8	90.0	94.9	99.6	104.1	108.4	112.5
150	23.1	35.3	45.2	53.6	61.2	68.1	74.5	80.5	86.1	91.3	96.3	101.1	105.7	110.0	114.3
155	23.4	35.8	45.7	54.4	62.1	69.1	75.6	81.6	87.3	92.6	97.4	102.6	107.2	111.7	116.0
160	23.7	36.2	46.3	55.1	62.9	70.6	76.6	82.7	88.5	93.9	99.1	104.1	108.8	113.3	117.7
165	23.9	36.7	46.9	55.7	63.7	70.9	77.6	83.5	89.7	95.2	100.5	105.5	110.3	114.9	119.3
170	24.2	37.1	47.5	56.4	64.4	71.8	78.5	84.9	90.8	96.4	101.8	106.9	111.8	116.4	120.9
175	24.5	37.5	48.0	57.1	65.2	72.6	79.5	85.9	91.9	97.6	103.1	108.2	113.2	118.0	122.5
180	24.7	37.9	48.5	57.7	66.0	73.5	80.4	86.9	93.0	98.8	104.3	109.6	114.6	119.5	124.1
185	25.0	38.3	49.1	58.4	66.7	74.3	81.4	87.9	94.1	100.0	105.6	110.9	116.0	120.9	125.6
190	25.3	38.7	49.6	59.0	67.4	75.1	82.2	88.9	95.2	101.2	106.8	112.2	117.4	122.4	127.2
195	25.5	39.1	50.1	59.6	68.1	75.9	83.1	89.9	96.3	102.3	108.0	113.5	118.7	123.8	128.5
200	25.8	39.5	50.6	60.2	68.8	76.7	84.0	90.8	97.3	103.4	109.2	114.7	120.0	125.2	130.1
210	26.3	40.3	51.6	61.4	70.2	78.3	85.7	92.7	99.3	105.6	111.5	117.2	122.6	127.9	132.9
220	26.7	41.0	52.5	62.5	71.5	79.7	87.4	94.5	101.3	107.6	113.7	119.5	125.1	130.5	135.7
230	27.2	41.7	53.4	63.6	72.8	81.2	89.0	96.3	103.1	109.7	115.9	121.8	127.5	133.0	138.3
240	27.6	42.4	54.3	64.7	74.0	82.6	90.5	98.0	105.0	111.6	118.0	124.1	129.9	135.5	140.9
250	28.1	43.0	55.2	65.8	75.3	84.0	92.0	99.6	106.8	113.6	120.0	126.2	132.2	137.9	143.4
260	28.5	43.7	56.0	66.8	76.4	85.3	93.5	101.2	108.5	115.4	122.0	128.3	134.4	140.2	145.9
270	28.9	44.3	56.9	67.8	77.6	86.6	95.0	102.8	110.2	117.3	124.0	130.4	136.6	142.5	148.3
280	29.3	45.0	57.7	68.8	78.7	87.9	96.4	104.3	111.9	119.0	125.9	132.4	138.7	144.7	150.6
290	29.7	45.6	58.5	69.7	79.8	89.1	97.7	105.8	113.5	120.8	127.8	134.4	140.8	146.9	152.9
300	30.1	46.2	59.2	70.6	80.9	90.3	99.0	107.8	115.1	122.5	129.5	136.3	142.8	149.0	155.5

장변 \ 단변	80	85	90	95	100	105	110	115	120	125	130	135	140	145	150
5															
10															
15															
20															
25															
30															
35															
40															
45															
50															
55															
60															
65															
70															
75															
80	87.5														
85	90.1	92.9													
90	92.7	95.6	98.4												
95	95.2	98.2	101.1	103.9											
100	97.6	100.7	106.7	106.5	109.3										
105	100.0	103.1	106.2	109.1	112.0	114.8									
110	102.2	105.5	108.6	111.7	114.6	117.5	120.3								
115	104.4	107.8	111.0	114.1	117.2	120.1	122.9	125.7							
120	106.6	110.0	113.3	116.5	119.6	122.6	125.6	128.4	131.2						
125	108.6	112.2	115.6	118.8	122.0	125.1	128.1	131.0	133.9	136.7					
130	110.7	114.3	117.7	121.1	124.4	127.5	130.6	133.6	136.5	139.3	142.1				
135	112.6	116.3	119.9	123.3	126.7	129.9	133.0	136.1	139.1	142.0	144.8	147.6			
140	114.6	118.3	122.0	125.5	128.9	132.2	135.4	138.5	141.6	144.6	147.5	150.3	153.0		
145	116.5	120.3	124.0	127.6	131.1	134.5	137.7	140.9	144.0	147.1	150.3	152.9	155.7	158.5	
150	118.3	122.2	126.0	129.7	133.2	136.7	140.0	143.3	146.4	149.5	152.6	155.5	158.4	162.2	164.0
155	120.1	124.1	127.9	131.7	135.3	138.8	142.2	145.5	148.8	151.9	155.0	158.0	161.0	163.9	166.7
160	121.9	125.9	129.8	133.6	137.3	140.9	144.4	147.8	151.1	154.3	157.5	160.5	163.5	166.5	169.3
165	123.6	127.7	131.7	135.6	139.3	143.0	146.5	150.0	153.3	156.6	159.8	163.0	166.0	169.0	171.9
170	125.3	129.5	133.5	137.5	141.3	145.0	148.6	152.1	155.6	158.9	162.2	165.3	168.5	171.5	174.5
175	127.0	131.2	135.3	139.3	143.2	147.0	150.7	154.2	157.7	161.1	164.4	167.7	170.8	173.9	177.0
180	128.6	132.9	137.1	141.2	145.1	148.9	152.7	156.3	159.8	163.3	166.7	170.0	173.2	176.4	179.4
185	130.2	134.6	138.8	143.0	147.0	150.9	154.7	158.3	161.9	165.4	168.9	172.2	175.5	178.7	181.9
190	131.8	136.2	140.5	144.7	148.8	152.7	156.6	160.3	164.0	167.6	171.0	174.4	177.8	181.0	184.2
195	133.3	137.9	142.5	146.5	150.6	154.6	158.5	162.3	166.0	169.6	173.2	176.6	180.0	183.3	186.6
200	134.8	139.4	143.8	148.1	152.3	156.4	160.4	164.2	168.0	171.7	175.3	178.8	182.2	185.6	188.9
210	137.8	142.5	147.0	151.5	155.8	160.0	164.0	168.0	171.9	175.7	179.3	183.0	186.5	189.9	193.3
220	140.6	145.5	150.2	154.7	159.1	163.4	167.6	171.6	175.6	179.5	183.3	187.0	190.6	194.2	197.7
230	143.4	148.4	153.2	157.8	162.3	166.7	171.0	175.2	179.3	183.2	187.1	190.9	194.7	198.3	201.9
240	146.1	151.2	156.1	160.8	165.5	170.0	174.4	178.6	182.8	186.9	190.9	194.8	198.6	202.3	206.0
250	148.8	153.9	158.9	163.8	168.5	173.1	177.6	182.0	186.3	190.4	194.5	198.5	202.4	206.2	210.0
260	151.3	156.6	161.7	166.7	171.5	176.2	180.8	185.2	189.6	193.9	190.9	202.1	206.1	210.0	213.9
270	153.8	159.2	164.4	169.5	174.4	179.2	183.9	188.4	192.9	197.2	201.5	205.7	209.7	213.7	217.7
280	156.2	161.7	167.0	172.2	177.2	182.1	186.9	191.5	196.1	200.5	204.9	209.1	213.3	217.4	221.4
290	158.6	164.2	169.6	174.8	180.0	185.0	189.8	194.5	199.2	203.7	208.1	212.5	216.7	220.9	225.0
300	160.9	166.6	172.1	177.5	182.7	187.7	192.7	197.5	102.2	206.8	211.3	215.8	220.1	224.3	228.5

해설 1.

구 간	풍량[m³/h]	원형 덕트지름[cm]	직사각형 덕트크기[cm]	풍속[m/s]
A−B	18,000	82	(190)×35	7.52
B−C	12,000	71	(135)×35	7.05
C−D	9,000	63	(105)×35	6.80
D−E	6,000	54	(75)×35	6.35
E−F	3,000	42	(45)×35	5.29

2. 송풍기 정압

① 직관에서의 덕트손실 $=(60+6+12+12+20)\times 1 = 110\text{Pa}$

② 벤드저항손실$(h_B)=\zeta\dfrac{\rho V_1^{\,2}}{2}=0.29\times\dfrac{1.2\times 5.29^2}{2}=4.869\text{Pa}$

③ 흡입측 손실압력$(P_{si})=150+100+50+150+50=500\text{Pa}$

④ 송풍기 동압$(P_v)=\dfrac{\rho V_2^{\,2}}{2}=\dfrac{1.2\times 13^2}{2}=101.4\text{Pa}$

∴ 송풍기 정압$(P_s)=(110+4.869+500)-101.4 \fallingdotseq 513.469\text{Pa}$

3. 송풍기 동력 $=\dfrac{P_sQ}{\eta_s}=\dfrac{513.469\times 10^{-3}\times\dfrac{6\times 3{,}000}{3{,}600}}{0.5}\fallingdotseq 5.13\text{kW}$

08 온도 21.5℃, 수증기 포화압력 17.54mmHg, 상대습도 50%, 대기압력 760mmHg이다. 다음 각 물음에 답하시오. (단, 공기의 비열 1.01kJ/kg·K, 수증기의 비열 1.85kJ/kg·K, 물의 증발잠열 2,501kJ/kg이다.)

1. 수증기분압〔mmHg〕
2. 절대습도〔kg′/kg〕
3. 습공기의 비엔탈피〔kJ/kg〕

해설 1. 수증기분압$(P_w)=\phi P_s=0.5\times 17.54=8.77\text{mmHg}$

2. 절대습도$(x)=0.622\left(\dfrac{P_w}{P-P_w}\right)=0.622\times\dfrac{8.77}{760-8.77}=0.00726\text{kg}'/\text{kg}$

3. 습공기의 비엔탈피$(h)=C_{pa}t+x(\gamma_o+C_{pw}t)$

$=1.01\times 21.5+0.00726\times(2{,}501+1.85\times 21.5)$

$\fallingdotseq 40.16\text{kJ/kg}$

09 공기조화부하에서 극간풍(틈새바람)을 구하는 방법 3가지와 방지하는 방법 3가지를 쓰시오.

해설 ① 극간풍(틈새바람)을 결정하는 방법

㉠ 환기횟수에 의한 방법
㉡ 극간길이에 의한 방법(crack법)
㉢ 창면적에 의한 방법

② 극간풍(틈새바람)을 방지하는 방법

㉠ 에어커튼(air curtain) 사용
㉡ 회전문 설치
㉢ 충분한 간격을 두고 이중문 설치
㉣ 실내를 가압하여 외부압력보다 높게 유지
㉤ 건축의 건물 기밀성 유지와 현관의 방풍실 설치, 중간의 구획 등

10 **다음의 그림은 각종 송풍기의 임펠러형상을 나타낸 것이고, [보기]는 각종 송풍기의 명칭이다. 이들 중에서 가장 관계가 깊은 것끼리 골라서 번호와 기호를 선으로 연결하시오.**
[정답 예 : (8)－(a)]

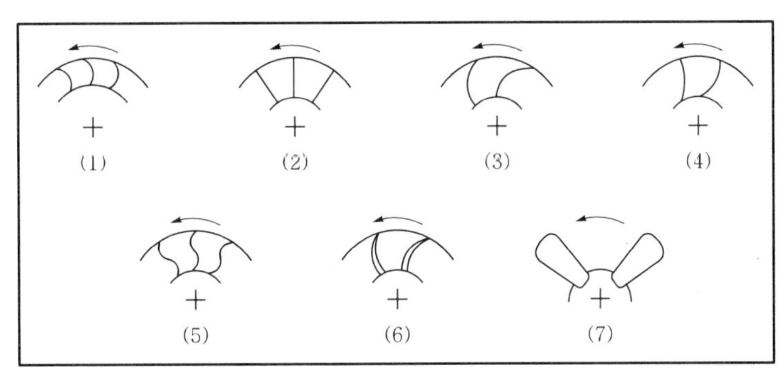

[보 기]

(a) 터보팬(사일런트형)	(b) 에어로휠팬
(c) 시로코팬(다익송풍기)	(d) 리밋로드팬
(e) 플레이트팬	(f) 프로펠러팬
(g) 터보팬(일반형)	

 해설 (1)－(c), (2)－(e), (3)－(a), (4)－(g), (5)－(d), (6)－(b), (7)－(f)

11 **다음 그림과 같은 공조장치를 아래의 조건으로 냉방운전할 때 공기선도를 이용하여 그림의 번호를 공기조화프로세스에 나타내고, 공기냉각기에서 냉각열량〔kJ/h〕과 제습(감습)량〔kg/h〕을 계산하시오.** (단, 환기덕트에 의한 공기의 온도 상승은 무시한다.)

[조 건]

1) 실내상태 : 건구온도 26°C, 상대습도 50%
2) 외기상태 : 건구온도 33°C, 습구온도 27°C
3) 실내급기량 : 1,000m^3/h
4) 취입외기량 : 급기풍량의 25%
5) 실내와 취출공기의 온도차 : 10°C
6) 송풍기 및 급기덕트에 의한 공기의 온도 상승 : 1°C
7) 공기의 밀도 : 1.2kg/m^3
8) 공기의 정압비열 : 1kJ/kg·K
9) 냉각수의 비열 : 4.2kJ/kg·K
10) 현열비(SHF) : 0.89

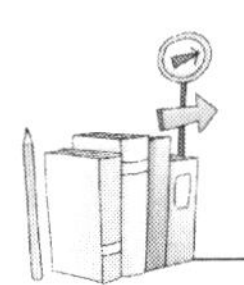

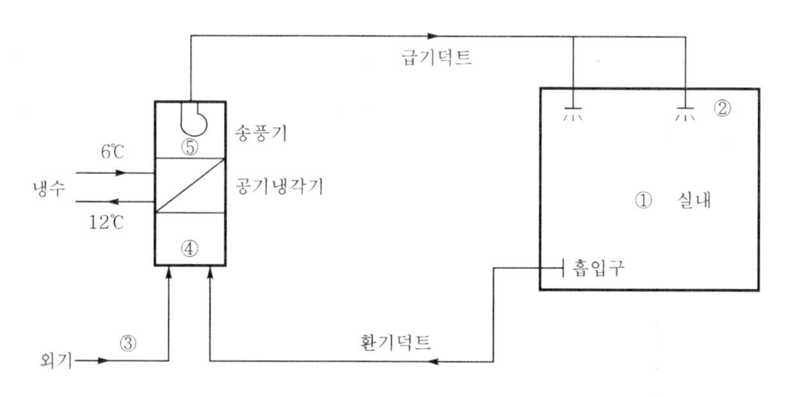

해설 ① 공기선도에 ①~⑤점 표시

$$t_4 = \frac{m_1 t_1 + m_2 t_2}{m} = \frac{0.25 \times 33 + (1-0.25) \times 26}{0.25 + 0.75} = 27.75℃$$

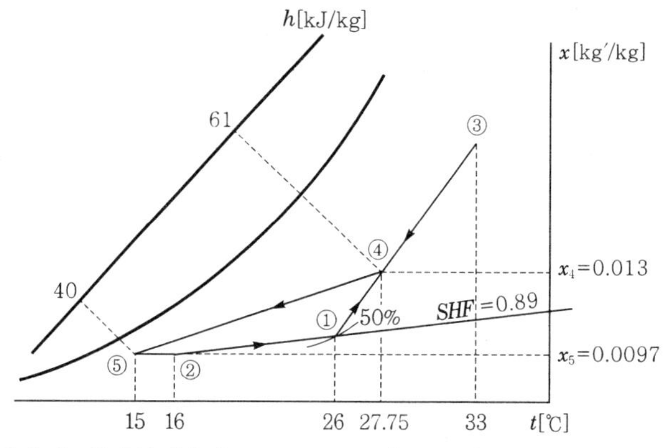

② 공기냉각기에서 냉각열량$(q_c) = m\,\Delta h = \rho Q(h_4 - h_5) = 1.2 \times 1{,}000 \times (61-40)$
$= 25{,}200\text{kJ/h}$

③ 제습량$(L) = m\,\Delta x = \rho Q(x_4 - x_5) = 1.2 \times 1{,}000 \times (0.013 - 0.0097) = 3.96\text{kg/h}$

12 열교환기를 쓰고 다음 그림과 같이 구성되는 냉동장치에서 냉동능력이 1RT이고, 각 점의 상태값 및 조건은 주어진 표와 같다. 다음 각 물음에 답하시오.

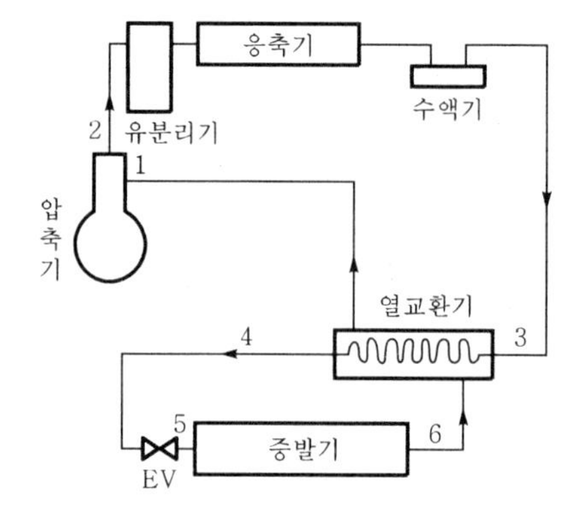

점	비엔탈피[kJ/kg]	구 분	효율
1	400	기계효율	0.81
2	424	체적효율	0.71
3	286		
4	258	압축효율	0.75

1. 냉매순환량[kg/s]
2 열교환기에서 열교환되는 열량[kW]
3. 실제 COP

해설 1. 냉매순환량($\dot{m}$)

① $h_1 - h_6 = h_3 - h_4$

$\therefore\ h_6 = h_1 - (h_3 - h_4) = 400 - (286 - 258) = 372\text{kJ/kg}$

② $\dot{m} = \dfrac{Q_e}{q_e} = \dfrac{Q_e}{h_6 - h_5} = \dfrac{1 \times 3.86}{372 - 258} = 0.034\text{kg/s}$

2. 열교환되는 열량(q) $= \dot{m}(h_3 - h_4) = \dot{m}(h_1 - h_6)$

$= 0.034 \times (286 - 258)$

$= 0.95\text{kW}$

3. $(COP)_R = \dfrac{q_e}{w_c} = \dfrac{h_6 - h_5}{(h_2 - h_1)\eta_c \eta_m} = \dfrac{372 - 258}{(424 - 400) \times 0.75 \times 0.81} \fallingdotseq 2.89$

13

2단 압축 1단 팽창 암모니아냉매를 사용하는 냉동장치가 응축온도 30℃, 증발온도 −32℃, 제1팽창밸브 직전의 냉매액온도 25℃, 제2팽창밸브 직전의 냉매액온도 0℃, 저단 및 고단압축기 흡입증기를 건조포화증기라고 할 때 다음 각 물음에 답하시오. (단, 저단압축기의 냉매순환량은 1kg/h이다.)

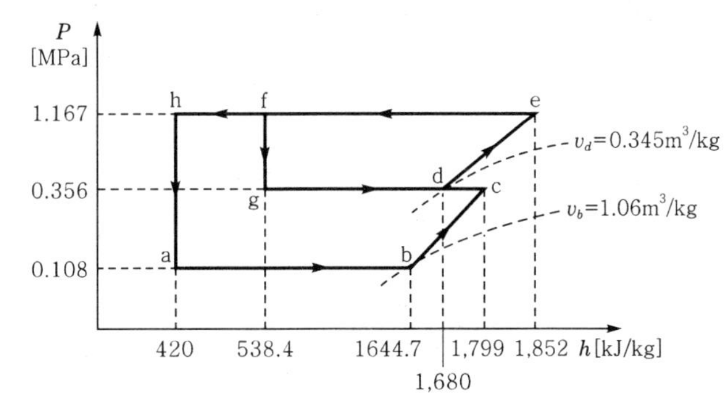

1. 냉동장치의 장치도를 그리고, 각 점(a∼h)의 상태 표시
2. 중간냉각기에서 증발하는 냉매량
3. 중간냉각기의 기능 3가지

해설 1. 냉동장치도

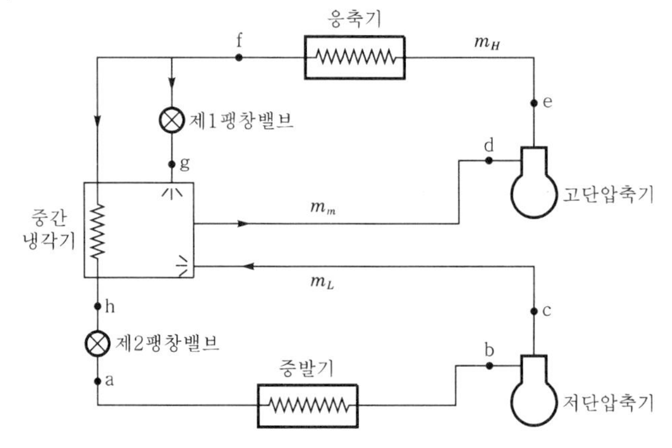

2. 중간냉각기에서 증발하는 냉매량

$$m_m = m_H - m_L = m_L\left(\frac{h_c - h_h}{h_d - h_f}\right) - m_L = 1 \times \frac{1{,}799 - 420}{1{,}680 - 538.4} - 1 = 0.21\text{kg/h}$$

3. 중간냉각기의 기능

① 팽창밸브 직전의 액냉매를 과냉각시켜서 플래시가스의 발생을 감소시켜 냉동효과를 증가시킨다.

② 저단압축기 토출가스온도의 과열도를 감소시켜서 고단압축기의 과열압축을 방지하여 토출가스온도의 상승을 감소시킨다.

③ 고단압축기의 액압축을 방지한다.

14

R-22 냉동장치에서 응축압력이 1.43MPa(포화온도 40℃), 냉각수량 800L/min, 냉각수 입구온도 32℃, 냉각수 출구온도 36℃, 열통과율 900W/m² · K일 때 냉각면적〔m²〕을 구하시오. (단, 냉매와 냉각수의 평균온도차는 산술평균온도차로 하며, 냉각수의 비열은 4.2kJ/kg · K이고, 밀도는 1kg/L이다.)

해설 응축부하(응축기 전달열량) = 냉각수 흡수열량

$$KA\Delta t_m = mC(t_{w2} - t_{w1})$$

$$\therefore \text{냉각면적}(A) = \frac{mC(t_{w2} - t_{w1})}{K\Delta t_m} = \frac{mC(t_{w2} - t_{w1})}{K\left(t_c - \dfrac{t_{w1} + t_{w2}}{2}\right)}$$

$$= \frac{\dfrac{800}{60} \times 4.2 \times 10^3 \times (36 - 32)}{900 \times \left(40 - \dfrac{32 + 36}{2}\right)} \fallingdotseq 41.48\text{m}^2$$

2024년도 기출문제

2024. 4. 27. 시행

01 **외부균압형 온도식 팽창밸브(TEV : thermostatic expansion valve)에 관한 다음 각 물음에 답하시오.** (8점)

1. 다음 그림에서 온도식 팽창밸브의 감온통 부착위치로 가장 적당한 곳을 골라 배관라인을 완성하시오.

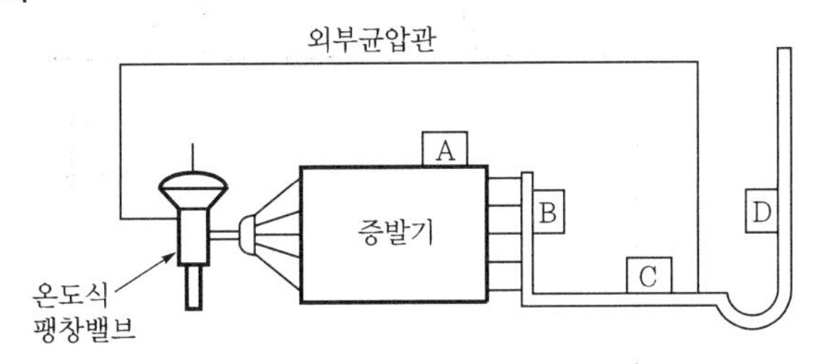

2. 온도식 팽창밸브의 작동원리를 [보기]에 제시된 기호를 활용하여 과열도와 냉매순환량을 관련지어 설명하시오.

[보 기]

1) 감온통 내부압력 : P_1　　2) 팽창밸브 스프링압력 : P_2
3) 증발기에서 냉매의 증발압력 : P_3

해설 1. 배관도

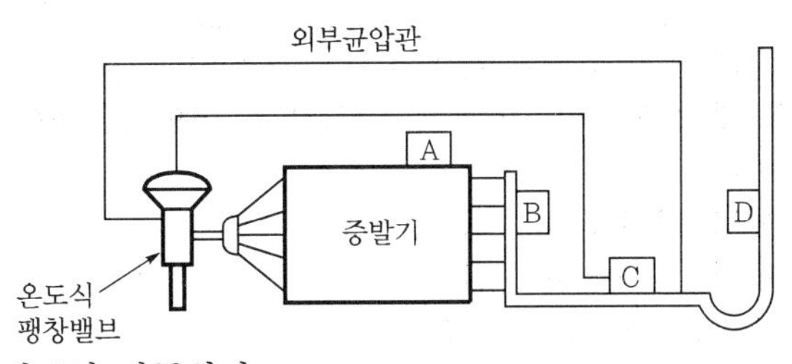

2. 온도식 팽창밸브의 작동원리
① 과열도가 증가하면 $P_1 > P_2 + P_3$가 되어 팽창밸브가 열려 냉매가 증발기로 유입된다.
② 과열도가 감소하면 $P_1 < P_2 + P_3$가 되어 팽창밸브가 닫혀 냉매가 증발기로 유입되지 못한다.

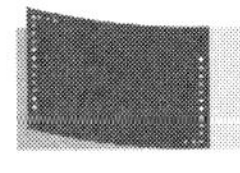

【참고】 • $P_1 > P_2 + P_3$: 밸브 열림
• $P_1 < P_2 + P_3$: 밸브 닫힘

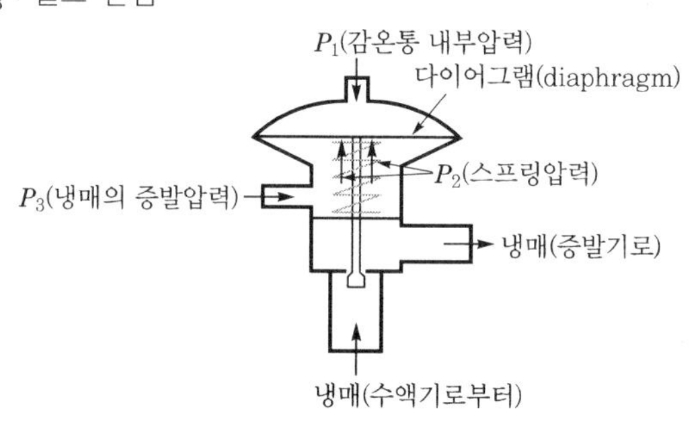

02 다음 조건에 대하여 각 물음에 답하시오. (10점)

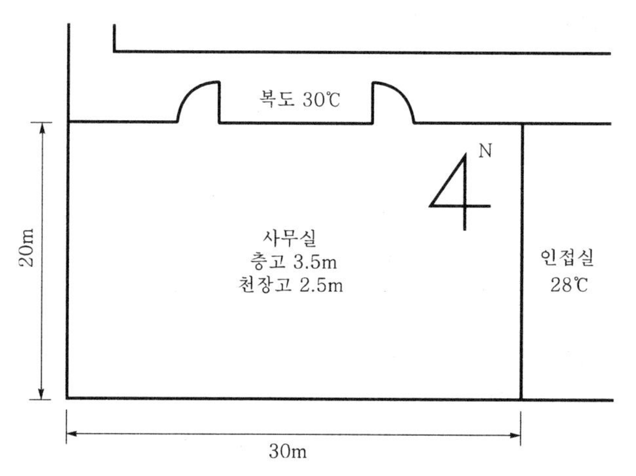

[조 건]

구 분	건구온도[℃]	상대습도[%]	절대습도[kg′/kg]
실내	27	50	0.0112
실외	32	68	0.0206

1) 상·하층은 사무실과 동일한 공조상태이다.
2) 남쪽 및 서쪽 벽은 외벽이 40%이고, 창면적이 60%이다.
3) 열관류율
   ① 외벽 : 3.4W/m²·K
   ② 내벽 : 4.1W/m²·K
   ③ 내부문 : 4.1W/m²·K
4) 유리는 6mm 반사유리이고, 차폐계수는 0.65이다.
5) 인체발열량
   ① 현열 : 54.7W/인
   ② 잠열 : 69.7W/인
6) 침입외기에 의한 실내환기횟수 : 0.5회/h

7) 실내사무기기 : 200W×5개, 실내조명(형광등) : 20W/m^2
8) 실내인원 : 0.2인/m^2, 1인당 필요외기량 : 25m^3/h · 인
9) 공기의 밀도 : 1.2kg/m^3, 공기의 정압비열 : 1.01kJ/kg · K
10) 보정된 외벽의 상당외기온도차 : 남쪽 8.4°C, 서쪽 5°C
11) 유리를 통한 열량의 침입〔W/m^2〕

구분 \ 방위	동	서	남	북
직달일사 I_{GR}	33.4	199.9	67.7	33.4
전도대류 I_{GC}	50.2	95.8	67.7	50.2

1. 벽체부하(동, 서, 남, 북)〔W〕
2. 유리를 통한 부하〔W〕
3. 인체부하〔W〕
4. 조명부하〔W〕 (단, 안정계수는 무시한다.)
5. 틈새부하〔W〕

1. 벽체부하
   ① 남쪽 외벽$=KA\Delta t_e=3.4\times(30\times3.5)\times0.4\times8.4\fallingdotseq1199.52$W
   ② 서쪽 외벽$=KA\Delta t_e=3.4\times(20\times3.5)\times0.4\times5=476$W
   ③ 북쪽 벽$=KA\Delta t=4.1\times(2.5\times30)\times(30-27)=922.5$W
   ④ 동쪽 벽$=KA\Delta t=4.1\times(2.5\times20)\times(28-27)=205$W
   ∴ 부하합계$(Q_t)=1199.52+476+922.5+205=2803.02$W
2. 유리를 통한 부하
   ① 남쪽 창
      ㉠ 일사량$=I_{GR}AK_s=67.7\times(30\times3.5)\times0.6\times0.65\fallingdotseq2772.32$W
      ㉡ 전도대류량$=I_{GC}A=67.7\times(30\times3.5)\times0.6=4265.1$W
   ② 서쪽 창
      ㉠ 일사량$=I_{GR}AK_s=199.9\times(20\times3.5)\times0.6\times0.65=5457.27$W
      ㉡ 전도대류량$=I_{GC}A=95.8\times(20\times3.5)\times0.6=4023.6$W
   ∴ 부하합계$(Q_t)=2772.32+4265.1+5457.27+4023.6=16518.29$W
3. 인체부하
   ① 재실인원$(N)=An=(20\times30)\times0.2=120$명
   ② 현열$(Q_s)=Nq_s=120\times54.7=6{,}564$W
   ③ 잠열$(Q_L)=Nq_L=120\times69.7=8{,}364$W
   ∴ 부하합계$(Q_t)=Q_s+Q_L=6{,}564+8{,}364=14{,}928$W
4. 조명부하(형광등)$=qA=20\times(20\times30)=12{,}000$W

5. 틈새부하

① 환기량$(Q) = nV = 0.5 \times (20 \times 30 \times 2.5) = 750\text{m}^3/\text{h}$

② 현열$(Q_s) = \rho Q C_p (t_o - t_r) = 1.2 \times \dfrac{750}{3,600} \times 1.01 \times 10^3 \times (32 - 27) = 1262.5\text{W}$

③ 잠열$(Q_L) = \rho Q \gamma_o \Delta x = 1.2 \times \dfrac{750}{3,600} \times 2,501 \times 10^3 \times (0.0206 - 0.0112) = 5877.35\text{W}$

∴ 부하합계$(Q_t) = Q_s + Q_L = 1262.5 + 5877.35 = 7139.85\text{W}$

03 다음 그림에 표시한 200RT 냉동기를 위한 냉각수순환계통의 냉각수순환펌프의 축동력〔kW〕을 구하시오. (6점)

[조 건]

1) $H = 50\text{m}$
2) $h = 48\text{m}$
3) 배관 총길이 $l = 200\text{m}$
4) 부속류 상당길이 $l' = 100\text{m}$
5) 펌프효율 $\eta_p = 65\%$
6) 1RT당 응축열량 : 4.5kW
7) 노즐압력 $P = 3\text{mAq}$
8) 단위저항 $r = 0.03\text{mAq/m}$
9) 냉동기 저항 $R_c = 6\text{mAq}$
10) 여유율(안전율) : 10%
11) 냉각수 온도차 : 5℃
12) 냉각수 비열 : 4.2kJ/kg · K
13) 냉각수 밀도 : 1,000kg/m³

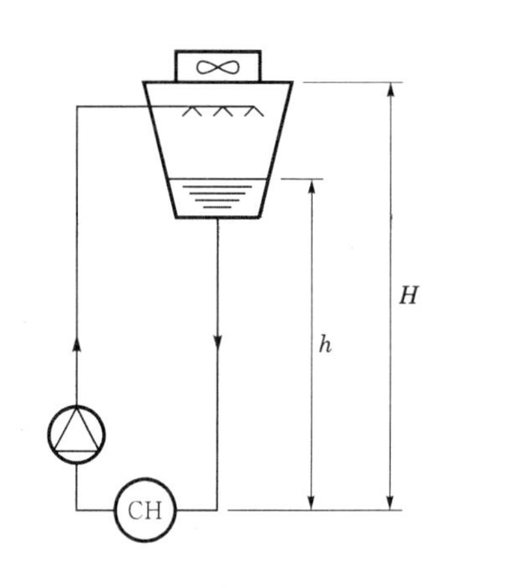

해설 ① 전양정$(H_t) = \{(H - h) + r(l + l') + P + R_c\}k$

$= \{(50 - 48) + 0.03 \times (200 + 100) + 3 + 6\} \times (1 + 0.1)$

$= 22\text{mAq}$

② $Q_c = mC\Delta t = \rho QC\Delta t$에서

순환수량$(Q) = \dfrac{Q_c}{\rho C \Delta t} = \dfrac{4.5 \times 200}{1,000 \times 4.2 \times 5} ≒ 0.043\text{m}^3/\text{s}$

③ 축동력$(L_s) = \dfrac{9.8 Q H_t}{\eta_p} = \dfrac{9.8 \times 0.043 \times 22}{0.65} ≒ 14.27\text{kW}$

04 **건축물에서 공조설계 시 침입외기량을 구하는 방법 2가지를 쓰고 각각 설명하시오.** (8점)

해설 ① 환기횟수법 : Q[m^3/h]=nV=환기횟수[회/h]×실의 체적[m^3]
② 크랙법 : Q[m^3/h]=극간풍량[m^3/h · m]×문이나 창의 틈새길이[m]

05 **송풍기나 펌프에서 일어나는 서징(surging)현상에 대해 설명하시오.** (4점)

해설 ① 개념
㉠ 흡입관로에 공기, 관내 저항 등으로 펌프 입구 또는 출구측 압력계의 지침이 흔들리거나 송출유량이 변화하는 현상
㉡ 송출압력과 송출유량 사이에 주기적인 변동이 일어나는 현상
㉢ 관내의 생성된 기포가 깨어짐으로써 유체에 충격, 진동을 일으키는 것
② 발생원인
㉠ 펌프의 운전이 성능곡선($H-Q$곡선)에서 우상향 부분이 존재할 때 발생한다.
㉡ 저유량 시 주로 발생한다.
㉢ 펌프와 유량조절밸브 사이 탱크(수조나 공기조)가 있을 때 발생한다.
③ 방지책
㉠ 성능곡선($H-Q$곡선)이 오른쪽 하향기울기만을 갖는 펌프를 사용한다.
㉡ 바이패스관(bypass pipe)을 사용하여 펌프의 운전점이 성능곡선 오른쪽 하향기울기범위에 오게 한다.
㉢ 배관 중에 수조나 공기실(air chamber)을 없앤다.
㉣ 유량조절밸브를 펌프 토출측 직후에 설치한다(펌프 후단에 유량조절밸브 설치).

06 **다음 배관도를 보고 각종 부속류 및 밸브류의 수량과 금액을 일위대가표에 작성하시오.** (8점)

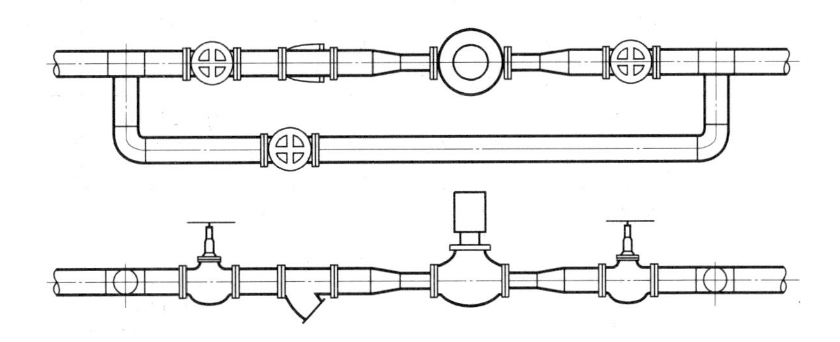

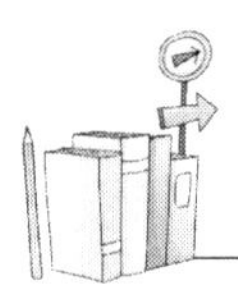

품 명	규 격	단 위	단가(원)	수 량	금액(원)
백강관	50mm	m	1,000	4.2	4,200
게이트밸브	50mm	개	18,230		
글로브밸브	50mm	개	17,400		
스트레이너	50mm	개	16,000		
티	50mm	개	1,190		
엘보	50mm	개	1,220		
리듀서	50mm×25mm	개	1,080		
잡자재	–	–	강관의 3%	–	126
공구손료	–	식	–	–	28,949
관보온재	50×25t	식	–	–	157,810
재료비합계					
인건비	배관공	인	80,000	2	160,000
	보통 인부	인	50,000	1	50,000
인건비합계					210,000

해설

품 명	규 격	단 위	단가(원)	수 량	금액(원)
백강관	50mm	m	1,000	4.2	4,200
게이트밸브	50mm	개	18,230	2	36,460
글로브밸브	50mm	개	17,400	1	17,400
스트레이너	50mm	개	16,000	1	16,000
티	50mm	개	1,190	2	2,380
엘보	50mm	개	1,220	2	2,440
리듀서	50mm×25mm	개	1,080	2	2,160
잡자재	–	–	강관의 3%	–	126
공구손료	–	식	–	–	28,949
관보온재	50×25t	식	–	–	157,810
재료비합계					267,925
인건비	배관공	인	80,000	2	160,000
	보통 인부	인	50,000	1	50,000
인건비합계					210,000

07 냉동장치 흡입배관(증발기–압축기 사이)에 이중입상관을 설치하는 목적을 설명하시오. (8점)

해설 프레온냉동장치에서 냉동기유의 회수를 용이하게 하기 위해 이중입상관을 증발기와 압축기 사이에 설치한다.

【참고】 이중입상관

- 부하가 감소하면 가스의 속도가 낮아져 냉동기유가 상부로 운반되지 못하고 트랩에 고인다. 냉동기유가 트랩에 고여 가스가 통과하지 못하므로 가스는 가는 관으로만 통과하면서 속도가 빨라져 냉동기유를 상부로 운반할 수 있게 된다.
- 전부하로 운전될 때는 가스가 가는 관과 굵은 관 양쪽으로 통과한다.
- 가는 관의 규격은 가스가 가는 관으로만 통과하는 경우에 유속이 6~20m/s가 되도록 한다.
- 굵은 관의 규격은 전부하 시에 가스가 2개의 관을 통과할 때 양쪽의 유속이 6m/s 이상이 되도록 한다.

08 다음 그림은 −100℃ 정도의 증발온도를 필요로 할 때 사용되는 2원 냉동사이클의 $P-h$ 선도이다. 각 지점의 엔탈피를 이용하여 이론성적계수(ε_R)를 구하는 식을 유도하시오. (단, Q_{2L} : 저온증발기의 냉동능력, Q_{2H} : 고온증발기의 냉동능력, m_1 : 저온부의 냉매순환량, m_2 : 고온부의 냉매순환량) (8점)

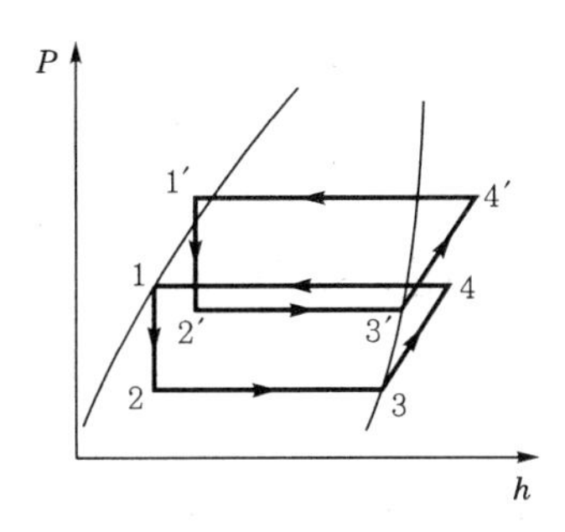

해설 냉동기 성적계수$(\varepsilon_R) = \dfrac{Q_{2L}}{W_{c1} + W_{c2}} = \dfrac{m_1(h_3 - h_2)}{m_1(h_4 - h_3) + m_2(h_4{}' - h_3{}')}$

09 냉동능력이 4.07kW인 R−22 냉동기를 사용하는 냉장고의 증발기가 냉매와 공기의 평균온도차가 8℃로 운전되고 있다. 이때 증발기는 내외면적비 8.5, 공기측 열전달계수 0.035kW/m^2 · K, 냉매측 열전달계수 0.7kW/m^2 · K인 플레이트핀코일이라 할 때 다음을 구하시오. (단, 핀코일재료의 열전도저항은 무시한다.) (8점)

1. 증발기의 외표면적기준 열통과율〔kW/m^2 · K〕
2. 증발기의 관내경이 23.5m일 때 증발기 코일길이〔m〕

해설 1. 외표면적기준 열통과율

$$K=\frac{1}{R}=\frac{1}{\frac{1}{\alpha_a}+\frac{1}{\alpha_r}m}=\frac{1}{\frac{1}{0.035}+\frac{1}{0.7}\times 8.5}\fallingdotseq 0.02\text{kW/m}^2\cdot\text{K}$$

2. 증발기 코일길이

$$q=KA_o\Delta t_m=Km\,A_i\Delta t_m=Km\,\pi D_i L\Delta t_m$$

$$\therefore\ L=\frac{q}{Km\,\pi D_i\Delta t_m}=\frac{4.07}{0.02\times 8.5\times \pi\times 0.0235\times 8}\fallingdotseq 40.54\text{m}$$

【참고】 플레이트핀코일 증발기에서 냉매는 관 내부로 흐르고, 공기는 관 외부로 흐른다.

- 외표면적기준 : $\frac{1}{K_o}=\frac{1}{\alpha_o}+m\left(\frac{L}{\lambda}+\frac{1}{\alpha_i}\right)$
- 내표면적기준 : $\frac{1}{K_i}=\frac{1}{\alpha_o m}+\frac{L}{\lambda}+\frac{1}{\alpha_i}$

여기서, α_o : 외표면 열전달율, α_i : 내표면 열전달율, m : 내외표면적비

10 다음과 같은 공조시스템에 대해 계산하시오. (8점)

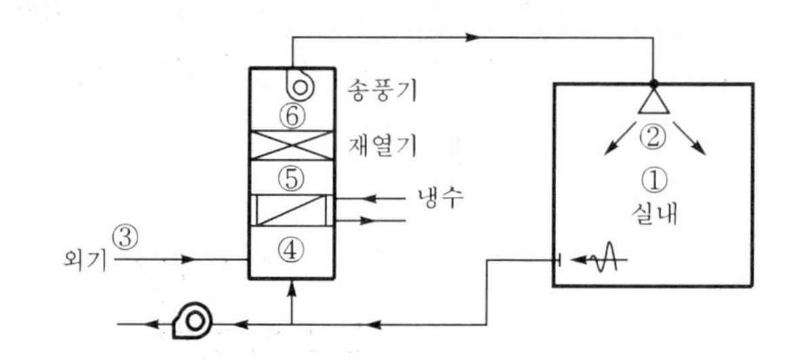

[조 건]

1) 실내온도 : 25℃, 실내 상대습도 : 50%
2) 외기온도 : 31℃, 외기 상대습도 : 60%
3) 실내급기풍량 : 6,000m³/h, 취입외기풍량 : 1,000m³/h, 공기밀도 : 1.2kg/m³
4) 취출공기온도 : 17°C, 공조기 송풍기 입구온도 : 16.5°C
5) 공기냉각기 냉수량 : 1.4L/s, 냉수 입구온도(공기냉각기) : 6°C, 냉수 출구온도(공기냉각기) : 12°C
6) 재열기(전열기) 소비전력 : 5kW
7) 공조기 입구의 환기온도는 실내온도와 같다.
8) 공기의 정압비열 : 1.01kJ/kg · K, 냉수의 비열 : 4.2kJ/kg · K

1. 실내냉방 현열부하(kW)를 구하시오.
2. 실내냉방 잠열부하(kW)를 구하시오.

해설 1. 실내냉방 현열부하

$q_s = \rho Q C_p (t_i - t_r) = 1.2 \times 6{,}000 \times 1.01 \times (25 - 17) = 58{,}176\text{kJ/h} = 16.16\text{kW}$

2. 실내냉방 잠열부하

① 혼합공기온도$(t_4) = \dfrac{Q_i t_i + Q_o t_o}{Q} = \dfrac{5{,}000 \times 25 + 1{,}000 \times 31}{6{,}000} = 26℃$

② 냉각코일부하$(q_{cc}) = (1.4 \times 3{,}600) \times 4.2 \times (12 - 6) = 127{,}008\text{kJ/h}$

③ 냉각코일 출구비엔탈피$(h_5) = 54 - \dfrac{127{,}008}{1.2 \times 6{,}000} = 36.86\text{kJ/kg}$

④ 냉각코일 출구온도$(t_5) = 16.5 - \dfrac{5 \times 3{,}600}{6{,}000 \times 1.2 \times 1.01} ≒ 14.02℃$

⑤ 습공기선도

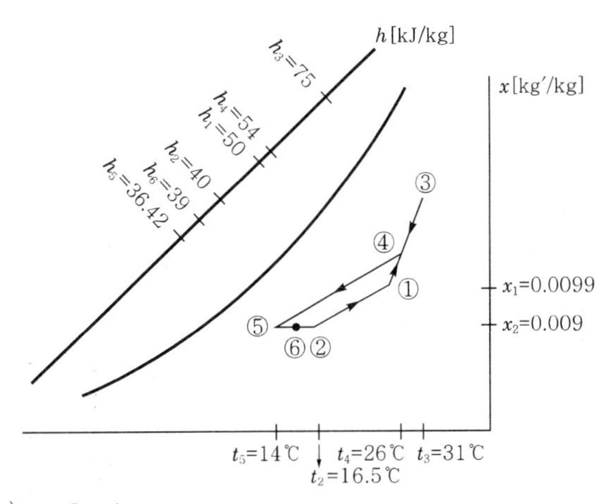

⑥ 잠열부하$(q_L) = \rho Q \gamma_o \Delta x$

$= 1.2 \times 6{,}000 \times 2{,}501 \times (0.0099 - 0.009)$

$= 16206.48\text{kJ/h} ≒ 4.50\text{kW}$

※ $1\text{kW} = 3{,}600\text{kJ/h} \rightarrow 1\text{kJ/h} = \dfrac{1}{3{,}600}\text{kW}$

11

댐퍼가 있는 취출구에서의 풍량이 10m^3/min이고 속도가 2m/s라고 한다. 자유면적비가 0.5일 때 취출구의 전면적〔m^2〕을 구하시오. (2점)

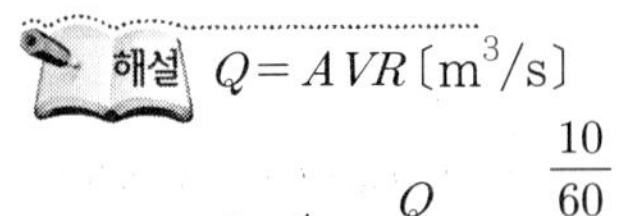

해설 $Q = AVR\,[\text{m}^3/\text{s}]$

$\therefore A = \dfrac{Q}{VR} = \dfrac{\frac{10}{60}}{2 \times 0.5} ≒ 0.17\text{m}^2$

12

어떤 냉장고 벽체 외측면에 결로를 방지하기 위해 다음 그림과 같은 단열층구조를 추가하려고 한다. 주어진 조건을 이용하여 각 물음에 답하시오. (단, 단열재 이외의 열전도저항은 무시하는 것으로 한다.) (10점)

[조 건]

1) 실외측 표면열전달률 : $9\text{W/m}^2 \cdot \text{K}$
2) 실내측 표면열전달률 : $9\text{W/m}^2 \cdot \text{K}$
3) 단열재 열전도율 : $0.025\text{W/m} \cdot \text{K}$
4) 외기온도 : 35℃
5) 실내온도 : −25℃
6) 외기노점온도 : 31℃

1. 결로 발생 방지를 위한 벽체의 최대 열관류율[$\text{W/m}^2 \cdot \text{K}$]
2. 위 기준을 만족시키는데 필요한 단열재의 최소 두께 d[mm]

 1. 결로 발생 방지를 위한 벽체의 최대 열관류율

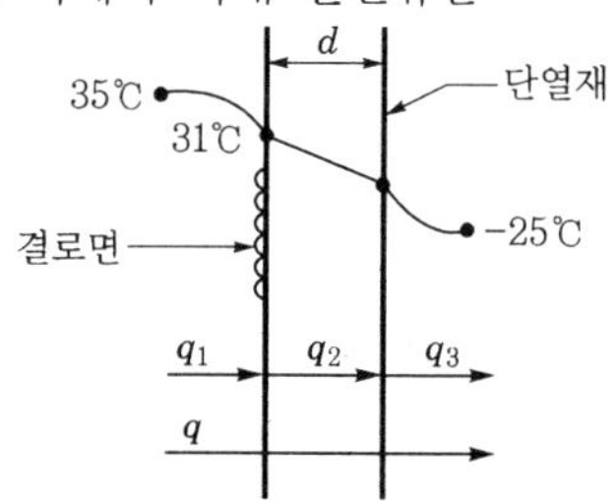

$$q_1 = q_2 = q_3 = q$$

$$KA(t_o - t_i) = \alpha_o A(t_o - t_d)$$

$$K = \frac{\alpha_o(t_o - t_d)}{t_o - t_i} = \frac{9 \times (35-31)}{35-(-25)} = 0.6\text{W/m}^2 \cdot \text{K} \text{(결로 발생)}$$

∴ 결로가 발생하지 않는 최대 열관류율 $K = 0.59\text{W/m}^2 \cdot \text{K}$

2. 단열재의 최소 두께

$$\frac{1}{K} = \frac{1}{\alpha_o} + \frac{d}{\lambda} + \frac{1}{\alpha_i}$$

$$\therefore\ d = \lambda\left(\frac{1}{K} - \frac{1}{\alpha_o} - \frac{1}{\alpha_i}\right) = 0.025 \times \left(\frac{1}{0.59} - \frac{1}{9} - \frac{1}{9}\right) \fallingdotseq 0.03682\text{m} = 36.82\text{mm}$$

13

응축부하가 100kW이고 냉동기 성적계수(COP)가 3인 단단 증기압축식 냉동장치가 있다. 이 냉동장치의 증발기에서 2차 유체의 입출구온도가 각각 −5℃, −15℃, 냉매의 증발온도가 −20℃일 때 소요되는 증발기의 전열면적[m^2]을 구하시오. (단, 증발기의 열통과율은 $600\text{W/m}^2 \cdot \text{K}$, 온도차는 대수평균을 적용하고, 열손실은 무시한다.) (6점)

해설 ① $\Delta t_1 = -5-(-20) = 15℃$

$\Delta t_2 = -15-(-20) = 5℃$

$\therefore\ LMTD = \dfrac{\Delta t_1 - \Delta t_2}{\ln\left(\dfrac{\Delta t_1}{\Delta t_2}\right)} = \dfrac{15-5}{\ln\left(\dfrac{15}{5}\right)} = 9.1℃$

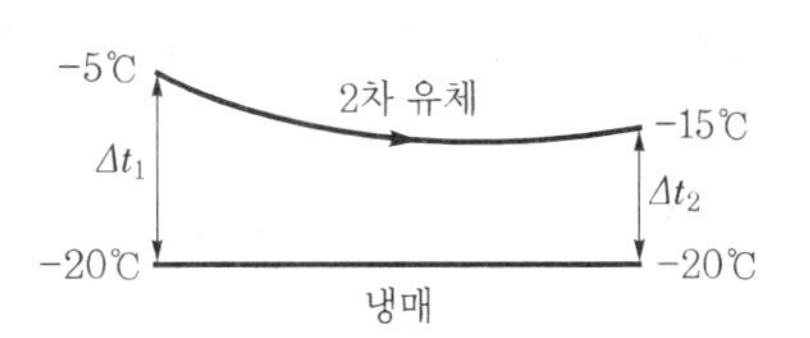

② $(COP)_H = \dfrac{Q_c}{W_c}$

$\therefore\ W_c = \dfrac{Q_c}{(COP)_H} = \dfrac{Q_c}{(COP)_R+1} = \dfrac{100}{3+1} = 25\text{kW}$

③ $Q_e = KA(LMTD)\,[\text{kW}]$

$\therefore\ A = \dfrac{Q_e(=Q_c - W_c)}{K(LMTD)} = \dfrac{(100-25)\times 10^3}{600\times 9.1} \fallingdotseq 13.74\text{m}^2$

14 **다음 [보기]에 열거된 난방용 기기가 서로 기능을 발휘할 수 있도록 기호를 연결하여 배관계통도를 완성하시오.** (6점)

[보 기]

1) 증기보일러 :

2) 방열기 : 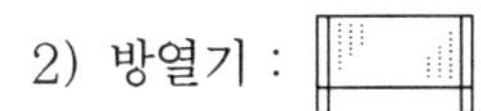

3) 보급수펌프 :

4) 증기트랩 :

5) 응축수탱크 :

6) 증기분배헤더 :

7) 경수연화장치 :

해설

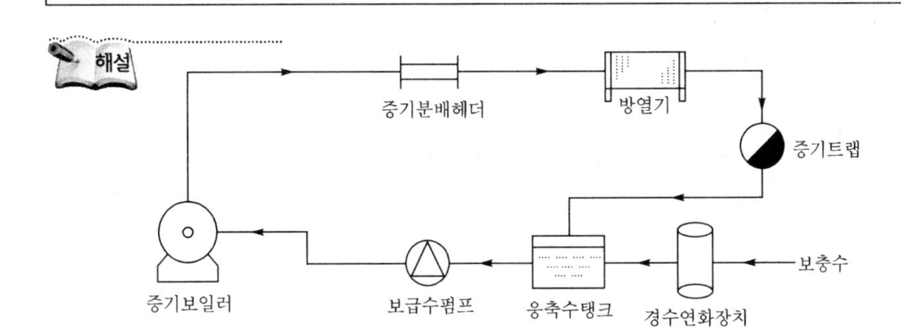

2024. 7. 28. 시행

01 **다음과 같은 급기장치에서 덕트선도와 주어진 조건을 이용하여 각 물음에 답하시오.** (8점)

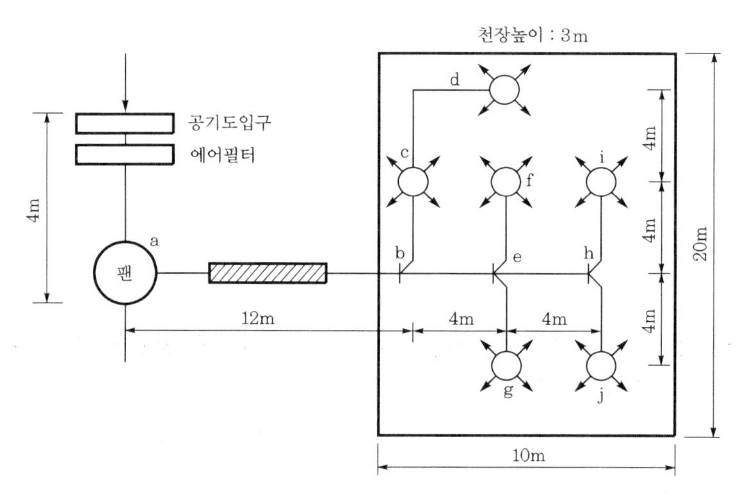

[조 건]

1) 직관덕트 내의 마찰저항손실 : $R=1.0$Pa/m
2) 환기횟수 : 10회/h
3) 공기도입구의 저항손실 : 5Pa
4) 에어필터의 저항손실 : 100Pa
5) 공기취출구의 저항손실 : 50Pa
6) 굴곡부 1개소의 상당길이 : 직경의 10배
7) 송풍기의 전압효율(η_t) : 60%
8) 각 취출구의 풍량은 모두 같다.

1. 각 구간별 풍량과 덕트지름을 구하시오. (단, 덕트지름은 마찰손실선도에서 읽어서 구한다.)

구 간	풍량[m³/h]	덕트지름[mm]
a－b		
b－c		
c－d		
b－e		
e－f		
h－i		

2. 1.의 결과를 고려하여 덕트의 전저항손실[Pa]을 구하시오.
3. 송풍기의 소요동력[kW]을 구하시오.

해설 1. 각 구간별 풍량과 덕트지름

① 총급기풍량$= nV = 10 \times (10 \times 20 \times 3) = 6{,}000\text{m}^3/\text{h}$

② 각 취출구풍량$= \dfrac{6{,}000}{6} = 1{,}000\text{m}^3/\text{h}$

③ 각 구간별 풍량과 덕트지름

구 간	풍량〔m^3/h〕	덕트지름〔mm〕
a－b	6,000	530
b－c	2,000	360
c－d	1,000	275
b－e	4,000	465
e－f	1,000	275
h－i	1,000	275

2. 덕트의 전저항손실

① 저항손실이 가장 큰 경로 : 공기도입구 → a → b → e → h → i

② 직관덕트손실$= (4+12+4+4+4) \times 1.0 = 28\text{Pa}$

③ 곡관덕트손실$= (0.53 \times 10 + 0.465 \times 10 + 0.36 \times 10) \times 1.0 = 13.55\text{Pa}$

④ 공기도입구, 에어필터, 취출구손실$= 5 + 100 + 50 = 155\text{Pa}$

∴ 전저항손실$(P_t) = 28 + 13.55 + 155 = 196.55\text{Pa}$

3. 송풍기의 소요동력$= \dfrac{P_t Q}{\eta_t} = \dfrac{196.55 \times 10^{-3} \times \dfrac{6{,}000}{3{,}600}}{0.6} = 0.55\text{kW}$

여기서, P_t : 전압력〔kPa〕, Q : 송풍량〔m^3/h〕

02 **냉동장치에 사용되는 프레온(R-22)과 암모니아(NH_3)냉매의 특성을 비교하여 빈칸에 기입하시오.** (7점)

비교항목	R-22	NH_3
수분혼입이 냉동장치에 미치는 영향의 정도		
오존파괴지수 대소		
독성의 유무		
동에 대한 부식성 대소		
폭발성 및 가연성 유무		
1냉동톤당 냉매순환량의 대소		
대기압상태에서 응고점 고저		
누설 발견의 난이		

해설

비교항목	R-22	NH_3
수분혼입이 냉동장치에 미치는 영향의 정도	대	소
오존파괴지수 대소	대	소
독성의 유무	무	유
동에 대한 부식성 대소	소	대
폭발성 및 가연성 유무	무	유
1냉동톤당 냉매순환량의 대소	대	소
대기압상태에서 응고점 고저	저	고
누설 발견의 난이	난	이

【참고】

구 분	프레온(R-22)	암모니아(NH_3)
응고점(대기압)	−160℃	−77.9℃
증발잠열 (−15℃에서)	217kJ/kg(증발잠열이 작으므로 1냉동톤당 냉매순환량이 많아야 한다.)	1,310kJ/kg(증발잠열이 크므로 1냉동톤당 냉매순환량이 적어도 된다.)
수분혼입이 미치는 영향	프레온은 수분의 용해량이 매우 적기 때문에 팽창밸브에서 수분이 결빙되어 냉매의 흐름을 막는 경우가 발생한다.	암모니아는 수분의 용해량이 크기 때문에 혼입된 수분이 유리하지 않고 암모니아수가 되어 순환하므로 수분이 결빙되지 않아 냉매의 흐름을 막는 경우가 없다.

03 냉각탑(cooling tower)과 관련된 다음 용어를 설명하시오. (6점)

1. 쿨링 레인지(cooling range)
2. 백연현상(white smoke)
3. 캐리오버(carry over)

해설

1. 쿨링 레인지(cooling range) : 냉각탑 입구수온과 출구수온의 차(일반적으로 5~7℃ 정도)로, 쿨링 레인지가 클수록 냉각능력이 크다.
2. 백연현상(white smoke) : 냉각탑의 배기(공장 굴뚝의 배기가스) 중에 포함된 고온의 수분이 찬 공기와 만나면서 과포화된 수분이 작은 물방울형태로 응축되어 마치 흰 연기처럼 보이는 현상으로, 외기의 온도가 낮을수록, 습도가 높을수록 쉽게 발생한다.
3. 캐리오버(carry over) : 보일러수 중에 용해 또는 부유하고 있는 고형물이나 물방울이 보일러에서 생산된 증기에 혼입되어 보일러 외부로 나가는 현상으로, 증기의 순도(건도)를 저하시켜 증기의 품질을 저하시킨다.

04 1중효용(단효용) 흡수식 냉동기와 비교한 2중효용 흡수식 냉동기의 특징을 3가지 쓰시오. (6점)

해설 ① 2중효용 흡수식 냉동장치에는 발생기가 2대(고온 발생기, 저온 발생기), 열교환기가 2대(고온열교환기, 저온열교환기)가 설치된다.
② 고온 발생기에서 증발한 냉매증기의 열을 저온 발생기의 가열원으로 사용하므로 연료소비량이 1중효용식의 65% 정도로 적게 소비된다.
③ 2중효용식 성적계수(1.0~1.3)는 1중효용식 성적계수(0.7~0.8)보다 50% 정도 향상된다.

05 다음 온수난방계통도를 역환수(reverse return)배관방식으로 완성하시오. (단, 입력조정밸브(PRV)는 반드시 공급관에 연결되어야 한다.) (10점)

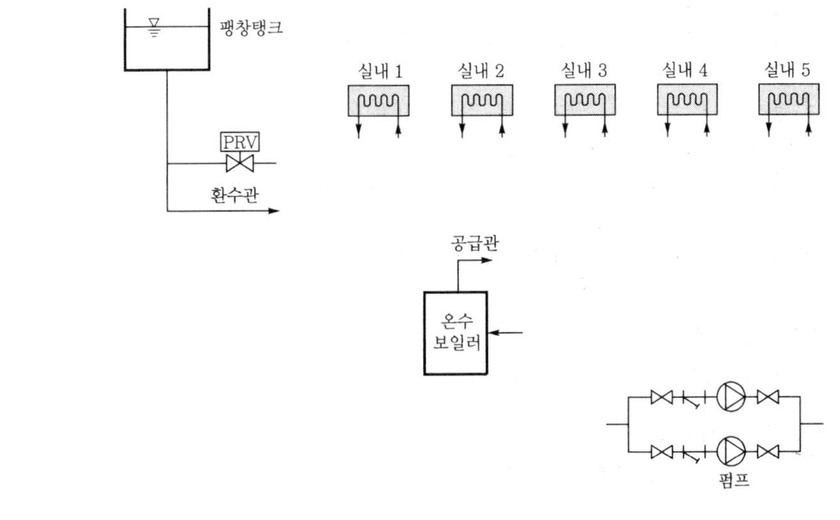

해설

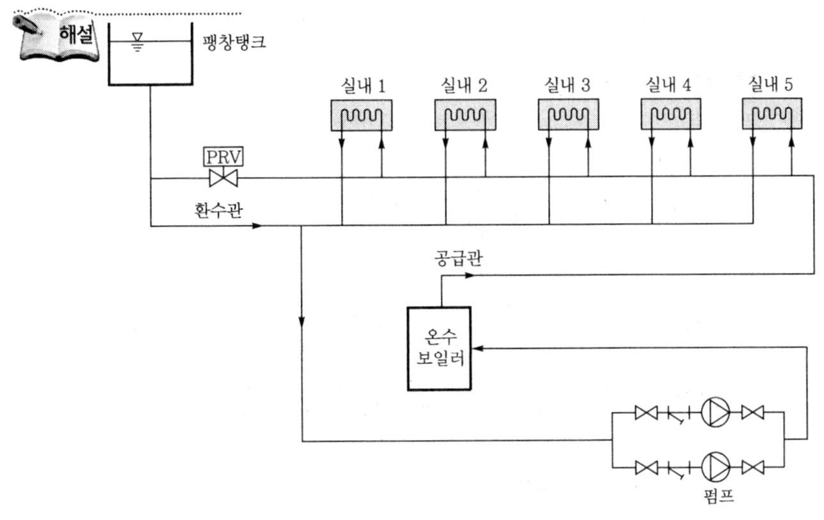

06 다음 그림과 같은 공조장치를 냉방운전하고자 할 때 각 물음에 답하시오. (8점)

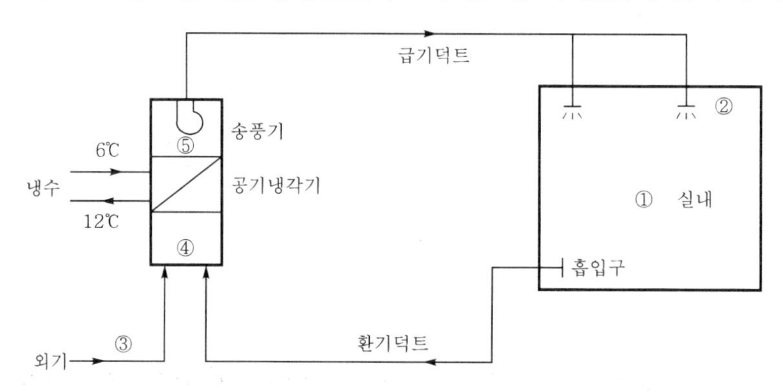

[조 건]

1) 외기온도 : 33℃, 습구온도 : 27℃
2) 실내온도 : 26℃, 상대습도 : 50%, 현열부하 : 13.5kW, 잠열부하 : 2.3kW
3) 취출구온도 : 16℃
4) 송풍기 부하 : 1kW, 급기덕트 취득열 : 0.35kW
5) 취입외기량 : 급기송풍량의 30%
6) 공기밀도 : 1.2kg/m^3, 공기정압비열 : 1.01kJ/kg · K
7) 냉수비열 : 4.2kJ/kg · K
8) 공기냉각기 수온 : 입구 6℃, 출구 12℃

1. 실내송풍량〔m^3/h〕은 얼마인가?
2. 공기냉각기의 냉수량〔kg/h〕은 얼마인가?

해설 1. 실내송풍량

$q_s = mC_p\Delta t = \rho QC_p\Delta t$

$\therefore\ Q = \dfrac{q_s}{\rho C_p\Delta t} = \dfrac{13.5\times 3,600}{1.2\times 1.01\times(26-16)} \fallingdotseq 3993.86\text{m}^3/\text{h}$

【참고】 실내송풍량(Q)은 현열부하(q_s)만으로 구한다.

2. 냉수량

① $q = \rho QC_p\Delta t$

$\therefore\ \Delta t = \dfrac{q}{\rho QC_p} = \dfrac{(1+0.35)\times 3,600}{1.2\times 3993.86\times 1.01} \fallingdotseq 1℃$

② $t_5 = t_2 - \Delta t = 16 - 1 = 15℃$

③ 혼합공기온도$(t_4) = \dfrac{m_1t_1 + m_3t_3}{m_1 + m_3} = \dfrac{0.7\times 26 + 0.3\times 33}{0.7+0.3} = 28.1℃$

④ 현열비$(SHF) = \dfrac{\text{현열부하}}{\text{현열부하}+\text{잠열부하}} = \dfrac{13.5}{13.5+2.3} \fallingdotseq 0.85$

⑤ 공기선도를 작도하여 공기냉각기 입출구엔탈피를 읽으면 h_4 =62.5kJ/kg, h_5 =39.6kJ/kg이다.

⑥ 공기냉각열량=냉수가열량

$q_c = m\,\Delta h = m_w\,C_w\,\Delta t_w$

$$\therefore\ m_w = \frac{m\,\Delta h}{C_w\,\Delta t_w} = \frac{\rho Q(h_4 - h_5)}{C_w\,\Delta t_w} = \frac{1.2\times 3993.86\times(62.5-39.6)}{4.2\times(12-6)} = 4372.7\text{kg/h}$$

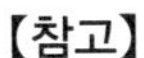

【참고】

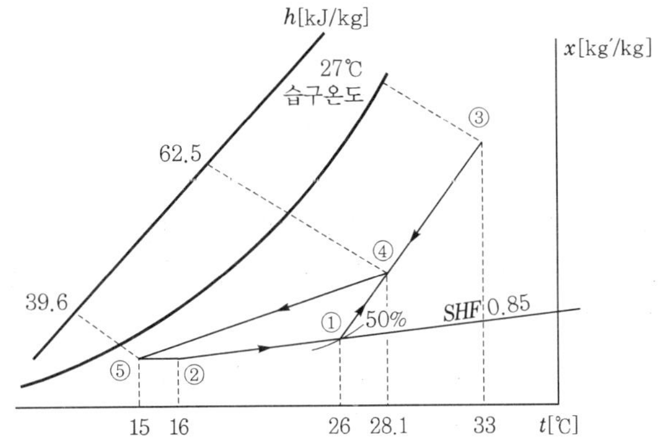

07

다음 그림에서 2단 압축 1단 팽창 냉동사이클은 A와 같고, 같은 온도조건에서 단단 압축할 때의 냉동사이클은 B와 같다. 두 사이클의 성적계수 COP_A, COP_B를 비교하여 어느 것이 에너지절약차원에서 유리한지 설명하시오. (8점)

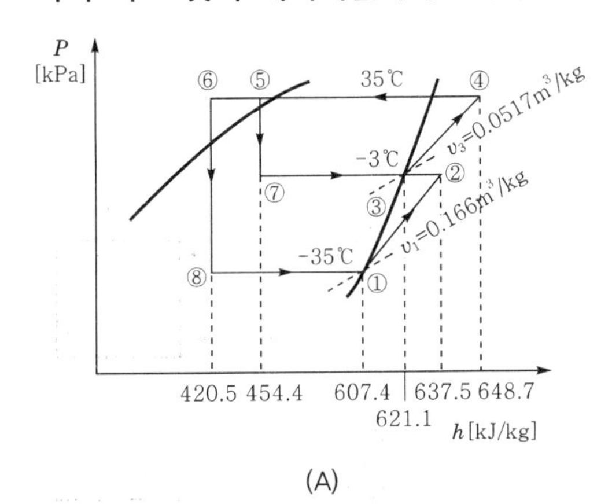

(A)

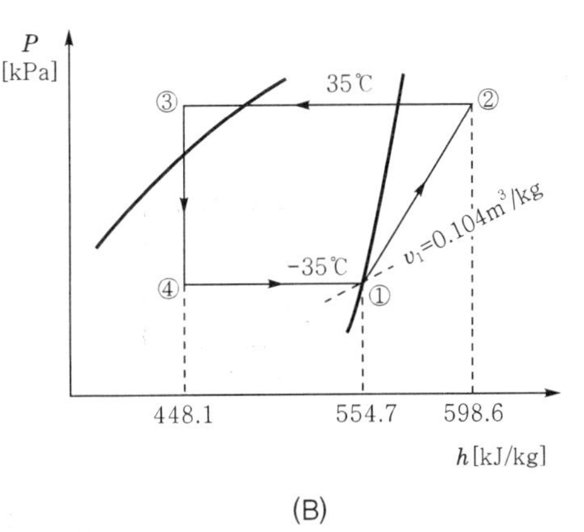

(B)

해설 ① 저단측 냉매순환량을 1kg/h라고 가정하고 (A)사이클 성적계수를 ε_1이라 하면

㉠ 저단압축기 일의 열당량$(w_{c1}) = h_2 - h_1$[kJ/kg]

㉡ 고단압축기 일의 열당량$(w_{c2}) = \left(\dfrac{h_2 - h_6}{h_3 - h_5}\right)(h_4 - h_3)$[kJ/kg]

㉢ 성적계수$(\varepsilon_1) = \dfrac{h_1 - h_8}{(h_2 - h_1) + \left(\dfrac{h_2 - h_6}{h_3 - h_5}\right)(h_4 - h_3)}$

$$= \frac{607.4 - 420.5}{(637.5 - 607.4) + \dfrac{637.5 - 420.5}{621.1 - 454.4}\times(648.7 - 621.1)} \fallingdotseq 2.83$$

② (B)사이클의 성적계수를 ε_2라 하면

$$\varepsilon_2 = \frac{h_1 - h_4}{h_2 - h_1} = \frac{554.7 - 448.1}{598.6 - 554.7} \fallingdotseq 2.43$$

③ 성능계수비율$(\phi) = \dfrac{\varepsilon_1 - \varepsilon_2}{\varepsilon_1} \times 100\% = \dfrac{2.83 - 2.43}{2.83} \times 100\% \fallingdotseq 14.13\%$

∴ (A)사이클의 성능계수가 (B)사이클의 성능계수보다 14.13% 더 크므로 (A)사이클이 에너지절약차원에서 더 유리하다.

08 **1대의 압축기로 증발온도가 다른 2대의 증발기를 사용하는 냉동장치의 배관도를 완성하시오.** (단, 예시에 주어진 기호를 각각 1개씩 그리고 냉매의 흐름방향까지 표시하시오.) (10점)

[예 시]

- 체크밸브(Check Valve) :
- 증발압력조정밸브(EPR) : EPR

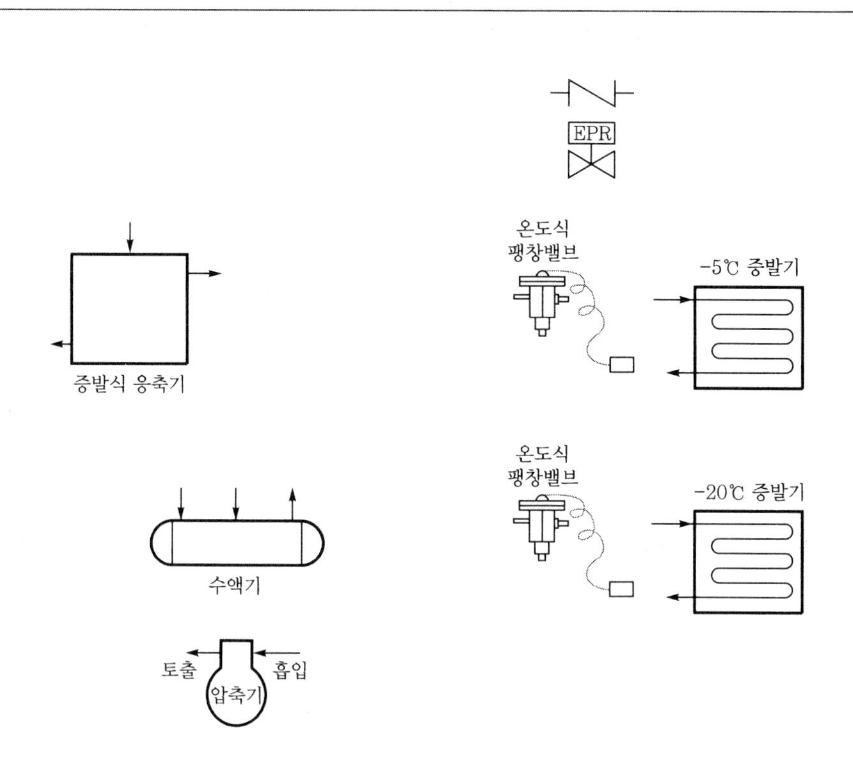

해설

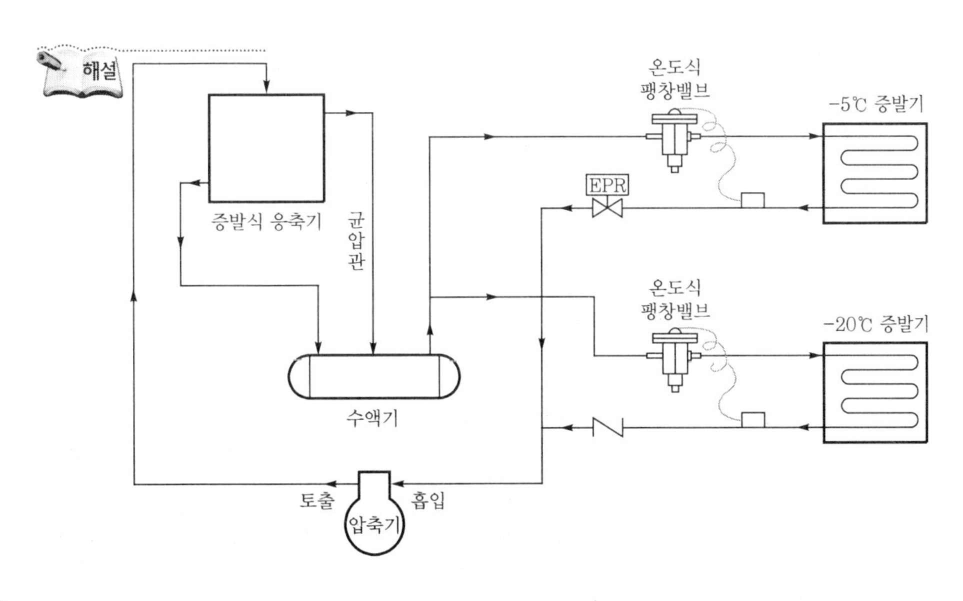

2024

09 사무실 A, B에 가동되는 공조시스템에 대하여 다음 조건을 참고하여 각 물음에 답하시오. (8점)

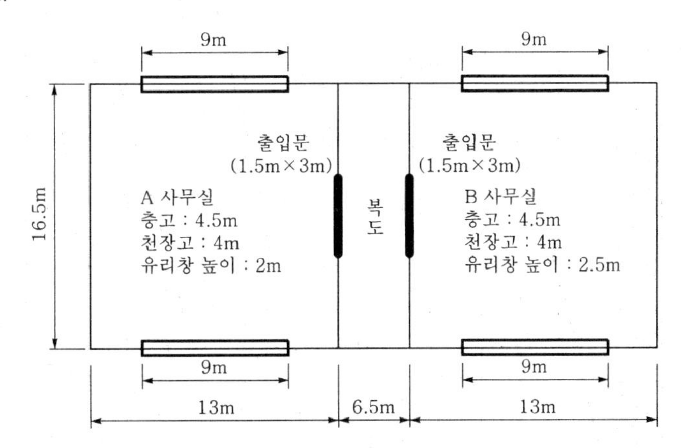

[조 건]

1) 각 사무실별 부하조건

구 분	실내부하〔kW〕			기기부하〔kW〕	외기부하〔kW〕
	현 열	잠 열	전 열		
A	16.7	2.0	18.7	3.5	7.8
B	12.5	1.2	13.7	2.5	6.0
계	29.2	3.2	32.4	6.0	13.8

2) 상 · 하층은 동일한 공조조건이다.
3) 덕트에서의 열취득은 없는 것으로 한다.
4) 중앙공조시스템이며 냉동기+AHU에 의한 전공기방식이다.
5) 공기의 밀도는 $1.2kg/m^3$, 정압비열은 1.01kJ/kg · K이다.
6) 펌프 및 배관부하는 냉각코일부하의 5%이다.

1. A, B실의 실내취출온도차가 모두 11℃일 때 A실과 B실의 풍량[m^3/h]을 각각 구하시오.
2. A실과 B실의 총계부하에 대한 냉동기부하[kW]를 구하시오.
3. 냉동기의 응축온도는 40℃, 증발온도 0℃, 과열도 및 과냉각도 각 5℃, 압축기의 체적효율 0.8, 회전수 1,800rpm, 기통수 6일 때
   ① 이론냉매순환량[kg/h]을 구하시오.
   ② 압축기 1기통당 행정체적[m^3]을 구하시오.

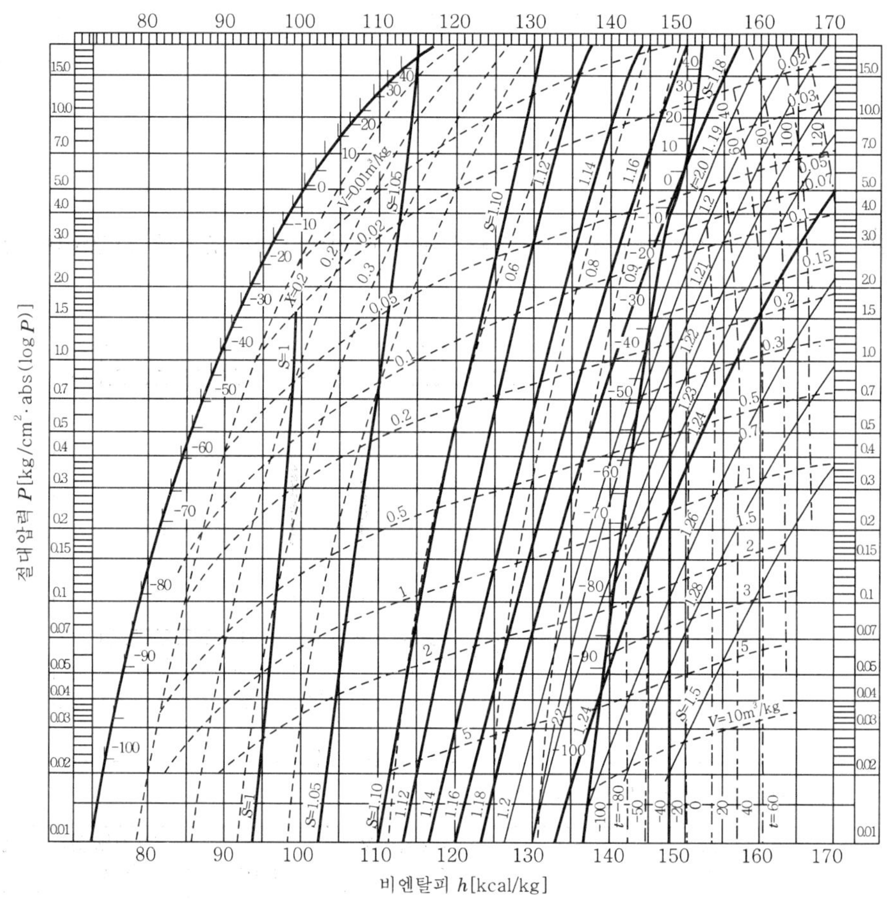

해설 1. A, B사무실의 각 풍량

$q_s = m\,C_p\,\Delta t = \rho Q C_p \Delta t$[kW]에서

① A사무실 풍량$(Q_A) = \dfrac{q_{sA}}{\rho\,C_p\,\Delta t} = \dfrac{16.7 \times 3{,}600}{1.2 \times 1.01 \times 11} \fallingdotseq 4509.45\text{m}^3/\text{h}$

② B사무실 풍량$(Q_B) = \dfrac{q_{sB}}{\rho\,C_p\,\Delta t} = \dfrac{12.5 \times 3{,}600}{1.2 \times 1.01 \times 11} \fallingdotseq 3375.34\text{m}^3/\text{h}$

2\. A실과 B실의 총계부하에 대한 냉동기부하

냉동기부하(Q_e)=실내부하+기기부하+외기부하+펌프 및 배관부하

$=(32.4+6+13.8)\times1.05$

$=54.81\text{kW}$

3\. $P-h$선도를 그려 살펴보면

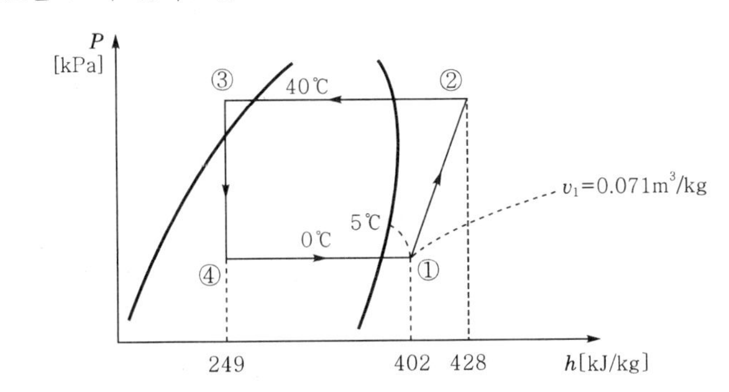

① 이론냉매순환량$(\dot{m})=\dfrac{Q_e}{q_e}=\dfrac{Q_e}{h_1-h_4}=\dfrac{54.81\times3,600}{402-249}\fallingdotseq1289.65\text{kg/h}$

② 압축기 1기통당 행정체적

㉠ 피스톤토출량$(V)=\dfrac{\dot{m}v_1}{\eta_v}=\dfrac{1289.65\times0.071}{0.8}\fallingdotseq114.46\text{m}^3/\text{h}$

㉡ 행정체적$(V_s)=\dfrac{V}{60ZN}=\dfrac{114.46}{60\times6\times1,800}\fallingdotseq1.76\times10^{-4}\text{m}^3$

【참고】 $\dot{m}=\dfrac{Q_e}{q_e}=\dfrac{V\eta_v}{v}$[kg/h]

10 왕복동식 압축기의 용량제어방법을 3가지만 쓰시오. (3점)

해설 ① 압축기 회전수 가감에 의한 방법

② 클리어런스포켓(clearance pocket)에 의한 방법

③ 바이패스(bypass)방법

11 건구온도 32℃, 습구온도 27℃(엔탈피 84.1kJ/kg)인 공기 21,600kg/h를 12℃의 수돗물(20,000L/h)로서 냉각하여 건구온도 및 습구온도가 20℃ 및 18℃(엔탈피 51.1kJ/kg)로 되었을 때 코일의 필요열수를 구하시오.

(단, 코일통과풍속 2.5m/s, 습윤면계수 1.45, 열통과율은 1.07kW/m^2·K, 물의 비열 4.18kJ/kg·K이고, 대수평균온도차를 이용하여 공기의 통과방향과 물의 통과방향은 역으로 한다.) (6점)

해설
① 전면면적$(A)=\dfrac{Q_a}{V_a}=\dfrac{m_a}{\rho_a V_a}=\dfrac{21,600}{1.2\times2.5\times3,600}=2\text{m}^2$

② 냉각수 냉각열량$(q_c)=m_w C(t_{w2}-t_{w1})=m_a\Delta h_a$

$\therefore\ t_{w2}=t_{w1}+\dfrac{m_a\Delta h_a}{m_w C}=12+\dfrac{21,600\times(84.1-51.1)}{20,000\times4.18}\fallingdotseq20.53℃$

③ 대향류(counter flow type)일 때

$\Delta t_1=32-20.53=11.47℃,\ \ \Delta t_2=20-12=8℃$

$\therefore\ LMTD=\dfrac{\Delta t_1-\Delta t_2}{\ln\left(\dfrac{\Delta t_1}{\Delta t_2}\right)}=\dfrac{11.47-8}{\ln\left(\dfrac{11.47}{8}\right)}\fallingdotseq9.63℃$

32℃ / Δt_1=11.47℃ / 공기 / 20℃ / 20.53℃ / Δt_2=8℃ / 물 / 12℃

④ 코일의 열전달열량=공기의 냉각열량

$q_T=KAN(LMTD)C_{WS}=m_a\Delta h_a$

$\therefore\ N=\dfrac{m_a\Delta h_a}{KA(LMTD)C_{WS}}=\dfrac{21,600\times(84.1-51.1)}{1.07\times3,600\times2\times9.63\times1.45}\fallingdotseq7$열

【별해】 $N=\dfrac{q}{KA(LMTD)C_{WS}}=\dfrac{m_w C(t_{w2}-t_{w1})}{KA(LMTD)C_{WS}}=\dfrac{20,000\times4.18\times(20.53-12)}{1.07\times3,600\times2\times9.63\times1.45}$

$\fallingdotseq7$열

12

다음 그림과 같이 바닥면적이 90m×60m인 공장을 온풍난방하고자 한다. 재실자는 총 400명(1인당 외기도입량은 40m³/h · 인)이며 외기온도가 1℃일 때 실내온도를 20℃로 유지하기 위한 온풍로의 출력〔kW〕을 구하시오. (단, 공기의 밀도와 비열은 각각 1.2kg/m³, 1.01kJ/kg · ℃이고, 배관열손실은 실내손실열량의 10%, 온풍로의 여유율은 20%로 하며, 기타 다른 열손실은 무시한다.) (5점)

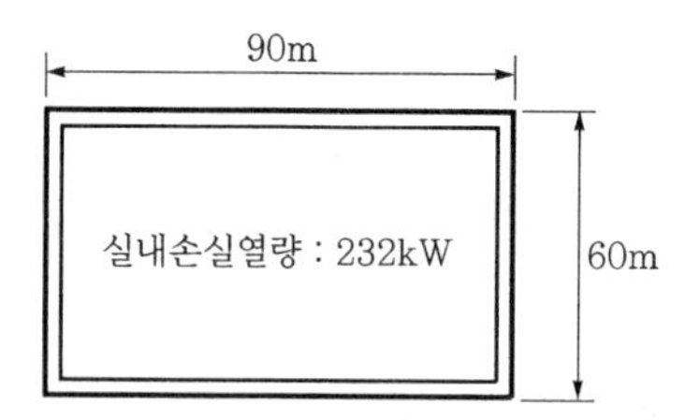

해설
① 실내손실열량$(q_1)=232\text{kW}$

② 배관열손실량$(q_2)=232\times0.1=23.2\text{kW}$

③ 외기부하$(q_3)=\rho QC_p\Delta t=1.2\times\dfrac{400\times40}{3,600}\times1.01\times(20-1)\fallingdotseq102.35\text{kW}$

④ 온풍로의 출력$=(q_1+q_2+q_3)\times$여유율

$=(232+23.2+102.35)\times1.2$

$=429.06\text{kW}$

13 어느 벽체의 구조가 다음과 같은 때 벽체의 열관류율〔W/m^2·K〕을 구하시오. (5점)

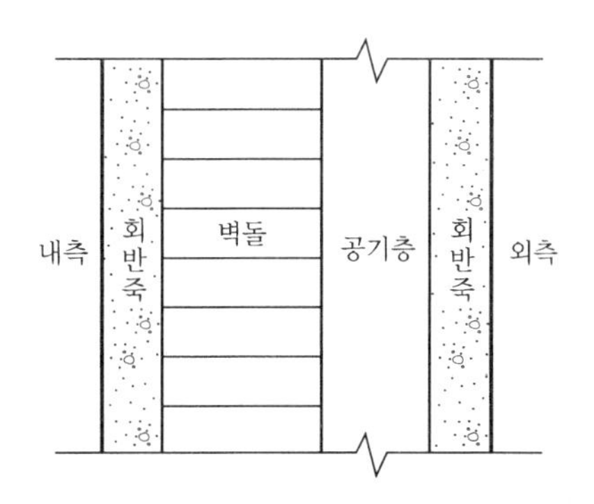

재 질	두께〔mm〕	열전도율〔W/m·K〕	열저항〔m^2·K/W〕	표 면	열전달률〔W/m^2·K〕
회반죽	30	1		내표면	8
벽돌	150	0.6			
공기층	100		0.2	외표면	20

해설 $K=\frac{1}{R}=\frac{1}{\frac{1}{\alpha_i}+\frac{l_1}{\lambda_1}+\frac{l_2}{\lambda_2}+r+\frac{l_3}{\lambda_3}+\frac{1}{\alpha_o}}=\frac{1}{\frac{1}{8}+\frac{0.03}{1}+\frac{0.15}{0.6}+0.2+\frac{0.03}{1}+\frac{1}{20}}$

$\fallingdotseq 1.46\text{W/m}^2\cdot\text{K}$

여기서 r : 공기층의 열저항〔m^2·K/W〕

14 다음과 같은 사무실 (1)에 대해 주어진 조건에 따라 각 물음에 답하시오. (10점)

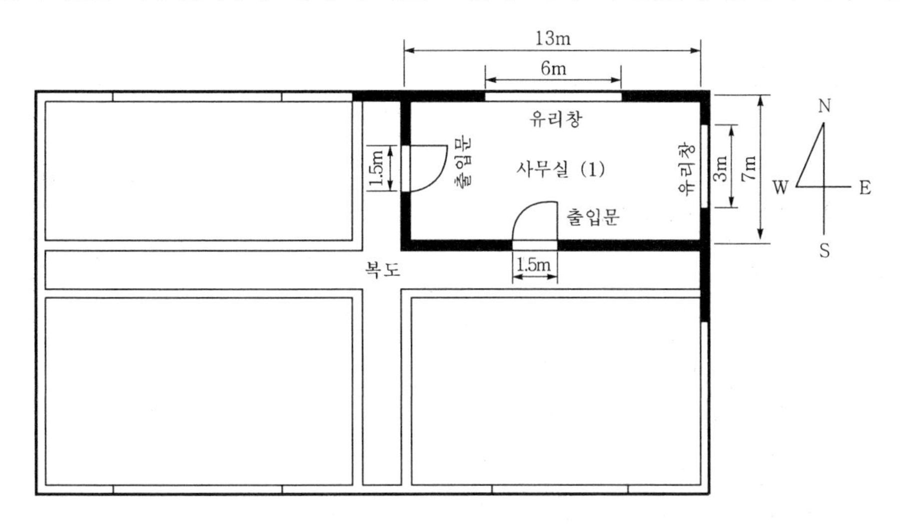

[조 건]

1) 사무실 (1)
   ① 층높이 : 3.4m
   ② 천장높이 : 2.8m
   ③ 창문높이 : 1.5m
   ④ 출입문높이 : 2m
2) 냉방설계조건
   ① 실외 : 33℃ DB, 68% RH, $x = 0.0218$kg'/kg
   ② 실내 : 26℃ DB, 50% RH, $x = 0.0105$kg'/kg
3) 계산시각 : 오후 2시
4) 열관류율
   ① 외벽 : 3.5W/m^2·K
   ② 내벽 : 8.7W/m^2·K
   ③ 출입문 : 2.8W/m^2·K
5) 유리 : 보통유리 3mm
6) 내측 베니션 블라인드(색상은 중간색) 설치한다.
7) 틈새바람이 없는 것으로 한다.
8) 1인당 신선외기량 : 25m^3/h
9) 조명
   ① 형광등 50W/m^2
   ② 천장 매입에 의한 제거율 없음
10) 중앙공조시스템이며 냉동기+AHU에 의한 전공기방식이다.
11) 복도는 28°C이고, 위·아래층은 동일한 공조상태이다.

외벽의 상당외기온도차(℃)

시 각	N	E	S	W
10시	4.4	18.1	3.7	3.3
12시	6.5	14.6	6.1	3.6
14시	7.1	12.4	9.0	4.5
16시	8.5	9.2	8.5	8.3

유리창의 취득열량(W/m^2)

구 분	I_{gr}				I_{gc}			
시 각	N	E	S	W	N	E	S	W
10시	49.7	283.9	107.5	49.7	38.7	44.5	41.4	38.7
12시	52.8	52.8	107.6	52.8	44.8	44.8	48.8	44.8
14시	49.7	49.7	107.5	283.9	44.1	44.1	46.9	50.0
16시	42.0	36.8	35.8	488.6	39.0	39.0	39.0	46.4

유리창의 차폐계수

종 류		차폐계수(K_s)
보통유리		1.00
마판유리		0.94
내측 venetian blind(보통유리)	엷은 색	0.56
	중간색	0.65
	진한 색	0.75
외측 venetian blind(보봉유리)	엷은 색	0.12
	중산색	0.15
	진한 색	0.22

재실인원 1인당 면적[m^2/인]

구 역	사무소건축		백화점, 상점			레스토랑	극장, 영화관의 관객석	학교의 보통교실
	사무실	회의실	평 균	혼 잡	한 산			
일반 설계치	5.0	2.0	3.0	1.0	5.0	1.5	0.5	1.4

1인당 발열량[W/인]

작업상태	실내온도		27℃		26℃		21℃	
	예	전열량	현열	잠열	현열	잠열	현열	잠열
정좌	극장	102.3	57.0	45.3	61.6	40.7	75.6	26.7
사무소업무	사무소	131.6	58.1	73.5	62.8	68.8	83.4	48.2
착석업무	공장의 경작업	219.8	65.1	154.7	72.1	147.7	107.0	112.8
보행 4.8km/h	공장의 중작업	293.1	88.4	204.7	96.5	196.6	134.9	158.2
볼링	볼링장	424.4	136.0	288.4	140.7	283.7	177.9	246.5

1. 벽체부하[W]
   ① 동 ② 서 ③ 남 ④ 북
2. 출입문부하[W]
   ① 서 ② 남
3. 유리창부하[W]
   ① 동 ② 북
4. 인체부하[W]
5. 조명부하[W]

해설 1. 벽체부하

① 동 : $q_E = K_o A \Delta t_e = 3.5 \times (7 \times 3.4 - 3 \times 1.5) \times 12.4 = 837.62\text{W}$

② 서 : $q_W = K_i A \Delta t = 8.7 \times (7 \times 2.8 - 1.5 \times 2) \times (28 - 26) = 288.84\text{W}$

③ 남 : $q_S = K_i A \Delta t = 8.7 \times (13 \times 2.8 - 1.5 \times 2) \times (28 - 26) = 581.16\text{W}$

④ 북 : $q_N = K_o A \Delta t_e = 3.5 \times (13 \times 3.4 - 6 \times 1.5) \times 7.1 = 874.72\text{W}$

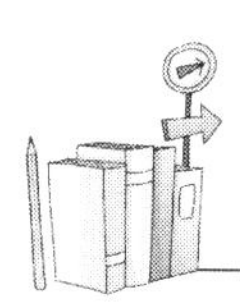

2. 출입문부하

① 서 : $q_W = K_d A \Delta t = 2.8 \times 1.5 \times 2 \times (28-26) = 16.8\text{W}$

② 남 : $q_S = K_d A \Delta t = 2.8 \times 1.5 \times 2 \times (28-26) = 16.8\text{W}$

3. 유리창부하(q=일사부하+대류 및 전도부하)

① 동 : $q_E = I_{gr} A K_s + I_{gc} A = 49.7 \times (3 \times 1.5) \times 0.65 + 44.1 \times (3 \times 1.5) ≒ 343.82\text{W}$

② 북 : $q_N = I_{gr} A K_s + I_{gc} A = 49.7 \times (6 \times 1.5) \times 0.65 + 44.1 \times (6 \times 1.5) ≒ 687.65\text{W}$

여기서, I_{gr} : 유리창의 일사취득열량[W/m²]

I_{gc} : 유리창의 대류 및 전도에 의한 취득열량[W/m²]

4. 인체부하

$$q = \text{현열부하} + \text{잠열부하} = nH_s + nH_L = n(H_s + H_L) = \frac{13 \times 7}{5} \times (62.8 + 68.8)$$

$= 2395.12\text{W}$

5. 조명부하

$q = Wf = 50 \times (13 \times 7) = 4{,}550\text{W}$

여기서, f : 점등률

2024. 10. 20. 시행

01 다음 그림은 압축기 1대, 증발온도가 다른 3대의 증발기를 가진 냉동장치의 개략도이다. 각 물음에 답하시오. (단, 증발기 Ⅰ, Ⅱ, Ⅲ의 냉동능력 및 각 지점에서의 엔탈피는 아래 표와 같다.) (8점)

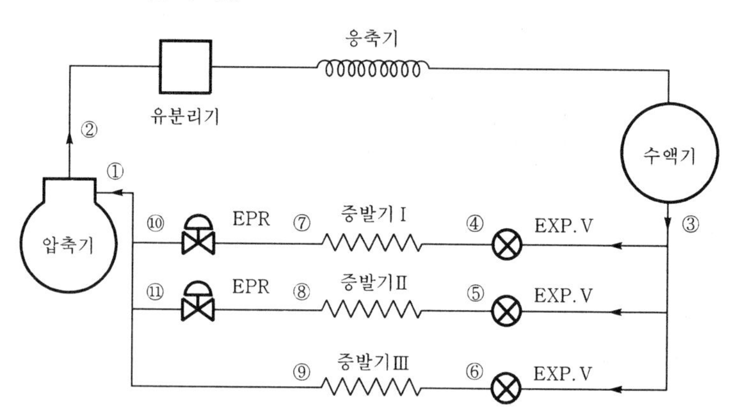

증발기	Ⅰ	Ⅱ	Ⅲ
냉동능력[kJ/h]	139,440	209,160	278,880

지 점	1	2	3, 4, 5, 6	7, 10	8, 11	9
엔탈피[kJ/kg]	246	290	100	265	260	230

1. 압축기로 들어가는 총냉매유량[kg/h]
2. 냉동장치의 성능계수($(COP)_R$)

해설 1. 압축기로 들어가는 총냉매유량

① 증발기 Ⅰ : $m_{\mathrm{I}} = \dfrac{Q_{\mathrm{I}}}{h_7 - h_4} = \dfrac{139,440}{265-100} = 845.09\mathrm{kg/h}$

② 증발기 Ⅱ : $m_{\mathrm{II}} = \dfrac{Q_{\mathrm{II}}}{h_8 - h_5} = \dfrac{209,160}{260-100} = 1307.25\mathrm{kg/h}$

③ 증발기 Ⅲ : $m_{\mathrm{III}} = \dfrac{Q_{\mathrm{III}}}{h_9 - h_6} = \dfrac{278,880}{230-100} = 2145.23\mathrm{kg/h}$

$\therefore\ m = m_{\mathrm{I}} + m_{\mathrm{II}} + m_{\mathrm{III}} = 845.09 + 1307.25 + 2145.23 = 4297.57\mathrm{kg/h}$

2. 냉동장치의 성적계수

$(COP)_R = \dfrac{Q}{w_c} = \dfrac{Q_{\mathrm{I}} + Q_{\mathrm{II}} + Q_{\mathrm{III}}}{m(h_2 - h_1)} = \dfrac{139,440 + 209,160 + 278,880}{4297.57 \times (290-246)} \fallingdotseq 3.32$

【참고】 $P-h$선도

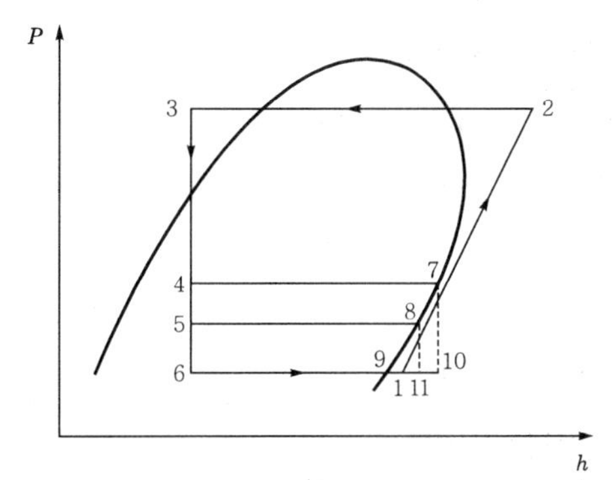

02 다음 그림은 사무소 건물의 기준층에 위치한 실의 일부를 나타낸 것이다. 각 물음에 답하시오. (10점)

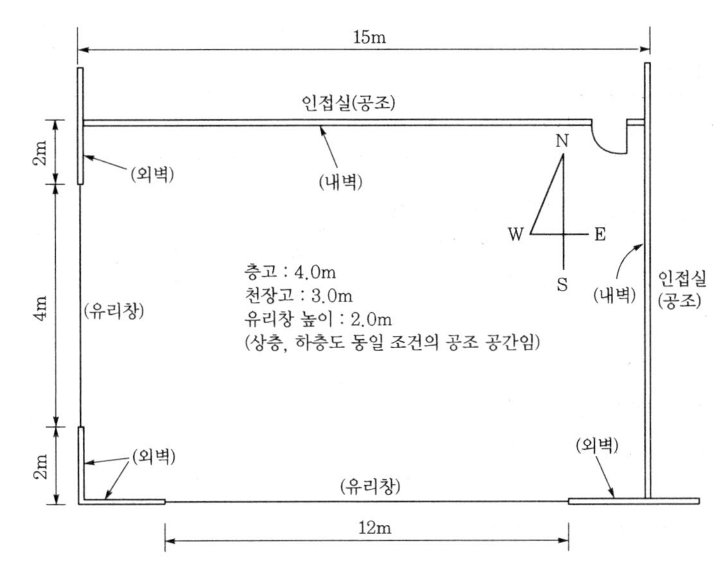

〔조 건〕

1) 외기조건 : 32℃ DB, 70% RH
2) 실내조건 : 26℃ DB, 50% RH
3) 열관류율
   ① 외벽 : 0.58W/m²·K
   ② 유리창 : 6.39W/m²·K
   ③ 내벽 : 2.32W/m²·K
4) 유리창 차폐계수 : 0.71
5) 재실인원 : 0.2인/m²
6) 인체 발생열 : 현열 57W/인, 잠열 61W/인
6) 조명부하 : 20W/m²(형광등, 안정계수는 적용하지 않는다.)
7) 틈새바람에 의한 외풍은 없는 것으로 하며, 인접실의 실내조건은 대상실과 동일하다.

외벽의 상당외기온도차〔℃〕

시 간	수 평	N	NE	E	SE	S	SW	W	NW
10시	12.8	3.9	10.9	14.2	11.0	4.0	3.2	3.3	5.2
12시	21.4	5.6	10.6	14.9	13.8	8.1	5.6	5.3	5.2
14시	27.2	7.0	9.8	12.4	12.6	11.2	10.2	8.7	7.0
16시	26.2	7.6	9.4	10.9	11.0	11.6	15.0	15.0	11.2

유리창의 일사량〔W/m²〕

시 간	수 평	N	NE	E	SE	S	SW	W	NW
10시	731	45	117	363	363	117	45	45	45
12시	844	50	50	50	120	181	120	50	50
14시	731	45	45	45	45	117	362	362	117
16시	441	32	32	32	32	32	399	562	406

1. 위 조건을 바탕으로 12시, 14시, 16시의 냉방부하를 구하시오.

방 위	구 분	면적〔m²〕	열관류율〔W/m²·℃〕	12시		14시		16시	
				온도차〔℃(K)〕	부하〔W〕	온도차〔℃(K)〕	부하〔W〕	온도차〔℃(K)〕	부하〔W〕
S	외벽								
S	유리창								
W	외벽								
W	유리창								
				합계		합계		합계	

방 위	구 분	면적 [m²]	차폐계수	12시		14시		16시	
				일사량 [W/m²]	부하 [W]	일사량 [W/m²]	부하 [W]	일사량 [W/m²]	부하 [W]
S	유리창								
W	유리창								
				합계		합계		합계	

인체부하[W]	
조명부하[W]	

2. 위 결과를 바탕으로 실내냉방부하의 최대 발생시각을 결정하시오.
3. 최대 부하 발생시각의 취출풍량[m³/h]를 구하시오. (단, 취출온도는 15℃이며 공기의 정압비열은 1.01kJ/kg・K, 공기의 밀도는 1.2kg/m³이다.)

해설 1. 12시, 14시, 16시의 냉방부하

방 위	구 분	면적 [m²]	열관류율 [W/m²・℃]	12시		14시		16시	
				온도차 [℃(K)]	부하 [W]	온도차 [℃(K)]	부하 [W]	온도차 [℃(K)]	부하 [W]
S	외벽	36	0.58	8.1	169.13	11.2	233.86	11.6	242.21
S	유리창	24	6.39	6.0	920.16	6.0	920.16	6.0	920.16
W	외벽	24	0.58	5.3	73.78	8.7	121.10	15.0	208.80
W	유리창	8	6.39	6.0	306.72	6.0	306.72	6.0	306.72
				합계	1469.79	합계	1581.84	합계	1677.89

방 위	구 분	면적 [m²]	차폐계수	12시		14시		16시	
				일사량 [W/m²]	부하 [W]	일사량 [W/m²]	부하 [W]	일사량 [W/m²]	부하 [W]
S	유리창	24	0.71	181	3084.24	117	1993.68	32	545.28
W	유리창	8	0.71	50	284	362	2056.16	562	3192.16
				합계	3368.24	합계	4049.84	합계	3737.44

인체부하[W]	• 현열=0.2×(15×8)×57=1,368W • 잠열=0.2×(15×8)×61=1,464W ∴ 인체부하=1,368+1,464=2,832W
조명부하[W]	(15×8)×20=2,400W

2. 냉방부하의 최대 발생시각
① 12시 : 1469.79+3368.24+2,832+2,400 = 10070.03W
② 14시 : 1581.84+4049.84+2,832+2,400 = 10863.68W
③ 16시 : 1677.89+3737.44+2,832+2,400 = 10647.33W
∴ 냉방부하의 최대 발생시각은 14시이다.

3. 최대 부하 발생시각의 취출풍량

$q_s = \rho Q C_p \Delta t$〔W〕

$$\therefore Q = \frac{q_s}{\rho C_p \Delta t} = \frac{(10863.68 - 1{,}464) \times 3.6}{1.2 \times 1.01 \times (26-15)} \fallingdotseq 2538.17\text{m}^3/\text{h}$$

03

다음 그림은 액가스열교환기가 설치되어 있는 R-134a 냉동장치의 개략도이다. 이 장치가 주어진 조건과 같이 운전된다고 할 때 다음을 구하시오. (단, 배관에서 열출입은 없는 것으로 가정한다.) (10점)

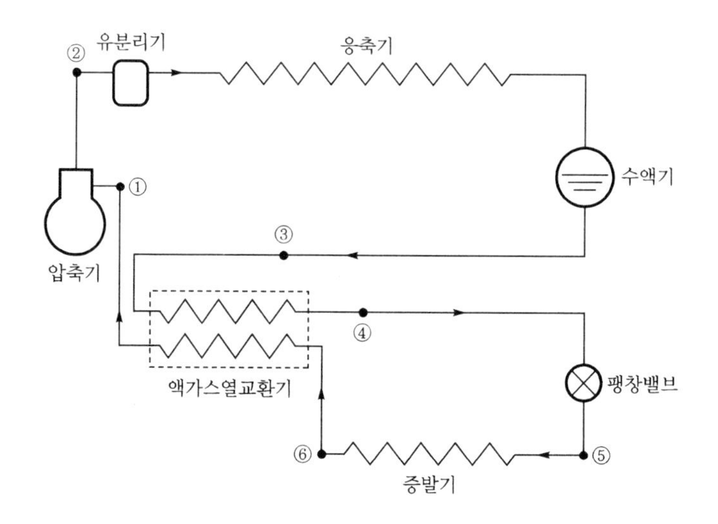

[조 건]

1) 1지점 엔탈피 : 400kJ/kg
2) 2지점 엔탈피 : 436kJ/kg
3) 3지점 엔탈피 : 267kJ/kg
4) 4지점 엔탈피 : 267.5kJ/kg
5) 압축기의 단열압축효율 : 0.85
6) 압축기의 기계효율 : 0.83
7) 응축기의 냉각수량 : 66.55kg/min
8) 응축기의 냉각수비열 : 4.18kJ/kg · ℃
9) 응축기의 냉각수 입출구온도차 : 5℃

1. 실제 냉매순환량〔kg/h〕
2. 액가스열교환기에서의 열교환량〔kW〕
3. 실제 성적계수

해설 1. 실제 냉매순환량

① 압축기 출구 실제 비엔탈피(h_2')

$$= h_1 + \frac{h_2 - h_1}{\eta_c}$$

$$= 400 + \frac{436 - 400}{0.85} \fallingdotseq 442.35\text{kJ/kg}$$

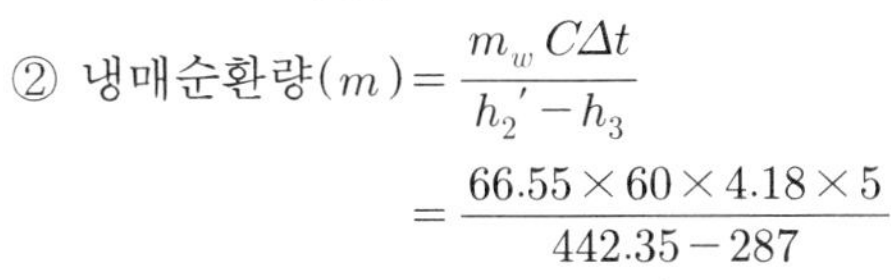

② 냉매순환량(m) $= \dfrac{m_w C\Delta t}{h_2' - h_3}$

$$= \frac{66.55 \times 60 \times 4.18 \times 5}{442.35 - 287}$$

$$\fallingdotseq 537.19\text{kg/h}$$

2. 액가스열교환기에서의 열교환량

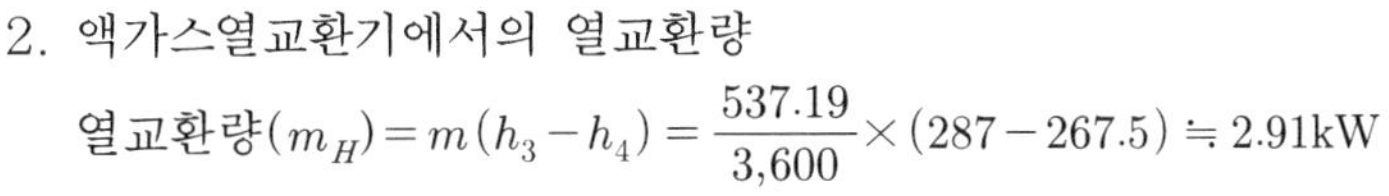

열교환량(m_H) $= m(h_3 - h_4) = \dfrac{537.19}{3,600} \times (287 - 267.5) \fallingdotseq 2.91\text{kW}$

3. 실제 성적계수

① $h_1 - h_6 = h_3 - h_4$에서

열교환기 출구냉매의 비엔탈피(h_6) $= h_1 - (h_3 - h_4)$

$$= 400 - (287 - 267.5) = 380.5\text{kJ/kg}$$

② 실제 성적계수(ε) $= \dfrac{q_e}{w}\eta_c\eta_m = \left(\dfrac{h_6 - h_5}{h_2 - h_1}\right)\eta_c\eta_m = \dfrac{380.5 - 267.5}{436 - 400} \times 0.85 \times 0.83 \fallingdotseq 2.21$

【별해】 실제 성적계수($(COP)_{R'}$) $= \dfrac{q_e}{w_c}\eta_m = \left(\dfrac{h_6 - h_5}{h_2' - h_1}\right)\eta_m = \dfrac{380.5 - 267.5}{442.35 - 400} \times 0.83 \fallingdotseq 2.21$

04 **다음은 실내온도 −10℃와 +5℃의 2개의 냉장실을 갖는 냉동장치의 계통도이다. 주어진 조건을 참고하여 [보기]에 있는 부품 및 자동제어기기를 계통도의 필요한 위치에 기호로 표시하시오.** (단, 유압보호스위치와 열전대를 설치한 예를 참고하시오.) (10점)

[조 건]

1) 온도식 자동팽창밸브와 전자밸브는 2번 사용한다(그 외 부품은 1번 사용).
2) 온도식 자동팽창밸브는 밸브 몸체와 감온통(A)의 적정 위치를 고려하여 설치한다.

[보 기]

1) Ⓓ : 건조기	2) (S) : 전자밸브
3) (T) : (참고) 열전대	4) SPR : 흡입압력조정밸브
5) 체크밸브	6) EPR : 증발압력조정밸브
7) 온도식 자동팽창밸브	8) OPS : 유압보호스위치
9) DPS : 고저압차단스위치	

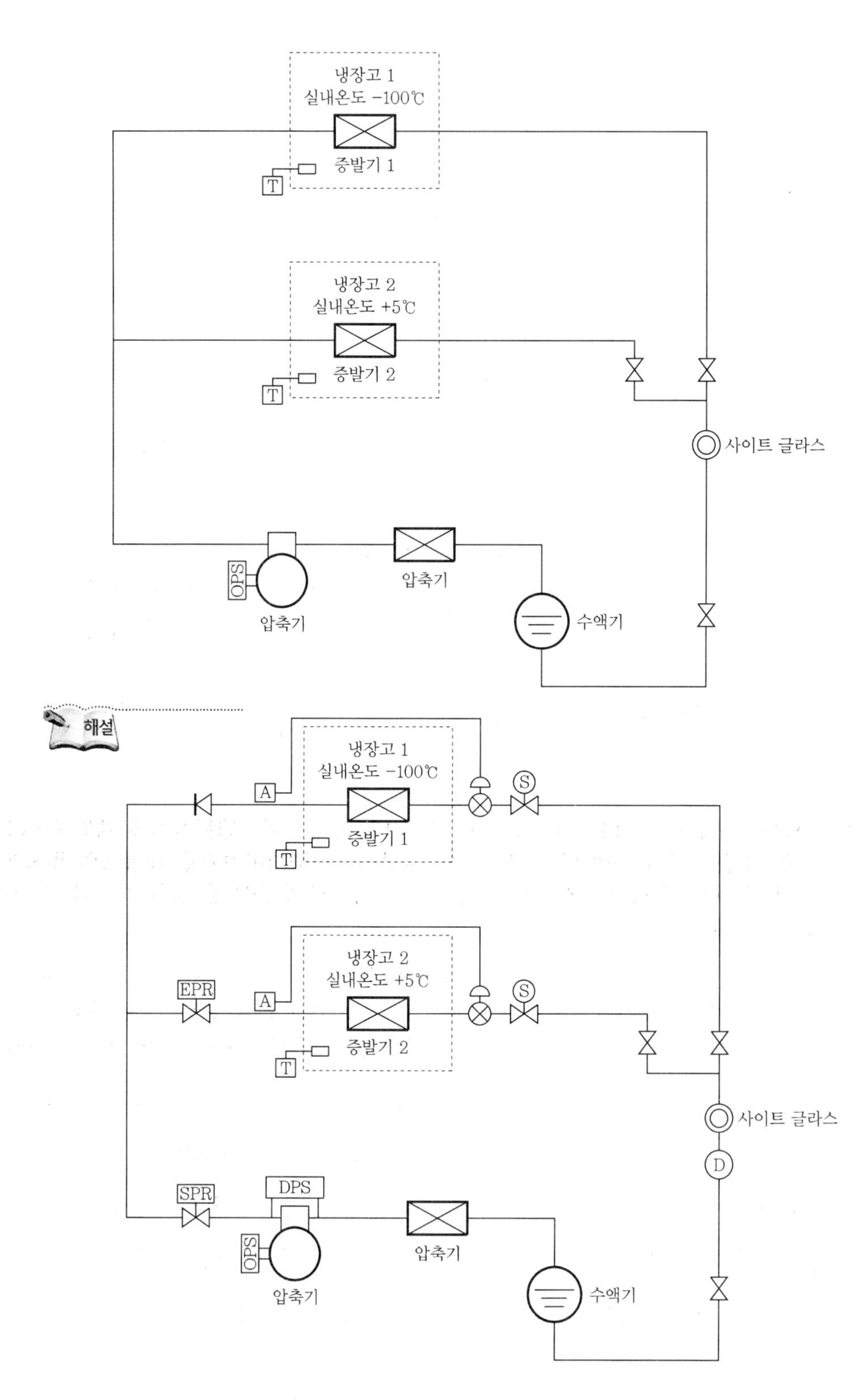

냉장고 1
실내온도 -100℃
증발기 1
T
냉장고 2
실내온도 +5℃
증발기 2
T
사이트 글라스
OPS
압축기
압축기
수액기
해설
A
S
냉장고 1
실내온도 -100℃
증발기 1
T
EPR
A
S
냉장고 2
실내온도 +5℃
증발기 2
T
사이트 글라스
D
SPR
DPS
OPS
압축기
압축기
수액기

2024

05 **냉동능력이 130RT인 냉동사이클에서 압축기 흡입측 냉매의 비체적은 0.4m^3/kg, 피스톤토출량은 800m^3/h이다. 압축기 입구냉매의 비엔탈피가 1621.9kJ/kg, 팽창밸브 입구냉매의 비엔탈피가 491kJ/kg일 때 압축기의 체적효율〔%〕을 구하시오.** (단, 1RT=3.86kW) (6점)

해설 ① 실제 피스톤토출량(V_a)

$=$실제 냉매량(m_a)$\times$흡입냉매의 비체적(v)

$$=\frac{\text{냉동능력}(Q_e)}{\text{증발기 입출구 비엔탈피차}(h_2-h_1)}\times\text{흡입냉매의 비체적}(v)$$

$$=\frac{130\times3.86\times3{,}600}{1621.9-491}\times0.4$$

$=638.95\text{m}^3/\text{h}$

② 체적효율(η_v)$=\dfrac{\text{실제 피스톤토출량}(V_a)}{\text{이론피스톤토출량}(V_{th})}\times100\%=\dfrac{638.95}{800}\times100\%=79.87\%$

06 **어떤 방열벽의 열통과율이 0.23W/m^2·K이며 벽면적은 1,000m^{2}인 냉장고가 외기온도 30℃에서 사용되고 있다. 이 냉장고의 증발기는 열통과율이 24W/m^2·K이고 전열면적은 29m^{2}일 때 각 물음에 답하시오.** (6점)

1. 냉장고 내 온도가 0℃일 때 외기로부터 방열벽을 통해 침입하는 열량은 몇 〔kW〕인가?
2. 냉장고 내부에 열통과율 4.7W/m^2·K, 전열면적 500m^2, 온도 5℃인 식품을 보관할 때 이 식품의 발생열부하와 외벽을 통과한 침입열량을 고려한 냉장고 내의 최종온도는 몇 〔℃〕인가? (단, 증발기의 증발온도는 −10℃이다.)

해설 1. 방열벽 침입열량

$$q=KA\Delta t=\frac{0.23\times1{,}000\times(30-0)}{1{,}000}=6.9\text{kW}$$

2. 냉장고 내의 최종온도

① 식품에서 발생열량 : $q_1=KA\Delta t=4.7\times500\times(5-t)=2{,}350\times(5-t)$

② 벽체 침입열량 : $q_2=KA\Delta t=0.23\times1{,}000\times(30-t)=230\times(30-t)$

③ 증발기 냉각열량 : $q_3=KA\Delta t=24\times29\times[t-(-15)]=696\times(t+15)$

④ $q_1+q_2=q_3$

$2{,}350\times(5-t)+230\times(30-t)=696\times(t+15)$

$$\therefore\ t=\frac{(2{,}350\times5)+(230\times30)-(696\times15)}{696+2{,}350+230}\fallingdotseq2.51℃$$

07 다음과 같은 벽체의 열관류율[W/m^2 · K]을 계산하시오. (4점)

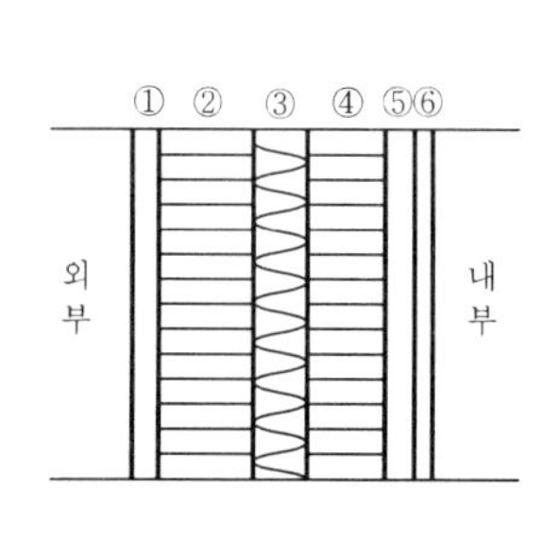

재료표

번 호	명 칭	두께[mm]	열전도율[W/m · K]
①	모르타르	20	1.30
②	시멘트벽돌	100	0.78
③	글라스울	50	0.03
④	시멘트벽돌	100	0.78
⑤	모르타르	20	1.30
⑥	비닐벽지	2	0.23

벽표면의 열전달률[W/m^2 · K]

실내측	수직면	8.7
실외측	수직면	23.3

해설

$$K = \frac{1}{R} = \frac{1}{\dfrac{1}{\alpha_i} + \sum_{i=1}^{n} \dfrac{l_i}{\lambda_i} + \dfrac{1}{\alpha_o}}$$

$$= \frac{1}{\dfrac{1}{8.7} + \dfrac{0.02}{1.30} + \dfrac{0.1}{0.78} + \dfrac{0.05}{0.03} + \dfrac{0.1}{0.78} + \dfrac{0.02}{1.30} + \dfrac{0.002}{0.23} + \dfrac{1}{23.3}} \fallingdotseq 0.472\text{W/m}^2 \cdot \text{K}$$

08 공조시스템에서 다음 사항의 에너지절약(저감)방법을 각각 2가지씩 쓰시오. (4점)

1. 열원시스템에서 에너지절약방법
2. 수송(물)시스템에서 에너지절약방법

1. 열원시스템에서 에너지절약방법
   ① 부하조건에 따라 대수분할 및 비례제어되는 열원시스템(장비) 사용
   ② 보일러, 공조기의 폐열을 회수하는 시스템 적용
2. 수송(물)시스템에서 에너지절약방법
   ① 유량의 변동에 따른 펌프의 대수제어 및 인버터제어 적용
   ② 냉온수온도차(Δt) 적용으로 반송동력비 절약

09 다음 그림과 같이 R-134a용 증발기에 내부균압형 온도식 자동팽창밸브를 부착하였다. 이때 이 자동밸브가 주어진 조건에서 작동할 경우 과열도(ΔT_s)는 몇 〔℃〕로 해야 하는지 구하시오. (7점)

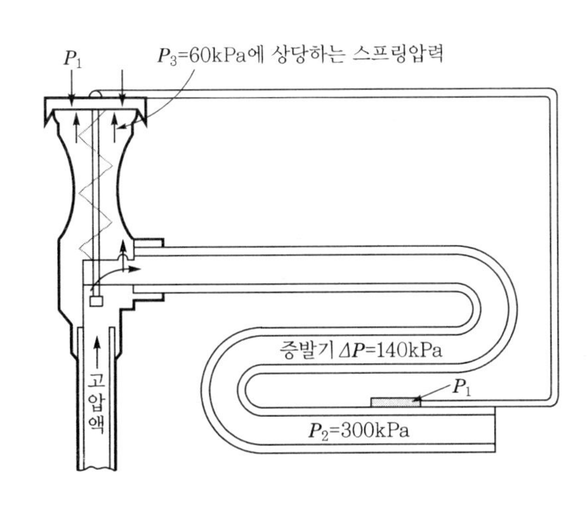

R-134a 포화압력표

온도〔℃〕	압력〔kPa〕	온도〔℃〕	압력〔kPa〕
0	500	-8	380
-1	480	-9	360
-2	460	-10	350
-3	450	-11	340
-4	430	-12	330
-5	420	-13	320
-6	400	-14	310
-7	390	-15	300

[조 건]

1) 증발기 내 냉매압력강하 : ΔP=140kPa
2) 증발기 출구압력 : P_2=300kPa
3) 팽창밸브 과열도 조정 스프링 상당압력 : P_3=60kPa
4) 팽창밸브 감온통 봉입냉매 : R-134a

해설 ① $P_1 = (P_2 + \Delta P) + P_3 = (300 + 140) + 60 = 500\text{kPa}$

② P_1=500kPa일 때 포화온도 0℃

③ P_3=300kPa일 때 포화온도 -15℃

∴ 과열도=0-(-15)=15℃

【참고】 과열도(degree of superheat)=과열증기온도-포화온도(증발온도)〔℃〕

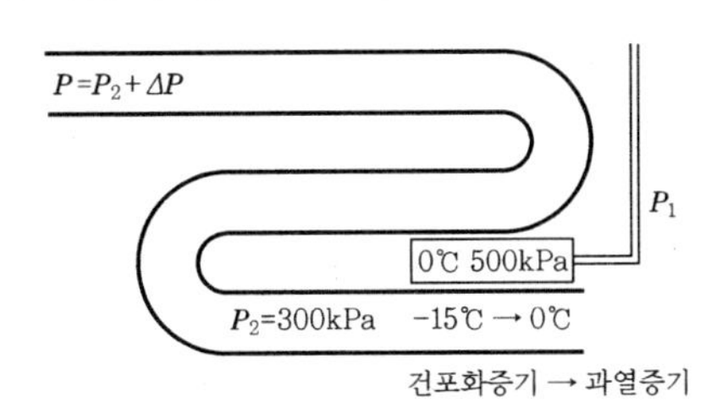

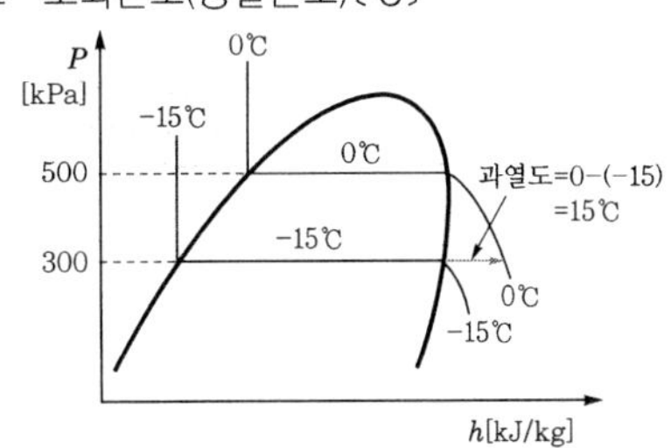

10 냉각탑(cooling tower)의 성능평가에 대한 다음 각 물음에 답하시오. (7점)

1. 쿨링 레인지(cooling range)에 대하여 서술하시오.
2. 쿨링 어프로치(cooling approach)에 대하여 서술하시오.
3. 냉각탑의 능력〔kJ/h〕을 쓰고 계산하시오.
4. 냉각탑 설치 시 주의사항을 3가지만 쓰시오.

1. 쿨링 레인지(cooling range)=냉각탑 입구온도−냉각탑 출구온도(냉각탑에서 냉각되는 수온, 즉 쿨링 레인지는 보통 5°C 정도로 한다.)
2. 쿨링 어프로치(cooling approach)=냉각탑 출구수온−냉각탑 입구공기 습구온도, 같은 조건에서 어프로치가 작으면 냉각탑의 냉각능력이 좋다는 의미이다.
3. 공칭능력 : 냉각탑 냉각수 입구온도 37°C, 출구수온 32°C, 대기습구온도 27°C에서 순환수량 13L/min을 냉각하는 능력으로 13×60×4.186×(37−32)=16325.4kJ/h =4.53kW을 공칭능력 1냉각톤이라 한다.

   $$\text{냉각탑 효율} = \frac{\text{입구수온} - \text{출구수온}}{\text{입구수온} - \text{입구습구온도}} = \frac{\text{쿨링 레인지}}{\text{쿨링 어프로치} + \text{쿨링 레인지}}$$

4. 냉각탑 설치 시 주의사항
   ① 먼지가 적고 고온의 배기에 영향을 받지 않는 장소에 설치할 것
   ② 공기의 순환이 좋고 인접 건물에 영향을 주지 않는 장소에 설치할 것
   ③ 냉동기로부터 가깝고 설치, 보수, 점검이 용이한 장소에 설치할 것
   ④ 송풍기(fan)나 물의 낙차로 인한 소음(noise)으로 주위에 피해가 가지 않는 장소에 설치할 것
   ⑤ 2대 이상을 설치할 경우에는 상호 2대 이상 간격을 유지할 것

11 실내공간을 난방하기 위해 다음 그림과 같은 덕트시스템을 설계하고자 한다. 각 취출구에서의 취출풍량은 400m³/h이고, 마찰손실은 1Pa/m인 등압법(등마찰손실법)으로 할 때 해당 구간의 풍량〔m³/h〕, 덕트지름〔cm〕, 저항〔Pa〕을 각각 구하시오. (6점)

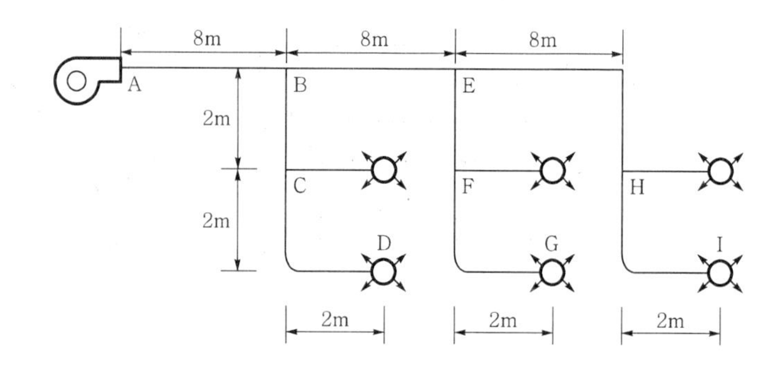

구 간	풍량〔m³/h〕	덕트지름〔cm〕	저항〔Pa〕
A−B			
B−C			
B−E			
E−H			
H−I			
E−F			

해설

구 간	풍량〔m³/h〕	덕트지름〔cm〕	저항〔Pa〕
A−B	2,400	38.0	8
B−C	800	25.5	2
B−E	1,600	33.0	8
E−H	800	25.5	10
H−I	400	19.5	4
E−F	800	25.5	2

12

다음 그림은 어느 사무실을 냉방하는 경우에 대한 공기조화과정을 공기선도상에 나타낸 것이다. 도입하는 외기량은 실내송풍공기량의 20%이고, 실내현열부하는 34.9kW, 실내잠열부하는 9.3kW이다. 취출온도차가 10℃일 때 각 물음에 답하시오. (단, 그림에서 ①은 실내공기, ②는 외기, ③은 혼합공기, ④는 실내로 취출하는 공기의 상태를 나타내고, 공기의 비열은 1.01kJ/kg·℃이며, 절대습도는 소수점 넷째 자리까지 구한다.) (8점)

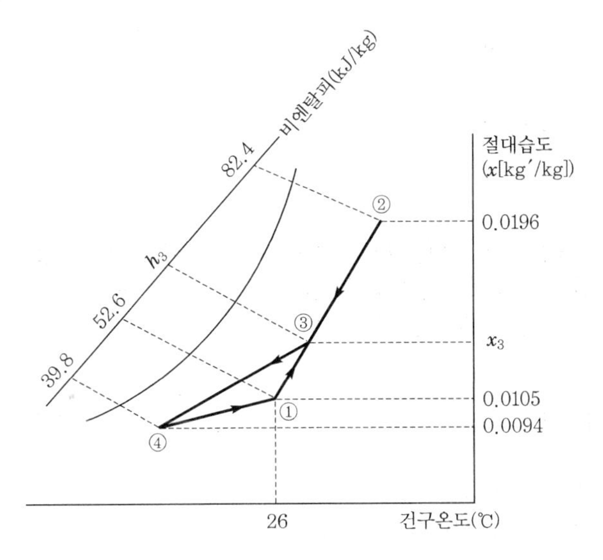

1. 혼합공기의 절대습도 x_3〔kg′/kg〕
2. 혼합공기의 비엔탈피 h_3〔kJ/kg〕
3. 실내현열비(SHF)
4. 감습량〔kg/h〕
5. 냉각코일부하〔kW〕
6. 외기부하〔kW〕

해설 1. 혼합공기의 절대습도

$$m_3 x_3 = m_1 x_1 + m_2 x_2$$

$$\therefore\ x_3 = \frac{m_1 x_1 + m_2 x_2}{m_3(=m_1+m_2)} = \frac{0.8\times0.0105+0.2\times0.0196}{0.8+0.2} \fallingdotseq 0.0123\text{kg}'/\text{kg}$$

2. 혼합공기의 비엔탈피

$$m_3 h_3 = m_1 h_1 + m_2 h_2$$

$$\therefore\ h_3 = \frac{m_1 h_1 + m_2 h_2}{m_3(=m_1+m_2)} = \frac{0.8\times52.6+0.2\times82.4}{0.8+0.2} = 58.56\text{kJ/kg}$$

3. 실내현열비

$$SHF = \frac{q_s}{q_t} = \frac{q_s}{q_s+q_L} = \frac{34.9}{34.9+9.3} \fallingdotseq 0.79$$

4. 감습량

① $q_s = mC_p\Delta t$

$$\therefore\ m = \frac{q_s}{C_p\Delta t} = \frac{34.9}{1.01\times10}\times3{,}600 = 12439.6\text{kg/h}$$

② $L = m(x_3 - x_4) = 12439.6\times(0.0123-0.0094) \fallingdotseq 36.07\text{kg/h}$

5. 냉각코일부하

$$q_c = m(h_3 - h_4) = \frac{12439.6\times(58.56-39.8)}{3{,}600} \fallingdotseq 64.82\text{kW}$$

6. 외기부하

$$q_o = m(h_3 - h_1) = \frac{12439.6\times(58.56-52.6)}{3{,}600} \fallingdotseq 20.59\text{kW}$$

【별해】 $q_o = m_o(h_2 - h_1) = \dfrac{(12439.6\times0.2)\times(82.4-52.6)}{3{,}600} \fallingdotseq 20.59\text{kW}$

13

프레온냉동장치에 사용되고 있는 횡형 원통다관식 증발기가 있다. 이 증발기가 다음 조건에서 운전될 때 냉매의 증발온도〔℃〕를 구하시오. (단, 냉매온도와 브라인온도의 온도차는 산술평균온도차를 사용한다.) (6점)

[조 건]

1) 브라인유량 : 150L/min
2) 브라인 입구온도 : −18℃
3) 브라인 출구온도 : −23℃
4) 브라인의 밀도 : 1.25kg/L
5) 브라인의 비열 : 2.76kJ/kg · K
6) 냉각면적 : 18m²
7) 열통과율 : 0.436kW/m² · K

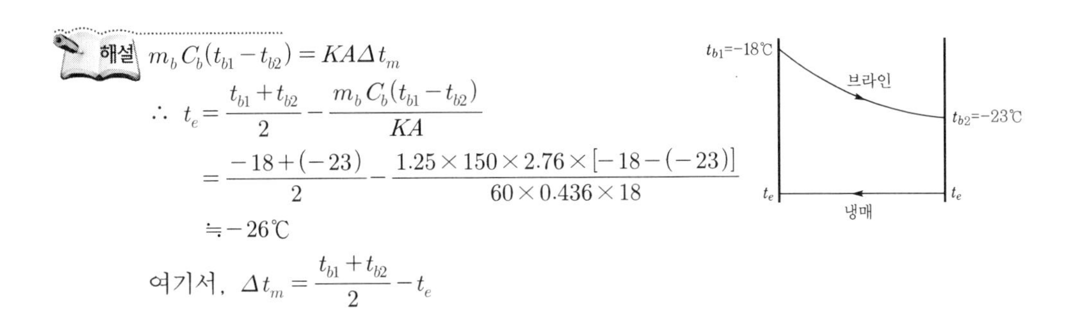

해설 $m_b C_b(t_{b1}-t_{b2}) = KA\Delta t_m$

$$\therefore\ t_e = \frac{t_{b1}+t_{b2}}{2} - \frac{m_b C_b(t_{b1}-t_{b2})}{KA}$$

$$= \frac{-18+(-23)}{2} - \frac{1.25\times150\times2.76\times[-18-(-23)]}{60\times0.436\times18}$$

$$\fallingdotseq -26℃$$

여기서, $\Delta t_m = \dfrac{t_{b1}+t_{b2}}{2} - t_e$

14 다음 도면과 같은 온수난방에 있어서 리버스리턴방식에 의한 배관도를 완성하시오.

(단, A, B, C, D는 방열기를 표시한 것이며, 온수공급관은 실선으로, 귀환관은 점선으로 표시하시오.) (8점)

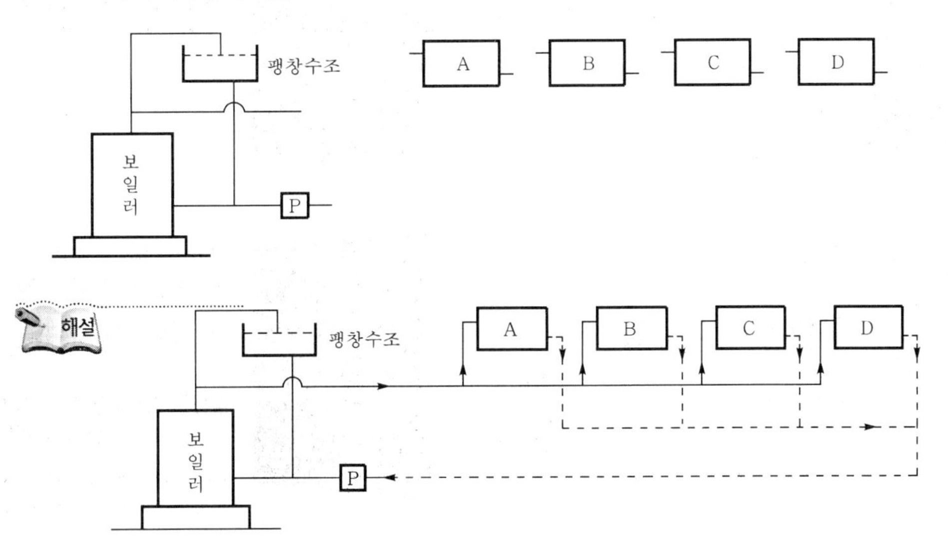

| 허원회 |

한양대학교 대학원(공학석사)
한국항공대학교 대학원(공학박사 수료)
현, 하이클래스 군무원 기계공학 대표교수
열공on 기계공학 대표교수
(주)금새인터랙티브 기술이사
- 목포과학대학교 자동차과 겸임교수 역임
- 인천대학교 기계과 겸임교수 역임
- 지안공무원학원 기계공학 대표교수 역임
- 수도철도아카데미 기계일반 대표교수 역임
- 배울학 일반기계기사 대표교수 역임
- 한성냉동기계기술학원 기계분야 공조냉동 대표교수 역임
- 고려기계용접기술학원 원장 역임
- 수도기술고시학원/덕성기술고시학원 원장 겸 기계 대표교수 역임
- (주)부원동력 기술이사 역임
- PHK 차량기계융합연구소 기술이사 역임
- 정안기계주식회사 기술이사 역임
- (주)녹스코리아 기술이사 역임

자격증

- 공조냉동기계기사, 에너지관리기사, 일반기계기사, 건설기계설비기사, 소방설비기사(기계분야, 전기분야) 외 다수

주요 저서

《알기 쉬운 재료역학》(성안당)
《알기 쉬운 열역학》(성안당)
《알기 쉬운 유체역학》(성안당)
《에너지관리기사[필기]》(성안당)
《7개년 과년도 에너지관리기사[필기]》(성안당)
《에너지관리기사[실기]》(성안당)
《7개년 과년도 일반기계기사[필기]》(성안당)
《공조냉동기계산업기사[필기]》(성안당)
《공조냉동기계기사[실기]》(성안당)
《일반기계기사[필기]》(일진사)
《일반기계기사 필답형[실기]》(일진사)
《일반기계공학 문제해설 총정리》(일진사)
《건설기계설비기사 필기 총정리》(일진사) 외 다수

동영상 강의

-알기 쉬운 재료역학
-알기 쉬운 열역학
-알기 쉬운 유체역학
-에너지관리기사[필기] / 실기[필답형]
-일반기계기사[필기] / 실기[필답형]
-공조냉동기계기사[필기] / 실기[필답형]
-공조냉동기계산업기사[필기]

| 박만재 |

국민대학교 자동차전문대학원(공학박사)
현, 서정대학교 스마트자동차과 전임교수
PHK 차량기계융합연구소 소장
ISO 국제심사위원
대한상사중재원 중재인
자동차소비자보호원 심사위원
한국산업기술평가원 심사위원
한국산업기술진흥원 심사위원
국가과학기술인 등록
- 쌍용자동차 4WD설계실 선임연구원 역임
- 동양미래대학교 기계과 조교수 역임
- 경기과학기술대학 신재생에너지과 조교수 역임
- 수원과학대학교 자동차과 조교수 역임
- 국민대학교 자동차과 강사 역임
- 인천대학교 자동차과 강사 역임

자격증

- 차량기술사, 기계제작기술사, 기술지도사

주요 저서

《알기 쉬운 열역학》(성안당)
《7개년 과년도 일반기계기사[필기]》(성안당)
《공조냉동기계산업기사[필기]》(성안당)

공조냉동기계기사 실기

2012. 6. 8. 초 판 1쇄 발행
2025. 1. 15. 개정증보 9판 1쇄 발행

지은이 | 허원회
펴낸이 | 이종춘
펴낸곳 | BM (주)도서출판 성안당
주소 | 04032 서울시 마포구 양화로 127 첨단빌딩 3층(출판기획 R&D 센터)
10881 경기도 파주시 문발로 112 파주 출판 문화도시(제작 및 물류)
전화 | 02) 3142-0036
031) 950-6300
팩스 | 031) 955-0510
등록 | 1973. 2. 1. 제406-2005-000046호
출판사 홈페이지 | www.cyber.co.kr
ISBN | 978-89-315-1182-6 (13550)
정가 | 38,000원

이 책을 만든 사람들
기획 | 최옥현
진행 | 이희영
교정·교열 | 문 황
전산편집 | 이지연
표지 디자인 | 박원석
홍보 | 김계향, 임진성, 김주승, 최정민
국제부 | 이선민, 조혜란
마케팅 | 구본철, 차정욱, 오영일, 나진호, 강호묵
마케팅 지원 | 장상범
제작 | 김유석

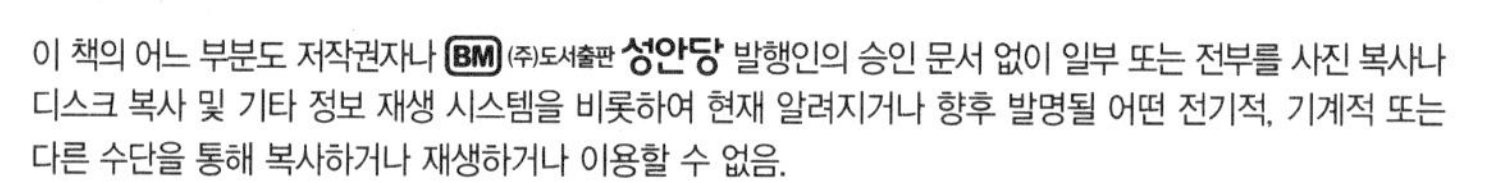